MIMS Microbiologia Médica e Imunologia

O GEN | Grupo Editorial Nacional – maior plataforma editorial brasileira no segmento científico, técnico e profissional – publica conteúdos nas áreas de ciências da saúde, exatas, humanas, jurídicas e sociais aplicadas, além de prover serviços direcionados à educação continuada e à preparação para concursos.

As editoras que integram o GEN, das mais respeitadas no mercado editorial, construíram catálogos inigualáveis, com obras decisivas para a formação acadêmica e o aperfeiçoamento de várias gerações de profissionais e estudantes, tendo se tornado sinônimo de qualidade e seriedade.

A missão do GEN e dos núcleos de conteúdo que o compõem é prover a melhor informação científica e distribuí-la de maneira flexível e conveniente, a preços justos, gerando benefícios e servindo a autores, docentes, livreiros, funcionários, colaboradores e acionistas.

Nosso comportamento ético incondicional e nossa responsabilidade social e ambiental são reforçados pela natureza educacional de nossa atividade e dão sustentabilidade ao crescimento contínuo e à rentabilidade do grupo.

6ª EDIÇÃO

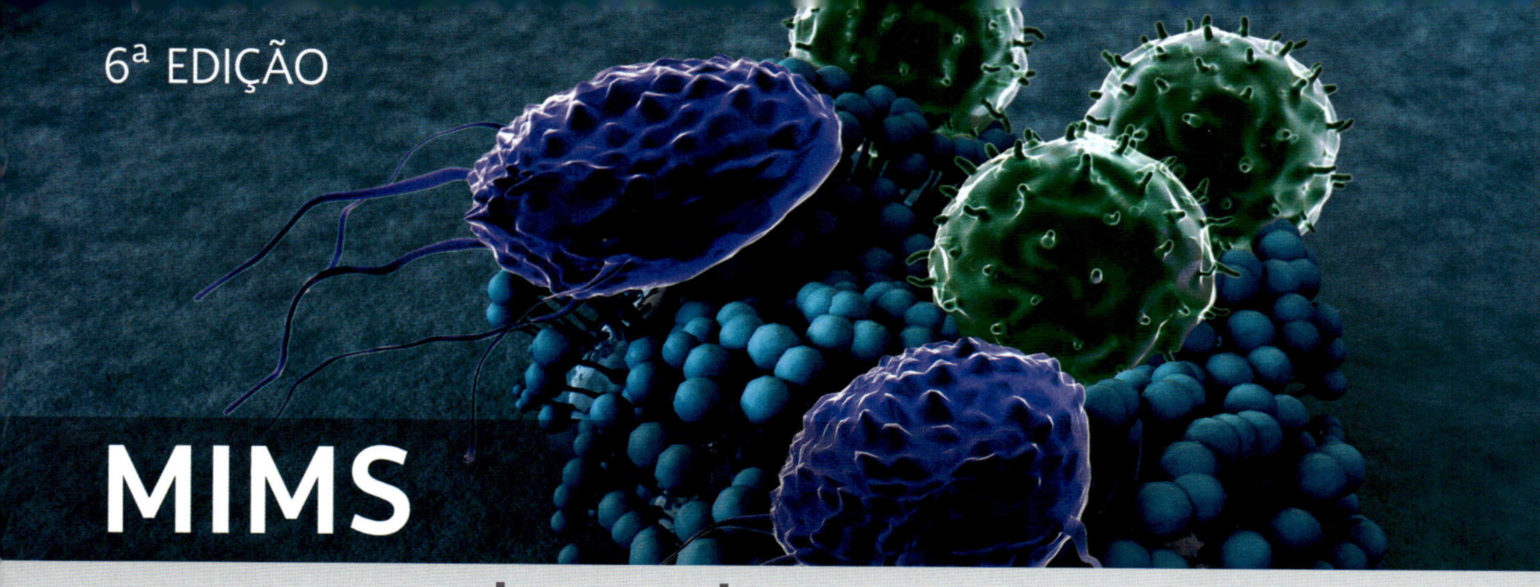

MIMS

Microbiologia Médica e Imunologia

Richard V. Goering,
BA MSc PhD
Professor and Chair, Department of Medical Microbiology and Immunology,
Creighton University Medical Center School of Medicine,
Omaha, Nebraska, USA

Hazel M. Dockrell,
BA (Mod) PhD
Professor of Immunology,
Faculty of Infectious and Tropical Diseases,
London School of Hygiene and Tropical Medicine,
London, UK

Mark Zuckerman,
BSc (Hons) MBBS MRCP MSc FRCPath
Consultant Virologist and Honorary Senior Lecturer,
South London Specialist Virology Centre,
King´s College Hospital NHS Foundation Trust,
King´s College London School of Medicine,
London, UK

Peter L. Chiodini,
BSc MBBS PhD FRCP FRCPath FFTM RCPS (Glas)
Consultant Parasitologist,
Hospital for Tropical Diseases, London;
Honorary Professor, London School of Hygiene and Tropical Medicine, London, UK

Revisão Científica

Ana Paula Guedes Frazzon
Professora Titular da Universidade Federal do Rio Grande do Sul

Jeverson Frazzon
Professor Titular da Universidade Federal do Rio Grande do Sul

Tradução
Possible Traduções Editoração e Marketing Digital Eireli

- Traduzido de:
MIMS' MEDICAL MICROBIOLOGY AND IMMUNOLOGY 6th EDITION

First edition 1993
Second edition 1998
Third edition 2004
Fourth edition 2008
Fifth edition 2013
Sixth edition 2019

This edition of *Mims' Medical Microbiology and Immunology* 6th Edition, by Richard V. Goering, Hazel M. Dockrell, Mark Zuckerman, Peter L. Chiodini is published by arrangement with Elsevier Inc.
ISBN: 978-0-7020-7154-6
Esta edição de *Mims' Medical Microbiology and Immunology* 6th Edition, de Richard V. Goering, Hazel M. Dockrell, Mark Zuckerman, Peter L. Chiodini é publicada por acordo com a Elsevier Inc.

GEN | GRUPO EDITORIAL NACIONAL S.A.
Publicado pelo selo Editora Guanabara Koogan
Travessa do Ouvidor, 11
Rio de Janeiro – RJ – CEP 20040-040
Tels.: (21) 3543-0770/(11) 5080-0770 | Fax: (21) 3543-0896
www.grupogen.com.br | faleconosco@grupogen.com.br

- Capa: Monika Mayer

- Editoração eletrônica: Thomson Digital

- Ficha catalográfica

M614

Mims microbiologia médica e imunologia / Richard V. Goering ... [et al.]. - 6 ed. - Rio de Janeiro : Guanabara Koogan, 2020.
p. : il. ; 28 cm.

Tradução de: Mims' medical microbiology and immunology
Inclui índice
ISBN 9788595150263

1. Microbiologia médica. 2. Imunologia. I. Goering, Richard V.

19-60248 CDD: 616.9041
CDU: 579.61

Meri Gleice Rodrigues de Souza - Bibliotecária CRB-7/6439

Agradecimentos

Agradecemos aos seguintes colegas por suas úteis sugestões durante a elaboração da nova edição: Paul Fine, Kate Gallagher, Punam Mangtani, John Raynes, Eleanor Riley, Anthony Scott, Mel Smith, Steven Smith e Sara Thomas. Também agradecemos o significativo conteúdo, atual e anterior, fornecido por Katharina Kranzer e Ivan Roitt.

Material Suplementar

Este livro conta com o seguinte material suplementar:

- Tópicos mais importantes sobre patógenos.
- Tópicos mais importantes sobre vacinas.
- Estudos de casos.

O acesso ao material suplementar é gratuito. Basta que o leitor se cadastre e faça seu *login* em nosso site (www.grupogen.com.br), clique no menu superior do lado direito e, após, em GEN-IO. Em seguida, clique no menu retrátil ▤ e insira o código (PIN) de acesso localizado na segunda orelha deste livro.

- *O acesso ao material suplementar online fica disponível até seis meses após a edição do livro ser retirada do mercado.*
- Caso haja alguma mudança no sistema ou dificuldade de acesso, entre em contato conosco (gendigital@grupogen.com.br).

GEN-IO (GEN | Informação Online) é o ambiente virtual de aprendizagem do GEN | Grupo Editorial Nacional

Prefácio por Cedric Mims

Quando sentei com o imunologista Ivan Roitt para pensar sobre escrever este livro, concordamos que era mais que uma mera lista de doenças microbianas com seu diagnóstico e tratamento. Todas estas infecções resultam da interação entre astúcia microbiana em relação às defesas imunológicas e inflamatórias do hospedeiro, e a contribuição de Ivan significou que a imunologia seria relevante e atual.

Durante meus 60 anos como médico e zoologista na Inglaterra, América, África e Austrália, pude estudar em detalhes alguns mecanismos pelos quais os parasitos microbianos entram no organismo, se disseminam e causam doença. Sempre foi útil pensar sobre estes invasores como parasitos, olhar sob sua perspectiva, com algumas forças que regem o resultado em todos os casos, sendo vermes, bactérias ou vírus. O que ocorre é que, de todas as diferentes espécies viventes na Terra, quase a metade optou pelo modo de vida parasitário.

Apesar de a vida de um parasito parecer ser atraente, com alimento e hospedagem no interior ou exterior do hospedeiro, apenas alguns invasores sobrevivem a estas potentes defesas. Por milhões de anos de evolução, sua capacidade de evitar ou fugir das defesas tem sido aperfeiçoada e nunca deve ser subestimada.

Desde a primeira edição deste livro, incorporamos várias melhorias para facilitar o aprendizado, incluindo estudos de caso, conceitos principais e questões sobre os capítulos. Minha esperança é que, embora o que você aprenderá, sem dúvida, o auxiliará com as provas, e com o passar dos anos muitos dos detalhes poderão escapar de sua memória, você terá adquirido um modo útil de olhar para as doenças infecciosas. Colocando em termos militares, cada infecção inicia um conflito armado, com possível doença ou morte aguardando o perdedor.

Espero que este modo de olhar as doenças infecciosas fique com você e o prepare para os impressionantes avanços e os novos tratamentos que o aguardam durante sua carreira — em particular, novas doenças de animais ou aves, talvez transmitidas por picadas de insetos ou mordeduras de morcegos, bem como possíveis supercepas de influenza, vírus de aves que se disseminam de modo eficaz em nossa espécie e nos causam doença, e também, claro, novos fármacos antimicrobianos para os quais a resistência é impossível. Esperamos uma descoberta da influência na saúde humana da vasta e misteriosa coleção dos micróbios residentes em nossos intestinos.

Sempre tive um interesse pessoal e científico por estes invasores. Eles mataram meus pais quando eu era criança antes do desenvolvimento de antibióticos, e foram responsáveis por crises de sarampo, caxumba, difteria, coqueluche, tuberculose e, muito depois, pela febre do vale do Rift na África.

Cedric Mims
Canberra, Austrália
Outubro de 2016

Prefácio à sexta edição

As edições anteriores de *Mims Microbiologia Médica* adotaram a abordagem de que a interação entre a doença infecciosa e a resposta do hospedeiro é mais bem compreendida como um conflito entre dar e receber. A sexta edição continua essa tradição, alterando o título para *Mims Microbiologia Médica e Imunologia* para refletir melhor o assunto. O reconhecimento contínuo à contribuição fundamental de Cedric Mims a esta obra é observado não apenas no título, mas também no prefácio escrito por ele. Reconhecemos também a grata contribuição de Ivan Roitt, que desempenhou um importante papel como autor principal das edições anteriores.

Esta edição é beneficiada por uma revisão significativa em múltiplas áreas. Os capítulos introdutórios continuam a apresentar princípios fundamentais de agentes infecciosos e das defesas do hospedeiro, mas agora incluem a recém-reconhecida importância da microbiota humana. Os capítulos subsequentes apresentam uma visão geral atualizada dos princípios gerais por trás do agente infeccioso — conflito de resposta imune, seguido por considerações sobre os cenários de conflito orientados pelo sistema. Os capítulos finais fornecem informações revisadas sobre os problemas que afetam o diagnóstico e o controle do conflito, focando especialmente em abordagens moleculares mais novas (especialmente nas baseadas em sequência de DNA).

A bibliografia continua a incluir uma lista de *sites* úteis. O material suplementar online oferece listas de tópicos mais importantes sobre patógenos e vacinas, além de estudos de casos.

Abordagens moleculares continuam a informar e melhorar nossa compreensão da interação patógeno-hospedeiro com uma velocidade inédita. Nesta nova edição de *Mims Microbiologia Médica e Imunologia*, acreditamos que o estudante encontrará uma abordagem lógica e unificada sobre o assunto que é fácil de ler, empolgante e informativa.

Richard V. Goering, Hazel M. Dockrell,
Mark Zuckerman, Peter L. Chiodini
2017

Uma abordagem contemporânea à microbiologia

INTRODUÇÃO

Micróbios e parasitos

A distinção convencional entre "micróbios" e "parasitos" é essencialmente arbitrária

A microbiologia é algumas vezes definida como a biologia dos organismos microscópicos, sendo o seu tema os "micróbios". Tradicionalmente, a microbiologia clínica tem se preocupado com esses organismos responsáveis pelas principais doenças infecciosas em seres humanos, que, por causa do seu tamanho, são invisíveis a olho nu. Desse modo, não é de se surpreender que os organismos incluídos reflitam aqueles responsáveis por doenças que foram (ou continuam sendo) de grande importância naqueles países onde a disciplina científica e clínica de microbiologia se desenvolveu, especialmente na Europa e nos EUA. O termo "micróbios" normalmente é empregado de modo restrito essencialmente aos vírus e às bactérias. Os fungos e protozoários parasitos foram historicamente incluídos como agentes de importância menor, mas, em geral, eles foram abordados como temas de outras disciplinas (micologia e parasitologia).

Embora não haja argumentos de que os vírus e as bactérias sejam, mundialmente, os patógenos mais importantes, a distinção convencional entre eles como "micróbios" e os outros agentes infecciosos (fungos, protozoários, vermes e parasitos artrópodes) é essencialmente arbitrária, sobretudo porque o critério da visibilidade microscópica não pode ser aplicado rigorosamente (Fig. Intro. 1). Talvez devêssemos lembrar que o primeiro "micróbio" a ser associado a uma condição clínica específica foi um verme parasito — o nematódeo *Trichinella spiralis* —, cujos estágios larvais são visíveis a olho nu (embora a microscopia seja necessária para uma identificação segura). *T. spiralis* foi inicialmente identificado em 1835 e casualmente relacionado à doença triquinelose nos anos 1860. Os vírus e as bactérias compreendem pouco mais da metade de todas as espécies patogênicas para seres humanos (Tabela Intro. 1).

O CONTEXTO PARA A MICROBIOLOGIA MÉDICA CONTEMPORÂNEA

Muitos textos sobre microbiologia tratam os microrganismos infecciosos como agentes de doença de forma isolada, tanto a partir de outros microrganismos infecciosos como do contexto biológico em que eles vivem e causam doença. Certamente é conveniente considerar os microrganismos por grupo para resumir as doenças que eles causam e analisar as formas disponíveis de controle, porém essa abordagem gera uma representação estática do que é uma relação dinâmica entre o microrganismo e seu hospedeiro.

A resposta do hospedeiro é o resultado da interação complexa entre o hospedeiro e o parasito. Essa resposta pode ser discutida em termos de sinais e sintomas patológicos e em termos de controle imune, porém é mais bem tratada como resultado da interação complexa entre dois organismos — hospedeiro e parasito; sem essa dimensão ocorre uma visão distorcida da doença infecciosa. Simplesmente não é verdade que "micróbio + hospedeiro = doença", e os clínicos estão bem cientes disso. Compreender por que a maioria dos contatos hospedeiro-micróbio não resulta em doença e o que muda para que a doença apareça é tão importante quanto a identificação dos microrganismos infecciosos e o conhecimento dos meios pelos quais eles podem ser controlados.

Portanto, continuamos a acreditar que nossa abordagem à microbiologia, tanto em relação aos microrganismos que podem ser considerados em um livro didático como também em relação aos contextos em que eles e as doenças que causam são discutidos, oferece uma representação mais informativa e mais interessante dessas inter-relações dinâmicas. Há muitas razões para termos chegado a essa conclusão, sendo as mais importantes as seguintes:

- Atualmente, existe um entendimento abrangente em nível molecular da biologia dos agentes infecciosos e das interações hospedeiro-parasito que levam a infecção e doença. É importante que os alunos estejam cientes desse entendimento, de modo que possam compreender as conexões entre infecção e doença nos indivíduos e nas comunidades e sejam capazes de aplicar esse conhecimento em situações clínicas novas e em constante mudança.
- Sabe-se agora que a resposta do hospedeiro à infecção é uma interação coordenada e sutil, envolvendo os mecanismos de imunidade inata e adquirida, e que esses mecanismos são expressos independentemente da natureza e da identidade do patógeno envolvido. Nossa atual compreensão dos meios pelos quais esses mecanismos são estimulados e das formas como eles atuam é bastante sofisticada. Agora podemos ver que a infecção é um conflito entre dois organismos, e o resultado (resistência ou doença) depende criticamente das interações moleculares. Novamente, é essencial compreender a base dessa interação hospedeiro-patógeno para que os processos da doença e do controle da doença sejam interpretados corretamente.

As doenças emergentes ou reemergentes continuam a apresentar novos problemas microbiológicos

Três outros fatores ajudaram a formar nossa opinião de que uma visão mais ampla da microbiologia é necessária para oferecer uma base sólida para a prática clínica e científica:

- Há crescente prevalência de uma grande variedade de infecções oportunistas em pacientes hospitalizados ou imunossuprimidos. As terapias imunossupressoras são atualmente mais comuns, assim como as doenças que comprometem o sistema imunológico — notavelmente, é claro, a doença da imunodeficiência adquirida (AIDS).
- Os agentes de doenças recém-emergentes continuam sendo identificados, e as doenças antigas, supostamente sob controle, ressurgem causando preocupação. Das 1.407 espécies identificadas como patogênicas para os seres humanos,

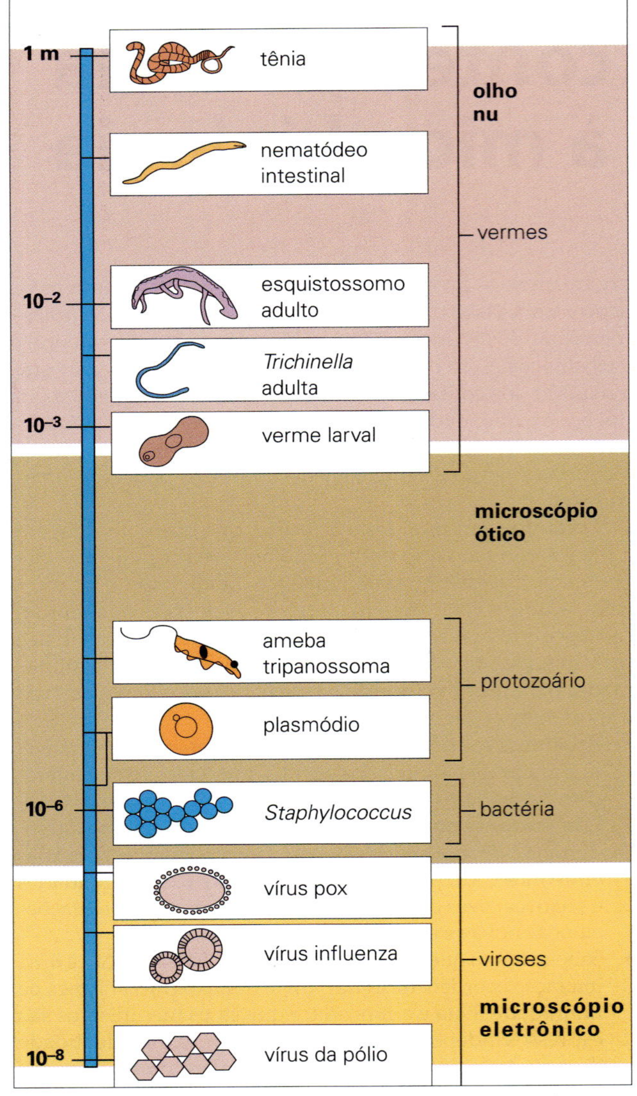

Figura Intro. 1 Tamanhos relativos dos organismos apresentados neste livro.

Tabela Intro. 1 Distribuição de 1.407 espécies patogênicas humanas dentre os principais grupos de organismos (excluindo artrópodes)

Grupo	% do total
Vírus e príons	14-15
Bactérias	38-41
Fungos	22-23
Protozoários	4-5
Helmintos	20

(Dados da média de múltiplos estudos resumidos por Smith K.F.; Guegan J.-F. Mudanças nas distribuições geográficas de patógenos humanos. *Annu Rev Ecol Evol* 2010; 41:231–250.)

183 são consideradas patógenos emergentes ou reemergentes, sendo que os vírus, alguns de origem animal, correspondem a quase metade dessas espécies (Tabela Intro. 1).

- As infecções tropicais despertam atualmente um interesse muito maior. Os clínicos observam muitos turistas que foram expostos a espectros bem diferentes de agentes infecciosos encontrados em países tropicais (anualmente, pelo menos 80 milhões de pessoas viajam de países desenvolvidos para países em desenvolvimento) e os microbiologistas podem ser chamados para identificar e aconselhar a respeito desses microrganismos. Há também uma conscientização acerca dos problemas de saúde das regiões mais pobres.

Portanto, é necessária uma visão mais abrangente da microbiologia: que se baseie nas abordagens do passado, mas que seja voltada para os problemas do presente e do futuro.

PASSADO, PRESENTE E FUTURO DA MICROBIOLOGIA

A demonstração, no século XIX, de que as doenças eram causadas por agentes infecciosos deu origem à disciplina da microbiologia. Embora essas descobertas iniciais tenham envolvido infecções parasitárias tropicais, bem como infecções bacterianas comuns na Europa e nos EUA, os microbiologistas concentraram-se cada vez mais nessas últimas, estendendo posteriormente seus interesses às infecções virais recém-descobertas. O desenvolvimento de agentes antimicrobianos e vacinas revolucionou o tratamento dessas doenças e aumentou as esperanças para a eventual eliminação de muitas das doenças que assolaram o ser humano por séculos. Os indivíduos de regiões mais ricas do mundo aprenderam a não temer doenças infecciosas e acreditavam que tais infecções desapareceriam com o tempo. Até certo ponto, isso aconteceu; por intermédio da vacinação, muitas doenças infantis familiares tornaram-se incomuns e aquelas de origem bacteriana foram mais facilmente controladas por antibióticos. Encorajada pela erradicação da varíola durante os anos 1970 e pelo sucesso das vacinas contra a pólio, a Organização das Nações Unidas (ONU) anunciou, em 1978, programas para obter "Saúde para Todos" ("Health for All", no original) até o ano 2000. No entanto, esse e outros objetivos otimistas tiveram de ser reavaliados.

Doenças infecciosas ainda matam nos países desenvolvidos e em desenvolvimento

Globalmente, doenças infecciosas (especialmente infecções do trato respiratório inferior) perdem somente para doenças cardíacas como a causa de morte mais frequente. A Organização Mundial da Saúde (OMS) lista atualmente 12 patógenos bacterianos resistentes a antibióticos como prioridades no desenvolvimento de novos antibióticos — 75% dos quais são categorizados como de importância crítica ou alta. No entanto, as doenças infecciosas não são distribuídas de forma igual pelo mundo (Fig. Intro. 2).

A carga das doenças infecciosas em países subdesenvolvidos é particularmente preocupante. Embora a África Subsaariana represente apenas cerca de 10% da população mundial, essa região apresenta a clara maioria dos casos de infecções por AIDS e das mortes relacionadas a essa doença, as maiores taxas de coinfecção HIV-TB e a maior parte da carga de malária do mundo. A tuberculose (TB) e HIV-AIDS são de importância cada vez maior no sudeste da Ásia e no Pacífico, onde o agente da malária resistente a drogas também é comum. Crianças com idade inferior a 5 anos apresentam risco mais elevado para o desenvolvimento de doenças infecciosas. Certamente a prevalência e a importância das doenças infecciosas nos países em desenvolvimento estão diretamente ligadas à pobreza.

Infecções continuam a emergir e reemergir

Em todo o mundo, doenças infecciosas continuam a emergir na população humana pela primeira vez. Exemplos recentes incluem o coronavírus MERS, o vírus da influenza aviária H7N9 e o Zika vírus. A preocupação com a disseminação do

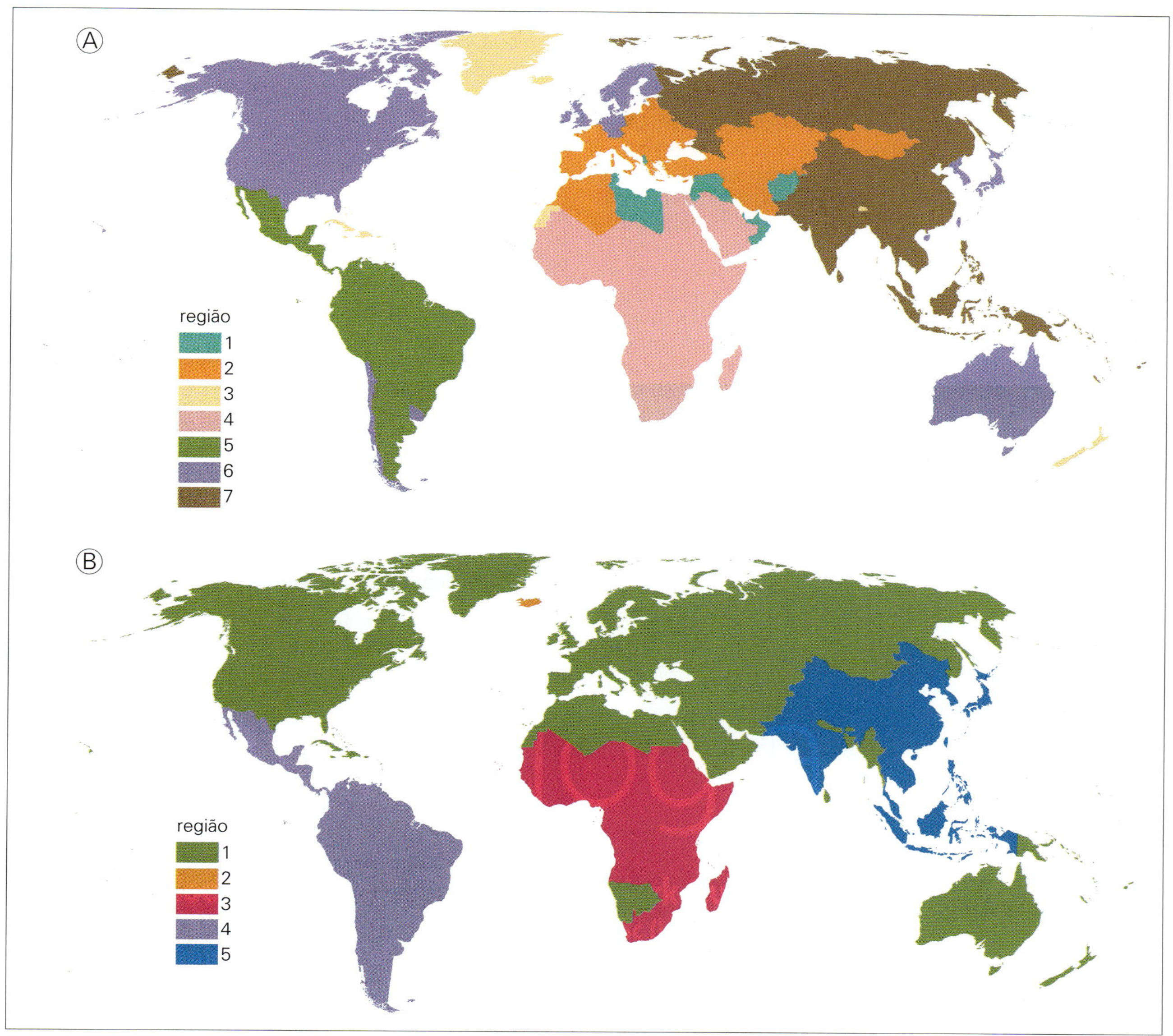

Figura Intro. 2 Distribuição geográfica de 301 doenças em 229 países. (A) 93 doenças associadas a vetores predominantes em sete regiões geográficas e (B) 208 não vetores predominantes em cinco regiões geográficas. As cores indicam grupos de doenças similares (vetor ou não vetor), com tendência a predominar em regiões geográficas específicas. (Retirado de Just M.G.; Norton J.F.; Traud A.L. et al. [2014] Regiões biogeográficas globais em um mundo dominado por humanos: o caso de doenças humanas. *Ecosphere*. Chichester: John Wiley & Sons, Fig. 1.)

vírus Ebola e a falta de antibióticos eficazes para o tratamento de infecções bacterianas (ver anteriormente) ressaltam ainda mais o impacto global negativo das doenças infecciosas.

Estilos de vida modernos e desenvolvimentos tecnológicos facilitam a transmissão da doença

As razões para o reaparecimento das doenças infecciosas são diversas, incluindo:

- Novos padrões de viagem e comércio (sobretudo mercadorias alimentícias), novas práticas agrícolas, comportamento sexual alterado, intervenções médicas e uso excessivo de antibióticos.
- A evolução das bactérias resistentes a múltiplas drogas, como *Staphylococcus aureus* (MRSA) multirresistente, e patógenos virulentos como *Clostridium difficile* do ambiente de saúde para a comunidade. A questão da resistência antimicrobiana é composta, nos países em desenvolvimento, da incapacidade ou falta de vontade em completar os programas de tratamento, e pelo uso de medicamentos falsificados com, no máximo, ação parcial. Atualmente, a Organização Mundial da Saúde (OMS) cataloga a existência de mais de 900 produtos médicos falsificados, representando o espectro completo das terapias médicas.
- A quebra dos sistemas econômico, social e político, sobretudo nos países em desenvolvimento, enfraqueceu os serviços médicos e aumentou os efeitos da pobreza e desnutrição.
- O grande aumento das viagens aéreas nas últimas décadas facilitou a disseminação de infecções e aumentou a ameaça de novas pandemias. A pandemia da gripe espanhola em 1918 propagou-se pelas estradas de ferro e conexões marítimas. A viagem aérea moderna movimenta um número maior de pessoas mais rápida e extensivamente, o que possibilita que os micróbios cruzem barreiras geográficas.

O que será do futuro?

Prognósticos baseados em informações das Nações Unidas e da OMS oferecem a possibilidade de escolha de cenários. Do ponto de vista otimista, com o envelhecimento da população, aliado aos avanços socioeconômicos e médicos, pode-se esperar a observação de uma queda nos problemas representados por doenças infecciosas e uma redução nas mortes provenientes dessas causas. A visão pessimista é que o crescimento populacional nos países em desenvolvimento, especialmente nas populações urbanas, a distância crescente entre os países ricos e pobres e as constantes mudanças no estilo de vida resultarão em surtos de doença infecciosa. Mesmo em países desenvolvidos, a crescente resistência a drogas e uma desaceleração no desenvolvimento de novos antimicrobianos e vacinas criarão mais problemas no controle das doenças infecciosas. Além desses, há três fatores adicionais:

- emergência de novas infecções humanas, como uma nova cepa do vírus influenza ou uma nova infecção de origem selvagem;
- mudanças climáticas, com aumento de temperaturas e chuvas alteradas, aliadas à incidência de infecção transmitida por vetores;
- a ameaça de bioterrorismo, com possível propagação deliberada de infecções virais e bacterianas a populações humanas sem imunidade adquirida ou sem histórico de vacinação.

Uma coisa é certa: se os cenários otimistas ou pessimistas forem verdadeiros, a microbiologia continuará sendo uma disciplina médica crítica pelo futuro previsível.

A ABORDAGEM ADOTADA NESTE LIVRO

Os fatores destacados anteriormente indicam a necessidade de um texto com uma função dupla:

1. Deve-se oferecer um tratamento abrangente dos microrganismos responsáveis pelas doenças infecciosas.
2. A abordagem puramente clínica/laboratorial à microbiologia deve ser substituída por uma que reforce o contexto biológico em que os estudos clínicos/laboratoriais devem ser realizados.

A abordagem que adotamos neste livro é a de olhar para a microbiologia do ponto de vista dos conflitos inerentes a todas as relações hospedeiro-patógeno. Inicialmente descrevemos os adversários: os microrganismos infecciosos de um lado e os mecanismos de defesa adaptativa do hospedeiro de outro. O resultado dos conflitos entre os dois é, então, ampliado e discutido sistema por sistema. Em vez de pegar cada microrganismo ou cada manifestação de doença por vez, nós olhamos os principais ambientes disponíveis para os microrganismos infecciosos no corpo humano, como o sistema respiratório, os intestinos, o trato urinário, o sangue e o sistema nervoso central. Os microrganismos que invadem e se estabelecem em cada um desses sítios são examinados em relação às respostas patológicas que eles provocam. Finalmente, olhamos como esses conflitos descritos podem ser controlados ou eliminados, tanto no nível do paciente individual quanto no da comunidade. Esperamos que esta abordagem proporcione aos leitores uma visão dinâmica das interações hospedeiro-patógeno e permita o desenvolvimento de um entendimento mais criativo da infecção e da doença.

PRINCIPAIS CONCEITOS

- Nossa abordagem é oferecer uma descrição abrangente dos microrganismos que provocam doenças infecciosas em seres humanos, dos vírus aos vermes, e abordar as bases biológicas da infecção, doença, interações hospedeiro-patógeno, controle de doença e epidemiologia.
- As doenças causadas por patógenos microbianos serão colocadas no contexto do conflito que existe entre elas e as defesas inatas e adaptativas de seus hospedeiros.
- As infecções serão descritas e discutidas em relação aos maiores sistemas do corpo, tratando estes como ambientes onde os micróbios podem se estabelecer, multiplicar-se e dar origem a alterações patológicas.

Sumário

SEÇÃO 4 MANIFESTAÇÃO CLÍNICA E DIAGNÓSTICO DA INFECÇÃO PELO SISTEMA ORGÂNICO

SEÇÃO

1

Os adversários – patógenos

1 Patógenos como parasitos

Introdução

A interação entre patógeno e hospedeiro pode ser vista como uma relação parasitária. O processo patogênico envolve o estabelecimento, a persistência e a reprodução do agente infeccioso à custa do hospedeiro. A maneira como isso é realizado depende de diversos fatores, inclusive anatomia microbiana, tamanho (macro *vs.* microparasitas), e se os organismos vivem dentro ou fora das células do hospedeiro. Entender essas questões no contexto de um sistema de classificação que fornece uma perspectiva sobre as inter-relações microbianas proporciona uma base importante para o estudo da interação patógeno-hospedeiro.

AS VARIEDADES DE PATÓGENOS

Procariotos e eucariotos

Muitas características biológicas importantes e distintas devem ser levadas em conta quando se considera qualquer microrganismo em relação a uma doença infecciosa. De forma geral, elas podem ser consideradas em termos de anatomia microbiana comparativa — a maneira como os organismos são constituídos, e particularmente a forma como o material genético e os outros componentes celulares são organizados.

Todos os organismos, à exceção dos vírus e dos príons, são constituídos de células

Embora vírus apresentem material genético (DNA ou RNA), eles não são seres celulares, sendo ausentes membranas celulares, citoplasma e os mecanismos necessários para sintetizar macromoléculas, dependendo da célula hospedeira para este processo. Os vírus convencionais têm o seu material genético empacotado em capsídeos. Os agentes (príons) que causam doenças como a de Creutzfeldt-Jakob (DCJ), DCJ variante e Kuru em humanos, e *scrapie* e encefalopatia espongiforme bovina (EEB) em animais, não possuem ácidos nucleicos e consistem apenas em partículas proteicas infecciosas.

Todos os outros organismos apresentam uma organização celular, sendo constituídos por uma única célula (a maioria dos "microrganismos") ou por muitas células. Cada célula possui material genético (DNA) e citoplasma com maquinaria de síntese, limitada por uma membrana celular.

As bactérias são procariotos; todos os outros organismos são eucariotos

Existem muitas diferenças entre as duas divisões principais — procariotos e eucariotos — de organismos celulares (Fig. 1.1). A seguir, listamos algumas:

Nos procariotos:

- Ausência de um núcleo distinto.
- O DNA é apresentado na forma de um único cromossomo circular. DNA "extracromossomal" adicional é carreado em plasmídeos.
- A transcrição e a tradução podem ocorrer simultaneamente.

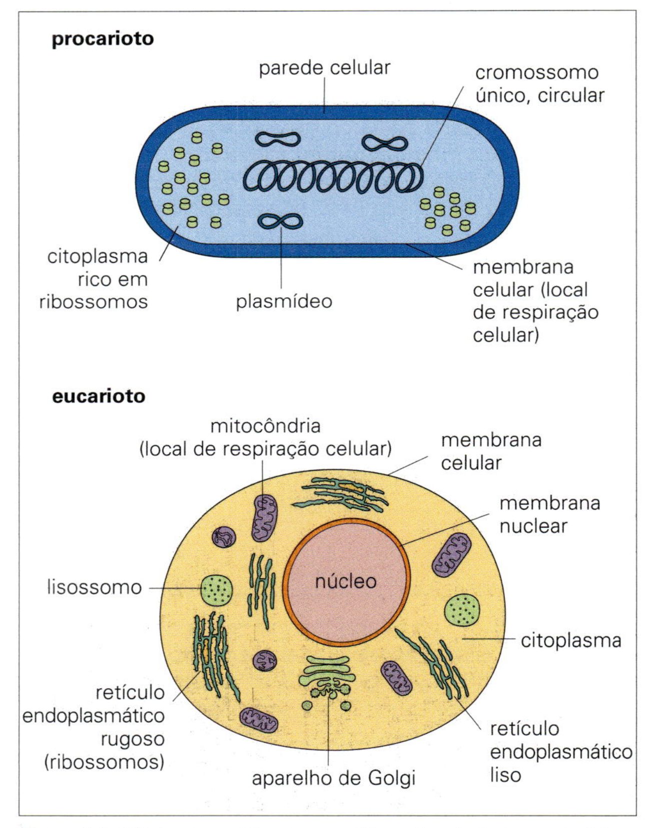

Figura 1.1 Células procarióticas e eucarióticas. As principais características da organização celular são aqui mostradas diagramaticamente.

Nos eucariotos:

- O DNA é carreado em vários cromossomos contidos no interior de um núcleo.
- O núcleo é limitado por uma membrana nuclear.
- A transcrição e a transdução são realizadas separadamente com o RNA mensageiro (mRNA) transcrito movendo-se do núcleo para o citoplasma no qual ocorre a tradução ribossômica.

- O citoplasma é rico em organelas limitadas por membranas (mitocôndrias, retículo endoplasmático, complexo de Golgi, lisossomos) que estão ausentes nos procariotos.

As bactérias Gram-negativas possuem uma camada externa rica em lipopolissacarídeos

Outra diferença importante entre procariotos e a maioria dos eucariotos é que a membrana celular (membrana plasmática) dos procariotos é coberta por uma espessa parede celular protetora. Nas bactérias Gram-positivas esta parede, constituída por peptidoglicano, forma a superfície externa da célula, enquanto nas bactérias Gram-negativas há uma membrana externa adicional rica em lipopolissacarídeos. Estas camadas desempenham um papel importante na proteção da célula contra o sistema imunológio e os agentes quimioterápicos e no estímulo de certas respostas patológicas. Além disso, conferem antigenicidade.

Microparasitos e macroparasitos

Microparasitos replicam-se no interior do hospedeiro

Há uma diferença importante entre microparasitos e macroparasitos mais relevantes que suas diferenças em tamanho. Os *micro*parasitos (vírus, bactérias, protozoários e fungos) replicam-se no interior do hospedeiro e podem, teoricamente, multiplicar-se para produzir um número muito grande de descendentes e, consequentemente, causar uma infecção preponderante. Em contraste, os *macro*parasitos (vermes, artrópodes), mesmo os microscópicos, não têm esta capacidade: um estágio infeccioso matura-se e desenvolve um estágio reprodutivo, e, na maioria dos casos, a progênie resultante deixa o hospedeiro para continuar o ciclo. O grau da infecção é, portanto, determinado pelo número de organismos que penetram no corpo. Esta distinção entre microparasitos e macroparasitos apresenta implicações clínicas e epidemiológicas importantes.

O limite entre microparasitos e macroparasitos não é sempre bem definido. A progênie de alguns macroparasitos permanece no interior do hospedeiro, e a infecção pode levar ao crescimento exacerbado, particularmente em pacientes imunossuprimidos. Os nematoides *Trichinella*, *Strongyloides stercoralis* e alguns nematoides filários e o *Sarcoptes scabiei* (o ácaro da sarna) são exemplos deste tipo de parasito.

Organismos que são suficientemente pequenos podem viver no interior das células

O tamanho absoluto tem outras implicações biologicamente significativas para a relação hospedeiro-patógeno que superam as divisões entre micro e macroparasitos. Talvez a mais importante seja o tamanho relativo de um patógeno e das células de seu hospedeiro. Organismos suficientemente pequenos podem viver no interior das células e, fazendo isso, estabelecem uma relação biológica com o hospedeiro bastante diferente daquela de um organismo extracelular — o que influencia tanto a doença como o seu controle.

VIVENDO DENTRO OU FORA DAS CÉLULAS

A base das relações hospedeiro-parasito é a exploração por um organismo (o patógeno) do ambiente fornecido pelo outro (o hospedeiro). A natureza e o grau da exploração variam de uma relação à outra, mas a principal necessidade do patógeno é um suprimento de materiais metabólitos do hospedeiro, fornecidos na forma de nutrientes ou (como no caso dos vírus) na forma de mecanismos nucleares de síntese. A dependência dos vírus em relação aos mecanismos de síntese do hospedeiro requer um hábitat intracelular obrigatório: os vírus precisam viver dentro de células hospedeiras. Alguns outros grupos de patógenos (p. ex., *Chlamydia*, *Rickettsia*) também só são capazes de viver no interior das células. Nos grupos restantes de patógenos, diferentes espécies têm adotado o hábitat intracelular ou extracelular, ou ainda, em poucos casos, ambos. Os microparasitos intracelulares não virais suprem suas necessidades metabólicas diretamente do conjunto de nutrientes disponíveis na própria célula, enquanto os organismos extracelulares as suprem dos nutrientes presentes nos fluidos teciduais ou, ocasionalmente, alimentando-se diretamente das células (p. ex., *Entamoeba histolytica*, o microrganismo associado à disenteria amebiana). Os macroparasitos são quase sempre extracelulares (embora o *Trichinella* seja intracelular), e muitos se alimentam pela ingestão e digestão das células hospedeiras; outros obtêm nutrientes diretamente dos fluidos teciduais ou do conteúdo intestinal.

Os patógenos no interior das células protegem-se de muitos mecanismos de defesa do hospedeiro

Como será discutido em detalhes no Capítulo 15, os patógenos intracelulares causam problemas para o hospedeiro bastante diferentes daqueles causados pelos organismos extracelulares. Os patógenos que vivem no interior das células são altamente protegidos contra muitos dos mecanismos de defesa do hospedeiro enquanto permanecem lá, particularmente contra a ação de anticorpos específicos. O controle destas infecções depende, em consequência disso, das atividades dos mecanismos de morte intracelular, mediadores de espectro restrito ou agentes citotóxicos, embora estes últimos possam destruir tanto o patógeno quanto a célula hospedeira, provocando dano tecidual. Este problema, de atividade-alvo contra patógenos quando eles vivem no interior de uma célula vulnerável, também existe quando se usam drogas ou antibióticos, pela dificuldade de conseguir ação seletiva contra patógenos ao mesmo tempo que mantém a célula hospedeira intacta. Mais problemático ainda é o fato de muitos patógenos intracelulares viverem no interior das células responsáveis pela resposta imunológica do hospedeiro e pelos mecanismos inflamatórios e, consequentemente, deprimirem as habilidades defensivas do hospedeiro. Por exemplo, uma variedade de patógenos virais, bacterianos e protozoários vive no interior dos macrófagos, e diversos vírus (incluindo o vírus da imunodeficiência humana, o HIV) são específicos para os linfócitos.

A vida intracelular apresenta muitas vantagens para o patógeno. Ele tem acesso ao suprimento de nutrientes do hospedeiro e ao seu mecanismo genético, além de permitir escapar do sistema de defesa do hospedeiro e dos antimicrobianos. No entanto, nenhum organismo pode ser totalmente intracelular o tempo todo: para a replicação ser bem-sucedida deve ocorrer transmissão entre as células do hospedeiro e isto, inevitavelmente, envolve alguma exposição ao ambiente extracelular. Quanto ao hospedeiro, esta fase extracelular do desenvolvimento do patógeno dá a oportunidade para ele controlar a infecção por meio de mecanismos de defesa, como fagocitose, anticorpos e complemento. No entanto, a transmissão entre as células pode envolver destruição da célula inicialmente infectada e, assim, contribuir para o dano tecidual e para a patologia geral do hospedeiro.

A vida fora das células fornece oportunidades para crescimento, reprodução e disseminação

Os patógenos extracelulares podem crescer e reproduzir-se livremente, além de poderem se mover amplamente nos tecidos do corpo. No entanto, eles também se defrontam com dificuldades para sua sobrevivência e seu desenvolvimento.

A mais importante é a exposição contínua aos componentes dos mecanismos de defesa do hospedeiro, particularmente anticorpos, complemento e células fagocitárias.

As características dos organismos extracelulares levam a consequências patológicas diferentes daquelas associadas às espécies intracelulares e são vistas de forma mais grave com os macroparasitos, cujo tamanho físico, a capacidade reprodutiva e a mobilidade podem resultar em destruição extensa dos tecidos do hospedeiro. Muitos patógenos extracelulares têm a capacidade de se espalhar rapidamente pelos fluidos extracelulares ou se mover rapidamente sobre as superfícies, o que resulta em uma infecção generalizada, em um período de tempo relativamente curto. A colonização rápida de toda a superfície mucosa do intestino delgado pelo *Vibrio cholerae* é um bom exemplo. O sucesso da defesa hospedeira contra parasitos extracelulares requer mecanismos que diferem daqueles empregados na defesa contra parasitos intracelulares. A variedade dos locais e tecidos ocupados pelos parasitos extracelulares também representa problemas para o hospedeiro em assegurar a distribuição efetiva dos mecanismos de defesa. A defesa contra parasitos intestinais requer componentes do sistema imunológico inato e adaptativo, os quais são bastante distintos daqueles efetivos contra parasitos em outros sítios, e aqueles que vivem no lúmen podem não ser afetados pelas respostas que operam nas mucosas. Este problema em dispor de defesas efetivas é mais crítico quando se trata de macroparasitos grandes, porque seu tamanho, frequentemente, os torna resistentes aos mecanismos de defesa utilizados contra organismos menores. Por exemplo, os vermes não podem ser fagocitados; eles, frequentemente, têm camadas externas protetoras e podem mover-se ativamente para longe das áreas onde a resposta do hospedeiro está ativada.

SISTEMAS DE CLASSIFICAÇÃO

As doenças infecciosas são causadas por organismos que pertencem a muitos grupos diferentes – príons, vírus, bactérias, fungos, protozoários, helmintos (vermes) e artrópodes. Cada um tem seu próprio sistema de classificação, o que torna possível a identificação e a categorização do organismo de interesse. A identificação correta é uma necessidade essencial para o diagnóstico preciso e o tratamento efetivo. Vários meios possibilitam a identificação, desde a simples observação até a análise molecular. A classificação está sendo revolucionada graças à aplicação de sequenciamento dos genomas. Muitos dos principais patógenos em todas as categorias foram sequenciados, e isso permite não apenas uma identificação mais precisa, mas também uma maior compreensão dos inter-relacionamentos dos membros dentro de cada grupo taxonômico.

As abordagens usadas variam entre os principais grupos. Para os protozoários, fungos, vermes e artrópodes, a unidade básica de classificação é a espécie, essencialmente definida como um grupo de organismos capazes de se reproduzir sexualmente entre si. A espécie fornece a base para o sistema binominal de classificação, usado para os organismos eucariotos e alguns procariotos. As espécies são, por sua vez, agrupadas em um "gênero" (espécies intimamente relacionadas, mas não inter-reprodutivas). Cada organismo é identificado por dois nomes, que indicam o "gênero" e a "espécie", respectivamente, por exemplo, *Homo sapiens* e *Escherichia coli*. Gêneros relacionados são agrupados em categorias progressivamente mais amplas e mais inclusivas.

Classificação de bactérias e vírus

O conceito de "espécie" é uma dificuldade básica na classificação de procariotos e vírus, apesar de as categorias de gênero e espécie serem usadas rotineiramente para bactérias. A classificação das bactérias utiliza uma mistura de características microscópicas, macroscópicas e bioquímicas facilmente determinadas, baseadas em tamanho, forma, cor, propriedades de coloração, respiração e reprodução, e uma análise mais sofisticada de critérios imunológicos e moleculares. As características anteriores podem ser usadas para dividir os organismos em grupos taxonômicos, como mostrado para as bactérias Gram-positivas na Figura 1.2 (Cap. 2).

A identificação correta de bactérias abaixo do nível de espécie é frequentemente vital para diferenciar as formas patogênicas das não patogênicas

O tratamento adequado requer a identificação correta. Para algumas bactérias, os grupos de subespécies importantes são identificados com base nas suas propriedades imunológicas. Os antígenos de parede celular, flagelo e cápsula são utilizados em testes com antissoros específicos para definir os sorogrupos e os sorotipos (p. ex., salmonelas, estreptococos, shigelas e *E. coli*). As características bioquímicas podem ser usadas para definir outros grupos de subespécies (biótipos,

coloração	forma	respiração	forma/reprodução	gênero	espécie
Gram-positiva	cocos	aeróbios	agrupados	*Staphylococcus*	*S. aureus*
			cadeias/pares	*Streptococcus*	*S. pyogenes*
		anaeróbios		*Finegoldia*	*F. magnus*
	bacilos	aeróbios	formador de esporos	*Bacillus*	*B. anthracis*
			não formador de esporos	*Listeria*	*L. monocytogenes*
		anaeróbios	formador de esporos	*Clostridium*	*C. tetani*
			não formador de esporos	*Propionibacterium*	*P. acnes*

Figura 1.2 Como as características estruturais e biológicas das bactérias podem ser utilizadas na classificação, tomando como exemplo as bactérias Gram-positivas.

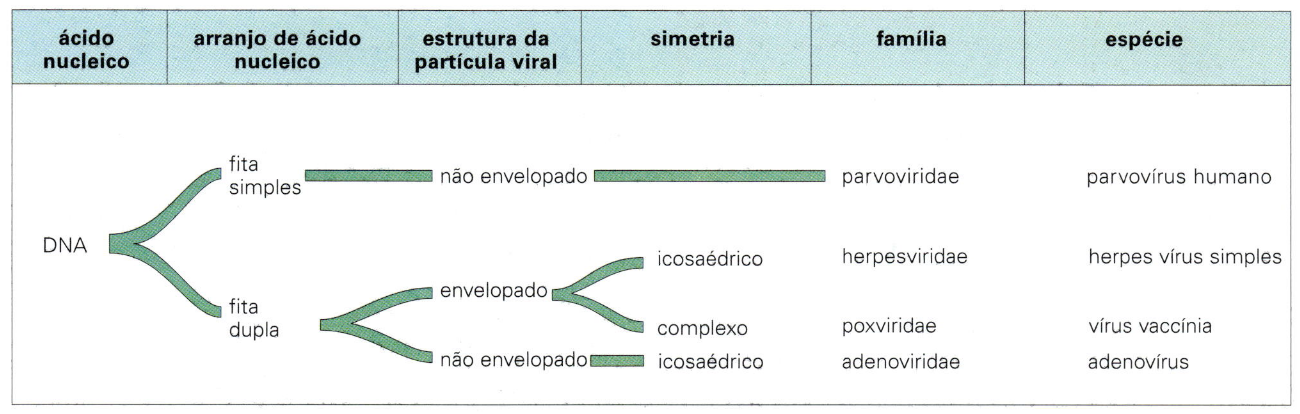

Figura 1.3 Como as características dos vírus podem ser utilizadas na classificação, tomando como exemplo os vírus de DNA.

cepas, grupos); por exemplo, cepas de *Staphylococcus aureus* normalmente liberam uma beta-hemolisina (que causa a lise das hemácias). A produção de outras toxinas também é importante na diferenciação entre grupos, como observado em *E. coli*. A suscetibilidade aos antibióticos também pode ser útil na identificação. A espectrometria de massa de ionização e dessorção a laser assistida por matriz por tempo de voo (MALDI TOF) está sendo cada vez mais usada como um modo de identificação rápido e custo-efetivo. Abordagens genéticas diretas também são usadas para identificação e classificação, como a reação em cadeia de polimerase (PCR) e sondas para detectar sequências de DNA sentinela específicas de organismos. Esses testes são especialmente úteis para organismos que crescem de maneira precária ou que não crescem *in vitro*.

A classificação dos vírus se distancia ainda mais do sistema binominal

Nomes de vírus baseiam-se em uma ampla variedade de características (p. ex., tamanho, estrutura, patologia, localização do tecido ou distribuição). Os agrupamentos são baseados em características como o tipo de ácido nucleico presente (DNA ou RNA), a simetria das partículas virais (p. ex., icosaédrica, helicoidal, complexa) e a presença ou ausência de um envelope externo, como mostrado para os vírus de DNA na Figura 1.3 (Cap. 3). Também são usadas categorias equivalentes às subespécies, incluindo sorotipos, cepas, variantes e isolados, e são determinadas principalmente pela reatividade sorológica dos componentes do vírus. O vírus influenza, por exemplo, pode ser considerado como equivalente a um gênero contendo três tipos (A, B, C). A identificação pode ser realizada utilizando-se o antígeno nucleoproteico estável, o qual difere entre os três tipos. Os antígenos neuraminidase e hemaglutinina não são estáveis e mostram variação nos tipos. A caracterização destes antígenos em um isolado permite que a variante particular seja identificada; as variantes hemaglutinina (H) e neuraminidase (N) são designadas por números (p. ex., H5N1, a variante associada à influenza aviária fatal; ver Cap. 20). Um exemplo adicional é visto nos adenovírus, para os quais os vários antígenos associados a um componente do capsídeo podem ser usados para definir grupos, tipos e subdivisões mais precisas. A rápida taxa de mutação mostrada por alguns vírus (p. ex., o HIV) cria problemas específicos para a classificação. A população presente em um indivíduo infectado por vírus pode ser bastante diversificada geneticamente e pode ser mais bem descrita como uma quase espécie, representando o padrão do amplo espectro das variantes presentes.

A classificação auxilia no diagnóstico e na compreensão da patogenicidade

A identificação rápida dos organismos é clinicamente necessária para que o diagnóstico possa ser feito e para que o tratamento apropriado seja recomendado. Entretanto, para compreender as relações hospedeiro-parasito, não se deve conhecer apenas a identidade do organismo, mas também o máximo possível sobre sua biologia geral; isso permite que se faça um prognóstico útil acerca das consequências da infecção. Por esses motivos, nos próximos capítulos, incluiremos um esboço da classificação dos patógenos importantes, além de uma breve descrição de sua estrutura (macro e microscópica), modos de vida, biologia molecular, bioquímica, replicação e reprodução.

PRINCIPAIS CONCEITOS

- Organismos que causam doenças infecciosas podem ser agrupados em sete categorias principais: príons, vírus, bactérias, fungos, protozoários, helmintos e artrópodes.
- A identificação e a classificação destes organismos são partes importantes na microbiologia e são essenciais para o diagnóstico, tratamento e controle corretos.
- Cada grupo apresenta características distintas (composição estrutural e molecular, estratégias bioquímicas e metabólicas, processos reprodutivos) que determinam como os organismos interagem com seus hospedeiros e como causam a doença.
- Muitos patógenos vivem no interior das células, onde estão protegidos de muitos dos componentes da resposta protetora do hospedeiro.

Bactérias

Introdução

Embora as bactérias de vida livre existam em grande número, relativamente poucas espécies causam doenças. A maioria delas é bem conhecida e estudada; no entanto, patógenos novos continuam surgindo, e a relevância de infecções antes não reconhecidas torna-se evidente. Bons exemplos são o vírus do Ebola e a febre por vírus Zika, enquanto a infecção por *Legionella*, agente etiológico da doença dos legionários, e as úlceras gástricas associadas à infecção por *Helicobacter pylori* são bons exemplos históricos de bactérias.

As bactérias são procariotos unicelulares, e seu DNA forma uma molécula longa circular, mas não está contido no interior de um núcleo definido. Muitas são móveis, utilizando um padrão de flagelo característico. A célula bacteriana é circundada por uma parede celular complexa e, geralmente, uma cápsula espessa. As bactérias se reproduzem por fissão binária, frequentemente a taxas muito altas, e apresentam uma ampla variedade de perfis metabólicos, aeróbios e anaeróbios. A classificação das bactérias utiliza dados fenotípicos e genotípicos. Por razões clínicas, os dados fenotípicos são de maior valor prático e baseiam-se na compreensão da estrutura e biologia bacterianas (Fig. 32.2). Resumos detalhados dos membros dos principais grupos bacterianos são apresentados na Lista de Patógenos (Apêndice on-line).

ESTRUTURA

As bactérias são procariotos e apresentam uma organização celular típica

A informação genética das bactérias é carreada em uma molécula de ácido desoxirribonucleico (DNA), circular, de fita dupla (fd) e longa (Fig. 2.1). Esta molécula pode ser denominada "cromossomo" por analogia aos eucariotos (Cap. 1), mas não possui íntrons; em vez disso, o DNA compreende uma sequência contínua de genes codificadores. O cromossomo não está localizado no interior de um núcleo distinto, não há membrana nuclear, e o DNA se encontra firmemente enovelado em uma região conhecida como "nucleoide". A informação genética na célula também pode ser extracromossômica, presente como moléculas pequenas de DNA circulares autorreplicativas denominadas plasmídeos. O citoplasma não contém nenhuma organela senão os ribossomos para a síntese de proteínas. Embora a função ribossômica seja a mesma em ambas as células pro e eucarióticas, a estrutura das organelas é diferente. Os ribossomos dos procariotos são caracterizados como 70S e os dos eucariotos, como 80S (a unidade "S" está relacionada ao modo que uma partícula se comporta quando estudada sob extrema força centrífuga em uma ultracentrífuga). O ribossomo 70S bacteriano é alvo específico para antimicrobianos como os aminoglicosídeos (Cap. 34). Muitas das funções metabólicas realizadas nas células eucarióticas por organelas circundadas por membranas como as mitocôndrias são realizadas pela membrana celular dos procariotos. Em todas as bactérias, exceto nos micoplasmas, a célula é circundada por uma parede celular complexa. No exterior desta parede podem existir cápsulas, flagelos e *pili*. O conhecimento da parede celular e destas estruturas externas é importante para o diagnóstico, para a patogenicidade e para a compreensão da biologia bacteriana.

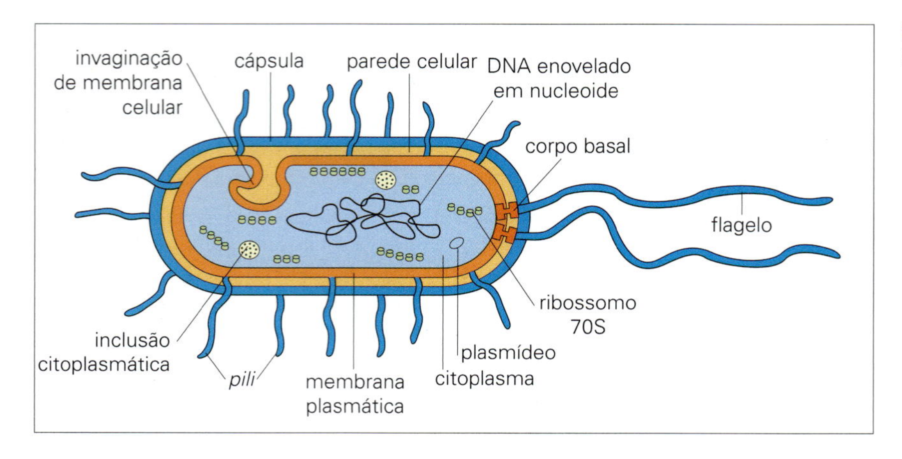

Figura 2.1 Estrutura geral diagramática de uma bactéria.

As bactérias são classificadas de acordo com sua parede celular em Gram-positivas e Gram-negativas

A coloração de Gram é um procedimento microbiológico básico para a identificação de bactérias (Cap. 32). O principal componente estrutural da parede celular é um "peptidoglicano" (mucopeptídeo ou mureína), um polímero misto de açúcares hexoses (*N*-acetilglicosamina e ácido *N*-acetilmurâmico) e aminoácidos (Fig. 2.2):

- Nas bactérias Gram-positivas, o peptidoglicano forma uma camada espessa (20–80 nm) externa à membrana celular e pode conter outras macromoléculas.
- Nas espécies Gram-negativas, a camada de peptidoglicano é fina (5–10 nm) e recoberta por uma membrana externa ancorada às moléculas de lipoproteínas na camada de peptidoglicano. As moléculas principais da membrana externa são lipopolissacarídeos e lipoproteínas.

Os polissacarídeos e os aminoácidos carregados na camada de peptidoglicano a tornam altamente polar, provendo às bactérias uma superfície hidrofílica espessa. Esta propriedade permite que os organismos Gram-positivos resistam à atividade da bile no intestino. Por outro lado, a camada é digerida pela lisozima, uma enzima presente nas secreções do corpo, a qual, consequentemente, apresenta propriedades bactericidas. A síntese do peptidoglicano é rompida por antibióticos beta-lactâmicos e glicopeptídeos (Cap. 34).

Nas bactérias Gram-negativas, a membrana externa é também hidrofílica, porém os componentes lipídicos das moléculas constituintes lhe conferem ainda propriedades hidrofóbicas. A entrada de moléculas hidrofílicas como açúcares e aminoácidos é necessária para a nutrição e é adquirida pelos canais especiais ou poros formados por proteínas chamadas "porinas". O lipopolissacarídeo (LPS) na membrana confere tanto propriedades antigênicas (os antígenos "O" das cadeias de carboidrato) como propriedades tóxicas (a "endotoxina" do lipídio A; Cap. 18).

Junto com sua coloração ligeiramente Gram-positiva, as micobactérias também apresentam uma membrana externa, que contém uma variedade de lipídios complexos (ácidos micólicos). Isso cria uma camada serosa, que altera as propriedades de coloração desses organismos (as chamadas bactérias álcool-ácidorresistentes) e lhes confere considerável resistência ao ressecamento e outros fatores ambientais. Os componentes da parede celular das micobactérias também apresentam uma atividade adjuvante pronunciada (isto é, promovem resposta imunológica).

No lado externo da parede celular, pode haver uma cápsula adicional de polissacarídeos de alto peso molecular (ou aminoácidos no bacilo do antraz) que confere uma superfície viscosa. A cápsula fornece proteção contra a fagocitose pelas células do hospedeiro e é um importante determinante de virulência. Em relação à infecção por *Streptococcus pneumoniae*, somente poucos organismos capsulados podem causar uma infecção fatal, porém mutantes não capsulados não causam doença.

A parede celular é um fator contribuinte importante para a forma definitiva do organismo, uma característica essencial para a identificação bacteriana. Em geral, as formas bacterianas são categorizadas como esféricas (cocos), bastonetes (bacilos) ou helicoidais (espirilo) (Fig. 2.3), embora haja algumas variações nessas morfologias.

Muitas bactérias possuem flagelos

Os flagelos são filamentos longos helicoidais que saem da superfície celular, capacitando as bactérias a se locomoverem em seu ambiente. Eles podem ser restritos aos polos da célula, únicos (polar) ou em tufos (lofotríqueo), ou distribuídos sobre toda a superfície da célula (peritríqueo). Os flagelos bacterianos possuem estrutura muito diferente da apresentada pelos flagelos dos eucariotos. Além disso, as forças que resultam em movimento são geradas de forma bastante diferente, sendo dependentes de prótons (ou seja, levados por movimento de hidrogênios pela membrana celular) em procariotos, mas dependentes do trifosfato de adenosina (ATP) em eucariotos. A motilidade permite respostas positivas e negativas a estímulos ambientais como estímulos químicos (quimiotaxia). Os flagelos são compostos de componentes proteicos (flagelinas), os quais são fortemente antigênicos. Estes antígenos, antígenos H, são alvos importantes de respostas protetoras de anticorpos.

Os *pili* são outra forma de projeções da superfície bacteriana

Os *pili* (fímbrias) são mais rígidos do que os flagelos, e sua função é a aderência bacteriana tanto a outras bactérias (os *pili* "sexuais") como às células do hospedeiro (os *pili* "comuns").

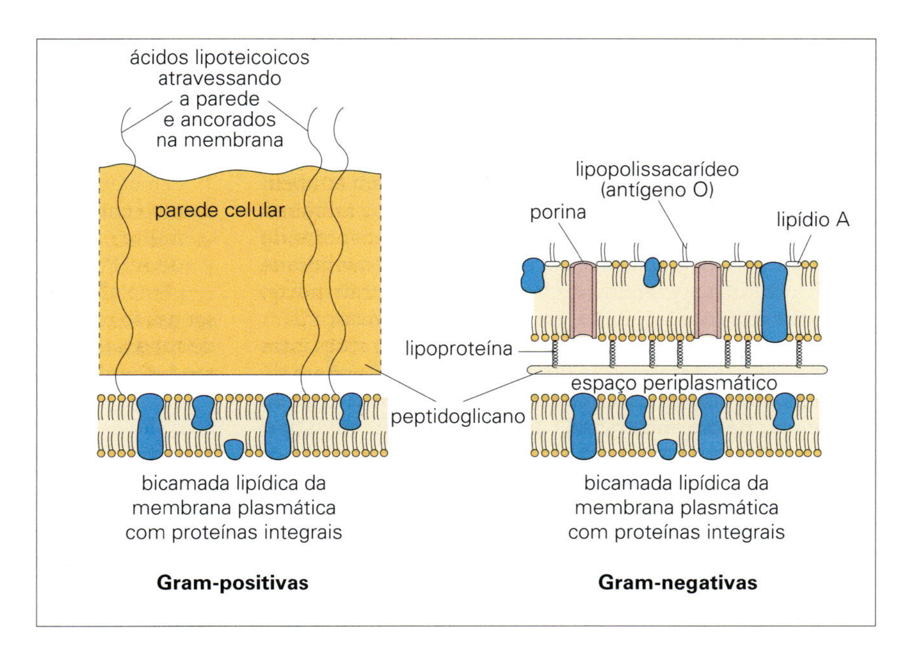

Figura 2.2 Construção das paredes celulares de bactérias Gram-positivas e Gram-negativas.

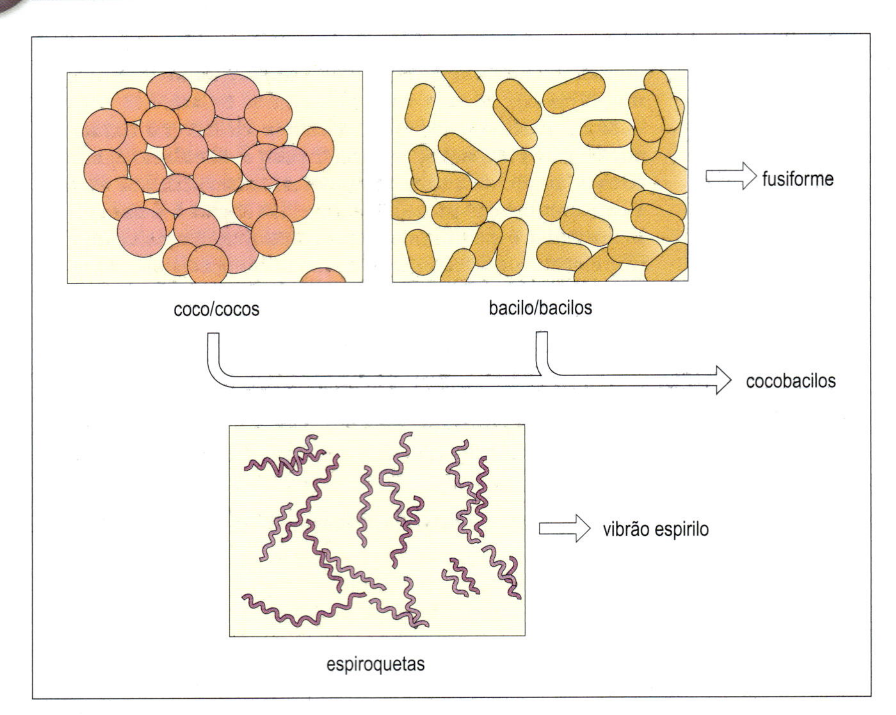

Figura 2.3 Os três formatos básicos das células bacterianas.

A aderência às células do hospedeiro envolve interações específicas entre as moléculas componentes dos *pili* (adesinas) e moléculas das membranas celulares do hospedeiro. Por exemplo, as adesinas da *Escherichia coli* interagem com moléculas de fucose/manose na superfície das células epiteliais intestinais (Cap. 23). A presença de muitos *pili* pode ajudar a prevenir a fagocitose, reduzindo a resistência do hospedeiro à infecção bacteriana. Embora imunogênicos, seus antígenos podem ser alterados, permitindo à bactéria evitar o reconhecimento imunológico. O mecanismo de "variação antigênica" foi elucidado em organismos como os gonococos, e sabe-se que envolve a recombinação de genes que codificam as regiões "constantes" e "variáveis" das moléculas de *pili*.

NUTRIÇÃO

As bactérias obtêm nutrientes principalmente pela incorporação de pequenas moléculas através da parede celular

As bactérias incorporam pequenas moléculas como aminoácidos, oligossacarídeos e pequenos peptídeos através da parede celular. As espécies Gram-negativas podem também incorporar e usar moléculas maiores após digestão preliminar no espaço periplásmico. A incorporação e o transporte de nutrientes para o citoplasma são realizados pela membrana celular por uma variedade de mecanismos de transporte, incluindo a difusão facilitada, que utiliza um carreador para transferir compostos para equilibrar suas concentrações intra e extracelular, e o transporte ativo, no qual há consumo de energia para aumentar deliberadamente a concentração intracelular de um substrato. O metabolismo oxidativo (ver adiante) também ocorre na interface membrana-citoplasma.

Algumas espécies necessitam apenas de quantidades mínimas de nutrientes em seu ambiente, tendo capacidades sintetizadoras consideráveis, ao passo que outras têm exigências nutricionais complexas. *E. coli*, por exemplo, podem crescer em meios que fornecem apenas glicose e sais inorgânicos; os estreptococos, por outro lado, crescerão somente em meios complexos que lhes forneçam muitos compostos orgânicos. Contudo, todas as bactérias têm exigências nutricionais gerais similares para o crescimento, que são resumidas na Tabela 2.1.

Todas as bactérias patogênicas são heterotróficas

Todas as bactérias obtêm energia pela oxidação de moléculas orgânicas preformadas (carboidratos, lipídios e proteínas) presentes no seu ambiente. O metabolismo dessas moléculas produz ATP como fonte de energia. O metabolismo pode ser aeróbio, quando o aceptor final de elétrons é o oxigênio, ou anaeróbio, quando o aceptor final de elétrons pode ser uma molécula orgânica ou inorgânica diferente do oxigênio.

- No metabolismo aeróbio (isto é, respiração aeróbia), a utilização total de uma fonte de energia como a glicose produz 38 moléculas de ATP.
- O metabolismo anaeróbio que utiliza uma molécula inorgânica diferente de oxigênio como aceptor final de hidrogênio (respiração anaeróbia) é incompleto e produz menos moléculas de ATP que a respiração aeróbia.
- O metabolismo anaeróbio que utiliza um composto orgânico como aceptor final de hidrogênio (fermentação) é muito menos eficiente e produz somente duas moléculas de ATP.

O metabolismo anaeróbio, embora menos eficiente, pode ser usado na ausência de oxigênio quando há disponibilidade de substratos apropriados, pois geralmente existe no organismo hospedeiro. A necessidade por oxigênio na respiração pode ser "obrigatória" ou "facultativa"; alguns organismos são capazes de trocar o metabolismo, entre o aeróbio e o anaeróbio. Aqueles que utilizam as vias fermentativas, frequentemente, usam o produto principal piruvato em fermentações secundárias, por meio das quais pode ser gerada energia adicional. A inter-relação entre estas diferentes vias metabólicas é ilustrada na Figura 2.4.

A capacidade das bactérias de crescer na presença de oxigênio atmosférico está relacionada com a sua capacidade

Tabela 2.1 Principais exigências nutricionais para o crescimento bacteriano

Elemento	Peso celular seco (%)	Principal função celular
Carbono	50	"Bloco de construção" molecular obtido de compostos orgânicos ou de CO_2
Oxigênio	20	"Bloco de construção" molecular obtido de compostos orgânicos, O_2 ou H_2O; O_2 é um aceptor de elétrons na respiração aeróbia
Nitrogênio	14	Componente dos aminoácidos, nucleotídeos, ácidos nucleicos e coenzimas, obtido de compostos orgânicos e fontes inorgânicas como NH_4^+
Hidrogênio	8	"Bloco de construção" molecular obtido de compostos orgânicos, H_2O ou H_2; envolvido na respiração para produzir energia
Fósforo	3	Encontrado em uma variedade de componentes celulares, incluindo: nucleotídeos, ácidos nucleicos, lipopolissacarídeos (lps) e fosfolipídeos; obtido de fosfatos inorgânicos (PO_4^{3-})
Enxofre	1–2	Componente de diversos aminoácidos e coenzimas; obtido de compostos orgânicos e fontes inorgânicas como os sulfatos (SO_4^{2-})
Potássio	1-2	Cátion inorgânico importante, cofator enzimático etc., obtido a partir de fontes inorgânicas

Tabela 2.2 Classificação bacteriana em resposta ao oxigênio ambiental

Oxigênio ambiental			
Categoria	***Presente***	***Ausente***	***Enzimas desintoxicantes de oxigênio (p. ex., superóxido dismutase, catalase, peroxidase)***
Aeróbio obrigatório	Crescimento	Sem crescimento	Presente
Microaerófilo	Crescimento em níveis baixos de oxigênio	Sem crescimento	Algumas enzimas ausentes; concentração enzimática reduzida
Anaeróbio obrigatório	Sem crescimento	Crescimento	Ausente
Facultativo (anaeróbio/aeróbio)	Crescimento	Crescimento	Presente

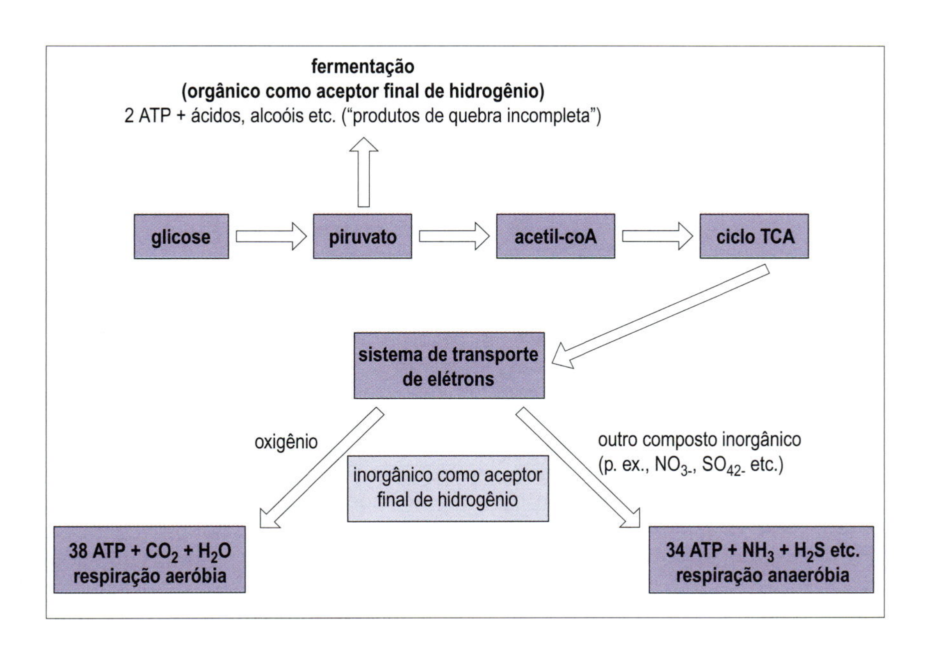

Figura 2.4 Quebra catabólica da glicose relacionada ao aceptor final de hidrogênio.

de lidar enzimaticamente com espécies reativas de oxigênio intracelulares potencialmente destrutivas (p. ex., radicais livres, ânions contendo oxigênio etc.) (Tabela 2.2). A interação entre estes compostos nocivos e estas enzimas desintoxicantes como superóxido dismutase, peroxidase e catalase é ilustrada na Figura 2.5 (Cap. 10 e Quadro 10.2).

CRESCIMENTO E DIVISÃO

A taxa de crescimento e divisão das bactérias depende, em grande parte, da disponibilidade de nutrientes do ambiente. O crescimento e a divisão de uma única célula de *E. coli* em "células-filhas" idênticas podem ocorrer em apenas 20–30 minutos em meios de cultura ricos, enquanto o mesmo processo

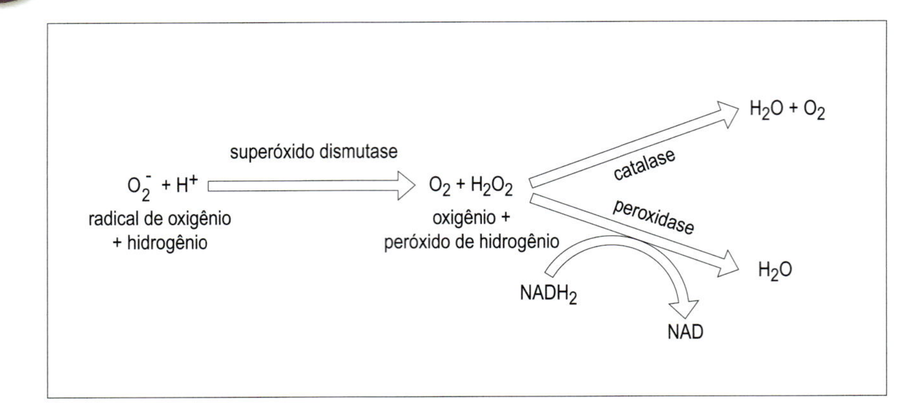

Figura 2.5 Interação entre as enzimas desintoxicantes de oxigênio.

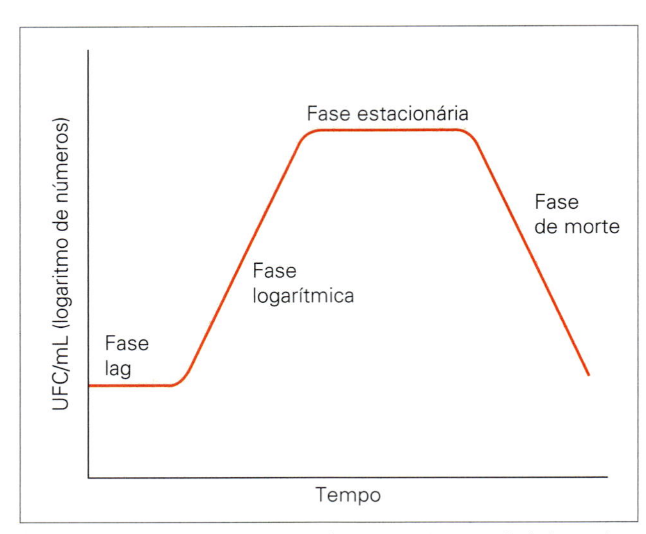

Figura 2.6 A curva de crescimento bacteriano. UFC, unidade formadora de colônia.

pode ser muito mais devagar (1–2 horas) em um ambiente nutricionalmente esgotado. Ao contrário, mesmo no melhor ambiente, outras bactérias como *Mycobacterium tuberculosis* podem crescer muito mais lentamente, dividindo-se a cada 24 horas. Quando as bactérias são introduzidas em um novo ambiente, o seu crescimento segue um perfil característico representado na Figura 2.6. Após um período inicial de ajuste (fase lag), a divisão celular ocorre rapidamente, com a população dobrando a uma taxa constante (tempo de geração), por um período denominado fase log ou exponencial. À medida que os nutrientes são esgotados e os produtos tóxicos se acumulam, o crescimento celular diminui até ocorrer uma parada (fase estacionária) e, eventualmente, entra em uma fase de declínio (morte).

A célula bacteriana deve duplicar seu DNA genômico antes de se dividir

Todos os genomas bacterianos são circulares, e sua replicação inicia-se em um único sítio conhecido como origem da replicação (denominado OriC). O complexo de replicação multienzimático liga-se à origem e inicia o desenrolamento e a separação das duas fitas de DNA empregando enzimas chamadas de helicases e topoisomerases (p. ex., DNA girase). Cada fita de DNA separada serve como molde para a DNA polimerase. A reação de polimerização envolve a incorporação de desoxirribonucleotídeos, os quais pareiam as bases corretamente com o molde de DNA. Dois pontos característicos de replicação são formados, os quais seguem em direções opostas ao longo do cromossomo. Cada uma das duas cópias da informação genética total (genoma) produzidas durante a replicação compreende uma fita de DNA parental e outra recém-sintetizada.

A replicação do genoma de *E. coli* dura aproximadamente 40 minutos, de maneira que, quando essas bactérias crescem e se dividem a cada 20–30 minutos, elas precisam iniciar um novo ciclo de replicação do DNA antes que o ciclo de replicação anterior esteja terminado para que haja cópias cromossômicas completas a uma taxa acelerada. Neste caso, as células-filhas herdam um DNA que já iniciou sua própria replicação.

A replicação tem de ser precisa

A replicação precisa é essencial porque o DNA carrega a informação que define as propriedades e os processos de uma célula. Esta precisão é atingida porque a DNA polimerase é capaz de revisar os desoxirribonucleotídeos recém-incorporados e excluir aqueles que estejam incorretos. Desta forma, a frequência de erros é reduzida a aproximadamente um erro (um par de bases incorreto) por 10^{10} nucleotídeos copiados.

A divisão celular é precedida pela segregação do genoma e pela formação de septo

O processo de divisão celular (ou septação) envolve:

- a segregação dos genomas replicados;
- a formação de um septo no meio da célula;
- a divisão da célula para originar células-filhas separadas.

O septo é formado por uma invaginação da membrana citoplasmática e pelo crescimento interno da parede celular de peptidoglicano (e da membrana externa nas bactérias Gram-negativas). A septação e replicação do DNA e a segregação do genoma não são rigorosamente acopladas, mas são suficientemente bem coordenadas para assegurar que a grande maioria das células-filhas tenham o DNA genômico correto e completo.

Ao exame microscópico, os mecanismos de divisão celular resultam em arranjos celulares reprodutíveis. Por exemplo, os cocos que se dividem em um plano podem aparecer formando cadeias (estreptococos) ou pares (diplococos), enquanto a divisão em múltiplos planos resulta em células agrupadas (estafilococos). Da mesma maneira que a forma celular, estes arranjos são uma característica importante para a identificação bacteriana.

O crescimento bacteriano e a divisão celular são alvos importantes para agentes antimicrobianos

Os antimicrobianos que têm como alvo os processos envolvidos no crescimento e na divisão bacteriana incluem:

- as quinolonas (ciprofloxacino e levofloxacina), as quais inibem o desenovelamento do DNA pela DNA girase durante a replicação do DNA;
- os vários inibidores da síntese do peptidoglicano da parede celular (p. ex., beta-lactâmicos, como as penicilinas, cefalosporinas e carbapenemas, e os glicopeptídeos, como a vancomicina).

Eles serão considerados com mais detalhes no Capítulo 34.

EXPRESSÃO GÊNICA

A expressão gênica descreve os processos envolvidos em decodificar a "informação genética" contida em um gene para produzir uma molécula funcional de proteína ou ácido ribonucleico (RNA).

A maioria dos genes é transcrita em RNA mensageiro (mRNA)

A grande maioria dos genes (p. ex., mais de 98% em *E. coli*) é transcrita em mRNA, o qual é então traduzido em proteínas. Certos genes, no entanto, são transcritos para produzir os tipos de RNA ribossômico (5 S, 16 S e 23 S), os quais fornecem um suporte para a reunião das subunidades ribossômicas; outros são transcritos em moléculas de RNA de transferência (tRNA), os quais juntamente com o ribossomo participam na decodificação do mRNA em proteínas funcionais.

Transcrição

O DNA é copiado por uma RNA polimerase DNA-dependente para produzir um transcrito de RNA. A reação de polimerização envolve a incorporação de ribonucleotídeos, que pareiam corretamente as bases com o molde de DNA.

A transcrição é iniciada nos promotores

Os promotores são sequências de nucleotídeos no DNA capazes de se ligar à RNA polimerase. A frequência da iniciação da transcrição pode ser influenciada por muitos fatores, por exemplo:

- a sequência exata do DNA do sítio promotor;
- a topologia completa (superenovelamento) do DNA;
- a presença ou a ausência de proteínas reguladoras que se ligam de forma adjacente ou se sobrepõem ao sítio promotor.

Consequentemente, diferentes promotores possuem taxas amplamente variadas de iniciação da transcrição (de até 3.000 vezes). Suas atividades podem ser alteradas pelas proteínas reguladoras. O fator sigma (uma proteína necessária especificamente para iniciar a síntese da RNA polimerase) desempenha um papel importante no reconhecimento do promotor. A presença de vários fatores sigma diferentes nas bactérias possibilita que grupos de genes sejam ativados pela simples alteração do nível de expressão de um determinado fator sigma (p. ex., formação de esporos em bactérias Gram-positivas).

A transcrição normalmente termina em sítios específicos de terminação

Estes sítios de terminação são caracterizados por uma série de resíduos de uracila no mRNA que se encontram após uma sequência repetida invertida, podendo adotar uma estrutura em forma de alça (a qual se forma como resultado do pareamento de bases de ribonucleotídeos) e interferir na atividade da RNA polimerase. Além disso, alguns transcritos terminam após a interação da RNA polimerase com a proteína de terminação da transcrição, rho.

Os transcritos de mRNA frequentemente codificam mais de uma proteína nas bactérias

O arranjo bacteriano para os genes únicos (gene estrutural-promotor-transcricional-terminador) é descrito como monocistrônico. No entanto, um único promotor e terminador pode flanquear diversos genes estruturais, um arranjo policistrônico conhecido como óperon. A transcrição de um óperon resulta em um mRNA policistrônico que codifica mais de uma proteína (Fig. 2.7). Os óperons fornecem um meio de assegurar que subunidades proteicas de um determinado complexo enzimático ou que são requeridas para um processo biológico específico sejam sintetizadas simultaneamente e com uma estequiometria correta. Por exemplo, as proteínas requeridas para a incorporação e metabolismo da lactose são codificadas pelo óperon lac. Muitas das proteínas responsáveis por propriedades patogênicas de microrganismos importantes do ponto de vista clínico são da mesma maneira codificadas por óperons, por exemplo:

- a toxina da cólera produzida por *Vibrio cholerae*;
- as fímbrias (*pili*) de *E. coli* uropatogênica, responsáveis pela colonização.

Tradução

A sequência exata de aminoácidos em uma proteína (polipeptídeo) é especificada pela sequência de nucleotídeos encontrada nos transcritos de mRNA. A decodificação desta informação para produzir uma proteína é realizada pelos ribossomos e pelas moléculas de tRNA em um processo conhecido como tradução. Cada conjunto de três bases (*triplet*) na sequência do mRNA corresponde a um códon para um aminoácido específico. Entretanto, há redundância no *triplet* do código que resulta em exemplos de mais de um *triplet* codificando o mesmo aminoácido (isto é também conhecido como degeneração do código). Dessa forma, um total de 64 códons codifica todos os 20 aminoácidos, bem como os códons que sinalizarão o início e o término.

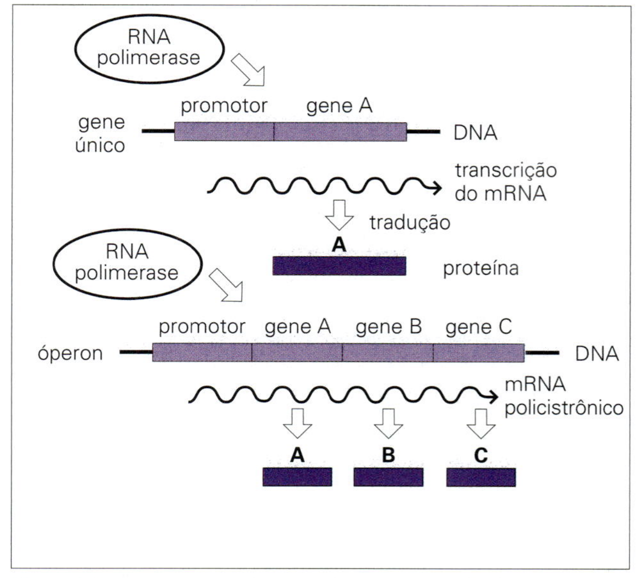

Figura 2.7 Os genes bacterianos estão presentes no DNA como unidades discretas separadas (genes únicos) ou como óperons (genes múltiplos), que são transcritos dos promotores para fornecer, respectivamente, moléculas de RNA mensageiro (mRNA) monocistrônico ou policistrônico; em seguida, o mRNA é traduzido em proteína.

A tradução começa com a formação de um complexo de iniciação e termina em um códon de terminação, STOP

O complexo de iniciação compreende mRNA, ribossomo e uma molécula de tRNA iniciador que carrega formil-metionina. Os ribossomos ligam-se a sequências específicas no mRNA (sequências de Shine-Dalgarno) e começam a tradução em um códon de iniciação (START), AUG (ou seja, as bases adenosina, uracil, guanina), que hibridiza com uma sequência complementar específica (o anticódon) da molécula de tRNA iniciador. A cadeia polipeptídica alonga-se como resultado do movimento do ribossomo ao longo da molécula de mRNA e o recrutamento de novas moléculas de tRNA (carreando diferentes aminoácidos), que reconhecem os *triplets* do códon subsequentes. Os ribossomos realizam uma reação de condensação, que acopla o aminoácido recém-chegado (transportado no tRNA) à cadeia polipeptídica crescente.

A tradução é finalizada quando o ribossomo encontra um dos três códons de terminação (STOP): UGA, UAA ou UAG.

A transcrição e a tradução são alvos importantes para os agentes antimicrobianos

Tais agentes antimicrobianos incluem:

- os inibidores da RNA polimerase, como a rifampicina;
- uma ampla série de inibidores da síntese proteica bacteriana incluindo os macrolídeos (p. ex., eritromicina), aminoglicosídeos, tetraciclinas, estreptomicina, cloranfenicol, lincosamidas, estreptograminas e oxazolidinonas (Cap. 34).

Regulação da expressão gênica

As bactérias se adaptam ao seu ambiente pelo controle da expressão gênica

As bactérias demonstram uma habilidade marcante de adaptação às mudanças em seu meio ambiente. Isso é conseguido principalmente pelo controle da expressão gênica, assegurando, desta forma, que proteínas sejam produzidas somente quando e se forem necessárias. Por exemplo:

- As bactérias podem encontrar uma nova fonte de carbono ou nitrogênio e, como consequência, ativar novas vias metabólicas que as capacitam a transportar e utilizar tais compostos.
- Quando compostos como aminoácidos são esgotados do ambiente de uma bactéria, ela é capaz de ativar a produção de enzimas que a capacita a sintetizar "via de novo" a molécula necessária em questão.

A expressão de muitos determinantes de virulência das bactérias patogênicas é altamente regulada

Essa regulação faz sentido, pois conserva a energia metabólica e assegura que os determinantes de virulência sejam somente produzidos quando sua propriedade característica é necessária. Por exemplo, patógenos enterobacterianos são frequentemente transmitidos em suprimentos de água contaminada. A temperatura de tais águas é provavelmente mais baixa que 25 °C e elas apresentam baixo teor de nutrientes. Entretanto, após a entrada no intestino humano, ocorre uma mudança drástica no ambiente da bactéria — a temperatura aumenta para 37 °C, há um suprimento abundante de carbono e nitrogênio e uma baixa disponibilidade de oxigênio e ferro livre (um nutriente essencial). As bactérias adaptam-se a tais alterações pela ativação ou desativação de uma escala de genes associados ao metabolismo e à virulência.

A análise da expressão de genes de virulência é um dos aspectos do estudo da patogênese bacteriana que se expande mais rapidamente. Esta análise fornece um entendimento importante de como a bactéria se adapta às muitas alterações que encontra quando inicia uma infecção e se dissemina nos diferentes tecidos do hospedeiro.

O modo mais comum de alterar a expressão gênica é modificar a quantidade de transcrição de mRNA

O nível de transcrição de mRNA pode ser alterado pela modificação da eficiência de ligação da RNA polimerase aos sítios promotores. Alterações ambientais, como na temperatura de crescimento (de 25 °C para 37 °C) ou na disponibilidade de oxigênio, podem mudar a extensão do superenovelamento do DNA, alterando, deste modo, a topologia geral dos promotores e a eficiência da iniciação da transcrição. Entretanto, a maioria dos modelos de regulação da transcrição é mediada por proteínas reguladoras, que se ligam especificamente ao DNA adjacente ou a sítios promotores sobrepostos e alteram a ligação da RNA polimerase e a transcrição. As regiões do DNA às quais as proteínas reguladoras se ligam são conhecidas como operadores ou sítios operadores. As proteínas reguladoras compreendem duas classes distintas:

- aquelas que aumentam a taxa de iniciação da transcrição (ativadoras);
- aquelas que inibem a transcrição (repressoras) (Fig. 2.8).

Os genes sujeitos à regulação positiva precisam se ligar a uma proteína reguladora ativada (apoindutora) para promover a iniciação da transcrição. Uma transcrição gênica sujeita à regulação negativa é inibida pela ligação das proteínas repressoras.

Os princípios da regulação gênica nas bactérias podem ser ilustrados pela regulação dos genes envolvidos no metabolismo dos açúcares

As bactérias utilizam açúcares como fonte de carbono para o crescimento e preferem usar a glicose a qualquer outro açúcar devido à facilidade em metabolizá-lo. As bactérias como a *E. coli*, quando crescem em um ambiente contendo tanto glicose como lactose, metabolizam preferencialmente a glicose e, ao mesmo tempo, impedem a expressão do óperon lac, cujos produtos transportam e metabolizam a lactose (Fig. 2.9). Este fenômeno é conhecido como repressão catabólica. Ocorre porque a iniciação da transcrição do óperon lac é dependente de um regulador positivo, a proteína ativadora catabólica (CAP) dependente de monofosfato cíclico de adenosina (cAMP), a qual somente é ativada quando cAMP está ligado. Quando as bactérias crescem na presença de glicose, os níveis de cAMP no citoplasma são baixos e a CAP não é ativada. A CAP é, portanto, incapaz de se ligar ao seu sítio de ligação no DNA adjacente ao promotor lac e facilitar a iniciação da transcrição pela RNA polimerase. Quando a glicose é esgotada, a concentração de cAMP aumenta, resultando na formação de complexos CAP-cAMP ativados, que se ligam ao sítio apropriado no DNA, aumentando a ligação da RNA polimerase e a transcrição do óperon lac.

A CAP é um exemplo de uma proteína reguladora global que controla a expressão de múltiplos genes; ela controla a expressão de mais de 100 genes em *E. coli*. Todos os genes controlados pelo mesmo regulador constituem um *regulon* (Fig. 2.8). Além da influência da CAP sobre o óperon lac, o óperon também está sujeito à regulação negativa pela proteína repressora de lactose (LacI, Fig. 2.9). A LacI é codificada pelo gene *lacI*, que se localiza imediatamente acima do óperon da lactose e é transcrita por um promotor separado. Na ausência de lactose, a LacI liga-se especificamente à região operadora do promotor lac e bloqueia a transcrição. Uma molécula indutora, alolactose (ou seu homólogo não metabolizável, isopropiltiogalactosídio

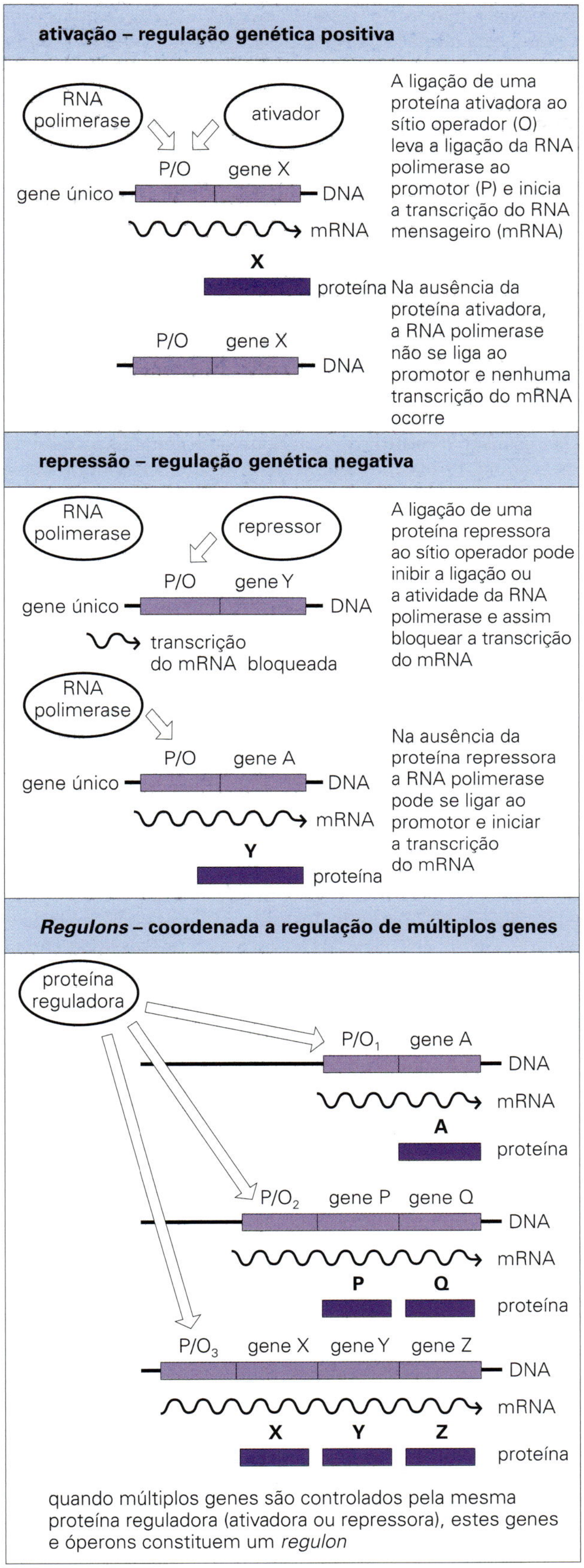

ativação – regulação genética positiva
RNA polimerase
ativador
P/O gene X
gene único
DNA
mRNA
X
proteína
A ligação de uma proteína ativadora ao sítio operador (O) leva a ligação da RNA polimerase ao promotor (P) e inicia a transcrição do RNA mensageiro (mRNA)
P/O gene X
DNA
Na ausência da proteína ativadora, a RNA polimerase não se liga ao promotor e nenhuma transcrição do mRNA ocorre
repressão – regulação genética negativa
RNA polimerase
repressor
P/O gene Y
gene único
DNA
transcrição do mRNA bloqueada
A ligação de uma proteína repressora ao sítio operador pode inibir a ligação ou a atividade da RNA polimerase e assim bloquear a transcrição do mRNA
RNA polimerase
P/O gene A
gene único
DNA
mRNA
Y
proteína
Na ausência da proteína repressora a RNA polimerase pode se ligar ao promotor e iniciar a transcrição do mRNA
Regulons – coordenada a regulação de múltiplos genes
proteína reguladora
P/O1 gene A
DNA
mRNA
A
proteína
P/O2 gene P gene Q
DNA
mRNA
P Q
proteína
P/O3 gene X gene Y gene Z
DNA
mRNA
X Y Z
proteína
quando múltiplos genes são controlados pela mesma proteína reguladora (ativadora ou repressora), estes genes e óperons constituem um regulon

Figura 2.8 A expressão dos genes nas bactérias é altamente regulada, permitindo que eles ativem ou desliguem genes em resposta às mudanças nos nutrientes disponíveis ou outras mudanças em seu ambiente. Os genes e óperons controlados pelo mesmo regulador constituem um *regulon*.

lactose disponível, sem glicose – óperon ativado
P lacI P/O lacZ lacy lacA
cAMP CAP
ativador
repressor
LacI
alolactose
LacZ LacY LacZ
β-galactosidase permease transacetilase
lactose e glicose disponíveis – óperon reprimido
P lacI P/O lacZ lacy lacA
CAP
repressor
LacI
baixo nível de cAMP
sem transcrição
Na presença de glicose, os baixos níveis de cAMP provocam liberação da proteína ativadora CAP do operador, evitando o reconhecimento do promotor pela RNA polimerase
sem lactose ou glucose disponíveis – óperon reprimido
P lacI P/O lacZ lacy lacA
LacI
cAMP CAP
repressor
LacI
sem transcrição

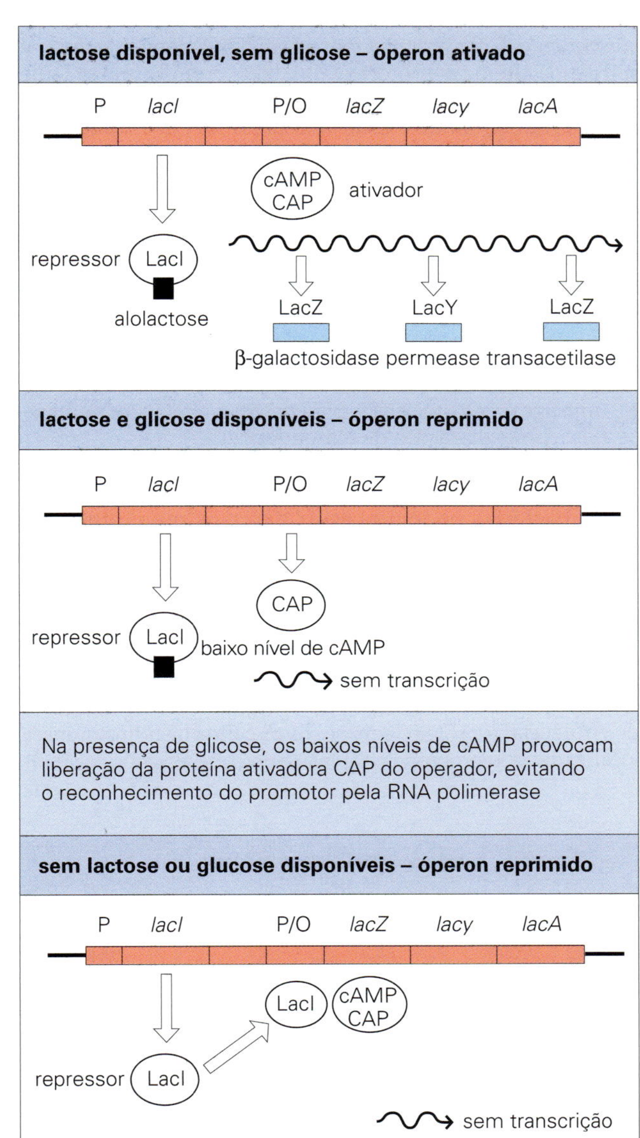

Figura 2.9 Controle do óperon lac. A transcrição é controlada pela proteína repressora de lactose (LacI, regulação negativa) e pela proteína ativadora catabólica (CAP, regulação positiva). Na presença da lactose como fonte única de carbono para o crescimento, o óperon lac é ativado. As bactérias preferem usar glicose em vez da lactose, portanto, se a glicose também está presente, o óperon lac fica desativado até a glicose ser utilizada.

[IPTG]), é capaz de se ligar a LacI, causando uma alteração alostérica em sua estrutura. Esta alteração a libera do DNA, aliviando, assim, a repressão. O óperon lac, portanto, ilustra o aperfeiçoamento da regulação gênica nas bactérias — o óperon será ativado somente se a lactose estiver disponível como fonte de carbono para o crescimento da célula, porém permanecerá não expresso se a glicose, a fonte de carbono preferencial da célula, também estiver presente.

A expressão dos genes de virulência bacteriana é frequentemente controlada por proteínas reguladoras

Um exemplo de tal regulação é a produção de toxina diftérica por *Corynebacterium diphtheriae* (Cap. 19), que está sujeita à regulação negativa quando há ferro livre no ambiente de crescimento. Uma proteína repressora, DtxR, liga-se ao ferro e sofre uma alteração conformacional que permite que se ligue com alta afinidade ao sítio operador do gene da toxina e iniba a transcrição. Quando o *C. diphtheriae* cresce em um ambiente com concentração muito baixa de ferro (*i.e.*, semelhante ao das secreções humanas), a DtxR é incapaz de se ligar ao ferro, e a produção da toxina ocorre.

Muitos genes de virulência bacteriana estão sujeitos à regulação positiva por "reguladores de dois componentes"

Estes reguladores de dois componentes normalmente compreendem duas proteínas separadas (Fig. 2.10):

- uma age como um sensor para detectar alterações ambientais (como alterações de temperatura);
- a outra age como uma proteína que se liga ao DNA capaz de ativar (ou reprimir em alguns casos) a transcrição.

As bactérias podem possuir diversos reguladores de dois componentes que reconhecem diferentes estímulos do ambiente. Assim, as bactérias que residem em ambientes mais complexos tendem a carregar números maiores de reguladores de dois componentes.

Em *Bordetella pertussis*, o agente etiológico da coqueluche (Cap. 20), um regulador de dois componentes (codificado pelo *locus* bvg) controla a expressão de um grande número de genes de virulência. A proteína sensora BvgS é uma histidina quinase localizada na membrana citoplasmática que percebe os sinais ambientais (temperatura, Mg^{2+}, ácido nicotínico), os quais provocam uma alteração na sua atividade autofosforilativa. Em resposta aos sinais reguladores positivos, como uma elevação da temperatura, a BvgS sofre à autofosforilação e, então, fosforilada ativa a proteína BvgA, proteína que se liga ao DNA. A BvgA liga-se então aos operadores do óperon da toxina pertussis e outros genes associados à virulência e ativa suas transcrições.

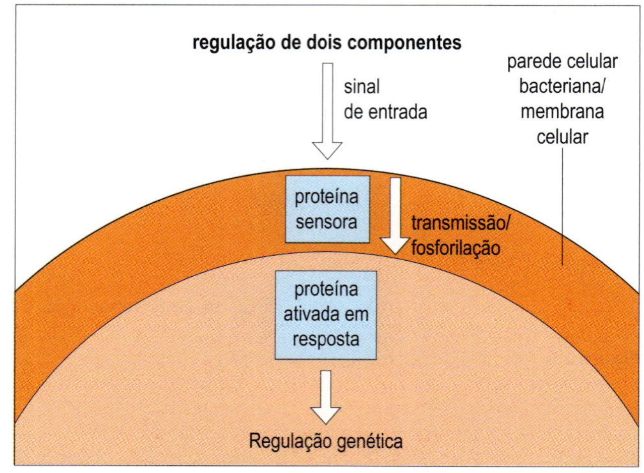

Figura 2.10 A regulação de dois componentes é um processo de transdução do sinal que permite que as funções celulares reajam em resposta às modificações do ambiente. Um estímulo ambiental apropriado resulta em autofosforilação da proteína sensora que, por uma reação de fosfotransferência, ativa a resposta proteica que afeta a regulação genética.

Em *Staphylococcus aureus*, uma variedade de genes de virulência é influenciada por sistemas reguladores globais, dos quais o mais bem estudado e mais importante é um regulador de dois componentes denominado gene regulador acessório (*agr*). O controle por *agr* é complexo, pois serve como um regulador positivo para as exotoxinas secretadas tardiamente no ciclo de vida bacteriano (fase pós-exponencial), mas se comporta como um regulador negativo para fatores de virulência associados à superfície celular.

O controle da expressão de gene de virulência em *V. cholerae* está sob o controle de ToxR, uma proteína localizada na membrana citoplasmática, que percebe alterações ambientais. A ToxR ativa a transcrição do óperon da toxina colérica e outra proteína reguladora, ToxT, que, por sua vez, ativa a transcrição de outros genes de virulência como os *pili* toxina-corregulados, um fator de virulência essencial necessário para a colonização do intestino delgado humano.

Em alguns casos, a atividade patogênica das bactérias começa especificamente quando os números de células atingem certo limite

Quorum sensing é o mecanismo pelo qual a transcrição gênica específica é ativada em resposta à concentração bacteriana. É conhecido por ocorrer em uma grande variedade de microrganismos; um exemplo clássico é a produção de biofilmes por *Pseudomonas aeruginosa* nos pulmões de pacientes com fibrose cística (FC). A produção dessas substâncias persistentes permite que *P. aeruginosa* estabeleça uma grave infecção em longo prazo em pacientes com FC, com difícil tratamento (Cap. 20; Fig. 20.23). Como ilustrado na Figura 2.11, quando o *quorum sensing* das bactérias alcança os números adequados, os componentes de sinalização que elas produzem atingem a concentração suficiente para ativar a transcrição gênica de resposta específica como aquelas relacionadas à produção de biofilme. Hoje em dia, as pesquisas estão voltadas ao melhor entendimento sobre o processo de *quorum sensing* em diferentes patógenos bacterianos e explorando possíveis abordagens terapêuticas (p. ex., compostos inibidores) para interferir neste mecanismo coordenado de virulência bacteriana.

SOBREVIVÊNCIA EM CONDIÇÕES ADVERSAS

Algumas bactérias formam endósporos

Certas bactérias podem formar esporos — endósporos — altamente resistentes no interior de suas células, capacitando-as a sobreviver em condições adversas. Os esporos são formados quando as células são incapazes de crescer (p. ex., quando as condições ambientais mudam ou quando os nutrientes são esgotados), mas nunca por células crescendo ativamente. O esporo apresenta uma capa complexa de multicamadas circundando uma nova célula bacteriana. Há muitas diferenças na composição entre endósporos e células normais, principalmente a presença de ácido dipicolínico e um alto teor de cálcio, que parecem conferir ao endósporo uma extrema resistência ao calor e a substâncias químicas.

Por causa de sua resistência, os esporos podem permanecer viáveis em um estado de latência por muitos anos, voltando rapidamente à existência normal quando as condições melho-

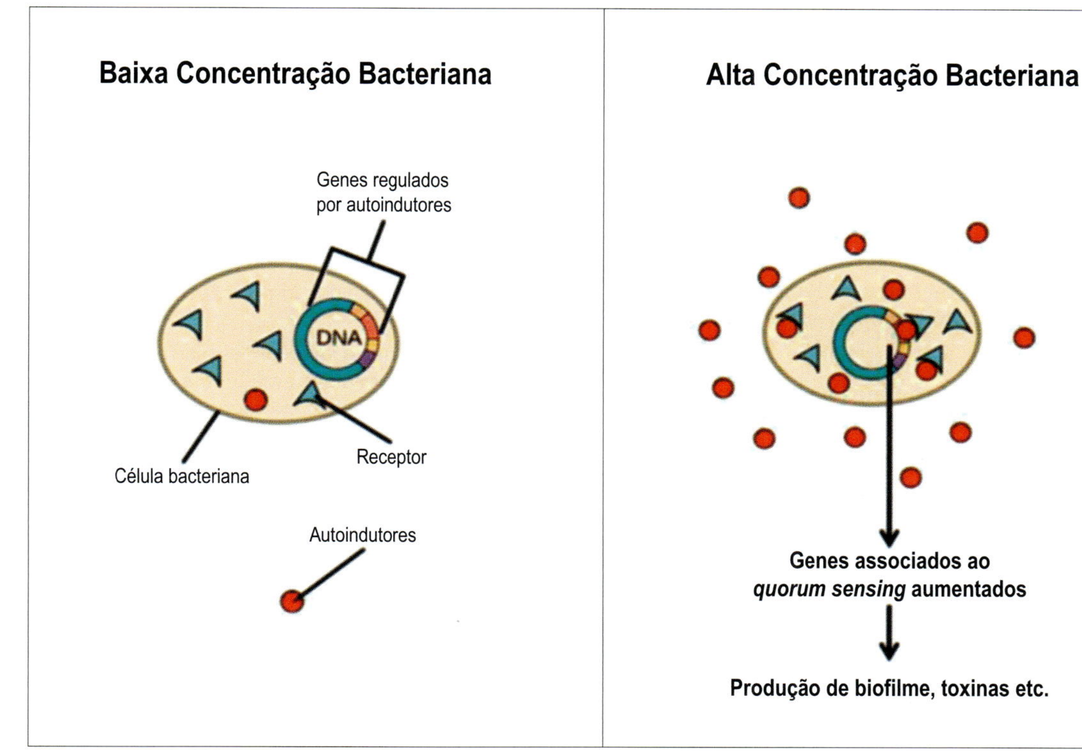

Figura 2.11 *Quorum sensing* das bactérias produzem compostos de sinalização autoinduzidos que, em concentração suficiente, se ligam aos receptores que ativam a transcrição de resposta específica de genes (p. ex., para produção de biofilme etc.). (Adaptado de: https://www.boundless.com/biology/textbooks/boundless-biology-textbook/cell-communication-9/signaling-in-single-celled-organisms-86/signaling-in-bacteria-391-11617/images/fig-ch09_04_02/.)

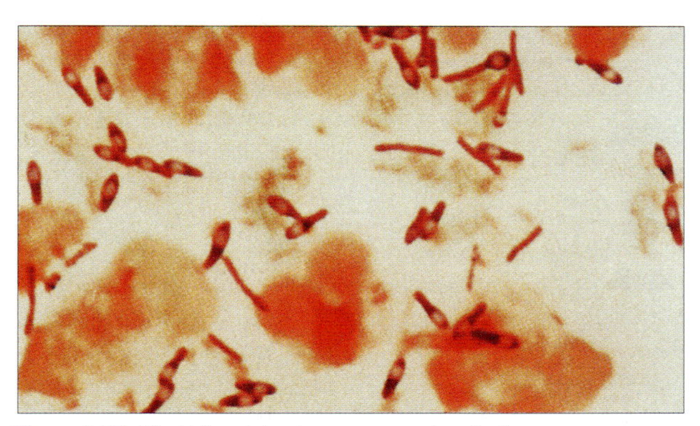

Figura 2.12 *Clostridium tetani* com esporos terminais.

ram. Quando isso ocorre, uma nova célula bacteriana cresce para fora do esporo e reassume a vida vegetativa. Os endósporos são abundantes nos solos, e os esporos de *Clostridium* e *Bacillus* representam um perigo particular (Fig. 2.12). O tétano e o antraz, causados por estas bactérias, estão ambos associados à infecção de feridas com endósporos; as bactérias se desenvolvem a partir dos esporos quando em condições apropriadas.

ELEMENTOS GENÉTICOS MÓVEIS

O cromossomo bacteriano representa o reservatório primário de informações genéticas dentro da célula. Todavia, uma variedade de elementos genéticos adicionais, que são capazes de se mover de maneira independente para diferentes locais dentro de uma célula, ou entre células, também pode estar presente (também denominada transferência genética horizontal).

Muitas bactérias possuem pequenas moléculas de ácido nucleico que se replicam independentemente (extracromossômicas), denominadas plasmídeos e bacteriófagos

Plasmídeos são unidades de dsDNA circular independentes, que se autorreplicam; alguns deles são relativamente grandes (p. ex., 60–120 kb), enquanto outros são muito pequenos (1,5–15 kb). A replicação do plasmídeo é semelhante à do DNA genômico, embora haja algumas diferenças. Nem todos os plasmídeos se replicam bidirecionalmente, alguns têm uma única forquilha de replicação, outros são replicados como um "círculo rolante". O número de plasmídeos por célula bacteriana (número de cópias) varia para os diferentes plasmídeos, podendo ser de 1-1.000 cópias por célula. A taxa de iniciação de replicação do plasmídeo determina o número de cópias; entretanto, os plasmídeos grandes tendem a ter um número menor de cópias do que os plasmídeos menores. Alguns plasmídeos (plasmídeos de escala ampla de hospedeiros) são capazes de se replicar em muitas espécies bacterianas diferentes, outros apresentam uma escala mais restrita de hospedeiros.

Os plasmídeos contêm genes para replicação e, em alguns casos, para mediar sua própria transferência entre as bactérias (genes *tra*). Além disso, eles podem carrear uma ampla variedade de genes adicionais (em relação ao tamanho geral do plasmídeo), o que pode conferir diversas vantagens à bactéria hospedeira (p. ex., resistência a antibióticos, produção de toxinas).

O uso indiscriminado de antimicrobianos resultou em uma forte pressão seletiva a favor das bactérias capazes de resistir a estes agentes

Na maioria das vezes, a resistência aos antimicrobianos é causada pela presença de genes de resistência em plasmídeos autotransferíveis (conjugativos) (plasmídeos R; Cap. 34). Sabe-se que estes plasmídeos já existiam antes da era do tratamento massivo com antibióticos, mas se tornaram disseminados em muitas espécies como um resultado da seleção. Os plasmídeos R podem carrear genes para resistência a vários antimicrobianos. Por exemplo, um dos primeiros plasmídeos R a serem estudados, R100, confere resistência a sulfonamidas, aminoglicosídeos, cloranfenicol e tetraciclina, e existem muitos outros que portam genes de resistência a um espectro ainda mais amplo de antimicrobianos. Os plasmídeos R podem se recombinar, resultando em *replicons* individuais que codificam novas combinações de resistência a múltiplas drogas.

Os plasmídeos podem carrear genes de virulência

Os plasmídeos podem codificar toxinas e outras proteínas que aumentam a virulência dos microrganismos. Por exemplo:

- As cepas virulentas enterotoxigênicas de *E. coli* que causam diarreia produzem tipos diferentes de enterotoxinas que alteram a secreção de fluidos e eletrólitos pelo epitélio intestinal (Cap. 23).
- Em *Staphylococcus aureus*, tanto uma enterotoxina como várias enzimas envolvidas na virulência bacteriana (hemolisina, fibrinolisina) são codificadas por genes plasmidiais.

A produção de toxinas pela bactéria e seus efeitos patológicos são discutidos em detalhes no Capítulo 18.

Os plasmídeos são ferramentas valiosas para a clonagem e a manipulação de genes

Os biologistas moleculares têm criado diversos plasmídeos recombinantes para serem usados como vetores para a engenharia genética (Fig. 2.13). Os plasmídeos podem ser usados para transferir genes entre espécies diferentes, de modo que produtos gênicos definidos possam ser estudados ou sintetizados em grandes quantidades, em diferentes organismos receptores.

Os bacteriófagos são vírus bacterianos que podem sobreviver tanto fora como no interior das células bacterianas

Diferentemente do que ocorre com os plasmídeos, a reprodução dos bacteriófagos normalmente leva à destruição da célula bacteriana. Em geral, os bacteriófagos consistem em uma capa proteica ou cabeça (capsídeo) que circunda o ácido nucleico, o qual pode ser DNA ou RNA, mas não ambos. Alguns bacteriófagos também podem ter uma estrutura semelhante a uma cauda que os auxilia na aderência e na infecção da célula bacteriana hospedeira. Como ilustrado na Figura 2.14, para os bacteriófagos que contêm DNA, o vírus se liga e injeta seu DNA no interior da bactéria, deixando a capa proteica protetora para trás. Os bacteriófagos virulentos incitam uma espécie de motim molecular para comandar os ácidos nucleicos e as proteínas celulares na produção de novos DNAs e proteínas virais. Muitas partículas virais novas (vírions) são, então, montadas e

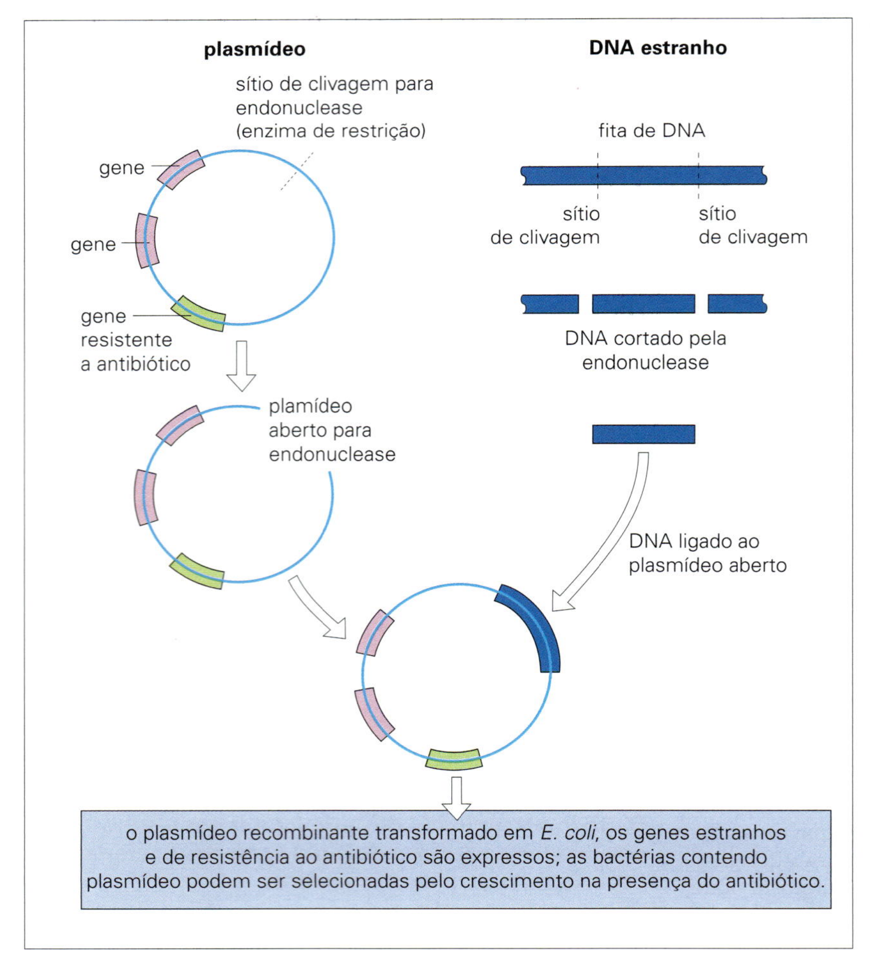

Figura 2.13 O uso dos vetores de plasmídeo para introduzir o DNA de outro organismo em *E. coli* — uma etapa básica da clonagem genética.

Figura 2.14 O ciclo de vida dos bacteriófagos.

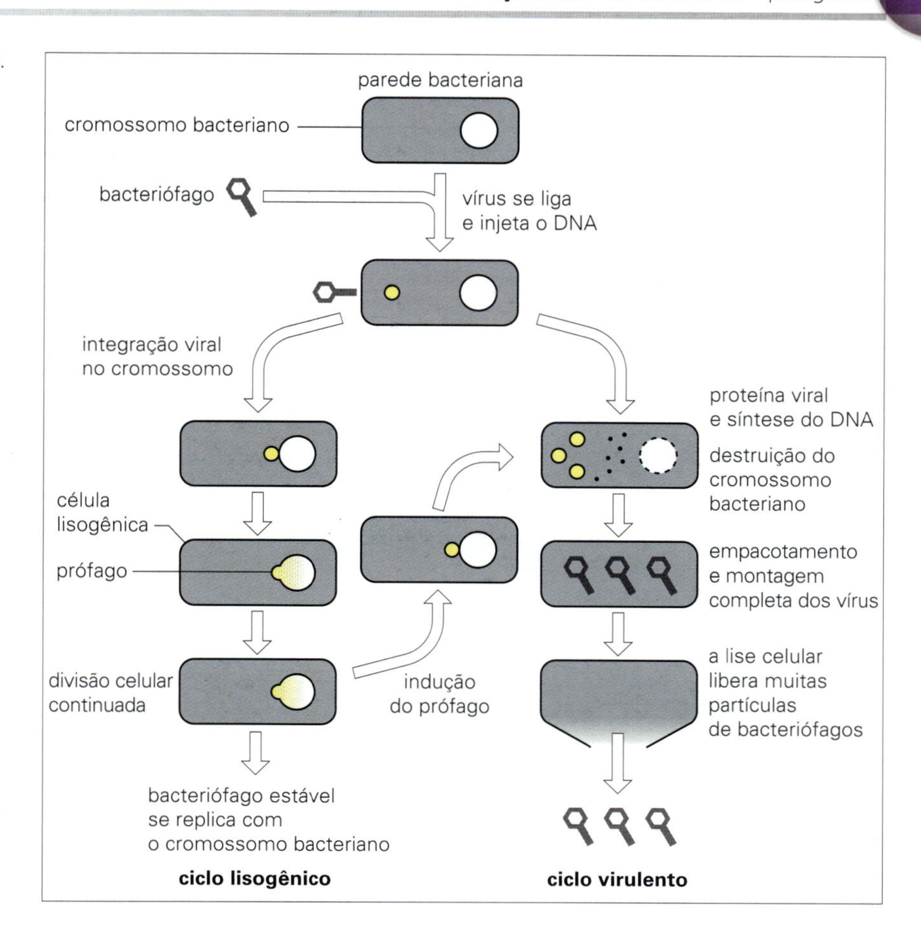

liberadas no ambiente com a ruptura da célula bacteriana (lise), permitindo, assim, que o ciclo inicie-se novamente.

Apesar de a destruição celular ser sempre a consequência direta da infecção pelo bacteriófago virulento, os bacteriófagos temperados podem fazer "escolhas". Após a infecção, os bacteriófagos temperados podem imediatamente se reproduzir de maneira semelhante aos virulentos. Entretanto, algumas vezes eles podem se inserir no cromossomo bacteriano. Este processo, denominado lisogenia, não mata a célula, pois o DNA viral integrado (agora chamado prófago) é quiescentemente carreado e replicado com o cromossomo bacteriano. Novas características podem ser expressas pela célula como resultado da presença de um prófago (conversão fágica), o que, algumas vezes, pode aumentar a virulência bacteriana (p. ex., o gene da toxina diftérica reside em um prófago). Não obstante, este estado latente é eventualmente rompido, frequentemente em resposta a algum estímulo ambiental que inativa o repressor do bacteriófago, que normalmente mantém a condição lisogênica. Durante este processo de indução, o DNA viral é excisado do cromossomo e prossegue a replicação ativa e a montagem, resultando na lise celular e na liberação dos vírus.

A infecção por um bacteriófago, sendo ele virulento ou temperado, culmina com a morte da célula hospedeira, o que, devido aos problemas atuais de resistência múltipla, tem despertado um novo interesse no seu uso como agentes antimicrobianos "naturais". Entretanto, uma série de problemas relacionados a dose, via de administração, controle de qualidade etc. ainda impede o uso da terapia bacteriofágica na rotina da prática clínica.

Transposição

Elementos de transposição são sequências de DNA que podem saltar (transpor) de um sítio em uma molécula de DNA para outra em uma célula. Esse movimento não depende das vias de recombinação da célula hospedeira (homóloga), que exigem similaridade extensa entre o DNA residente e o que está chegando. Em vez disso, o movimento envolve as sequências de alvo curto na molécula receptora de DNA em que a recombinação/inserção é direcionada pelo elemento móvel (recombinação específica do local).

Enquanto a transferência de plasmídeos envolve o movimento de informação genética entre células bacterianas, a transposição é o movimento de tais informações entre moléculas de DNA. Os elementos de transposição mais extensamente estudados são aqueles encontrados em *E. coli* e em outras bactérias Gram-negativas, embora também sejam encontrados exemplos em bactérias Gram-positivas, leveduras, plantas e outros organismos.

Sequências de inserção são os menores e mais simples "genes saltadores"

Os elementos de sequência de inserção (ISs) têm geralmente < 2 kb de comprimento e somente codificam funções como a enzima transposase, a qual é requerida para a transposição de um sítio de DNA para outro. Nas extremidades das ISs, existem normalmente pequenas sequências repetidas invertidas (36 nucleotídeos na IS*911*), as quais são também importantes no processo de localização e inserção em um alvo do DNA (Fig. 2.15A). Durante o processo de transposição, uma porção da sequência-alvo é duplicada, resultando em pequenas sequências invertidas diretas (a mesma sequência na mesma orientação) em cada lado dos elementos IS recém-inseridos. Muitos aspectos deste processo de seleção de alvo permanecem não esclarecidos. Embora as regiões do DNA ricas em adenina/timina (A/T) pareçam ser preferidas, algumas ISs são altamente seletivas e

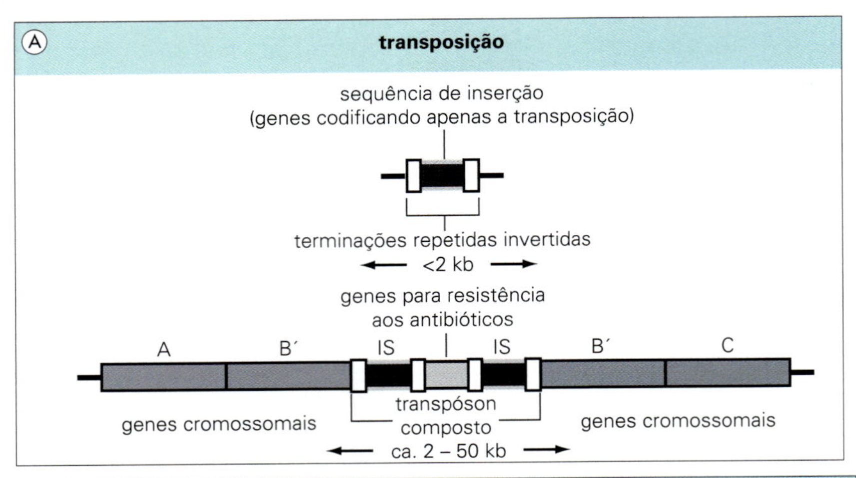

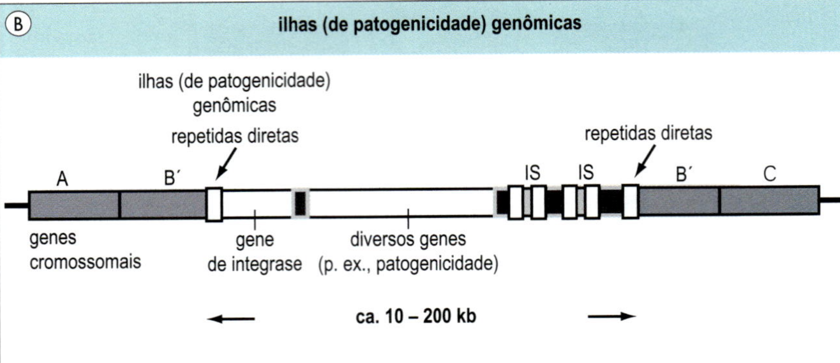

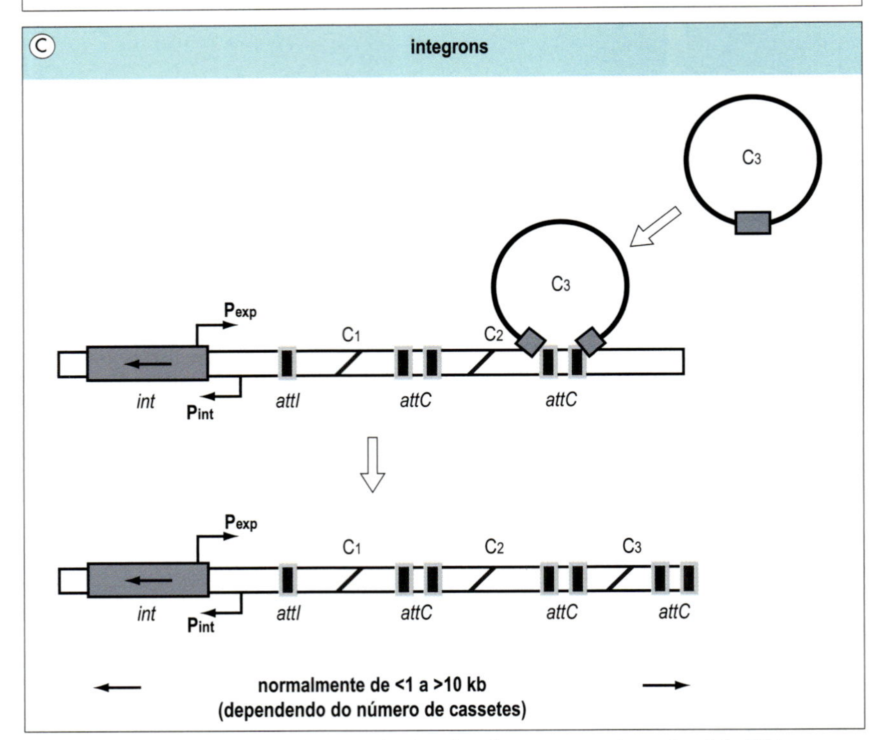

Figura 2.15 (A) Os transpósons (genes saltadores) podem se mover de um local do DNA para outro; eles inativam o gene receptor em que estão inseridos. Os transpósons, muitas vezes, contêm genes que conferem resistência aos antibióticos. (B) As ilhas genômicas são regiões do DNA com "sequências de assinatura" (p. ex., repetições diretas) indicativas de mobilidade. Suas funções codificadas aumentam a aptidão bacteriana (p. ex., patogenicidade). (C) Os *integrons* são regiões genéticas em que as sequências de leitura aberta independentes, também chamadas de cassetes genéticos, podem integrar e tornar-se funcionais (p. ex., sob controle do promotor P_{exp}). Os processos de integração ocorrem pela recombinação sítio-específica entre os cassetes circulares e seu *integron* receptor, que é direcionado por um gene integrase (*intI*) com o promotor P_{int} e um local de fixação associado (*attI*).

outras são, geralmente, indiscriminadas. A transposição não conta com os processos enzimáticos empregados tipicamente pela célula para a recombinação homóloga (recombinação entre moléculas de DNA altamente relacionadas) e é, então, denominada "recombinação ilegítima". O resultado é uma quantidade de ISs no genoma bacteriano. Por exemplo, algumas cepas de *E. coli* portam 19 cópias de IS*629* e três cópias de IS*677*. Múltiplas cópias de IS têm uma importante função como "regiões portáteis" de homologia em todo o genoma bacteriano onde a recombinação homóloga pode ocorrer entre diferentes regiões de DNA ou moléculas (p. ex., cromossomos e plasmídeos) carreando a mesma sequência IS. Dois elementos IS inseridos relativamente perto um do outro permitem que a região inteira seja transponível, promovendo posteriormente o potencial para o movimento e a troca genética nas populações bacterianas.

Os transpósons são elementos maiores e mais complexos que codificam múltiplos genes

Os transpósons são maiores que 2 kb em tamanho e contêm genes além dos necessários para a transposição (codificando frequentemente resistência a um ou mais antibióticos) (Fig. 2.15A). Além disso, genes de virulência, como os que codificam a enterotoxina termoestável de *E. coli*, têm sido encontrados em transpósons.

Os transpósons podem ser divididos em duas classes:

1. transpósons compostos, em que duas cópias de um elemento IS idêntico flanqueiam genes de resistência aos antimicrobianos (resistência a canamicina no Tn5);
2. transpósons simples, como o Tn3 (codificam resistência aos beta-lactâmicos).

As ISs nas extremidades dos transpósons compostos podem estar na mesma orientação ou invertidas (isto é, repetições diretas ou indiretas). Embora sejam parte da estrutura dos transpósons compostos, os elementos IS terminais são completamente intactos e capazes de transposição independente.

Os transpósons simples se movem somente como uma única unidade, contendo genes para a transposição e outras funções (p. ex., resistência aos antibióticos) com sequências curtas, inversamente orientadas (repetições indiretas) em cada extremidade.

Os elementos genéticos móveis promovem uma variedade de rearranjos do DNA que podem ter consequências clínicas importantes

A facilidade com que os transpósons se movem para dentro ou para fora das sequências do DNA significa que a transposição pode ocorrer:

- de um DNA genômico do hospedeiro, portanto de um transpóson para um plasmídeo;
- de um plasmídeo para outro plasmídeo;
- de um plasmídeo para o DNA genômico.

A transposição em um plasmídeo de um espectro amplo de hospedeiros autotransferíveis (conjugativos) pode levar à disseminação rápida de resistência entre diferentes bactérias. O processo de transposição (seja ISs ou transpósons) pode ser nocivo, caso a inserção ocorra em um gene funcional e o rompa. Entretanto, a mutagênese por transposição é utilizada, efetivamente, no laboratório de biologia molecular para produzir mutações extremamente específicas sem os efeitos secundários prejudiciais frequentemente observados com mutagênicos químicos de ação mais generalizada.

Outros elementos móveis também se comportam como cassetes portáteis de informações genéticas

As ilhas de patogenicidade (Fig. 2.15B) são uma classe especial de elementos genéticos móveis que contêm grupos de genes de virulência coordenadamente controlados, frequentemente com ISs, sequências repetidas diretas etc. nas suas extremidades. Embora originalmente observadas em *E. coli* uropatogênica (codificando hemolisinas e *pili*), as ilhas de patogenicidade são agora encontradas em uma série de outras espécies bacterianas, incluindo *H. pylori*, *V. cholerae*, *Salmonella* spp., *S. aureus* e *Yersinia* spp. Tais regiões não são encontradas em bactérias não patogênicas, podem ser muito grandes (até centenas de quilobases) e podem ser instáveis (perdidas espontaneamente). Diferenças na sequência de DNA (conteúdo de guanina + citosina [G + C]) entre tais elementos e seus genomas hospedeiros, além da presença de genes similares aos de transpóson, corroboram a especulação quanto a sua origem e movimento a partir de espécies bacterianas não relacionadas. O termo "ilha genômica" foi dado às sequências de DNA semelhantes às ilhas de patogenicidade, porém que não contribuem diretamente para virulência ou patogenicidade.

Os *integrons* são elementos genéticos móveis que podem usar a recombinação específica do local para adquirir novos genes de um modo "similar ao cassete" e expressá-los de maneira coordenada (Fig. 2.15C). Os *integrons* não possuem sequências de repetição terminal e certos genes característicos dos transpósons, mas, similares aos elementos de transposição, normalmente carregam genes associados à resistência antibiótica (Fig. 34.5).

Outro tipo importante de elemento móvel inclui os cassetes cromossômicos estafilocócicos (SCCs), como o SCC*mec*, que não apenas codificam a resistência à meticilina, mas também servem como um ponto-chave da recombinação para a aquisição de outras sequências móveis. Os SCCs que influenciam a virulência e a resistência antimicrobiana incluem SCC*capI*, que codifica o polissacarídeo capsular I, e SCC_{476} e SCC*mercury*, que conferem resistência ao ácido fusídico e ao mercúrio, respectivamente. O elemento móvel catabólico da arginina (ACME) é um elemento similar a um cassete que contribui potencialmente com a virulência da importante cepa de *S. aureus* resistente à meticilina associada à comunidade (MRSA) USA300, relatado originalmente nos Estados Unidos, mas hoje em dia disseminado mundialmente. Um exemplo da inter-relação entre o cerne do genoma bacteriano e os elementos genéticos móveis adicionais é ilustrado na Figura 2.16.

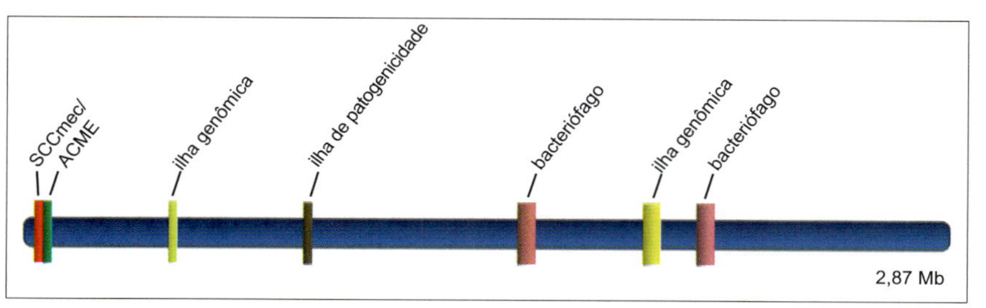

Figura 2.16 Representação linear da inter-relação entre o núcleo do genoma MRSA USA300 e os principais elementos genéticos móveis SCC*mec*, ACME, dois bacteriófagos diferentes, duas ilhas genômicas diferentes e uma ilha de patogenicidade codificando a resistência antimicrobiana e uma variedade de fatores de virulência.

MUTAÇÃO E TRANSFERÊNCIA GENÉTICA

As bactérias são organismos haploides, seus cromossomos contêm uma cópia de cada gene. A replicação do DNA é um processo preciso que resulta na aquisição por cada célula-filha de uma cópia exata do genoma parental. As alterações no genoma podem ocorrer por dois processos:

- mutação;
- recombinação.

Estes processos conferem à progênie características fenotípicas que podem diferir daquelas da célula parental. Isso tem um significado importante em termos de virulência e resistência aos fármacos.

Mutação

Alterações na sequência de nucleotídeos do DNA podem ocorrer espontaneamente ou sob a influência de agentes externos

Enquanto as mutações podem ocorrer espontaneamente como resultado de erros no processo de replicação do DNA, uma variedade de agentes químicos (mutagênicos) provoca alterações diretas na molécula de DNA. Um exemplo clássico destas alterações envolve compostos conhecidos como análogos das bases de nucleotídeos. Estes agentes mimetizam os nucleotídeos normais durante a síntese de DNA, mas são capazes de pareamento múltiplo com um par na fita oposta. A 5-bromouracila é considerada um análogo da timina, por exemplo, mas também pode se comportar como uma citosina, fornecendo, assim, o potencial para uma troca de T-A para C-G no dúplex de DNA em replicação. Outros agentes podem causar alterações inserindo-se (intercalando) e distorcendo a hélice de DNA ou interagindo diretamente com as bases de nucleotídeos, alterando-as quimicamente.

Não importando a sua causa, as alterações no DNA podem, geralmente, ser caracterizadas como a seguir:

- Mutação em ponto – alteração em um único nucleotídeo modificando o *triplet* do código. Essas mutações podem resultar em:
  - nenhuma alteração na sequência de aminoácidos da proteína codificada pelo gene, porque diferentes códons especificam o mesmo aminoácido e são, portanto, mutações silenciosas;
  - substituição de um aminoácido na proteína traduzida (mutação missense), que pode ou não alterar sua estabilidade ou suas propriedades funcionais;
  - formação de um códon STOP, causando a finalização prematura e a produção de uma proteína incompleta (mutação nonsense).
- Alterações mais significativas no DNA, que envolvem deleção, substituição, inserção ou inversão de algumas ou muitas bases. A maioria destas alterações provavelmente prejudica o organismo, mas algumas podem ser benéficas e conferir vantagens seletivas por meio da produção de diferentes proteínas.

As células bacterianas não são indefesas contra os danos genéticos

Uma vez que o genoma bacteriano é a molécula mais fundamental de identidade na célula, a maquinaria enzimática tem o papel de protegê-lo contra danos por mutações tanto espontâneas como induzidas. Como ilustrado na Figura 2.17, estes processos de reparo do DNA incluem os seguintes:

- Reparo direto, que pode reverter ou simplesmente remover o dano. Pode ser considerado a "primeira linha" de defesa. Por exemplo, bases pirimidina anormalmente ligadas no DNA (dímeros de pirimidina) como resultado da ação de radiação ultravioleta são diretamente revertidas por uma enzima dependente de luz por meios de um processo de reparo conhecido como fotorreativação.
- Reparo por excisão no qual o dano em uma fita de DNA é reconhecido por um processo enzimático "doméstico" e é retirado do DNA, seguido pela polimerização de reparo para preencher o espaço usando a fita intacta complementar de DNA como molde. Esta é também uma forma primária de defesa, uma vez que o objetivo é corrigir o dano antes de encontrar e potencialmente interferir na forquilha de replicação do DNA em movimento. Alguns destes genes domésticos são também parte de um sistema induzível (reparo SOS) que é ativado pela presença de dano no DNA para responder rapidamente e efetuar o reparo.
- Reparo de "segunda linha", que opera quando o dano do DNA atingiu um ponto em que a correção é mais difícil. Quando os processos normais de replicação de DNA são bloqueados, sistemas permissíveis fazem com que o dano interferente seja corrigido imprecisamente, permitindo que ocorram erros, mas aumentando a probabilidade de sobrevivência celular. Em outros casos, quando o dano está localizado após a forquilha de replicação do DNA, processos de reparo pós-replicação ou de recombinação podem "cortar e deslocar" para construir DNA livre de erros a partir de cópias múltiplas de sequências encontradas nas fitas parentais e filhas.

O reparo do DNA bacteriano fornece um modelo para a compreensão de processos semelhantes mais complexos que ocorrem em seres humanos

Os mecanismos de reparo de DNA parecem estar presentes em todos os organismos vivos como uma defesa contra o dano ambiental. O estudo destes processos nas bactérias leva a uma importante compreensão dos princípios gerais que se aplicam aos organismos superiores, incluindo os aspectos de câncer e envelhecimento em seres humanos. Por exemplo, sabe-se que alguns distúrbios em seres humanos estão relacionados ao reparo do DNA, incluindo:

- o xeroderma pigmentoso, caracterizado pela extrema sensibilidade ao sol, com grande risco de desenvolvimento de uma variedade de cânceres de pele como o carcinoma basocelular, carcinoma de célula escamosa e o melanoma;
- a síndrome de Cockayne, caracterizada por degeneração neurológica progressiva, retardamento do crescimento e sensibilidade ao sol desassociada a câncer;
- a tricotiodistrofia, caracterizada por retardamento mental e do crescimento, pelos frágeis com deficiência de enxofre e sensibilidade ao sol desassociada a câncer.

Transferência e recombinação genética

Novos genótipos podem ser originados quando o material genético é transferido de uma bactéria para outra. Nestes casos, o DNA recém-transferido é expresso ao:

- inserir-se ou recombinar-se com o genoma da célula receptora;
- ou estar em um plasmídeo capaz de replicação na célula receptora sem recombinação.

A recombinação pode provocar grandes alterações no material genético e, uma vez que estes eventos envolvem genes funcionais, eles serão, provavelmente, expressos fenotipicamente. O DNA pode ser transferido de uma célula doadora para uma receptora por meio de:

- transformação;
- transdução;
- conjugação.

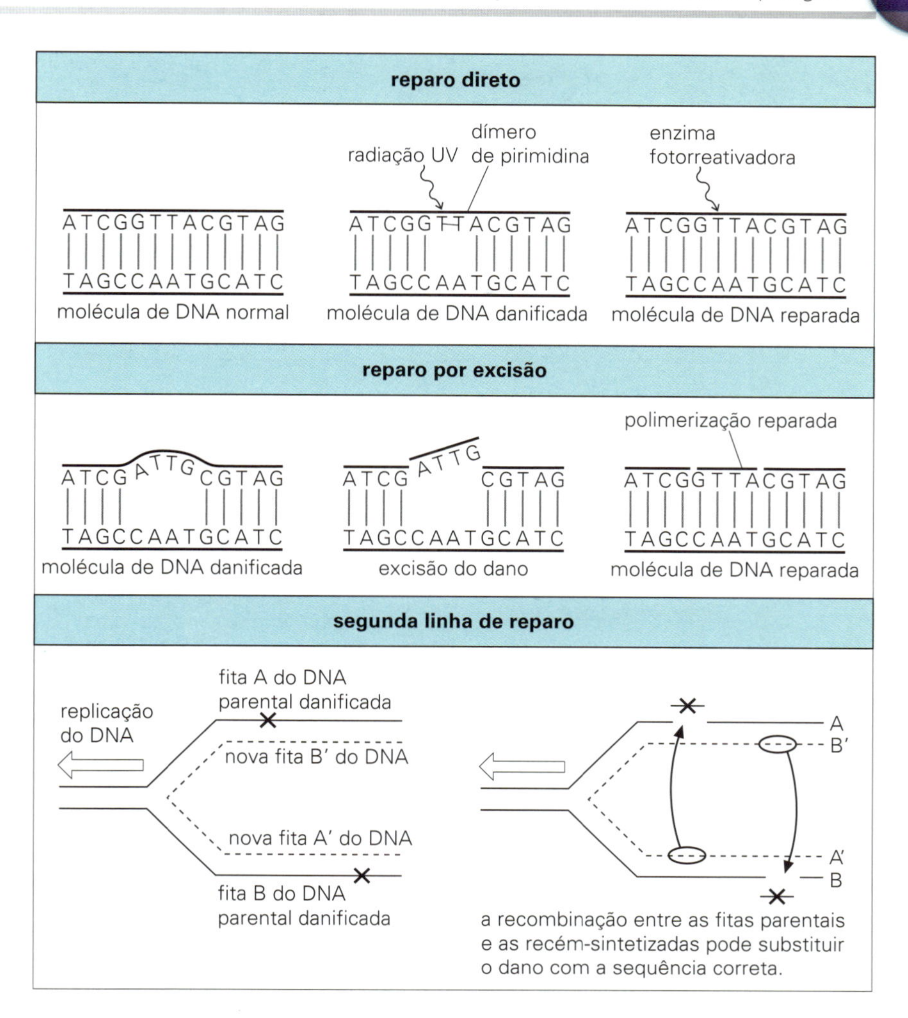

Figura 2.17 Mecanismos de reparo do DNA.

Transformação

Algumas bactérias podem ser transformadas pelo DNA presente em seu ambiente

Certas bactérias, como *S. pneumoniae*, *Bacillus subtilis*, *Haemophilus influenzae* e *Neisseria gonorrhoeae*, são naturalmente "competentes" para incorporar fragmentos de DNA de espécies relacionadas através de suas paredes celulares. Tais fragmentos de DNA podem ser resultado da lise de organismos, liberação de seu DNA e sua clivagem em fragmentos menores, que se tornam, então, disponíveis para captação por células recipientes disponíveis (competentes). Uma vez incorporado pela célula, o DNA cromossômico deve recombinar-se com um segmento homólogo do cromossomo do recipiente para ser estavelmente mantido e herdado. Se o DNA for completamente não relacionado, a ausência de homologia evita a recombinação e o DNA é degradado. Entretanto, o DNA plasmidial pode ser transformado em uma célula e expresso sem recombinação. Assim, a transformação tem sido uma ferramenta poderosa para a análise genética molecular das bactérias (Fig. 2.18).

A maioria das bactérias não é naturalmente competente para sofrer transformação por DNA, mas a competência pode ser induzida artificialmente pelo tratamento da célula com certos cátions bivalentes seguido de um choque térmico a 42 °C ou por tratamento com choque elétrico (eletroporação).

Antes da incorporação pelas células competentes, o DNA é extracelular, desprotegido e, portanto, vulnerável à destruição pelos extremos ambientais (p. ex., enzimas que degradam o DNA - DNases). Do ponto de vista de relevância clínica (p. ex., probabilidade de transferência em um paciente), a transformação é o mecanismo de transferência genética menos importante.

Transdução

A transdução envolve a transferência de material genético pela infecção com um bacteriófago

Durante o processo de replicação do bacteriófago virulento (ou a replicação direta do bacteriófago temperado mediante infecção, ao invés de lisogenia), outro DNA na célula (genômico ou plasmidial) é ocasionalmente empacotado erroneamente no capsídeo viral, resultando em uma "partícula transdutora", que pode ligar-se e transferir o DNA para uma célula receptora. Se cromossômico, o DNA deve ser incorporado no genoma do receptor por recombinação homóloga para ser estavelmente herdado e expresso. Da mesma maneira que na transformação, o DNA plasmidial pode ser transduzido e expresso em uma célula receptora sem recombinação. Em qualquer um dos casos, este tipo de transferência genética é conhecido como transdução generalizada (Fig. 2.18).

Outra forma de transdução ocorre com bacteriófagos temperados, uma vez que estes podem se integrar em sítios de ligação especializados no genoma bacteriano. Quando os prófagos resultantes se preparam para entrar no ciclo lítico, eles, ocasionalmente, saem de maneira incorreta do sítio de ligação. Este fato pode resultar em fagos contendo um pedaço do DNA genômico bacteriano adjacente ao sítio de ligação. A infecção de uma célula receptora resulta, então, em uma alta frequência de

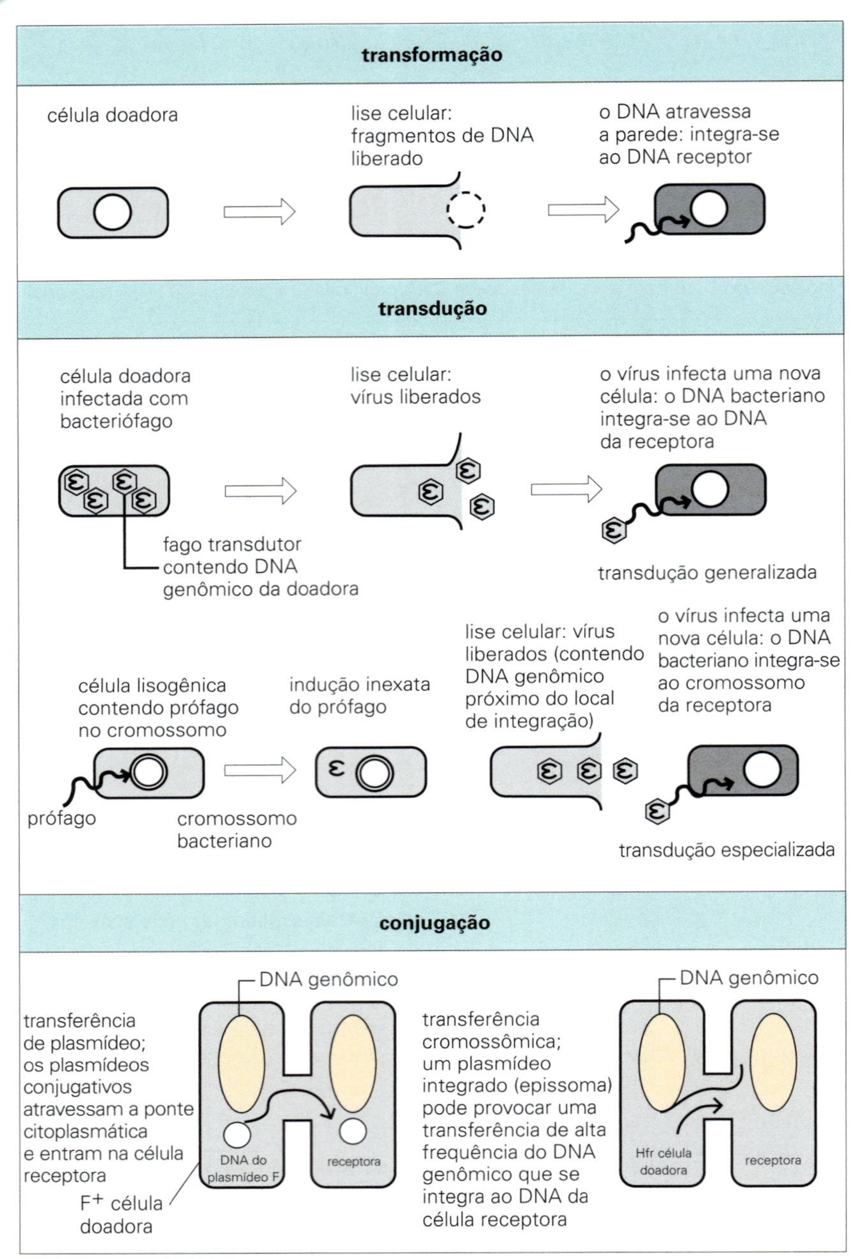

Figura 2.18 Diferentes formas com que os genes podem ser transferidos entre as bactérias. Com a exceção da transferência de plasmídeos, o DNA doador integra o genoma receptor por um processo de recombinação homóloga ou ilegítima (no caso dos transpósons).

recombinantes nos quais o DNA da célula doadora se recombina com o genoma receptor na proximidade do sítio de ligação. Uma vez que esta "transdução especializada" é baseada em interações prófago-cromossomo específicas, somente o DNA genômico, e não plasmídeos, é transferido por este processo.

Ao contrário da transformação, o DNA transduzido está sempre protegido, aumentando, assim, sua probabilidade de transferência bem-sucedida e potencial relevância clínica. Entretanto, os bacteriófagos são "parasitos" extremamente hospedeiro-específicos e, consequentemente, incapazes de transferir qualquer DNA entre bactérias de espécies diferentes.

Conjugação

A conjugação é um tipo de 'acoplamento' bacteriano no qual o DNA é transferido de uma bactéria para outra

A conjugação é dependente dos genes *tra* encontrados nos plasmídeos "conjugativos", os quais, entre outras coisas, codificam instruções para a célula bacteriana produzir um *pilus* sexual — um apêndice em formato cilíndrico que permite o contato célula-célula para garantir a transferência segura de uma cópia de DNA plasmidial de uma célula doadora para uma célula receptora (Fig. 2.18). Uma vez que os genes *tra* ocupam espaço genético, os plasmídeos "conjugativos" são geralmente maiores do que os não conjugativos.

Ocasionalmente, os plasmídeos conjugativos como o plasmídeo de fertilidade (plasmídeo F ou fator F) de *E. coli* se integram no genoma bacteriano (p. ex., facilitado pelos elementos IS idênticos em ambas as moléculas, como observado anteriormente), sendo chamados epissomas. Quando um epissoma F integrado tenta a transferência conjugativa, o processo de transferência-duplicação eventualmente se move para regiões de DNA genômico adjacente, as quais são carreadas da célula doadora para a célula receptora. Tais cepas, ao contrário daquelas que contêm plasmídeo F não integrado, medeiam transferência e recombinação do DNA genômico em alta frequência (cepas Hfr). Entretanto, a conjugação com células doadoras Hfr não resulta na transferência completa do plasmídeo integrado. Assim, a célula receptora não se torna Hfr e é incapaz de servir como doadora no processo de conjugação. A natureza circular do genoma bacteriano e as posições relativas, "mapa", dos diferentes genes foram estabelecidas utilizando-se acoplamento interrompido de cepas Hfr.

Quando um plasmídeo não conjugativo está presente na mesma célula que um plasmídeo conjugativo, eles são algumas vezes transferidos juntos para a célula receptora por um processo conhecido como mobilização. A transferência conjugativa de plasmídeos com genes de resistência é uma causa importante para a disseminação de resistência aos antibióticos comumente usados na mesma espécie e entre muitas espécies bacterianas, uma vez que nenhuma recombinação é requerida para expressão na célula receptora. De todos os mecanismos para a transferência de genes, este movimento rápido e altamente eficiente de informação genética através das populações bacterianas é certamente da mais alta relevância clínica.

A GENÔMICA DAS BACTÉRIAS CLINICAMENTE IMPORTANTES

As bactérias eram, historicamente, identificadas e caracterizadas por métodos fenotípicos. No entanto, avanços na biologia molecular têm focado cada vez mais na análise do genoma bacteriano, uma vez que ele representa a maior fonte de informação a respeito da identidade bacteriana, potencial para patogenicidade etc.

Existem diversas abordagens direcionadas à detecção e à utilização de informações sobre sequenciamento genômico

Métodos como a reação em cadeia da polimerase (PCR) e sondas de ácido nucleico claramente tiveram um papel essencial em providenciar respostas baseadas em sequência a questões de microbiologia clínica (Cap. 37).

- *Identificação e classificação.* Os genes que codificam o RNA ribossômico (16S, 23S e 5S) são tipicamente encontrados juntos em um óperon no qual sua transcrição é coordenada (Fig. 2.19). Este óperon rDNA é encontrado pelo menos em uma e, frequentemente, em cópias múltiplas distribuídas no cromossomo, dependendo da espécie bacteriana (*Borrelia burgdorferi* tem uma cópia; *Clostridium difficile* pode ter até 12 cópias). Embora o óperon rDNA contenha muitas sequências conservadas (idênticas nas diferentes espécies bacterianas), foi constatado que uma porção das regiões que codificam o RNA 16S e 23S é espécie-específica. Entre elas, uma "região espaçadora transcrita internamente" (ITS) exibe uma variabilidade de sequência que pode ser analisada em produtos de PCR, fornecendo utilidade na diferenciação de amostras bacterianas intimamente relacionadas. Esta informação também pode permitir a identificação rápida, classificação e epidemiologia de microrganismos clinicamente importantes (Caps. 32 e 37).
- *Resistência aos agentes antimicrobianos.* Os genes que especificamente são responsáveis pela mediação da resistência aos antimicrobianos são bem conhecidos (Cap. 34) e podem ser detectados por uma variedade de abordagens genômicas, incluindo PCR e sondas.
- *Epidemiologia molecular.* Embora uma variedade de métodos fenotípicos e genotípicos seja empregada para avaliar o grau de relação em amostras clínicas (Cap. 37), a análise epidemiológica está agora indo ao encontro de uma abordagem baseada no sequenciamento. Ao contrário dos primeiros métodos, os dados de sequenciamento são altamente portáteis (transferidos por internet etc.), menos ambíguos (codificados inteiramente nos caracteres A, T, G e C, que correspondem às quatro bases adenina, timina, guanina e citosina, respectivamente) e facilmente armazenados em base de dados.

Os microarranjos permitem uma análise genômica global mais específica

Os microarranjos de DNA fornecem um método para o "processamento paralelo" da informação genômica. Tradicionalmente, a biologia molecular tem trabalhado com a análise de um gene em um experimento. Embora produzindo importantes informações, esta abordagem consome muito tempo e não proporciona o pronto acesso à informação (organização cromossômica e interação múltiplo-gene) contida em banco de dados de sequências genômicas. O método dos microarranjos adquire informações a partir de perguntas múltiplas feitas simultaneamente a uma base de dados de sequências genômicas (processamento paralelo). O método dos microarranjos de DNA é baseado no princípio da hibridização nucleica (A pareia com T; G pareia com C). Embora haja uma série de variações da técnica, o formato geral é o arranjo de amostras (p. ex., sequências de genes) em uma matriz conhecida sobre um suporte sólido (náilon, vidro etc.). Usando robótica especializada, *spots* individuais podem ter menos de 200 mm de diâmetro, permitindo que um único arranjo (frequentemente chamado de *chip* de DNA) contenha milhares de *spots*. Diferentes sondas de sequências conhecidas marcadas com fluorescência podem ser aplicadas simultaneamente, seguido de monitoramento para detectar se a ligação complementar ocorreu.

Os microarranjos de DNA são particularmente úteis na identificação das mutações e estudos da expressão genética bacteriana

Em vários exemplos, mutações pontuais específicas são clinicamente importantes em bactérias patogênicas. Uma vez que estas alterações envolvem somente uma base de nucleotídeo, elas são frequentemente referidas como polimorfismos de um único nucleotídeo (SNPs [do inglês *single nucleotide polymorphisms*]). A resistência aos antibióticos da classe das quinolonas, por exemplo, pode resultar da alteração de uma única base no gene bacteriano *gyrA* (Cap. 34). No passado, tais mutações eram detectadas por amplificação por PCR da região desejada do gene *gyrA* seguida do sequenciamento do DNA e posterior análise. Como ilustrado na Figura 2.20A, os

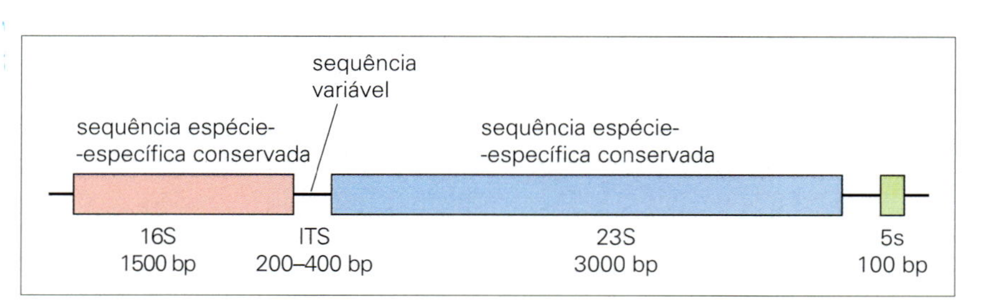

Figura 2.19 Arranjo típico do óperon bacteriano codificando o RNA ribossômico. Os tamanhos dos genes para 16S, 23S, 5S rRNA e a região espaçadora transcrita internamente (ITS) são indicados nos pares de base nucleotídica (bp). As regiões que codificam sequências úteis para a identificação ou epidemiologia das espécies são indicadas.

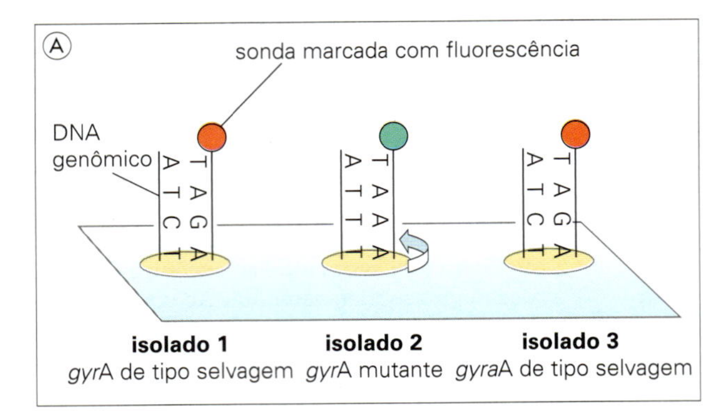

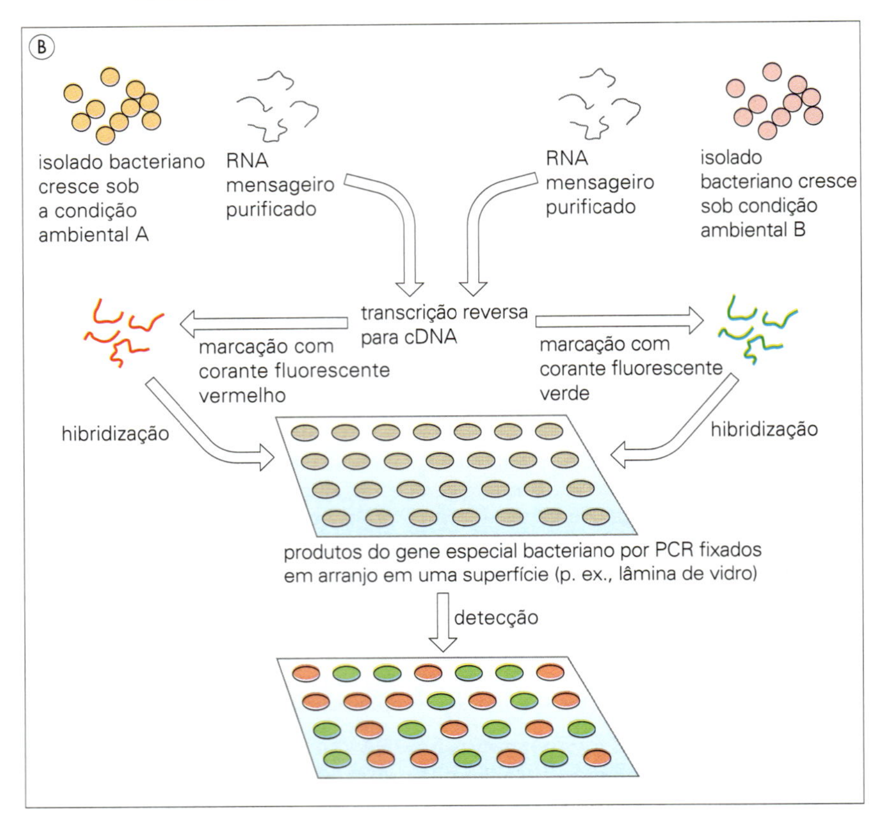

Figura 2.20 (A) Detecção do microarranjo das mutações e (B) análise da expressão gênica.

microarranjos de DNA permitem que os amplicons *gyrA* de diferentes amostras bacterianas sejam aplicados ao mesmo *chip*. Duas sondas *gyrA* (da cepa selvagem, marcada com fluorescência vermelha; do mutante, com fluorescência verde) são aplicadas ao conjunto sob condições tão estringentes, que somente 100% de homologia resultará em hibridização. Desta maneira, a presença ou ausência de uma mutação específica pode ser rápida e precisamente detectada em um grande número de amostras simultaneamente.

Os estudos de expressão gênica são extremamente importantes para a compreensão de numerosos processos bacterianos, incluindo a virulência. Por exemplo, a análise pode envolver a comparação da expressão gênica (transcrição) em um organismo sob a influência de diferentes condições ambientais (Fig. 2.20B). Em tais experimentos, a genômica pode fornecer dados que permitam que sequências de todo gene cromossômico conhecido do organismo seja aplicado a uma única posição no *chip*. O RNA mensageiro (o resultado da expressão gênica) pode ser isolado da mesma bactéria crescida na condição ambiental A ou B. Usando a enzima transcriptase reversa em um processo semelhante àquele que ocorre naturalmente em retrovírus (Cap. 3), o mRNA é copiado em um DNA complementar (denominado cDNA). Diferentes corantes fluorescentes (vermelho ou verde) são ligados ao cDNA de A ou B, respectivamente, que hibridizam com sequências complementares no *chip*. *Spots* com fluorescência vermelha indicam os genes expressos no ambiente A. Aqueles que aparecem verdes correspondem aos genes ativos no ambiente B, enquanto os *spots* amarelos (vermelho + verde) indicam os genes ativos em ambas as condições.

A sequência de todo cromossomo bacteriano (sequenciamento completo do genoma; WGS) representa a abordagem mais global à análise genômica

A análise genômica dirigida, baseada em sequência, continua a ser de grande valor, fornecendo resultados rápidos e comparativamente de baixo custo. No entanto, a natureza específica desses ensaios também é uma limitação, uma vez que apenas regiões genômicas já identificadas podem ser analisadas, sendo que sequências genômicas não caracterizadas, potencialmente novas, não são detectadas ou investigadas. Por outro lado, os dados de WGS abrangem regiões caracterizadas e não caracterizadas do genoma de um organismo, o que pode ser reanalisado em vista dos novos dados para fornecer informações sobre a presença e função de genes novos e anteriormente não visados. Uma vez que a primeira sequência completa de um genoma foi publicada em 1995, os avanços nas técnicas de sequenciamento de DNA levaram a um aumento cada vez maior de patógenos bacterianos para os quais a sequência genômica total é conhecida (Fig. 2.21). Este banco de dados em evolução representa um recurso poderoso com enorme aplicação para o entendimento e o tratamento de uma doença infecciosa.

Os métodos de WGS continuam a evoluir no que foi descrito como incrementos geracionais

No entanto, a literatura científica é um pouco confusa a esse respeito. O método mais utilizado historicamente para sequenciamento individual de produtos de PCR com algumas centenas de bases foi desenvolvido por Frederick Sanger em 1977. O sequenciamento de Sanger é geralmente considerado uma abordagem de primeira geração. Abordagens subsequentes de nova geração (também chamada de *next-gen*) (mais aplicáveis a WGS) também foram descritas algumas vezes como de segunda geração (sequenciamento paralelo de um grupo de moléculas de DNA) ou de terceira geração (sequenciamento de moléculas de DNA simples mais longas).

Os métodos atuais de WGS apresentam alguns desafios em comum

As abordagens atuais de WGS apresentam três passos básicos em comum (embora os detalhes específicos apresentem diferenças):

- preparo da biblioteca de DNA;
- sequenciamento;
- análise da sequência.

É importante observar que estas etapas não são completamente automatizadas ou do gênero "apertar botões". O preparo adequado de DNA genômico de alta qualidade (ou seja, a biblioteca) a partir do organismo a ser sequenciado é essencial para um bom resultado. O modo como isso é realizado depende das exigências do método de sequenciamento de DNA específico. No entanto, independentemente da abordagem, o produto final real é um arquivo de computador que contém os dados da sequência. Assim, uma abordagem computadorizada para a análise de sequência é necessária, o que pode ser visto como tendo dois objetivos:

- para construir todo o genoma com o máximo de precisão possível, conectando as sequências geradas umas às outras (montagem);
- a análise genética do WGS (ou seja, a identificação de genes específicos ou mudanças nos genes e outras "assinaturas" genéticas de interesse).

Dependendo da instrumentação, o comprimento da sequência gerada (comprimentos de leitura) pode variar de centenas a dezenas ou até centenas de milhares de pares-base. Uma vez que isso é menos que a metade do tamanho total do genoma, as leituras da sequência devem estar conectadas para produzir o WGS. Isso é alcançado por meio de programas de computador que identificam regiões comuns que se sobrepõem em leituras de sequências (compilação de novo) ou que conectam leitura uma à outra pelo uso de um genoma de referência intimamente relacionado como modelo (mapeamento de referência) (Fig. 2.22A e B, respectivamente). Garantir o controle de qualidade adequado (p. ex., taxas de erros em sequências) é muito importante, mas fora desta discussão.

A identificação de genes específicos, as mudanças nos genes e outras informações genômicas importantes dos dados de WGS são chamadas de bioinformática e também envolvem análise extensa em computador. No momento, esse é o aspecto mais desafiador da interpretação de dados de WGS. No entanto, há um amplo esforço em desenvolver um software intuitivo para tal fim, o que resultou, atualmente, em uma lista em expansão de pacotes de software "isolados", bem como outros comercialmente disponíveis dedicados a esse fim. Conforme será discutido em mais detalhes em capítulos subsequentes (p. ex., Cap. 37), a análise de bioinformática demonstrou que os genomas bacterianos podem ser subdivididos em região principal e regiões-acessório. O genoma principal representa os genes conservados que são encontrados em todos os membros de uma espécie de bactéria, enquanto a presença ou ausência de regiões genômicas acessórias é variável. Consideradas em conjunto, todas as sequências principais e variáveis encontradas em membros de uma espécie bacteriana são chamadas de pangenoma, que está sendo cada vez mais utilizado na identificação de microrganismos presentes em contextos (p. ex., metagenômica) específicos (p. ex., humano, ambiental).

Principais grupos de bactérias

Resumos detalhados dos membros dos principais grupos bacterianos são apresentados no apêndice Lista de Patógenos disponível on-line.

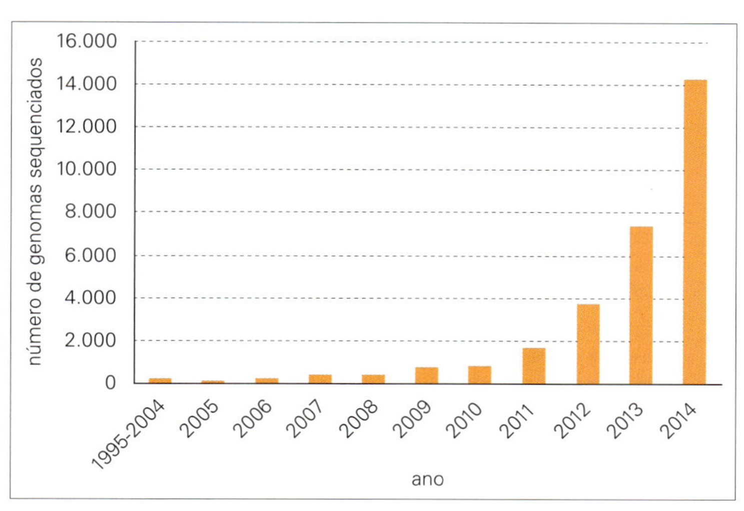

Figura 2.21 Número de genomas bacterianos e de arqueias sequenciados e submetidos a NCBI. (Fonte: Arquivo GenBank prokaryotes.txt retirado do endereço https://www.ncbi.nlm.nih.gov/pubmed/25722247.)

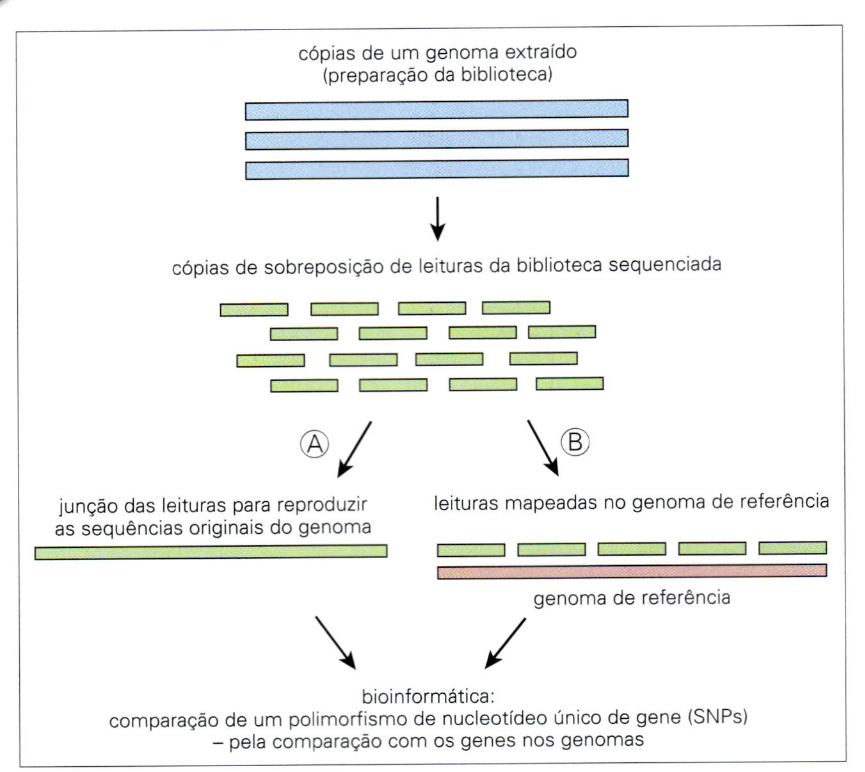

Figura 2.22 Ilustração das principais etapas envolvidas na análise de sequência genômica completa. Sequências genômicas que se sobrepõem (leituras) são ordenadas e analisadas por meio de (A) montagem da sequência de novo ou (B) mapeamento de referência com um modelo genômico relacionado.

PRINCIPAIS CONCEITOS

- As bactérias são procariotos. Seu DNA não está contido no interior de um núcleo e existem relativamente poucas organelas citoplasmáticas.
- A parede celular é uma estrutura-chave no metabolismo, virulência e imunidade. Suas características de coloração definem as duas grandes divisões: as bactérias Gram-positivas e as Gram-negativas. Os flagelos podem estar presentes, conferindo mobilidade.
- O metabolismo bacteriano pode ser anaeróbio e aeróbio, e as bactérias podem utilizar vários substratos.
- As paredes celulares bacterianas e seus processos reprodutivos são alvos de agentes antimicrobianos.
- A transcrição do DNA bacteriano pode envolver um único ou múltiplos genes. O arranjo de um promotor e as sequências terminais flanqueando múltiplos genes formam um óperon.
- As bactérias podem regular a expressão gênica para otimizar o aproveitamento de seu ambiente.
- Os plasmídeos e os bacteriófagos são agentes extracromossômicos que se replicam independentemente. Os plasmídeos podem carrear genes que afetam a resistência aos antimicrobianos ou à virulência.
- O material genético pode ser passado de uma bactéria para outra de várias maneiras; isso pode resultar em uma rápida disseminação da resistência aos antimicrobianos.
- A genômica está revolucionando o estudo da patogenicidade bacteriana e o controle das infecções associadas.

CONFLITOS

As bactérias podem vencer o conflito com o hospedeiro de diversos modos. Inúmeras delas produzem esporos altamente resistentes que podem sobreviver por longos períodos no mundo externo, aumentando as chances de infecção. Uma vez no hospedeiro, há muitas maneiras de se esquivar das respostas desse hospedeiro. Por exemplo, algumas se escondem dentro das células, algumas possuem superfícies externas que evitam que as células do hospedeiro se liguem a elas, outras suprimem a imunidade do hospedeiro. Talvez a vantagem mais significativa que as bactérias tenham em seu conflito com o hospedeiro seja sua habilidade de se esquivar dos antibióticos designados para inibi-las ou eliminá-las. Seja por mutação, facilitada pelo seu rápido período de geração/duplicação, ou por informações genéticas adquiridas externamente, elas são capazes de se envolver em um jogo de "gato e rato", em que a introdução repetida de novos e melhorados compostos antimicrobianos é realizada com mecanismos igualmente inovadores de resistência. Um exemplo clássico dessa interação é observado com a bactéria Gram-positiva *Staphylococcus aureus*. Embora tenha sido inicialmente suscetível à penicilina, introduzida nos anos 1950, o desenvolvimento subsequente e a disseminação dos organismos resistentes tornaram o antibiótico ineficaz. Isso foi combatido com a introdução da meticilina nos anos 1980, levando ao desenvolvimento do *S. aureus* resistente à meticilina (MRSA), que agora é seguido por isolados com resistência ao antibiótico historicamente eficaz, a vancomicina. Infelizmente, um ambiente onde o mais apto sobrevive garante a perpetuação deste conflito, enfatizando a importância do desenvolvimento continuado de novos agentes antimicrobianos.

Vírus 3

Introdução

Os vírus diferem de todos os outros organismos infecciosos em sua estrutura e biologia, particularmente na sua reprodução. Embora possuam informações genéticas convencionais em seus DNA ou RNA, os vírus não apresentam a maquinaria de síntese necessária para essa informação ser processada em novo material viral. Um vírus por si só é metabolicamente inerte — só pode multiplicar-se após infectar uma célula hospedeira e parasitar sua capacidade de transcrição e/ou tradução de suas informações genéticas. Os vírus infectam todas as formas de vida. Eles causam algumas das mais comuns e muitas das mais sérias doenças humanas, incluindo câncer. Alguns vírus inserem seu material genético no genoma humano e outros podem permanecer latentes em diferentes tipos de célula e, então, reativar a qualquer momento, especialmente se o corpo estiver sob estresse ou se o sistema imunológico estiver comprometido. Os vírus são alvos complicados para os agentes antivirais, pois é difícil atingir apenas as células infectadas pelos vírus. No entanto, muitos podem ser controlados por vacinas.

PRINCIPAIS GRUPOS DE VÍRUS

A classificação de vírus em grupos principais (famílias) é baseada em alguns critérios simples (ver Lista de Patógenos disponível on-line). Tais grupos incluem:

- o tipo de ácido nucleico no genoma
- o número de fitas de ácido nucleico e sua polaridade
- o modo de replicação
- o tamanho, a estrutura e a simetria da partícula do vírus.

Os vírus compartilham algumas características estruturais

Os vírus apresentam tamanhos variados, desde muito pequenos (parvovírus, do latim *parvo*, que significa pequeno, com 18-26 nm de diâmetro) até bastante grandes (vírus da vaccinia, com 400 nm, tão grande quanto as menores bactérias). A organização dos vírus varia consideravelmente entre os diferentes grupos, mas existem algumas características gerais comuns a todos:

- O material genético, em forma de fita simples (fs) ou fita dupla (fd) de DNA ou RNA linear ou circular, está contido no interior de uma cápsula ou capsídeo constituído de um número de moléculas proteicas individuais (capsômeros).
- A unidade completa do ácido nucleico e do capsídeo é chamada de "nucleocapsídeo" e, frequentemente, apresenta uma simetria característica que depende do modo como os capsômeros individuais são organizados (Fig. 3.1). A simetria pode ser icosaédrica, helicoidal ou complexa.
- Em muitos casos, a partícula viral inteira ou "vírion" consiste apenas em um nucleocapsídeo. Em outros, o vírion consiste em um nucleocapsídeo circundado por um envelope ou membrana externa (Fig. 3.2). Este é, geralmente, uma bicamada lipídica originada da célula hospedeira na qual proteínas e glicoproteínas virais são inseridas.

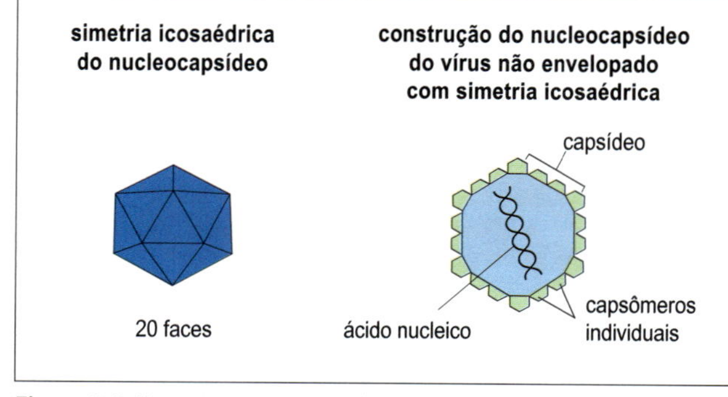

Figura 3.1 Simetria e construção do nucleocapsídeo viral.

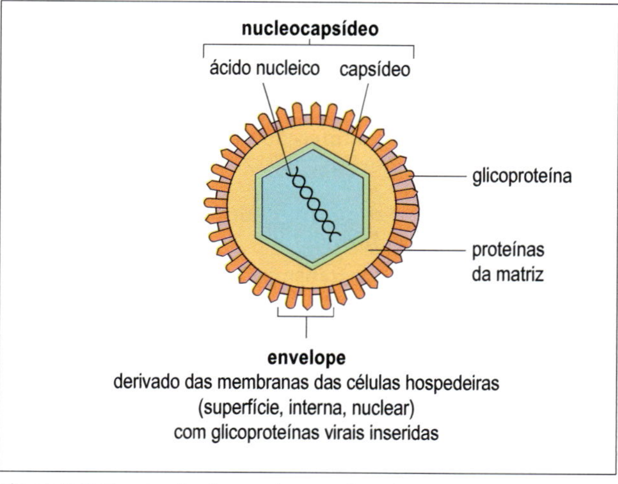

Figura 3.2 Construção de um vírus envelopado.

A superfície mais externa da partícula viral é a parte que faz o primeiro contato com a membrana da célula hospedeira

A estrutura e as propriedades da superfície mais externa da partícula viral são, consequentemente, de vital importância

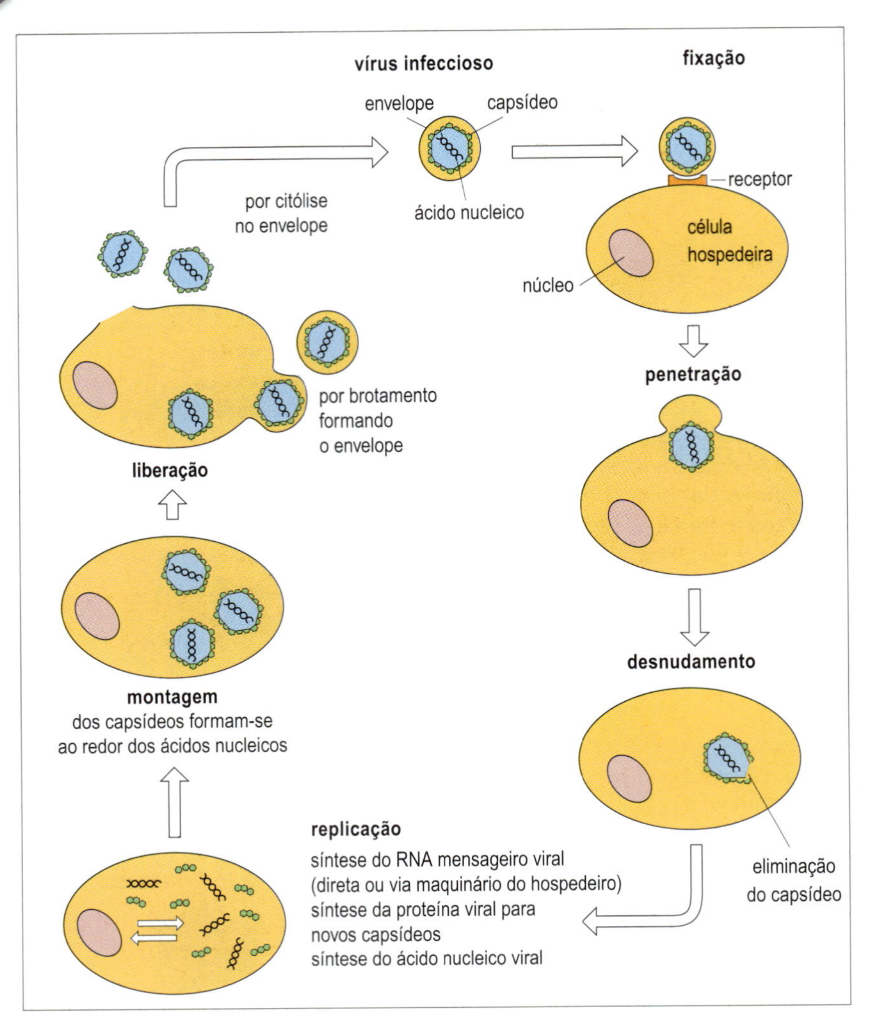

Figura 3.3 Fases da infecção de uma célula hospedeira e da replicação de um vírus. A partir de cada célula, podem ser formadas milhares de partículas virais.

para a compreensão do processo de infecção. Em geral, vírus nus (sem envelope) são resistentes e sobrevivem bem no meio externo; podem também ser resistentes à bile e ao ácido, o que possibilita a infecção via trato gastrointestinal. Os vírus envelopados são mais sensíveis a fatores ambientais como ressecamento, acidez gástrica e bile. Estas diferenças na suscetibilidade influenciam o modo pelo qual estes vírus podem ser transmitidos.

INFECÇÃO DAS CÉLULAS HOSPEDEIRAS

As etapas envolvidas na infecção das células hospedeiras estão resumidas na Figura 3.3 (Fig. 2.6).

As partículas virais penetram no organismo hospedeiro de várias formas

As formas mais comuns de transmissão viral (Fig. 3.4; Cap. 13) são:

- via gotículas inaladas (p. ex., rinovírus, vírus *influenza*, coronavírus MERS);
- em alimentos ou água (p. ex., vírus da hepatite A, vírus da hepatite E, norovírus);
- transmissão direta a partir de outro hospedeiro infectado, como fluidos corporais por transmissão sexual ou vias sanguíneas (p. ex., HIV, vírus da hepatite B, vírus Ebola);
- picada de artrópodes vetores (p. ex., vírus da febre amarela, vírus do Oeste do Nilo, zikavírus).

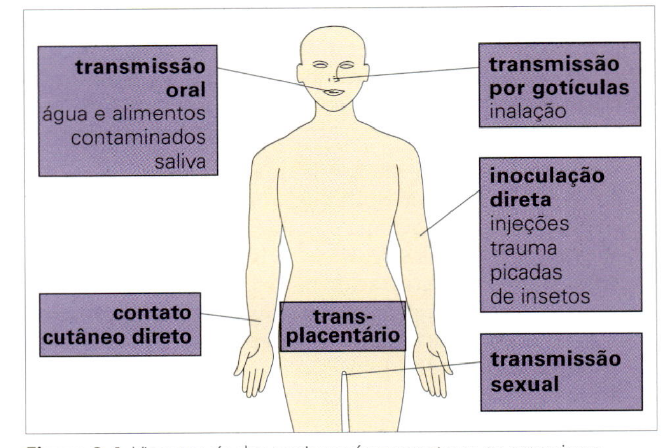

Figura 3.4 Vias através das quais os vírus penetram no organismo.

Os vírus mostram especificidade para o hospedeiro e normalmente infectam apenas uma espécie ou um grupo restrito de espécies hospedeiras. A base inicial da especificidade é a capacidade da partícula viral de se fixar à célula hospedeira

O processo de fixação ou de adsorção à célula hospedeira depende de forças intermoleculares e, em seguida, de interações mais específicas entre as moléculas do nucleocapsídeo

Tabela 3.1 O vírus pode usar mais do que um receptor para conseguir entrar na célula hospedeira

Receptores da membrana celular para a fixação do vírus	
Vírus	***Moléculas do receptor***
Influenza	Receptor de ácido siálico nas células epiteliais do pulmão e no trato respiratório superior
Raiva	Receptor da acetilcolina Molécula de adesão celular neuronal
HIV	CD4: Receptor primário CCR5 ou CXCR4: receptores de quimiocina
Epstein-Barr	Receptor CD21 (também chamado CR2) nas células B
Parvovírus humano B19	Antígeno P nas células progenitoras eritroides Correceptores autoantígeno Ku80 e integrin $\alpha 5\beta 1$ são propostos
Vírus da hepatite C	Receptor Scavenger classe B, CD81, claudin-1, receptores de lipoproteína de oclusão e densidade muito baixa são cofatores hospedeiros para a entrada viral
Rinovírus humano A e B	Molécula de adesão intercelular 1 (ICAM-1) Receptor de lipoproteína de densidade baixa (LDL-R)
Rinovírus humano C	Membro 3 relacionado à família das caderinas (CDHR3) – uma proteína da superfície celular envolvida na comunicação celular

nos vírus sem envelope ou da membrana viral nos vírus envelopados com as moléculas da membrana celular da célula hospedeira. Em muitos casos, há uma interação específica com uma molécula particular do hospedeiro, a qual, consequentemente, atua como um receptor. O vírus *influenza*, por exemplo, adere através de sua hemaglutinina a uma glicoproteína (ácido siálico) encontrada nas células das membranas mucosas e nas hemácias; outros exemplos são apresentados na Tabela 3.1. A ligação a um receptor é seguida da penetração na célula hospedeira.

Uma vez no citoplasma da célula hospedeira, o vírus não é mais infeccioso

Após a fusão das membranas viral e hospedeira, ou englobamento em um fagossomo, a partícula viral é transportada para o citoplasma através da membrana plasmática. Nesta fase, o envelope e/ou o capsídeo são desprendidos, e os ácidos nucleicos virais são liberados. O vírus, nessa fase, não é mais infeccioso; esta "fase de eclipse" persiste até que sejam formadas novas partículas virais completas após a replicação. A maneira pela qual a replicação viral ocorre é determinada pela natureza do ácido nucleico em questão.

REPLICAÇÃO

Os vírus devem primeiramente sintetizar o RNA mensageiro (mRNA)

Os vírus possuem DNA ou RNA, nunca os dois simultaneamente. Os ácidos nucleicos estão presentes como fita simples ou dupla em uma forma linear (DNA ou RNA) ou circular (DNA). O genoma viral pode estar presente em uma única molécula de ácido nucleico ou em várias. Em consequência destas possibilidades, não é surpreendente que o processo de replicação na célula hospedeira também seja diverso. Nos vírus que contêm DNA, o mRNA pode ser formado usando a própria RNA polimerase do hospedeiro para transcrever diretamente o DNA viral. O vírus com RNA não pode ser transcrito desse modo, visto que as polimerases do hospedeiro não operam a partir de moléculas de RNA. Se a transcrição for necessária, o vírus precisa fornecer suas próprias polimerases. Estas podem ser carreadas no nucleocapsídeo ou podem ser sintetizadas após a infecção.

Os vírus de RNA produzem mRNA por várias vias diferentes

Nos vírus de RNAfd, uma fita é primeiramente transcrita em mRNA através da polimerase viral (Fig. 3.5). Nos vírus de RNAfs existem três vias diferentes para a formação de mRNA:

1. Quando a fita simples tem configuração de sentido positivo (+), significando que ela tem a mesma sequência de bases necessárias para a tradução, ela pode ser usada diretamente como mRNA.
2. Quando a fita tem uma configuração de sentido negativo (–), ela deve primeiro ser transcrita, usando a polimerase viral, em uma fita de sentido positivo, que pode atuar como mRNA.
3. Os retrovírus seguem uma via completamente diferente. Seu RNAfs de sentido positivo é primeiro transformado em DNAfs de sentido negativo, utilizando a enzima viral transcriptase reversa, presente no nucleocapsídeo. O DNAfd é então formado, o qual penetra no núcleo e integra-se ao genoma do hospedeiro. Este DNA viral integrado é transcrito pela polimerase do hospedeiro em um mRNA.

O mRNA viral é traduzido no citoplasma da célula hospedeira para produzir as proteínas virais

Uma vez formado, o mRNA viral é traduzido nos ribossomos do hospedeiro para a síntese de proteínas virais (Fig. 3.6). O mRNA viral, que geralmente é "monocistrônico" (isto é, apresenta uma única região codificadora), pode substituir o mRNA do hospedeiro nos ribossomos, de maneira que os produtos virais são preferencialmente sintetizados. Na fase inicial, as proteínas produzidas são enzimas (moléculas reguladoras) que permitirão a subsequente replicação dos ácidos nucleicos virais, e, em uma fase mais tardia, serão produzidas as proteínas necessárias para a formação do capsídeo.

Nos vírus em que o genoma é constituído de uma única molécula de ácido nucleico, a tradução produz uma proteína grande multifuncional, uma poliproteína, que sofre clivagem enzimática produzindo diversas proteínas distintas. Os vírus que apresentam o genoma distribuído em várias moléculas produzem vários mRNA, que serão traduzidos em proteínas separadas. Depois da tradução, as proteínas podem ser glicosiladas, novamente utilizando as enzimas do hospedeiro.

Os vírus também precisam replicar seu ácido nucleico

Além de produzir moléculas para a formação de novos capsídeos, os vírus devem replicar seu ácido nucleico para fornecer material genético que será agrupado dentro dos capsídeos. Nos vírus com RNAfs de sentido positivo como os poliovírus, uma polimerase traduzida a partir do mRNA viral produz uma fita de RNA de sentido negativo a partir do molde de sentido positivo, que, então, é repetidamente transcrito em mais fitas positivas. Ciclos posteriores de transcrição ocorrem, resultando na produção de um grande número de fitas positivas, que serão agrupadas em novas partículas, usando-se proteínas estruturais traduzidas anteriormente a partir de mRNA (Fig. 3.7).

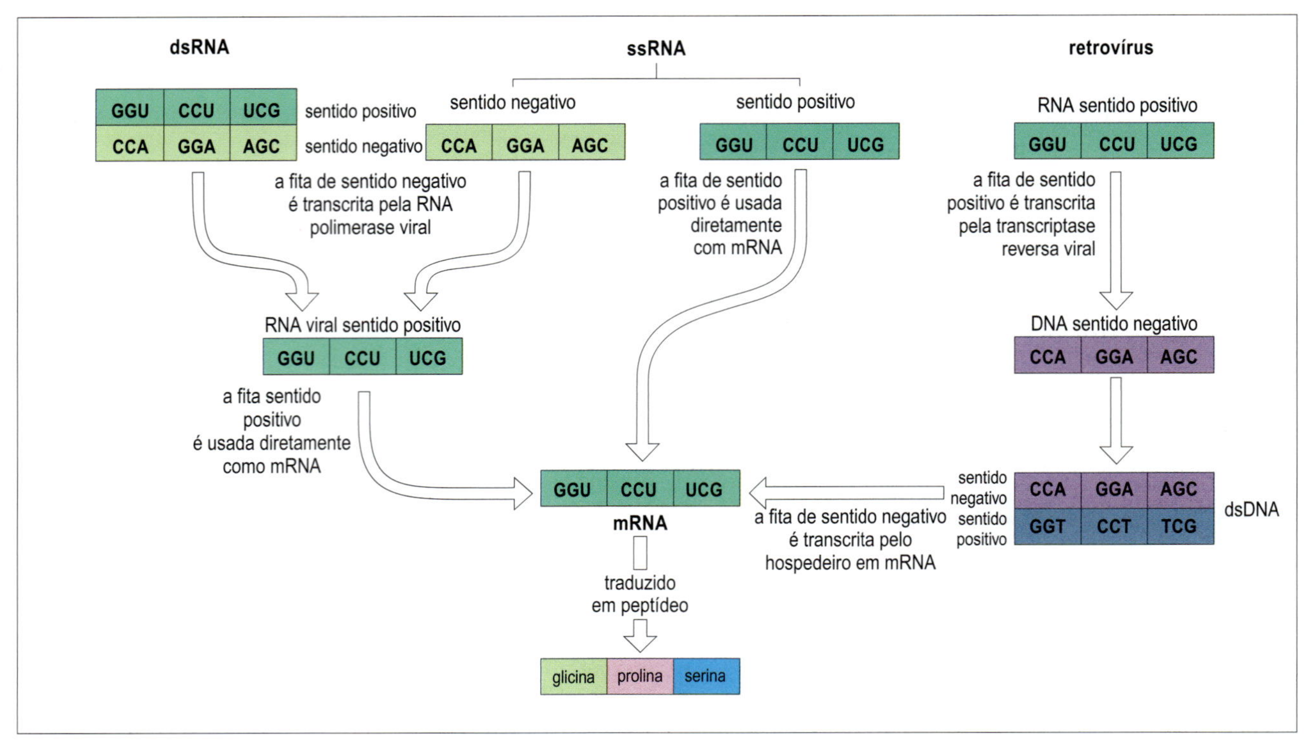

Figura 3.5 Formas em que o RNA genômico do vírus RNA pode ser transcrito em RNA mensageiro (mRNA) antes da tradução em proteínas.; fd, fita dupla; fs, fita simples.

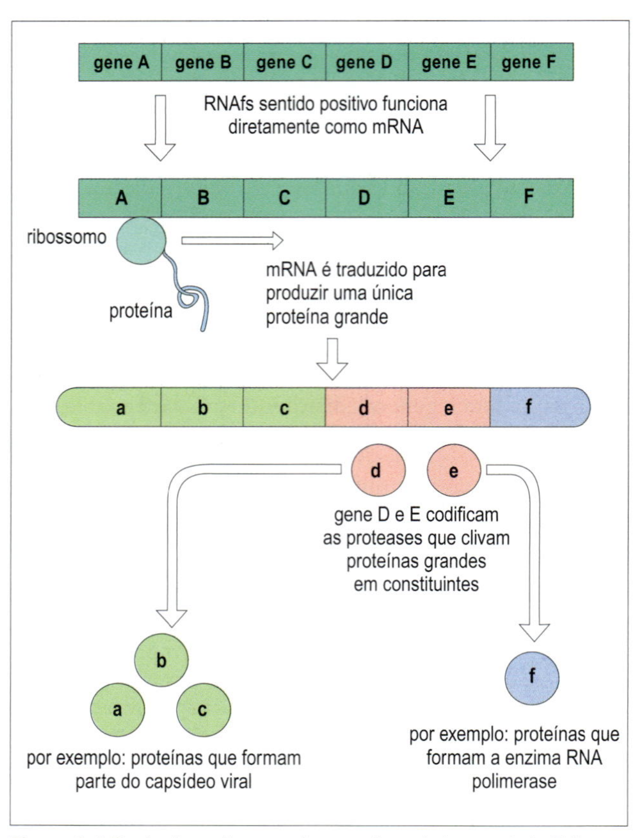

Figura 3.6 Tradução e clivagem das proteínas virais a partir de RNA mensageiro (mRNA). fs, fita simples.

Nos vírus RNAfs de sentido negativo, como o vírus da raiva, a transcrição pela polimerase viral produz fitas de RNA de sentido positivo a partir das quais novas fitas de RNA de sentido negativo serão produzidas (Fig. 3.7). No vírus da raiva, essa replicação ocorre no citoplasma da célula hospedeira, mas em outros, como o vírus do sarampo e *influenza*, a replicação ocorre no interior do núcleo, com a transcrição de inúmeras moléculas de RNA de sentido negativo para novas partículas.

A replicação do ácido nucleico segue um padrão semelhante nos vírus de RNAfd, como o rotavírus, em que são produzidas fitas de RNA de sentido positivo. Estas, então, atuam como moldes em uma partícula subviral para a síntese de novas fitas de sentido negativo para restaurar a condição de fita dupla.

A replicação do DNA viral ocorre no núcleo da célula hospedeira — exceto para os poxvírus, em que ela se dá no citoplasma

O DNA viral pode juntar-se às histonas do hospedeiro para produzir estruturas estáveis. Nos herpes vírus, a tradução do mRNA no citoplasma produz uma DNA polimerase necessária para a síntese do novo DNA viral; os adenovírus utilizam as enzimas virais e do hospedeiro para este propósito. Nos retrovírus (p. ex., HIV), a síntese do novo RNA viral ocorre no núcleo, e a RNA polimerase do hospedeiro transcreve a partir do DNA viral integrado ao genoma hospedeiro (Fig. 3.5). O vírus da hepatite B, um vírus de DNAfd parcial, é único, pois utiliza um RNAfs intermediário, transcrito a partir do DNA do próprio vírus a fim de sintetizar o novo DNA. Os retrovírus e o vírus da hepatite B são os únicos vírus humanos que possuem atividade de transcriptase reversa.

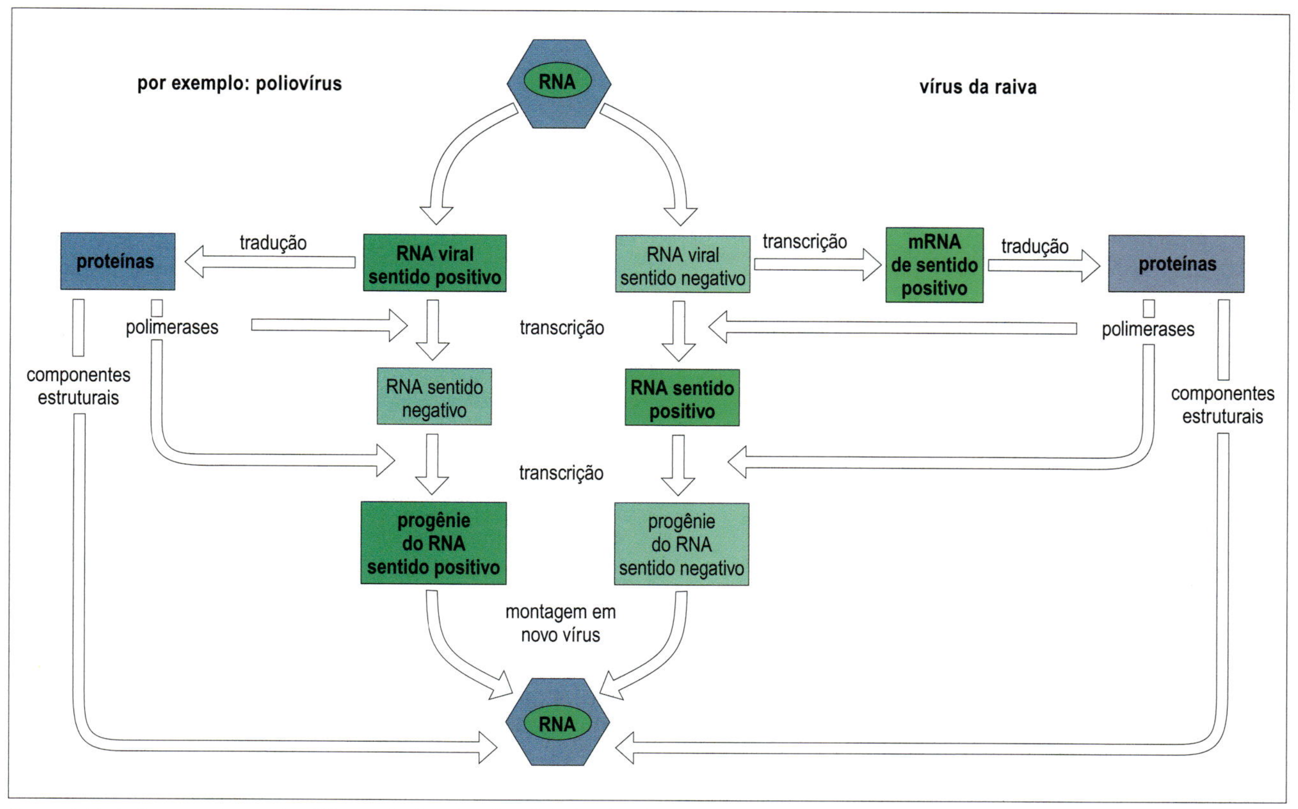

Figura 3.7 As formas pelas quais o RNA genômico dos vírus RNA é replicado. +ve, sentido positivo; mRNA, RNA mensageiro.

O estágio final da replicação consiste na montagem e liberação das novas partículas virais

A montagem das partículas virais envolve a associação do ácido nucleico replicado com os capsômeros recentemente sintetizados para formar um novo nucleocapsídeo. Isso pode ocorrer no citoplasma ou no núcleo da célula hospedeira. Os vírus envelopados passam ainda por um estágio adicional antes da liberação. As glicoproteínas e proteínas do envelope, traduzidas a partir do mRNA viral, são inseridas em áreas da membrana da célula hospedeira (geralmente na membrana plasmática). A progênie de nucleocapsídeos associa-se especificamente através das glicoproteínas, com a membrana naquelas áreas, para, então, iniciar o brotamento (Fig. 3.8). Os novos vírus adquirem a membrana da célula hospedeira mais as moléculas virais como um envelope externo, e as enzimas virais como a neuraminidase do vírus *influenza* podem auxiliar neste processo (consulte os detalhes para o vírus *influenza* no Cap. 20). As enzimas do hospedeiro (p. ex., proteases celulares) podem clivar as proteínas do envelope, inicialmente grandes; um processo necessário para que a progênie viral se torne completamente infecciosa. Nos herpes vírus, a aquisição de uma membrana ocorre à medida que os nucleocapsídeos brotam da membrana nuclear interna. A liberação dos vírus envelopados pode ocorrer sem causar a morte celular, de maneira que as células infectadas continuam liberando partículas virais por longos períodos.

A inserção das moléculas virais na membrana da célula hospedeira resulta na alteração antigênica da célula hospedeira. A expressão dos antígenos virais constitui um fator importante no desenvolvimento das respostas imunológicas antivirais.

RESULTADO DA INFECÇÃO VIRAL

As infecções virais podem causar a lise celular ou ser persistentes ou latentes

Nas infecções líticas, os vírus, através de um ciclo de replicação, produzem muitas partículas virais novas. Estas são liberadas pela lise celular. A destruição da célula hospedeira é uma consequência típica da infecção com os vírus da poliomielite ou da *influenza*. Em outras infecções, como a hepatite B, a célula pode permanecer viva e liberando partículas virais lentamente. Estas infecções "persistentes" são de grande importância epidemiológica, porque o indivíduo infectado pode atuar como um portador assintomático do vírus, sendo uma fonte contínua de infecção (Cap. 17). Em ambas as infecções, líticas e persistentes, o vírus sofre replicação. Entretanto, em infecções latentes, o vírus permanece quiescente, e o material genético do vírus pode:

- existir no citoplasma da célula hospedeira (p. ex., herpes vírus);
- ser incorporado ao genoma (retrovírus, vírus da hepatite B).

A replicação não ocorre até que algum sinal desencadeie a liberação do vírus latente. Os estímulos que resultam na liberação não estão completamente compreendidos em todos os casos. Na infecção por herpes vírus simples, o estresse pode ativar o vírus, resultando em uma infecção ativa manifestada como feridas herpéticas.

Alguns vírus podem "transformar" a célula hospedeira em uma célula tumoral ou cancerígena

As infecções líticas, persistentes e latentes envolvem essencialmente as células hospedeiras normais, embora a atividade do vírus possa alterar drasticamente os processos celulares

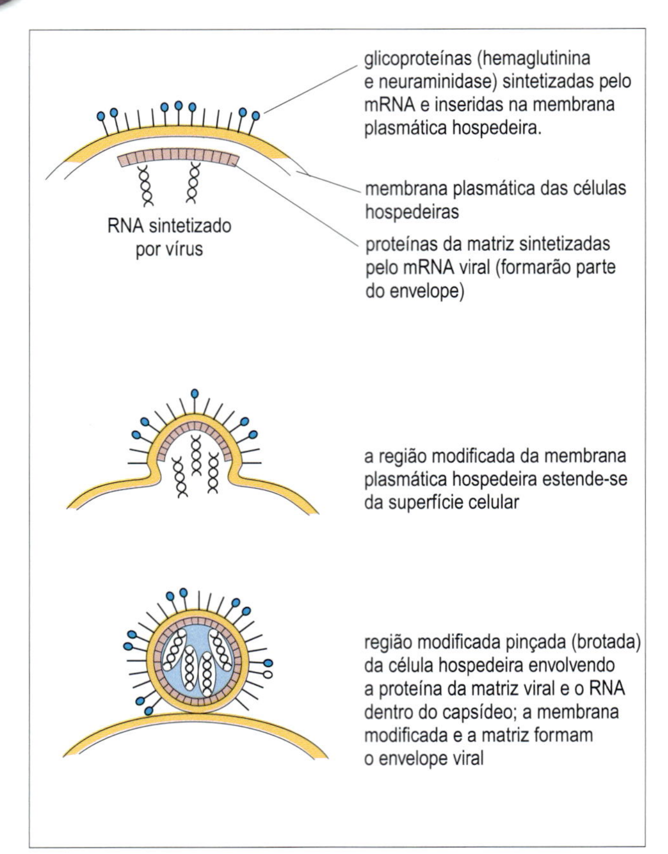

Figura 3.8 Liberação dos vírus RNA envelopados por brotamento através da membrana da célula do hospedeiro. O vírus *influenza* A é mostrado neste exemplo.

metabólicos e regulatórios. Alguns vírus, no entanto, podem transformar a célula hospedeira, sendo a transformação maligna a alteração de uma célula hospedeira diferenciada para uma célula tumoral ou cancerígena (Cap. 18). As células transformadas apresentam alterações na morfologia, no comportamento e na bioquímica. Os padrões controlados de crescimento e a inibição pelo contato são perdidos, de modo que as células continuam a se dividir e a formar agregações aleatórias. Elas se tornam invasivas e podem formar tumores se injetadas em animais. Entretanto, nem todas as células transformadas dão origem a tumores malignos *in vivo*. As verrugas, por exemplo, podem ser crescimentos benignos na pele das mãos ou dos pés provocados por um grupo de papilomavírus, ou as verrugas genitais provocadas por um grupo diferente de papilomavírus específicos podem levar ao câncer cervical.

Os vírus indutores de câncer (oncogênicos) são encontrados em vários grupos diferentes, incluindo ambos os vírus de DNA e RNA. Dentre os sete vírus oncogênicos que afetam humanos, que causam 15% dos cânceres, o vírus da hepatite B, o papilomavírus humano, o vírus de células de Merkel e o vírus linfotrópico de células T humanas tipo 1 (HTLV-1) integram-se e se tornam, portanto, parte do genoma hospedeiro. Dentre os vírus que não se integram estão o vírus Epstein-Barr (EBV), o vírus da hepatite C (HCV) e herpes vírus humano tipo 8 (HHV-8).

A proliferação celular é auxiliada por genes chamados proto-oncogenes. Caso eles sejam alterados, por exemplo, por meio de um evento de integração viral, a célula pode se tornar continuamente ativada. O gene alterado, referido como oncogene, causa superproliferação celular e pode levar à formação de um câncer.

Embora os resultados finais da transformação possam ser semelhantes, os mecanismos envolvidos variam entre os diferentes vírus. A transformação é um modelo de múltiplas etapas e os resultados finais da transformação celular são semelhantes, mas os mecanismos usados por esses vírus diferentes são diversos e incluem inflamação, indução de expressão de oncogenes virais e celulares e mudanças epigenéticas. O sequenciamento completo do genoma, usando tecnologia de alto rendimento, permitiu a análise da sequência hospedeiro-patógeno, identificando as ligações entre integração viral e mudanças na expressão gênica. Tais técnicas demonstraram sequências virais em genomas tumorais que, em 2008, resultaram na detecção do vírus de células de Merkel desenvolvendo o carcinoma de células de Merkel.

Todos os mecanismos envolvem interferência na regulação normal da divisão e da resposta aos fatores externos de promoção e inibição de crescimento. Estas alterações epigenéticas e genéticas ocorrem depois da incorporação do ácido nucleico viral no genoma da célula do hospedeiro. Por fim, o câncer nem sempre é o resultado de algumas dessas infecções. O papilomavírus está presente no câncer cervical, porém eventos celulares adicionais são necessários para a maioria das outras infecções virais resultarem em tumores.

Um exemplo clássico é o vírus do sarcoma de Rous, um retrovírus que provoca câncer em galinhas. O ano de 2011 foi o centésimo aniversário da apresentação que Francis Rous fez sobre esse tumor torácico que poderia ser transmitido por inserção de determinados extratos tumorais livres de células nas galinhas da mesma ninhada. A transformação surge da introdução no genoma do hospedeiro de um oncogene viral, v-*src*. Este gene codifica a proteína superexpressa e ativada — tirosina quinase, que é uma enzima envolvida na fosforilação dos resíduos de tirosina nas proteínas-alvo. Isso leva a alguns eventos moleculares, mudanças no fenótipo das células hospedeiras transformadas e subsequentemente a tumorigênese como resultado da infecção viral. Um gene ativador de plasminogênio tipo uroquinase (PLAU) é induzido por v-*src* e altamente regulado positivamente. PLAU é uma enzima protease que lisa a fibrina e quebra a matriz extracelular promovendo a viscosidade e a propagação da célula cancerígena.

O primeiro vírus tumoral humano foi descoberto em 1964 quando o vírus Epstein–Barr (EBV) foi encontrado em uma análise por microscopia eletrônica das células de um tumor chamado linfoma de Burkitt, visto em pacientes africanos.

Atualmente, mais de 20 oncogenes retrovirais são conhecidas (Tabela 3.2). Da família do retrovírus, o vírus linfotrópico da célula T humana (HTLV tipo 1) é um vírus causador de câncer em seres humanos, apesar de não possuir um oncogene viral nem ativar diretamente um oncogene celular (ver adiante). Por outro lado, as infecções do vírus HIV tipos 1 e 2 comprometem o sistema imunológico do hospedeiro, resultando em tumores associados a outros vírus, incluindo o EBV e o herpes vírus do sarcoma de Kaposi (KSHV), também conhecido como herpes vírus humano tipo 8 (HHV-8). Um grande número de retrovírus provoca cânceres em animais.

Formação de tumores como resultado da infecção viral: mecanismos diretos e indiretos

Os vírus associados ao câncer podem promovê-lo por meios diretos, expressando os oncogenes virais que transformam a célula como mencionado anteriormente. Eles também podem promovê-lo indiretamente, infectando cronicamente as células, resultando em inflamação e mutações que, por sua vez, resultam na formação tumoral. Um exemplo disso é a hepatite B, que ativa as vias de sinalização da célula por meio da oncoproteína HBx.

Tabela 3.2 Oncogenes, produtos gênicos, vírus portadores de oncogenes e doenças humanas e animais associadas

Exemplos de oncogenes retrovirais			
Classe do produto genético	***Oncogene***	***Vírus***	***Doença***
Tirosina quinase	*fms* *ros* *src* *yes*	FeLV ALV ALV ALV	Sarcoma
Serina/treonina quinase	*mos*	MuLV	Sarcoma
Exemplos de vírus oncogênicos humanos			
	HBx	Vírus da hepatite B	Carcinoma hepatocelular
	LMP-1, BARF-1	Vírus Epstein-Barr	Linfoma de Burkitt, linfoma de célula B, carcinoma nasofaríngeo
	vGPCR	Herpervírus humano B	Sarcoma de Kaposi, linfoma de efusão primária
	E6, E7	Papilomavírus humano	Câncer cervical, anal e oral
	Antígenos T	Poliomavírus das células de Merkel	Carcinoma de células de Merkel
	Tax	Vírus da leucemia/linfoma da célula T humana	Leucemia/linfoma da célula T adulta

ALV/FeLV/MuLV, vírus da leucemia aviária, felina e murina; GTP, trifosfato de guanosina; HBx, gene x da hepatite B; LMP-1, proteína latente de membrana 1; vGPCR, receptor acoplado à proteína G viral.

Os oncogenes virais surgiram provavelmente da incorporação de oncogenes dos hospedeiros no genoma viral durante a replicação viral

Os oncogenes são designados por acrônimos curtos precedidos por "v" se um oncogene viral for descrito (p. ex., v-*myc*) ou por "c" (p. ex., c-*myc*) para um oncogene celular (hospedeiro). Na infecção por HPV, a integração recorrente do DNA do HPV em regiões a montante de c-*myc* causa regulação positiva, resultando na proliferação e imortalização de células. Esta integração recorrente acontece em outros oncogenes que apresentam funções similares, como *NOTCH1* e *ERBB2*, assim como genes supressores de tumores. Os eventos de integração podem causar instabilidade do genoma e as mudanças resultantes na expressão gênica.

As sequências oncogênicas retrovirais podem compor cerca de 0,03-0,3% do genoma dos mamíferos. Sequências de oncogenes têm sido identificadas em uma grande variedade de animais, desde o homem até as moscas de frutas, o que significa que eles são conservados por causa de alguma função valiosa. O que surgiu primeiro, os oncogenes virais ou os oncogenes do hospedeiro? O fato de que os oncogenes do hospedeiro contêm íntrons, enquanto os oncogenes virais não os possuem, e que as suas posições no cromossomo são fixas, implica que estes, e não as formas virais, são os genes originais.

Pelo que se sabe sobre os produtos de gene dos oncogenes virais, pode-se supor que os oncogenes celulares (ou "proto-oncogenes") provavelmente têm um papel importante na regulação do crescimento da célula hospedeira. Eles podem codificar para os próprios fatores de crescimento, para as moléculas receptoras da superfície celular que se ligam a fatores de crescimento específicos, para componentes de sistemas de sinalização intracelulares ou para proteínas que se ligam ao DNA que atuam como fatores de transcrição.

O oncogene *src* do vírus do sarcoma de Rous está incorporado ao genoma viral adjacente ao gene que codifica para as proteínas do envelope viral (Fig. 3.9). Ao contrário de outros vírus fortemente transformantes, o vírus do sarcoma de Rous possui todos os três genes (*gag*, *pol* e *env*) necessários para a replicação.

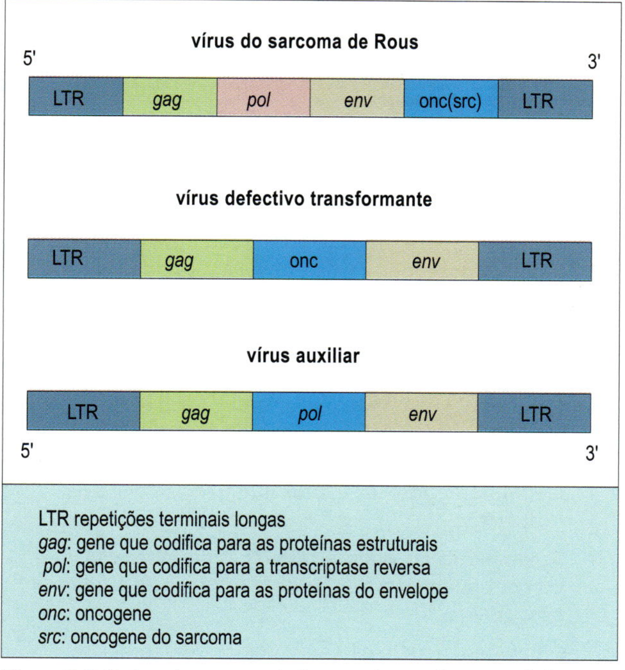

Figura 3.9 O vírus do sarcoma de Rous pode transformar a célula hospedeira e se replicar porque possui o oncogene *src* e um genoma completo. Alguns vírus transformantes são defectivos, ou seja, carreiam o oncogene, mas não possuem os genes para a replicação completa. Vírus auxiliares podem fornecer estes genes.

Nos outros, denominados vírus transformantes "defectivos", a incorporação de um oncogene resulta na deleção do material genético na região que codifica para os genes *pol* e/ou *env*, evitando, assim, a replicação. Esta se torna possível somente com a ajuda de vírus auxiliares geneticamente completos.

Os oncogenes podem ser passados de uma célula para outra no mesmo hospedeiro ou de um hospedeiro para outro. Isso pode ocorrer pela transmissão "vertical", da mãe para o filho, por meio da passagem de vírus em gametas, da placenta ou do leite. Também pode ocorrer por transmissão "horizontal", com o vírus passando, por exemplo, pela saliva ou urina (Cap. 14).

A transformação de uma célula ocorre:

- quando oncogenes virais são incorporados no genoma hospedeiro (como no vírus do sarcoma de Rous);
- quando o DNA viral é inserido próximo a um oncogene celular.

A primeira maneira pode ser decorrente de mutações na sequência do oncogene no genoma viral; a troca de uma única base em oncogenes celulares confere habilidade em transformar células normais. A última pode refletir expressão alterada do oncogene hospedeiro por distúrbios das influências regulatórias normais. A expressão alterada pode ocorrer se a inserção é de um oncogene retroviral ou de um DNA viral não oncogênico; também pode ocorrer como um resultado da exposição a uma variedade de carcinógenos. Os produtos dos oncogenes celulares são normalmente usados em série para regular a proliferação celular de uma maneira cuidadosamente controlada. Os produtos de oncogenes virais ou produtos de oncogenes celulares superexpressos causam um curto-circuito e sobrecarregam este sistema de controle complexo, resultando em divisão celular desregulada.

PRINCIPAIS CONCEITOS

- Os vírus possuem RNA ou DNA, mas são absolutamente dependentes do hospedeiro para processar sua informação genética em novas partículas virais.
- A superfície mais externa de um vírus (o capsídeo ou o envelope) é essencial para o contato e a entrada na célula hospedeira, e determina a capacidade de sobrevivência no mundo exterior.
- Os vírus podem ser transmitidos por gotículas, na água e nos alimentos, ou por contato íntimo.
- A replicação do RNA ou do DNA viral é um processo complexo, e faz uso de enzimas do hospedeiro e/ou virais.
- O RNA dos retrovírus se torna integrado ao genoma hospedeiro.
- Novas partículas virais são liberadas pela lise celular ou por brotamento através da membrana da célula hospedeira.
- Alguns vírus, como o herpesvírus, podem tornar-se latentes e, então, requerem um sinal desencadeador para reassumir a replicação; outros se replicam em uma taxa baixa, persistindo como fonte de infecção em portadores assintomáticos.
- Alguns vírus transformam a célula hospedeira, interferindo na regulação celular normal, resultando no desenvolvimento de uma célula cancerosa. Isso pode ser o resultado da atividade de oncogenes virais ou celulares.

CONFLITOS

Os vírus desenvolveram uma estratégia astuta tão ousada quanto os agentes infecciosos; uma vez que eles tenham infectado a célula hospedeira, eles podem ficar latentes ou integrar o cromossomo da célula hospedeira e reativar, transmitindo, potencialmente, a infecção para outros. O hospedeiro não pode ser muito incapacitado, o que garante que ele infecte aqueles que são suscetíveis. Além disso, o hospedeiro tem um repertório de imunovigilância completo para suprimir todos esses vírus aguardando por uma oportunidade. Uma vez que as defesas são reduzidas por estresse, imunossupressão ou trauma, por exemplo, a replicação viral ativa pode ocorrer.

Os vírus podem ter inúmeras opções com relação aos receptores aos quais eles se fixam e, subsequentemente, infectam o hospedeiro. Eles podem ser capazes de atravessar barreiras específicas sem afetar o hospedeiro reservatório. Com relação à transmissibilidade, sua função inclui a habilidade de existirem no sangue e em outros fluidos corporais, para serem transmitidos por ar ou por insetos vetores. A via de transmissão é essencial para maximizar seu potencial de infecção. Caso você que está lendo tenha imaginado como você poderia ser um vírus bem-sucedido, você teria que infectar o máximo de pessoas possível, por integração ou por existência latente na célula do hospedeiro, sem matar o hospedeiro ou a célula. Você também pode estar pensando nas vias preferenciais de transmissão, portanto alguns podem dizer que a infecção por EBV, selada com um beijo, pode ser uma opção mais desejável.

Para manter o sistema imunológico do hospedeiro alerta, a maioria dos vírus RNA pode mudar subitamente sua composição genética divergindo da cepa circulante, evadindo assim da resposta imunológica. Como alternativa, eles podem ter inúmeros genótipos com suscetibilidade diferente aos agentes antivirais, não têm proteção cruzada, o que garante que uma vacina multivalente seja exigida como uma medida preventiva, e estão associados a um espectro de enfermidades clínicas diferentes.

O vírus faz uso completo do maquinário replicativo celular, o que explica a dificuldade do agente viral em atingir o vírus sem afetar a célula hospedeira. Como resultado, a maioria dos agentes antivirais pode afetar adversamente o hospedeiro. Isso significa que os indivíduos que tomam certos agentes antivirais devem ser monitorados cuidadosamente, já que o tratamento pode potencialmente trazer efeitos colaterais, incluindo supressão da medula óssea, toxicidade renal e distúrbios mitocondriais.

O que o hospedeiro pode fazer para compensar todas essas vantagens? As vacinas antivirais têm apresentado mais sucesso, as mudanças comportamentais podem limitar as chances de infecção e alvos quimioterapêuticos cada vez mais precisos estão sendo identificados.

Fungos

4

Introdução

O estudo dos fungos é conhecido como micologia e infecções fúngicas são chamadas de micoses
Os fungos são eucariotos, mas são bem diferentes das plantas e dos animais e possuem seu próprio reino. Suas características incluem uma parede celular de carboidrato espessa que contém quitina, glucanos, mananas e glicoproteínas. Eles são encontrados como fungos filamentosos (bolores) ou como leveduras. Fungos filamentosos existem como filamentos semelhantes a fios (hifas) multinucleados, que podem mostrar septação e que crescem longitudinalmente e por ramificação. Leveduras são unicelulares, de aparência redonda ou oval e se reproduzem por brotamento. Outras formas de crescimento, como cogumelos, também ocorrem. Os fungos são ubíquos como organismos de vida livre e têm grande importância comercial na culinária e na fabricação de cerveja e de medicamentos, produzindo antibióticos, por exemplo. Alguns são parte da microbiota normal do nosso organismo e outros são causas comuns de infecções locais na pele e nos cabelos. Muitos fungos são associados a doenças significativas, e muitos desses são adquiridos do ambiente externo. As espécies patogênicas invadem os tecidos e digerem externamente o material pela liberação de enzimas; também absorvem nutrientes diretamente dos tecidos hospedeiros. Nos últimos anos, a doença fúngica invasiva ganhou mais destaque na prática clínica como resultado do aumento no número de pacientes gravemente imunocomprometidos.

PRINCIPAIS GRUPOS DE FUNGOS CAUSADORES DE DOENÇAS

A importância dos fungos como causa de doenças

Existem mais de 70.000 espécies de fungos, todavia, apenas cerca de 300 são identificados como patógenos em humanos e animais. Alguns são encontrados em grandes centros urbanos, enquanto outros são oriundos principalmente de regiões tropicais. As espécies que provocam infecções superficiais causam apenas pequenos problemas de saúde, mas outras que invadem os tecidos mais profundos podem ser uma ameaça à vida. A gravidade das formas sistêmicas acompanhou os avanços médicos (p. ex., terapias imunossupressoras e com antibióticos, transplantes, procedimentos invasivos e AIDS), de modo que as infecções oportunistas agora são componentes significativos de infecção hospitalar adquirida. Somente a *Candida* e os dermatófitos são transmitidos entre humanos; o restante das infecções fúngicas que causam doenças são adquiridas pelo ambiente, incluindo o ambiente hospitalar.

Os fungos patogênicos podem ser classificados com base nas suas formas de crescimento ou no tipo de infecção que causam

Os fungos foram reclassificados para uma posição inferior na classificação biológica em 2007, acompanhando os avanços na taxonomia molecular fúngica. Embora isso não tenha efeito imediato na prática da microbiologia clínica, ajudará a esclarecer melhor a biologia do Reino Fungi e das doenças que seus membros podem causar.

Exemplos de formas filamentosas ramificadas ou leveduras são apresentados na Figura 4.1. Alguns mostram ambas as formas de crescimento em seu ciclo, com hifas no ambiente e leveduras em humanos, e são conhecidos como fungos dimórficos. Nas formas filamentosas (p. ex., *Trichophyton*), uma massa de hifas forma o que é chamado de micélio. A reprodução assexuada resulta na formação do esporângio, que são sacos que contêm e liberam esporos através dos quais os fungos são dispersos; quando inalados, os esporos são uma causa comum de infecção. Nas formas semelhantes a leveduras (p. ex., *Criptococcus*), a forma característica é a célula única, que se reproduz por brotamento. O broto pode permanecer ligado com outros brotos, levando à formação de correntes conhecidas como pseudo-hifas. As formas dimórficas (p. ex., *Histoplasma*) criam hifas a temperaturas ambientes, mas ocorrem como células de levedura no organismo, e a alternância é induzida pela temperatura. A *Candida*, uma exceção importante no grupo dimórfico, ao contrário dos outros, forma hifas no interior do organismo.

São reconhecidos três tipos de infecções (micoses):

- Micoses superficiais, em que os fungos crescem na superfície do corpo (pele, cabelo, unhas, boca e vagina). São exemplos a *tinea pedis* (pé de atleta) e a candidíase vaginal (monolíase).
- Micoses subcutâneas, em que as unhas e as camadas mais profundas da pele estão envolvidas. São exemplos o micetoma (pé de Madura) e a esporotricose.
- Micoses profundas ou sistêmicas com envolvimento dos órgãos internos. Esta categoria inclui fungos capazes de infectar indivíduos com imunidade normal e os fungos oportunistas que causam doença em pacientes com o sistema imunológico comprometido. Os exemplos são a histoplasmose e a candidíase sistêmica.

As micoses superficiais disseminam-se pelo contato entre as pessoas ou entre humanos e animais (p. ex., gatos e cachorros); as micoses subcutâneas infectam humanos através da pele (p. ex., após a penetração cutânea no caso do micetoma). As micoses profundas geralmente resultam do crescimento oportunista de fungos em indivíduos com a competência

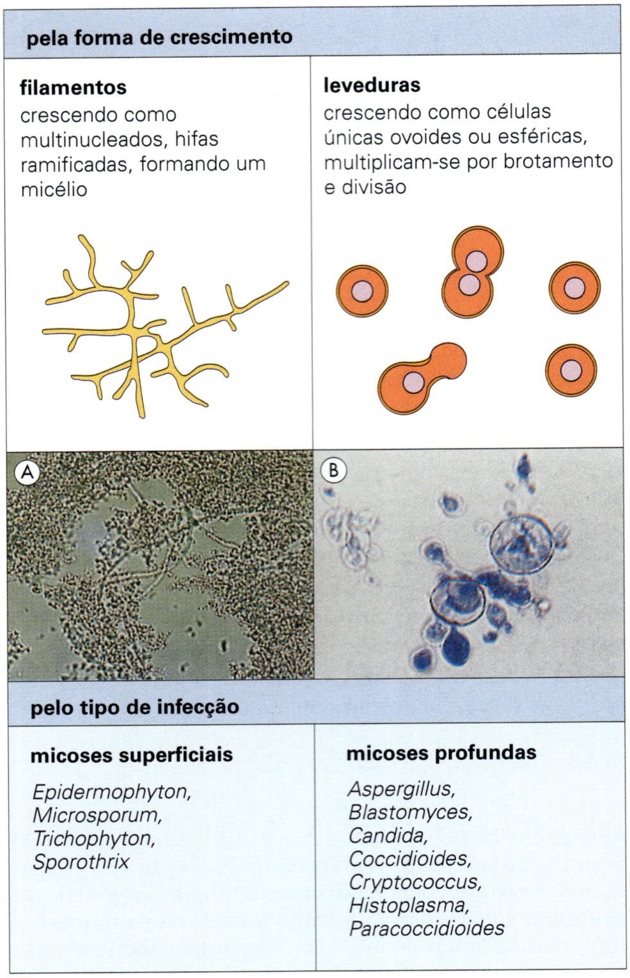

pela forma de crescimento

filamentos
crescendo como multinucleados, hifas ramificadas, formando um micélio

leveduras
crescendo como células únicas ovoides ou esféricas, multiplicam-se por brotamento e divisão

(A)

(B)

pelo tipo de infecção

micoses superficiais
Epidermophyton, *Microsporum*, *Trichophyton*, *Sporothrix*

micoses profundas
Aspergillus, *Blastomyces*, *Candida*, *Coccidioides*, *Cryptococcus*, *Histoplasma*, *Paracoccidioides*

Figura 4.1 Duas formas de classificar fungos que causam doenças: por forma de crescimento e por tipo de infecção. (A) Hifa em um raspado de pele de uma lesão de impingem. (B) Leveduras esféricas de *Histoplasma*. ([A] Cortesia D.K. Banerjee. [B] Cortesia de Y. Clayton e G. Midgley.)

imunológica comprometida e são adquiridas principalmente através do trato respiratório (Cap. 31), sendo a via intravenosa uma importante porta de entrada para a *Candida*. Os fungos de vida livre também causam doença. Isso ocorre indiretamente quando as toxinas produzidas pelos fungos estão presentes em alimentos (p. ex., aflatoxina, um carcinógeno produzido pelo *Aspergillus flavus*) ou quando seus esporos são inalados, induzindo uma resposta imunológica e consequente pneumonite por hipersensibilidade (aspergilose broncopulmonar alérgica).

Muitos dos fungos que causam doença são normalmente de vida livre no ambiente, mas podem sobreviver no organismo se adquiridos por inalação ou através de feridas. Alguns fungos fazem parte da microbiota normal (p. ex., *Candida*) e são inócuos, a menos que as defesas do organismo estejam comprometidas (p. ex., por processos malignos, diabetes *mellitus* ou uso de droga intravenosa). As formas filamentosas crescem extracelularmente, mas as leveduras podem sobreviver e se multiplicar no interior de macrófagos e neutrófilos. Os neutrófilos têm um papel importante no controle do estabelecimento dos fungos invasores. As espécies muito grandes para serem fagocitadas podem ser mortas por produtos extracelulares liberados pelos fagócitos, bem como por outros componentes da resposta imunológica. Algumas espécies, especialmente *Cryptococcus neoformans*, previnem a captação fagocítica por apresentarem uma cápsula polissacarídica (Caps. 25 e 31). Até recentemente, o *Pneumocystis jiroveci*, que causa de uma infecção oportunista importante em paciente com AIDS, era classificado como um protozoário, mas agora é considerado um fungo atípico. Ele se liga às células pulmonares (pneumócitos) e pode dar origem a uma pneumonia fatal. Foi agora descoberto que a microsporídia, anteriormente reconhecida como protozoário, é parente próximo dos fungos. Os principais grupos de fungos que causam doença humana são apresentados na Tabela 4.1.

Controle da infecção fúngica

As equinocandinas inibem a síntese de glucano na parede celular do fungo. Abaixo da parede celular do fungo encontra-se a membrana plasmática, ou plasmalema. Diferentemente da

Tabela 4.1 Resumo dos fungos que causam doenças humanas importantes

Doenças fúngicas importantes				
Tipo	***Localização anatômica***	***Doenças representativas***	***Organismos causadores***	***Forma de crescimento***
Superficial	Haste capilar, camada morta de pele	Pitiríase versicolor, tínea negra, *piedra*	*Trichosporon, Malassezia, Exophiala*	L/F
Cutânea	Epiderme, cabelo, unhas	Tínea (micose)	*Microsporum, Trichophyton, Epidermophyton*	F
Subcutânea	Derme, subcutânea	Esporotricose Micetoma	*Sporothrix* Vários gêneros	L[a] F
Sistêmica	Órgãos internos	Coccidioidomicose Histoplasmose Blastomicose Paracoccidioidomicose	*Coccidioides* *Histoplasma* *Blastomyces* *Paracoccidioides*	Forma[b] L L L
Oportunista	Órgãos internos	Criptococose Candidíase Aspergilose Pneumocisto Pneumonia	*Cryptococcus* *Candida* *Aspergillus* *Pneumocystis*	L L[c] F[a] N/A

L, levedura; F, filamentos; formas N/A, L/F não são relevantes.
[a]Crescimento do organismo.
[b]*Coccidioides* tem uma forma de crescimento incomum com endósporos tipo levedura dentro de uma esférula.
[c]Também forma pseudo-hifa.

membrana plasmática de células humanas, em que o esteroide dominante é o colesterol, a membrana fúngica é rica em ergosterol. Os compostos que se ligam seletivamente ao ergosterol podem, então, ser usados como antifúngicos eficazes. Eles incluem os polienos nistatina e anfotericina B. Os azóis (p. ex., miconazol) e as alilaminas (p. ex., terbinafina) inibem a síntese de ergosterol. As pirimidinas (p. ex., flucitosina) inibem a síntese do ácido nucleico.

PRINCIPAIS CONCEITOS

- Os fungos são diferentes das plantas e dos animais, possuem uma espessa parede celular rica em quitina e crescem como filamentos (hifas) ou leveduras unicelulares.
- As espécies que causam doença podem ser adquiridas do ambiente ou são parte da microbiota normal.
- As infecções podem estar localizadas superficialmente, em sítios cutâneos ou subcutâneos, ou em tecidos profundos.
- As infecções são mais sérias em indivíduos imunocomprometidos.

CONFLITOS

Os fungos são versáteis; a mesma espécie pode tanto existir livre no ambiente externo quanto pode causar doenças. Portanto, sempre há um grande reservatório de infecção. A versatilidade dos fungos também diz respeito à sua fisiologia; eles podem crescer em diferentes temperaturas. Seus estágios reprodutivos (esporos) são pequenos, podem estar no ar e ser facilmente inalados. Por possuírem uma parede celular de quitina resistente, e por produzirem fatores antifagocíticos, eles podem ser mais difíceis de eliminar pelo sistema imunológico inato. Ao escapar das defesas do sistema respiratório, muitos fungos sofrem mudanças na forma de crescimento e invadem tecidos mais profundos, normalmente formando uma rede de hifa alongada (p. ex., na aspergilose), contra a qual é ainda mais difícil se defender; na verdade, as respostas imunológicas podem agravar a patologia sistêmica. A prevalência de estágios infecciosos no ambiente e a capacidade dos fungos de proliferar rapidamente na ausência de defesas eficazes torna a infecção fúngica mais ameaçadora em pacientes imunocomprometidos. Além disso, a dificuldade de fazer o diagnóstico de micoses profundas e a toxicidade ao hospedeiro de algumas substâncias usadas para tratá-los torna a situação ainda mais favorável aos fungos. Felizmente, indivíduos imunologicamente competentes parecem lidar de forma satisfatória com a frequente exposição. No entanto, o potencial de desenvolver a doença está sempre presente e um novo combatente se juntou ao conflito.

Em 2009, a *Candida auris* foi isolada no Japão a partir do canal auditivo externo de um paciente. Desde então, ela foi responsável por infecções da corrente sanguínea, de orelha e de feridas em pelo menos nove países. Surtos hospitalares prolongados ocorreram. A *C. auris* é uma rival formidável, pois pode ser erroneamente identificada como uma levedura diferente; ela é normalmente resistente a fluconazol e é frequentemente resistente a múltiplos medicamentos; o contágio do ambiente também pode ocorrer em unidades de cuidados com a saúde e resultar em infecções secundárias.

5 Protozoários

Introdução

Os protozoários são animais unicelulares cujo tamanho varia de 2 a 100 nm. Assim como as células humanas, eles são eucariotos. Muitas espécies são de vida livre, mas outras são parasitos importantes dos humanos; algumas espécies de vida livre podem contaminar os humanos de maneira oportunista. Os protozoários continuam a multiplicar-se em seu hospedeiro até serem controlados por sua resposta imunológica ou por tratamento, podendo causar doenças particularmente graves em indivíduos imunocomprometidos. As infecções por protozoários são mais prevalentes nas regiões tropicais e subtropicais, mas também ocorrem em regiões temperadas. Os protozoários podem causar doença diretamente (p. ex., o rompimento das células vermelhas na malária), porém, mais frequentemente, a patologia é causada pela resposta do hospedeiro. De todos os parasitos, o da malária representa o mais grave problema mundial e mata aproximadamente 500.000 pessoas ao ano, principalmente crianças pequenas.

Os protozoários podem infectar todos os principais tecidos e órgãos do corpo

Os protozoários infectam os tecidos e órgãos do organismo como:

- parasitos intracelulares em uma grande variedade de células (células vermelhas, macrófagos, células epiteliais, cérebro, músculo);
- parasitos extracelulares no sangue, intestino ou sistema geniturinário.

As localizações das espécies de maior importância são mostradas na Figura 5.1. As espécies intracelulares obtêm nutrientes a partir da célula hospedeira pela incorporação direta ou pela ingestão do citoplasma. As espécies extracelulares alimentam-se pela incorporação direta de nutrientes ou pela ingestão das células hospedeiras. A reprodução dos protozoários em seres humanos é normalmente assexuada, por divisão binária ou divisão múltipla dos estágios de crescimento (trofozoítos). Normalmente não há reprodução sexual, ou ocorre durante o ciclo de vida do inseto vetor, quando existente. O *Cryptosporidium* é excepcional por se reproduzir de forma assexuada ou sexuada em humanos. A reprodução assexuada potencializa o crescimento rápido, em número, particularmente quando os mecanismos de defesa do hospedeiro estão comprometidos. Por esta razão, alguns protozoários são muito patogênicos em pacientes bastante jovens (p. ex., *Toxoplasma* nos fetos e nos neonatos). A epidemia de AIDS trouxe foco para vários protozoários que causam infecções oportunistas em indivíduos imunocomprometidos, como *Cryptosporidium*, *Cystoisospora* e membros da microsporídia. Novos parasitos continuam a surgir; o *Cyclospora cayetanensis*, por exemplo, que é transmitido pelos alimentos e pela água, provoca diarreia e foi reconhecido como um problema clínico no início dos anos 1990 (Fig. 5.2).

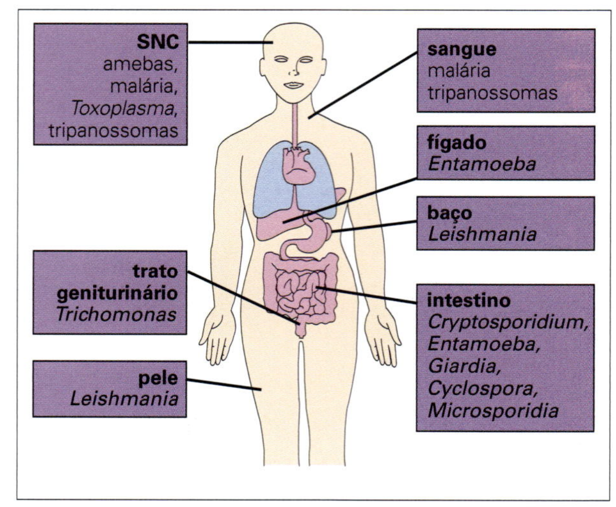

Figura 5.1 Ocorrência de parasitos protozoários no organismo. *Também pode ocorrer em outros locais. SNC, sistema nervoso central.

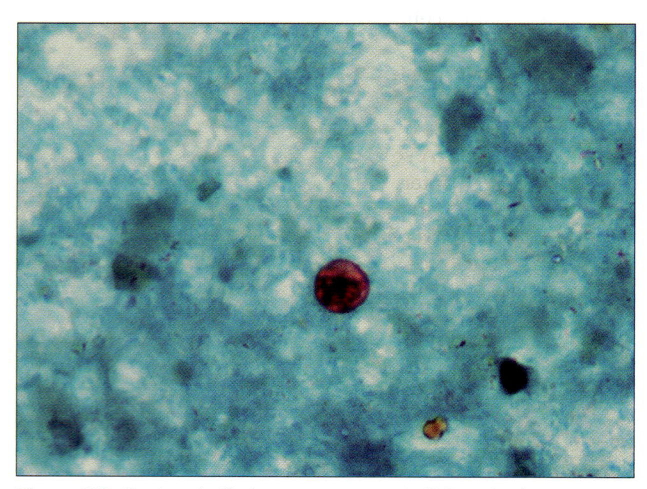

Figura 5.2 Oocisto do *Cyclospora cayetanensis*. Coloração de Ziehl-Neelsen modificada. (Cortesia de Peter Chiodini.)

Tabela 5.1 Resumo da localização, transmissão e doenças causadas por parasitos protozoários

Características de protozoários clinicamente importantes			
Localização	***Espécies***	***Modo de transmissão***	***Doença***
Trato intestinal	*Entamoeba histolytica* *Giardia intestinalis* *Cryptosporidium* spp. *Cytoisospora belli* *Cyclospora cayetanensis* *Microsporidia*	Ingestão de cistos no alimento ou na água	Amebíase Giardíase Criptosporidíase Cistoisosporíase Ciclosporíase Microsporidiose
Trato urogenital	*Trichomonas vaginalis*	Sexual	Tricomoníase
Sangue e tecido	*Trypanosoma* spp. *T. cruzi* *T. gambiense* *T. rhodesiense*	Insetos da família Reduviidae Mosca tsé-tsé	Tripanossomíase Doença de Chagas Doença do sono
	Leishmania spp. *Complexo de L. donovani* *L. tropica, L. major, L. mexicana,* *L. (Viannia) braziliensis*	Flebótomo	Leishmaniose visceral (kala-azar) Leishmaniose cutânea Leishmaniose da mucosa
	Plasmodium spp. *P. vivax, P. ovale, P. malariae,* *P. falciparum, P. knowlesi*	Mosquito *Anopheles*	Malária
	Toxoplasma gondii	Ingestão de oocistos na carne crua; ingestão de oocistos de fezes de gato por contaminação ambiental	Toxoplasmose

Os protozoários desenvolveram muitas estratégias sofisticadas para evitar as respostas do hospedeiro

As espécies extracelulares escapam do reconhecimento imunológico de sua membrana plasmática. A interface entre o hospedeiro e o protozoário extracelular é a membrana plasmática do parasito; a seguir, listamos alguns exemplos de estratégias usadas para evitar o reconhecimento imunológico desta superfície:

- Os tripanossomas sofrem repetidas variações antigênicas em seus antígenos de superfície.
- Os parasitos da malária mostram polimorfismo nos antígenos de superfície dominantes.
- As amebas podem consumir complemento na superfície celular.

As espécies intracelulares se evadem dos mecanismos de defesa do hospedeiro. Embora os estágios intracelulares não estejam em contato direto com os anticorpos, complemento e fagócitos, seus antígenos podem ser expressos na superfície da célula hospedeira, que pode, então, ser um alvo para os efetores citotóxicos. A sobrevivência no interior das células, particularmente no interior dos macrófagos (*Leishmania*, *Toxoplasma*), envolve uma variedade de artifícios para evadir ou para inativar os efeitos prejudiciais de enzimas intracelulares ou metabólitos reativos do oxigênio e do nitrogênio.

Os protozoários utilizam uma variedade de rotas para infectar os seres humanos

Muitos protozoários extracelulares são transmitidos pela ingestão de alimentos ou água contaminados com formas em estágio de transmissão, como os cistos. Porém, o *Trichomonas vaginalis* é transmitido pela atividade sexual, e os tripanossomas, pelos insetos vetores. As principais espécies intracelulares — *Plasmodium* e *Leishmania* — também são transmitidas por insetos. O *Trypanosoma cruzi,* outro protozoário transmitido por insetos que apresenta estágios intracelulares e extracelulares em humanos, pode também ser transmitido ao feto no útero. O *Toxoplasma,* um protozoário intracelular comum e importante, pode ser adquirido por ingestão ou da mãe para o feto no útero (Tabela 5.1).

PRINCIPAIS CONCEITOS

- Os protozoários são animais unicelulares, que existem tanto como organismos de vida livre quanto como parasitos. Ambos podem causar doença em humanos.
- A doença mais importante provocada por protozoários é a malária, a qual causa mais de 500.000 mortes a cada ano.
- Os protozoários vivem tanto no interior como no exterior das células e possuem mecanismos complexos para evitar as respostas dos hospedeiros.
- A maioria das infecções é adquirida pela ingestão de água e alimentos contaminados, ou via insetos vetores. Poucas são transmitidas da mãe para o feto.

CONFLITOS

A malária representa um bom exemplo do conflito humano–protozoário. Após um período no fígado, o parasito da malária passa todo o seu tempo dentro da hemácia. Ele cresce, divide-se e libera novos parasitos pelo rompimento da hemácia. Nesse estágio, o parasito vence o conflito ao esconder-se dentro de uma célula, não nucleada, que não pode responder de maneira defensiva. Como o hospedeiro pode proteger-se imunologicamente? Há inúmeras escolhas difíceis. Ele pode destruir o parasito dentro da célula ao produzir mediadores tóxicos ou pode tentar destruir o parasito e a célula juntos ao se ligar a anticorpos específicos para os antígenos do parasito que são expressos na superfície da hemácia, embora o parasito se apresente como um alvo em movimento, caso do *Plasmodium falciparum,* adepto à variação antigênica. Ambas são estratégias arriscadas. Os mediadores tóxicos podem afetar o hospedeiro e os parasitos, especialmente se, como no *P. falciparum*, as células infectadas pelo parasito estiverem alojadas dentro dos capilares de órgãos vitais. A destruição das hemácias pode contribuir para a anemia, e os subprodutos da destruição também podem ser tóxicos. Uma parte significativa da patologia associada à malária é, portanto, o sacrifício do hospedeiro para se defender — a vitória é do parasito, embora um hospedeiro morto não seja mais útil para ele. Ainda que o tratamento com antimaláricos possa ser altamente eficaz, se eles forem administrados muito tarde, o paciente ainda pode sucumbir em decorrência das complicações, independentemente da eliminação dos parasitos do sangue. Ademais, o parasito da malária é hábil em desenvolver resistência ao medicamento, outro exemplo de alvo em movimento.

Helmintos

6

Introdução

O termo "helminto" é usado para todos os grupos de vermes parasitos. Três grupos principais são importantes em humanos: as tênias (cestódeos), os vermes chatos (trematódeos) e as lombrigas (nematódeos). Os dois primeiros pertencem ao filo dos platelmintos ou vermes planos, as lombrigas pertencem a um filo separado: nematódeos. Os platelmintos têm corpos aplainados com sugadores musculares e/ou ganchos para a fixação ao hospedeiro. Os nematódeos (vermes redondos) têm corpos cilíndricos longos e geralmente não possuem órgãos especializados para a fixação. Os helmintos são normalmente organismos grandes com uma organização corporal complexa. Embora os estágios larvais invasores possam medir somente 100-200 μm, os vermes adultos podem ter centímetros ou mesmo metros de comprimento. As infecções são mais comuns nos países mais quentes, mas também existem espécies intestinais nas regiões temperadas.

A transmissão dos helmintos ocorre de quatro maneiras distintas

As rotas de transmissão estão resumidas na Figura 6.1. As infecções podem ocorrer após:

- ingestão de ovos ou larvas infectantes pela via fecal-oral;
- ingestão de larvas infectantes nos tecidos de outro hospedeiro;
- penetração ativa da pele por estágios larvais;
- picada de um inseto vetor sugador de sangue infectado.

A maior frequência dos helmintos nas regiões tropicais e subtropicais reflete as condições climáticas que favorecem a sobrevivência dos estágios infectantes, as condições socioeconômicas que facilitam o contato fecal-oral, as práticas envolvidas no preparo e no consumo dos alimentos e a disponibilidade de vetores adequados. Em outros lugares, as infecções são mais comuns em crianças, em indivíduos com contato íntimo com animais domésticos e em indivíduos com preferências alimentares específicas.

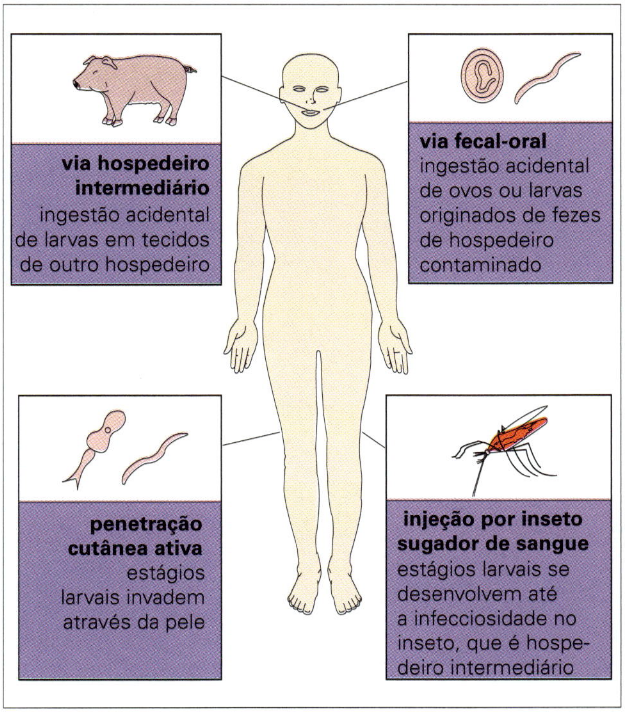

Figura 6.1 Como os parasitos helmintos entram no organismo.

Muitos helmintos habitam o intestino, enquanto outros vivem em tecidos mais profundos. Quase todos os órgãos do corpo podem ser parasitados. Os trematódeos e os nematódeos alimentam-se ativamente dos tecidos do hospedeiro ou do conteúdo intestinal; os platelmintos não possuem sistema digestivo e absorvem os nutrientes pré-digeridos.

A maioria dos helmintos não se replica dentro do hospedeiro, embora certos estágios larvais de platelmintos possam se reproduzir assexuadamente em humanos. Na maior parte dos casos, a reprodução sexuada resulta na produção de ovos, que são liberados pelo hospedeiro no material fecal. Em outros, os estágios reprodutivos podem se acumular no interior do hospedeiro, mas não amadurecem. O nematódeo *Strongyloides* é exceção, já que os ovos produzidos no intestino podem chocar dentro dele e liberar as larvas, as quais podem atingir o estado infeccioso e reinvadir o organismo — o processo de "autoinfecção" (Fig. 6.2).

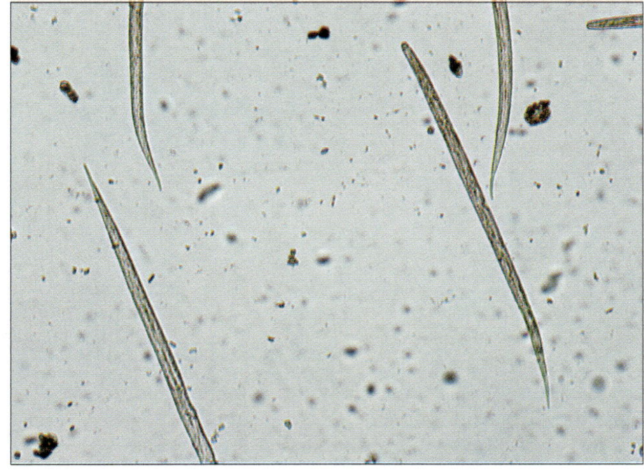

Figura 6.2 Larvas filariformes, o estágio infeccioso de *Strongyloides stercoralis*. (Cortesia de Peter Chiodini.)

A superfície externa dos helmintos fornece a primeira interface hospedeiro-parasito

Nos platelmintos e nos trematódeos, a superfície é uma membrana plasmática complexa e, em ambos, existem mecanismos protetores para evitar o dano pelo hospedeiro. A superfície externa do nematódeo é uma cutícula colagenosa que, embora antigênica, é amplamente resistente ao ataque imunológico. Entretanto, os estágios larvais menores podem ser sensíveis à ação dos granulócitos e macrófagos do hospedeiro. Os vermes liberam grandes quantidades de material antigênico solúvel em suas excreções e secreções, e isto tem um papel importante tanto na imunidade como na patologia.

CICLOS DE VIDA

Muitos helmintos apresentam ciclos de vida complexos

No ciclo biológico direto, os helmintos em estágio reprodutivo produzidos pelas formas adultas sexualmente maduras em um hospedeiro são liberados do corpo e podem passar diretamente para o estágio adulto após infecção de outro hospedeiro pela via fecal-oral (*Ascaris*) ou pela penetração direta (ancilóstomos). Os ciclos indiretos são aqueles nos quais os helmintos em estágio reprodutivo devem sofrer desenvolvimento posterior em um hospedeiro intermediário (platelmintos) ou vetor (filárias) antes de atingirem a maturidade sexual no hospedeiro final.

As larvas dos trematódeos e platelmintos devem passar por um ou mais hospedeiros intermediários, mas as dos nematódeos podem atingir a maturidade no interior de um único hospedeiro

A maioria dos trematódeos é hermafrodita, exceto os esquistossomos, os quais têm sexos separados. Os órgãos reprodutivos dos platelmintos são replicados ao longo do corpo (o estróbilo), em uma série de segmentos idênticos ou "proglotes". Os proglotes grávidos terminais tornam-se repletos de ovos maduros, desprendem-se e passam às fezes. Os ovos dos trematódeos e dos platelmintos desenvolvem-se em larvas, que devem passar por um ou mais hospedeiros intermediários, e se desenvolvem em outros estágios larvais antes de o parasito ser novamente infeccioso para os seres humanos. A tênia anã *Hymenolepis nana*, que é ocasionalmente encontrada em humanos, é uma exceção, e pode passar por um ciclo completo de ovo para adulto no mesmo hospedeiro.

Nos nematódeos, os sexos são separados. A maioria das espécies libera ovos fertilizados, mas algumas liberam larvas em estágio inicial diretamente no organismo hospedeiro. O desenvolvimento de ovo ou larva em verme adulto pode ser direto e ocorrer em um único hospedeiro, ou pode ser indireto, requerendo o desenvolvimento no organismo de um hospedeiro intermediário. A classificação dos nematódeos é complexa, e, por razões práticas, somente duas categorias de nematódeos específicos para seres humanos são consideradas:

- aqueles que amadurecem no interior do trato gastrointestinal, alguns dos quais podem migrar pelo corpo durante o desenvolvimento (p. ex., *Ascaris*, ancilóstomos, *Trichinella*, *Strongyloides*, *Trichuris*);
- aqueles que amadurecem em tecidos mais profundos (p. ex., nematódeos filariais).

Além disso, o ser humano pode ser infectado com larvas de espécies que amadurecem em outros hospedeiros (p. ex., o parasito de cachorro *Toxocara canis* e *Ancylostoma brasiliense*).

OS HELMINTOS E AS DOENÇAS

Os platelmintos adultos são adquiridos pela ingestão de carnes cruas ou malcozidas que contêm os estágios larvais

Os platelmintos frequentemente infectam seres humanos, mas os platelmintos adultos são relativamente inofensivos a despeito de seu potencial para atingir um tamanho grande. O ser humano também pode agir como o hospedeiro intermediário para certas espécies, e o desenvolvimento dos estágios larvais no organismo pode causar doença grave (Tabela 6.1).

Tabela 6.1 Resumo da localização, transmissão e outros hospedeiros usados pelos platelmintos que infectam o ser humano

Infecções por platelmintos em humanos			
Espécie	**Onde é adquirido**	**Outros hospedeiros**	**Sítio em humanos**
Vermes adultos			
Taenia saginata	Larvas em carne bovina	Nenhuma	Intestino
Taenia solium	Larvas em carne suína	Nenhuma	Intestino
Diphyllobothrium latum	Larvas em peixe	Mamíferos piscívoros	Intestino
Hymenolepis nana	Ovos ou larvas em besouros	Roedores	Intestino
*Hymenolepis diminuta**	Larvas em insetos	Ratos, camundongos	Intestino
*Dipylidium caninum**	Larvas em pulgas	Cães, gatos	Intestino
Vermes larvais			
Taenia solium (cisticercose)	Ovos em comida ou água contaminada com fezes humanas	Porcos	Cérebro, olhos
Echinococcus granulosus (equinococose cística; doença hidática cística)	Ovos eliminados por cães	Carneiros	Fígado, pulmão, cérebro
*Echinococcus multilocularis** (equinococose alveolar; doença hidática alveolar)	Ovos eliminados por carnívoros	Roedores	Fígado
Tênias *Pseudophyllidean** (esparganose)	Larvas em outros hospedeiros	Muitos vertebrados	Tecidos subcutâneos, olhos
*Taenia multiceps**	Ovos eliminados por cães	Carneiros	Cérebro, olho, tecido subcutâneo

*Infecções raras.

Os trematódeos mais importantes são os que causam esquistossomose

Várias espécies de trematódeos podem amadurecer no ser humano, desenvolvendo-se no intestino, nos pulmões, no fígado e nos vasos sanguíneos. Os mais importantes, tanto em termos de prevalência como em patologia, são os trematódeos sanguíneos ou esquistossomas, que causam a esquistossomose, também conhecida como bilharzíase. Três espécies principais — *Schistosoma haematobium, S. japonicum* e *S. mansoni* — infectam muitos milhões de indivíduos e são responsáveis por doença grave (Tabela 6.2). Como todos os trematódeos, os esquistossomas têm um ciclo biológico indireto que envolve estágios de desenvolvimento larval no organismo de um caracol, neste caso, caracóis aquáticos de água doce. O ser humano infecta-se quando entra em contato com água contendo larvas infectantes liberadas pelos caracóis, que penetram a pele. Outras espécies importantes são *Clonorchis sinensis*, um trematódeo de fígado oriental, e o *Paragonimus westermani*, o trematódeo do pulmão, transmitidos pela ingestão de peixe ou caranguejo de água fresca contaminados, respectivamente.

Certos nematódeos são altamente específicos para humanos, enquanto outros causam zoonoses

Muitas das várias espécies de nematódeos que infectam seres humanos são altamente específicas e não podem amadurecer em nenhum outro hospedeiro. Outras apresentam uma especificidade de hospedeiro mais baixa, sendo adquiridas acidentalmente como zoonoses, com humanos atuando como hospedeiro intermediário ou como hospedeiro final após adquirir a infecção de animais domésticos ou por meio de alimentos (Tabela 6.3).

Tabela 6.2 Resumo da localização e transmissão de trematódeos que infectam o ser humano

Infecções por trematódeos em humanos		
Espécie	**Forma adquirida**	**Sítio em humanos**
Schistosoma haematobium *S. japonicum* *S. mansoni*	Penetração da pele por estágios larvais liberados por caramujos	Vasos sanguíneos da bexiga Vasos sanguíneos do intestino Vasos sanguíneos do intestino
Clonorchis sinensis	Ingestão de peixes infectados com estágios larvais	Fígado
Fasciola hepatica	Ingestão de vegetais (agrião) infectados com estágios larvais	Fígado
Paragonimus westermani	Ingestão de caranguejos infectados com estágios larvais	Pulmões

Tabela 6.3 Resumo da localização e transmissão de nematódeos que infectam o ser humano

Infecções por nematódeos em humanos		
Espécie	**Adquiridas por**	**Sítio em humanos**
Transmitida de pessoa para pessoa		
Ascaris lumbricoides	Ingestão de ovos	Intestino delgado
Enterobius vermicularis	Ingestão de ovos	Intestino grosso
Ancilóstomos *Ancylostoma duodenale* *Necator americanus*	 Penetração da pele por larvas infectantes Penetração da pele por larvas infectantes	 Intestino delgado Intestino delgado
Strongyloides stercoralis	Penetração da pele por larvas infectantes; autoinfecção	Intestino delgado (adultos), tecidos em geral (larvas)
Trichuris trichiura	Ingestão de ovos	Intestino grosso
Transmitida de pessoa para pessoa via vetor artrópode		
Brugia malayi	Picada de mosquito carregando larvas infectantes	Linfáticos (adultos), sangue (larvas)
Onchocerca volvulus	Picada de mosca *Simulium* carregando larvas infectantes	Pele (larvas, adultos), olho (larvas)
Wuchereria bancrofti	Picada de mosquito carregando larvas infectantes	Linfáticos (adultos), sangue (larvas)
Loa loa	Picada de mutuca carregando larvas infectantes	Tecidos subcutâneos (adultos), sangue (larvas)
Zoonoses transmitidas por animais		
Angiostrongylus cantonensis	Ingestão de larvas em caramujos, crustáceos	SNC (larvas)
Anisakis simplex	Ingestão de larvas em peixes	Estômago, intestino delgado (larvas)
Capillaria philippinensis	Ingestão de larvas em peixes	Intestino delgado (adultos, larvas)
*Toxocara canis**	Ingestão de ovos passados por cães	Tecidos, olhos, SNC (larvas)
*Trichinella spiralis**	Ingestão de larvas em carne suína, carne de mamíferos selvagens	Intestino delgado (adultos), músculos (larvas)

*Estas espécies são as mais comuns neste grupo.

Sobrevivência dos helmintos em seus hospedeiros

Muitas infecções por helmintos têm vida longa; os vermes sobrevivem em seus hospedeiros por muitos anos, apesar de viverem em partes do corpo onde há defesas imunológicas eficazes. Várias espécies têm sido estudadas para se descobrir como isto é possível. Alguns, como os esquistossomos, escapam do sistema imunológico pela aquisição de moléculas do hospedeiro na sua superfície externa e, assim, tornam-se menos facilmente reconhecidos como invasores estranhos. Outros ativamente suprimem as respostas imunológicas do hospedeiro pela liberação de fatores que interferem, ou desviam, as respostas protetoras. Por exemplo, o hospedeiro humano mostra um grau de tolerância imunológica à infecção por ancilóstomo. Essa capacidade dos vermes está sendo ativamente investigada como uma potencial abordagem terapêutica para o controle de condições mediadas imunologicamente, como a doença celíaca e do intestino irritável. Um dia poderá ser possível proteger pacientes em risco destas condições dando a eles uma infecção por parasitos!

PRINCIPAIS CONCEITOS

- Os helmintos são vermes multicelulares que parasitam muitos órgãos do corpo, mais comumente o trato gastrointestinal.
- A transmissão pode ser direta, pela ingestão de estágios infectantes ou pela penetração da larva na pele, ou indireta, via hospedeiros intermediários ou insetos vetores.
- A infecção por helmintos mais séria é a esquistossomose, provocada pela infecção com trematódeos sanguíneos. A patologia é primariamente causada por reações de hipersensibilidade aos ovos à medida que eles passam através dos tecidos.

CONFLITOS

Os helmintos são parasitos tipicamente grandes e frequentemente revestidos por uma camada externa protetora, o que os torna um alvo difícil para o sistema imunológico — são muito grandes para fagocitose ou células T citotóxicas e não são afetados pela atividade direta de anticorpos. Eles são frequentemente ativos e móveis e podem se locomover para escapar das defesas imunológicas, lesando tecidos do hospedeiro enquanto o fazem. Muitos disfarçam suas superfícies externas ou produzem fatores imunossupressores. Como têm vida longa e são capazes de sobreviver apesar das respostas imunológicas, podem produzir doenças crônicas, como consequência de sua atividade ou de respostas imunológicas mal direcionadas e patológicas do hospedeiro. A dependência da infecção direta por contato fecal-oral ou transmissão por vetores faz com que seja difícil evitar a infecção quando o clima ou os padrões baixos de higiene se combinam para desfazer o equilíbrio em favor do parasito. O tratamento com anti-helmínticos funciona contra muitos vermes intestinais, mas reinfecções são quase rotineiras em áreas de saneamento ruim, tornando necessários programas regulares de retratamento. Aqueles que vivem nos tecidos são muito mais difíceis de serem tratados; por exemplo, os cistos hidáticos podem exigir cirurgias de grande porte, além de medicamentos antiparasíticos, e ainda não há medicamentos eficazes para tratamento do verme da Guiné.

7 Artrópodes

Introdução

O filo Arthropoda é o maior do reino animal. Ele é bastante diverso e, possivelmente, o grupo animal mais bem-sucedido. Os artrópodes são caracterizados por um exoesqueleto composto de uma cutícula rígida que contém quitina, um corpo segmentado e apêndices articulados. Os exemplos com os quais a maioria das pessoas está familiarizada são crustáceos, centopeias, insetos, carrapatos e ácaros. Os três últimos são os mais relevantes para doenças humanas.

Os membros da classe Insecta apresentam corpos segmentados com cabeça, tórax e abdômen e três pares de pernas. Eles normalmente apresentam asas, mas alguns insetos não as possuem.

Carrapatos são membros da classe Arachnida, que inclui aranhas. Carrapatos adultos apresentam quatro pares de pernas; larvas apresentam três.

Ácaros também estão na classe Arachnida. Os adultos apresentam de um a quatro pares de pernas, normalmente quatro; larvas apresentam no máximo três.

Muitos desses artrópodes se adaptaram a viver em humanos ou usam humanos como fontes de alimento (sangue e fluidos corporais). A capacidade de muitos artrópodes de transmitir uma variedade muito ampla de patógenos microbianos está ligada a tais hábitos alimentares. Outros agem como hospedeiros intermediários e podem transmitir parasitos de helmintos quando ingeridos, e ainda outras espécies podem infligir mordidas e picadas perigosas.

Muitos artrópodes se alimentam de sangue humano e fluidos corporais

Dentre os que se alimentam de sangue estão os mosquitos, maruins, moscas dos estábulos, pulgas e carrapatos. Alguns ácaros também se alimentam dessa forma — trombilídeos, as larvas de ácaros trombiculidas, são exemplos conhecidos. O contato pode ser temporário ou permanente. Mosquitos são ectoparasitas temporários que se alimentam apenas por alguns minutos; os carrapatos se alimentam por muito mais tempo. Os piolhos *Pediculus humanus* e os chatos *Phthirus pubis* passam suas vidas quase inteiras em humanos, se alimentando de sangue e se reproduzindo no corpo ou em roupas. O ácaro da sarna, *Sarcoptes scabiei* (Fig. 7.1) vive permanentemente em humanos, enterrando-se nas camadas superficiais da pele para alimentar-se e pôr ovos. Infecções graves podem acumular-se, especialmente em indivíduos com resposta imunológica limitada, causando uma condição inflamatória grave (Cap. 27). Em regiões tropicais e subtropicais, as larvas (ou vermes) de certas moscas entram na pele e desenvolvem lesões semelhantes a furúnculos sob a pele, uma condição conhecida como miíase. Um modo notável de como isso pode ocorrer é exemplificado pela *Dermatobia hominis*, a mosca berneira humana da América Central e do Sul, na qual a fêmea adulta prende seus ovos a mosquitos. Quando o mosquito pica, as larvas saem do mosquito e entram na pele humana nos locais das picadas.

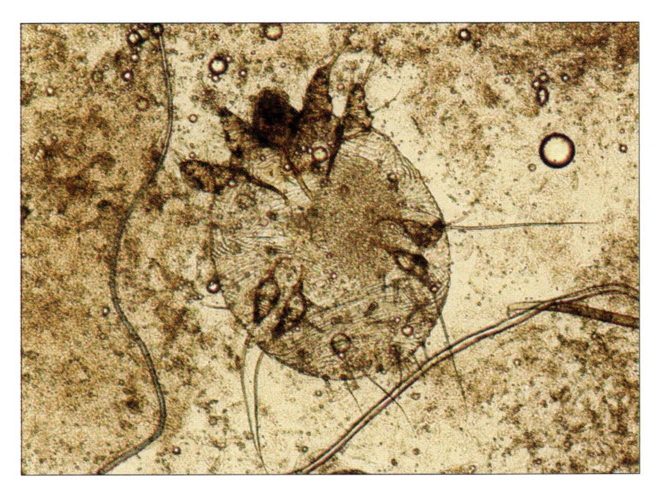

Figura 7.1 *Sarcoptes scabiei*, o ácaro da sarna. (Cortesia de Peter Chiodini.)

A infestação de artrópodes também traz o risco adicional de transmissão de doenças

Os artrópodes transmitem doenças de todos os principais grupos, de vírus a vermes, e alguns (p. ex., mosquitos e carrapatos) transmitem uma ampla variedade de organismos (Tabela 7.1). A capacidade de transmitir infecções adquiridas de animais para humanos é um risco constante de adquirir zoonoses. Algumas infecções transmitidas por vetores, como a febre amarela, são conhecidas há séculos, sendo que outras, como a encefalite viral e a doença de Lyme, foram reconhecidas mais recentemente (na década de 1920 e em 1975, respectivamente). O vírus do Nilo Ocidental, transmitido por mosquitos, tornou-se uma ameaça significativa na América do Norte, com casos esporádicos de surtos relatados na Europa (Cap. 28).

PRINCIPAIS CONCEITOS

- Os artrópodes relevantes na patologia humana são aqueles que se alimentam de sangue ou tecidos corporais (insetos, carrapatos, ácaros) e aqueles que transmitem outras infecções, especialmente vírus, bactérias e protozoários.
- Resistência a inseticidas é uma grande ameaça ao sucesso do controle da malária e dos programas de erradicação.

Tabela 7.1 Resumo das doenças infecciosas transmitidas por artrópodes

Doenças infecciosas transmitidas por artrópodes		
	Doença	**Vetor artrópode**
Vírus		
Arbovírus	Zikavírus	Mosquitos
	Dengue	Mosquitos
	Febre amarela	Mosquitos
	Encefalite	Mosquitos, carrapatos
	Febre hemorrágica	Carrapatos, mosquitos
Bactérias		
Yersinia pestis	Praga	Pulgas
Borrelia recurrentis	Febre recorrente	Carrapatos moles
Borrelia burgdorferi	Doença de Lyme	Carrapatos duros
Rickettsias:	Tifo rural	Larvas de ácaros
Orientia tsutsugamushi	Tifo epidêmico	Piolhos (carrapatos)
R. prowazekii	Tifo endêmico (murino)	Pulgas
R. mooseri	Febre maculosa	Carrapatos
R. rickettsii	Varicela por rickettsia	Ácaros
R. akari		
Protozoários		
Tripanosoma cruzi	Tripanossomíase americana (doença de Chagas)	Insetos da família Reduviidae
T.b. rhodesiense *T.b. gambiense*	Tripanossomíase africana (doença do sono)	Moscas tsé-tsé
Plasmodium spp.	Malária	Mosquitos
Leishmania spp.	Leishmaniose	Mosquitos-palha
Vermes		
Wuchereria e *Brugia*	Filariose linfática	Mosquitos
Onchocerca	Oncocercose	Borrachudos
Loa loa	Loíase (bicho do olho)	Mosca do cervo

CONFLITOS

A prevenção de infecções humanas com organismos transmitidos por insetos depende muito de evitar as picadas, uma vez que apenas a febre amarela pode ser facilmente evitada com a vacinação. A prevenção de picadas é feita por métodos de barreira (p. ex., redes de mosquito), repelentes de inseto e inseticidas.

Os insetos revidaram e são capazes de se tornar resistentes a inseticidas de diversas formas:

- modificando seu metabolismo para que os sistemas enzimáticos se livrem das toxinas, destruam ou excretem o inseticida mais rapidamente;
- modificando o local onde o inseticida age, para evitar sua ligação ou interação no local;
- desenvolvendo barreiras para a penetração na sua cutícula externa, retardando assim a absorção do inseticida em seus tecidos;
- reconhecendo a presença do inseticida e deslocando-se para longe quando possível.

Desde o ano 2000, foram feitos ganhos substanciais no combate à malária pelo uso de redes inseticidas de longa duração e *sprays* residuais de uso interno. No entanto, tais avanços são ameaçados pela emergência de resistência entre os mosquitos *Anopheles*. As informações da Organização Mundial da Saúde dos anos de 2010 até 2015 mostram que 60 países relataram resistência de anofelinos a pelo menos uma classe de inseticida, e 49 deles a apresentaram para duas ou mais classes. Considerando a presença de resistência a múltiplos medicamentos do parasita da malária *Plasmodium falciparum*, podemos garantir que o conflito com esta infecção transmitida por inseto será longo e árduo; e há muitas outras batalhas entre humanos e insetos nas quais a resistência a inseticidas ameaça o resultado.

Príons

8

Introdução

Os príons são proteínas infecciosas que adquirem conformações alternativas e são associados a uma série de doenças humanas, animais e fúngicas. Nos seres humanos, podem causar mudanças degenerativas no cérebro: as encefalopatias espongiformes transmissíveis. O kuru é o exemplo clássico de tal condição; estudos epidemiológicos confirmam a transmissão via ser humano-ser humano devido a rituais canibais entre o povo Fore de Papua Nova Guiné. Os príons não possuem um genoma de ácido nucleico e são altamente resistentes a todas as formas convencionais de processos de desinfecção. São partículas proteicas pequenas de formas modificadas de uma proteína celular normal e causam doença por converterem a proteína normal em formas anormais. Condições relacionadas com o príon podem ocorrer endogenamente por mutação (e serem herdadas) ou ser adquiridas exogenamente durante procedimentos médicos ou por ingestão de material contaminado. As doenças por príons são parte de um espectro de distúrbios neurodegenerativos em que proteínas solúveis são modificadas e acumuladas como folhas β-pregueadas insolúveis ricas em fibrilas amiloides. Os outros distúrbios neurodegenerativos que incluem tipos diferentes de demência não são infecciosos, mas são esporádicos ou herdados, compartilhando uma mesma patogênese. A doença de Creutzfeldt-Jakob (DCJ) esporádica endógena é conhecida há algum tempo, bem como a doença de Gerstmann-Sträussler-Scheinker, insônia familiar fatal e kuru. Entretanto, na década de 1990, outra forma desta doença (variante DCJ, vDCJ) foi associada à ingestão de carne bovina do gado infectado com o príon que causa a encefalopatia espongiforme bovina (EEB).

PATOGÊNESE DA "PROTEÍNA INFECCIOSA"

Os príons são agentes infecciosos únicos

Há um número de doenças humanas e animais — as encefalopatias espongiformes — cuja patologia é caracterizada pelo desenvolvimento de grandes vacúolos no sistema nervoso central (SNC). Estas incluem o kuru e a doença de Creutzfeldt-Jakob (DCJ) em seres humanos, a encefalopatia espongiforme de bovinos (EEB) em gado e *scrapie* em ovelhas. A DCJ esporádica é a doença por príon mais comum em seres humanos em todo o mundo, e a incidência é de aproximadamente 1,5 por milhão de pessoas. Por muito tempo pensou-se que estas doenças eram causadas pelos chamados vírus lentos não convencionais, porém, atualmente, sabe-se que estes agentes são príons: pequenas partículas proteicas infecciosas. Suas características incluem:

- tamanho pequeno (< 100 nm, portanto, filtráveis);
- ausência de genoma de ácido nucleico;
- resistência extrema ao calor, desinfetantes e radiações (mas são suscetíveis a altas concentrações de fenol, periodato, hidróxido de sódio e hipoclorito de sódio);
- replicação lenta - as doenças tipicamente têm um longo período de incubação e normalmente aparecem tardiamente; períodos de incubação de até 35 anos foram relatados em seres humanos, mas a variante DCJ pode produzir sintomas com muito mais rapidez;
- não pode ser cultivado *in vitro*;
- não provoca respostas imunológicas ou inflamatórias.

Os príons são moléculas derivadas do hospedeiro

Os estudos sobre a *scrapie*, uma forma de encefalopatia espongiforme transmissível de ovelhas e cabras, geraram maior compreensão da natureza dos príons e de seu papel na doença. Na década de 1960, foi proposto que as proteínas poderiam ser patógenos infecciosos que, acreditava-se, estavam envolvidas na *scrapie*. Foi apenas 20 anos depois que Stanley Pruisner demonstrou que as partículas infecciosas purificadas de cérebros de hamsters que haviam sido infectadas com *scrapie* eram partículas proteicas infecciosas que foram chamadas de príons. O agente infeccioso é uma glicoproteína de 30-35 kDa derivada do hospedeiro (denominada PrP^{Sc}, do inglês *prion protein scrapie*) que está associada às fibrilas intracelulares características presentes no tecido doente. PrP^{Sc} é derivada de uma proteína príon celular (PrP^{c}, uma glicoproteína de membrana) que ocorre naturalmente, expressa predominantemente na superfície das células nervosas no SNC, mas também é encontrada em tecidos e órgãos não neurológicos. PrP^{c} é codificado pelo gene de proteína do príon PrNP encontrado no cromossomo 20 e pode desempenhar um papel na redução por estresse oxidativo, transdução de sinais em apoptose e na formação e manutenção de sinapses. Isto significa que ele está envolvido em processos fisiológicos-chave dos sistemas nervoso e imunológico. Camundongos com rompimento no gene PrP^{c} são resistentes a *scrapie*, e não demonstram nenhuma anormalidade aparente. As duas proteínas têm sequências semelhantes, mas diferem em estrutura e resistência à protease; PrP^{Sc} é globular e resistente à enzima; PrP^{c} é linear e suscetível à enzima. A associação de PrP^{Sc} com PrP^{c} resulta na conversão da última em uma forma anormal, sendo que a alteração é basicamente conformacional, de alfa-hélice para folha β-pregueada. Tal mudança conformacional explica por que PrP^{Sc} forma agregados proteicos compactos que se acumulam no cérebro. As células afetadas produzem mais PrP^{c} e o processo é então repetido; as PrP^{Sc} acumuladas se agregam em fibrilas amiloides e placas (Fig. 8.1).

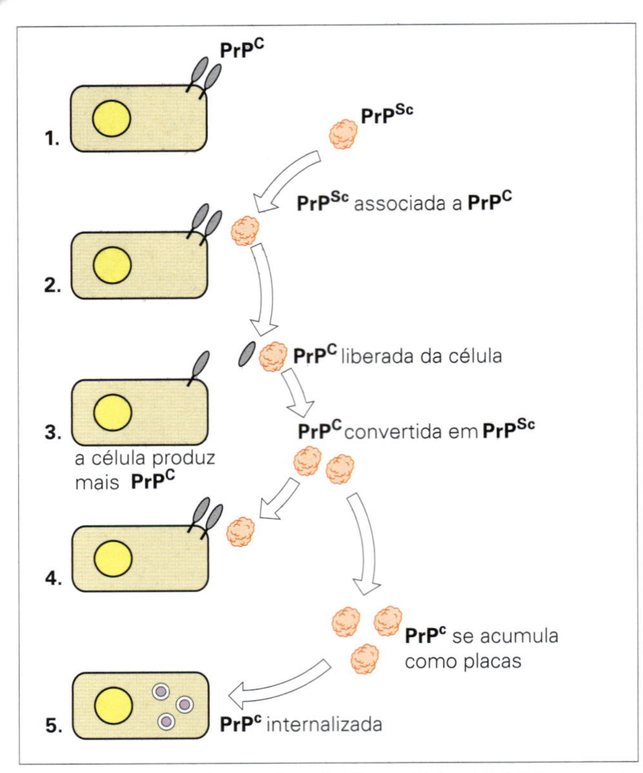

Figura 8.1 Como príons podem danificar células. (1) Células normais expressam PrP^c na membrana celular como proteínas lineares. (2) PrP^{Sc} existe como glicoproteína globular livre, que pode interagir com PrP^c. (3) PrP^c é liberada da membrana celular e é convertida em PrP^{Sc}. (4) As células produzem mais PrP^c, e o ciclo se repete. (5) PrP^{Sc} se acumula como placas, e é internalizada pelas células.

PrP^{Sc} continua a se acumular, substituindo o PrP^{Sc} normal, resultando em neurodegeneração. A replicação pode levar a títulos muito altos de partículas infecciosas e até 10^8–10^9/g de tecido cerebral já foram registrados.

A evidência de que a interação de PrP^{Sc} com PrP^c causa estes eventos está fundamentada em inúmeros experimentos em ovelhas e camundongos, e as principais conclusões são:

- A infectividade da *scrapie* no material está associada à copurificação de PrP^{Sc}.
- PrP^{Sc} purificada confere maior atividade da *scrapie*.
- Camundongos que não apresentam o gene PrP^c não desenvolvem doença quando injetados com príons.
- A introdução de um transgene PrP de uma espécie doadora de príon (p. ex., hamster) em uma espécie receptora (p. ex., camundongo) facilita a transmissão cruzada entre as espécies, sugerindo que a homologia entre os genes PrP das espécies doadora e receptora é o principal determinante molecular de tal transmissão.
- *In vitro*, PrP^{Sc} pode converter PrP^c em PrP^{Sc}, com a transferência de características bioquímicas.

O desenvolvimento de *scrapie* em ovelhas apresenta fortes influências genéticas, algumas gerações sendo muito mais resistentes que outras, e efeitos genéticos semelhantes foram mostrados em camundongos. Em seres humanos, a homozigosidade por metionina no códon 129 do gene da proteína príon é um determinante importante da suscetibilidade esporádica, iatrogênica e variante DCJ. Existem também variações nos príons, e diferentes linhagens são descritas. Estas combinações de hospedeiro e variação de príon resultam em um novo espectro de aparecimento da doença e gravidade.

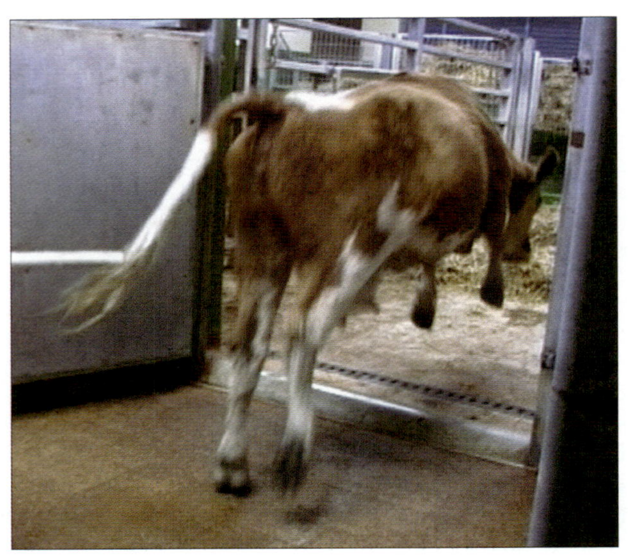

Figura 8.2 Uma vaca com encefalopatia espongiforme bovina pulando sobre um degrau pequeno (Crown copyright 2003. Courtesy of Dr Timm Konold. Reproduzida com permissão da Agência de Saúde Animal e Vegetal).

Tabela 8.1 Doenças por príon em animais e humanos

Animais (esporádica ou adquirida)	Humanos
Scrapie	Kuru (esporádica ou adquirida)
Doença emaciante crônica	DCJ: esporádica, herdada ou adquirida
Encefalopatia espongiforme bovina	Síndrome de GSS (herdada ou esporádica)
Encefalopatia transmissível da marta	Insônia familiar fatal (herdada ou esporádica)
Encefalopatia espongiforme felina	VPSPr (esporádica ou familiar)
Encefalopatia de ungulados exóticos	

DCJ: Doença de Creutzfeldt-Jakob; GSS: Síndrome de Gerstmann-Sträussler-Scheinker; VPSPr: Prionopatia variavelmente sensível à protease.

As doenças animais por príons (Tabela 8.1) incluem *scrapie*, doença emaciante crônica (CWD) e encefalopatia espongiforme bovina (EEB) (Fig. 8.2), todas as quais são esporádicas ou adquiridas. A CWD afeta alguns cervos norte-americanos (Fig. 8.3), e as populações de veados e alces de Rocky Mountain. Esses animais são caçados e comidos, portanto a preocupação é que, embora a CWD não tenha sido transmitida a humanos, há a possibilidade de que isso poderia acontecer após a ingestão de carne infectada.

DESENVOLVIMENTO, TRANSMISSÃO E DIAGNÓSTICO DE DOENÇAS POR PRÍON

A PrP é uma proteína do hospedeiro modificada e o gene está localizado no cromossomo 20. A forma normal da proteína príon é denominada PrP^c. A PrP^{Sc} é uma isoforma anormal de PrP e se acumula no tecido cerebral. A PrP^{Sc} difere da PrP^c apenas por ter um conteúdo folha β-pregueada mais elevado, o que torna PrP^{Sc} mais estável e é também responsável pela capacidade da PrP^{Sc} de formar agregados, que formam então fibrilas amiloides. Além disso, PrP^{Sc} é bem resistente à proteólise. A proteína PrP^c, normalmente enovelada, é convertida em uma conformação anormal por contato direto com a forma de PrP^{Sc} mal enovelada. Se a carga da última aumentar, pode levar a um rápido fenótipo neurodegenerativo. A PrP^{Sc} pode ser montada como diferentes estruturas e, então, estas espécies de PrP^{Sc} podem resultar em uma variedade de doenças por príon humanas (Tabela 8.1) que incluem kuru esporádica e adquirida, DCJ esporádica, herdada ou adquirida e síndrome de Gerstmann-Sträussler-Scheinker (GSS). Existem algumas evidências de que as pessoas apresentam uma predisposição genética para DCJ esporádica. Há um polimorfismo que ocorre naturalmente no códon 129 do gene PrP^{c} no cromossomo 20, e este codifica o aminoácido metionina ou valina. Comparadas com a população não afetada, as pessoas que apresentam DCJ esporádica têm mais probabilidade de ter homozigotos para metionina neste *locus*.

Com exceção daqueles casos em que os príons surgem por mutação, a transmissão e a disseminação da doença causada por príon requerem exposição ao agente infeccioso. A maneira pela qual isso pode ocorrer inclui a ingestão de alimento contaminado, o uso de produtos médicos contaminados (sangue, extratos de hormônios, transplantes), a introdução de príons por instrumentos contaminados durante procedimentos cirúrgicos, pois os príons ligam-se fortemente às superfícies metálicas, e, possivelmente, transmissão mãe-feto durante a gestação (embora nenhum das centenas de filhos nascidos de mães com kuru tenha desenvolvido a doença). A doença kuru foi transmitida pela ingestão de cérebro de indivíduos mortos em ritos funerais, e a vDCJ está associada à ingestão de produtos bovinos contaminados. Nestes casos, os príons sobrevivem à digestão e são incorporados pela mucosa intestinal. São, então, carregados nas células linfoides, eventualmente transferidos para os tecidos nervosos e entram no SNC.

Figura 8.3 Um cervo com doença emaciante crônica. (Cortesia do Professor Jason Bartz, Departamento de Microbiologia e Imunologia Médica, Creighton University School of Medicine, Omaha, Nebraska, EUA.)

Os príons podem atravessar as barreiras de espécies

Embora os príons de uma espécie sejam mais efetivos na transmissão de doença para essa mesma espécie, a transmissão pode ocorrer entre diferentes espécies (Fig. 8.4). Um exemplo disso é a transferência de príons do gado infectado com EEB para humanos pelo consumo de carne infectada, que foi associado a surtos de vDCJ. A própria EEB surgiu como o resultado da transferência de príons de ovelha infectada com *scrapie* para o gado, e, em 1996, ficou claro que a vDCJ humana e a EEB eram provocadas pela mesma cepa de príon. Diferentemente da DCJ, a vDCJ provocou doenças em indivíduos mais jovens (de 14 anos para cima) com um período de incubação bem mais curto. O número de infecções em seres humanos que pode ter surgido da epidemia britânica de EEB em gado (que pode ter afetado mais de 2 milhões de animais) ainda é controverso, apesar de alguns acreditarem que o potencial seja bastante pequeno. O acompanhamento do desenvolvimento da DCJ teve início em 1990, no Reino Unido, para identificar o número de infecções em seres humanos originadas da epidemia britânica da EEB no gado que acreditava-se ter afetado mais de 3 milhões de animais. Essa estimativa fundamentou-se no número provável de animais assintomáticos e no diagnóstico clínico da EEB realizado em mais de 180.000 animais. A vDCJ foi notificada primeiramente em 1996, no Reino Unido, pela National CJD Surveillance Unit. Os infectados apresentavam um fenótipo clínico e patológico distinto da DCJ esporádica e eram homozigotos para metionina no códon 129. Novamente, isso demonstrou uma predisposição genética para a vDCJ. A vDCJ é a única doença priônica que afeta seres humanos que pode ser adquirida através de outra espécie e é causada pela EEB. Isso também foi demonstrado através de estudos de transmissão animal em que o agente infeccioso associado à vDCJ demonstrou ter as mesmas propriedades biológicas que causam a EEB. Estudos epidemiológicos sugerem que a via mais provável de transmissão é a oral, com o indivíduo afetado tendo ingerido carne

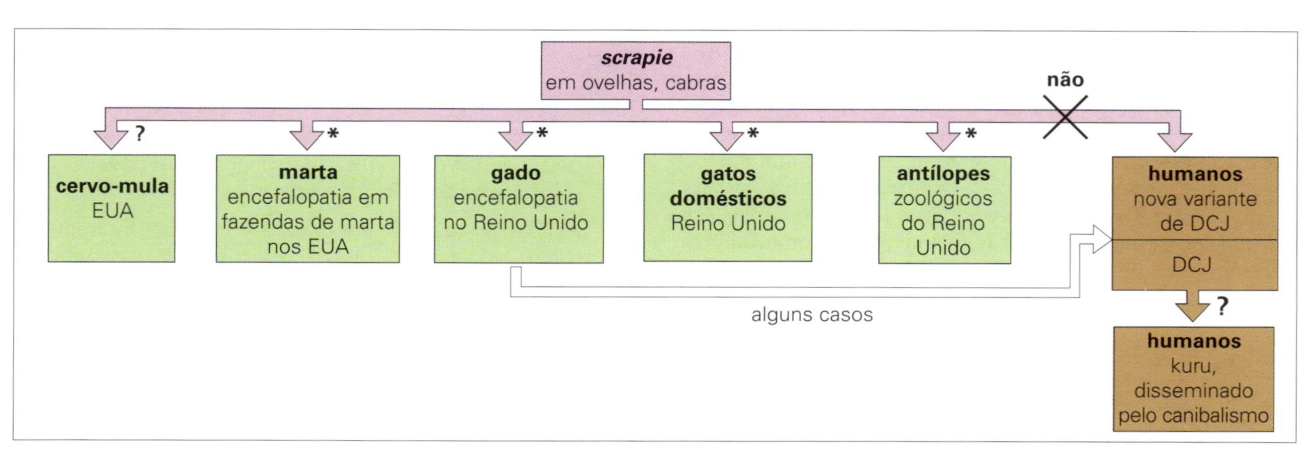

Figura 8.4 A disseminação do agente da *scrapie* entre espécies. Quase todas têm sido transmitidas para roedores e primatas de laboratório. (*Infecções transferidas por material de ovelhas infectadas com *scrapie* presente em gêneros alimentícios. A maioria destes agentes infecciosos apresenta mutação no resíduo de aminoácido 129 da proteína príon, o que parece causar a conversão da proteína para a forma patogênica.)

bovina contaminada com agente EEB. A PrP^{Sc} foi encontrada no sistema linforreticular, incluindo as amídalas, o baço, bem como os tecidos neurológicos, além disso, o príon pode ser carregado no sangue pelos linfócitos.

No geral, até julho de 2010, 220 pessoas desenvolveram vDCJ em 11 países pelo mundo, sendo que 171 delas foram diagnosticadas no Reino Unido. Até 2016, 178 pessoas no Reino Unido morreram devido à vDCJ. Este número foi muito menor que o previsto pelos modelos matemáticos da década de 1990. Como o período de incubação pode ser muito longo, não está claro quantas pessoas podem estar em risco e assintomáticas. Questões relacionadas com os testes diagnósticos incluem ensaios de sensibilidade e especificidade, resultando em dificuldade ao comparar estudos. Um grande estudo foi realizado no Reino Unido investigando mais de 32.000 tecidos de amídalas de pessoas anônimas que passaram por amidalectomia eletiva para detecção da proteína príon relacionada com a doença chamada de PrP^{DCJ}. Destes, 12.753 pertenciam ao grupo de nascidos entre 1961-1985, que inclui a época em que a maioria dos casos de vDCJ surgiu, e 19.908 pertenciam ao grupo de indivíduos da coorte de 1986-1995, que foram, potencialmente, expostos a produtos cárneos contaminados de EEB. Em nenhuma amostra foi detectada a PrP^{DCJ}.

A doença por príons é difícil de diagnosticar

Pelo fato de os príons não serem cultiváveis, e uma vez que não há resposta imunológica, a doença priônica em seus estágios iniciais não pode ser diagnosticada com facilidade. Apresentações clínicas normalmente indicam a possibilidade de ocorrência de doença priônica, e isso pode ser confirmado histologicamente *post mortem*. O tecido das amídalas é uma boa fonte de PrP^{Sc} em casos clínicos, e estes príons podem ser identificados pela imunotransferência ou imuno-histoquímica. O tecido das amídalas e outros tecidos homogeneizados também podem ser testados para a presença da proteína príon anormal por meio de imunoensaio enzimático. Estes foram usados em uma variedade de estudos e o desenvolvimento de testes diagnósticos é importante não apenas para obter um diagnóstico, mas também no ponto de vista de saúde pública para prevenir a infecção, pois transmissão por sangue e hemoderivados foi relatada. Os critérios para diagnóstico clínico incluem exame de imagem do cérebro e biomarcadores específicos no líquido cefalorraquidiano. Ensaios como a amplificação cíclica de proteína mal-enovelada (PMCA) baseada na polimerização de PrP^{Sc} foram desenvolvidos, mas houve casos de falsos-positivos e falsos-negativos. O ensaio de semeadura amiloide (ASA), um marcador de formação amiloide, era mais sensível, mas dependia das cepas. No entanto, o teste que demonstrou mais potencial em realizar o diagnóstico pré-clínico foi o chamado conversão induzida pelo tremor em tempo real (RT-QuIC). A amostra era adicionada a PrP recombinante, um corante fluorescente sensível a amiloides e um agente caotrópico, e a placa de incubação era então agitada (tremida) vigorosamente; depois disso, a fluorescência era medida conforme os fibrilos se formavam. As quantidades de fentograma de PrP^{Sc} podiam ser detectadas.

Lições pela kuru

A kuru é uma condição que foi identificada com comportamento canibal na Papua Nova Guiné. Houve mais de 2.700 infecções entre 1957 e 2004, com período de incubação da doença estimado em mais de 50 anos. O índice de mortalidade caiu de mais de 200 por ano no final da década de 1950 para seis por ano no início da década de 1990. Esta redução se deu pela proibição de comportamento canibal na década de 1950. Um estudo que investigou casos de suspeita de kuru entre 1996 e 2004 identificou 11 indivíduos infectados. Os períodos mínimos de incubação estimados neste grupo variaram entre 34-41 anos, com a variação em homens sendo entre 39 e 56 anos pelo menos. A análise do gene de proteína príon (PRNP) demonstrou que a maioria dos pacientes com kuru era heterozigoto no códon 129.

PREVENÇÃO E TRATAMENTO DE DOENÇAS POR PRÍON

As doenças causadas por príons são incuráveis

Embora até o ano de 2017 ainda não existisse um tratamento eficaz, nem vacina, as estratégias quimioterapêuticas envolviam a interrupção da conversão da forma normal da proteína príon em forma anormal PrP^{Sc}. No entanto, o sucesso relatado é limitado, com o uso de diversos agentes diferentes, incluindo antimaláricos e antibióticos que demonstraram reduzir os depósitos de proteína *in vitro*.

As versões humanizadas de antibióticos que se ligam à PrP que apresentaram atividade em células nervosas infectadas por príons cultivadas *in vitro* foram preparadas para um ensaio clínico. A hipótese era de que a forma normal de PrP exigida para que os príons se desenvolvessem pudesse ser retirada. O tempo estendido de sobrevida era relatado quando os camundongos infectados por príon eram tratados. A compreensão sobre a natureza das interações entre PrP^{Sc} e PrP^{c} pode eventualmente oferecer alguma esperança de controle do desenvolvimento da doença, reduzindo ou desestabilizando a formação de PrP^{Sc}. A imunomodulação e imunização da mucosa podem ser abordagens terapêuticas e preventivas em potencial, especialmente porque o trato alimentar é, provavelmente, a rota principal de transmissão.

PRINCIPAIS CONCEITOS

- Príons são agentes infecciosos incomuns que causam doenças caracterizadas por alterações no cérebro (encefalopatias espongiformes) e distúrbios motores.
- Príons são glicoproteínas derivadas do hospedeiro e não possuem um genoma de ácido nucleico. São extremamente resistentes aos processos de desinfecção.
- A transmissão dos príons normalmente ocorre pela ingestão de tecidos contaminados, mas pode surgir via procedimentos médicos.
- As doenças causadas por príons em humanos incluem o kuru, a doença de Creutzfeldt-Jakob (DCJ), a variante DCJ (vDCJ) e a encefalopatia espongiforme bovina (EEB).
- As doenças por príons são difíceis de diagnosticar, mas ensaios que podem ajudar a realizar um diagnóstico pré-clínico estão sendo desenvolvidos.

CONFLITOS

De todos os patógenos abordados neste livro, os príons ganham no conflito humano-patógeno. No entanto, pode-se argumentar que eles ganham a batalha, mas perdem a guerra, pois matam o hospedeiro e não podem continuar a ser transmitidos. Eles são resistentes a quase todos os procedimentos desinfetantes e apresentam respostas imunológicas mínimas. Nunca são expostos ao mundo exterior e não podem, por isso, ser interceptados. Não possuem ácidos nucleicos ou sistemas metabólicos, por isso não podem ser alvo dos agentes antimicrobianos. Os príons podem surgir por mutação e subverter o controle de enovelamento normal de proteínas, produzindo moléculas anormais que são resistentes às enzimas. Eles podem transportar-se de uma espécie para outra, e realizar a transição de animais para seres humanos. Por isso, é possível a infecção por produtos alimentares à base de carne. A presença de príons na carne é difícil de detectar; uma vez ingeridos, eles podem ir do intestino ao tecido linfoide e, então, para tecidos nervosos, causando por fim mudanças profundas e normalmente letais no SNC. As características genéticas de hospedeiros em potencial parecem ter um papel importante no curso da doença após a exposição. Exemplos de doenças induzidas por príons são a doença de Creutzfeldt-Jakob, a variante DCJ (ligada à "doença da vaca louca") e kuru. Estas doenças podem ser diagnosticadas, mas, atualmente, não existe nenhum tratamento eficaz.

A relação parasito-hospedeiro

Introdução

Historicamente, o estudo da inter-relação hospedeiro-patógeno (parasito) foi baseada em informações obtidas no estudo de organismos específicos examinados sob condições laboratoriais. No entanto, os avanços na biologia molecular e no sequenciamento de DNA revelaram a existência de microrganismos no hospedeiro que não podem ser cultivados ou observados diretamente. Isso levou a uma busca para entender de maneira mais completa a gama total de microrganismos presentes no hospedeiro, coletivamente chamados de microbiota, e seu teor genético, o microbioma. A análise do microbioma é um aspecto do que é geralmente referido como metagenômica: o estudo do teor genômico e da diversidade em um determinado ambiente. Em 2007, um trabalho em conjunto de larga escala a esse respeito foi iniciado com o Projeto do Microbioma Humano, uma iniciativa de 5 anos do Instituto de Saúde Nacional dos Estados Unidos (NIH). Como resultado, os termos microbiota e microbioma estão em grande parte substituindo o termo "flora normal", embora o último ainda seja usado em certos momentos neste livro. Os capítulos anteriores do livro focaram primariamente em organismos que são agentes causadores de doença. Um pequeno número pode ser encontrado em indivíduos saudáveis, porém sua presença em grande número está comumente associada a alterações patológicas. A primeira seção deste capítulo considera os membros da microbiota encontrados em indivíduos normais saudáveis, em alguns casos necessários para o funcionamento normal do corpo humano, mas capaz de causar doenças sob certas circunstâncias (p. ex., no recém-nascido ou em indivíduos estressados, traumatizados ou imunocomprometidos). Sua relação com o hospedeiro cria uma comparação interessante com espécies que são consideradas parasitas verdadeiros ou patógenos discutidos posteriormente neste capítulo no contexto mais amplo de relações simbióticas e a evolução de relações parasito-hospedeiro.

A MICROBIOTA E O MICROBIOMA

Identificando e entendendo a microbiota e o microbioma

Estima-se que o ser humano apresenta aproximadamente 10^{13} células em seu organismo e cerca de 10^{14} bactérias (e 100^{x} mais genes) associadas a elas, a maioria no intestino grosso. Estudos sobre microbiota e microbioma se baseiam em avanços no sequenciamento de DNA de alto rendimento e bancos de dados de sequências de DNA extensos. Assim, amostras de DNA microbiano podem ser analisadas quanto (1) à presença de espécies conhecidas ou novas por comparação com sequências específicas de espécies em um banco de dados de gene ribossomal 16S (Fig. 2.19) e (2) à possível função gênica em comparação a todas as sequências gênicas com um banco de dados de genes conhecidos. Embora as bactérias sejam as maiores contribuintes do microbioma, vírus, fungos e protozoários também são regularmente encontrados em indivíduos sadios, mas são muito menos frequentes. O teor do microbioma é consequência de diferentes áreas do corpo, (p. ex., a pele, o nariz, a boca e os tratos intestinal e geniturinário) expostas ao, ou que se comunicam com o, ambiente externo.

O microbioma normal é adquirido rapidamente durante e logo após o nascimento e se modifica continuamente ao longo da vida

Os microrganismos presentes em qualquer dado momento são influenciados pela idade, a nutrição e o ambiente do indivíduo. Por exemplo, o microbioma do intestino de crianças nos países em desenvolvimento é bastante diferente daquele de crianças dos países desenvolvidos. Além disso, as crianças amamentadas no peito apresentam estreptococos e lactobacilos produtores de ácido lático em seus tratos gastrointestinais, enquanto as crianças alimentadas por mamadeira mostram uma variedade bem maior de microrganismos. Assim, o corpo humano pode ser visto como um complexo de microambientes com diferenças características na composição microbiana. Neste contexto, os organismos presentes em alguma área específica do corpo de pelo menos 95% dos indivíduos são considerados representantes de um microbioma básico, sendo que os demais organismos transientes representam o microbioma variável.

A pele é um exemplo de microbioma complexo devido a múltiplos microambientes

As áreas secas expostas não são um bom ambiente para as bactérias e possuem relativamente poucos microrganismos residentes sobre a superfície, enquanto as áreas mais úmidas (axilas, períneo, região entre os dedos, couro cabeludo) apresentam uma população muito maior. O *Staphylococcus epidermidis* é uma das espécies mais comuns, perfazendo cerca de 90% dos aeróbios e estando presente em densidades de 10^3–10^4/cm^2; o *S. aureus* pode estar presente nas regiões mais úmidas.

Os difteroides anaeróbios estão presentes abaixo da superfície da pele, em folículos pilosos, glândulas sebáceas e sudoríparas – o *Propionibacterium acnes* é um exemplo familiar. Alterações na pele que ocorrem durante a puberdade frequentemente levam ao aumento do número dessas espécies, o que pode estar associado à acne.

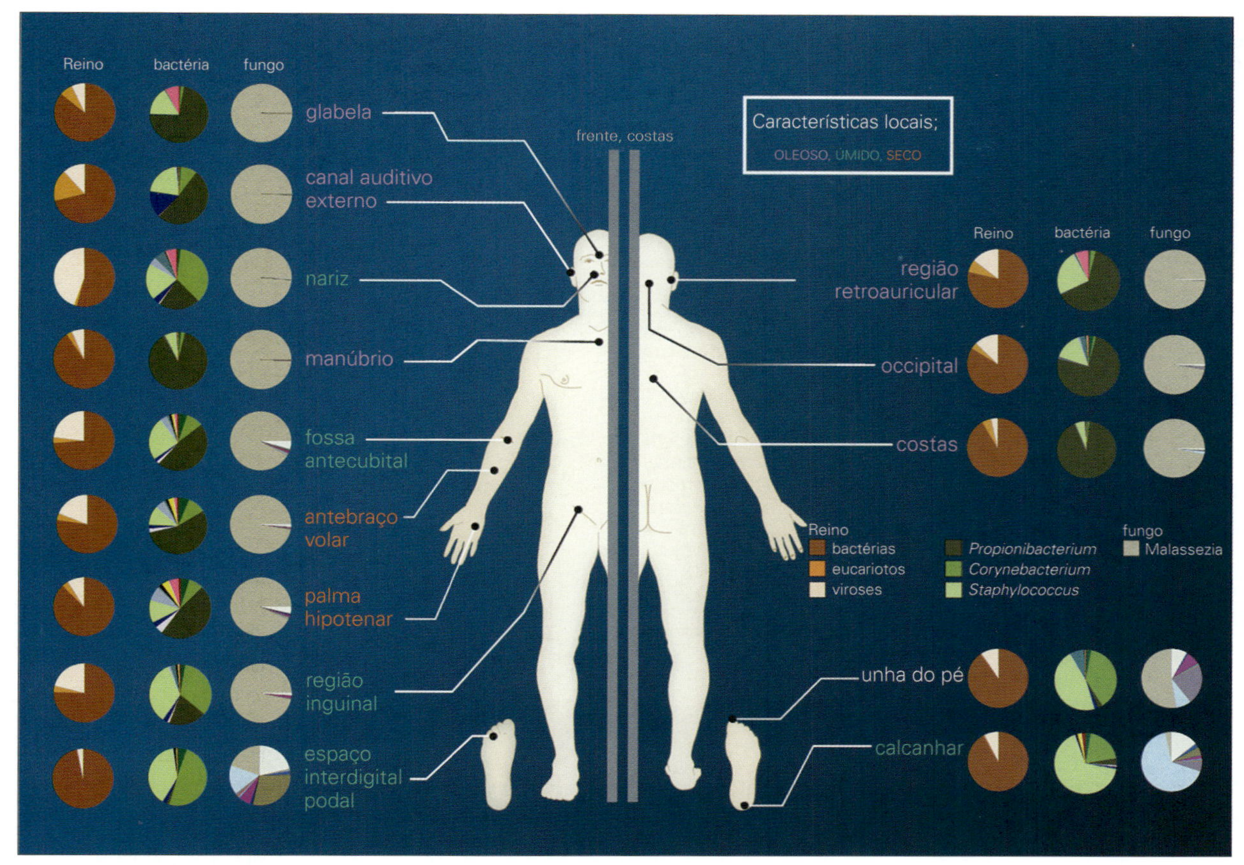

Figura 9.1 Exemplos de microrganismos que ocorrem como membros da microbiota da pele e sua localização no corpo. (Reproduzido com permissão de Belkaid Y, Segre JA: Diálogo entre a microbiota da pele e a imunidade. *Science* 346(6212), 954–959 (Nov 2014), doi: 10.1126/science.1260144.)

Um número de fungos, incluindo *Candida*, está presente no couro cabeludo e ao redor das unhas. Eles são pouco frequentes na pele seca, mas podem causar infecção nas dobras úmidas da pele (intertrigo). Uma visão geral da diversidade encontrada no microbioma da pele é apresentado na Figura 9.1.

Nariz e boca podem ser maciçamente colonizados por bactérias

A maioria das bactérias aqui é anaeróbia. As espécies mais comuns que colonizam estas áreas são os estreptococos, os estafilococos, os difteroides e os cocos Gram-negativos. Algumas das bactérias aeróbias encontradas em indivíduos saudáveis são potencialmente patogênicas (p. ex., *S. aureus*, *Streptococcus pneumoniae*, *S. pyogenes*, *Neisseria meningitidis*); a *Candida* é também um patógeno potencial.

As membranas mucosas da boca podem ter a mesma densidade microbiana do intestino grosso, números que se aproximam de 10^{11}/g de peso úmido de tecido.

A cárie dental é umas das doenças infecciosas mais comuns nos países desenvolvidos

A superfície dos dentes e o sulco gengival carreiam grande número de bactérias anaeróbias. A placa é um filme de células bacterianas ancoradas em uma matriz polissacarídica secretada pelos microrganismos. Se os dentes não são limpos regularmente, a placa acumula-se rapidamente, e a atividade de certas bactérias, principalmente *Streptococcus mutans*, pode acarretar cárie dentária, porque o ácido fermentado a partir dos carboidratos pode atacar o esmalte dentário. A prevalência da cárie dentária está ligada à dieta.

A faringe e a traqueia carreiam sua própria microbiota

Os microrganismos na faringe e na traqueia pode incluir estreptococos α- e β-hemolíticos, bem como muitos anaeróbios, estafilococos (incluindo *S. aureus*), *Neisseria* e difteroides. O trato respiratório é normalmente estéril, apesar da inalação regular de microrganismos durante a respiração. Entretanto, inúmeros indivíduos clinicamente normais carreiam o fungo *Pneumocystis jirovecii* (anteriormente conhecido como *P. carinii*) nos pulmões.

No trato gastrointestinal, a densidade de microrganismos aumenta do estômago para o intestino grosso

Normalmente, o estômago abriga apenas microrganismos transitórios, pois o pH ácido fornece uma barreira efetiva. Entretanto, a mucosa gástrica pode ser colonizada por estreptococos e lactobacilos acidotolerantes. *Helicobacter pylori*, que pode causar úlceras gástricas (Cap. 23), é carreado, sem sintomas, por inúmeras pessoas. A bactéria no muco neutraliza o ambiente ácido do estômago. O intestino delgado é apenas levemente colonizado (10^4 organismos/g), mas a população aumenta consideravelmente no íleo, onde estreptococos, lactobacilos, enterobactérias e *Bacteroides* podem estar presentes. O número de bactérias é muito elevado no intestino grosso (estimado em 10^{12}/g) e muitas espécies podem ser encontradas (Fig. 9.2). A grande maioria (95-99%) é de anaeróbios, sendo *Bacteroides* especialmente comum e um dos principais componentes do conteúdo fecal; *E. coli* também é transportado pela maioria dos indivíduos. *Bacteroides* e *E. coli* estão entre as espécies capazes de provocar doença grave

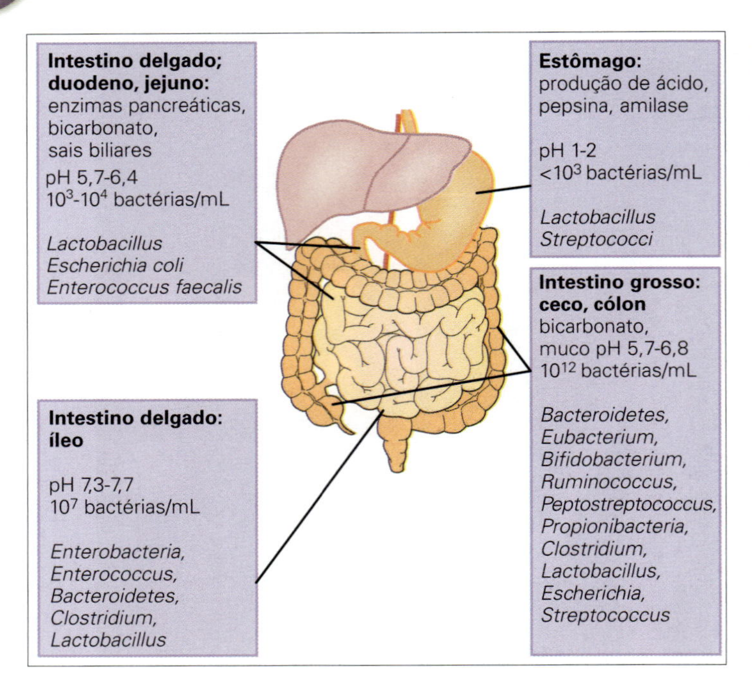

Figura 9.2 Exemplos de microrganismos que ocorrem como integrantes da microbiota do trato gastrointestinal humano e sua localização. (Redesenhado conforme J.A.Wisnewsky, J. Doré e K. Clement. A importância da microbiota gastrointestinal após cirurgia bariátrica. *Nature Reviews Gastroenterology & Hepatology* 9, 590–598 (Outubro 2012), doi:10.1038/nrgastro.2012.161.)

quando transferidos para outros locais do corpo. Protozoários inofensivos também podem ocorrer no intestino (p. ex., *Entamoeba coli*) e podem ser considerados parte da microbiota variável, apesar de serem animais.

A uretra é pouco colonizada em ambos os sexos, mas a vagina possui uma microbiota extensiva de bactérias e fungos

A uretra em ambos os sexos é relativamente pouco colonizada, embora *S. epidermidis*, *Enterococcus faecalis* e difteroides possam estar presentes. Na vagina, a composição das microbiotas bacteriana e fúngica sofrem alterações relacionadas com a idade:

- Antes da puberdade, os microrganismos predominantes são estafilococos, estreptococos, difteroides e *E. coli*.
- Subsequentemente, lactobacilos predominam, fermentando glicogênio para a manutenção do pH ácido, o que evita o crescimento abundante de outros microrganismos presentes na vagina.

Alguns fungos estão presentes, incluindo *Candida*, que pode crescer em demasia e causar uma condição patogênica, a candidíase, se o pH da vagina aumenta e as bactérias competidoras diminuem. O protozoário *Trichomonas vaginalis* também pode estar presente em indivíduos sadios.

Vantagens e desvantagens da microbiota

Estudos do microbioma confirmaram o benefício de várias espécies para o hospedeiro

A contribuição destas espécies para a saúde do hospedeiro é mostrada diretamente em casos de disbiose, a perturbação ou distúrbio da microbiota. Terapia antibiótica de amplo espectro pode reduzir drasticamente a presença de microbiota benéfica, e o hospedeiro pode ser invadido por patógenos externos ou pode ocorrer o crescimento excessivo de microrganismos presentes normalmente em pequenos números. Após o tratamento com clindamicina, o crescimento aumentado de *Clostridium difficile*, o qual sobrevive ao tratamento, pode dar origem a uma diarreia associada ao antibiótico ou, mais seriamente, à colite pseudomembranosa.

As maneiras pelas quais a microbiota inibe patógenos potenciais incluem:

- As bactérias presentes na pele produzem ácidos graxos, o que dificulta a invasão por outras espécies.
- As bactérias do trato gastrointestinal liberam vários fatores com atividade antibacteriana (bacteriocinas, colicinas), bem como produtos de metabolismo que ajudam a evitar o estabelecimento de outras espécies.
- Os lactobacilos vaginais mantêm um ambiente ácido, o qual inibe o crescimento de outros microrganismos.
- O grande número de bactérias presentes na microbiota normal do intestino indica que quase todos os nichos ecológicos disponíveis estão ocupados; estas espécies competem com outras por espaço para viver.

As bactérias do trato gastrointestinal liberam ácidos orgânicos, os quais podem ter algum valor metabólico para o hospedeiro; também produzem vitaminas B e K em quantidades suficientemente valiosas em caso de dieta deficiente. O estímulo antigênico fornecido pela microbiota intestinal ajuda a assegurar o desenvolvimento normal do sistema imunológico.

Estudos sobre animais sem germes ressalta a importância da microbiota

Animais livres de germes tendem a viver mais, provavelmente por causa da completa ausência de patógenos, e não desenvolvem cáries (Cap. 19). Entretanto, os seres humanos adquirem a microbiota durante e imediatamente após o nascimento com o acompanhamento de uma intensa atividade imunológica. Assim, o sistema imunológico de animais livres de germes é bem menos desenvolvido e eles são vulneráveis a patógenos microbianos introduzidos, enfatizando a importância da interação entre a microbiota e a resposta imunológica (Cap. 13).

Podem surgir problemas se os integrantes da microbiota disseminarem-se por regiões do organismo previamente estéreis

Alguns exemplos incluem:

- quando o intestino é perfurado ou quando a pele é rompida;
- durante a extração dental (quando *Streptococcus viridans* podem invadir a corrente sanguínea);
- quando os microrganismos da pele perianal ascendem à uretra e causam infecção no trato urinário.

Os membros da microbiota podem causar infecções adquiridas em hospitais quando os pacientes são expostos a tratamentos invasivos ou que reduzem a capacidade do hospedeiro de ter uma resposta imunológica. Pacientes queimados também sofrem esse risco.

Conforme observado anteriormente, o crescimento abundante de possíveis patógenos pode ocorrer quando a composição da microflora é modificada (p. ex., após tratamento com antibióticos) ou quando:

- há alteração do ambiente (p. ex., aumento do pH do estômago ou da vagina);
- o sistema imunológico torna-se ineficaz (p. ex., AIDS, imunossupressão clínica).

Sob estas condições, os patógenos em potencial têm a oportunidade de aumentar o tamanho de sua população ou de invadir tecidos, tornando-se, assim, prejudiciais para o hospedeiro. Uma relação de doenças associadas a tais infecções oportunistas é dada no Capítulo 31.

ASSOCIAÇÕES SIMBIÓTICAS

Todos os seres vivos são usados como *habitats* por outros organismos; nenhum está isento dessa invasão – as bactérias são invadidas por vírus (bacteriófagos) e os protozoários têm sua própria microbiota – por exemplo, as amebas são hospedeiros naturais para a infecção por *Legionella pneumophila*. Conforme a evolução produzia organismos maiores, mais complexos e mais bem regulados, o número e a variedade de *habitats* para outros organismos colonizarem aumentavam. Os organismos mais complexos, como as aves e os mamíferos (incluindo o ser humano), fornecem os ambientes mais diversos e são os mais densamente colonizados. As relações entre duas espécies – associações interespécies ou simbiose – são, portanto, uma característica constante de toda vida.

Como demonstrado pela microbiota, a patogênese não é uma consequência inevitável das associações interespécies entre os seres humanos e os microrganismos. Muitos fatores influenciam o resultado de uma associação particular, e os microrganismos podem ser patogênicos em uma situação, mas inócuos em outra. Para compreender a base microbiológica da doença infecciosa, as associações hospedeiro-microrganismo que podem ser patogênicas precisam ser firmemente colocadas no contexto de outras associações simbióticas, tais como comensalismo ou mutualismo, nas quais o resultado para o hospedeiro normalmente não envolve qualquer dano ou desvantagem.

Comensalismo, mutualismo e parasitismo são categorias de associação simbiótica

Todas as associações nas quais uma espécie vive no interior ou sobre o corpo de uma outra podem ser agrupadas sob o termo geral "simbiose" (literalmente "vivendo junto"). A simbiose não tem nenhum sentido de benefício ou prejuízo e inclui uma ampla diversidade de associações. Tentativas de categorizar os tipos muito específicos de associações têm sido feitas, mas não têm sido possíveis porque todas as associações são parte de um todo (Fig. 9.3). Três grandes categorias da simbiose – comensalismo, mutualismo e parasitismo – podem ser identificadas com base no benefício relativo obtido de cada uma das partes. Nenhuma destas categorias de associações é restrita a qualquer grupo taxonômico particular. De fato, alguns organismos podem ser comensais, mutualistas ou parasitos, dependendo das circunstâncias em que eles vivem (Fig. 9.4).

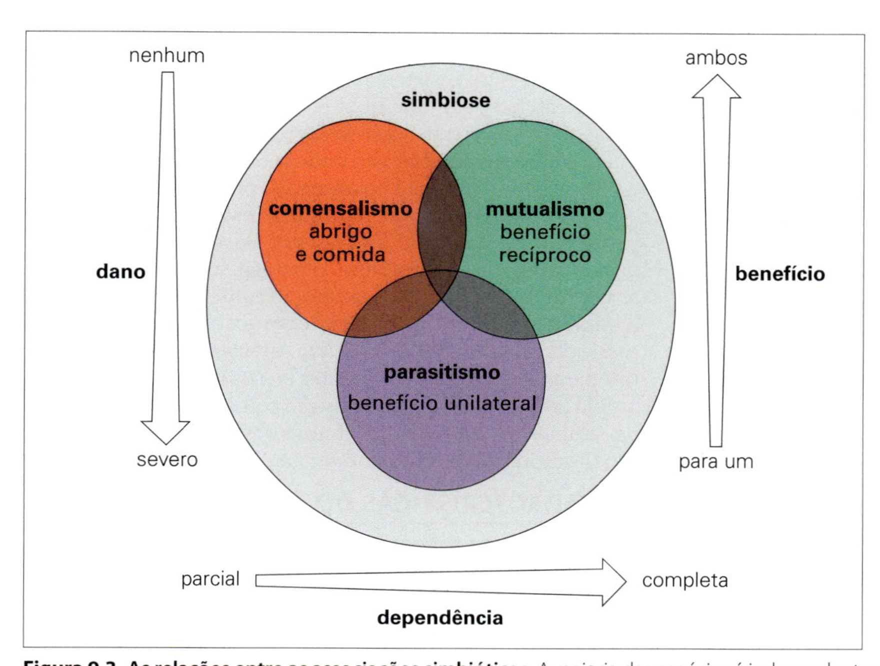

Figura 9.3 As relações entre as associações simbióticas. A maioria das espécies é independente de outras espécies ou depende delas apenas temporariamente para alimentação (p. ex., predador e sua presa). Algumas espécies formam associações mais íntimas denominadas "simbioses" e existem três categorias de simbiose – comensalismo, parasitismo e mutualismo –, embora cada uma se associe com a outra e nenhuma definição as separe absolutamente.

comensalismo – intestino grosso do homem

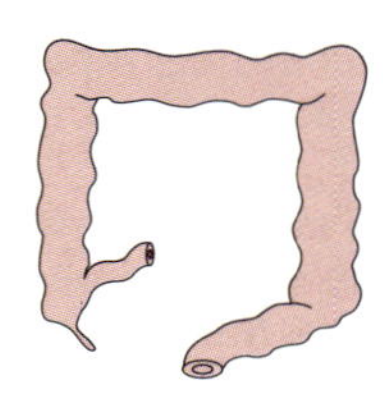

Bacteroides spp.

O hospedeiro fornece o ambiente. As bactérias fermentam o alimento digerido. Presentes em grandes números (10^{10}/g), mas normalmente inofensivas. Podem ser prejudiciais se os tecidos são lesados (cirurgia), se houver alterações na microbiota intestinal (antibióticos) ou imunidade reduzida.

Mutualismo – rúmen do gado

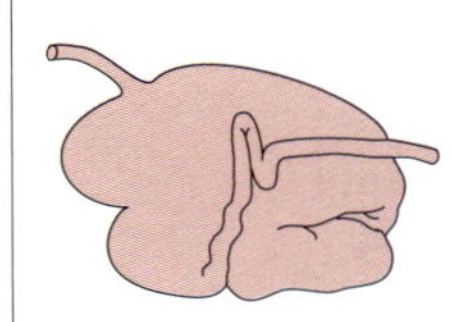

Bacteroides spp.

O hospedeiro fornece o ambiente. As bactérias metabolizam o alimento em ácidos graxos e gases. Hospedeiro usa ácidos graxos como fonte de energia.

Parasitismo – intestino grosso do homem

Entamoeba histolytica

O hospedeiro fornece o ambiente. Os protozoários alimentam-se da mucosa, provocando úlceras e disenteria.

Figura 9.4 Exemplos de comensalismo, parasitismo e mutualismo. Estes exemplos mostram como é difícil classificar qualquer microrganismo como totalmente inofensivo, inteiramente benéfico ou totalmente prejudicial.

Comensalismo

No comensalismo, uma espécie de organismo vive inofensivamente no corpo de uma espécie maior

De uma maneira geral, uma associação comensal é aquela na qual uma espécie de organismo usa o corpo de uma espécie maior como seu ambiente físico e pode fazer uso daquele ambiente para adquirir nutrientes.

Como todos os animais, o ser humano suporta uma extensiva microbiota comensal na pele, na boca e no aparelho digestivo. A maioria desses microrganismos é composta por bactérias, e sua relação com o hospedeiro pode ser altamente especializada com mecanismos específicos de adesão e necessidades ambientais específicas. Normalmente, tais microrganismos são inócuos, mas podem se tornar prejudiciais se suas condições ambientais mudarem de alguma maneira (p. ex., *Bacteroides*, *E. coli*, *S. aureus*). Em contraposição, a colonização por espécies mais patogênicas também poderia ser considerada mutualística. Dessa maneira, a definição normal de comensalismo não é muito exata, já que a associação pode fundir-se em mutualismo ou parasitismo.

Mutualismo

As relações mutualísticas fornecem benefícios recíprocos para os dois organismos envolvidos

Frequentemente, a relação é obrigatória para pelo menos um membro, e pode ser para ambos. Bons exemplos são bactérias e protozoários que vivem no estômago dos ruminantes domésticos, que têm um papel essencial na digestão e utilização da celulose, recebendo em retorno tanto o ambiente como a nutrição essencial para a sua sobrevivência. A linha divisória entre o comensalismo e o mutualismo pode ser difícil de desenhar. No ser humano, a boa saúde e a resistência à colonização por patógenos podem depender da integridade das bactérias entéricas normais comensais, muitas das quais são altamente especializadas para a vida no intestino humano, mas não existe certamente nenhuma dependência mútua estrita nesta relação.

Parasitismo

No parasitismo, a relação simbiótica beneficia somente o parasito

Algumas vezes, pensa-se que os termos "parasito" e "parasitismo" se aplicam somente aos protozoários e aos vermes, mas todos os patógenos são parasitos. O parasitismo é uma relação unilateral na qual o benefício é só do parasito; o hospedeiro provê os parasitos com seu ambiente físico-químico, sua alimentação, e suas necessidades respiratórias e outras metabólicas, e até os sinais que regulam o seu desenvolvimento. Embora os parasitos sejam tidos como necessariamente prejudiciais ao hospedeiro, este é um ponto de vista mostrado pela clínica médica humana e veterinária e pelos resultados de experimentação laboratorial. De fato, muitos "parasitos" estabelecem relações bastante inócuas com seus hospedeiros naturais, mas podem tornar-se patogênicos se houver mudanças na saúde do hospedeiro ou infectarem um hospedeiro não natural; o vírus da raiva, por exemplo, coexiste com muitos mamíferos selvagens, mas pode causar doença fatal no ser humano. Este estado de "patogenicidade balanceada" é algumas vezes explicado como o resultado de pressões seletivas que agem sobre uma relação por um período longo de tempo evolucionário. Isto pode refletir a seleção de um elevado nível de resistência determinada geneticamente na população hospedeira e uma patogenicidade diminuída no parasito (como o que aconteceu com a mixomatose em coelhos). Alternativamente, isto pode ser a norma evolucionária, e a "patogenicidade não balanceada" pode simplesmente ser a consequência de organismos que se estabeleceram em hospedeiros "não naturais" (*i.e.*, novos). Desta maneira, como as outras categorias da simbiose, o parasitismo é impossível de se definir exclusivamente, exceto no contexto de organismos altamente patogênicos e bem definidos. A crença de que a capacidade em causar dano é uma característica necessária de um parasito é difícil de sustentar em uma visualização mais ampla (embora seja uma suposição conveniente para aqueles que trabalham com doenças infecciosas), e as razões para isso são discutidas mais detalhadamente a seguir.

AS CARACTERÍSTICAS DO PARASITISMO

Muitos grupos diferentes de microrganismos são parasitos, e todos os animais são parasitados

O parasitismo, como um meio de vida, tem sido adotado por muitos grupos diferentes de organismos. Alguns grupos como os vírus são exclusivamente parasitos (ver adiante), mas a maioria inclui ambos os representantes, parasitos e organismos de vida livre. Parasitos ocorrem em todos os animais, do mais simples ao mais complexo, e é um acompanhamento quase inevitável da existência animal organizada. Pode-se perceber, então, que o parasitismo tem sido um sucesso evolutivo; como um meio de vida, deve conferir vantagens consideráveis.

O parasitismo tem vantagens metabólicas, nutricionais e reprodutivas

A vantagem mais óbvia do parasitismo é metabólica. O parasito é suprido pelo hospedeiro com uma variedade de necessidades metabólicas, frequentemente sem nenhum custo de energia para si mesmo; assim, pode demandar grande parte de seus próprios recursos à replicação ou à reprodução. Esta relação metabólica unilateral mostra um amplo espectro de dependência, tanto dentro como entre os vários grupos de parasitos. Alguns parasitos são totalmente dependentes do hospedeiro, enquanto outros são apenas parcialmente dependentes.

Os vírus são completamente dependentes do hospedeiro para todas as suas necessidades metabólicas

Os vírus estão em um extremo do espectro de "parasito-dependência". São parasitos obrigatórios que possuem a informação genética necessária para a produção de novos vírus, mas nenhuma da maquinaria celular necessária para transcrever ou traduzir esta informação, para montar novas partículas virais ou para produzir a energia para estes processos. O hospedeiro provê não somente as unidades constitutivas básicas para a produção de novos vírus, mas também a maquinaria para a síntese e a energia necessária. Os retrovírus vão um estágio além na dependência, inserindo sua própria informação genética no DNA hospedeiro, com a finalidade de parasitar o processo de transcrição. Os vírus portanto representam o final da condição parasitária e são qualitativamente diferentes de todos os outros parasitos na natureza de sua relação com o hospedeiro (Cap. 3).

A base para a principal diferença entre os vírus e outros parasitos é aquela entre a organização viral e a organização celular dos parasitos eucarióticos e procarióticos. Os parasitos não virais possuem sua própria maquinaria genética e celular e sistemas multienzimáticos para a atividade metabólica independente e a síntese das macromoléculas. O grau de dependência do hospedeiro para suas necessidades nutritivas varia consideravelmente e não segue nenhum perfil consistente entre os vários grupos, nem significa que parasitos menores tendem a ser mais dependentes (p. ex., alguns dos maiores parasitos, como as tênias, são completamente dependentes da maquinaria digestiva do hospedeiro para prover suas necessidades nutritivas). Todos, obviamente, recebem nutrientes do hospedeiro, mas enquanto alguns usam o material macromolecular (proteínas, polissacarídeos) originário do hospedeiro e o digerem usando seus próprios sistemas enzimáticos, outros dependem do hospedeiro para processar a digestão, sendo capazes de incorporar apenas material de baixo peso molecular (aminoácidos, monossacarídeos). A dependência nutritiva pode também incluir, por parte do hospedeiro, fatores de crescimento que o parasito é incapaz de sintetizar por si só. Todos os parasitos internos dependem dos sistemas respiratório e de transporte para suprimento de oxigênio, embora alguns sejam anaeróbios facultativo ou obrigatório.

O desenvolvimento do parasito pode ser controlado pelo hospedeiro

A vantagem que o parasitismo confere em termos reprodutivos torna-se vital para coordenar o desenvolvimento do parasito em função da disponibilidade de hospedeiros suscetíveis. Certamente, uma das características particulares dos parasitos é que seu desenvolvimento pode ser controlado parcial ou completamente pelo hospedeiro, tendo o parasito perdido a capacidade de iniciar ou regular seu próprio desenvolvimento. De uma maneira simples, o controle do hospedeiro é limitado a proporcionar as moléculas da superfície celular necessárias para a aderência e a internalização do parasito. Muitos destes, dos vírus aos protozoários, dependem do reconhecimento de tais sinais moleculares para a sua entrada na célula do hospedeiro, e este processo promove o sinal para disparar os ciclos replicativo ou reprodutivo.

Outros parasitos, principalmente os eucariotos, necessitam de sinais mais abrangentes e sofisticados, frequentemente um complexo de sinais, para iniciar e regular seu ciclo completo de desenvolvimento. A complexidade do sinal necessário para o desenvolvimento é um dos fatores que determinam a especificidade da relação parasito-hospedeiro. Quando a disponibilidade de um dos sinais envolve o desenvolvimento do parasito em apenas uma espécie, a especificidade do hospedeiro é alta. Quando muitas espécies de hospedeiro são capazes de fornecer os sinais necessários para um parasito, a especificidade é baixa.

Desvantagens do parasitismo

A desvantagem mais óbvia do parasitismo está no fato de o hospedeiro controlar o desenvolvimento do parasito. Nenhum desenvolvimento é possível sem um hospedeiro suscetível, e muitos parasitos morrerão se não houver disponibilidade de hospedeiro. Por esta razão, muitas adaptações evoluíram para promover a sobrevivência prolongada no mundo externo e então maximizar as chances de contato bem-sucedido com o hospedeiro (p. ex., partículas virais, esporos bacterianos, cistos de protozoários e ovos de vermes). A replicação proliferativa dos parasitos é um outro mecanismo para atingir o mesmo fim. Não obstante, quando eles não fazem contato com um hospedeiro, seu poder de sobrevivência é finalmente limitado. A adaptação aos sinais do hospedeiro pode, consequentemente, ter um custo reprodutivo (*i.e.*, a perda de muitos parasitos potenciais).

A EVOLUÇÃO DO PARASITISMO

Como muitos organismos são parasitos e todo grupo de animais está sujeito à sua invasão, o desenvolvimento do parasitismo como um modo de vida deve ter ocorrido em um estágio inicial na evolução e em intervalos frequentes depois disso. Não está completamente claro como isto ocorreu e pode ter sido bem diferente em diversos grupos de organismos. Em muitos, o parasitismo provavelmente surgiu como consequência de contatos acidentais entre o organismo e o hospedeiro. Desses contatos, alguns resultaram em sobrevivência prolongada e, em circunstâncias nutricionais favoráveis, a sobrevivência prolongada estaria associada à replicação aumentada, dando ao organismo uma vantagem seletiva no ambiente. Muitos parasitos relacionados ao ser humano e a outros mamíferos podem ter se originado pelo contato acidental, mas é evidente que outros se tornaram adaptados a estes hospedeiros após inicialmente se tornarem parasitos em outras espécies. Por exemplo, os parasitos dos artrópodes hematófagos têm rápido acesso aos tecidos dos animais nos quais os artrópodes se alimentam. Onde o parasito se torna especializado para um hospedeiro não artrópode ele pode perder a capacidade de ser transmitido por via hematogênica. Onde o hospedeiro artrópode é mantido no ciclo de vida do parasito, ele é desafiado por demandas competitivas para

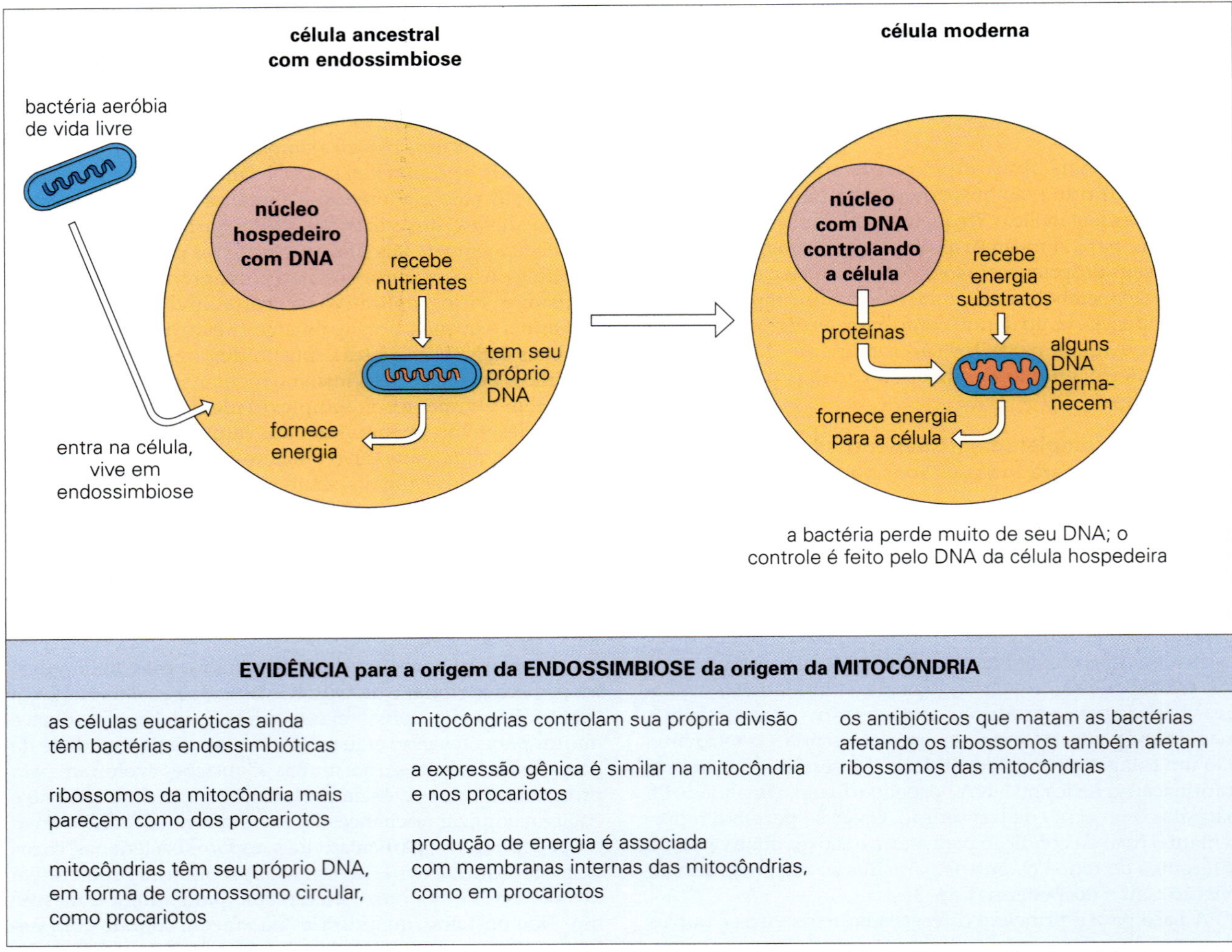

Figura 9.5 A evolução da mitocôndria. Muitas linhas de evidência sugerem que as mitocôndrias das células eucariotas modernas evoluíram a partir de bactérias que estabeleceram relações simbióticas (mutualísticas) com células ancestrais.

sobreviverem a cada hospedeiro, que provavelmente explica o porquê, por exemplo, de os arbovírus ficarem restritos a somente algumas poucas famílias de vírus RNA e um único vírus DNA, o vírus da gripe suína africana.

Os parasitos bacterianos evoluíram por meio de um contato acidental

No caso das bactérias, é fácil visualizar como o contato acidental em ambientes ricos em bactérias de vida livre pode levar à invasão bem-sucedida dos orifícios externos, como a boca, e à eventual colonização do trato gastrointestinal. Inicialmente, os organismos envolvidos teriam sido parasitos facultativos, capazes de viver no interior ou fora dos seus hospedeiros (muitas das bactérias patogênicas ainda apresentam esta propriedade, p. ex., *Legionella*, *Vibrio*), mas pressões seletivas forçaram outros ao parasitismo obrigatório. Tais eventos são obviamente especulativos, mas são corroborados pela relação íntima das bactérias entéricas, como *E. coli*, com as bactérias púrpuras fotossintéticas de vida livre.

Muitos parasitos bacterianos evoluíram para viver no interior das células hospedeiras

As bactérias que se tornaram parasitos por meio do contato ao acaso teriam, primeiramente, vivido fora das células do hospedeiro e não teriam tido as vantagens de serem parasitos intracelulares. A evolução do hábito intracelular requereu modificações posteriores para permitir a sobrevivência no interior das células hospedeiras, mas o mesmo pode facilmente ter sido iniciado pela atividade fagocítica passiva. A sobrevivência subsequente do patógeno dependeria da aquisição das propriedades de superfície ou metabólicas que evitassem a digestão e a destruição pela célula hospedeira. O sucesso da vida intracelular pode ser medido não só pelo grande número de bactérias que adotaram esse hábito, mas também pela extensão com que alguns organismos integraram sua biologia com a da célula hospedeira. O desfecho de tal integração talvez seja visto na evolução da mitocôndria dos eucariotos, a qual pode ter sido o produto da associação simbiótica com uma bactéria heterotrófica púrpura (Fig. 9.5).

A via evolutiva viral é incerta

Claramente, o parasitismo pelas bactérias, que são, sem dúvida, microrganismos antigos (são encontrados em fósseis de 3-5 bilhões de anos), dependeu da evolução de organismos superiores para que atuassem como hospedeiros. Se o mesmo é verdade para os vírus, é uma questão ainda em aberto, e depende de serem os vírus considerados primária ou secundariamente simples. Se os vírus evoluíram de ancestrais celulares por um processo de simplificação secundária, então o parasitismo deve ter evoluído muito depois da evolução de procariotos e eucariotos. Se os vírus são primitivamente não celulares, então é possível que tenham se tornado parasitos em um estágio muito inicial na evolução da vida celular, em algum momento quando, por causa de alterações ambientais, a existência independente tornou-se impossível. Uma terceira alternativa é que os vírus eram nada mais que fragmentos de material nuclear de outros organismos e que tenham, assim, sempre sido parasitos. Os vírus modernos podem, de fato, ter surgido por todas as três vias.

Os parasitos eucariotos evoluíram pelo contato acidental

A evolução do parasitismo pelos eucariotos provavelmente surgiu da mesma maneira que nos procariotos (*i.e.*, através do contato acidental e via artrópodes que se alimentam de sangue). Exemplos que confirmam esta visão podem ser encontrados tanto entre os protozoários como entre os vermes:

- Existem protozoários como a ameba de vida livre *Naegleria*, a qual pode oportunamente invadir o corpo humano e causar doença grave e algumas vezes fatal.
- Existem várias espécies de vermes nematódeos que podem viver tanto como parasitos como organismos de vida livre; a espécie *Strongyloides stercoralis* é a mais importante nos seres humanos.
- É provável que os tripanossomos (protozoários responsáveis pela doença do sono) tenham sido inicialmente adaptados como parasitos de moscas que se alimentam de sangue e só secundariamente tenham se estabelecido como parasitos de mamíferos, embora muitos mantenham o artrópode em seu ciclo de vida.

Adaptações dos parasitos para superar as respostas imunes e inflamatórias do hospedeiro

Podemos ver a evolução do parasitismo e as adaptações necessárias para a vida em outro animal como sendo exatamente análogas às adaptações necessárias para a vida em outro *habitat* especializado: o ambiente em que os parasitos vivem é meramente um dos muitos aos quais os organismos têm se adaptado na evolução (em comparação com a vida no solo, água doce, água salgada, material em decomposição e assim por diante). Entretanto, é sempre necessário lembrar que, em um aspecto principal, o parasitismo é muito diferente de qualquer outro modo especializado de vida. Esta diferença é que o ambiente no qual o parasito vive, o corpo de um hospedeiro, não é passivo; ao contrário, é capaz de uma resposta ativa à sua presença.

A atração pelo organismo dos animais como um ambiente para os parasitos faz com que o hospedeiro esteja sob pressões contínuas para a infecção. Estas pressões aumentam quando os hospedeiros vivem:

- juntos;
- em condições sanitárias precárias;
- em climas que favorecem a sobrevivência dos estágios do parasito em ambiente externo.

A pressão de uma infecção tem sido uma das principais influências da evolução do hospedeiro

A pressão que a infecção exerce tem sido a principal influência seletiva na evolução, e existe pouca dúvida de que tem sido amplamente responsável pelo desenvolvimento das respostas imunológicas e inflamatórias que vemos no ser humano e em outros mamíferos. Em termos evolutivos, toda infecção tem um custo para o hospedeiro, porque desvia recursos valiosos das atividades de sobrevivência e reprodução; consequentemente, tem havido pressão para o desenvolvimento de mecanismos para reprimir a infecção, independentemente de ela causar ou não doença. Obviamente, este não é o objetivo da microbiologia clínica, a qual certamente enfatiza os custos da infecção em termos de doença, mas isto deve ser lembrado porque explica mais completamente a natureza da luta contínua entre o hospedeiro e o parasito - o primeiro tentando conter ou destruir, o outro tentando evadir ou suprimir - e pelo fato de a emergência de novas, e o retorno de antigas, doenças infecciosas ser uma constante ameaça.

Os parasitos defrontam-se não somente com os problemas de sobrevivência em um ambiente que eles inicialmente experimentaram, mas também de sobreviver no ambiente à medida que este é alterado de modo que seja provavelmente prejudicial a eles. As respostas imunes e inflamatórias que se seguem ao estabelecimento da infecção são os meios mais importantes pelos quais o hospedeiro pode controlar infecções pelos microrganismos capazes de penetrar nas barreiras naturais e sobreviver no interior de seu corpo. Estas respostas representam obstáculos formidáveis à sobrevivência continuada dos parasitos e forçam-nos a desenvolver estratégias para lidar com estas alterações em seu ambiente. O parasito bem-sucedido é, consequentemente, aquele que pode lidar com, ou escapar da, resposta do hospedeiro de uma das maneiras mostradas na Tabela 9.1.

Sabe-se que todas estas adaptações existem nos diferentes grupos de parasitos e são bem documentadas no caso de alguns dos principais patógenos humanos. Certamente, elas

Tabela 9.1 Estratégias de evasão dos parasitos

Estratégias de evasão	
Estratégia	**Exemplo**
Provoca uma resposta mínima	Herpes vírus simples – sobrevive nas células hospedeiras por longos períodos em um estágio latente – sem patologia
Evita os efeitos de uma resposta	Micobactéria – sobrevive intacta nos granulomas designados para localizar e destruir a infecção
Deprime a resposta do hospedeiro	HIV – destrói as células T; malária – suprime a resposta imunológica
Alteração antigênica	Vírus, espiroquetas, tripanossomas – todos alteram os antígenos-alvo de modo que a resposta do hospedeiro seja ineficaz
Replicação rápida	Vírus, bactérias, protozoários – produzem infecções agudas antes da recuperação e da imunidade
Sobrevivência em indivíduos com resposta fraca	Heterogeneidade genética na população do hospedeiro significa que alguns indivíduos respondem fracamente ou não respondem, o que permite que o microrganismo se reproduza livremente; exemplos em todos os grupos

Tabela 9.2 Alterações no estilo de vida e doenças infecciosas

Alterações sociais e comportamentais e doenças infecciosas	
As causas	**Os resultados**
Ambientes alterados (p. ex., ar condicionado)	A água em sistemas de refrigeração promove condições de crescimento para a *Legionella*
Alterações na produção de alimentos e nas práticas de manipulação	A produção intensiva sob a proteção de antibióticos seleciona bactérias resistentes à droga; congelamento, *fast-food* e cozimento inadequado permitem a entrada de bactérias e toxinas no corpo (p. ex., *Listeria, Salmonella*)
Uso rotineiro de antibióticos na medicina	Surgimento de bactérias resistentes aos antibióticos como um risco para os pacientes hospitalizados (p. ex., MRSA – *Staphylococcus aureus* resistente à meticilina)
Uso comum da terapia imunossupressora	Desenvolvimento de infecções oportunistas em pacientes com resistência reduzida (p. ex., *Pseudomonas, Candida, Pneumocystis*)
Alteração de hábitos sexuais	A promiscuidade aumenta as doenças sexualmente transmissíveis (p. ex., gonorreia, herpes genital, AIDS)
Rompimento dos sistemas de filtração, uso excessivo de fontes de água limitadas	Transmissão de infecções animais levando a diarreia e a outras infecções (p. ex., criptosporidiose, giardíase, leptospirose)
Aumento do número de animais de estimação, sobretudo espécies exóticas	Transmissão de infecções animais (p. ex., *Chlamydia, Salmonella, Toxoplasma, Toxocara*)
Aumento da frequência de viagens a países tropicais e subtropicais	Exposição a microrganismos e vetores exóticos (p. ex., malária, encefalite viral)

são frequentemente a principal razão de tais organismos serem patógenos importantes. Não obstante, a transmissão e a sobrevivência de muitos parasitos dependem da existência de hospedeiros particularmente suscetíveis (p. ex., crianças) para fornecer um reservatório contínuo dos estágios infectantes.

As alterações nos parasitos criam novos problemas para os hospedeiros

De tudo o que foi dito anteriormente, pode-se concluir que não existe uma relação parasito-hospedeiro estática, e que os conceitos de "patogenicidade" inalterada ou "falta de patogenicidade" não podem ser justificados. Cada relação é uma "corrida armada"; alterações em um membro são contrapostas por alterações no outro. Alterações muito súbitas em qualquer um deles podem alterar completamente o equilíbrio da relação, com respeito a uma maior ou menor patogenicidade, por exemplo.

Uma das ilustrações mais recentes e dramáticas desta situação é o aparecimento explosivo das infecções por HIV. Este grupo de vírus era originalmente restrito aos primatas não humanos, mas alterações nos vírus permitiram extensivas infecções no ser humano. Do mesmo modo, as alterações no coronavírus da SARS permitiram a infecção humana por morcegos. Também existe uma preocupação a respeito da disseminação do vírus aviário H5N1, que é capaz de disseminar-se entre humanos por meio de aves infectadas. De natureza diferente, mas relevante ao tema geral, é a aquisição de resistência a fármacos em bactérias, vírus e protozoários (Cap. 34). Embora as alterações genéticas e metabólicas de base não influenciem por si só a patogenicidade, a expressão de tais alterações em face a uma quimioterapia intensa e seletiva certamente influencia, permitindo que uma infecção generalizada ocorra com grandes preocupações em relação às opções terapêuticas reduzidas.

Adaptações no hospedeiro para superar as alterações nos parasitos

Alterações no hospedeiro podem também alterar o equilíbrio de uma relação parasito-hospedeiro. Um exemplo particularmente importante é a intensa seleção para obter genótipos resistentes em populações de coelhos expostos ao vírus da mixomatose, que ocorreu concomitantemente com a seleção da patogenicidade reduzida do vírus propriamente dito (Cap. 13). Não existem exemplos exatamente equivalentes no ser humano, porém, no período evolutivo, existiram influências seletivas importantes nas populações que levaram a alterações que permitiram a sobrevivência face às infecções que ameaçam a vida. Um bom exemplo é a pressão seletiva exercida na malária *falciparum*, que tem sido responsável pela persistência nas populações humanas de muitos alelos associados a hemoglobinopatias (p. ex., hemácia falciforme). Embora estas anomalias sejam prejudiciais em graus variados, elas persistem porque são (ou foram) associadas à resistência à malária. Estudos sugerem que a malária pode ter mudado a frequência de determinados antígenos HLA em áreas onde a infecção é grave.

Mudanças sociais e comportamentais podem ser tão importantes quanto mudanças genéticas em alterar as relações parasito-hospedeiro

As alterações sociais e comportamentais podem alterar as relações parasito-hospedeiro tanto positiva quanto negativamente (Tabela 9.2). Embora muitas infecções bacterianas do intestino tenham diminuído em importância por meio de alterações no estilo de vida humano, existem outros problemas microbiológicos contemporâneos no mundo desenvolvido cujo início pode ser traçado diretamente às alterações sociológicas, ambientais e até mesmo médicas. Particularmente, um bom exemplo é a doença que surge da domesticação dos animais (p. ex., toxoplasmose), porque ela ilustra que a ausência de algumas infecções no ser humano pode primariamente ser atribuída à falta de contato com o microrganismo e não a uma resistência inata ao estabelecimento da infecção propriamente dita. As doenças que surgem do contato com animais infectados ou produtos animais (infecções zoonóticas) constituem uma constante ameaça que pode ser realizada pelas alterações comportamentais ou ambientais que alteram os padrões estabelecidos de contato ser humano-animal.

PRINCIPAIS CONCEITOS

- O corpo é colonizado por muitos microrganismos (a microbiota), os quais podem ser benéficos. Eles vivem sobre ou no interior do corpo sem causar doença e têm um papel importante em proteger o hospedeiro dos microrganismos patogênicos.
- A microbiota normal é constituída predominantemente de bactérias, mas inclui fungos e protozoários.
- Os membros da microbiota podem ser prejudiciais se entrarem em partes do corpo previamente estéreis. Eles também podem ser a causa de infecções adquiridas em hospitais.
- A relação usual entre a microbiota e o corpo do hospedeiro é um exemplo de simbiose benéfica; o parasitismo (no sentido amplo, cobrindo todos os microrganismos patogênicos) é uma simbiose prejudicial.
- O contexto biológico das relações parasito-hospedeiro e a dinâmica do conflito entre duas espécies nesta relação fornecem a base para a compreensão das causas e para o controle das doenças infecciosas.
- Alterações na prática médica, no comportamento humano e, não menos, no organismo infeccioso estão ampliando o espectro de microrganismos responsáveis por doenças.

SEÇÃO

2

Os adversários – as defesas do hospedeiro

As defesas inatas do corpo

Introdução

O sistema imunológico apresenta um desafio. Ele precisa nos defender contra patógenos que variam em tamanho dos menores vírus aos maiores vermes helmintos. Tais patógenos também podem nos infectar por vias diferentes, incluindo aerossol, ingestão, pela pele ou por contato sexual. Nos capítulos anteriores, foram delineadas algumas das características fundamentais dos muitos tipos de micro e macroparasitos (aqui coletivamente referidos como patógenos) que podem infectar o organismo humano. No presente capítulo, serão discutidas as maneiras pelas quais o organismo hospedeiro procura se defender contra infecções por esses microrganismos, começando pelas respostas inatas do sistema imunológico que são a primeira linha de defesa.

O organismo humano possui mecanismos de defesa imunológica "inata" e "adaptativa"

Quando um patógeno infecta um organismo pela primeira vez, os sistemas de defesa já existentes podem ser suficientes para conter a replicação e a disseminação do agente infeccioso, evitando, desse modo, o desenvolvimento da doença. Mecanismos previamente estabelecidos são constituintes do sistema imunológico "inato". Entretanto, quando a imunidade inata é insuficiente para lidar com a invasão pelos agentes infecciosos, o sistema imunológico "adaptativo" entra em ação, embora os mecanismos efetores da imunidade adaptativa levem algum tempo para atingir sua eficiência máxima (Fig. 10.1). Quando o fazem, geralmente há eliminação dos agentes infectantes, permitindo a recuperação da doença.

A principal característica que distingue as respostas imunológicas inata e adaptativa é que, nesta última, há o armazenamento da memória específica da infecção, de modo que, caso ocorra uma infecção subsequente pelo mesmo agente, uma resposta particularmente eficaz entra em cena, em curto intervalo de tempo. É importante enfatizar, entretanto, que existe um estreito sinergismo entre os dois sistemas de defesa e que os mecanismos adaptativos potencializam e melhoram, significativamente, a eficiência da resposta imunológica inata e vice-versa, e que a imunidade inata mostra alguma evidência de ter "memória".

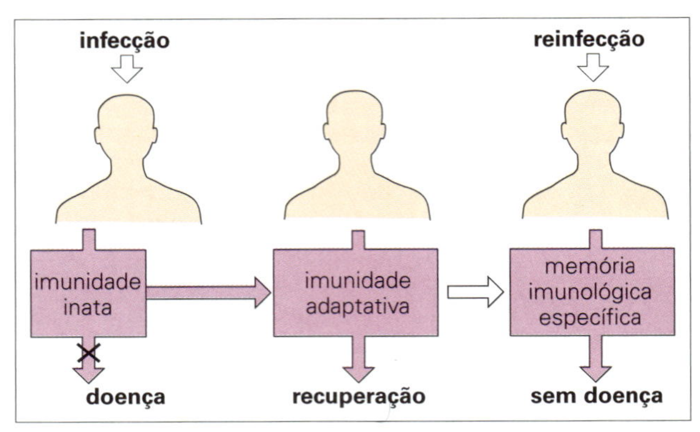

Figura 10.1 Imunidades inata e adaptativa. Um organismo infeccioso inicialmente se defronta com células e moléculas do sistema imunológico inato. Caso eles não evitem a infecção, o sistema imunológico adaptativo é, então, necessário, com suas células específicas e especializadas e mediadores. Após a recuperação, a memória imunológica específica evitará uma nova infecção.

Os contrastes entre esses dois sistemas de defesa estão esquematizados na Tabela 10.1. De um lado, fatores solúveis, como lisozima e complemento, bem como as células fagocíticas, contribuem para o sistema imunológico inato, por outro lado, os mecanismos decorrentes da atividade de linfócitos T e B produtores de citocinas e toxicidades ou anticorpos são os principais elementos do sistema imunológico adaptativo. Os linfócitos proporcionam não apenas maior resistência após contatos repetidos com um determinado agente infeccioso, mas também a memória imunológica por eles adquirida apresenta uma considerável especificidade para o patógeno em questão. Por exemplo, a infecção pelo vírus do sarampo induzirá uma memória específica para este vírus, e não para outro, como o da rubéola.

DEFESAS CONTRA A ENTRADA NO CORPO

Várias barreiras bioquímicas e físicas atuam nas superfícies corporais

Para que um agente infeccioso possa penetrar no organismo hospedeiro, ele precisa vencer as barreiras bioquímicas e físicas que atuam nas superfícies corporais. Uma das mais importantes dessas barreiras é a pele que, normalmente, é impermeável à maioria dos agentes infecciosos. Muitas bactérias não conseguem sobreviver muito tempo na pele devido aos efeitos inibidores diretos do ácido lático e dos ácidos graxos, presentes no suor e nas secreções sebáceas, e à redução do pH causada por esses elementos (Fig. 10.2). Entretanto, quando há perda da integridade da pele, como ocorre nas queimaduras, por exemplo, infecções se tornam um problema sério.

As membranas que revestem as superfícies internas do corpo secretam muco, que atua como uma barreira protetora do lado externo do epitélio, que inibe a aderência das bactérias às células epiteliais, impedindo, desse modo, seu acesso ao corpo do hospedeiro. Microrganismos e partículas estranhas retidas nesse muco adesivo podem ser removidos por meios mecânicos, como a ação dos cílios de células epiteliais, a tosse e o espirro. O fluxo das lágrimas, da saliva e da urina é outra estratégia mecânica que auxilia na proteção das superfícies epiteliais. Além disso, muitos dos fluidos corporais secretados contêm fatores microbicidas (como o ácido no suco gástrico, a espermina e o zinco no sêmen, a lactoperoxidase no leite e a lisozima nas lágrimas, secreções nasais e saliva).

Organismos comensais inofensivos que são parte de nosso microbioma (Cap. 9) também nos protegem por meio de antagonismo microbiano. Os organismos comensais suprimem o crescimento de muitas bactérias e fungos potencialmente patogênicos em áreas superficiais, inicialmente em virtude de sua vantagem física, por terem sido os primeiros a ocupar uma determinada área, especialmente nas superfícies epiteliais, pela competição por nutrientes essenciais e também pela produção de substâncias inibidoras, como ácido ou colicinas. Estas últimas são uma classe de bactericidinas que possuem diversos modos de ação, incluindo a ligação à superfície negativamente carregada de bactérias suscetíveis, e formam um canal voltagem-dependente na membrana, que mata pela destruição do potencial de energia da célula.

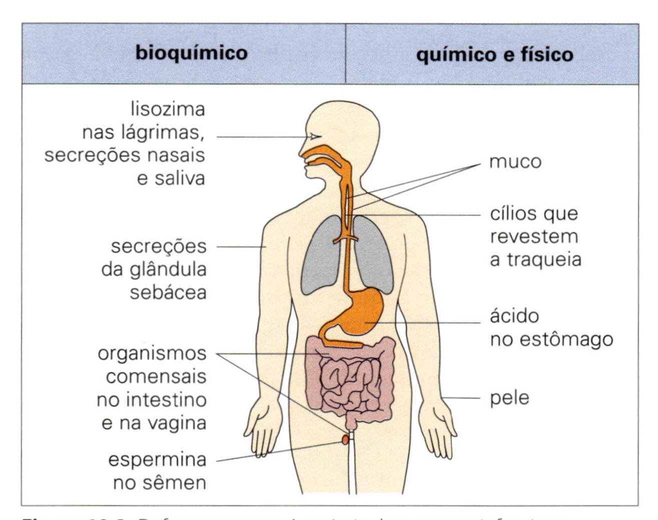

Figura 10.2 Defesas externas. A maioria dos agentes infecciosos encontrados por um indivíduo é impedida de penetrar no organismo humano por uma variedade de barreiras bioquímicas e físicas. O corpo humano tolera uma enorme quantidade de microrganismos comensais inofensivos, coletivamente chamados de microbioma; tais organismos podem evitar que patógenos invadam por meio de competição, e também apresentam um impacto importante sobre a função imunológica.

DEFESAS APÓS A PENETRAÇÃO DO MICRORGANISMO NO CORPO

Apesar da eficiência geral das várias barreiras, os agentes patogênicos podem frequentemente penetrar com sucesso nos microrganismos hospedeiros. Quando isso ocorre, entram em cena duas estratégias de defesa principais, baseadas no:

- efeito destrutivo de fatores antimicrobianos solúveis, como defensinas e catelicidina;
- mecanismo da fagocitose, envolvendo a internalização e a morte dos microrganismos por células especializadas, os "fagócitos profissionais".

Há dois tipos de moléculas antimicrobianas secretadas por células epiteliais, bem como por células fagocíticas. As **defensinas**, que são peptídeos catiônicos pequenos, são diretamente tóxicos não apenas para as bactérias, mas também para fungos e vírus encapsulados. Algumas são formadas por células epiteliais na mucosa e células Paneth no estômago, outras por neutrófilos e células T citotóxicas. **Catelicidina** é outra molécula útil com efeitos antibacterianos (Cap. 15).

Fagocitose

O sistema imunológico inato apresenta um modo eficiente de remover e matar patógenos — a fagocitose. Os fagócitos envolvem o patógeno e, caso o hospedeiro tenha sorte, o mata. Os fagócitos pertencem a duas famílias celulares principais, identificadas por Elie Metchnikoff, um zoólogo russo (Quadro 10.1; Fig. 10.3):

- os macrófagos maiores, que residem em tecidos que se desenvolvem de monócitos que circulam no sangue;

Tabela 10.1 Comparação entre os sistemas imunes inato e adaptativo

	Sistema imunológico inato	Sistema imunológico adaptativo
Elementos principais		
Fatores solúveis	Lisozima, complemento, proteínas de fase aguda (como a proteína C-reativa), interferon, outras citosinas	Anticorpo Citosinas
Células	Fagócitos Células linfoides inatas, incluindo *natural killers*	Linfócitos T Linfócitos B
Resposta à infecção microbiana		
Primeiro contato	+	+
Segundo contato	+	+++
	Especificidade ampla; sem memória específica	Especificidade do antígeno; memória específica
	Resistência não melhorada pelo contato repetido	Resistência melhorada pelo contato repetido

A imunidade inata é denominada, algumas vezes, "natural", e a adaptativa é chamada de "adquirida". Os dois sistemas são ligados por células linfoides inatas, e a imunidade inata é necessária para obter uma resposta imunológica adaptativa eficaz. A imunidade "humoral", resultante de fatores solúveis, utiliza anticorpos (feitos com células B) para fornecer uma proteção específica, sendo que a imunidade celular depende de células T específicas do antígeno. Caso o mesmo organismo persista ou seja encontrado uma segunda vez, uma resposta adaptativa mais eficaz a seus antígenos é induzida. Embora essa memória imunológica seja amplamente dependente das células B e T de memória, algumas células do sistema imunológico inato podem mostrar uma forma de memória, embora não apresente a especificidade de antígeno apresentada pelas células B e T.

Quadro 10.1 Lições de Microbiologia

Elie Metchnikoff – o pai da fagocitose

Metchnikoff (1845-1916) foi um zoólogo russo que se tornou fascinado pelo modo como as células hospedeiras se comportavam com bactérias. Ele observou que caso introduzisse um espinho de rosa em uma larva transparente de estrela-do-mar, o espinho seria cercado de células móveis. Ele então passou a investigar leucócitos de mamíferos, e mostrou a capacidade deles de englobar microrganismos, um processo por ele denominado "fagocitose". Ele descreveu dois tipos de fagócitos circulantes: o micrófago menor (hoje chamado de leucócito polimorfonuclear), e o macrófago maior. Sabemos hoje em dia que a fagocitose é aumentada quando os componentes humorais anticorpo e complemento estão presentes.

Figura 10.3 Elie Metchnikoff, o pai da fagocitose. (Cortesia da Wellcome Institute Library, London.)

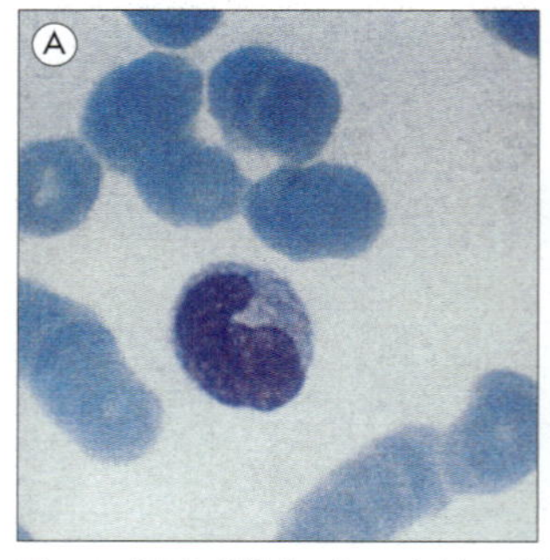

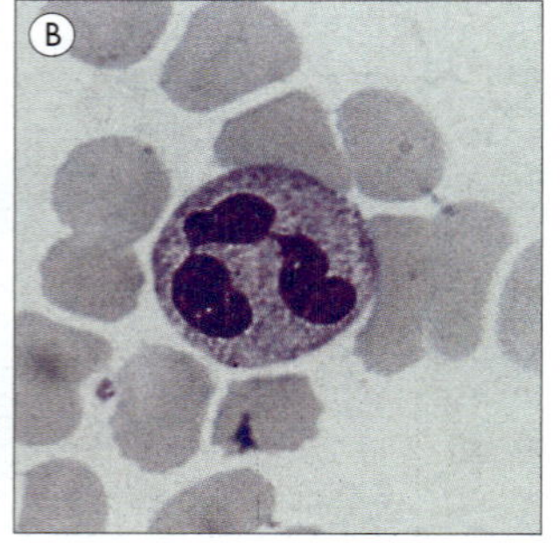

Figura 10.4 Células fagocitárias. (A) Monócito sanguíneo e (B) neutrófilo polimorfonuclear, ambos derivados de células-tronco da medula óssea. (Cortesia de P.M. Lydyard.)

- os neutrófilos menores, geralmente conhecidos como polimorfos ou neutrófilos (leucócitos polimorfonucleares, PMNs) porque seus grânulos citoplasmáticos não se coram com hematoxilina e eosina (Fig. 10.4).

Grosso modo, os PMNs proporcionam a principal defesa contra as bactérias piogênicas (formadoras de pus), enquanto os macrófagos são mais eficazes no combate a microrganismos capazes de sobreviver dentro das células do hospedeiro. Os neutrófilos estão intimamente relacionados a eosinófilos e basófilos, mas são mais fagocíticos.

A maioria dos monócitos no sangue é chamada de monócitos "clássicos"; um subgrupo pequeno que expressa marcadores CD14 e CD16 vigia as superfícies endoteliais. As células dendríticas, especialmente células dendríticas imaturas, também podem fagocitar microrganismos, mas de forma menos eficiente.

Os patógenos podem ser opsonizados ou recobertos pela ligação de proteínas plasmáticas a partir do sistema complementar. A opsonização aumenta a eficiência da captação da partícula ou patógeno. Este processo se torna ainda mais eficiente caso anticorpos específicos estejam por perto e possam se ligar a receptores Fc na superfície do macrófago. Os fagócitos apresentam receptores para os componentes de complemento C3a e C5a. Tais componentes de complementos são exemplos de moléculas que reconhecem padrões moleculares associados ao patógeno, ou PAMPs. Outros receptores de fagócitos incluem dectina-1, o receptor da manose e um grupo de receptores chamados receptores *scavengers*. Além de internalizar o patógeno, outros receptores acoplados à proteína G em fagócitos detectam bactérias e ativam mecanismos de eliminação, como a produção de espécies oxigeno-reativas. Assim o patógeno é contido dentro de uma vesícula de membrana chamada fagossomo, que contém uma membrana fagocítica externa no interior; o fagossomo pode se fusionar com o lisossomo que contém uma mistura desagradável de enzimas digestivas que necessitam de um pH ácido para funcionar de forma eficaz. Assim, de maneira muito inteligente, alguns patógenos como a *Mycobacterium tuberculosis* desenvolveram modos de bloquear a fusão fagossomo-lisossomo e a acidificação do fagolisossomo.

Os macrófagos estão amplamente distribuídos por todos os tecidos

A maioria dos macrófagos que residem em tecidos tem origem na embriogênese e entra no tecido, onde eles são diferenciados em macrófagos com propriedades dependentes do local em que entraram (Fig. 10.5). Eles são particularmente concentrados nos pulmões (macrófagos alveolares), no fígado (células de Kupffer) e no revestimento dos seios medulares dos linfonodos e sinusoides esplênicos (Fig. 10.6), onde estão estrategicamente localizados para filtrar e eliminar material estranho. Outros exemplos de macrófagos são a micróglia no cérebro, as células mesangiais do rim, as células sinoviais A e os osteoclastos dos ossos. Esses macrófagos de tecidos são células de vida longa que dependem das mitocôndrias para sua energia metabólica e apresentam elementos de retículo endoplasmático rugoso (Fig. 10.7), relacionado com a formidável gama de diferentes proteínas secretoras por elas geradas.

Também é possível para promonócitos da medula óssea se desenvolverem em monócitos de sangue circulantes (Fig. 10.4), que por fim se tornam macrófagos maduros, que são integrados nos tecidos em condições de doença e inflamação. Coletivamente, essas células são chamadas de "sistema fagocitário mononuclear" (Fig. 10.5).

Os macrófagos vivem muito mais tempo do que os neutrófilos ou monócitos. Mas eles apresentam outras propriedades interessantes. Caso a citocina interferon gama (IFNγ) esteja por perto, eles podem se tornar ativados, tornando-se mais eficientes em matar patógenos intracelulares. Este é outro exemplo de onde a função inata da célula é aumentada por imunidade adaptativa, uma vez que outro subgrupo de células T, assim como as células exterminadoras naturais [*natural killers*] (NK) inatas produzem IFNγ. Esses macrófagos ativados por IFNγ são chamados de macrófagos classicamente ativados

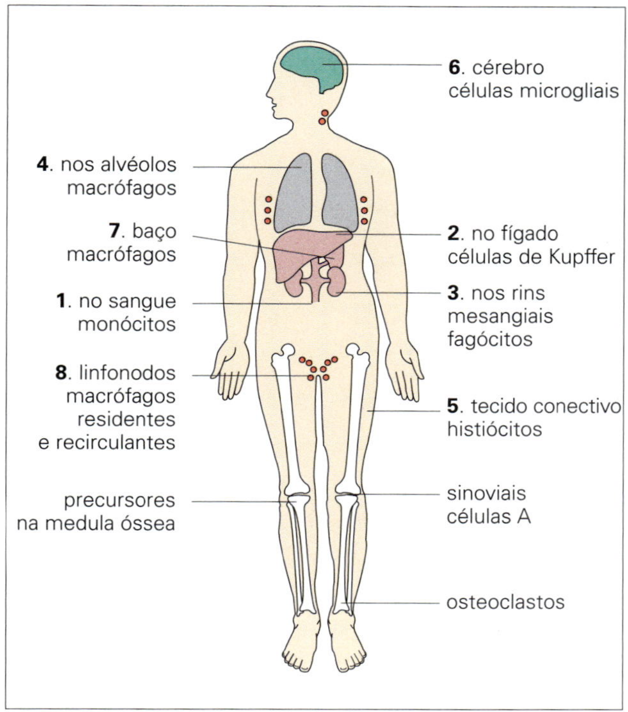

Figura 10.5 O sistema mononuclear fagocitário. A maioria dos macrófagos teciduais é derivada no começo da vida e se diferenciam nos órgãos para os quais são enviados. (Os números se correlacionam aos da Figura 10.6.)

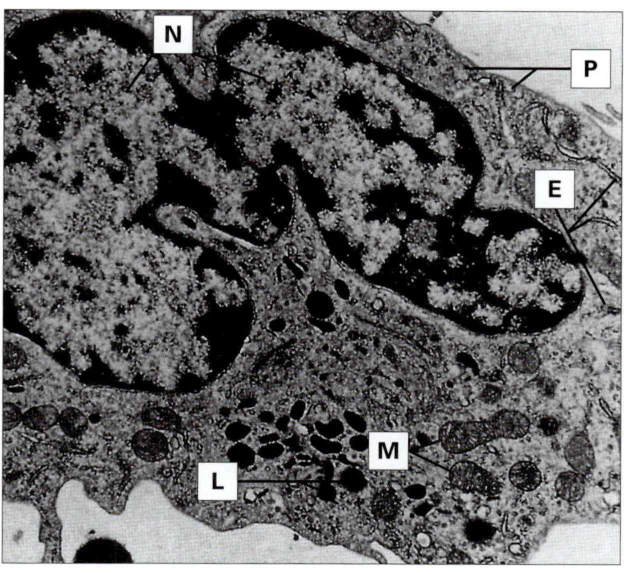

Figura 10.7 Monócito (× 8.000), com núcleo em "ferradura" (N). Vesículas fagocítica e pinocítica (P), grânulos lisossômicos (L), mitocôndrias (M) e elementos isolados do retículo endoplasmático rugoso (E) são evidentes. (Cortesia de B. Nichols; © Rockefeller University Press.)

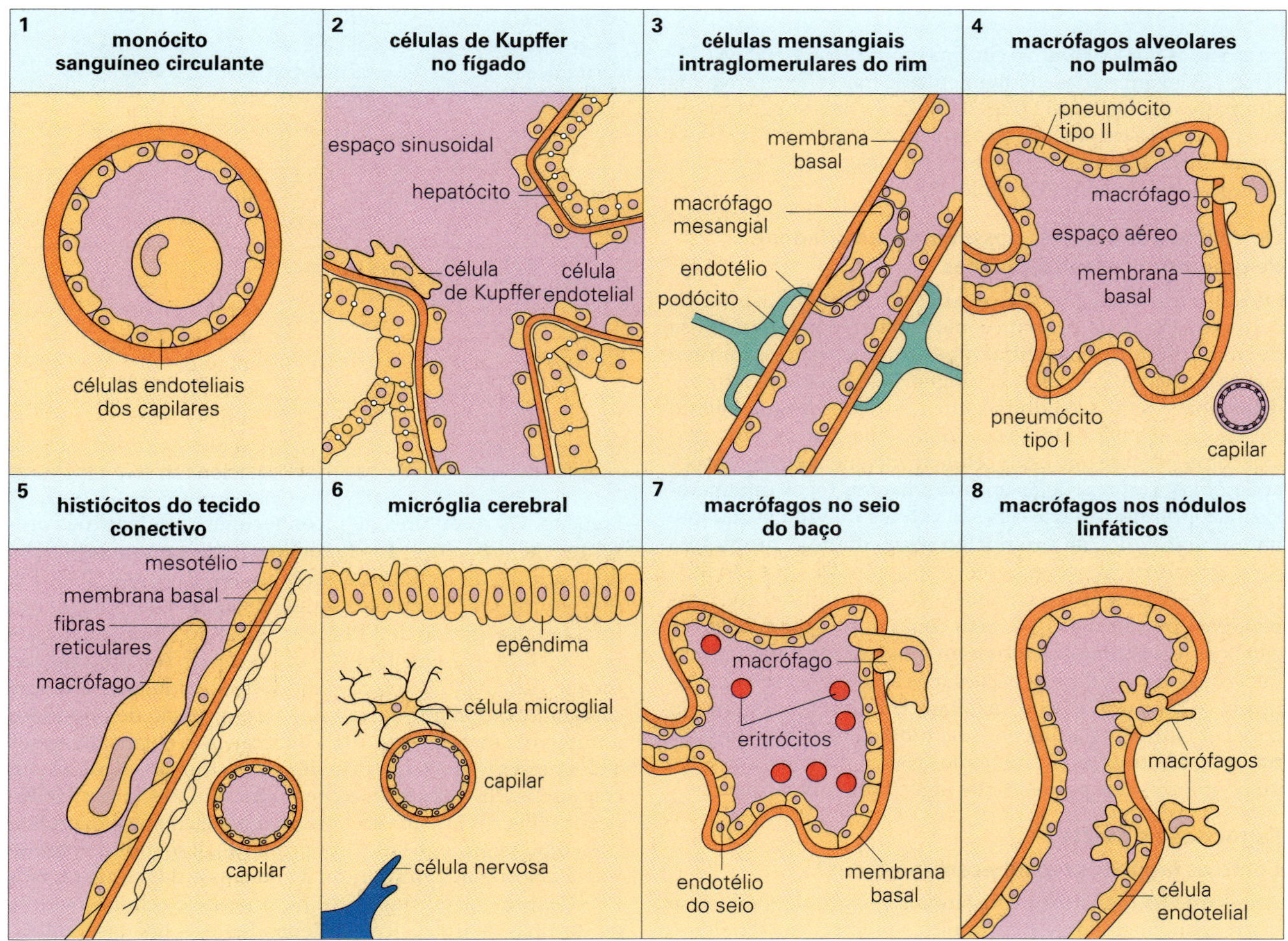

Figura 10.6 Localização tecidual dos fagócitos mononucleares.

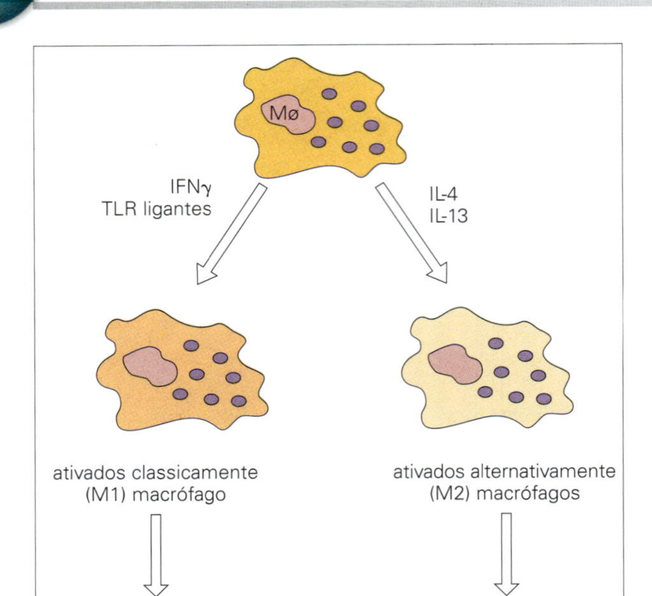

Figura 10.8 Macrófagos ativados de forma clássica e alternativa. Os macrófagos podem ser ativados de duas formas para formar os macrófagos ativados que podem matar diferentes tipos de patógenos. O IFNγ derivado de ligantes de células NK, células ILC1 ou células T Th1 e receptores do tipo Toll ligantes (TLR) induzem macrófagos ativados de forma clássica (M1); IL-4 e IL-13 de células T Th2 induzem macrófagos ativados de modo alternativo (M2). Macrófagos ativados de modo alternativo também desempenham um papel no reparo tecidual.

ou ativados por M1. Outras citocinas como a interleucina (IL)-4 e IL-13 levam ao desenvolvimento de macrófagos ativados alternativamente, ou M2 (Fig. 10.8). Esses dois subgrupos de macrófagos desempenham papéis específicos em nossa defesa contra infecções intracelulares e contra infecções de helmintos, conforme discutido no Capítulo 15.

Os polimorfonucleares possuem uma variedade de grânulos contendo enzimas

Os polimorfonucleares são os leucócitos predominantes na corrente sanguínea, e, assim como o macrófago, originam-se de uma célula-tronco hematopoética precursora comum a outros elementos celulares do sangue. Não possuem mitocôndrias, mas usam seus abundantes estoques de glicogênio citoplasmático para suas necessidades energéticas. Portanto, a glicólise permite que essas células funcionem em condições anaeróbias, como aquelas encontradas nos focos inflamatórios. Os polimorfonucleares são células de vida curta, que não se dividem, com um núcleo segmentado e citoplasma caracterizado pela presença de vários grânulos, que são ilustrados na Figura 10.9 e na Tabela 10.2. Os polimorfos também podem produzir IL-8, bem como outras quimiocinas e citocinas. Os polimorfos fornecem uma grande defesa contra infecções extracelulares e bacterianas agudas, como por estafilococos e estreptococos, mas também desempenham um papel em infecções crônicas — na tuberculose, uma infecção bacteriana intracelular altamente crônica, há números altos de polimorfos nos pulmões que fagocitaram micobactérias.

Fagocitose e morte

Como os fagócitos reconhecem infecções?

Antes que os fagócitos profissionais possam fagocitar um microrganismo, ele deve primeiro se ligar à superfície do

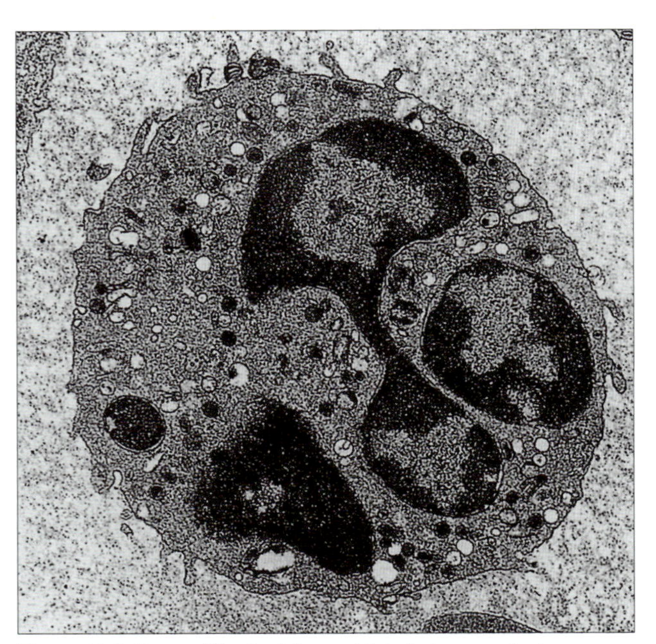

Figura 10.9 O neutrófilo. O núcleo multilobulado e os grânulos azurofílicos primários, específicos secundários e lisossômicos terciários do neutrófilo são bem evidentes. Há uma sobreposição de conteúdo entre alguns dos grânulos. Lisossomos convencionais típicos com hidrolase ácida são também vistos. (Cortesia de D. McLaren.)

Tabela 10.2 Grânulos citoplasmáticos

Grânulos azurófilos primários	Grânulos específicos secundários	Grânulos terciários
Lisozima	Lisozima	Lisozima
Mieloperoxidase	Citocromo b_{558}	Citocromo b_{558}
Elastase	Fosfatase OH	Gelatinase (MMP9)
Catepsina	Lactoferrina	
Ácido hidrolase	Metaloproteinase colagenase de matriz (MMP8)	
Defensina		
Proteína de aumento da permeabilidade bacteriana (BPI)		

fagócito. Os receptores de reconhecimento de padrões presentes na superfície dos fagócitos se ligam por repetição dos padrões moleculares associados a patógenos (PAMPs) (Fig. 10.10). Os "receptores semelhantes ao Toll" (TLRs) são uma família grande de PPRs. Os TRLs são assim chamados por causa de sua semelhança com o receptor Toll presente nas moscas de frutas, *Drosophila*, que, na mosca adulta, leva a uma cascata intracelular que culmina na expressão de peptídeos antimicrobianos em resposta à infecção microbiana. Diversos TLRs presentes na superfície de células humanas que atuam como sensores para as infecções extracelulares foram identificados (Fig. 10.11), que são ativados por elementos microbianos como peptidoglicano, lipoproteínas, lipoarabinomanose micobacteriano, zymosan de leveduras e flagelina. Outros PRRs expressos por fagócitos na superfície celular incluem as "lectinas de tipo C (cálcio-dependentes)" ligadas à célula,

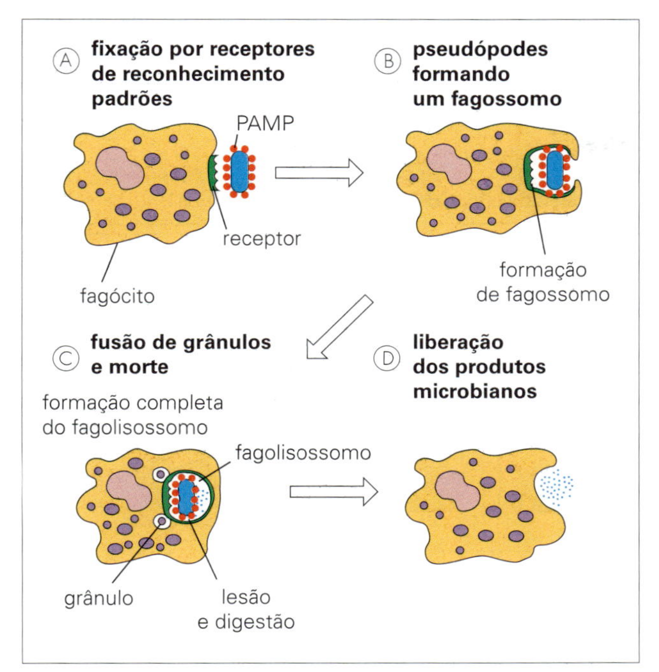

Figura 10.10 Fagocitose. (A) Os fagócitos se fixam aos microrganismos (ícone azul) por meio de seus receptores de superfície celular que reconhecem padrões moleculares associados a patógenos (PAMPs), como os lipopolissacarídeos. (B) Se a membrana se tornar ativada pela ligação do agente infeccioso, o patógeno é capturado dentro de um fagossomo pelos pseudópodes, projetados ao seu redor. (C) Uma vez dentro da célula, vários grânulos do fagócito se fundem com o fagossomo para formar um fagolisossomo. (D) O agente infeccioso é então morto por uma bateria de mecanismos microbicidas de degradação, e os produtos microbianos são liberados.

como o receptor de manose dos macrófagos, e os receptores *scavenger*, que reconhecem uma variedade de polímeros aniônicos e proteínas acetiladas de baixa densidade. Alguns TLRs (TLR 3.7 e 9) também são encontrados no ambiente endossomal e aqui reconhecem PAMPs como as sequências guanina-citosina (CpG) não metiladas do DNA bacteriano e o RNA dupla-fita dos vírus de RNA. Há também PRRs citoplásmicos que podem reconhecer patógenos (Fig. 10.11).

O fagócito é ativado pelo reconhecimento dos PAMPs

Os sinais são enviados por meio dos receptores dos fagócitos para dar início à fase de ingestão ativando um sistema contrátil actina-miosina, que resulta na emissão de projeções do citoplasma em torno das partículas infecciosas até que estas se tornem completamente contidas em um vacúolo (fagossomo; Figs. 10.12 e 10.10). Logo em seguida, os grânulos citoplasmáticos dos fagócitos se fundem com o fagossomo e descarregam seu conteúdo ao redor do microrganismo capturado.

O patógeno internalizado é o alvo de uma variedade espantosa de mecanismos microbicidas

Após o início da fagocitose, os microrganismos ativam, via sinalização por meio de um dos PRRs dos fagócitos, uma resposta defensiva apropriada contra diferentes tipos de infecção mediada pela ativação de fator nuclear (NF)-κB. A ativação da oxidase da membrana plasmática única do fosfato de dinucleotídeo adenina e nicotinamida (NADPH) reduz o oxigênio a uma série de agentes microbicidas poderosos, a saber: ânion superóxido, peróxido de hidrogênio, oxigênio singleto e radicais hidroxila (Quadro 10.2; ver também Cap. 15). Subsequentemente, o peróxido de hidrogênio, em associação com a mieloperoxidase, gera um potente sistema de halogenação a partir de íons haloides, que é capaz de matar tanto bactérias quanto vírus.

À medida que o ânion superóxido é formado, a enzima superóxido dismutase atua para convertê-lo em oxigênio molecular e peróxido de hidrogênio, mas, no processo, há consumo de íons hidrogênio. Portanto, na fase inicial do processo, há um pequeno aumento no pH, o que facilita a função antibacteriana de proteínas catiônicas presentes nos grânulos dos fagócitos. Essas moléculas danificam as membranas microbianas tanto pela ação proteolítica da catepsina G quanto em decorrência de sua aderência direta à superfície microbiana. As defensinas apresentam uma estrutura anfipática, que permite sua interação e perturbação da estrutura e função das membranas microbianas. Os peptídeos antibióticos atingem concentrações extraordinariamente elevadas dentro do fagossomo e atuam como desinfetantes contra um amplo espectro de bactérias, fungos e vírus envelopados. Outros fatores importantes são:

- a lactoferrina, que se complexa com o ferro para privar a bactéria de elementos essenciais para seu crescimento;
- a lisozima, que quebra a proteoglicana da parede celular das bactérias;
- o óxido nítrico, que, juntamente com seu derivado, o radical peroxinitrito, pode ser diretamente microbicida.

Quando o pH nos fagossomos cai, os microrganismos mortos ou em processo de morte são extensivamente degradados por enzimas hidrolíticas ácidas, e os produtos de degradação são liberados para o exterior.

A ativação do NF-κB também pode levar à liberação de mediadores pró-inflamatórios. Estes incluem interferons antivirais, as proteínas pequenas, *citocinas*, tipo IL-1β, IL-6, IL-12 e o fator de necrose tumoral alfa (TNFα, uma citosina pró-inflamatória produzida por macrófagos e outros tipos celulares), que ativa outras células através da ligação a receptores específicos, bem como *quimiocinas*, como IL-8, que representam um subgrupo de citocinas quimioatraentes.

Os fagócitos são mobilizados e direcionados para os microrganismos por quimiotaxia

A fagocitose não pode ocorrer, a menos que as bactérias se fixem à superfície do fagócito. Evidentemente, isso só pode acontecer se ambos estiverem fisicamente próximos. Há, portanto, a necessidade de um mecanismo que mobilize os fagócitos que estão distantes e os direcione para as bactérias. Muitas bactérias produzem substâncias químicas, como peptídeos formil-metionil, que atraem direcionalmente os leucócitos, em um processo conhecido como "quimiotaxia". Entretanto, este é um sistema de sinalização relativamente fraco, e a evolução propiciou ao organismo humano mecanismos de atração muito mais eficazes, "magnéticos", que utilizam um conjunto complexo de proteínas, coletivamente denominadas "complemento".

Ativação do sistema complemento

O sistema complemento se assemelha ao da coagulação sanguínea, da fibrinólise e da formação da cinina por ser um sistema de enzimas com ativação em cascata. Esses sistemas são caracterizados por sua capacidade de produzir uma resposta rápida, altamente amplificada, a um estímulo desencadeante mediado por um fenômeno em cascata no qual o produto de uma reação é o catalisador enzimático da reação seguinte. O componente mais abundante e central do

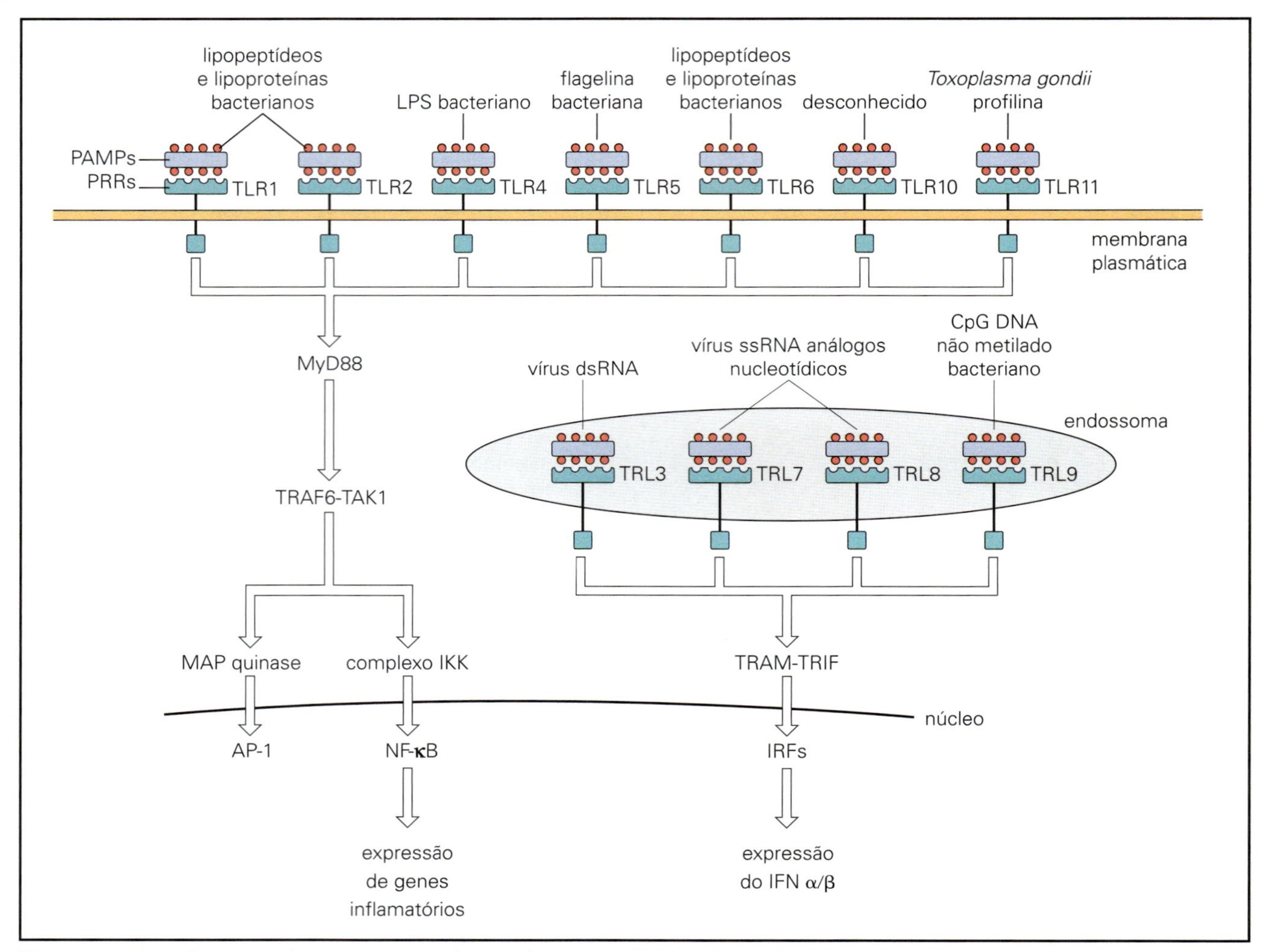

Figura 10.11 Reconhecimento dos PAMPs por um subgrupo de receptores de reconhecimento de padrões (PRRs) chamados de receptores semelhantes ao Toll (TLRs). Os TLRs se localizam em compartimentos das membranas plasmáticas ou das membranas endossômicas, como mostrado. Todos os TLRs possuem múltiplas repetições ricas em leucina N terminal, formando estruturas em ferradura que são os domínios de ligação dos PAMPs. Com a interação do ectodomínio do TLR com seu PAMP apropriado (alguns exemplos são mostrados), ocorre a sinalização celular que ativa por fim a proteína de ativação 1 (AP-1), os fatores transcricionais nucleares kB (NF-kB) e/ou do fator de regulação do interferon (IRF), como mostrado. Os fatores transcricionais NF-kB e IRF, em seguida, direcionam a expressão de inúmeros produtos gênicos antimicrobianos, como as citocinas e as quimiocinas, bem como as proteínas que estão envolvidas na alteração do estado de ativação das células. Também há PPRs citosólicos que podem sentir a presença de peptidoglicano bacteriano (receptores tipo NOD), RNA viral (receptores tipo RIG) e sensores de DNA citosólico. MyD88 é um adaptador de sinalização que compõe parte do centro organizador supramolecular; TRAF6 é uma ubiquitina ligase; TAK1 fosforila as quinases de proteínas ativadas por mitógenos (MAP); o complexo IKK contém quinases I-kappa; TRAM é uma molécula adaptadora de sinalização; TRIF é do domínio de TIR e contém o adaptador que induz IFNβ.

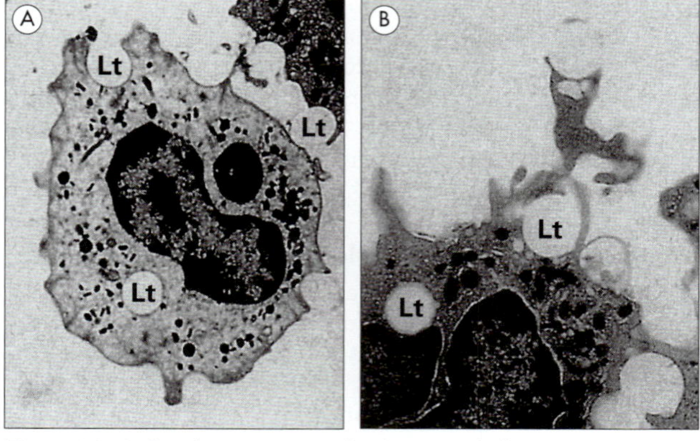

Figura 10.12 Estudo por micrografia eletrônica da fagocitose. Essas duas micrografias mostram fagócitos humanos englobando partículas de latéx (Lt). (A) × 3.000; (B) × 4.500. (Cortesia de C.H.W. Horne.)

sistema complemento é C3 (os componentes do complemento são designados pela letra "C" seguida por um número), e sua clivagem representa a etapa central de todos os fenômenos mediados pelo complemento.

No plasma normal, C3 sofre ativação espontânea em uma taxa muito baixa, gerando o produto de clivagem C3b. Este é capaz de juntar-se com outro componente do complemento, o fator B, que então sofre a ação de uma enzima plasmática normal, o fator D, produzindo a enzima $C\overline{3bBb}$, capaz de quebrar outras moléculas de C3. Essa C3 convertase, ao agir sobre C3, dá origem a um pequeno fragmento chamado C3a e ao fragmento C3b. Esses eventos representam um circuito de retroalimentação positiva com potencial de amplificação desenfreada. No entanto, o processo como um todo é restrito a uma taxa de renovação lenta devido a poderosos mecanismos reguladores que clivam a C3-convertase instável da fase solúvel em produtos de clivagem inativos (Fig. 10.13).

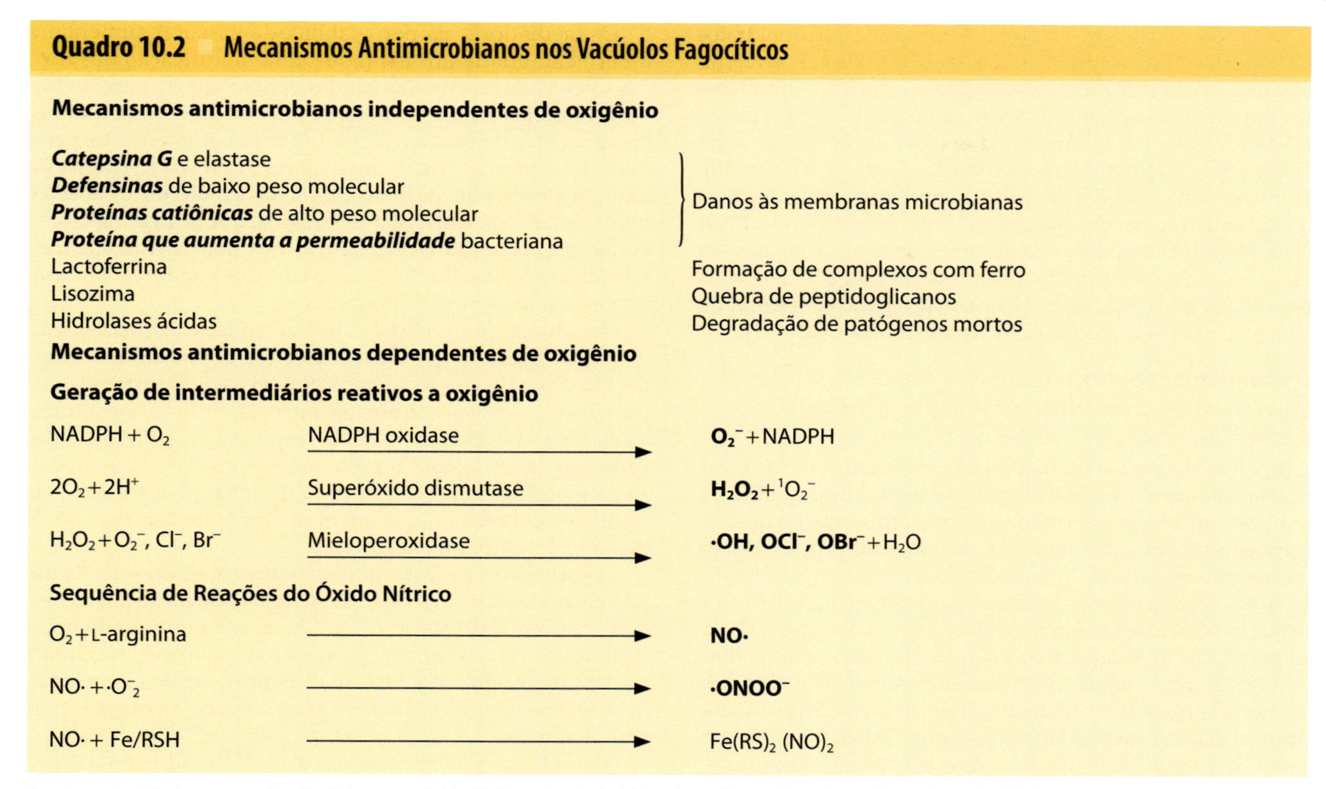

Quadro 10.2 Mecanismos Antimicrobianos nos Vacúolos Fagocíticos

Mecanismos antimicrobianos independentes de oxigênio

Mecanismo		Efeito
Catepsina G e elastase		Danos às membranas microbianas
Defensinas de baixo peso molecular		Danos às membranas microbianas
Proteínas catiônicas de alto peso molecular		Danos às membranas microbianas
Proteína que aumenta a permeabilidade bacteriana		Danos às membranas microbianas
Lactoferrina		Formação de complexos com ferro
Lisozima		Quebra de peptidoglicanos
Hidrolases ácidas		Degradação de patógenos mortos
Mecanismos antimicrobianos dependentes de oxigênio		
Geração de intermediários reativos a oxigênio		
$NADPH + O_2$	NADPH oxidase →	$\mathbf{O_2^-}$ + NADPH
$2O_2 + 2H^+$	Superóxido dismutase →	$\mathbf{H_2O_2} + {}^1O_2^-$
$H_2O_2 + O_2^-$, Cl^-, Br^-	Mieloperoxidase →	$\mathbf{\cdot OH, OCl^-, OBr^-} + H_2O$
Sequência de Reações do Óxido Nítrico		
O_2 + L-arginina	→	**NO·**
$NO\cdot + \cdot O_2^-$	→	$\mathbf{\cdot ONOO^-}$
NO· + Fe/RSH	→	$Fe(RS)_2\ (NO)_2$

Agentes microbicidas em negrito. O_2^-, ânion superóxido; H_2O_2, peróxido de hidrogênio; ${}^1O_2$, singleto de oxigênio; ·OH, radical hidroxila; OCl^-, OBr^-, ânions hipo-hálicos; NO·, óxido nítrico; $\cdot ONOO^-$, radical peroxinitrito.

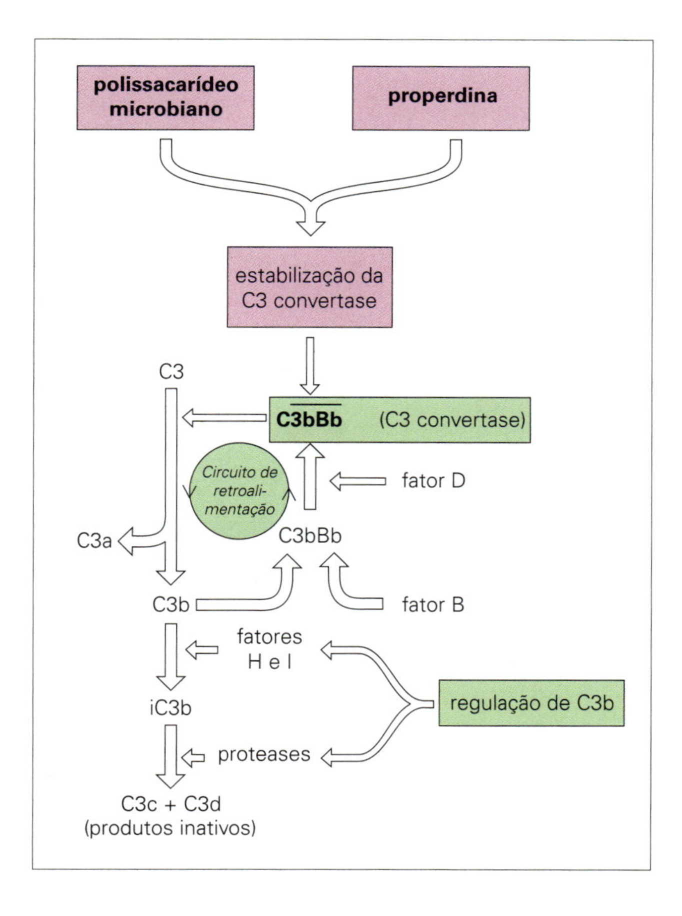

Figura 10.13 Ativação do complemento por microrganismos. C3b é formado pela clivagem espontânea de complexos de C3 com o fator B originando C3bB, que é clivado pelo fator D, produzindo a C3-convertase, $\overline{C3bBb}$ capaz de clivar mais moléculas de C3. A convertase é fortemente regulada pelos fatores H e I, mas pode ser estabilizada na membrana de micróbios e pela properdina. As barras horizontais indicam um complexo enzimaticamente ativo. iC3b, C3b inativo.

Na presença de certas moléculas, tais como os carboidratos da superfície de muitas bactérias, a fixação de C3 convertase se torna-se estabilizada e protegida contra a quebra. Nessas circunstâncias, há geração ativa de novas moléculas de C3 convertase, e o fenômeno, que é conhecido como a via "alternativa" do complemento, é ativada (Cap. 15). O complemento também pode ser ativado por outra via inata (a via da lectina), que envolve a ligação a carboidratos em lectinas, como as lectinas ligadoras de manose e ficolinas. Uma terceira via, a via clássica, é principalmente conhecida como a via de imunidade adquirida, mas mesmo nela há iniciadores inatos, como a proteína C reativa (CRP) ou anticorpos naturais.

O complemento atua em sinergia com as células fagocíticas para produzir uma resposta inflamatória aguda

A ativação da via alternativa do complemento, com a consequente clivagem de inúmeras moléculas C3 muito grandes, tem consequências importantes para a orquestração de uma estratégia de defesa antimicrobiana integrada (Fig. 10.14). As inúmeras moléculas de C3b produzidas nas proximidades das membranas microbianas ligam-se covalentemente à superfície bacteriana e atuam como opsoninas (moléculas que tornam as partículas mais suscetíveis à internalização pelas células fagocíticas; veja a seguir). C3b, juntamente com a C3 convertase, age no próximo componente da sequência, C5, resultando na produção de um pequeno fragmento, C5a, que, juntamente com C3a, exerce um efeito direto nos mastócitos, provocando sua degranulação (Fig. 10.15). Isso resulta na liberação não apenas dos mediadores da permeabilidade vascular, mas também de fatores quimiotáticos para os polimorfonucleares (Tabela 10.3). A célula circulante equivalente aos mastócitos teciduais, o basófilo, também é mostrada na Figura 10.15.

Os mediadores da permeabilidade vascular aumentam a permeabilidade dos capilares pela modificação das forças intercelulares entre as células endoteliais da parede dos vasos. Isso permite o vazamento ou exsudação de fluidos e componentes do plasma, incluindo mais complemento, para o local da infecção. Esses mediadores (Tabela 10.3) também regulam positivamente moléculas como a molécula de adesão intercelular-1 (ICAM-1) e a E-selectina, que se ligam a moléculas complementares específicas nos polimorfonucleares e estimulam sua fixação às paredes dos capilares, em um processo denominado "marginação".

Os fatores quimiotáticos, por outro lado, fornecem um gradiente químico que atrai leucócitos polimorfonucleares marginados de sua localização intravascular, através das paredes dos vasos sanguíneos, ao local onde se encontram as bactérias recobertas por C3b, responsáveis pelo início do processo de ativação. Os polimorfonucleares possuem, em sua superfície, um receptor para C3b. Como resultado, as bactérias opsonizadas aderem muito firmemente à superfície dessas células recém-chegadas.

Os processos de vasodilatação (eritema), exsudação de proteínas plasmáticas e de fluido (edema), devido a alterações nas pressões hidrostática e osmótica, e o acúmulo de neutrófilos são características da "resposta inflamatória aguda" e constituem uma maneira altamente eficaz de concentrar as células fagocíticas em alvos microbianos recobertos por complemento.

Macrófagos podem também ser estimulados por certas toxinas bacterianas, como os lipopolissacarídeos (LPS), pela ação de C5a e pela fagocitose de bactérias recobertas por C3b, e secretar outros potentes mediadores das reações inflamatórias agudas, independentemente da via direcionada pelos mastócitos (Fig. 10.16).

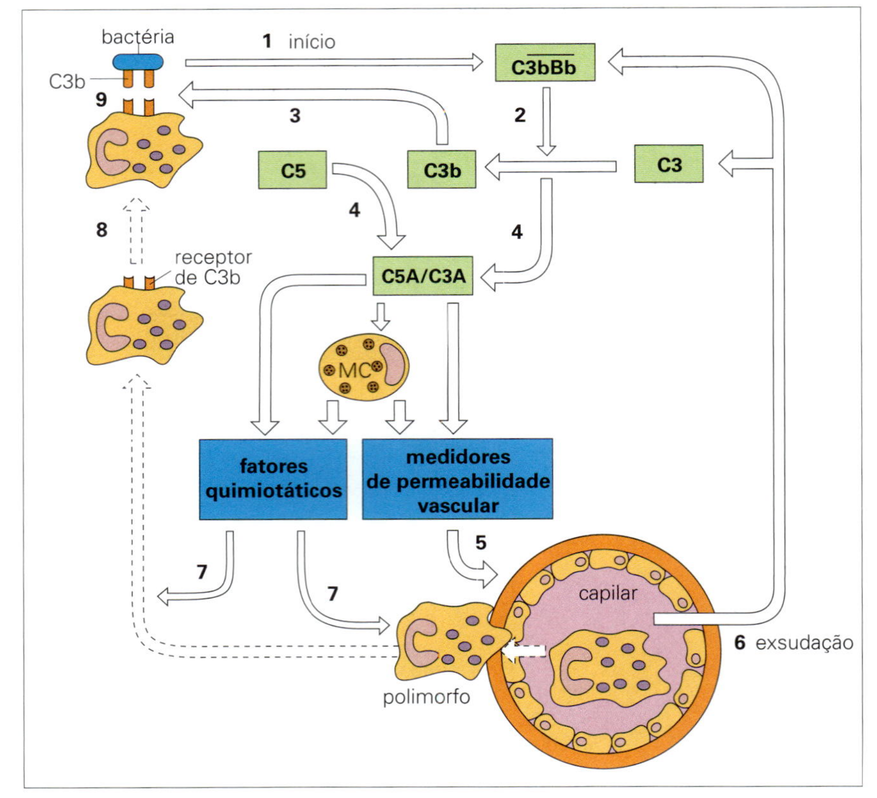

Figura 10.14 Estratégia defensiva da reação inflamatória aguda iniciada pela ativação da via alternativa do complemento pelas bactérias. A ativação da C3-convertase $\overline{C3bBb}$ pela bactéria (1) leva à geração de C3b (2) [que se liga à bactéria (3)] de C3a e C5a (4), que recrutam mediadores dos mastócitos (MC). Estes, por sua vez, causam dilatação capilar (5), exsudação de proteínas plasmáticas (6), atração quimiotática (7) e aderência dos polimorfonucleares às bactérias revestidas por C3b (8). Observe que o fragmento C5a em si também é quimiotático. Os polimorfonucleares são então ativados para a fagocitose e a destruição final dos microrganismos (9).

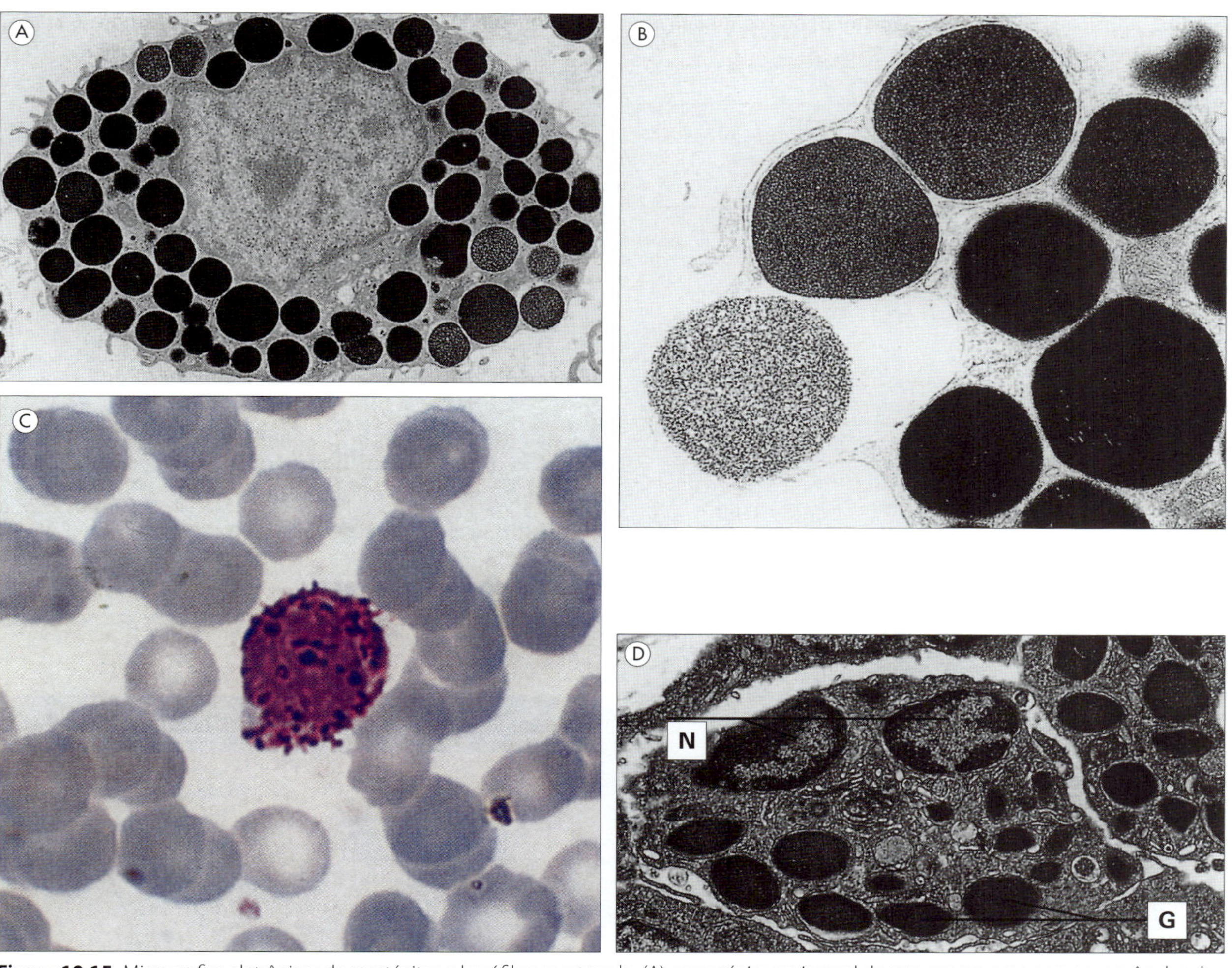

Figura 10.15 Micrografias eletrônicas de mastócitos e basófilos, mostrando: (A) o mastócito peritoneal de rato em repouso com seus grânulos densos de elétron (× 6.000) e (B) um grânulo no curso do processo de exocitose (× 30.000). A morfologia de um basófilo circulante humano é apresentada em (C), que mostra um basófilo típico com seus grânulos de cor azul-violeta intenso em uma amostra de sangue corada com o corante de Wright (× 1.500) e em (D) uma micrografia de elétrons mostra a ultraestrutura de um basófilo da pele de uma cobaia mostrando seus núcleos (N) e os grânulos característicos (G) distribuídos aleatoriamente (× 6.000). ([A,B] Cortesia de T.S.C. Orr; [C, D] Cortesia de D. McLaren.)

As moléculas C9 formam o "complexo de ataque à membrana", o qual é envolvido na lise celular

Como já mencionado, após a ativação de C3, o próximo componente a ser clivado é C5. O maior fragmento resultante dessa clivagem, C5b, fica ligado à membrana e, subsequentemente, se liga aos componentes C6, C7 e C8, que formam um complexo capaz de induzir uma alteração conformacional crítica no componente terminal, C9. As moléculas de C9 desdobradas inserem-se na bicamada lipídica e se polimerizam de modo a formar um "complexo de ataque à membrana" (MAC) anular (Figs. 10.17 e 10.18). Este complexo se comporta como um canal transmembrana totalmente permeável a eletrólitos e água. Devido à alta pressão coloidosmótica interna das células, ocorre um influxo de sódio (Na^+) que, frequentemente, resulta em lise celular.

Inflamassomas

No citoplasma de fagócitos, complexos enzimáticos de proteínas citoplásmicas chamadas inflamassomas recrutam e ativam enzimas essenciais como as caspases. A enzima caspase 1 cliva uma molécula precursora para produzir as citocinas IL-1α e Il-1β, que agem de forma sinergística com o TNFα. Tipos diferentes de inflamassomas são ativados por diferentes componentes bacterianos, por exemplo: o inflamassoma NLRP3 reconhece os PAMPs discutidos anteriormente, a flagelina bacteriana ativa o inflamassoma NLRP4 e o inflamassoma AIM2 reconhece o DNA viral citoplasmático. Uma vez ativada, uma forma de morte celular proinflamatória chamada piropoptose ocorre, na qual a célula incha e aumenta de tamanho, realiza lise e libera seu teor citoplásmico. Proteínas especiais da família das gasderminas são necessárias para induzir esta forma de morte celular, que pode liberar bactérias de macrófagos que podem, então, ser fagocitados e mortos por neutrófilos. Claro que as inflamações por elas mesmas têm, então, de ser reguladas por meio de uma série de proteínas reguladoras.

Proteínas de fase aguda

Certas proteínas do plasma, coletivamente denominadas "proteínas de fase aguda", têm sua concentração aumentada em resposta a mediadores "de alarme" precoces, como as citocinas IL-1, IL-6 e o TNF, liberados em resposta a uma infecção ou lesão tecidual. A concentração de muitos reagentes de fase aguda, como a lectina de ligação à manose e a CRP,

Tabela 10.3 Principais mediadores inflamatórios que controlam o suprimento de sangue e a permeabilidade vascular ou que modulam o movimento celular

Mediadores inflamatórios		
Mediador	**Fonte principal**	**Ações**
Histamina	Mastócitos, basófilos	Aumento da permeabilidade vascular, contração do músculo liso, quimiocinese
5-hidroxitriptamina (5HT – serotonina)	Plaquetas, mastócitos (roedor)	Aumento da permeabilidade vascular, contração do músculo liso
Fator de ativação das plaquetas (PAF)	Basófilos, neutrófilos, macrófagos	Liberação de mediadores das plaquetas, aumento da permeabilidade vascular, contração do músculo liso, ativação de neutrófilos
Interleucina-8 (IL-8, CXCL8)	Mastócitos, endotélio, monócitos e linfócitos	Localização de polimorfonucleares e de monócitos
C3a	Complemento C3	Degranulação de mastócitos, contração do músculo liso
C5a	Complemento C5	Degranulação de mastócitos, quimiotaxia de neutrófilos e macrófagos, ativação de neutrófilos, contração do músculo liso, aumento da permeabilidade capilar
Bradicinina	Sistema de cinina (cininogênio)	Vasodilatação, contração do músculo liso, aumento da permeabilidade capilar, dor
Fibrinopeptídeos e produtos de quebra de fibrina	Sistema de coagulação	Aumento da permeabilidade capilar, quimiotaxia de neutrófilos e macrófagos
Prostaglandina E_2 (PGE_2)	Via das cicloxigenases, mastócitos	Vasodilatação, potencialização do aumento da permeabilidade vascular produzida por histamina e bradicinina
Leucotrieno B_4 (LTB_4)	Via da lipoxigenase, mastócitos	Quimiotaxia de neutrófilos, sinergia com PGE_2 na indução do aumento da permeabilidade vascular
Leucotrieno D_4 (LTD_4)	Via da lipoxigenase	Contração do músculo liso, aumento da permeabilidade vascular

Outros mediadores são gerados durante o processo da coagulação. A quimiotaxia se refere à migração dos granulócitos direcionada pelo gradiente de concentração do mediador, enquanto a quimiocinese descreve o aumento randômico da mobilidade dessas células. (Reproduzida de Male D.; Brostoff J.; Roth D.B.; Roitt I. *Immunology*, 7th edition, 2006. Mosby Elsevier, com permissão.)

aumenta dramaticamente durante a inflamação (Fig. 10.19). Assim como os fagócitos profissionais, essas proteínas usam receptores de reconhecimento para realizar ligação com padrões moleculares nos patógenos (PAMPs) para gerar funções efetoras defensivas. Outros reagentes de fase aguda apresentam aumentos de suas concentrações mais moderados, geralmente inferiores a cinco vezes (Tabela 10.4). Esta resposta envolve uma energia considerável e o custo de recursos para o hospedeiro, e essas proteínas apresentam uma ampla gama de papéis defensivos que incluem papéis homoestáticos, bem como defesa fagocítica. Proteínas de fase aguda como CRP podem ser usadas como marcadores clínicos de inflamação.

Outros fatores antimicrobianos extracelulares

Existem muitos agentes microbicidas que atuam dentro das células fagocíticas com curto alcance, mas que também aparecem em vários fluidos corporais em concentrações suficientes para exercer efeitos inibidores diretos sobre agentes infecciosos. Por exemplo, a lisozima está presente em fluidos como lágrimas e saliva em quantidades suficientes para agir contra a proteoglicana da parede de bactérias suscetíveis. Outras proteínas, como as colectinas, ligam-se a carboidratos nas superfícies microbianas (Cap. 15). Se agentes que normalmente atuam em uma área limitada, como os metabólitos reativos do oxigênio ou o TNFα, podem atingir concentrações nos fluidos corporais adequadas para exercer atividade microbicida à distância das células que os produziram será discutido no Capítulo 15.

Os interferons constituem uma família de moléculas antivirais de amplo espectro de atuação

Os interferons (IFNs) são moléculas produzidas por todo o reino animal e serão discutidos novamente no Capítulo 15. Foram inicialmente reconhecidos pelo fenômeno de interferência viral, no qual uma célula infectada com um vírus torna-se resistente à superinfecção por um segundo vírus não relacionado. Os leucócitos produzem diferentes interferons alfa (IFNα), enquanto os fibroblastos, e provavelmente todos os tipos celulares, sintetizam IFNβ. Um terceiro tipo de interferon (IFNγ) é produzido por células exterminadoras naturais (NK) e outras células linfoides inatas (ver adiante), bem como pelo subgrupo Th1 de células T (Cap. 15).

Quando infectadas por um vírus, as células sintetizam e secretam IFNs α e β, que se ligam a receptores específicos nas células vizinhas não infectadas. O IFN ligado exerce seu efeito antiviral facilitando a síntese de duas novas enzimas, que interferem na maquinaria utilizada pelo vírus para sua própria replicação. O mecanismo de ação do IFN será discutido mais detalhadamente no Capítulo 15. O resultado da ação do IFN é o estabelecimento de um cordão de células resistentes à infecção ao redor do local de infecção viral, restringindo sua propagação (Fig. 10.20). O IFN é altamente eficaz *in vivo*, como evidenciado por experimentos em que camundongos inoculados com um antissoro contra IFN murino foram mortos em decorrência de uma quantidade de vírus centenas de vezes inferior à necessária para matar os animais-controle. É importante enfatizar, entretanto, que o IFN parece

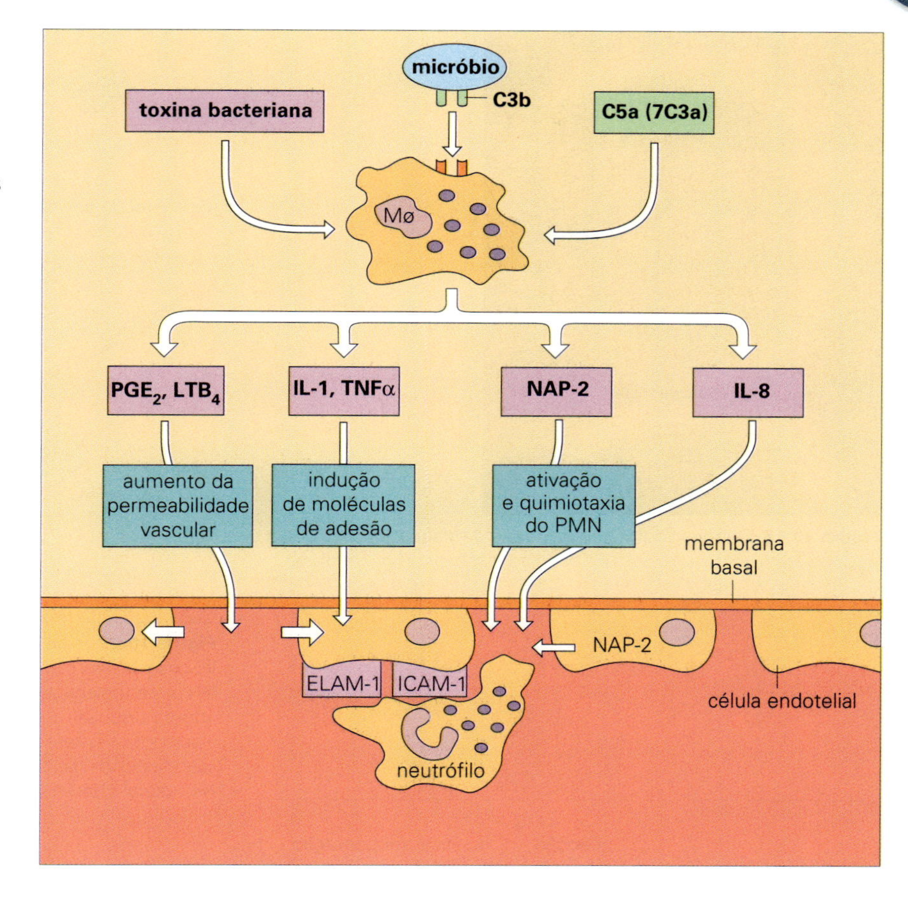

Figura 10.16 O papel do macrófago (Mø) no desencadeamento da inflamação aguda. Sua estimulação induz a secreção de mediadores pelo macrófago. Os neutrófilos sanguíneos aderem às moléculas de adesão na célula endotelial e as utilizam como suporte para tracionar sua passagem forçada entre as células endoteliais, através da membrana basal (com a ajuda da elastase secretada) e sob o efeito do gradiente quimiotático. Durante esse processo, tornam-se progressivamente ativados pelo peptídeo-2 de ativação do neutrófilo (NAP-2). PGE_2, prostaglandina E_2; LTB_4, leucotrieno B_4; IL-1, interleucina-1; IL-8, interleucina-8; NAP-1, peptídeo ativador de neutrófilo 1; PMN, neutrófilo polimorfonuclear; TNFα, fator de necrose tumoral alfa; ELAM-1, molécula-1 de adesão de célula endotelial-leucócito; ICAM-1, molécula-1 de adesão intercelular.

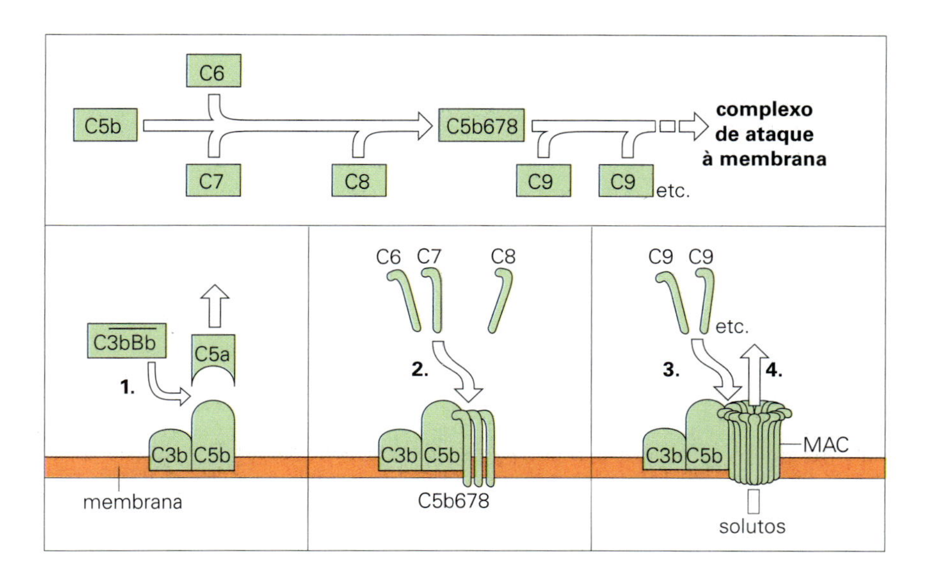

Figura 10.17 Formação do complexo de ataque à membrana (MAC) C5b-9. (1) O recrutamento adicional de C3b no complexo enzimático $\overline{C3bBb}$ gera uma C5 convertase que retira o fragmento C5a da molécula de C5 e deixa o fragmento C5b restante fixo à membrana. (2) Quando C5b está ligado à membrana, ocorre a ligação de C6 e C7 para formar o complexo estável C5b67, que interage com C8 para gerar C5b678. (3) Essa unidade tem algum efeito no rompimento da membrana, mas seu principal efeito é causar a polimerização de C9, para formar túbulos que atravessam a membrana, denominados MAC. (4) A ruptura da membrana por essa estrutura permite a livre troca de solutos, que são os principais responsáveis pela lise celular.

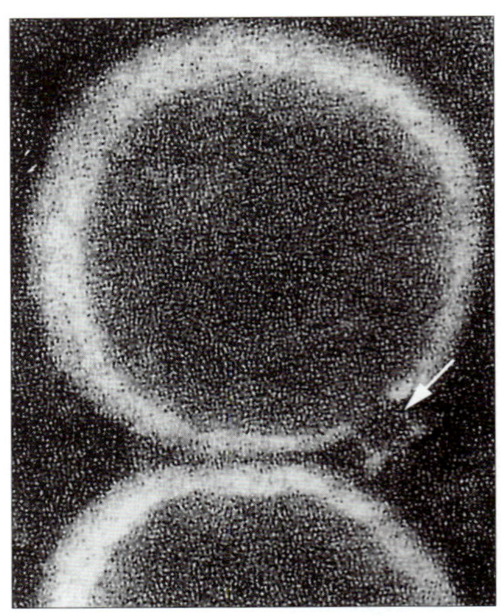

Figura 10.18 Eletromicrografia do complexo de ataque à membrana. A lesão em formato de funil (*seta*) é devido ao complexo C5b-9 humano que foi reincorporado a membranas lipossômicas de lecitina (× 234.000). (Cortesia de J. Tranum-Jensen e S. Bhakdi.)

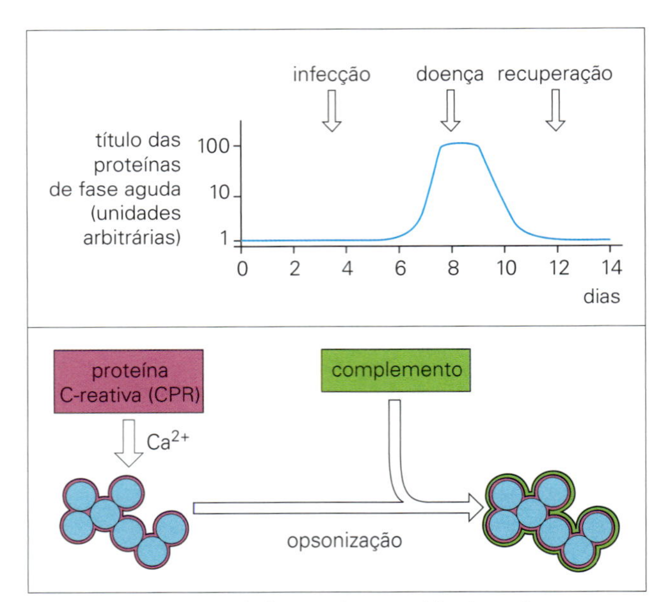

Figura 10.19 Proteínas de fase aguda, exemplificadas na figura pela proteína C-reativa (CRP), são proteínas séricas que aumentam rapidamente em concentração (às vezes até 100 vezes) após uma inflamação induzida por infecção (gráfico). São importantes na imunidade inata à infecção. A CRP reconhece e se liga a grupos moleculares encontrados em uma ampla variedade de bactérias e fungos, em um mecanismo dependente de cálcio (Ca^{2+}). Em particular, usa seu potencial de reconhecimento de padrões para se ligar a resíduos de fosfocolina de pneumococos. A CRP atua como uma opsonina e ativa o complemento com todas as sequelas associadas. A proteína de ligação à manose reage não apenas com a manose, mas também com vários outros açúcares, o que possibilita sua ligação com várias bactérias Gram-negativas e positivas, leveduras, vírus e parasitos, ativando subsequentemente o sistema complemento e as células fagocíticas. As ficolinas estruturalmente relacionadas costumam reconhecer os PAMPs que contêm *N*-acetilglicosamina, e também podem ativar a via do complemento de lectina.

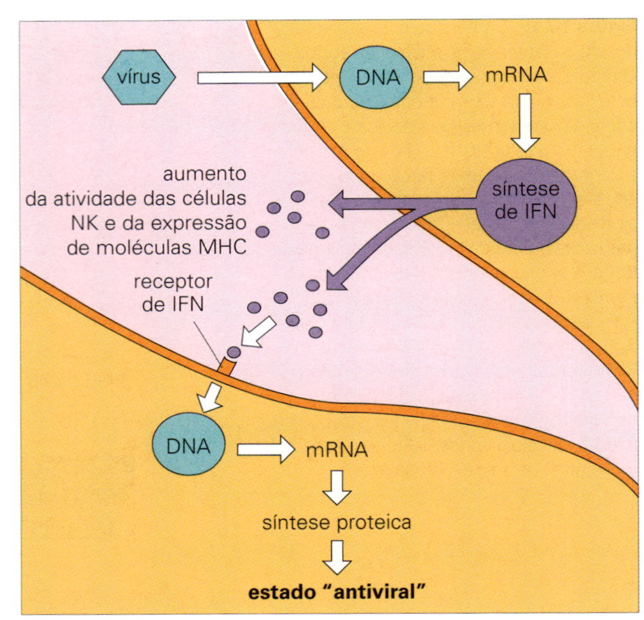

Figura 10.20 Ação do interferon (IFN). Um vírus induz a produção de IFNα/β por infecção de célula. Este é liberado e se liga aos receptores IFN presentes em outras células. O IFN induz a produção de proteínas antivirais, que são ativadas se os vírus entrarem em uma segunda célula, e aumenta a síntese de moléculas de superfície MHC, o que aumenta a suscetibilidade das células infectadas às células T citotóxicas (Cap. 11). NK, *natural killer*; MHC, complexo principal de histocompatibilidade.

Tabela 10.4 Proteínas de fase aguda produzidas em resposta à infecção de humanos

Reagente de fase aguda	Função
Aumentos dramáticos na concentração	
Proteína C-reativa	Fixação do complemento, opsonização
Lectina de ligação à manose	Fixação do complemento, opsonização
spLA2	Mata bactérias Gram-positivas
Proteína amiloide A sérica	Desconhecida
Aumentos moderados na concentração	
inibidores de protease α_1	Inibição de proteases bacterianas
antiquimotripsina α_1	Inibição de proteases bacterianas
glicoproteína α_1 ácida	Desconhecido, mas se liga a muitos medicamentos/compostos lipofílicos
C3, C9, fator B	Aumento da função do complemento
Ceruloplasmina	*scavenger* de O_2
Fibrinogênio	Coagulação
Angiotensina	Pressão sanguínea
Haptoglobina	Ligação da hemoglobina
Fibronectina	Fixação celular

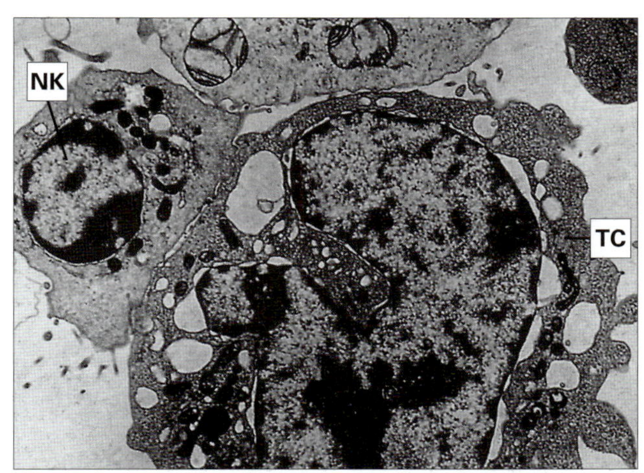

Figura 10.21 Eletromicrografia de uma célula exterminadora natural (NK) matando uma célula tumoral (TC). As células NK ligam-se e matam células tumorais revestidas por anticorpos IgG (Fig. 10.13), e até mesmo células tumorais não revestidas. É essencial que as membranas das duas células estejam em contato para que a célula NK libere o "beijo da morte" (× 4.500). (Cortesia de P. Lydyard.)

desempenhar um papel significativo na recuperação, e não na prevenção, de uma infecção viral.

As células exterminadoras naturais (*natural killer*) se fixam às células infectadas por vírus, permitindo sua diferenciação das células normais

Os vírus precisam infectar as células hospedeiras para utilizar a maquinaria da célula para se replicar. Evidentemente, é interessante para o hospedeiro a eliminação das células infectadas antes que o vírus tenha tido a chance de se reproduzir. As células exterminadoras naturais (*natural killer*; NK) são células citotóxicas que aparentemente se desenvolveram para desempenhar exatamente esta tarefa, são linfócitos granulares grandes (LGLs) (Fig. 10.21) que reconhecem as células infectadas por vírus ou estressadas e permitem que elas sejam diferenciadas das células normais. Essa discriminação inteligente é mediada por receptores ativadores das células NK, como o NKG2D, que reconhecem ligantes nas células infectadas que estão relacionados às moléculas MHC Classe I, e por receptores inibitórios que se ligam às moléculas MHC Classe I das células normais, gerando sinais que se contrapõem aos gerados pelos receptores ativadores. A ativação das células NK resulta na liberação extracelular do conteúdo de seus grânulos no espaço compreendido entre as células-alvo e as células efetoras. Esse conteúdo inclui moléculas de perforina, que lembram as moléculas de C9 em muitos aspectos, principalmente em sua capacidade de inserção nas membranas das células-alvo e de polimerização, formando poros anulares transmembrana, como o MAC. Isso permite a entrada de outra proteína granular, a granzima B, que leva à morte das células-alvo por apoptose (morte celular programada), um processo mediado por uma cascata de enzimas proteolíticas denominadas caspases, que termina com as caspases efetoras que processam a célula quanto à depuração, incluindo a fragmentação final do DNA por uma endonuclease cálcio-dependente (Fig. 10.22).

Mecanismos adicionais que podem ativar a via das caspases incluem o acoplamento de Fas na célula-alvo pelo ligante de Fas, bem como a ligação do fator de necrose tumoral liberado dos grânulos das células NK aos receptores da superfície. O TNF foi primeiramente identificado como um produto de macrófagos ativados capaz de matar alguns tipos celulares, particularmente algumas células tumorais.

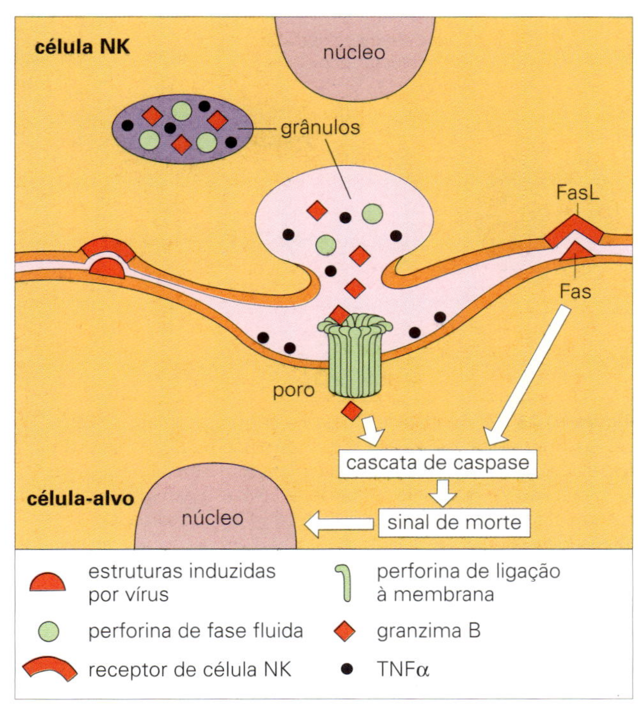

Figura 10.22 Modelo esquemático da lise de uma célula-alvo, infectada por vírus, por uma célula exterminadora natural (NK). Quando os receptores da célula NK se ligam à superfície da célula infectada, se os sinais emitidos pelos receptores de ativação excederem aqueles emitidos pelos receptores de inibição, que reconhecem moléculas MHC de Classe I normais, ocorre a exocitose dos grânulos das células NK com liberação de mediadores citolíticos dentro da fenda intercelular. Uma alteração conformacional dependente de cálcio (Ca^{2+}) na perforina permite sua inserção e polimerização dentro da membrana da célula-alvo, com a formação de um poro transmembrana, que permite a entrada de granzima B na célula-alvo, causando a morte celular programada (apoptose). Sistemas citolíticos de segurança, como aqueles deflagrados pela interação do receptor Fas com seu ligante (FasL), também podem disparar a apoptose, assim como a ligação a fator de necrose tumoral derivada de grânulos alfa (TNFα), com seu receptor. Diferentemente da ativação de fagócitos mediada por PRR por componentes intracelulares — denominados padrões moleculares associados ao perigo (DAMPs) — liberados no curso de morte celular *necrótica*, tipicamente provocada por trauma tecidual, queimaduras ou outros estímulos não fisiológicos, as células *apoptóticas* não ativam o sistema imunológico porque expressam moléculas da superfície, como fosfatidil serina, que as identificam como células a serem removidas por fagócitos, sem que haja liberação de seus DAMPs intracelulares.

Células linfoides inatas (ILCs)

As células NK discutidas anteriormente são um dos grupos de ILCs (Fig. 10.23). Assim como veremos no Capítulo 11, as ILCs duplicam de muitas maneiras as funções dos subconjuntos de células T; no entanto, elas não possuem os receptores de antígenos específicos expressos por células T e não apresentam receptores de reconhecimento de padrões. Ao invés disso, elas respondem a dano tecidual em termos de citosinas, alarminas e mediadores inflamatórios secretados por células mieloides e epiteliais. As ILCs são derivadas de precursores da medula óssea e, com a exceção das células NK circulantes, residem nos tecidos, incluindo a pele, os pulmões e os intestinos. Há três grupos principais de ILCs: o Grupo 1 de ILCs inclui as células NK e produz IFNγ, o Grupo 2 de ILCs produz IL-5 e

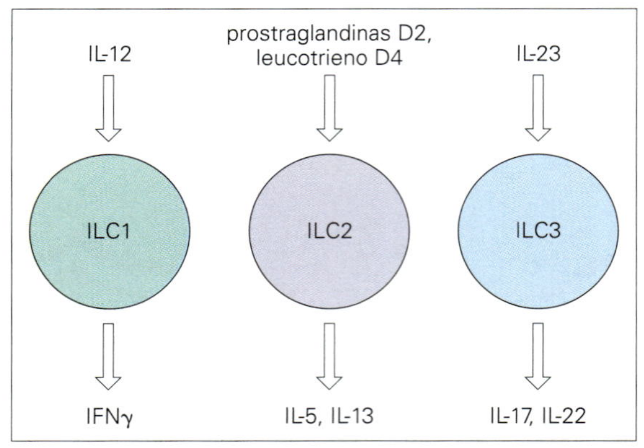

Figura 10.23 Células linfoides inatas. Há três principais grupos de células linfoides inatas (ILC1, 2 e 3) que respondem a diferentes sinais de inflamação ou dano tecidual e que produzem citosinas específicas, incluindo aquelas que estão ilustradas. As células exterminadoras naturais são parte do grupo 1 de ILCs. IFNγ, interferon gama; IL, interleucina.

IL-13 e o Grupo 3 de ILCs produz IL-17 e IL-22, embora, como veremos posteriormente para células T, possa haver uma certa "plasticidade", quando a exposição a citosinas específicas altera as citosinas produzidas por ILCs.

Os eosinófilos atuam contra grandes parasitos

Não é difícil perceber que os fagócitos profissionais são células muito pequenas para englobar fisicamente parasitos maiores, como os helmintos. Uma estratégia alternativa, como a destruição por ataque à superfície extracelular, do tipo discutido anteriormente, parece ser uma forma mais apropriada de defesa. Os eosinófilos parecem ter se desenvolvido para desempenhar essa tarefa. Estes polimorfonucleares, da família dos neutrófilos, possuem grânulos citoplasmáticos próprios que se coram fortemente com corantes ácidos (Fig. 10.24) e possuem um aspecto ultraestrutural característico. O centro do grânulo contém uma proteína básica principal (MBP), enquanto a matriz contém uma proteína catiônica eosinofílica, uma peroxidase e uma molécula semelhante à perforina. Os eosinófilos possuem receptores de superfície para C3b e, quando ativados, geram grandes quantidades de metabólitos ativos do oxigênio.

Muitos helmintos podem ativar a via alternativa do complemento. Embora sejam resistentes ao ataque por C9, o revestimento com C3b permite a aderência dos eosinófilos através de seus receptores de superfície para C3b. Uma vez ativados, os eosinófilos lançam seu teor para o meio extracelular, que inclui a liberação de proteínas básicas principais e a proteína catiônica, que danificam a membrana do parasito e apresentam também a possibilidade de uma "queima química" dos parasitos pelos metabólitos do oxigênio e a formação de "poros" pela ação das perforinas.

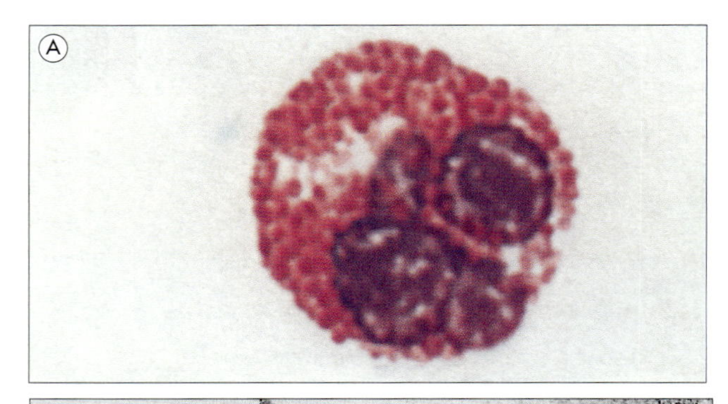

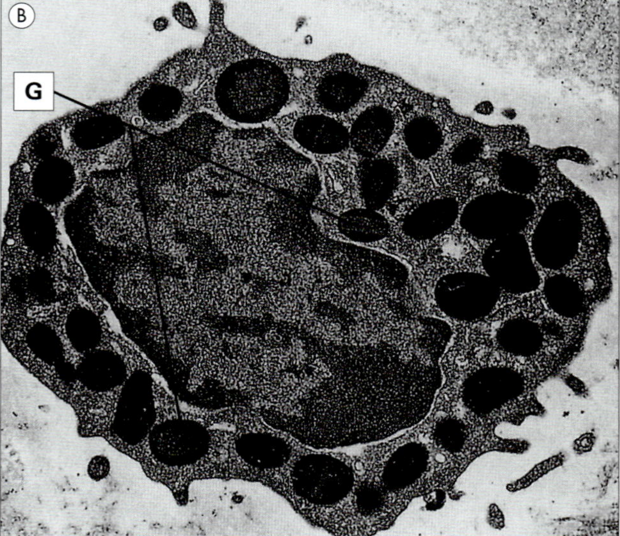

Figura 10.24 O granulócito eosinófilo é capaz de matar parasitos extracelulares (p. ex., vermes) pela liberação do conteúdo de seus grânulos. (A) Morfologia do eosinófilo. O esfregaço sanguíneo enriquecido em granulócitos mostra um eosinófilo com seu núcleo multilobado e grânulos citoplasmáticos intensamente corados. Coloração de Leishman (× 1.800). (B) Eletromicrografia mostrando a ultraestrutura de um eosinófilo de cobaia. O eosinófilo maduro contém grânulos (G) com cristaloides centrais (× 8.000). ([A] Cortesia de P. Lydyard; [B] Cortesia de D. McLaren.)

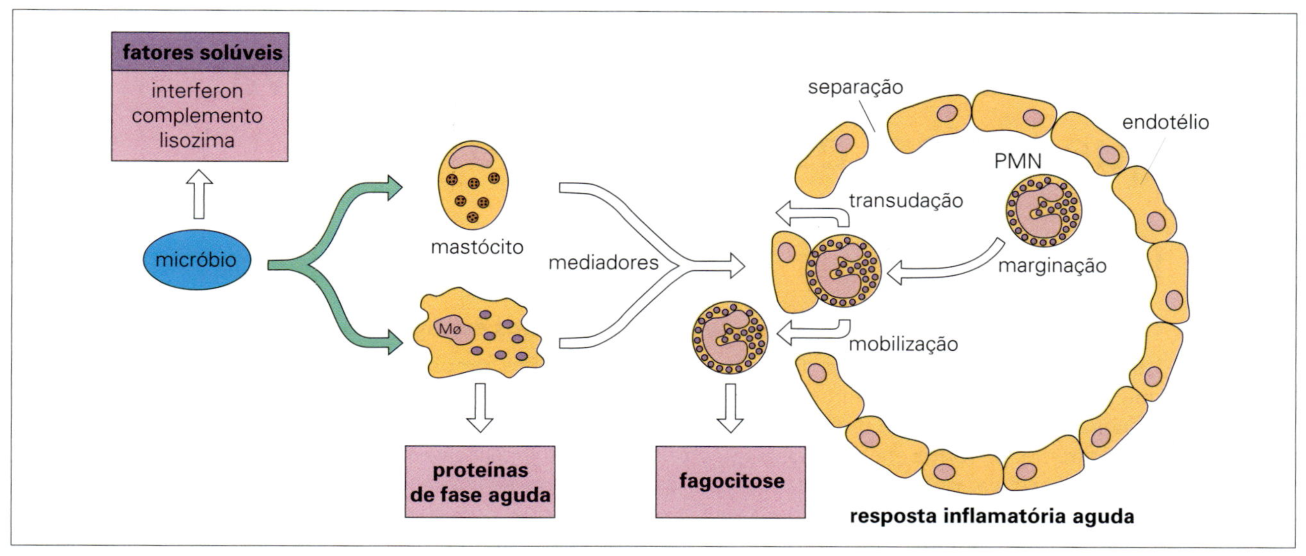

Figura 10.25 Mobilização dos componentes defensivos da imunidade inata. Os microrganismos, seja pela ativação do complemento, seja por efeitos diretos sobre os macrófagos, induzem a liberação de mediadores que aumentam a permeabilidade capilar para permitir a transudação de moléculas bactericidas plasmáticas e outros que atraem quimiotaticamente polimorfonucleares plasmáticos da corrente sanguínea para o sítio da infecção. PMN, neutrófilo polimorfonuclear.

PRINCIPAIS CONCEITOS

- O sistema inato de defesa imunológica consiste em uma formidável barreira contra a penetração de microrganismos, seguida de uma segunda linha de defesa constituída pelos fagócitos e fatores solúveis circulantes. A colonização do hospedeiro por microrganismos normalmente não patogênicos ("oportunistas") ocorre quando há uma deficiência hereditária ou adquirida de quaisquer dessas funções.
- Há mecanismos para reconhecer e responder a patógenos em meios extracelulares, na superfície celular e em compartimentos intracelulares.
- As principais células fagocíticas são os neutrófilos polimorfonucleares e os macrófagos. A fagocitose mediada por receptor e a fusão dos vacúolos levam a mecanismos microbicidas dependentes e independentes de oxigênio.
- O "complemento" consiste em uma série de componentes que são clivados por enzimas em uma cascata amplificadora. Os componentes C3a e C5a se ligam aos receptores de neutrófilos e monócitos, assim como a membranas basais, mas também induzem a liberação adicional de citosina e extravasamento de células e fluidos. Além de induzir inflamação, os componentes complementares melhoram a fagocitose por meio de opsonização e podem causar lise direta de bactérias ou células por meio da criação de buracos na membrana.
- A inflamação também pode ser iniciada pelos macrófagos teciduais, uma vez que a sinalização por toxinas bacterianas, por C5a ou por bactérias revestidas por C3b induz a liberação de TNFα, LTB_4, PGE_2, o fator quimiotático para neutrófilos, IL-8, bem como de um peptídeo ativador de neutrófilo.
- Outras defesas humorais incluem as proteínas de fase aguda, como a CRP, e os IFNs de tipo 1, capazes de bloquear a replicação viral.
- As células infectadas por vírus podem ser eliminadas pelas células NK, após o aumento do reconhecimento pelos receptores de ativação que superam os sinais inibitórios do reconhecimento MHC Classe I. As células NK são uma das células linfoides inatas do grupo 1, que são ativadas por IL-12. O grupo 2 de ILCs secreta IL-5 e IL-3, e o grupo 3 de ILCs secreta IL-17. Os ILCs não possuem a capacidade de perceber patógenos diretamente, mas respondem a dano tecidual e inflamação.
- A morte extracelular também pode ser efetuada por eosinófilos ligados a C3b, que podem ser responsáveis pelo insucesso no estabelecimento de muitos macroparasitos em seus hospedeiros potenciais.
- A internalização e a morte por células fagocíticas são os mecanismos usados para eliminar a maioria dos microrganismos, e a mobilização e a ativação dessas células por respostas orquestradas, como a resposta inflamatória aguda (Fig. 10.25), é uma característica-chave da imunidade inata. Entretanto, nem todos os microrganismos são prontamente suscetíveis à fagocitose ou mesmo à morte decorrente da ação do complemento ou lisozima, o que explica por que a especificidade adicional da resposta imunológica adaptativa é necessária, assunto que será discutido no Capítulo 11.

Respostas imunológicas adaptativas que trazem especificidade

Introdução

Como reconhecer um repertório extenso de antígenos estranhos de modo eficiente

Para nos proteger de patógenos, daqueles aos quais nós nunca fomos expostos, assim como aqueles com os quais já cruzamos, o sistema imunológico precisa estar permanentemente em modo de espera, mas de uma maneira efetiva e eficaz. Há muitos casos em que as células e moléculas de imunidade inata são insuficientes para enfrentar de forma eficiente essas infecções, e um grau maior de especificidade é necessário. São necessárias células que nos defendam contra tipos diferentes de infecções e que apresentem funções especializadas. É nesse momento que os linfócitos T e B vêm em nossa defesa.

No entanto, o sistema imunológico encara os mesmos desafios que um exército. Como defender o corpo quando ele não sabe qual vai ser a próxima ameaça ou onde ocorrerá um ataque? Ele precisará de fuzileiros navais, pilotos ou tropas terrestres? Onde elas deveriam marcar suas bases? Tal dilema foi resolvido por meio da recirculação de células pelo corpo e pelo envio de sinais para atrair as tropas para o local de ataque.

TECIDOS LINFOIDES PRIMÁRIO E SECUNDÁRIO

As células que fornecem ao sistema imunológico sua especificidade antigênica diferenciada são os linfócitos (Fig. 11.1). Quando não estão ativadas, as células B e T apresentam uma pequena borda de citoplasma, e são frequentemente referidas como "em repouso". Uma vez ativadas, elas se tornam maiores e mais granulares, e são chamadas linfoblastos. A produção de células B e T que são necessárias é um processo mais complexo do que a maturação de células imunológicas inatas na medula óssea.

Felizmente, embora as células B e T em repouso pareçam semelhantes, elas (assim como muitos outros tipos de células) podem ser distinguidas pelos antígenos de superfície que expressam, frequentemente liberados como marcadores. A maioria deles recebeu números de CD — CD significa "*cluster of differentiation*" [grupamento de diferenciação], uma designação que permite que anticorpos reconheçam diferentes epítopos na mesma molécula para que sejam agrupados (Tabela 11.1).

Os tecidos do sistema imunológico são divididos entre aquele em que os linfócitos se desenvolvem — os órgãos linfoides primários — e os órgãos linfoides secundários nos quais a resposta imunológica é iniciada e onde as células maduras aguardam sua necessidade, em modo de espera (Fig. 11.2).

Assim como as células do sistema imunológico inato, os linfócitos B ou células B são desenvolvidos na medula óssea (embora galinhas tenham um órgão especializado para isso, chamado bursa de Fabricius). Cada célula B madura expressa anticorpos de uma especificidade em sua superfície, formada pela união de diferentes genes variáveis e genes de regiões constantes, e os primeiros estágios desses rearranjos genéticos são realizados na medula óssea. As células B que reconhecem autoantígenos são deletadas neste estágio, pois tais células causariam apenas autoimunidade. A medula óssea também contém os precursores de linfócitos T ou células T. A presença destas e de muitas outras células-tronco precursoras na medula óssea explica por que transplantes de medula funcionam tão bem para repor células danificadas. A medula óssea é essencial na produção e substituição das células do sistema imunológico.

Células T imaturas são desenvolvidas em um órgão especializado, chamado timo. O timo realiza dois papéis importantes, transmitindo sinais positivos para células imaturas para mantê-las vivas e realizando a seleção negativa para remover células que possam causar danos ao reconhecer suas células, ou "células próprias". Portanto, a maturação das células T é um processo mais complicado do que a produção de um repertório útil de receptores para reconhecimento de antígenos em células B.

Quando as células necessárias para imunidade inata e adquirida atingem a maturidade, elas circulam pelo corpo pelo sangue e pela linfa, o que também permite que elas entrem em órgãos linfoides secundários especializados como o baço, os linfonodos e os tecidos linfoides associados ao intestino (tecido linfoide associado ao intestino, GALT) e a mucosa (tecido linfoide associado à mucosa, MALT). Quando necessário, as células do sistema imunológico podem alcançar qualquer área do corpo, especialmente se houver inflamação.

O timo é um órgão altamente especializado que produz células T maduras

No timo, as células T se desenvolvem de células pré-T, ou timócitos, imaturas em células T maduras (Fig. 11.3). No córtex externo, os timócitos imaturos recebem primeiramente sinais de maturação que incluem interleucina 7 (IL-7) produzida por células epiteliais corticais. Eles já expressam o principal antígeno marcador de células T CD3, mas agora também começam a expressar o CD4 e o CD8, dois marcadores de superfície que identificarão posteriormente os subgrupos de células T CD4 e CD8. Caso o timo esteja ausente, como na síndrome congênita de DiGeorge em humanos, ou em camundongos nude (atímicos), as células T maduras não se

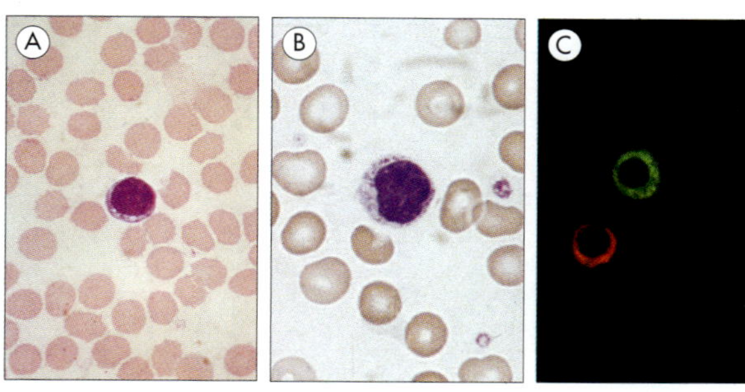

Figura 11.1 Plasmócitos e linfócitos. (A) Linfócitos B e T pequenos apresentam núcleo redondo e elevada razão núcleo:citoplasma. (B) Um linfócito grande granular com uma baixa razão núcleo: itoplasma, e um núcleo indentado e grânulos azurófilos citoplasmáticos. Menos de 5% das células T auxiliares e 30-50% das células T citotóxicas, células T $\gamma\delta$ e exterminadoras naturais (NK) apresentam essa morfologia. (C) Anticorpo formado quando células B se diferenciam em plasmócitos, aqui coradas com IgM anti-humano com fluoresceína (verde) e IgG anti-humano com rodamina (vermelho), mostrando coloração intracitoplasmática extensa. Observe que os plasmócitos produzem apenas uma classe de anticorpos, como revela a coloração distinta. (A e B, tingidos com Giemsa, cortesia de A. Stevens e J. Lowe; C, adaptado de: Zucker-Franklin A. et al. [1988] *Atlas of Blood Cells: Function and Pathology*, 2ª edição, vol. 11, Milão: EE Ermes; Philadelphia: Lea e Febiger.)

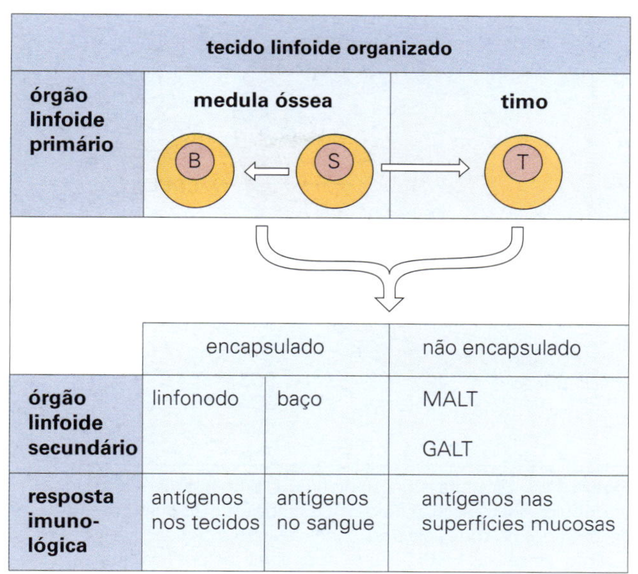

Figura 11.2 Tecido linfoide organizado. As células-tronco (S) que se originam da medula óssea são diferenciadas em células B e T imunocompetentes nos órgãos linfoides primários. Tais células então colonizam os tecidos linfoides secundários nos quais as respostas imunológicas estão organizadas. MALT, tecido linfoide associado à mucosa; GALT, tecido linfoide associado aos intestinos.

Tabela 11.1 Marcadores de CD úteis que podem ser usados para identificar diferentes tipos de células

Molécula de CD	Expressão celular	Função
CD3 (cadeias δ, γ, ε)	Todas as células T	Transdução de sinal de receptor de antígeno de célula T (TCR)
CD4	Células T CD4	Faz ligação com MHC II
CD8 (cadeias α, β)	Células T CD8	Faz ligação com MHC I
CD14	Monócitos / macrófagos, células dendríticas, polimorfos	Faz ligação com o complexo de ligação de proteína LPS–LPS
CD16α (FcRIIIA)	Células NK, macrófagos	Receptor Fc para IgG, fagocitose, ADCC
CD19	Células B	Ativação por célula B
CD20	Células B	Ativação por célula B?
CD25 (cadeia α)	Células T e B ativadas; Tregs	Faz ligação com IL-2
CD45R	RA em células T naïve, RO em células T com experiência em antígenos / memória (também em células B)	Variante de emenda de antígeno de leucócito comum
CD69	Células T, B, NK ativadas	Marcador de ativação precoce
CD158 (receptor exterminador semelhante a Ig, KIR)	Subgrupo de células T, NK	Ativação / inibição de células NK (interação com MHC I)
CD159a (NKG2D)	Células NK	Ativação / inibição de células NK (interação com MHC I)
CD206 (receptor de manose)	Monócitos / macrófagos	Fagocitose de microrganismos

CD, grupamento de diferenciação (anticorpos que reconhecem a mesma cadeia ou molécula); LPS, lipopolissacarídeo; MHC, complexo principal de histocompatibilidade; NK, *natural killer*; Treg, célula T reguladora.

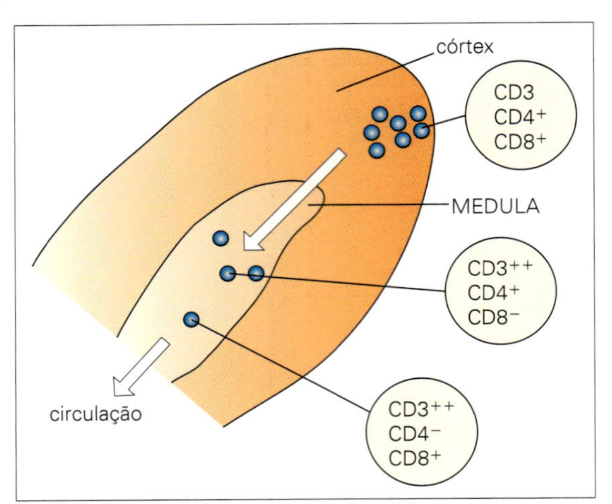

Figura 11.3 Estrutura e função do timo. O timo bilobar é subdividido em lóbulos por trabéculas fibrosas. Os timócitos mais imaturos são encontrados no córtex externo, onde o rearranjo gênico para formar o receptor de células T (TCR) ocorre. Após a seleção positiva e negativa na medula, as células T começam a expressar somente CD4 ou CD8 antes de entrar em circulação por meio dos vasos sanguíneos. CD, grupamento de diferenciação.

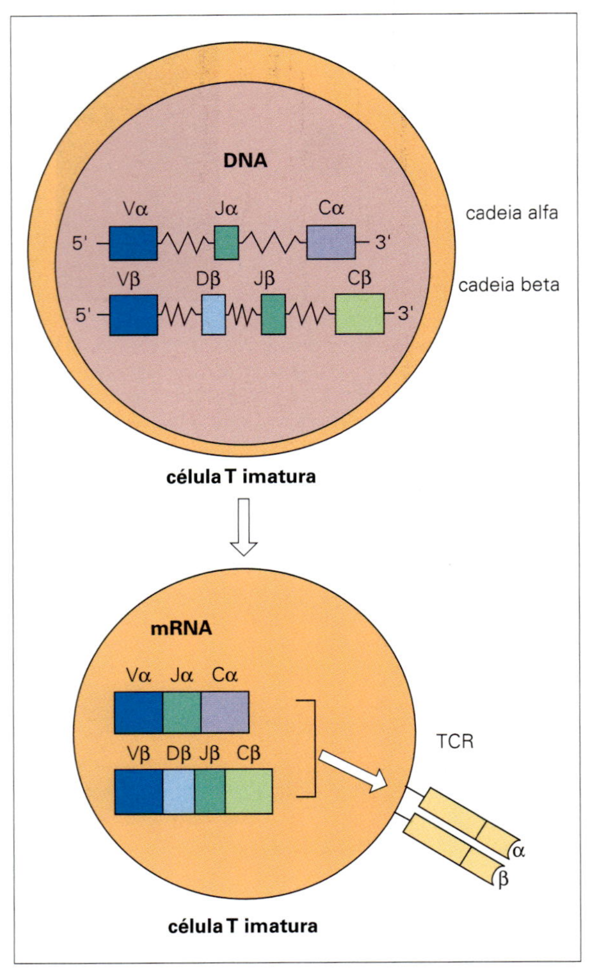

Figura 11.4 Rearranjo de receptor de células T (TCR). Os rearranjos dos segmentos gênicos para as cadeias α e β (ou cadeias γ e δ) do TCR são similares aos das cadeias pesadas e leves da imunoglobulina. O transcrito alternativo do RNA codifica para as cadeias individuais α e β, que são expressas na superfície da célula T com especificidade para um peptídeo presente no peptídeo de ligação no sulco da molécula de MHC. A combinação dos segmentos de gene V, J e C para a cadeia α e para os segmentos de gene V, J e C para a cadeia β fornece ainda uma maior diversidade total no reconhecimento de antígenos do que a molécula de imunoglobulina.

desenvolvem. O timo reduz em tamanho conforme envelhecemos, mas ainda é capaz de produzir algumas células T em adultos.

A próxima etapa envolve rearranjos genéticos complicados, semelhantes aos que ocorrem em células B conforme elas se diferenciam (ver adiante). O repertório ou número de possíveis formas ou antígenos que devem ser reconhecidos por células T é muito grande, mas o repertório de receptores de células T (TCR) é gerado de maneira muito eficiente, combinando ou unindo diferentes segmentos de genes ou juntando-os, assim como para a molécula de anticorpos descrita adiante. A corrente alfa (α) contém segmentos de genes variáveis (V) e de junção (J) que são combinados com uma região C ou constante (Fig. 11.4). A segunda corrente beta (β) combina segmentos de gene V, de diversidade (D) e J, assim como suas próprias regiões C. Há maior diversidade resultante da leitura dos segmentos D da cadeia β nos três quadros de leitura, e da adição de nucleotídeos N e P às junções V-D e D-J da cadeia α e das junções V-J da cadeia β. Um subgrupo de células T se expressa como γδ−TCR ao invés de αβ−TCR, mas caso a corrente α seja expressa, isso resulta na deleção da região Vδ, fazendo com que a célula expresse αβ-TCR. Novamente semelhante à molécula de anticorpo, as regiões mais variáveis estão nas alças hipervariáveis das regiões determinantes de complementaridade nas cadeias α e β. Mas o TCR apresenta diferenças importantes da imunoglobulina — não é secretado, não muda suas regiões C, e não apresenta mutação somática para aumentar adicionalmente seu repertório de antígenos que podem ser reconhecidos.

Dois processos adicionais de seleção são realizados no timo. Primeiramente, somente células T cujo TCR pode reconhecer moléculas de complexo principal de histocompatibilidade (MHC) que apresentam peptídeos próprios recebem um sinal de sobrevida em um processo chamado seleção positiva. Qualquer célula T incapaz de reconhecer os antígenos apresentados pelas moléculas de MHC do indivíduo é inútil e ocuparia espaço valioso, portanto é melhor eliminá-la. Uma etapa final da maturação no timo envolve seleção negativa, por meio da qual qualquer célula T cujo TCR tem uma ligação excessivamente forte com as moléculas de MHC próprias é deletada por apoptose (morte celular programada), uma vez que tais células podem ser perigosas, induzindo autoimunidade (ou seja, uma resposta imunológica contra o corpo ou contra si). A partir das combinações de segmentos e cadeias de genes, há um repertório de células T ainda maior do que o do repertório de células B inicial; no entanto, o repertório não se expande na periferia devido à mutação, como é o caso dos anticorpos.

Durante esses processos de seleção, as células T expressam o antígeno CD3 característico de células T, e também são positivos para os antígenos CD4 e CD8. Na medula, as células T se tornam positivas para CD4 ou CD8 e começam a expressar mais do antígeno CD3. As células T que entram em circulação são células T maduras $CD3^+$ que expressam um TCR funcional e CD4 ou CD8. No entanto, em termos de imunologia elas ainda são células T naïve, pois ainda não foram ativadas pelos sinais que recebem quando reconhecem um antígeno apresentado por MHC próprio. A medula do timo também contém estruturas chamadas corpúsculos de

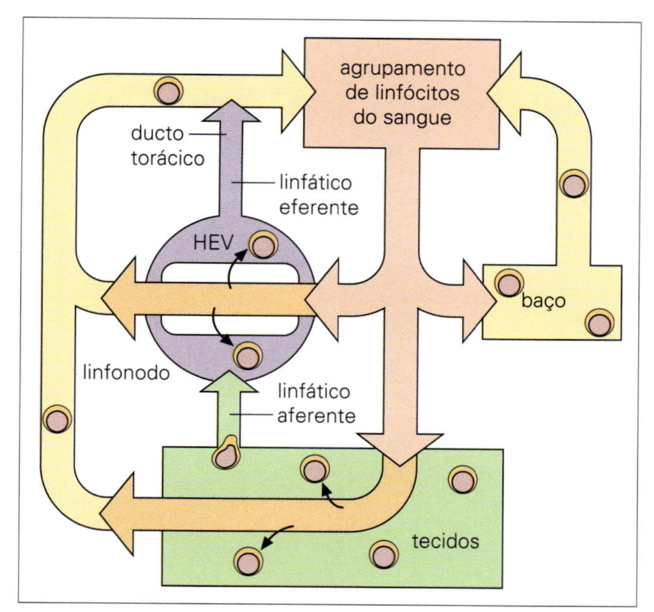

Figura 11.5 Recirculação de células T e B. Os linfócitos se movem por meio da circulação e entram nos linfonodos por meio das células endoteliais especializadas das vênulas pós-capilares (HEVs). Eles saem por meio dos vasos linfáticos eferentes e passam por outros linfonodos, entrando por fim no ducto torácico, que é esvaziado na circulação na veia subclávia esquerda (em humanos). Os linfócitos entram na área de polpa branca do baço nas zonas marginais; eles passam para os sinusoides da polpa vermelha e saem por meio da veia esplênica. (Adaptado de: Roitt, I.M.; Brostoff, J.; Male, D. [2002] *Immunology*, 6ª edição. Londres: Elsevier Science.)

Hassall, formadas de células epiteliais cuja função ainda não é compreendida.

Quando estão prontas, as células T naïve se juntam às células B naïve (e células imunológicas inatas) no sangue. Elas podem, então, entrar nos órgãos linfoides secundários (baço, linfonodos e tecido linfoide associado à mucosa e intestinos) e recircular pelo corpo pelos vasos linfáticos e pelo sangue (Fig. 11.5). Elas também podem entrar em outros tecidos. E, o mais importante, elas podem viajar até os locais de infecção e inflamação quando necessário.

ÓRGÃOS LINFOIDES SECUNDÁRIOS

Órgãos linfoides como os linfonodos e o baço são compartimentalizados em áreas com células B e T. Nos linfonodos, as células B são encontradas nos folículos de células B, cercados por zonas de células T nas quais as células T respondem a antígenos trazidos pelas células dendríticas (Fig. 11.6). As células B e T entram por meio de vênulas endoteliais altas, mas são direcionadas às suas respectivas zonas B e T por quimiocinas específicas. As células T expressam CCR7, que se ligam a CXCL19 e CXCL21, expressas por células estromais nas regiões das células T. As células B são atraídas pelos folículos de células B onde o CXCR5 na superfície se liga a CXCL13 na superfície de células dendríticas foliculares. Os folículos primários de células B se desenvolvem dentro dos centros germinais onde as células B são ativadas e se proliferam seguindo um estímulo de antígeno; quando se tornam células maduras no plasma secretam grandes quantidades de anticorpos, que se movem para dentro da medula. No baço, as células B são novamente encontradas em folículos; neste caso, na polpa branca, cercada por células T em uma área chamada de revestimento linfoide periarteriolar.

O tecido linfoide associado à mucosa também contém focos de linfócitos em placas de Peyer, nas quais linfócitos podem responder a antígenos do ambiente, e especialmente à carga bacteriana pesada do intestino, por meio da produção de anticorpos IgA para as secreções mucosais. Os linfócitos que formam MALT recirculam entre os tecidos mucosais por meio do uso de receptores de adesão especializados (Fig. 11.7). Há outros acúmulos linfoides associados à gordura nas cavidades pleural, pericárdica e peritoneal.

SUBCONJUNTOS DE CÉLULAS T

Assim como acontece com subgrupos de células linfoides inatas, subconjuntos de células T também desenvolvem funções especializadas.

As células T podem ser subdivididas por função (p. ex., como células T auxiliares, citotóxicas e regulatórias) e por produção de citosinas específicas ou mediadores citotóxicos. As células T CD4 são geralmente referidas como células T-auxiliares (Th) e as células T CD8 como células T-citotóxicas, embora tanto as células T CD4 como as CD8 possam ter diversas funções. A divisão inicial de células T auxiliares CD4 entre células Th1 e Th2, que define as citosinas interferon gama (IFNγ) e IL-9, respectivamente, foi expandida para incluir células T Th17 que formam IL-17, células T Th9 que formam IL-9, e células T regulatórias que formam as citosinas imunossupressoras que transformam o fator de crescimento β (TGFβ) e IL-10 (Fig. 11.8). Outro subgrupo de células T, células T-auxiliares foliculares (Tfh) fornecem ajuda especializada a células B. Outros marcadores como CD69 e CD25 identificam células T ativas, e finalmente mais marcadores podem distinguir células T naïve (CD45RA+) de células efetoras estimuladas por antígenos ou células de memória (CD45RO+) que fornecem proteção mais rápida e melhor caso tratem a mesma infecção novamente. Dentro da célula, há cascatas de sinalização e fatores de transcrição associados a tais funções. Conforme análises mais sofisticadas de células T individuais são desenvolvidas, tornou-se claro que o sistema imunológico nem sempre mantém as células T nesses subgrupos claramente definidos, e que células T podem demonstrar a capacidade de mudar de um subconjunto para outro, um fenômeno conhecido como plasticidade. Presume-se que este seja outro modo pelo qual o sistema imunológico possa gerar mais células T do tipo que precisa para defender o corpo contra uma infecção específica, assim como quando são necessárias.

Assim como as células T CD4, as células T CD8 podem formar citosinas como IFNγ e IL-4, mas também são boas em matar células-"alvo" infectadas por vírus. A célula T CD8 reconhece peptídeos virais derivados de vírus citoplásmicos apresentados pelas moléculas de classe I de MHC na superfície da célula hospedeira. Uma vez ativada, a célula T pode criar buracos na membrana da célula-alvo utilizando moléculas como a perforina, com semelhanças estruturais ao componente do complemento terminal C9. As células exterminadoras naturais (NK) também podem matar células-alvo usando perforina. Outros meios pelos quais as células T citotóxicas podem matar incluem o uso de granzima, uma molécula que é entregue nas células-alvo, mas que pode matar patógenos diretamente, e por indução de apoptose (morte celular programada) por meio de interação Fas–FasL (Fig. 11.9).

Por que precisamos de tantos tipos de células T?

Primeiramente, o sistema imunológico precisa nos defender de uma variedade de patógenos: bactérias, vírus e parasitas. Isso exige células imunológicas especializadas, mas dentro

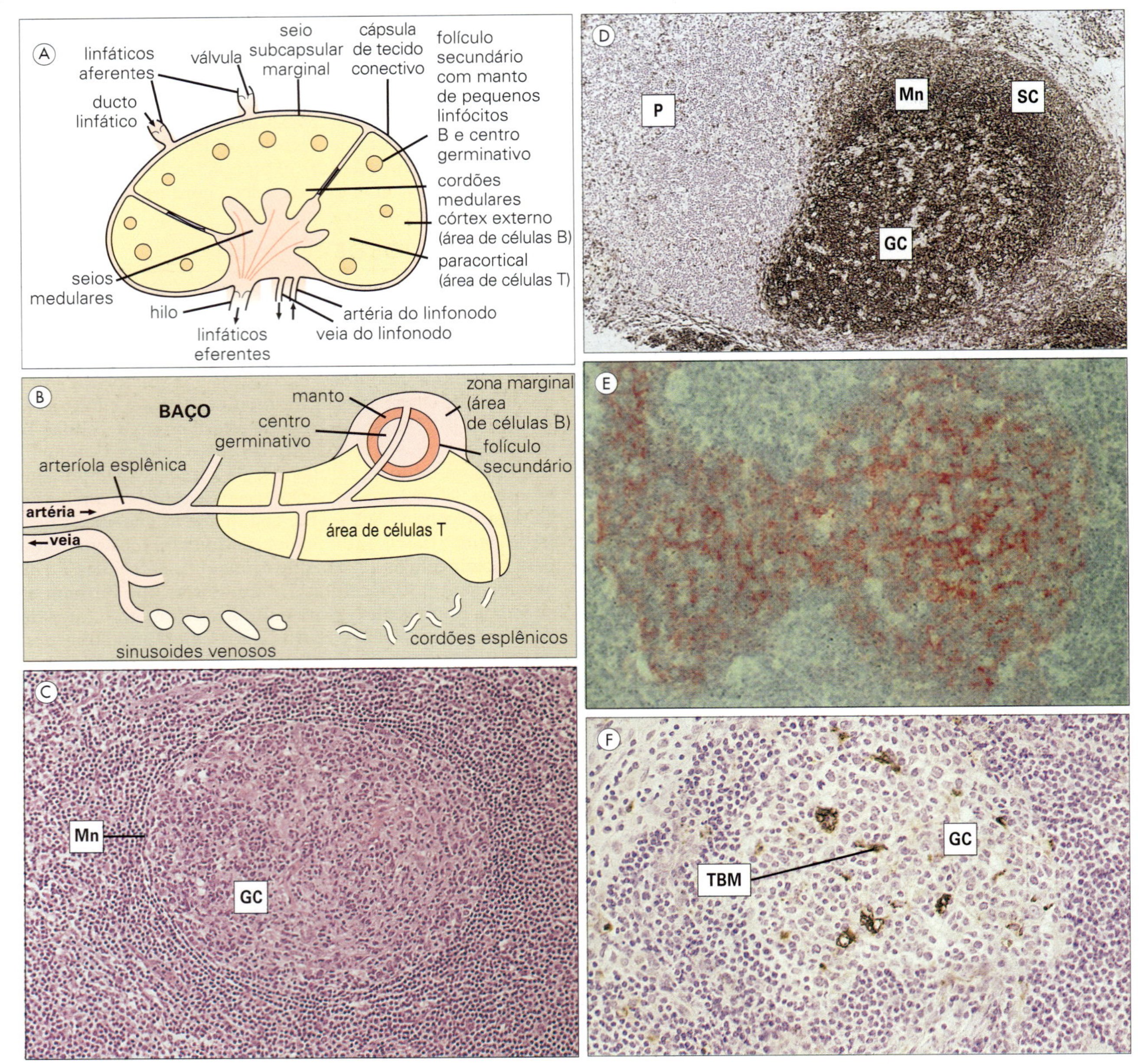

Figura 11.6 Estrutura de um linfonodo e baço. (A) Representação em diagrama de seção por um linfonodo inteiro. O córtex é essencialmente uma região de células B onde ocorre diferenciação nos centros germinativos de folículos secundários para plasmócitos formadores de anticorpos e células de memória. (B) Representação em diagrama do baço mostrando as áreas de células B e T. (C) Estrutura de um folículo secundário. Um centro germinativo grande (GC) é cercado pela zona do manto (Mn). (D) Distribuição de células B no córtex do linfonodo. A coloração imuno-histoquímica de células B para imunoglobulina de superfície mostra que elas estão concentradas principalmente no folículo secundário, centro germinativo (GC), zona do manto (Mn) e entre a cápsula e o folículo — a zona subcapsular (SC). Algumas células B são encontradas no paracórtex (P), que contém principalmente células T. (E) Células foliculares dendríticas em um folículo linfoide secundário. Este folículo de linfonodo é corado com anticorpos monoclonais marcados com enzima para demonstrar as células dendríticas foliculares. (F) Macrófagos de centro germinativo. A imunocoloração para catepsina D mostra diversos macrófagos localizados no centro germinativo (CG) de um folículo secundário. Tais macrófagos, que fagocitam células B apoptóticas, são chamados de macrófagos de corpos tingíveis (TBM). (Cortesia de A. Stevens e J. Lowe; C–F reproduzido de Male D.; Brostoff J.; Roth D.B.; Roitt I. *Immunology*, 7ª edição, 2006. Mosby Elsevier, com permissão.)

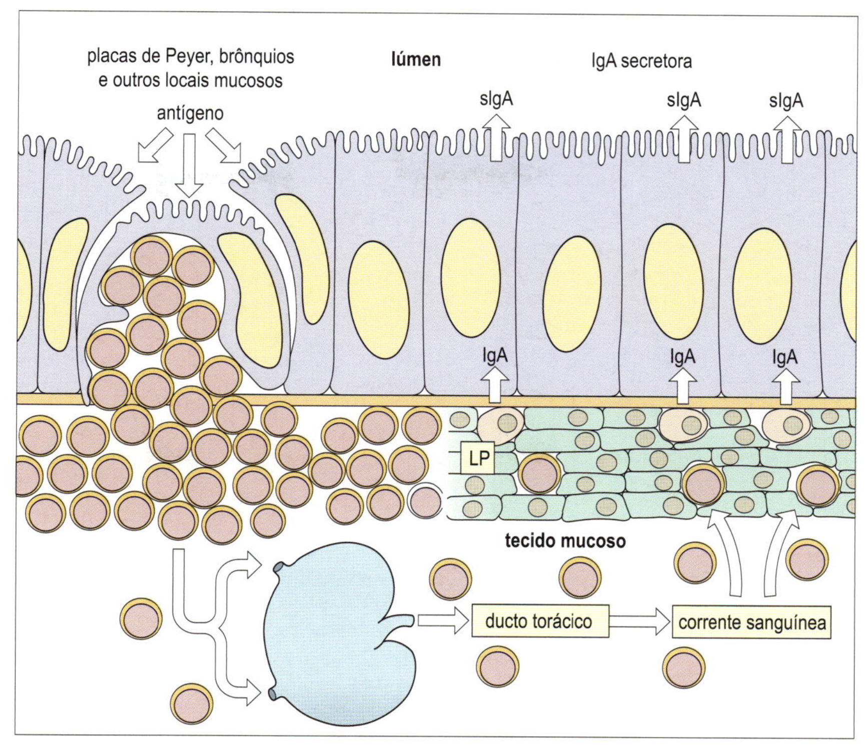

Figura 11.7 Tecido linfoide associado à mucosa (MALT). As células linfoides que são estimuladas por antígenos em placas de Peyer (ou nos brônquios ou outro local mucoso) migram por meio dos linfonodos regionais e ducto torácico para a corrente sanguínea e, assim, para a lâmina própria (LP) do intestino ou outras superfícies mucosas que possam estar próximas ou distantes do local de preparo. Assim, os linfócitos estimulados em uma superfície mucosa podem ser seletivamente distribuídos por meio do sistema MALT. Tal processo é mediado por moléculas de adesão específicas nos linfócitos e pelo endotélio mucosal de parede alta das vênulas pós-capilares. (Adaptado de: Roitt I.M.; Brostoff J.; Male D. [2002] *Immunology*, 6ª edição. Londres: Elsevier Science.)

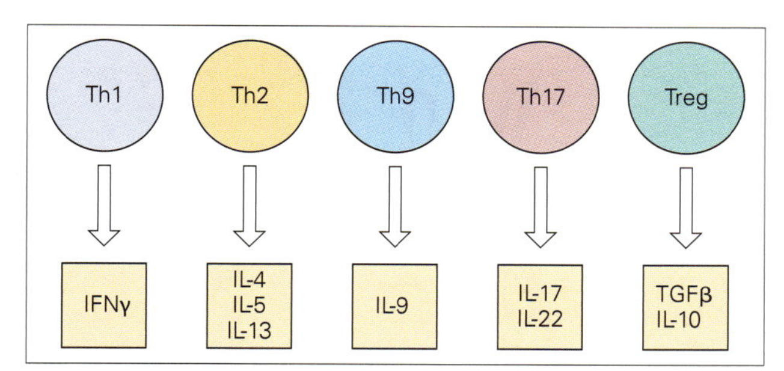

Figura 11.8 Subgrupos de células T CD4. As células T auxiliares CD4 podem se desenvolver em diversos subtipos de células T CD4 em resposta ao estímulo com citosinas específicas; com o uso de fatores de transcrição particulares e reguladores de genes, essas células T produzem então citosinas específicas que realizam funções distintas. IFN, interferon; IL, interleucina; TGF, fator de transformação do crescimento; Th, célula T auxiliar; Treg, célula T regulatória.

da complexidade de todos esses subgrupos há também uma redundância na qual a evolução resultou não apenas em células T CD4 Th2, mas também em células T CD8 tipo 2 e tipos de células linfoides inatas ILC1 e ILC2 (Fig. 11.10).

ESTRUTURA E FUNÇÃO DO ANTICORPO

A molécula do anticorpo é a molécula de reconhecimento do antígeno da célula B. O termo "antígeno" foi dado às porções dos microrganismos estranhos que *ge*ravam *anti*corpos. Os anticorpos são expressos na superfície de células B onde elas possam se ligar a partes de um antígeno diretamente, mas eles também podem ser secretados pela célula B como anticorpos solúveis.

Todos os anticorpos apresentam a mesma estrutura de quatro cadeias, com duas cadeias pesadas longas e duas cadeias curtas leves (Fig. 11.11). Sua especificidade é determinada pelas sequências de três regiões hipervariáveis na cadeia leve e na cadeia pesada que, juntas, formam a região de Fab (ou fragmento de ligação de antígeno). Suas regiões hipervariáveis também são chamadas de regiões determinantes de complementariedade, uma vez que sua sequência é complementar à do antígeno. A molécula

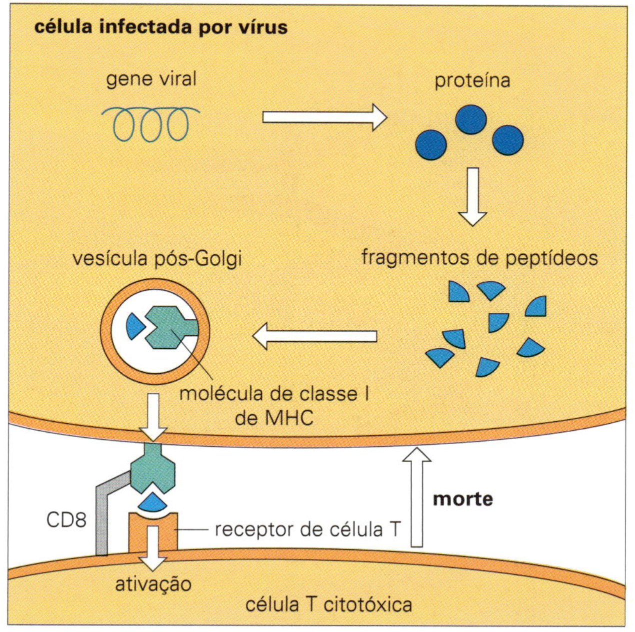

Figura 11.9 Os linfócitos T citotóxicos são ativados quando seus receptores específicos de superfície celular reconhecem uma célula infectada por meio da ligação com a molécula de classe I de MHC que é associada a um fragmento peptídico derivado de uma proteína viral intracelular degradada. CD, grupamento de diferenciação; MHC, complexo principal de histocompatibilidade.

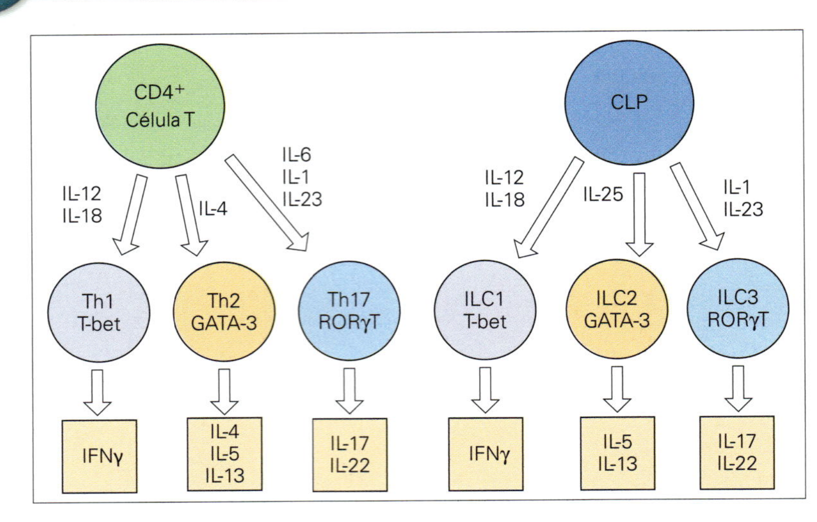

Figura 11.10 Paralelos entre os subgrupos principais de células T CD4 e subgrupos (ILC) de células linfoides inatas. Células ILC1, ILC2 e ILC3 utilizam os mesmos fatores de transcrição e produzem citosinas similares para os subgrupos Th1, Th2 e Th17 CD4. Assim, as células ILC1 e Th1 fornecem proteção contra patógenos intracelulares, ILC2 e Th2 ajudam com a defesa contra helmintos e ILC3 e Th17 ajudam com a proteção antifúngica. As células exterminadoras naturais (NK) podem ser agrupadas com ILC1; elas também produzem IFNγ, mas não dependem do fator de transcrição T-bet. Os subconjuntos de ILC se desenvolvem a partir de um precursor na medula óssea; os subconjuntos CD4 se desenvolvem a partir das células T CD4. CD, grupamento de diferenciação; GATA, fator de transcrição GATA; IFN, interferon; IL, interleucina; ROR, receptor órfão relacionado a RAR; Th, célula T auxiliar.

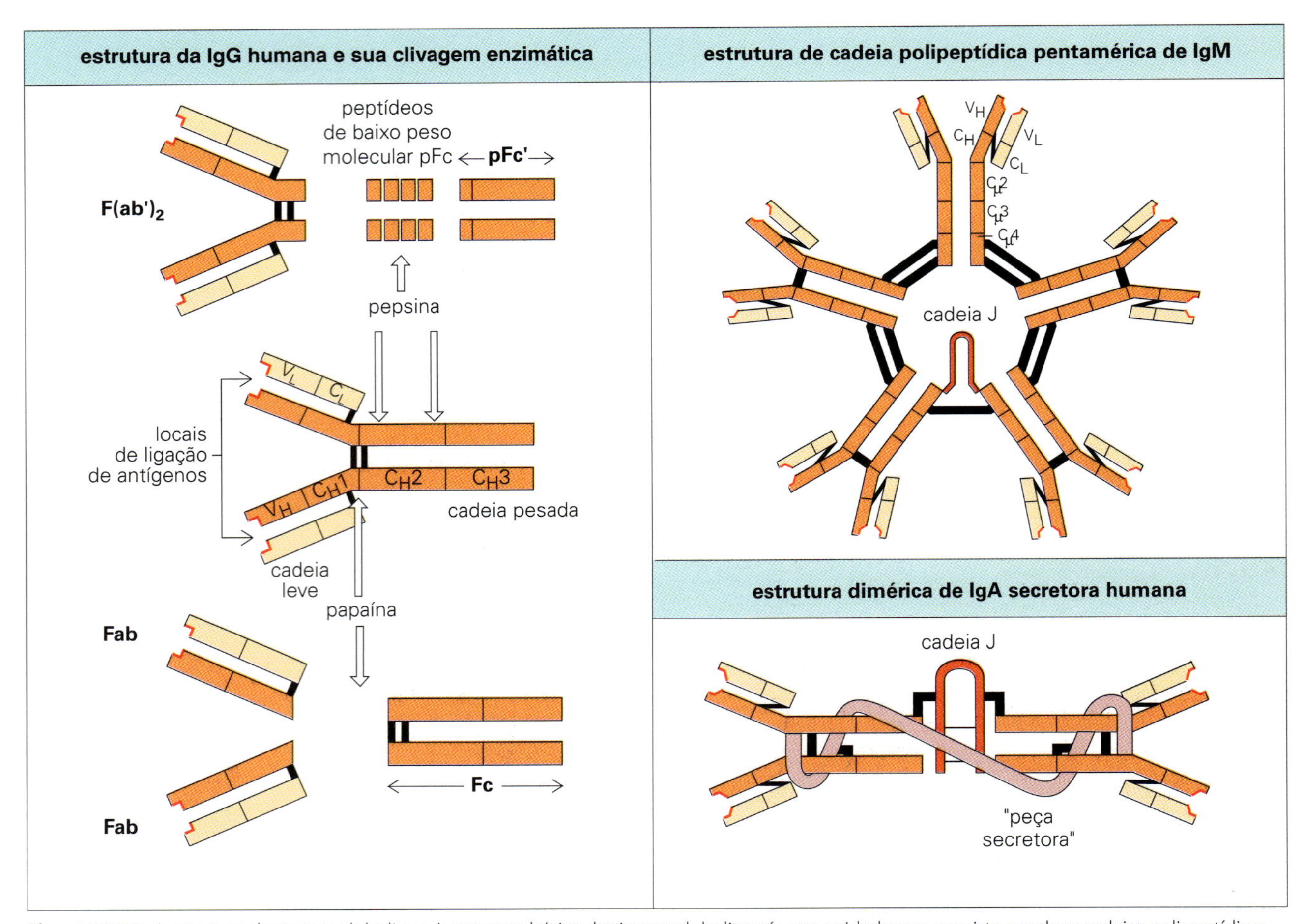

Figura 11.11 A estrutura das imunoglobulinas. A estrutura básica das imunoglobulinas é uma unidade que consiste em duas cadeias polipeptídicas leves idênticas e duas cadeias polipeptídicas pesadas também idênticas, unidas por pontes dissulfeto (*barras pretas*). Cada cadeia é composta de domínios globulares individuais. Diferentes anticorpos possuem diferentes domínios V_L e V_H, as regiões altamente variáveis das cadeias leve e pesada, respectivamente. Essa hipervariabilidade está confinada em três alças do domínio V_L e três no domínio V_H. Eles compõem o local de ligação de antígenos (*destacado em vermelho*). Em contraste, os demais domínios (C_L, C_H1 etc.) são relativamente constantes quanto à estrutura de aminoácidos. A clivagem da imunoglobulina G humana (IgG) pela pepsina induz um fragmento bivalente de ligação ao antígeno, $F(ab9)_2$, e um fragmento pFc9 composto de dois domínios C_H3 terminais. A papaína produz dois fragmentos univalentes de ligação ao antígeno, Fab, e uma porção Fc contendo os domínios C_H2 e C_H3 da cadeia pesada. A polimerização das unidades básicas da imunoglobulina para formar IgM e IgA é catalisada pela cadeia J (de junção). A porção do transportador (que transfere a IgA através das células mucosas para o lúmen) que permanece ligada à IgA é denominada "peça secretora".

apresenta uma junta articulada na qual a região Fab se junta à região constante ou Fc. A força com a qual um sítio único de ligação ao antígeno se liga ao anticorpo define a afinidade.

Assim como para o receptor de células T, as cadeias da molécula do anticorpo são unidas por emenda de regiões variáveis, diversidade, junção e segmentos de genes de regiões constantes (Fig. 11.12). As cadeias pesadas são formadas pela emenda de genes das regiões V, D e C, enquanto as cadeias leves apresentam genes V, J e C. Tudo isso exige sequências de sinais de recombinação, diversas enzimas e mudanças epigenéticas à cromatina. Isso gera um repertório enorme de anticorpos, permitindo ao sistema imunológico ter anticorpos capazes de reconhecer as muitas ameaças patogênicas que podemos enfrentar.

Os sítios de ligação a antígenos no final dos dois braços da molécula de anticorpo reconhecem as formas tridimensionais ou antígenos. Eles podem ser compostos pela forma tridimensional de uma molécula ou uma sequência linear de aminoácidos. Os anticorpos também podem reconhecer açúcares, lipídeos e ácidos nucleicos como antígenos — é a forma que determina o quão bem eles se ligam a, ou reconhecem, um antígeno. A força da ligação da molécula de anticorpo IgG básica bivalente (ou da IgA secretora quadrivalente ou os 10 sítios de ligação da molécula de anticorpo de IgM pentavalente) define a força geral da ligação ou avidez. A alta afinidade e a ligação por avidez são importantes na prevenção da dissociação dos anticorpos com o antígeno, uma vez que sua ligação não é irreversível. Durante uma resposta imunológica, a afinidade dos anticorpos produzidos pode aumentar devido à mutação somática na região Fab (variável) e na seleção de anticorpos de maior afinidade.

Os anticorpos apresentam diferentes classes e subclasses, com diferentes estruturas e funções

As células B inicialmente produzem IgD, com duas cadeias pesadas e duas leves, expressas na superfície de células B naïve. O que é inteligente nisso é que essa molécula de anticorpo básica pode reter sua especificidade de antígeno, mas mudar suas propriedades codificadas na sequência da região Fc. A **troca de classes** envolve a troca constante das regiões ou C das cadeias pesadas e leves, mas a fusão delas às mesmas sequências de ligação de antígeno dão ao anticorpo sua especificidade ao antígeno. Emendas alternativas combinam as mesmas regiões Fab com a região Fc para IgM, o que forma um anticorpo IgM pentamétrico que é particularmente bom em aglutinar bactérias e se ligar a complementos, e então à imunoglobulina G (IgG). A molécula IgG se apresenta em diferentes subclasses, com diferentes funções (IgG1, IgG2, IgG3 e IgG4 em humanos). As moléculas de IgA secretoras bivalentes protegem as superfícies das mucosas e os anticorpos IgE ajudam a nos defender contra parasitas helmintos, bem como causam alergias indesejadas (Tabela 11.2).

O processo de estimular a proliferação de células B para que clones de células B úteis se expandam, com aumentos adicionais na afinidade dos anticorpos que produzem devido à hipermutação somática, e a troca de classe e diferenciação de células B em plasmócitos, ocorre nos centros germinativos dos linfonodos e do baço. Algumas células B de memória também são exportadas para fornecer maior proteção contra ataques futuros pelo mesmo patógeno, conforme discutido no Capítulo 12.

As próprias moléculas do anticorpo são parte de uma "superfamília" de moléculas que inclui não só os anticorpos, o receptor de células T e as moléculas de MHC, mas também diversas outras moléculas encontradas na membrana

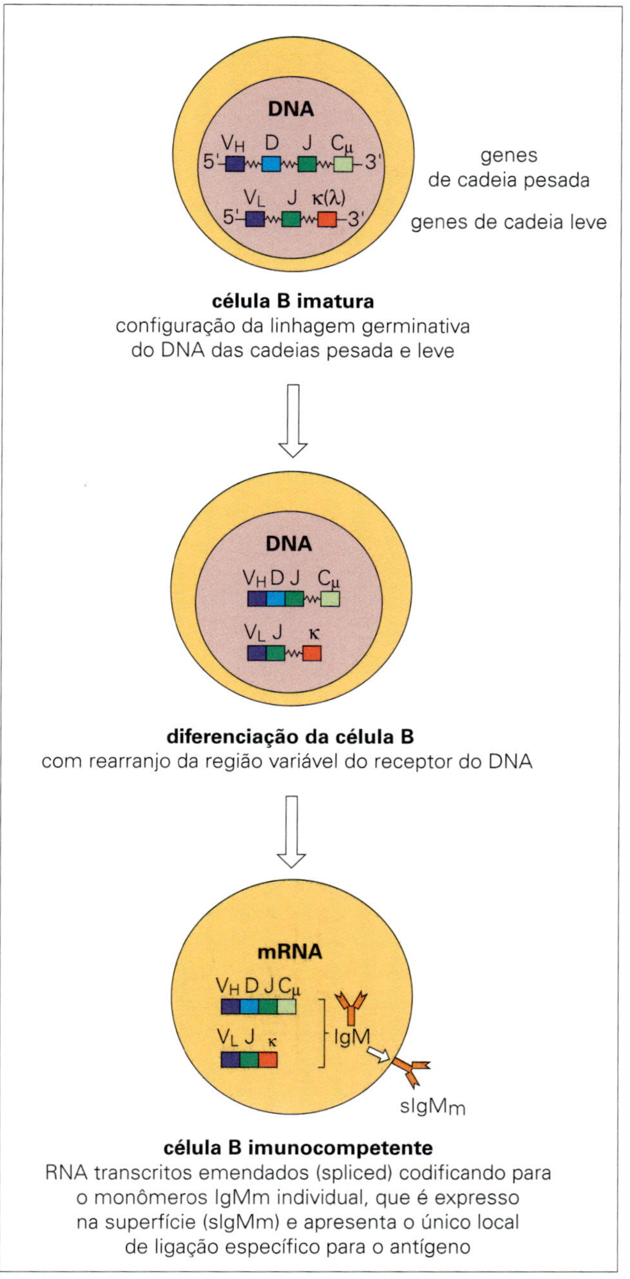

Figura 11.12 Eventos de diferenciação que levam à expressão de monômeros sIgM únicos na superfície de um linfócito B imunocompetente. Há 45 genes V_H nas linhas germinais que codificam a maior porção da região variável, com 23 segmentos de minigene que codificam o segmento D e 6 pela região J. Conforme a célula se diferencia, os segmentos V_H, D e J dos genes em um cromossomo se fundem randomicamente para gerar linfócitos com uma gama muito ampla de domínios variáveis de cadeia pesada. Há locais separados para os genes que codificam as cadeias leves kappa e lambda. Domínios de cadeia leve de região variável são formados pela recombinação aleatória de V_L a J — há 35 e 30 genes V kappa e lambda com 5 e 4 regiões J para cada. Por fim, os genes de região variável e constante, respectivamente, recombinam-se para codificar uma única molécula de anticorpo expressa na superfície de células B maduras assim como no receptor de antígeno de sIgM. Quando ativada para a produção de anticorpos, o segmento da transmembrana de IgM, que normalmente apresenta a molécula na superfície, é dividido no estágio do RNA, e a forma solúvel da IgM é secretada. Subsequentemente, a troca do gene da região constante da cadeia pesada pode ocorrer para gerar as várias classes de imunoglobulina, IgG, IgA etc. As sequências principais foram omitidas para fins de simplicidade.

Tabela 11.2 Propriedades biológicas das classes principais de imunoglobulina (Ig) em humanos

Designação	IgG	[a]IgA	IgM	IgD	IgE
Principais características	Ig interna mais abundante	Protege as superfícies externas	Muito eficiente contra as bactérias	Principalmente receptor de linfócitos	Inicia a inflamação elevada nas infecções parasíticas; provoca sintomas de alergia
Valência[b]	1	1 / 2	5	1	1
Ligação de antígenos	+ +	+ +	+ +	+ +	+ +
Fixação do complemento (clássica)	+ +	-	+++	+	-
Atravessa a placenta	+ +	-	-	-	-
Fixa-se aos mastócitos e basófilos homólogos	-	-	-	-	+ +
Liga-se aos macrófagos e polimorfos	+ + +	+	-	-	+

[a]O dímero na secreção externa carrega a peça secretora; o dímero de IgA e a IgM contêm cadeias J.
[b]Valência ou número de moléculas de quatro cadeias, cada uma com dois sítios de ligação de antígeno.

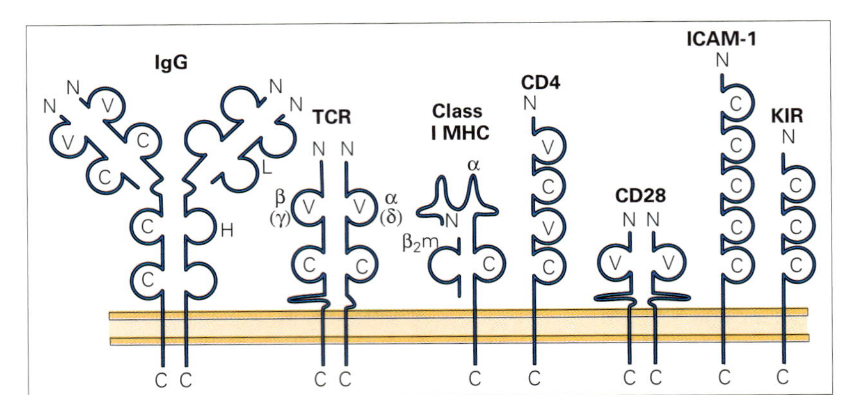

Figura 11.13 Membros da superfamília de imunoglobulina. Diversas moléculas importantes, incluindo o receptor de células T e as imunoglobulinas, apresentam uma estrutura geral parecida que contém diversos domínios com placas cobertas por β mantidas unidas por ligações de dissulfeto. Todos esses domínios V e D evoluíram originalmente de um único gene precursor. CD, grupamento de diferenciação; ICAM, molécula 1 de adesão intercelular; KIR, receptor exterminador semelhante a Ig; MHC, complexo principal de histocompatibilidade; TCR, receptor de célula T.

plasmática da célula, que também apresentam estruturas de domínio semelhante e porções de transmembrana (Fig. 11.13).

Subconjuntos de células B

Há também subgrupos de células B. O principal subgrupo de células B responsável pelos anticorpos mais eficazes, que são submetidos à troca de classe e mutação somática dos anticorpos que produzem, são as células B foliculares, mas estas exigem "ajuda" das células T, o que será discutido adicionalmente no Capítulo 12. Essas células B podem se desenvolver em plasmócitos, e em células B de memória (Fig. 12.9). As células B de zonas marginais podem responder a antígenos sem a ajuda de células T, mas produzem apenas plasmócitos de vida curta; células B-1 semelhantes são encontradas em tecidos mucosos. Essas células B são derivadas de precursores do fígado ao invés dos da medula óssea.

RECIRCULAÇÃO DE CÉLULAS T E B

Células T e B naïve podem se locomover do timo e da medula óssea para os órgãos linfoides secundários onde são ativados, enquanto as células T e B efetoras podem migrar para tecidos e para pontos de inflamação e de dano tecidual. A migração exige a adesão de células endoteliais nas vênulas pós-capilares. A adesão precisa de selectinas, moléculas de adesão que se ligam a carboidratos e integrinas, uma família maior de 30 moléculas de adesão. Células T e B naïve utilizam L-selectina e o antígeno 1 associado à função de leucócito integrina (LFA-1) para alcançar os órgãos linfoides secundários (células T naïve também utilizam LFA-4). Para entrar em sítios de inflamação e infecção, as células efetoras e de memória T utilizam LFA-1, antígeno muito tardio 4 (VLA-4) e a integrina $\alpha_4\beta_7$, enquanto as células T de memória central também utilizam L-selectina para entrar em tecidos. O ligante para LFA-1 é a molécula 1 de adesão intercelular (ICAM-1), que é expresso em células endoteliais ativadas por citosina. O VLA-4 se liga à molécula 1 de adesão a células vasculares (VCAM-1) (Tabela 11.3). Algumas células T permanecem nos tecidos que já estiveram lá, como células T residentes em tecidos; por exemplo, as células T da memória para o vírus Epstein-Barr (VEB) são retidas nas amígdalas pela produção local da citosina IL-15, que regula negativamente a molécula de esfingosina-1-fosfato de que precisam para sair das amígdalas.

As quimiocinas também desempenham um papel importante na atração de células T e B para o local certo. As células T naïve são direcionadas para as áreas de células T de órgãos linfoides pelas quimiocinas CCL19 e CCL21, que se ligam

Tabela 11.3 Moléculas de adesão importantes

Família	Molécula	Distribuição	Ligante	Tipos de células ligadas
Selectinas	L-selectina	Neutrófilos, monócitos, células T de memória central e naïve, células B naïve	Sialyl Lewis X	Endotélio
	E-selectina	Endotélio ativado	Sialyl Lewis X	Neutrófilos, monócitos, células T efetoras e de memória
	P-selectina	Endotélio ativado	Sialyl Lewis X	Neutrófilos, monócitos e células T efetoras e de memória
Integrinas	LFA-1	Neutrófilos, monócitos, células T de memória central e naïve, células B naïve	ICAM-1, ICAM-2	Endotélio*
	Mac-1	Neutrófilos, monócitos, células dendríticas	ICAM-1, ICAM-2	Endotélio*
	VLA-4	Monócitos, células T	VCAM-1	Endotélio*
	$\alpha_4\beta_7$	Monócitos, células T e B no intestino	VCAM-1, MadCAM-1	Endotélio epitelial

ICAM, molécula de adesão intercelular; LFA, antígeno associado à função de leucócito; VCAM, molécula de adesão de célula vascular; VLA, antígeno muito grande.
*Regulado positivamente quando ativado por citosinas.

a CCR7 na superfície de células T naïve. As células B são atraídas pela polpa branca do baço e em centros germinativos pela quimiocina CXCL13, que se liga a CXCR5 na superfície da célula B. Plasmócitos maduros se movem para fora dos órgãos linfoides e entram em tecidos específicos baseados no anticorpo que produzem, por exemplo: plasmócitos que produzem IgA são movidos para sítios mucosais, pois expressam a integrina $\alpha_4\beta_7$, e receptores de quimiocina CCR9 e CCR10, que se ligam a MadCAM-1, CCL25 e CCL28 em células mucosais epiteliais.

Assim como essa adesão aumentada e atração a tecidos linfoides, as células T e B também são atraídas a sítios de inflamação e infecção por quimiotaxia em resposta a sinais que alertam o corpo sobre a presença de invasores, ou que dano tecidual está ocorrendo, como para as células do sistema imunológico inato.

PRINCIPAIS CONCEITOS

- O sistema linfoide apresenta órgãos linfoides primários, o timo e a medula óssea, onde as células B e T se desenvolvem, e órgãos linfoides secundários, como os linfonodos e o baço, onde as células B e T maduras são ativadas para realizar suas funções.
- As células do sistema imunológico recirculam pelo corpo no sangue e na linfa e são atraídos a locais onde há infecções por mecanismos que sentem patógenos e marcadores de inflamação.
- As células dos sistema imunológico adaptativo, as células B e T, são antígeno-específicas — cada célula T ou B apresenta um único receptor em sua superfície que reconhece o antígeno. Esses receptores antígenos são feitos pela emenda de diversos segmentos de genes, permitindo que um grande repertório de antígenos sejam reconhecidos.
- As células T reconhecem apenas antígenos apresentados no sulco de uma molécula de MHC por uma célula que apresenta antígenos, sendo que o anticorpo que forma a molécula de reconhecimento de antígeno em uma célula B pode reconhecer e se ligar a um antígeno livre ou a patógenos inteiros.
- Há subgrupos de células B e T que realizam funções especializadas; algumas dessas funções são semelhantes àquelas vistas nas células do sistema imunológico inato.
- Quando o corpo consegue seu exército de células B e T antígeno-específicas, assim como as células do sistema inato, ele está pronto para nos defender contra diversos patógenos de uma maneira eficiente e eficaz.

A cooperação promove respostas imunológicas eficazes

Introdução

Visto que o sistema imunológico possui um arsenal completo de respostas imunológicas inatas e adaptativas específicas ao antígeno à sua disposição, ele precisa explorá-las de modo eficaz na defesa do organismo contra patógenos. Para proporcionar uma resposta imunológica protetora, os diversos atores devem trabalhar em conjunto. Os antígenos são "apresentados" às células T pelas células apresentadoras de antígenos (APCs), mais de um sinal é necessário para ativar as células T e, embora a ativação da célula B seja mais simples, ela também necessita de cascatas de eventos intracelulares. As células efetoras ativadas podem agir diretamente através do contato intercelular para eliminar uma célula infectada, mas também produzir citocinas solúveis como mensageiras que agem em outras células. Uma vez que a resposta imunológica tenha neutralizado um invasor com sucesso, ela precisa ser desativada. Este capítulo discutirá os vários modos pelos quais as células do sistema imunológico inato e adaptativo, bem como seus produtos, interagem para proporcionar imunidade efetiva contra infecções.

COOPERAÇÃO SIGNIFICA MAIOR EFICIÊNCIA

Anticorpos por si só podem oferecer funções úteis, como o bloqueio da atividade de toxinas, mas a combinação de anticorpos com os fagócitos do sistema imunológico inato proporciona fagocitose mais efetiva por meio da opsonização. A ativação adicional do sistema complemento melhorará ainda mais a remoção de patógenos e resultará em inflamação e lise benéficas das células infectadas.

As células T reconhecem o antígeno processado apresentado pelas células apresentadoras de antígeno, diferentemente das células B que podem reconhecer antígeno livre ou antígenos na superfície de um patógeno. No entanto, para proporcionar respostas de anticorpos eficazes, as células T precisam fornecer "ajuda" às células B, através de um subconjunto especializado de células T auxiliares foliculares. Subconjuntos de células T auxiliares CD4 também fornecem ajuda para células T citotóxicas CD8 e podem ativar macrófagos, tornando-os mais eficazes na eliminação de organismos intracelulares. Muitas dessas interações envolvem contato e sinalização intercelular, mas outras são mediadas por citocinas liberadas na zona de contato intercelular ou sinapse imunológica.

Como as células T e as células B possuem receptores específicos ao antígeno, elas podem ser aumentadas em número, conforme necessário, por meio da expansão clonal. Embora a rápida expansão de um grande número de células T e B específicas ao antígeno seja benéfica, uma vez que a infecção tenha sido tratada, um excesso dessas células apenas ocuparia um espaço valioso e, portanto, os números seriam reduzidos pela apoptose. No caso de sermos novamente ameaçados pelo mesmo patógeno, o sistema imunológico mantém as tropas de elite altamente especializadas em prontidão — essas células de memória específicas ao antígeno estão prontas para serem utilizadas, mas já se encontram treinadas para eliminar ou secretar anticorpos ou citocinas. Finalmente, todas essas tropas devem ser impedidas de sair do controle, de modo que células T reguladoras e mecanismos de imunossupressão são necessários.

A OPSONIZAÇÃO POR ANTICORPOS MELHORA A FAGOCITOSE E CONDUZ A ATIVAÇÃO DO COMPLEMENTO

Embora os anticorpos possam por si só realizar funções úteis, tais como impedir as toxinas de se ligarem aos seus receptores, eles funcionam melhor quando cooperam com os fagócitos. A opsonização de um micróbio quando anticorpos antígeno específicos se ligam à superfície do antígeno tornará mais fácil para o fagócito fagocitar o micróbio. A porção Fc da molécula do anticorpo pode se ligar a receptores Fc expressos no fagócito (Fig. 12.1). Como observado no Capítulo 11, algumas classes e subclasses de anticorpos são boas em ativar a cascata do complemento e a opsonização adicional com C3b, que então se liga ao receptor C3b, melhorando ainda mais a fagocitose (Fig. 12.2). Bactérias revestidas por anticorpos também podem se ligar ao complemento, levando à lise. A presença combinada de complemento e anticorpos tem um efeito decisivo na sobrevivência de bactérias extracelulares (Fig. 12.3). Isso ilustra como os sistemas imunológicos inato e adaptativo trabalham juntos para lidar com a remoção de micróbios.

REAÇÕES INFLAMATÓRIAS BENÉFICAS TAMBÉM PODEM SER MELHORADAS POR ANTICORPOS

Além de aumentar a taxa de remoção de patógenos, anticorpos e complemento aumentam a inflamação, com liberação de citocinas de macrófagos. A ativação do complemento, assim como certas citocinas e mediadores pró-inflamatórios, como as quimiocinas, aumenta a permeabilidade vascular, permitindo assim que um maior número de monócitos circulantes, bem como outros leucócitos, acesse o local de uma infecção. Outras citocinas atraem e ativam neutrófilos. As moléculas de adesão irão, então, aumentar a ligação ao endotélio vascular.

Os mastócitos expressam receptores para anticorpos IgE. A ligação cruzada desses receptores resultará em sinalização e degranulação de mastócitos, levando também ao aumento

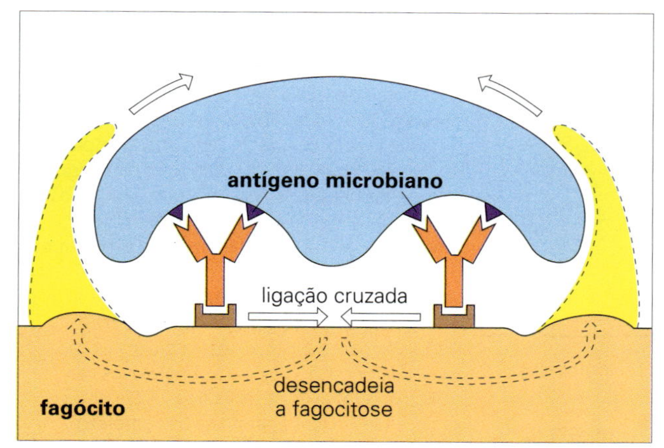

Figura 12.1 A ligação de um micróbio a um fagócito por mais de um anticorpo realiza a ligação cruzada dos receptores de anticorpo (Fc) na superfície do fagócito e desencadeia a fagocitose do microrganismo, que é englobado pelas projeções citoplasmáticas que se estendem.

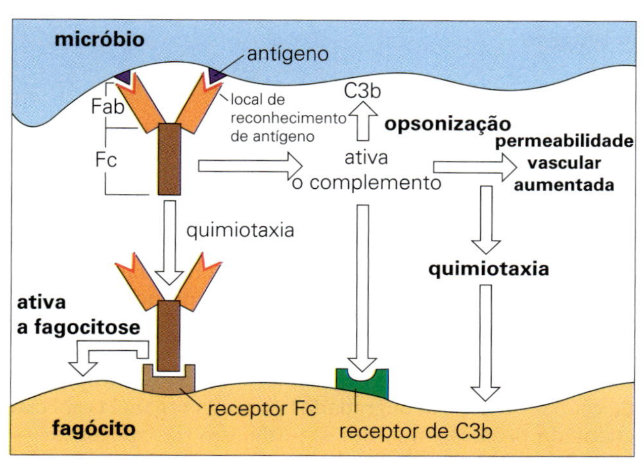

Figura 12.2 A molécula do adaptador de anticorpos. Os anticorpos (anticorpos estranhos) são produzidos pelos linfócitos hospedeiros em contato com micróbios invasores, que atuam como antígenos (ou seja, geram anticorpos). Cada anticorpo (Fig. 11.11) possui um local de reconhecimento (Fab) que permite sua ligação ao antígeno e uma estrutura de base (Fc) capaz de alguma ação biológica secundária, como a ativação do complemento e a fagocitose. Assim, neste caso, o anticorpo ligado ao micróbio ativa o complemento e inicia uma reação inflamatória aguda. O C3b gerou correções no micróbio e, juntamente com as moléculas do anticorpo, facilita a aderência aos receptores de Fc e C3b no fagócito e, consequentemente, na ingestão microbiana.

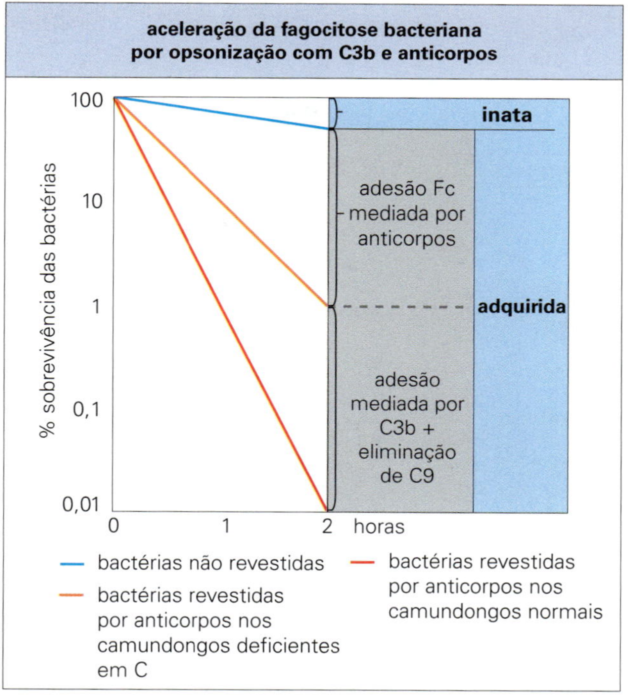

Figura 12.3 A taxa lenta de fagocitose de bactérias não revestidas (imunidade inata) é aumentada muitas vezes pela imunidade adquirida através do revestimento com anticorpo e depois com C3b (opsonização). A eliminação também pode ocorrer através dos componentes do complemento do terminal C5–9. Esta é uma situação hipotética, mas realista. A proliferação natural das bactérias foi ignorada.

da quimiotaxia polimórfica e da permeabilidade vascular (Fig. 12.4).

A ATIVAÇÃO DE CÉLULAS T ENVOLVE CÉLULAS APRESENTADORAS DE ANTÍGENOS E SINAIS COESTIMULATÓRIOS ADICIONAIS

Quando uma célula T está madura, ela entra na circulação, expressando um receptor de célula T (TCR) em sua superfície. Este receptor destina-se a reconhecer antígenos, ou peptídeos lineares bastante curtos, apresentados na fenda de uma molécula do complexo de histocompatibilidade principal (MHC). Os peptídeos são "apresentados" às células T por células apresentadoras de antígenos profissionais altamente eficientes chamadas de células dendríticas (Fig. 12.5) dentro das áreas de células T dos órgãos linfoides secundários. As células dendríticas encontradas em órgãos linfoides expressam um

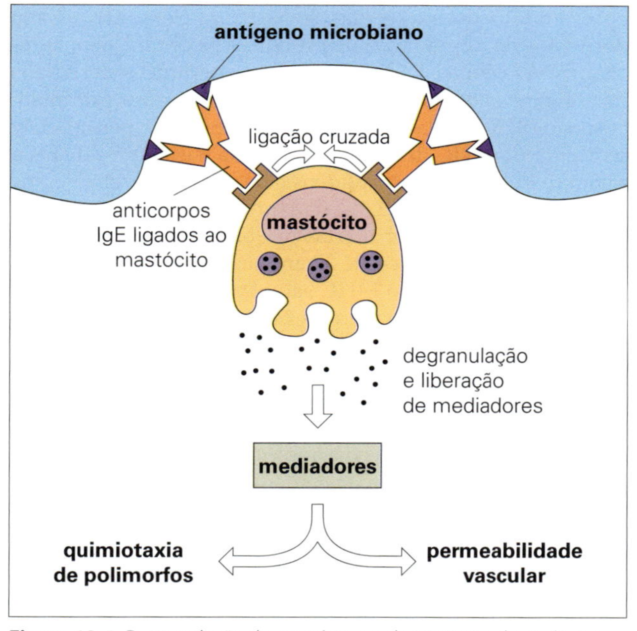

Figura 12.4 Degranulação de mastócitos pela interação do antígeno microbiano com anticorpos específicos da classe IgE, que se ligam a receptores especiais na superfície do mastócito. A ligação cruzada de receptores causada por essa interação causa a liberação de mediadores, que induzem um aumento na permeabilidade vascular e atraem polimorfos (ou seja, provocam uma reação inflamatória aguda no local do antígeno microbiano).

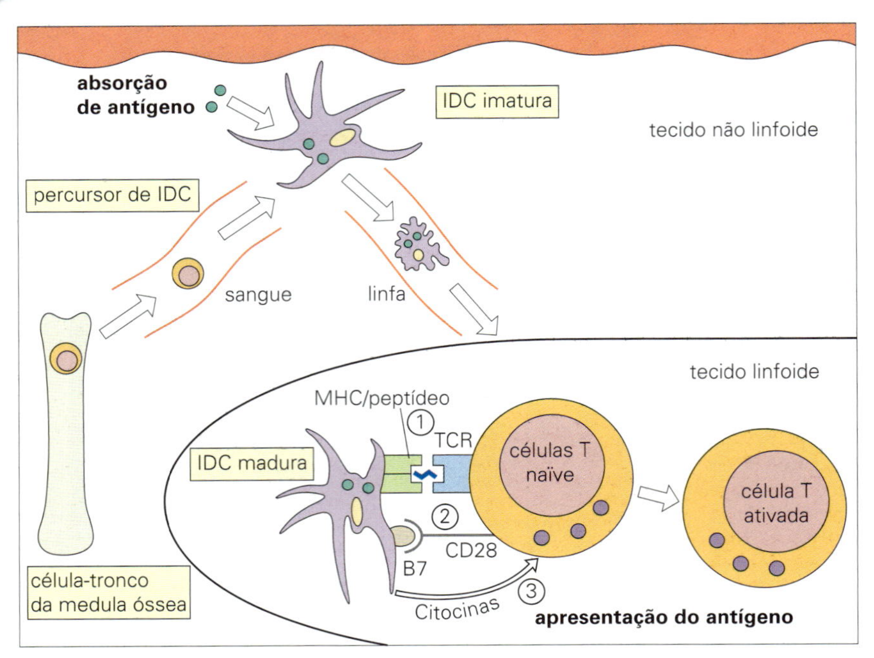

Figura 12.5 Migração e maturação de células dendríticas interdigitantes (IDC). Os precursores das IDCs são derivados de células-tronco da medula óssea. Eles viajam através do sangue para tecidos não linfoides. Estas IDCs imaturas (por exemplo, células de Langerhans na pele) são especializadas para a captação de antígeno. Posteriormente, elas viajam através dos vasos linfáticos aferentes para se instalarem nos tecidos linfoides secundários, onde expressam altos níveis das moléculas do complexo principal de histocompatibilidade (MHC) de classe II e coestimulatórias, como B7. Estas células são altamente especializadas para a ativação e a diferenciação de células T naïve que são efetuadas através de três sinais: (1) Receptor de células T (TCR) ligando-se ao complexo MHC/peptídeo, (2) coestimulação B7–CD28 e (3) liberação de citocinas. (Reproduzido com pequenos acréscimos com a permissão de: Roitt I.M.; Delves P.J. [2001] *Roitt's Essential Immunology*, 10th edn. Oxford: Blackwell Science.) Veja o texto para uma descrição detalhada da sequência dos eventos.

número maior de moléculas de MHC em sua superfície em comparação com aquelas encontradas em tecidos. As células dendríticas também precisam ser boas em fornecer sinais coestimulatórios (ver adiante). Macrófagos e mesmo células B também podem apresentar antígenos para células T, mas apesar de os macrófagos serem melhores em fagocitose do que as células dendríticas, tanto macrófagos quanto células B têm menor expressão de MHC e moléculas coestimulatórias do que células dendríticas em tecidos linfoides, porém, após a ativação, isso pode ser aumentado.

As células T CD4 reconhecem e respondem a peptídeos apresentados por moléculas do MHC de classe II, que são derivados da degradação de proteínas de organismos fagocitados. As células T CD8 reconhecem peptídeos derivados de antígenos no citoplasma que são apresentados por moléculas do MHC de classe I. A fenda de ligação ao peptídeo da molécula do MHC de classe I é fechada nas extremidades e assim se liga apenas a peptídeos curtos de 8–9 aminoácidos de comprimento (Fig. 12.6), enquanto as moléculas do MHC de classe II têm fendas abertas nas extremidades para que os peptídeos possam ter até 30 aminoácidos de comprimento. Essas moléculas do MHC são altamente heterogêneas, de forma que algumas pessoas responderão bem a alguns peptídeos e outras responderão fracamente ou de maneira nenhuma (deixando o que é chamado de "buraco" em seu repertório de reconhecimento de antígenos). Mas antes que possa haver uma resposta imunológica, os peptídeos devem ser carregados nas fendas das moléculas do MHC.

Os organismos que são fagocitados, ou antígenos que são endocitosados (absorvidos em endossomos ligados à membrana), são degradados após a fusão com os lisossomos. As moléculas do MHC de classe II são encontradas em um tipo especial de endossomo que também contém outras moléculas-chave necessárias para ajudar a transferir peptídeos estranhos para a fenda do MHC de classe II. Primeiro, a cadeia invariante que ocupa a fenda deve ser removida, através de degradação inicial para formar um peptídeo CLIP mais curto e depois trocada pelo peptídeo estranho por uma molécula permutadora de peptídeo chamada HLA-DM. A fusão dos dois tipos de endossomo, os que contêm os peptídeos estranhos e os que contêm as moléculas do MHC, resulta em peptídeos estranhos adequados ocupando a fenda do MHC de classe II. As extremidades do MHC de classe II estão abertas, de modo que qualquer peptídeo que esteja pendurado para fora das extremidades pode ser cortado até um comprimento final de 13 a 30 aminoácidos. A molécula do MHC de classe II é então retirada para ser expressa na superfície da célula. Simples mesmo!

Para ser apresentado na fenda da molécula do MHC de classe I, os antígenos devem primeiro entrar no citoplasma da célula. Lá eles são degradados por uma organela especial chamada proteassomo. Em seguida, um transportador — criativamente chamado "transportador associado ao processamento de antígeno" ou TAP — é necessário para levar os peptídeos até onde as moléculas do MHC de classe I estão localizadas dentro do lúmen do retículo endoplasmático. As moléculas do MHC I com fendas vazias são selecionadas por uma molécula chamada tapasina, e uma vez que o peptídeo tenha se ligado à fenda do MHC I, a molécula está pronta para iniciar sua jornada até a superfície da célula através do complexo de Golgi e via vesículas exocíticas. Como a molécula do MHC de classe I tem uma fenda com extremidades fechadas, apenas peptídeos de oito a nove aminoácidos se encaixam confortavelmente.

Os antígenos do MHC ou antígenos leucocitários humanos (HLA) são altamente variáveis, de modo que indivíduos diferentes podem responder ou reconhecer diferentes antígenos peptídicos. Assim, embora os reagentes tetrâmeros do MHC possam ser feitos contendo quatro cópias de moléculas do MHC de classe I marcadas em particular, ligando-se a um antígeno específico, e usadas para corar células T CD8 específicas ao antígeno, apenas células T daquelas com o tipo de MHC correspondente se ligarão ao tetrâmero. Os tetrâmeros com antígenos do MHC de classe II são mais complexos de fazer, uma vez que existem duas cadeias variáveis do MHC.

As células T precisam de sinais adicionais para ativação

Se uma célula T CD4 ou CD8 reconhece o complexo MHC do peptídeo na superfície de uma célula apresentadora de antígeno, frequentemente referida como seu antígeno cognato,

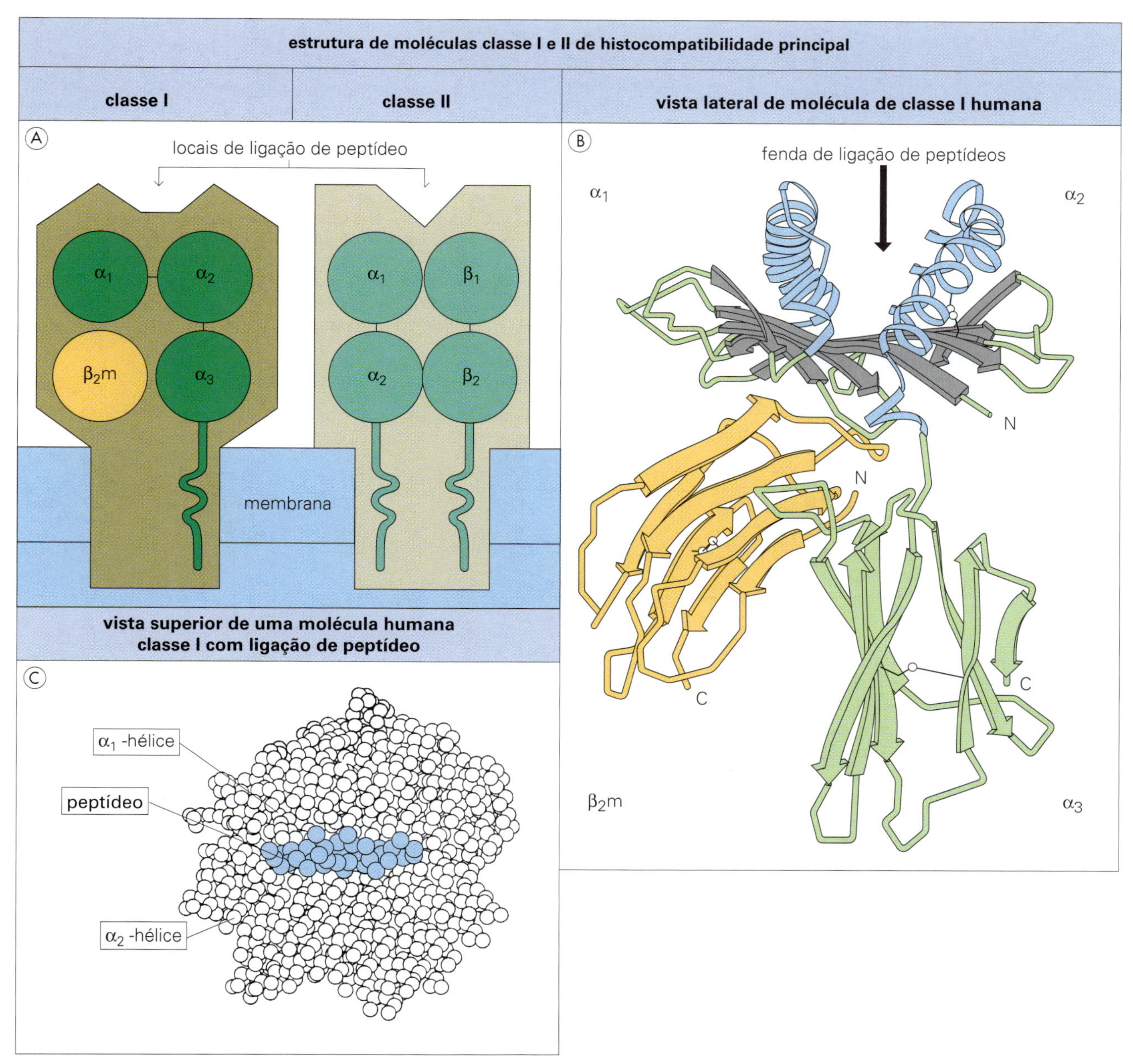

Figura 12.6 Moléculas do complexo principal de histocompatibilidade (MHC) de classe I e classe II. (A) Diagrama mostrando os domínios e segmentos transmembrana. As α-hélices e folhas β-pregueadas são visualizadas a partir da extremidade. (B) Vista lateral da molécula de classe I humana (HLA-A2) baseada na estrutura cristalográfica de raios X mostrando a fenda e a típica dobra de imunoglobulina dos domínios α_3 e β_2-microglobulina (β_2m) (quatro cadeias β antiparalelas em uma face e três na outra). As cadeias que formam a folha β-pregueada são mostradas como setas cinzas grossas na direção amino para a carboxila, α-hélices são representadas como fitas helicoidais. As superfícies internas das duas hélices e da superfície superior da folha β-pregueada formam uma fenda que se liga ao peptídeo. (C) Vista superior de um peptídeo ligado fortemente dentro da fenda do MHC de classe I, neste caso o peptídeo 309–317 da transcriptase reversa do HIV-1 ligado ao HLA-A2. Esta é a "vista" observada pelo local de combinação do receptor de células T descrito abaixo. ([B] Adaptado de: Bjorkman, P.I. et al. [1987] *Nature*; 329:512, com permissão. [C] Baseado em Vignali, D.A.A.; Strominger, J.L. [1994] *The Immunologist*; 2:112, com permissão.)

isso fornece o primeiro sinal para a ativação da célula T. No entanto, um segundo sinal também é necessário, entregue pela ligação de uma molécula chamada CD28 na célula T a uma molécula chamada B7 na célula apresentadora de antígeno. Se ambos os sinais forem enviados, ocorrerá a ativação das células T, com ajuda da expressão pelas células T de CD40 interagindo com CD40L nas células apresentadoras de antígeno e levando à liberação adicional de citocinas da DC. A ativação de células T envolve uma cascata de enzimas intracelulares. O próprio receptor de célula T não possui uma cauda citoplasmática capaz de fornecer tais sinais — em vez disso, a sinalização ocorre através das cadeias gama (γ), delta (δ), épsilon (ε) e zeta (ζ) associadas da molécula CD3. Tal sinalização envolve a fosforilação de proteínas quinases e, para sinalização de TCR através das cadeias de CD3, existem motivos de ativação do imunorreceptor baseado em tirosina (ITAMs) disponíveis para fosforilação de tirosina. Os ITAMs são formados por duas cópias da sequência [tirosina — qualquer aminoácido — qualquer aminoácido — leucina]. Algumas vezes as enzimas quinase se associam com a porção

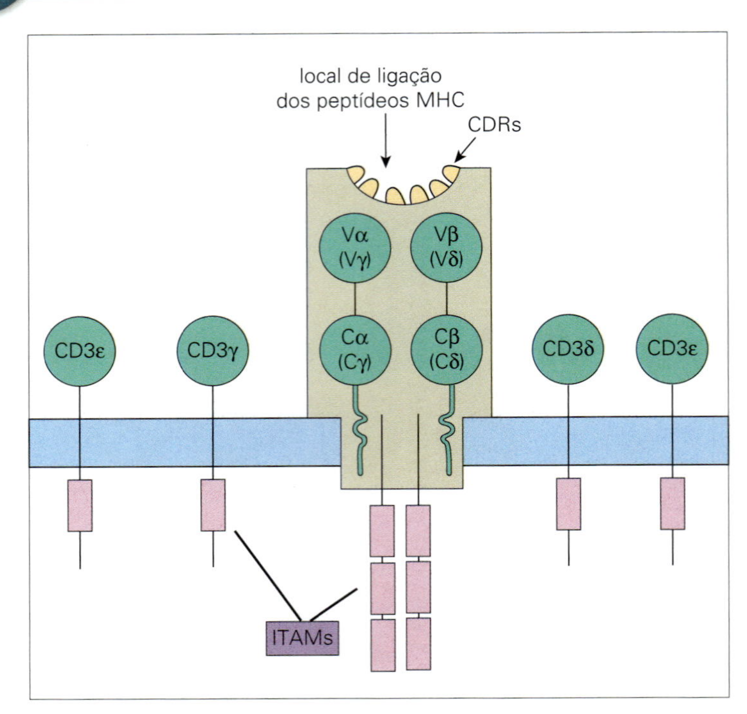

Figura 12.7 O receptor de células T nas células T αβ consiste em uma cadeia α e uma β, cada uma composta de um domínio variável (V) e um constante (C) assemelhando-se em estrutura ao fragmento de ligação ao antígeno Fab de imunoglobulina. As regiões altamente variáveis (determinantes de complementariedade) (CDRs) nos domínios variáveis entram em contato com o complexo de peptídeo antigênico–complexo principal de histocompatibilidade (MHC). Isso produz um sinal que é transduzido pelo complexo CD3 invariante composto das cadeias γ-, δ-, ε e ζ ou η, através de seus motivos de ativação baseados em tirosina (ITAMs) do receptor imunológico citoplasmático que entra em contato com as proteínas tirosina quinases. As células T γδ (ver adiante) possuem receptores compostos das cadeias γ e δ, conforme indicado na figura. CD, *cluster* de diferenciação.

intracelular de um correceptor como a cadeia α de CD4 ou as cadeias α e β de CD8 (Fig. 12.7).

As interações moleculares entre a célula T e a célula apresentadora de antígeno ocorrem dentro de uma zona de contato conhecida como **sinapse imunológica**, onde balsas lipídicas ajudam a unir as moléculas nas duas células. A zona central da sinapse que contém o TCR e os correceptores associados é chamada de complexo de ativação supramolecular central, circundada por uma área periférica que contém adesinas. Citocinas também são secretadas diretamente nesta sinapse.

A molécula de imunoglobulina na superfície de uma célula B também é incapaz de sinalizar diretamente e também está associada a duas cadeias invariantes chamadas imunoglobulina alfa (Igα) e imunoglobulina beta (Igβ) que contêm ITAMs. Para as células exterminadoras naturais (NK) que não possuem CD3 e imunoglobulina em sua superfície, a sinalização ocorre através de sua própria proteína DAP12, que contém ITAM.

Cascatas de sinalização intracelular complexas ocorrem após a fosforilação de ITAMs

As células T utilizam uma quinase Lck específica para fosforilar os ITAMs do complexo receptor de células T. Em seguida, a tirosina quinase ZAP-70 liga-se aos ITAMs fosforilados levando à ativação do fosfatidilinositol. As etapas a seguir são ainda mais complexas – envolvendo proteínas de suporte de enzima, moléculas adaptadoras como LAT e uma série de enzimas –, mas o resultado final é a produção de fatores de transcrição como fator nuclear de células T ativadas (NFAT) e fator nuclear kappa B (NFκB), mudanças no metabolismo, Ca^{2+}, propriedades de adesão e reorganização do citoesqueleto – levando à ativação celular e, finalmente, à divisão celular.

Células T com um TCR γδ e outras células T invariantes

Uma família menor de células T possui um TCR com cadeias γ e δ ao invés do TCR αβ habitual. Estas células T γδ reconhecem antígenos não proteicos, incluindo lipídios e moléculas fosforiladas, apresentados por moléculas CD1 que não possuem a diversidade observada nas moléculas clássicas do MHC I. Outras células T invariantes são encontradas na mucosa, chamadas de células T invariantes associadas à mucosa (Tmait), que reconhecem os metabólitos da vitamina D de bactérias e fungos apresentados pela MR1, outra molécula invariante tipo MHC.

Superantígenos estimulam muitas células T

Alguns "superantígenos" podem estimular qualquer TCR expressando determinadas famílias de genes Vβ diretamente, independentemente de sua especificidade antigênica, ativando até 20% de todas as células T. A enterotoxina estafilocócica B pode fazer isso, levando à ativação extensa de células T e uma "tempestade de citocinas" devido à excessiva liberação de citocinas resultante. Tanto as células T como as células B também podem ser estimuladas de modo não específico por mitógenos, por exemplo a fito-hemaglutinina derivada de feijão vermelho ou concanavalina A para células T e mitógeno de caruru-de-cacho para células B. Esses mitógenos podem ser ferramentas úteis para os imunologistas, mas devem ser evitados na vida real, e é por isso que é importante ferver bem o feijão vermelho cru!

EXPANSÃO CLONAL

Cada célula T e célula B expressa seu próprio receptor de antígeno, uma molécula de Ig ou TCR. A expansão clonal permite um grande aumento nos números de células B ou T específicas ao antígeno. Um linfócito expressando um receptor para um antígeno ou parte desse antígeno (o epítopo) é ativado como descrito anteriormente, produzindo clones de células com o mesmo receptor (e a mesma função) (Fig. 12.8). Embora ocorra alguma proliferação espectadora de células específicas não específicas ao antígeno através da liberação de citocinas, como a IL-2, que atuam como fatores de crescimento, a expansão clonal é uma maneira muito eficaz de produzir o tipo certo de células sob demanda.

O princípio da expansão clonal pode ser usado para gerar um clone de células T expressando o mesmo TCR. O clone de

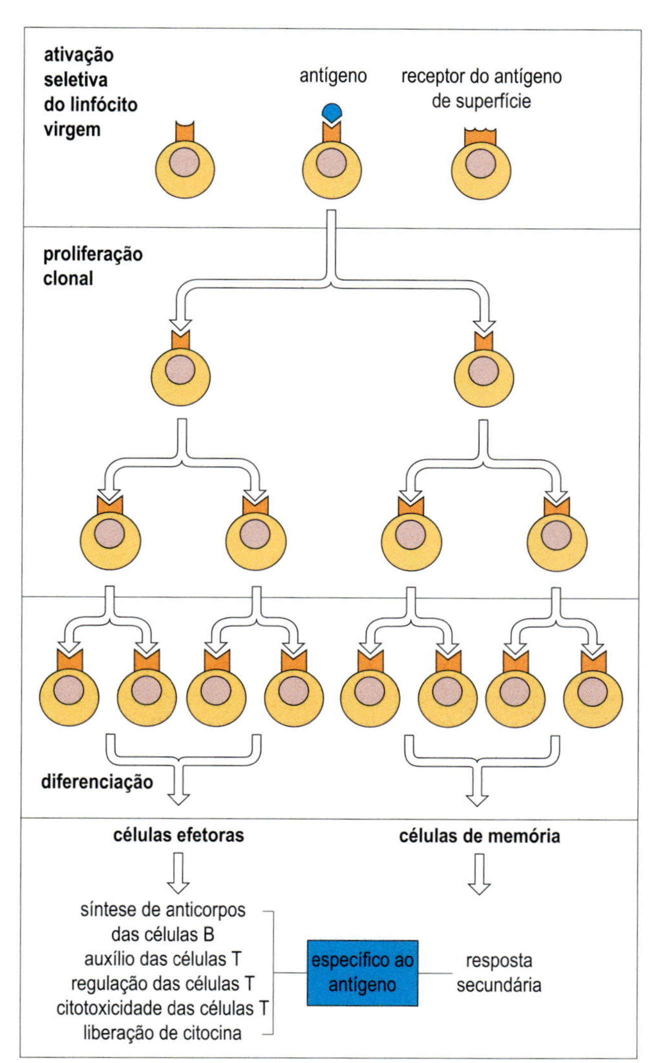

Figura 12.8 Geração de uma grande população de células efetoras e de memória por proliferação clonal após contato primário de células B ou T com antígeno. Uma fração da progênie dos linfócitos reativos ao antígeno originais se torna células de memória de vida longa não divididas, enquanto as outras se tornam as células efetoras da imunidade humoral ou mediada por células. As células de memória fornecem um grande conjunto de células específicas ao antígeno que são ativadas mais facilmente que as células T ou B naïve.

células T deve ser estimulado pela apresentação de antígeno do epítopo que ele reconhece, bem como fatores de crescimento como IL-2 e IL-7, mas pode ser mantido em cultura de tecido sem ser imortalizado por fusão com uma célula tumoral ou transformada por infecção com um vírus tumoral.

A PRODUÇÃO DE ANTICORPOS ENVOLVE UMA SÉRIE DE ETAPAS DENTRO DO CENTRO GERMINATIVO

Fazer uma resposta de anticorpos eficaz é um processo complicado! Primeiro, as células B específicas ao antígeno precisam ser ativadas e proliferar. No entanto, enquanto todos os clones filhos de uma determinada célula T expressarão exatamente o mesmo TCR, a mutação somática nos genes da imunoglobulina gera anticorpos de maior afinidade, assim como a mudança da classe e subclasse do anticorpo produzida pela célula B (Fig. 12.9). Uma enzima chamada citidina desaminase induzida por ativação (AID) impulsiona o desenvolvimento de mutações somáticas nos genes da região V da imunoglobulina de células B do centro germinativo e também inicia a troca de isotipos.

Ajuda de células T na produção de anticorpos

Dentro dos centros germinais nos órgãos linfoides secundários, é necessária a ajuda de células T para o desenvolvimento eficaz de células B e para ajudar a maturação da afinidade dos anticorpos produzidos (Fig. 12.10). As células T especializadas que fornecem essa ajuda são chamadas células T auxiliares foliculares (Tfh). As Tfh respondem a IL-6 e quimiocinas como CXCL13 e se movem para o centro germinativo. A IL-6 ativa o fator de transcrição STAT 3 e depois o fator de transcrição Bcl-6. O contato entre a Tfh e a célula B envolve moléculas coestimuladoras, como a CD28, bem como através do TCR/MHC, mas o auxiliar de células B é também mediado por IL-4 e IL-21 secretadas pela Tfh. A IL-21 é particularmente importante na promoção da proliferação de células B e sua diferenciação em plasmócitos que produzem grandes quantidades de anticorpos.

As células Tfh parecem ser muito permissivas para a produção viral no início da infecção pelo HIV. Elas são reduzidas em número à medida que a infecção progride, mas são mantidas naqueles indivíduos (chamados de controladores de elite) que controlam sua infecção pelo HIV sem progressão.

Às vezes, as células B podem produzir anticorpos sem a ajuda de células T

Alguns antígenos, chamados de antígenos T-independentes, podem estimular as células B a produzir anticorpos diretamente, sem a ajuda das células T. Assim como as células T expressando TCRs com diferentes especificidades podem ser ativadas por superantígenos, as células B expressando diferentes imunoglobulinas também podem ser ativadas por ativadores policlonais chamados antígenos TI-1 ou timo-independentes, como lipopolissacarídeo (LPS) ou DNA bacteriano, que ativam a célula B via receptores Toll-like — atuando como mitógenos de células B (Fig. 12.11). Esses antígenos timo-independentes não induzem maturação de afinidade ou respostas de memória de células B.

Um segundo tipo de antígeno independente de células T tem determinantes de repetição, tais como os encontrados nas cápsulas de polissacarídeos de algumas bactérias. Estes são apresentados às células B da zona marginal pelos macrófagos da zona marginal no baço ou às células B por macrófagos no seio subcapsular dos gânglios linfáticos. Os determinantes de repetição realizam as ligações cruzadas das imunoglobulinas na célula B, levando à ativação dessas células B. Mas, novamente, a resposta de anticorpos não é ideal, pois principalmente o anticorpo IgM é produzido.

A tecnologia de anticorpos monoclonais explora a expansão e transformação clonal para produzir grandes quantidades de anticorpos monoclonais

As células B são mais difíceis de manter em cultura do que as células T, mas a fusão de uma célula B individual com uma célula de mieloma resultará em um clone de células B transformadas, produzindo anticorpos de uma especificidade, chamados anticorpos monoclonais (Fig. 12.12; Quadro 12.1). Os anticorpos monoclonais são agora amplamente utilizados em medicina, por exemplo, para bloquear citocinas, como o fator de necrose tumoral alfa (TNFα) (Fig. 15.8). O anticorpo monoclonal também pode ser "humanizado" através da

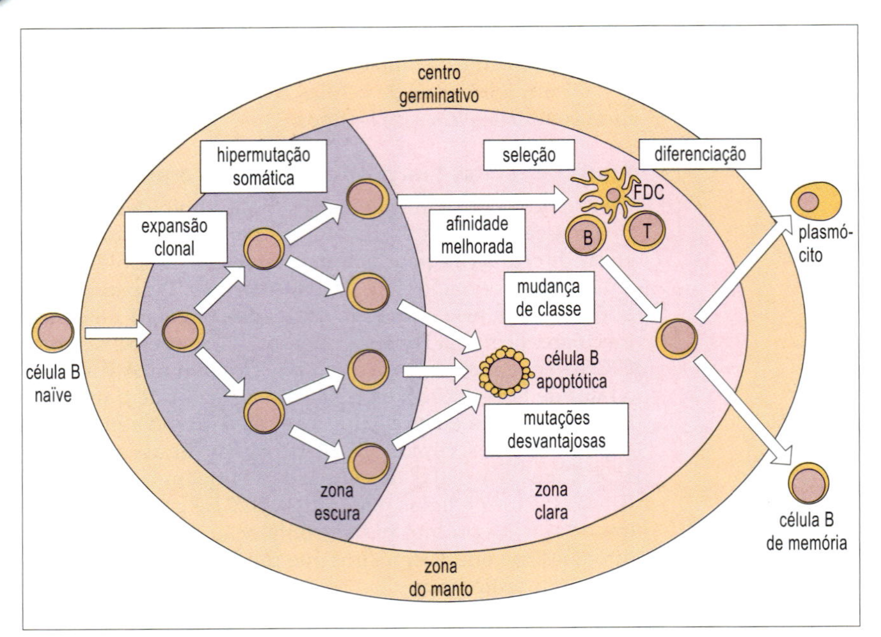

Figura 12.9 Estrutura e função do centro germinativo. Uma ou algumas células B da zona escura se proliferam ativamente. Esta proliferação leva à expansão clonal e é acompanhada pela hipermutação somática dos genes da região V da imunoglobulina. Células B com a mesma especificidade, mas várias afinidades, são geradas a seguir. Na zona clara, células B com mutações desvantajosas ou com baixa afinidade sofrem apoptose (Fig. 11.6F) e são fagocitadas por macrófagos. Células com afinidade apropriada encontram o antígeno na superfície das células dendríticas foliculares (FDCs) e, com a ajuda de células T $CD4^+$, sofrem mudança de classe, deixando o folículo como precursores de plasmócitos ou células B de memória. (Reproduzido de Male D., Brostoff J.; Roth D.B.; Roitt I. *Immunology*, 7th edition, 2006. Mosby Elsevier, com permissão.)

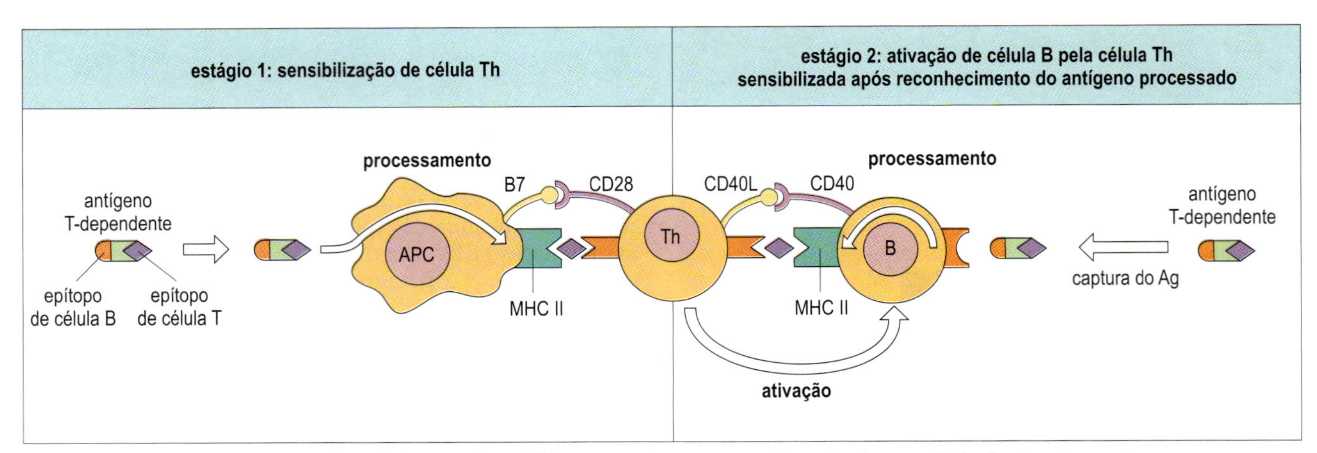

Figura 12.10 Mecanismo pelo qual as células T auxiliares (Th) são iniciadas e, em seguida, estimulam as células B a sintetizar anticorpos contra antígenos T-dependentes com a ajuda dos pares coestimulatórios cognatos B7 / CD28 e CD40L / CD40. Veja o texto para uma descrição detalhada da sequência dos eventos. Ag, antígeno; APC, célula apresentadora de antígeno; CD40L, ligante CD40; MHC, complexo principal de histocompatibilidade.

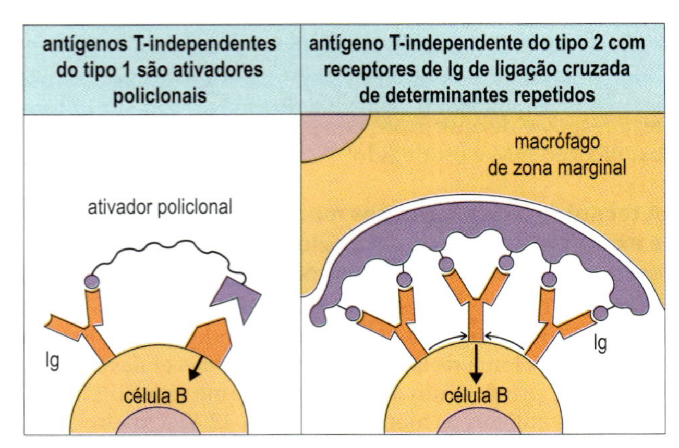

Figura 12.11 Ativação das células B por antígenos T-independentes. Alguns antígenos podem ativar diretamente as células B, outros com estruturas repetidas fazem a ligação cruzada de anticorpos específicos na superfície das células B. Ig, imunoglobulina.

inserção das regiões CDR de reconhecimento do antígeno crítico na estrutura básica de um anticorpo humano. Algumas das utilizações de anticorpos monoclonais no diagnóstico e na imunoterapia são descritas nos Capítulos 32 e 36, respectivamente.

AS CITOCINAS DESEMPENHAM UM PAPEL IMPORTANTE NESSAS INTERAÇÕES INTERCELULARES

Como visto anteriormente, fazer uma resposta eficaz de células T ou anticorpos requer cooperação entre células de diferentes tipos. Além do contato intercelular direto que desencadeia cascatas de sinalização, as citocinas podem ser secretadas na zona de contato ou sinapse imunológica entre as células. As citocinas que são secretadas por uma célula podem agir como um mensageiro molecular na própria célula de maneira autócrina, mas na maioria das vezes agem em outra célula em uma reação parácrina. A célula apresentadora de antígeno libera citocinas, como a IL-12, para a célula T

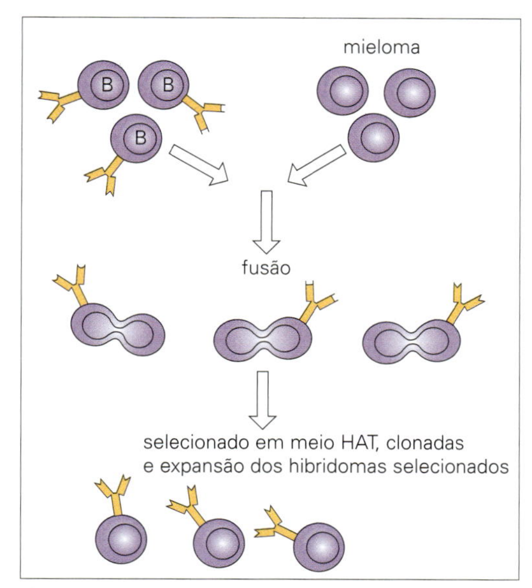

Figura 12.12 Produção de anticorpos monoclonais. Células de baço de camundongos imunizados são fundidas com células de mieloma utilizando polietilenoglicol. Como as células do mieloma não possuem a enzima hipoxantina-guanina fosforribosiltransferase (HGPRT), a cultura em meio contendo hipoxantina, aminopterina e timidina (HAT) permite que apenas as células de hibridoma fundidas sobrevivam, e estas células podem então ser clonadas por diluição limitante. Os hibridomas que produzem o anticorpo desejado podem ser então selecionados. Técnicas mais recentes usam engenharia genética para clonar o DNA de regiões VL e VH do anticorpo selecionado.

CD4; a própria célula T secreta fatores de crescimento, como a IL-2, e citocinas que ajudarão na produção de anticorpos das células B, além de impulsionar o desenvolvimento de macrófagos M1 ou M2. (Algumas dessas muitas interações são ilustradas na Fig. 12.13; Tabela 12.1.) Em geral, as citocinas atuam entre células adjacentes; quando se encontram em grandes quantidades na circulação, geralmente isso é má notícia. Algumas infecções podem desencadear uma liberação maciça de citocinas em uma "tempestade de citocinas", que causa muitas patologias; considerava-se que isso era responsável por muitas das mortes causadas pelo surto da gripe (influenza H1N1) espanhola em 1918.

A MEMÓRIA IMUNOLÓGICA PERMITE QUE UMA SEGUNDA INFECÇÃO COM O MESMO MICRÓBIO SEJA TRATADA DE FORMA MAIS EFICAZ

Uma vez que o organismo tenha tratado uma infecção, o sistema imunológico adaptativo mantém de prontidão algumas das células específicas ao antígeno que gerou, como células T de memória e células B de memória. Quando uma célula T naïve é reconhecida e ativada por seu antígeno específico apresentado pela molécula do MHC correta, ela altera sua capacidade para secretar citocinas (ou produzir mediadores citotóxicos) e alguns de seus antígenos ou marcadores de superfície. Existem diferentes subconjuntos de células T de memória que expressam marcadores específicos e que são encontrados em locais específicos (Tabela 12.2). As células T de memória centrais podem recircular através dos tecidos linfoides periféricos, uma vez que expressam o receptor de quimiocinas CCR7. As células T de memória efetoras são melhores em migrar para locais de inflamação. Outras células de memória T residentes em tecidos estão localizadas principalmente nos epitélios. As células T CD4 precisam ajudar as células T CD8 a gerar uma boa resposta de células T de memória CD8. Enquanto isso, as células B de memória estão localizadas principalmente no baço e gânglios linfáticos. As células B de memória humanas expressam CD27, um membro da família de receptores do receptor de TNF. Como observado anteriormente, os antígenos T-independentes não induzem a memória das células B.

As células de memória são mais fáceis de ativar do que as células naïve e estão presentes em frequências mais altas do que as células naïve específicas ao antígeno, de modo que geram uma resposta imunológica específica ao antígeno

Quadro 12.1 Lições de Microbiologia

Georges Kohler e Cesar Milstein publicaram pela primeira vez como fazer anticorpos monoclonais em 1975. Uma única célula B (de um animal imunizado com o antígeno de interesse) é fundida a uma célula de mieloma, gerando uma célula imortalizada que produz anticorpo de uma especificidade única. Essa tecnologia revolucionou tanto a imunologia quanto a medicina. Kohler e Milstein dividiram o Prêmio Nobel de Fisiologia ou Medicina em 1984, juntamente com Niels Jerne "por teorias sobre a especificidade no desenvolvimento e controle do sistema imunológico e a descoberta do princípio para a produção de anticorpos monoclonais". Os anticorpos monoclonais são utilizados para identificar moléculas de superfície celular e intracelulares usando citometria de fluxo. Eles são a base de muitos testes diagnósticos para infecção e também são usados terapeuticamente.

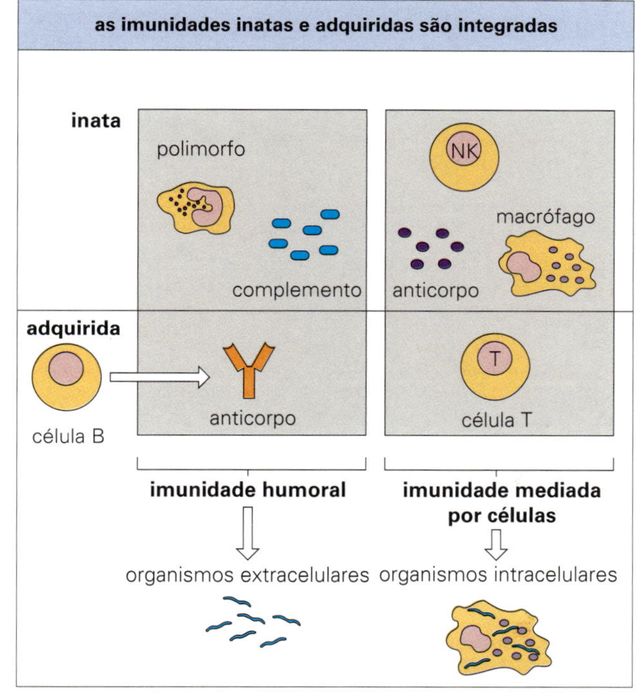

Figura 12.13 Os mecanismos de imunidade inata e adquirida são integrados para fornecer a base para a imunidade humoral e mediada por células. As deficiências da imunidade humoral predispõem à infecção por organismos extracelulares e as deficiências das respostas mediadas por células T estão associadas principalmente a infecções intracelulares.

Tabela 12.1 Citocinas que desempenham papéis na cooperação intercelular e na indução de respostas imunológicas adaptativas

Fator	Fonte	Ações
IL-1 α/β	Macrófagos	Induz inflamação
IL-2	Células T	Proliferação de células T
IL-3	Células T	Crescimento pluripotente
IL-4	Células T	Proliferação de células B e seleção de IgE, supressão de Th1
IL-5	Células T	Crescimento de células B, diferenciação de IgA e eosinófilos
IL-6	Macrófagos, células T	Diferenciação de células B, induz proteínas da fase aguda
IL-7	Células T	Proliferação de células B e T
IL-10	Células T	Inibição da produção da citocina de Th1
IL-12	Monócitos, Mϕ	Indução de células Th1
IL-13	Células T	Inibe a inflamação do fagócito mononuclear: proliferação e diferenciação de células B
IL-14	Células T	Proliferação de células B ativadas, inibe a secreção de Ig
IL-15	Células dendríticas	Manutenção das células T CD8 de memória
IL-16	Células T $CD8^+$ e eosinófilos	Quimiotaxia de células T CD4
IL-17	Células T $CD4^+$	Proinflamatória; estimula a produção de citocinas incluindo TNFα, IL-1β, IL-6, IL-8, G-CSF
IL-18	Macrófagos	Induz a produção de IFNγ pelas células T; aumenta a citotoxicidade de NK
IL-21	Células Th	Diferenciação de NK; ativação de B; a coestimulação de células T induz reactantes da fase aguda
IL-22	Células T	Inibe a produção de IL-4 por Th 2; induz a produção de proteínas antimicrobianas por células epiteliais
IL-23	Células dendríticas	Induz a proliferação e produção de IFNγ por Th 1; induz a proliferação de células de memória
IL-26	Células T Th17	Lise de membranas de bactérias gram-negativas
IFNγ	Células T, células NK	Antivirais, ativação de macrófagos, inibição de células Th 2, indução de MHC de classe I e II
TGFβ	Células T /macrófagos	Inibe a ativação de células NK e T, macrófagos; inibe a proliferação de células B e T, promove a cicatrização de feridas

G-CSF, fator estimulador de colônias de granulócitos; IFN, interferon; IL, interleucina; NK, célula exterminadora natural; TGF, fator de crescimento transformador; TNFα, fator de necrose tumoral alfa.

Tabela 12.2 Subconjuntos de células T CD4 de memória humanas

	Células T naïve	Células T efetoras	Células T de memória efetoras	Células T de memória centrais	Células T de memória residentes no tecido
Localização do tecido	Sangue, tecidos linfoides	Sangue, tecidos linfoides	Tecidos periféricos, tecidos da mucosa	Tecidos linfoides	Tecidos periféricos
Isotipo CD45	RA	RO	RO	RO	RO
CCR7	++	+	−	+	±
CD62L (L-selectina)	++	+	±	+	±
Capacidade proliferativa	±	+++	±	++	+
Citocinas produzidas	IL-2	IFNγ, IL-4/5/13, IL-17	IFNγ, IL-4/5/13, IL-17	IL-2	IFNγ
BCL-2 (antiapoptótica)	−	−	+	+	+

Células T de memória residentes em tecidos também expressam CD69 e CD103 (integrina αE). Também existem tipos semelhantes de células T CD8 de memória. Todas as células de memória dependem da IL-7 para sobrevivência e as células de memória CD8 também requerem IL-15. BCL-2, linfoma de células B 2; CCR7, receptor de quimiocina C C7; CD, *cluster* de diferenciação; IFN, interferon; IL, interleucina.

mais rápida e mais eficaz quando são reestimuladas. Para as respostas de anticorpos, as respostas secundárias ou de memória consistirão principalmente em anticorpos IgG e IgA que apresentarão afinidades maiores do que as produzidas na resposta primária. A memória imunológica pode durar por longos períodos — quando as Ilhas Faroe isoladas tiveram uma epidemia de sarampo em 1846, as pessoas que tiveram sarampo na epidemia anterior em 1781 ainda estavam imunes! Embora, em alguns casos, a reexposição aos mesmos antígenos possa aumentar as respostas de memória, as células de memória podem ser mantidas sem antígeno, presumivelmente por meio da estimulação de citocinas. As células T de memória expressam uma molécula chamada Bcl-2, que promove a sobrevivência celular, e um receptor para IL-7, que parece importante para a manutenção de células T de memória. As células T CD8 de memória também dependem da IL-15 para sua sobrevivência e parecem ter clones maiores, mas com menos especificidades de antígenos diferentes que as células T CD4 de memória; elas também precisam da ajuda das células T CD4 para seu desenvolvimento e manutenção a longo prazo.

Quanto aos subconjuntos de células T, há toda uma gama delas, pois se desenvolvem de células naïve a células de memória. Novas técnicas, como a citometria por tempo de voo, que usa painéis maiores de marcadores de superfície e intracelulares do que na citometria de fluxo comum, estão revelando um *continuum* de células e que há diferença quanto ao tipo de células T de memória encontradas em diferentes infecções (Fig. 12.14).

Embora as células T de memória, ou suas descendentes, possam ser de longa duração, a estimulação antigênica em excesso pode resultar na perda da função das células T de memória e se tornarem velhas ou senescentes, momento no qual começam a reexpressar o marcador de células T CD45RA.

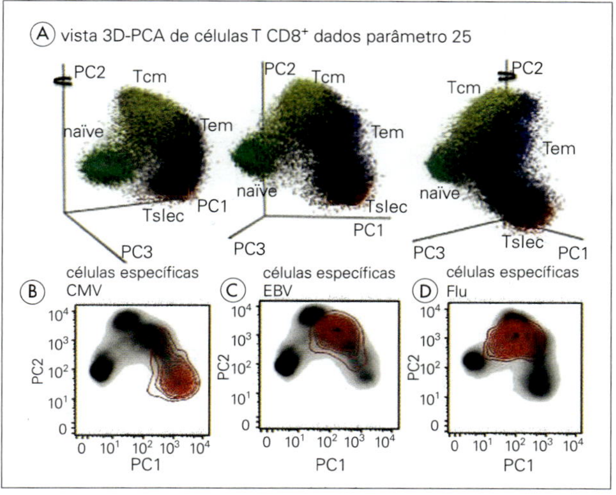

Figura 12.14 (A) A citometria por tempo de voo (CyTOF) usa anticorpo específico marcado com metal pesado para marcar células, seguida por espectrometria de massa para identificar a ligação de anticorpos específicos por células T individuais. As células T do sangue periférico humano foram analisadas quanto à expressão de 25 parâmetros que incluíam marcadores de células T, marcadores de células T de memória, marcadores funcionais e de ativação, e em B–D, células T específicas ao vírus identificadas usando tetrâmeros com peptídeos de CMV, EBV e influenza. Os 25 parâmetros são então agrupados por análise de componentes principais. A visualização 3D da análise dos componentes principais em (A) mostra que as células T CD8 virgens humanas se desenvolvem em células Tcm e Tem. Tslec, um grupo menor de células efetoras de vida curta, é mostrado em vermelho. Os gráficos em B–D mostram células positivas para tetrâmero específicas para CMV, EBV ou influenza, respectivamente, em vermelho. O fenótipo das células T CD8 de memória difere nas três infecções virais: A infecção por CMV mostra Tem com células efetoras de vida mais curta, a infecção por EBV mostra a maioria das Tem, e a infecção por influenza mais aguda apresenta mais Tcm. (Redesenhado de Newell E.W.; Sigal N.; Bendall S.C. et al. A citometria por tempo de voo mostra expressão de citocina combinatória e nichos de células específicas ao vírus em um continuum de fenótipos de célula T de CD8+. *Immunity* 2012, 36:142–152, com permissão.)

OS EXÉRCITOS DEVEM SER MANTIDOS SOB CONTROLE

Uma resposta imunológica irá naturalmente desaparecer quando uma infecção tiver sido tratada e seus antígenos removidos, interrompendo assim a estimulação de células específicas ao antígeno. As células específicas ao antígeno, agora indesejadas, que não são retidas como células de memória morrem devido à falta de citocinas, como IL-2 e IL-7 que promovem a divisão celular, mas essas citocinas também aumentam a expressão de moléculas como Bcl-2, que são antiapoptóticas e, portanto, sem elas, a célula é mais propensa a sofrer apoptose. A apoptose, ou morte celular programada, pode ser induzida por duas vias: uma via intrínseca associada à expressão de Bim, mas também uma via extrínseca de apoptose que é ativada através da Fas, uma molécula que possui um domínio de morte intracelular.

Há ocasiões em que respostas imunológicas excessivas podem prejudicar o organismo — então células e citocinas especializadas são necessárias para regular e reduzir o dano das citocinas em excesso (Fig. 12.15). As células T reguladoras (Treg) secretam citocinas que inibem a secreção de citocinas e a função das células T, como a IL-10 (originalmente denominada fator inibidor da síntese de citocinas) e o fator de crescimento transformador beta (TGFβ). As células T reguladoras são às vezes subdivididas entre aquelas que são preexistentes ou naturais e aquelas que são induzidas por antígeno ou infecção. As Tregs naturais estão associadas à tolerância aos autoantígenos, enquanto as Tregs induzidas são responsáveis pela regulação descendente das respostas imunes induzidas pela infecção. Também há células B reguladoras. Em alguns casos, um estado de anergia ou tolerância pode ser induzido (Fig. 12.16). Por exemplo, as células T podem se tornar não responsivas ou anérgicas se receberem o primeiro sinal de ativação de TCR-MHC sem coestimulação. Esta pode ser uma maneira útil de assegurar que as células T que reconhecem antígenos de tecido não encontrados no timo (e, portanto, incapazes de direcionar a remoção de tais células T antes de sua exportação do timo) não induzam autoimunidade. A tolerância de células T também pode ser induzida por moléculas inibitórias, como a ligação de CTLA-4 a B7-1 na célula apresentadora de antígeno, ou através de PD-1, uma molécula receptora inibitória semelhante à CD28 que é expressa em células T ativadas e que se liga a PD-L1 e PD-L2. A expressão de PD-1 é regulada de modo ascendente nas células T durante infecções crônicas. As células B são reguladas de modo descendente se forem ativadas através do receptor FcRγRIIA e o seu receptor de antígeno sem coestimulação através de células CD19 ou CD20 (Fig. 12.17). As células B também podem tornar-se anérgicas se tiverem fraca ligação a um autoantígeno ou através de outros receptores inibitórios. Finalmente, há um fenômeno interessante chamado tolerância oral que deve ter sido desenvolvido para prevenir reações imunológicas a antígenos alimentares.

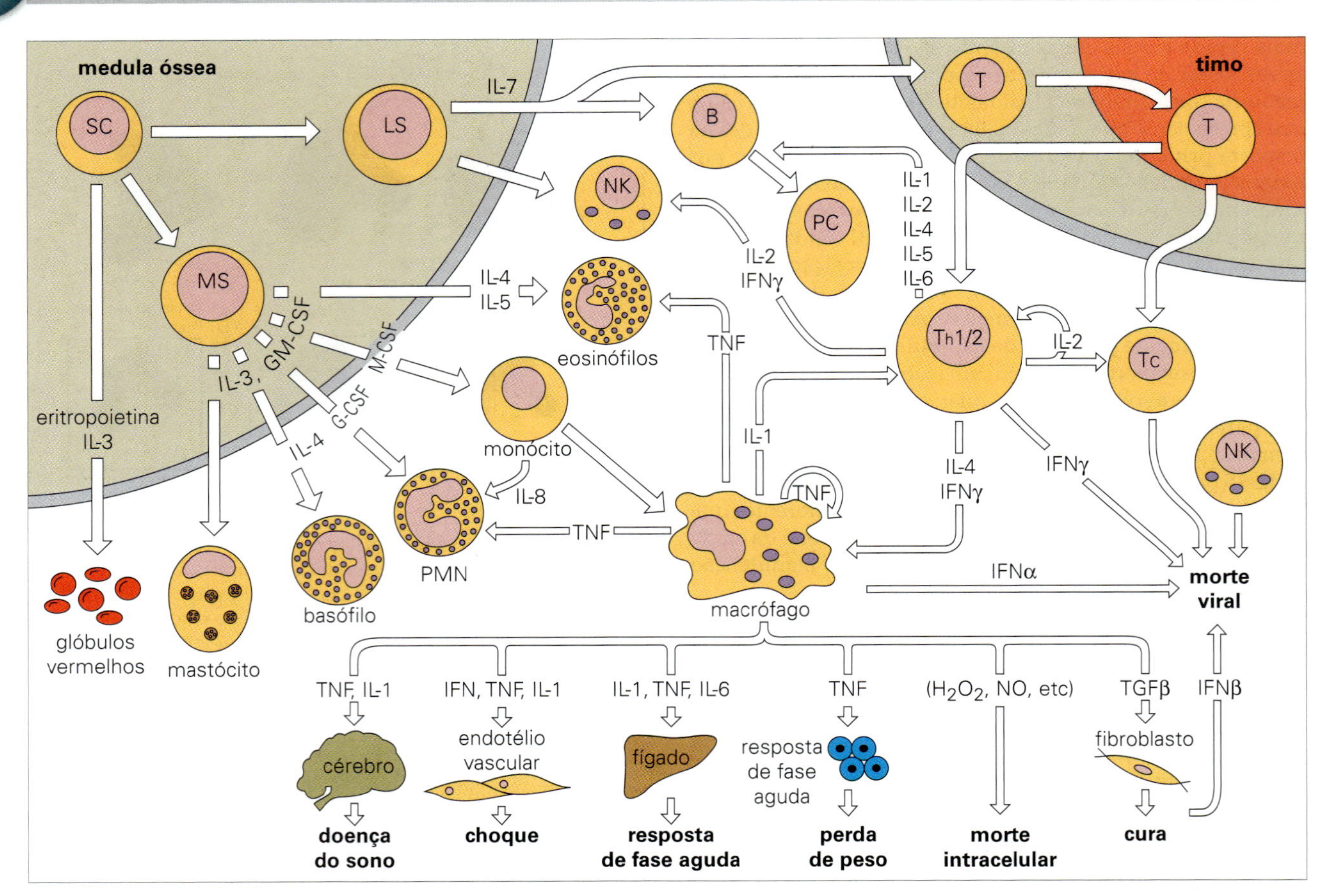

Figura 12.15 Regulação da resposta imunológica. A ajuda de células T para imunidade mediada por células está sujeita à regulação semelhante. G-CSF, fator estimulador de colônias de granulócitos; GM-CSF, fator estimulador de colônias de granulócitos e macrófagos; H_2O_2, peróxido de hidrogênio; LS, célula-tronco linfoide; M-CSF, fator estimulador de colônias de macrófagos; MS, célula-tronco mieloide; NK, célula exterminadora natural; NO, monóxido de nitrogênio; PC, célula plasmática; PMN, linfócito polimorfonuclear; SC, célula-tronco; Tc, célula T citotóxica; TGFβ, fator de crescimento transformador beta; Th, célula T auxiliar; TNF, fator de necrose tumoral. (Adaptado de Playfair J.H.L. [2001] *Immunology at a Glance*. Oxford: Blackwell Science.)

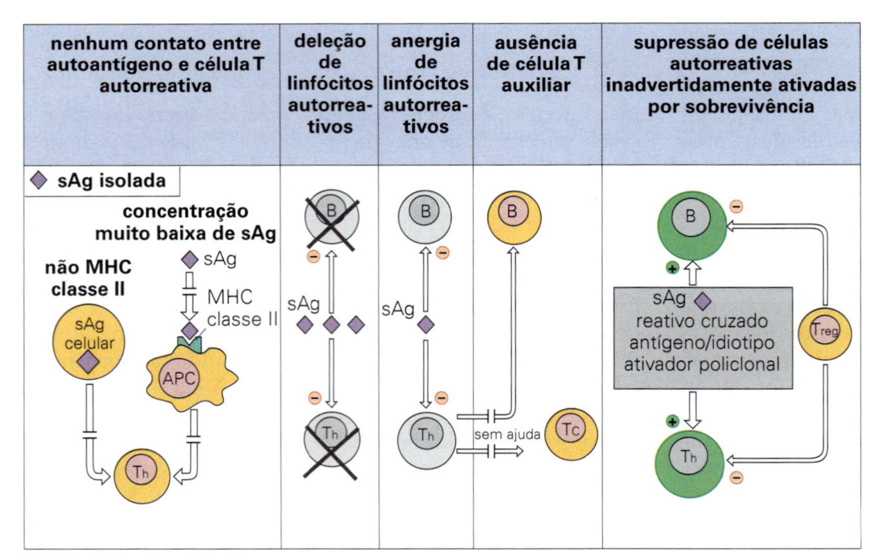

Figura 12.16 Mecanismos de autotolerância. Autoantígenos (sAg) não estimularão células Th autorreativas se forem anatomicamente isoladas, se houver uma concentração muito baixa de moléculas de peptídeo–complexo principal de histocompatibilidade de classe II (MHC II) processadas, ou se não houver MHC II na célula. Tanto as células B como T podem ser silenciadas por deleção clonal ou tornadas anérgicas (ainda vivas, mas não responsivas) pelo contato com o autoantígeno. Uma concentração muito baixa de sAg apresentado não conseguirá silenciar diferenciando linfócitos imaturos que possuem os receptores cognatos, promovendo a sobrevivência de populações de células T e B autorreativas. As células Th são a população mais prontamente tolerada, já as células B autorreativas sobreviventes e as células T citotóxicas (Tc) não podem funcionar sem a ajuda de células T. Além disso, a estimulação inadvertida de células autorreativas sobreviventes pode ser verificada por células T reguladoras (Treg). As células que estão mortas, não reativas ou suprimidas são mostradas em cinza. APC, célula apresentadora de antígeno. (Modificado de: Delves P. J. et al. [2006] *Roitt's Essential Immunology*, 11th edn. Oxford: Blackwell Science.)

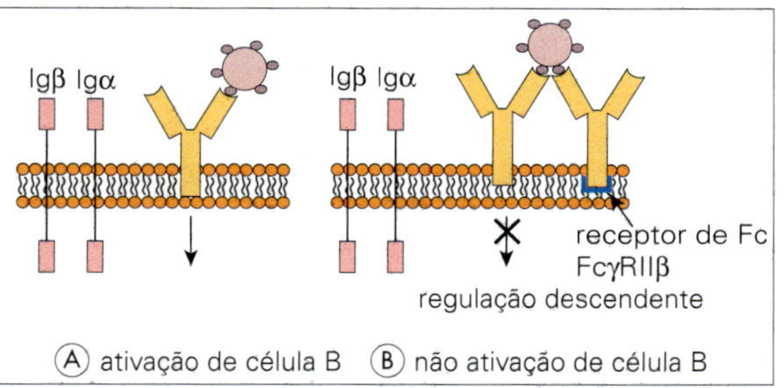

Figura 12.17 Regulação descendente de células B. Normalmente, as células B são ativadas quando o antígeno é reconhecido pelo anticorpo expresso na superfície da célula B levando à sinalização através das cadeias de imunoglobulina (Ig)α e Igβ do receptor de células B, com o envolvimento subsequente de quinases Src, proteínas de suporte e fosforilação da tirosina (A). Se o antígeno se liga tanto ao receptor de superfície das células B como ao anticorpo ligado ao receptor FcγRIIβ, este receptor de Fc inibidor bloqueia a sinalização e a ativação das células B ativando a fosfatase SHIP associada ao receptor de Fc que converte fosfatidilinositol trifosfato (PIP3) em fosfatidilinositol bifosfato (PIP2) (B).

PRINCIPAIS CONCEITOS

- Para produzir uma resposta imunológica eficaz, é necessária a cooperação entre as células do sistema imunológico inato e adaptativo, incluindo várias etapas, como apresentação de antígeno às células T, ativação das células T e B e secreção de citocinas.
- A ativação de células T e B envolve mais do que apenas o reconhecimento de antígeno, incluindo sinais especializados de coestimulação e de citocina, resultando na ativação de cascatas de sinalização intracelular, alterações metabólicas e, por fim, divisão celular.
- A divisão celular produzirá clones de células T filhas com a mesma especificidade antigênica. As células B ajustam adicionalmente sua especificidade antigênica durante uma resposta imunológica devido à mutação somática, produzindo anticorpos de maior afinidade.
- Depois que a infecção é controlada, o número de células T e B específicas ao antígeno diminui, devido à morte celular, mas algumas permanecem como células de memória, permitindo uma resposta mais rápida e eficiente à reinfecção com o mesmo organismo.
- As células efetoras também são impedidas de sair do controle e causar dano tecidual por células reguladoras, como Tregs, e citocinas supressoras, como IL-10 e TGFβ.

SEÇÃO

3

Os conflitos

Principais aspectos das doenças infecciosas

Introdução

Os vertebrados foram continuamente expostos a infecções microbianas ao longo de centenas de milhões de anos de evolução. Mecanismos de defesa inadequados resultaram em doença e morte. Assim, eles desenvolveram:

- mecanismos altamente eficientes para o reconhecimento de microrganismos estranhos;
- respostas inflamatórias e imunológicas competentes para impedir a multiplicação e a disseminação de microrganismos estranhos, assim como a sua eliminação do corpo.

As bases fundamentais dos mecanismos de defesa foram descritas nos Capítulos 10-12. Se esses mecanismos fossem completamente eficientes, as infecções microbianas seriam raras e acabariam rapidamente, visto que os microrganismos não persistiriam no corpo por longos períodos.

Os micróbios desenvolvem, rapidamente, características que os tornam capazes de superar as defesas do hospedeiro

Os microrganismos, diante dos mecanismos de defesa das respectivas espécies hospedeiras, evoluíram e desenvolveram uma variedade de características que os tornaram capazes de contornar ou vencer esses mecanismos e cumprir as etapas obrigatórias para sua sobrevivência (Tabela 13.1). Infelizmente, os microrganismos se desenvolvem com uma velocidade extraordinária em comparação com seus hospedeiros. Isso ocorre, em parte, porque eles se multiplicam muito mais rapidamente; o tempo médio de geração de uma bactéria é de cerca de 1 hora ou menos, comparado com cerca de 20 anos para o hospedeiro humano. A rápida mudança evolutiva é também favorecida nas bactérias que podem transmitir genes (carreados em plasmídeos) diretamente para outras bactérias, incluindo bactérias não relacionadas. Os genes de resistência a antibióticos, por exemplo, podem, então, ser transferidos rapidamente entre as espécies. Essa taxa rápida de evolução assegura que os patógenos estejam sempre muitas etapas à frente dos mecanismos de defesa do hospedeiro. De fato, se existirem possíveis formas para contornar as defesas estabelecidas, os microrganismos possivelmente se apercebem e delas se aproveitam em seu próprio benefício. Os microrganismos que causam infecção, portanto, devem seu sucesso a esta habilidade de se adaptar e evoluir, explorando os pontos fracos nos mecanismos de defesa do hospedeiro, como explicado na Tabela 13.2 e nas Figuras 13.1 e 13.2. O hospedeiro, por sua vez, responde a essas estratégias, melhorando lentamente esses mecanismos, adicionando características extras e apresentando múltiplos mecanismos com sobreposição e muita duplicação.

RELAÇÃO PARASITO-HOSPEDEIRO

A velocidade com a qual a resposta adaptativa do hospedeiro pode ser mobilizada é crucial

Toda infecção é uma corrida entre a capacidade de o microrganismo se multiplicar, disseminar e causar doença, e a habilidade do hospedeiro para controlar e, por fim, debelar a infecção (Fig. 13.1). Por exemplo, um atraso de 24h antes que uma resposta importante do hospedeiro se inicie pode dar

Tabela 13.1 Os microrganismos infecciosos bem-sucedidos devem cumprir certas etapas obrigatórias

Etapas obrigatórias para microrganismos infecciosos		
Etapa	**Exigência**	**Resultado**
Aderência ± entrada no corpo	Evitar mecanismos naturais de proteção e limpeza	Entrada (infecção)
Disseminação local ou generalizada no corpo	Evitar defesas imediatas locais	Disseminação
Multiplicação	Elevar a quantidade (muitos morrerão no hospedeiro ou a caminho de novos hospedeiros)	Multiplicação
Evasão das defesas do hospedeiro	Escapar das defesas imunológicas e outras por tempo suficiente para completar o ciclo no hospedeiro	Evitar morte devido às defesas do hospedeiro
Eliminação do corpo (saída)	Sair do corpo em um sítio e em uma escala que assegure a disseminação para novos hospedeiros	Transmissão
Causar dano no hospedeiro	Não é estritamente necessário, mas frequentemente ocorre[a]	Patologia, doença

[a]A última etapa, causar dano no hospedeiro, não é estritamente necessária, mas uma certa quantidade de dano pode ser essencial para a eliminação. O extravasamento abundante de fluidos infecciosos no resfriado comum ou diarreia, por exemplo, ou de gotículas a partir de lesões com pústulas ou vesículas, é necessário para a transmissão a novos hospedeiros.

Tabela 13.2 Alguns exemplos de defesas do hospedeiro e estratégias de evasão microbianas

Defesas do hospedeiro e a resposta do micróbio				
	Defesa	**Resposta microbiana**	**Mecanismo**	**Exemplo**
Barreiras mecânicas e outras	Micróbio removido da superfície epitelial pelas secreções do hospedeiro (e atividade ciliar no trato respiratório)	Ligam-se firmemente à superfície epitelial	Molécula de superfície do micróbio liga-se à molécula "receptora" na célula epitelial do hospedeiro	Influenza, rinovírus, *Chlamydia*, gonococos
		Interferem com a atividade ciliar	Produzem molécula ciliotóxica/ciliostática	*Bordetella pertussis*, pneumococos, *Pseudomonas*
	Membranas das células do hospedeiro como barreiras para o patógeno	Atravessam a membrana celular do hospedeiro	Proteína de fusão no envelope viral	Influenza, HIV
		Entram na célula por penetração ativa	Enzimas microbianas medeiam a penetração celular	Tripanossomos, *Toxoplasma gondii*
Fagocitose e defesas imediatas do hospedeiro	Micróbio ingerido e morto por fagócito	Inibem a fagocitose	Membrana externa ou cápsula do micróbio impede a fagocitose	Pneumococos, *Treponema pallidum*, *H. influenza*
		Inibem a fusão do fagossomo-lisossomo	Sulfatídeos de *Mycobacterium tuberculosis* inibem a fusão	*M. tuberculosis*
		Interferem com a transdução de sinal no macrófago	Indução de proteínas SOCS[a]	*Toxoplasma gondii*
		Resistem à morte e multiplicam-se no fagócito	Saída do fagossomo para o citoplasma (*Listeria*)	*Brucella* spp., *Listeria monocytogenes*, sarampo, vírus da dengue
	Moléculas do hospedeiro (lactoferrina, transferrina etc.) restringem a disponibilidade do ferro livre, do qual o micróbio necessita	Micróbio compete com o hospedeiro por ferro	Micróbio possui sideróforos que se ligam ao ferro avidamente	*Neisseria* patogênica, *E. coli*, *Pseudomonas*
	Complemento ativado com efeitos antimicrobianos	Desativar componentes do sistema complemento	Produção de uma elastase	*Pseudomonas aeruginosa*
		Interfere com a fagocitose mediada por complemento	Receptor C3b no micróbio compete com o do fagócito e bloqueia o acesso do complemento	*Candida albicans*, *Toxoplasma gondii*, proteína M de *S. pyogenes*
	Hospedeiro infectado produz interferons para inibir a replicação viral	Induz uma resposta baixa de interferon	Antígeno principal da hepatite B suprime a produção de IFNβ	Hepatite B, rotavírus
		Insensível a interferons	Previne a ativação de enzimas induzidas por interferons	Adenovírus

(Continua)

Tabela 13.2 Alguns exemplos de defesas do hospedeiro e estratégias de evasão microbianas *(Cont.)*

Defesas do hospedeiro e a resposta do micróbio				
	Defesa	**Resposta microbiana**	**Mecanismo**	**Exemplo**
Defesa imunológica	Hospedeiro infectado produz anticorpo	Destroem anticorpo	Bactéria libera protease que cliva IgA	Gonococos, *H. influenzae*, estreptococos
		Mostram receptor Fc na superfície microbiana	Anticorpo liga-se ao micróbio em posição invertida	Estafilococos (Proteína A), tripanossomos, certos estreptococos, vírus herpes simples, citomegalovírus
	Hospedeiro infectado produz resposta imunológica mediada por células	Invade células T e interfere com sua função ou as mata	Molécula do envelope viral liga-se ao CD4 na superfície da célula T auxiliar	HIV
		Indução de células T reguladoras	Suprime a imunidade benéfica	*Bordetella pertussis*, *M. tuberculosis*, *Helicobacter pylori*, HIV
	Resposta imunológica antimicrobiana reconhece as células infectadas e as destrói	Micróbio nas células não expõe antígenos na superfície celular	Antígenos virais não sintetizados	Vírus do herpes simples latente em neurônios sensoriais
			Vírus inibe transporte de moléculas do MHC classe I para a superfície celular, evitando, assim, reconhecimento pela célula T CD8	Citomegalovírus, adenovírus
	Resposta imunológica eficaz produzida	Variação de antígenos microbianos no hospedeiro individual ou durante disseminação na comunidade de hospedeiros	Ativam diferentes antígenos de superfície	*Trypanosoma* spp., *Borrelia recurrentis*
			Mutação, recombinação genética	Vírus influenza, estreptococos, gonococos

Embora a inflamação não esteja listada como uma defesa do hospedeiro em si, muitos desses mecanismos de defesa dependem da inflamação local. Inflamação (Cap. 10) significa um aumento do suprimento de sangue e a liberação de anticorpos, complemento, células imunológicas e fagócitos para o local da infecção. Na época anterior aos antibióticos, as pessoas aplicavam cataplasmas quentes nos furúnculos e abscessos estafilocócicos, de modo a aumentar a quantidade de inflamação e apressar a recuperação. Os micróbios que interferem com a ação do complemento ou com a quimiotaxia (estafilococos, estreptococos, *Pseudomonas aeruginosa*, vírus do herpes simples) tendem, portanto, a reduzir a inflamação.

[a]SOCS, Supressor de sinalização de citocinas.

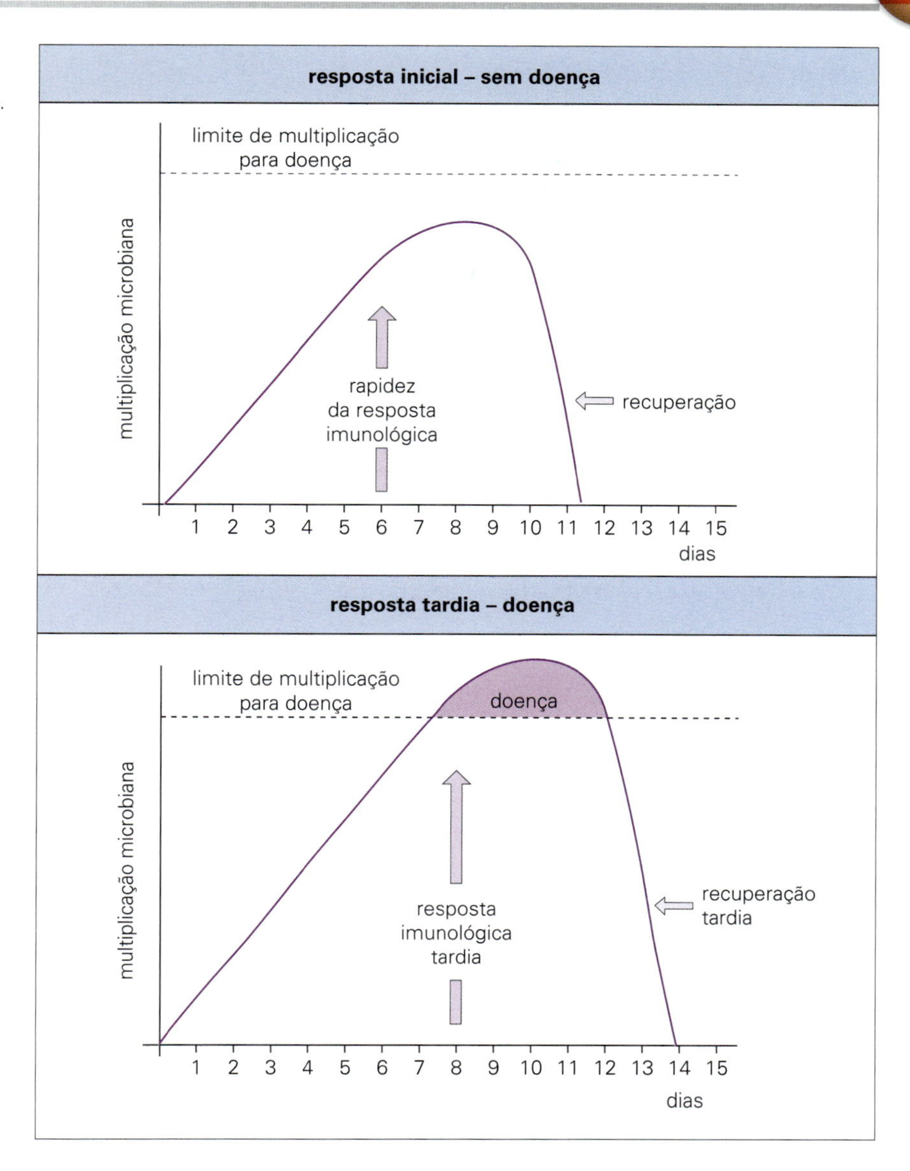

Figura 13.1 Toda infecção é uma corrida. Atrasos na mobilização das defesas adaptativas do hospedeiro podem levar a doença ou morte.

uma vantagem decisiva a um microrganismo de crescimento rápido. Do ponto de vista do hospedeiro, isso pode permitir dano suficiente para causar a doença. Ainda mais importante, do ponto de vista do patógeno, isso pode dar a oportunidade de ele ser eliminado do corpo em quantidades maiores ou por um ou dois dias a mais. Um patógeno que alcance essas condições será rapidamente selecionado na evolução.

A adaptação tanto pelo hospedeiro quanto pelo parasito permite uma relação mais equilibrada e estável

O quadro de conflito entre hospedeiro e parasito, em geral e apropriadamente descrito em termos militares, é central para um entendimento da biologia da doença infecciosa. Assim como nos conflitos militares, a adaptação em ambos os lados (Quadro 13.1) tende a reduzir o dano e a incidência de morte na população hospedeira, levando a uma relação mais estável e equilibrada. O parasito bem-sucedido obtém o que ele necessita do hospedeiro sem causar grandes prejuízos, e, em geral, quanto mais antiga a relação, menor o dano. Muitos parasitos microbianos, não somente da microbiota normal (Cap. 9), mas também poliovírus, meningococos e pneumococos e outros, vivem a maior parte do tempo em coexistência pacífica com o hospedeiro humano.

Alguns microrganismos permanecem nas superfícies do corpo, talvez disseminando localmente, mas são incapazes de invadir tecidos mais profundos. Estes incluem o vírus do resfriado comum, vírus de verrugas, micoplasmas e fungos de pele. Frequentemente a doença é branda, mas pode ocorrer enfermidade grave quando toxinas potentes são produzidas e podem ter ação local (cólera) ou em sítios distantes (difteria).

Os microrganismos podem penetrar e causar doenças em um hospedeiro saudável de três maneiras (Fig. 13.3). Elas são:

- microrganismos com mecanismos específicos de aderência ou invasão das superfícies corporais (a maioria dos vírus e certas bactérias);
- microrganismos introduzidos por picada de artrópodes (p. ex., malária, peste, tifo, febre amarela);
- microrganismos introduzidos em hospedeiros de outra forma saudáveis, através de feridas na pele ou mordidas de animais (clostrídio, raiva, *Pasteurella multocida*).

Microrganismos também são capazes de infectar um hospedeiro saudável quando os mecanismos de defesa de

Quadro 13.1 Lições de Microbiologia

Mixomatose

A mixomatose fornece um exemplo clássico bem estudado da evolução de uma doença infecciosa desencadeada em uma população altamente suscetível. Tal doença viral, que é transmitida mecanicamente pelos mosquitos, normalmente infecta coelhos sul-americanos (*Sylvilagus brasiliensis*), mas eles permanecem perfeitamente saudáveis, desenvolvendo apenas uma protuberância cutânea rica em vírus no local da picada do mosquito. O mesmo vírus no coelho europeu (*Oryctolagus cuniculus*) causa uma doença rapidamente fatal.

O mixomavírus foi introduzido com sucesso na Austrália em 1950, como uma tentativa de controlar a população de coelhos rapidamente crescente. Inicialmente, mais de 99% dos coelhos infectados morriam (Fig. 13.2), mas, então, duas alterações fundamentais ocorreram:

1. Cepas novas do vírus, menos letais, apareceram e substituíram a cepa original. Isso ocorreu porque os coelhos infectados com essas cepas sobreviveram por mais tempo, e os vírus tinham, portanto, mais probabilidade de serem transmitidos.
2. A população de coelhos alterou suas características, pois aqueles que eram geneticamente mais suscetíveis à infecção foram eliminados. Em outras palavras, o vírus selecionou o hospedeiro mais resistente e a cepa de vírus menos letal provou ser um parasito mais bem-sucedido. Se a população de coelhos tivesse sido eliminada, o vírus também teria morrido, mas a relação parasito-hospedeiro se restabeleceu rapidamente, para atingir um estado de patogenicidade mais bem equilibrado, e nos anos 1970 apenas metade dos coelhos havia morrido por infecção. Os coelhos australianos agora enfrentam um novo desafio, um calicivírus proveniente da Europa que se propaga por contato e causa uma doença hemorrágica letal.

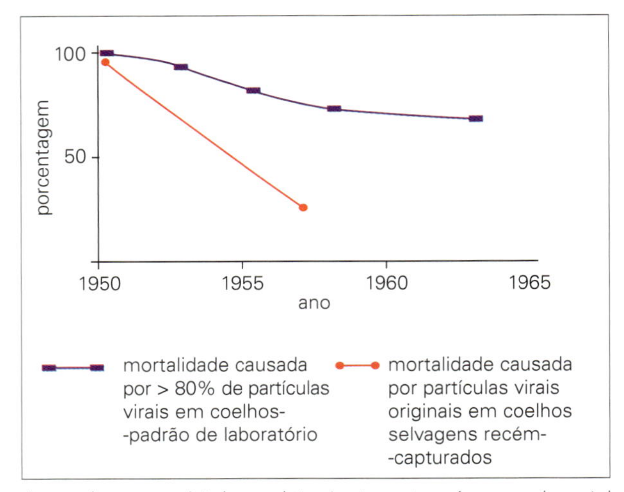

Figura 13.2 Evolução de um patógeno dentro de uma espécie hospedeira. A mixomatose é o exemplo mais bem estudado do aparecimento de um patógeno altamente letal em uma população hospedeira que gradualmente passa a um estado de patogenicidade mais equilibrada. O *Vibrio cholerae* progrediu nessa direção, e talvez o HIV esteja destinado a trilhar o mesmo caminho.

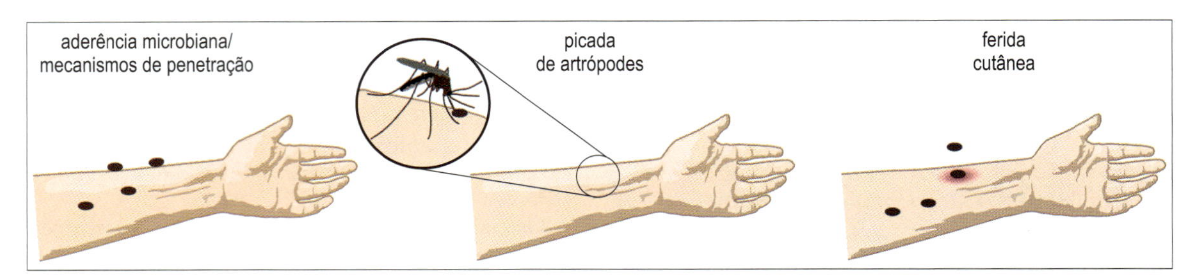

Figura 13.3 Patógenos podem invadir o hospedeiro saudável de três maneiras principais. Também pode ocorrer invasão se o hospedeiro for imunocomprometido.

superfície ou sistêmica estão comprometidos (Cap. 31) — como ocorre com queimaduras, inserção de corpos estranhos (cânulas ou cateteres), infecções do trato urinário em homens (cálculos, próstata aumentada; Cap. 21), pneumonia bacteriana após dano viral inicial (pós-influenza) ou respostas imunológicas deprimidas (drogas imunossupressoras ou doenças como a AIDS).

CAUSAS DAS DOENÇAS INFECCIOSAS

Mais de 100 microrganismos comumente causam infecção

Os seres humanos são hospedeiros de muitos microrganismos diferentes. Além dos muitos microrganismos que formam a microbiota normal (ou microbioma), há mais de 100 que muito comumente causam infecção, alguns dos quais permanecem no corpo por muitos anos depois, e várias centenas de outros que são responsáveis por infecções menos comuns. Contra esse rico cenário de atividade parasitária, como nós comprovamos que um certo microrganismo é responsável por uma dada doença? Em alguns exemplos (antraz, cólera, tétano), o microrganismo causador é identificado e incriminado em um estágio inicial, mas no caso da mononucleose infecciosa e da hepatite viral, isso não é tão fácil.

Os postulados de Koch para identificar as causas microbianas de doenças específicas

Em 1890, Robert Koch (Quadro 13.2) estabeleceu como "postulados" os seguintes critérios que ele achou necessários para um microrganismo ser aceito como a causa de uma dada doença:

- O microrganismo deve estar presente em todos os casos da doença.
- O microrganismo deve ser isolado do hospedeiro doente e crescer em cultura pura.
- A doença deve ser reproduzida quando uma cultura pura é introduzida em um hospedeiro não suscetível à doença.
- O microrganismo deve ser isolado de um hospedeiro infectado experimentalmente.

Nos primórdios da microbiologia, os postulados de Koch trouxeram uma clareza bem-vinda. A teoria do germe como causa da doença havia sido recentemente estabelecida, seguindo-se os estudos clássicos de Koch sobre o antraz (1876) e a tuberculose (1882), e métodos para o isolamento de microrganismos em cultura pura e para a sua identificação estavam apenas começando a ser desenvolvidos naquela época. Entretanto, algumas modificações foram necessárias de modo a incluir certas doenças bacterianas e o novo mundo das doenças virais. O microrganismo nem sempre pode ser cultivado no laboratório (*Treponema pallidum*, vírus de verrugas, *Mycobacterium leprae*), e para certos micróbios — hepatite B, vírus Epstein-Barr (VEB) — não havia (inicialmente) espécies animais suscetíveis. Portanto, os critérios foram modificados em várias ocasiões para acomodar esses problemas, e, finalmente, reformulados por A.S. Evans, em 1976.

Conclusões sobre causalidade são alcançadas usando-se esclarecimento e bom senso

Hoje em dia, com a nossa tecnologia amplamente melhorada e a compreensão da infecção, as tentativas de fazer listas e aplicar critérios rígidos podem parecer ultrapassadas. Talvez agora nós possamos chegar a conclusões sobre as causalidades utilizando o bom senso. Por exemplo, nós reconhecemos que as doenças, algumas vezes, não aparecem até muitos anos após uma infecção específica (panencefalite esclerosante subaguda, doença de Creutzfeldt-Jakob; Cap. 25). As técnicas de genética molecular podem identificar microrganismos que anteriormente não eram cultiváveis. A reação em cadeia da polimerase foi usada para amplificar e sequenciar pequenas quantidades de mRNA do intestino de pacientes com doença de Whipple, um distúrbio multissistêmico raro. Foi identificado um mRNA 16S único, de uma bactéria não cultivável, não caracterizada previamente, *Tropheryma whippelii*. Contudo, permanecem áreas obscuras, especialmente nas doenças de etiologia microbiana provável ou possível em que o patógeno não age sozinho. Cofatores ou fatores genéticos e imunológicos do hospedeiro podem desempenhar uma parte vital. Exemplos incluem:

Quadro 13.2 Lições de Microbiologia

Robert Koch (1843-1910)

Em 1876, quando clinicava em Berlim, Robert Koch (Fig. 13.4) isolou o bacilo antraz e se tornou o primeiro a demonstrar um patógeno específico como a causa de uma doença. Em 1882, ele descobriu o *Mycobacterium tuberculosis* como a causa da tuberculose. Ele então foi adiante e liderou, em 1883, uma expedição ao Egito e à Índia e descobriu a causa da cólera: *Vibrio cholerae*.

Koch foi o fundador da "teoria do germe" como causador de doença, que sustentava que certas doenças eram causadas por uma única espécie de micróbio. Em 1890, ele estabeleceu seus "postulados" como regras básicas. Novas técnicas foram necessárias para satisfazer os requisitos rigorosos dos postulados, e Koch se tornou o primeiro a obter o crescimento de bactérias em "colônias", inicialmente em fatias de batata, e, mais tarde, com seu pupilo Petri, em meios de gelatina sólida.

Entretanto, o próprio Koch não pôde reproduzir a cólera em animais nem todos os micróbios puderam ser cultivados. Suas regras básicas, portanto, tiveram de ser modificadas. Apesar disso, ele trouxe ordem e clareza à medicina — até então, as doenças eram atribuídas a miasmas ou obscuridades, a punições de deuses ou demônios, ou a conjunções infelizes das estrelas e planetas. Contudo, havia resistência às suas ideias. Um distinto médico de Munique, Max Von Petternkofer, acreditava que tinha posto em xeque a nova teoria quando ele ingeriu uma cultura pura de *V. cholerae* e sofreu não mais que uma diarreia branda!

Figura 13.4 Robert Koch (1843-1910).

- os cânceres associados a vírus (hepatite B, vírus da verruga genital, VEB);
- doenças de possível origem microbiana, nas quais vários patógenos diferentes podem estar envolvidos (síndrome da fadiga pós-viral, exacerbações de esclerose múltipla);
- doenças que podem ser infecciosas, mas ocorrem apenas em uma proporção muito pequena de indivíduos geneticamente predispostos (artrite reumatoide, diabetes mellitus juvenil).

O GRADIENTE DA RESPOSTA BIOLÓGICA

É incomum um patógeno causar exatamente a mesma doença em todos os indivíduos infectados

Portanto, um médico deve ser capaz de fazer o diagnóstico quando apenas alguns dos sinais e sintomas possíveis estão presentes. O quadro clínico exato depende de muitas variáveis, tais como a dose contaminante e a via, idade, sexo, presença de outros patógenos, estado nutricional e história genética. Infecções tais como sarampo ou cólera conferem um quadro razoavelmente consistente da doença, mas outras como a sífilis causam um espectro tão grande de patologia que *Sir* William Osler (1849-1919) estabeleceu que "aquele que conhece a sífilis, conhece medicina".

Há uma grande variação não apenas na natureza, mas também na gravidade da doença clínica. Muitas infecções são assintomáticas em > 90% dos indivíduos, e a enfermidade caracterizada clinicamente se aplica apenas a um hospedeiro ocasional desafortunado (Tabela 13.3). Essa doença pode ser moderada ou grave. Indivíduos infectados assintomaticamente são importantes, porque embora desenvolvam imunidade e resistência à reinfecção, eles não são identificados, deslocam-se normalmente na comunidade e podem infectar outros. De maneira clara, há pouco propósito no isolamento de um paciente clinicamente infectado quando há uma alta frequência de indivíduos infectados assintomaticamente na comunidade. Esse fenômeno pode ser representado como um *iceberg* (Fig. 13.5).

Tabela 13.3 A probabilidade de desenvolvimento da doença clínica varia conforme a infecção e frequentemente depende da idade

Frequência de doença clinicamente aparente	
Infecção	**% aproximado com doença clinicamente aparente[a]**
Pneumocystis jirovecii[b]	0
Vírus Epstein-Barr (crianças de 1-5 anos de idade)	1,0 (30-75% em jovens adultos)
Poliomielite (criança)	24[c]
Malária (criança de 1-5 anos)	25 (2% em adultos)
Rubéola	50
Influenza (jovem adulto)	60
Coqueluche Tifoide Antraz	> 90
Gonorreia (homens adultos) Sarampo	99
HIV[d] Raiva	100

Quando há um período de incubação longo, a proporção com doença clínica pode aumentar com o tempo, desde um pequeno percentual até (próximo de) 100% no caso do HIV.
[a]Em infecção primária.
[b]Anteriormente *P. carinii*.
[c]1% desenvolve poliomielite.
[d]Alguns indivíduos infectados com HIV podem manter altas contagens de CD4 e cargas virais muito baixas por > 5 anos, e são chamados "não progressivos de longo período" ou "controladores", com alguns poucos indivíduos, chamados de "controladores de elite", controlando a progressão para a doença por > 20 anos.

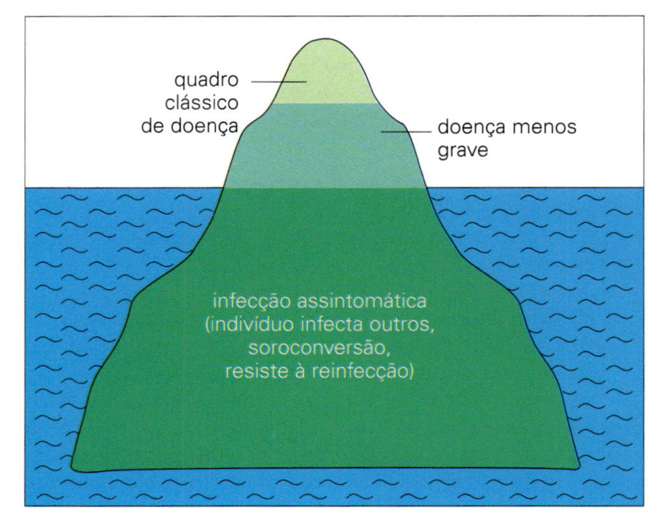

Figura 13.5 O conceito do "iceberg" de doença infecciosa.

PRINCIPAIS CONCEITOS

- Defrontados com os mecanismos de defesa do hospedeiro (Caps. 10-12), os patógenos (Caps. 1-7) desenvolveram mecanismos para contorná-los e, por sua vez, em resposta, as defesas tiveram de ser modificadas, embora lentamente.
- Há um conflito entre o patógeno e o hospedeiro, e toda doença infecciosa é o resultado desse antigo conflito. Detalhes do conflito hospedeiro-patógeno são fornecidos nos Capítulos 13-18, um roteiro de métodos de diagnóstico no Capítulo 32 e uma descrição principal de doenças infeciosas de acordo com os sistemas do corpo envolvidos nos Capítulos 19-31.
- Questões de velocidade. Toda infecção é uma corrida entre a replicação e disseminação microbianas e a mobilização das respostas do hospedeiro.
- Alguns organismos podem invadir um hospedeiro saudável, mas outros são injetados por meio de picadas de insetos ou entram por meio de feridas.
- Técnicas moleculares ajudaram a identificar a causa de uma doença.
- Os patógenos não produzem necessariamente a mesma doença em todos os indivíduos infectados. Um gradiente de resposta biológica causa um espectro que pode oscilar desde uma infecção assintomática até um caso letal.

Entrada, saída e transmissão

14

Introdução

Os microrganismos devem se fixar ou penetrar nas superfícies do corpo do hospedeiro

O hospedeiro mamífero pode ser considerado como uma série de superfícies corporais (Fig. 14.1) nas quais os microrganismos devem se fixar ou penetrar para se estabelecerem sobre ou dentro dele. As superfícies externas, cobertas por pele ou pelos, protegem e isolam o corpo do mundo exterior, formando uma camada externa seca, córnea e relativamente impermeável. Em outros locais, entretanto, deve haver contato mais íntimo e troca com o mundo exterior. Portanto, nos tratos alimentar, respiratório e urogenital, nos quais ocorrem absorção do alimento, troca de gases e liberação de urina e produtos sexuais, respectivamente, o revestimento consiste em uma ou mais camadas de células vivas. Nos olhos, a pele é substituída por uma camada transparente de células vivas: a conjuntiva. Mecanismos bem desenvolvidos de limpeza e defesa estão presentes em todas essas superfícies do corpo, e a entrada de microrganismos sempre tem de enfrentar esses mecanismos naturais. Os microrganismos bem-sucedidos possuem, portanto, mecanismos eficientes para aderir e, frequentemente, atravessar essas superfícies corporais.

Moléculas receptoras

Geralmente, há moléculas específicas nos patógenos que se ligam às moléculas receptoras nas células do hospedeiro, tanto na superfície do corpo (vírus, bactérias) quanto nos tecidos (vírus). Essas moléculas receptoras, que podem estar presentes em mais de uma, não existem para o benefício do vírus ou de outros agentes infecciosos; eles possuem funções específicas na vida da célula. Muito ocasionalmente, as moléculas receptoras estão presentes apenas em certas células, as quais são, então, as únicas suscetíveis a infecção. São exemplos: a molécula CD4 e o receptor de betaquimiocina CCR5 para o HIV; o receptor C3d (CR_2) para o vírus Epstein-Barr; e a alfadistroglicana, que parece agir como o receptor para *M. leprae* nas células de Schwann (o mesmo receptor pode ser usado por arenavírus). Nesses casos, a presença da molécula receptora determina o tropismo do microrganismo e responde pelo padrão distinto da infecção. As moléculas receptoras são, portanto, determinantes críticos da suscetibilidade celular, não apenas na superfície do corpo, mas em todos os tecidos. Após se ligar à célula suscetível, o microrganismo pode se multiplicar na superfície (micoplasma, *Bordetella pertussis*) ou entrar na célula e infectá-la (vírus, clamídia; Cap. 16).

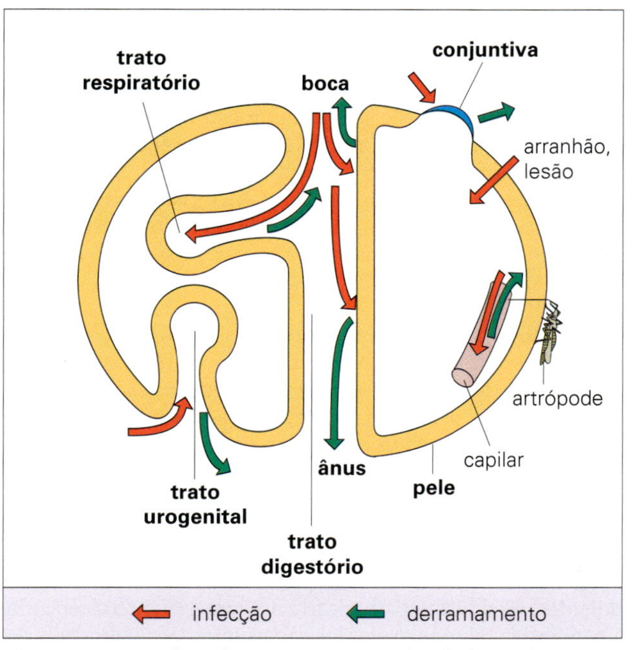

Figura 14.1 Superfícies do corpo como sítios de infecção e eliminação de microrganismos.

Saída do corpo

Os microrganismos devem também sair do corpo se eles tiverem de ser transmitidos a um novo hospedeiro. Eles são expulsos em grande número nas secreções e excreções ou ficam disponíveis no sangue para a captação, por exemplo, por artrópodes hematófagos ou agulhas.

PORTAS DE ENTRADA

Pele

Os microrganismos que entram pela pele podem causar infecção cutânea ou em outro local

Os microrganismos que infectam ou entram no corpo através da pele estão listados na Tabela 14.1. Na pele, os microrganismos, exceto os residentes da microbiota normal (Cap. 9), são logo inativados, especialmente por ácidos graxos (o pH da pele é de cerca de 5,5) e, provavelmente, por substâncias secretadas por glândulas sebáceas, e outras, e certos peptídeos, que são sintetizados no local pelos queratinócitos e que protegem contra invasão por estreptococos do grupo A. Substâncias

Tabela 14.1 Microrganismos que infectam através da pele

Microrganismo	Doença	Comentários
Vírus transmitidos por artrópodes	Febres e vários sistemas de órgãos podem ser afetados, tais como: Encefalite do Nilo Ocidental Encefalite japonesa Febre amarela Microcefalia relacionada ao Zika vírus Febre hemorrágica Crimeia-Congo	150 vírus distintos, transmitidos pela picada do artrópode infectado
Vírus da raiva	Raiva	Mordida de animais infectados
Papilomavírus humano	Verrugas	Infecção restrita à epiderme
Estafilococos	Furúnculos	Invasores cutâneos mais comuns
Rickettsia	Tifo, febres maculosas	Infestação com artrópodes infectados
Leptospira	Leptospirose	Contato com água contendo urina de animais infectados
Estreptococos	Impetigo, erisipelas	Infecção concomitante à nasofaringe em um terço dos casos
Bacillus anthracis	Antraz cutâneo	Doença sistêmica seguido de lesão local no sítio de inoculação
Treponema pallidum e *T. pertenue*	Sífilis, bouba	Pele quente, úmida, suscetível
Yersinia pestis, *Plasmodium*	Peste, malária	Picada da pulga de roedores ou de mosquito infectados
Trichophyton spp. e outros fungos	Tinha, pé de atleta	Infecção restrita a pele, unhas, cabelo
Ancylostoma duodenale (ou *Necator americanus*)	Ancilostomíase	Entrada silenciosa das larvas na pele, p. ex., no pé
Nematódeos filariais	Filaríase	Picada de mosquito, mosquito-pólvora ou mosca que se alimenta de sangue infectados
Schistosoma spp.	Esquistossomose	As larvas (cercárias) de caramujos infectados penetram na pele durante o contato com água

Alguns permanecem restritos à pele (papilomavírus, tinha), enquanto outros entram no corpo após crescimento na pele (sífilis) ou após transferência mecânica penetram a pele (infecções transmitidas por artrópodes, esquistossomose).

produzidas pela microbiota normal da pele também protegem contra infecções. As bactérias na pele podem entrar nos folículos pilosos ou glândulas sebáceas, para causar terçóis e furúnculos, ou nos ductos mamários, para causar mastite estafilocócica.

Vários tipos de fungos (os dermatófitos) infectam estruturas queratinosas da camada morta (estrato córneo, cabelo, unhas) produzida pela pele. A infecção é estabelecida logo que a taxa de crescimento dos parasitos na camada queratinosa torna-se maior do que a taxa de expulsão dos produtos queratinosos. Quando a última é muito lenta, como no caso das unhas, é mais provável que essa infecção se torne crônica.

Ferimentos, abrasões ou queimaduras são locais mais comuns de infecção. Mesmo uma pequena ruptura na pele pode ser a porta de entrada se microrganismos virulentos, como estreptococos, leptospiras transmitidas pela água ou o vírus da hepatite B transmitido pelo sangue, estiverem presentes no local. Alguns patógenos, tais como leptospira ou as larvas de *Ancylostoma* e de *Schistosoma*, são capazes de atravessar a pele íntegra por atividade própria.

Picada de artrópodes

Artrópodes que picam, como mosquitos, carrapatos, pulgas e flebotomíneos (Cap. 28), penetram a pele durante a alimentação e podem, assim, introduzir agentes infecciosos ou parasitos no corpo. O artrópode transmite a infecção e é uma parte essencial do ciclo de vida do microrganismo. Algumas vezes, a transmissão é mecânica e o microrganismo está apenas contaminando as partes do aparelho bucal sem se multiplicar no artrópode. Na maioria dos casos, entretanto, o agente infeccioso se multiplica no artrópode e, como resultado de milhões de anos de adaptação, causa pouco ou nenhum dano para este hospedeiro. Após um período de incubação, ele aparece na saliva ou nas fezes e é transmitido enquanto o inseto se alimenta de sangue. O mosquito, por exemplo, injeta saliva diretamente nos tecidos do hospedeiro como um anticoagulante, enquanto o piolho do corpo humano evacua à medida que se alimenta, e a *Rickettsia rickettsii*, que está presente nas fezes, é introduzida no ferimento causado pela picada, quando o hospedeiro coça a área afetada.

A conjuntiva

A conjuntiva pode ser considerada uma área especializada da pele. Ela é mantida limpa pelo fluxo contínuo das lágrimas auxiliado, em intervalos de segundos, pela ação da pálpebra, semelhante a um "limpador de para-brisas". Portanto, os microrganismos que infectam a conjuntiva normal (clamídia, gonococos) devem possuir mecanismos de fixação eficientes (Cap. 26). A interferência nas defesas locais decorrente da secreção da glândula lacrimal diminuída ou a danos na conjuntiva ou pálpebra permite que mesmo microrganismos menos especializados se estabeleçam no local. Dedos contaminados, moscas ou toalhas carreiam material infeccioso para a conjuntiva; alguns exemplos são as infecções pelo vírus do herpes simples, que provoca ceratoconjuntivite, e por clamídia, que resulta em tracoma. As substâncias antimicrobianas nas lágrimas, incluindo lisozima, uma enzima, e certos peptídeos, desempenham um papel na defesa do local.

Trato respiratório

Alguns microrganismos podem superar os mecanismos de limpeza do trato respiratório

O ar normalmente contém partículas suspensas, incluindo fumaça, poeira e microrganismos. Os mecanismos de limpeza eficientes (Caps. 19 e 20) lidam com essas partículas que são constantemente inaladas. Com cerca de 500 a 1.000 microrganismos por m^3 dentro de edificações, e uma taxa de ventilação de 6 L/min em repouso, cerca de 10.000 microrganismos são introduzidos por dia nos pulmões. No trato respiratório superior ou inferior, os microrganismos inalados, como outras partículas, serão capturados pelo muco, transportados para a parte posterior da garganta pela ação ciliar e engolidos. Aqueles que invadem o trato respiratório sadio normal desenvolveram mecanismos específicos para impedir esse destino.

Interferência nos mecanismos de limpeza

A estratégia ideal é se fixar firmemente às superfícies das células que formam a lâmina mucociliar. Moléculas específicas no organismo (frequentemente chamadas adesinas) ligam-se a receptores na célula suscetível (Fig. 14.2). Exemplos de tais infecções respiratórias são mostrados na Tabela 14.2.

A inibição da atividade ciliar é outra maneira de interferir nos mecanismos de limpeza. Isso ajuda os microrganismos invasores a se estabelecerem no trato respiratório. A *B. pertussis*, por exemplo, não apenas se fixa às células do epitélio respiratório, mas também interfere na atividade ciliar; outras bactérias (Tabela 14.3) produzem várias substâncias ciliostáticas de natureza geralmente desconhecida.

Evitando a destruição pelos macrófagos alveolares

Os microrganismos inalados que atingem os alvéolos encontram os macrófagos alveolares, os quais removem partículas estranhas e mantêm os espaços aéreos limpos. A maioria dos microrganismos é destruída por esses macrófagos, mas um ou dois patógenos aprenderam a evitar a fagocitose ou a destruição após a fagocitose. Os bacilos da tuberculose, por exemplo, sobrevivem nos macrófagos, e acredita-se que a doença pulmonar inicie dessa forma; a inalação de cerca de 5-10 bacilos já é suficiente. O papel vital dos macrófagos nas defesas antimicrobianas será mais cuidadosamente analisado no Capítulo 15. Os macrófagos alveolares sofrem danos como resultado da inalação de partículas de amianto e de certas poeiras tóxicas, e isso leva a uma suscetibilidade aumentada à tuberculose pulmonar.

Trato gastrointestinal

Alguns microrganismos podem sobreviver às defesas intestinais compostas por ácidos, muco e enzimas

Além do fluxo geral do conteúdo intestinal, não existem mecanismos particulares de limpeza neste local, a não ser que diarreia e vômito possam ser incluídos nessa categoria.

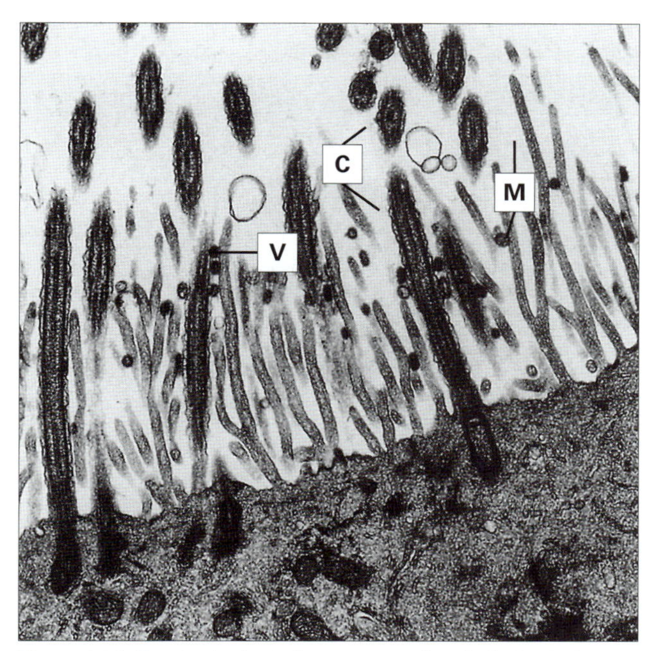

Figura 14.2 Fixação do vírus influenza ao epitélio ciliado. Partículas de vírus influenza (V) aderidas aos cílios (C) e microvilosidades (M). Eletromicrografia de corte fino da traqueia de cobaia (cultura de órgão), uma hora após a adição do vírus. (Cortesia R.E. Dourmashkin.)

Tabela 14.2 Adesão dos microrganismos ao trato respiratório

Microrganismos	Doença	Adesão microbiana	Receptor na célula hospedeira
Vírus influenza A	Influenza	Hemaglutinina	Sialil-oligossacarídeos
Rinovírus	Resfriado comum	Proteína do capsídeo	ICAM-1 (CD54)
Coxsackievírus A	Resfriado comum, vesículas orofaríngeas	Proteína do capsídeo	Integrina ou ICAM-1
Vírus parainfluenza tipo 1, vírus sincicial respiratório	Doença respiratória	Proteína do envelope	Sialoglicolipídios
Mycoplasma pneumoniae	Pneumonia atípica	Mediada pela organela terminal, uma extensão da membrana da célula infectada pelo micoplasma	Ácido neuramínico
Haemophilus influenzae *S. pneumoniae* *Klebsiella pneumoniae*	Doença respiratória	Molécula de superfície	Sequência de carboidratos no glicolipídio
Vírus do sarampo	Sarampo	Hemaglutinina	CD46

CD46, proteína cofator de membrana envolvida na regulação do complemento; ICAM-1, molécula de adesão intercelular 1; integrinas, família de receptores envolvidos na adesão (p. ex., receptor de laminina) expressada em muitos tipos de células.

Tabela 14.3 Interferência na atividade ciliar nas infecções respiratórias

Causa	Mecanismos	Importância
As bactérias infecciosas que interferem na atividade ciliar (*B. pertussis*, *H. influenzae*, *P. aeruginosa*, *M. pneumoniae*)	Produção de substâncias ciliostáticas (citotoxina de *B. pertussis*, age na traqueia; pelo menos duas substâncias de *H. influenzae*; pelo menos sete de *P. aeruginosa*)	++
Infecção viral	Disfunção ou destruição da célula ciliada por influenza, sarampo	+++
Poluição atmosférica (automóveis, fumaça de cigarro)	Comprometimento agudo da função mucociliar	? +
Inalação de ar seco (tubos endotraqueais, anestesia geral)	Comprometimento agudo da função mucociliar	+
Bronquite crônica, fibrose cística	Comprometimento crônico da função mucociliar	+++

Embora os patógenos possam interferir ativamente na atividade ciliar (primeiro item), o comprometimento geral da função mucociliar também predispõe à infecção respiratória.

Tabela 14.4 Adesão dos microrganismos ao trato intestinal

Microrganismo	Doença	Local de adesão	Mecanismo
Poliovírus	Poliomielite	Epitélio intestinal	A proteína capsídeo viral se liga ao receptor específico, chamado Pvr (receptor de poliovírus) ou CD155, uma glicoproteína celular
Rotavírus	Diarreia	Epitélio intestinal	As proteínas externas dos capsídeos virais VP4 ligam-se a glicanos da célula hospedeira e então interagem com diversos correceptores durante as etapas pós-ligação
Vibrio cholerae	Cólera	Epitélio intestinal	Molécula de adesão multivalente (MAM) 7 é uma proteína da membrana externa que medeia a ligação da célula hospedeira
Escherichia coli (EPEC e EHEC)	Diarreia	Epitélio intestinal	As bactérias injetam Tir, um efetor que é inserido na membrana citoplasmática da célula hospedeira e age como receptor para a proteína da superfície bacteriana chamada intimina
Salmonella typhi	Febre entérica	Epitélio do íleo	Adesinas bacterianas se ligam aos receptores das células hospedeiras
Shigella spp.	Disenteria	Epitélio do cólon	Uma proteína da superfície da *Shigella*, IscA, age como uma adesina e interage com as células hospedeiras após a ativação de um sistema de secreção de tipo III, desencadeando sua captação em células epiteliais
Giardia lamblia	Diarreia	Epitélio do duodeno e jejuno	Os protozoários ligam-se à manose-6-fosfato na célula hospedeira; também possuem adesão mecânica e discos ventrais
Entamoeba histolytica	Disenteria	Epitélio do cólon	A lecitina na superfície das amebas liga-se à célula hospedeira
Ancylostoma duodenale	Ancilostomíase	Epitélio intestinal	Cápsula bucal

Sob circunstâncias normais, a multiplicação de bactérias residentes é contrabalançada por sua passagem contínua para o exterior com o resto do conteúdo intestinal. A ingestão de um pequeno número de bactérias não patogênicas, seguida do seu crescimento no lúmen do tubo digestório, produz apenas números relativamente pequenos dentro de 12-18 horas, o tempo normal do trânsito intestinal.

Bactérias infectantes devem se fixar ao epitélio intestinal (Tabela 14.4) se elas quiserem se estabelecer e se multiplicar em grandes números. Elas evitarão, então, ser carreadas diretamente pelo tubo digestório para serem excretadas com o restante do conteúdo intestinal. A concentração de microrganismos nas fezes depende do balanço entre o crescimento e a remoção de bactérias no intestino. *Vibrio cholerae* (Figs. 14.3 e 14.4) e os rotavírus estabelecem ligações específicas aos receptores na superfície das células epiteliais intestinais. Para *V. cholerae*, o estabelecimento na camada superficial de muco pode ser suficiente para infecção e patogenicidade. O fato de que certos patógenos infectam principalmente o intestino grosso (*Shigella* spp.) ou o intestino delgado (a maioria das salmonelas e rotavírus) indica a presença de moléculas

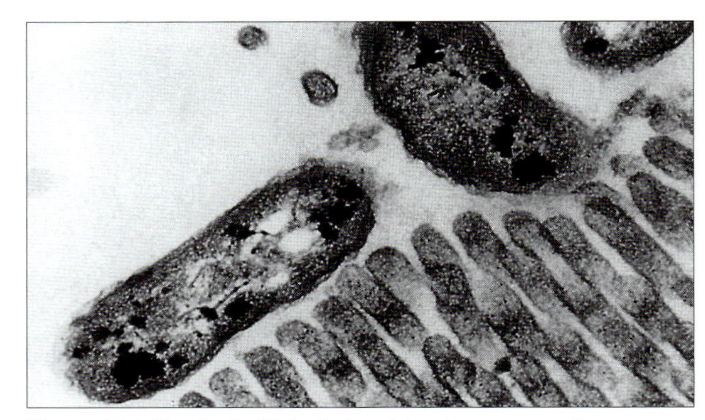

Figura 14.3 Fixação do *Vibrio cholerae* à borda em escova das vilosidades de coelho. Eletromicrografia de corte fino (× 10.000). (Cortesia E.T. Nelson.)

receptoras específicas nas células da mucosa dessas regiões do tubo digestório.

A infecção algumas vezes envolve mais do que a mera adesão à superfície do lúmen das células epiteliais intestinais. *Shigella flexneri*, por exemplo, somente pode entrar nessas células a partir da superfície basal. A entrada inicial ocorre após a captação pelas células M, e as bactérias, então, invadem os macrófagos locais. Isso dá origem a uma resposta inflamatória com um influxo de polimorfonucleares, os quais, por sua vez, causam alguma ruptura da barreira epitelial. As bactérias podem agora entrar em maior número a partir do lúmen intestinal e invadir por baixo as células epiteliais. As bactérias acentuam sua entrada explorando a resposta inflamatória do hospedeiro.

Dispositivos mecânicos naturais para fixação

Dispositivos mecânicos naturais são usados para a fixação e entrada de certos parasitos protozoários e vermes. *Giardia lamblia*, por exemplo, possui moléculas específicas para fixação às microvilosidades das células epiteliais, mas também tem seu próprio disco de sucção à microvilosidade. Os ancilóstomos fixam-se à mucosa intestinal por meio de uma grande cápsula bucal contendo dentes em gancho ou placas cortantes. Alguns vermes (p. ex., *Ascaris*) mantêm sua posição se "agarrando" uns aos outros contra os movimentos peristálticos, enquanto as tênias se aderem intimamente ao muco que cobre a parede intestinal, com os ganchos e ventosas anteriores desempenhando um papel relativamente secundário nos vermes maiores. Vários vermes penetram ativamente na mucosa quando adultos (*Trichinella*, *Trichuris*) ou atravessam a parede do intestino para entrar nos tecidos mais profundos (p. ex., os embriões de *Trichinella* liberados do verme fêmea e a larva de *Echinococcus* que eclode de ovos ingeridos).

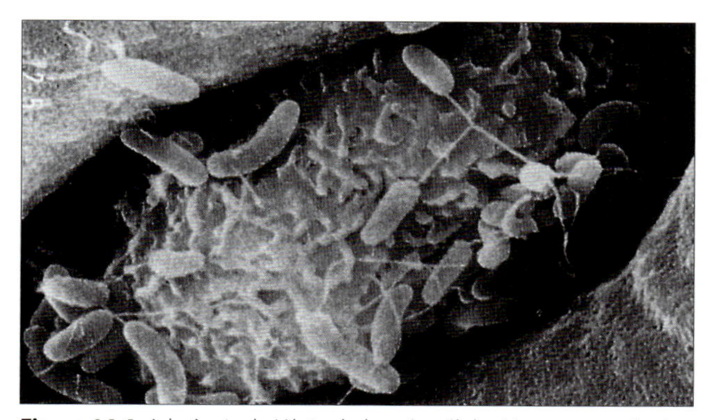

Figura 14.4 Aderência de *Vibrio cholerae* às células M na mucosa ileal humana. (Cortesia T. Yamamoto.)

Mecanismos para neutralizar muco, ácidos, enzimas e bile

Os patógenos intestinais bem-sucedidos devem neutralizar ou resistir a muco, ácidos, enzimas e bile. O muco protege as células epiteliais, agindo, possivelmente, como uma barreira mecânica para a infecção. Ele pode conter moléculas que se ligam a adesinas microbianas, bloqueando, desse modo, a fixação às células do hospedeiro. Ele contém, também, anticorpos IgA secretores específicos para os patógenos, os quais protegem o indivíduo imune contra infecções. Microrganismos móveis (*V. cholerae*, salmonelas e certas cepas de *Escherichia coli*) podem se impulsionar através da camada de muco e estão, portanto, mais propensos a atingir as células epiteliais e estabelecer adesão específica; o *V. cholerae* também produz uma mucinase, a qual provavelmente auxilia sua passagem através do muco. Microrganismos imóveis, ao contrário, dependem do transporte aleatório e passivo na camada de muco.

Como pode ser esperado, os microrganismos que infectam pela via intestinal são frequentemente capazes de sobreviver na presença de ácidos, enzimas proteolíticas e bile. Isso também se aplica a microrganismos que são eliminados do corpo por essa via (Tabela 14.5).

Todos os microrganismos que infectam por via intestinal devem enfrentar o desafio da acidez no estômago. A *Helicobacter pylori* desenvolveu uma defesa específica (Quadro 14.1).

Tabela 14.5 Propriedades microbianas que auxiliam a entrada dos microrganismos no trato gastrointestinal

Propriedade	Exemplos	Consequência
Adesão específica ao epitélio intestinal	Poliovírus, rotavírus, *Vibrio cholerae*	O microrganismo evita a expulsão, junto a outros conteúdos intestinais, e pode estabelecer a infecção
Motilidade	*V. cholerae*, determinadas cepas de *E. coli*	As bactérias movimentam-se através do muco, aumentando a probabilidade de alcançar a célula suscetível
Produção de mucinase	*V. cholerae*	Pode auxiliar o trajeto pelo muco (neuraminidase)
Acidorresistência	*Mycobacterium tuberculosis*	Auxilia no desenvolvimento de tuberculose intestinal (os microrganismos sensíveis ao ácido dependem de proteção no bolo alimentar ou em fluidos), aumento da suscetibilidade nos indivíduos com acloridria
	Helicobacter pylori	Permite que seja residente no estômago
	Enterovírus (poliovírus, coxsackievírus, ecovírus), vírus da hepatite A	Infecção e propagação no trato gastrointestinal
Resistência à bile	*Salmonella*, *Shigella*, enterovírus	Patógenos intestinais
	Enterococcus faecalis, *E. coli*, *Proteus*, *Pseudomonas*	Permite que sejam residentes
Resistência às enzimas proteolíticas	Retrovírus em camundongos	Permite a infecção oral
Crescimento anaeróbio	*Bacteroides fragilis*	Bactérias mais comuns residentes no ambiente anaeróbico do cólon

Quadro 14.1 Lições de Microbiologia

Como sobreviver ao ácido estomacal: a estratégia de neutralização do *Helicobacter pylori*.

Essa bactéria foi descoberta em 1983 e mostrou ser um patógeno humano quando dois médicos corajosos, Warren e Marshall, em Perth, da Austrália ocidental, beberam uma poção contendo a bactéria e desenvolveram gastrite. A infecção propaga-se pessoa a pessoa pelas vias gastro-oral ou fecal-oral e, 150 anos atrás, quase todos os humanos foram infectados quando crianças. Atualmente, em países com melhores condições de higiene, a aquisição da infecção ocorre mais tardiamente: até a idade de 50 anos, mais da metade da população terá sido infectada. O desfecho clínico inclui úlcera péptica, câncer gástrico e desenvolvimento de tecido linfoide associado à mucosa gástrica (MALT). Supõe-se que os fatores bacterianos e ambientais estejam envolvidos. A suscetibilidade genética é implicada tanto na aquisição quanto na proteção à infecção por *H. pylori* (HP). Após serem ingeridas, as bactérias têm inúmeras estratégias que promovem a adaptação à mucosa gástrica do hospedeiro resultante da interação à mucosa da parede do estômago por adesinas especiais. Incluem, também, um "mimetismo" do hospedeiro que leva à evasão da resposta imune e variabilidade genética. Muitos patógenos (p. ex., *V. cholerae*) são logo eliminados devido ao pH baixo encontrado no estômago. *H. pylori*, no entanto, se protege ao liberar grandes quantidades de urease, que age na ureia presente no local para formar uma minúscula nuvem de amônia ao seu redor. As bactérias aderidas induzem a apoptose nas células epiteliais gástricas, bem como inflamação, dispepsia e, ocasionalmente, uma úlcera duodenal ou gástrica, de modo que o tratamento dessas úlceras é feito por antibióticos, em vez do uso apenas de antiácidos. Cerca de 90% das úlceras duodenais ocorrem em função da infecção por HP, e o restante é atribuído ao uso de aspirina ou anti-inflamatórios não esteroides (AINES). As bactérias não invadem os tecidos e permanecem no estômago por anos, provocando gastrite crônica assintomática. Até 3% dos indivíduos infectados desenvolvem gastrite ativa crônica, que progride para a metaplasia intestinal, que pode levar ao câncer de estômago. *H. pylori* foi a terceira bactéria que teve o seu genoma inteiro sequenciado; diversos produtos gênicos foram caracterizados, e os principais avanços obtidos incluem o entendimento da variabilidade genética dos genes que codificam as proteínas da membrana externa e a adaptação ao hospedeiro.

O fato de que os bacilos da tuberculose resistem a condições ácidas favorece o estabelecimento da tuberculose intestinal, mas a maioria das bactérias é sensível ao ácido e prefere condições ligeiramente alcalinas. Por exemplo, voluntários que ingeriram diferentes doses de *V. cholerae* contidos em 60 mL de solução salina mostraram um aumento de 10.000 vezes na suscetibilidade à cólera quando 2 g de bicarbonato de sódio foram administrados juntamente com as bactérias. A dose mínima para produzir doença foi de 10^8 bactérias sem bicarbonato e 10^4 bactérias com bicarbonato. Experimentos semelhantes foram realizados em voluntários com *Salmonella typhi*, e a dose infectante mínima de 1.000–10.000 bactérias foi novamente significativamente reduzida pela ingestão de bicarbonato de sódio. Os estágios infecciosos dos protozoários e dos vermes resistem à acidez estomacal porque estes são protegidos dentro dos cistos ou nos ovos. Vírus subdesenvolvidos também apresentam uma vantagem, pois resistem ao calor e a ambientes ácidos e secos.

Quando o microrganismo infectante penetra no epitélio intestinal (*Shigella*, *S. typhi*, hepatite A e outros enterovírus), a patogenicidade final depende de:

- multiplicação e propagação subsequentes;
- produção de toxina;
- dano celular;
- respostas inflamatória e imunológica.

Absorção de exotoxina, endotoxina e proteínas microbianas

Exotoxinas, endotoxinas e proteínas microbianas podem ser absorvidas no intestino em uma pequena escala. A diarreia geralmente promove a captação de proteína, e a absorção de proteínas também ocorre mais prontamente nos bebês, que de alguma maneira também necessitam absorver os anticorpos do leite. Da mesma forma que moléculas grandes, as partículas do tamanho dos vírus podem também ser absorvidas pelo lúmen intestinal. Isso ocorre em locais específicos, como aqueles onde estão as placas de Peyer. As placas de Peyer são coleções isoladas de tecido linfoide dispostas logo abaixo do epitélio intestinal, que, nessa região, é altamente especializado, consistindo nas chamadas células M (Fig. 14.4). As células M capturam partículas e proteínas estranhas e as liberam para as células imunológicas subjacentes, às quais elas estão intimamente associadas por processos citoplasmáticos.

Trato urogenital

Os microrganismos que entram pelo trato urogenital podem se propagar facilmente de um local para outro

O trato urogenital é contínuo, de modo que os microrganismos podem propagar-se facilmente de um local para outro, e a diferença entre vaginite e uretrite, ou entre uretrite e cistite, nem sempre é fácil ou necessária (Caps. 21 e 22).

Defesas no canal vaginal

O canal vaginal não possui nenhum mecanismo particular de limpeza, e a repetida introdução de objetos estranhos contaminados e, em certas circunstâncias, carreando patógenos (o pênis), o torna particularmente vulnerável a infecções, constituindo a base das doenças sexualmente transmissíveis (Cap. 22). A resposta natural são as defesas adicionais. Durante a vida reprodutiva, o epitélio vaginal contém glicogênio devido à ação de estrogênios circulantes, e certos lactobacilos colonizam a vagina, metabolizando o glicogênio para produzir ácido lático. Como resultado, o pH vaginal normal é cerca de 5,0, o que inibe a colonização pela maioria dos microrganismos, exceto pelos lactobacilos e certos estreptococos e difteroides. A secreção vaginal normal contém até 10^8/mL dessas bactérias comensais. Se outros microrganismos forem invadir e colonizar o local, eles precisarão de mecanismos específicos para fixação à mucosa vaginal ou cervical, ou, então, tirar vantagem de pequenas lesões locais que ocorrem durante o coito (verrugas genitais, sífilis), ou de algum comprometimento das defesas locais (presença de absorventes internos, desequilíbrio de estrogênio). Esses são os microrganismos responsáveis pelas doenças sexualmente transmissíveis.

Defesas da uretra e da bexiga

A ação do fluxo regular da urina é a principal defesa da uretra, e a urina na bexiga é normalmente estéril.

A bexiga é mais do que um receptáculo inerte, e em sua parede existem mecanismos de defesa intrínsecos, porém ainda pouco entendidos. Estes incluem uma camada protetora de muco e a capacidade de gerar respostas inflamatórias e produzir anticorpos secretores e células imunológicas.

Mecanismos de invasão do trato urinário

O trato urinário é quase sempre invadido a partir do exterior pela uretra, e o microrganismo invasor deve, primeiramente, evitar sua eliminação durante a micção. Mecanismos especializados de fixação foram, portanto, desenvolvidos por invasores bem-sucedidos (p. ex., gonococos; Fig. 14.5). Um determinado peptídeo presente no pili bacteriano liga-se a um receptor proteoglicano, semelhante ao sindecano, presente na célula uretral, que é, então, induzida a endocitar a bactéria. Isso é referido como endocitose dirigida pelo parasito, e também ocorre com a clamídia.

O prepúcio é uma desvantagem nas infecções urinárias, porque os patógenos sexualmente transmitidos frequentemente permanecem na área úmida sob o prepúcio após a detumescência, dando a eles uma maior oportunidade de invadir. Todas as infecções sexualmente transmissíveis são mais comuns em homens não circuncidados.

As bactérias intestinais (principalmente *E. coli*) são invasores comuns do trato urinário, causando cistite. A anatomia do trato urogenital é o determinante principal para a aquisição da infecção (Fig. 14.6). A propagação para a bexiga não é uma tarefa fácil nos homens, cuja uretra flácida tem 20 cm de comprimento; por isso, neles, as infecções urinárias são raras, a menos que os microrganismos sejam introduzidos por cateteres ou a atividade do fluxo urinário esteja prejudicada (Cap. 21). O prepúcio novamente causa problemas na infecção do trato urinário por bactérias presentes nas fezes. Essas infecções são mais comuns em crianças não circuncidadas, porque o prepúcio pode abrigar essas bactérias em sua superfície interna.

Nas mulheres, isso é diferente. Não somente a uretra é mais curta (5 cm), como também é muito próxima do ânus (Fig. 14.6), o qual é uma fonte constante de bactérias intestinais. As infecções urinárias são cerca de 14 vezes mais comuns nas mulheres, e pelo menos 20% tiveram uma infecção urinária sintomática em algum momento da vida. As bactérias invasoras frequentemente iniciam sua invasão colonizando a mucosa ao redor da uretra e, provavelmente, possuem mecanismos especiais de fixação às células dessa área. A invasão bacteriana é favorecida pela deformação mecânica da uretra e da região circunjacente que ocorre durante a relação sexual, o que pode causar uretrite e cistite. A bacteriúria é cerca de 10 vezes mais comum em mulheres sexualmente ativas do que em freiras, por exemplo.

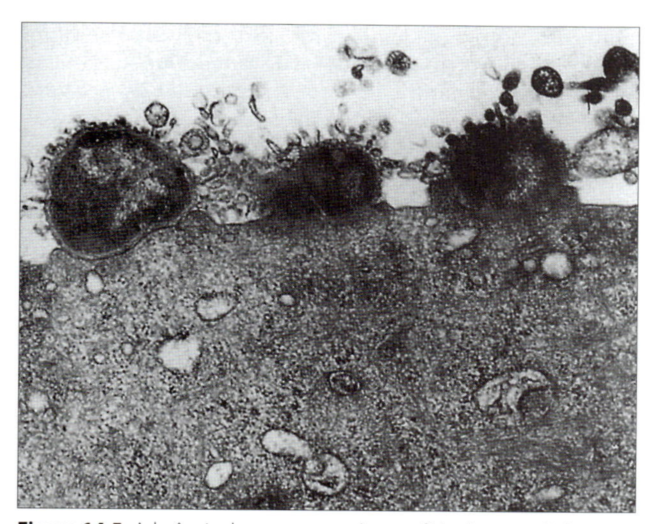

Figura 14.5 Aderência dos gonococos à superfície de uma célula epitelial uretral humana. (Cortesia P.J. Watt.)

Orofaringe

Os microrganismos podem invadir a orofaringe quando a resistência mucosa está reduzida

Os microrganismos comensais na orofaringe estão descritos no Capítulo 19.

Defesas da orofaringe

A ação do fluxo da saliva proporciona um mecanismo de limpeza natural (cerca de 1 L/dia é produzido, necessitando de 400 deglutições), auxiliado pela mastigação e outros movimentos da língua, bochechas e lábios. Por outro lado, substâncias presentes na região posterior da nasofaringe são friccionadas vigorosamente contra a faringe, pela língua, durante a deglutição, e os patógenos, desse modo, têm a oportunidade de entrar no corpo nesse local. Defesas adicionais incluem anticorpos IgA secretores, substâncias antimicrobianas, tais como lisozima, a microbiota normal e as atividades antimicrobianas de leucócitos presentes nas superfícies mucosas e na saliva.

Mecanismos de invasão da orofaringe

A fixação às superfícies mucosas ou do dente é obrigatória tanto para microrganismos invasores quanto para residentes. Por exemplo, diferentes espécies de estreptococos fixam-se de maneira específica, através das moléculas de ácido lipoteicoico de suas fímbrias, ao epitélio bucal e à língua (*Streptococcus salivarius* residentes), aos dentes (*Streptococcus mutans* residentes) ou ao epitélio da faringe (*Streptococcus pyogenes* invasores).

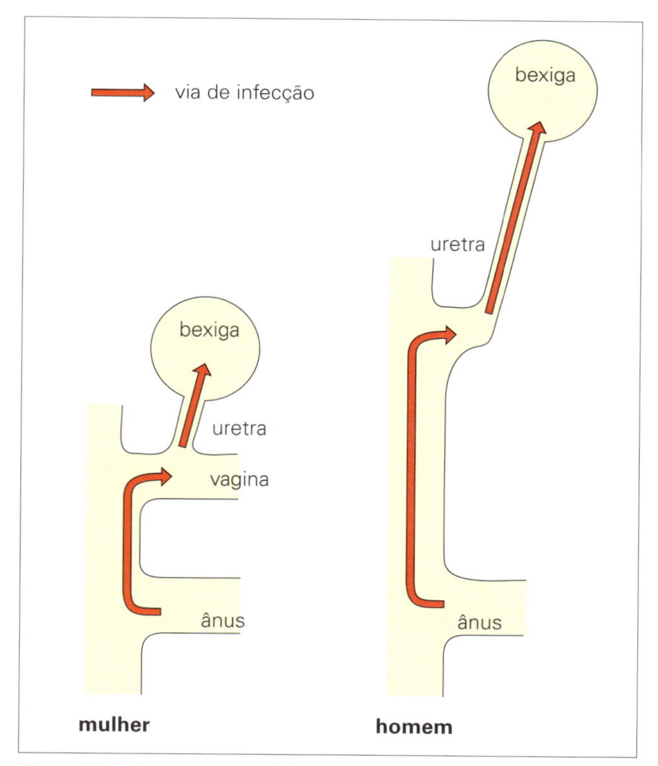

Figura 14.6 O trato urogenital feminino é particularmente vulnerável à infecção por bactérias de origem fecal, principalmente porque a uretra é mais curta e mais próxima do ânus.

Tabela 14.6 Tipos de infecção e seu papel na transmissão

Tipo de infecção	Defesas do hospedeiro	Evasão do patógeno	Exemplos	Valor do mecanismo de evasão na transmissão
Trato respiratório	Limpeza mucociliar	Adere às células epiteliais, interfere na ação ciliar	Vírus influenza, coqueluche	Essencial
	Macrófago alveolar	Multiplicação nos macrófagos alveolares	*Legionella*, tuberculose	Essencial
Trato intestinal	Muco, movimento peristáltico	Adesão às células epiteliais	Rotavírus, *Salmonella*	Essencial
	Ácido, bile	Resiste ao ácido, bile	Poliovírus	Essencial
Aparelho reprodutor	Ação do fluxo urinário e de secreções genitais, defesas na mucosa	Adesão às células epiteliais uretrais/vaginais	Gonococos, *Chlamydia*	Essencial
Trato urinário	Ação de fluxo urinário	Adesão às células epiteliais/ uretrais	*E. coli*	Sem valor
		Atinge a urina a partir do epitélio tubular	Poliomavírus	Valioso
Sistema nervoso central	Dentro da caixa craniana e da coluna vertebral	Atinge o SNC através dos nervos ou dos vasos sanguíneos que entram na caixa craniana ou na coluna vertebral	Meningite bacteriana, encefalite viral	Sem valor
Pele, mucosa	Camadas de células constantemente eliminadas (mucosa)	Invade as camadas mais internas da pele/mucosa	Varicela, sarampo	Essencial
	Camada morta de células queratinizadas (pele)	Infecta a camada epidérmica basal	Papilomavírus	Essencial
		Infecta através de pequenas abrasões	Estafilococos, estreptococos	Essencial
		Penetra na pele intacta	Esquistossomose, ancilostomíase, leptospirose	Essencial
Sistema vascular	Pele	Infecção do hospedeiro ocorre pela picada do vetor, replicação nas células sanguíneas ou no endotélio vascular	Malária, febre amarela	Essencial

Para cada tipo de defesa do hospedeiro, o patógeno bem-sucedido tem uma resposta, que pode ou não ser importante para a transmissão.

Fatores que reduzem os mecanismos de resistência na mucosa permitem a invasão por bactérias comensais e outras, como nos casos das infecções gengivais causadas por deficiência de vitamina C, ou da invasão por *Candida* ("sapinho") promovida pela alteração da microbiota residente, após o uso de antibióticos de amplo espectro. Quando o fluxo salivar é reduzido por 3–4 horas, como entre as refeições, há um aumento de quatro vezes no número de bactérias na saliva (Cap. 19). Nos pacientes desidratados, o fluxo salivar é grandemente reduzido, e a boca logo apresenta um crescimento excessivo de bactérias. Como em todas as superfícies do corpo, há uma flutuação no limite entre o comportamento adequado das bactérias residentes e a invasão dos tecidos, determinada de acordo com as alterações nas defesas do hospedeiro.

SAÍDA E TRANSMISSÃO

Os microrganismos possuem vários mecanismos para assegurar a saída do hospedeiro e a transmissão

Patógenos bem-sucedidos devem deixar o corpo e então ser transmitidos para novos hospedeiros. Microrganismos altamente patogênicos (p. ex., vírus Ebola, *Legionella pneumophila*) terão pouco impacto nas populações de hospedeiros se sua transmissão pessoa a pessoa for incomum ou ineficiente. Quase todos os patógenos são liberados das superfícies do corpo, sendo essa a via de saída para o mundo exterior. Alguns, entretanto, são removidos de dentro do corpo por vetores (por exemplo, os artrópodes sugadores de sangue que transmitem febre amarela, malária e filariose). A Tabela 14.6 lista os tipos de infecção e os seus papéis na transmissão dos patógenos, e fornece um resumo das defesas do hospedeiro e dos modos pelos quais eles escapam. A transferência de um hospedeiro para outro forma a base para a epidemiologia das doenças infecciosas (Cap. 32).

A transmissão depende de três fatores:

- do número de microrganismos liberados;
- da estabilidade do microrganismo no ambiente;
- do número de microrganismos necessários para infectar um novo hospedeiro (a eficiência da infecção).

Número de microrganismos liberados

Obviamente, quanto maior o número de partículas virais, bactérias, protozoários e ovos propagados, maior a chance de atingir um novo hospedeiro. Existem, entretanto, muitos riscos. A maioria dos microrganismos morre quando eliminados, e apenas um eventualmente sobrevive para perpetuar a espécie.

Tabela 14.7 Resistência de microrganismos à dessecação como um fator na transmissão

Estabilidade à dessecação	Exemplos	Consequência
Estável	Bacilo da tuberculose Estafilococos	Propagação mais rápida através do ar (pó, gotículas secas)
	Esporos de clostrídios Esporos do antraz Esporos de *Histoplasma*	Propagação imediata através do solo
Instável	*Neisseria meningitidis* Estreptococos *Bordetella pertussis* Vírus influenza Vírus do sarampo	Exige contato próximo (respiratório)
	Gonococos HIV *Treponema pallidum*	Exige contato próximo (sexual)
	Vibrio cholerae Leptospira	Propagação através da água e dos alimentos
	Vírus da febre amarela Malária Tripanossomas	Propagação através dos vetores (isto é, permanece em um hospedeiro)
	Larvas/ovos de vermes	Necessário solo úmido (exceto oxiúros)

Os patógenos que já estão desidratados, como os esporos, e vírus liofilizados artificialmente também são mais resistentes à inativação térmica. Os esporos podem sobreviver por anos no solo.

Estabilidade no ambiente

Os microrganismos que resistem à dessecação disseminam-se mais rapidamente no ambiente do que aqueles que são sensíveis a isso (Tabela 14.7). Os microrganismos também permanecem infecciosos por períodos mais longos no ambiente externo quando eles são resistentes à inativação térmica. Certos microrganismos desenvolveram formas especiais (p. ex., esporos de clostrídios, cistos de ameba) que permitem que eles resistam a dessecação, inativação pelo calor e danos por compostos químicos, testemunhando a importância da estabilidade no ambiente. Se ainda vivos, os microrganismos são mais termoestáveis quando desidratados. A dessecação diretamente do estado congelado (liofilização) pode torná-los muito resistentes a temperaturas ambientais. O fato de que os esporos e cistos são estruturas desidratadas responde em grande parte por sua estabilidade. Os microrganismos que são sensíveis à dessecação dependem, para sua propagação, de contato íntimo, vetores ou contaminação de alimentos e água.

Número de microrganismos necessários para infectar um novo hospedeiro

A eficiência da infecção varia grandemente entre os microrganismos e ajuda a explicar muitos aspectos da transmissão. Por exemplo, voluntários que ingerem 10 células de *Shigella dysenteriae* (obtidas de outros seres humanos) se tornarão infectados, enquanto cerca de 10^6 células de *Salmonella* spp. (provenientes de animais) são necessárias para causar intoxicação alimentar. A via de infecção também é importante. Uma única dose infectante de cultura em tecidos do rinovírus humano instilada na cavidade nasal causa um resfriado comum, e, embora contenham muitas partículas virais, cerca de 200 dessas doses são necessárias quando aplicadas na faringe. Cerca de 10 células de gonococos podem estabelecer uma infecção na uretra, mas um número milhares de vezes maior é necessário para infectar a mucosa da orofaringe ou do reto.

Outros fatores que afetam a transmissão

Fatores genéticos nos microrganismos também influenciam a transmissão. Algumas cepas de um dado microrganismo são, portanto, transmitidas mais prontamente do que outras, embora o mecanismo exato, frequentemente, não esteja esclarecido. A transmissão pode variar independentemente da capacidade de causar algum dano ou doença (patogenicidade ou virulência).

As atividades do hospedeiro infectado podem aumentar a eficiência da liberação e da transmissão. A tosse e o espirro são atividades reflexas que beneficiam o hospedeiro, eliminando material estranho do trato respiratório superior e inferior, mas também beneficiam o microrganismo. Cepas de microrganismos que são capazes de aumentar a secreção de fluidos ou irritar o epitélio respiratório induzirão mais tosse e espirro do que aquelas menos capazes e serão transmitidas mais eficientemente. Argumentos semelhantes podem ser aplicados à atividade intestinal equivalente: diarreia. Embora a diarreia elimine a infecção mais rapidamente (a prevenção da diarreia frequentemente prolonga a infecção intestinal), do ponto de vista dos patógenos, esse é um modo altamente eficaz para contaminar o ambiente e se propagar para novos hospedeiros.

TIPOS DE TRANSMISSÃO ENTRE HUMANOS

Os microrganismos podem ser transmitidos aos humanos por outros humanos, por vertebrados ou por artrópodes que picam. A transmissão é mais eficaz quando ela ocorre diretamente de pessoa a pessoa. As infecções mais comuns em todo o mundo são propagadas pelas vias respiratória, fecal-oral ou sexual. Um conjunto separado de infecções é adquirido de animais, quer diretamente de vertebrados (as zoonoses) ou indiretamente por artrópodes que picam. As infecções adquiridas de outras espécies ou não são transmitidas ou são pobremente transmitidas entre humanos. Os tipos de transmissão são ilustrados na Figura 14.7.

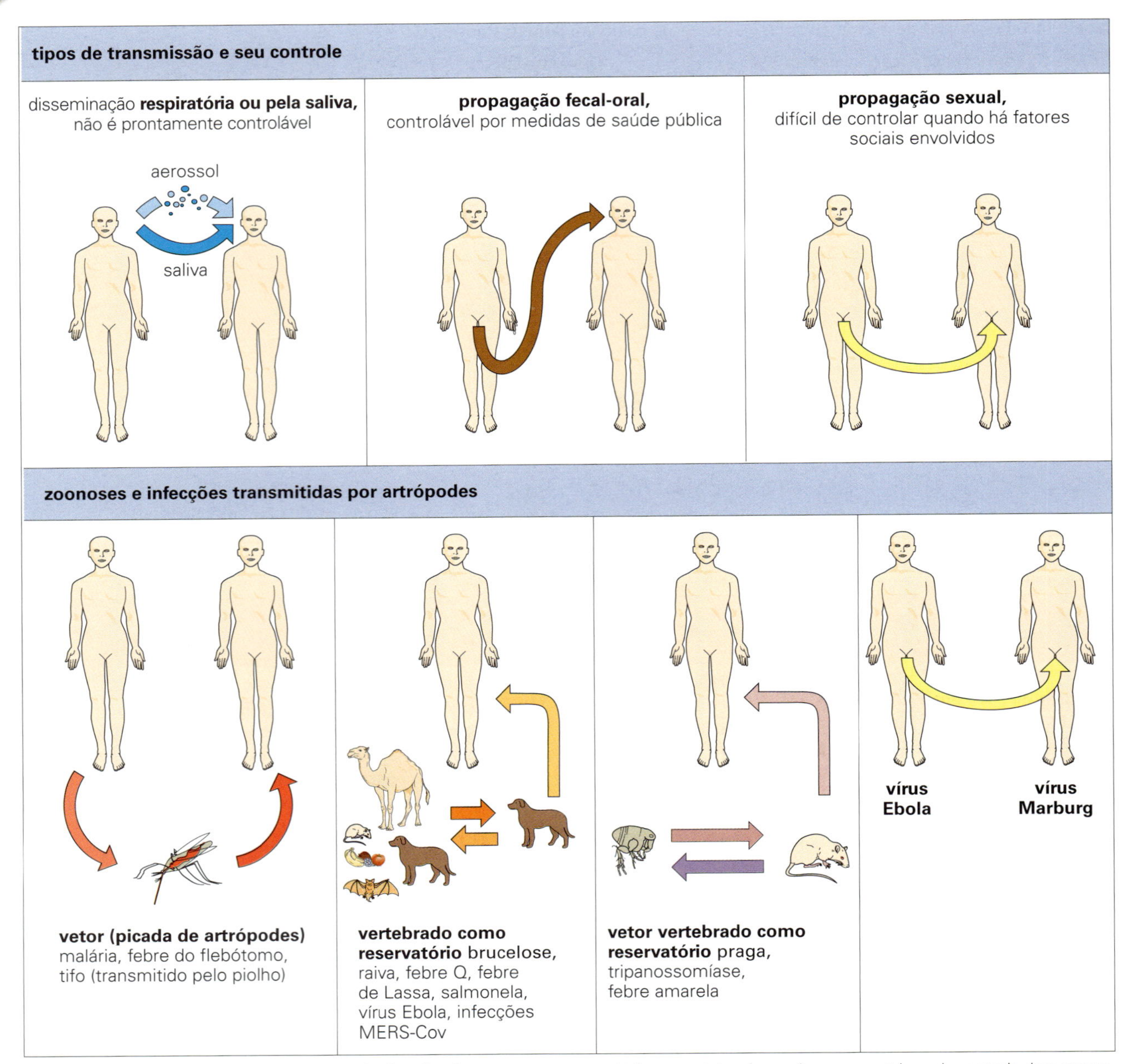

Figura 14.7 Tipos de transmissão e seu controle. As infecções e zoonoses transmitidas por artrópodes podem ser contidas pelo controle dos vetores ou das infecções nos animais; praticamente não existe transmissão dessas infecções pessoa a pessoa (exceto para a peste pneumônica e para o vírus Ebola; ver Cap. 29).

Transmissão a partir do trato respiratório

As infecções respiratórias propagam-se rapidamente quando há aglomeração de pessoas em ambientes fechados

Um aumento nas secreções nasais com espirro e tosse promove a expulsão eficiente da cavidade nasal. Em um espirro (Fig. 14.8), até 20.000 gotículas são produzidas, e durante um resfriado comum, por exemplo, muitas delas conterão partículas virais.

Um número menor de microrganismos (centenas) é expelido da boca, garganta, laringe e pulmões durante a tosse (coqueluche, tuberculose). A fala é uma fonte menos importante de partículas transmitidas pelo ar, porém também é capaz de produzi-las, especialmente quando são proferidas as consoantes f, p, t e s. Com certeza não é nenhum acidente que muitas das palavras mais grosseiras da língua inglesa comecem com essas letras, fazendo com que uma quantidade grande de gotículas (possivelmente infecciosas) sejam transmitidas com tais palavras!

O tamanho das gotículas inaladas determina sua localização inicial. As gotas maiores caem no solo após viajarem por aproximadamente 4 m, e as demais se depositam de acordo com o tamanho. As de 10 µm ou mais em diâmetro podem ser capturadas pela mucosa nasal. As menores (1–4 µm de diâmetro) ficam em suspensão, devido aos movimentos normais do ar, por um período indefinido; são as partículas deste tamanho as capazes de passar desapercebidas pelos cornetos nasais e atingir o trato respiratório inferior.

Figura 14.8 Gotículas dispersas após um forte espirro. A maior parte das 20.000 partículas vistas é proveniente da boca. (Reimpressa com permissão de: Moulton F.R. [ed.] [1942] *Aerobiology*. American Association for the Advancement of Science.)

Quando as pessoas estão aglomeradas em ambientes fechados, as infecções respiratórias se propagam rapidamente – por exemplo, o resfriado comum em escolas e escritórios, e as infecções meningocócicas nos recrutas militares. Isso talvez explique por que as infecções respiratórias são comuns no inverno. O ar em ambientes mal ventilados é, também, mais úmido, favorecendo a sobrevivência de microrganismos em suspensão, tais como estreptococos e vírus envelopados. O ar condicionado é outro fator importante, pois o ar seco causa prejuízo da atividade mucociliar. A propagação respiratória é, de certo modo, única. O material do trato respiratório de uma pessoa pode ser absorvido quase imediatamente pelo trato respiratório de outros indivíduos. Isso contrasta com o material expelido do trato gastrointestinal e ajuda a explicar por que as infecções respiratórias se propagam tão rapidamente quando as pessoas estão em ambientes fechados.

Lenços, mãos e outros objetos podem carrear agentes responsáveis por infecções respiratórias, tais como os vírus do resfriado comum de um indivíduo para outro, embora tosses e espirros sejam a via mais eficiente. A transmissão pela conjuntiva infectada será descrita no Capítulo 26.

A presença de receptores (Tabela 14.2) e a temperatura local, bem como a localização inicial, podem determinar qual parte do trato respiratório será infectada. Por exemplo, pode-se admitir que os rinovírus alcancem o trato respiratório inferior em grande número, mas deixam de se propagar nesse local porque, semelhante aos bacilos da hanseníase, apresentam preferência pelos locais com temperaturas mais frias da mucosa nasal.

Transmissão a partir do trato gastrointestinal

As infecções intestinais propagam-se facilmente em más condições de saúde pública e de higiene

A propagação de uma infecção intestinal será assegurada se as condições de saúde pública e de higiene forem inadequadas, se o patógeno estiver presente nas fezes em número suficiente e se houver indivíduos suscetíveis nas proximidades. A diarreia constitui uma vantagem adicional, e o seu papel fundamental na transmissão já foi referido anteriormente. Durante a maior parte da história da humanidade, tem havido, em larga escala, uma "reciclagem" de material fecal de volta para a boca, e isso continua nos países com poucos recursos. O caráter atrativo da via fecal-oral para os microrganismos e parasitos é representado pela grande variedade que é transmitida dessa forma.

As infecções intestinais foram até certo ponto controladas nos países desenvolvidos. As grandes reformas da saúde pública do século XIX levaram à introdução de esgotos sanitários adequados e ao suprimento de água potável. Por exemplo, na Inglaterra, há 200 anos, não existiam vasos sanitários com descarga, rede de esgoto e grande parte da água de beber era contaminada. A cólera e a febre tifoide propagavam-se facilmente e, em Londres, o Tâmisa tornou-se um esgoto a céu aberto. Atualmente, como em outras cidades, um sistema subterrâneo complexo separa a rede de esgoto da água potável. Infecções intestinais ainda são transmitidas em países desenvolvidos, mais frequentemente através de alimentos e mãos contaminadas do que de água e moscas. Portanto, embora a cada ano no Reino Unido ocorram dezenas de casos de febre tifoide, adquiridos em visitas a países em desenvolvimento, a infecção não é transmitida a outros.

Os microrganismos que aparecem nas fezes geralmente se multiplicam no lúmen ou na parede do trato intestinal, mas existem alguns que são eliminados na bile. Por exemplo, os microrganismos que causam a hepatite A entram na bile após replicação nas células hepáticas.

Transmissão a partir do trato urogenital

As infecções do trato urogenital frequentemente são sexualmente transmitidas

As infecções do trato urinário são comuns, mas a maioria não é propagada pela urina. A urina pode contaminar alimentos, bebidas e o ambiente. As infecções que são propagadas pela urina estão listadas na Tabela 14.8.

Doenças sexualmente transmissíveis (DSTs)

Microrganismos liberados do trato urogenital são frequentemente transmitidos como resultado do contato das mucosas com indivíduos suscetíveis, tipicamente decorrente de ativi-

Tabela 14.8 Infecções humanas transmitidas pela urina

Infecção	Detalhes	Valor na transmissão
Esquistossomose	Ovos de parasitos excretados na bexiga	+++
Febre tifoide	Persistência bacteriana na bexiga que apresente cicatriz pela esquistossomose	+
Infecção por poliomavírus	Comumente excretado pela urina	?
Infecção por citomegalovírus	Comumente excretado por crianças infectadas	?
Leptospirose	Ratos e cães infectados excretam as bactérias na urina	++
Febre de Lassa (e febres hemorrágicas da América do Sul)	Roedores apresentando infecção persistente excretam os vírus pela urina	+++

A esquistossomose é a principal infecção transmitida desta forma, os ovos desenvolvem-se nos caramujos antes de reinfectar os humanos. Vírus são eliminados na urina após infectar as células epiteliais tubulares no rim.

dade sexual. Se ocorrer a liberação de secreção purulenta, os microrganismos são transportados ao longo das superfícies epiteliais e a transmissão é mais provável. Alguns dos microrganismos sexualmente transmissíveis mais bem-sucedidos (gonococos, clamídia), portanto, induzem a liberação de secreção. Outros microrganismos são transmitidos eficientemente por lesões nas mucosas (úlceras), por exemplo, *Treponema pallidum* e vírus do herpes simples. O papilomavírus humano é transmitido a partir das verrugas genitais ou dos focos infecciosos no colo uterino, onde o epitélio, apesar de aparentemente normal, pode apresentar displasia e células infectadas (Cap. 22).

A transmissão das DSTs é determinada pela atividade social e sexual. Alterações no tamanho da população humana e no modo de vida tiveram um efeito dramático na epidemiologia das DSTs. Um maior número de oportunidades para a ocorrência de encontros sexuais surgiu devido à crescente densidade populacional, ao aumento na circulação de pessoas, ao declínio da ideia de que a atividade sexual é pecaminosa, às mídias sociais e à internet e ao conhecimento de que as DSTs são tratáveis e que a gestação é evitável. Além disso, a pílula anticoncepcional favoreceu a propagação das DSTs por reduzir o uso de barreiras mecânicas à concepção. Os preservativos mostraram-se confiáveis para reter e reduzir a possível transmissão do vírus do herpes simples, HIV, clamídia e gonococos em testes de coito simulado do tipo seringa e êmbolo (Cap. 22).

As DSTs são, entretanto, transmitidas com velocidade e eficiência muito menores do que as infecções respiratórias ou intestinais. A influenza pode ser transmitida para uma multidão de pessoas durante uma hora em uma sala lotada, e o rotavírus para uma turma de crianças durante uma manhã em um jardim de infância; mas as DSTs podem ser transmitidas para cada pessoa somente por um ato sexual isolado. Ter diversos parceiros é, portanto, essencial. A atividade sexual frequente não é suficiente sem o envolvimento de múltiplos parceiros, porque parceiros estáveis não podem fazer mais do que infectar um ao outro. Mudanças nas práticas sexuais têm levado a um expressivo aumento na incidência das DSTs.

Como quase todas as superfícies mucosas do corpo podem estar envolvidas na atividade sexual, os microrganismos têm oportunidades crescentes de infectar outros sítios anatômicos. O meningococo, um residente da nasofaringe, já foi algumas vezes recuperado da cérvice, da uretra masculina e do ânus, enquanto, ocasionalmente, gonococos e clamídia infectam a garganta e o ânus. Não é surpresa que os contatos gênito-oroanais tenham algumas vezes permitido que infecções intestinais, como *Salmonella*, *Giardia*, hepatite A, *Shigella* e amebíase, tenham se propagado diretamente entre indivíduos apesar de saneamento e esgoto adequados.

O sêmen como uma fonte de infecção

Seria de se esperar que o sêmen estivesse envolvido na transmissão, e isso ocorre nas infecções virais de animais, como doença da língua azul e febre aftosa. Em humanos, o citomegalovírus, que é propagado a partir da orofaringe, também está frequentemente presente em grandes quantidades no sêmen, e o fato de que ele também é recuperável da cérvice sugere que seja transmitido sexualmente. O vírus da hepatite B e HIV também estão presentes no sêmen.

Transmissão perinatal

O trato genital feminino pode também ser uma fonte de infecção para a criança recém-nascida (Cap. 24). Durante a passagem pelo canal de parto, os microrganismos podem contaminar a conjuntiva do bebê ou serem inalados, provocando várias condições, tais como conjuntivite, pneumonia e meningite bacteriana.

Transmissão a partir da orofaringe

Infecções da orofaringe são frequentemente propagadas na saliva

A saliva é frequentemente o veículo de transmissão. Microrganismos como estreptococos e os bacilos da tuberculose atingem a saliva durante infecções do trato respiratório superior e inferior, enquanto certos vírus infectam as glândulas salivares e, assim, são transmitidos. Paramixovírus, vírus do herpes simples, citomegalovírus e herpes-vírus humano tipo 6 são propagados na saliva. Em crianças pequenas, os dedos e outros objetos são regularmente contaminados pela saliva, e cada uma dessas infecções é adquirida por essa via. O vírus Epstein-Barr também se propaga na saliva, mas é transmitido de forma menos eficiente, talvez porque esteja presente apenas em células ou em pequenas quantidades. Nos países desenvolvidos, as pessoas frequentemente escapam da infecção durante a infância, sendo infectadas quando adolescentes ou adultos durante a extensa troca salivar (em média 4,2 mL/h), que ocorre durante um encontro oral do tipo profundo e significativo (Cap. 19). A saliva de animais é a fonte de algumas infecções, que estão incluídas na Tabela 14.9.

Transmissão pela pele

A pele pode propagar a infecção por descamação ou contato direto

Os dermatófitos (fungos, como os que causam a tinha) são transmitidos através da pele e também dos cabelos e das unhas, a fonte exata depende do tipo de fungo (Cap. 27). A pele é também uma importante fonte de outras bactérias e vírus, como apresentado na Tabela 14.10.

Tabela 14.9 Infecções humanas transmitidas pela saliva

Microrganismo	Comentários
Herpes simples	A infecção ocorre normalmente durante a infância
Citomegalovírus, vírus Epstein-Barr	A infecção é comum em adolescentes/adultos
Vírus da raiva	É propagado na saliva de cães, lobos, chacais e morcegos-vampiros infectados
Pasteurella multocida	Bactérias presentes no trato respiratório superior de cães e gatos; alcançam a saliva e são transmitidas por mordidas, arranhões
Streptobacillus moniliformis	Presente na saliva do rato e infecta humanos (febre da mordida do rato)

Tabela 14.10 Infecções humanas transmitidas pela pele

Microrganismo	Doença	Comentários
Estafilococos	Furúnculos, carbúnculos, sepse cutânea neonatal	A patogenicidade é variável, as lesões cutâneas ou os dedos contaminados pelo contato com a mucosa nasal infectada são as fontes mais comuns
Treponema pallidum	Sífilis	Superfícies mucosas são mais infecciosas do que a pele
Treponema pertenue	Bouba	Transmissão regular através de lesões cutâneas
Streptococcus pyogenes	Impetigo	Lesões vesiculares (epidérmicas) recobertas por crostas, comuns em crianças em regiões de clima quente e úmido
Staphylococcus aureus	Impetigo	Menos comum; lesões bolhosas, sobretudo em neonatos
Dermatófitos	Tinha cutânea	Diferentes espécies infectam a pele, o cabelo, as unhas
Vírus herpes simples	Herpes simples, herpes labial	Até 10^6 unidades infectantes/mL do fluido das vesículas
Vírus varicela-zóster	Varicela, zóster	As lesões cutâneas vesiculares ocorrem, mas a transmissão normalmente é respiratória[a]
Coxsackievírus A16	Doença da mão, pé e boca	Ocorrem lesões cutâneas vesiculares, mas a transmissão ocorre através das fezes e por via respiratória
Papilomavírus	Verrugas	Muitos tipos[b]
Leishmania tropica	Leishmaniose cutânea	As feridas cutâneas são infecciosas
Sarcoptes scabiei	Escabiose (sarna)	Ovos presentes nas lesões em forma de covas são transmitidos pela mão (e também sexualmente)

[a]Exceto na zóster, em que ocorre uma erupção cutânea.
[b]Geralmente pelo contato direto, mas as verrugas plantares são comumente propagadas após andar descalço em assoalhos contaminados, como os presentes ao redor de piscinas.

Propagação para o ambiente

Um indivíduo normal elimina escamas de pele, por descamação, para o ambiente em uma taxa de cerca de 5×10^8/dia, que depende de atividades físicas, tais como exercício, se vestir e se despir. A fina poeira branca que se acumula nas superfícies de ambientes fechados, principalmente em enfermarias de hospitais, consiste, em grande parte, de escamas de pele. Estafilococos estão presentes, e diferentes indivíduos mostram grande variação na sua liberação, mas as razões são desconhecidas.

A transmissão pelo contato direto ou por dedos contaminados é muito mais comum do que a liberação no ambiente, e os microrganismos transmitidos desse modo incluem estafilococos potencialmente patogênicos e papilomavírus humanos.

Transmissão pelo leite

O leite é produzido por uma glândula da pele. Os microrganismos raramente são liberados no leite humano; alguns exemplos são HIV, citomegalovírus e o vírus T-linfotrópico humano do tipo 1 (HTLV-1); no entanto, o leite de vaca, cabra e ovelha pode ser importante fonte de infecção (Tabela 14.11). Bactérias podem ser introduzidas no leite após a coleta.

Transmissão pelo sangue

O sangue pode propagar a infecção através de artrópodes ou agulhas

O sangue é, frequentemente, veículo de transmissão. Os microrganismos e os parasitos transmitidos por artrópodes sugadores (ver adiante) são efetivamente propagados no sangue. Agentes infecciosos presentes no sangue (vírus da hepatite B e C, HIV) são também transmitidos por agulhas, seja em transfusões sanguíneas, ou quando agulhas contaminadas são utilizadas para injeções e uso indevido de drogas endovenosas. Este último é um elemento bem conhecido de propagação dessas infecções. Além disso, pelo menos 12 bilhões de injeções são administradas a cada ano, em todo o mundo, e cerca de uma a cada dez delas representam vacinas. Infelizmente, em regiões do mundo com menos recursos, as seringas descartáveis tendem a ser usadas mais de uma vez, sem terem sido devidamente esterilizadas nesse intervalo ("Se ainda funciona, use novamente"). Acredita-se que o surto prolongado de infecção pelo vírus da hepatite C do genótipo 4 no Egito foi originado da época em que o tratamento antiesquistossômico parenteral com antimônio injetável era administrado em campanhas em massa, envolvendo seringas usadas, desde a

Tabela 14.11 Infecções humanas transmitidas pelo leite

Microrganismo	Tipo de leite	Importância na transmissão
Citomegalovírus	Humano	–
HIV	Humano	+
HTLV-1	Humano	+
Brucella	Vaca, cabra, ovelha	++
Mycobacterium bovis	Vaca	++
Coxiella burnetii (febre Q)	Vaca	+
Campylobacter jejuni	Vaca	++
Salmonella spp. *Listeria monocytogenes* *Staphylococcus* spp. *Streptococcus pyogenes* *Yersinia enterocolitica*	Vaca	+

O leite humano raramente é uma fonte significativa de infecção. Todos os patógenos listados são destruídos por pasteurização.

Tabela 14.12 Infecções humanas transmitidas pela placenta

Microrganismo	Efeito
Vírus da rubéola, citomegalovírus	Lesão placentária, aborto, natimorto, malformação
HIV	HIV e AIDS na infância
Vírus da hepatite B	Presença do antígeno na criança, mas a maioria dessas infecções são perinatais ou pós-natais
Treponema pallidum	Natimorto, sífilis congênita com malformação
Listeria monocytogenes	Meningoencefalite
Toxoplasma gondii	Natimorto, doença do SNC

década de 1950 até a década de 1980. Para impedir esta prática, a Organização Mundial da Saúde (OMS) está encorajando o uso de novos tipos de seringa, por exemplo, cujo êmbolo não pode ser retirado uma vez que ele tenha sido empurrado.

O sangue é também a fonte de infecção em transmissões transplacentárias, e isso geralmente envolve a infecção inicial da placenta (Cap. 24).

Transmissão vertical e horizontal

A transmissão vertical ocorre entre progenitores e seus filhos

Quando a transmissão é direta dos pais para a prole, através, por exemplo, de esperma, óvulo, placenta (Tabela 14.12), leite ou sangue, ela é dita "vertical", pois pode ser representada como um fluxo vertical descendente (Fig. 14.9), exatamente como um heredograma familiar. Porém, outras infecções, são ditas horizontalmente transmitidas, com um indivíduo infectando outros por contato, transmissão respiratória ou fecal-oral. As infecções transmitidas verticalmente podem ser subdivididas como demonstrado na Tabela 14.13. Estritamente falando, essas infecções são capazes de se manter na espécie sem se propagar horizontalmente, já que elas não afetam a viabilidade do hospedeiro. São conhecidos vários retrovírus que se mantêm em animais por transmissão vertical (p. ex., vírus do tumor mamário murino mantido no leite, esperma e óvulo), mas isso não parece ser importante no homem, exceto possivelmente para o HTLV-1, no qual a transferência pelo leite é importante. Existem, entretanto, muitas sequências de retrovírus presentes no genoma humano normal, conhecidas como retrovírus endógenos. Essas sequências de DNA são muito incompletas para produzirem partículas virais infectantes, mas podem ser vistas como parasitos surpreendentemente bem-sucedidos. Além disso, algumas delas podem conferir benefícios como, por exemplo, ao codificar as proteínas que auxiliam na coordenação dos estágios iniciais do desenvolvimento fetal. Elas provavelmente não causam dano e permanecem na espécie humana, "vigiadas", conservadas e replicadas como parte de nossa constituição genética.

TRANSMISSÃO POR ANIMAIS

Os seres humanos e os animais compartilham uma suscetibilidade comum para certos patógenos

Os seres humanos vivem em contato diário, direta ou indiretamente, com uma ampla variedade de outras espécies animais, tanto vertebrados quanto invertebrados, compartilhando não somente um ambiente comum, mas também uma suscetibilidade comum a certos patógenos. O nível em que o contato com animais resultará em transmissão de infecções dependerá do tipo de ambiente (p. ex., urbano/rural, tropical/temperado, higiênico/não saneado) e da natureza do contato. O contato íntimo é feito com animais vertebrados usados como alimentos ou como animais de companhia, e com animais invertebrados adaptados para viver ou se alimentar do corpo humano. Um contato menos íntimo é feito com muitas outras espécies, as quais, no entanto, podem igualmente bem transmitir patógenos. Por conveniência, as infecções transmitidas por animais podem ser divididas em duas categorias:

- aquelas que envolvem artrópodes e outros vetores invertebrados;
- aquelas transmitidas diretamente por vertebrados (zoonoses).

Relatos mais detalhados dessas infecções são apresentados nos Capítulos 28 e 29.

Vetores invertebrados

Insetos, carrapatos e ácaros — os sugadores de sangue — são os mais importantes vetores de propagação de infecção

Sem dúvida, os mais importantes vetores de doença pertencem a esses três grupos de artrópodes. Muitas espécies são capazes de transmitir infecção, e uma ampla variedade de organismos é assim transmitida (Tabela 14.14). No passado, os insetos foram responsáveis por algumas das mais

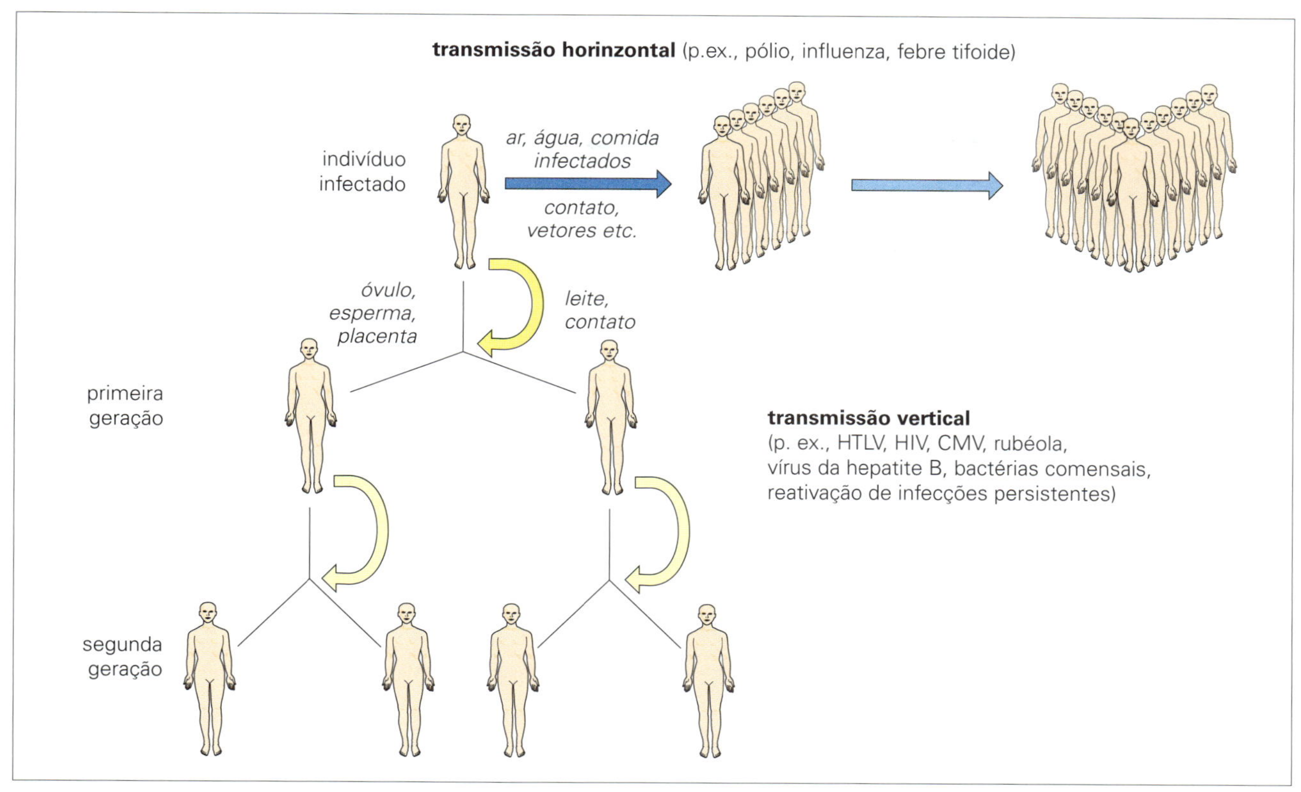

Figura 14.9 Transmissão vertical e horizontal da infecção. A maioria das infecções é transmitida horizontalmente, como pode ser esperado em aglomerações humanas. A transmissão vertical torna-se mais importante em pequenas comunidades isoladas (Cap. 18). CMV, citomegalovírus; HIV, vírus da imunodeficiência humana; HTLV, vírus T-linfotrópico humano.

Tabela 14.13 Tipos de transmissão vertical

Tipo	Via de transmissão	Exemplos
Pré-natal	Placenta	Rubéola, citomegalovírus, sífilis, toxoplasmose, hepatite B
Perinatal	Canal vaginal infectado	Conjuntivites gonocócica e por clamídias; herpes simples
Pós-natal	Leite Contato direto com o sangue no nascimento	Citomegalovírus; vírus da hepatite B; HIV, HTLV-1
Linhagem germinativa	Sequências do DNA viral no genoma humano	Muitos retrovírus ancestrais

HIV, vírus da imunodeficiência humana; HTLV, vírus T-linfotrópico humano.

devastadoras doenças epidêmicas; por exemplo, pulgas e peste, e piolhos e tifo. Mesmo hoje em dia, uma das doenças infecciosas mais importantes do mundo, a malária, é transmitida pelo mosquito *Anopheles*. A distribuição e a epidemiologia dessas infecções são determinadas pelas condições climáticas, que permitem que os vetores se reproduzam e que os microrganismos completem seu desenvolvimento no corpo deste hospedeiro. Algumas doenças são, portanto, puramente tropicais e subtropicais (p. ex., a malária, doença do sono e febre amarela), enquanto outras são muito mais disseminadas, (p. ex., a peste e o tifo). No entanto, com a mudança climática e aumento no número de viagens, algumas infecções virais estão sendo vistas hoje em dia em regiões previamente não afetadas — por exemplo, infecções por vírus do Nilo Ocidental e chikungunya relatadas na Itália.

Transmissão passiva

Os insetos podem transportar patógenos passivamente em sua peça bucal, nos seus corpos ou dentro dos intestinos. A transferência para alimentos e para o hospedeiro ocorre diretamente como resultado da alimentação do inseto, regurgitação ou defecação. Muitas doenças importantes, como tracoma, podem ser transmitidas desse modo por espécies comuns como moscas domésticas e baratas.

Espécies que se alimentam de sangue possuem aparato bucal adaptado para penetrar na pele a fim de alcançar os vasos sanguíneos ou de criar pequenas poças de sangue (Fig. 14.10). A capacidade de se alimentar desse modo proporciona, aos microrganismos, acesso à pele ou ao sangue. O aparato bucal pode funcionar como uma agulha hipodérmica contaminada, transmitindo a infecção entre indivíduos.

Transmissão biológica

Esta é muito mais comum; o vetor sugador de sangue age como um hospedeiro necessário para a multiplicação e o desenvolvimento do patógeno. Quase todas as infecções importantes (listadas na Tabela 14.14) são transmitidas desse modo. O patógeno é reintroduzido no hospedeiro humano, após um período de tempo, por ocasião de uma nova etapa de alimentação por sangue. A transmissão pode ser por injeção

Tabela 14.14 Patógenos transmitidos por artrópodes[a]

Artrópodes

Insetos
Moscas domésticas
Flebotomíneos
Mosquitos
Mosquitos
Piolhos
Pulgas
Hemipteras
Mosquitos
Tabanídeos
Acarídeos
Carrapatos
Ácaro

Vírus
Bactérias
Protozoários
Helmintos

Patógenos	Doenças
Flavivírus	Febre amarela, dengue, microcefalia por Zika, Nilo Ocidental, Encefalite japonesa
Buniavírus	Febres hemorrágicas
Yersinia	Peste, tularemia
Riquétsias	Febre Q, febres maculosas, tifo, varíola de riquétsias
Espiroquetas	Febre recidiva, doença de Lyme
Tripanossomas	Doença do sono, doença de Chagas
Leishmania	Leishmaniose
Plasmodium	Malária
Plasmodium nematódeos	Filarioses linfáticas, loíase, oncocercose

[a]Mosquitos são uma das principais fontes de infecção. (Observe que, com exceção da peste pneumônica e do vírus Ebola, nenhum é transmitido de um ser humano para outro.)

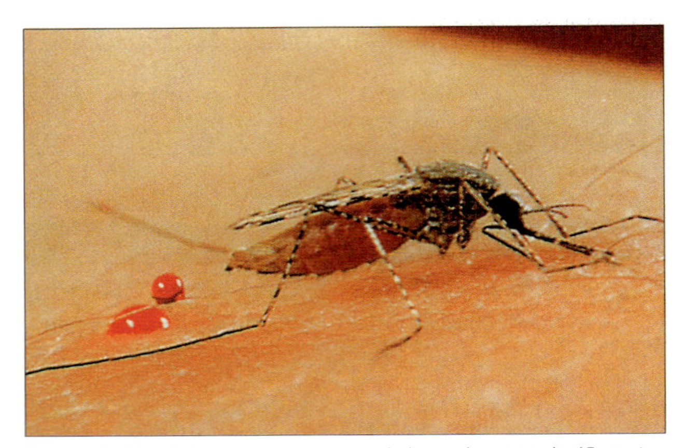

Figura 14.10 Fêmea do mosquito *Anopheles* se alimentando. (Cortesia C.J. Webb.)

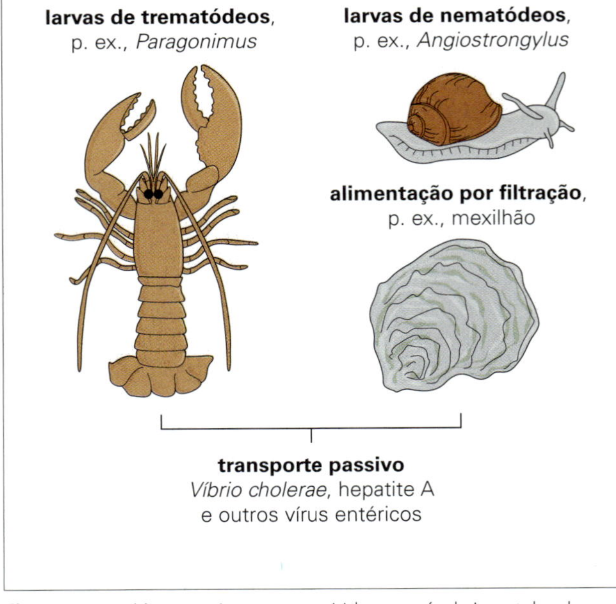

Figura 14.11 Microrganismos transmitidos através de invertebrados utilizados como alimento. Os moluscos que se alimentam por filtração e que vivem em estuários próximos a saídas de esgotos são uma fonte comum de infecção.

direta, geralmente na saliva do vetor (malária, febre amarela), ou por contaminação pelas fezes ou sangue regurgitado depositado no momento da alimentação (tifo, peste).

Outros vetores invertebrados propagam a infecção passivamente ou agindo como um hospedeiro intermediário

Muitos invertebrados usados como alimento transportam patógenos (Fig. 14.11). Talvez os mais familiares sejam os mariscos (moluscos e crustáceos), associados a intoxicações alimentares e gastroenterites agudas. Esses animais que se alimentam por filtração acumulam vírus e bactérias em seus organismos, apreendendo-os do lixo contaminado e transferindo-os passivamente. Em outros casos, a relação entre o patógeno e o invertebrado é bem mais próxima. Muitos parasitos, especialmente vermes, passam obrigatoriamente parte do seu desenvolvimento no invertebrado antes de serem capazes de infectar o ser humano. Os seres humanos são infectados quando eles se alimentam do hospedeiro invertebrado (intermediário). Hábitos alimentares são, portanto, importantes para a infecção.

Os moluscos aquáticos (caramujos) são hospedeiros intermediários necessários para os esquistossomos — os trematódeos do sangue. Eles se tornam infectados pelos estágios larvais, os quais eclodem de ovos eliminados na água pela urina ou fezes de pessoas infectadas. Após um período de desenvolvimento e multiplicação, grande número de organismos em estágio infectante (cercárias) escapam dos caramujos. Estes podem penetrar rapidamente através da pele humana,

Tabela 14.15 Zoonoses: infecções humanas transmitidas diretamente de vertebrados (aves e mamíferos)

Patógenos	Vetores vertebrados	Doenças
Vírus		
Arenavírus	Mamíferos	Febre de Lassa, coriomeningite linfocitária, febre hemorrágica boliviana
Poxvírus	Mamíferos	Varíola bovina, ectima contagioso
Vírus da hepatite E	Porcos	Hepatite E
Rabdovírus	Mamíferos	Raiva
Coronavírus SARS[a]	Macacos, gatos de algália, cães-guaxinins, cães, gatos, roedores	SARS (síndrome respiratória aguda grave)
Coronavírus MERS[a]	Camelos	MERS (síndrome respiratória do Oriente Médio)
Vírus da gripe aviária[a]	Galinhas	Cepa H5N1 da influenza A e outras cepas
Bactérias		
Bacillus anthracis	Mamíferos	Antraz
Brucella	Mamíferos	Brucelose
Chlamydia	Aves	Psitacose
Leptospira	Mamíferos	Leptospirose (doença de Weil)
Listeria	Mamíferos	Listeriose
Salmonella	Aves, mamíferos	Salmonelose
Mycobacterium tuberculosis	Mamíferos	Tuberculose
Fungos		
Cryptococcus	Aves	Meningite
Dermatófitos	Mamíferos	Tinha
Protozoários		
Cryptosporidium	Mamíferos	Criptosporidiose
Giardia	Mamíferos	Giardíase
Toxoplasma	Mamíferos	Toxoplasmose
Helmintos		
Ancylostoma	Mamíferos	Ancilostomíase
Echinococcus	Mamíferos	Hidatidose
Taenia	Mamíferos	Teníase
Toxocara	Mamíferos	Toxocaríase (larva migrans visceral)
Trichinella	Mamíferos	Triquinelose

[a]Fraca transmissão pessoa a pessoa, mas elas podem mudar e desenvolver a qualquer momento a capacidade de uma transmissão eficaz.

iniciando a infecção que resultará em trematódeos adultos ocupando os vasos sanguíneos viscerais (Cap. 31).

Transmissão por vertebrados

Muitos patógenos são transmitidos diretamente para os seres humanos por animais vertebrados

Estritamente, o termo zoonose pode-se aplicar a qualquer infecção transmitida para os seres humanos por animais infectados, quer seja por via direta (por contato ou alimentação) ou indireta (através de um vetor invertebrado). Aqui, entretanto, as zoonoses são usadas para descrever infecções de animais vertebrados que podem ser transmitidas diretamente. Muitos patógenos são transmitidos desse modo (Tabela 14.15) por diferentes rotas, incluindo contato, inalação, picadas, arranhões, contaminação de alimento ou água e ingestão do animal como alimento.

A epidemiologia das zoonoses depende da frequência e da natureza do contato entre o vertebrado e os hospedeiros humanos. Algumas apresentam localização geográfica específica, sendo dependentes, por exemplo, de preferências locais de alimentação. Quando se trata do hábito de comer produtos animais crus, tais como peixes ou anfíbios, uma grande variedade de parasitos (especialmente tênias e nematódeos) pode ser adquirida. Outras estão associadas a atividades ocupacionais — por exemplo, se há contato com produtos animais crus (açougueiros no caso da toxoplasmose e febre Q) ou contato frequente com gado doméstico (trabalhadores de fazendas no caso da brucelose e fungos dermatófitos). Em áreas urbanas, as zoonoses são mais prováveis de serem

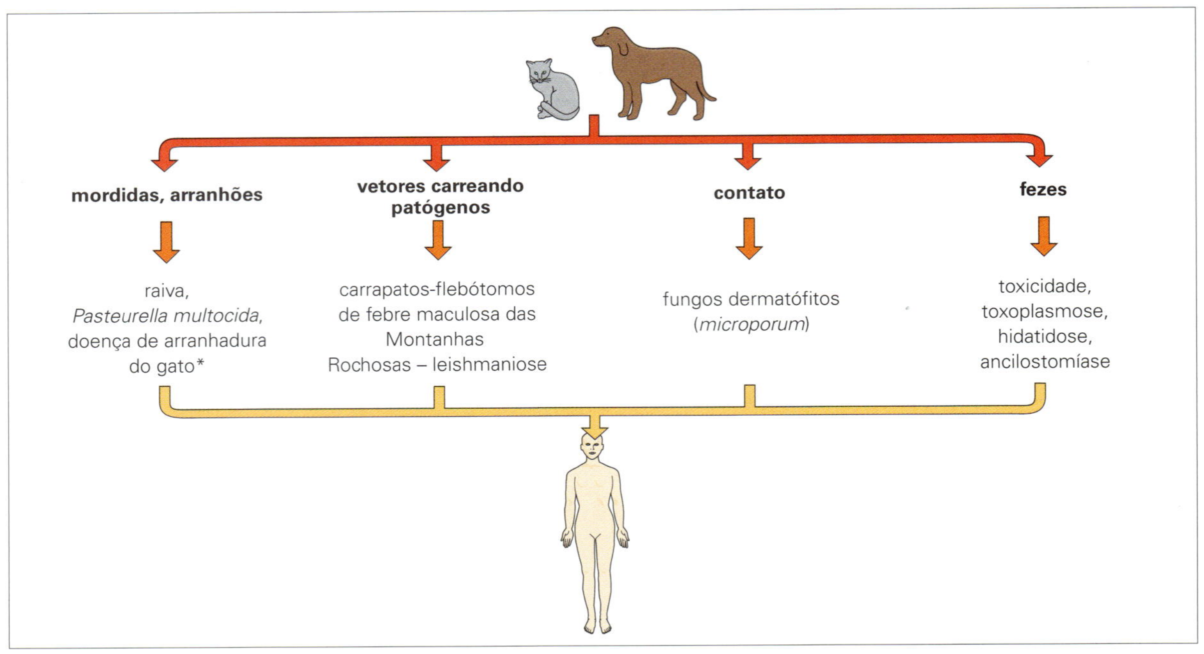

Figura 14.12 Melhores amigos do homem? Zoonoses transmitidas por cães e gatos. (*Uma infecção benigna, com lesões cutâneas e linfadenopatia, costuma ser causada pela bactéria *Bartonella henselae*.)

adquiridas através da ingestão de produtos animais infectados ou por contato com cães, gatos ou outros animais de companhia. As infecções pelo vírus da hepatite E eram vistas como uma causa esporádica da hepatite na Europa até que estudos relataram em 2015 que receptores de transfusões de sangue desenvolveram a infecção ao receber sangue de doadores portadores de hepatite E virêmica. Comer salsichas de porco malpassadas, assim como alimentos mais exóticos à base de carne, era associado à transmissão e, assim, era relatado como uma infecção zoonótica de porcos (Cap. 23).

Animais de companhia ou pragas?

Cães e gatos são os animais de companhia mais comuns, e ambos são reservatórios de infecções para seus donos (Fig. 14.12). Os patógenos envolvidos são propagados por contato, mordidas e arranhões, por vetores e por contaminação com material fecal. As principais infecções assim transmitidas incluem:

- toxocaríase pelos cães;
- toxoplasmose pelos gatos.

Ambas são quase universais em sua distribuição.

Os seres humanos podem adquirir hidatidose pelos ovos de tênia transmitidos pelas fezes dos cães que são usados para arrebanhar animais domésticos e têm acesso a carcaças infectadas. Em áreas rurais de muitos países, essa foi, ou continua sendo, uma infecção importante.

Muitas espécies de pássaros são mantidas como animais de estimação, e algumas podem transmitir infecções sérias aos que têm contato com eles. O contato é geralmente através de inalação de material particulado infectado. Talvez a mais importante dessas seja a psitacose causada por *Chlamydophila* (antigamente *Chlamydia*) *psittaci*, a qual, apesar de comumente referida como "febre do papagaio", pode ser adquirida de muitas espécies de aves.

A tendência recente nos países desenvolvidos de manter animais de estimação incomuns ou exóticos (especialmente répteis, pássaros e mamíferos exóticos) traz novos riscos de infecções zoonóticas. Muitos répteis, por exemplo, transmitem, em seus fluidos, *Salmonella* spp., que é infecciosa para o ser humano. Pássaros exóticos e mamíferos podem carrear uma gama de vírus que são potencialmente transmitidos sob as condições corretas. O diagnóstico de infecções sob essas circunstâncias pode ser difícil se o médico não souber da existência desses animais de estimação.

PRINCIPAIS CONCEITOS

- Para estabelecer uma infecção no hospedeiro, os microrganismos devem-se fixar às superfícies corporais ou atravessá-las.
- Muitos patógenos desenvolveram mecanismos químicos ou mecânicos para se fixar à superfície dos tratos respiratório, urogenital ou digestório. Na pele, eles geralmente dependem da entrada através de pequenas feridas ou picadas de artrópodes.
- Os patógenos devem sair do corpo após a replicação, a fim de serem transmitidos para novos hospedeiros. Isso também ocorre por toda a superfície do corpo.
- A propagação eficiente dos patógenos da pele ou dos tratos respiratório, urogenital e digestório e a liberação para o sangue ou derme, para captação durante a alimentação de artrópodes, são estágios vitais em seus ciclos de vida.
- Muitas infecções humanas provêm de animais, tanto diretamente (zoonoses) quanto indiretamente (através de artrópodes sugadores de sangue), e a incidência dessas infecções depende da exposição a animais ou artrópodes infectados.

As defesas imunológicas em ação

15

Introdução

O sistema imunológico apresenta diversas estratégias de defesa à sua disposição com as quais pode atacar e neutralizar as ameaças de patógenos invasores. Conforme discutido nos Capítulos 10-12, incluem células inatas e adaptativas, assim como mediadores de citosina. Embora não tenham a especificidade dramática e a memória dos mecanismos imunes adaptativos (p. ex., com base em células T e B), essas defesas inatas são vitais à sobrevivência — particularmente nos invertebrados, nos quais elas são as únicas defesas contra infecções.

Além desses mecanismos não específicos, o sistema imunológico proporciona o reconhecimento específico de antígenos pelas células T e B como parte da imunidade adaptativa. De modo geral, os anticorpos são particularmente importantes no combate a infecções por microrganismos extracelulares, especialmente bactérias piogênicas, enquanto a imunidade das células T é necessária para controlar infecções intracelulares por bactérias, vírus, fungos ou protozoários. O valor desses mecanismos é ilustrado pelos resultados geralmente desastrosos de defeitos nas células T e/ou B, ou seus produtos, discutidos em mais detalhes no Capítulo 31. O presente capítulo demonstra como esses diferentes tipos de imunidade contribuem e colaboram para as defesas do corpo contra patógenos.

Peptídeos antimicrobianos protegem a pele contra bactérias invasoras

Várias proteínas que são expressas nas superfícies epiteliais e por leucócitos polimorfonucleares (PMNs) podem ter um efeito antibacteriano direto. Estas incluem as beta-defensinas, as dermicidinas e as catelicidinas. As defensinas formam 30-50% dos grânulos de neutrófilos e rompem as membranas lipídicas das bactérias. A dermicidina é fabricada pelas glândulas sudoríparas e secretada no suor; ela é ativa contra *Escherichia coli*, *Staphylococcus aureus* e *Candida albicans*. A catelicidina apresenta efeitos antimicrobianos contra bactérias Gram-positivas e Gram-negativas. A proteína precursora catelicidina é clivada em dois peptídeos, um dos quais, o LL37, não é somente tóxico aos microrganismos como também liga-se ao lipopolissacarídeos (LPS). A catelicidina é ativa contra *S. aureus* resistentes à meticilina, demonstrando seu potencial terapêutico. Camundongos cujos PMN e queratinócitos são incapazes de produzir a catelicidina tornam-se suscetíveis a infecções com *Streptococcus* do grupo A. A catelicidina também desempenha um papel na imunidade ao *Mycobacterium tuberculosis*, por meio de sua ação sobre a vitamina D.

Outro interessante mecanismo de defesa inata é a formação de armadilhas extracelulares de neutrófilos (NETS) [do inglês, *neutrophils extracellular traps*]. As NETS são formadas de DNA descondensado e distorcido com proteínas de grânulos de neutrófilos e mieloperoxidase; elas podem se ligar a bactérias Gram-positivas e Gram-negativas, embora não possam sempre ser mortas (Fig. 15.1). As NETS podem danificar hifas fúngicas que são grandes demais para serem fagocitadas; a molécula-chave aqui parece ser a calprotectina, que é liberada das NETS. É claro que as bactérias podem revidar, nesse caso por meio da secreção de DNAases ou por possuírem cápsulas para evitar o aprisionamento.

A lisozima é uma das mais abundantes proteínas antimicrobianas no pulmão. Foi demonstrado que camundongos manipulados por engenharia genética, que tinham maior atividade de lisozima do que camundongos normais em seu lavado broncoalveolar, eram muito mais eficientes em eliminar estreptococos do grupo B e *Pseudomonas aeruginosa* (Fig. 15.2).

COMPLEMENTO

As vias alternativas e de ligação à lectina de ativação do complemento são parte do sistema de defesa inicial

A biologia básica do sistema complemento e seu papel na indução da resposta inflamatória e na promoção de quimiotaxia, fagocitose e permeabilidade vascular foram descritos no Capítulo 10. Complementos também podem danificar microrganismos diretamente, como parte do início da resposta a infecções. A falta do componente de complemento central C3 leva à infecção com uma ampla gama de bactérias piogênicas. Pacientes deficientes nos componentes de complemento posterior C5, C6, C7, C8 ou C9 são incapazes de eliminar *Neisseria* (gonococos e meningococos), com o risco aumentado de desenvolverem septicemia ou se tornarem portadores. Isso sugere que essas bactérias exigem a via lítica extracelular para serem eliminadas.

Essas três vias podem ser ativadas pelo sistema inato, mas a ativação por meio da via clássica é a única para a qual os anticorpos aprimoram suas respostas. Deve-se entender que a ativação da via clássica de complemento é ativada de forma mais eficiente pela IgM.

PROTEÍNAS DE FASE AGUDA E RECEPTORES DE RECONHECIMENTO DE PADRÃO

A proteína C-reativa é um agente antibacteriano produzido pelas células hepáticas em resposta a citocinas

Dentre as proteínas de fase aguda produzidas durante a maioria das reações inflamatórias, a proteína C-reativa (CRP) é particularmente interessante por ser um agente antibacteriano, embora a maior parte de sua ação tenha sido demonstrada até agora contra *Streptococcus pneumoniae*. A CRP é uma beta-glo-

Figura 15.1 As armadilhas extracelulares de neutrófilos podem capturar bactérias. Esses complexos que contêm cromatina podem capturar bactérias como *Shigella* (ilustrado). (Fotografia cortesia do Dr. Volker Brinkmann, Max Planck Institute for Infection Biology, Berlim.)

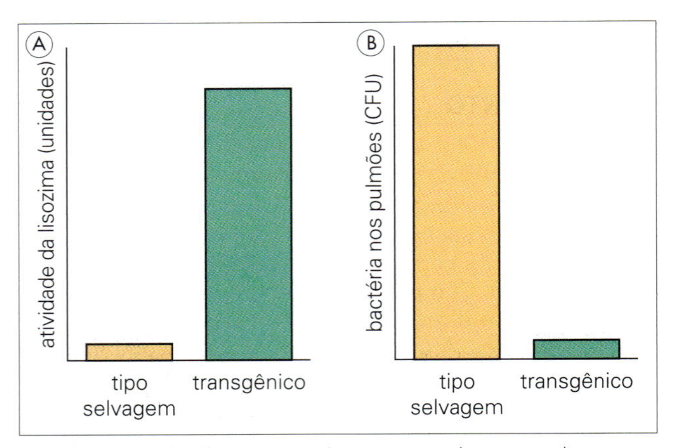

Figura 15.2 Camundongos transgênicos que produzem grandes quantidades de lisozima são mais resistentes a infecções por *Pseudomonas aeruginosa*. (A) Os camundongos transgênicos apresentavam 18 vezes mais atividade de lisozima do que os camundongos-controle tipo selvagem. (B) Os camundongos transgênicos mostraram eliminação muito maior de *P. aeruginosa* nos pulmões, após infecção intratraqueal, do que os camundongos tipo selvagem. (Redesenhada com dados de Akinbi, H.T. et al. (2000). Bacterial killing is enhanced by expression of lysozyme in the lungs of transgenic mice. *J Immunol* 165:5760–5766.)

bulina pentamérica, lembrando um pouco uma versão em miniatura da IgM (peso molecular de 130.000, comparado com os 900.000 da IgM). Ela reage com a fosforilcolina na parede de alguns estreptococos e, subsequentemente, ativa tanto o complemento quanto a fagocitose. A CRP é produzida por células hepáticas em resposta a citocinas, particularmente a interleucina-6 (IL-6; Cap. 12), e seus níveis podem aumentar cerca de 1.000 vezes em 24 horas — uma resposta muito mais rápida do que aquela da produção de anticorpos. Portanto, os níveis de CRP são frequentemente usados para monitorar a inflamação, como nas doenças reumáticas. Outras proteínas de fase aguda também são produzidas em quantidades aumentadas no início da infecção, e além de possuírem atividade antimicrobiana, podem também agir como opsoninas ou antiproteases, estar envolvidas nas vias fibrinolítica ou anticoagulante ou desempenhar função imunomoduladora. Muitos dos componentes do complemento, por exemplo, são proteínas de fase aguda. Aquelas que possuem um papel na proteção contra infecção são também denominadas receptores de reconhecimento de padrão, tais como a lectina ligadora de manose. A proteína-chave de fase aguda sp1A_2 (membro da família secretora de fosfolipase A_2) é importante para a proteção contra bactérias Gram-positivas no soro. Algumas proteínas de fase aguda, tais como a proteína ligadora de lipopolissacarídeos (LPS), podem reduzir a patologia pela ligação a produtos bacterianos tóxicos, como o LPS.

Colectinas e ficolinas

As colectinas são proteínas que se ligam a moléculas de carboidratos expressas em superfícies bacterianas e virais. Isso resulta em recrutamento celular, ativação da cascata alternativa do complemento e ativação de macrófagos. Duas colectinas, as proteínas surfactantes A e D, podem inibir o crescimento bacteriano e opsonizar diretamente as bactérias, levando à fagocitose e à ativação do complemento. A proteína surfactante A mostrou desempenhar um papel na defesa inata do pulmão contra a infecção por estreptococos do grupo B. Camundongos deficientes em proteína surfactante A eram muito mais suscetíveis à infecção, desenvolvendo maior infiltração pulmonar e disseminação das bactérias para o baço, comparados com aqueles capazes de produzir a colectina. Polimorfismos nos genes surfactantes A e D também foram ligados à suscetibilidade ao vírus sincicial respiratório (VSR), já que esses surfactantes agem como opsoninas para o vírus.

A lectina ligadora de manose (LLM) é outra colectina encontrada no soro. A ligação da LLM a carboidratos contendo manose nos microrganismos leva à ativação do complemento, através da via da lectina ligadora de manana. As bactérias opsonizadas por LLM ligam-se ao receptor C1q nos macrófagos, levando à fagocitose. Muitos indivíduos possuem baixas concentrações séricas de LLM devido a mutações no gene LLM ou seu promotor. Um estudo recente de crianças com malignidades mostrou que a deficiência de LLM aumenta a duração de infecções. As proteínas surfactantes A e D do pulmão e a LLM ligam-se aos antígenos de superfície ou à proteína S do vírus SARS (Cap. 20), e assim as pessoas com genótipos LLM baixos podem estar em risco elevado de infecção por SARS.

As ficolinas são proteínas plasmáticas com uma estrutura semelhante à das colectinas e ligam-se à N-acetil glicosamina e ao ácido lipotecoico das paredes celulares das bactérias Gram-positivas.

Os macrófagos podem reconhecer bactérias como estranhas usando receptores semelhantes a Toll

Receptores semelhantes a Toll (TLRs), existentes nos macrófagos e em outras células, ligam-se a moléculas microbianas conservadas, tais como lipopolissacarídeo (endotoxina), DNA bacteriano, RNA dupla-fita ou padrões moleculares associados a patógenos (PAMPs) de flagelinas bacterianas (Cap. 10), e isso leva à liberação das citocinas pró-inflamatórias e ao aumento da expressão das principais moléculas do complexo principal de histocompatibilidade (MHC) e das moléculas coestimuladoras, aumentando, assim, a apresentação de antígenos e, normalmente, levando à ativação das células T-auxiliares 1 (Th1). Foi sugerido recentemente que inúmeros dos raros polimorfismos de nucleotídeo único no gene TLR4 (o TLR4 ligante de endotoxina) são mais comuns em pessoas com doença meningocócica se comparados aos controles.

Os micróbios no citosol de uma célula também podem ser reconhecidos como estranhos, utilizando outra família dos receptores de reconhecimento padrão, chamados receptores de ligação aos nucleotídeos e oligomerização de receptores ricos em repetições de leucina (NLRs). Alguns NLRs podem sentir um DNA bacteriano ou viral, o que pode levar à ativação de inflamassomas — os quais são complexos de proteínas —, levando, enfim, à secreção de IL-1β e outras citocinas pró-inflamatórias. Os NLRs também podem induzir um processo chamado autofagia, em que os conteúdos citoplasmáticos normais são degradados após a fusão com os autolisossomos.

FEBRE

Uma temperatura elevada quase invariavelmente acompanha uma infecção (Cap. 30). Em muitas situações, a causa pode estar associada à liberação de citocinas, tais como IL-1 ou IL-6, as quais desempenham importantes papéis na imunidade e na patologia (Cap. 10).

Provavelmente é imprudente generalizar acerca do benefício ou não da febre

Vários microrganismos demonstraram-se suscetíveis a altas temperaturas. Essa foi a base para a "terapia da febre" da sífilis por indução de infecção com malária no estágio sanguíneo, pela qual Julius Wagner-Jaurgg ganhou o Prêmio Nobel de Medicina em 1927, e o parasito da malária em si poderia também ser danificado por altas temperaturas, embora obviamente não fosse totalmente eliminado. Em geral, entretanto, pode-se predizer que parasitos bem-sucedidos seriam adaptados para sobreviver a episódios de febre; de fato, as proteínas de "estresse" ou de "choque térmico" produzidas tanto por células dos mamíferos quanto dos microrganismos, em resposta a estresses de muitos tipos, incluindo o calor, são consideradas parte de sua estratégia protetora. Por outro lado, diversos mecanismos imunológicos do hospedeiro também têm a possibilidade de serem mais ativos em temperaturas um pouco mais altas; exemplos são a ativação do complemento, função da membrana, proliferação linfocítica e síntese de proteínas como o anticorpo e as citocinas.

CÉLULAS EXTERMINADORAS NATURAIS

As células exterminadoras naturais são um meio rápido, mas não específico, de controlar infecções virais e outras infecções intracelulares

As células exterminadoras naturais (NK) proporcionam uma fonte inicial de citocinas e quimiocinas durante a infecção, até que seja o momento da ativação e proliferação das células T antígeno-específicas. As células NK podem proporcionar uma importante fonte de interferon-gama (IFNγ) durante os primeiros dias da infecção. A produção de citocinas pelas células NK pode ser induzida por citocinas, tais como IL-12 e IL-18, que são produzidas pelos macrófagos, em resposta ao LPS ou a outros componentes microbianos. Assim como o IFNγ, as células NK podem produzir TNFα e, sob algumas condições, a citocina de regulação negativa IL-10. Alguns tecidos como o intestino precisam de suas próprias populações especiais de células linfoides inatas (células ILC3) que produzem grandes quantidades de citocina IL-22 para ajudar a defender o intestino contra certos patógenos intestinais.

As células NK podem também atuar como células efetoras citotóxicas, lisando células do hospedeiro infectadas por vírus e algumas bactérias, já que elas fabricam tanto grânulos citotóxicos quanto perforinas. Elas reconhecem seus alvos por meio de uma série de receptores de ativação e de inibição que não são antígeno-específicos. Os principais receptores de ativadores de células NK são chamados de receptores de células NK semelhantes à imunoglobulina (Ig) (KIRs); outros são lectinas do tipo C de ligação a carboidratos como NKG2D, que ligam as moléculas MIC-A e MIC-B, que são expressas em células infectadas por vírus, assim como células tumorais. Os receptores de inibição reconhecem o complexo de histocompatibilidade (MHC) de classe I acoplado a um peptídeo próprio; se tanto esse receptor de inibição quanto outro receptor de ativação da célula NK estiverem ligados, a célula NK não será ativada e uma célula saudável não será morta. Entretanto, se houver MHC de classe I insuficiente na superfície da célula, o receptor de inibição não será ligado e, então, a célula NK será ativada para matar a célula-alvo. Essa é uma estratégia eficiente, já que alguns vírus inibem a expressão de MHC de classe I nas células que eles infectam. As células NK são, portanto, um meio mais rápido, mas menos específico, de controlar infecções virais e outras infecções intracelulares. Sua importância é realçada pela capacidade de camundongos com deficiência de ambas as células, T e B (imunodeficiência combinada grave, SCID, do inglês, *severe combined immunodeficiency*), controlarem algumas infecções virais, e os humanos com células NK deficientes também são suscetíveis a certos vírus (Tabela 15.1). As células NK também realizam lise de glóbulos vermelhos que contêm parasitos da malária (Fig. 15.3).

As células NK e as outras células ILCs formam uma ponte entre as respostas inatas e adaptativas, e suas funções podem ser melhoradas por componentes da imunidade adaptativa. Alguns trabalhos recentes sugerem que algumas células NK podem mostrar memória imunológica, portanto suas capacidades completas talvez ainda não tenham sido estimadas!

Células NKT e células T γδ

Duas outras populações pequenas de células podem ter desempenhado um papel na infecção ao responderem a antígenos não proteicos de patógenos. Um pequeno grupo de células expressa marcadores de células NK e T — e por isso são chamadas de células NKT; elas também podem reconhecer antígenos lipídicos apresentados por moléculas CD1, que são semelhantes a moléculas MHC de classe I, mas menos polimórficas. As células T γδ são células T clássicas que expressam um receptor de células T (TCR) com cadeias γ e δ ao invés de TCR αβ; elas respondem a lipídeos microbianos e

Tabela 15.1 As células exterminadoras naturais desempenham um importante papel no controle de infecções

Infecções em que as células NK ajudam no controle da infecção	
Humano	**Camundongo**
Citomegalovírus humano (HCMV; herpesvírus humano 5)	Citomegalovírus do camundongo (MCMV)
Vírus da estomatite vesicular (VSV)	Vírus do herpes simples
Vírus do herpes simples (HSV)	Vírus vacínia
Papilomavírus humano (HPV)	Vírus influenza
Vírus da imunodeficiência humana (HIV)	*Toxoplasma gondii*
Vírus Epstein-Barr (VEB)	VEB em camundongos com reconstituição humana
	Malária
	Trypanosoma cruzi

Figura 15.3 As células NK podem se ligar e matar eritrócitos infectados com malária. Os painéis superiores mostram eritrócitos não infectados (uRBC), e os inferiores mostram eritrócitos infectados com *Plasmodium falciparum* (iRBC). Os parasitos transgênicos da malária são marcados com proteínas fluorescentes verdes (GFP), a membrana dos eritrócitos com glicoforina A (Gly A) marcada com ficoeritrina, e a membrana de células NK com proteína ficoeritrina-cianeto amarela de 7 tandems. As células NK que expressam o marcador de células NK CD56 se ligam apenas aos eritrócitos infectados por malária, conforme demonstrado nas imagens mescladas. BF, campo claro; CD56, grupamento de diferenciação 56. (Imagens cortesia de Samuel Sherratt, London School of Hygiene & Tropical Medicine.)

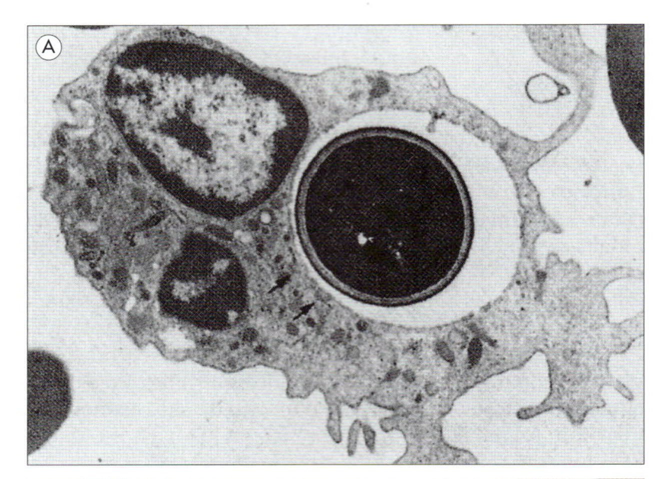

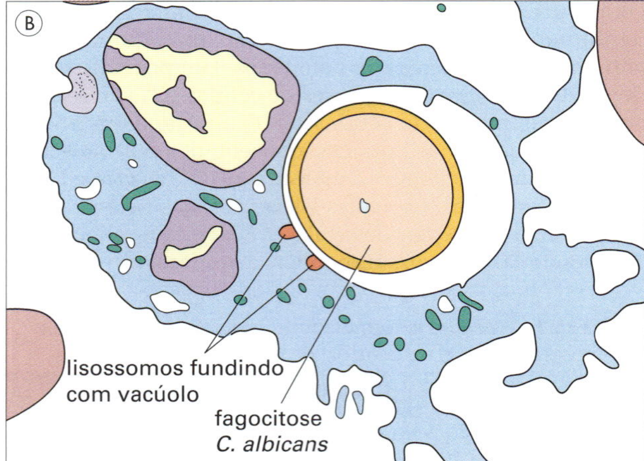

Figura 15.4 (A) Eletromicrografia e (B) representação diagramática de um neutrófilo contendo *Candida albicans* fagocitada (7.000 ×). (Cortesia de H. Valdimarsson.)

a antígenos fosforilados pequenos também apresentados por moléculas semelhantes a MHC de classe I que apresentaram polimorfismo limitado. Células T γ δ são frequentemente encontradas em superfícies epiteliais e compõem cerca de 10% dos linfócitos intraepiteliais no intestino humano.

FAGOCITOSE

Os fagócitos englobam, matam e digerem possíveis parasitos

Talvez o maior perigo para o possível parasito é ser reconhecido por uma célula fagocítica, ser englobado, morto e digerido (Fig. 15.4). Uma descrição dos vários estágios da fagocitose é dada no Capítulo 10. Os fagócitos (principalmente os macrófagos) são normalmente encontrados nos tecidos onde os microrganismos invasores têm maior probabilidade de serem encontrados. Além disso, os fagócitos presentes no sangue (principalmente os PMN) podem ser rapidamente recrutados para os tecidos, onde e quando necessário. Apenas cerca de 1% da reserva de 3×10^{12} PMNs da medula óssea de um adulto normal está presente no sangue periférico a qualquer momento, representando uma renovação de cerca de 10^{11} PMNs/dia. A maioria dos macrófagos permanece dentro dos tecidos, e bem menos de 1% de nossos fagócitos está presente no sangue como monócitos. Os PMNs são de vida curta, mas os macrófagos podem viver por muitos anos (ver adiante).

Morte intracelular pelos fagócitos

Os fagócitos matam microrganismos usando tanto mecanismos oxidativos quanto não oxidativos

Os mecanismos pelos quais os fagócitos matam os microrganismos que eles ingerem são divididos tradicionalmente em oxidativos e não oxidativos, dependendo de se a célula consome oxigênio no processo. A respiração nos PMNs é não mitocondrial e anaeróbia, e a explosão do consumo de oxigênio, a chamada "explosão respiratória" (Fig. 15.5), que acompanha a fagocitose, promove a geração de intermediários reativos de oxigênio (ROI, do inglês, *reactive oxygen intermediates*) microbicidas.

Morte oxidativa

A morte oxidativa envolve o uso de ROI

A importância dos ROIs na morte bacteriana foi revelada pela descoberta de que os PMNs de pacientes com doença granulomatosa crônica (DGC) não consumiam oxigênio após a fagocitose de estafilococos. Os pacientes com DGC possuem um dos três tipos de defeitos genéticos em um sistema enzimático da membrana dos PMNs que envolve o fosfato de dinucleotídeo de adenina e nicotinamida (NADPH) oxidase, *PHOX* (Cap. 31). A atividade normal desse sistema é a redução progressiva do oxigênio atmosférico à água, com a produção de ROI, tais como o íon superóxido, peróxido de hidrogênio e radicais livres hidroxila, todos os quais podem ser extremamente tóxicos para os microrganismos (Tabela 15.2).

Os pacientes com DGC são incapazes de matar estafilococos e certas outras bactérias e fungos, os quais consequentemente causam abscessos crônicos profundos. Eles podem, entretanto, lidar com bactérias catalase-negativas, como pneumococos, porque estas produzem, e não des-

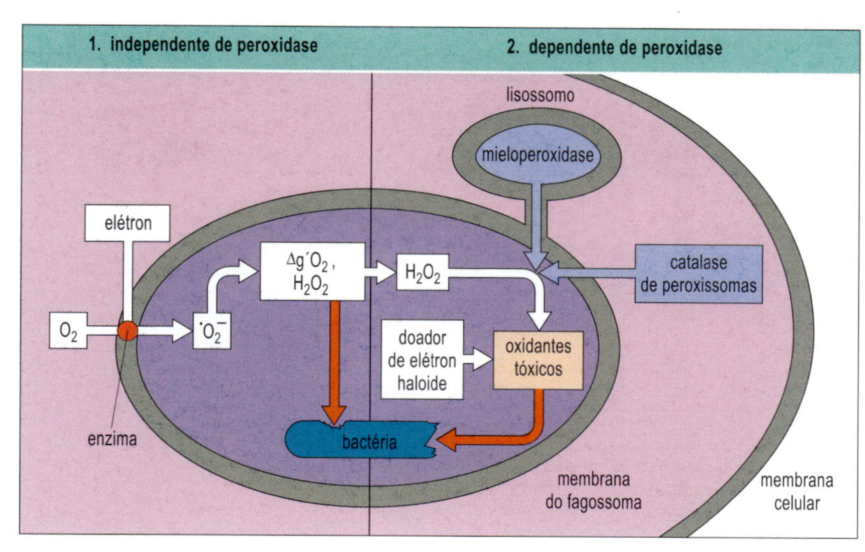

Figura 15.5 Atividade microbiana dependente de oxigênio durante a explosão respiratória. A enzima fosfato de dinucleotídeo de adenina e nicotinamida (NADPH) oxidase na membrana do fagossoma reduz o oxigênio pelo acréscimo de elétrons para formar o ânion superóxido ($\cdot OH_2^-$). Isso pode fazer surgir radicais de hidroxila (•OH), oxigênio singleto ($\Delta g'O_2$) e peróxido de hidrogênio (H_2O_2), todos potencialmente tóxicos. Se a fusão do lisossomo ocorrer, a mieloperoxidase ou, em alguns casos, a catalase dos peroxissomas age nos peróxidos na presença de haloides para gerar oxidantes tóxicos como o hipo-haloide. (Reproduzida de: Male, D.; Brostoff, J.; Roth, D.B.; Roitt, I. (2006) *Immunology*, 7th edn. Mosby Elsevier, com permissão.)

Tabela 15.2 Alguns organismos eliminados por espécies reativas de oxigênio e nitrogênio

Bactérias	Fungos	Protozoários
S. aureus	*Candida albicans*	*Plasmodium*
E. coli	*Aspergillus*	*Leishmania* (óxido nítrico)
Serratia marcescens		

troem, seu próprio peróxido de hidrogênio em quantidades suficientes para interagir com a mieloperoxidase celular, produzindo o ácido hipocloroso altamente tóxico. Os PMNs defeituosos de pacientes com DGC podem ser prontamente identificados *in vitro* por deixarem de reduzir o corante amarelo nitroazul de tetrazólio a um composto azul (o "teste NBT"; Cap. 32).

Efeitos antimicrobianos de ROIs

Os ROIs podem danificar membranas celulares (peroxidação dos lipídeos), DNA e proteínas (incluindo enzimas vitais), mas, em alguns casos, pode ser o pH alterado que acompanha a geração de ROIs quem promove o dano. A morte de algumas bactérias e fungos (p. ex., *E. coli*, *Candida*) ocorre apenas em pH ácido, enquanto a morte de outros (p. ex., estafilococos) ocorre em um pH alcalino. Pode haver também a necessidade da atividade de proteases (p. ex., catepsinas, elastase), com a solubilização da enzima ocorrendo como resultado do influxo de H^+ e K^+ na vesícula fagocítica.

Lipídeos citotóxicos prolongam a atividade dos ROIs

Como já mencionado, um dos alvos dos ROIs tóxico é o lipídeo das membranas celulares. Os ROIs normalmente têm uma vida extremamente curta (frações de segundo), mas sua toxicidade pode ser grandemente prolongada pela interação com lipoproteínas séricas para formar peróxidos lipídicos. Os peróxidos lipídicos são estáveis por horas e mantêm a capacidade de promover o dano oxidativo às membranas celulares, tanto do parasito (p. ex., eritrócito infectado pela malária) quanto do hospedeiro (p. ex., endotélio vascular). A atividade citotóxica do soro humano normal para alguns tripanossomos sanguíneos vem sendo monitorada através de lipoproteínas de alta densidade.

Morte não oxidativa

A morte não oxidativa envolve o uso de grânulos citotóxicos dos fagócitos

O oxigênio nem sempre está disponível para a eliminação de microrganismos; de fato, algumas bactérias crescem melhor em condições anaeróbias (p. ex., o *Clostridia* da gangrena gasosa), e o oxigênio estaria, de qualquer modo, em suprimento reduzido em um abscesso de tecido profundo ou um granuloma TB. As células fagocíticas, portanto, também contêm outras moléculas citotóxicas. As mais bem estudadas são as proteínas nos vários grânulos dos PMN (Tabela 15.3), as quais atuam sobre os conteúdos do fagossomo quando os grânulos se fundem com ele. Observe que a queda transitória no pH que acompanha a explosão respiratória acentua a atividade das proteínas catiônicas microbicidas e das defensinas. As serino-proteases neutrofílicas são homólogas às granzimas citotóxicas liberadas pelas células T citotóxicas.

Outra célula fagocítica, o eosinófilo, é particularmente rica em grânulos citotóxicos (Tabela 15.3). Os conteúdos altamente catiônicos (*i.e.*, básicos) desses grânulos conferem a eles o padrão de coloração acidófilo característico. Cinco proteínas catiônicas eosinofílicas distintas são conhecidas, e parecem ser particularmente tóxicas para vermes parasitos, pelo menos *in vitro*. Devido à enorme diferença de tamanho entre esses vermes e os eosinófilos, este tipo de dano é limitado às superfícies externas do parasito. A eosinofilia típica das infecções por helmintos é supostamente uma tentativa de enfrentar esses parasitos grandes e quase indestrutíveis. Tanto a produção quanto os níveis de atividade dos eosinófilos são regulados pelas células T e pelos macrófagos, e mediados por citocinas tais como interleucina 5 (IL-5) e fator de necrose tumoral alfa (TNFα).

Os monócitos e macrófagos também contêm grânulos citotóxicos. Ao contrário dos PMNs (Tabela 15.4), os macrófagos contêm pouca ou nenhuma mieloperoxidase, mas secretam grandes quantidades de lisozima. A lisozima é uma molécula antibacteriana que ataca peptidoglicanos na parede celular da bactéria, que é particularmente eficaz contra bactérias Gram-positivas contra as quais elas possuem acesso mais fácil ao peptidoglicano. Os macrófagos são extremamente sensíveis à ativação por produtos bacterianos (p. ex., LPS) e citosinas de células T (por exemplo, IFNγ). Os macrófagos ativados têm uma grande habilidade em eliminar os alvos intra e extracelulares.

Tabela 15.3 Conteúdo dos grânulos do leucócito polimorfonuclear (PMN) e eosinófilo

PMN e conteúdos dos grânulos do eosinófilo		
PMN		**Eosinófilos**
Primário (azurófilo)	***Específico (heterófilo)***	***Catiônico***
Mieloperoxidase	Lisozima	Peroxidase
Hidrolases ácidas	Lactoferrina	Proteínas catiônicas
Catepsinas G, B, D	Fosfatase alcalina	ECP
Defensinas	NADPH oxidase	MBP
BPI	Colagenase	Neurotoxina
Proteínas catiônicas	Histaminase	Lisofosfolipase
Lisozima		

BPI, proteína de aumento da permeabilidade bactericida; ECP, proteína catiônica do eosinófilo; MBP, proteína básica principal; NADPH, fosfato de dinucleotídeo de adenina e nicotinamida.

Tabela 15.4 As principais células fagocíticas — PMNs e macrófagos — diferem em vários aspectos importantes

Comparação dos leucócitos polimorfonucleares e macrófagos		
	PMN	**Macrófago**
Local de produção	Medula óssea	Medula óssea ou tecidos
Duração no sangue	7–10 h	20–40 h (monócito)
Vida útil média	4 dias	Meses–anos
Números no sangue	(2,5–7,5) × 10^9/L	(0,2–0,8) × 10^9/L
Números nos tecidos	(Transitório)	100 × sangue
Principais mecanismos de eliminação	Oxidativo, não oxidativo	Oxidativo, óxido nítrico, citocinas
Ativados por	TNFα, IFNγ, GM-CSF, produtos microbianos	TNFα, IFNγ, GM-CSF, produtos microbianos (p. ex., LPS)
Deficiências importantes	CGD Mieloperoxidase Quimiotático Chediak-Higashi	Doenças de armazenamento de lipídeos
Principais produtos secretores	Lisozima	Mais de 80, incluindo: lisozima, citocinas (TNFα, IL-1), fatores do complemento

DGC, doença granulomatosa crônica; GM-CSF, fator estimulador de colônia granulócito-macrófago; IFN, interferon; IL, interleucina; LPS, lipopolissacarídeo; TNFα, fator de necrose tumoral alfa.

Óxido nítrico

O principal produto secretado pelo macrófago ativado é o óxido nítrico (ON), um dos intermediários reativos do nitrogênio (RNI, do inglês, *reactive nitrogen intermediates*) gerado durante a conversão de arginina em citrulina por arginase. O ON é fortemente citotóxico para uma variedade de tipos celulares, e os RNIs são produzidos em grandes quantidades durante infecções (p. ex., leishmaniose, malária).

CITOCINAS

As citocinas contribuem tanto para o controle da infecção quanto para a sua patologia

Estudos anteriores com sobrenadantes de culturas de linfócitos e macrófagos revelaram uma família de moléculas não antígeno-específicas com atividades diversas, que estavam envolvidas na comunicação célula-célula. Essas moléculas são atualmente conhecidas coletivamente como "citocinas". As citocinas desempenham muitos papéis cruciais na proteção contra doenças infecciosas. O modo pelo qual essas moléculas adquiriram seus nomes, algumas vezes um tanto enganosos, e a superposição confusa de funções entre moléculas de estruturas bastante diferentes estão descritos em detalhes no Capítulo 12.

As citocinas são importantes em doenças infecciosas por duas razões contrastantes:

- Elas podem contribuir para o controle da infecção.
- Elas podem contribuir para o desenvolvimento da patologia.

O último aspecto nocivo, do qual TNFα no choque séptico é um bom exemplo, é discutido no Capítulo 18. Os efeitos benéficos podem ser diretos ou, com mais frequência, indiretos via a indução de alguns outros processos antimicrobianos.

Interferons

As citocinas antimicrobianas mais bem estabelecidas são os interferons (IFN) (Tabela 15.5). O nome é derivado da demonstração, em 1957, de que células infectadas por vírus secretavam uma molécula que interferia na replicação viral em células vizinhas. Os IFNs de todos os três tipos (α, β e γ) interagem com receptores específicos na maioria das células, um para α e β e outro para γ, seguido da indução de um estado antiviral via a geração de, pelo menos, dois tipos de enzima: uma proteína quinase e um 2′,5′-oligoadenilato sintetase. Ambas essas enzimas resultam na inibição da tradução do RNA viral e, portanto, da síntese de proteína (Fig. 15.6).

Tabela 15.5 Interferons humanos (IFNs)

Interferons humanos			
	IFNα	IFNβ	IFNγ
Nome alternativo	IFN "leucocitário"	IFN "fibroblástico"	IFN "imunológico"
Fonte principal	Todas as células	Todas as células	Linfócitos T (células NK)
Agente indutor	Infecção viral (ou dsRNA)	Infecção viral (ou dsRNA)	Antígeno (ou mitógeno)
Número de espécies	22[a]	1	1
Localização cromossômica do(s) gene(s)	9	9	12
Atividade antiviral	+ + +	+ + +	+
Atividade imunorreguladora			
Ação do macrófago	–	–	+ +
Regulação positiva MHC I	+	+	+
Regulação positiva MHC II	–	–	+

IFNα e IFNβ também são chamados de interferons de tipo I e IFNγ é chamado de interferon do tipo II.
dsRNA, ácido ribonucleico de fita dupla; MHC, complexo principal de histocompatibilidade.
[a]Cada espécie é codificada por um gene diferente.

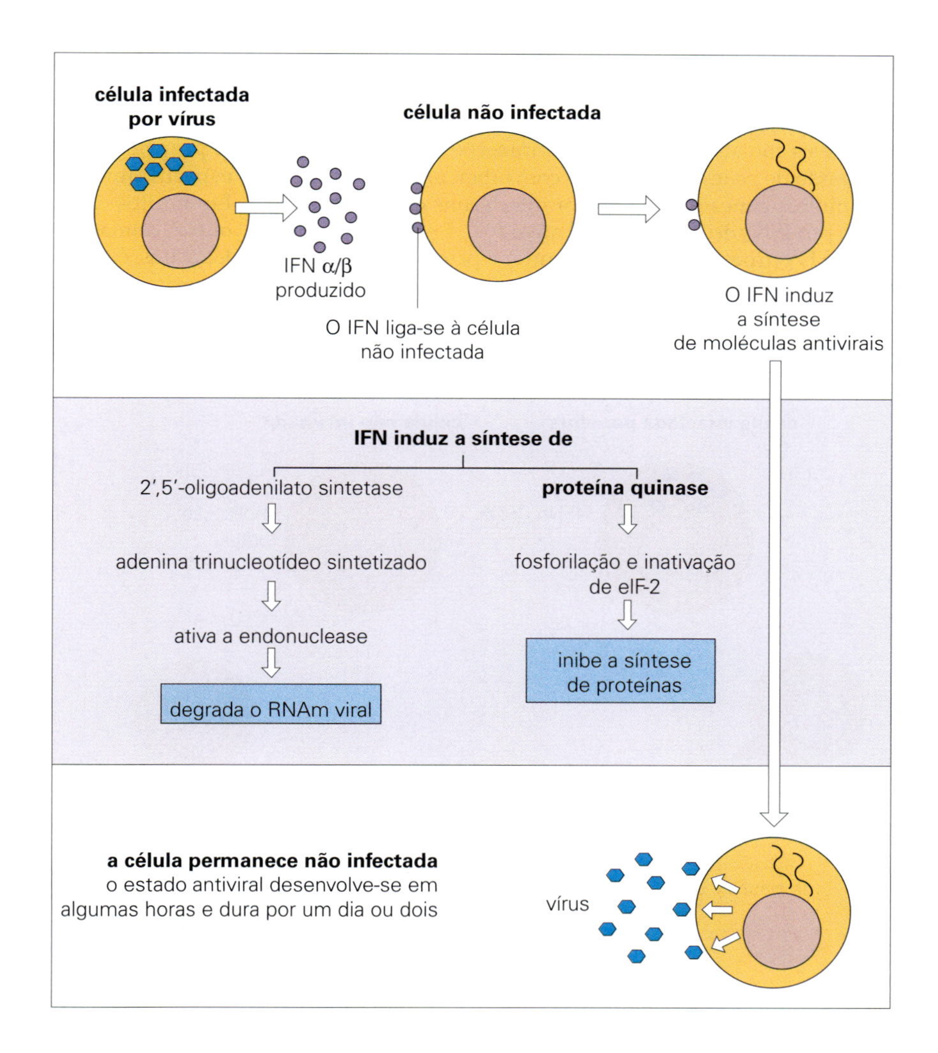

Figura 15.6 Base molecular da ação do interferon-α/β (IFN) do tipo I. eIF-2, fator de iniciação eucariótico 2.

IFNα e IFNβ constituem a principal parte da resposta inicial aos vírus

IFNα e IFNβ (interferons do tipo I) são produzidos rapidamente, dentro de 24 horas após o início da infecção, e constituem a parte mais importante da resposta inicial aos vírus.

Os IFNs do tipo I podem também inibir a montagem do vírus em um estágio mais tardio (p. ex., retrovírus), enquanto muitos dos seus outros efeitos contribuem para o estado antiviral, por exemplo, a acentuação da expressão celular de MHC e a ativação de células NK e macrófagos (Fig. 15.7). Ao contrário das células T citotóxicas, o IFN tipo I normalmente inibe os vírus sem danificar a célula do hospedeiro. Em experimentos com animais, o tratamento com anticorpos de IFNα aumenta grandemente a suscetibilidade de infecção viral, o tratamento com IFNα mostrou ser útil para algumas infecções virais humanas, particularmente hepatite B crônica (Cap. 23). Inteligentemente, parece que uma vez que o DNA viral tenha sido detectado no citoplasma da célula infectada, pelo monofosfato cíclico de guanosina — monofosfato de adenosina sintase, o heterodinucleotídeo cíclico GMP-AMP (chamado cGAMP) não somente desencadeia uma proteína que estimula a expressão de interferon (STING), mas o cGAMP pode também ser embalado dentro dos vírus recém-produzidos —, o que significa que o vírus em si carreia estimulantes de interferons antivirais dentro da próxima célula que ele infectar!

Embora mais bem conhecidos por sua atividade antiviral, recentemente foi demonstrado que os IFNs do tipo I são induzidos por infecções por uma ampla gama de microrganismos, incluindo riquétsias, micobactérias e vários protozoários, e que eles são ativos contra essas infecções. Um estudo de expressão de genes em pacientes com tuberculose identificou que muitos genes induzidos por interferons do tipo I, bem como por IFNγ do tipo II, foram ativados.

O IFNγ (tipo II, interferon imune) é principalmente um produto da célula T e é, portanto, produzido mais tarde, embora uma resposta precoce de IFNγ possa ser montada pelas células NK e ILCs do tipo 1. O papel do IFNγ é discutido extensamente junto com as células T, adiante. Alguns microrganismos intracelulares (p. ex., *Leishmania*) podem contrapor-se ao efeito do IFNγ na expressão do MHC, facilitando, assim, sua própria sobrevivência.

Outras citocinas

A produção de TNFα pode ser benéfica ou maléfica

Um exemplo notável de uma função potencialmente útil para o TNFα na infecção é ilustrado pelo que aconteceu quando um anticorpo humanizado contra TNFα foi utilizado para tratar pacientes com artrite reumatoide e doença de Crohn. Muitos desses pacientes desenvolveram tuberculose logo após o início da terapia (Fig. 15.8); outros desenvolveram infecções por *Listeria*, *Pneumocystis* ou *Aspergillus*. Hoje em dia, os pacientes devem ser testados quanto à tuberculose latente antes de iniciar o tratamento com um anticorpo bloqueador de TNF. Entretanto, acredita-se que o TNF também contribua para a patologia da tuberculose, bem como a da malária (Cap. 18). A necessidade de não se ter nem muito nem pouco de um mediador que induziria a patologia prejudicial, e sim uma quantidade exata, é por vezes chamada de princípio da Cachinhos Dourados. Paradoxalmente, a concentração de TNF é aumentada na infecção por HIV, e foi observado que ele acentua a replicação do HIV nas células T — um "*feedback* positivo" com potencial preocupante. O papel das citocinas derivadas das células T, tais como IFNγ, na imunidade à infecção, é discutido a seguir.

IMUNIDADE MEDIADA POR ANTICORPOS

A propriedade-chave da molécula de anticorpo é ligar-se especificamente a antígenos no microrganismo estranho. Em muitos casos, isso é seguido pela ligação secundária a outras células ou moléculas do sistema imunológico (p. ex., fagócitos, complemento). Estas serão discutidas adiante, mas primeiramente algumas características gerais que influenciam a eficácia da resposta do anticorpo devem ser mencionadas.

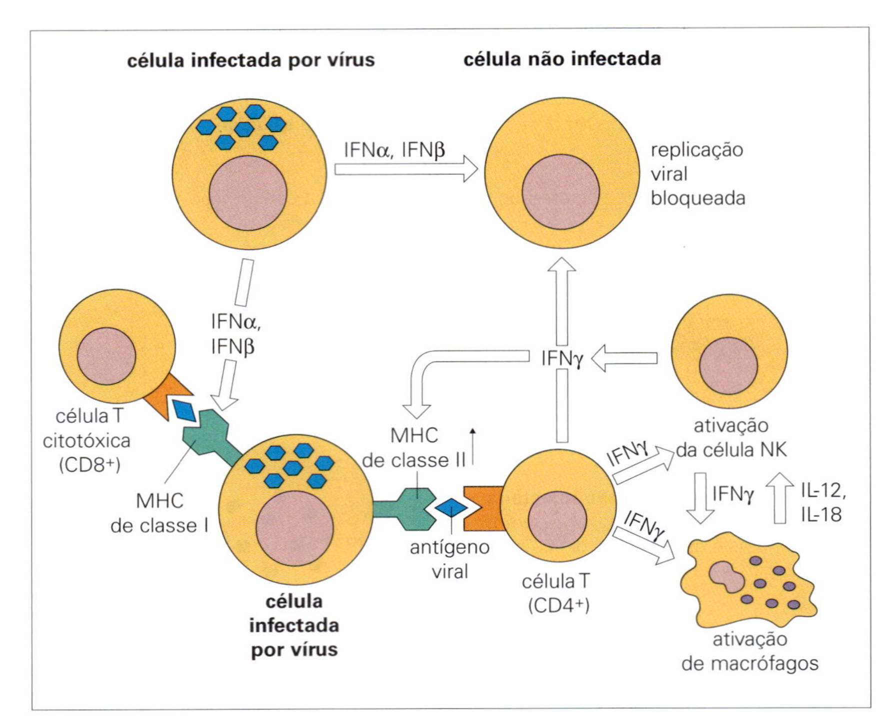

Figura 15.7 As múltiplas atividades dos interferons (IFN) na imunidade viral. CD, grupamento de diferenciação; IL, interleucina; MHC, complexo principal de histocompatibilidade; NK, exterminadora natural.

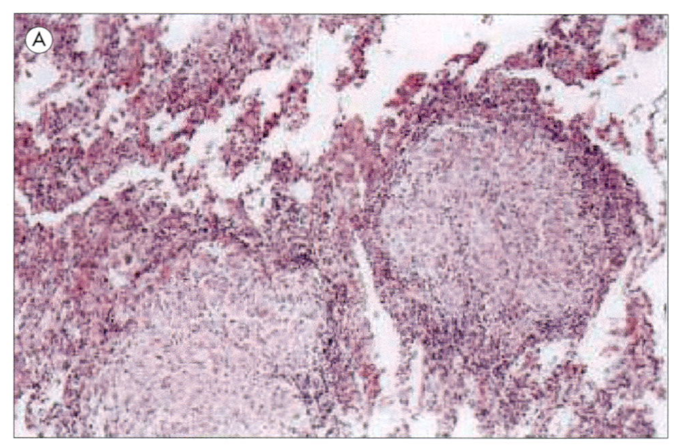

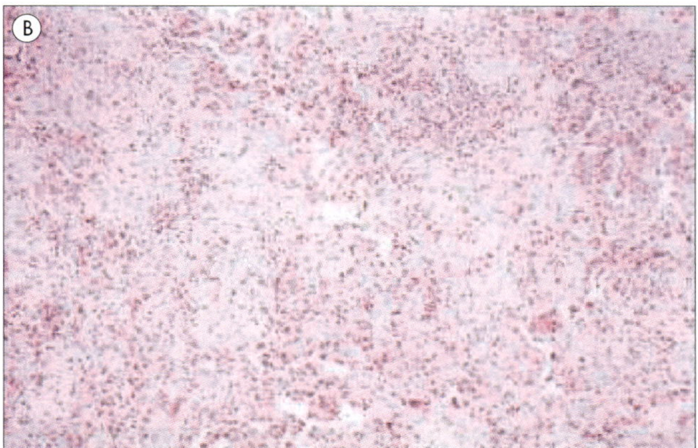

Figura 15.8 Fotomicrografias de amostras dos pulmões de pacientes com tuberculose (A) que não receberam (100 ×) ou (B) receberam (100×) infliximabe, um anticorpo humanizado para o TNFα. No paciente sem tratamento com infliximabe, há granulomas bem formados; no paciente com tratamento anti-TNF, há formação mínima de granuloma, mas muita fibrose e inflamação. (Reproduzida de Keane, J. et al. (2001). Tuberculosis associated with infliximab, a tumor necrosis factor alpha-neutralizing agent. *N Engl J Med* 345:1098–1104, com permissão.)

Velocidade, quantidade e duração

Em decorrência das interações celulares envolvidas, e da necessidade de proliferação de um pequeno número de linfócitos precursores específicos, uma resposta primária dos anticorpos pode ser perigosamente lenta para atingir níveis protetores. O exemplo clássico, antes da penicilina, era a pneumonia lobar, em que a corrida entre a multiplicação bacteriana e a produção de anticorpos ficava "empatada" por cerca de uma semana, e a partir deste ponto um lado ou o outro vencia dramaticamente. Hoje em dia, é claro, as vacinas e os antibióticos entraram em cena para melhorar as chances do paciente. Experimentos desenvolvidos com linhagens de camundongos especialmente criados sugerem que a velocidade e a magnitude de uma resposta dos anticorpos estão sob o controle de um grande número de genes, e o mesmo é, sem dúvida, verdadeiro no ser humano. Para fornecer ajuda enquanto os anticorpos específicos são produzidos, há alguns anticorpos naturais preexistentes que são normalmente anticorpos de baixa afinidade e reatividade cruzada com IgM.

A taxa de replicação do microrganismo deve ser também considerada. As taxas de replicação, como indicado pelos tempos de duplicação (Cap. 16), variam de < 1 hora (a maioria dos vírus, muitas bactérias) até dias ou mesmo semanas (micobactérias, *T. pallidum*). Os microrganismos tendem a crescer mais lentamente *in vivo* do que *in vitro*, o que mostra que o ambiente do hospedeiro é geralmente hostil. Quando o período de incubação é apenas de poucos dias (p. ex., rinovírus, rotavírus, cólera), a resposta de anticorpos é muito lenta para afetar o resultado inicial, e citocinas rapidamente produzidas, tais como interferons, são mais importantes.

Normalmente, a resposta dos anticorpos continua enquanto o antígeno estiver presente, embora alguma regulação negativa possa ocorrer em respostas muito prolongadas, presumivelmente em um esforço para limitar uma imunopatologia (Cap. 18). A imunidade vitalícia que se segue a muitas infecções virais pode ser frequentemente decorrente de estímulos regulares dos vírus na comunidade, mas, às vezes (p. ex., febre amarela), não há um estímulo óbvio, embora os anticorpos persistam por décadas. Tal persistência da memória imunológica pode ser decorrente da estimulação não específica de células T e B de memória por citocinas durante respostas a outros antígenos, um processo chamado ativação do observador (*bystander activation*).

Afinidade

Parece evidente que uma afinidade mais alta de ligação ao antígeno tornaria o anticorpo mais útil, e experimentos de proteção passiva confirmaram isso. A afinidade é determinada nos linfócitos B individuais, tanto pelo conjunto de genes de anticorpos presentes na linhagem germinativa quanto pelas mutações somáticas, e parece estar sob um controle genético distinto do controle sobre a quantidade total de anticorpos produzida. Uma tendência a uma baixa afinidade de anticorpos em resposta à vacina com toxoide tetânico foi encontrada em alguns indivíduos, particularmente naqueles com respostas predominantemente de IgG4, e há fortes evidências, por experimentos com camundongos, de que o fracasso em desenvolver respostas com anticorpos de alta afinidade pode predispor a doença por imunocomplexo.

Classes e subclasses de anticorpos (isótipos)

As diferentes porções Fc da molécula de anticorpo são responsáveis pela maioria das diferenças na função do anticorpo (Cap. 11). A mudança de uma para outra, preservando a mesma porção Fab, permite ao sistema imunológico "experimentar" diferentes mecanismos efetores contra o invasor microbiano. Essa flexibilidade não é total. Por exemplo, antígenos T-independentes, tais como alguns polissacarídeos, induzem principalmente anticorpos IgM, pois as células T são necessárias para as mudanças para IgE e úteis para a troca de IgG. Os anticorpos IgG contra polissacarídeos tendem a ser principalmente IgG2, enquanto anticorpos IgG contra proteína são principalmente IgG1. O mau desenvolvimento de IgG2 em crianças abaixo de 2 anos de idade explica sua deficiência de resposta a bactérias com cápsulas polissacarídicas (p. ex., *S. pneumoniae*, *Haemophilus influenzae*). Os anticorpos contra vírus são predominantemente IgG1 e IgG3, e os contra helmintos são IgG4 e IgE. Os antígenos encontrados no trato digestivo induzem principalmente IgA, que é processado durante sua passagem pelas células epiteliais para a sIgA, o único tipo de anticorpo que pode funcionar nesse ambiente intestinal rico em protease; a microbiota intestinal pode induzir troca de classe IgA independentemente de célula T por meio de interações com células do epitélio intestinal.

Efeitos bloqueadores e neutralizantes dos anticorpos

A simples ligação das moléculas de anticorpo a uma superfície microbiana é frequentemente suficiente para proteger o hospedeiro. Ela pode interferir fisicamente na interação do receptor necessário para a entrada microbiana (p. ex., de um vírus em uma célula) ou na ligação de uma toxina a seu receptor no hospedeiro. Essa é a base de muitas vacinas, contra vírus ou toxinas bacterianas, capazes de salvar vidas. Tais vacinas precisam gerar anticorpos de alta afinidade, e as células T auxiliares serão necessárias.

O bloqueio da fixação e da entrada pode ser eficaz contra todos os microrganismos que usam locais de fixação específicos, quer sejam vírus, bactérias ou protozoários (Cap. 16). Uma exceção importante consiste nos organismos que parasitam o macrófago, como o vírus da dengue; aqui, a presença de baixas concentrações de anticorpos IgG pode, na verdade, acentuar a infecção por promover a adesão a receptores de Fc (Cap. 18).

Um efeito bloqueador mais sutil do anticorpo é a interferência com componentes de superfícies essenciais do parasito, particularmente se estes forem enzimas ou moléculas transportadoras. Desnecessário dizer que os patógenos bem-sucedidos utilizam meios para proteger tais componentes sempre que possível, como descrito no Capítulo 17.

Imobilização e aglutinação

Os anticorpos de imunoglobulina, particularmente os maiores, IgM pentamérico, são da mesma ordem de tamanho de alguns dos menores vírus e maiores que a espessura de um flagelo bacteriano (Fig. 15.9), de modo que a simples adesão física do anticorpo pode restringir consideravelmente as atividades dos microrganismos móveis. Além disso, o desenho multivalente das moléculas de anticorpo permite que elas se liguem a dois ou mais organismos simultaneamente, como pode ser prontamente demonstrado nos testes de aglutinação bacteriana (Fig. 15.10). O valor protetor da aglutinação *in vivo* é difícil de avaliar; uma vez agrupados, a maioria dos organismos é provavelmente fagocitada com rapidez, mas grupos de tripanossomos ainda móveis podem ser vistos no sangue de animais infectados com anticorpos séricos suficientes. As reações de aglutinação *in vitro* são muito úteis para o diagnóstico (Cap. 32).

Lise

A lise de bactérias na presença de complemento constitui outro ensaio conveniente para avaliação da presença de anticorpos (IgG e IgA). Entretanto, a lise provavelmente desempenha um papel protetor importante somente em uma gama restrita de infecções, particularmente as causadas por *Neisseria* e alguns vírus (Cap. 18).

Opsonização

Quer pela ligação direta das regiões CH2 e CH3 da imunoglobulina a receptores de Fc, quer através da ativação do complemento para permitir a ligação do C3b ao seu receptor, a opsonização representa a função global mais importante da molécula de anticorpo. Uma evidência reveladora desse fato é a semelhança geral nos efeitos sobre o paciente com defeitos em anticorpo, complemento (até C3, inclusive) ou células fagocíticas (Cap. 31). Estima-se que a taxa de fagocitose seja aumentada em até mil vezes pela atuação conjunta de anticorpo e complemento (Fig. 15.11). A pneumonia lobar devido ao *S. pneumoniae* fornece novamente um bom exemplo: o anticorpo IgG contra a cápsula dessa bactéria permite que os neutrófilos fagocitem os microrganismos, convertendo, da noite para o dia, um pulmão praticamente sólido, com fluido, fibrina e fagócitos, em aparelho respiratório normal. Observe que os últimos componentes do complemento, C5–9, não são

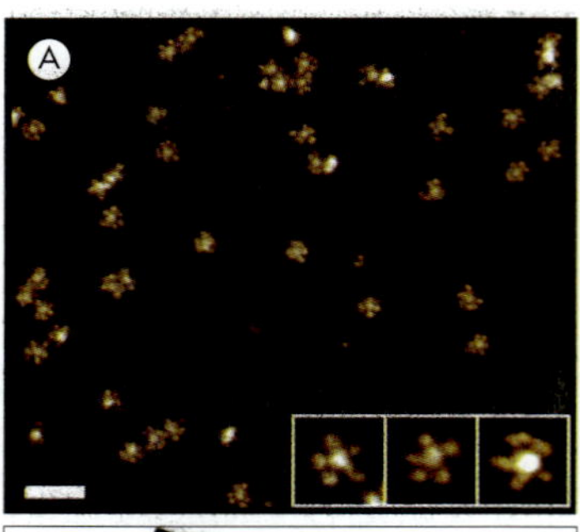

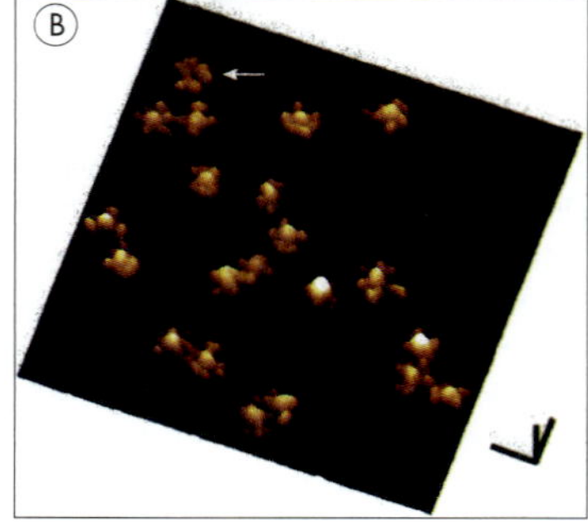

Figura 15.9 (A, B) A molécula IgM. A forma livre de IgM adota uma configuração em formato de estrela (seta), conforme mostrado na imagem obtida com microscopia de força atômica em baixa temperatura. (Reproduzido de Daniel M. Czajkowsky. O pentâmero IgM humano é uma molécula em forma de cogumelo com viés flexional. 2009;106:14960-5 http://www.pnas.org/content/106/35/14960.)

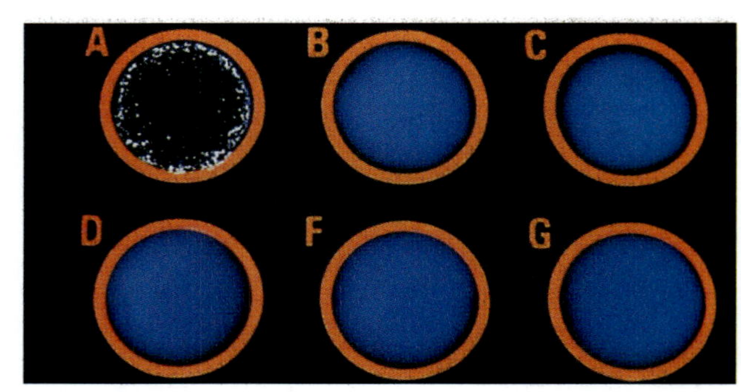

Figura 15.10 Aglutinação bacteriana. A fonte A mostra aglutinação de estreptococos do grupo A com partículas de látex recobertas com anticorpos antigrupo A. (Cortesia de D.K. Banerjee.)

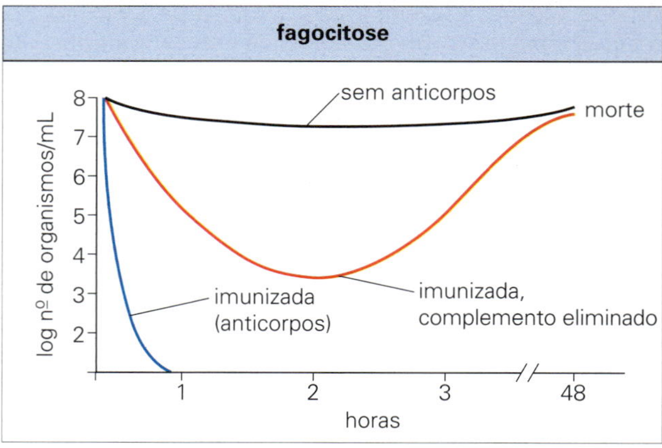

Figura 15.11 A opsonização aumenta a eliminação de bactérias. Anticorpo e complemento juntos aceleram a eliminação de pneumococos do sangue de camundongos (linha azul); a depleção do complemento permite que haja alguma opsonização caso haja anticorpo presente, mas não consiga controlar a infecção (linha vermelha).

necessários, de modo que suas deficiências não predispõem a infecções bacterianas em geral (Cap. 31). Logicamente, a eficácia da opsonização depende da capacidade da célula fagocítica de eliminar o microrganismo ingerido. Esse não é o caso, entretanto, dos microrganismos que inibem ou evitam o processo normal de morte intracelular, dos quais as micobactérias constituem um exemplo típico (Cap. 17).

Citotoxicidade celular dependente de anticorpo

No caso dos organismos maiores (os vermes são o exemplo mais óbvio), a fagocitose obviamente não é possível. Entretanto, vários tipos de células que tenham feito contato com o parasito através de anticorpo e receptores de Fc, do mesmo modo que os fagócitos o fazem, podem provocar dano extracelularmente por meio de citotoxicidade celular dependente de anticorpos. Estes incluem a maioria dos fagócitos convencionais, bem como eosinófilos e plaquetas.

De fato, a maneira precisa pela qual o anticorpo protege contra infecções é, na maioria dos casos, ainda desconhecida. Por exemplo, a enorme produção de IgA no intestino, a qual pode elevar-se à metade de todo o anticorpo produzido no corpo, sugere a importância vital da proteção das mucosas, e, apesar disso, a deficiência de IgA é relativamente comum e não é particularmente séria.

A Tabela 15.6 fornece alguns exemplos de infecções comuns normalmente controladas por anticorpos. Uma vez mais, deve ser enfatizado que a presença de anticorpos de modo algum denota um papel protetor. Eles podem ser dirigidos contra antígenos microbianos irrelevantes ou não críticos, ou a infecção pode ser de um tipo que não é primariamente controlada por anticorpos, como ocorre com muitas infecções intracelulares (p. ex., tuberculose, febre tifoide, vírus do herpes). A melhor indicação do valor do anticorpo provém das síndromes de deficiência de anticorpo (Cap. 31).

IMUNIDADE MEDIADA POR CÉLULAS

As células T formam o segundo componente principal da resposta imunológica adaptativa (Caps. 10 e 11). Algumas atuam produzindo citocinas que induzem a ativação do macrófago ou auxiliam a produção de anticorpo; outras, por sua ação citotóxica direta em células-alvo infectadas. Em ambos os casos, as células T precisam "ver" a combinação do peptídeo específico com a molécula do MHC, que é reconhecida por seu receptor de célula T. Alguns exemplos da importância do anticorpo e da imunidade mediada por células na resistência às infecções sistêmicas são dados na Tabela 15.6.

A imunidade da célula T correlaciona-se com o controle do crescimento bacteriano na hanseníase

Na hanseníase, há um espectro de doença variando das formas tuberculoide paucibacilares até a doença lepromatosa multibacilar. A imunidade da célula T específica de *Mycobacterium leprae*, medida por proliferação linfocitária, secreção de citocinas Th1, tais como IFNγ, ou teste cutâneo de hipersensibilidade do tipo tardio, é encontrada em pacientes com hanseníase tuberculoide, mas ausente em pacientes com hanseníase lepromatosa (Cap. 27). O valor da estimulação da célula T, levando à ativação do macrófago e à morte bacteriana, é claramente ilustrado por experimentos nos quais foi injetado IFNγ nas lesões da pele de pacientes com hanseníase lepromatosa. Isso resultou em um influxo de células T e macrófagos para as lesões cutâneas, e em uma redução no número de bactérias. Outro bom exemplo da função protetora do IFNγ e da imunidade Th1 é visto nos modelos animais da infecção por *Leishmania*: isto é, algumas cepas de camundongo, tais como a C57BL/6, são resistentes à doença, controlando a infecção e fazendo uma boa resposta com citocinas Th1, enquanto outras, tais como BALB/c, são suscetíveis, apresentam deficiência na produção de IFNγ e não conseguem controlar o crescimento do parasito (Tabela 15.7).

Mais evidências para os efeitos protetores do IFNγ

Os efeitos protetores produzidos pelos IFNγ, o qual então se liga a seu receptor específico nos macrófagos e induz a ativação destes e a produção de moléculas antimicrobianas, são ilustrados muito claramente pelas consequências de um fracasso na síntese de IFNγ ou na ligação a seu receptor. Camundongos nos quais o gene para IFNγ foi inativado ("nocauteado") tornam-se muito suscetíveis a infecções intracelulares. Pouquíssimos indivíduos com mutações no gene para o receptor de IFNγ foram identificados. Esses indivíduos são suscetíveis a infecções por micobactérias

Tabela 15.6 Anticorpos e imunidade mediada por células (IMC) na resistência a infecções sistêmicas

Tipo de resistência	Anticorpo	IMC
Recuperação da infecção primária	Febre amarela, poliovírus, coxsackievírus Estreptococos, estafilococos *Neisseria meningitidis* *Haemophilus influenzae* *Candida* spp. *Giardia lamblia* Malária[a]	Poxvírus: p. ex., ectromelia (camundongos), vacínia (humanos) Vírus tipo herpes: herpes simples, varicela-zóster, citomegalovírus vírus LCM (camundongos) Tuberculose Hanseníase Infecções fúngicas sistêmicas Candidíase mucocutânea crônica[b]
Resistência à reinfecção	Quase todos os vírus, incluindo sarampo, principalmente as bactérias	Tuberculose Hanseníase
Resistência à reativação de infecções latentes		Varicela-zóster, citomegalovírus, herpes simples, tuberculose, *Pneumocystis jirovecii*[c]

O anticorpo ou a IMC é sabidamente o fator principal em cada exemplo. Mas, em muitas outras infecções, não há informação, e algumas vezes ambos os tipos de imunidade são importantes. É provável que IMC também esteja envolvida na resistência à ativação de infecção latente por TB. LCM, Coriomeningite linfocítica.

[a] A proteção é incompleta e de vida curta.

[b] Tanto as células Th1 quanto as Th17 podem estar envolvidas.

[c] Anteriormente, *P. carinii*.

Tabela 15.7 Produção de citocinas em baços de camundongos infectados com *Leishmania major*

Influência protetora do IFNγ na infecção por *Leishmania*			
Cepa de camundongo	**Fenótipo**	**IFNγ**	**Produção de IL-4**
C57BL/6	Resistente	+	–
BALB/c	Suscetível	–	+

O fenótipo resistente (camundongos C57BL/6) estava associado à produção da citocina Th1 interferon gama (IFNγ), enquanto o fenótipo suscetível estava ligado à produção da citocina Th2 interleucina 4 (IL-4).
(De Heinzel, F.P. et al. (1989). Reciprocal expression of interferon gamma or interleukin 4 during the resolution or progression of murine leishmaniasis. *J Exp Med* 169:59, com permissão.)

ou a infecções disseminadas que se seguem à vacinação pelo bacilo Calmette-Guérin (BCG) (Fig. 15.12).

Algumas bactérias escapam das respostas protetoras Th1, induzindo células T reguladoras antígeno-específicas que produzem TGFβ ou IL-10, que regula negativamente a produção de IFNγ.

Assinaturas de citocina

Células T podem produzir uma variedade de citocinas, mas estas serão mais úteis se combinações específicas de citocinas forem produzidas pela mesma célula. Por exemplo, células T polifuncionais que produzem IFNγ, TNFα e IL-2 formam quantidades maiores de IFNγ do que células T que produzem apenas IFNγ, e estão associadas ao controle do tamanho das lesões por *Leishmania* em camundongos.

Durante as infecções virais, o padrão ou bioassinaturas das citocinas produzidas por células T pode variar com a eliminação da infecção, ou a carga de antígenos durante uma infecção crônica (Fig. 15.13). Por exemplo, a infecção primária pelo vírus da imunodeficiência humana (HIV) ou citomegalovírus (CMV) induz, principalmente, as células T produtoras de IFNγ; na influenza, as células produtoras de IL-2 predominam após a eliminação viral; a infecção viral crônica, tal como por vírus Epstein-Barr (VEB) ou HIV, não progressiva parece levar a uma assinatura mista de IFNγ e IL-2, porém com a infecção progressiva por HIV e uma maior carga de antígenos, isso leva à produção dominante de IFNγ. O equilíbrio entre as células T efetoras e as células T de memória em repouso também mudará de doença aguda para doença crônica com HIV. Pessoas saudáveis têm populações equilibradas de células T naïve, efetoras e de memória nos compartimentos CD4 e CD8; no HIV agudo, as células efetoras T CD8 expandem-se, mas com a infecção crônica as células T CD4 naïve e de memória são perdidas. O fenótipo das células de memória também varia nos diferentes tipos de infecção (Fig. 12.14).

Células T Th17

A divisão das células T CD4 em células T Th1 e Th2 auxiliou nossa compreensão da imunidade em muitas infecções. Contudo, outro subgrupo CD4 que produz IL-17, logo chamado de Th17, e induzido pela citocina IL-23, também contribui com a imunidade antimicrobiana. As células Th17 desempenham um papel na imunidade contra inúmeras infecções bacterianas, incluindo *Klebsiella pneumoniae*, *E. coli*, *S. aureus*, *Listeria monocytogenes* e *Candida albicans*. Uma forma de funcionamento da IL-17 é induzir o recrutamento de neutrófilos. Alguns pacientes com candidíase mucocutânea crônica apresentam defeitos de sinalização que levam a problemas com a produção de células Th17 e suscetibilidade elevada a *Candida*. Outro papel recentemente reconhecido das células

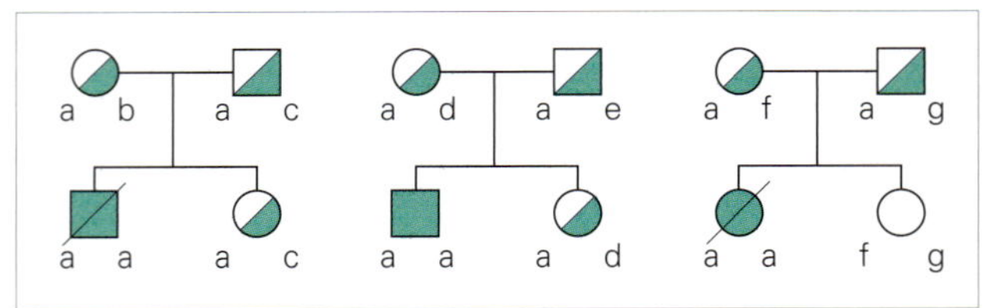

Figura 15.12 As mutações genéticas no receptor de IFNγ causam suscetibilidade a infecções micobacterianas. Três famílias maltesas tiveram crianças que eram suscetíveis à infecção micobacteriana atípica (símbolos sólidos), duas das quais morreram (símbolos riscados). Os símbolos preenchidos pela metade representam indivíduos com a condição de portadores. Todas as crianças afetadas eram homozigotas para o *locus* "a" da doença no cromossomo 6q22-q23, com uma mutação pontual no gene para o receptor de IFNγ. Essa mutação introduz um códon de término, resultando em uma proteína truncada não funcional. (De: Newport, M.J. et al. (1996). A mutation in the interferon-gamma-receptor gene and susceptibility to mycobacterial infection. *N Engl J Med* 335:1941–1949, com permissão. © Massachusetts Medical Society.)

Th17 é a secreção de IL-26, uma citocina que forma poros nas membranas de bactérias Gram-negativas que levam à lise de *E. coli*, *Pseudomonas aeruginosa* e *Klebsiella pneumoniae*. A IL-17 junto da IL-22 também pode ajudar a restringir o dano tecidual durante os episódios de inflamação.

As respostas das células T podem ser exploradas em testes diagnósticos para tuberculose (TB)

Há dois tipos de testes que medem as respostas das células T a *Mycobacterium tuberculosis*: o teste cutâneo da tuberculina e os mais novos ensaios de liberação de interferon gama (IGRA). O teste cutâneo da tuberculina (teste de Mantoux) é um teste cutâneo de hipersensibilidade do tipo tardia (DTH), no qual a induração induzida pela injeção intradérmica de derivado purificado de proteína de *M. tuberculosis* é medida 2-3 dias após. No entanto, o teste cutâneo Mantoux é positivo em pessoas com infecção latente ou ativa por TB. Pior que isso, muitos dos antígenos no preparo do derivado proteico purificado do *M. tuberculosis*, utilizados como antígeno nesse teste, possuem reação cruzada com os de outras micobactérias, incluindo BCG e micobactérias ambientais não tuberculosas. Isso significa que indivíduos vacinados pelo BCG, e não expostos ao *M. tuberculosis* propriamente dito, podem apresentar um teste de Mantoux positivo, portanto um corte maior é utilizado para excluir aqueles com tal reatividade cruzada. Indivíduos com uma grande resposta ao teste cutâneo têm um risco aumentado de desenvolver tuberculose, mostrando que respostas fortes de célula T podem ser induzidas durante a progressão da doença e que um teste cutâneo fortemente positivo pode indicar infecção em vez de imunidade. Testes cutâneos também podem ser usados para avaliar se há anergia de células T (p. ex., com o uso de candidina), uma vez que a maioria dos indivíduos já terá sido exposta a *Candida*.

Os ensaios mais específicos de liberação de interferon-gama que medem a liberação de IFNγ em resposta aos peptídeos presentes nos antígenos do *M. tuberculosis* e não encontrados no BCG ou na maioria das micobactérias ambientais estão disponíveis atualmente. No entanto, novamente, esses testes serão positivos naqueles com tuberculose latente ou com tuberculose ativa.

Linfócitos T citotóxicos matam pela indução de "vazamentos" na célula-alvo

O linfócito T citotóxico (CTL), bem conhecido, é incomum na medida em que tanto o reconhecimento antígeno-específico quanto a morte do alvo são desempenhados pela mesma

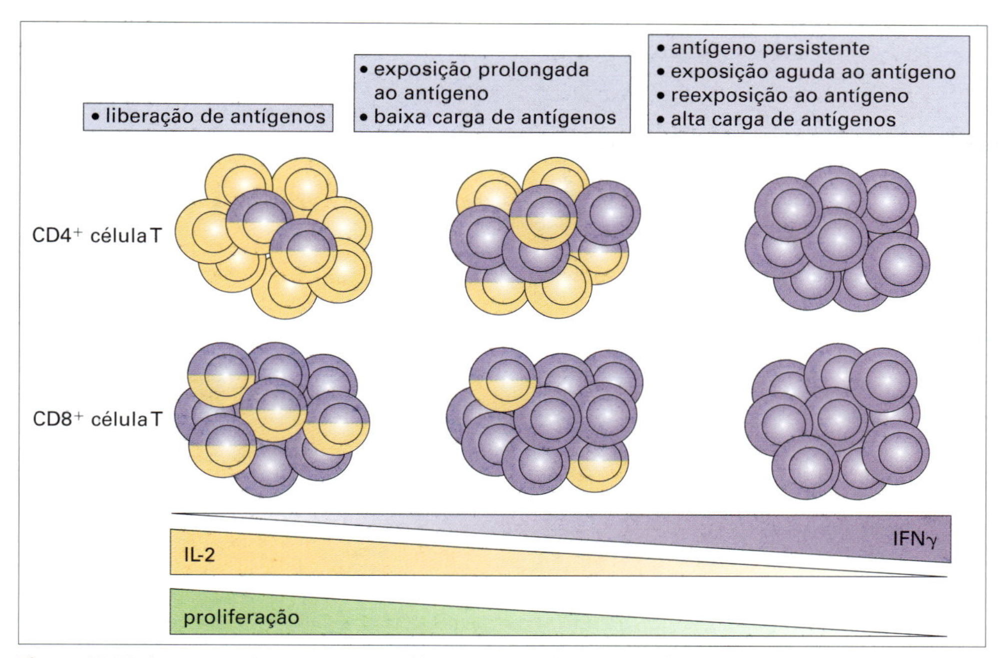

Figura 15.13 Assinaturas de citocinas. O equilíbrio entre as células T específicas do vírus que secretam interferon gama (IFNγ, células roxas) e as células T que secretam interleucina 2 (IL-2, células amarelas) que se proliferam melhor varia de acordo com a carga de antígenos e o tipo de infecção viral. As infecções agudas, como a influenza, têm uma alta carga de antígenos; após a eliminação do vírus, a carga de antígenos cai e as células produtoras de IL-2- predominam particularmente na população de células T CD4; em uma infecção crônica controlada, como pelo vírus Epstein-Barr (VEB), citomegalovírus crônico (CMV) ou HIV-1 em não progressivas a longo prazo, há produção de células T que secretam IL-2 e IFNγ, bem como células polifuncionais que produzem ambas as citocinas; na infecção crônica com alta carga de antígenos, como a infecção por HIV-1 progressiva, as células que produzem IFNγ com capacidade limitada de proliferação predominam. CD, grupamento de diferenciação. (Redesenhada de: Pantaleo, G.; Harari, A. (2006). Functional signatures in antiviral T-cell immunity for monitoring virus-associated diseases. *Nat Rev Immunol* 6:417–423.)

célula. A etapa de reconhecimento, envolvendo um peptídeo de um antígeno que se associa com uma molécula MHC de classe I, é discutida no Capítulo 12 e exibe um grau alto de especificidade característico de todas as respostas adaptativas. O estímulo antigênico é necessário para induzir a formação de grânulos citotóxicos, que não estão presentes em células T CD8 naïve. O teor dos grânulos é transportado para a zona de contato entre a célula citotóxica T e sua célula-alvo, e as células em volta são poupadas. Um marcador útil chamado de CD107 da proteína 1 associada à membrana lisossômica (LAMP-1) é deixado na superfície da célula T citotóxica, quando uma célula T tiver liberado seus grânulos.

O mecanismo de eliminação, contudo, é relativamente não específico. Ele envolve a indução de "vazamentos" ou poros na membrana da célula-alvo pela inserção de perforina, uma molécula de 66 kDa que, quando polimerizada, é estrutural e funcionalmente semelhante ao componente do complemento terminal C9 (80 kDa; Fig. 15.14). Granzimas são encontradas como proenzimas em grânulos ácidos que se ligam à serglicina; após serem clivadas pela catepsina, elas entram na célula-alvo e induzem apoptose. Um estudo recente demonstrou que, ao entrar em uma célula-alvo infectada com bactérias ou protozoários como *Listeria* ou *Toxoplasma*, a granulisina, um terceiro componente dos grânulos líticos humanos, permite que as granzimas matem as bactérias e parasitas em um processo semelhante ao da apoptose. A morte da célula-alvo também pode ser causada por apoptose, um programa de "suicídio" embutido em todas as células que é induzido por interações Faz/FasL, granzimas e TNFα. O vazamento do teor de células também pode contribuir para a morte celular.

Considera-se que esses mecanismos operem principalmente contra células infectadas por vírus (como VEB, hepatite, HIV, influenza, CMV), mas também podem exterminar células infectadas com outros patógenos intracelulares, incluindo *Listeria* ou *Toxoplasma*.

A maioria das células T citotóxicas é CD8-positiva, reconhecendo epítopos peptídicos restritos ao MHC de classe I, mas a citotoxicidade pode também ser mediada por células T CD4 e células T γδ. Pode parecer inesperado que as células T CD8 sejam ativadas em algumas infecções bacterianas intracelulares, como a TB, em que a micobactéria deveria estar dentro dos fagossomos, mas antígenos microbianos ou até mesmo as bactérias podem escapar para o citoplasma da célula do hospedeiro, permitindo que os antígenos sejam recolhidos e apresentados por moléculas de MHC 1. A ativação do CD8 também pode resultar de um processo chamado de apresentação cruzada, em que os antígenos bacterianos tomados por uma célula dendrítica são processados pela apresentação de MHC de classe I, como também de MHC de classe II. Em alguns casos, bolhas apoptóticas liberadas por macrófagos apoptóticos infectados podem ser tomadas por células dendríticas. Infelizmente, a lise de uma célula-alvo infectada pode nem sempre eliminar o patógeno intracelular, mas sua liberação de seu esconderijo pode levar à eliminação posterior por um macrófago mais altamente ativado (Fig. 15.15).

Outro achado recente interessante é que nem todas as células T CD8 podem agir como células T citotóxicas efetoras. Um número maior de células T CD8 humanas expressa a granzima A do que a molécula efetora pré-formada perforina. Na infecção por HIV, dois terços das células T CD8 expressam granzimas, mas apenas um terço expressa perforina. Isso pode explicar por que as células infectadas pelo vírus escapam da morte por células T CD8 antígeno-específicas na infecção por HIV.

As moléculas citotóxicas usadas pelas células T citotóxicas são apresentadas na Tabela 15.8. Claro que essas células citotóxicas também são importantes para lidar com células tumorais.

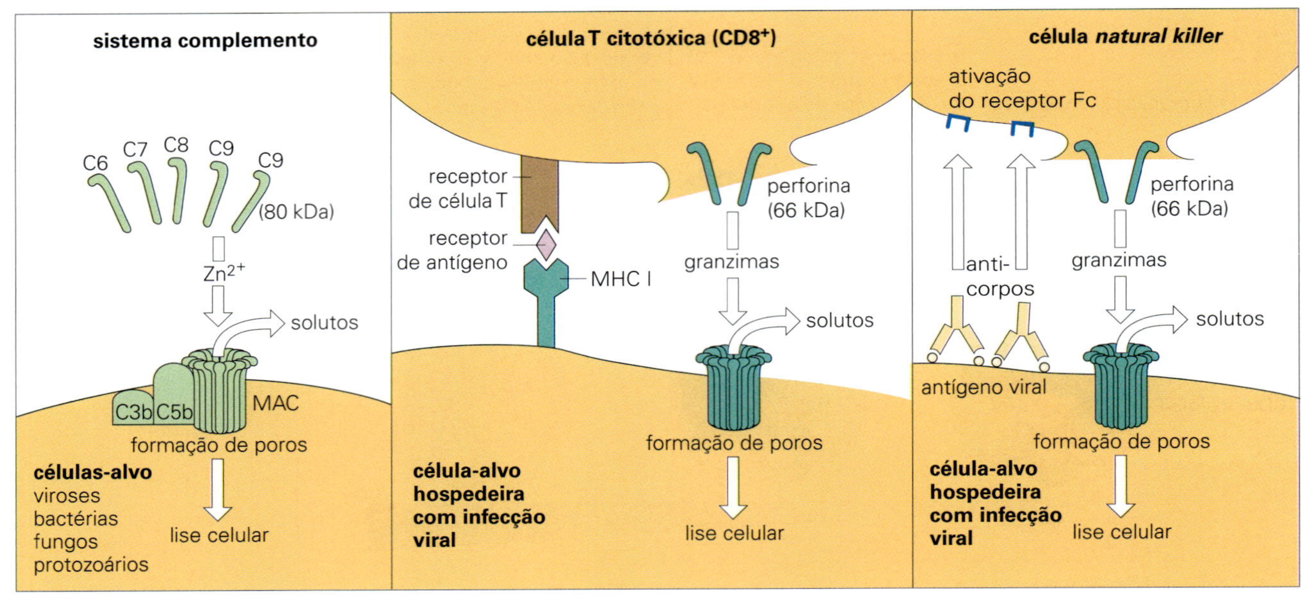

Figura 15.14 Comparação entre os mecanismos líticos das células citotóxicas e o sistema complemento. O receptor FcγRIII (CD16) nas células exterminadoras naturais (NK) liga os anticorpos imunoglobulina IgG1 e IgG3; outros receptores de ativação são NKG2C e NKG2D. CD, grupamento de diferenciação; MAC, complexo de ataque à membrana; MHC, complexo principal de histocompatibilidade; Zn^{2+}, íon de zinco.

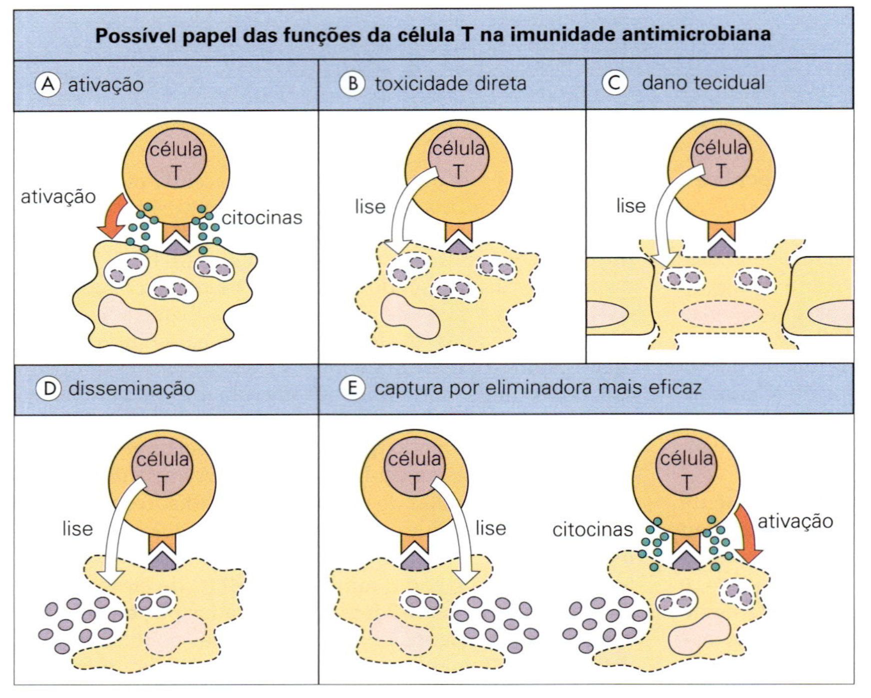

Figura 15.15 Possíveis papéis das células T na imunidade a patógenos intracelulares. (A) A célula T ativa os mecanismos de eliminação intracelular pela secreção de citocinas, tais como IFNγ (p. ex., em um macrófago). (B) A célula T mata diretamente a célula e o parasito. (C) A célula T destrói tecido vital no processo de matar o parasito. (D) Por meio da lise das células, a célula T permite que parasitos ainda vivos se disseminem. (E) Parasitos liberados desse modo podem ser fagocitados por uma célula do hospedeiro mais eficiente em eliminação intracelular. (Redesenhada de: Kaufmann, S.H. (1989). In vitro analysis of the cellular mechanisms involved in immunity to tuberculosis. *Rev Infect Dis* 11 (Suppl 2):S448–S454.)

Tabela 15.8 Algumas moléculas citotóxicas importantes em grânulos de células T e células NK citotóxicas que operam contra organismos infecciosos

Moléculas citotóxicas	Propriedades	Efeito
Perforina	Monômero; forma poro polimerizado uma vez	O poro permite a entrada de granzimas na célula
Granzimas*	Proenzimas clivadas por catepsina	Induz apoptose
Granulisina (somente células humanas)	Altera a permeabilidade da membrana	Transmite granzimas para bactérias intracelulares e protozoários

*A granzima humana B também pode desempenhar um papel benéfico na cura da ferida.

RECUPERAÇÃO DA INFECÇÃO

O conceito habitual de uma doença infecciosa é o de que o paciente fica doente por um período de dias ou meses e depois se recupera. Em muitos casos, os pacientes ficam subsequentemente imunes à doença. Em tais circunstâncias, pode-se estar razoavelmente certo de que os mecanismos adaptativos (baseados no linfócito) estiveram em ação, pois: (1) a existência de sintomas da doença implica que os mecanismos de defesa naturais, os quais atuam rapidamente, não foram bem-sucedidos na eliminação do parasito; (2) um período de dias ou semanas é tipicamente o tempo que os mecanismos da imunidade adaptativa levam para atingir níveis máximos; e (3) a imunidade subsequente é um sinal da memória imunológica exclusiva das células B e T, que possuem a capacidade de reconhecer antígenos especificamente, proliferar em clones e sobreviver como células de memória. Assim, quanto mais velhos são os indivíduos, mais eles estão adaptados ao ambiente, até que a própria velhice começa a enfraquecer o sistema imunológico.

Nos estágios iniciais de uma infecção, entretanto, a imunidade adaptativa pode precisar de alguma ajuda. Uma vez que os linfócitos são programados para reconhecer os formatos dos epítopos antigênicos, eles não podem distinguir parasitos virulentos de inofensivos, e devem se basear apenas no reconhecimento de sinais de "perigo" — nem podem "saber" que tipo de resposta imunológica será mais eficiente. Frequentemente, um mecanismo é responsável pela recuperação e outro pela resistência à reinfecção (p. ex., células citotóxicas e interferon na recuperação do sarampo, anticorpo na prevenção de um segundo ataque). Em muitas infecções, ainda há controvérsia sobre quais das inúmeras respostas que podem ser detectadas são úteis, nocivas ou neutras. A razão para que um indivíduo não consiga se recuperar de uma infecção, ou sofrer com uma, também pode ser difícil de se apontar com precisão. Se a infecção é de um tipo em que a maioria das pessoas se recupera (p. ex., sarampo), ou da qual elas não sofrem de modo algum (p. ex., *Pneumocystis*), deve ser considerada a possibilidade de uma imunodeficiência (Cap. 31). Infecções que são rapidamente fatais nos indivíduos normais (p. ex., febre de Lassa) são frequentemente aquelas nas quais o sistema imunológico humano não foi exposto, uma vez que elas são normalmente mantidas em animais e apenas acidentalmente infectam humanos (ver Zoonoses, Cap. 29). Mas se a infecção normalmente percorre um curso prolongado sem ser eliminada nem matar o hospedeiro, o parasito pode ser considerado bem-sucedido, e esse sucesso será em decorrência de uma ou mais estratégias de sobrevivência. Esse é o assunto do Capítulo 17.

A nutrição pode ter efeitos sutis na imunidade à infecção

Mesmo se um estado de imunodeficiência não estiver presente, outros fatores podem afetar o modo como uma pessoa lida com uma infecção. Por exemplo, durante a fome ou desnutrição, concentrações do hormônio leptina (que é produzido por adipócitos, e entre outras funções, induz a ativação de PMN) caem. Os camundongos em jejum por dois dias tiveram números mais altos de *S. pneumoniae* em seus pulmões do que os animais alimentados normalmente, mas se os animais em jejum recebessem leptina, o número de PMN nos pulmões aumentava e as contagens bacterianas diminuíam (Fig. 15.16). Os camundongos deficientes em leptina são altamente suscetíveis a infecções bacterianas como *Klebsiella* e *Listeria*. Entretanto, ser obeso também não é uma boa alternativa — vale notar que os obesos parecem ser mais suscetíveis a muito mais tipos de infecções do que as pessoas que têm peso normal.

Outros fatores que afetam o quão bem o sistema imunológico funciona incluem estresse, microbioma, exercício, sazonalidade e genética.

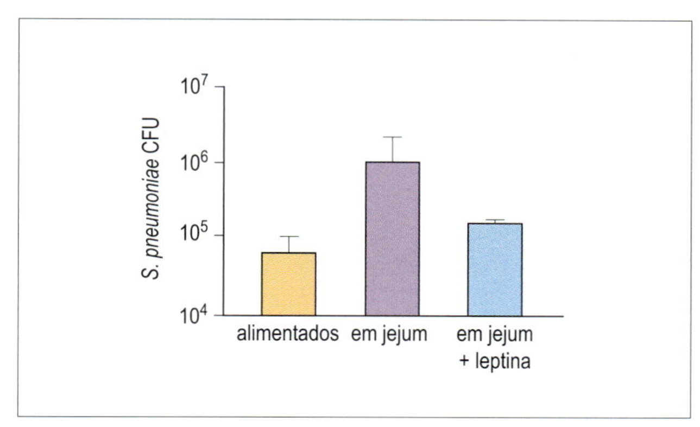

Figura 15.16 A leptina pode restaurar a defesa do hospedeiro contra o *S. pneumoniae* em camundongos em jejum. As unidades formadoras de colônia (UFC) das bactérias no pulmão foram mensuradas após alimentação normal (coluna laranja), em animais em jejum por 48 h (coluna roxa), ou em jejum, mas com leptina administrada (coluna azul), 24 h após a infecção por *S. pneumoniae*. (Redesenhada de: Mancuso, P. et al. (2006). Leptin corrects host defense defects after acute starvation in murine pneumococcal pneumonia. *Am J Respir Crit Care Med* 173:212–218.)

PRINCIPAIS CONCEITOS

- A proteção contra microrganismos infecciosos que penetram as barreiras externas da pele e membranas mucosas é mediada por uma variedade de mecanismos de defesa iniciais, que constituem a imunidade inata.
- Esses mecanismos iniciais de defesa ocorrem mais rapidamente, mas são menos específicos do que os mecanismos adaptativos baseados nas respostas dos linfócitos antígeno-específicos (células T e B).
- Importantes mecanismos de defesa iniciais incluem a resposta de fase aguda, o sistema complemento, IFNs, células fagocíticas, células NK e outras células linfoides inatas. Juntos, eles atuam como uma primeira linha de defesa durante as horas ou dias iniciais da infecção.
- A imunidade adaptativa, mediada por anticorpos e células T, é responsável pela recuperação da infecção em muitos casos, embora esses mecanismos levem dias a semanas para atingir seu pico de eficiência.
- Algumas vezes, como nas infecções virais comuns, a imunidade mediada por células é responsável pela recuperação da infecção, e os anticorpos, pela manutenção da imunidade.
- A falha na recuperação de uma infecção pode ser decorrente de alguma deficiência da imunidade do hospedeiro ou estratégias de evasão bem-sucedidas utilizadas pelo microrganismo.

16 Disseminação e replicação

Introdução

Uma infecção pode ser superficial ou sistêmica

Muitos microrganismos bem-sucedidos se multiplicam nas células epiteliais no seu local de entrada da superfície corporal, mas não conseguem se disseminar para estruturas mais profundas ou através do corpo do hospedeiro. A propagação local ocorre rapidamente em uma superfície mucosa coberta por fluidos, frequentemente auxiliada pela ação ciliar e pelos movimentos intensos dos fluidos que disseminam a infecção para áreas mais distantes da superfície. Isso é evidente no trato gastrointestinal. No trato respiratório superior, a grande liberação de ar (causada pela tosse ou espirro) pode disseminar os agentes infecciosos para outras áreas da mucosa ou para as aberturas dos seios paranasais ou do ouvido médio, enquanto o gotejamento suave de muco durante o sono pode carrear um agente infeccioso para o trato respiratório inferior. Em consequência, extensas áreas da superfície corporal podem ser atingidas dentro de poucos dias, além da propagação do agente infeccioso para o meio exterior. Assim, não há tempo suficiente para a formação da resposta imunológica primária, e as respostas não adaptativas — interferon e células exterminadoras natural (NK, *natural killer*) — são mais importantes no controle da infecção. Por essa razão, estas infecções superficiais apresentam um padrão de propagação localizado (do tipo *hit and run*).

Ao contrário, outros microrganismos disseminam-se de forma sistêmica por todo o corpo, através da linfa ou do sangue. Eles frequentemente passam por um processo complexo ou gradual de invasão de vários tecidos antes de atingirem o sítio final de replicação, de onde ocorrerá a sua eliminação para o exterior (p. ex., sarampo, febre tifoide). As infecções superficiais e sistêmicas e suas consequências são comparadas na Figura 16.1.

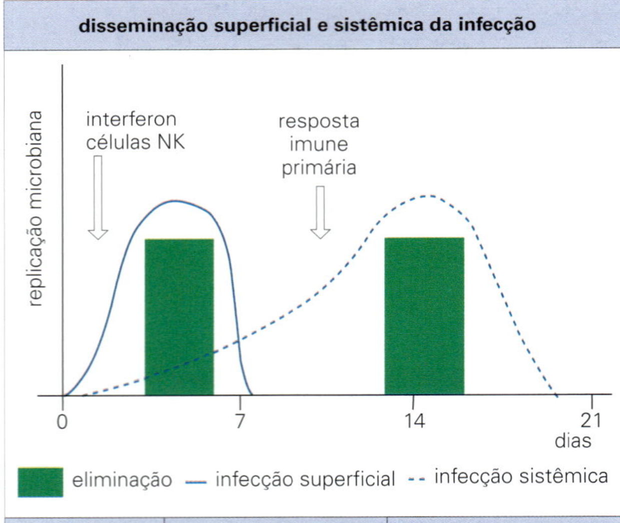

	superficial	sistêmica
exemplos	resfriado comum gonorreia disenteria bacilar	sarampo febre tifoide
período de incubação	< 1 semama	> 1 semana
mecanismo de recuperação	não adaptativa* (IFN, NK)	adaptativa (resposta imune)

*caso haja imunidade preexistente (memória), a resposta imune secundária entra em operação em 1-2 dias

Figura 16.1 Infecções superficiais e sistêmicas. IFN, interferon; NK, células exterminadoras naturais (*natural killer*).

CARACTERÍSTICAS DAS INFECÇÕES SUPERFICIAIS E SISTÊMICAS

Vários fatores determinam se uma infecção é superficial ou sistêmica

O que impede a disseminação mais profunda das infecções superficiais? Por que os patógenos que causam infecções sistêmicas deixam o abrigo relativamente seguro das superfícies corporais para se disseminarem por todo o corpo, sofrendo o ataque maciço das defesas do hospedeiro? Estas são questões importantes. Por exemplo, quais são os fatores que levam os meningococos, enquanto habitantes inofensivos da mucosa nasal, a invadir os tecidos mais profundos, atingir a corrente sanguínea e as meninges, e causar meningite? A resposta é desconhecida.

A temperatura é um fator que pode limitar os patógenos às superfícies corporais. As infecções por rinovírus, por exemplo, são restritas ao trato respiratório superior porque eles são sensíveis à temperatura, replicando-se eficientemente a 33 °C, mas não em temperaturas encontradas no trato respiratório inferior (37 °C). A *Mycobacterium leprae* também é sensível à temperatura, o que contribui para que o seu local de replicação seja relativamente limitado à mucosa nasal, pele e nervos superficiais.

O local de brotamento é um fator que pode restringir os vírus às superfícies corporais. Os vírus influenza e parainfluenza invadem as células epiteliais pulmonares de superfície e são liberados, por brotamento, a partir da face livre (externa) da célula epitelial, e não na camada basal, por onde eles poderiam se disseminar para tecidos mais profundos (Fig. 16.2).

Muitos microrganismos precisam se disseminar de forma sistêmica, não sendo capazes de se propagar e se multiplicar no sítio inicial da infecção, a superfície do corpo. No caso do sarampo ou da febre tifoide, por razões desconhecidas, praticamente não existe replicação no local inicial da infecção respiratória ou intestinal. Somente após a disseminação sistêmica através do organismo do hospedeiro é que grande quantidade dos microrganismos retorna às mesmas superfícies, onde eles se multiplicam e são propagados para o exterior. Outros microrganismos precisam se disseminar de forma sistêmica porque possuem uma única via de infecção, enquanto a maior parte da replicação e da propagação ocorre em outro local. O patógeno precisa atingir o sítio de replicação, e, com isso, não existe necessidade de uma replicação extensa no local inicial da infecção. Por exemplo, os vírus da caxumba e da hepatite A são transmitidos através das vias respiratória e alimentar, respectivamente, mas devem se disseminar através do corpo para invadir e se multiplicar nas glândulas salivares (caxumba) e fígado (hepatite A).

Nas infecções sistêmicas, há uma invasão progressiva dos diferentes tecidos do corpo

Esta invasão progressiva é demonstrada pelas infecções do sarampo (Fig. 16.3) e da febre tifoide (Fig. 16.4). Embora os

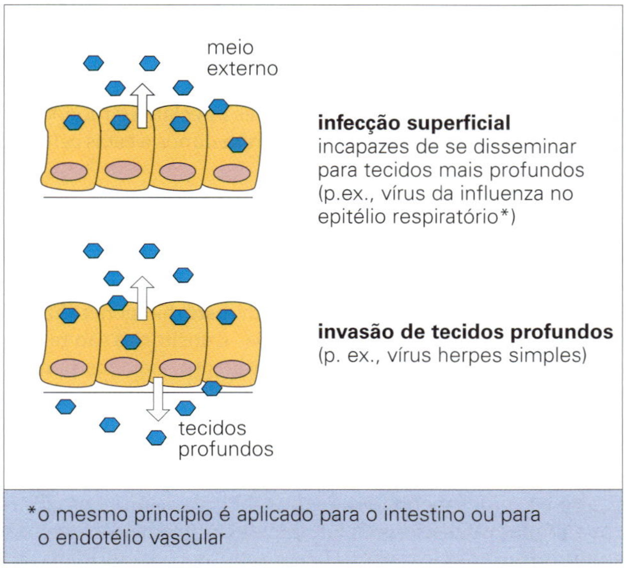

meio externo

infecção superficial
incapazes de se disseminar para tecidos mais profundos (p.ex., vírus da influenza no epitélio respiratório*)

invasão de tecidos profundos
(p. ex., vírus herpes simples)

tecidos profundos

*o mesmo princípio é aplicado para o intestino ou para o endotélio vascular

Figura 16.2 A topografia da liberação dos vírus a partir das superfícies epiteliais pode determinar o padrão da infecção.

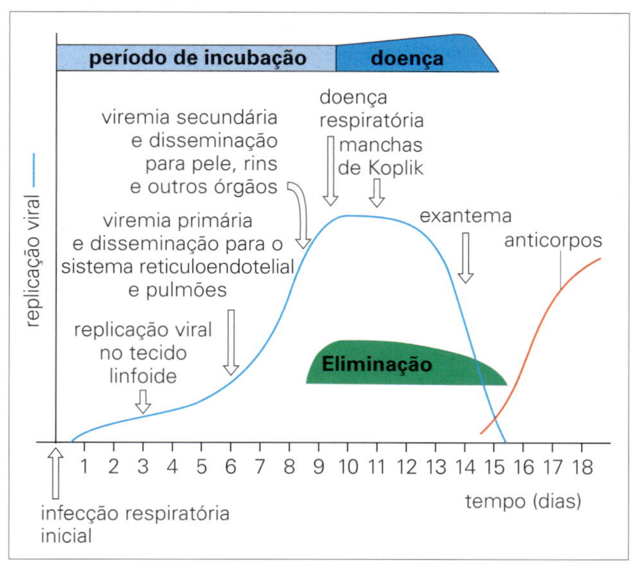

Figura 16.3 A patogênese do sarampo. O vírus invade as superfícies corporais a partir do sangue, atravessando os vasos sanguíneos e atingindo as superfícies epiteliais, primeiramente no trato respiratório onde existem apenas 1–2 camadas de células epiteliais, em seguida as mucosas (manchas de Koplik) e, finalmente, a pele (exantema).

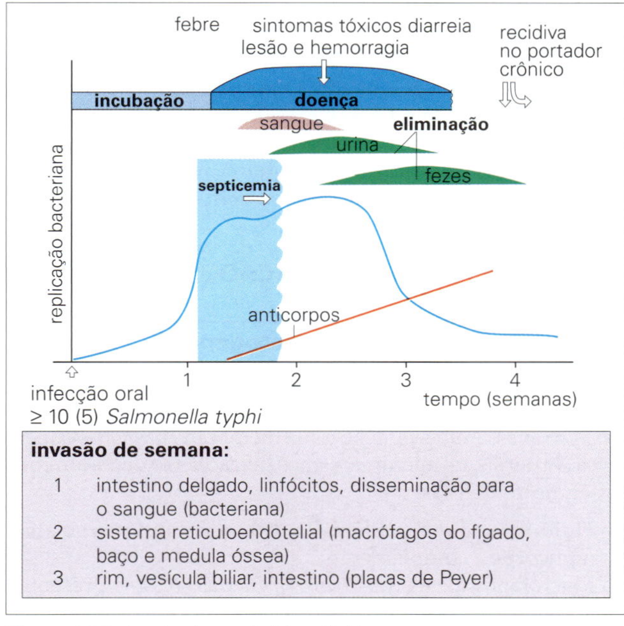

Figura 16.4 A patogênese da febre tifoide.

Tabela 16.1 Taxas de replicação de diferentes microrganismos

Microrganismos	Situação	Tempo médio de multiplicação
Maioria dos vírus	Na célula[a]	< 1 h
Muitas bactérias, p. ex., *Escherichia coli*, estafilococos	*In vitro*	20–30 min
Salmonella typhimurium	*In vitro* *In vivo*	30 min 5–12 h
Mycobacterium tuberculosis	*In vitro* *In vivo*	24 h Muitos dias
Mycobacterium leprae[b]	*In vivo*	2 semanas
Treponema pallidum[b]	*In vivo*	30 h
Plasmodium falciparum	*In vitro/in vivo* (eritrócito ou célula hepática)	8 h

[a]Alguns vírus, porém, mostram replicação ou propagação de célula a célula bastante tardia.
[b]Não podem ser cultivados *in vitro*.

sítios finais de multiplicação possam ser essenciais para a propagação e transmissão do patógeno (p. ex., sarampo), algumas vezes esta exigência é completamente desnecessária (p. ex., meningite meningocócica, poliomielite paralítica). Esses patógenos não são propagados para o exterior após a multiplicação nas meninges ou na medula espinal.

Para o patógeno, a propagação sistêmica é repleta de obstáculos, e o encontro com os mecanismos de defesa imunológicos e de outros tipos é inevitável. Portanto, os microrganismos são forçados a desenvolver estratégias para contornar ou combater essas defesas (Cap. 17).

A replicação rápida é essencial para as infecções superficiais

A taxa de replicação dos microrganismos é de grande importância, e o tempo de geração varia de 20 minutos a vários dias (Tabela 16.1). Nas infecções superficiais (que seguem o modelo *hit and run*), os microrganismos precisam replicar-se rapidamente, enquanto um microrganismo que se divide em intervalos de poucos dias (p. ex., *Mycobacterium tuberculosis*) tem maior probabilidade de causar uma doença de evolução lenta, com um período longo de incubação. Os microrganismos quase sempre se multiplicam mais rápido *in vitro* do que no hospedeiro sadio, o que se espera se as defesas do hospedeiro estiverem realizando sua função. No hospedeiro, os microrganismos são fagocitados e mortos, e o fornecimento de nutrientes pode ser limitado. Desta maneira, o aumento do número de microrganismos é mais lento do que em cultivos laboratoriais, em que não somente os patógenos estão livres do ataque das defesas do hospedeiro, mas também estão supridos com nutrientes adequados, com células suscetíveis, e assim por diante.

MECANISMOS DE PROPAGAÇÃO NO ORGANISMO

Disseminação linfática e hematogênica

Os patógenos invasores defrontam-se com vários mecanismos de defesa ao penetrarem no organismo

Após atravessarem o epitélio e sua membrana basal nas superfícies corporais, os microrganismos invasores se deparam com as seguintes defesas:

- Fluidos teciduais contendo substâncias antimicrobianas (anticorpos, complemento).
- Macrófagos locais (histiócitos). Os macrófagos presentes no tecido subcutâneo e na camada submucosa são uma ameaça para a sobrevivência dos microrganismos.
- Barreira física determinada pela estrutura tecidual local. Os tecidos consistem em várias células em uma matriz de gel hidratado, e, embora os vírus possam disseminar-se pela invasão progressiva dessas células, para as bactérias, a invasão é mais difícil; e aquelas que efetivamente o fazem, ocasionalmente possuem fatores especiais para a sua disseminação (por exemplo, a hialuronidase estreptocócica).
- Sistema linfático. A extensa rede de vasos do sistema linfático prontamente encaminha os microrganismos na direção de um arsenal de fagócitos e defesas imunológicas que os esperam no linfonodo local (Fig. 16.5). Os macrófagos, estrategicamente localizados no seio marginal e em outros seios linfáticos, constituem um sistema eficiente de filtração da linfa.

A infecção pode ser interrompida em qualquer estágio, mas, multiplicando-se localmente ou nos linfonodos e escapando da fagocitose, o microrganismo pode finalmente atingir a corrente sanguínea. Portanto, uma pequena lesão na pele, seguida do aparecimento de uma região avermelhada (vaso linfático inflamado) e de um linfonodo local sensível e inchado, é um sinal clássico de invasão estreptocócica. A maioria das bactérias é responsável por uma extensa inflamação quando invadem os tecidos deste modo. Nos estágios iniciais, o fluxo de linfa aumenta, mas, por fim, se houver inflamação visível e dano tecidual no nódulo, o fluxo da linfa pode cessar. Ao contrário, os vírus e outros microrganismos intracelulares frequentemente invadem a linfa e o sangue, de forma silenciosa e assintomática, durante o período de incubação; isso é facilitado quando eles infectam os monócitos ou linfócitos sem inicialmente causarem danos a estas células.

Disseminação hematogênica

O destino dos microrganismos no sangue depende se estão livres ou associados a células circulantes

Os vírus ou um número pequeno de bactérias podem entrar na corrente sanguínea sem causar um distúrbio generalizado no corpo. Por exemplo, as bacteremias transitórias são razoavelmente comuns em indivíduos sadios (p. ex., elas podem ocorrer após a evacuação ou a escovação dos dentes), mas as bactérias são normalmente retiradas e destruídas pelos macrófagos que revestem o sinusoide do fígado e do baço. Sob certas circunstâncias, estas mesmas bactérias têm a chance de se localizar em regiões menos protegidas do organismo, tais como em válvulas cardíacas com anomalias congênitas, no caso da endocardite infecciosa causada por estreptococos viridans ou, ainda, nas extremidades dos ossos em crescimento, como é o caso da osteomielite causada por *Staphylococcus aureus*.

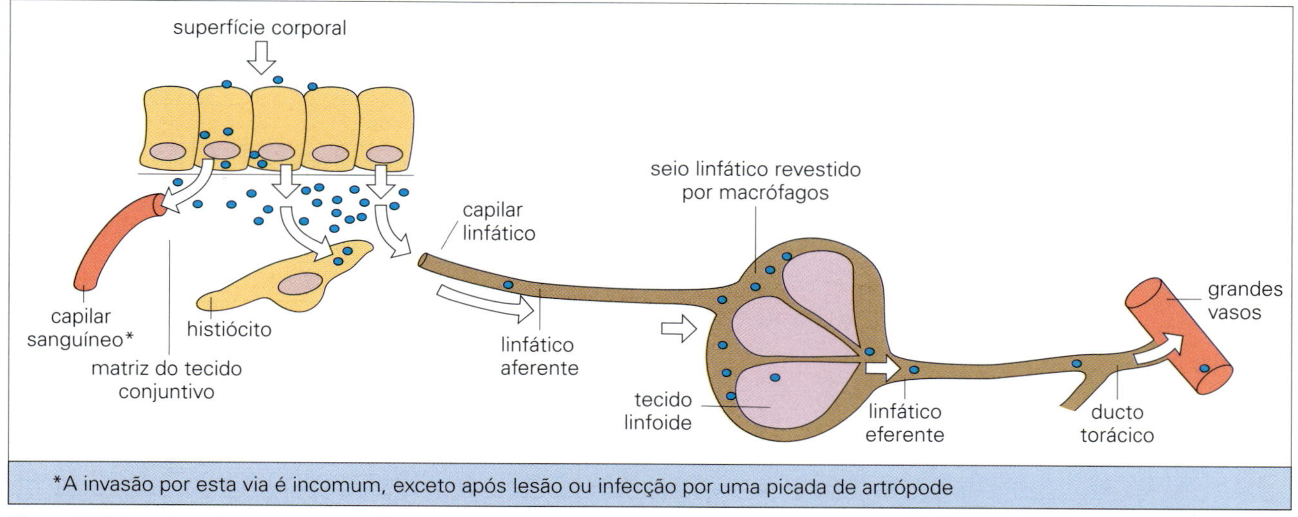

Figura 16.5 Invasão e disseminação microbiana para a linfa e para o sangue. Os patógenos (ou outras partículas) que estejam sob o epitélio superficial entram rapidamente nos vasos linfáticos locais.

Se microrganismos estiverem livres no sangue, eles ficam expostos às defesas do hospedeiro, como os anticorpos e fagócitos. No entanto, se estiverem associados a células circulatórias, estas células podem protegê-los das defesas do hospedeiro e transportá-los pelo corpo. Por exemplo, muitos vírus, tais como o Epstein-Barr (VEB) e da rubéola, e bactérias intracelulares (*Listeria*, *Brucella*) estão presentes nos linfócitos ou monócitos, e, se não forem danificadas ou destruídas, estas "células transportadoras" os protegem e os transportam. Os parasitos causadores da malária infectam eritrócitos.

Ao entrarem na corrente sanguínea, os microrganismos são expostos a macrófagos do sistema reticuloendotelial. Nos sinusoides, onde o sangue flui lentamente, eles são frequentemente fagocitados e destruídos. Porém, alguns microrganismos sobrevivem e se multiplicam nestas células (*Salmonella typhi*, *Leishmania donovani*, vírus da febre amarela). Os microrganismos podem então:

- disseminar-se para as células hepáticas adjacentes (vírus da hepatite) ou para os tecidos linfoides do baço (vírus do sarampo);
- reinvadir o sangue (*S. typhi*, vírus da hepatite).

Cada microrganismo circulante invade órgãos e tecidos-alvo característicos

Se a fagocitose pelos macrófagos reticuloendoteliais não ocorrer em um curto período de tempo, ou se um grande número de microrganismos estiver presente no sangue, eles podem se estabelecer em outros locais do sistema vascular. Ainda não se sabe ao certo por que alguns microrganismos circulantes invadem órgãos e tecidos-alvo característicos (Tabela 16.2), mas isso pode ser devido:

- a receptores, específicos para os microrganismos, que levam à localização do endotélio vascular de alguns órgãos-alvo;
- a subsequente colonização e replicação;
- ao acúmulo de patógenos circulantes em locais onde existe inflamação local, por causa da redução do fluxo e da maior adesividade do endotélio nos vasos inflamados.

Após a localização e a invasão do órgão, o patógeno se replica e é liberado do organismo desde que o órgão possua um acesso ao meio exterior. Ele também pode ser levado novamente à corrente sanguínea, diretamente ou através do sistema linfático.

Disseminação através dos nervos

Alguns vírus se disseminam através dos nervos periféricos de partes periféricas do corpo para o sistema nervoso central e vice-versa

A toxina do tétano atinge o sistema nervoso central (SNC) por esta via. Os vírus da raiva, do herpes simples (HSV) e da varicela-zóster (VZV) migram pelos axônios, e, embora a taxa de migração seja lenta, devido ao fluxo do axônio (até 10 mm/hora), este movimento é importante na patogênese destas infecções. O vírus da raiva atinge não apenas o SNC através dos nervos periféricos, mas também utiliza a mesma via pelo SNC quando invade as glândulas salivares. Poucos mecanismos de defesa do hospedeiro, ou mesmo nenhum, estarão em condições de controlar esse tipo de propagação viral uma vez que os nervos sejam invadidos. As vias de invasão do SNC estão ilustradas na Figura 16.6.

Uma via incomum de propagação para o SNC é através dos nervos olfatórios, com os axônios terminando na mucosa olfatória. Por exemplo, algumas amebas de vida livre (p. ex., *Naegleria* spp.) encontradas em sedimentos no fundo de pequenos lagos naturais de água doce podem utilizar esta via e causar meningoencefalia em nadadores. Vírus e bactérias na nasofaringe (meningococos, poliovírus) geralmente se disseminam para o SNC por via hematogênica.

Disseminação via líquido cefalorraquidiano

Uma vez atravessada a barreira hematoencefálica, os microrganismos propagam-se rapidamente nos espaços do líquido cefalorraquidiano

Estes microrganismos podem então invadir tecidos neurais (p. ex., ecovírus, vírus da caxumba), assim como se multiplicar localmente (*Neisseria meningitidis*, *Haemophilus influenzae*, *Streptococcus pneumoniae*) e, possivelmente, contaminar células ependimárias e meníngeas.

Disseminação por outras vias

A propagação rápida de um órgão visceral para outro pode ocorrer através das cavidades pleural ou peritoneal

Ambas as cavidades pleural e peritoneal são revestidas por macrófagos, como se estivessem à espera de uma invasão, e a cavidade peritoneal contém um arsenal antimicrobiano

Tabela 16.2 Microrganismos circulantes que atingem os órgãos através dos pequenos vasos sanguíneos

Patógeno	Doença	Principais órgãos invadidos[a]
Vírus		
Vírus da hepatite B	Hepatite B	Fígado
Vírus da rubéola	Rubéola congênita	Placenta (feto)
Vírus da varicela-zóster	Catapora	Pele, trato respiratório
Vírus da pólio	Poliomielite	Cérebro, medula espinhal
Vírus da caxumba	Caxumba	Parótida, testículos, ovários, SNC, pâncreas
Zika vírus	Microcefalia	Cérebro
Bactérias		
Rickettsia rickettsi	Febre maculosa das Montanhas Rochosas	Pele
Treponema pallidum	Sífilis secundária	Pele, mucosa
Neisseria meningitidis	Meningite	Meninges
Protozoários		
Trypanosoma cruzi	Doença de Chagas	Coração, músculo esquelético
Plasmodium spp.	Malária	Fígado
Helmintos		
Schistosoma spp. (larvas)	Esquistossomose	Veias da bexiga, intestinais
Ascaris lumbricoides (larvas)	Ascaridíase	Pulmão
Ancylostoma duodenale (larvas)	Ancilostomose	Pulmão

[a]No fígado, sinusoides; em outros locais, capilares, vênulas.

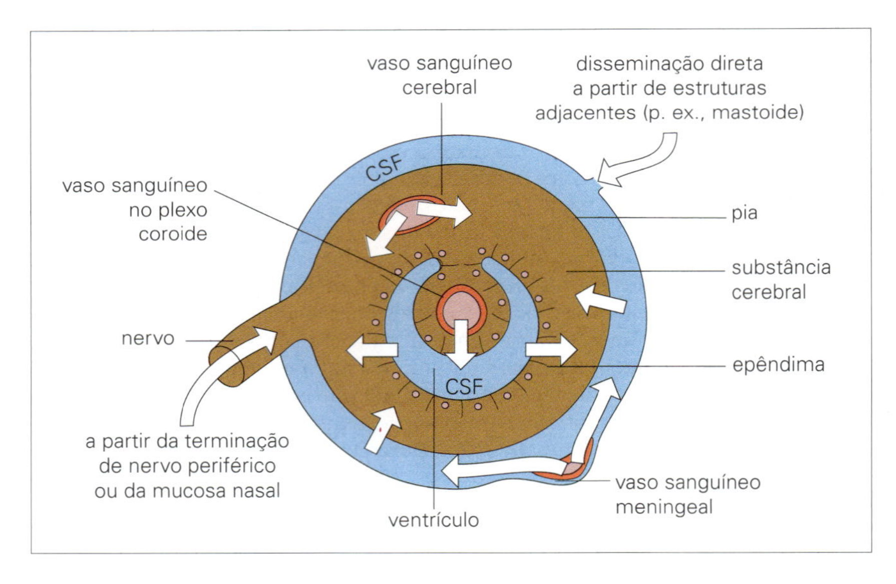

Figura 16.6 Vias de invasão microbiana do sistema nervoso central. LCR, líquido celaforraquidiano.

que inclui o omento (o "policial abdominal") e muitos linfócitos, macrófagos e mastócitos. Lesões ou doenças em um órgão abdominal proporcionam uma fonte de infecção para o desenvolvimento de peritonite, do mesmo modo que as lesões de tórax ou infecções pulmonares o fazem para a pleurisia.

DETERMINANTES GENÉTICOS DE PROPAGAÇÃO E REPLICAÇÃO

A patogenicidade de um microrganismo é determinada pela interação de vários fatores

Esses fatores serão abordados nos Capítulos 13 e 17. Algumas vezes é feita uma distinção entre patogenicidade e virulência: a virulência implica uma medida quantitativa da patogenicidade. Por exemplo, ela pode ser expressa como o número de microrganismos necessários para causar a morte em 50% dos indivíduos: dose letal 50 (DL50). Praticamente todos os fatores de patogenicidade são controlados por genes do hospedeiro e do microrganismo. Sabe-se, há muito tempo, que existem influências genéticas do hospedeiro na suscetibilidade para doenças infecciosas, bem como que mutações nos microrganismos afetam sua patogenicidade. Diversos fatores genéticos foram revelados pelo emprego de técnicas de genética molecular, e, como resultado, isso aumenta a possibilidade de identificar especificamente os produtos gênicos envolvidos. Embora com grandes dificuldades, houve progresso na compreensão do modo de ação destes produtos gênicos.

Determinantes genéticos do hospedeiro

A capacidade de um microrganismo de infectar e causar doença em um hospedeiro é influenciada pela constituição genética do hospedeiro

De modo geral, alguns patógenos humanos ou não são capazes de infectar outras espécies ou infectam somente primatas próximos aos humanos (p. ex., sarampo, tracoma, febre tifoide, hepatite B, verrugas), enquanto outros atingem uma variedade de hospedeiros (p. ex., vírus da raiva, antraz). Além disso, mesmo dentro de uma determinada espécie de hospedeiro, existem determinantes genéticos de suscetibilidade. Os melhores exemplos são encontrados nos animais, embora existam exemplos para doenças humanas (ver adiante).

Um exemplo em nível molecular é o gene da anemia falciforme e a suscetibilidade à malária. Os merozoítos da malária (Cap. 28) parasitam os eritrócitos e metabolizam a hemoglobina, liberando a porção heme e utilizando a globina como fonte de aminoácidos. O gene da anemia falciforme determina a substituição do aminoácido valina por ácido glutâmico, em um ponto da cadeia polipeptídica beta na molécula de hemoglobina. A nova hemoglobina (hemoglobina S) torna-se insolúvel quando reduzida e precipita no interior do eritrócito, levando esta célula a adquirir a forma de uma foice. Os indivíduos homozigotos apresentam dois destes genes, e têm a doença anemia falciforme, pois suas hemácias são tão frágeis que assumem a forma de foice sob circunstâncias normais. Entretanto, no heterozigoto (traço de células em foice), o gene é menos prejudicial e proporciona resistência a formas graves da malária por *P. falciparum*, assegurando sua seleção em regiões endêmicas. O gene seria eliminado das populações após 10–20 gerações, a menos que conferisse alguma vantagem. Análises do gene por endonucleases de restrição em populações da Índia e da África Ocidental revelaram que este gene surgiu independentemente nestes países onde a malária é endêmica. Os homozigotos, entretanto, mostram suscetibilidade aumentada a outras infecções, particularmente por *S. pneumoniae*, como resultado da disfunção do baço decorrente de repetidos infartos esplênicos.

Outros exemplos são indivíduos não secretores dos grupos sanguíneos ABO, devido à homozigose para uma variante da enzima fucosil-transferase 2 (FUT2), que é essencial para a síntese do antígeno AB. Esses indivíduos são completamente resistentes às infecções por norovírus que causam diarreia. Resistência quase completa à infecção por HIV-1 e a uma nova variante da síndrome de Creutzfeldt-Jakob é encontrada em indivíduos homozigotos para uma deleção de 32 pares de bases no gene receptor de quimiocina *CCR5* e nos homozigotos para valina no códon 129 do gene da proteína príon, respectivamente.

Os antígenos do grupo sanguíneo P são pontos de conexão para bactérias. *E. coli* uropatogênico se liga ao antígeno Pk, e pessoas com o fenótipo P1k estão em alto risco de sofrer infecções do trato urinário e pielonefrite. Além disso, o parasita da malária *P. vivax* se liga a eritrócitos Duffy-positivos, e pessoas que são Duffy-negativas são relativamente resistentes a infecções. Aqueles que apresentam o fenótipo p não conseguem desenvolver a infecção por parvovírus B19, pois o receptor de B19 é o antígeno P ou o globosídeo no eritrócito. Portanto, a heterogeneidade em antígenos de grupos sanguíneos poderia ter se desenvolvido para proteger humanos contra uma variedade de patógenos.

A suscetibilidade frequentemente atua ao nível da resposta imunológica

A fraca resposta imunológica em uma dada infecção pode levar a uma suscetibilidade aumentada para a doença, enquanto uma resposta imunológica que seja muito vigorosa pode induzir a uma doença imunopatológica (Cap. 18). De particular importância são os genes do complexo principal de histocompatibilidade (MHC) localizados no cromossomo 6, que codificam os antígenos MHC de classe II (HLA DP, DQ, DR) e controlam as respostas imunológicas específicas. Por exemplo, a suscetibilidade à hanseníase é fortemente influenciada pelos genes do MHC de classe II. Indivíduos que apresentem o antígeno HLA DR3 são mais suscetíveis à hanseníase tuberculoide, enquanto aqueles com HLA DQ1 o são à hanseníase lepromatosa.

Estudos de gêmeos idênticos (Quadro 16.1) fornecem evidências de que determinantes genéticos afetam a suscetibilidade à tuberculose. A população europeia atual apresenta uma considerável resistência a esta doença. Durante as grandes epidemias de tuberculose pulmonar na Europa nos séculos dezessete, dezoito e dezenove, os indivíduos geneticamente suscetíveis foram dizimados. Em 1850, as taxas de mortalidade em Boston, Nova Iorque, Londres, Paris e Berlim foram superiores a 500/100.000, mas, com a melhoria das condições de vida, estas taxas caíram para 180/100.000 por volta de 1900 e, desde então, têm decrescido. Entretanto, populações não expostas anteriormente, especialmente na África e nas ilhas do Pacífico, apresentam uma suscetibilidade muito maior à tuberculose pulmonar. Nos indígenas que viviam nas planícies da reserva de Qu'Appelle Valley em Saskatchewan, Canadá, em 1886, a tuberculose se disseminou por todo o corpo para atingir glândulas, ossos, articulações e meninges, resultando em uma taxa de mortalidade de 9.000/100.000.

Determinantes genéticos dos patógenos

A virulência frequentemente é codificada por mais de um gene do microrganismo

A virulência é determinada por inúmeros fatores, tais como adesão, penetração nas células, atividade antifagocítica, produção de toxinas e interação com o sistema imunológico. Consequentemente, diferentes genes e produtos gênicos estão envolvidos em diferentes formas e estágios da patogênese.

Em circunstâncias naturais, os microrganismos estão constantemente passando por alterações genéticas, (p. ex., mutações). Os vírus de RNA de fita simples, em particular, apresentam taxas de mutação muito elevadas. As mutações que afetam os antígenos de superfície sofrem rápida seleção no hospedeiro, decorrente da pressão determinada pelo sistema imunológico (anticorpos, imunidade mediada por células), como no caso das proteínas M dos estreptococos, que se modificam rapidamente, e das proteínas do capsídeo dos picornavírus. Além disso, as alterações genéticas nas bactérias são frequentemente decorrentes da aquisição ou perda de elementos genéticos como integrinas, ilhas de patogenicidade, transpósons e plasmídeos (Caps. 3 e 34).

As alterações na virulência dos microrganismos ocorrem durante o cultivo no laboratório. Por exemplo, no procedimento clássico para a obtenção de uma vacina viva, o microrganismo é repetidamente cultivado (por passagens repetidas) *in vitro*, e isso geralmente leva à redução de sua patogenicidade para o hospedeiro. Esta nova cepa é então referida como "atenuada" (Tabela 16.3).

Quadro 16.1 Lições de Microbiologia

Suscetibilidade a infecções determinada geneticamente

Existem vários exemplos clássicos de suscetibilidade a doenças infecciosas determinada por fatores não identificados, mas presumivelmente genéticos, no hospedeiro humano.

O desastre de Lubeck causado pela vacinação com bacilos virulentos da tuberculose

Em Lubeck, Alemanha, entre dezembro de 1929 e abril de 1930, três doses orais de bacilos da tuberculose vivos, em vez de atenuados (vacinação), foram inadvertidamente administradas a 251 crianças com menos de 10 dias de idade. Ocorreram 72 mortes; 135 crianças desenvolveram tuberculose clínica, mas se recuperaram e mesmo após 12 anos não tiveram a doença; enquanto 44 apresentaram teste da tuberculina positivo, mas também não tiveram a doença. Cada criança recebeu o mesmo inóculo e parece provável que as diferenças no desfecho da infecção foram decorrentes, em grande parte, aos fatores genéticos do hospedeiro. O desastre foi um retrocesso para entusiastas da BCG. O dr. George Deycke, responsável pelo laboratório onde foi produzido o lote contaminado de BCG (que não havia sido testada quanto à virulência antes do uso), foi condenado por homicídio culposo e lesão por negligência, e preso, junto com o diretor do Departamento de Saúde de Lubeck.

Um acidente militar devido à contaminação da vacina para febre amarela com o vírus da hepatite B

Em 1942, mais de 45.000 recrutas militares norte-americanos foram vacinados contra a febre amarela, mas, ao mesmo tempo, foram inadvertidamente injetados com o vírus da hepatite B, presente como contaminante no soro humano usado para estabilizar a vacina. Houve 914 casos clínicos de hepatite, dos quais 580 foram brandos, 301 moderados e 33 graves. Mesmo com um único lote de vacina, o período de incubação variou em uma faixa de 10–20 semanas. Os testes sorológicos não eram ainda disponíveis, de modo que o número de infecções subclínicas é desconhecido. Nesse caso, tanto influências fisiológicas quanto genéticas podem ter influenciado na maior ou menor suscetibilidade.

Gêmeos idênticos são afetados de forma semelhante pela tuberculose respiratória

Um estudo de tuberculose em gêmeos, em que pelo menos um deles havia tido a doença, mostrou que, para gêmeos idênticos, o outro irmão foi afetado em 87% dos casos. Com gêmeos não idênticos, o número equivalente de casos foi de apenas 26%. Além disso, os gêmeos idênticos apresentaram um tipo semelhante de doença clínica.

Tabela 16.3 Exemplos de atenuação de patógenos após passagens sucessivas *in vitro*

Patógeno	Passagem	Produto (vivo) atenuado
Mycobacterium bovis	10 anos de passagem repetida no meio contendo glicerina-bile-batata	Vacina com bacilo Calmette-Guérin (BCG)
Vírus da rubéola	27 passagens em células diploides humanas	Vacina da rubéola (Wistar RA 27/3)

O nosso entendimento sobre a base genética da patogenicidade microbiana avançou graças às técnicas de manipulação genética, tais como clonagem e mutação sítio-específica. Por exemplo, pela inserção ou deleção/inativação de segmentos gênicos, os genes de virulência podem ser identificados. Avanços importantes em genômica, que incluem o sequenciamento rápido de DNA de alto rendimento, e bioinformática também têm trazido grandes contribuições para o entendimento dos genes de virulência e das condições que afetam sua expressão. Isso permitiu o sequenciamento do genoma inteiro de muitos agentes infecciosos (bactérias e vírus), que facilitou a atribuição de funções de virulência para *loci* específicos e muito elucidou sobre a maneira como microrganismos percebem e respondem ao ambiente no hospedeiro.

OUTROS FATORES QUE AFETAM A PROPAGAÇÃO E A REPLICAÇÃO

Vários outros fatores exercem influência na suscetibilidade às doenças infecciosas (Tabela 16.4). Na maioria dos casos, ainda não se sabe se isso envolve diferenças na propagação e replicação do microrganismo, ou diferenças nas respostas imunológica e inflamatória do hospedeiro. As infecções nos hospedeiros com comprometimento imunológico e outros tipos de disfunção estão descritas no Capítulo 31.

O cérebro pode influenciar as respostas imunológicas

Quando o estresse (uma palavra utilizada de maneira ampla) está associado à desnutrição ou a aglomerações, pode ser difícil avaliar separadamente as influências destes vários fatores na suscetibilidade à infecção, como é o caso da tuberculose. O cérebro pode, entretanto, influenciar as respostas imunológicas, agindo via hipotálamo, pituitária e do córtex suprarrenal. Sabe-se há muito tempo que os glicocorticoides, que possuem potente ação sobre as células imunológicas, são necessários para a resistência à infecção e ao traumatismo. Uma deficiência de glicocorticoides, como na doença de Addison, ou um excesso, como na terapia com esteroides, aumentam a suscetibilidade a infecção (Tabela 16.4). Adicionalmente, o cérebro e os sistemas endócrino e imunológico frequentemente utilizam os mesmos mensageiros moleculares: citosinas, hormônios peptídicos e neurotransmissores. Os neurônios, por exemplo, possuem receptores para interferons e para as interleucinas IL-1, IL-2, IL-3, e IL-6, e os linfócitos tímicos podem produzir prolactina e hormônio do crescimento. O conceito da interação cruzada entre os sistemas imunológico e neuroendócrino apresenta, atualmente, respeitabilidade diante do respaldo molecular, proporcionando uma base aceitável para a influência do cérebro na imunidade e nas doenças infecciosas.

Tabela 16.4 Fatores do hospedeiro que influenciam a suscetibilidade a doenças infecciosas

Fator	Exemplo	Alteração na suscetibilidade	Mecanismo
Gestação	Vírus da hepatite E	Mortalidade maternal de 10-30% no terceiro trimestre	? Aumento da carga metabólica do fígado na gestação/resposta imunológica
Zika vírus	Síndrome congênita do Zika, especialmente microcefalia fetal	O antígeno do Zika vírus encontrado no citoplasma de neurônios degenerados e necróticos e células da glia	
	Infecções urinárias	Ocorrência de pielonefrite é mais comum	Os movimentos peristálticos da uretra são reduzidos
Desnutrição	Sarampo	Mais grave; mais letal	Deficiência de vitamina A; IMC diminuída
Idade	Vírus sincicial respiratório	Mais grave; mais letal em crianças	Diâmetro reduzido das vias aéreas
	Caxumba, catapora, infecção pelo vírus Epstein-Barr	Mais grave em adultos	? Aumento de imunopatologias
Poluição atmosférica	Níveis elevados de dióxido de enxofre	Excesso de doenças respiratórias agudas	? Interferência nas defesas mucociliares
	Silicose	Aumento da suscetibilidade à tuberculose	? Dano aos macrófagos pulmonares
Corpos estranhos	Fragmentos ósseos necróticos	Mais comum a ocorrência de osteomielite crônica	Defesas antimicrobianas menos eficazes no tecido necrótico
	Tecidos necróticos	Maior suscetibilidade a *Clostridium perfringens*	Tecidos necróticos anaeróbios favorecem o crescimento bacteriano
Estresse, hormônios	Produção de glicocorticoide:		
	Diminuída (doença de Addison)	Aumento da suscetibilidade a infecções	Hipersensibilidade às respostas inflamatórias/imunológicas?
	Aumentada (terapia com esteroides)	Aumento da suscetibilidade a infecções	Redução na proteção das respostas imunológica/inflamatória

IMC, imunidade mediada por célula.

PRINCIPAIS CONCEITOS

- As infecções restritas às superfícies corporais (p. ex., resfriado comum, disenteria bacilar por *Shigella*) apresentam períodos de incubação menores do que as infecções sistêmicas (p. ex., sarampo, febre tifoide), e as respostas adaptativas (imunológicas) do hospedeiro tendem a ser menos importantes.
- Os patógenos que apresentam uma taxa de crescimento lenta (p. ex., *M. tuberculosis*) tendem a causar doenças que evoluem lentamente.
- A disseminação pelo organismo ocorre inicialmente através da linfa e do sangue. O destino dos patógenos circulantes depende de eles estarem livres ou presentes em células sanguíneas circulantes.
- A captação dos microrganismos pelas células reticuloendoteliais no fígado e no baço concentra a infecção nestes órgãos, mas a localização específica no leito vascular de outros órgãos (p. ex., vírus da caxumba nas glândulas salivares, meningococos nas meninges) não está totalmente esclarecida.
- Os vírus podem se disseminar em qualquer direção ao longo dos axônios, e isto é importante na patogênese da infecção recorrente do vírus herpes simples, do zóster e da raiva.
- A patogenicidade e a virulência são fortemente influenciadas por fatores genéticos do hospedeiro (p. ex., tuberculose em gêmeos idênticos) e por fatores genéticos do patógeno (p. ex., traço falciforme na malária falcípara).
- Nossa compreensão da virulência tem sido amplamente reforçada pelos avanços na biologia molecular, que permitiram a análise da sequência do genoma completo de microrganismos e uma visão mais clara da resposta microbiana ao ambiente do hospedeiro.

Estratégias de sobrevivência dos parasitos e infecções persistentes

Introdução

Os patógenos mais comuns desenvolveram "respostas" para as defesas do hospedeiro

Os capítulos anteriores abordaram o conjunto de mecanismos inatos e adaptativos disponíveis para o hospedeiro para não permitir a entrada do patógeno e destruí-lo. Embora poderosos, eles não são, obviamente, 100% eficazes, ou pessoas saudáveis jamais teriam infecções. De fato, a maioria dos microrganismos infecciosos comuns descritos neste livro desenvolveu "respostas" para as defesas do hospedeiro que os permitem sobreviver como parasito humano. Eles infectam de maneira bem-sucedida os seres humanos e são uma preocupação para médicos justamente por terem desenvolvido estratégias para escapar ou ativamente interferir com as defesas do hospedeiro.

Estratégias para escapar das defesas inatas, não adaptativas, tais como a fagocitose

As estratégias são muitas e incluem:

- *Evitar ser morto pela fagocitose.* Parasitos bem-sucedidos desenvolveram numerosos mecanismos antifagocíticos engenhosos (Fig. 17.1). Eles variam desde evitar a fagocitose, não ser morto se fagocitado a matar ou inibir o fagócito. Algumas bactérias, como a *Mycobacterium tuberculosis*, inibem a fusão entre o fagossoma e o lisossoma; outros, como *Listeria*, quebram o fagolisossoma criando perfurações nas membranas e escapando para o citoplasma. Caso o microrganismo sobreviva no interior do fagócito, isso será um sério desafio para o hospedeiro.
- *Interferir na ação ciliar* (Tabela 14.3).
- *Interferir na ativação do complemento.* Microrganismos podem adquirir ou imitar reguladores do complemento, inibir ativamente ou destruir enzimaticamente componentes do complemento. Uma variedade de patógenos pode se ligar a reguladores do complemento, incluindo a *E. coli*, estreptococos e *Candida albicans*. Os vírus da varíola e da vacínia produzem proteínas que imitam reguladores do complemento do hospedeiro. *Staphylococcus aureus*, estreptococos, vírus herpes simples (HSV), *Schistosoma* e *Trypanosoma* expressam inibidores do complemento. As bactérias *Pseudomonas* produzem uma elastase que desativa os componentes C3b e C5a do complemento; outras proteases que destroem componentes do complemento são produzidas por *Pseudomonas*, *Serratia marcescens* e *Schistosoma mansoni*. *Staphylococcus aureus* apresenta uma proteína de ligação à imunoglobulina e uma proteína de ligação a fibrinogênio extracelular que gera plasmina para degradar C3 e C3b. Outra estratégia é bloquear fisicamente a lise pelo complemento — a inserção do complexo C567 é impedida pelas longas cadeias laterais dos polissacarídeos da parede celular de cepas lisas de *Salmonella* e pelas cápsulas de estafilococos, que não ativam complemento, e a parede celular de bactérias Gram-positivas impede a lise pelo complexo de ataque à membrana do complemento (Fig. 17.2). No entanto, alguns patógenos fazem a abordagem contrária, escolhendo entrar na célula hospedeira por meio da utilização da opsonização com componentes do complemento — HIV-1 e *M. tuberculosis* utilizam o receptor CR3 dessa maneira.
- *Produzir moléculas de ligação ao ferro.* Quase todas as bactérias necessitam de ferro, mas as proteínas de ligação ao ferro do hospedeiro, como a transferrina, limitam a disponibilidade desse elemento. Consequentemente, certas bactérias (p. ex., *Neisseria*) produzem suas próprias proteínas de ligação ao ferro, para contornar a escassez.
- *Bloquear os interferons de tipo I.* As células do hospedeiro respondem ao DNA de fita dupla (dsDNA) de patógenos contaminantes (incluindo todos os vírus) pela formação de interferons alfa e beta. Estes são produzidos rapidamente, dentro de 24 horas após a infecção, como parte da resposta imunológica inata. Certos vírus são indutores fracos de interferons (hepatite B) ou produzem moléculas que bloqueiam a ação dos interferons nas células (hepatite B, HIV, adenovírus, vírus Epstein-Barr (VEB), rotavírus, vírus vacínia).

Muitos patógenos têm como alvo a via de sinalização TLR

A sinalização por meio de receptores de macrófagos do tipo Toll (TLR; Cap. 10) é essencial para a ativação de muitas defesas antimicrobianas. O TLR fornece uma série de receptores da superfície celular e intracelular com os quais a célula pode sentir organismos infecciosos. Esses receptores são obviamente muito importantes para a defesa do hospedeiro, uma vez que são agora mais de 70 exemplos de bactérias e vírus que interferem na sinalização por meio de receptores TLR (Tabela 17.1). Após a ligação de TLR, uma série complexa de eventos intracelulares ocorrem, com a interação da cauda citoplasmática de TLR com as moléculas adaptadoras, recrutando serina/treonina quinases, ubiquitina ligases, produção de uma conexão de poliubiquitina, eventos adicionais de fosforilação em complexos proteicos e a eventual ativação e translocação ao núcleo dos fatores de transcrição como o fator nuclear (NF)-κB. A maioria dessas etapas pode ser alvo de bactérias ou vírus. Por exemplo, o vírus da hepatite C pode clivar a molécula adaptadora TRIF que interage com TLR3 e 4, bloqueando a sinalização.

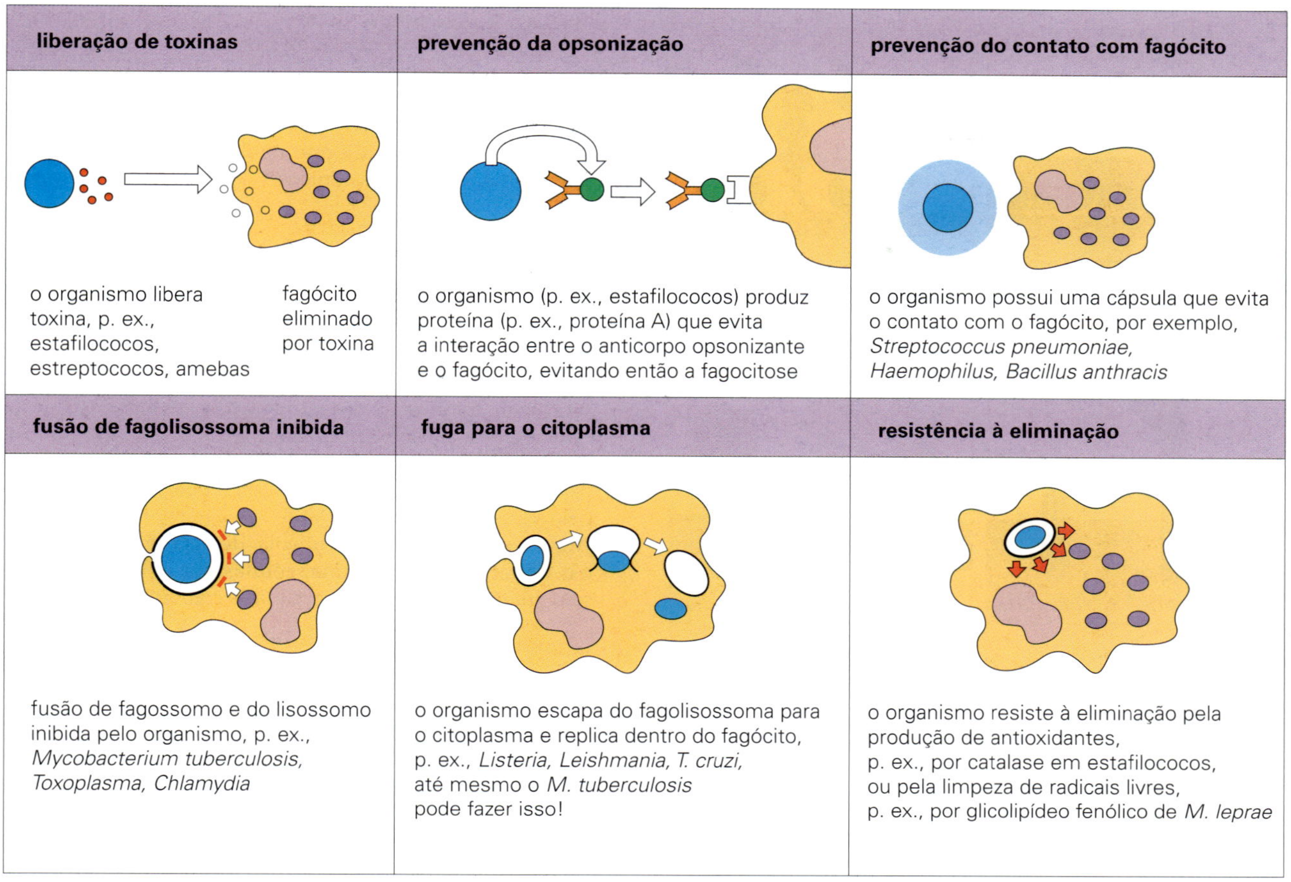

liberação de toxinas

o organismo libera toxina, p. ex., estafilococos, estreptococos, amebas

fagócito eliminado por toxina

prevenção da opsonização

o organismo (p. ex., estafilococos) produz proteína (p. ex., proteína A) que evita a interação entre o anticorpo opsonizante e o fagócito, evitando então a fagocitose

prevenção do contato com fagócito

o organismo possui uma cápsula que evita o contato com o fagócito, por exemplo, *Streptococcus pneumoniae, Haemophilus, Bacillus anthracis*

fusão de fagolisossoma inibida

fusão de fagossomo e do lisossomo inibida pelo organismo, p. ex., *Mycobacterium tuberculosis, Toxoplasma, Chlamydia*

fuga para o citoplasma

o organismo escapa do fagolisossoma para o citoplasma e replica dentro do fagócito, p. ex., *Listeria, Leishmania, T. cruzi,* até mesmo o *M. tuberculosis* pode fazer isso!

resistência à eliminação

o organismo resiste à eliminação pela produção de antioxidantes, p. ex., por catalase em estafilococos, ou pela limpeza de radicais livres, p. ex., por glicolipídeo fenólico de *M. leprae*

Figura 17.1 Vários mecanismos adotados pelos microrganismos para evitar a fagocitose.

Tabela 17.1 Muitos patógenos interferem nas vias de sinalização dos receptores tipo Toll (TLR)

Etapa seguida	Patógeno	Resultado
Ligação a TLR	*S. aureus*	As proteínas SSL3 e SSL4 se ligam ao ectodomínio TLR2
Centro de organização supramolecular (SMOC)	*E. coli*	Bloqueia as interações TIR–TIR
Ubiquitinação e ativação das proteínas TRAF6 e TAK1	Vírus Epstein-Barr	Deubiquinatos TRAF6
Proteínas quinases ativadas por mitógeno (MAPKs)	Vírus Ebola	Bloqueia a fosforilação de p38
Complexo IKK	Vírus da vaccínia	Faz ligação de IKKβ
Fatores de transcrição	*Shigella flexneri*	Inibe a translocação nuclear de NFκB

As vias de sinalização complexa que acompanham a ligação de TLR são alvos de diversos patógenos. Os TLRs interagem primeiramente com as proteínas adaptadoras de classificação intranuclear com formação de um centro organizador supramolecular. Eles ativam a ligase ubiquitina E3 e outras proteínas ativam as proteínas quinases ativadas por mitógeno (MPKs). O complexo IKK (I kappa quinase) permite a ubiquinização que promove ativação e sinalização adicionais, que acabam por levar à ativação de fatores de transcrição que translocam ao núcleo (Fig. 10.11). *SSL*, semelhante a superantígeno de estafilococo; *TIR*, receptor/resistência Toll/IL-1; *TAK*, quinase ativada por TGFβ; *TRAF*, família associada a receptor TNF.
(Para mais detalhes, ver Rosadini, C.V.; Kagan, J.G. *Curr Opin Immunol* 2015; 32:61–70.)

Estratégias de evasão das defesas adaptativas

As estratégias para escapar das defesas adaptativas são mais sofisticadas do que aquelas utilizadas para escapar das defesas inatas

As estratégias que os patógenos usam para escapar ou interferir nas defesas (imunológicas) adaptativas são mais sofisticadas do que aquelas adotadas para escapar das defesas inatas, pois os linfócitos antígeno-específicos apresentam receptores celulares que podem reconhecer praticamente qualquer conformação (células B) ou sequência de aminoácidos (células T), desde que sejam diferentes dos antígenos autólogos. Por exemplo:

- As cápsulas polissacarídicas das bactérias impedem o contato não imune entre os fagócitos e a parede celular bacteriana, mas são rapidamente reconhecidas como estranhas pelos receptores de superfície da célula B (imunoglobulina), levando à formação de anticorpos com consequente opsonização e fagocitose das bactérias.
- Muitos microrganismos, como bactérias e fungos, podem resistir à destruição intracelular pelos macrófagos, mas se seus peptídeos forem apresentados em associação com moléculas do complexo principal de histocompatibilidade (MHC) na superfície do macrófago, sua presença é detectada pelas células T. Isso permite que as células T auxiliares (Th) produzam citocinas ativadoras de macrófagos, como

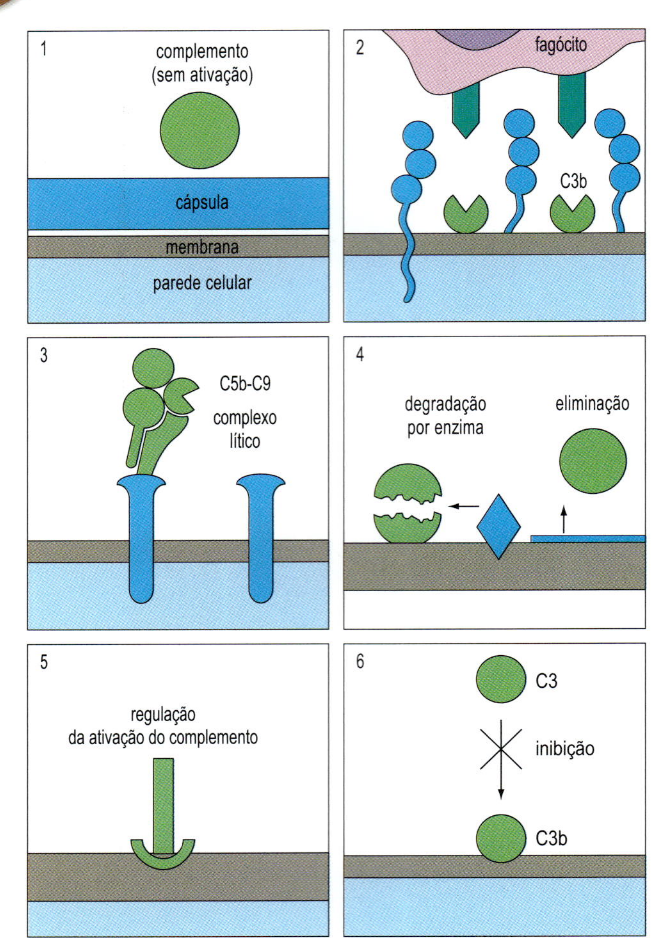

Figura 17.2 As bactérias evitam o dano mediado por complemento com uma variedade de estratégias. (1) Uma cápsula ou revestimento exterior previne a ativação de complemento. (2) Uma superfície exterior pode ser configurada para que receptores de complementos nos fagócitos não possam obter acesso a C3b fixadas. (3) Estruturas superficiais que divergem da anexação do complexo de ataque à membrana lítico (MAC) da membrana celular podem ser expressas. (4) As enzimas ligadas à membrana podem degradar o complemento fixado ou fazer com que ele seja liberado. (5) Os inibidores do complemento podem ser capturados na superfície. (6) A inibição direta das convertases C3 e C5 bloqueia a ativação de complemento. (Painéis 1–4 reproduzidas de: Male, D.; Brostoff, J.; Roth, D.B.; Roitt, I. [2006]. *Immunology*. Mosby Elsevier, com permissão.)

interferon-gama (IFNγ), e células T citotóxicas para matar as células infectadas.

Em ambos os exemplos, as células T e B se comportam como uma força policial secreta altamente especializada e extremamente observadora que é mais eficaz do que as células inatas do sistema imunológico.

ESTRATÉGIAS DE SOBREVIVÊNCIA DOS PARASITOS

As estratégias de sobrevivência dos parasitos podem ser tão variadas quanto são os parasitos, mas podem ser classificadas de forma proveitosa pelo componente imunológico do qual eles escapam e os meios selecionados para evasão. Eles permitem que o patógeno possa se submeter ao que são frequentemente períodos muito longos de crescimento e propagação durante a fase de incubação, antes de ser eliminado e transmitido para o próximo hospedeiro, como ocorre na hepatite B e na tuberculose. A eliminação contínua do patógeno por apenas alguns dias a mais após a recuperação clínica proporciona também uma transmissão mais extensa na comunidade, e esse fato é vantajoso para o patógeno. Uma pessoa que tiver se recuperado do norovírus ou do rotavírus pode permanecer infectada por até duas semanas após sua recuperação dos sintomas clínicos.

Os vírus são particularmente eficazes em dificultar as defesas imunológicas

Os vírus são capazes de impedir as defesas imunológicas por várias razões:

- A invasão de tecidos e células é frequentemente "silenciosa". Ao contrário da maioria das bactérias, eles não produzem toxinas, e, contanto que não causem destruição celular extensa, não há nenhum sinal de doença até o início das respostas imunológica e inflamatória, algumas vezes várias semanas após a infecção, como ocorre nas infecções pelo vírus da hepatite B e VEB.
- Alguns vírus, como o da rubéola, de verrugas, hepatite B e o VEB, podem contaminar células por longos períodos sem efeitos adversos na viabilidade celular.

Alguns patógenos são capazes de persistir no hospedeiro por ainda mais tempo

Certos patógenos são capazes de permanecer (persistir) no hospedeiro por muitos anos ou, frequentemente, pelo resto da vida. Do ponto de vista do patógeno, a persistência é valiosa apenas se a eliminação ocorrer durante a persistência (Quadro 17.1).

A latência do vírus é um tipo de persistência e depende de uma relação molecular íntima com a célula contaminada. O genoma viral continua presente no hospedeiro sem produzir antígenos ou material infeccioso continuamente, até que o vírus sofra reativação (torna-se evidente).

As estratégias para escapar das defesas do hospedeiro incluem causar uma infecção de "ataque e fuga"

Uma estratégia de evasão adotada pelos microrganismos é causar uma infecção rápida, do tipo "ataque e fuga". O patógeno invade, se multiplica e é eliminado em poucos dias, antes que as defesas imunes adaptativas tenham tido tempo de entrar em ação. Infecções nas superfícies do corpo (rinovírus, rotavírus) enquadram-se nesta categoria. No mais, as principais estratégias empregadas pelos parasitos para escapar das respostas adaptativas dos linfócitos incluem:

- mascaramento de antígenos;
- variação antigênica;
- imunossupressão.

O MASCARAMENTO DE ANTÍGENOS

Um espião, em um país estrangeiro, pode ocultar sua presença da polícia se escondendo, evitando sair de sua base ou, ainda, adotando o disfarce de um nativo. Os parasitos têm opções semelhantes. Os locais para se esconder incluem o interior das células do hospedeiro (embora as moléculas MHC atuem como "informantes" desse compartimento, captando e transportando peptídeos microbianos para a superfície celular, onde eles serão reconhecidos) e locais particulares do organismo onde os linfócitos normalmente não circulam ("locais privilegiados", o equivalente a "áreas proibidas" ou "zonas seguras").

Quadro 17.1 Lições de Microbiologia

Rastro de enfermidade de uma cozinheira escorregadia

Em 1901, Mary Mallon, de Long Island, Nova Iorque, assumiu um trabalho como cozinheira para uma família na cidade de Nova Iorque. Logo depois, a lavadeira da família e um visitante contraíram febre entérica (tifoide). Mary foi para outro trabalho e, algumas semanas depois, todos os sete membros da família, além de dois empregados, passaram a sofrer de febre entérica. Infecções similares seguiram seus movimentos como cozinheira e, em 1906, as autoridades tentaram dissuadi-la de realizar esse tipo de trabalho. Ela ficou indignada com a sugestão de que carregava um germe perigoso, sabendo que era saudável, e não manteve as promessas de fazer exames regulares e desistir do trabalho. Ela era desconfiada e agressiva com os policiais, e em uma ocasião avançou em direção a um interrogador com uma faca de trinchar. Foi, então, presa e colocada em um hospital para isolamento. Após apelar para a Suprema Corte dos EUA, foi liberada em 1910 sob a promessa de não trabalhar como cozinheira. Então, em 1914, epidemias tifoides surgiram em um hospital e um asilo onde ela havia trabalhado como cozinheira. Ela foi encontrada, vivendo com um nome falso e, em defesa da saúde pública, foi detida permanentemente em North Brother Island, onde morreu em 1938. Em sua carreira como cozinheira foi responsável por cerca de 200 casos de febre tifoide em oito famílias diferentes e iniciou sete epidemias da doença. Sua receita favorita, uma sobremesa de pêssegos congelados, pode ter sido uma boa fonte de infecção.

Mary havia se recuperado totalmente de um ataque de febre tifoide anteriormente, mas tinha cálculos biliares e isso permitiu que as bactérias persistissem por muitos anos, aparecendo intermitentemente nas fezes. Cerca de 5% dos casos se tornam portadores, na vesícula biliar ou na bexiga, e desempenham uma função central nos focos da infecção. Hoje em dia Mary teria adquirido sua infecção original em uma região como o subcontinente indiano, onde a febre tifoide é endêmica. A cada ano ocorrem cerca de 21 milhões de casos de febre tifoide no mundo todo, 300 dos quais são casos confirmados nos EUA, a maioria em indivíduos que viajam para o subcontinente indiano (Cap. 23).

A permanência no interior das células sem exposição dos antígenos na superfície impede o reconhecimento

Se um patógeno conseguir permanecer no interior das células sem permitir que seus antígenos sejam exibidos na superfície celular, ele permanecerá irreconhecível ("incógnito") em relação às defesas imunológicas. Mesmo que as respostas específicas de anticorpos e de células T tenham sido induzidas, o patógeno no interior da célula não será afetado. Vírus latentes persistentes, tais como HSV nos neurônios sensoriais, comportam-se desse modo. Durante a reativação, no entanto, o reforço das defesas imunológicas é inevitável.

Outras estratégias são possíveis. Vários tipos de vírus (HIV nos macrófagos, coronavírus) exibem suas proteínas "secretamente" nas paredes dos vacúolos intracelulares, em vez da superfície celular, e desenvolvem seus brotos nesses vacúolos. Os adenovírus utilizam recursos mais ativos para evitar a exibição de antígeno. Uma das proteínas adenovirais (E19) se combina com moléculas MHC classe I e impede sua passagem para a superfície celular, de modo que as células contaminadas não são reconhecidas por células T citotóxicas.

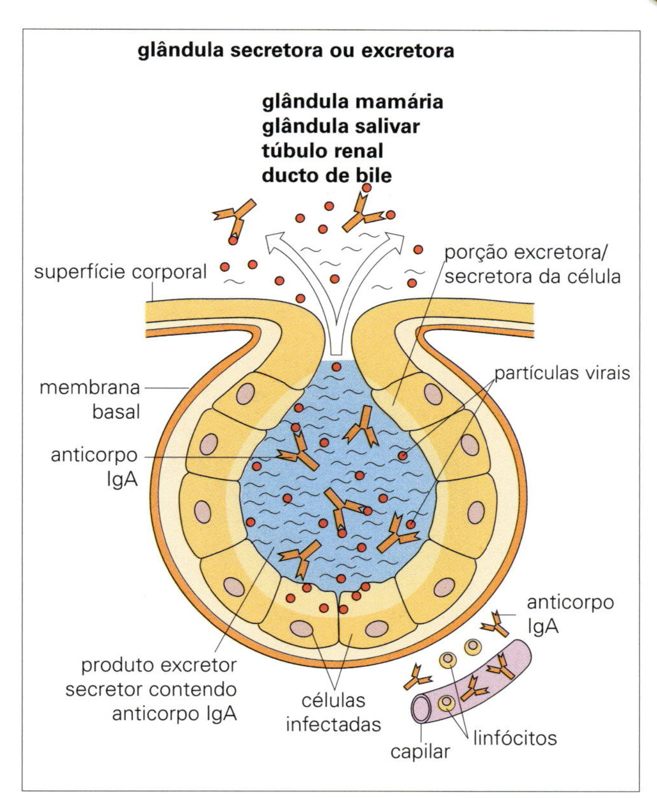

Figura 17.3 Infecção viral de superfícies celulares em contato com o ambiente externo. A infecção do epitélio de superfície de, por exemplo, uma glândula secretora ou excretora permite a liberação direta do vírus para o exterior, bem como o escape das defesas imunológicas do hospedeiro.

A colonização dos locais privilegiados mantém o patógeno fora do alcance dos linfócitos circulantes

Os inúmeros patógenos que colonizam a pele e o lúmen intestinal, juntamente com aqueles que são liberados diretamente nas secreções externas, estão efetivamente fora do alcance dos linfócitos circulantes. Eles são expostos a anticorpos secretados que, embora capazes de se ligar ao microrganismo (p. ex., vírus da influenza) e torná-lo menos infeccioso, são geralmente incapazes de destruí-lo ou controlar sua replicação nas superfícies epiteliais (Figs. 17.3 e 17.4). Uma resposta inflamatória local, entretanto, pode potencializar as defesas do hospedeiro.

No interior do organismo, é mais difícil evitar linfócitos e anticorpos, mas certos locais são mais seguros do que outros. Estes incluem o sistema nervoso central, as articulações, os testículos e a placenta. Nesses locais, a circulação de linfócitos é menos intensa, e o acesso de anticorpos e complemento, mais restrito. Entretanto, tão logo as respostas inflamatórias são induzidas, os linfócitos, monócitos e anticorpos são rapidamente atraídos a esses locais, que deixam de ser privilegiados.

Locais privilegiados adicionais podem ser criados pelo próprio microrganismo infeccioso. Um bom exemplo é o cisto hidático que se desenvolve no fígado, pulmão ou cérebro, ao redor de colônias em crescimento da tênia *Echinococcus granulosus* (Fig. 17.5), dentro das quais os vermes podem sobreviver mesmo que o sangue do hospedeiro contenha concentrações protetoras de anticorpos.

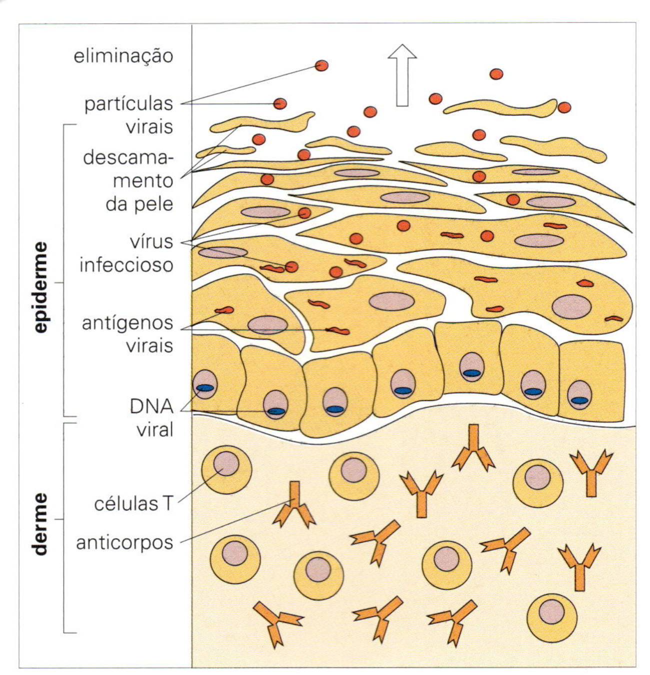

Figura 17.4 Replicação do vírus da verruga na epiderme – um local privilegiado? A diferenciação celular, tal como a queratinização, controla a replicação do vírus, e, como resultado, o vírus amadurece quando é fisicamente removido das defesas imunológicas.

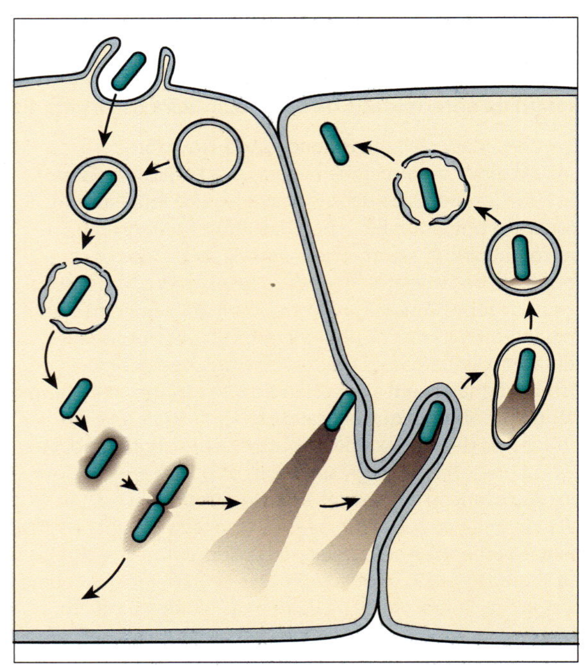

Figura 17.6 A *Listeria* pode se mover diretamente de uma célula à outra. Ao mover-se diretamente de uma célula à outra, a bactéria consegue escapar de quaisquer anticorpos nocivos aos quais poderia, sob outras circunstâncias, estar exposta. (Redesenhada com base em Portnoy, D, *Mol Biol Cell* 2012; 23:1141–1145.)

Figura 17.5 Cistos hidáticos. Diversos cistos de parede delgada preenchidos por fluido, em um espécime cirúrgico. O pulmão é um local comum. O crescimento dentro de um cisto é uma estratégia de sobrevivência para *Echinococcus granulosus*. (Cortesia de J.A. Innes.)

Talvez o local mais privilegiado de todos seja o DNA do hospedeiro, que pode ser ocupado pelos retrovírus. O RNA retroviral é transcrito em DNA pela transcriptase reversa, como uma etapa fundamental do ciclo replicativo, e, então, torna-se integrado ao DNA da célula hospedeira (Cap. 22). Uma vez integrados, os vírus gozam de total anonimato, contanto que não haja dano celular e que os produtos virais não sejam expressos na superfície celular, onde eles poderiam ser reconhecidos pelas defesas imunológicas. Isso torna a cura completa e a remoção total do vírus de um paciente contaminado com o HIV uma tarefa tão audaciosa. O local intragenômico torna-se ainda mais privilegiado se a infecção atingir o óvulo ou o espermatozoide. Neste caso, o genoma viral estará presente em todas as células embrionárias e será transferido de uma geração para a outra como se fosse o DNA do próprio hospedeiro. Por sorte, isso não acontece com o HIV ou com os vírus linfotróficos da célula T humana (HTLV) 1 e 2. Entretanto, os retrovírus "endógenos" do ser humano, presentes como sequências de DNA integradas em nosso genoma, mas não expressos como antígenos, se enquadram nessa categoria. Eles são parte da nossa herança. Essa estratégia certamente representa o passo final no parasitismo, no limiar entre infecção e hereditariedade.

A propagação de célula a célula é outro modo eficaz de evitar a exposição a moléculas extracelulares nocivas

A *Listeria* tira partido da sua molécula de listeriolisina para perfurar a membrana do fagossomo e escapar para dentro do citoplasma da célula. Ela também pode se mover de célula para célula com mínima exposição ao exterior. Ela age sobre os fatores regulatórios de actina, induzindo a produção de protuberâncias ricas em actina, que podem essencialmente injetar a bactéria *Listeria* diretamente na próxima célula sem que o sistema imunológico tenha a chance de atacar (Fig. 17.6).

O mimetismo parece ser uma estratégia útil, mas não impede o hospedeiro de elaborar uma resposta antimicrobiana

Se o patógeno é capaz de evitar, de algum modo, a indução de uma resposta imunológica, esse fato pode ser considerado um "mascaramento" de seus antígenos. Um método é o da mimetização de antígenos do hospedeiro, já que antígenos autólogos não são reconhecidos como estranhos. São conhecidos alguns exemplos de moléculas derivadas de parasitos que se parecem com aquelas do hospedeiro (Tabela 17.2). No caso das proteínas virais, o mimetismo baseado na homologia da sequência de aminoácidos (compartilhamento de 8–10 aminoácidos consecutivos) é visto comumente quando são realizadas comparações de sequências entre as proteínas virais e as proteínas do hospedeiro. Talvez o exemplo mais celebrado

Tabela 17.2 Alguns exemplos de mimetismo ou captação de antígenos de hospedeiro por parasitos

Estratégia do patógeno	Parasito	Antígeno correspondente do hospedeiro
Mimetismo	Estreptococos (proteína M e *N*-acetil-beta-D-glucosamina)	Miosina cardíaca
	Mycobacterium tuberculosis	Proteínas de choque térmico 65 kDa
	Treponema	Cardiolipina[a]
	Plasmodium falciparum	Vitronectina, trombospondina[b]
	Trypanosoma cruzi	Miosina cardíaca, nervo
Absorção de antígeno	*Neisseria meningitidis*	Complemento do fator H
	Citomegalovírus	β_2-microglobulina
	Schistosoma	Glicolipídios, HLA I, HLA II
	Áscaris	Antígenos B, grupo sanguíneo A

[a]Base para o teste original de anticorpo de Wasserman para sífilis desenvolvido em 1906.
[b]A proteína homóloga da malária, proteína anônima relacionada à trombospondina (TRAP [*thrombospondin-related anonymous protein*]), compartilha uma sequência de 18 aminoácidos com a proteína circunsporozoíta que medeia a ligação a hepatócitos. HLA, antígeno leucocitário humano (MHC ou antígeno principal de histocompatibilidade).

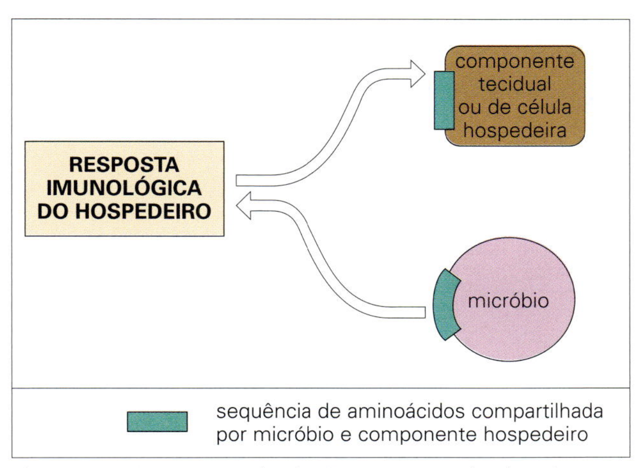

Figura 17.7 Mimetismo molecular. O mimetismo molecular pelo patógeno pode induzir dano à célula hospedeira; por exemplo, a doença cardíaca reumática em seguida à infecção estreptocócica é causada por anticorpos que reagem com a meromiosina, o determinante da reação cruzada.

seja a reação cruzada entre estreptococos beta-hemolíticos do grupo A e o miocárdio humano. Essa reação cruzada constitui a base do desenvolvimento da doença cardíaca reumática, que se segue após repetidas infecções estreptocócicas, devido a anticorpos produzidos contra o determinante da reação cruzada, a meromiosina (Fig. 17.7). O fato de o hospedeiro produzir tais autoanticorpos mostra que, nesse caso, o mimetismo não impede uma resposta antimicrobiana do hospedeiro.

Os patógenos podem se disfarçar usando moléculas do hospedeiro para revestir sua superfície

Isto está ilustrado na Tabela 17.2. Um exemplo magnífico disso é o trematódeo sanguíneo *Schistosoma*, quando o esquistossômulo adquire um revestimento superficial constituído de glicolipídeos do grupo sanguíneo e antígenos do MHC do plasma do hospedeiro. Dessa forma, o parasito apresenta-se praticamente invisível para células B e T. Por razões desconhecidas, essa estratégia é restrita essencialmente aos vermes.

A captação de moléculas de imunoglobulina pelo patógeno parece ser um fenômeno mais comum. Vários vírus e bactérias produzem proteínas de ligação a imunoglobulinas, que são exibidos em sua superfície e se ligam a moléculas de imunoglobulina de todas as especificidades em uma posição invertida imunologicamente inútil (Fig. 17.8). Esse mecanismo também impede o acesso de anticorpos específicos ou células T ao patógeno ou à célula contaminada. O *Mycoplasma* produz uma proteína de ligação à imunoglobulina única, que foi reconhecida somente em 2014; uma proteína bacteriana mais bem conhecida de ligação com imunoglobulinas é a proteína estafilocócica A, uma proteína de parede celular excretada por estafilococos virulentos que inibe a fagocitose de bactérias envolvidas por anticorpos. Certos herpes-vírus (HSV, vírus da varicela-zóster [VZV], citomegalovírus [CMV]) codificam moléculas que agem como receptores Fc para IgG, e estreptococos produzem um receptor Fc para IgA.

Imunomodulação

A modulação da resposta imunológica do hospedeiro pelo patógeno pode comprometer sua eficácia. Uma estratégia alternativa para o patógeno é evitar a indução de uma resposta imunológica ou induzir uma resposta fraca e ineficaz. Possíveis métodos incluem:

- infecção durante o início da vida embrionária;
- produção de grandes quantidades do antígeno microbiano ou de complexos antígeno–anticorpo;
- perturbação do equilíbrio entre as respostas imunológicas mediadas por células e anticorpos — ou entre as respostas das células T auxiliares (Th) 1 e 2;
- indução de células T regulatórias ou moléculas que regulam negativamente a imunidade protetora.

Infecção durante o início da vida embrionária

Antes do desenvolvimento completo do sistema imunológico, período em que os antígenos presentes são considerados "próprios", as infecções poderiam resultar em tolerância imunológica. Entretanto, na infecção intrauterina com CMV, vírus da rubéola e sífilis, o feto eventualmente produz anticorpos IgM, o qual é detectável no sangue do cordão umbilical, mas as respostas mediadas por células estão mais seriamente prejudicadas. Crianças com infecção congênita para CMV ou rubéola deixam de desenvolver respostas linfoproliferativas para os antígenos do CMV ou da rubéola e, consequentemente, levam anos para eliminar o vírus do corpo (Cap. 24). Em alguns casos, é mais provável que a infecção no período neonatal resulte

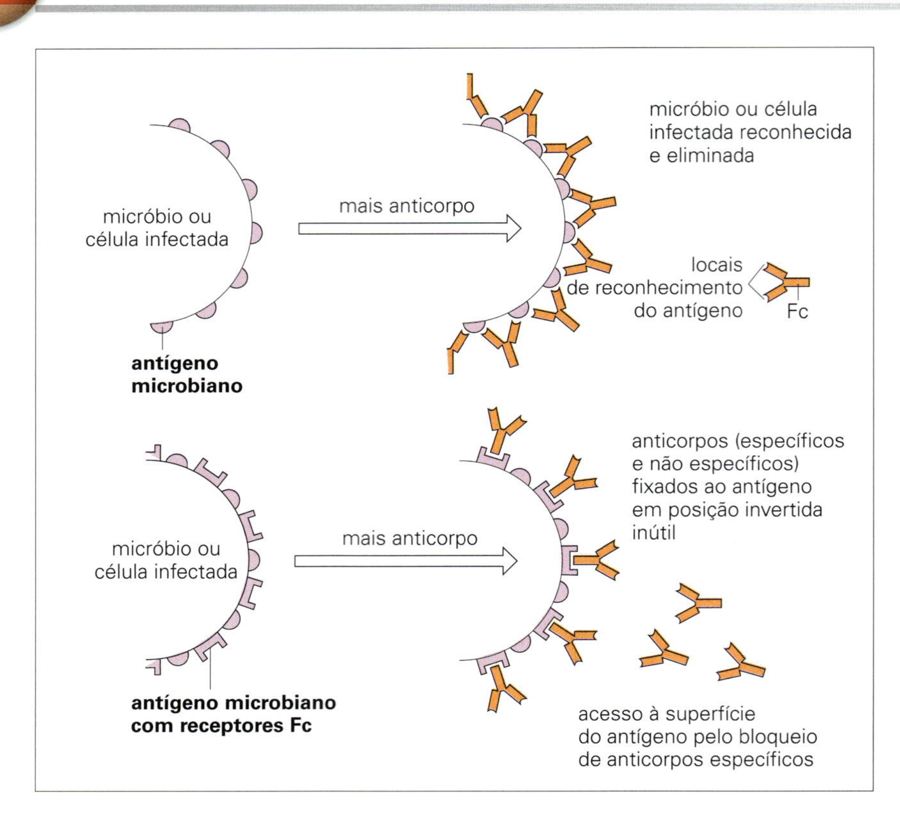

Figura 17.8 Evasão por meio da produção de receptores Fc. A produção de receptores Fc traz algum benefício para patógenos, por exemplo, estafilococos, estreptococos, vírus herpes simples, vírus varicela-zóster e citomegalovírus.

em tolerância do que em infecção nas fases mais tardias da vida. Portanto, a infecção neonatal com o vírus da hepatite B frequentemente resulta em portadores permanentes do vírus.

Produção de grandes quantidades de antígeno microbiano ou de complexos antígeno–anticorpo

Grandes quantidades de antígeno microbiano ou de complexos antígeno–anticorpo circulantes no corpo podem causar tolerância imunológica àquele antígeno. A anergia, como evidenciada por anticorpos normais, mas respostas imunológicas mediadas por células deprimidas ao patógeno invasor, é observada em coccidioidomicose e criptococose disseminadas, e na leishmaniose cutânea difusa e visceral, em cada caso associadas com grandes quantidades de antígenos microbianos na circulação.

Perturbação do equilíbrio entre respostas por células Th1 e Th2

A resistência à infecção frequentemente depende de um equilíbrio adequado entre respostas mediadas por Th1 e Th2 (Cap. 11). Uma boa defesa contra a tuberculose e os herpes-vírus necessita da imunidade mediada por célula, enquanto anticorpos são necessários para nos proteger contra poliovírus ou *Streptococcus pneumoniae*. Na tuberculose ativa, podem ser detectadas células T que produzem IL-4, com uma redução na resposta benéfica de citocinas Th1. Induzindo um tipo ineficiente de resposta de Th2 ao invés da ativação eficaz de Th1, um patógeno pode garantir sua própria sobrevivência.

Um equilíbrio alterado de Th1:Th2 também pode levar macrófagos a serem ativados de forma clássica ou ativados de forma alternada. A saliva do mosquito-palha, vetor de *Leishmania*, pode reduzir a produção de citocina Th1 e aumentar a de Th2 e IL-10, reduzindo assim a ativação de macrófagos pela indução de macrófagos ativados alternativamente. Em infecções por helmintos, e também na alergia, citocinas Th2

Tabela 17.3 Infecções nas quais há indução de células T

Bordetella pertussis	Inibe a imunidade de Th1
Mycobacterium tuberculosis	Inibe a imunidade de Th1
Helicobacter pylori	Controla a doença da úlcera péptica
Vírus da hepatite B	Associado à carga viral no soro
Vírus da hepatite C	Suprime as respostas de células T citotóxicas, mas também a patologia
Herpes simplex virus	Reduz a extensão da inflamação
Plasmodium falciparum	Associado à maior parasitemia

como IL-4 e IL-13 induzem macrófagos ativados alternativamente (macrófagos classicamente ativados são os ativados por IFNγ). Supõe-se que macrófagos ativados alternativamente têm papel na expulsão de vermes do intestino.

Células T reguladoras

Algumas bactérias escapam das respostas protetoras Th1, induzindo células T reguladoras antígeno-específicas que eram originalmente chamadas de células T supressoras. As células T reguladoras (Tregs) podem ser encontradas em indivíduos saudáveis, mas também podem ser induzidas por exposição a antígenos na presença de fator de crescimento transformador beta (TGFβ) e IL-10. A infecção pela *Bordetella pertussis* induz células T reguladoras específicas para sua hemaglutinina e pertactina filamentosas. Essas células T reguladoras produzem TGFβ e IL-10 e, assim, suprimem a imunidade mediada por Th1 a esses dois componentes bacterianos vitais, os quais ajudam as bactérias a se fixarem às células do hospedeiro. Células T reguladoras são induzidas por muitas outras bactérias, incluindo *M. tuberculosis*, durante a infecção por malária e por antígenos de alguns helmintos (Tabela 17.3).

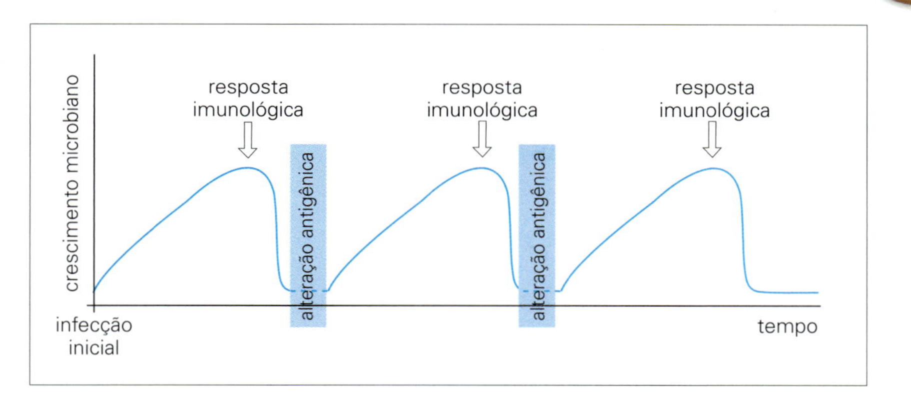

Figura 17.9 Variação antigênica como uma estratégia microbiana. A alteração nos antígenos pode ocorrer no indivíduo originalmente contaminado, permitindo que o patógeno passe por crescimento renovado (p. ex., tripanossomíase, febre recidivante – Cap. 28), ou pode ocorrer quando o patógeno passa através da população hospedeira, permitindo que ele recontamine um dado indivíduo (p. ex., influenza).

VARIAÇÃO ANTIGÊNICA

Voltando à metáfora de um espião em território estrangeiro, há outro meio de confundir o inimigo, que é por alterações repetidas na aparência. O tripanossomo africano, microrganismo causador da doença do sono, utiliza essa estratégia, assim como uma grande gama de vírus, bactérias e protozoários. A variação antigênica pode ocorrer durante:

- o curso da infecção em um dado indivíduo;
- a propagação do patógeno pela comunidade (Fig. 17.9).

Como estratégia de evasão das respostas imunológicas do hospedeiro, a variação antigênica depende da ocorrência de variações em antígenos cujo reconhecimento está envolvido na proteção. A variação antigênica é comum quando o patógeno passa pela comunidade do hospedeiro. Isso tende a ser mais importante em hospedeiros de vida mais longa, tais como o ser humano, em quem a sobrevivência microbiana é favorecida por múltiplas reinfecções durante a vida de um indivíduo. Isso é mais comum em infecções limitadas ao epitélio respiratório ou intestinal, nas quais o período de incubação é < 1 semana e o patógeno pode contaminar, se multiplicar e ser eliminado do organismo antes que uma resposta imunológica secundária significativa seja gerada. Nas infecções sistêmicas (p. ex., sarampo, caxumba, febre tifoide), o período de incubação é mais longo e as respostas secundárias têm maior oportunidade de serem mobilizadas e controlar uma infecção por uma variante antigênica. Consequentemente, a variação antigênica não é uma característica importante dessas infecções sistêmicas.

Ao nível molecular, existem três mecanismos principais de variação antigênica:

- mutação;
- recombinação;
- inversão gênica.

O exemplo mais bem conhecido de mutação é o do vírus influenza

Enquanto o vírus da influenza se propaga através da comunidade, ocorrem mutações repetidas nos genes que codificam a hemaglutinina e a neuraminidase (Cap. 20), causando pequenas alterações antigênicas suficientes para reduzir a eficiência da memória das células B e T estabelecida em resposta a infecções anteriores. Isso é denominado "deriva antigênica". Os rinovírus e os enterovírus humanos também evoluem rapidamente e mostram uma deriva antigênica semelhante. O desvio antigênico poderia explicar a riqueza de tipos antigênicos de estafilococos, estreptococos e pneumococos. Durante as epidemias iniciais por poliovírus, as mutações ocorreram em uma taxa de cerca de duas substituições de base por semana, algumas delas envolvendo os principais locais antigênicos virais. O HIV (Cap. 22) sofre deriva antigênica, mas, neste caso, a deriva ocorre durante a infecção de um dado indivíduo, que é o motivo pelo qual o sistema imunológico tem dificuldade em controlar a infecção. As mutações que afetam os epítopos reconhecidos pelas células T citotóxicas (Tc) são a fonte do "escape dos mutantes".

O exemplo clássico de variação antigênica utilizando recombinação gênica envolve o vírus da influenza A

Alterações mais extensas e repentinas nos antígenos podem ocorrer pelo intercâmbio de material genético entre dois patógenos diferentes. O exemplo clássico é o "desvio" genético no vírus da influenza A (Fig. 17.10; Cap. 20). Quando cepas de vírus humano e aviário se recombinam, surge repentinamente uma linhagem completamente nova do vírus da influenza A, expressando uma hemaglutinina ou uma neuraminidase de origem aviária. Esse novo vírus, até então desconhecido pela população, pode dar origem a uma pandemia de influenza. A epidemia de "gripe suína" de 2009/2010, que se originou no México, foi causada por um vírus H1N1 — segmentos de seu genoma foram identificados em isolados de gripe quase 20 anos antes, mas o rearranjo genético levou à nova cepa pandêmica (Fig. 17.10). Surpreendentemente, hoje em dia a pandemia de gripe espanhola de 1918 aparenta não ter sido causada por desvio antigênico, mas, ao invés disso, por uma gripe aviária que se tornou capaz de contaminar humanos.

A inversão gênica foi demonstrada primeiro em tripanossomos africanos

A inversão gênica representa a forma mais dramática de variação antigênica, e foi demonstrada primeiro nos tripanossomos africanos, *Trypanosoma gambiense* e *T. rhodesiense* (Cap. 28). Esses microrganismos possuem genes para cerca de mil moléculas de superfície bastante distintas, conhecidas como glicoproteínas variante-específicas, que revestem quase toda a superfície e são imunodominantes. O tripanossoma pode substituir a utilização de um gene pelo outro, de modo semelhante ao que a célula B faz com os genes constantes da cadeia pesada da imunoglobulina. Isso explica o porquê de uma sequência de infecções não relacionadas antigenicamente ocorrer com intervalos de aproximadamente uma semana. Isso capacita o tripanossoma a persistir enquanto o sistema imunológico está constantemente tentando acompanhar seu desenvolvimento. O principal estímulo para inversão gênica é possivelmente a própria resposta de anticorpo, mas o mecanismo exato não está elucidado. Aproximadamente 10% do genoma do tripanossomo consistem em genes de revestimento da superfície, mas este é um investimento valioso para o parasito.

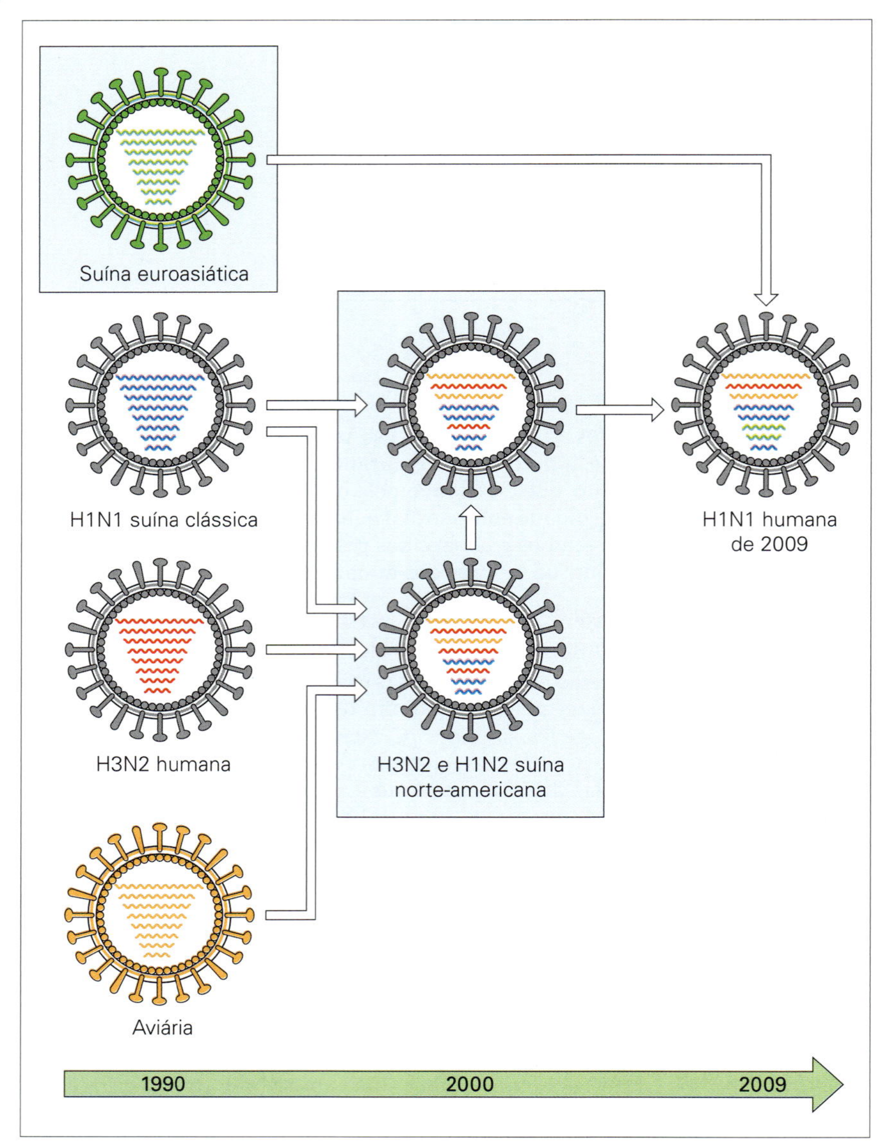

Figura 17.10 Alteração antigênica na influenza. Os principais antígenos de superfície do vírus da influenza são hemaglutinina e neuraminidase. A hemaglutinina está envolvida na fixação às células e os anticorpos de hemaglutinina são protetores. Os anticorpos para neuraminidase são muito menos eficazes. O vírus da influenza pode alterar suas propriedades antigênicas ligeiramente (deriva antigênica) ou radicalmente (desvio antigênico). As pandemias podem surgir quando há desvio antigênico com reagrupamento de genes. O diagrama mostra a origem da pandemia de influenza A (H1N1) de 2009. A nomenclatura oficial do antígeno da influenza baseia-se no tipo de hemaglutinina (H_1, H_2 etc.) e neuraminidase (N_1, N_2 etc.) expresso na superfície do vírion. Observe que, apesar de novas cepas substituírem cepas antigas, os antígenos internos permanecem sem grandes alterações. (Redesenhada de Trifonof V. et al., *N Engl J Med* [2009] 361: 115–119.)

A conversão gênica pode resultar em infecções recidivantes

A conversão gênica é considerada como a causa da evolução persistente recidivante de outras certas infecções, incluindo a infecção provocada pela *Borrelia*. A *B. burgdorferi* move genes de 15 cápsulas silenciosas para o gene de lipoproteína ligado à superfície, *vlsE*, em um processo chamado de conversão gênica segmentada, que resulta em diversidade em seis regiões centrais do gene *vlsE*. Os gonococos também mostram uma grande variação antigênica quando circulam pela comunidade de hospedeiros, incluindo por recombinações genéticas no repertório dos genes da pilina. Aqui, há uma recombinação com uma sequência de uma das muitas cópias silenciosas de *pilS* sendo transferidas para o gene *pilE* utilizando um sistema de conversão de genes que envolve diversos genes de reparo de DNA, incluindo *RecA* e *RecF*.

Antígenos de estágios específicos fornecem outra estratégia útil na evasão da imunidade

Alguns parasitos apresentam ciclos de vida mais complicados do que bactérias ou vírus, e precisam apresentar moléculas específicas para estados que são restritas a cada parte do ciclo de vida. Portanto, enquanto o sistema imunológico está ocupado tentando reconhecer e responder aos antígenos da malária expressos nos esporozoítos invasores no fígado, os parasitos no estágio de infecção sanguínea expressam antígenos diferentes na superfície dos eritrócitos e merozoítos infectados. As formas sexuais do parasito que continuarão o ciclo de vida quando voltarem ao mosquito expressam outros novos antígenos de gametócitos. Alguns desses antígenos de estágio específico são alvos das vacinas da malária, embora a proteção contra o estágio hepático deva ser concluído para evitar a infecção do estágio sanguíneo.

IMUNOSSUPRESSÃO

Muitas infecções virais causam uma imunossupressão geral temporária

Uma grande variedade de microrganismos causa imunossupressão no hospedeiro contaminado. O mecanismo não é totalmente compreendido, mas frequentemente envolve a invasão do sistema imunológico pelo patógeno — em outras palavras, "invadir para evadir". O hospedeiro mostra uma

Tabela 17.4 Respostas imunológicas deprimidas em infecções microbianas

Parasito	Característica de imunossupressão	Mecanismo
Vírus		
HIV	↓Ab ↓CMI, duradoura	↓ Células T CD4[a]; Imunossupressão por gp41; apresentação reduzida de antígeno por APC infectada
Vírus Epstein-Barr	↓CMI, temporária	Inclui ativação policlonal de células B infectadas[a]
Sarampo	↓CMI, temporária[b]	Diferenciação bloqueada em células T e B infectadas[c]
Vírus varicela-zóster, caxumba	↓CMI, temporária	Infecção de células T
Bactérias		
M. leprae (lepra lepromatosa)	↓CMI	Ativação policlonal de células B, produção de IL-4 e IL-10
Protozoários		
Tripanosomas	↓Ab ↓CMI	Células T regulatórias, produção de IL-10, ↓ proliferação de células T
Plasmódios		Células T regulatórias, ↓ apresentação de antígenos
Toxoplasma		↓ células T CD4, IFNγ
Leishmania		Produção de IL-10 e TGFß

Ab, anticorpo; APC, célula apresentadora de antígeno; CMI, imunidade mediada por células.
[a]Para o HIV, as respostas deprimidas são vistas tardiamente, após as respostas iniciais com anticorpos neutralizadores e células citotóxicas. Há muitos mecanismos possíveis envolvidos na imunossupressão pelo HIV, mas a diminuição do número de células T $CD4^+$ é provavelmente o mais importante.
[b]O gene BCRF-1 do vírus codifica para uma molécula similar a IL-10 que aumenta a resposta de anticorpos, ao invés das respostas protetoras de CMI.
[c]Pacientes com teste de tuberculina cutânea positiva tornam-se temporariamente negativos durante infecção por sarampo. O sarampo também impede a produção de IL-12 pelos macrófagos, uma molécula necessária para a resposta imunológica tipo Th1 (protetora).

resposta imunológica reduzida aos antígenos do patógeno contaminante (supressão específica do antígeno) ou, com mais frequência, tanto a antígenos do patógeno contaminante quanto a antígenos não relacionados. O HIV é um dos mais espetaculares, mas de forma alguma é o único patógeno capaz de interferir com o sistema imunológico dessa forma (Tabela 17.4). O HIV causa morte de células T $CD4^+$, resultando em uma desastrosa perda de função das células T.

Induzir imunossupressão antígeno-específica traria mais benefícios ao patógeno invasor, mas uma imunossupressão geral, por mais que seja temporária, pode dar tempo suficiente para o patógeno crescer, se propagar e ser disseminado antes de ser eliminado. Isso acontece em muitas infecções virais. Uma imunossupressão geral duradoura seria prejudicial para o patógeno, porque a suscetibilidade a outras infecções causaria um dano desnecessário ao hospedeiro. Sob esse ponto de vista, o HIV certamente superou todas as prerrogativas.

Diferentes patógenos possuem diferentes efeitos imunossupressores

A imunossupressão pelos patógenos frequentemente envolve a infecção efetiva de células imunológicas:

- células T (HIV, sarampo);
- células B (VEB);
- macrófagos (HIV, CMV, leishmania);
- células dendríticas (HIV).

Isso pode resultar em prejuízo no funcionamento da célula (p. ex., bloqueio da divisão celular ou bloqueio da liberação de interleucina 2 (IL-2) (ou de outras citocinas)) ou morte celular.

Outras ações imunossupressoras desempenhadas pelos patógenos incluem a liberação de moléculas imunossupressoras. Por exemplo, o polipeptídeo gp41, formado pelo HIV, atua como um "anestésico imunológico", bloqueando temporariamente a função da célula T. Outros patógenos (poxvírus, herpes-vírus, *Tripanosoma cruzi*) liberam moléculas que interferem na ação do complemento ou nas citocinas imunologicamente importantes, tais como IL-2, IFNs (ver anteriormente) ou fator de necrose tumoral (TNF).

Certas toxinas de patógenos são imunomoduladoras

Uma forma particularmente importante de interferência imunológica é praticada pelos estafilococos. Muitas cepas liberam exotoxinas (enterotoxina estafilocócica, toxina epidermolítica e toxina da síndrome do choque tóxico) que são responsáveis por doenças. À primeira vista, a produção dessas toxinas parece não conferir vantagens para os estafilococos, mas, atualmente, sabe-se que elas possuem ações imunomoduladoras extremamente poderosas — são os mitógenos de células T mais potentes, e atuam em concentrações picomolares. Elas atuam como "superantígenos" e, após se ligarem a moléculas de classe II do MHC em células apresentadoras de antígeno, atuam como ativadores policlonais de células T que apresentam famílias específicas de genes em seus receptores de células T (Fig. 17.11). Uma proporção grande de todas as células T (2–20%) responde com divisão celular e liberação das citocinas; apenas 0,001–0,01% são capazes de responder dessa forma a um antígeno regular. Moléculas semelhantes são produzidas por certos estreptococos e micoplasmas.

Os possíveis mecanismos pelos quais as toxinas estafilocócicas podem interferir nas defesas imunológicas são:

- liberação local excessiva de citocinas por células ativadas em uma "tempestade de citocina"
- morte de células T ou outras células imunológicas
- desvio de células T de todas as especificidades para uma atividade imunologicamente improdutiva, por ativação policlonal.

Foi descoberto recentemente que o fungo *Candida albicans* produz uma toxina chamada candidalisina, que ela secreta e é necessária para a invasão das mucosas por hifas fúngicas.

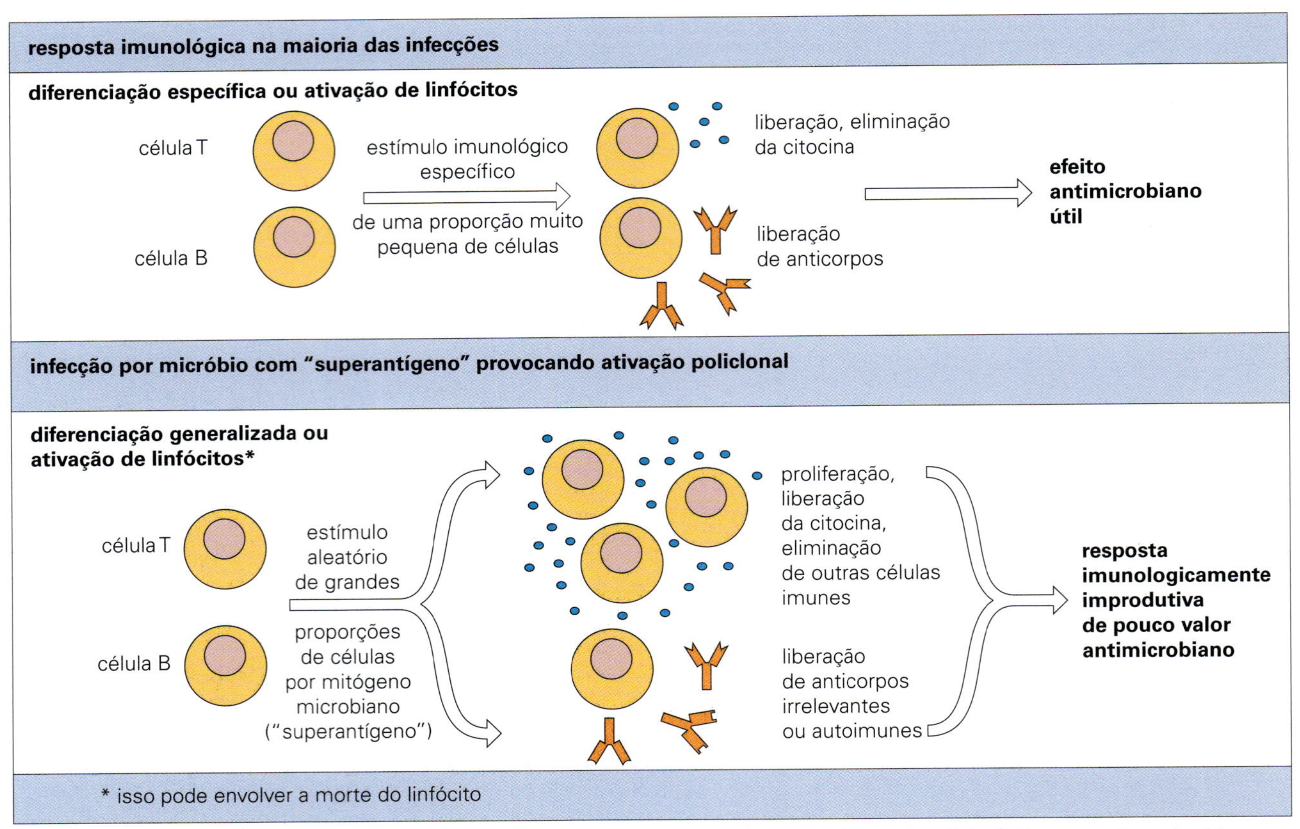

Figura 17.11 Interferência microbiana no sistema imunológico através da produção de superantígenos das células T. Algumas toxinas microbianas induzem proliferação de famílias de células T, que resulta na ativação de um número muito maior de células do que é visto com os antígenos. Isso leva à liberação excessiva de citotoxinas e a doenças graves.

A toxina causa dano ao epitélio da célula, mas também desencadeia um alerta de "sinal de perigo" ao sistema imunológico, o qual informa que essa levedura que normalmente coloniza a superfície se tornou invasiva.

Uma ativação policlonal menos dramática é vista em muitas outras infecções. Os patógenos podem causar ativação policlonal de células B, bem como de células T (por exemplo, nas infecções por VEB e HIV), e isso pode ser interpretado como um "desvio imunológico" pelo patógeno contaminante ou, no caso do VEB, como a produção de um suprimento de células B no qual o vírus pode crescer. Uma consequência é a produção de uma gama de anticorpos "irrelevantes", algumas vezes autoimunes (p. ex., anticorpos heterófilos na infecção por VEB). Por fim, algumas infecções persistentes simplesmente desgastam o sistema imunológico, resultando na exaustão de células T, ou senescência imunológica na qual as células T se tornam menos eficientes em se proliferarem, e perdem a capacidade de produzir IL-2. O CMV faz exatamente isso, assim como o HIV.

Patógenos bem-sucedidos frequentemente interferem na sinalização entre células imunológicas, no reconhecimento da célula T citotóxica ou nas respostas apoptóticas do hospedeiro

Muitos patógenos interferem nas moléculas do hospedeiro, tais como citocinas, quimiocinas, MHC e receptores apoptóticos e de complemento, todos componentes essenciais da defesa do hospedeiro. Muitos vírus de DNA codificam moléculas falsas ou receptores celulares falsos para as moléculas do hospedeiro, e isso corrompe a resposta antimicrobiana. O HSV produz a glicoproteína C, que atua como receptor de C3b. Ela está presente na partícula viral e nas células contaminadas, e interfere na ativação do complemento, protegendo tanto o vírus quanto a célula contaminada da destruição por anticorpo e complemento.

O VEB produz um homólogo de IL-10, uma citocina inicialmente chamada de "fator de inibição da síntese de citocina". Cepas virulentas de *Mycobacterium tuberculosis* induzem a produção de IL-10 por macrófagos contaminados, o que, novamente, favorece o patógeno contaminante. Além disso, o *M. tuberculosis*, bem como outros microrganismos intracelulares (*Leishmania major*, *Histoplasma capsulatum*), inibe a produção de IL-12 pelos macrófagos contaminados. Por esse motivo, as células T Th1 não são ativadas pela IL-12 para formar IFNγ, e a resposta imunológica é novamente divergida da resposta protetora Th1.

Os adenovírus e os herpes-vírus evitam que células T citotóxicas matem células infectadas por meio da redução da expressão de moléculas de classe I do MHC e, assim, expressam antígenos na célula-alvo.

Uma estratégia útil para determinado patógeno não será necessariamente boa para outros. Por exemplo, uma célula local contaminada com um vírus pode cometer suicídio por apoptose, uma defesa útil se ela ocorrer antes que a replicação do vírus tenha se completado. Assim, certos vírus (HSV, VEB, HIV) codificam proteínas que interferem na apoptose, permitindo uma infecção celular de longa duração. Outros vírus, entretanto, tais como sarampo, induzem apoptose, assim como certas bactérias (*Shigella flexneri*, *Salmonella*), após encontrarem os macrófagos, permitindo que escapem da destruição. Pode ser útil induzir a apoptose em uma célula, mas não em outra. Como exemplo, o HIV inibe a apoptose na célula imunológica infectada, mas induz a apoptose em células vizinhas não infectadas.

Alguns patógenos interferem na expressão local da resposta imunológica nos tecidos

Alguns patógenos não interferem no desenvolvimento de uma resposta imunológica, mas ao invés disso interferem ativamente a sua expressão nos tecidos; por exemplo, *N. gonorrhoeae*, *S. pneumoniae* e muitas cepas de *Haemophilus influenzae* liberam uma protease que cliva a IgA humana. Essas bactérias são residentes ou invasoras das superfícies mucosas onde os anticorpos IgA atuam, e parece improvável que a capacidade de produzir tal enzima seja mera coincidência.

INFECÇÕES PERSISTENTES

As infecções persistentes representam um fracasso das defesas do hospedeiro

Uma forma de ver as infecções persistentes (Tabela 17.5) é considerá-las um fracasso das defesas do hospedeiro que

Tabela 17.5 Exemplos de infecções persistentes no ser humano

Microrganismo	Local de persistência	Taxa de infecção do microrganismo persistente	Consequência	Eliminação de microrganismo para o exterior
Vírus				
Herpes simples	Gânglios da raiz dorsal	-	Ativação, herpes labial	+
	Glândulas salivares	+	Desconhecido	+
Varicela-zóster	Gânglios da raiz dorsal	-	Ativação, zóster	+
Citomegalovírus	Tecido linfoide	-	Ativação ± doença	+
Vírus Epstein-Barr	Tecido linfoide	-	Tumor linfoide	-
	Epitélio	-	Carcinoma nasofaríngeo	-
	Glândulas salivares	+	Desconhecido	+
Hepatites B e C	Fígado (vírus liberado para o sangue)	+	Hepatite crônica: câncer hepático	+
Adenovírus	Tecido linfoide	-	Nenhum conhecido	+
Poliomavírus BK e JC (humanos)	Rim	-	Ativação (gestação, imunossupressão)	+
Vírus de leucemia de células T	Tecidos linfoides e outros tecidos	±	Leucemia tardia, doença neurológica	-
Paramixovírus	Cérebro	±	Panencefalite esclerosante subaguda	-
HIV	Linfócitos, macrófagos	+	Doença crônica	+
Clamídia				
Chlamydia trachomatis	Conjuntiva	+	Doença crônica e cegueira	+
Rickétsia				
Rickettsia prowazekii	Linfonodo	?	Ativação	+
Bactérias				
Salmonella typhi	Vesícula biliar Trato urinário	+	Liberação intermitente em urina, fezes	+
Mycobacterium tuberculosis	Pulmão		Reativação (imunossupressão, velhice)	+
Treponema pallidum	Disseminado	±	Doença crônica	-
Parasitos				
Plasmodium vivax	Fígado	?	Ativação, malária clínica	+
Toxoplasma gondii	Tecido linfoide, músculo, cérebro	±	Ativação, doença neurológica	-
Trypanosoma cruzi	Sangue, macrófagos	±	Doença crônica	-
Schistosoma mansoni	Intestino	+	Doença crônica	Ovos
Filária	Linfáticos, linfonodos	+	Doença crônica	+

A liberação para o exterior ocorre diretamente, por exemplo, através de lesões na pele, saliva ou urina, ou indiretamente, através do sangue (hepatite B, malária).

deveriam controlar o crescimento e a propagação microbiana e eliminar o patógeno do corpo. O patógeno pode persistir em:

- uma forma infecciosa desafiadora, como ocorre com o vírus da hepatite B no sangue ou com o esquistossomo nos vasos sanguíneos do trato alimentar ou da vesícula;
- uma forma com infecciosidade baixa ou parcial, como, por exemplo, os adenovírus nas amídalas e adenoides;
- um estado metabolicamente alterado, como *M. tuberculosis* latente;
- uma forma completamente não infecciosa.

Infecções virais latentes são exemplos clássicos desse tipo de persistência. Por exemplo, no HSV, o DNA persiste nos neurônios sensoriais, nos gânglios da raiz dorsal. Durante a latência, uma única transcrição associada à latência é altamente expressa nos neurônios, em contraste com as 80 ou mais proteínas produzidas no ciclo lítico em células epiteliais. Essa transcrição associada à latência desempenha um papel no silenciamento dos genes líticos do HSV.

O genoma viral não é integrado ao DNA do hospedeiro e, em vez de ser linear, ele é circular, existindo na forma epissomal livre. Atualmente, a epigenética (pela qual a transcrição do DNA pode ser regulada) parece desempenhar um papel importante no controle da latência viral. Isso impacta a frequência da reativação e a manutenção da reserva latente de vírus.

Infecções latentes podem se tornar patentes

As infecções latentes são assim chamadas porque podem se tornar patentes. É isso que desperta o grande interesse médico por elas, e o legado de infecções por herpes-vírus latentes em humanos está descrito no Capítulo 27. Padrões diferentes de infecções persistentes estão ilustrados na Figura 17.12. Infecções persistentes são importantes por quatro razões principais:

1. Elas podem ser reativadas e representam uma reserva da infecção no indivíduo e na comunidade.
2. Elas, algumas vezes, estão associadas à doença crônica, como no caso das infecções por hepatite B crônica, da panencefalite subaguda esclerosante como consequência do sarampo e da AIDS.
3. Elas algumas vezes estão associadas a cânceres, tais como o carcinoma hepatocelular com o vírus da hepatite B, o linfoma de Burkitt e o carcinoma nasofaríngeo com o VEB.
4. Do ponto de vista do microrganismo, elas possibilitam que o agente infeccioso persista na comunidade do hospedeiro (Quadro 17.2).

Reativação de infecções latentes

A reativação é clinicamente importante em indivíduos imunossuprimidos

A reativação ocorre em pacientes imunocomprometidos, e tem uma importância clínica crucial nesses indivíduos como resultado de infecção e doença crônica, como no caso do HIV e da AIDS, tumores, incluindo leucemias e linfomas, ou naqueles imunossuprimidos em decorrência de um transplante. A reativação também ocorre durante períodos de imunocomprometimento naturais, dos quais os mais importantes são a gestação e a velhice. Do ponto de vista do patógeno, a latência é uma adaptação que permite a reativação com crescimento renovado e liberação do agente infeccioso durante esses períodos de ocorrência natural.

As características da reativação nas infecções pelo herpes-vírus estão descritas nos Capítulos 22 e 27.

Novas técnicas de exames de imagem demonstraram que a latência na tuberculose é um estado mais ativo do que era reconhecido anteriormente, com alguns granulomas no pulmão que apresentaram atividade metabólica enquanto outros eram mais silenciosos. O *M. tuberculosis* precisa fabricar certas proteínas para se manter em estágio de latência. Outros produtos — denominados fatores promotores da ressuscitação — são necessários para reativar um *M. tuberculosis* latente. Há interesse em identificar as assinaturas de expressão gênica que poderiam prever quais indivíduos progridem da tuberculose latente para a ativa, de modo que eles poderiam ser tratados antes de infectarem outros.

Quadro 17.2 Lições de Microbiologia

A persistência é valiosa para a sobrevivência do patógeno

A persistência sem qualquer liberação do microrganismo, como ocorre na panencefalite subaguda esclerosante e na leucoencefalopatia multifocal progressiva (Cap. 25), não tem nenhum valor para a sobrevivência. Entretanto, existem vantagens óbvias quando o patógeno é liberado contínua ou intermitentemente. Isso é verdade, sobretudo, quando o hospedeiro vive em pequenos grupos isolados de indivíduos (Fig. 17.13). O sarampo, por exemplo, não é normalmente uma infecção persistente. O vírus contamina apenas humanos, não sobrevive por muito tempo fora do corpo e não tem tropismo por outro organismo (isto é, não existe reserva animal). Sem uma oferta contínua de novos hospedeiros humanos suscetíveis, o vírus não pode se manter e entra em extinção. Deve haver, a todo o tempo, um indivíduo agudamente contaminado com o vírus do sarampo. A partir de estudos em comunidades isoladas em ilhas comprovou-se a necessidade de, no mínimo, 500.000 pessoas para manter o sarampo sem a necessidade de reintrodução externa. Na era Paleolítica, quando seres humanos viviam em pequenos grupos isolados, o sarampo provavelmente não poderia ter existido em sua forma atual.

Pelo contrário, as infecções persistentes e latentes são admiravelmente adaptadas para sobreviver nessas circunstâncias. O VZV pode se manter em uma comunidade com < 1.000 indivíduos. As crianças contraem catapora, o vírus persiste na forma latente nos neurônios sensoriais, e, posteriormente, na vida adulta, o vírus se reativa para causar o herpes-zóster. Nessa época, surge uma nova geração de indivíduos suscetíveis, e as vesículas de herpes-zóster proporcionam uma nova fonte de vírus.

Estudos sorológicos demonstram que as infecções virais prevalentes em comunidades pequenas e completamente isoladas de índios na bacia Amazônica são persistentes ou latentes (p. ex., em função de adenovírus, poliomavírus, papilomavírus, herpes-vírus) ao invés de não persistentes (p. ex., em função de influenza, sarampo, poliovírus). Os mesmos princípios se aplicam a infecções não virais. Estas que são presentes em comunidades pequenas são persistentes/latentes (p. ex., febre tifoide, tuberculose respiratória) ou possuem uma reserva animal para manutenção do patógeno.

É útil distinguir dois estágios na reativação viral

O primeiro evento da reativação (Fig. 17.14), a retomada da atividade viral na célula contaminada de forma latente, envolve a transcrição de genes de expressão imediata. No caso do HSV, a reativação pode ser desencadeada por estímulos sensoriais que chegam ao neurônio oriundos de áreas da pele que respondem à luz do sol, por traumas como procedimentos dentais, por outras infecções ou por influências hormonais.

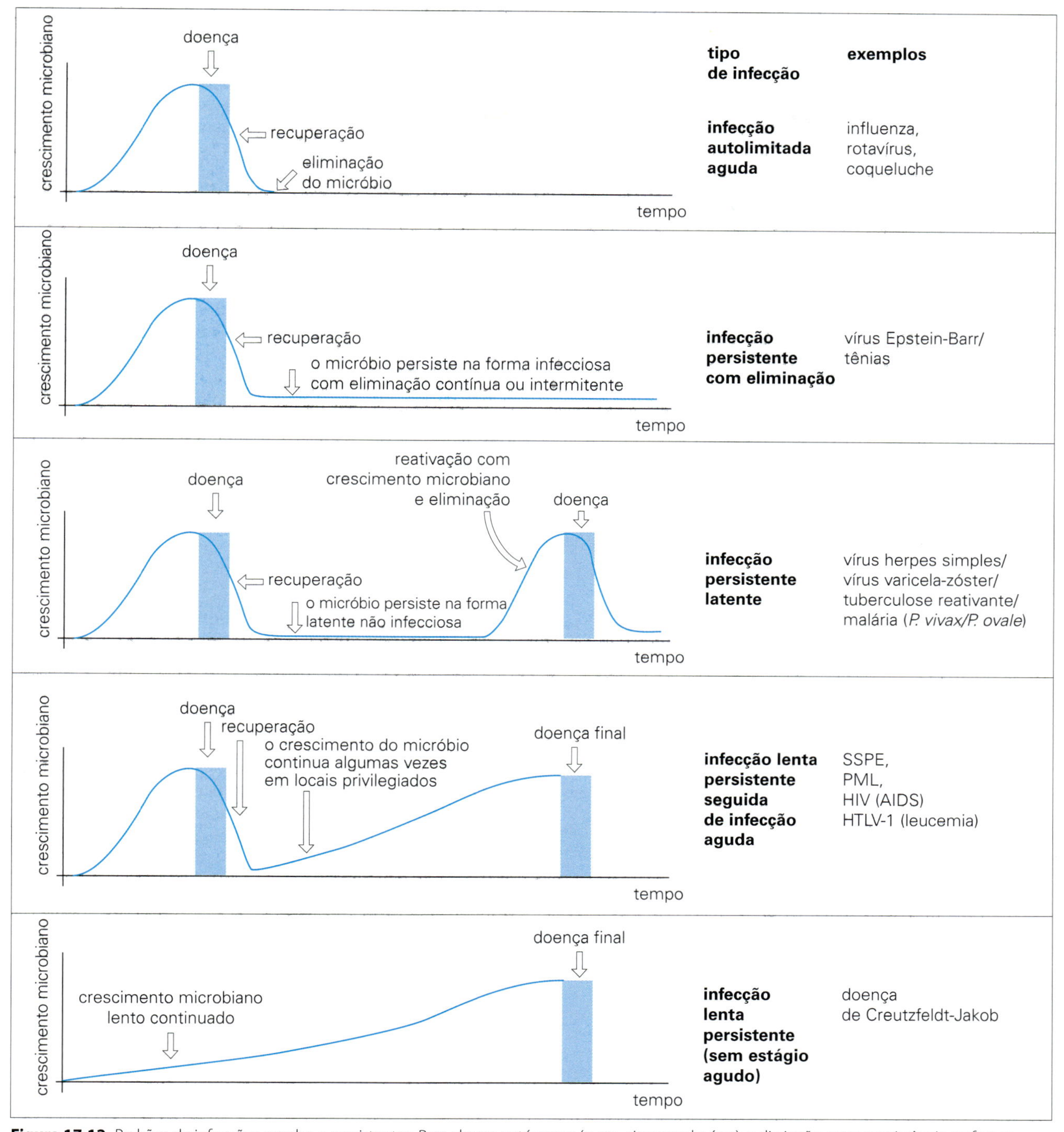

Figura 17.12 Padrões de infecções agudas e persistentes. Para alguns patógenos (p. ex., citomegalovírus), a distinção entre persistência na forma infecciosa e latência verdadeira não está clara. O HIV, vírus da imunodeficiência humana, o HTLV-1, vírus humano da leucemia de células T 1; PML, leucoencefalopatia progressiva multifocal; SSPE, panencefalite esclerosante subaguda.

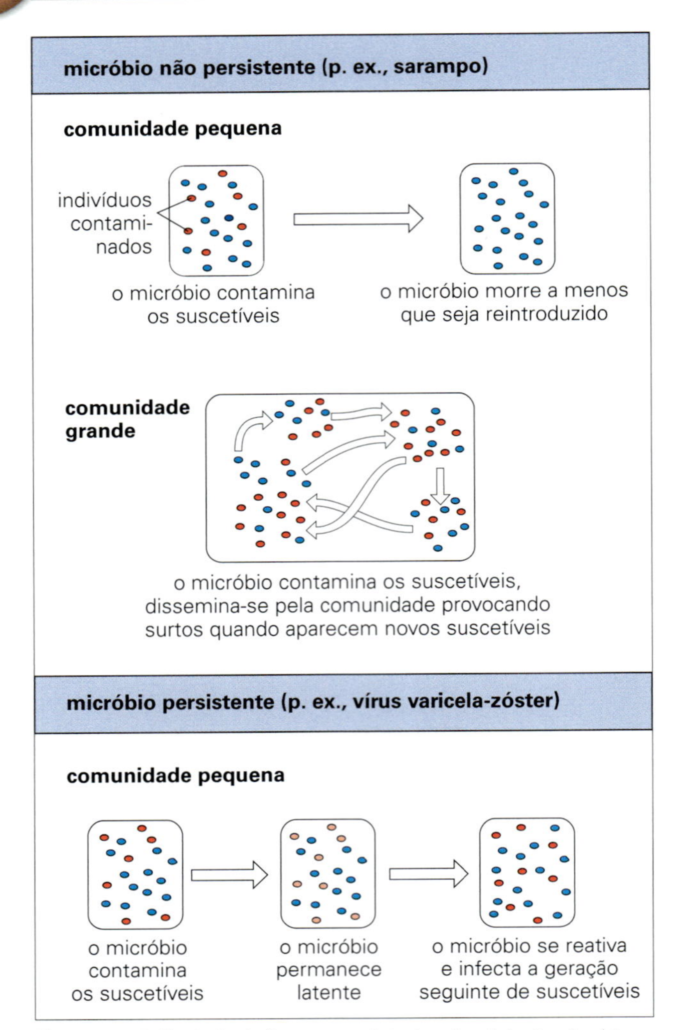

Figura 17.13 Persistência é uma estratégia de sobrevivência microbiana.

O segundo evento envolve a propagação e a replicação do vírus reativado. O HSV deve percorrer o caminho ao longo do axônio sensorial até a pele ou a superfície mucosa, contaminar e se propagar nos tecidos subepiteliais e epiteliais e, finalmente, formar uma vesícula rica em vírus (> 1 milhão de unidades infecciosas/mL de fluido vesicular). Tudo isso dura em média 3–4 dias. O segundo estágio é menos obscuro que o primeiro e pode ser controlado pelo sistema imunológico. Portanto, o herpes simples pode estar associado a respostas linfocíticas fracas a antígenos do HSV, da mesma forma que o zóster está associado ao declínio das respostas mediadas por células a antígenos do VZV em pessoas mais velhas.

O primeiro estágio provavelmente ocorre com mais frequência porque as defesas imunológicas frequentemente interrompem o processo durante o segundo estágio antes da produção final da lesão. Pensa-se que cerca de 10–20% dos episódios de reativação do HSV sejam "não lesionais", com ardência, formigamento e coceira no local, mas sem sinais do herpes. Da mesma forma, o zóster pode envolver nada mais que o pródromo sensorial associado à reativação do vírus e à replicação nos neurônios sensoriais; as lesões na pele são impedidas pelas defesas do hospedeiro.

A reativação do VEB e do CMV, com o aparecimento do vírus na saliva ou no sangue, é geralmente assintomática. Em indivíduos imunologicamente deficientes, porém, a reativação pode progredir e causar doença clínica: tanto hepatite como pneumonite, no caso de CMV, ou linfoma pós-transplante e o tipo mais raro de leucoplasia de língua pilosa decorrente de VEB (Cap. 31).

Os patógenos são espertos e frequentemente utilizam várias dessas estratégias de evasão

Os patógenos mais bem-sucedidos evoluíram diversas formas de interferirem no que seriam, de outro modo, respostas imunológicas nocivas. O citomegalovírus pode interferir na maturação de células dendríticas e, assim, com a apresentação de antígenos, a imunidade mediada por anticorpos, a função das citocinas e com a apoptose. A infecção por CMV pode ocorrer de forma quase totalmente silenciosa, mas quietamente levam células T úteis à exaustão e à senescência. A única boa notícia é que, ao entender esses mecanismos de evasão, aprendemos mais sobre como o sistema imunológico funciona.

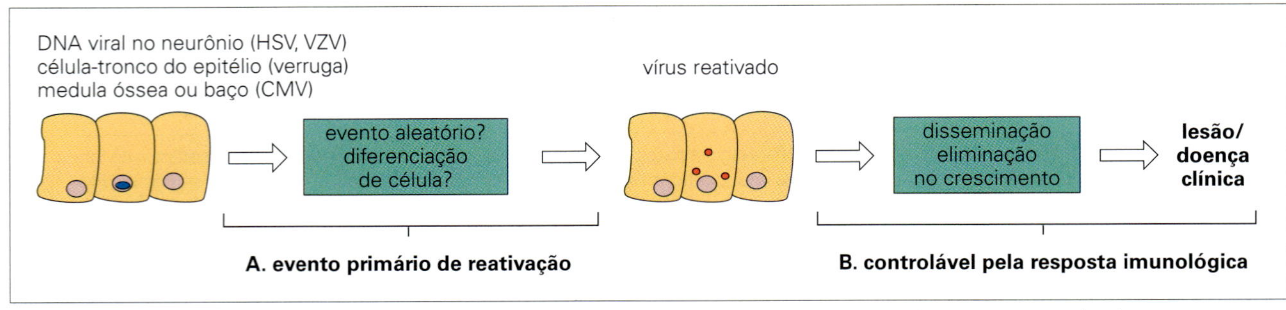

Figura 17.14 Dois estágios na reativação de viroses latentes. CMV, citomegalovírus; HSV, vírus herpes simples; VZV, vírus varicela-zóster.

PRINCIPAIS CONCEITOS

- Muitos parasitos bem-sucedidos adotaram estratégias de evasão das respostas imunológicas. Essas respostas possibilitam sua permanência no organismo por tempo suficiente para completar o curso da infecção e permitir a liberação e a transmissão para novos hospedeiros. Alguns parasitos persistem indefinidamente no hospedeiro.
- Mecanismos de evasão imunológica incluem:
  - mascaramento de antígenos parasitários no hospedeiro (permanecendo no interior das células do hospedeiro, contaminando "locais privilegiados");
  - alteração do antígeno parasitário no indivíduo contaminado (p. ex., tripanossomíase) ou durante a propagação através da população do hospedeiro (p. ex., influenza);
  - ação direta sobre as células imunológicas (p. ex., HIV nas células T CD4^{+}) ou em sistemas de sinalização imunológica (p. ex., produção de moléculas de citocina falsas);
  - interferência local nas defesas imunológicas (produção de proteases para IgA, receptores Fc).
- Durante algumas infecções persistentes, o patógeno deve continuar a se multiplicar e ser capaz de contaminar outros indivíduos (p. ex., HIV, hepatite B).
- Em outras infecções persistentes, o patógeno entra em um estado latente e, ao longo da vida do hospedeiro, sofre reativação, com capacidade de multiplicação renovada e apto a contaminar outros indivíduos (p. ex., herpes-vírus, *M. tuberculosis*).

As consequências patológicas da infecção

Introdução

As infecções podem causar diversos sintomas indesejados, por vezes causados pelo próprio micróbio e, às vezes, pela resposta imunológica à infecção. A inflamação é benéfica, mas também desagradável. Diversas outras respostas de hipersensibilidade podem ser prejudiciais ao hospedeiro. Alguns vírus podem até mesmo causar câncer. Agora, revisaremos esses resultados indesejáveis das infecções e como o sistema imunológico responde a eles.

Os sintomas das infecções são produzidos pelos microrganismos ou pelas respostas imunes do hospedeiro

Os sintomas que aparecem rapidamente após o desenvolvimento de uma infecção são geralmente decorrentes da ação direta de moléculas secretadas pelo microrganismo invasor. Um vírus em uma célula pode causar um "bloqueio" metabólico ou a lise da célula. As bactérias, entretanto, provocam a maioria dos seus efeitos agudos pela liberação de toxinas, mas também podem causar injúria pela indução da inflamação. A resposta inflamatória, naturalmente, é um componente importante da proteção do hospedeiro, e a permeabilidade vascular é vital para a rápida mobilização de células, como os neutrófilos, e dos componentes séricos, como complemento e anticorpos. Assim, a inflamação é intrinsecamente um sinal saudável, e é interessante que algumas bactérias virulentas (p. ex., estafilococos) tentem inibir a resposta inflamatória.

As alterações patológicas são frequentemente secundárias à ativação dos mecanismos imunológicos normalmente considerados como protetores

Esses mecanismos podem envolver o sistema imune inato ou o adaptativo, ou ainda, mais frequentemente, ambos (Fig. 18.1). O dano tecidual resultante das respostas imunes adaptativas geralmente é referido como "imunopatológico", e é muito comum nas doenças infecciosas, particularmente aquelas que são crônicas e persistentes. A base imunológica desses mecanismos de dano tecidual é descrita no Capítulo 15.

Determinados vírus podem provocar mudanças malignas permanentes nas células como resultado de mecanismos diretos, indiretos e uma mistura de ambos os tipos de mecanismos. Sete vírus que infectam os humanos provocam até 15% dos cânceres humanos no mundo. Estes incluem: vírus linfotrópico de células T humanas tipo 1 (HTLV-1, linfomas, leucemias), vírus Epstein-Barr (VEB, carcinoma nasofaríngeo e linfoma de Burkitt), papilomavírus humano (câncer cervical), infecções por vírus da hepatite B e C (câncer hepático), HIV (a imunossupressão leva ao desenvolvimento de cânceres associados ao herpes-vírus associado ao sarcoma de Kaposi [KSHV] e VEB) e poliomavírus da célula de Merkel (carcinoma cutâneo da célula de Merkel). Cofatores podem estar envolvidos. Programas de imunização contra a hepatite B e o papilomavírus humano devem reduzir a incidência de câncer hepático e cervical, respectivamente.

PATOLOGIA PROVOCADA DIRETAMENTE POR MICRORGANISMOS

Efeitos diretos podem resultar da ruptura da célula, do bloqueio do órgão ou dos efeitos da pressão

Os microrganismos que se multiplicam nas células e, subsequentemente, sofrem disseminação, normalmente o fazem por meio de ruptura da célula. Muitos vírus, algumas bactérias intracelulares e protozoários comportam-se dessa maneira (Tabela 18.1); no entanto, muitos outros microrganismos não atuam assim. Por exemplo, alguns vírus ou bactérias podem permanecer latentes (p. ex., vírus do herpes simples e vírus da varicela-zóster nos gânglios nervosos, e *Mycobacterium tuberculosis* nos macrófagos), enquanto muitos vírus podem brotar de uma célula sem rompê-la. O tipo de célula infectada também pode exercer alguma influência na sobrevivência do organismo. Desta forma, embora o HIV cause lise das células T CD4, os macrófagos são mais resistentes às infecções e às lises. Outros efeitos diretos são:

- bloqueio de vísceras ocas importantes pelos vermes;
- bloqueio dos alvéolos pulmonares devido a intenso crescimento, por exemplo, *Pneumocystis;*
- efeitos mecânicos de cistos grandes (p. ex., hidático).

Modo de ação de toxinas e suas consequências

Estes podem ser considerados sob os seguintes aspectos (Fig. 18.2).

As exotoxinas são uma causa comum de sérios danos teciduais, especialmente em infecções bacterianas

O patógeno pode secretar "exotoxinas" ativamente (Tabela 18.2). Em alguns casos, essas toxinas fazem parte, nitidamente, da estratégia de entrada, propagação ou defesa contra o hospedeiro, porém algumas vezes parecem ter pouco ou nenhum efeito benéfico para o patógeno.

A maioria das exotoxinas é constituída por proteínas, que muitas vezes não são codificadas pelo DNA bacteriano, mas sim por plasmídeos (p. ex., *E. coli*) ou por fagos (p. ex., botulismo, difteria, escarlatina). Em alguns casos, essas toxinas

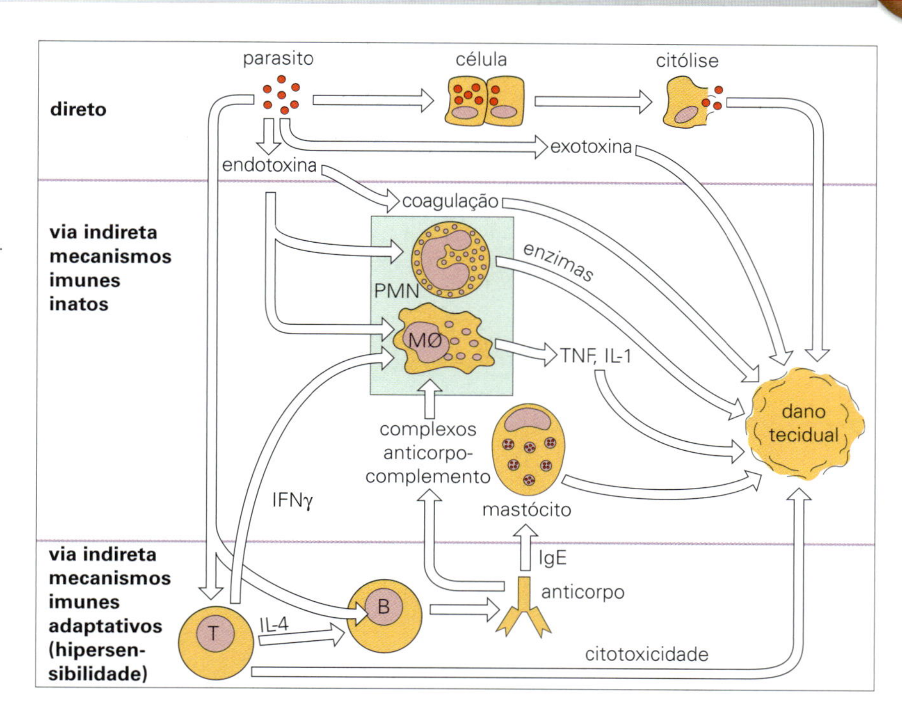

Figura 18.1 Efeitos patológicos da infecção: um esquema geral. Os microrganismos parasitários infecciosos podem causar doença direta (superior) ou indiretamente, por meio da superativação dos vários mecanismos imunes, sejam inatos (centro) ou adaptativos (inferior). IFN, interferon; IgE, imunoglobulina E; IL, interleucina; Mφ, macrófago; PMN, leucócito polimorfonuclear; TNF, fator de necrose tumoral.

Tabela 18.1 Exemplos de organismos que danificam diretamente o tecido

Organismo	Célula ou tecido danificado	Mecanismo
Vírus		
Poliovírus Rinovírus HIV Coxsackievírus Rotavírus	Neurônios Epitélio do trato respiratório inferior Células T CD4, macrófagos Células pancreáticas beta, células cardíacas Enterócitos	Citopático
Bactérias		
Streptococcus mutans	Dentes	Produção de ácido
Fungos		
Histoplasma	Macrófagos	O macrófago danificado libera citosinas
Protozoários		
Plasmodium	Eritrócitos	Eritrócito danificado removido
Helmintos		
Ascaris	Oclusão intestinal	Mecânico
	Oclusão biliar	Mecânico, inflamação
Equinococos	Cisto hidático	Efeitos de pressão

Muitos microrganismos danificam ou destroem diretamente os tecidos que eles infectam. Isto é particularmente comum com os vírus citopáticos.

consistem em duas ou mais subunidades, uma das quais é necessária para a ligação e a penetração na célula, enquanto outras ativam ou inibem algumas funções celulares.

Toxinas potentes são secretadas geralmente por patógenos extracelulares. Os microrganismos que se multiplicam no interior das células não têm atributos para causar danos sérios neste estágio inicial, e, portanto, suas toxinas tendem a ser menos proeminentes nas infecções intracelulares causadas por *Mycobacteria*, *Chlamydia* ou *Mycoplasma*. Por exemplo, pacientes hansenianos com doença lepromatosa podem viver com cargas bacterianas elevadas por muitos anos. Embora muitas toxinas possam destruir as células do hospedeiro, em concentrações subletais elas podem ser importantes por causarem disfunção em células imunes ou fagocíticas. Por exemplo, a estreptolisina em concentrações bem abaixo do nível necessário para provocar a morte celular inibe a quimiotaxia de leucócitos. A enterotoxina estafilocócica e as toxinas epidermolíticas também possuem atividade imunomoduladora em níveis muito baixos (cerca de nanogramas a picogramas).

Tabela 18.2 Algumas exotoxinas de importância na doença

Organismo	Exotoxina	Dano tecidual	Ação	Doença
Bactérias				
Clostridium tetani	Toxina tetânica	Neurônios	Paralisia espástica	Tétano
Clostridium botulinum	Neurotoxina	Junção nervo–músculo	Paralisia flácida	Botulismo
Corynebacterium diphtheriae	Toxina diftérica	Garganta, coração, nervo periférico	Inibe a síntese de proteínas	Difteria
Shigella dysenteriae	Enterotoxina	Mucosa intestinal	Destrói as células da mucosa	Disenteria
E. coli (EHEC)	Enterotoxina	Epitélio intestinal	Perda de fluido das células intestinais	Gastroenterite
Vibrio cholera	Enterotoxina	Epitélio intestinal	Perda de fluido das células intestinais	Cólera
Staphylococcus aureus	α-hemolisina	Eritrócitos e leucócitos (via citosinas)	Hemólise	Abscessos
	Enterotoxinas[a]	Células intestinais	Induz vômito, diarreia	Intoxicação alimentar
	TSST1	Células T	Liberação de citotoxinas	Síndrome do choque tóxico
Streptococcus pyogenes	Estreptolisina O e S	Eritrócitos e leucócitos	Hemólise	Hemólise, lesões piogênicas
	Eritrogênicas	Capilares cutâneos	Erupções cutâneas	Febre escarlate
Bacillus anthracis	Citotoxina	Pulmão	Edema pulmonar	Antraz
Bordetella pertussis	Toxina pertussis	Traqueia	Elimina o epitélio	Coqueluche
Listeria monocytogenes	Hemolisina	Leucócitos, monócitos	Lise celular	Listeriose
Fungos				
Aspergillus fumigatus	Aflatoxina	Fígado	Carcinogênico	? Dano/câncer hepático[b]
Protozoários				
Entamoeba histolytica	Enterotoxina	Epitélio colônico	Lise celular	Disenteria amébica

Muitas bactérias e outros microrganismos danificam tecidos do hospedeiro pela secreção de exotoxinas, alguns exemplos dos quais são apresentados aqui. Algumas exotoxinas bacterianas estão entre as toxinas mais poderosas que se conhecem. A vacinação, por meio da indução de anticorpos, frequentemente é uma proteção muito eficaz.

[a]O *S. aureus* tem cinco enterotoxinas: SEA, SEB, SEC, SED e SEE. TSST1, toxina da síndrome do choque tóxico. As enterotoxinas estafilocócicas e o TSST-1 são superantígenos que ativam as células T que expressam determinados genes Vβ em seus receptores de célula T.

[b]Em perus e nos porcos que ingeriram nozes moídas contaminadas por *A. fumigatus*, mas não em humanos até o momento.

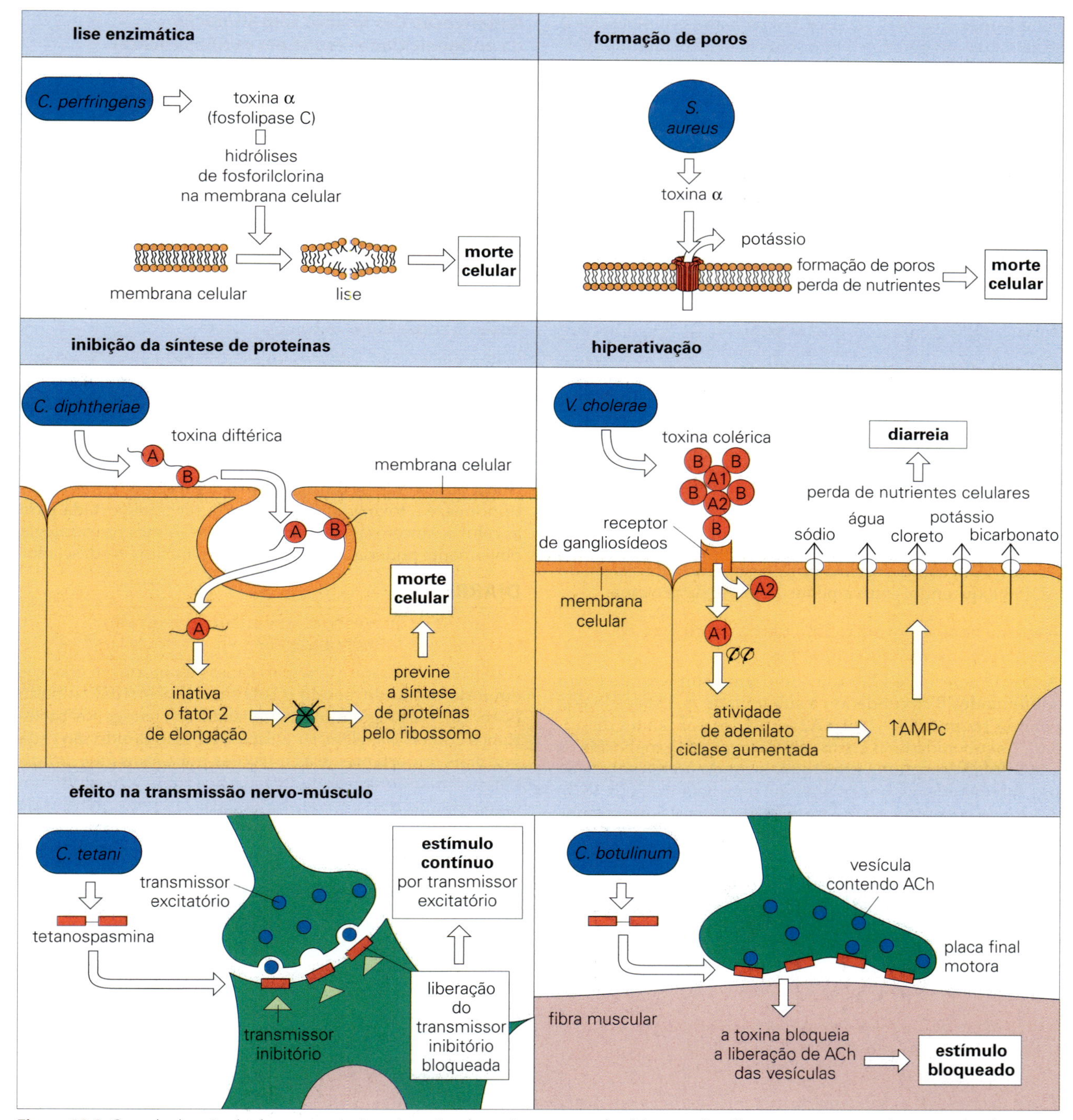

Figura 18.2 O modo de ação de algumas exotoxinas. As toxinas bacterianas atuam de várias maneiras. Frequentemente, a toxina compreende uma molécula composta de duas cadeias; uma é responsável pela penetração nas células e a outra possui um efeito inibitório sobre algumas funções vitais. ACh, acetilcolina; AMPc, monofosfato de adenosina cíclico; C, *Corynebacterium*; Cl, *Clostridium*; S., *Staphylococcus*; V, *Vibrio*.

As bactérias podem produzir enzimas para promover sua sobrevivência ou propagação

Várias bactérias liberam enzimas que degradam os tecidos ou as substâncias intercelulares do hospedeiro, permitindo que a infecção se propague livremente. Entre essas enzimas estão a hialuronidase, as colagenases, as DNAses e as estreptoquinases. Alguns estafilococos liberam uma coagulase, que deposita uma camada protetora de fibrina sobre e ao redor deles, mantendo-os localizados.

As toxinas podem danificar ou destruir as células, sendo, neste caso, conhecidas como hemolisinas

As membranas celulares podem ser danificadas enzimaticamente por lecitinases ou fosfolipases, ou ainda pela inserção de moléculas formadoras de poro, que destroem a integridade da célula. Hemolisina é o termo genérico empregado para tais toxinas, embora muitas outras células, além das hemácias, possam ser afetadas. Os estafilococos e os estreptococos produzem toxinas formadoras de poro; as pseudomonas liberam hemolisinas enzimáticas. A hemolisina-alfa estafilocócica é secretada como um monômero solúvel, mas é ligada à proteína da membrana para formar um heptâmero, formando um beta-barril na membrana.

As toxinas podem entrar nas células e alterar ativamente parte do mecanismo metabólico

Estas moléculas de toxinas possuem, caracteristicamente, duas subunidades. A subunidade A é o componente ativo, enquanto a subunidade B é um componente de ligação necessário para interagir com receptores na membrana celular. Quando a ligação ocorre, a subunidade A, ou todo o complexo toxina-receptor, é levada para o interior da célula por endocitose, e a subunidade A torna-se ativada. As toxinas diftéricas e coléricas são dois exemplos bem estudados de toxinas deste tipo (Cap. 20).

A toxina diftérica bloqueia a síntese proteica

A toxina diftérica é sintetizada como um único polipeptídeo e se liga, pela subunidade B, às células-alvo (Fig. 18.2). O polipeptídeo é parcialmente clivado, e, então, todo o complexo toxina-receptor é internalizado. A subunidade A se separa e passa para o citosol, onde desativa a transferência de aminoácidos do RNA de transferência para a cadeia polipeptídica durante a tradução do mRNA pelos ribossomos. Isso ocorre devido à catálise da ligação do difosfato de adenosina ribose (ADP) com a proteína de alongamento (ribosilação do ADP) bloqueando, efetivamente, a síntese de proteína.

A toxina colérica produz uma perda maciça de água das células do epitélio intestinal

A toxina colérica é liberada como um complexo de cinco subunidades B circundando a subunidade A. Esta é clivada em dois fragmentos — A1 e A2 — unidos por pontes dissulfeto. As subunidades B ligam-se aos receptores gangliosídicos nas células do epitélio intestinal, levando à internalização das subunidades A, que se separam uma da outra (Fig. 18.2). A porção A1 então ribosila o ADP — uma das moléculas reguladoras envolvidas na produção de monofosfato de adenosina cíclico (AMPc). Como resultado, a molécula regulatória é incapaz de interromper a produção de AMPc. Os níveis elevados de AMPc na célula alteram o fluxo Na^+/Cl^- através da membrana celular, resultando em efluxo maciço de água e eletrólitos do interior da célula, provocando a diarreia profusa da cólera. As exotoxinas da *E. coli* e da *Salmonella* possuem efeitos semelhantes, assim como a toxina pertússica.

As toxinas tetânica e botulínica estão entre as mais potentes que afetam e interferem na transmissão dos impulsos nervosos

Essas toxinas são extremamente potentes e ativas em doses baixas. As toxinas tetânica e botulínica possuem a estrutura característica A + B, sendo que a subunidade B se liga aos receptores gangliosídicos nas células nervosas. A subunidade A da toxina tetânica é internalizada e transportada pelo axônio do local de síntese até o sistema nervoso central (SNC), onde interfere na transmissão sináptica nos neurônios inibidores bloqueando a liberação do neurotransmissor. Isso permite que o transmissor excitatório estimule continuamente os neurônios motores, ocasionando a paralisia espástica. A toxina botulínica penetra no organismo através do intestino, escapando da digestão e atravessando a parede intestinal. A toxina afeta as terminações nervosas periféricas na junção neuromuscular, bloqueando a liberação pré-sináptica da acetilcolina. Isso impede a contração muscular, causando a paralisia flácida.

A inativação das toxinas sem alteração da antigenicidade resulta em vacinas eficazes

Frequentemente, as toxinas podem ser inativadas (p. ex., pelo formaldeído) sem alterar sua antigenicidade, e os toxoides resultantes estão entre as vacinas de maior êxito (Cap. 35), sendo os toxoides diftérico e tetânico os exemplos clássicos. Em geral, as toxinas são estruturalmente mais conservadas do que os antígenos de superfície dos microrganismos que as secretam. Isso permite uma imunidade cruzada mais efetiva e explica, por exemplo, por que a escarlatina (causada pela eritrotoxina estreptocócica) ocorre geralmente apenas uma vez, enquanto as infecções estreptocócicas podem recidivar quase indefinidamente.

Toxinas como balas mágicas

Uma característica interessante da estrutura das toxinas que são formadas por duas subunidades é que a alteração na especificidade da parte responsável pela ligação leva a uma possível modificação na especificidade da toxina para um determinado tipo celular. Um exemplo é a toxina vegetal ricina, cuja subunidade A pode ser ligada a um anticorpo monoclonal para tornar-se um agente tóxico específico para células tumorais, e a toxina também poderia ser transportada para as células cancerosas por nanopartículas. A mesma estratégia obviamente poderia ser usada contra parasitos, se desejado.

DIARREIA

A diarreia é, quase invariavelmente, resultado de infecções intestinais

A diarreia é uma das principais causas de morte em crianças em todo o mundo, sendo o rotavírus o principal culpado (Cap. 23). Nas regiões industrializadas, os patógenos bacterianos como *Campylobacter* e *Salmonella* não tifoide são cada vez mais importantes, e as infecções por *Clostridium difficile* e norovírus são um problema em hospitais, sobretudo em idosos. Outro responsável são as cepas enterotoxigênicas de *E. coli*, que podem produzir uma toxina estável ao calor (ST) e uma toxina lábil ao calor (LT-I); a diarreia pode ser causada por cepas de *E. coli* que produzem uma ou mais dessas toxinas.

A diarreia pode ser considerada como:

- um meio de o hospedeiro livrar-se rapidamente do microrganismo infeccioso;
- uma forma de a infecção se propagar para outros hospedeiros.

A diarreia é uma característica de uma variedade de microrganismos, mas apenas em poucos casos o mecanismo exato é compreendido. Enquanto as toxinas são frequentemente a causa da diarreia (p. ex., cólera, shigella), a invasão microbiana e o dano às células epiteliais podem também ser importantes. A fisiopatologia da diarreia, com consequentes alterações no transporte de elétrons ou na perda de enterócitos, tem sido elucidada em alguns casos. Muitos dos microrganismos que causam diarreia podem ser adquiridos dos alimentos, mas o termo "intoxicação alimentar" geralmente é reservado para aqueles casos em que as toxinas já estavam presentes no alimento, em vez de terem sido produzidas durante o crescimento dos microrganismos no intestino (Fig. 18.3). Como seria esperado, a "intoxicação alimentar" causa sintomas mais cedo — isto é, horas após a exposição, em vez de dias (Tabela 18.3). Algumas infecções virais, especialmente por norovírus, por vezes chamadas de "doença do vômito de inverno", causam surtos de diarreia e vômito, especialmente em grupos fechados ou comunidades — como em hospitais ou navios de cruzeiro; na Inglaterra, em 2015/2016 houve

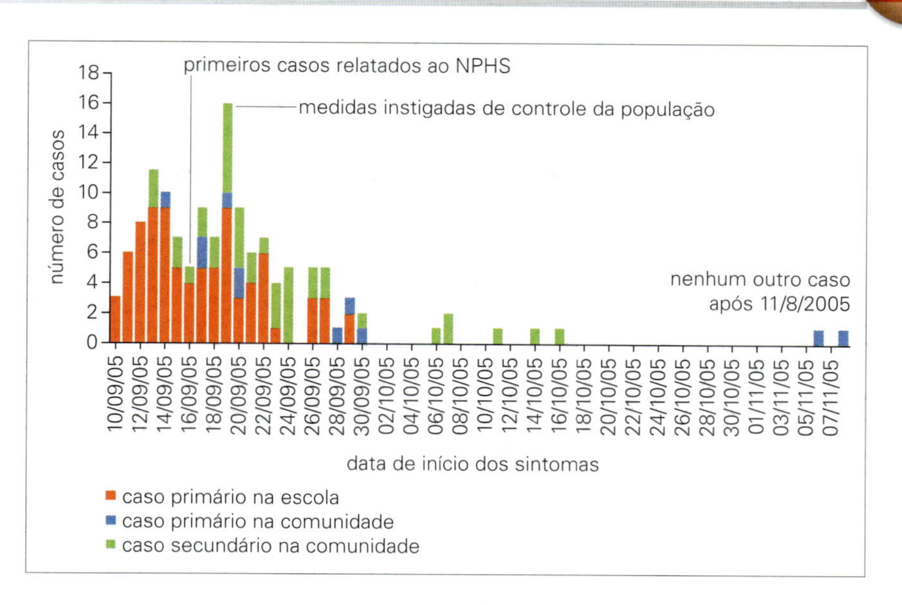

Figura 18.3 Surto de diarreia sanguinolenta provocada por *E. coli* entero-hemorrágica (EHEC) 0157 em Gales do Sul, em 2005. A verotoxina produzida por EHEC causa diarreia e é semelhante à toxina da *Shigella*. Os primeiros casos foram de refeições escolares contendo carnes cozidas de um único fornecedor. Do total de 157 casos relatados, 65% ocorreram em crianças em idade escolar. Trinta e uma pessoas foram internadas e uma criança morreu. NPHS, National Public Health Service. (Dados de: The Public Inquiry into the September 2005 Outbreak of *E. coli* O157 in South Wales. Chairman H. Pennington, março de 2009. http://wales.gov.uk/ecolidocs/3008707/reporten.pdf?skip=1&lang=en.)

Tabela 18.3 Causas de diarreias infecciosas

	Início	**Fonte**
Intoxicação alimentar (em função da toxina pré-formada nos alimentos)		
Staphylococcus aureus	1–6 h	Creme, carne, aves
Clostridium perfringens	8–20 h	Carne requentada
Clostridium botulinum	12–36 h	Comida enlatada
Bacillus cereus	1–20 h	Alimentos requentados
Infecções intestinais		
Rotavírus	2–5 dias	Fecal-oral
Norovírus	1-2 dias	Fecal-oral
Salmonella	1-2 dias	Ovos, alimentos
Clostridium difficile	1-2 dias	Fecal-oral
Shigella	1-4 dias	Fecal-oral
Campylobacter	1-4 dias	Aves, animais domésticos
Vibrio cholerae	2 dias	Fecal-oral
Escherichia coli	1-4 dias	Alimentos
Yersinia enterocolitica	Dias-semanas	Animais de estimação (p. ex., cães)
Giardia lamblia *Entamoeba histolytica*	1-2 semanas dias-semanas	} Água contaminada
Cryptosporidium *Isospora belli*	} Dias-semanas	} Fecal-oral, oportunista (p. ex., na AIDS)

Em todo o mundo, a diarreia infecciosa é a principal causa de mortalidade infantil.

490 surtos relatados em hospitais, dos quais 95% levaram ao fechamento de enfermarias ou alas hospitalares.

ATIVAÇÃO PATOLÓGICA DOS MECANISMOS IMUNES NATURAIS

A hiperatividade pode danificar os tecidos do hospedeiro

Os potentes mecanismos imunes inatos discutidos no Capítulo 15 apresentam uma característica inata, no que se refere à especificidade. Esses mecanismos se desenvolveram na presença constante dos antígenos "próprios" do hospedeiro, aos quais eles não respondem. Entretanto, eles não são tão bem controlados quantitativamente, e, em muitos casos, a atividade excessiva danifica não somente o parasito invasor, mas também os tecidos do hospedeiro. A expressão da imunidade natural frequentemente causa certo grau de inflamação — e ela pode ser grave, levando a danos teciduais. Complemento, polimorfonucleares e fator de necrose tumoral (TNF) são importantes nesse processo inflamatório.

A endotoxina microbiana ativa o sistema imunológico e induz citocinas, causando uma variedade de efeitos biológicos (Fig. 18.4). Clinicamente, ela pode ser responsável pelo choque séptico.

As endotoxinas são lipopolissacarídeos típicos

As "endotoxinas" bacterianas e de outros microrganismos apresentam um nome enganosamente similar a "exotoxinas", mas diferem profundamente em seu significado. Diferentemente das exotoxinas, estas, as endotoxinas, são parte integrante da parede celular microbiana e, geralmente, são liberadas apenas quando a célula morre. As endotoxinas são particularmente características das bactérias Gram-negativas. Uma endotoxina lipopolissacarídica típica (LPS) é composta de:

- uma porção lipídica conservada (lipídeo A) inserida na parede celular, responsável por grande parte da atividade tóxica;
- um polissacarídeo central conservado;
- o polissacarídeo O, altamente variável, e responsável pela diversidade sorológica característica de microrganismos como a *Salmonella* e a *Shigella*.

O LPS estimula uma gama extraordinária de respostas do hospedeiro — ou talvez se possa dizer que uma gama muito ampla de respostas foi desenvolvida para reagir aos LPSs. Estes incluem a proteína de ligação LPS (um complexo de proteínas de ligação LPS–LPS então se liga ao CD14 nos macrófagos e nas células dendríticas) e TLR4 (Cap. 10). Nas palavras de Lewis Thomas, "quando nosso organismo reconhece o LPS, é provável que ativemos todas as defesas à nossa disposição" (Fig. 18.4). Evidentemente, o organismo precisa detectar o mais rapidamente possível a invasão por bactérias Gram-negativas.

Clinicamente, os efeitos mais importantes do LPS são:

- febre
- colapso vascular (ou choque).

Conforme mencionado no Capítulo 15, a febre pode beneficiar o hospedeiro ou o parasito, ou ambos, e, atualmente, considera-se que a febre seja decorrente da ação de duas citocinas no hipotálamo, a interleucina 1 (IL-1) e o TNF. Ambas as citocinas são produzidas pelos macrófagos em resposta ao LPS (e a moléculas análogas de outros microrganismos; ver a seguir e o Quadro 18.1).

O choque endotóxico geralmente está associado à disseminação sistêmica dos microrganismos

O exemplo mais comum de choque endotóxico (ou séptico) é a sepse por bactérias Gram-negativas, tais como *E. coli* ou *Neisseria meningitidis*. Entretanto, muitos outros microrganismos também liberam moléculas que estimulam a produção de TNFα e/ou IL-1 (Tabela 18.4) e, assim, atuam em parte como o LPS, embora possam estar mais ou menos relacionados em termos estruturais. Na "síndrome do choque tóxico" de mulheres jovens com infecções estafilocócicas do trato genital, a toxina da síndrome do choque tóxico (TSST1) é o mediador; ele age como um superantígeno, ativando uma grande quantidade das células T (até 1 em 5; Cap. 17) que expressam determinados genes Vβ em seus receptores de célula T. A ativação de um alto número de células T produz citosinas suficientes para causar o efeito tóxico.

O choque séptico, entretanto, é um fenômeno complexo, e outros componentes bacterianos, tais como peptidoglicanos, podem também tomar parte. Coagulação intravascular disseminada (DIC), hipoglicemia e insuficiência cardiovascular são características de choque séptico. Nas infecções estreptocócicas, as toxinas pirogênicas (eritrogênicas) liberadas pelos estreptococos são as responsáveis pelos efeitos sépticos.

O envolvimento de citosinas na patogênese do choque não é de modo algum uma preocupação puramente acadêmica, pois sugere a possibilidade de tratamento por antagonistas de um pequeno número de citosinas (p. ex., anticorpos monoclonais ou inibidores), em vez da utilização de anticorpos contra as próprias toxinas, que apresentam uma grande diversidade antigênica. Anticorpos monoclonais anti-TNF hoje em dia são usados para tratar de artrite reumatoide.

Atualmente, a citosina mais relacionada com a doença é o TNF

Níveis séricos elevados de TNFα estão comprovadamente relacionados com a gravidade da doença em pacientes com

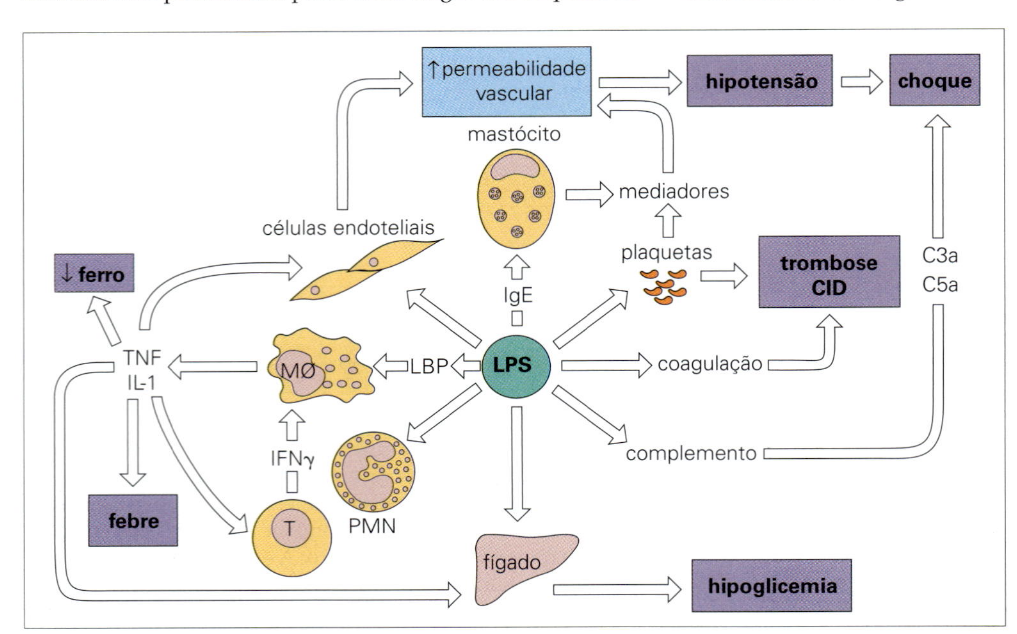

Figura 18.4 As muitas atividades da endotoxina bacteriana. O lipopolissacarídeo (LPS) ativa quase todos os mecanismos imunes, bem como a via em cascata da coagulação sanguínea, e, como resultado, o LPS é um dos mais potentes estimuladores conhecidos do sistema imunológico. CID, coagulação intravascular disseminada; IFN, interferon; IL, interleucina; LBP, LPS, proteína de ligação; Mφ, macrófago; PMN, leucócito polimorfonuclear; TNF, fator de necrose tumoral.

Quadro 18.1 Lições de Microbiologia

É resfriado – ou é gripe?

O resfriado comum é causado por um rinovírus ou um coronavírus. A gripe verdadeira, causada pelo vírus influenza, normalmente tem um início mais súbito e a combinação de febre e tosse tem um valor preditivo de cerca de 80%. Mas o que causa os sintomas de dor de garganta, espirros, secreção nasal e congestão nasal?

Supõe-se que os sintomas de dor de garganta sejam causados por prostaglandinas e bradicinina agindo nas terminações do nervo sensorial na via aérea. O espirro é desencadeado por mediadores inflamatórios no nariz e na nasofaringe agindo nos nervos trigêmeos. O exsudato rico em plasma que faz parte da secreção nasal pode mudar de transparente para amarelo/verde durante uma infecção do trato respiratório superior. A cor reflete o recrutamento de leucócitos no lúmen da via aérea. Se um grande número de leucócitos estiver presente, a proteína verde mieloperoxidase encontrada nos grânulos azurófilos dos neutrófilos dá à secreção a coloração esverdeada. A congestão nasal ocorre mais tarde na infecção, quando os mediadores inflamatórios como a bradicinina fazem com que as veias grandes do epitélio nasal se dilatem. O vírus do resfriado comum não provoca dano ao epitélio da via aérea, e a infecção pode não criar uma tosse — porém a influenza normalmente causa sérios danos ao epitélio respiratório. A febre é provocada, principalmente, pelas interleucinas IL-1 e IL-6. Parece também que as citosinas são responsáveis por dores musculares, por meio da quebra das proteínas musculares. É claro que o fator de necrose tumoral originalmente era chamado de caquexina, por causa de sua habilidade em causar desgaste muscular ou caquexia.

Às vezes, nas epidemias de gripe do passado, como a epidemia da gripe espanhola em 1918, as pessoas morriam muito rapidamente, após poucos dias de infecção — o que parece muito rápido para que infecções secundárias sejam as responsáveis. Os vírus reconstruídos com as mesmas hemaglutininas e neuraminidases parecem causar inflamação grave, e é possível que a liberação excessiva de citocina, em uma "tempestade de citocina", tenha causado a patologia.

Tabela 18.4 Endotoxinas importantes e moléculas funcionalmente relacionadas que induzem TNF

Organismos	Toxina
Bactérias	
Gram-negativas	
Salmonella	LPS
Shigella	LPS
Escherichia coli	LPS
Neisseria meningitidis	LPS
Gram-positivas	
Staphylococcus aureus	TSST1
Micobactérias	Lipoarabinomanana
Bordetella pertussis	Endotoxina
Fungos	
Leveduras	Zimosan
Protozoários	
Plasmodium	Fosfolipídeos (exoantígenos)

A maioria das endotoxinas é de lipopolissacarídeos (LPS) e exerce seus principais efeitos estimulando a liberação de citocinas. O LPS também pode induzir a secreção de outras citocinas, como a Interleucina-1. TSST1, toxina da síndrome do choque tóxico.

septicemia meningocócica e com malária pelo *Plasmodium falciparum*. Entretanto, experimentos com animais indicam que, nesses casos, o TNFα provavelmente entra em sinergia com outras citosinas, tais como IL-1 e interferon-gama (IFNγ), para produzir a totalidade de seus efeitos. Na doença meningocócica, as concentrações de TNFα no sangue e líquido cefalorraquidiano (LCR) podem se alterar independentemente, o primeiro aumentado na septicemia e o último, na meningite; assim, parece que a produção e/ou os efeitos do TNFα podem ser restritos a um determinado compartimento do organismo.

Em alguns casos, a supressão da inflamação por esteroides pode ser válida (p. ex., um teste randomizado em que a dexametasona foi administrada a pacientes com meningite bacteriana aguda mostrou que o corticosteroide reduziu a mortalidade). O próprio sistema imunológico também tenta controlar a inflamação durante a sepse ao produzir mediadores anti-inflamatórios como IL-10 e TGFβ.

Também pode haver diferenças das cepas na habilidade das bactérias em induzir a inflamação; as cepas de *Haemophilus influenzae* isoladas dos pacientes com exacerbações da doença pulmonar obstrutiva crônica induzem mais inflamação do que as cepas colonizadoras não associadas ao agravamento dos sintomas (Fig. 18.5).

O complemento está envolvido em várias reações de dano tecidual

A ativação do complemento é uma parte vital da imunidade contra muitas bactérias, vírus e protozoários (Cap. 15). Entretanto, o complemento pode estar envolvido em reações de dano tecidual, como, por exemplo, a doença de imunocomplexo, que também envolve anticorpos e, normalmente, leucócitos polimorfonucleares (PMNs). O complemento também desempenha um papel importante na resposta inflamatória aguda, através da geração dos fatores quimiotáticos C3a e C5a (Cap. 10). Experimentos animais sugerem que o C5a contribui para os problemas cardíacos durante a sepse, pois se liga aos receptores de C5a nos cardiomiócitos (os cardiomiócitos também são lesionados pelo próprio LPS e por citosinas inflamatórias como IL-1β, TNFα e IL-6).

A ativação direta do complemento pelo LPS pode contribuir para o choque induzido por quantidades tóxicas dessa endotoxina, no qual os níveis dos componentes do complemento (p. ex., C3) caem profundamente; esta resposta parece envolver ambas as vias de complemento, clássica e alternativa, que são ativadas pelos componentes lipídicos e polissacarídicos, respectivamente. C3a e C5a são produzidos em grande quantidade e, frequentemente, ocorre um decréscimo importante no número de PMNs devido à agregação destas células, aderência às paredes dos vasos e sua ativação para liberar moléculas tóxicas, tanto oxidativas quanto não oxidativas. Quando isso ocorre nos capilares pulmonares, o resultado pode ser um edema pulmonar grave — a "síndrome da angústia respiratória aguda do adulto" (ARDS).

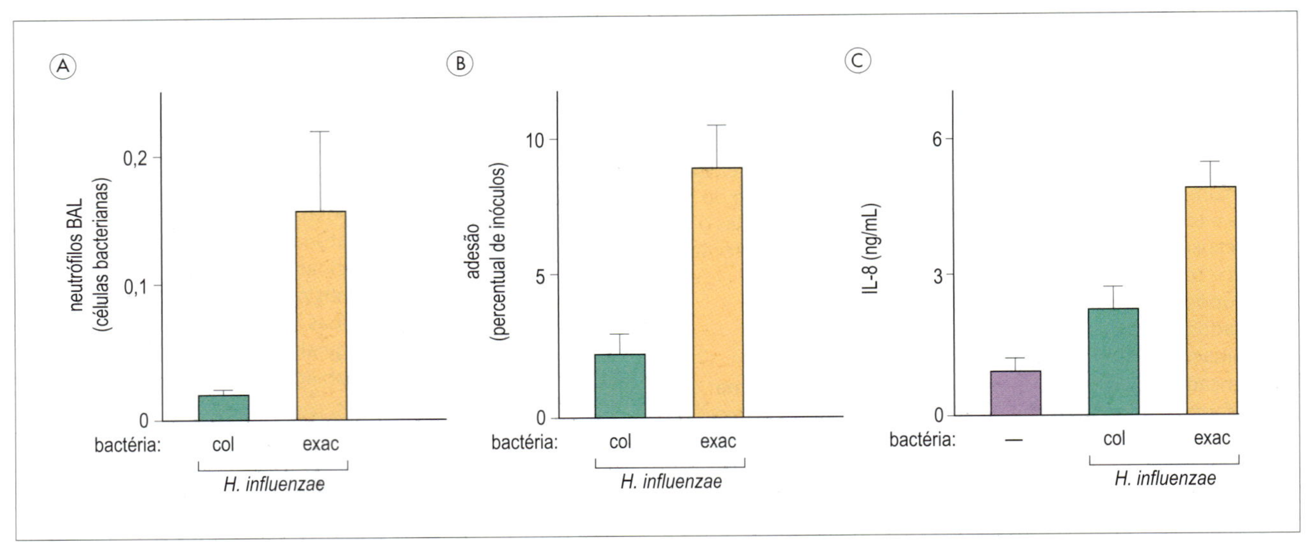

Figura 18.5 As cepas de *Haemophilus influenzae* isoladas dos pacientes com doença pulmonar obstrutiva crônica (COPD) induzem mais inflamação do que as cepas colonizadoras não associadas ao agravamento dos sintomas. As cepas de *H. influenzae* de pacientes com exacerbações de COPD (exac) induzem um número maior de neutrófilos (A), maior adesão às células epiteliais da via aérea (B) e mais IL-8 (C) do que os isolados associados à colonização (col). BAL, lavado broncoalveolar; IL-8, interleucina. (Dados de: Chin, C.L. et al. [2005]. *Haemophilus influenzae* from patients with chronic obstructive pulmonary disease exacerbation induce more inflammation than colonizers. *Am J Respir Crit Care Med* 172:85–91.)

A coagulação intravascular disseminada é um quadro raro, porém grave, da septicemia bacteriana

A coagulação intravascular disseminada (CID) pode ser uma consequência da sepse bacteriana (p. ex., meningocócica), mas também é observada em algumas infecções virais, tais como a febre do Ebola (Cap. 29). As contribuições relativas dos complexos imunes, das plaquetas e da ativação direta da via em cascata da coagulação, através do efeito do LPS no fator de Hageman, permanecem controversas. Por exemplo, os fenômenos hemorrágicos da febre amarela são provavelmente secundários aos defeitos da coagulação em decorrência do extenso dano hepático, enquanto foi sugerido na febre de dengue ("hemorrágica") que há uma deposição de complexos imunes nos vasos sanguíneos. Por outro lado, em todas essas síndromes hemorrágicas, o papel de citosinas como o TNF também deve ser considerado.

CONSEQUÊNCIAS PATOLÓGICAS DA RESPOSTA IMUNOLÓGICA

A hiper-reatividade do sistema imunológico é conhecida como "hipersensibilidade"

As respostas imunes adaptativas são essenciais na defesa contra infecções, e isso pode ser observado através da suscetibilidade aumentada aos processos infecciosos nos indivíduos imunodeficientes (Cap. 31). Os efeitos antimicrobianos das respostas linfocitárias atuam principalmente evidenciando ou acentuando mecanismos efetores não específicos (Cap. 11). Isso também pode potencializar os efeitos patológicos abordados anteriormente. Os danos causados aos tecidos pela reação de hipersensibilidade são denominados "imunopatológicos". Em 1958, Coombs e Gell classificaram a hipersensibilidade em quatro tipos, com base nos mecanismos imunológicos envolvidos nas reações de danos teciduais.

Cada um dos quatro principais tipos de hipersensibilidade pode ser de origem microbiana ou não

A hipersensibilidade de origem microbiana compreende algumas das respostas mais graves dentre as seguintes (Tabela 18.5). Muitas espécies de microrganismos podem estar envolvidas, mas uma característica comum é que a infecção é prolongada, com estímulos antigênicos contínuos ou repetidos.

Hipersensibilidade do tipo I

Essas reações são frequentemente chamadas de "imediatas", já que podem ocorrer em minutos, quando o alérgeno desencadeia a degranulação dos mastócitos pré-revestidos com anticorpos IgE específicos.

As reações alérgicas são uma característica das infecções parasitárias

Um exemplo bem evidente de uma reação alérgica do tipo I é aquela que ocorre após a ruptura de um cisto hidático. A liberação lenta de antígenos do verme proporciona uma sensibilização dos mastócitos do paciente por anticorpos IgE específicos, e o fluxo acentuado de antígenos, por ocasião da ruptura, pode causar anafilaxia aguda fatal, com colapso vascular e edema pulmonar. Até mesmo as pequenas quantidades de antígeno usadas nos testes cutâneos diagnósticos podem acarretar esse efeito, embora isso seja raro.

Um outro verme associado a altos níveis de IgE é o *Ascaris*, mas aqui as consequências patológicas são principalmente respiratórias, com infiltrados eosinofílicos e episódios asmáticos, correspondendo à passagem do parasito pelo pulmão. As erupções pruriginosas características das infecções helmínticas, em que os vermes morrem na pele, são, provavelmente, também desse tipo, e um bom exemplo é o "prurido do nadador", devido às cercárias liberadas de caramujos infectados com esquistossomos de animais, aves ou humanos.

Ainda não está suficientemente claro por que as reações alérgicas são uma característica das infecções por vermes, embora se presuma ser uma característica de alguns antígenos; além disso, sugere-se que a IgE tenha um papel a desempenhar na proteção contra vermes. Isso seria o desejado, porque, em todos os outros aspectos, essa classe de anticorpos parece ser nada mais do que um transtorno.

Alguns venenos de insetos causam reações sistêmicas graves e de ameaça à vida chamadas de anafilaxia. Um terço dos

Tabela 18.5 Hipersensibilidade de origem microbiana

Classificação de Coombs e Gell	Mecanismo principal	Exemplos
Tipo I (alérgico/anafilático)	IgE, mastócitos	Helmintos *Ascaris* Hidático (cisto rompido) ? Erupção cutânea viral ? Trato respiratório superior Infecções virais
Tipo II (citotóxicas)	IgG para os antígenos da superfície Complemento Células citotóxicas	Células infectadas por vírus Eritrócitos infectados por malária Autoanticorpos em: *Mycoplasma* Estreptoccos *Trypanosoma cruzi*
Tipo III (mediado por complexo imune)	Complexos imunes Complemento PMN	Nos tecidos: Alveolite alérgica Actinomicose Nos vasos sanguíneos: Glomerulonefrite Malária Estreptoccos Hepatite B Sífilis
Tipo IV (mediada por célula)	Linfócitos T Citocinas Macrófagos (e outras células não específicas)	Granuloma Tuberculose Hanseníase (tuberculoide) Esquistossomose (ovos) *Histoplasma* Infiltração mononuclear ± dano celular em muitas infecções virais com atividade das citocinas derivadas das células T CD4 e CD8 e dos macrófagos Erupções cutâneas virais
Autoimunidade	Reação cruzada com hospedeiro	Miocardite estreptocócica
	Ativação policlonal de células B	Tripanossomíase africana

Os quatro tipos clássicos de hipersensibilidade podem ser induzidos por microrganismos infecciosos, sendo os tipos II e III os mais comumente encontrados. Observe que alguns mecanismos responsáveis pela hipersensibilidade também atuam na imunidade protetora. PMN, leucócito polimorfonuclear.

apicultores são sensibilizados a veneno de abelha, e apresentam IgE específico para o veneno; o principal alérgeno das abelhas de mel é o Api m 1. Alguns alérgenos de insetos são enzimas como a hialuronidase ou dipeptidilpeptidases que apresentam reação cruzada entre espécies como abelhas e vespas. A hipersensibilidade pode ser demonstrada por meio de picadas na pele ou testes de ativação de basófilos. A imunoterapia com veneno pode induzir tolerância por meio da dessensibilização, reduzindo o risco de uma futura reação sistêmica em 90%.

Hipersensibilidade do tipo II

As reações do tipo II são mediadas por anticorpos contra o microrganismo infeccioso ou por autoanticorpos

Especificamente falando, as reações do tipo II são mediadas por anticorpos (geralmente IgG) que levam à citotoxicidade, seja extracelular ou intracelular (p. ex., após a fagocitose). O anticorpo liga-se à célula, e, se o complemento for ativado, a célula é lisada. Uma distinção importante pode ser feita entre os anticorpos contra o microrganismo infeccioso (estranho) e os autoanticorpos; os primeiros destroem as células do hospedeiro porque elas expressam antígenos estranhos, enquanto os últimos se ligam a antígenos do hospedeiro não alterados, e ambos os tipos de resposta ocorrem na doença infecciosa (Tabela 18.5).

No estágio sanguíneo da malária, os antígenos contra a malária se ligam às células do hospedeiro

Ao contrário do que se pensava anteriormente, tem sido demonstrado que a anemia hemolítica decorrente da malária em estágio sanguíneo não é resultante de autoanticorpos, mas de anticorpos produzidos contra antígenos derivados do parasito que foram incorporados nas hemácias. Em alguns casos, pode ser que o complexo antígeno–anticorpo se ligue à célula. Uma reação semelhante pode ocorrer após o tratamento da malária por *Plasmodium falciparum* com quinina — a febre da água negra.

O anticorpo antimiocárdico da infecção por estreptococos β-hemolíticos do grupo A é o autoanticorpo clássico desencadeado pela infecção

Esta reação resulta da presença do mesmo antígeno carboidrato presente na bactéria e no miocárdio que reage cruzadamente. Entretanto, na medida em que um número crescente de proteínas é sequenciado e comparado, surgem numerosos exemplos semelhantes, e é possível que as reações cruzadas entre antígenos microbianos e humanos possam explicar várias doenças de origem ainda desconhecida atualmente. O papel do mimetismo dos antígenos do hospedeiro na sobrevivência do microrganismo foi discutido no Capítulo 17.

Hipersensibilidade do tipo III

Os complexos imunes causam doença quando se depositam nos tecidos ou nos vasos sanguíneos

Os complexos imunes provocam patologia se forem feitos em excesso, se não forem removidos adequadamente da circulação e se forem depositados nos tecidos.

A formação de complexos imunes pode levar à fagocitose e à remoção de antígenos, bem como à ativação do complemento. As complicações ocorrem quando os complexos escapam da remoção pelos fagócitos do sistema reticuloendotelial e ficam alojados nos tecidos ou vasos sanguíneos, atraindo complemento e neutrófilos. A liberação de enzimas lisossômicas então resulta em dano local, que é particularmente sério nos pequenos vasos sanguíneos, especialmente nos glomérulos renais. A doença por imunocomplexo é uma causa importante tanto da glomerulonefrite aguda quanto crônica, e a maioria dos casos, provavelmente, é resultado de uma infecção. Existe também um grupo importante de doenças no qual os complexos autoantígeno–autoanticorpo são responsáveis (p. ex., DNA–antiDNA no lúpus eritematoso sistêmico [SLE]), mas até mesmo eles podem ser consequência de uma infecção ou reativação viral – há uma associação entre a infecção por VEB e SLE, especialmente em pacientes mais jovens.

Como na maioria das outras condições imunopatológicas, a deposição de complexos imunes geralmente é uma característica de infecção crônica (p. ex., malária). Entretanto, um estímulo antigênico persistente não é o único pré-requisito, conforme se observa na forma mais grave de nefropatia malárica por *Plasmodium malariae* (malária quartã), que evolui apesar do tratamento bem-sucedido da infecção, enquanto a nefropatia da malária por *P. falciparum* (terçã maligna) tipicamente se recupera com a eliminação da infecção. Os fatores predisponentes podem incluir uma resposta fraca de anticorpos (em termos de quantidade ou afinidade), uma tendência particular do antígeno em se ligar ao endotélio vascular ou a inibição do funcionamento normal dos fagócitos ou do complemento na remoção dos complexos circulantes.

A glomerulonefrite aguda ocorre como uma complicação séria da infecção estreptocócica (Cap. 19) e é, pelo menos parcialmente, decorrente da localização, nos glomérulos, dos complexos imunes contendo antígenos estreptocócicos (Fig. 18.6). A infiltração com polimorfos e as alterações na membrana basal causam perda de albumina, e até mesmo de hemácias, na urina. A glomerulonefrite aparece poucas semanas após o término da infecção. Quando os complexos são depositados por um longo período (nefropatia malárica), as intrusões na célula mesangial e a fusão dos pedículos causam danos irreversíveis da função glomerular (glomerulonefrite crônica).

As doenças ocupacionais associadas à inalação de fungos são exemplos clássicos de deposição de complexos imunes nos tecidos

A deposição de complexos imunes nos tecidos, que se tornou famosa pelo trabalho de Arthus com antígenos injetados na pele de animais com anticorpos preexistentes (principalmente IgG), manifesta-se como uma combinação de trombose nos pequenos vasos sanguíneos e necrose nos tecidos, devido à degranulação de PMN (Fig. 18.7). Os exemplos mais bem estudados são os de doenças ocupacionais associadas à ina-

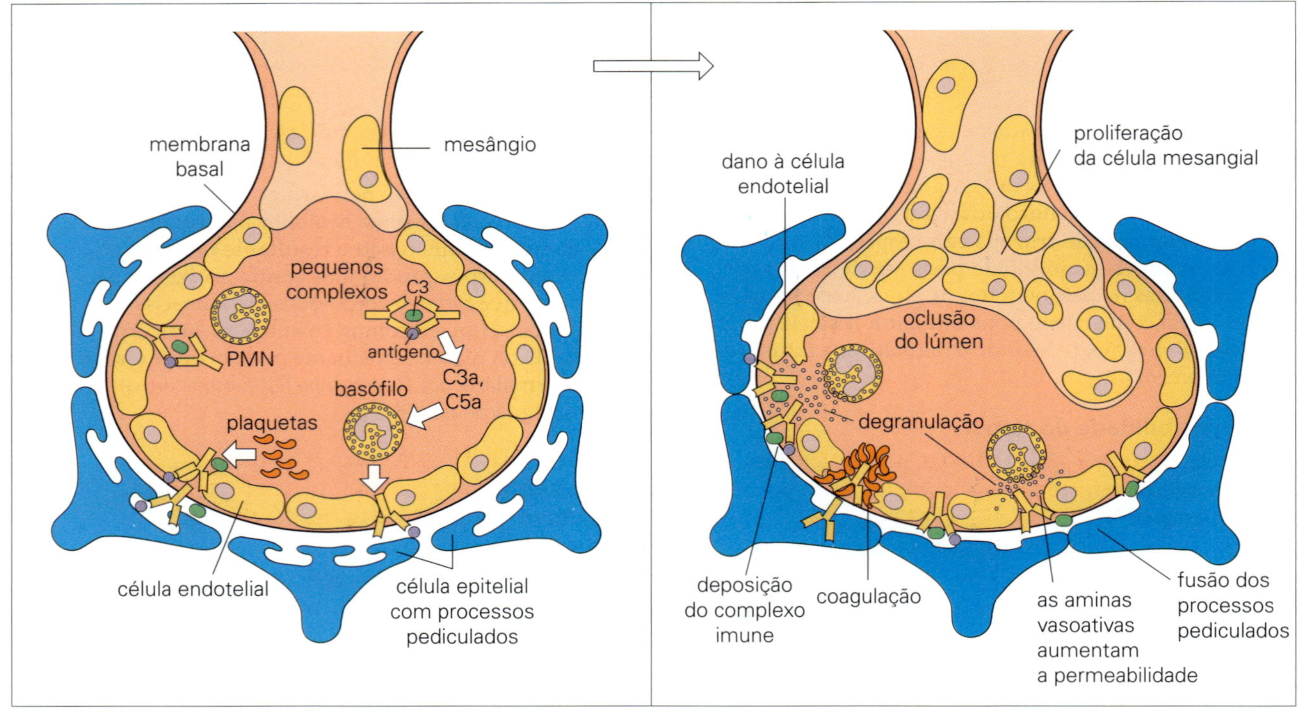

Figura 18.6 Glomerulonefrite causada por dano tecidual mediado pelo complexo imune. A hipersensibilidade do tipo III resulta na deposição de complexos imunes nas paredes dos vasos sanguíneos, particularmente em locais de alta pressão, filtração ou turbulência, como o rim. Complexos grandes depositam-se na membrana basal glomerular, enquanto os pequenos passam através da membrana basal e, em seguida, depositam-se no lado epitelial do glomérulo. PMN, Leucócito polimorfonuclear.

lação de fungos (p. ex., pulmão do fazendeiro, doença do criador de pombos, doença do lenhador de casca do tronco do bordo), em que a inflamação crônica dos pulmões pode levar a um estado de destruição e fibrose conhecido como "alveolite alérgica extrínseca", uma designação inadequada, pois a alergia clássica (mediada por IgE) não parece estar envolvida.

Um outro exemplo bem conhecido de doença por complexo imune é a doença do soro

A doença do soro acontece em decorrência de injeções repetidas de proteína estranha, levando a complexos imunes circulantes que se depositam nos rins (Fig. 18.6), pele e articulações. Isso era comum na era pré-antibióticos, em função da soroterapia passiva com soro de cavalo para difteria (Cap. 36). Para evitar que uma reação similar ocorra com anticorpos monoclonais usados na imunoterapia, os anticorpos agora são manipulados geneticamente de modo que o máximo de moléculas possível seja humanizado, e alguns agora são totalmente humanos.

Hipersensibilidade do tipo IV

As respostas imunes mediadas por células invariavelmente causam alguma destruição tecidual, que pode ser permanente

Apesar dos exemplos de dano tecidual mediado por anticorpos, discutidos anteriormente, a resposta mediada por anticorpos em geral atinge seu propósito quando elimina os microrganismos invasores sem deixar qualquer dano ao hospedeiro. Já as respostas mediadas por células (tipo IV), com a ativação tanto das células T quanto dos macrófagos, invariavelmente causam alguma destruição tecidual, que pode ser reparável, se não for muito prolongada, mas que ao longo do tempo pode levar a fibrose e mesmo calcificação (Tabela 18.6).

Do ponto de vista médico, a formação do granuloma é a resposta de hipersensibilidade tipo IV mais importante

A resposta mediada por células contra os antígenos microbianos é responsável pela formação do granuloma e desempenha

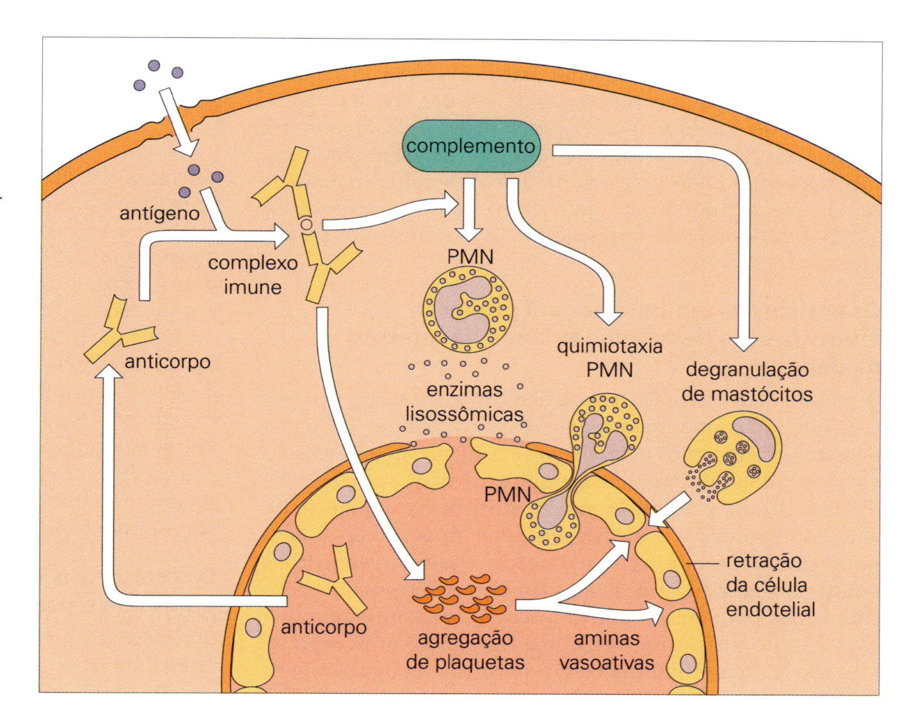

Figura 18.7 A reação de Arthus. Antígenos microbianos que penetram os tecidos (p. ex., partículas fúngicas nos pulmões) encontram anticorpos e formam complexos imunes. Eles ativam o complemento e iniciam a quimiotaxia de leucócitos polimorfonucleares (PMNs) e a degranulação dessas e de mastócitos de tecido. A resposta inflamatória resultante é potenciada ainda por enzimas lisossômicas derivadas de PMN.

Tabela 18.6 Imunidade mediada por células na proteção e na doença

Respostas mediadas por células			
Células ou moléculas imunes	**Efeito protetor contra**	**Efeito patológico**	**Teste cutâneo**
Células T citotóxicas (CD8)	Infecções virais *Theileria*, (Micobactérias)[a]	Perda tecidual local	
Basófilos, células T	?	Inflamação	24 h (reação de Jones-Mote)
Células T (CD4) Macrófagos Citosinas Células gigantes Células epitelioides Eosinófilos	Organismos intracelulares Vírus Bactérias Fungos Protozoários Vermes	Infiltração da célula mononuclear Granuloma Fibrose Calcificação	}Tardia/tipo tuberculina (> 2 dias)

[a]Função nas células T CD8 na proteção contra *M. tuberculosis* foi proposta.

um importante papel em doenças como tuberculose, hanseníase tuberculoide, linfogranuloma inguinal e na infecção por *Toxocara*. Alguns granulomas apresentam tendência a sofrer necrose (p. ex., a caseificação na tuberculose), enquanto outros não (p. ex., hanseníase, sarcoidose), o que pode ser explicado em termos dos diferentes padrões de citocinas envolvidas. O TNF, frequentemente em associação com alguns produtos microbianos, provavelmente causa necrose através de seus efeitos no endotélio vascular.

As características clínicas da esquistossomose são produzidas pela imunidade mediada por células

A esquistossomose (doença causada por um helminto) ilustra muito bem o preço da proteção conferida pela imunidade mediada por células. O *Schistosoma mansoni* (trematódeo sanguíneo) deposita seus ovos no sistema venoso mesentérico — alguns deles ficam alojados nos pequenos vasos portais do fígado. As fortes reações mediadas por células contra as enzimas secretadas levam ao aparecimento de reações granulomatosas ao redor de cada ovo, resultando na destruição do mesmo, poupando o parênquima hepático dos efeitos tóxicos das enzimas do ovo. Entretanto, os granulomas coalescentes calcificados levam à cirrose com hipertensão portal, varizes esofagianas e hematêmese (Cap. 23).

O efeito inesperado da desnutrição na redução da incidência e gravidade de certas doenças (p. ex., tifo, malária) pode ser atribuído a uma redução na imunopatologia, embora na maioria das doenças (p. ex., sarampo, infecção meningocócica, tuberculose) o inverso seja verdadeiro. De fato, uma nutrição deficiente pode ser um importante fator predisponente à maior gravidade de muitas infecções comuns nos países tropicais.

Os anticorpos também podem provocar intensificação da patologia, como na infecção da dengue

A maioria dos casos de dengue hemorrágica ocorre em pessoas que são contaminadas pela segunda vez pelo vírus da dengue. Os anticorpos neutralizantes se ligam aos epítopos do envelope protéico. O problema é que existem quatro sorotipos da dengue que podem diferir em até 30% na sequência de aminoácidos de suas proteínas-envelope. Após a infecção com um segundo sorotipo, a concentração e avidez dos anticorpos que foram gerados graças ao primeiro sorotipo não serão suficientes para evitar a nova infecção, mas aumentarão a captação do vírus uma vez que a ligação do anticorpo ao vírus leva à maior internalização por meio da ligação de Fc (Fig. 18.8).

A carga viral diminui junto com a febre, mas isso ocorre quando os sintomas mais graves e a patologia aparecem, incluindo vazamento de plasma dos capilares, hemorragia e choque, pelo menos parcialmente devido à liberação inflamatória excessiva de citocina em uma "tempestade de citocina". Há preocupações recentes de que tais aumentos de infecção dependentes de anticorpos podem ocorrer caso indivíduos anteriormente infectados com dengue venha a ser infectados com o Zika vírus, devido a uma reação cruzada entre as proteínas do envelope desses dois Flavivírus.

ERUPÇÕES CUTÂNEAS

Inúmeras erupções cutâneas possuem uma origem imunológica

O Capítulo 27 detalha as maneiras pelas quais as infecções podem afetar a pele, mas algumas dessas erupções são

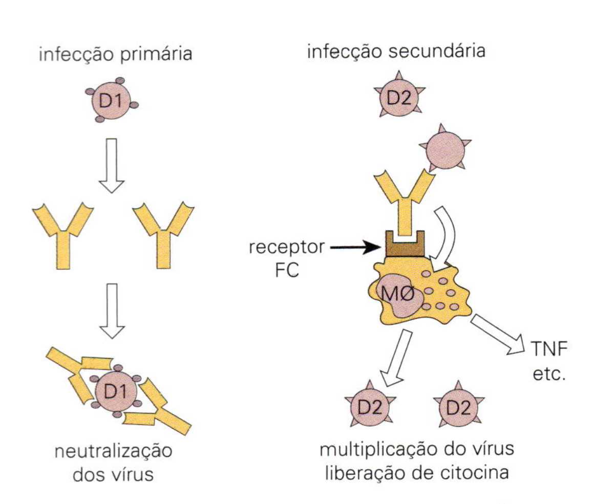

Figura 18.8 Aumento dependente de anticorpos na infecção por dengue (D). Uma infecção primária com um dos quatro tipos de sorotipo de dengue gera anticorpos neutralizantes protetores da proteína E. Uma infecção subsequente com um sorotipo diferente pode levar a uma patologia grave com vazamento vascular como resultado da multiplicação do vírus e da liberação da citocina. Acredita-se que anticorpos de reação cruzada da primeira infecção sejam insuficientes em quantidade ou avidez para neutralizar o segundo sorotipo, mas que permitem ao vírus entrar em monócitos/macrófagos por meio da ligação ao receptor Fc. Mϕ, macrófago; TNF, fator de necrose tumoral.

consideradas imunologicamente mediadas. Por exemplo, a erupção cutânea característica do sarampo está ausente em crianças com deficiência de células T (p. ex., aplasia tímica ou síndrome de DiGeorge), que, em vez disso, desenvolvem uma infecção sistêmica fatal, indicando que as lesões cutâneas são mediadas por células T e estão associadas à imunidade mediada por células. Em contraste, se crianças com deficiência de células T são vacinadas com vírus vivo da vacínia, elas desenvolvem uma lesão cutânea inexorável disseminada claramente resultante de um efeito direto, e não de um efeito imunopatológico.

A Tabela 18.7 lista as condições cutâneas mais comuns de origem imunológica, nas quais o microrganismo infeccioso supostamente está envolvido.

O coronavírus SARS causa imunopatologia pulmonar e perda de células T

O coronavírus SARS infectou mais de 8.000 pessoas com > 750 casos fatais em cerca de 29 países durante uma epidemia em 2002-2003. A síndrome da angústia respiratória aguda (ARDS) foi observada em pacientes com caso grave da doença, especialmente idosos, resultando em uma mortalidade de cerca de 50%. Os pulmões dos pacientes com pneumonia viral SARS mostram dano difuso dos alvéolos, com a presença de células gigantes multinucleadas e muitos macrófagos. Edema pulmonar agudo, infiltração celular inflamatória extensa e falência múltipla de órgãos são características distintas, e o vírus pode ser encontrado em outros órgãos dos pacientes, como intestino, fígado e rins.

Durante a fase aguda da infecção, ocorre linfopenia com perda das células T CD4 e CD8. Estudos sugerem que as alterações na função celular apresentada por antígenos e na migração celular podem reduzir o preparo de células T, resultando em um número menor de células T vírus-específicas. Além disso, a apoptose de células T pode ser induzida por altos níveis de glucocorticoides observados em respostas por estresse, assim como a resposta explosiva de interferon tipo 1.

Tabela 18.7 Erupções cutâneas e sua base imunológica

Organismo	Doença	Característica	Base patogênica
Vírus			
Sarampo	Sarampo	Erupção maculopapular	} Células T, imunocomplexos, alergias.
Rubéola	Rubéola	Erupção maculopapular	? imunomediados
Enterovírus	Mão, pé e boca	Eritematose vesicular	Citopática viral Viral ? imunomediados
Varicela-zóster	Catapora/zóster	Erupção vesicular	Citopática viral
HIV	AIDS	Maculopapular	Infiltrado de linfócitos
EBV	Febre glandular	Erupção cutânea eritematosa Erupção cutânea eritematosa transiente	Desenvolvimento idiossincrático de anticorpos a ampicilina viral ? imunomediado
Parvovírus B19	Infecção eritematosa	Erupção cutânea eritematosa	Complexos imunes
Bactérias			
Streptococcus pyogenes	Febre escarlate	Erupção cutânea eritematosa	Toxina eritrogênica
Treponema pallidum *Treponema pertenue*	Sífilis Bouba	} Infecção disseminada, erupção cutânea em estágio secundário	Complexos imunes
Treponema pertenue	Bouba		
Salmonella typhi	Febre tifoide, entérica	Manchas róseas escassas	Imunocomplexos
Neisseria meningitidis	Meningite, febre maculosa	Lesões petequiais ou maculopapulares	Imunocomplexos
Mycobacterium leprae	Lepra tuberculoide	Lesões cutâneas hipopigmentadas	Células T, macrófagos
Rickettsia prowazeki e outros	Tifo	Erupção maculopapular ou hemorrágica	Trombose
Fungos			
Dermatófitos	Erupção dermatofítica ou alérgica		Complexos imunes?
Blastomyces dermatitidis	Blastomicose	Desenvolvimento de pápula ou pústula no granuloma	Hipersensibilidade aos antígenos fúngicos, células T
Protozoários			
Leishmania tropica	Leishmaniose cutânea	Pápulas ulcerando para formar feridas infecciosas crostosas	Células T, macrófagos

Muitas erupções cutâneas representam reações imunológicas que ocorrem na pele. Presume-se que muitas doenças cutâneas de origem desconhecida são na verdade causadas por vírus, direta ou indiretamente.

Inflamações pulmonares e sistêmicas graves são provavelmente o resultado de desregulação inata da citocina, com concentrações mais altas de citocinas como TNFα, IL-6 e IL-8. É possível que isso seja causado pela ativação massiva de monócitos/macrófagos. Em indivíduos com infecção grave, há presença de concentrações altas de interferon tipo I e uma resposta gênica desregulada estimulada por interferon.

Em geral, não se sabe se a patologia pulmonar vista na SARS era principalmente devido a uma reação pró-inflamatória exagerada independente de interferon de tipo I ou se ambas as produções de citocinas anômalas, a dependente e a independente de interferon, contribuem. Foi estabelecido que a resposta aguda a anticorpos contra SARS-CoV dura menos de 6 meses, sendo que os anticorpos de IgG vírus-específicos diminuíram 12 meses após a infecção. Apesar dessa resposta insatisfatória das células B de memória vírus-específicas, as células B de memória vírus-específicas persistiram em pessoas que se curaram da SARS por até 6 anos após a infecção, sugerindo que células T são importantes na sobrevivência.

A hipótese da higiene – somos muito limpos?

As doenças alérgicas são mais comuns do que costumavam ser, e supõe-se que isso se deve ao fato de que a maioria de nós agora se agrupa em um ambiente que é muito limpo. A hipótese da higiene propõe que se nós somos expostos a uma variedade de infecções bacterianas e virais na primeira infância, isso pode evitar o desenvolvimento de alergias mais prejudiciais, promovendo um viés voltado para a produção de citocinas Th1. Um nome mais informativo pode ser "hipótese da deficiência da exposição bacteriana". Certamente, as pessoas que vivem na África parecem ter tido mais exposição a estímulos antigênicos, em comparação por idade, do que aquelas que vivem na Europa, possuindo mais células T de memória e menos células T naïve, embora isso também possa ser devido a infecções no começo da vida por vírus como o citomegalovírus. O que também é curioso é que as infecções com helmintos, que induzem respostas Th2 em abundância, também protegem contra o desenvolvimento de atopia, possivelmente porque competem com o IgE específico de alérgenos em mastócitos. Outros fatores, como a imunidade inata e as células T reguladoras que agem para reduzir as respostas imunes prejudiciais que provocam imunopatologia, podem estar envolvidos.

VÍRUS E CÂNCER

Diversos vírus de RNA e DNA podem provocar alterações malignas permanentes dentro das células (Tabela 18.8). Uma abordagem sobre o provírus e os oncogenes (genes que provocam malignidades) está incluída no Capítulo 3. Diversos cânceres humanos mostraram estar associados a esses vírus oncogênicos (Tabela 18.9). Alguns incluem os cânceres associados à infecção por HIV. Três tipos de câncer, a saber: sarcoma de Kaposi (SK), linfoma não Hodgkin (NHL) e câncer de colo do útero, são parte da classificação de um diagnóstico que define síndrome da imunodeficiência adquirida (AIDS), consistente com infecção por HIV avançada. A imunossupressão resultante e a perda de controle imunológico devido ao HHV-8 (herpes-vírus associado ao SK), NHL do sistema nervoso central e de células B difusas associado ao vírus Epstein-Barr (VEB) e o câncer de colo de útero associado ao papilomavírus humano (HPV) levam ao desenvolvimento desses tipos de câncer. Há componentes latentes e líticos nos ciclos de vida desses vírus. Poucos genes são expressos em infecções latentes, possibilitando que o vírus resida em locais específicos com potencial para reativação, mas permitindo que células infectadas passem por alteração maligna futura. O vírus pode disseminar-se no estágio lítico ao ser liberado das células infectadas. Alguns dos genes expressos também podem promover desenvolvimento do tumor. Essa parte do ciclo replicativo viral pode, portanto, ter mais importância na malignidade associada ao vírus. Indivíduos infectados por HIV também apresentam grande risco de desenvolver câncer anal associado a HPV e câncer hepático associado a hepatite B.

Tabela 18.8 Transformação maligna

Mudanças	Detalhes
Morfologia	Perda de formato; arredondamento Adesão à superfície reduzida
Crescimento, contato	Perda de inibição por contato do crescimento e movimento Capacidade elevada de crescer de uma única célula Capacidade elevada em crescer em suspensão Capacidade para crescimento contínuo (imortalização)
Propriedades celulares	Síntese induzida do DNA Mudanças cromossômicas Surgimento de novos antígenos (de origem viral ou celular)
Propriedades bioquímicas	Perda de fibronectina cAMP reduzido

Essas alterações ocorrem quando os vírus tumorais causam transformação das células em cultivo. Muitas dessas alterações obviamente são relevantes para a produção *in vivo* do tumor. cAMP, monofosfato de adenosina cíclico.

O vírus linfotrópico de célula T humana tipo 1 (HTLV-1) está associado à leucemia/linfoma de célula T adulta

HTLV-1 e HTLV-2 são retrovírus que não têm oncogenes (Cap. 3). O DNA pró-viral HTLV-1 é detectável no DNA celular de indivíduos com leucemia/linfoma de célula T adulta (ATLL). Embora relatada ao redor do mundo, a infecção por HTLV-1 é endêmica no sudeste do Japão, nas ilhas caribenhas, na África ocidental e central e em partes da América do Sul. Pouco se sabe sobre a distribuição geográfica do vírus HTLV-2, que pode ser isolado de leucemias pilosas de células T, mas não tem associação com a malignidade. Esse vírus pode ser encontrado em certas tribos de ameríndios e está associado a condições inflamatórias neurológicas e crônicas.

A natureza carcinogênica do HTLV-1 não é decorrente da ativação de um oncogene celular, e sim o resultado do produto

Tabela 18.9 Vírus e câncer humano

Vírus	Câncer	Força de associação	Genoma viral em células cancerígenas	Cofator
Vírus Epstein-Barr	Linfoma de Burkitt	++	+	Malária
	Carcinoma nasofaríngeo	++	+	Nitrosaminas
	Doença de Hodgkin	–	–	–
Papilomavírus humano	Câncer cervical	++	+	? Práticas sexuais
	Câncer orofaríngeo	++	+	Cigarros
	Câncer cutâneo	+	+	Predisposição genética ? Luz UV
HHV-8 (KSHV)	Sarcoma de Kaposi	++	+	Imunossupressão por HIV
Vírus da hepatite B	Câncer hepático	++	+	? Aflatoxina
Vírus da hepatite C	Câncer hepático	++	-	? Regeneração de hepatócitos
HTLV-1	Leucemia de células T	++	+	-

Muitos vírus transformam as células em cultura, mas apenas alguns são importantes no câncer humano. As associações são fortemente sustentadas por estudos de cânceres que ocorreram naturalmente ou que foram induzidos experimentalmente em animais. HHV-8, herpes-vírus humano 8; HTLV-1, vírus linfotrópico da célula T humana 1; SKHV, sarcoma de Kaposi associado ao vírus do herpes; UV, ultravioleta.

de um gene acessório *Tax*, que aumenta a transcrição de genes do hospedeiro envolvidos na divisão celular. Supõe-se que essa transativação por *Tax* e o estímulo da proliferação da célula T por HTLV-1 sejam centrais à oncogênese. As células da ATLL contêm o DNA pró-viral HTLV-1 integrado, mas este não pode ser transcrito de modo muito ativo. As oncoproteínas Tax e HBZ desempenham papéis fundamentais na imortalização de células T e/ou na leucemia ao regular negativamente várias funções da célula hospedeira, especialmente a repressão de uma proteína de supressão tumoral. Essas infecções estão descritas com mais detalhes no Capítulo 27.

O vírus Epstein-Barr (VEB) está associado ao carcinoma nasofaríngeo e linfoma, incluindo doença linfoproliferativa pós-transplante

O vírus Epstein-Barr está intimamente associado ao desenvolvimento do carcinoma nasofaríngeo (CNF) (Cap. 19), que é comum no sul da China e em outras partes da Ásia (8-30 casos/100.000 habitantes/ano, mas com taxas mais altas entre homens do que entre mulheres), menos comum em algumas partes do Norte da África e raro no resto do mundo. As razões para essa distribuição geográfica restrita são desconhecidas. Não existem evidências convincentes da existência de cepas de VEB especificamente carcinogênicas, mas esses efeitos podem ser decorrentes da presença de cocarcinógenos locais, como nitrosaminas em peixes de água salgada. O DNA do VEB pode ser demonstrado nas células cancerosas, mas o mecanismo preciso da tumorigenicidade é desconhecido, e oncogenes celulares não estão envolvidos. As pessoas em maior risco de desenvolver CNF apresentam altos títulos de IgA contra o antígeno do capsídeo de VEB por um ano ou mais, antes do aparecimento dos sintomas clínicos.

O vírus Epstein-Barr está estreitamente associado ao linfoma de Burkitt

O linfoma de Burkitt (BL), um tumor de células B imaturas, ocorre em partes da África Oriental, como Uganda e Papua-Nova Guiné, em crianças de 6–14 anos de idade, especialmente em meninos. O DNA do VEB está presente nas células tumorais, mas a maioria das muitas cópias dos genes do vírus VEB não está integrada no DNA da célula hospedeira. O tumor provavelmente é causado pela ação do VEB nas células B, induzindo sua proliferação e provavelmente ativando oncogenes celulares. O oncogene celular *c-myc* é translocado do cromossomo 8 para o loco da cadeia pesada da imunoglobulina no cromossomo 14, onde ele é expresso. Como resultado, a célula B pode ser impedida de atingir a fase de repouso. Existe também uma regulação negativa de moléculas de adesão e antígenos leucocitários humanos (HLA), de modo que as células contendo VEB, normalmente sujeitas ao controle imunológico, se desenvolvem em células tumorais. As células do BL também apresentam outras anomalias cromossômicas, mas seu papel na tumorigênese não está claro.

O fato de a infecção pelo VEB ser comum em todo o mundo, enquanto o BL, como o CNF, é restrito geograficamente, aponta mais uma vez para o envolvimento de cofatores locais, talvez cocarcinógenos químicos ou infecciosos. A malária é um cofator reconhecido no BL, que talvez opere por meio da alteração do equilíbrio da resposta imunológica do hospedeiro, induzindo a expansão de células B policlonais e reativação de ciclo lítico do VEB. A expansão de células B infectadas de forma latente aumenta a chance de uma translocação de *c-myc*, visto em todos os BL. Outra hipótese é que a coinfecção pela malária prejudica as respostas de células T específicas contra VEB com perda de vigilância e controle imunológicos.

O vírus Epstein-Barr também está associado ao linfoma de Hodgkin e aos linfomas em indivíduos imunossuprimidos

O vírus Epstein-Barr mostrou estar associado ao linfoma de Hodgkin clássico, em especial o visto em crianças e em adultos mais velhos. Além disso, tendo em mente que as células T citotóxicas policiam a infecção por VEB, quando a imunossupressão do hospedeiro reduz a vigilância da célula T pode haver linfoproliferação descontrolada. A redução da imunossupressão nas doenças linfoproliferativas pós-transplante direcionadas por VEB pode, no entanto, resultar na rejeição de enxertos. Normalmente, exige-se um tratamento alternativo, envolvendo anticorpos monoclonais direcionados (a saber: rituximabe, que age sobre o receptor CD20 de células B usado para a entrada do VEB) e quimioterapia citotóxica.

O linfoma cerebral primário associado ao VEB pode ocorrer em indivíduos infectados por HIV. A função do HIV é principalmente indireta e está relacionada à imunossupressão ou ativação de células B. Aproximadamente 30% dos linfomas relacionados à AIDS são linfomas de Burkitt. Contraintuitivamente, desde o surgimento da terapia antirretroviral combinada (cART), houve um aumento no risco de desenvolvimento de linfoma de Hodgkin, o que pode ser parcialmente devido ao aumento na idade da população que convive com HIV devido a cART (um "efeito negativo" da reconstituição imunológica). Isso acontece porque o linfoma de Hodgkin está associado à infecção por VEB e a reconstituição imunológica aumenta o estímulo de células B nas quais o VEB existe de forma epissomal.

Algumas infecções com papilomavírus humano estão associadas ao câncer cervical

Infecções por papilomavírus são onipresentes, transmitidas por contato direto e associadas a inúmeras doenças hiperproliferativas epiteliais. O ciclo de vida viral está interligado aos ciclos de diferenciação das células queratinocíticas hospedeiras. Após pequenas abrasões epiteliais nas superfícies cutâneas ou mucosas, essas células na camada cutânea basal são expostas ao HPV, e o DNA viral se torna epissomal e se replica com o DNA hospedeiro utilizando a maquinaria sintética hospedeira.

Existem associações claras entre o desenvolvimento de câncer cervical e a infecção por alguns dos cerca de 200 subtipos de papilomavírus humano (HPV; Caps. 3, 22 e 27). Foi sugerido que o microbioma vaginal (VM), a microbiota neste local, poderia ter um papel tanto construtivo como destrutivo na persistência do HPV. Utilizando o sequenciamento genético de alto desempenho, foi detectada maior diversidade microbiana no teste de VM de mulheres HPV-positivas em comparação a mulheres HPV-negativas. É possível que a composição de VM possa influenciar a resposta imunológica inata do hospedeiro, a suscetibilidade a infecção e o desenvolvimento de doença do colo do útero.

A maioria das infecções por HPV se resolvem dentro de 24 meses, mas as que não se resolvem são responsáveis por mais de 80% dos cânceres cervicais, sendo o resto casos de câncer peniano, vulval, retal e orofaríngeo, que também estão associados ao HPV. Os tipos de HPV de alto risco incluem os tipos 16 e 18; e os de baixo risco incluem os tipos 6 e 11. Os últimos provocam lesões cervicais, porém têm um menor risco de progressão para a malignidade. Os programas de vacina contra HPV foram iniciados em 2009 (Cap. 35).

Na maioria das células cancerosas primárias e metastáticas, os genomas do HPV estão presentes na forma integrada (no interior do genoma do hospedeiro), e determinados genes de oncoproteína viral chamados de E6 e E7 são transcritos e traduzidos. A integração ocorre em diferentes localizações cromossômicas, e os moldes de leitura aberta de E6 e E7 parecem estar envolvidos na transformação de células epiteliais e na manutenção do estado transformado, provavelmente por ligação e inativação de proteínas celulares de supressão de tumor envolvidas com a regulação do ciclo celular. O E6 está envolvido na regulação positiva da atividade da telomerase, mantendo a integridade do telômero durante a divisão celular e mediando a degradação de p53, uma proteína supressora de tumor; o E7 liga e inativa as proteínas do retinoblastoma (pRb). Ambas as atividades são essenciais na oncogênese induzida por HPV e resultam em instabilidade do genoma, acúmulo das mutações do oncogene, crescimento celular descontrolado e, enfim, câncer. As proteínas virais E6 e E7 levam à proliferação celular nas camadas basal e parabasal de células em locais como o cérvice, no qual podem ocorrer mudanças neoplásicas. Há diferenças funcionais no E6 e no E7 que podem explicar a presença de tipos de HPV de alto e baixo risco. Por exemplo, as proteínas E7 de baixo risco diferem das de alto risco na forma como se associam com pRb, enquanto E7 de alto risco se liga e degrada outras proteínas que controlam a entrada e reentrada no ciclo celular e nas camadas celulares epiteliais superiores. O câncer de colo de útero é uma sequela incomum à infecção com tipos de baixo risco de HPV, e cocarcinógenos, como fumaça de tabaco e o vírus do herpes simples (HSV), têm sido implicados.

A infecção pelo HPV também está associada ao carcinoma espinocelular da pele

É possível que a luz ultravioleta atue como um cocarcinógeno, como observado entre os papilomavírus e os cânceres de pele em ovinos e bovinos. Os pacientes com epidermodisplasia verruciforme (EV), uma doença autossômica recessiva rara, podem ser infectados com até 20 tipos diferentes, porém menos comuns, de HPV, e 30-60% dos pacientes entre 20 e 40 anos de idade com EV desenvolvem múltiplos carcinomas de células escamosas (SCCs) da pele. Desses tumores, 90% contêm DNA de HPV-5, -8, -14 e -20. Esses tipos de HPV podem agir como cocarcinógenos com a luz ultravioleta ou imunossupressão no desenvolvimento de cânceres de pele não melanoma, a forma mais comum de tumores cutâneos nas populações com pele clara.

Os HPVs podem também desempenhar um papel na gênese de 90% dos cânceres de pele que aparecem em receptores imunossuprimidos de transplante de órgãos, e verrugas cutâneas são comuns nesses pacientes. Além disso, existem relatórios de que os cânceres de pele em indivíduos sadios podem estar associados à infecção pelo HPV.

O carcinoma de células escamosas (SCC) de cabeça e pescoço é causado principalmente por exposição a tabaco e álcool. Acreditava-se que o SCC orofaríngeo (OPSCC) diminuiria, pois os programas de saúde pública eram cada vez mais bem-sucedidos na redução das taxas de tabagismo. No entanto, a incidência de OPSCC atingiu estabilidade e então aumentou, em associação com o HPV-16. OPSCC positivo para HPV estava associado à exposição a HPV de alto risco, e foi estabelecido que apresentava p53 do tipo selvagem e altos níveis de p16, um marcador da integração de DNA de HPV no DNA nuclear. Nos EUA, foram relatados aumentos anuais de 5% na taxa de diagnósticos de OPSCC, especialmente em homens com diversos parceiros sexuais e/ou orogenitais. Aumentos na incidência de OPSCC também foram observados na Europa e na Austrália.

Os vírus da hepatite B e da hepatite C são as principais causas de carcinoma hepatocelular

Os resultados da hepatite ativa crônica (CAH), em ordem sequencial, incluem: necrose dos hepatócitos, inflamação crônica, produção de citocina, fibrose e, por fim, cirrose. Portanto, CAH é um grande direcionador para o desenvolvimento de carcinoma hepatocelular (CHC).

Os indivíduos com infecções por hepatite B são 20 vezes mais propensos a desenvolver CHC do que os indivíduos não infectados. O processo oncogênico depende de inúmeros fatores predisponentes que são derivados do vírus e do hospedeiro (Fig. 18.9). O CHC é o resultado da doença hepática necroinflamatória crônica associada a níveis mais altos de replicação do HBV bem como à resposta imune do hospedeiro. Além do mais, as cepas mutantes de HBV e os genótipos específicos podem ser associados ao desenvolvimento de CHC. As sequências integradas de HBV encontradas nas células tumorais do CHC podem ativar os oncogenes celulares que codificam as proteínas ligadas à sinalização celular de controle, proliferação e viabilidade, como a família *myc*. A inflamação crônica, associada à proliferação celular hepática elevada, induz diversos rearranjos do genoma HBV integrado que podem gerar instabilidade cromossômica. Ademais, há evidência para o envolvimento de infecções ocultas por HBV, em que o antígeno de superfície da hepatite B não pode ser detectado, mas o DNA do HBV está integrado aos hepatócitos. A relação entre a integração do DNA de HBV e a ativação ou desativação de genes específicos na patogênese de HCC ainda não é clara. As proteínas específicas de HBV como a chamada pelo interessante nome de HBx, assim como a proteína do envelope L, podem ter papéis importantes na transformação celular e estão sendo investigadas. Por fim, a coinfecção pelo HBV e pelo vírus da hepatite C (HCV) pode agir em conjunto com o consumo crônico de álcool na carcinogênese hepática.

O CHC é mais comum em determinadas regiões do mundo, como a África e o sudeste da Ásia, e isso pode ser devido à presença de cocarcinógenos (p. ex., aflatoxina). Entretanto, os hepadnavírus intimamente relacionados com as marmotas (Quadro 18.2) causam o mesmo tumor nesses animais, aparentemente na ausência de cocarcinógenos.

O mecanismo pelo qual o HCV causa o CHC é considerado indireto, uma vez que as sequências do HCV não se integram nas células tumorais. Supõe-se que o dano e a inflamação

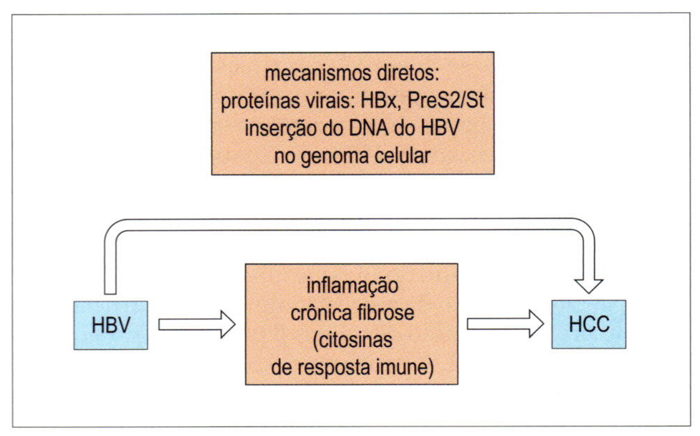

Figura 18.9 Desenvolvimento de carcinoma hepatocelular (CHC). HBV, vírus da hepatite B; HBx, proteína x do vírus da hepatite B.

Quadro 18.2 Lições de Microbiologia

As muitas faces da hepatite B

Estudos epidemiológicos clássicos sobre a hepatite B em Taiwan mostraram duas coisas. A primeira era que 90% dos infectados na infância se tornaram portadores, 23% deles com 1–3 anos de idade, e apenas 3% foram infectados quando estudantes universitários. A segunda, que entre os 3.454 portadores de HBsAg, houve 184 casos de carcinoma hepatocelular, contra apenas 10 casos entre os 19.253 pacientes não portadores. Cerca de 80% de todos os cânceres hepáticos são devidos à hepatite B.

Em todo o mundo, existem cerca de 350 milhões de portadores desse vírus, e, portanto, o câncer hepático pode causar até 2 milhões de mortes a cada ano. O vírus da hepatite B é o segundo carcinógeno humano, perdendo apenas para o tabaco.

Vírus muito semelhantes infectam marmotas, esquilos terrestres e patos de Pequim. No noroeste dos EUA, 30% das marmotas são portadoras, e a maioria desenvolve câncer hepático no final da vida. Neste hospedeiro, o vírus infecta não somente as células hepáticas, mas também as células linfoides no baço, sangue periférico e timo, e células acinares pancreáticas e o epitélio do ducto biliar.

A transmissão por portadores de hepatite B tem sido relatada em diversos contextos e diferentes cuidados da saúde, mas a imunização contra a hepatite B e os avanços em terapias antivirais reduzirão essas incidências.

persistentes dos hepatócitos nos portadores de HCV, junto com os efeitos das citocinas no desenvolvimento de fibrose e proliferação de hepatócitos, resultem em CHC. Também se acredita que o HCV pode ter ação direta através das proteínas virais específicas — que interagem com os fatores da célula hospedeira modulando as vias — como a sinalização e a proliferação celular e apoptose, que resulta na transformação maligna das células hepáticas. Uma vez estabelecida a cirrose, a incidência anual de HCC é de 1-7% ao ano. Além disso, o HCV está associado à crioglobulinemia mista, um distúrbio linfoproliferativo que pode se desenvolver em linfoma não Hodgkin de célula B.

Vários vírus DNA podem transformar células nas quais eles são incapazes de se replicar

Inúmeros estudos foram realizados, concluindo-se que, apesar da alta oncogenicidade *in vitro* e em animais de laboratório, esses vírus não parecem ser importantes no câncer humano. Por exemplo:

- Os adenovírus humanos transformam células em cultura e causam sarcomas experimentalmente em hamsters. Cerca de 10% do genoma do adenovírus se integra, com expressão do antígeno T. Entretanto, os adenovírus não estão associados ao câncer humano.
- O poliomavírus (do latim: *poly*, muitos; *oma*, tumores), um papovavírus murino (camundongo), e o vírus vacuolizante de símio 40 (SV40), um papovavírus do macaco, causam tumores em hamsters inoculados experimentalmente. O DNA viral está integrado ao DNA das células tumorais e os antígenos T são expressos. Esses vírus ou seus equivalentes humanos (vírus BK e JC) estão ligados aos cânceres humanos? Um incidente ocorreu há cerca de 30 anos, quando milhares de crianças foram acidentalmente inoculadas com o vírus SV40 presente em alguns lotes de vacina preparada com o poliovírus. O procedimento de inativação com formol não destruiu o vírus SV40 presente nas células renais do macaco em que a vacina da poliomielite foi cultivada. Contudo, não foi observado um aumento na incidência de tumor nos indivíduos infectados com SV40. No entanto, existem cada vez mais evidências de que os vírus JC, BK e SV40 estão associados a alguns cânceres, linfomas e outros tumores cerebrais, embora a causa não tenha sido estabelecida.

O sarcoma de Kaposi é provocado por HHV-8

O sarcoma de Kaposi (SK) é um tumor multicêntrico que envolve a proliferação maciça das células endoteliais. É 300 vezes mais comum entre pacientes com AIDS do que entre outros grupos de indivíduos imunossuprimidos, mas é quase exclusivamente observado naqueles que adquiriram HIV por contato sexual. Foi identificado em 1994 a partir de uma lesão em um indivíduo com SK associado à AIDS. O herpes-vírus humano 8 (HHV-8), conhecido originalmente como herpes-vírus associado ao sarcoma de Kaposi (SKHV), parece ser transmitido sexualmente e está presente nos tumores.

O HHV-8 infecta de modo latente a maioria das células tumorais nos linfomas e no SK. Como resultado, elas são resistentes aos medicamentos antivirais voltados para os herpes-vírus no ciclo lítico da replicação. Um dos genes líticos do HHV-8 codifica o receptor acoplado da proteína G viral (vGPCR), um receptor de quimiocina celular constitutivamente ativo. A sinalização de vGPCR pode resultar na proliferação celular, na produção de fatores angiogênicos e, em um modelo animal, pode levar a lesões semelhantes ao SK (Fig. 18.10). Além do mais, há mecanismos indiretos envolvidos na oncogênese relacionados às respostas alteradas da célula T e à imunorregulação de HHV-8.

O KSHV desenvolveu estratégias para escapar da imunidade inata e específica, afeta a sinalização celular, induz a proliferação e evita a apoptose das células infectadas, promovendo assim a oncogênese e a angiogênese.

A incidência do SK diminuiu acentuadamente nos indivíduos infectados por HIV após o advento da terapia antirretroviral combinada (cART). No entanto, conforme o número de indivíduos infectados com HIV aumenta e envelhece, uma estabilização da incidência de SK é provável e pode ser acompanhada de um aumento nos números. O tratamento de SK é focado na reconstituição imunológica utilizando cART. O tratamento localizado é normalmente evitado e o tratamento sistêmico envolve quimioterapia com o uso de agente de antraciclina lipossomal.

O HHV-8 também está associado às condições linfomatosas benignas e malignas, ou seja, à doença multicêntrica de Castleman e ao linfoma de efusão primária.

Bactérias associadas ao câncer

A associação entre o *Helicobacter pylori* e o câncer de estômago e duodeno, incluindo linfoma do tecido linfoide associado à mucosa gástrica (MALT), é discutida no Capítulo 23. Supõe-se que inúmeras reações inflamatórias sejam desencadeadas como resultado da colonização de *H. pylori* na mucosa estomacal, levando à gastrite atrófica crônica (CAG). Isso vem de uma cascata de alterações na mucosa resultando em metaplasia intestinal, displasia e carcinoma. A questão é se há ou não outros cofatores ambientais ou genéticos envolvidos na oncogênese. O tumor está associado à inflamação crônica secundária à colonização de *H. pylori*, mas supõe-se que a bactéria sozinha não seja suficiente para que o câncer se desenvolva.

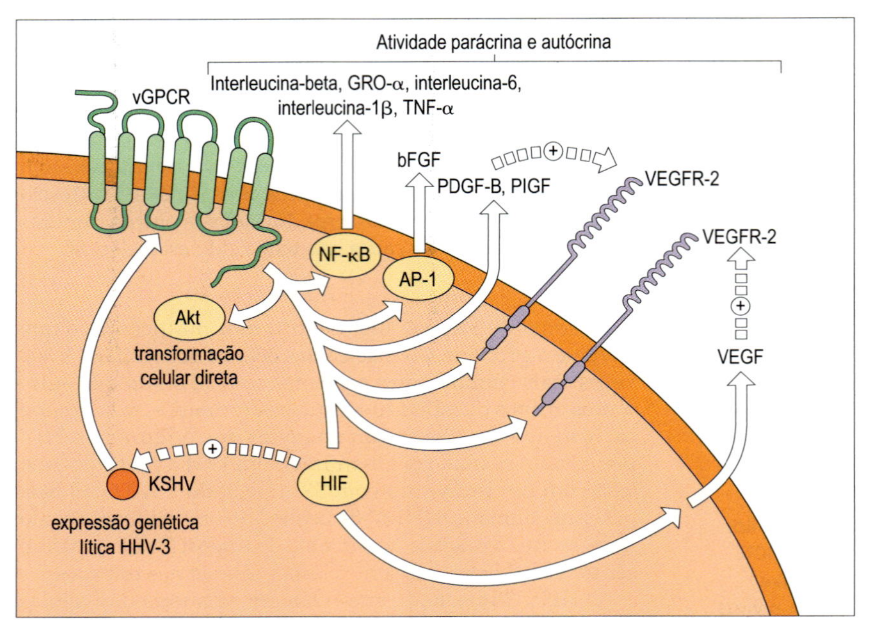

Figura 18.10 Atividades da proteína vGPCR no herpesvírus humano 8 (HHV-8). O receptor acoplado da proteína G viral constitutivamente ativo (vGPCR) de HHV-8 pode promover o desenvolvimento do sarcoma de Kaposi por meio de uma diversidade de mecanismos. A sinalização por vGPCR ativa Akt, uma proteína quinase ativada que induz diretamente a transformação celular. O vGPCR também resulta na produção de muitos outros fatores, incluindo: fatores da interleucina-8 dependentes do fator nuclear (NF)-κB, proteína alfa relacionada ao crescimento (GRO-α), IL-6, -1β e o fator de necrose tumoral alfa (TNF-α); fator de crescimento fibroblástico básico dependente de AP-1 (bFGF), fator de crescimento derivado de plaquetas B (PDGF-B); e fator de crescimento placentário (P1GF). Alguns estudos, mas não todos, descobriram que o vGPCR induz a secreção do fator de crescimento endotelial vascular (VEGF), e há evidência de que essa secreção possa ser mediada pelo fator indutor de hipoxia (HIF). Da mesma forma, o vGPCR regula positivamente a expressão dos receptores VEGF 1 e 2 (VEGFR-1 e VEGFR-2, respectivamente). PIGF, VEGF e outros fatores podem agir de modo autócrino ou parácrino para promover o sarcoma de Kaposi. SKHV, herpes-vírus associado ao sarcoma de Kaposi. (Retirado de: Yarchoan, R. [2006] Key role for a viral lytic gene in Kaposi's sarcoma. *N Engl J Med* 355:1383–1385, com permissão.)

PRINCIPAIS CONCEITOS

- Várias são as maneiras pelas quais os organismos infecciosos podem causar doença ou lesão tecidual.
- Os microrganismos infecciosos podem destruir as células diretamente (p. ex., vírus citopáticos), podem liberar toxinas que destroem as células ou suas funções celulares (p. ex., toxinas estafilocócicas ou tetânica), superestimular as funções normais de defesa (p. ex., LPS) ou estimular as respostas imunes adaptativas de maneira excessiva ou prolongada.
- Esses efeitos de organismos infecciosos sobre os sistemas de defesa podem ser mediados por anticorpos ou por células T, e são coletivamente conhecidos como "reações de hipersensibilidade" ou "imunopatologia".
- Alguns vírus estão envolvidos na iniciação de tumores, com o genoma viral presente nas células cancerosas. A distribuição geográfica restrita de alguns desses tumores pode ser decorrente da presença local de cocarcinógenos.

SEÇÃO

4

Manifestação clínica e diagnóstico da infecção pelo sistema orgânico

Infecções do trato respiratório superior

19

Introdução

O ar que inalamos contém milhares de partículas suspensas, incluindo microrganismos, na maioria inofensivos. No entanto, o ar pode conter grandes quantidades de microrganismos patogênicos nas proximidades de um indivíduo com infecção do trato respiratório. Mecanismos de depuração eficientes (Caps. 10 e 14) são, portanto, componentes vitais de defesa do corpo humano contra infecções tanto do trato respiratório superior quanto inferior. A infecção vai contra estes mecanismos naturais de defesa, por isso cabe perguntar por que as defesas falharam. Para as infecções do trato respiratório superior, a ação do fluxo da saliva é importante na orofaringe e o sistema mucociliar captura invasores na nasofaringe. Como em outras estruturas do corpo (Cap. 9), uma variedade de microrganismos vive de maneira harmoniosa no trato respiratório superior e na orofaringe (Tabela 19.1); eles colonizam o nariz, a boca, a garganta e os dentes, estando bem adaptados à vida nesses lugares. Normalmente, eles são convidados comportados, não invadindo tecidos nem causando doenças. Porém, como em outras partes do corpo, microrganismos residentes podem causar danos quando a resistência do hospedeiro está debilitada. Além disso, um conjunto de invasores causa sintomas no trato respiratório superior que podem apresentar progressão para o trato respiratório inferior, dependendo do patógeno.

Os tratos respiratórios superior e inferior formam uma continuidade para agentes infecciosos

Nós fazemos uma distinção entre infecções dos tratos respiratórios superior e inferior, mas o trato respiratório do nariz aos alvéolos é uma continuidade no que se refere a agentes infecciosos (Fig. 19.1). Entretanto, pode haver um "foco" preferido de infecção (p. ex., nasofaringe para coronavírus e rinovírus); mas os vírus *parainfluenza*, por exemplo, podem infectar a nasofaringe levando a um resfriado, bem como a laringe e a traqueia, resultando em laringotraqueíte (crupe), e ocasionalmente os brônquios e os bronquíolos (bronquites, bronquiolites ou pneumonia).

Podem ser feitas generalizações sobre as infecções dos tratos respiratórios superior e inferior

1. Embora muitos microrganismos restrinjam-se à superfície do epitélio, alguns disseminam-se para outras partes do corpo antes de retornarem ao trato respiratório, à orofaringe e às glândulas salivares (Tabela 19.2).
2. Dois grupos de patógenos podem ser distinguidos: invasores "profissionais" e "secundários" (Tabela 19.3).
3. Invasores profissionais são aqueles que conseguem infectar com sucesso o trato respiratório normalmente saudável. Em geral, eles têm propriedades específicas que lhes permitem escapar das defesas locais do hospedeiro, como os mecanismos de adesão dos vírus respiratórios (Tabela 19.4). Os invasores secundários causam doenças somente quando as defesas do hospedeiro já estão deficientes (Tabela 19.3).
4. Os sintomas de uma infecção no trato respiratório superior incluem febre, rinite e faringite ou dor de garganta. Não são apenas os patógenos respiratórios que causam tais sintomas, as infecções por citomegalovírus (CMV) e pelo vírus Epstein-Barr (VEB) estão inclusas neste capítulo, mas estão associadas somente aos componentes de febre e faringite. Ambos são parte de um diagnóstico diferencial de febre glandular.

RINITE

Os testes diagnósticos moleculares demonstraram uma gama muito maior de vírus que causam resfriados em comparação às técnicas mais antigas

Os vírus são os invasores mais comuns da nasofaringe, e uma grande variedade de tipos (Tabela 19.4) é responsável pelos sintomas referidos como resfriado comum. Eles induzem uma circulação de fluidos ricos em vírus, chamada rinorreia, da nasofaringe, e quando o reflexo do espirro é provocado, um grande número de partículas de vírus é liberado no ar. A transmissão ocorre, portanto, por aerossóis e também por mãos contaminadas com os vírus (Cap. 14). A maior parte desses vírus possui moléculas de superfície que se ligam firmemente às células hospedeiras ou aos cílios ou às microvilosidades projetadas dessas células. Como resultado, eles não se deixam lavar por secreções e são capazes de iniciar infecções no indivíduo saudável. A progênie do vírus da primeira célula infectada atinge as células vizinhas e novos locais na superfície mucosa por meio de secreções superficiais. Depois de poucos dias, os danos às células epiteliais e a secreção de fluido contendo mediadores inflamatórios, como a bradicinina, conduzem aos sintomas do resfriado comum (Fig. 19.2).

Coinfecções virais estão sendo detectadas com o uso de testes mais sensíveis

Em vista da grande variedade de vírus e levando-se em conta que resfriados comuns são geralmente brandos e autolimitados sem propagação sistêmica em indivíduos saudáveis, a determinação da etiologia é útil a partir de uma perspectiva epidemiológica e de controle. Particularmente, o advento de testes diagnósticos moleculares de elevada sensibilidade e especificidade significam que uma ampla taxa de vírus tem sido detectada e as coinfecções têm sido observadas, onde antes somente um patógeno era identificado. Isso tem um impacto sobre o diagnóstico, especialmente quando o trato respiratório inferior está envolvido, como, por exemplo, com vírus influenza ou em crianças com infecções pelo vírus sincicial respiratório (RSV). Houve uma revolução nos diagnósticos laboratoriais. Os métodos mais antigos de cultura celular, que procuravam por um efeito citopático ou adicionavam eritrócitos para detectar vírus hemaglutinantes, assim como o uso de imunofluorescência para a detecção de antígenos virais em células esfoliadas em amostras como aspirados nasofaríngeos ou suabes da garganta (Fig. 19.5), foram superados em muitas partes do mundo por testes de diagnóstico molecular. Dentre estes estão a detecção de material genômico por métodos que incluem reação em cadeia da polimerase (PCR) multiplex em tempo real, que pode ser realizada em laboratórios ou como testes realizados no local de atendimento e microarranjos.

Alternativamente, a coleta de uma amostra de soro da fase aguda e convalescente e a busca de aumento nos anticorpos vírus-específicos podem confirmar o diagnóstico retrospectivamente.

Em decorrência da maior sensibilidade na detecção de vírus respiratórios pela PCR, em conjunto com extrações de amostras automatizadas e métodos de detecção, muitos

Tabela 19.1 A microbiota normal do trato respiratório

Tipo de residente[a]	Microrganismo
Residentes comuns (> 50% das pessoas normais)	Estreptococos orais *Neisseria* spp. *Moraxella* Corinebactérias *Bacteroides* Cocos anaeróbios (*Veillonella*) Bactérias fusiformes[b] *Candida albicans*[b] *Streptococcus mutans* *Haemophilus influenzae*
Residentes ocasionais (< 10% das pessoas normais)	*Streptococcus pyogenes* *Streptococcus pneumoniae* *Neisseria meningitidis*
Residentes incomuns (< 1% das pessoas normais)	*Corynebacterium diphtheriae* *Klebsiella pneumoniae* *Pseudomonas* *E. coli*[c] *C. albicans*[c]
Residentes em estado latente nos tecidos:[d] Pulmão Linfonodos Neurônios sensoriais / gânglios da raiz dorsal	*Pneumocystis jirovecii* *Mycobacterium tuberculosis* Citomegalovírus (CMV) Vírus Epstein-Barr (VEB) Vírus do herpes simples (HSV) Varicela-zóster (VZV)

[a]Todos, à exceção dos residentes de tecidos, estão presentes na oronasofaringe ou nos dentes.
[b]Presentes na boca; também *Entamoeba gingivalis*, *Trichomonas tenax*, micrococos, *Actinomyces* spp.
[c]Especialmente após tratamento com antibióticos.
[d]Todos, exceto o *M. tuberculosis*, estão presentes na maioria dos seres humanos.

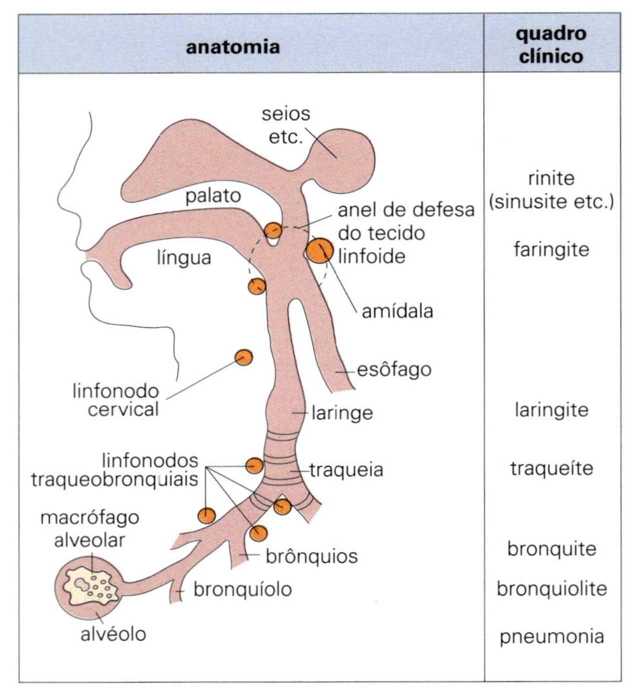

Figura 19.1 O trato respiratório com um contínuo.

Tabela 19.2 Patógenos cujo acesso é feito por meio do trato respiratório superior

Tipo	Exemplos	Consequências
Restrita à superfície	Rinovírus *Influenza* *Streptococci* na garganta *Chlamydia* (conjuntivite) Difteria Coqueluche *Candida albicans* (candidíase)	Propagação local Defesas locais (mucosas) importantes Resposta adaptativa (imune) algumas vezes age tarde demais para ser importante na recuperação Período de incubação curto (dias)
Propagada por todo o corpo	Sarampo, caxumba, rubéola VEB, CMV *Chlamydophila psittaci*[a] Febre Q Criptococose	Pouca ou nenhuma lesão no local de entrada O patógeno propaga-se pelo corpo, retorna à superfície para multiplicação final e liberação, por exemplo, glândula salivar (caxumba, CMV, VEB), trato respiratório (sarampo) Resposta imune adaptativa importante na recuperação Período maior de incubação (semanas)

Após a entrada pelo trato respiratório, os patógenos ficam na superfície do epitélio ou se disseminam pelo corpo. CMV, citomegalovírus; VEB, vírus Epstein-Barr.
[a]Anteriormente *Chlamydia psittaci*.

Tabela 19.3 Os dois tipos de invasores respiratórios – profissional ou secundário

Tipo	Exigência	Exemplos
Invasores profissionais (infectam o trato respiratório saudável)	Adesão à mucosa normal (a despeito do sistema mucociliar)	Vírus respiratórios (*influenza*, rinovírus) *Streptococcus pyogenes* (garganta) *S. pneumoniae* *Chlamydia* (*psitacose*, conjuntivite por clamídia e pneumonia, tracoma)
	Capacidade de interferir nos cílios	*Bordetella pertussis*, *Mycoplasma pneumoniae*, *S. pneumoniae* (pneumolisina)
	Capacidade de resistir à destruição no macrófago alveolar	*Legionella*, *Mycobacterium tuberculosis*
	Capacidade de danificar tecidos locais (mucosas, submucosas)	*Corynebacterium diphtheriae* (toxina), *S. pneumoniae* (pneumolisina)
Invasores secundários (infectam quando as defesas do hospedeiro estão comprometidas)	Infecção inicial e dano por vírus respiratórios (p. ex., vírus *influenza*)	*Staphylococcus aureus*; *S. pneumoniae*, pneumonia complicadora de *influenza*
	Defesas locais comprometidas (p. ex., fibrose cística)	*S. aureus*, *Pseudomonas*
	Bronquite crônica, corpo estranho ou tumor local	*Haemophilus influenzae*, *S. pneumoniae*
	Respostas imunológicas deprimidas (p. ex., AIDS, doença neoplásica)	*Pneumocystis jirovecii*, citomegalovírus, *M. tuberculosis*
	Resistência deprimida (p. ex., velhice, alcoolismo, doença renal ou hepática)	*S. pneumoniae*, *S. aureus*, *H. influenzae*

Tabela 19.4 Vírus respiratórios e seus mecanismos de fixação

Vírus	Tipos envolvidos	Mecanismo de fixação	Doença
Rinovírus (> 100 tipos)[a]	Todos	Proteína de capsídeo liga-se à molécula tipo ICAM-1 na célula[b]	Resfriado comum
Os enterovírus incluem: Vírus coxsackie A (24 tipos)[c] Ecovírus (34 tipos) Enterovírus (116 sorotipos)[c]	Muitos	Proteína de capsídeo liga-se à molécula tipo ICAM-1 na célula[b]	Resfriado comum; também vesículas orofaríngeas (herpangina) e doença da mão-pé-boca (A16, EV71)
Vírus *influenza*	A, B e C	Hemaglutinina liga-se à glicoproteína contendo ácido neuramínico na superfície da célula	Também pode invadir o trato respiratório inferior
Vírus *parainfluenza* (4 tipos)	1, 2, 3, 4	Proteína de envelope viral liga-se ao glicosídeo na célula	Também pode invadir a laringe
Vírus sincicial respiratório	A e B	Proteína G no vírus liga-se ao receptor na célula	Também pode invadir o trato respiratório inferior
Coronavírus (vários tipos)	Todos	Proteína de envelope viral liga-se a receptores de glicoproteína na célula	Resfriado comum Síndrome respiratória aguda grave (SARS) Síndrome respiratória do Oriente Médio Coronavírus (MERS CoV)
Adenovírus (41 tipos)	5-10	Fibra de pentâmeros liga-se ao receptor da célula	Principalmente faringite; também conjuntivite, bronquite

[a]Um determinado tipo mostra pouca ou nenhuma neutralização por anticorpo contra outros tipos.
[b]ICAM-1: molécula de adesão intercelular expressa em uma ampla variedade de células normais; membro da superfamília de imunoglobulina, codificada no cromossomo 19.

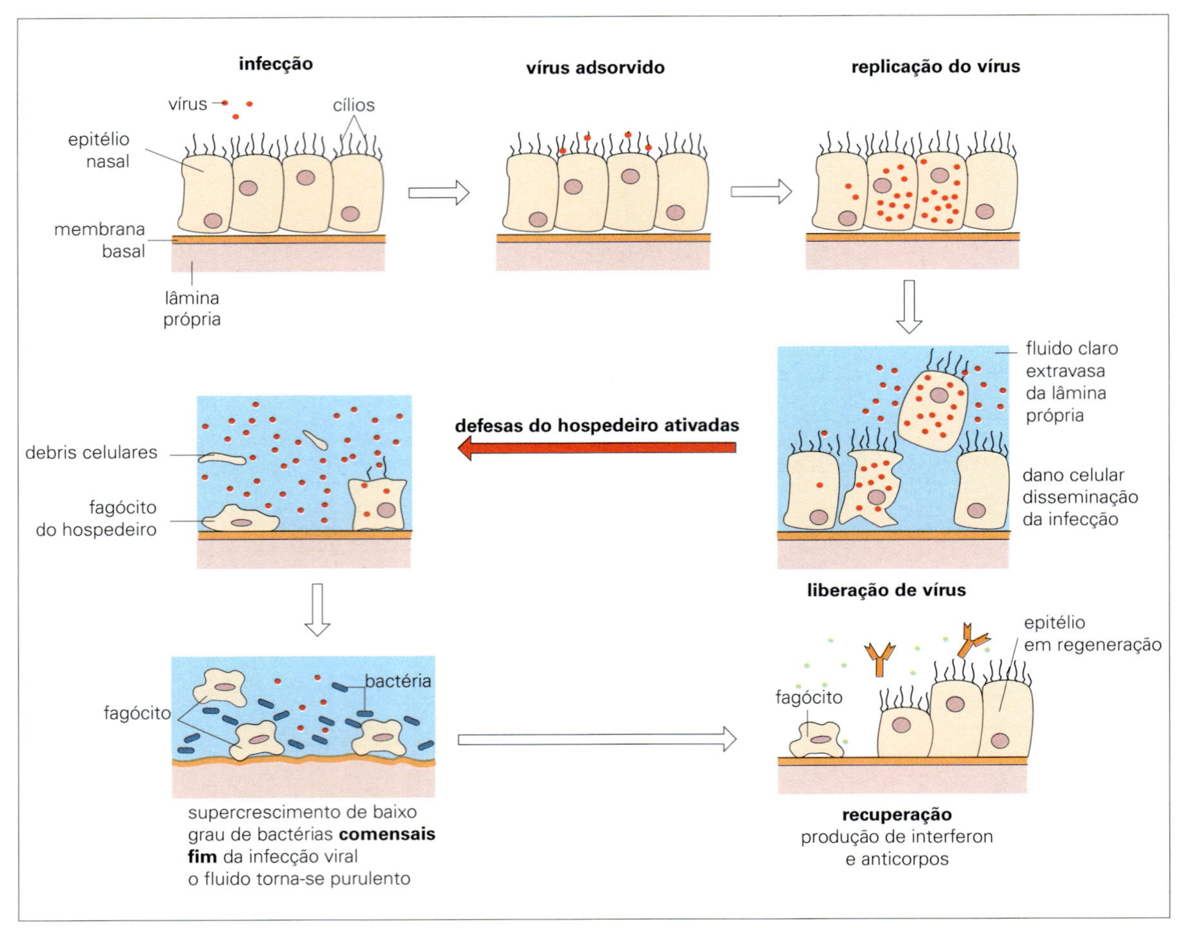

Figura 19.2 A patogênese do resfriado comum. Para simplificar, o epitélio é representado pela espessura de uma célula.

laboratórios usam métodos moleculares para realizar um diagnóstico usando amostras de suabes de nariz e garganta combinadas. Esses suabes podem ser usados no lugar de aspirados nasofaríngeos que são mais invasivos e levam à produção de aerossol — um problema de controle da infecção.

O tratamento do resfriado comum é sintomático

Costuma-se dizer que um resfriado comum se cura em 48 h se for empreendido um tratamento vigoroso com anticongestionantes, analgésicos e antibióticos. Não há vacinas para proteção contra os vírus do resfriado comum, já que as vacinas teriam de ser polivalentes para cobrir este grupo antigenicamente diversificado de vírus, e o tratamento é, na maior parte, sintomático.

FARINGITES E AMIDALITES

Cerca de 70% das dores de garganta agudas são causadas por vírus

Microrganismos que causam dor de garganta (faringite aguda) estão listados na Tabela 19.5. Estes vírus que infectam o trato respiratório superior encontram, inevitavelmente, os tecidos linfoides submucosos que formam um anel de defesa ao redor da orofaringe (Fig. 19.1). A garganta fica dolorida ou porque a mucosa sobrejacente está infectada ou por causa das respostas imunológico-inflamatórias dos próprios tecidos linfoides. Os adenovírus são causas comuns, frequentemente infectando a conjuntiva, assim como a faringe ao causar a febre faringoconjuntival. O vírus Epstein-Barr (VEB) e o citomegalovírus (CMV) multiplicam-se localmente na faringe (Fig. 19.3), e o vírus herpes simples (HSV) e alguns vírus coxsackie A se multiplicam na mucosa oral e produzem uma lesão local dolorosa ou úlcera. Determinados enterovírus (p. ex., o coxsackie A16) podem causar ainda vesículas adicionais nas mãos, pés e boca (doença da mão-pé-boca; Fig. 19.4).

Infecção pelo citomegalovírus

O citomegalovírus pode ser transmitido pela saliva, urina, sangue, sêmen e secreções cervicais

O citomegalovírus é o maior herpes-vírus humano (Fig. 19.5) e é espécie-específico; seres humanos são os hospedeiros naturais. Citomegalovírus refere-se às células multinucleadas que, com as inclusões intranucleares, são respostas características à infecção por esse vírus. O CMV foi originalmente chamado de vírus da "glândula salivar" e é transmitido pela saliva e por outras secreções. Além disso, o CMV pode ser transmitido por contato sexual, visto que o sêmen e as secreções cervicais também podem conter o vírus, por transfusões de sangue (embora a leucodepleção reduza o risco significativamente) e transplantes de órgãos de doadores positivos para anticorpo contra o CMV. A carga de CMV será alta na urina de bebês com infecção por CMV congênita, e a lavagem cuidadosa das

Tabela 19.5 Microrganismos que causam faringite aguda

Organismos	Exemplos	Comentários
Vírus	Rinovírus, coronavírus	Um sintoma brando no resfriado comum
	Adenovírus (tipos 3, 4, 7, 14, 21)	Febre faringoconjuntival
	Vírus *parainfluenza*	Mais grave do que o resfriado comum
	Vírus *influenza*, CMV, VEB	Nem sempre presente
	Vírus coxsackie A e outros enterovírus	Vesículas pequenas (herpangina)
	Vírus Epstein-Barr	Ocorre em 70-90% dos pacientes com febre glandular
	Vírus herpes simples tipo 1	Pode ser grave, com vesículas ou úlceras palatais
Bactérias	*Streptococcus pyogenes*	Causa 10-20% dos casos de faringite aguda; início súbito; principalmente em crianças de 5 a 10 anos de idade
	Neisseria gonorrhoeae	Frequentemente assintomática; geralmente via contato orogenital
	Corynebacterium diphtheriae	Faringite frequentemente branda, mas enfermidade tóxica pode ser grave
	Haemophilus influenzae	Epiglotite
	Borrelia vincentii e bacilos fusiformes	Angina de Vincent; mais comum em adolescentes e adultos

CMV, citomegalovírus; VEB, vírus Epstein-Barr.

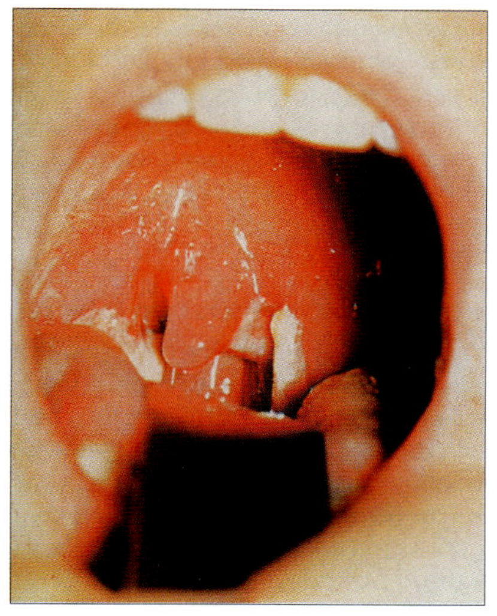

Figura 19.3 Mononucleose infecciosa causada pelo vírus Epstein-Barr. As amídalas e a úvula estão edemaciadas e cobertas por exsudato branco. Existem petéquias no palato mole. (Cortesia de J.A. Innes.)

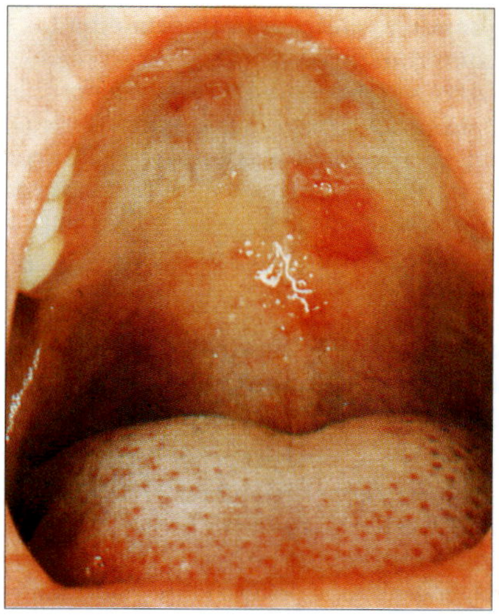

Figura 19.4 Úlceras no palato duro e língua na doença mão-pé-boca decorrentes do vírus coxsackie A. (Cortesia de J.A. Innes.)

mãos e o descarte de fraldas reduzirão o risco de transmissão a indivíduos suscetíveis. O CMV pode ser detectado no leite materno, que é outra rota de transmissão.

A infecção pelo citomegalovírus é frequentemente assintomática, mas pode se reativar e causar doenças quando a imunidade mediada por células (CMI) estiver comprometida

Após uma infecção silenciosa do trato respiratório superior, o CMV tem uma disseminação local para os tecidos linfoides e, então, sistêmica por meio dos linfócitos e monócitos circulantes para envolver os linfonodos e o baço. A infecção é então localizada nas células epiteliais nas glândulas salivares e nos túbulos renais, e ainda no colo uterino, testículos e epidídimos, de onde o vírus é liberado para o ambiente (Tabela 19.6).

As células infectadas podem ser multinucleadas ou apresentarem inclusões intranucleares, mas as alterações patoló-

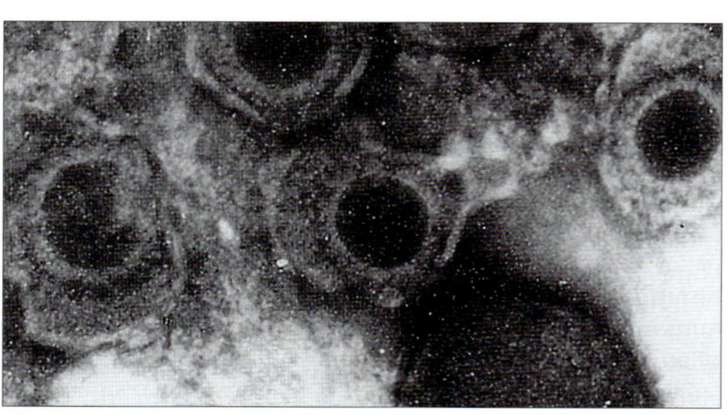

Figura 19.5 Micrografia eletrônica de partículas do citomegalovírus. Esse é o maior herpes-vírus humano, com um diâmetro de 150-200 nm e um núcleo denso de DNA. (Cortesia de D.K. Banerjee.)

Tabela 19.6 Os efeitos da infecção por citomegalovírus

Local de infecção	Resultado	Comentário
Glândulas salivares	Transmissão salivar	Por meio do beijo ou de mãos contaminadas
Epitélio tubular do rim	Vírus na urina	Provável papel na transmissão por ambiente contaminante
Cérvice, testículo/epidídimo	Transmissão sexual	Até 10^7 doses infecciosas/mL de sêmen em homens com infecção aguda
Linfócitos, macrófagos	Vírus propaga-se por todo o corpo por meio de células infectadas Mononucleose pode ocorrer Efeito imunossupressor	Provável local de infecção persistente
Placenta, feto	Anormalidades congênitas	Maior dano ao feto após infecção materna primária do que na reativação

gicas são de pouca importância. O vírus inibe as respostas das células T e há uma redução temporária na sua reatividade imunológica para outros antígenos.

Apesar de serem gerados anticorpos específicos e CMI, essas respostas não conseguem eliminar o vírus (Cap. 17), que normalmente continua a ser liberado na saliva e na urina por muitos meses. Entretanto, a infecção é por fim controlada por mecanismos CMI, embora células infectadas continuem no corpo por toda a vida e possam ser uma fonte de reativação e doença quando as defesas imunes mediadas por células estiverem comprometidas.

O CMV deve seu sucesso com relação a nossa espécie à sua capacidade de escapar das defesas imunológicas. Por exemplo, ele é um alvo ruim para as células T citotóxicas (Tc) por interferir no transporte de moléculas de classe I do complexo de histocompatibilidade principal (MHC) para a superfície da célula (Cap. 11), e induz a expressão de receptores Fc nas células infectadas (Cap. 17).

A infecção pelo citomegalovírus pode causar malformações fetais e pneumonia em pacientes imunodeficientes

No hospedeiro natural, o lactente ou a criança, o CMV não causa doença, e em geral ocasiona uma doença branda nos adultos. No entanto, como em todas as infecções, há um espectro de doenças clínicas que variam de assintomáticas a enfermidades graves. Uma enfermidade do tipo febre glandular pode ocorrer em adolescentes, similar à infecção pelo vírus Epstein-Barr com febre, letargia e linfócitos anormais e mononucleose em esfregaços de sangue. Infecção primária durante a gestação permite a propagação do vírus do sangue para a placenta e, então, para o feto, resultando em infecção por CMV sintomática ao nascimento em 18% e detecção de outras sequelas em 25% das crianças com até 5 anos de idade, como descrito no Capítulo 24. Reativação da infecção durante a gestação também ocorre, e pode ser assintomática no nascimento, mas até 8% das crianças terão sintomas até os 5 anos de idade. O CMV, depois da síndrome de Down, é a principal causa de deficiência mental.

Em pacientes imunodeficientes, como os receptores de transplantes de medula óssea ou órgãos sólidos (Cap. 31), a infecção por CMV pode causar uma pneumonia intersticial com infiltrado de células mononucleares infectadas. Dentre os locais afetados, inclui-se o SNC, com lesões focais cerebrais "micronodulares" com células mononucleares infectadas, associadas a uma variedade de outras complicações, como a retinite em indivíduos infectados pelo HIV com AIDS. Isso era uma complicação importante antes do advento da terapia antirretroviral combinada. Adicionalmente, o trato gastrointestinal pode estar envolvido com colite e hepatite.

O diagnóstico clínico de uma infecção primária é raramente possível, porque ela é frequentemente assintomática. No entanto, em indivíduos imunocompetentes sintomáticos, o diagnóstico é feito pela detecção de IgM anti-CMV em amostras de sangue. Naqueles com possível pneumonite por CMV, uma amostra de lavagem broncoalveolar é coletada por meio da passagem de um broncoscópio nos pulmões e coleta de lavagens, e métodos de detecção de antígeno ou DNA do CMV são usados para realizar o diagnóstico. Células multinucleadas ou outras com inclusões intranucleares proeminentes podem ser vistas no material de biópsia do pulmão. A sorologia para detecção de IgG e IgM anti-CMV está disponível, mas é improvável que seja útil para o diagnóstico em pacientes imunossuprimidos. O tratamento dos receptores de transplante envolve o monitoramento do DNA do CMV em amostras de sangue total ou plasma e terapia preventiva, ao detectar viremia do CMV (Cap. 31).

Opções de tratamento antiviral em infecção por CMV

Apesar de o ganciclovir, o foscarnet ou o cidofovir (embora o último seja um agente de terceira linha e pouco usado) serem eficazes, o mesmo não acontece com o aciclovir. Esses fármacos antivirais reduzem a replicação viral, não eliminam o vírus e podem ser usados em situações clínicas específicas como terapia preventiva (Cap. 31). Como a pneumonite causada pelo CMV é uma doença imunopatológica, são utilizadas imunoglobulinas humanas normais ou específicas para o CMV em conjunto com o agente antiviral, que potencialmente bloqueiam a resposta de células Tc para pneumócitos expressando os antígenos-alvo.

Prevenção de infecção por CMV

Não há vacina, mas pesquisas com vacinas vivas, inativadas e recombinantes têm sido realizadas. Tendo em mente que esta é a segunda causa mais comum de deficiência intelectual em bebês, a imunização é uma importante consideração, uma vez que uma série de questões práticas tenha sido resolvida. Em 2011, foram relatados os resultados de um teste com vacina de glicoproteína B recombinante para CMV envolvendo receptores de transplante de órgãos sólidos que sugeriram que os níveis de anticorpos gerados em respostas à vacina levaram à redução da viremia e da duração do uso de antivirais. A transmissão pode ser reduzida em várias situações ao evitar o contato entre crianças infectadas congenitamente e mulheres grávidas suscetíveis ou, caso isso não seja possível, mantendo a higiene das mãos. O sangue para transfusão de recém-nascidos e transplantes de medula óssea e órgãos sólidos devem preferencialmente vir de doadores negativos para anticorpos anti-CMV.

Infecção pelo vírus Epstein-Barr

O vírus Epstein-Barr é transmitido na saliva

O vírus Epstein-Barr (VEB), assim como o CMV, é espécie-específico. O VEB é estrutural e morfologicamente idêntico aos outros herpes-vírus (Cap. 3), mas antigenicamente distinto. Os antígenos principais incluem o antígeno do capsídeo viral (VCA) e os antígenos nucleares associados ao VEB (EBNA), que são usados em testes diagnósticos. Os seres humanos são os hospedeiros naturais.

O VEB é transmitido pela troca de saliva, por exemplo, durante o beijo, e é uma infecção onipresente. Nos países em desenvolvimento, a infecção provavelmente ocorre pelo contato íntimo logo no início da infância e é subclínica. Em outros lugares, a infecção ocorre em dois picos, de 1-6 anos e de 14-20 anos de idade, e, na maior parte dos casos, causa doenças.

As características clínicas da infecção pelo VEB são imunologicamente mediadas

Os eventos clínicos e imunológicos na infecção por VEB são ilustrados na Figura 19.6. O VEB se replica nos linfócitos B, depois de fazer uma ligação específica ao receptor C3d (CD21) nessas células, e também em certas células epiteliais. A patogênese da doença e as características clínicas podem ser explicadas nessa base. O vírus é liberado na saliva a partir das células epiteliais infectadas e possivelmente linfócitos nas glândulas salivares, e da orofaringe, com uma disseminação clínica silenciosa para os linfócitos B nos tecidos linfoides locais e para outras partes do corpo (linfonodos, baço).

Os linfócitos T respondem imunologicamente às células B infectadas (ultrapassando as últimas em uma proporção de cerca de 50 para 1) e aparecem no sangue periférico como "linfócitos atípicos" (Fig. 19.7). Muito dessa doença se deve a uma guerra civil imunológica, uma vez que as células T ativadas especificamente respondem às células B infectadas. No lactente ou na criança pequena infectada naturalmente, essas respostas imunológicas são fracas e, em geral, não há uma doença clínica. Já crianças mais velhas ficam adoentadas, e adultos jovens desenvolvem a mononucleose infecciosa ou febre glandular de 4-7 semanas após a infecção inicial. Isso é caracterizado por febre, dor de garganta, geralmente com petéquias no palato duro (Fig. 19.3), linfadenopatia e esplenomegalia, com anorexia e letargia como características proeminentes. Pode ocorrer hepatite, com leves elevações das enzimas hepatocelulares em 90% dos casos e icterícia em 9%. Também há o risco de haver ruptura esplênica.

Complicações são observadas em cerca de 1% das infecções agudas por VEB e devem-se à invasão do vírus no tecido ou ao dano mediado imunologicamente. Estas incluem meningite asséptica e encefalite, quase sempre com recuperação total, anemia hemolítica, obstrução de vias respiratórias decorrente de inchaço orofaríngeo, síndrome hemofagocítica e ruptura esplênica.

Os sintomas são presumivelmente decorrentes da ação das citosinas liberadas durante a intensa atividade imunoló-

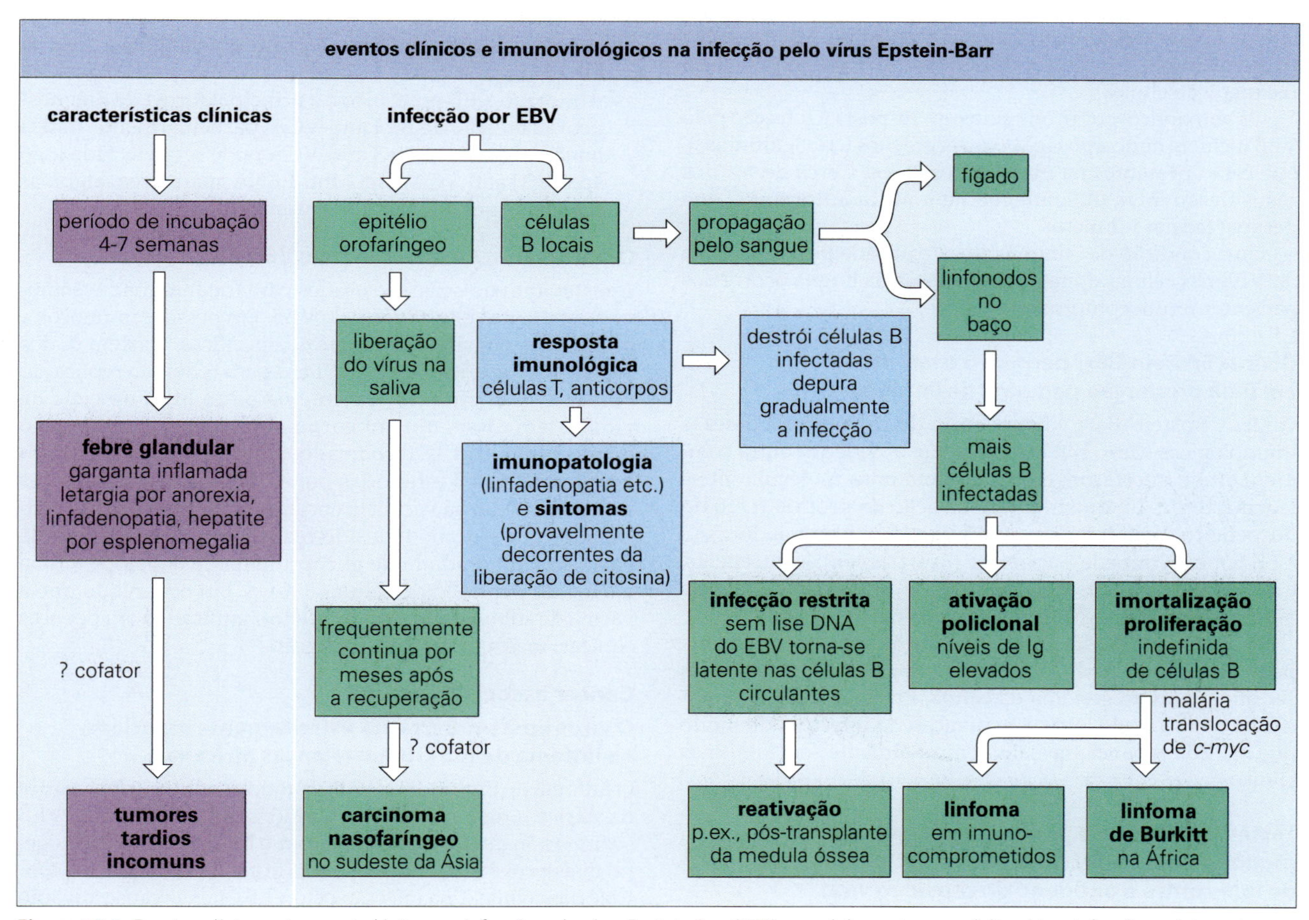

Figura 19.6 Eventos clínicos e imunovirológicos na infecção pelo vírus Epstein-Barr (VEB) em adolescentes ou adultos. Uma infecção mais branda, frequentemente subclínica, ocorre em crianças.

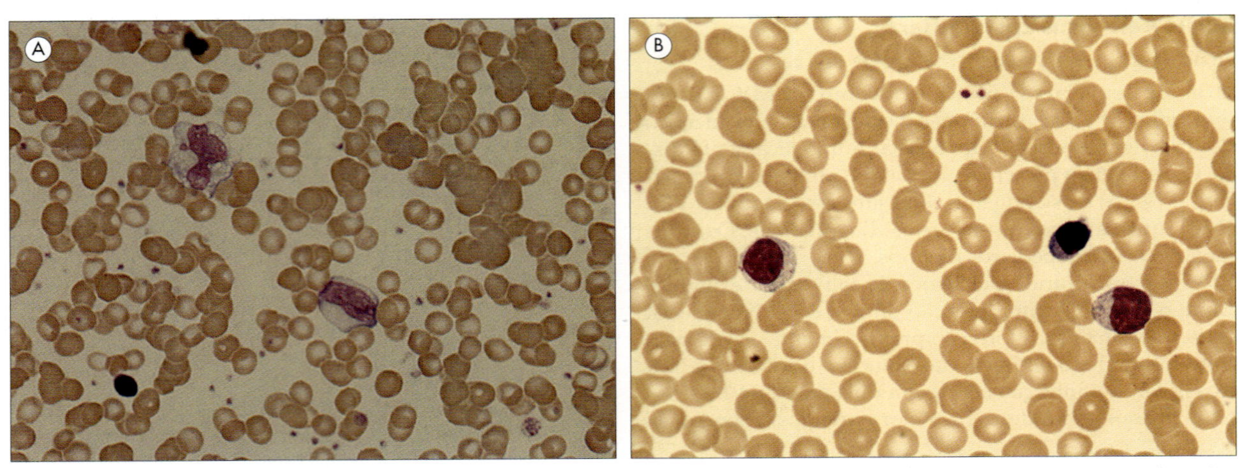

Figura 19.7 (A) Linfócitos atípicos característicos da infecção pelo vírus Epstein-Barr e (B) um linfócito normal para comparação. (Cortesia de Dr. Sue Height, Paediatric Haematology, King's College Hospital NHS Foundation Trust, London.)

gica. Altos níveis de interferon-gama (IFNγ), produzidos por células T ativadas e células NK, provavelmente contribuem para os sintomas, visto que causam dor de cabeça, cansaço e febre. As células B infectadas são estimuladas a diferenciar e produzir anticorpos; essa ativação policlonal de células B é responsável pela produção de anticorpos heterófilos (reagindo com eritrócitos de caprinos ou equinos) e uma variedade de autoanticorpos. A recuperação espontânea normalmente ocorre de 2-3 semanas, mas os sintomas podem persistir por alguns meses. O vírus permanece como uma infecção latente apesar dos anticorpos e das respostas CMI, e a saliva frequentemente continua infectante durante meses depois da recuperação clínica.

Os autoanticorpos produzidos em resposta à infecção pelo VEB incluem anticorpos IgM para eritrócitos (crioaglutininas), que estão presentes na maioria dos casos. Cerca de 1% dos casos desenvolve uma anemia hemolítica autoimune, que desaparece em 1-2 meses.

Uma condição de "língua pilosa" causada pela replicação do VEB nas células epiteliais escamosas da língua ocorre nos pacientes imunocomprometidos.

O vírus Epstein-Barr permanece latente em uma proporção pequena de linfócitos B

O vírus Epstein-Barr é bem equipado para evadir defesas imunológicas (Cap. 17). Ele apresenta atividade contra complemento e interferon, e produz uma falsa molécula interleucina 10 (IL-10) que interfere na ação da própria IL-10 do hospedeiro (uma importante citosina imunorreguladora). O VEB também impede a apoptose (lise) das células infectadas, e a eficácia dessa estratégia lhe permite estabelecer residência permanente dentro do sistema imunológico.

O DNA do VEB está presente na forma epissômica em uma pequena proporção de linfócitos B, e algumas cópias podem ser integradas ao genoma da célula. Posteriormente, a imunodeficiência pode levar à reativação da infecção, de modo que o VEB reaparece na saliva, normalmente sem sintomas clínicos.

Testes laboratoriais para o diagnóstico de mononucleose infecciosa devem incluir detecção de IgM contra o antígeno do capsídeo viral

A mononucleose infecciosa é diagnosticada clinicamente pela síndrome característica e pelo surgimento de petéquias palatais na garganta. O diagnóstico laboratorial é feito pela detecção de IgM anti-VCA no soro. No entanto, há outros testes úteis, que incluem os seguintes:

- Demonstração de linfócitos atípicos, compreendendo mais de 30% das células nucleadas, em esfregaços de sangue. No entanto, muitas infecções virais causam linfocitose atípica; consequentemente, isso não é específico para o VEB.
- Demonstração de anticorpos heterófilos para os eritrócitos de equinos (ou caprinos), no monoteste. Eles estão presentes em 90% dos casos, mas podem não ser detectados antes dos 14 anos de idade, e a resposta também tem curta duração.
- Anticorpo VEB-específico é a principal forma de diagnóstico; a detecção de IgM anti-VCA, particularmente, indica infecção em curso. IgG anti-VCA pode ser detectada logo após IgM anti-VCA, e IgG anti-EBNA aparecerem algumas semanas após o início dos sintomas.

O tratamento da infecção pelo VEB é limitado

Agentes antivirais não são usados para tratar indivíduos imunocompetentes infectados pelo VEB. Em pessoas imunocomprometidas em situações clínicas específicas, existem dados sobre o uso de antivirais específicos para reduzir a replicação viral, mas são eficazes somente na parte lítica do ciclo de vida. Além disso, um anticorpo monoclonal humanizado de receptor anti-CD20 chamado rituximabe foi usado para destruir células B infectadas por VEB em situações clínicas específicas. Não há vacina licenciada, mas testes clínicos controlados por placebo têm sido realizados, envolvendo uma vacina de subunidade de glicoproteína de envelope e uma vacina de peptídeo de células T CD8. Foi observado que a vacina de subunidade tem um efeito significativo em doenças clínicas, mas não previne a infecção.

Câncer associado ao VEB

O vírus Epstein-Barr está estreitamente associado ao linfoma de Burkitt em crianças africanas

O linfoma de Burkitt (Fig. 19.8) é praticamente restrito a partes da África e da Papua-Nova Guiné, sendo claro que o VEB sozinho não é suficiente para causar o linfoma. O cocarcinógeno mais provável é a malária, cuja atuação enfraquece o controle das células T na infecção pelo VEB e talvez cause ativação policlonal das células B, com a maior proliferação celular, tornando-as mais suscetíveis à transformação neoplásica.

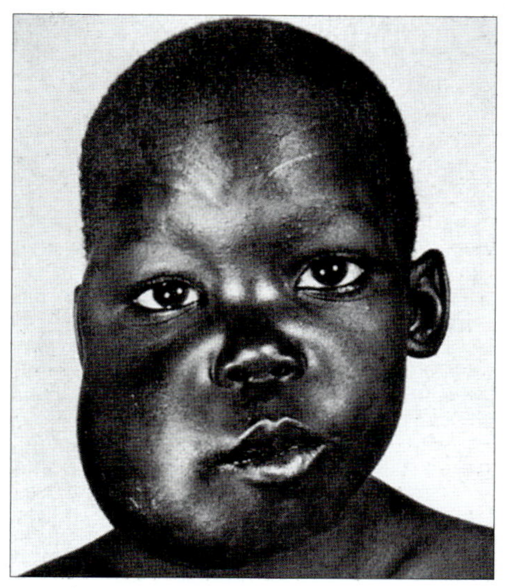

Figura 19.8 Linfoma de Burkitt afetando o maxilar e o olho em uma criança africana. (Cortesia de I. Magrath, MD, Bethesda, Md. De Zitelli B.; Davis H. *Atlas of Pediatric Physical Diagnosis*, 2007, Mosby Elsevier.)

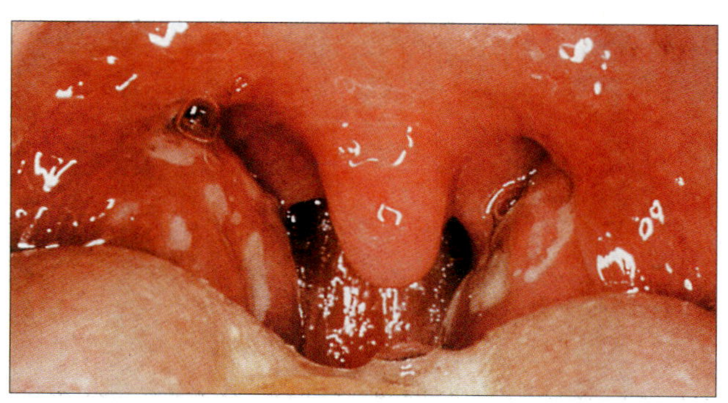

Figura 19.9 Amidalite estreptocócica decorrente do *Streptococcus pyogenes* beta-hemolítico do grupo A com eritema intenso da amídala e exsudato amarelado. (Cortesia de J.A. Innes.)

O vírus Epstein-Barr está estreitamente associado a outros linfomas de célula B em pacientes imunodeficientes

Por exemplo, os linfomas de célula B ocorrem em 1-10% dos receptores de transplantes de órgãos sólidos, especialmente crianças, quando a infecção primária pelo VEB ocorre após o transplante. As transcrições do DNA e do RNA do VEB são encontradas nas células tumorais, que também mostram uma translocação do oncogene *c-myc* no cromossomo 8 para o lócus da cadeia pesada da imunoglobulina localizada no cromossomo 14 (Cap. 18). Distúrbios linfoproliferativos pós-transplante (PTLD – *post-transplant lymphoproliferative disorders*) devem-se à proliferação descontrolada das células B. Além disso, há a rara doença linfoproliferativa ligada ao X (XLP – *X-linked lymphoproliferative*) que está associada à infecção por VEB. Este distúrbio herdado envolve mutações no gene que codifica a proteína associada à molécula de ativação de linfócitos. A última é essencial para ativação de células T e NK pelas células B, que controlam células B infectadas pelo VEB. Portanto, indivíduos com este distúrbio ligado ao X podem desenvolver mononucleose infecciosa fatal e linfomas e isso pode ser evitado somente por um transplante de medula óssea alogênico.

A infecção pelo vírus Epstein-Barr também está estreitamente associada ao carcinoma nasofaríngeo

O carcinoma nasofaríngeo (NPC) é um câncer muito comum na China e no sudeste da Ásia. O DNA do VEB é detectável nas células tumorais, e um cocarcinógeno é provável — possivelmente nitrosaminas ingeridas de peixes em conserva. Os fatores genéticos do hospedeiro controlando os antígenos leucocitários humanos (HLA) e as respostas imunológicas podem conferir suscetibilidade ao NPC.

Infecções bacterianas

As bactérias responsáveis pela faringite incluem:

- *Streptococcus pyogenes* (Fig. 19.9), que são estreptococos do grupo A (GAS), são beta-hemolíticos e colonizam a garganta, a pele e o trato anogenital. É uma infecção comum, transmitida por gotículas da respiração e contato direto com a pele, e a realização do diagnóstico é importante porque ela pode levar a complicações (ver adiante), mas pode ser tratada facilmente com penicilina.
- *Corynebacterium diphtheriae.*
- *Haemophilus influenzae* (tipo B), que ocasionalmente causa epiglotite grave com obstrução das vias respiratórias, sobretudo em crianças mais novas.
- *Borrelia vicentii* junto com alguns bacilos fusiformes, que podem causar úlceras na garganta ou nas gengivas.
- *Neisseria gonorrhoeae.*

Cada um desses tipos de bactéria adere-se à superfície da mucosa, algumas vezes invadindo os tecidos locais.

Complicações da infecção pelo *S. pyogenes*

As complicações da infecção da garganta pelo *S. pyogenes* incluem abscesso peritonsilar, escarlatina e, raramente, febre reumática, cardiopatia reumática e glomerulonefrite

Essas complicações são importantes o suficiente para serem listadas separadamente, e podem estar associadas à síndrome do choque tóxico estreptocócica, apesar de a maioria ser incomum nos países desenvolvidos, onde há um bom acesso aos cuidados médicos e, provavelmente, menor exposição aos estreptococos. GAS invasivo (iGAS) é uma infecção grave na qual os estreptococos são isolados em locais estéreis, incluindo a corrente sanguínea. As complicações incluem o seguinte:

- Abscesso periamidaliano, uma complicação incomum da dor de garganta estreptocócica não tratada.
- Otite média, sinusite e mastoidite (ver adiante) são causadas por disseminação local do *S. pyogenes*.
- Escarlatina – certas cepas do *S. pyogenes* produzem uma toxina eritrogênica codificada por um fago lisogênico. A toxina se dissemina através do corpo e se localiza na pele para induzir um exantema eritematoso puntiforme (escarlatina; Fig. 19.10). A língua fica inicialmente saburrenta, mas depois fica avermelhada. Os sintomas incluem erupção cutânea, dor de garganta, bochechas avermelhadas e língua inchada. É uma doença notificável e altamente contagiosa. A erupção cutânea começa como um eritema facial e então se dissemina de modo a envolver a maior parte do corpo, com exceção das palmas das mãos e das plantas dos pés. Em geral, o rosto fica ruborizado com palidez perioral. O exantema diminui gradualmente no curso de uma semana e é seguido por uma descamação extensiva. As lesões cutâneas por si só não são graves, mas sinalizam infecção por um estreptococo potencialmente prejudicial, que, na era pré-antibiótica, podia, algumas vezes, se disseminar através do corpo causando celulite e sepse.

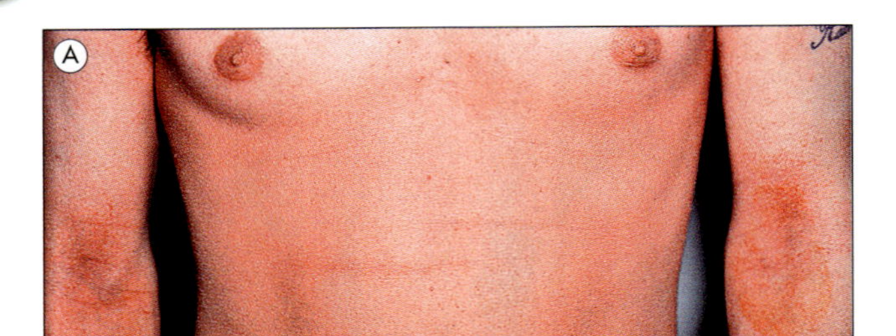

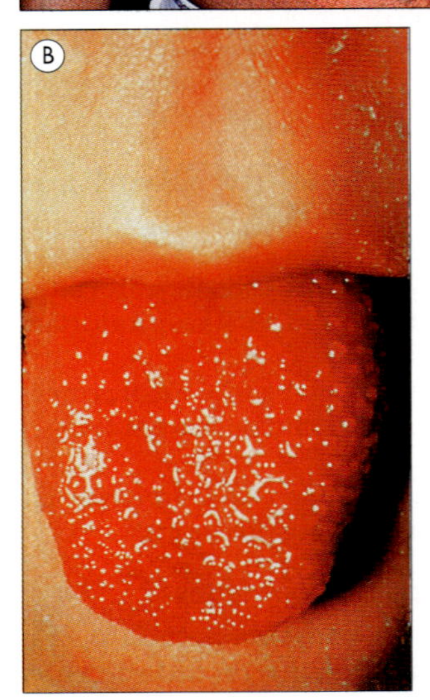

Figura 19.10 Escarlatina. (A) O eritema puntiforme é seguido por descamação durante 2-3 semanas. (B) A língua primeiramente torna-se saburrenta e, então, áspera com papilas proeminentes. ([A] From James W.D.; Berger T. *Andrews' Diseases of the Skin*, 2006, Saunders Elsevier. [B] Cortesia de W.E. Farrar.)

- Impetigo, erisipela e celulite (Cap. 27).
- Pneumonia.
- Febre reumática – essa é uma complicação indireta. Os anticorpos formados para os antígenos na parede celular dos estreptococos reagem cruzadamente com o sarcolema do coração e os demais tecidos. No coração, são formados granulomas (nódulos de Aschoff), e, entre 2-4 semanas após a dor de garganta, o paciente (sobretudo crianças) desenvolve miocardite ou pericardite, que pode estar associada a nódulos subcutâneos, poliartrite e, raramente, coreia. A coreia é um distúrbio que envolve movimentos involuntários e uma doença do sistema nervoso central resultante de anticorpos estreptocócicos reagindo com neurônios. O dr. T. Duckett-Jones desenvolveu os critérios de Jones para o diagnóstico de febre reumática com manifestações maiores e menores, e a evidência de infecção por GAS recente é um critério essencial. Tais critérios foram modificados pela Associação Americana de Cardiologia [*American Heart Association*] em 2015 (Tabela 19.7).
- Cardiopatia reumática – ataques repetidos de *S. pyogenes* com diferentes tipos M podem levar a danos nas válvulas do coração. Algumas crianças têm predisposição genética para essa doença imunologicamente mediada. Se um ataque primário for acompanhado de níveis altos ou crescentes de anticorpos antiestreptolisina O (ASO), ataques futuros podem ser prevenidos por profilaxia com penicilina durante toda a infância. Em muitos países em desenvolvimento, a cardiopatia reumática é o tipo mais comum de doença do coração, observada em regiões pobres e superpopulosas.
- Glomerulonefrite aguda – essa é uma doença mediada pelo complexo imunológico na qual anticorpos contra componentes estreptocócicos se combinam com eles para formar imunocomplexos circulantes, que são então depositados nos glomérulos. As células imunológicas são recrutadas e as citocinas e os mediadores químicos são produzidos, junto com a ativação dos sistemas de complemento e coagulação, resultando em inflamação nos glomérulos. Surge sangue na urina (células vermelhas, proteína), e há sinais de síndrome de nefrite aguda (edema, hipertensão) em 1-2 semanas após a dor de garganta. Os anticorpos ASO normalmente ficam elevados. Há sete de pelo menos 80 tipos M de *S. pyogenes* que originam essa condição, sendo que essa proteína é um fator de virulência primário, mas

Tabela 19.7 Critérios de Jones revisados para o diagnóstico de febre reumática (FR) em pessoas com sinais de uma infecção anterior por GAS

FR aguda	2 manifestações graves ou 1 manifestação grave e 2 secundárias
FR recorrente	2 manifestações graves ou 1 manifestação grave e 2 ou 3 secundárias
Critérios principais	
Populações de baixo risco[a]	**Populações de risco moderado e alto**
Cardite • Clínico e/ou subclínico	Cardite • Clínico e/ou subclínico
Artrite • Somente poliartrite	Artrite • Monoartrite ou poliartrite • Poliartralgia
Coreia	Coreia
Eritema *marginatum*	Eritema *marginatum*
Nódulos subcutâneos	Nódulos subcutâneos
Critérios secundários	
Populações de baixo risco	**Populações de risco moderado e alto**
Poliartralgia	Monoartralgia
Febre (≥ 38,5 °C)	Febre (≥ 38 °C)
VHS ≥ 60 mm na primeira hora/ ou CRP ≥ 3,0 mg/dL	VHS ≥ 30 mm/h e/ou CRP ≥ 3,0 mg/dL
Intervalo PR prolongado, após considerar variabilidade por idade (salvo se cardite for um critério principal)	Intervalo PR prolongado, após considerar variabilidade por idade (salvo se cardite for um critério principal)

CRP, proteína C reativa; VHS, velocidade de hemossedimentação; GAS, infecção estreptocócica do grupo A.
[a]Populações de baixo risco são aquelas com incidência ≤ 2 em 100.000 crianças em idade escolar ou uma prevalência de doença cardíaca reumática de todas as idades de ≤ 1 em 1.000 na população por ano.
Baseado em Gewitz M.H. et al. Revisão dos critérios de Jones para o diagnóstico de febre reumática aguda na era do ecocardiograma com Doppler – uma declaração científica da *American Heart Association* [Associação Americana de Cardiologia]. *Circulation* 2015; 131:1806-1818.

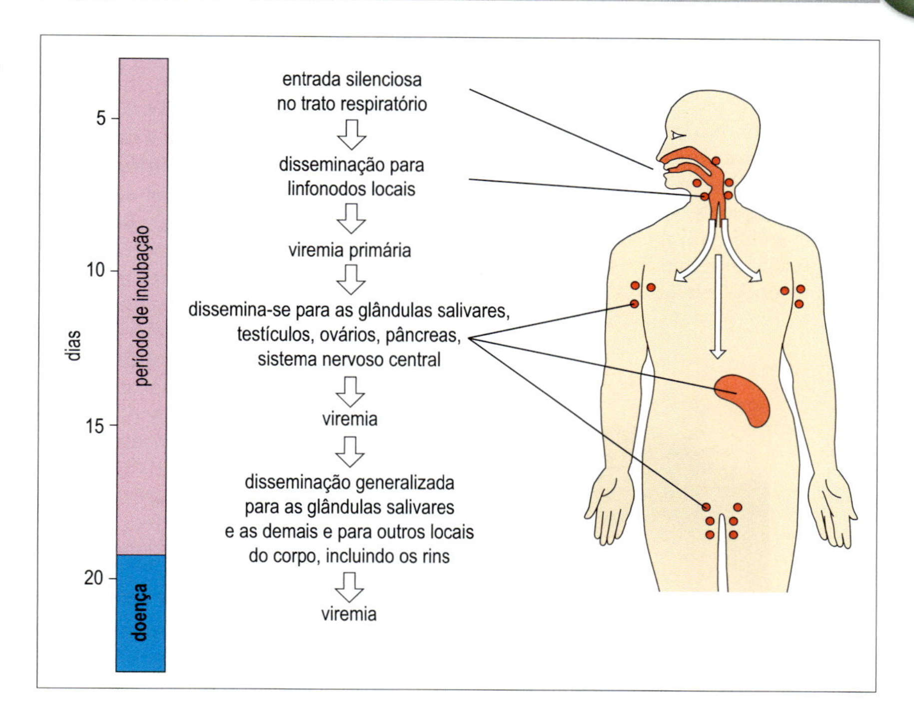

Figura 19.11 A patogênese da caxumba. O entendimento da patogênese dessa infecção ajuda a explicar o quadro da doença, locais de liberação para o meio e as complicações que podem surgir.

a nefrite também pode acompanhar infecções estreptocócicas do tipo C. A profilaxia com penicilina, portanto, não é indicada. Ao contrário da febre reumática, ataques posteriores são raros.

Diagnóstico

Geralmente não é necessário um diagnóstico laboratorial para faringite e amidalite

Existem muitas causas virais possíveis de faringite e amidalite e, em geral, a condição clínica não é grave o suficiente para se pedir exame laboratorial. O diagnóstico de infecção por VEB ou CMV é auxiliado pela detecção de linfocitose e linfócitos atípicos em um esfregaço sanguíneo. O VEB é diferenciado do CMV pela detecção de IgM anti-VCA, embora testes menos específicos, como o teste de Paul–Bunnell ou o monoteste, possam ser usados em alguns laboratórios, enquanto o diagnóstico de CMV é realizado pela detecção de IgM anti-CMV. O HSV é prontamente isolado ou o DNA é detectado em esfregaços das lesões enviados para o laboratório, mas o diagnóstico clínico é normalmente adequado. As bactérias são identificadas por cultura de suabes da garganta (Cap. 33). Isso é muito importante especialmente para o diagnóstico da infecção por *S. pyogenes* por causa das possíveis complicações (ver anteriormente) e porque, ao contrário do *Streptococcus pneumoniae*, ele ainda permanece suscetível à penicilina. A resistência à eritromicina e à tetraciclina, de qualquer modo, está crescendo. Embora durante os meses de inverno mais de 16% das crianças em idade escolar portem estreptococos do grupo A na garganta sem sintomas, o tratamento é recomendado.

PAROTIDITE

O vírus da caxumba se dissemina por gotículas transmitidas pelo ar e infecta as glândulas salivares

Há somente um sorotipo deste paramixovírus de RNA fitasimples. Ele se dissemina por gotículas transportadas pelo ar, secreções salivares e, possivelmente, urina. O contato próximo é necessário, como, por exemplo, na escola, visto que a incidência mais alta ocorre entre 5-14 anos de idade. No entanto, adultos suscetíveis têm risco de complicações da caxumba, como a orquite.

Após entrar no corpo, o sítio primário de replicação é o epitélio do trato respiratório superior ou o olho. O vírus propaga-se, passando por multiplicação nos tecidos linfoides locais (linfócitos e monócitos) e células reticuloendoteliais. Depois de cerca de 7-10 dias, o vírus entra novamente no sangue, uma viremia primária, e localiza-se não só na glândula salivar como em outras glândulas, além de outras partes do corpo, incluindo o sistema nervoso central, testículos, pâncreas e ovário (Fig. 19.11) e é excretado na urina. As células infectadas que revestem os ductos parotídeos se degeneram e, finalmente, após um período de incubação de 16-18 dias, a inflamação, com infiltração de linfócitos e, com frequência, edema, resulta em doença. Depois do período prodrômico de mal-estar e anorexia com duração de 1-2 dias, a glândula parótida fica dolorida, sensível e edemaciada e é, algumas vezes, acompanhada por envolvimento da glândula submandibular (Fig. 19.12). Este é o sinal clássico de caxumba, e parotidite é o sinal clínico mais comum. Outros locais podem ser invadidos, com consequências clínicas, como inflamação dos testículos e pâncreas, resultando, respectivamente, em orquite e pancreatite (Tabela 19.8). Surgem as respostas celular e de anticorpos, e o paciente normalmente se recupera em 1 semana. Uma reinfecção pela caxumba pode ocorrer após infecção natural ou vacina tríplice.

O diagnóstico laboratorial é feito:

- por detecção do RNA viral em suabes da garganta, líquido cefalorraquidiano (LCR) ou urina, ou por isolamento do vírus em cultura celular;
- por detecção de anticorpo IgM específico para caxumba.

Tratamento e prevenção

Não há tratamento específico, mas a caxumba é prevenida pelo uso da vacina do vírus vivo atenuado, que é segura e efetiva. Esta é normalmente dada em combinação com vacinas contra sarampo e rubéola (vacina tríplice).

A tríplice combinada tem sido um tema controverso no Reino Unido após ser relatado que o autismo e os distúrbios do intestino grosso estão possivelmente relacionados com a imunização. No entanto, apesar de uma série de estudos epidemiológicos que não mostram qualquer associação com a imunização, houve queda nas taxas de absorção da tríplice e surtos subsequentes de caxumba e sarampo pelo Reino Unido. Essas taxas haviam melhorado em 2017: no Reino Unido, a abrangência foi acima de 90%. No entanto, surtos de sarampo estavam sendo relatados em outras partes da Europa.

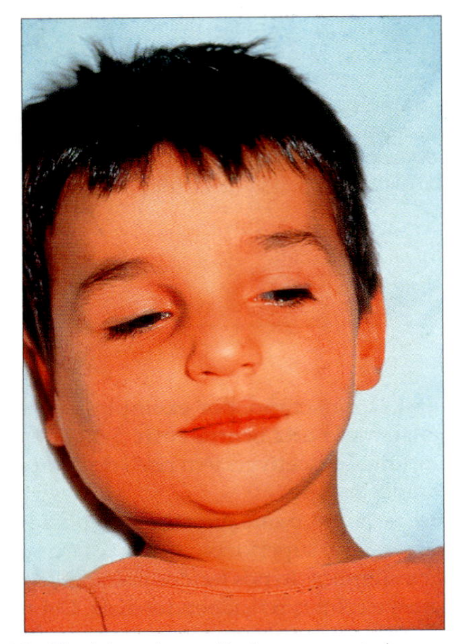

Figura 19.12 Glândulas submandibulares aumentadas em uma criança com caxumba. (De Heumann e colaboradores: *Klinische Infektiologie*, 2008, Elsevier.)

OTITE E SINUSITE

A otite e a sinusite podem ser causadas por muitos vírus e uma variedade de invasores bacterianos secundários

Muitos vírus são capazes de invadir os espaços aéreos associados ao trato respiratório superior (seios paranasais, ouvido médio, mastoide). O vírus da caxumba ou o vírus sincicial respiratório (RSV), por exemplo, pode causar vestibulite ou surdez, que costuma ser temporária. Os invasores bacterianos secundários são os mesmos que os de outras infecções do trato respiratório superior (isto é, o *S. pneumoniae*, o *H. influenzae* e o *Moraxella catarrhalis* e, algumas vezes anaeróbios, como o *Bacteroides fragilis*). O abscesso cerebral é uma complicação importante (Cap. 25). A obstrução da tuba de Eustáquio (auditiva) ou da abertura dos seios paranasais, causada por edemas alérgicos da mucosa, impede a depuração mucociliar da infecção, e o acúmulo local de produtos inflamatórios bacterianos causa mais edema e obstrução.

Otite média aguda

As causas comuns da otite média aguda são os vírus, *S. pneumoniae* e *H. influenzae*

Essa condição é muito comum em lactentes e crianças pequenas, em parte porque a tuba de Eustáquio (auditiva) é mais aberta nessa idade. Um estudo realizado em Boston mostrou que 83% das crianças de 3 anos de idade tinham tido pelo menos um episódio e 46% tinham tido três ou mais episódios desde o nascimento. Pelo menos 50% dos ataques têm origem viral (especialmente o RSV), e os invasores bacterianos são residentes da nasofaringe, mais comumente o *S. pneumoniae*, o *H. influenzae*, o *M. catarrhalis* e, por vezes, o *S. pyogenes* ou o *Staphylococcus aureus*. Pode haver sintomas gerais e a otite média aguda deve ser considerada em qualquer criança com febre de origem desconhecida, diarreia ou vômito. A membrana timpânica mostra vasos dilatados, estando abaulada em estágio mais avançado (Fig. 19.13). Muitas vezes, o fluido

Tabela 19.8 Consequências clínicas da invasão pelo vírus da caxumba em diferentes tecidos do corpo

Local do crescimento	Resultado	Comentário
Glândulas salivares	Inflamação, parotidite Vírus liberado na saliva (de 3 dias antes a 6 dias após os sintomas)	Frequentemente ausente; pode ser unilateral
Meninges Cérebro	Meningite Encefalite	Comum (em cerca de 10% dos casos) Menos comum; recuperação completa é a regra, surdez é uma complicação rara Ambos podem ocorrer até 7 dias após a parotidite
Rim	Vírus presente na urina	Sem consequências clínicas
Testículo, ovário	Epidídimo-orquite; túnica albugínea rígida ao redor do testículo torna a orquite mais dolorosa e mais prejudicial no homem	Comum em adultos (20% em homens adultos); frequentemente unilateral; não é causa significativa de esterilidade
Pâncreas	Pancreatite	Complicação rara (possível papel no diabetes *mellitus* juvenil)
Glândula mamária	Vírus detectado no leite; mastite em 10% das mulheres pós-púberes	–
Tireoide	Tireoidite	Rara
Miocárdio	Miocardite	Rara
Articulações	Artrite	Rara

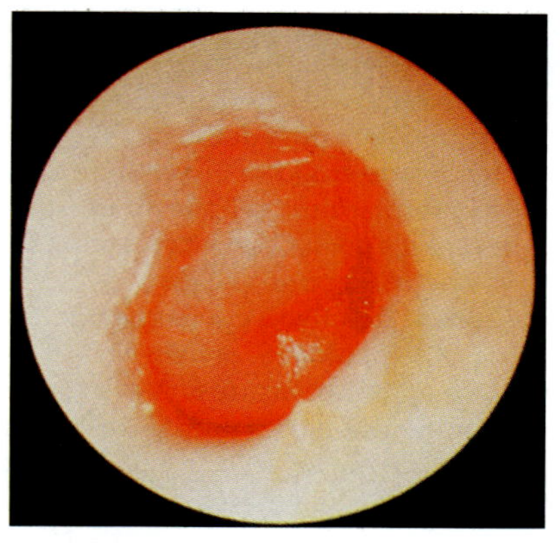

Figura 19.13 Otite média aguda com abaulamento de tímpano. (Cortesia de M. Chaput de Saintonge.)

persiste no ouvido médio (otite média serosa) por semanas ou meses, a despeito da terapia, e contribui para causar déficit de audição e gerar dificuldades de aprendizado em lactentes e crianças pequenas. A maioria das infecções não complicadas é resolvida com analgésicos orais, mas, caso não haja melhora, deve ser iniciado o uso de antibióticos sistêmicos.

Se os ataques agudos forem tratados de forma inadequada, pode haver infecção continuada com descarga crônica através de um tímpano perfurado e déficit de audição. Trata-se da "otite média crônica supurada".

Otite externa

As causas da otite externa são o *S. aureus*, *Candida albicans* e os oportunistas Gram-negativos

As infecções do ouvido externo podem causar irritação e dor e precisam ser distinguidas da otite média. Ao contrário do ouvido médio, o canal externo tem uma microbiota bacteriana similar à da pele (estafilococos, corinebactérias e, em menor extensão, propionibactérias), e os patógenos responsáveis pela otite média são raramente encontrados na otite externa. O meio quente e úmido favorece o *S. aureus*, *C. albicans* e os oportunistas Gram-negativos, como *Proteus* e *Pseudomonas aeruginosa*.

Soluções otológicas contendo neomicina ou cloranfenicol são normalmente um tratamento efetivo.

Sinusite aguda

A etiologia e a patogênese da sinusite aguda são similares às da otite média. As características clínicas incluem dor facial e sensibilidade localizada. Pode ser possível identificar a bactéria causadora por microscopia e cultura de pus aspirado do seio paranasal, mas a punção do seio paranasal não é praticada com frequência. Além do mais, o paciente pode ser tratado empiricamente com amoxicilina, ou coamoxiclav para o caso de microrganismos produtores de betalactamase.

EPIGLOTITE AGUDA

A epiglotite aguda é geralmente decorrente da infecção por *H. influenzae* capsular tipo B

A epiglotite aguda é vista com mais frequência nas crianças menores. Por motivos desconhecidos, o *H. influenzae* com antígeno capsular tipo B se dissemina pela nasofaringe até a epiglote, causando inflamação grave e edema. Normalmente, ocorre bacteremia.

A epiglotite aguda é uma emergência e necessita de intubação e tratamento com antibióticos

A epiglotite aguda é caracterizada pela dificuldade na respiração por causa de obstrução respiratória e, até as vias respiratórias terem sido protegidas por intubação, deve-se ter um cuidado extremo ao examinar a garganta no caso de a epiglote inchada ser sugada para o interior das vias respiratórias edemaciadas e causar obstrução total. O tratamento é iniciado imediatamente com antibióticos efetivos contra o *H. influenzae*, como cefotaxima. O diagnóstico clínico é confirmado pelo isolamento da bactéria no sangue e possivelmente na epiglote. A vacina contra *H. influenzae* do tipo B (Hib) reduz de forma acentuada a frequência dessa e de outras infecções decorrentes do *H. influenzae* tipo B.

A obstrução respiratória devido à difteria (ver adiante) é rara em países desenvolvidos, mas a falsa membrana e o edema local característicos podem se estender da faringe e acometer a úvula.

INFECÇÕES DA CAVIDADE ORAL

A saliva lava a boca e contém uma variedade de substâncias antibacterianas

A cavidade oral é continuada pela faringe, mas é tratada separadamente por causa da presença de dentes, que estão sujeitos a uma série particular de problemas microbiológicos. A boca normal contém microrganismos comensais, alguns dos quais ficam restritos à boca (Tabela 19.1). A maior parte deles adere especificamente aos dentes ou às superfícies das mucosas e são liberados na saliva à medida que se multiplicam. Um litro ou mais de saliva secretada a cada dia lava mecanicamente a boca. Nela também há anticorpos secretórios, polimorfos, células descamadas da mucosa e substâncias antibacterianas, como a lisozima e a lactoperoxidase. Quando o fluxo salivar é reduzido por algumas horas, como entre as refeições, há um aumento de quatro vezes no número de bactérias na saliva e, em pacientes desidratados ou com enfermidades graves, como febre tifoide ou pneumonia, a boca torna-se fétida por causa do supercrescimento microbiano.

Candidíase oral

A mudança na microbiota oral produzida por antibióticos de amplo espectro e a imunidade enfraquecida predispõem à afta

A presença de bactérias comensais na boca cria dificuldades para que microrganismos invasores se estabeleçam, mas mudanças na microbiota oral alteram esse equilíbrio. Por exemplo, a prolongada administração de antibióticos de amplo espectro permite que a *C. albicans*, normalmente inofensiva, se multiplique, penetrando no epitélio com seus pseudomicélios e causando aftas. A afta oral (candidíase; Fig. 19.14) é também vista quando a imunidade está enfraquecida, como em uma infecção pelo HIV e após quimioterapia citotóxica para tratar vários cânceres e, às vezes, em lactentes recém-nascidos e idosos. Em alguns casos, a doença acomete o esôfago. O diagnóstico é prontamente confirmado pela coloração de Gram e cultura do material raspado, que mostra uma grande levedura Gram-positiva em brotamento.

Agentes antifúngicos tópicos como nistatina, clotrimazol ou fluconazol oral (Cap. 34) são tratamentos efetivos para a candidíase oral, bem como uma atenção com relação aos fatores predisponentes.

Outro exemplo de transposição do limite entre a coexistência inofensiva e a invasão do tecido por micróbios residentes é visto na deficiência de vitamina C, que reduz a resistência da

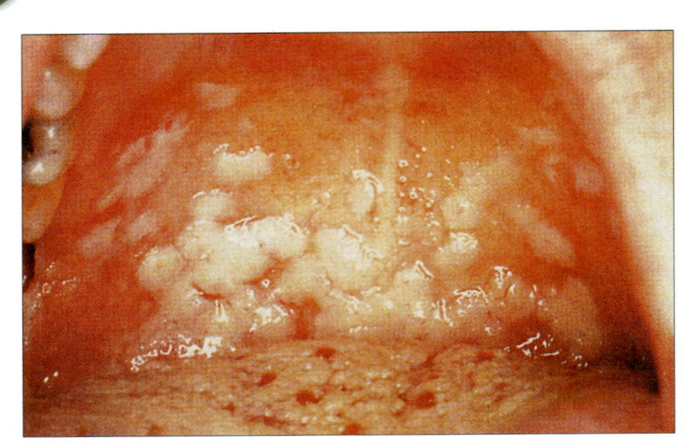

Figura 19.14 Candidíase oral. (Cortesia de J.A. Innes.)

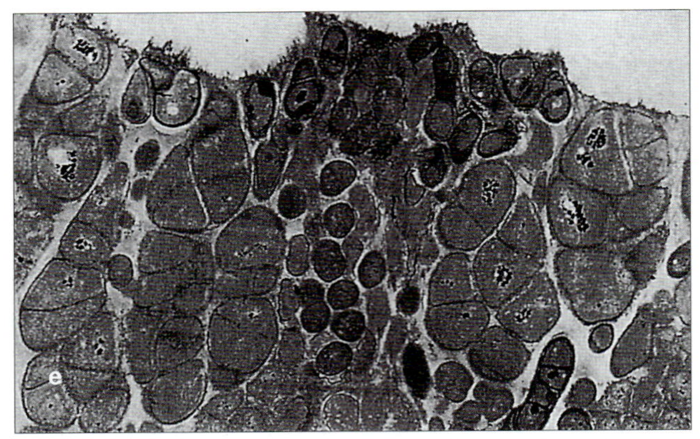

Figura 19.15 Placa dentária na superfície profunda do dente de uma criança. e, esmalte. (x20.000) (Cortesia de H.N. Newman.)

mucosa e permite que micróbios residentes na boca causem infecções gengivais.

Cáries

Nos EUA e na Europa Ocidental, 80-90% das pessoas são colonizadas pelo *Streptococcus mutans*, que causa cáries dentárias

Os microrganismos especialmente adaptados à vida nos dentes formam um filme chamado placa bacteriana na sua superfície. Essa é uma massa complexa contendo cerca de 10^9 bactérias/g incorporadas a uma matriz polissacarídica (Fig. 19.15). O filme, visível como uma camada vermelha quando um corante como a eritrosina é colocado na boca, é amplamente removido pela escovação cuidadosa, mas ele se restabelece em poucas horas. Os dentes limpos são cobertos por glicoproteínas salivares às quais certos estreptococos (especialmente *S. mutans* e *S. sobrinus*) se aderem e se multiplicam. Nos EUA e na Europa Ocidental, 80-90% das pessoas são colonizadas pelo *S. mutans*, que sintetiza glucano (um polissacarídeo espesso de alto peso molecular) a partir da sacarose, e isso forma uma matriz entre esses estreptococos. Algumas outras bactérias, incluindo uma fusobactéria filamentosa anaeróbia e actinomicetos, também estão presentes. Quando os dentes não são limpos por vários dias, a placa fica mais espessa e mais extensa — uma floresta emaranhada de microrganismos.

As bactérias na placa usam o açúcar da dieta e formam o ácido láctico, que descalcifica o dente localmente. As enzimas proteolíticas bacterianas ajudam a destruir outros componentes do esmalte para dar origem a uma dolorosa cavidade no dente (cáries). A infecção pode então se disseminar para a polpa do dente de modo a formar uma pulpite ou um abscesso na raiz, e daí para os espaços do maxilar e da mandíbula.

O pH nas lesões ativas de cárie pode chegar a 4,0. Portanto, as cáries normalmente se desenvolvem nas cavidades do dente quando bactérias adequadas (*S. mutans*) estão na placa e há um suprimento regular de sacarose. A tolerância a ácidos é uma vantagem ecológica básica para as bactérias envolvidas em cáries. A *S. mutans*, lactobacilos e *Bifidobacteria* spp. são muito tolerantes a ácidos e quebram os carboidratos da dieta fazendo-os atingir um pH bem abaixo daquele no qual as bactérias comensais são capazes de sobreviver. Além disso, os comensais não têm chance, uma vez que a vantagem competitiva é aumentada ainda mais pelas bacteriocinas que são produzidas pelo *S. mutans*, que são ativas contra bactérias associadas à saúde oral. Isso pode ser legitimamente considerado uma doença infecciosa — uma das doenças infecciosas mais prevalentes nos países desenvolvidos devido à combinação de dentes recobertos por bactérias e uma dieta rica em açúcar e, muitas vezes, deficiente em flúor.

Doença periodontal

Actinomyces viscosus, *Actinobacillus* e *Bacteroides* spp. estão comumente envolvidos na doença periodontal

Um espaço (o sulco gengival) prontamente se forma entre a gengiva e a margem do dente e pode ser considerado uma represa oral. Esse espaço contém polimorfonucleares, complemento e anticorpos IgG e IgM, e se infecta com facilidade. Os sulcos gengivais normalmente contêm uma média de $2{,}7 \times 10^{11}$ micróbios/g e 75% deles são anaeróbios. O microbioma oral contém centenas de espécies de bactérias, das quais um número menor está associado a doença periodontal progressiva, com bastonetes anaeróbios Gram-negativos e espiroquetas. Bactérias como *Actinomyces viscosus*, *Actinobacillus*, *Porphyromonas gingivalis*, *Fusobacterium* spp. e *Bacteroides* spp. estão normalmente envolvidas. Na doença periodontal, o espaço é alargado tornando-se uma "bolsa", com inflamação local, um número crescente de polimorfonucleares e um exsudato seroso. As gengivas inflamadas sangram facilmente e depois atrofiam-se, enquanto a multiplicação de bactérias causa halitose. Finalmente, as estruturas que sustentam os dentes são afetadas, com reabsorção dos ligamentos e enfraquecimento do osso, causando o afrouxamento dos dentes. A interação entre os fatores bacterianos e a resposta do hospedeiro, novamente, é essencial, uma vez que lipopolissacarídeos bacterianos ativam macrófagos para que produzam citocinas que incluem interleucinas e fatores de necrose tumoral. Essas citocinas ativam fibroblastos periodontais e as metaloproteinases das matrizes, induzindo a degradação do colágeno. Isso é um desastre local, uma vez que o colágeno é o principal constituinte da matriz periodontal e o resultado é a reabsorção óssea. A doença periodontal com gengivite é muito prevalente, embora sua gravidade varie bastante. Essa é a maior causa da perda de dentes em adultos. A doença periodontal é multifatorial, pois há outros fatores de risco, incluindo os genéticos, tabagismo e diabetes.

PRINCIPAIS CONCEITOS

- O trato respiratório do nariz aos alvéolos é um contínuo e qualquer patógeno pode causar doenças em mais de um segmento.
- Algumas infecções respiratórias (p. ex., influenza, difteria, coqueluche) são restritas à superfície do epitélio, enquanto outras (p. ex., sarampo, rubéola, caxumba, CMV, VEB) entram por meio do trato respiratório, causando sintomas locais como faringite, mas então se disseminam pelo corpo e estão associados a vários sintomas não respiratórios.
- Invasores "profissionais" (p. ex., vírus do resfriado comum, vírus *influenza*, caxumba, CMV, VEB, *M. tuberculosis*) infectam o trato respiratório saudável, enquanto invasores "secundários" (p. ex., *S. aureus, Pneumocystis jirovecii, Pseudomonas*) causam doenças somente quando as defesas do hospedeiro estão deficientes.
- As doenças comuns dos dentes e estruturas vizinhas — cárie, doenças periodontais — são de etiologia microbiana.

Infecções do trato respiratório inferior

Introdução

Apesar de o trato respiratório ser contínuo do nariz aos alvéolos, é conveniente fazer uma distinção entre as infecções do trato respiratório superior e inferior, mesmo que os mesmos microrganismos possam estar implicados em infecções de ambos os segmentos. As infecções do trato respiratório superior e das estruturas associadas são o assunto do Capítulo 20. Aqui, discutiremos as infecções do trato respiratório inferior. Estas infecções tendem a ser mais graves do que as infecções do trato respiratório superior, e a opção pela terapia antimicrobiana apropriada é importante, podendo salvar vidas. Além disso, a imunização é fundamental para proteger aqueles que estão em risco mais alto de complicações.

LARINGITE E TRAQUEÍTE

Vírus parainfluenza são causas comuns de laringite

A infecção da laringe (laringite) e da traqueia causa rouquidão e uma queimação retroesternal. A laringe e a traqueia têm anéis de cartilagem não expansíveis em sua parede, e são facilmente obstruídas nas crianças por causa de suas passagens estreitas, levando à hospitalização. O edema da membrana da mucosa pode levar à tosse seca e ao estridor inspiratório, conhecido como crupe. As infecções virais do trato respiratório superior podem se espalhar para as regiões inferiores e envolver a laringe e a traqueia. Com o desenvolvimento de diagnósticos moleculares mais sensíveis, uma gama mais ampla de vírus que causam laringite e traqueíte estão sendo detectados, incluindo infecções pelo rinovírus, pelo vírus da parainfluenza, pelo vírus da influenza, pelo adenovírus e pelo vírus sincicial respiratório (VSR). Difteria (ver adiante) pode envolver a laringe ou a traqueia. Bactérias, como estreptococos do grupo A, *Haemophilus influenzae* e *Staphylococcus aureus*, são causas menos comuns de laringite e traqueíte.

DIFTERIA

A difteria é causada por cepas produtoras de toxinas do *Corynebacterium diphtheriae* e pode causar obstrução respiratória fatal

Atualmente, a difteria é rara em países desenvolvidos devido à ampla imunização com toxoide e, como resultado, pode ser difícil de ser diagnosticada clinicamente; mas ainda é comum em países em desenvolvimento. Ela pode ser de natureza respiratória ou cutânea, em virtude da produção de exotoxina por *C. diphtheriae* e *C. ulcerans*, respectivamente. As cepas não toxigênicas ocorrem na faringe normal, mas bactérias produtoras de uma toxina extracelular devem estar presentes para haver doença. O microrganismo pode colonizar a faringe (sobretudo as regiões das amídalas), a laringe, o nariz e, ocasionalmente, o trato genital. A colonização da pele ocorre nos trópicos ou em pessoas indigentes com condições de higiene precárias.

A adesão é mediada por pilos ou fímbrias covalentemente ligadas à parede celular bacteriana. A bactéria multiplica-se localmente, sem invadir os tecidos mais profundos nem se disseminar pelo organismo. A toxina destrói as células epiteliais e polimorfonucleares e forma uma úlcera que é coberta com um exsudato necrótico, formando uma "falsa membrana". Esta se torna logo escurecida e fétida, e ocorre um sangramento caso se tente removê-la. O início da faringite membranosa e febre é acompanhado de inflamação e edema extensos do tecido mole (Fig. 20.1), e linfonodos cervicais inchados, gerando uma aparência de "pescoço de touro".

A difteria nasofaríngea é a forma mais grave da doença. Quando a laringe está envolvida, aumentando a rouquidão e o estridor, pode ocorrer uma obstrução respiratória fatal. Uma difteria nasal anterior é uma forma leve da doença se ocorrer por si só, porque a toxina é menos bem absorvida nesse local, e uma secreção nasal pode ser o sintoma principal. O paciente será, entretanto, altamente infectante.

O período de incubação é de 2-5 dias, mas pode durar até 10 dias. Ela normalmente se espalha por gotículas, mas o

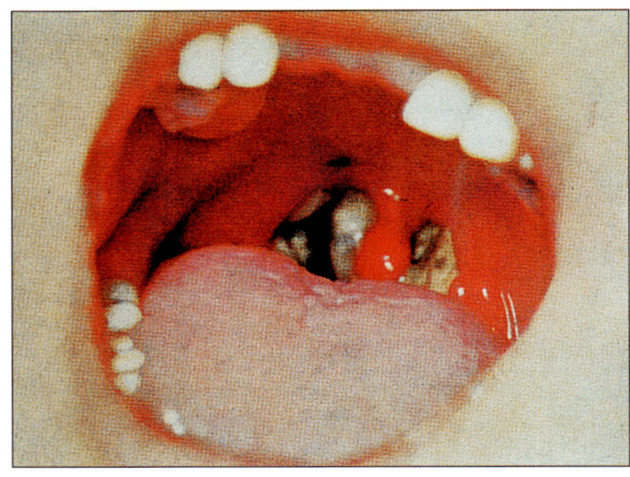

Figura 20.1 Difteria faríngea. Característica "falsa membrana" da difteria em uma criança, com inflamação local. (Cortesia de Norman Begg.)

Quadro 20.1 Lições de Microbiologia

A toxina diftérica

Os genes que codificam a toxina diftérica estão presentes em um bacteriófago temperado que, durante a fase lisogênica, é integrado ao cromossomo bacteriano. A toxina é sintetizada como um único polipeptídeo (peso molecular de 62.000; 535 aminoácidos) constituído por:

- fragmento B (*binding*, ligação) na extremidade carboxiterminal, que liga a toxina à célula hospedeira (ou a qualquer célula eucariótica);
- fragmento A (ativo) na extremidade amina, que é o fragmento tóxico.

O fragmento tóxico A é formado somente por clivagem por protease e redução das pontes dissulfeto após captação celular da toxina. O fragmento A inativa o fator de elongação 2 (EF-2) por ribosilação do difosfato de adenosina e ribose (ADP) e, portanto, inibe a síntese proteica (Fig. 20.2). As sínteses proteicas procarióticas e mitocondrial não são afetadas devido ao envolvimento de um fator EF diferente. Uma única bactéria pode produzir 5.000 moléculas de toxina por hora, e o fragmento tóxico é tão estável dentro da célula que uma única molécula pode matar uma célula. Não se sabe por que as células miocárdicas e dos nervos periféricos são particularmente suscetíveis.

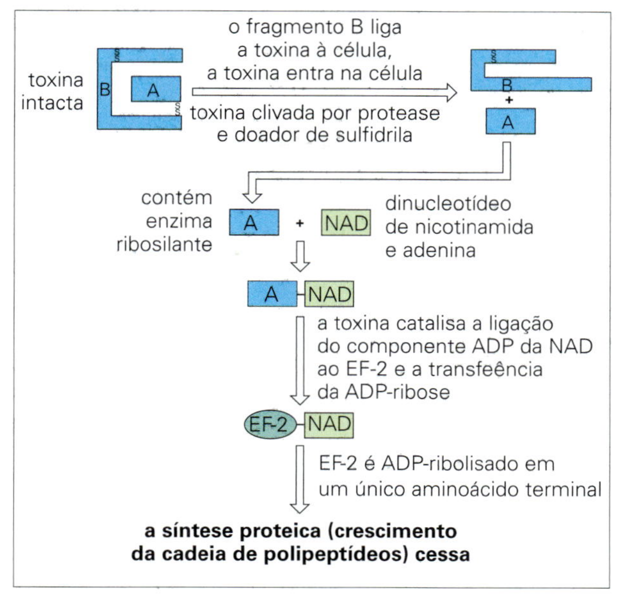

Figura 20.2 O mecanismo de ação da toxina da difteria. ADP, difosfato de adenosina e ribose; EF-2, fator de elongação-2.

contato direto com lesões cutâneas causadas pela difteria ou secreções infectadas também pode resultar em transmissão.

A toxina da difteria pode causar insuficiência cardíaca fatal e polineurite

Embora haja quatro biovares de *C. diphtheriae*, o controle pela perspectiva clínica e da saúde pública é o mesmo. A exotoxina causa necrose do tecido local e apresenta muitos efeitos quando é absorvida pelo sistema linfático e pelo sangue (Quadro 20.1 e Fig. 20.2):

- Sintomas constitucionais, com febre, palidez, exaustão.
- Miocardite, normalmente dentro das duas primeiras semanas. As alterações eletrocardiográficas são comuns, e pode ocorrer insuficiência cardíaca. Se não é letal, é normal a recuperação completa.
- Polineurite, que pode ocorrer após o início da doença, em decorrência de uma desmielinização. Isso pode, por exemplo, afetar o nono nervo craniano, resultando em paralisia do palato mole e regurgitação dos fluidos.

A difteria é controlada pelo tratamento imediato com antitoxina e antibiótico

A difteria é uma doença potencialmente fatal, e seu diagnóstico clínico é de extrema urgência. Tão cedo o diagnóstico seja suspeitado, o paciente é isolado para reduzir o risco de a cepa toxigênica se disseminar para outros indivíduos suscetíveis, e o tratamento com antitoxina e antibiótico é iniciado. A antitoxina é produzida em cavalos, e testes de hipersensibilidades ao soro do cavalo devem ser realizados. Até que o paciente possa engolir adequadamente, benzilpenicilina parenteral ou eritromicina também é administrada. A difteria laríngea pode resultar em uma via respiratória obstruída e requerer uma traqueostomia para auxiliar na respiração. Os pacientes também devem ser imunizados com uma vacina que contenha toxoide de difteria quando se recuperam, uma vez que os níveis de antitoxina podem ser inadequados após a infecção.

O diagnóstico é confirmado no laboratório por cultura em ágar normal e identificação por testes bioquímicos ou, dependendo da disponibilidade, análise de dessorção/ionização a laser assistida por matriz — tempo de voo (MALDI-TOF). O teste de PCR pode ser feito em alguns laboratórios de referência para detectar o gene *tox* responsável pela produção da toxina, e a produção de toxina é demonstrada por uma reação de difusão por gel de precipitina (teste de Elek).

Os contactantes podem precisar de quimioprofilaxia ou imunização

Os contactantes próximos dos pacientes de difteria devem realizar coleta de suabes nasofaríngeo e de garganta que deverá ser testada para saber se são portadores do *C. diphtheriae* antes da quimioprofilaxia para verificar se são portadores assintomáticos. Eles devem receber terapia antibiótica como profilaxia com eritromicina e devem ser imunizados. A bactéria toxinogênica pode ser portada e transmitida por convalescentes assintomáticos ou por indivíduos aparentemente saudáveis.

A difteria é prevenida por imunização

A difteria está quase erradicada dos países desenvolvidos como resultado da imunização de crianças com uma vacina toxoide efetiva e segura. Entretanto, a doença reaparece quando a imunização é negligenciada. Em 1990, epidemias ocorreram na Federação Russa, e, por volta de 1994, todos os 15 países recém-independentes da antiga União Soviética estavam envolvidos, com 157.000 casos relatados até 1997. O site da Organização Mundial de Saúde (OMS) informou em 2011 que a incidência de difteria ia de 0,5 a 1/100.000 pessoas na Armênia, Estônia, Lituânia e Uzbequistão, de 27 a 32/100.000 na Rússia e no Tajiquistão. Os índices de casos fatais iam de 2 a 3% na Rússia a 17 a 23% no Azerbaijão, Geórgia e Turcomenistão. Mundialmente, em 2015, a Organização Mundial de Saúde relatou que houve 4.778 casos e que a abrangência da imunização globalmente foi de 86%.

COQUELUCHE

A coqueluche é causada pela bactéria *Bordetella pertussis*

A coqueluche, ou pertussis, é uma doença grave da infância. Crianças, especialmente as não imunizadas, apresentam o maior risco de desenvolverem complicações graves. A *Bordetella pertussis*, descrita pela primeira vez por Bordet e Gengou em 1906, é confinada a humanos, sendo transmitida de pessoa a pessoa através de gotículas do trato respiratório. As bactérias se prendem à mucosa respiratória ciliada, onde se multiplicam, mas não invadem estruturas mais profundas. Componentes da superfície, como a hemaglutinina filamentosa e as fímbrias, desempenham um importante papel na fixação específica ao epitélio respiratório e/ou na supressão da resposta inflamatória inicial à infecção, ajudando na persistência.

A infecção pela *B. pertussis* está associada à produção de uma variedade de fatores tóxicos

Alguns destes fatores de virulência afetam processos inflamatórios, enquanto outros danificam o epitélio ciliar. São eles:

- Toxina pertussis, algumas vezes chamada de fator estimulador de linfócitos por induzir a linfocitose. Ela se assemelha à toxina da difteria e a outras toxinas, uma vez que apresenta uma subunidade de toxina com uma subunidade catalítica ativa (A) e uma subunidade de ligação à membrana (B). A subunidade A é um difosfato de adenosina (ADP) ribosil transferase, que catalisa a transferência da ADP-ribose a partir do dinucleotídeo de nicotinamida e adenina (NAD) para as proteínas G inibidoras da célula do hospedeiro. A consequência funcional é o distúrbio da transdução do sinal da célula afetada, uma vez que a modificação interrompe as proteínas G que inibem a atividade da adenilato ciclase, aumentando assim os níveis de monofosfato cíclico de adenosina (AMPc) na célula, causando a desregulação da resposta imunológica, além de outros efeitos que a toxina tem sobre a superfície celular.
- A toxina adenilato ciclase apresenta um domínio C-terminal que medeia a ligação a células-alvo e forma poros na membrana plasmática e um domínio N-terminal na qual a adenilato ciclase converte ATP em AMPc. Ela afeta as células hospedeiras, na entrada, causando permeabilidade iônica, aumento dos níveis de AMPc (que afeta a sinalização celular), e reduz o ATP intracelular. Nos neutrófilos, isto resulta em uma inibição das funções de defesa, como quimiotaxia, fagocitose e ação bactericida. Esta toxina também pode ser responsável pelas propriedades hemolíticas da *B. pertussis*.
- Citotoxina traqueal, componente da parede celular derivado do peptidoglicano da *B. pertussis* que mata especificamente as células epiteliais da traqueia.
- Endotoxina, que difere da clássica endotoxina de outros bastonetes Gram-negativos, mas que possui similaridades funcionais e pode desempenhar um papel na patogênese da infecção.

A infecção pela *B. pertussis* é caracterizada por paroxismos de tosse acompanhados de um "estridor". Há três fases, a catarral, a paroxística e a convalescente. Depois de um período de incubação de 7 a 10 dias (varia de 5 a 21 dias), a infecção pela *B. pertussis* manifesta-se inicialmente na forma de uma doença catarral difícil de distinguir de outras infecções do trato respiratório superior. Este quadro é seguido até uma semana depois por uma tosse seca não produtiva, que se torna paroxística. O paroxismo é caracterizado por uma série de tosses curtas com produção copiosa de muco, acompanhado de um "estridor", que é um som característico, produzido pela inspiração do ar. A despeito da gravidade da tosse, os sintomas ficam confinados ao trato respiratório, podendo ocorrer o colapso lobar ou segmentar dos pulmões (Fig. 20.3).

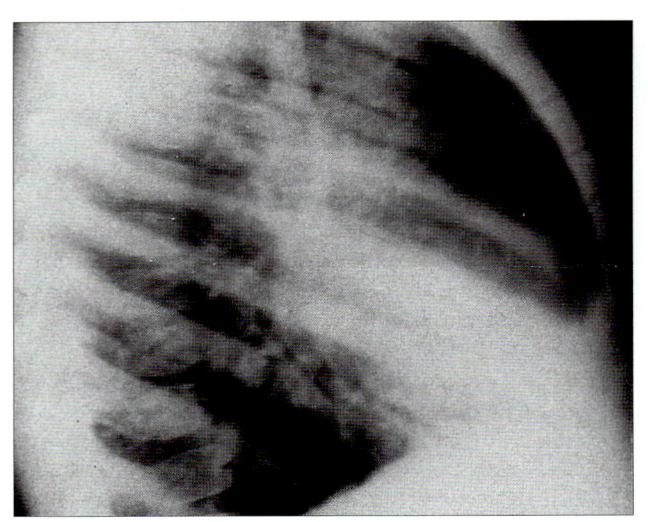

Figura 20.3 Radiografia de tórax demonstrando uma consolidação fragmentada e colapso do lobo médio direito em um caso de coqueluche. (Cortesia de J.A. Innes.)

As complicações incluem anoxia do sistema nervoso central (SNC), exaustão e pneumonia secundária pela invasão do trato respiratório danificado por outros patógenos.

O quadro clínico inicial é inespecífico, e o diagnóstico verdadeiro pode não ser suspeitado até a fase paroxística. Os microrganismos podem ser isolados em meio adequado a partir de suabes da nasofaringe ou nasais; mas não da garganta, pois há maior chance de as bactérias estarem localizadas na parede posterior da nasofaringe, ou em "placas de tosse", mas são fastidiosas, não sobrevivendo bem fora do hospedeiro. A reação em cadeia da polimerase (PCR) é normalmente mais sensível do que a cultura, mas pode não ser positiva caso os sintomas tenham durado mais que três semanas.

A coqueluche é tratada com terapia de apoio e eritromicina

A terapia de apoio é de grande importância. Lactentes apresentam grande risco de complicações, e a internação hospitalar deve ser considerada para as crianças com menos de 1 ano de idade. Para que o tratamento antibacteriano específico seja eficaz, ele deve alcançar a mucosa respiratória e inibir ou matar o organismo infectante. O tratamento com antibióticos macrolídeos, como eritromicina, claritromicina ou azitromicina, é recomendado. Apesar de o tratamento geralmente ser iniciado somente após o reconhecimento da doença na fase paroxística, ele parece reduzir a gravidade e a duração da patologia. O tratamento também reduz a carga bacteriana na garganta, ajudando, assim, a diminuir a infectividade do paciente e o risco de infecções secundárias.

A profilaxia com antibióticos macrolídeos para os contactantes de casos ativos é útil no controle da disseminação da infecção.

A coqueluche pode ser evitada por meio de uma imunização ativa

Por muitos anos, uma vacina de células inteiras compreendendo uma suspensão de células mortas de *B. pertussis* era usada, em combinação com toxoides diftéricos e tetânicos purificados, e administrada como a vacina "DPT" ou "tríplice". Apesar de se tratar de uma vacina eficaz, havia preocupações importantes a respeito dos efeitos colaterais. Estes incluíam febre, mal-estar e dor no local da aplicação em até 20% dos lactentes; convulsões podem estar associadas à vacina em cerca de 0,5% dos vacinados; e encefalopatia e sequelas neurológicas permanentes associadas à vacinação, com uma taxa estimada de 1 em 100.000 vacinações (< 0,001%).

A preocupação com os efeitos colaterais levou a uma acentuada diminuição na administração da vacina e, subsequentemente, ao aumento na incidência de coqueluche.

As vacinas acelulares contra a coqueluche tornaram-se a preparação de vacina dominante, uma vez que ofereciam a mesma proteção ou maior contra a coqueluche e causavam menos efeitos colaterais por serem altamente purificadas, com níveis bastante reduzidos de endotoxina em comparação com vacinas de células inteiras. As vacinas acelulares contêm toxoide de pertussis e outros componentes bacterianos, incluindo hemaglutinina filamentosa e fímbrias, e são administradas em combinação com outras vacinas, como para difteria, tétano e poliomielite inativada. Em 2012, a vigilância no Reino Unido detectou o maior aumento em infecções por coqueluche em 20 anos. Elas foram observadas em jovens adultos e adolescentes, mas a morbidez e a mortalidade ocorreram em crianças não imunizadas. A imunização contra a coqueluche durante a gravidez foi introduzida no mesmo ano e se estende pelo menos até 2019, uma vez que bebês nascidos de mães imunizadas apresentavam 90% menos chance de desenvolver coqueluche do que os que nasciam de mães não imunizadas. Isso ocorreu devido à transmissão passiva dos anticorpos maternais aos bebês. Em 2015, cerca de 86% de todos os lactentes de todo o mundo receberam três doses de vacina contra coqueluche. A OMS estimou que houve por volta de 89.000 mortes devido à coqueluche em 2008 e 123.210 relatos de infecção em todo o mundo em 2015 (Fig. 20.4).

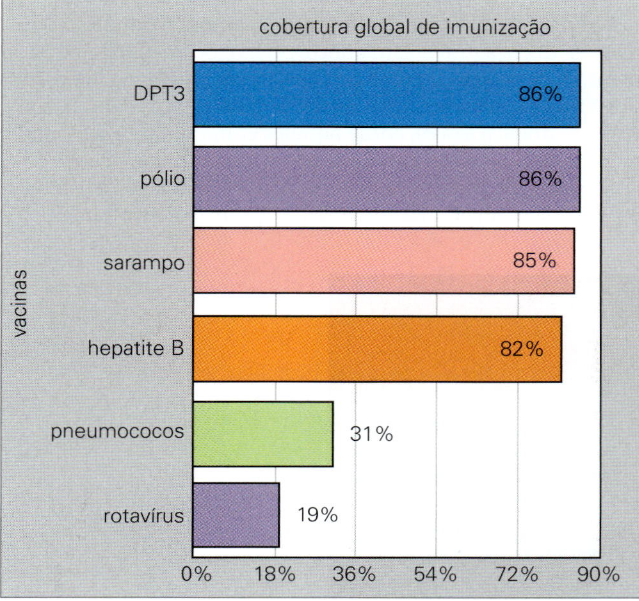

Figura 20.4 Cobertura global da imunização de vacinas contra difteria-tétano-pertussis (DTP3) em crianças (de < 50%), 2015. (Dos valores estimados pela OMS/Unicef, versão de 2015 (julho de 2016), com permissão.)

BRONQUITE AGUDA

A bronquite aguda é uma condição inflamatória da árvore traqueobrônquica, em geral causada por infecção

Os agentes causais incluem os rinovírus e os coronavírus, que também infectam o trato respiratório superior, e patógenos do trato respiratório inferior, como os vírus da influenza, adenovírus e *Mycoplasma pneumoniae*. A infecção bacteriana secundária por *Streptococcus pneumoniae* e *H. influenzae* também desempenha um papel na patogênese. O grau de dano ao epitélio respiratório varia com o agente infectante:

- A infecção pelo vírus influenza pode ser extensa e deixar o hospedeiro propenso a uma invasão bacteriana secundária (pneumonia pós-influenza; ver adiante).
- Na infecção pelo *M. pneumoniae*, uma das causas da pneumonia adquirida na comunidade, a fixação específica do organismo aos receptores no epitélio da mucosa brônquica, esquivando-se das tentativas do hospedeiro de realizar uma limpeza mucociliar (Fig. 20.5) e a liberação de uma toxina de angústia respiratória adquirida na comunidade que causa inflamação das vias aéreas e degradação das células afetadas são componentes essenciais. Esta era considerada uma bactéria atípica, pois a pneumonia não respondia a antibióticos que agiam nas células, o que ocorria por ela não possuir uma parede celular! Há um ciclo endêmico a cada quatro anos que normalmente ocorre dois anos após os Jogos Olímpicos. A tosse seca é o sintoma mais proeminente, com febre, e o tratamento é em grande parte sintomático. Entretanto, ela pode causar pneumonia e complicações envolvendo outros órgãos, como hepatite, encefalite, artralgia, anemia hemolítica e lesões cutâneas conhecidas como eritema multiforme e síndrome de Stevens-Johnson, que é uma necrólise cutânea tóxica. O tratamento envolve antibióticos, como tetraciclinas ou macrolídeos.

EXACERBAÇÕES AGUDAS DA BRONQUITE CRÔNICA

A infecção é somente um dos componentes da bronquite crônica

A bronquite crônica é uma condição caracterizada por tosse e produção excessiva de secreção mucosa na árvore traqueobrônquica que não é atribuível a doenças específicas,

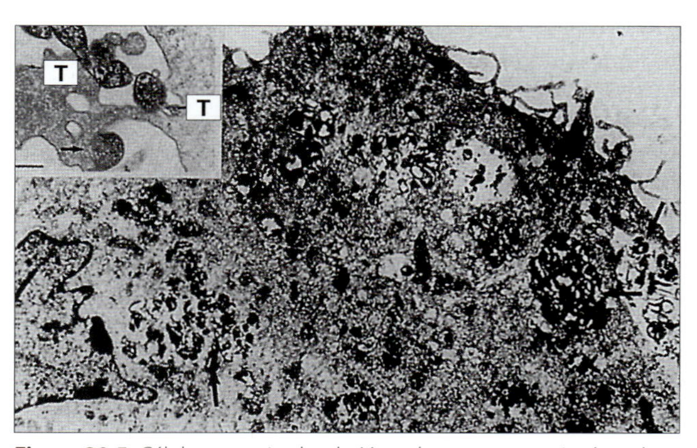

Figura 20.5 Células opsonizadas de *Mycoplasma pneumoniae* (setas) fagocitadas por um macrófago alveolar (barra, 2 μm). O destaque demonstra as células do *M. pneumoniae* aderidas com a ponta da organela (T) para as superfícies do macrófago. (De Jacobs E. *Rev. Med. Microbiol.* 2:83–90, © 1991, com permissão.)

como bronquiectasia, asma ou tuberculose. A infecção parece ser somente um dos componentes da síndrome, com os outros sendo tabagismo e inalação de poeiras ou vapores no ambiente de trabalho. A infecção bacteriana não parece iniciar a doença, mas provavelmente é significativa em sua perpetuação e na produção das exacerbações agudas características. *S. pneumoniae* e cepas não encapsuladas de *H. influenzae* são os organismos isolados com maior frequência, mas a interpretação do significado da sua presença no escarro é difícil, pois esses organismos também são encontrados na microbiota normal da orofaringe e, portanto, podem contaminar o escarro expectorado. Outras bactérias, como o *S. aureus* e *M. pneumoniae*, estão associadas com menor frequência à infecção e à exacerbação. Os vírus são causas frequentes de infecção aguda e provocam o dano inicial que resulta nas infecções bacterianas secundárias.

A terapia antibiótica pode ser útil no tratamento das exacerbações agudas, apesar de sua eficácia ser de difícil avaliação.

BRONQUIOLITE

Cerca de setenta e cinco por cento das apresentações de bronquiolites são causadas por VSR

A bronquiolite é uma doença que se restringe à infância e, em geral, a crianças com menos de 2 anos de idade. Os bronquíolos de um lactente apresentam baixo calibre, e, se suas células de revestimento ficam edemaciadas pela inflamação, a passagem de ar para dentro e para fora do alvéolo pode ficar gravemente restrita. A infecção resulta em necrose das células epiteliais que revestem os bronquíolos e leva à infiltração peribrônquica, que pode se disseminar para os campos pulmonares e causar uma pneumonia intersticial (ver adiante). Cerca de 75% destas infecções são causadas pelo VSR, e os 25% restantes também têm etiologia viral, incluindo vírus da parainfluenza, metapneumovírus humano e os vírus da influenza.

INFECÇÃO PELO VÍRUS SINCICIAL RESPIRATÓRIO (VSR)

VSR é a causa mais importante de bronquiolite e pneumonia em lactentes

O vírus sincicial respiratório é um paramixovírus típico, e duas grandes cepas foram identificadas: grupo A e grupo B. Suas espículas de superfície carregam a proteína G (não possuem hemaglutinina ou neuraminidase) para a fixação à célula e proteína de fusão (F). Esta última inicia a entrada viral por meio da fusão do envelope viral com a membrana celular, também fundindo as células do hospedeiro para formar um sincício.

A infecção do VSR é transmitida através de gotículas respiratórias e, em menor grau, pelas mãos. Os surtos acontecem a cada inverno e, durante a estação do VSR, a infecção pode se espalhar tanto em ambientes hospitalares como na comunidade. Quase todos os indivíduos foram infectados por volta dos 2 anos de idade. Cerca de um a cada 100 lactentes com bronquiolite ou pneumonia pelo VRS necessita de internação hospitalar.

A infecção pelo vírus sincicial respiratório pode ser particularmente grave em lactentes

Após a inalação, o vírus estabelece uma infecção na nasofaringe e no trato respiratório inferior. A doença clínica aparece após um período de incubação de quatro a cinco dias. A doença pode ser particularmente grave em bebês, com um pico de mortalidade aos 3 meses de vida, através da invasão viral do trato respiratório inferior por disseminação direta pela superfície, causando bronquiolite ou pneumonia. Eles desenvolvem tosse, aumento da frequência respiratória e cianose. Em crianças pequenas e adultos, entretanto, o vírus pode se restringir ao trato respiratório superior, causando uma doença menos grave semelhante ao resfriado comum. A otite média é bastante comum. Acredita-se que infecções secundárias por bactérias são raras, mas com testes diagnósticos mais sensíveis é possível que ao longo do tempo se torne aparente que elas são mais frequentes do que era reconhecido anteriormente.

As manifestações da infecção pelo VSR parecem ter uma base imunopatológica

Os anticorpos maternos no lactente reagem com os antígenos virais, talvez com a liberação de histamina e de outros mediadores pelas células do hospedeiro. Nas primeiras pesquisas, uma vacina com vírus morto foi utilizada e, durante a infecção natural subsequente pelo VSR, as crianças vacinadas apresentaram doenças do trato respiratório inferior mais frequentes e graves do que as crianças não imunizadas, dando apoio a uma patogênese mediada por mecanismos imunes.

Anticorpos neutralizantes são formados em baixos níveis em lactentes, mas é necessária uma imunidade mediada por células (CMI) para cessar a infecção. O vírus continua a ser eliminado pelos pulmões de crianças sem CMI durante muitos meses. Crianças aparentemente sadias podem continuar a demonstrar uma diminuição da função pulmonar ou sibilação mesmo um a dois anos após a recuperação aparente.

Infecções recorrentes são comuns, mas são menos graves. O motivo para a recorrência, que também é uma característica da infecção pelo vírus parainfluenza, é desconhecido.

O RNA do VSR é detectável em espécimes de esfregaço da garganta, e ribavirina é indicada para a doença grave

Métodos moleculares, como PCR, usados para detectar o RNA do VSR em espécimes de suabe da garganta, possuem uma sensibilidade diagnóstica superior àquela dos testes diagnósticos mais antigos, como imunofluorescência (Fig. 20.6) e isolamento viral.

Na maioria das crianças, o tratamento é de suporte, envolvendo reidratação, broncodilatadores e, se houver a necessidade de hospitalização, oxigênio. O agente antiviral ribavirina, administrado como aerossol ou por via oral, tem sido usado com sucesso em uma série de situações clínicas, incluindo crianças com infecção grave e indivíduos imunossuprimidos com risco de doença grave. Um anticorpo monoclonal, o palivizumabe, pode ser usado como profilaxia para prevenir a infecção por VSR em lactentes com menos de dois anos de idade com risco de doença grave, como aqueles com doença pulmonar crônica, doença cardíaca congênita ou nascidos com menos de 32 semanas de gestação. Até o ano de 2017, ainda não existiam vacinas disponíveis, mas diversas estão em desenvolvimento.

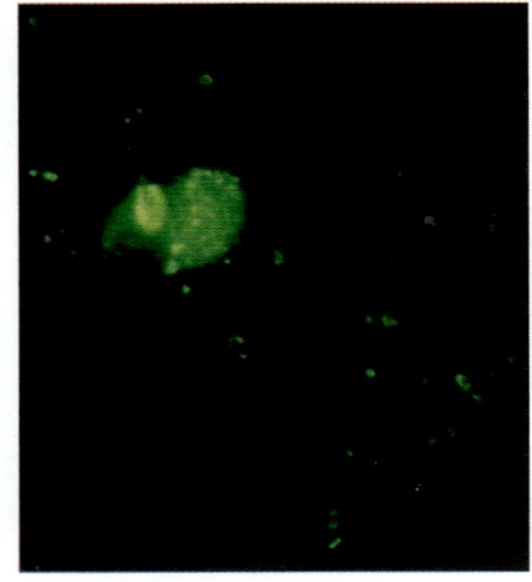

Figura 20.6 Preparação de imunofluorescência de um material da nasofaringe demonstrando células infectadas pelo vírus sincicial respiratório (verde brilhante). (Cortesia de H. Stern.)

SÍNDROME PULMONAR POR HANTAVÍRUS (SPH)

O hospedeiro reservatório para o vírus Sin Nombre (SNV), um hantavírus do Novo Mundo, é o rato veadeiro comumente encontrado na América do Norte. Em 1993, indivíduos foram infectados no sudoeste dos EUA e desenvolveram doença cardiopulmonar grave. A SPH acompanhava sintomas semelhantes aos da gripe, como febre e mialgia, seguida de cerca de 10 dias depois por tosse e dispneia, à medida que a invasão viral do endotélio capilar pulmonar resultava em extravasamento de fluido para dentro dos pulmões, devido à permeabilidade vascular aumentada. Pelo menos 26 mortes secundárias a edema pulmonar, hipotensão e choque cardiogênico foram relatadas. A via de transmissão consiste na inalação de fezes, saliva ou urina de roedores infectados por SNV. Os hantavírus do Velho Mundo causam febre hemorrágica com síndrome renal. Acredita-se que a patogênese de ambas as doenças envolva respostas imunes aberrantes de células endoteliais infectadas pelo SNV que também estão envolvidas na regulação da permeabilidade vascular. Até 2016, foram relatados 690 indivíduos com SPH nos EUA, com uma taxa de mortalidade de 36%. Também foram relatados casos de SPH na América do Sul. Há outros hantavírus que causam SPH em outras áreas dos EUA com diferentes hospedeiros roedores, incluindo o camundongo-de-patas-brancas e o rato-do-algodão. A transmissão de uma pessoa a outra nunca foi relatada. O tratamento é principalmente de suporte em contexto de tratamento intensivo. O tratamento com ribavirina não mostrou ser eficaz apesar do sucesso tratando pacientes com febre hemorrágica com síndrome renal.

PNEUMONIA

A pneumonia há muito tempo é conhecida como "a amiga dos idosos", sendo a causa mais comum de morte relacionada à infecção nos EUA e na Europa. Ela é causada por uma ampla variedade de microrganismos, e o desafio não é o diagnóstico clínico da pneumonia, exceto, talvez, em crianças, nas quais o diagnóstico pode ser mais difícil, mas sim a identificação laboratorial da causa microbiana.

Os microrganismos atingem os pulmões por meio de inalação, aspiração ou pelo sangue

Os microrganismos obtêm acesso ao trato respiratório inferior por meio da inalação de material aerossolizado ou pela aspiração da microbiota normal do trato respiratório superior. O tamanho das partículas inaladas é importante na determinação da distância que elas cursam pelo trato respiratório; somente aquelas com menos de 5 mm de diâmetro atingem os alvéolos. Com menos frequência, os pulmões são semeados com organismos como resultado de uma contaminação hematogênica a partir de outros locais infectados. Indivíduos saudáveis são suscetíveis à infecção por uma ampla gama de patógenos que possuem adesinas, que permitem que o patógeno se prenda especificamente ao epitélio respiratório. Além disso, pessoas com defesas deficientes, por exemplo, imunocomprometidas, com dano viral antecedente ou com fibrose cística, podem desenvolver infecções com organismos que não causam infecções em pessoas saudáveis. Um exemplo é o *Pneumocystis jirovecii*, uma infecção fúngica que é uma importante causa de pneumonia em pessoas com AIDS.

O trato respiratório apresenta um número limitado de mecanismos para responder a infecções

As respostas do hospedeiro podem ser definidas pelos achados patológicos e radiológicos. Quatro termos descritivos são comumente utilizados (Fig. 20.7):

- Pneumonia lobar é o envolvimento de um lóbulo, uma região distinta do pulmão. O exsudato de polimorfonucleares formado em resposta à infecção sofre coagulação nos alvéolos, deixando-os sólidos. A infecção pode se espalhar para os alvéolos adjacentes até que seja contida pelas barreiras anatômicas entre os segmentos ou lobos do pulmão. Assim, um lobo pode demonstrar uma completa consolidação.
- Broncopneumonia é uma consolidação mais difusa e fragmentada, que pode se espalhar por todo o pulmão em consequência dos processos patológicos originais nas pequenas vias aéreas.
- Pneumonia intersticial, ou pneumonite, envolve a invasão do interstício pulmonar, sendo particularmente característica de infecções virais dos pulmões, mas também é observada em causas bacterianas atípicas de pneumonia e infecção por *Pneumocystis*.
- Abscesso pulmonar, algumas vezes denominado pneumonia necrosante, é uma condição na qual se observa uma cavitação e destruição do parênquima pulmonar.

Os resultados comuns a todas essas condições são angústia respiratória, resultante da interferência com as trocas gasosas nos pulmões, e efeitos sistêmicos como resultado da infecção em qualquer parte do corpo.

Uma ampla variedade de microrganismos pode causar pneumonia

A idade é um determinante importante (Tabela 20.1):

- A maioria das pneumonias da infância é causada por vírus ou bactérias que invadem o trato respiratório após uma infecção viral, como a gripe. Neonatos filhos de mulheres infectadas com *Chlamydia trachomatis* genital podem desenvolver uma pneumonite intersticial por clamídia, resultante da colonização do trato respiratório durante o nascimento.
- Na ausência de um distúrbio subjacente como uma fibrose cística, a pneumonia é incomum em crianças mais velhas. Crianças e adultos jovens com fibrose cística apresentam uma grande propensão a infecções do trato respiratório inferior, causadas caracteristicamente por *S. aureus*, *H. influenzae* e *Pseudomonas aeruginosa*.
- A causa da pneumonia em adultos depende de vários fatores de risco, como idade avançada, doenças subjacentes e exposição a patógenos no trabalho, viagens ou contato com animais.

A pneumonia adquirida em hospitais tende a ser causada por um espectro diferente de microrganismos, particularmente bactérias Gram-negativas. Os agentes causadores da pneumonia em adultos estão resumidos na Figura 20.8. Apesar de

Tabela 20.1 Causas de pneumonia relacionadas à idade

Crianças	Adultos
Sobretudo viral (p. ex., vírus sincicial respiratório, parainfluenza) ou bacteriana secundária à infecção respiratória viral (p. ex., após influenza, sarampo)	Causas bacterianas mais comuns do que as virais
Neonatos podem desenvolver pneumonite intersticial causada por *Chlamydia trachomatis* adquirida da mãe no nascimento	A etiologia varia com a idade, doença subjacente, fatores de risco ocupacionais e geográficos

A grande causa de pneumonia em crianças é frequentemente viral ou bacteriana secundária a uma infecção viral do trato respiratório. Em adultos, a pneumonia bacteriana é mais comum.

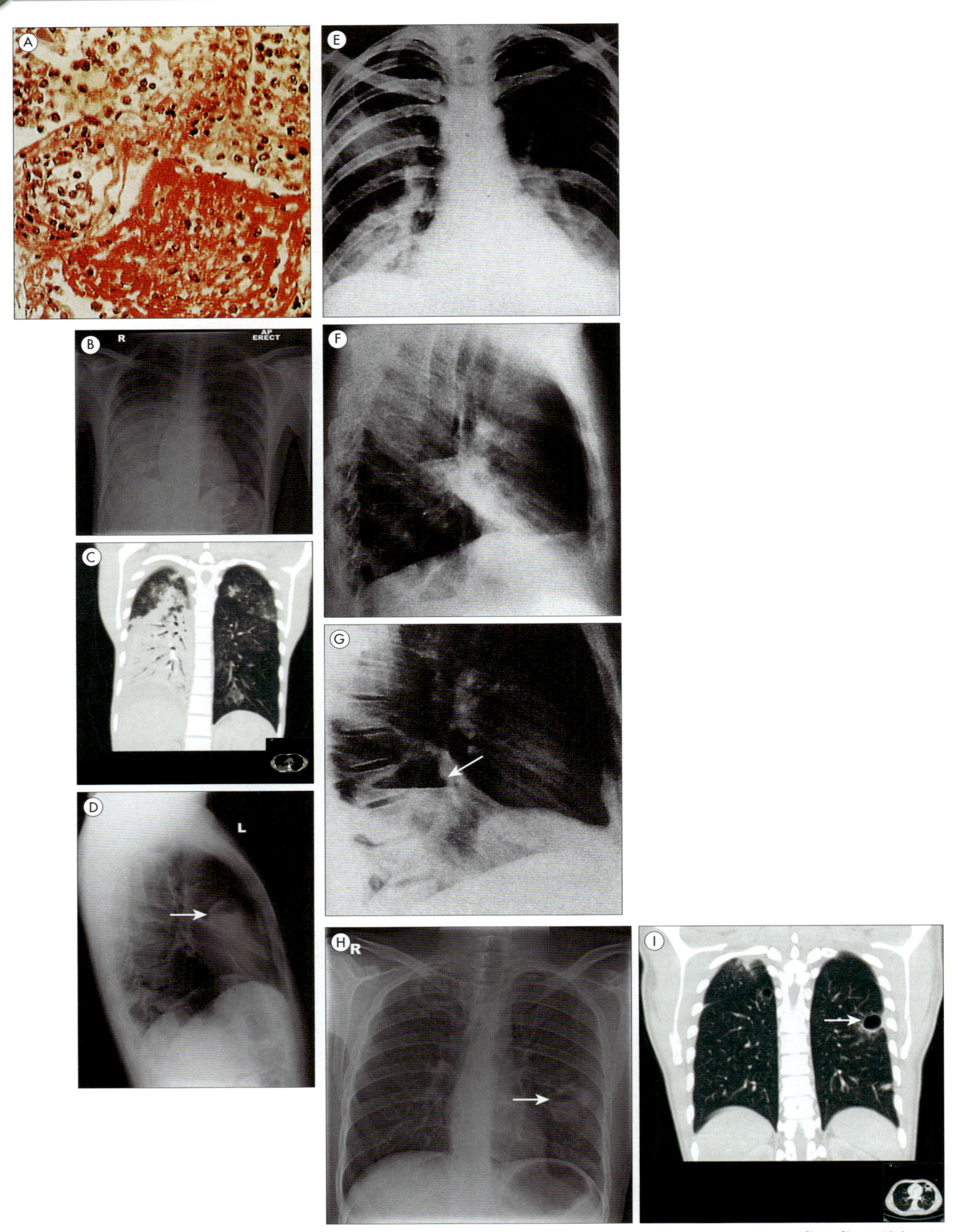

Figura 20.7 Quatro tipos de pneumonia. (A) Pneumonia lobar pneumocócica, demonstrando alvéolos consolidados repletos de neutrófilos e fibrina. (Coloração H&E.) (B) Abscesso pulmonar, mostrando uma cavidade do abscesso (apontada) no raio X torácico e TC torácica. (E) Broncopneumonia por micoplasma, com consolidação fragmentada em várias áreas de ambos os pulmões. (F) Pneumonia intersticial causada pelo vírus influenza. (G) Abscesso pulmonar, demonstrando uma cavidade do abscesso (apontada) no raio X torácico (H) e na TC torácica (I). ([A] Cortesia de I.D. Starke e M.E. Hodson. [B]–[D] Cortesia de G. Bain, London North West Healthcare Trust). [E] Cortesia de J.A. Innes. [F] Cortesia de I.D. Starke e M.E. Hodson. [G]–[I] Cortesia de G. Bain, London North West Healthcare Trust.)

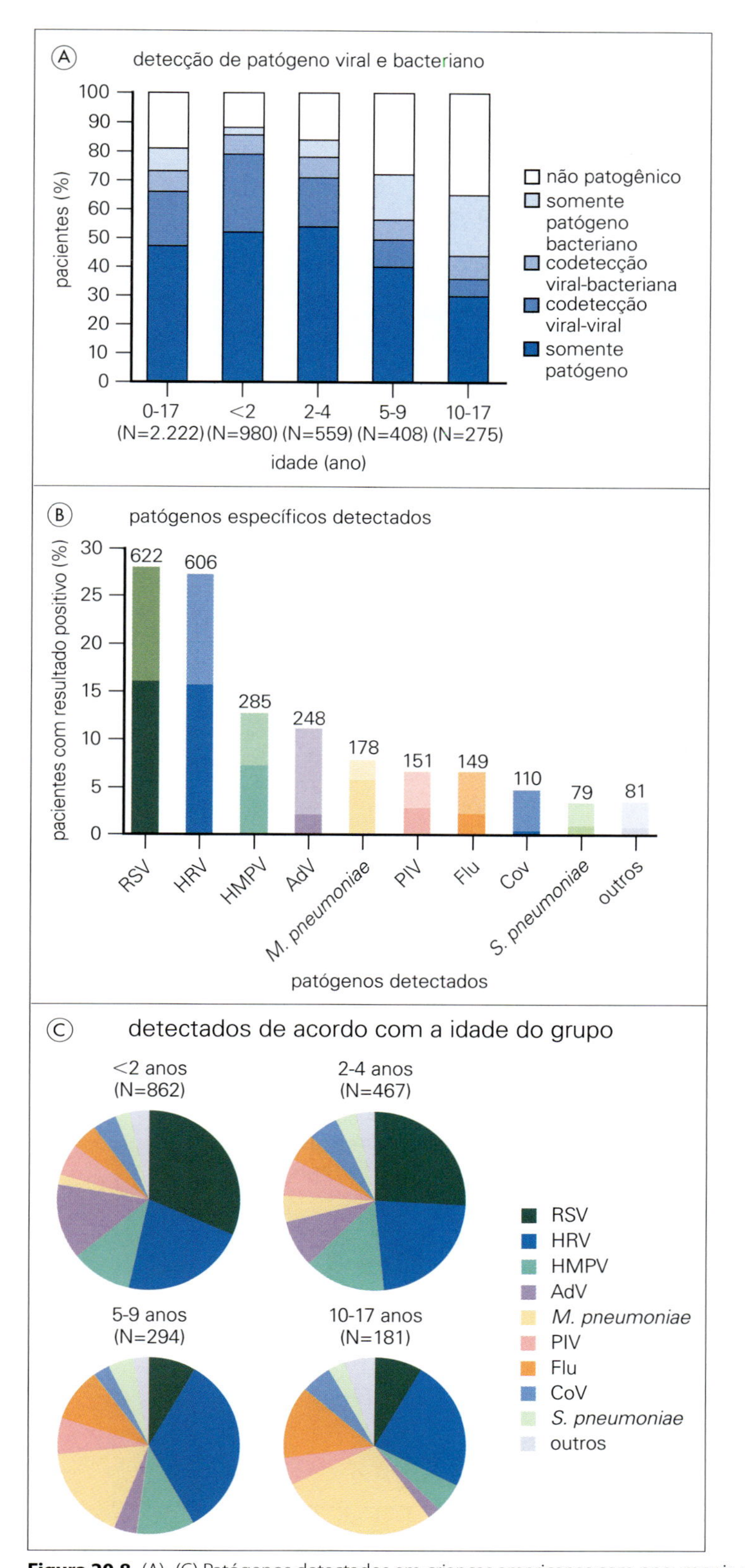

Figura 20.8 (A)–(C) Patógenos detectados em crianças americanas com pneumonia adquirida na comunidade que exigiu hospitalização, 2010-2012.

(Continua)

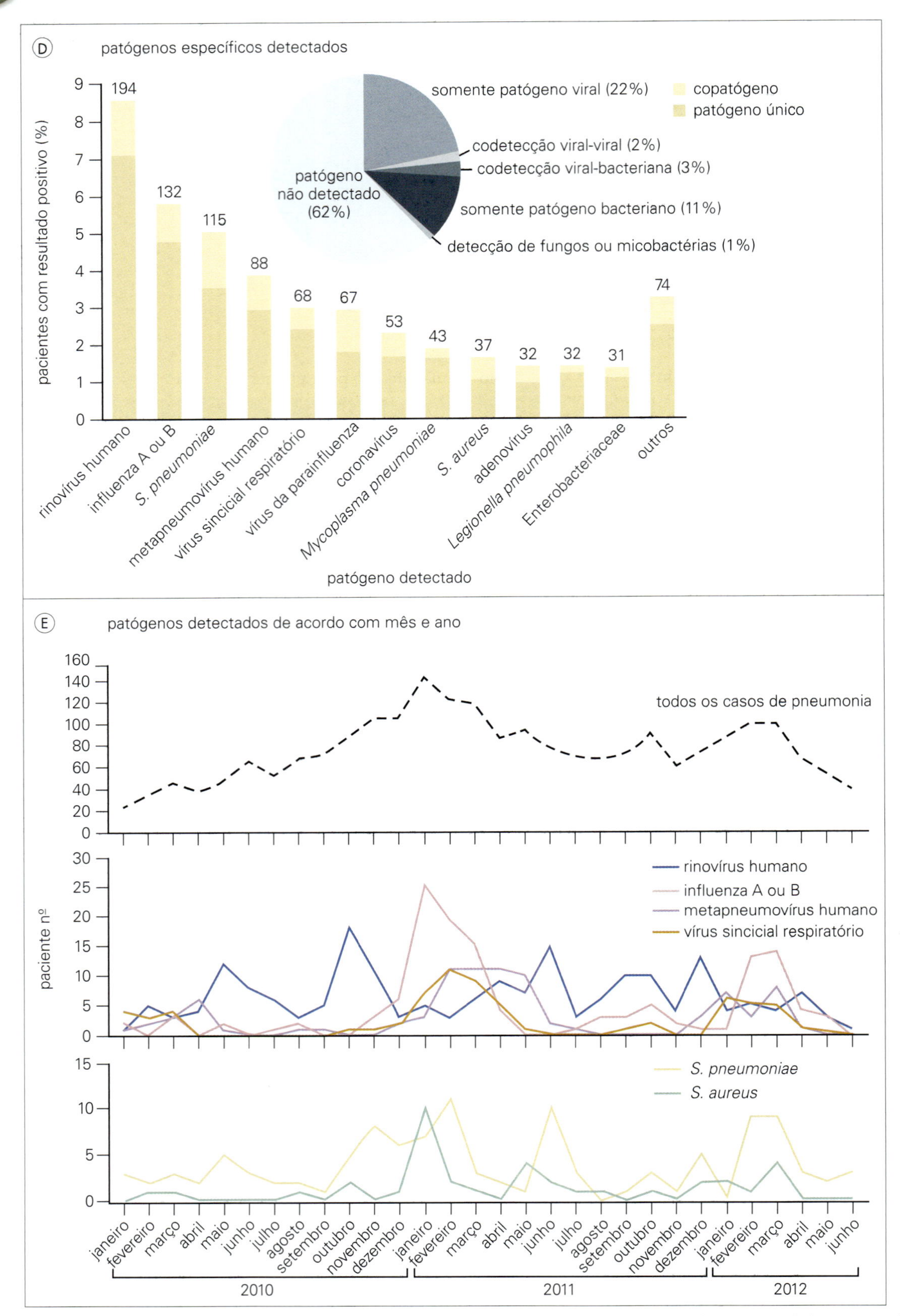

Figura 20.8 ***(Cont.)*** (D)–(E) Patógenos detectados em adultos americanos com pneumonia adquirida na comunidade que exigiu hospitalização, 2010-2012. ([A] – [C] De Jain S., Williams D.J., Arnold S.R. et al. Pneumonia adquirida na comunidade que exigiu hospitalização em crianças americanas. *NEJM* 2015; 372:835–845, com permissão. [D] – [E] De Jain S., Self W.H., Wunderink R.G. et al. Pneumonia adquirida na comunidade que exigiu hospitalização em adultos americanos. *NEJM* 2015; 373:415-427, com permissão.)

pistas clínicas e epidemiológicas ajudarem a sugerir a causa provável, as investigações microbiológicas são essenciais para confirmar o diagnóstico e assegurar a terapia antimicrobiana ideal.

As pneumonias virais demonstram uma pneumonia intersticial característica na radiografia de tórax com maior frequência do que as pneumonias bacterianas (Fig. 20.7F), e, para fins didáticos, serão descritas separadamente, adiante. As infecções pelo VSR já foram descritas neste capítulo, e os patógenos oportunistas, como *Pneumocystis jirovecii*, associados especificamente à pneumonia em pacientes imunocomprometidos, serão descritos no Capítulo 31.

PNEUMONIA BACTERIANA

Streptococcus pneumoniae é a causa bacteriana clássica de pneumonia aguda adquirida na comunidade

Antigamente, 50-90% das pneumonias eram causadas por *S. pneumoniae* (os "pneumococos"), e ela ainda é a causa mais comum de pneumonia bacteriana em crianças em todo o mundo, sendo a segunda causadora mais comum a *H. influenzae*. A OMS relatou que a pneumonia causa 15% de todas as mortes em crianças com menos de 5 anos de idade, contabilizando quase um milhão de mortes em 2015. O estudo do CDC da Etiologia da Pneumonia na Comunidade (EPICA) era um estudo prospectivo, multicêntrico, baseado na população e ativo de vigilância envolvendo adultos e crianças com pneumonia adquirida na comunidade que foram hospitalizados de janeiro de 2012 a junho de 2012. Um patógeno viral ou bacteriano foi detectado em 81% dessas 2.638 crianças, um ou mais vírus em 66%, bactérias em 8% e coinfecção bacteriana e viral em 7% (Fig. 20.8A). Em 2.488 adultos, um patógeno foi detectado em 38%, um ou mais vírus em 23%, bactérias em 11%, coinfecções bacterianas e virais em 3% e um patógeno fúngico ou micobacteriano (que deveria ter sido incluído na categoria bacteriana!) foi detectado em 1% (Fig. 20.8B).

Uma variedade de bactérias causa pneumonia atípica primária

Quando a penicilina, um tratamento antibiótico eficaz para a infecção pneumocócica, tornou-se amplamente disponível, uma significativa proporção de pacientes com pneumonia não respondeu a esse tratamento e foi denominada "pneumonia atípica primária". "Primária" diz respeito a uma pneumonia que ocorre como um evento novo, não secundário, por exemplo, a uma infecção por influenza, e "atípica" pelo fato de não se isolar o *S. pneumoniae* no escarro desses pacientes, com sintomas gerais e respiratórios, e a pneumonia não responde ao tratamento com penicilina ou ampicilina. As causas da pneumonia atípica incluem *M. pneumoniae*, *Chlamydophila pneumoniae* e *C. psittaci*, *Legionella pneumophila* e *Coxiella burnetii*. A infecção com *C. pneumoniae* é comum; o CDC nos EUA estima que ela cause pelo menos 300.000 casos de pneumonia a cada ano em adultos. *Mycoplasma pneumoniae* e *C. pneumoniae* parecem ser patógenos exclusivamente humanos, enquanto a *C. psittaci* e a *C. burnetii* são adquiridas de animais infectados e a *L. pneumophila* é adquirida de fontes ambientais contaminadas (Fig. 20.9).

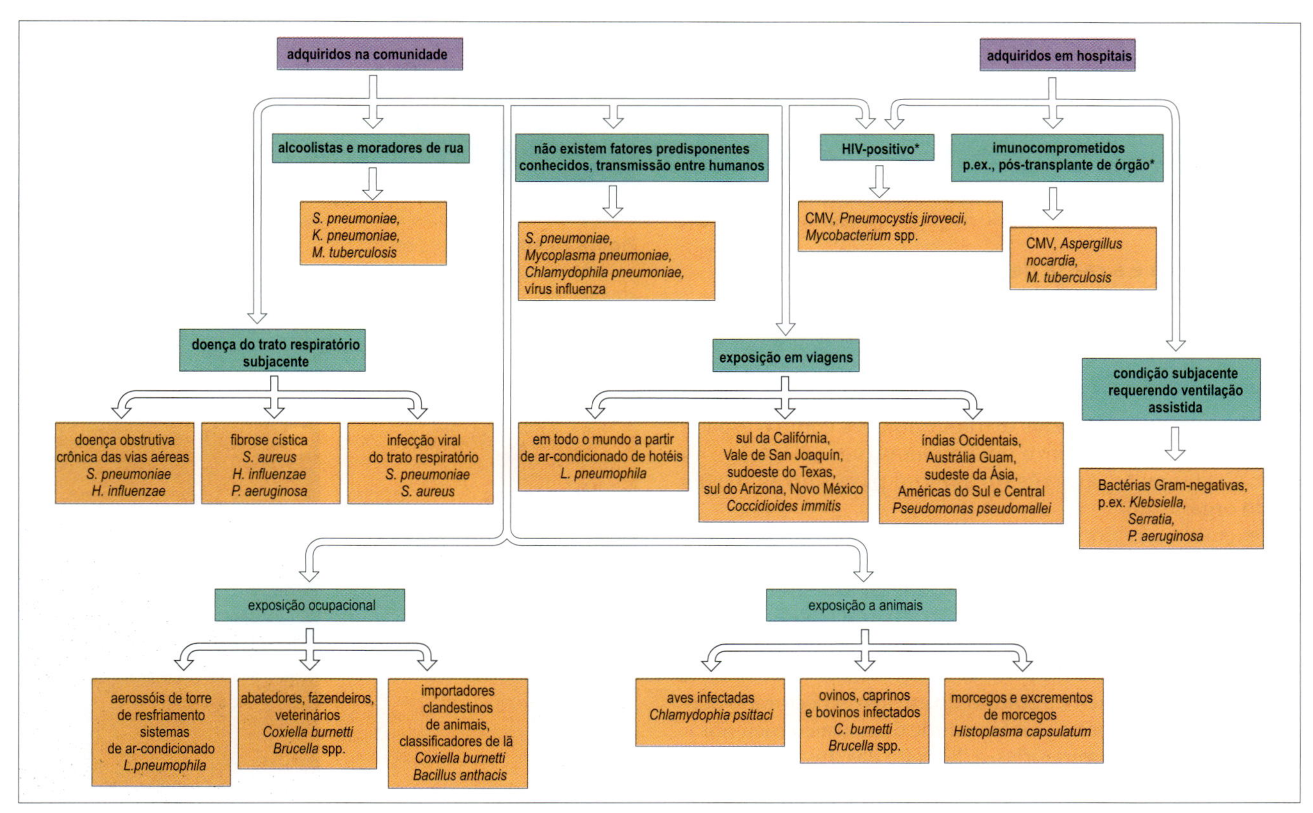

Figura 20.9 Muitos patógenos são capazes de causar pneumonia em adultos, e a etiologia está relacionada com fatores de risco, como a exposição a patógenos no trabalho, viagens e o contato com animais. Os idosos apresentam uma maior probabilidade de serem infectados, e tendem a apresentar uma doença mais grave do que adultos jovens. *Estas infecções geralmente são infecções endógenas reativadas, em vez de serem adquiridas na comunidade ou em ambientes hospitalares. C., *Coxiella*; CMV, citomegalovírus; H., *Haemophilus*; K., *Klebsiella*; L., *Legionella*; M., *Mycobacterium*; P., *Pseudomonas*; Staph., *Staphylococcus*; Strep., *Streptococcus*.

A *Moraxella catarrhalis* é cada vez mais considerada uma causa de pneumonia, sobretudo em pacientes com carcinoma do pulmão ou outra doença pulmonar subjacente. Outros agentes etiológicos de pneumonia associados a doenças subjacentes particulares, ocupações ou exposições a animais e viagens são sumarizados na Figura 20.9 e descritos em outros capítulos. Vale lembrar que um organismo causador não é isolado em até 35% das infecções do trato respiratório inferior.

Pacientes com pneumonia em geral se apresentam com mal-estar e febre

Os sinais e sintomas de uma infecção do tórax incluem:

- dor torácica, que pode ser de natureza pleurítica (dor ao inspirar);
- uma tosse, que pode produzir escarro;
- falta de ar (dispneia).

Algumas infecções resultam em sintomas confinados principalmente ao tórax, enquanto outras, como a doença do legionário causada pela *L. pneumophila*, apresentam um envolvimento sistêmico muito maior, e o paciente pode apresentar confusão mental, diarreia e evidências de disfunção renal ou hepática. Entretanto, a distinção entre sintomas localizados e sistêmicos em geral não é confiável o suficiente para um diagnóstico preciso.

O exame do tórax pode revelar ruídos anormais, denominados "estertores", e evidências de consolidação, antes mesmo que as alterações sejam evidentes nas radiografias.

Pacientes com pneumonia em geral apresentam sombras em uma ou mais áreas do pulmão

Os exames de imagem do tórax com raio X torácico, tomografia computadorizada (TC) e ressonância nuclear magnética (RNM) são um adjunto importante ao diagnóstico clínico. Pacientes com pneumonia geralmente apresentam sombras que indicam consolidação (ver anteriormente as descrições de pneumonia lobar, pneumonia intersticial e broncopneumonia). Entretanto, a interpretação cuidadosa é necessária para a diferenciação entre processos infecciosos e não infecciosos, como os tumores.

A pneumonia é a causa de morte por infecção mais comum em idosos

Também é uma causa importante de morte no jovem e previamente saudável. As complicações da infecção incluem a disseminação dos organismos infectantes:

- diretamente, para locais extrapulmonares como o espaço pleural, dando origem a um empiema (ver adiante);
- indiretamente, através do sangue para outras partes do organismo.

Por exemplo, a maioria dos pacientes com pneumonia pneumocócica apresenta hemoculturas positivas, e a meningite pneumocócica pode acompanhar a pneumonia em idosos.

O momento mais apropriado para a coleta de amostras do escarro é pela manhã, antes do café

O exame microscópico e a cultura do escarro expectorado permanecem sendo as principais formas de diagnóstico bacteriológico das infecções respiratórias, a despeito das dúvidas relacionadas com o valor desses procedimentos. A coleta do escarro não é invasiva, mas técnicas mais invasivas, como aspiração transtraqueal, broncoscopia e lavado broncoalveolar, além da biopsia pulmonar aberta, podem gerar resultados mais úteis.

As amostras de escarro são mais bem coletadas pela manhã porque o escarro tende a se acumular enquanto o paciente permanece deitado, e antes do café da manhã, para evitar a contaminação por partículas e bactérias oriundas dos alimentos. É importante que o espécime submetido ao exame seja realmente escarro, e não saliva. Um fisioterapeuta pode ajudar os pacientes incapazes de expectorar da forma adequada.

Os procedimentos laboratoriais usuais nas amostras de escarro dos pacientes com pneumonia correspondem ao exame com coloração de Gram e cultura

O exame do escarro com corantes de Gram dá origem a um diagnóstico presuntivo em minutos, se o filme revelar uma resposta do hospedeiro na forma de polimorfos abundantes e o suposto patógeno, por exemplo, diplococos Gram-positivos característicos do *S. pneumoniae* (Fig. 20.10). A presença de organismos na ausência de polimorfos é sugestiva de contaminação do espécime em vez de infecção, mas é importante lembrar que pacientes imunocomprometidos podem não ser capazes de elaborar uma resposta com leucócitos polimorfonucleares. Vale lembrar ainda que os agentes causais de pneumonia atípica, com exceção da *L. pneumophila* (Fig. 20.11), não serão demonstrados nos esfregaços corados pelo Gram.

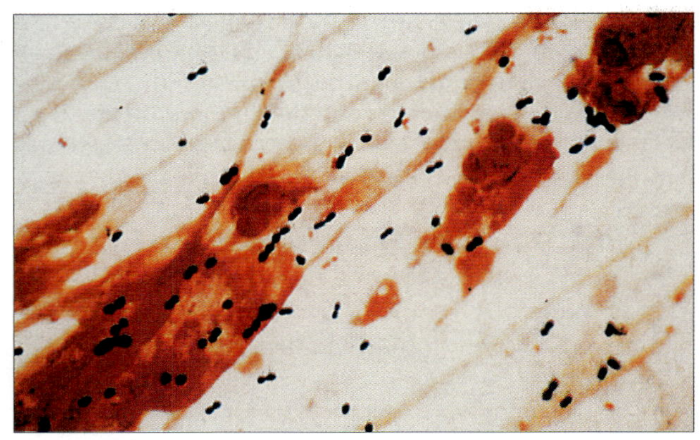

Figura 20.10 Esfregaços corados com Gram podem ajudar o médico a fazer um rápido diagnóstico se, como neste exemplo, eles contiverem abundantes diplococos Gram-positivos característicos de pneumococos, bem como polimorfos. Entretanto, muitas das causas importantes de pneumonia não serão coradas pelo Gram.

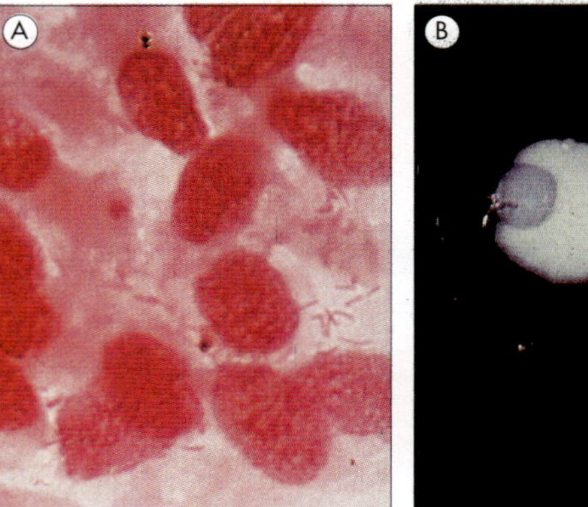

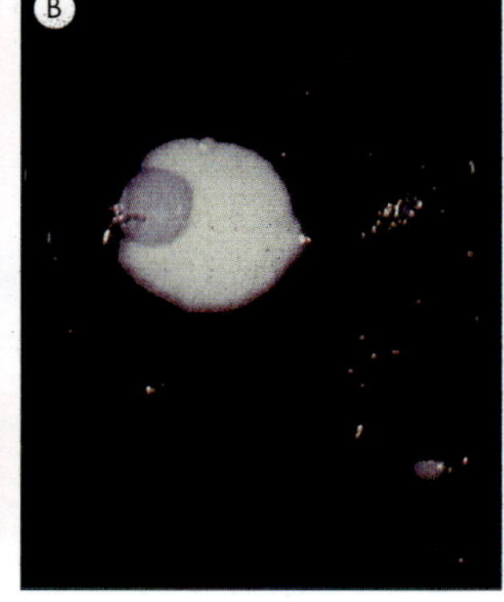

Figura 20.11 *Legionella pneumophila*. (A) Uso do corante de Gram em uma amostra de biópsia brônquica de um paciente com doença dos legionários fulminante. (B) Placa de cultura demonstrando colônias brancas em um meio de extrato de levedura tamponado em carvão. ([A] Cortesia de S. Fisher-Hoch. [B] Cortesia de I. Farrell.)

As técnicas de cultura padrão permitirão o crescimento de patógenos bacterianos, como *S. pneumoniae*, *S. aureus*, *H. influenzae* e *Klebsiella pneumoniae*, além de outros bacilos Gram-negativos não fastidiosos. Para agentes causadores de pneumonia atípica, como nas patologias causadas por *L. pneumophila*, são necessários meios ou condições especiais (Fig. 20.11).

Técnicas rápidas que não utilizam culturas estão sendo aplicadas com sucesso no diagnóstico da pneumonia pneumocócica. A detecção do antígeno pneumocócico através da aglutinação de partículas de látex recobertas por anticorpos pode ser utilizada tanto com amostras do escarro como da urina, uma vez que o antígeno é excretado na urina. O uso desta técnica gera o resultado em uma hora após a coleta da amostra, mas os testes de suscetibilidade antibiótica não podem ser realizados a menos que o organismo seja isolado.

O diagnóstico microbiológico da pneumonia atípica em geral é confirmado pela sorologia

Como já foi mencionado, várias causas importantes de pneumonia não serão reveladas nos esfregaços de escarro corados pelo Gram e não podem crescer nos meios de cultura de rotina. Por esses motivos, o diagnóstico geralmente é confirmado através de testes sorológicos, em vez da cultura. Em algumas infecções, a detecção de IgM, do antígeno ou do genoma está sendo utilizada para firmar o diagnóstico em um estágio inicial. As técnicas clássicas envolvem a detecção de um único título elevado de anticorpos específicos ou, de preferência, a demonstração de um título em elevação entre a fase aguda e a convalescente da doença, porém o diagnóstico sorológico, em geral, é feito retrospectivamente. Os testes sorológicos são demonstrados na Tabela 20.2.

A pneumonia é tratada com uma terapia antimicrobiana apropriada

Assim que uma causa de pneumonia é identificada, a terapia antimicrobiana apropriada pode ser administrada, embora haja diretrizes diferentes pelo mundo e a incidência de resistência à penicilina e outros antibióticos em pneumococos tenha aumentado em alguns países (Tabela 20.3).

A opção de tratamento é mais difícil quando não há produção de escarro ou quando o escarro não revela o patógeno. Portanto, é importante o levantamento do histórico completo e o uso de técnicas diagnósticas invasivas (caso apropriado) para ajudar a estabelecer a causa.

Tabela 20.2 Diagnóstico sorológico de pneumonia "atípica"

Patógeno	Teste
Mycoplasma pneumoniae	Teste de fixação do complemento (TFC), IgM por aglutinação do látex ou ELISA
Legionella pneumophila	Teste de antígeno urinário ou teste de microaglutinação rápida
Chlamydophila pneumonia *Chlamydophila psittaci*	Microimunofluorescência ou ELISA usando antígenos específicos à espécie
Coxiella burnetii	TFC (antígenos de fase I e fase II)

Várias das causas bacterianas de pneumonia não podem ser cultivadas em laboratório, por isso o exame do soro do paciente à procura de anticorpos específicos é o método usual de diagnóstico. Sempre é melhor demonstrar uma titulação crescente entre o soro da fase aguda e o da fase convalescente do que ter como base apenas uma única amostra. ELISA, ensaio de imunoabsorção enzimática. No entanto, testes de diagnóstico molecular em amostras respiratórias que são mais sensíveis e rápidos foram desenvolvidos.

Tabela 20.3 Tratamentos antibióticos para pneumonia bacteriana

Tratamento inicial de pneumonia adquirida na comunidade	
Primeira opção	Amoxicilina ou ácido clavulânico + doxiciclina
Pneumonia secundária à infecção viral do trato respiratório	Amoxicilina e ácido clavulânico
Pneumonia na bronquite crônica	Amoxicilina e ácido clavulânico ou cefuroxima
Pneumonia em um alcoólatra, usuário de drogas ou paciente que possa ter aspirado	Amoxicilina e ácido clavulânico + gentamicina
Tratamento de escolha quando o patógeno foi identificado	
Streptococcus pneumoniae	Amoxicilina ou penicilina (eritromicina se alérgico a beta-lactâmicos)
Mycoplasma pneumoniae *Legionella pneumoniae* *Chlamydophila pneumoniae* *Chlamydophila psittaci* *Coxiella burnetii*	Doxiciclina
Staphylococcus aureus	Flucloxacilina
Haemophilus influenzae	Amoxicilina e ácido clavulânico ou cefuroxima
Klebsiella pneumoniae	Gentamicina, cloranfenicol ou ciprofloxacina

A amoxicilina permanece sendo o agente de escolha para as infecções pneumocócicas, desde que os isolados sejam suscetíveis. Pneumococos resistentes à penicilina já existem em muitos países e, em alguns países, não é mais seguro assumir a suscetibilidade à amoxicilina. Muitas das cepas resistentes ainda são suscetíveis a cefalosporinas, e em países com uma alta incidência de resistência, esses agentes podem substituir a amoxicilina, pelo menos até que os resultados da suscetibilidade antibiótica sejam conhecidos. É importante ter em mente que a amoxicilina e as cefalosporinas não são ativas contra as outras causas comuns de pneumonia. Portanto, uma combinação é frequentemente recomendada para a terapia inicial.

[a] Se não for um produtor de beta-lactamase.

A prevenção da pneumonia envolve medidas para minimizar a exposição, além de imunização pneumocócica pós-esplenectomia e para aqueles com anemia falciforme

As infecções respiratórias em geral são transmitidas por gotículas transportadas pelo ar, de modo que a contaminação interpessoal é praticamente impossível de ser evitada, apesar de uma menor aglomeração de pessoas e melhores sistemas de ventilação ajudarem a reduzir as chances de adquirir a infecção. As infecções adquiridas de fontes não humanas podem ser prevenidas com mais eficácia, por exemplo, evitando o contato com animais (febre Q) ou aves (psitacose) doentes. A contaminação de sistemas de resfriamento e dos suprimentos de água quente por *Legionella* foi tema de extensos estudos, tendo sido criados regulamentos hoje em rigor no Reino Unido e em outros países para servir como diretrizes para a manutenção desses sistemas.

A imunização está disponível para alguns patógenos respiratórios. Uma vacina pneumocócica incorporando os antígenos capsulares de polissacarídeos dos tipos mais comuns de *S. pneumoniae* é recomendada para as pessoas com riscos particulares (p. ex., indivíduos pós-esplenectomia ou aqueles com anemia falciforme incapazes de lidar de modo eficaz contra organismos encapsulados).

PNEUMONIA VIRAL

Os vírus podem invadir os pulmões através da corrente sanguínea, bem como diretamente pelo trato respiratório

Muitos vírus causam pneumonia (Tabela 20.4) mesmo com as defesas normais do hospedeiro. Indivíduos saudáveis são suscetíveis, e a maioria desses vírus possui moléculas de superfície que se prendem especificamente ao epitélio respiratório.

Mesmo quando vírus deste grupo não causam a pneumonia, eles podem danificar as defesas respiratórias, abrindo caminho para as pneumonias bacterianas secundárias. Algumas vezes, os vírus não são disseminados de forma significativa pelos espaços aéreos, mas permanecem nos tecidos intersticiais causando pneumonite intersticial. Um exemplo é a pneumonite pelo citomegalovírus (CMV) em pacientes imunodeficientes, particularmente nos receptores de transplante de medula óssea alogênicos.

INFECÇÃO PELO VÍRUS PARAINFLUENZA

Assim como o VSR, os vírus parainfluenza apresentam uma grande probabilidade de causar doença do trato respiratório inferior, crupe e pneumonia em crianças.

Existem quatro tipos de vírus parainfluenza com diferentes efeitos clínicos

Os "antígenos" de superfície dos vírus parainfluenza são compostos por hemaglutinina e neuraminidase em um tipo de pico e proteínas de fusão em outro. Os quatro tipos de vírus possuem diferentes antígenos. Após a infecção por gotículas respiratórias, esses vírus são disseminados localmente pelo epitélio respiratório.

Os vírus parainfluenza 1-3 são a causa de faringites, crupes, otites médias, bronquiolites e pneumonias. A crupe é vista em crianças com menos de 5 anos de idade e consiste em uma laringotraqueobronquite aguda acompanhada de tosse severa e rouquidão. O vírus parainfluenza 4 é menos comum e, em geral, é a causa de uma doença semelhante ao resfriado comum.

Tabela 20.4 Pneumonia viral

Vírus	Condição clínica	Comentários
Influenza A ou B	Pneumonia viral primária ou pneumonia associada à infecção bacteriana secundária	Pandemias (tipo A) e epidemias (tipo A ou B); maior suscetibilidade em idosos ou em determinadas doenças crônicas; antivirais e vacina disponíveis
Parainfluenza (tipos 1–4)	Crupe, pneumonia em crianças < 5 anos de idade; doença respiratória superior (geralmente subclínica) em crianças mais velhas e adultos	Nenhum tratamento disponível (sem evidência publicada que demonstre a eficácia de ribavirina), tratamento de apoio; vacinas não disponíveis
Sarampo	Pneumonia bacteriana secundária comum; pneumonia viral primária (de células gigantes) naqueles com imunodeficiência	A infecção em adultos é rara, mas grave; ribavirina pode ser usada como tratamento, o rei e a rainha do Havaí morreram de sarampo quando visitaram Londres em 1824; vacina disponível
Vírus sincicial respiratório	Bronquiolite (lactentes); síndrome do resfriado comum (adultos)	Ápice da mortalidade em lactentes de 3 a 4 meses de idade; tratamento com ribavirina disponível, profilaxia com palivizumabe se estiver em alto risco
Adenovírus	Febre faringoconjuntival, faringite, pneumonia atípica (recrutas militares)	Cidofovir ou ribavirina podem ser usados em contextos clínicos específicos, vacina disponível para militares
Citomegalovírus	Pneumonite intersticial	Em pacientes imunocomprometidos (p. ex., receptores de transplante de medula óssea); antivirais (p. ex., ganciclovir, valganciclovir, foscarnet, cidofovir) e imunoglobulina disponíveis
Herpes simples	Pneumonite intersticial	Em pacientes imunocomprometidos; antivirais (p. ex., aciclovir, valaciclovir, foscarnet)
Vírus varicela-zóster	Pneumonia em adultos jovens com catapora	Incomum; reconhecida de 1 a 6 dias após exantema; lesões pulmonares podem, por fim, calcificar; antivirais (p. ex., aciclovir, valaciclovir, foscarnet) e vacina disponíveis

Vários grupos de vírus diferentes causam infecção do trato respiratório inferior, sobretudo em crianças. Alguns, como o vírus influenza ou o do sarampo, deixam o paciente particularmente suscetível à infecção bacteriana secundária. Desde que PCR passou a ser utilizada para realizar diagnósticos, mais coinfecções virais foram detectadas, assim como mais infecções bacterianas secundárias.

Métodos de PCR em tempo real, detectando o RNA de parainfluenza em suabes da garganta, revolucionaram o diagnóstico destas e de outras infecções por vírus respiratórios em função da maior sensibilidade e do tempo rápido de diagnóstico utilizando esses testes. Antígenos específicos ao vírus podem ser detectados em células de lavados respiratórios, e a cultura do vírus pode ser realizada em ambientes nos quais a análise molecular não está disponível. O tratamento envolve terapia de apoio, uma vez que nenhum antiviral demonstrou ter efeito e não existe vacina.

INFECÇÃO PELO ADENOVÍRUS

Os adenovírus causam cerca de 5% de todas as doenças agudas do trato respiratório

Existem 41 tipos de antigênicos de adenovírus, alguns deles causando infecções do trato respiratório superior, como a febre faringoconjuntival e a faringite (Cap. 19), além de infecções do trato respiratório inferior.

Os tipos 3, 4 e 7 causaram surtos de doença respiratória que variaram desde faringite até pneumonia atípica em recrutas militares, com a aglomeração e o estresse sendo possíveis cofatores.

A recuperação costuma acontecer sem intercorrências, mas os adenovírus podem persistir, uma vez que infecções latentes e na década de 1950 foram detectadas em extratos teciduais de amídalas e adenoides removidas cirurgicamente. Uma vacina com cobertura entérica para os tipos 4 e 7 foi utilizada para prevenir surtos de infecção em recrutas militares. Em 2011, a FDA aprovou uma nova versão dessa vacina, que é oferecida a todos os militares em formação nos EUA.

INFECÇÃO POR METAPNEUMOVÍRUS HUMANO

O metapneumovírus humano (hMPV), descoberto na Holanda em 2001, é um patógeno respiratório intimamente relacionado ao VSR e que tem seu pico nos meses de inverno. Em um estudo prospectivo de vigilância do hMPV em 2013 em crianças com menos de 5 anos de idade, o hMPV foi detectado em 6% das crianças hospitalizadas, 7% das crianças em tratamento ambulatorial e 7% dos tratados em departamentos de emergência. Ele está associado a um espectro de doenças que varia desde uma infecção leve até bronquiolite e pneumonia. Os sintomas podem incluir febre, coriza, tosse, faringite e produção de chiado. A infecção acomete lactentes e crianças pequenas, com alguns registros de que, por volta dos 5 anos de idade, a maioria das crianças já teve uma infecção pelo hMPV. Além disso, este vírus já foi detectado em crianças mais velhas e em adultos, sugerindo a possibilidade de reinfecção. Soros arquivados foram testados e, aparentemente, os humanos têm sido expostos ao hMPV há pelo menos 50 anos.

INFECÇÃO POR BOCAVÍRUS HUMANO

O bocavírus humano (HBoV), descoberto em 2005, é um membro da família Parvoviridae. Das quatro espécies de hBoV, hBoV1 foi detectado em amostras respiratórias de pacientes com infecções do trato respiratório superior e inferior e hBoV2-4 em amostras fecais de pacientes com gastroenterite. Tem sido difícil determinar a importância clínica do HBoV, especialmente pelo fato de este poder ser detectado tanto em indivíduos doentes como em indivíduos de controle saudáveis. Entretanto, ao quantificar a carga do HBoV, foi demonstrado que esta é significativamente maior naqueles pacientes com HBoV isolado em comparação com aqueles coinfectados.

INFECÇÃO PELO VÍRUS INFLUENZA

Os vírus influenza são vírus respiratórios clássicos e causam endemias, epidemias e pandemias de gripe

A estrutura de RNA fita simples de um ortomixovírus típico está demonstrada na Figura 20.12, e o processo de brotamento está ilustrado na Figura 20.13.

Existem quatro tipos de vírus influenza: A, B, C e D

Diferenças antigênicas entre o nucleocapsídeo e as proteínas da matriz distinguem os vírus influenza A, B, C e D:

- Os vírus influenza A causam epidemias e ocasionalmente pandemias, existindo um reservatório animal, sobretudo pássaros.
- Os vírus influenza B causam somente epidemias e não envolvem hospedeiros animais.
- Os vírus influenza C não causam epidemias e dão origem somente a doenças respiratórias menos significativas.
- Os vírus influenza D afetam principalmente gado.

O envelope do vírus influenza possui espículas de hemaglutinina e neuraminidase

Estas são demonstradas na Figura 20.12. No caso do influenza A, a hemaglutinina (H) e a neuraminidase (N) são antígenos tipo-específicos e são utilizados para caracterizar diferentes cepas de vírus influenza A (Tabela 20.5). Cepas circulantes são H3N2, H1N1 e H1N2. Para uma nomenclatura completa, também são incluídos o tipo antigênico de influenza, a origem do hospedeiro se não for humana, a origem geográfica, o número da cepa e o ano de isolamento (p. ex., A / Filipinas / 82 / H3N2).

O genoma do RNA fita simples é segmentado, e esses oito segmentos podem ser reagrupados durante a replicação do vírus, dando origem a uma progênie viral com uma nova combinação de antígenos H e N quando as partículas de mais de uma cepa infectam simultaneamente uma célula. Dois diferentes vírus da influenza A podem infectar simultaneamente uma célula e se rearranjarem, resultando em uma nova cepa do vírus da influenza.

Os vírus influenza sofrem alterações genéticas ao se disseminarem através das espécies hospedeiras

Essas alterações são de dois tipos:

1. *Derivação (drift) antigênica*. Pequenas mutações afetando os antígenos H e N ocorrem constantemente. Quando as alterações nesses antígenos permitem que o vírus se multiplique de forma significativa em indivíduos com imunidade para as cepas predecessoras, o novo subtipo pode reinfectar a comunidade. A derivação antigênica é observada em todos os tipos de influenza.
2. *Desvio (shift) antigênico*. Menos comumente, e ocorrendo apenas com o influenza A, surge uma grande alteração súbita denominada desvio, na antigenicidade dos antígenos H ou N. Isto se baseia na recombinação entre diferentes cepas do vírus quando elas infectam a mesma célula. Uma grande mudança no H ou N significa que a nova cepa pode se disseminar através das populações imunes às cepas preexistentes, e este estágio pode levar a uma nova pandemia (Tabela 20.5). Em associação com as alterações no H e no N ocorrem outras alterações genéticas, que podem ou não conferir uma maior patogenicidade ou uma mudança na capacidade de transmissão rápida de pessoa para pessoa.

No entanto, a pandemia do vírus do H1N1 em 2009 demonstrou que a mudança antigênica sozinha pode não ser necessária para uma epidemia global. Os dados epidemiológicos

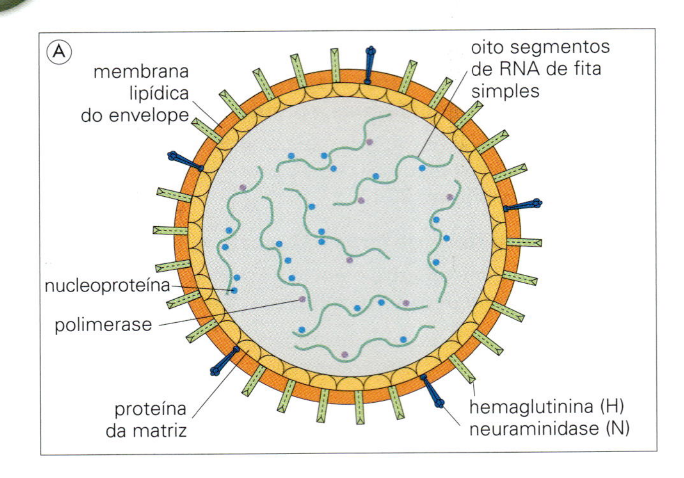

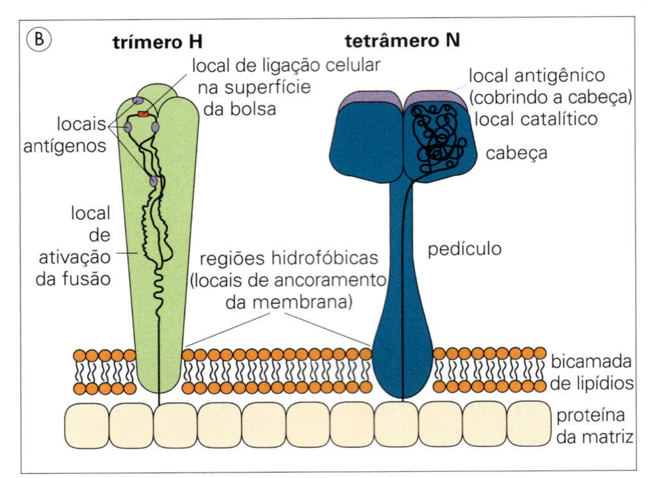

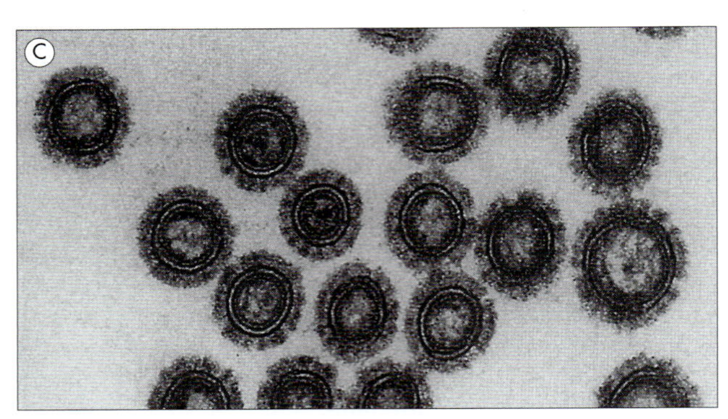

Figura 20.12 A partícula do vírus influenza A (A), com detalhes ampliados (B) para demonstrar a hemaglutinina de superfície (H) e neuraminidase (N). Cada partícula possui aproximadamente 500 espículas H, que se ligam às células do hospedeiro e se fundem ao envelope viral com a membrana plasmática da célula para desencadear a infecção, e cerca de 100 espículas N, que liberam o vírus da superfície da célula. As proteínas nucleoproteína e polimerase estão intimamente associadas aos segmentos de RNA para formar ribonucleoproteína (RNP). O tetrâmero N tem formato de hélice quando visto na extremidade. Detalhe de apenas uma unidade do trímero H e do tetrâmero N é mostrado. A estrutura tridimensional é conhecida por meio da análise cristalográfica por raios X. A microscopia eletrônica (C) demonstra as partículas seccionadas do vírus influenza (× 300.000). ([C] Cortesia de D. Hockley.)

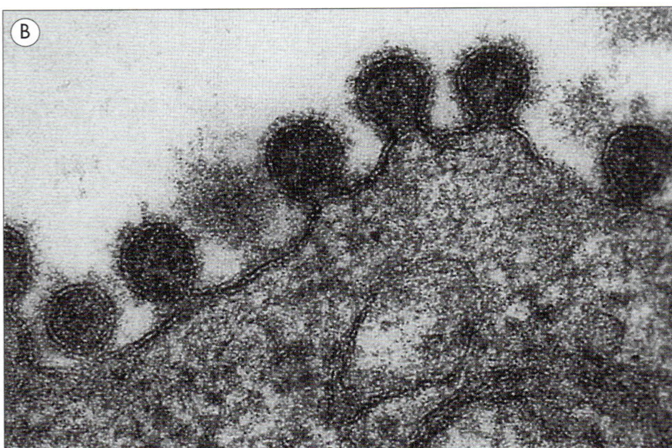

Figura 20.13 Vírus influenza brotando na superfície de uma célula infectada. (A) Imagem de microscopia eletrônica (× 27.000). (B) Na seção (× 350.000). (Cortesia de D. Hockley.)

revelaram que uma faixa etária mais jovem, abaixo dos 35 anos, apresentava mais suscetibilidade à infecção do que indivíduos com 65 anos de idade. Portanto, a imunidade preexistente e as adaptações dos fatores do hospedeiro podem afetar o potencial patológico das infecções por vírus da influenza A.

A influenza é uma infecção viral aguda, altamente infecciosa, que tem afetado tanto humanos quanto animais ao longo dos séculos. Ela recebeu este nome após um surto de doença respiratória na Itália, no século XV, cujo desenvolvimento foi atribuído à influência das estrelas, por isso: influenza.

A hipótese do vaso de mistura para a produção de novas cepas de influenza surgiu como resultado dos vírus influenza A infectarem porcos, cavalos, focas e outros mamíferos e a sua capacidade de reagrupamento. Por exemplo, porcos em alguns países vivem no mesmo ambiente que os fazendeiros, permitindo a mistura potencial dos vírus influenza com a emergência de novas cepas.

Estima-se que a pandemia de influenza (H1N1) que ocorreu na Espanha em 1918 resultou em 50 a 100 milhões de mortes ao redor do mundo, sendo acompanhada em 1957 e 1968 das pandemias menos graves de influenza que ocorreram na Ásia (H2N2) e em Hong Kong (H3N2), respectivamente. Estes foram exemplos de desvio antigênico, enquanto a derivação antigênica resultou em epidemias frequentes entre os anos de pandemia. Em 1976, houve pânico com um surto de influenza suína em Fort Dix, EUA, e, em 1997, 18 pessoas em Hong Kong adoeceram após contraírem um vírus influenza A de aves, o H5N1. Seis das pessoas infectadas subsequentemente faleceram. O surto foi

Tabela 20.5 Vírus influenza humanos pandêmicos

Tipo	Subtipo[a]	Ano	Gravidade clínica	Vírus de protótipo
A	H3N2 (?)	1889	Moderada	Designação baseada em estudos sorológicos
	H1N1 (aviário)[b]	1918	Grave	Vírus H1N1 sequenciado retrospectivamente
	H2N2 (asiático)	1957	Grave	A / Japão / 57 / H2N2
	H3N2 (Hong Kong)[c]	1968	Moderada	A / Hong Kong / 68 / H3N2
	H1N1	1977	Branda	A / USSR / 77
	H1N1 pdm 09	2009	Branda	Vírus H1N1 sequenciado

Novas cepas do vírus que surgem em um continente se disseminam com rapidez para outros continentes, causando surtos durante as épocas apropriadas do ano (meses de inverno nos climas temperados). Existe um sistema de vigilância global da OMS para influenza envolvendo mais de 100 laboratórios em 79 países diferentes. Novas cepas que afetam humanos incluem a H5N1, uma cepa de aves que causou 18 infecções em humanos em Hong Kong, em 1997, e, até 2016, houve 856 infecções em 16 países que resultaram em 452 mortes, a maioria das quais no Egito e na Indonésia; H9N2, uma cepa de aves que, até 2016, causou 28 infecções brandas em humanos em Hong Kong e no sul da China; H5N6, outra cepa aviária da China que causou 16 infecções humanas e 6 mortes; e H7N9, até 2017 houve 808 infecções humanas confirmadas em laboratório e 322 mortes na China.

[a]Desvio antigênico no vírus influenza A mostrado pelo surgimento de uma nova combinação de antígenos H e N.

[b]Relatos sugerem que esse vírus foi decorrente de uma fonte aviária. Em um experimento notável, o RNA viral foi extraído do tecido pulmonar de alguém que morreu na pandemia de 1918 e foi enterrado em solo permanentemente congelado, e também de tecido pulmonar fixado em formalina. Isto permitiu que o genoma viral de 1918 fosse reconstruído.

[c]Aminoácidos e análise sequencial de base sugerem que uma recombinação entre o H3N8 (de patos) e o H2N2 deu origem ao H3N2.

controlado depois que as autoridades públicas determinaram o sacrifício de todas as galinhas vivas em Hong Kong.

Em 1999, cinco infecções humanas foram registradas em Hong Kong e no sul da China com a cepa oriunda de aves, o vírus influenza A, H9N2. Não houve evidências de maior disseminação nem tampouco de transmissão entre humanos com nenhuma das cepas, embora tenham circulado amplamente entre aves em Hong Kong e na China.

Outro vírus influenza aviário, o H7N7, é altamente patogênico em aves e pode ser mais transmissível entre humanos. Durante um surto de influenza aviária altamente patogênica na Holanda, em 2003, um vírus H7N7 infectou 86 avicultores e três familiares que não tiveram contato com galinhas. Eles desenvolveram conjuntivite e/ou sintomas semelhantes aos da gripe. Um veterinário que lidou com galinhas infectadas morreu de pneumonia e angústia respiratória aguda.

Os 16 subtipos H antigenicamente distintos (H1–16) de reservatórios do vírus influenza A incluem aves selvagens, especialmente aves aquáticas. Estes incluem os subtipos H5 e H7. Existem nove subtipos N (N1–9). Ocorreram surtos de influenza aviária H5N1 em aves aquáticas migratórias, aves domésticas e humanos na Ásia (Fig. 20.14). Com o passar do tempo, a gama de hospedeiros aumentou, com infecções em aves aquáticas, furões, membros da família dos felinos e humanos. O vírus tornou-se mais virulento, como pode ser observado pela taxa de mortalidade na população humana juntamente com características clínicas neurológicas.

A epidemiologia molecular descritiva mostrou que o precursor do vírus H5N1 de Hong Kong no ano de 1997 foi visto pela primeira vez em gansos em 1996 em Guangdong, na China. Por sua vez, o vírus do ganso tinha segmentos de RNA dos vírus influenza encontrados em codornizes e o segmento N de um vírus encontrado em patos. A evolução subsequente do vírus do ganso resultou em um predecessor do genótipo Z, que causou a morte de muitas aves aquáticas em parques naturais de Hong Kong e infectou humanos naquela área em 2002. O genótipo Z, então, predominou e se disseminou pelo sudeste da Ásia e matou ou causou o abate de milhões de aves domésticas.

Após a realização de uma análise sequencial em RNA viral recuperado de pessoas que tinham morrido e sido enterradas em solo escandinavo permanentemente congelado, passou-se a acreditar que a cepa H1N1 pandêmica de 1918 tenha sido resultado de mutações espontâneas em um vírus H1N1 aviário. Contudo, os demais vírus pandêmicos mencionados anteriormente, incluindo a cepa H1N1 pandêmica de 2009, foram decorrentes de reagrupamento genético dos genomas de RNA segmentado viral depois de o hospedeiro ser infectado pelos vírus influenza A aviário e humano ao mesmo tempo.

Em abril de 2009 houve relatos do México e dos EUA, no sul da Califórnia, de uma doença respiratória causada por um novo vírus influenza A H1N1 suíno. Este foi um período preocupante pelo fato de ter-se pensado que o novo vírus influenza poderia causar uma pandemia com morbidade e mortalidade elevadas. Planos de respostas para a influenza pandêmica tinham sido desenvolvidos e aperfeiçoados em muitos países para o surto de influenza esperado e previsto. A análise sequencial viral mostrou que este era composto por uma combinação de genes mais intimamente relacionados aos vírus influenza H1N1 da linhagem suína norte-americana e eurasiana. A exposição a porcos não foi observada durante a investigação dos infectados. Além disso, o novo vírus estava circulando entre humanos, e não entre rebanhos de porcos. Dentro de semanas havia relatos de pessoas com influenza em vários estados norte-americanos, além do Canadá e outras partes do mundo. O alerta pandêmico para a influenza foi elevado à fase 4, com base na disseminação entre humanos e nos surtos comunitários; o alerta passou à fase 5 no fim do mês de abril, e as nações começaram a ativar seus planos de resposta à pandemia, uma vez que esta tinha se iniciado. Testes diagnósticos em tempo real da reação em cadeia da polimerase (PCR) foram desenvolvidos em dias a fim de confirmar o diagnóstico, e um vírus vacinal foi escolhido para preparação de alto rendimento, caso fosse necessário. Reservas nacionais de drogas antivirais (oseltamivir e zanamivir) e equipamentos de proteção individual foram ativados.

Em junho de 2009, a OMS alterou seu nível de alerta para a fase 6 pandêmica, uma vez que o H1N1 pandêmico era relatado em mais de 70 países e surtos comunitários estavam ocorrendo globalmente. Este vírus continha reagrupamentos de genes das influenzas suínas eurasiana e norte-americana, da influenza aviária norte-americana e de infecções pelo vírus influenza humano norte-americano. O aspecto sazonal das infecções pelo vírus influenza tinha sido alterado, uma vez que os laboratórios recebiam cargas de trabalho excessivas durante os meses de verão do hemisfério norte.

Infecções confirmadas e prováveis ocorreram principalmente entre pessoas com 5 a 24 anos de idade. Sobretudo crianças mais velhas e adultos jovens eram hospitalizados, bem como aqueles em grupos de risco identificados em pan-

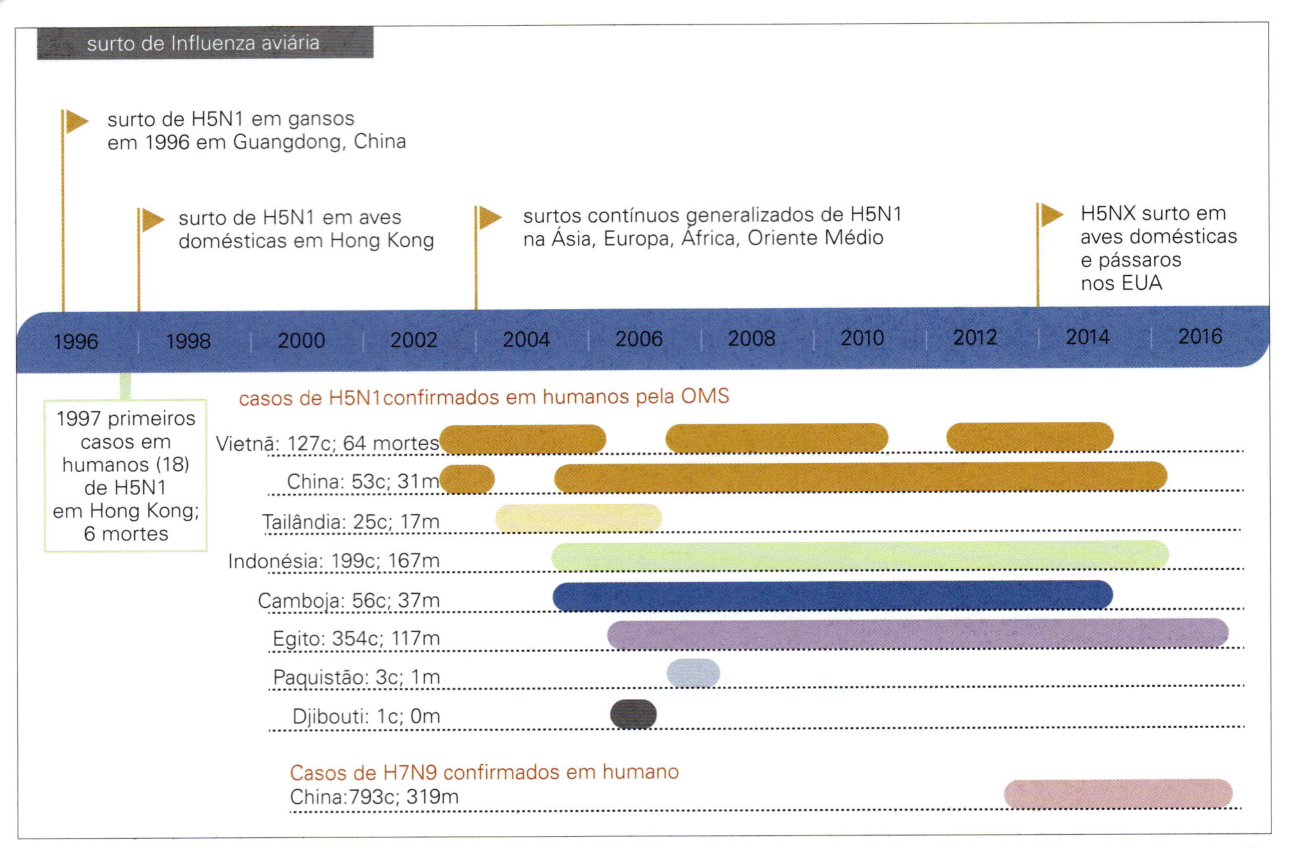

Figura 20.14 Linha do tempo mostrando a disseminação nos principais países afetados pelos vírus aviários H5 desde 1996 e as infecções pelos H5 e H7 humanos (c = casos, d = mortes) relatados à OMS. (De Barr I., Wong F. Influenza aviária. Por que a preocupação? *Microbiology Today*. Novembro de 2016, https://www.microbiologysociety.org/uploads/assets/uploaded/7dbf49f8-da5f-44e2-8126ec6cd16da2a5.pdf, com permissão.)

demias por influenza anteriores, incluindo gestantes. Ademais, o maior risco de complicações era visto em pessoas obesas e naquelas com condições neurológicas crônicas. Ocorreram poucas infecções por influenza nos grupos de idade igual ou superior aos 65 anos, o que era incomum. Estudos mostraram que crianças e adultos jovens não possuíam anticorpos preexistentes de reação cruzada para o vírus influenza H1N1 de 2009, em comparação com os mais de 30% dos adultos com 60 anos de idade ou mais que tinham sido previamente expostos.

Redes foram estabelecidas mundialmente para garantir que as experiências no tratamento dos indivíduos infectados por influenza nas instalações de cuidados intensivos, assim como em outros locais do hemisfério sul, fossem compartilhadas e as lições, aprendidas. Além disso, os vírus influenza circulantes eram monitorados atentamente para o caso de qualquer variação antigênica, bem como para o caso do desenvolvimento de resistência antiviral. Pacientes infectados por influenza em unidades de tratamento intensivo com insuficiência respiratória aguda recebiam ventilação mecânica com ventilação de pressão positiva intermitente, na qual os pulmões recebem ar enriquecido com oxigênio em alta pressão. Entretanto, outra técnica, denominada tratamento de oxigenação por membrana extracorpórea (ECMO), incrementava a recuperação oferecendo a troca gasosa fora do corpo por meio de um equipamento de desvio cardiopulmonar e evitando os efeitos deletérios do fornecimento de oxigenação direta em alta pressão.

Em todo o hemisfério norte, a atividade do influenza A H1N1 no verão de 2009 atingiu seu ápice e diminuiu durante esta estação, mas os níveis da atividade do influenza permaneceram acima do normal, com pequenos surtos comunitários. Em 10 de agosto de 2010 o Comitê de Emergência das Regulamentações Internacionais de Saúde (IHR) da OMS declarou o fim da pandemia por H1N1 de 2009 em todo o globo.

Havia uma preocupação acerca de uma segunda onda de infecção, e preparações foram feitas a fim de se oferecer vacinas preparadas recentemente para grupos específicos de indivíduos, aqueles em risco e profissionais da saúde. A segunda onda prevista teve início no outono, e a atividade da influenza caiu rapidamente e permaneceu em níveis baixos até a primavera. Até 2016, os vírus H1N1 e H3N2 estavam circulando pelo mundo.

O Sistema Global de Vigilância e Resposta de Influenza (GISRS) da OMS, que monitora os vírus influenza em circulação, detectou um vírus influenza A H5N1 aviário, que foi relatado como o subtipo 2.3.2.1 do H5N1 e que circulava em aves em partes da Ásia em fevereiro de 2011. Ele não foi detectado em humanos e não foi considerado uma ameaça à saúde pública, e sim mais como um marcador da evolução contínua desses vírus.

Entre 2003 e outubro de 2016, foram relatadas à OMS 856 infecções por H5N1, das quais 452 resultaram em morte (53%). A maioria das infecções foi relatada no Egito, na Indonésia, no Vietnã e no Camboja.

As epidemias e as pandemias são causadas pelo aparecimento de novas cepas de vírus, de modo que determinado indivíduo é regularmente reinfectado com diferentes cepas. Esta situação é diferente dos vírus que sofrem poucas variações antigênicas (vírus monotípicos), como o vírus da hepatite

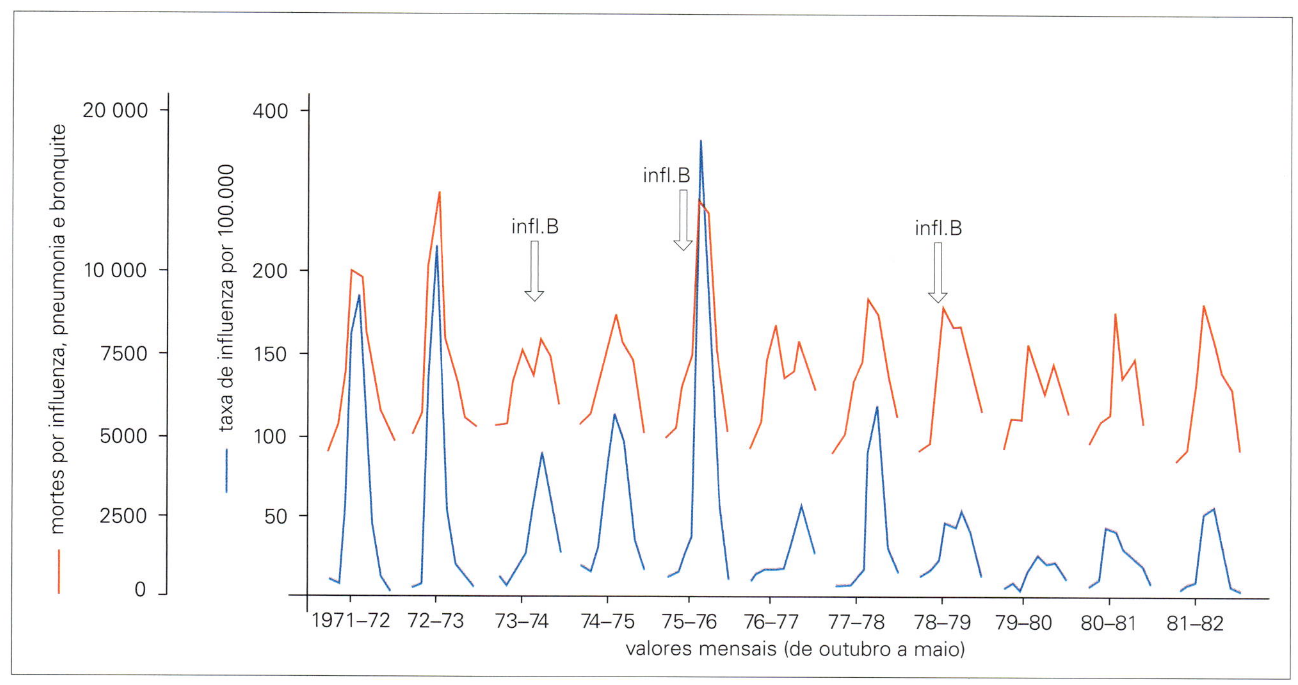

Figura 20.15 Os surtos de influenza em uma comunidade se refletem através de um aumento geral nas mortes por doença respiratória aguda. As notificações dos casos novos de influenza são acompanhadas de um aumento nas mortes atribuídas à influenza, pneumonia e bronquite. Na figura, são apresentados os resultados mensais de outubro a maio para a Inglaterra e País de Gales (1971-1983). Os picos são causados pela disseminação de diferentes cepas dos vírus influenza A (H3N2 e H1N1) e influenza B (setas) na comunidade. (Dados do Office of Population Censuses and Surveys.)

A. Portanto, monitorar os vírus influenza aviários como o H5N1 e o H7N7 é essencial na determinação de seu potencial de tornarem-se mais patogênicos e disseminarem-se. O reagrupamento entre os vírus influenza H5N1 ou H7N7 e o H1N1 ou H3N2 humano pode resultar em transmissibilidade eficiente juntamente com retenção de patogenicidade viral. Logo, uma pandemia de influenza poderia se desenvolver.

A transmissão da influenza ocorre por meio da inalação de gotículas infectadas

As infecções por influenza ocorrem em todo o mundo. Exceto nos trópicos, a infecção se restringe quase exclusivamente aos meses mais frios do ano. Este fato em grande parte se dá porque, durante o tempo frio, as pessoas ficam mais tempo dentro dos edifícios com espaço de ar limitado, o que favorece a transmissão pela inalação de gotículas e talvez também por causa da diminuição dos mecanismos de defesa do hospedeiro. A atividade da influenza dentro de uma comunidade reflete-se não somente no número de pessoas que adoecem e procuram tratamento médico, mas também no número elevado de mortes causadas por doença respiratória aguda, como a pneumonia, que afeta particularmente os idosos (Fig. 20.15).

Com relação aos vírus influenza aviários, estes são disseminados pela movimentação de aves e produtos avícolas, mercados de aves vivas e práticas anti-higiênicas, além de criações não controladas.

Os sintomas iniciais da influenza ocorrem por intermédio de lesão viral direta e respostas inflamatórias associadas. O vírus penetra no trato respiratório através de gotículas e se fixa aos receptores de ácidos siálicos nas células epiteliais através da glicoproteína H do envelope viral. Um a três dias após a infecção, as citosinas liberadas pelas células danificadas e pelos leucócitos que se infiltram causam sintomas como calafrios, mal-estar, febre e dores musculares. Também surgem sintomas respiratórios, como coriza e tosse. A maioria das pessoas melhora em uma semana. O dano viral direto e as respostas inflamatórias associadas podem ser graves o suficiente para causar bronquite e pneumonia intersticial.

O dano causado pelo vírus influenza ao epitélio respiratório predispõe a infecções bacterianas secundárias

Os invasores bacterianos secundários incluem estafilococos, pneumococos e *H. influenzae*. Em geral, a gripe potencialmente letal é causada pelas infecções bacterianas secundárias, sobretudo por *S. aureus*, a infecção viral é controlada através de respostas de anticorpos e respostas imunes mediadas por células para o vírus infectante. Apesar de os anticorpos antivirais não poderem ser detectados no soro antes de uma a duas semanas, eles são produzidos em um estágio inicial, mas são complexados com os antígenos virais no trato respiratório.

A mortalidade por pneumonia bacteriana secundária é maior em indivíduos aparentemente sadios com mais de 60 anos de idade e naqueles com resistência limitada devido a, por exemplo, doenças cardiorrespiratórias crônicas ou doenças renais. Gestantes também são mais vulneráveis.

Raramente, o vírus influenza causa complicações no SNC

As complicações no sistema nervoso central (SNC) incluem meningite, encefalomielite e polineurite. Estas parecem ser complicações imunopatológicas indiretas, em vez de serem causadas pela invasão direta do SNC pelo vírus. A síndrome de Guillain-Barré, uma polineuropatia com enfraquecimento motor proximal, distal ou generalizado, ocorreu como uma consequência rara, mas significativa (1/100.000), da vacinação disseminada dos cidadãos norte-americanos para o vírus influenza H3N2 inativado em 1976. Entretanto, as vacinas subsequentes não apresentaram associação com esta síndrome.

Durante a epidemia de influenza, o diagnóstico em geral é clínico

Um rápido diagnóstico pode ser feito por meio da coleta de amostras do trato respiratório, tais como suabes da garganta que podem ser testados por PCR em tempo real para o RNA viral do influenza, e os vírus podem ser tipificados simultaneamente. A resistência antiviral também pode ser detectada por meio da PCR, bem como da análise sequencial. Alternativamente, se esses métodos não estiverem disponíveis, células infectadas por influenza podem ser detectadas usando técnicas de imunofluorescência, mas aspirados nasofaríngeos, normalmente, são necessários para melhorar o rendimento do material celular para teste. O isolamento do vírus também pode ser usado, mas pode haver um atraso de, pelo menos, sete dias até a identificação. Finalmente, um aumento no nível de anticorpos específicos pode ser detectado por meio do teste de fixação do complemento ou ELISA em amostras pareadas de soro coletadas alguns dias após o início da doença e sete a dez dias mais tarde. No entanto, isto é útil apenas retrospectivamente.

Vacinas podem ser utilizadas para prevenir a influenza

O objetivo da imunização é ajudar a prevenir a infecção, e as pessoas que correm risco de complicações durante as infecções pelo vírus influenza devem ser vacinadas antes da "estação da gripe". As vacinas podem ser trivalentes ou quadrivalentes e os vírus podem ser inativados ou vivos atenuados.

As vacinas com o vírus influenza atualmente em uso regular são:

- aquelas que consistem em vírus cultivados em ovos, que são depois purificados, inativados com formalina e extraídos com éter;
- os antígenos H e N purificados e menos reatogênicos preparados a partir de vírus que foram fracionados por solventes lipídicos;
- vírus vivos atenuados cultivados em ovos.

Estudos investigando a eficácia protetora das vacinas contra o vírus influenza derivadas de cultura de células demonstraram resultados similares à vacina cultivados em ovos. Uma vacina quadrivalente baseada em células inativada contra a influenza foi aprovada para uso nos EUA em 2016.

Os vírus influenza A (cepas H3N2 e H1N1) e o influenza B compõem a vacina. As cepas virais específicas são revistas anualmente com relação aos vírus que circularam nos anos anteriores. As vacinas são administradas por meio de injeção parenteral e proporcionam proteção contra a doença em até 70% dos indivíduos por cerca de um ano. Recomenda-se a vacinação de indivíduos em alto risco, sobretudo aqueles com mais de 65 anos de idade e aqueles com doença cardiopulmonar crônica. Acredita-se que a rota respiratória seja uma melhor via de indução da imunidade respiratória e, com base nisso, vacinas utilizando vírus vivos atenuados foram desenvolvidas e administradas por via intranasal. Elas são oferecidas a pessoas em faixas etárias específicas, contanto que não haja contraindicações, como parte do programa anual da imunização. Alguns dados apresentaram fatos preocupantes sobre a baixa eficácia contra o influenza A (H1N1)pdm09 em 2016, o que resultou no uso apenas da vacina inativada em alguns países.

Drogas antivirais podem ser usadas para tratar e evitar a influenza

Oseltamivir e zanamivir são agentes antivirais inibidores da neuraminidase que agem contra os vírus da influenza A e B. Eles substituem rimantadina e amantadina, bloqueadores do canal de íon M2 que interrompem o efluxo do íon de hidrogênio alterando o pH, por se tratarem de compostos básicos e afetarem o desnudamento viral intracelular. Eles inibem apenas a replicação dos vírus influenza A. O oseltamivir (Tamiflu) é mais fácil de administrar por ser de uso oral, ao contrário do zanamivir, que é administrado por um inalador. Esses antivirais podem reduzir a gravidade da infecção, mas devem ser administrados de um a dois dias após o início da doença. Esses medicamentos também se mostraram eficientes para a profilaxia, se administrados dentro de 48 horas após o início dos sintomas.

A resistência ao oseltamivir tem sido amplamente relatada, e a transmissão da resistência ao oseltamivir tem ocorrido sem pressão seletiva direta da droga. Isto não afetou a virulência ou a replicação viral. Durante a pandemia de influenza A H1N1 de 2009, preparações intravenosas de oseltamivir e zanamivir foram disponibilizadas juntamente com peramivir e laninamivir, assim como inibidores de neuraminidase (NA) que tinham sido desenvolvidos, e o último possui uma meia-vida mais longa.

Por fim, outra opção terapêutica do último século envolvia o uso de plasma hiperimune feito a partir de sangue coletado de doadores humanos que tinham se recuperado da pandemia de influenza espanhola de 1918. Ele era administrado nos pacientes com infecções graves por influenza que se recuperaram subsequentemente. Alguns indivíduos com infecções pandêmicas graves por H1N1 recuperaram-se, tendo recebido infusões de plasma hiperimune coletado de indivíduos com infecção pandêmica por H1N1 ou de doadores vacinados.

Visando a uma futura pandemia, nações desenvolveram reservas de medicamentos anti-influenza. Novos alvos terapêuticos enfocando a entrada, a replicação e a maturação, bem como novas abordagens para a rápida produção de vacinas, estão sendo investigados.

O abate de aves domésticas conteve a disseminação do vírus H5N1, assim como outros vírus aviários da influenza, como H5N8 e H7N9. No entanto, uma rápida detecção e uma maior biossegurança, juntamente com o uso de vacinas, são essenciais no controle da infecção. Ademais, após o surto de coronavírus associado à SARS (SARS CoV) (próxima seção), há dúvidas com relação a que lições foram aprendidas para alguma epidemia ou pandemia de influenza futura. O problema é que os vírus influenza são transmitidos mais facilmente do que o SARS CoV. Juntamente com a transmissibilidade reduzida, a detecção precoce e a contenção que foram bem-sucedidas no controle do SARS CoV podem não ser eficazes na prevenção de uma pandemia de influenza.

SÍNDROME RESPIRATÓRIA AGUDA GRAVE E INFECÇÕES POR CORONAVÍRUS NA SÍNDROME RESPIRATÓRIA DO ORIENTE MÉDIO

Durante os primeiros 12 anos do século XXI, dois tipos de coronavírus anteriormente desconhecidos foram identificados como causas de infecções respiratórias graves. Um surto de doença respiratória grave sem causa identificável foi relatado na Província de Guangdong, na República Popular da China, em novembro de 2002. O agente se disseminou principalmente por partes do leste e sudeste da Ásia, bem como por Toronto, no Canadá, e foi, por fim, relatada em 30 países. A OMS emitiu um alerta global de saúde em março de 2003 com relação à síndrome respiratória aguda grave (SARS). Os principais sintomas eram febre alta (> 38 °C), tosse, dispneia ou dificuldade de respiração. Também podiam ser observadas radiografias de tórax compatíveis com pneumonia. O contato íntimo com pessoas infectadas com o agente da SARS representava o maior risco de infecção, que se disseminava de pessoa a pessoa, sendo mais comum entre membros familiares e profissionais da área de saúde que tratavam pacientes com SARS. O período de incubação em geral era de dois a sete dias, com um máximo de dez.

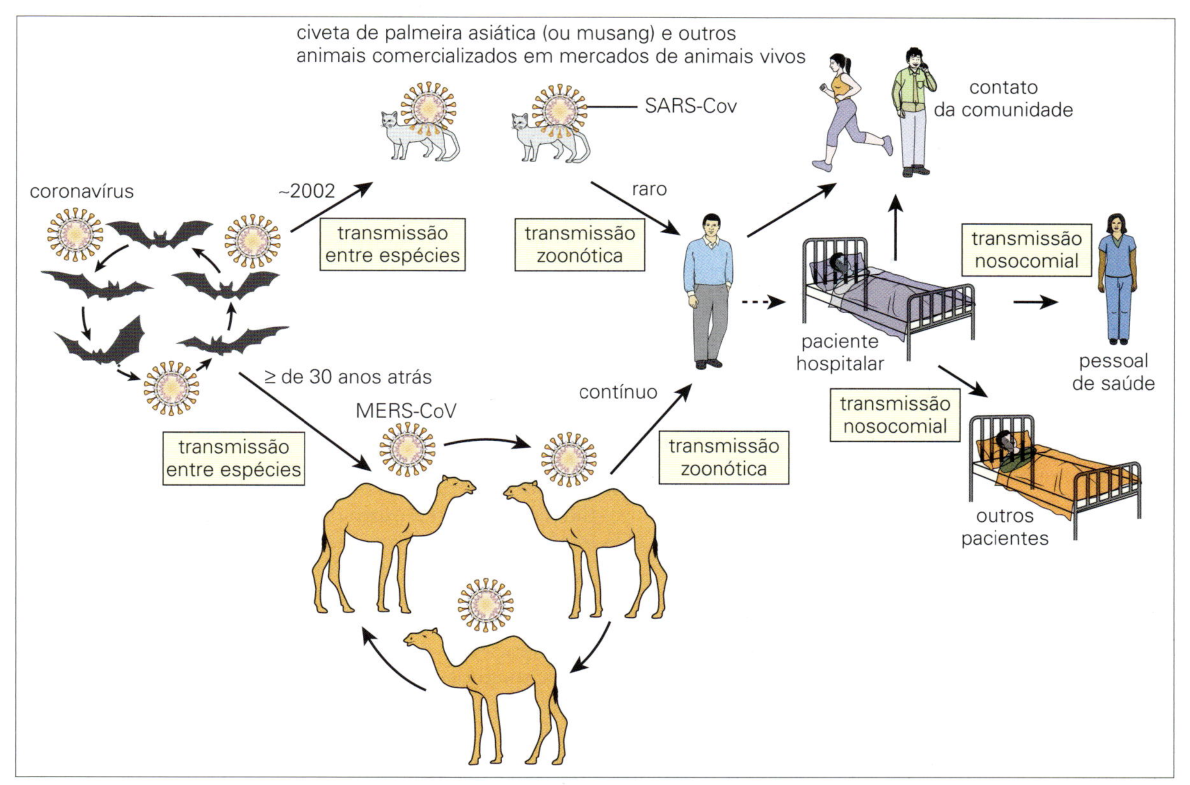

Figura 20.16 Emergência de SARS-CoV e MERS-CoV. (De de Wit F.; Van Doremalen N.; Falzarano D.; Munster V.J. SARS e MERS: observações recentes sobre os coronavíirus emergentes. *Nat Rev Microbiol* 2016; 14[8]:523-534, com permissão.)

O coronavírus associado à SARS (SARS-CoV), um novo membro da família coronavírus, foi identificado por meio do isolamento do vírus em culturas de células e microscopia eletrônica em conjunção com métodos moleculares. Os métodos diagnósticos incluíram PCR e sorologia. A rápida identificação do SARS-CoV e a implementação do controle de infecção em uma escala nunca antes utilizada, envolvendo uso de máscaras, mensuração da temperatura na comunidade e em aeroportos, resultaram no rápido isolamento durante o início dos sintomas. Aliados a esses fatos, o trabalho científico internacional e a imediata disponibilidade de dados definiram um padrão global para a investigação de surtos da doença.

Em julho de 2003, cerca de quatro meses depois que o vírus começou a se locomover entre os países através das viagens aéreas internacionais, a OMS registrou que todas as cadeias conhecidas de transmissão interpessoal do vírus da SARS haviam sido quebradas. Os maiores surtos ocorreram na região continental da China, com 5.327 casos e 348 mortes, e em Hong Kong, onde foram registrados 1.755 casos e 298 mortes. De modo geral, houve 8.437 diagnósticos de SARS em 29 países e uma taxa de mortalidade de aproximadamente 10%.

Reservatórios de infecção

O predecessor do SARS-CoV cruzou as barreiras de espécies ao longo dos anos, quando mudanças no reservatório viral e nos hábitos alimentares dos humanos resultaram em uma capacidade de transmissão para e entre humanos. Na China, a qualidade dos alimentos é considerada a melhor se estes tiverem sido preparados recentemente a partir de animais vivos, em mercados de alimentos frescos (*wet-markets*) que podem ser encontrados próximos a áreas residenciais. Além disso, alimentar-se de uma variedade de animais selvagens exóticos, incluindo morcegos e civetas, é popular no sul da China e considerado um hábito que melhora a saúde e o desempenho sexual. Uma série de vírus semelhantes ao SARS-CoV foram detectados em várias espécies selvagens, incluindo civetas mascaradas do Himalaia, texugos-furões chineses, cães-guaxinins e morcegos-de-ferradura. Esses animais foram hospedeiros acidentais e foi estabelecido que os morcegos são reservas não apenas do SARS-CoV mas também de diversos outros coronavírus (Fig. 20.16).

A patogênese pode ser viral ou imunomediada

A enzima conversora de angiotensina 2 (ECA2) é o receptor do SARS-CoV em células hospedeiras que se liga à proteína da espícula viral. Uma vez ligado, o receptor é regulado negativamente, o que resulta em lesão pulmonar devido à produção massiva de angiotensina 2. Esta pode estimular um receptor de angiotensina 2 que, então, aumenta a permeabilidade do vaso sanguíneo pulmonar e a angústia respiratória.

Os mecanismos imunológicos podem desempenhar um papel, pois foi mostrado que a carga de RNA de SARS-CoV diminuiu, enquanto havia deterioração clínica. Foram observados aumentos nas citocinas pró-inflamatórias e quimiocinas em pacientes com síndrome da angústia respiratória aguda como resultado da infecção por SARS-CoV. No entanto, caso esses níveis diminuíssem, demonstrando resposta imunológica adaptativa, os pacientes apresentavam maior chance de sobreviver.

No que diz respeito à transmissibilidade, é interessante notar que há uma grande diferença na afinidade de ligação das proteínas de espículas das cepas de SARS-CoV de humanos e as civetas de palmeiras ao receptor de ECA2 humano, apesar de haver apenas quatro diferenças de aminoácidos entre elas. Estudos de sequenciamento mostraram que, durante os surtos, diversos genes evoluíram muito rapidamente nos reservatórios animais, o que poderia ter aumentado a transmissibilidade entre estes e humanos e também entre humanos (Fig. 20.17).

A partir de uma perspectiva de tratamento, a transmissibilidade relativamente baixa do vírus, disseminando-se

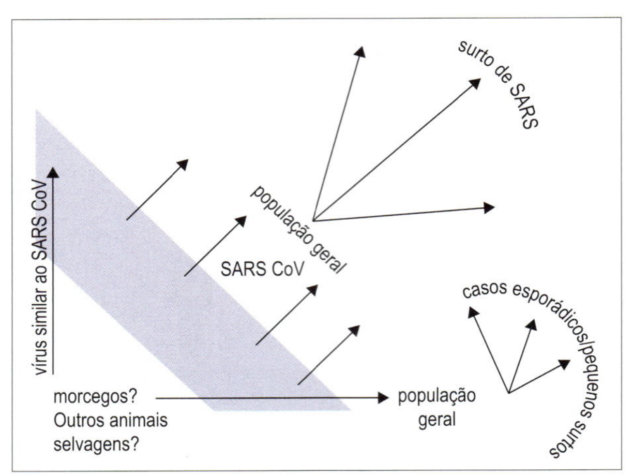

Figura 20.17 Mercados de alimentos frescos chineses e SARS. (Retirada de Woo PC et al. Doenças infecciosas surgindo de mercados de alimentos frescos chineses: origens zoonóticas de infecções virais respiratórias graves. *Curr. Opin. Infect. Dis.* 2006; 19:401-407.)

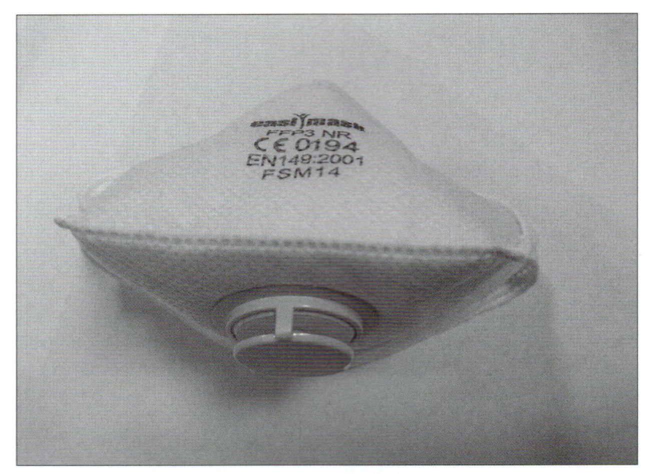

Figura 20.18 A máscara N95 é recomendada neste contexto e sua compatibilidade ao rosto do indivíduo é testada para garantir máxima proteção. (Cortesia de A Letters, King's College Hospital, Londres.)

principalmente através de gotículas respiratórias por uma curta distância, ajudou no controle das infecções.

Todavia, a transmissão também ocorria através do contato direto e indireto com secreções respiratórias, fezes ou animais infectados. O vírus mostrou-se estável em temperatura ambiente, sobrevivendo até dois dias em superfícies e até quatro dias nas fezes. Proteção foi oferecida por meio de máscaras faciais, incluindo as máscaras N95 (Fig. 20.18). O SARS-CoV se dissemina de forma mais eficaz em hospitais, especialmente em unidades de terapia intensiva, e grupos de casos ocorreram em hotéis e prédios de apartamentos em Hong Kong. Foram vistas taxas de ataque de 50% ou mais. O isolamento de indivíduos afetados e medidas rigorosas para o controle da infecção foram observados. Até o ano de 2016, não houve outras infecções de pessoas pelo SARS-CoV após quatro pacientes desenvolverem SARS na China entre dezembro de 2003 e janeiro de 2004.

O diagnóstico laboratorial foi realizado por meio de métodos que abrangiam a detecção do RNA do SARS-CoV por PCR em amostras clínicas, incluindo amostras respiratórias e fezes.

Não havia um tratamento antiviral específico disponível, embora a ribavirina fosse utilizada para tratar alguns indivíduos, ainda que pouco efeito fosse visto *in vitro*, a não ser que a ribavirina fosse utilizada em uma concentração alta. Corticosteroides neutralizam o efeito das respostas de citocinas induzidas viralmente que poderiam danificar o tecido pulmonar. Foi relatado que os interferons inibem o vírus *in vitro*. Inibidores da protease, utilizados para tratar infecções por HIV, demonstraram melhorar o resultado em pacientes infectados por SARS-CoV quando combinados com ribavirina, mas não foram realizados estudos clínicos.

Finalmente, com relação às potenciais vacinas e às correlações de proteção, anticorpos neutralizantes são encontrados no soro de humanos convalescentes. Como esses anticorpos para a proteína da espícula viral impedem a entrada do vírus e neutralizam sua infectividade *in vitro*, vacinas de vírus inteiros inativados e de proteínas recombinantes foram desenvolvidas a fim de provocar respostas de anticorpos neutralizantes. Estas mostraram prevenir a SARS, embora a imunidade mediada pelas células também possa auxiliar na eliminação do vírus e na resolução da doença.

Em junho de 2012, outro novo coronavírus, o coronavírus da síndrome respiratória do Oriente Médio (MERS-CoV) foi isolado a partir de uma amostra de escarro coletada de um homem na Arábia Saudita que faleceu de pneumonia aguda e insuficiência renal. Em abril, houve um relato de um grupo de pacientes com alguma doença respiratória grave na Jordânia, diagnosticada como sendo MERS-CoV, sendo que foi observada uma disseminação adicional em outros países associados a viagem a essas áreas. O maior surto nosocomial foi relatado na Coreia do Sul, depois que alguém infectado com MERS-CoV viajou da Arábia Saudita, o que resultou na infecção de 186 pacientes em 16 hospitais em um período de quatro semanas. Em novembro de 2016, 27 países relataram 1.826 pacientes com infecções por MERS-CoV, dos quais 649 morreram. A pneumonia é o achado mais comum, embora sintomas gastrintestinais também tenham sido relatados.

A maioria das infecções ocorreram devido à transmissão de uma pessoa a outra, mas trata-se de uma zoonose, e camelos são provavelmente um hospedeiro de reservatório importante, mas seu papel exato e sua via de transmissão não são claros. Uma pesquisa descobriu uma prevalência alta de anticorpos contra MERS-CoV em dromedários (uma corcova, caso você estivesse na dúvida) junto com RNA de MERS-CoV em suabes respiratórios coletados de camelos em uma fazenda no Catar que estava ligada a algumas infecções humanas.

Com as análises de relógio molecular, pode-se responder à pergunta acerca de há quanto tempo esses vírus existem ou se acabaram de aparecer. A análise, baseada no sequenciamento do genoma, demonstrou que SARS-CoV cruzou a barreira entre as espécies para civetas de palmeiras e outros animais vendidos em mercados na China no final de 2002. Um MERS-CoV parece ter realizado o mesmo, mas em dromedários, por volta da metade da década de 1980. Como humanos e camelos são mantidos em contato próximo, as infecções por MERS-CoV ainda ocorrem, em contraste com SARS-CoV.

Há dados *in vitro* que demonstram a eficácia de interferons contra MERS-CoV, e alguns relatos de casos indicaram que a terapia de combinação utilizando ribavirina, interferon e inibidores da protease pode ser benéfica a pacientes com MERS.

INFECÇÃO PELO VÍRUS DO SARAMPO

A pneumonia bacteriana secundária é uma complicação frequente do sarampo nos países em desenvolvimento

O sarampo é um assunto discutido em detalhes como uma infecção multissistêmica no Capítulo 27. Ele é mencionado aqui porque:

- pode causar pneumonia de "células gigantes" nos indivíduos com respostas imunes deficientes;
- o vírus se replica no trato respiratório inferior e, sob certas condições, causa dano suficiente para levar a uma pneumonia bacteriana secundária.

Atualmente, a pneumonia bacteriana secundária é incomum nos países desenvolvidos, mas é uma complicação frequente entre crianças nos países em desenvolvimento, e o sarampo permanece como uma causa significativa de morte na infância. Diminuição da responsividade imune, programas inadequados de vacinação, desnutrição (especialmente carência de vitamina A) e acesso deficiente a tratamento médico para tratar as complicações desvia o equilíbrio hospedeiro-parasito acentuadamente na direção do vírus.

Após um período de incubação de 10-14 dias, os sintomas incluem febre, coriza, conjuntivite e tosse. Manchas de Koplik e depois o exantema característico surgem após um a dois dias. O vírus sofre replicação no epitélio da nasofaringe, ouvido médio e pulmões, interferindo com as defesas do hospedeiro e permitindo que bactérias, como pneumococo, estafilococo e meningococo, estabeleçam focos de infecção. Em geral, a pneumonia acomete os pacientes com sarampo que são internados em hospitais, mas a otite média também é comum. A replicação continua sem controle em crianças com diminuição acentuada das respostas imunes mediadas por células, dando origem a uma pneumonia de células gigantes, que é uma manifestação rara e quase sempre fatal (Fig. 20.19). As outras complicações do sarampo serão discutidas no Capítulo 27, e as complicações neurológicas, no Capítulo 25.

O sarampo é diagnosticado clinicamente, mas a detecção de respostas IgM específicas e a detecção do RNA do vírus do sarampo e a análise sequencial são importantes para confirmar o diagnóstico e para fins de vigilância.

São necessários antibióticos para as complicações bacterianas secundárias do sarampo, mas a doença pode ser evitada por meio da imunização

Se a infecção for grave, o paciente pode ser tratado com ribavirina, mas são necessários antibióticos para as complicações bacterianas. Crianças com sarampo grave em países em desenvolvimento costumam apresentar níveis séricos muito baixos de retinol, a forma circulante predominante de vitamina A no sangue. Portanto, suplementos de vitamina A melhoram o resultado clínico, reduzindo o número de mortes causadas pelo sarampo pela metade.

O sarampo é prevenido com o uso de uma vacina altamente eficaz, que utiliza vírus vivo atenuado, administrada juntamente com as vacinas para a caxumba e a rubéola (MMR, Cap. 35). Desde o início da imunização, o número de casos diminuiu em 70%. Nos EUA, após um aumento de aproximadamente 30.000 casos em 1990, o número caiu para 488 (47 deles importados) em 1996. Planejou-se eliminar a doença nas Américas por volta do ano 2000, época em que um grupo de cientistas convocado pelo Centro de Controle de Doenças (CDC, na sigla em inglês) dos Estados Unidos decidiu que o sarampo não era mais endêmico naquele país. Em decorrência de um pânico contra a vacinação infundado no Reino Unido, o número de indivíduos com sarampo subiu consideravelmente em função de uma queda na administração da vacina. Em 2016, os índices de vacinação haviam melhorado para 95% e o número de notificações de infecções por sarampo havia diminuído.

Antes de a vacina ser disponibilizada na década de 1960, ocorreram 135 milhões de infecções e 7-8 milhões de mortes a cada ano em todo o mundo. A OMS esperava que a erradicação global fosse alcançada até 2010-2015, mas o objetivo mudou para eliminar o sarampo até 2010. Em 2015, foi relatada uma redução de 79% nas mortes graças à maior cobertura da vacina. Durante 2015, cerca de 183 milhões de crianças receberam a vacina em 41 países.

INFECÇÕES PELO CITOMEGALOVÍRUS

A infecção pelo citomegalovírus (CMV) pode causar pneumonia intersticial em pacientes imunocomprometidos

O CMV normalmente não se replica no epitélio respiratório ou causa doença respiratória; no entanto, em pacientes imunocomprometidos, e sobretudo nos que receberam transplantes de medula óssea alogênica, ele pode dar origem a uma pneumonia intersticial. O monitoramento do CMV em grupos específicos de pacientes imunossuprimidos é fundamental, especialmente nos primeiros meses pós-transplante. Em uma série de diferentes tipos de amostra, o DNA do CMV pode ser detectado e quantificado, e inclusões características podem ser demonstradas no tecido pulmonar (Fig. 20.20).

TUBERCULOSE

A tuberculose é uma das doenças infecciosas mais graves do mundo em desenvolvimento

A *Mycobacterium tuberculosis* causa tuberculose (TB), que é uma das 10 maiores causas de morte em todo o mundo. Em 2015, a

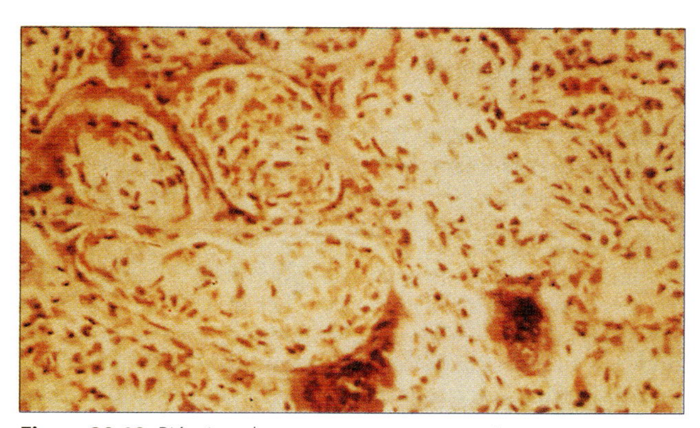

Figura 20.19 Biópsia pulmonar em uma pneumonia por sarampo demonstrando um infiltrado de células inflamatórias, proliferação das células de revestimento alveolar e grandes células multinucleadas e escuras. (Coloração H&E.) (Cortesia de I.D. Starke e M.E. Hodson.)

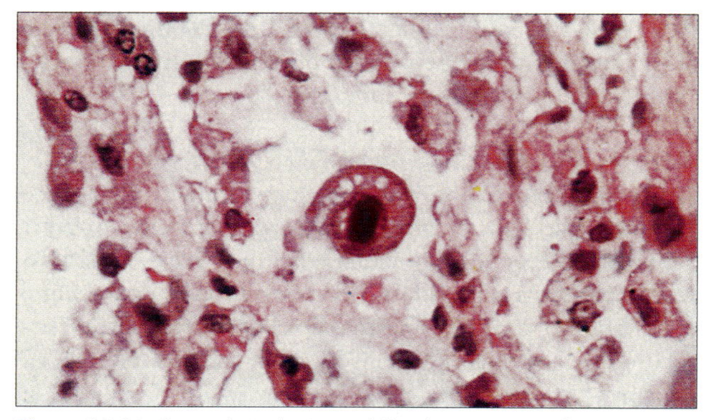

Figura 20.20 Corpo de inclusão em "olho de coruja" na infecção pelo citomegalovírus. Um grande número de partículas virais se acumula no núcleo de células infectadas dilatadas para produzir uma única inclusão densa. (Coloração H&E.) (Cortesia de I.D. Starke e M.E. Hodson.)

Tabela 20.6 Micobactérias associadas à doença humana

Espécie	Doença clínica
De crescimento lento[a]	
M. tuberculosis	Tuberculose
M. bovis	Tuberculose bovina
M. leprae	Hanseníase
M. avium[b] *M. intracellulare*[b]	Infecção disseminada em pacientes com AIDS, complexo *M. avium* (MAC)
M. kansasii	Infecções pulmonares
M. marinum	Infecções de pele e infecções mais profundas (p. ex., artrite, osteomielite) associadas à atividade aquática
M. scrofulaceum	Adenite cervical em crianças
M. simiae	Infecções nos pulmões, ossos e rins
M. szulgai	Infecções nos pulmões, pele e ossos
M. ulcerans	Infecções de pele
M. xenopi	Infecções pulmonares
M. paratuberculosis	? Associação com a doença de Crohn
De crescimento rápido[a]	
M. fortuitum *M. chelonae*	Infecções oportunistas com introdução de organismos em tecidos subcutâneos profundos; normalmente associadas a trauma ou procedimentos invasivos

Várias espécies de micobactérias estão associadas a doenças ocasionais, mas os principais patógenos do gênero são *M. tuberculosis*, *M. bovis* e *M. leprae*.
[a]Organismos de crescimento lento requerem > 7 dias para o crescimento visível de um inóculo diluído; organismos de crescimento rápido requerem < 7 dias para o crescimento visível de um inóculo diluído.
[b]Complexo *M. avium*; as duas espécies são distintas. Do complexo *M. avium*, os sorotipos 1–6 e 8-11 são atribuídos ao *M. avium*, os sorotipos 7, 12-17, 19, 20 e 25 são atribuídos ao *M. intracellulare*.

OMS relatou que 10,4 milhões de pessoas foram infectadas com TB e que 1,8 milhão morreram, sendo que mais de 95% das mortes ocorreram em países de renda baixa a média, em todo local onde a pobreza, a desnutrição e as más condições sanitárias prevaleciam. A doença afeta pacientes aparentemente saudáveis e é uma doença séria em pacientes imunocomprometidos, sendo uma das doenças que definem a AIDS. A TB é uma doença primariamente dos pulmões, mas pode se disseminar para outros locais ou gerar uma infecção generalizada (TB "miliar").

Outras espécies de micobactérias, denominadas micobactérias atípicas, outras que não o agente etiológico da tuberculose (MOTT) ou micobactérias não tuberculosas (NTM) também causam infecções do pulmão (Tabela 20.6).

A infecção é adquirida através da inalação do *M. tuberculosis* em aerossóis e poeiras. A transmissão aérea da TB é eficiente, porque as pessoas infectadas expectoram enormes quantidades de micobactérias, projetando esses organismos no ambiente, no qual, com sua cobertura externa lipídica, resistem contra o ressecamento, sobrevivendo por longos períodos de tempo no ar e na poeira caseira.

A patogênese da TB depende da história de exposição prévia ao organismo

Na infecção primária (isto é, infecção em indivíduos que entram em contato com o *M. tuberculosis* pela primeira vez), os organismos são envoltos pelos macrófagos alveolares, onde podem sobreviver e se multiplicar. Macrófagos não residentes

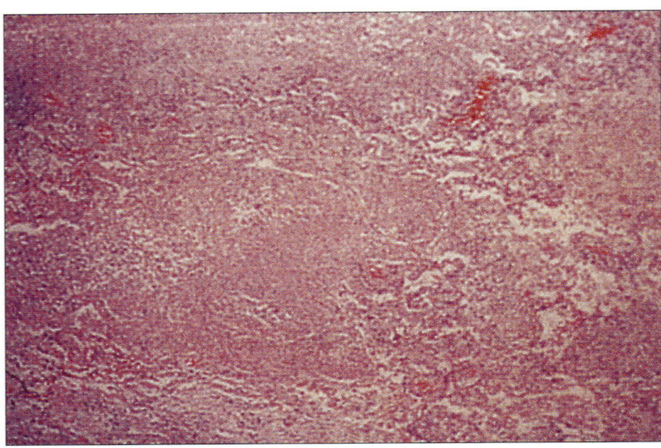

Figura 20.21 Histopatologia demonstrando densa infiltração inflamatória, formação de granuloma e necrose caseosa na tuberculose pulmonar. (Cortesia de R. Bryan.)

são atraídos para o local e ingerem as micobactérias, carregando-as através dos vasos linfáticos para os linfonodos hilares locais. Nos linfonodos, a resposta imune, predominantemente uma resposta CMI, é estimulada. Essa resposta da célula T pode ser detectada em testes cutâneos de tuberculina, também chamado de teste de Mantoux, entre quatro e seis semanas após a infecção por meio da injeção de uma quantidade pequena de derivado de proteína purificada (PPD) do *M. tuberculosis* na pele para verificar se alguém é sensível à proteína da tuberculina. Um resultado positivo é demonstrado por meio de induração local e eritema, 48-72 horas mais tarde. No entanto, assim como com o outro teste com interferon-gama (IFNγ) comercial para TB, uma resposta positiva poderia significar que a pessoa foi infectada anteriormente, apresenta infecção latente por TB ou uma infecção ativa por TB. Um teste potente de reação cutânea resultaria em um encaminhamento a uma clínica respiratória para avaliação e tratamento adicionais.

A resposta CMI ajuda a controlar a disseminação do *M. tuberculosis*

Alguns *M. tuberculosis*, contudo, podem escapar e estabelecer focos de infecção em outros locais do corpo. As células T sensibilizadas liberam linfocinas que ativam macrófagos e aumentam sua capacidade de destruir as micobactérias. O corpo reage para conter os microrganismos dentro de "tubérculos", que são pequenos granulomas que consistem em células epitelioides e células gigantes (Fig. 20.21). A lesão pulmonar somada com os linfonodos dilatados (Fig. 20.22), em geral, é chamada de complexo de Ghon, ou primário. Depois de certo tempo, o material dentro dos granulomas se torna necrótico, com uma aparência caseosa ou grumosa.

Os tubérculos podem curar-se espontaneamente, se tornar fibróticos ou calcificados, persistindo, assim, durante toda a vida de pessoas consideradas saudáveis. Estes tubérculos aparecerão nas radiografias de tórax na forma de nódulos radiopacos. Entretanto, em uma pequena percentagem da população com infecção primária, e sobretudo nos imunocomprometidos, as micobactérias não ficam retidas no interior dos tubérculos, invadindo a corrente sanguínea e causando doença disseminada (tuberculose "miliar", Fig. 20.23).

A tuberculose secundária ocorre através da reativação de micobactérias latentes e, em geral, é consequência de deficiências na função imune desencadeadas por outras causas, como desnutrição, infecção (p. ex., HIV avançado e AIDS), quimioterapia para o tratamento de doenças malignas ou o uso de corticosteroides para o tratamento de doenças inflamatórias.

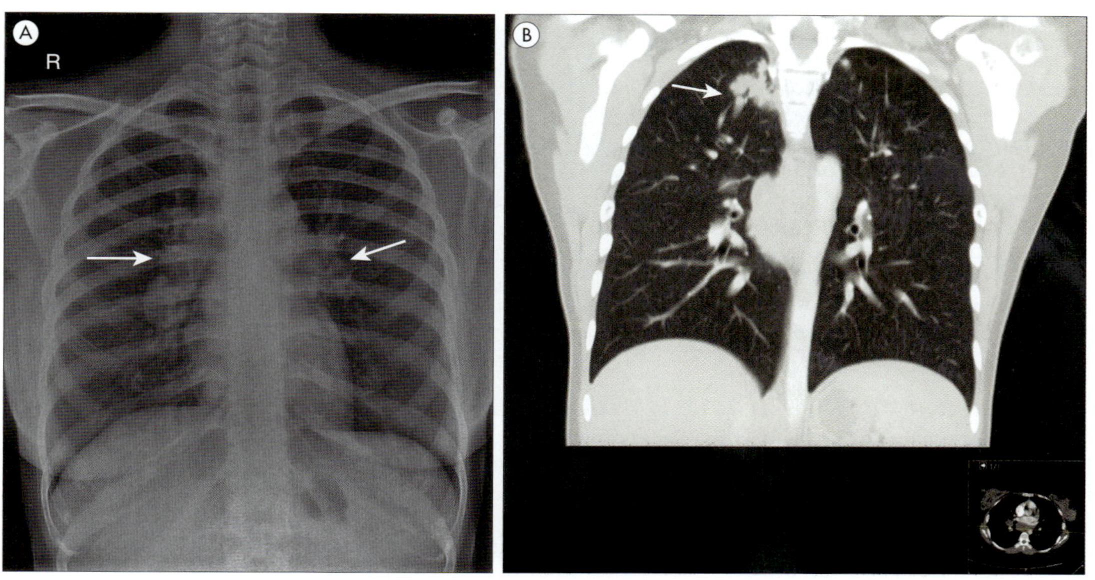

Figura 20.22 (A) Radiografia torácica mostrando linfadenopatia hilar bilateral e paratraqueal. (B) TC de consolidação parenquimal fragmentada em ambos os lóbulos superiores. (Cortesia de G. Bain, London North West Healthcare Trust.)

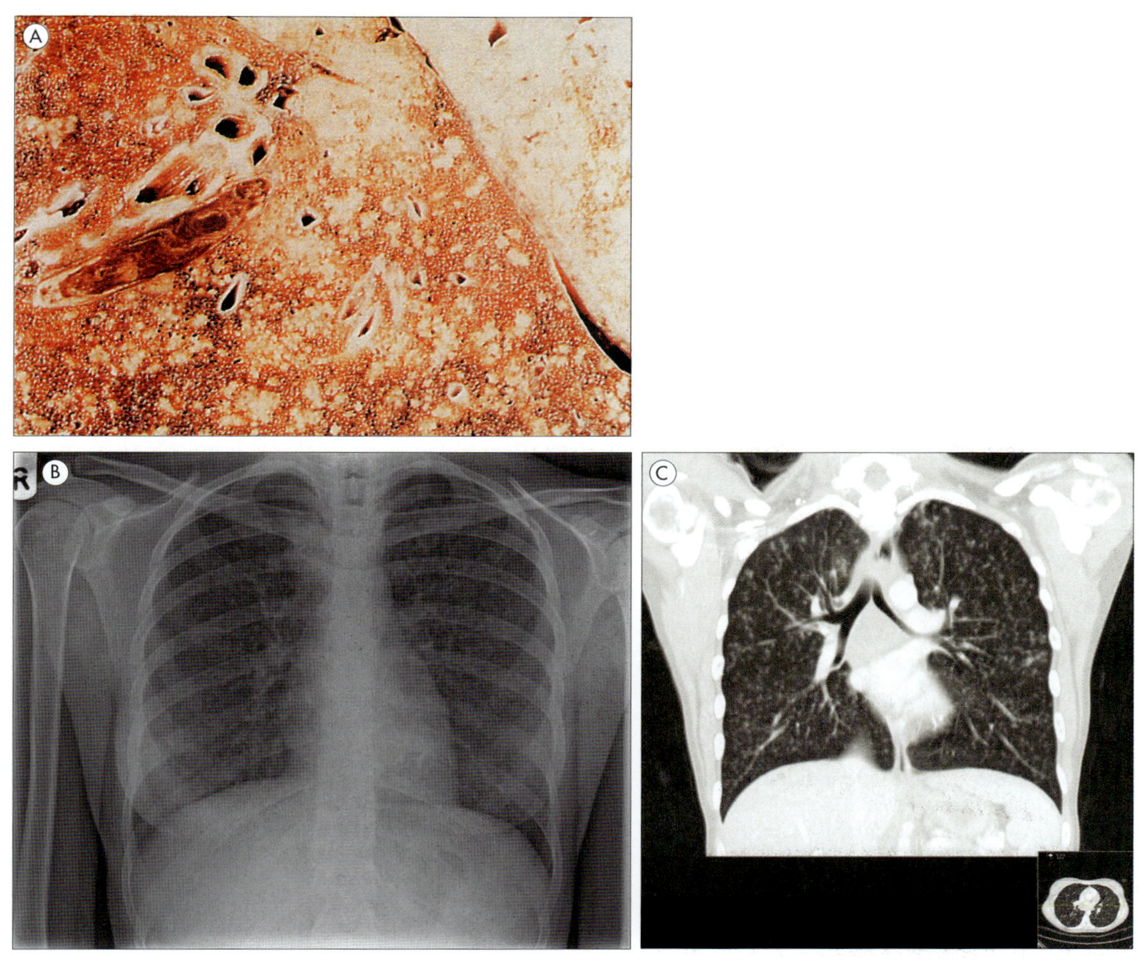

Figura 20.23 Tuberculose miliar. (A) Amostra macroscópica do pulmão demonstrando a superfície cortada coberta com nódulos brancos, que são os focos miliares da tuberculose. (B) Raio X de TB miliar e (C) TC. ([A] Cortesia de J.A. Innes. [B] e [C] Cortesia de G. Bain, London North West Healthcare Trust.)

A TB ilustra o duplo papel da resposta imune na doença infecciosa

Por um lado, a resposta CMI controla a infecção e, quando é inadequada, a infecção se dissemina ou é reativada. Por outro lado, quase toda patologia e doença são consequências desta resposta CMI, já que a *M. tuberculosis* causa pouco ou nenhum dano direto ou mediado por toxinas.

A reativação ocorre com mais frequência no ápice dos pulmões. Este local é mais altamente oxigenado que os outros, permitindo que as micobactérias se multipliquem de maneira mais rápida, produzindo lesões necróticas caseosas que se disseminam para outros locais do pulmão e, destes, para locais mais distantes do organismo.

A TB primária em geral é assintomática

Em contraste com a pneumonia, que costuma ser uma infecção aguda, o início da TB é insidioso, com a infecção procedendo por algum tempo antes que o paciente esteja doente o suficiente para buscar ajuda médica. A TB primária em geral é leve e assintomática, e em 90% dos casos não evolui. Entretanto, uma doença clínica se desenvolve nos 10% restantes.

A micobactéria tem a capacidade de colonizar quase todos os locais do corpo. As manifestações clínicas são variáveis: fadiga, perda de peso, fraqueza e febre estão associadas à TB. A infecção dos pulmões caracteristicamente causa uma tosse produtiva crônica, e o catarro pode conter sangue, como resultado da destruição tecidual. A necrose pode causar a erosão dos vasos sanguíneos, que podem se romper e levar à morte por hemorragia.

As complicações da infecção por *M. tuberculosis* podem surgir da contaminação local ou da disseminação

O organismo pode se disseminar através do sistema linfático e da corrente sanguínea para outras partes do corpo. Isso costuma ocorrer no momento da infecção primária e, dessa forma, focos crônicos se estabelecem, podendo evoluir para necrose e destruição, por exemplo, no rim. Alternativamente, pode haver disseminação por extensão para uma parte vizinha ao pulmão, por exemplo, quando um tubérculo causa a erosão de um brônquio e drena seu conteúdo na cavidade pleural, ocasionando um derrame pleural.

Apesar de o número de casos de TB pulmonar estar diminuindo nos países desenvolvidos desde o início do século XX, acelerado pelo advento de drogas antimicrobianas específicas, a incidência de TB extrapulmonar se manteve constante por muitos anos e, portanto, atualmente é responsável por uma maior proporção de casos de TB nos países desenvolvidos do que nos países em desenvolvimento.

O exame do escarro com o método de coloração de Ziehl-Neelsen pode diagnosticar a TB em uma hora, enquanto a cultura pode levar seis semanas

Um diagnóstico de TB é sugerido por meio dos sinais e sintomas clínicos descritos acima, suportados pelas alterações características demonstradas nas radiografias de tórax (Fig. 20.23 A e B) e uma reatividade positiva no teste cutâneo de tuberculina (Mantoux). Esses testes são confirmados por demonstração microscópica de bacilos acidorresistentes e cultura de *M. tuberculosis*. O exame microscópico de um esfregaço de escarro corado pelo método de Ziehl-Neelsen ou por auramina revela com frequência bacilos acidorresistentes (Fig. 20.24). Este resultado pode ser obtido em uma hora após o recebimento do material no laboratório. Isto é importante porque o *M. tuberculosis* pode levar até seis semanas para crescer em meio de cultura, apesar de os métodos radiométricos poderem diminuir o tempo necessário para a detecção e, portanto, a confirmação do diagnóstico torna-se necessariamente tardia. Testes rápidos sem cultura para detectar *M. tuberculosis* são a PCR e o teste molecular Xpert MTB-RIF automatizado que detecta resistência a rifampicina e TB. Ainda são necessários novos testes para identificar as espécies de micobactérias e estabelecer a suscetibilidade às drogas antituberculose.

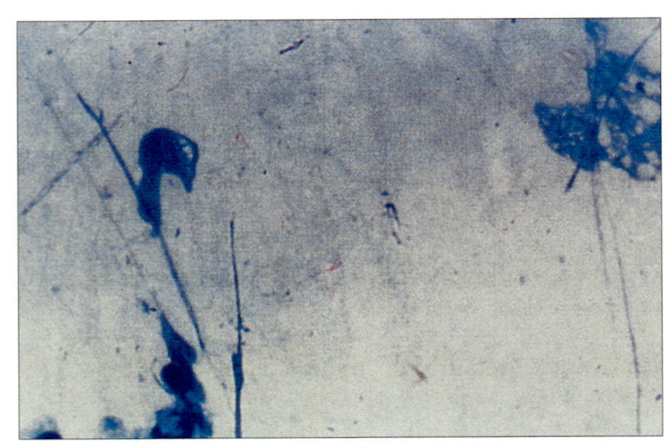

Figura 20.24 Tuberculose pulmonar. Preparação do escarro demonstrando tubérculos de bacilos acidorresistentes corados em rosa. (Coloração de Ziehl-Neelsen.) (Cortesia de J.A. Innes.)

Drogas antituberculosas específicas e terapia prolongada são necessárias para o tratamento da TB

As micobactérias apresentam resistência inata à maioria dos agentes antibacterianos, e drogas antituberculose específicas devem ser utilizadas; estas drogas serão revistas no Capítulo 34. Os pontos principais do tratamento se concentram no uso de:

- terapia de combinação – em geral, quatro drogas, como isoniazida, rifampicina, etambutol e pirazinamida para prevenir o surgimento de resistência;
- terapia prolongada – um período mínimo de seis meses é necessário para a erradicação desses organismos intracelulares de crescimento lento.

O número de cepas resistentes às drogas antituberculose de primeira linha vem aumentando, pois esses antibióticos têm sido usados há décadas e podem surgir caso haja problemas de aderência devido à quantidade de medicamentos e o período longo de tratamento. Outros fatores podem incluir qualidade variável dos medicamentos e práticas de prescrições medicamentosas ruins. O tratamento é cuidadosamente monitorado com tratamento observado diretamente e cursos mais curtos. A TB resistente a múltiplos medicamentos (MDR-B) ocorre quando a resposta aos medicamentos de primeira linha, isoniazida e rifampicina, é baixa. Em 2015, cerca de 500.000 pessoas em todo o mundo apresentavam MDR-TB, especialmente na China, Índia e Rússia. TB extremamente resistente a medicamentos, referida como XDR-TB, não responde aos medicamentos de segunda linha; foi relatado pela OMS que 10% dos pacientes com MDR-TB apresentaram XDR-TB em 2015.

A tuberculose é evitada através da melhora das condições sociais, da imunização e da quimioprofilaxia

O declínio mantido da incidência da TB desde o início do século XX, antes que medidas preventivas específicas estivessem disponíveis, destaca a importância da melhora das condições sociais na prevenção desta e de muitas outras doenças infecciosas. Entretanto, tem ocorrido um aumento no número de casos associados à AIDS; em alguns países em desenvolvimento no mundo a infecção pelo HIV e a AIDS está ameaçando superar os programas de controle da TB. Em 2015, mais de 30% dos indivíduos HIV-positivos no mundo todo apresentaram TB, dentre os quais cerca de 400.000 morreram. Para enfatizar mais a magnitude do problema, em 2015 estimou-se que havia mais de 1 milhão de novas infecções por TB em pessoas positivas para HIV, 700.000 das quais viviam na África.

A imunização com uma vacina viva atenuada, a vacina BCG (bacilo Calmette-Guérin), é utilizada com êxito em situações em que a TB é prevalente. Ela foi introduzida em 1953 no Reino Unido e o programa mudou junto com os padrões sociodemográficos, pois era inicialmente voltado a indivíduos de 14 anos, pois a maioria dos casos de TB era vista em jovens adultos. Isso foi mudado na década de 1960, quando um programa de imunização neonatal seletivo foi instituído, voltado para lactentes nascidos de pais que haviam imigrado de países com alta prevalência, pois foi estabelecido que esses grupos apresentavam taxas mais altas de TB do que aqueles que nasceram no Reino Unido. A imunização, que confere uma reatividade positiva ao teste cutâneo, não previne a infecção, mas permite que o organismo reaja rapidamente de modo a limitar a proliferação dos microrganismos. Em áreas onde há baixa prevalência da doença, a imunização foi grandemente substituída pela quimioprofilaxia. Foi relatado que aqueles que foram imunizados apresentavam até 8% menos chances de desenvolver as complicações mais graves de TB.

No Reino Unido, a profilaxia com rifampicina e isoniazida durante três meses é recomendada para pessoas que tiveram um contato íntimo com um caso de TB (exceto em caso de resistência a isoniazida). Ela também está recomendada para indivíduos que demonstram uma conversão recente na positividade do teste cutâneo, quando é essencialmente um tratamento precoce de uma infecção subclínica, e não uma profilaxia.

FIBROSE CÍSTICA

Indivíduos com fibrose cística são predispostos a desenvolver infecções do trato respiratório inferior

A fibrose cística é o distúrbio hereditário letal mais comum entre caucasianos, com uma incidência de cerca de 1 em 2.500 nascimentos vivos. A doença se caracteriza por insuficiência pancreática, concentrações anormais de eletrólitos no suor e produção de secreções brônquicas bastante viscosas. Esta última característica tende a levar a uma estase nos pulmões, que predispõe à infecção.

P. aeruginosa coloniza os pulmões de quase todos os pacientes com fibrose cística entre 15 e 20 anos de idade

A mucosa respiratória de indivíduos com fibrose cística representa um ambiente diferente para patógenos em potencial, quando comparada ao ambiente encontrado em indivíduos saudáveis; os organismos infectantes mais comuns e a natureza das infecções diferem de outras infecções pulmonares. Estes invasores incluem:

- *S. aureus*, que causa angústia respiratória e dano pulmonar, mas pode ser controlado com quimioterapia antiestafilocócica específica;
- *P. aeruginosa*, que é o principal patógeno;
- *Burkholderia cepacia*, que é agressiva e difícil de tratar;
- *H. influenzae*, tipicamente cepas não encapsuladas, que podem ser encontradas em associação a *S. aureus* e *P. aeruginosa*; o significado patogênico deste organismo é obscuro, mas parece contribuir para exacerbações respiratórias;
- *Aspergillus fumigatus*, que é um fungo no ambiente que pode causar sintomas;
- micobactérias não tuberculosas também podem provocar sintomas.

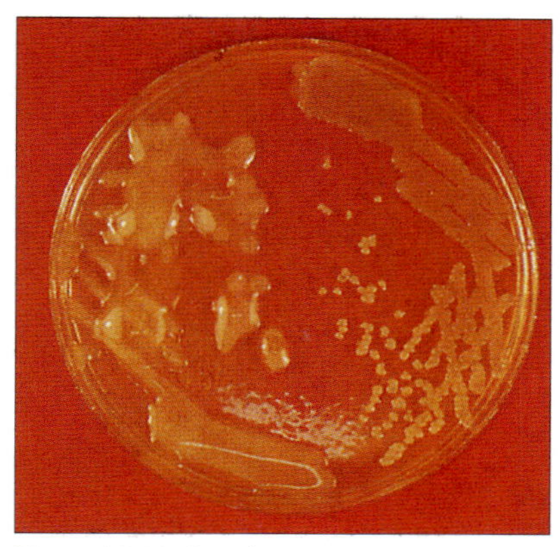

Figura 20.25 *Pseudomonas aeruginosa* isolada no escarro de pacientes com fibrose cística caracteristicamente cresce em uma forma colonial bastante mucoide, demonstrada aqui no lado esquerdo da figura, com a forma colonial normal no lado direito para fins de comparação.

A infecção por *P. aeruginosa* é rara em indivíduos com menos de 5 anos de idade, mas coloniza os pulmões de quase todos os pacientes entre 15 e 20 anos de idade, geralmente favorecida por sua resistência intrínseca aos agentes antiestafilocócicos. No início da infecção, tipos normais de colônias crescem nas culturas do escarro, mas conforme a infecção progride, o organismo sofre alterações para uma forma altamente mucoide, quase simulando as secreções mucoides do paciente (Fig. 20.25). Acredita-se que essas formas mucoides crescem em microcolônias nos pulmões, mas grande parte do dano pulmonar é causada por respostas imunológicas aos organismos e ao alginato, que compõe o material mucoide (Fig. 20.26). É raro que a *P. aeruginosa* se dissemine além do pulmão, mesmo em indivíduos gravemente infectados. Antibióticos inalados são recomendados para a erradicação de bactérias e para tentar prevenir infecções crônicas.

Apesar de uma quimioterapia antibacteriana específica poder reduzir os sintomas da infecção e melhorar a qualidade de vida, as infecções, sobretudo por *P. aeruginosa* e *B. cepacia*, são difíceis de serem erradicadas e ainda são uma grande causa de morbidez e mortalidade.

ABSCESSO PULMONAR

O abscesso pulmonar, em geral, contém uma mistura de bactérias, incluindo anaeróbias

Esta é uma infecção supurativa dos pulmões, algumas vezes denominada "pneumonia necrosante". A causa predisponente mais comum é a aspiração de secreções respiratórias ou gástricas após alterações do estado de consciência. A infecção, portanto, é endógena e as culturas, em geral, revelam uma mistura de bactérias, com anaeróbias como *Bacteroides* e *Fusobacterium* desempenhando um importante papel (Fig. 20.27).

Pacientes com abscessos pulmonares podem estar doentes por pelo menos duas semanas antes da apresentação, com possível febre variante, e costumam produzir grandes quantidades de escarro, cujo odor ruim dá uma clara indicação da presença de anaeróbios e frequentemente sugere o diagnóstico. A maioria dos diagnósticos é feita a partir das radiografias de tórax (Fig. 20.7G), e a causa é confirmada por meio da investigação microbiológica.

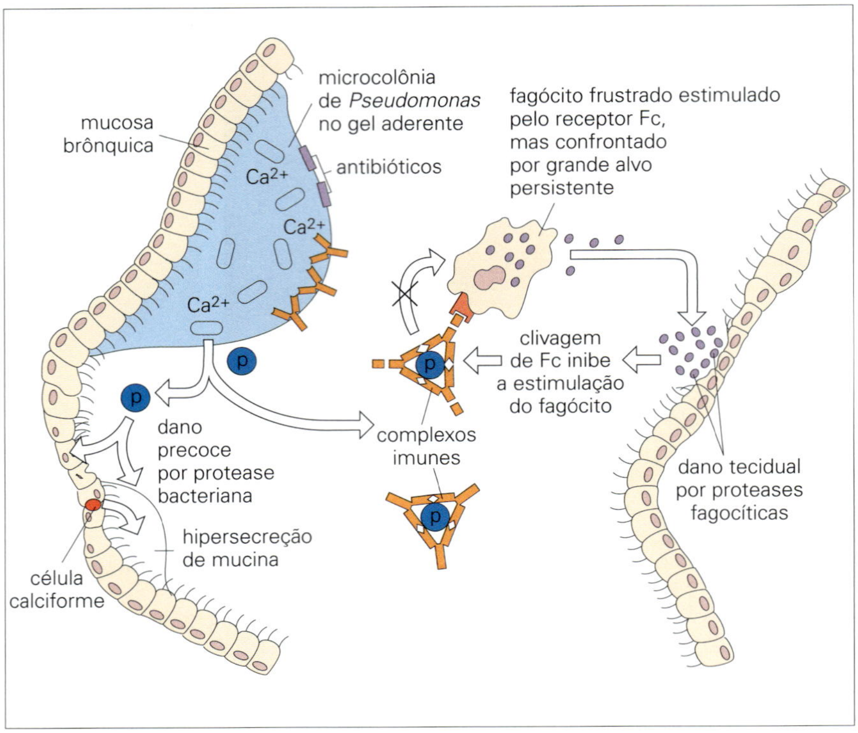

Figura 20.26 A infecção por *Pseudomonas* no pulmão com fibrose cística é crônica, mas raramente invasiva além da mucosa brônquica. Acredita-se que os microrganismos crescem em microcolônias embebidas em um gel alginato mucoide dependente de cálcio (Ca^{2+}), que contém DNA e mucina traqueobrônquica, que se prende à mucosa brônquica. Isto protege os organismos das defesas do hospedeiro e forma uma barreira física e eletrolítica contra os antibióticos. Grande parte do dano aos tecidos é causada pela lenta liberação de proteases bacterianas (que rompem a mucosa e causam hipersecreção de mucina), mecanismos imunopatológicos exacerbados pelo tamanho, antigenicidade e persistência da matriz anginada e a ação indireta de complexos imunes associados aos antígenos *Pseudomonas* (p). O dano tecidual também é causado por proteases fagocíticas. Exacerbações intermitentes podem ser explicadas pela clivagem do Fc dos complexos imunes por essas proteases, com a consequente inibição de uma maior estimulação dos fagócitos. (Retirada de Govan J.R.W. *Rev. Med. Microbiol.* 1:19–28, © 1990.)

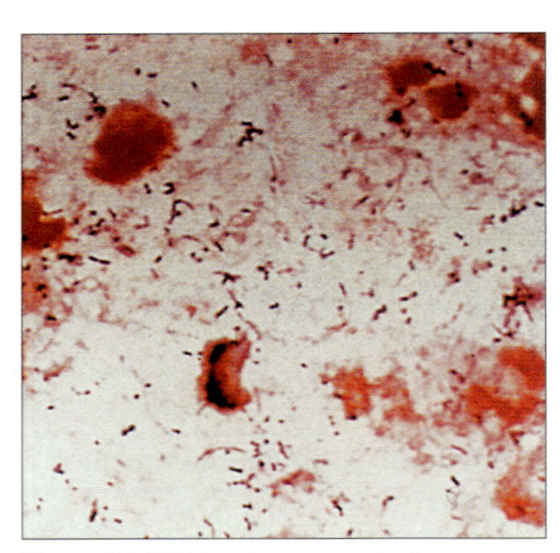

Figura 20.27 Uso do corante de Gram no pus de um abscesso pulmonar demonstrando cocos Gram-positivos e bastonetes Gram-negativos e Gram-positivos. (Cortesia de J.R. Cantey.)

O tratamento do abscesso pulmonar deve incluir uma droga antianaeróbios e durar de dois a quatro meses

Em decorrência da provável presença de anaeróbios, um agente antianaeróbio adequado como o metronidazol deve fazer parte do esquema de tratamento, podendo ser necessário um tratamento de dois a quatro meses para prevenir recorrências. Se o diagnóstico e o tratamento ocorrem de forma tardia, a infecção pode se espalhar para o espaço pleural, dando origem a um empiema (ver adiante).

Derrame pleural e empiema

Até 50% dos pacientes com pneumonia apresentam derrame pleural

Os derrames pleurais surgem em uma variedade de doenças diferentes. Algumas vezes, os organismos que infectam os pulmões invadem os espaços pleurais, dando origem a um exsudato purulento ou "empiema".

Os derrames pleurais podem ser demonstrados radiologicamente, mas a detecção do empiema pode ser difícil, sobretudo em um paciente com pneumonia extensa.

A aspiração do líquido pleural gera material para o exame microbiológico, e *S. aureus*, bastonetes Gram-negativos e anaeróbios comumente estão envolvidos.

O tratamento deve ser direcionado para a drenagem do pus, a erradicação da infecção e a expansão do pulmão.

INFECÇÕES POR FUNGOS

A doença associada à infecção por fungos é vista com maior frequência em pacientes com deficiências imunológicas, seja em consequência de um tratamento imunossupressivo ou de uma doença concomitante. Inúmeras espécies podem causar infecções oportunistas e, dentre elas, duas são de particular importância: *Aspergillus fumigatus* e *Pneumocystis jirovecii*.

Aspergillus

As espécies mais importantes são *A. fumigatus* e *A. flavus*.

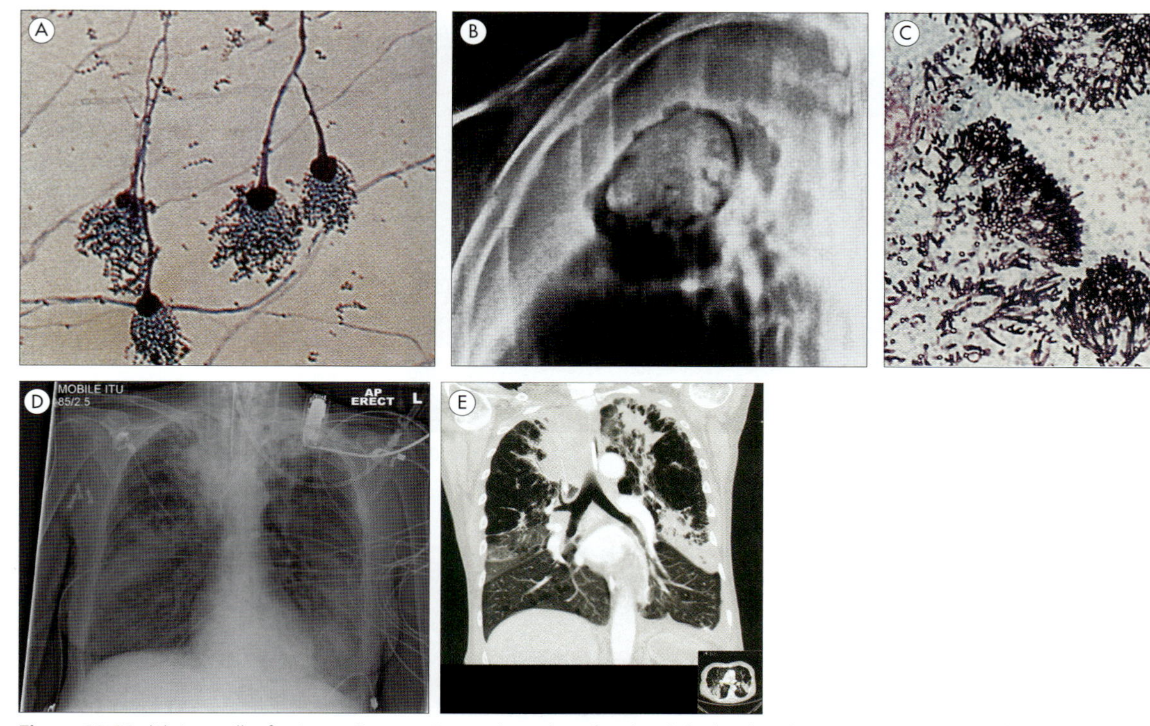

Figura 20.28 (A) *Aspergillus fumigatus*. Preparação corada em lactofenol azul de algodão, demonstrando os conidióforos característicos. (B) Aspergiloma. Tomografia demonstrando a bola fúngica dentro da cavidade pulmonar, delineada por espaço aéreo. (C) – (E) Aspergilose invasiva: (C) Corte histológico demonstrando as hifas fúngicas invadindo o parênquima pulmonar e os vasos sanguíneos (coloração de Grocott); (D) raio-X torácico e (E) TC torácica. ([A] e [B] Cortesia de J.A. Innes. [C] Cortesia de C. Kibbler. [D] e [E] Cortesia de G. Bain, London North West Healthcare Trust.)

O *Aspergillus* pode causar aspergilose broncopulmonar alérgica, aspergiloma ou aspergilose disseminada

O gênero *Aspergillus* contém várias espécies, e estas são onipresentes no meio ambiente. Elas não fazem parte da microbiota normal. Seus esporos são regularmente inalados sem consequências danosas, mas algumas espécies, sobretudo *A. fumigatus*, são capazes de causar uma variedade de doenças, incluindo:

- Aspergilose broncopulmonar alérgica (ABPA), que, como seu nome sugere, é uma resposta alérgica à presença do antígeno *Aspergillus* nos pulmões e ocorre em pacientes com asma. A ABPA ocorre em cerca de 10% dos pacientes com fibrose cística.
- Aspergiloma em pacientes com cavidades pulmonares preexistentes ou distúrbios pulmonares crônicos. O *Aspergillus* coloniza uma cavidade e cresce para produzir uma bola fúngica, uma massa de hifas emaranhadas — o aspergiloma (Fig. 20.28). Neste caso, os fungos não invadem os tecidos pulmonares, mas a presença de um grande aspergiloma pode causar problemas respiratórios. Os aspergilomas podem estar relacionados, porém, à aspergilose pulmonar crônica, na qual a invasão do tecido pulmonar ocorre de fato.
- Doença disseminada no paciente imunossuprimido quando o fungo se dissemina a partir dos pulmões.

A aspergilose invasiva apresenta uma alta mortalidade pelo fato de o tratamento ser muito difícil em decorrência do número limitado e da natureza tóxica dos agentes antifúngicos ativos contra o *Aspergillus* e da ausência de defesas funcionais do hospedeiro. O tratamento consiste em uma formulação lipídica intravenosa de anfotericina B. Voriconazol ou caspofungina são alternativas. O principal objetivo da terapia é melhorar a contagem de neutrófilos.

Pneumocystis jirovecii (no passado, *P. carinii*)

A pneumonia por *Pneumocystis* é uma importante infecção oportunista da AIDS

P. jirovecii é um fungo comumente encontrado em seres humanos imunocompetentes e em roedores. Existe uma forte especificidade do hospedeiro, logo, a infecção por *Pneumocystis* em humanos não é uma zoonose. A infecção provavelmente se dissemina por gotículas, embora a transmissão aérea tenha sido diretamente demonstrada apenas em modelos animais. A doença ocorre em indivíduos debilitados e imunodeficientes. Antes do advento da terapia antirretroviral combinada ativa, uma alta proporção dos pacientes com infecção por HIV avançada desenvolvia pneumonia por *Pneumocystis*, podendo ser fatal.

Pneumocystis ocorre como três formas de desenvolvimento: uma trofozoíta, de até 5 μm de diâmetro, uma precística e uma cística. Os esporos são liberados quando os cistos se rompem. A doença está associada a uma pneumonite intersticial (Fig. 20.29), com infiltração de plasmócitos. Infecções de órgãos internos que não o pulmão (p. ex., linfonodos, baço, fígado) também foram relatadas em exames pós-morte.

O tratamento é feito com cotrimoxazol ou pentamidina.

INFECÇÕES POR PROTOZOÁRIOS

Uma variedade de protozoários se localiza nos pulmões ou envolve os pulmões em algum estágio de seu desenvolvimento

Entre eles:

- Nematoides, como o *Ascaris*, *Strongyloides* e os ancilóstomos (Caps. 7 e 23), que migram através dos pulmões durante seu curso para o intestino delgado, rompendo os capilares ao redor dos alvéolos para penetrar nos bronquíolos. O dano causado por este processo e o desenvol-

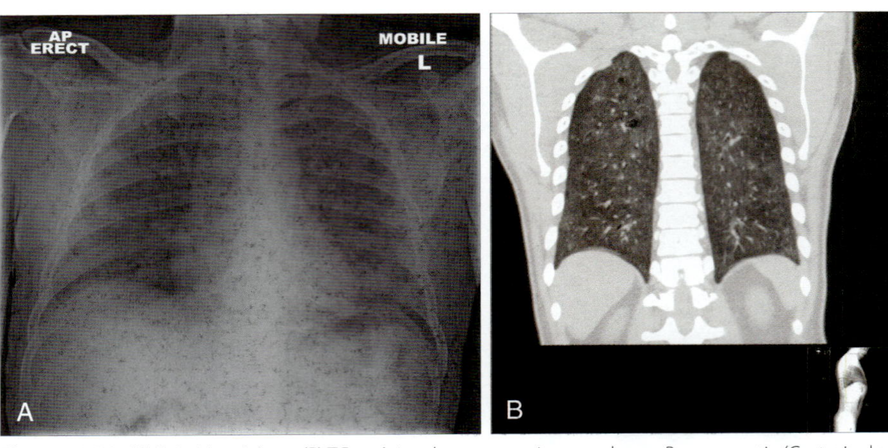

Figura 20.29 (A) Raio X torácico e (B) TC torácica de pneumonia causada por *Pneumocystis*. (Cortesia de G. Bain, London North West Healthcare Trust.)

vimento das respostas inflamatórias podem levar a uma pneumonite transitória com tosse, sibilação, dispneia e infiltrados pulmonares.

- Larvas do esquistossomo, que podem causar sintomas respiratórios brandos durante sua migração pelos pulmões. Infecções agudas graves podem produzir pneumonite com lesões nodulares maldefinidas ou apresentações reticulonodulares.
- As microfilárias de nematoides filariais como *Wuchereria* ou *Brugia*, que aparecem na circulação periférica com uma periodicidade regular diurna ou noturna, com este aparecimento coincidindo com o momento em que os insetos vetores costumam se alimentar. Fora desses períodos, as larvas ficam sequestradas nos capilares dos pulmões. Sob certas condições, ainda indefinidas, e em certos indivíduos, a presença das larvas desencadeia uma condição conhecida como "eosinofilia pulmonar tropical" (EPT, ou síndrome de Weingarten). Essa síndrome se caracteriza pelo surgimento, ao longo de vários meses, de tosse, dispneia e chiado que pioram à noite, e eosinofilia acentuada do sangue periférico. Microfilárias estão ausentes no sangue periférico. Testes para anticorpos antifiláricos são fortemente positivos. A radiografia torácica mostra opacificação bilateral fina nodular ou reticulonodular.
- Infecções por *Ascaris* e *Strongyloides*, que também podem desencadear uma eosinofilia pulmonar, apesar da condição ser distinta da EPT.
- Infecção pelo *Echinococcus granulosus*, que leva ao desenvolvimento de cistos hidáticos em uma proporção (20-30%) dos casos devido à localização das larvas nos pulmões. Estes cistos podem atingir um tamanho considerável, causando angústia respiratória, em grande parte consequência da pressão mecânica exercida sobre o tecido pulmonar. Uma ruptura espontânea pode ocorrer e resultar em anafilaxia aguda.
- Infecção por *Entamoeba histolytica*, que pode, raramente, envolver os pulmões.

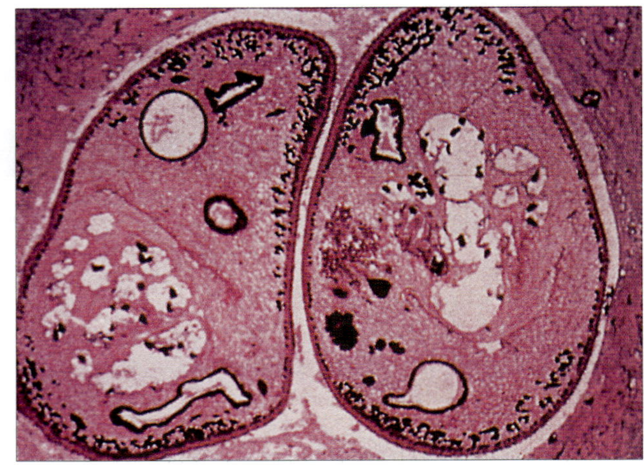

Figura 20.30 Dois *Paragonimus* adultos contidos no interior de um cisto fibroso no pulmão. (Cortesia de H. Zaiman.)

- *Paragonimus westermani*, o nematoide pulmonar oriental, que é o exemplo mais importante de um dos poucos parasitos adultos que vive no pulmão, infectando um número estimado de 22 milhões de pessoas, sobretudo na Ásia. A infecção é adquirida através da ingestão de crustáceos que contêm as metacercárias infecciosas. Estas migram do intestino através das cavidades corporais e penetram nos pulmões. Os adultos se desenvolvem dentro de cistos fibrosos, que fazem conexões com os brônquios, gerando uma saída para os ovos (Fig. 20.30). As infecções causam dor torácica e dificuldades respiratórias, e podem provocar broncopneumonia quando estão presentes grandes números de parasitos. Lesões isoladas podem ser confundidas com câncer de pulmão, TB e lesões fúngicas. Praziquantel é um anti-helmíntico eficiente para paragonimíase.

PRINCIPAIS CONCEITOS

- Apesar de ser contínuo desde o nariz até os alvéolos, o trato respiratório é dividido em "superior" e "inferior" sob o ponto de vista da infecção.
- As infecções do trato respiratório inferior são disseminadas através da rota aérea (exceto parasitos), são agudas ou crônicas, tendem a ser graves e podem ser fatais sem o tratamento correto. Elas são causadas por uma ampla gama de organismos — em geral, bactérias ou vírus, mas também fungos e parasitos.
- Bronquite, uma condição inflamatória da árvore traqueobrônquica, quase sempre é crônica, com exacerbações agudas associadas à infecção por vírus e bactérias. A doença é caracterizada por tosse e produção excessiva de muco, e o diagnóstico é clínico. Em geral, a bronquite é tratada com antibióticos, mas sua eficácia é incerta.
- Bronquiolite, geralmente causada pelo VSR, é particularmente aguda e grave em lactentes. O VSR causa surtos na comunidade e nos hospitais. A doença possui uma base imunopatológica, e um tratamento específico (ribavirina) pode ser considerado. Estão sendo desenvolvidas vacinas.
- A pneumonia é causada por uma variedade de patógenos que dependem da idade do paciente, de doença prévia ou subjacente, além de fatores ocupacionais ou geográficos. O diagnóstico microbiológico correto é essencial para otimizar a terapia. A mortalidade causada pela pneumonia permanece significativa.
- *B. pertussis* coloniza o epitélio respiratório ciliado, causando a infecção especificamente humana chamada coqueluche. A toxina pertussis e outros fatores tóxicos são importantes para a virulência. O diagnóstico é clínico, alertado pela característica tosse paroxística. O tratamento de suporte é essencial; os antibióticos desempenham um papel periférico. A prevenção através da imunização é eficaz, e novas vacinas mais seguras estão sendo disponibilizadas.
- Os vírus influenza causam infecções endêmicas, epidêmicas e pandemias como resultado da capacidade do vírus para derivação e desvio antigênico. A doença tem início agudo e pode ser clinicamente grave. O dano causado pelo vírus predispõe a mucosa respiratória à pneumonia bacteriana secundária. Agentes antivirais estão disponíveis. A imunização é importante, mas precisa ser mantida atualizada devido às frequentes mudanças antigênicas no vírus circulante.
- A epidemia de TB é maior do que foi estimado anteriormente, após a coleta de novos dados de vigilância da Índia pela OMS. No entanto, o número de mortes por TB e a taxa de incidência de TB continuam a cair globalmente. Em 2015, o número estimado de novos casos (incidentes) de TB em todo o mundo foi de 10,4 milhões, e pessoas com HIV consistiam em 1,2 milhão (11%) de todos os novos casos de infecção por TB. Seis países constituíram 60% dos novos casos: Índia, Indonésia, China, Nigéria, Paquistão e África do Sul. A TB foi uma das 10 maiores causas de morte em todo o mundo em 2015.
- A infecção primária com *M. tuberculosis* resulta em uma lesão pulmonar localizada, enquanto a doença secundária surge de uma reativação, resultante de um dano à função imune. O diagnóstico clínico é sustentado pela demonstração do *M. tuberculosis* acidorresistente no escarro. Existe um tratamento eficaz, mas longos cursos de drogas em combinação são essenciais. A quimioprofilaxia e a imunoprofilaxia com o BCG são importantes na prevenção.
- *Aspergillus* causa doença no pulmão, que varia de uma doença invasiva no imunocomprometido até condições alérgicas em indivíduos saudáveis. O tratamento efetivo é difícil por causa do número limitado de antifúngicos ativos e da ausência de defesas pelo hospedeiro.
- A fibrose cística é uma doença hereditária que predispõe a um padrão particular de doença pulmonar, caracterizado pela infecção com *P. aeruginosa*. A infecção pode ser controlada com antibacterianos, mas raramente é erradicada.
- Várias espécies de parasitos passam através dos pulmões ou se localizam nos pulmões em algum estágio de seu ciclo de vida. O dano é limitado, a menos que a carga de parasitos seja alta, em geral sendo de natureza imunopatológica.

Infecções do trato urinário

Introdução

As infecções do trato urinário são comuns, especialmente em mulheres

O trato urinário é um dos locais mais comuns de infecções bacterianas, sobretudo em mulheres; 20-30% das mulheres apresentam infecção do trato urinário (ITU) recorrente em algum momento de suas vidas. ITUs são menos comuns em homens, e ocorrem principalmente após os 50 anos de idade. Embora a maioria das infecções seja aguda e de curta duração, elas contribuem para uma taxa significativa de morbidade na população. Infecções graves resultam em perda da função renal e sequelas persistentes. Em mulheres, é feita uma distinção entre cistite, uretrite e vaginite, mas como o trato genitourinário é um contínuo, os sintomas frequentemente se sobrepõem.

AQUISIÇÃO E ETIOLOGIA

A infecção bacteriana é, em geral, adquirida por via ascendente da uretra para a bexiga

Posteriormente, a infecção pode progredir para os rins. Em alguns casos, a bactéria que infecta o trato urinário pode atingir a corrente sanguínea, causando sepse. Menos comumente, a infecção pode resultar da disseminação hematogênica de um microrganismo para o rim, sendo o tecido renal o primeiro componente do trato urinário a ser infectado.

Do ponto de vista epidemiológico, as ITUs ocorrem em dois ambientes gerais: adquiridas na comunidade e adquiridas em hospitais (nosocomiais), sendo essa última de aquisição mais frequentemente associada ao cateterismo. As ITUs adquiridas em hospitais, apesar de menos comuns do que as comunitárias, contribuem de forma significativa (cerca de 40%) para a taxa global das infecções nosocomiais.

O bastonete Gram-negativo *Escherichia coli* é a causa mais comum de ITU ascendente

Outros membros da família Enterobacteriaceae também estão envolvidos (Fig. 21.1). *Proteus mirabilis* encontra-se, muitas vezes, associado a cálculos urinários (litíase urinária), provavelmente porque produz uma potente urease que age na ureia, possibilitando a formação de amônia, o que torna a urina alcalina. *Citrobacter*, *Klebsiella*, *Enterobacter*, *Serratia* e *Pseudomonas aeruginosa* são observadas com mais frequência em ITUs adquiridas em hospitais, uma vez que a resistência desses microrganismos aos antibióticos favorece a sua seleção em pacientes hospitalizados (Cap. 34).

Dentre as espécies de bactérias Gram-positivas, o *Staphylococcus saprophyticus* possui propensão particular de causar infecção, sobretudo em mulheres jovens e sexualmente ativas. *Staphylococcus epidermidis* e algumas espécies de *Enterococcus* são mais comumente associados à ITU em pacientes hospitalizados (especialmente em pacientes com AIDS), nos quais a resistência a múltiplos antibióticos pode tornar o tratamento difícil. Em alguns casos, espécies capnofílicas (microrganismos que crescem melhor em ar enriquecido com dióxido de carbono), incluindo corinebactérias e lactobacilos, vêm sendo implicadas como possíveis agentes de ITU. Anaeróbios obrigatórios raramente estão envolvidos.

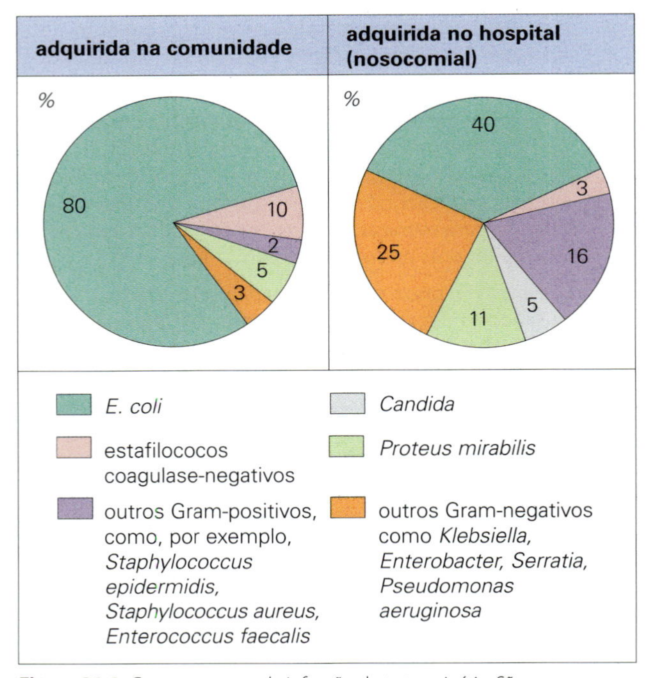

Figura 21.1 Causas comuns de infecção do trato urinário. São demonstradas as porcentagens de infecções causadas por diferentes bactérias nos pacientes hospitalizados e não hospitalizados. *E. coli* é de longe o microrganismo mais comumente isolado em ambos os grupos de pacientes, mas observa-se diferença na porcentagem de infecções causadas por outros bastonetes Gram-negativos. Estes microrganismos isolados frequentemente apresentam resistência a múltiplos antibióticos e colonizam pacientes hospitalizados, sobretudo aqueles em uso de antibióticos.

Quando ocorre disseminação hematogênica para o trato urinário, outras espécies podem ser encontradas, como, por exemplo, *Salmonella typhi*, *Staphylococcus aureus* e *Mycobacterium tuberculosis* (tuberculose renal).

ITUs causadas por vírus parecem raras; entretanto, existem associações à cistite hemorrágica e outras síndromes renais

Alguns vírus podem ser recuperados da urina na ausência de doença do trato urinário e incluem as seguintes:

- Os poliomavírus humanos, JC e BK, penetram no organismo através do trato respiratório, disseminam-se pelo organismo e infectam as células epiteliais dos túbulos renais e ureteres, onde entram em latência, com a persistência do genoma viral. Cerca de 35% dos rins de indivíduos saudáveis contêm sequências de DNA de poliomavírus. Entretanto, durante a gestação normal, os vírus podem ser reativados, de forma assintomática, com o aparecimento de grande quantidade de vírus na urina. A reativação também ocorre em pacientes imunocomprometidos (Cap. 31), podendo levar à cistite hemorrágica.
- Lactentes infectados de forma congênita podem liberar assintomaticamente na urina títulos elevados de citomegalovírus (CMV) e rubéola (Cap. 24).
- Em contraste com a liberação assintomática, alguns sorotipos de adenovírus vêm sendo implicados como causa de cistite hemorrágica.
- O hantavírus transmitido por roedores, responsável pela febre hemorrágica coreana, infecta os vasos capilares sanguíneos do rim e pode causar síndrome renal com proteinúria.
- Finalmente, uma série de outros vírus pode infectar os rins, incluindo o vírus da caxumba e HIV.

Amostras de urina são investigadas comumente por isolamento do vírus, por métodos de detecção imunológicos e genômicos.

Um número muito pequeno de parasitos causa ITUs

Outras causas de ITU incluem:

- os fungos *Candida* spp. e *Histoplasma capsulatum;*
- o protozoário *Trichomonas vaginalis* (Cap. 22) pode causar uretrite em homens e mulheres, mas é com mais frequência considerado causa de vaginite;
- infecções por *Schistosoma haematobium* (Cap. 28) resultam em inflamação da bexiga e frequentemente hematúria. Os ovos penetram na parede da bexiga, e nas infecções graves pode ocorrer extensa reação granulomatosa e calcificação dos ovos. O câncer de bexiga encontra-se associado a infecções crônicas, embora o seu mecanismo ainda não esteja estabelecido. A obstrução do ureter resultante das alterações inflamatórias induzidas pela presença dos ovos do parasito também pode levar a hidronefrose.

PATOGÊNESE

Uma variedade de fatores mecânicos predispõe à ITU

Qualquer causa de interrupção do fluxo urinário normal ou do esvaziamento completo da bexiga ou qualquer fator que facilite o acesso de microrganismos à bexiga poderá predispor o indivíduo a infecção (Fig. 21.2). A uretra feminina, por ser mais curta, é menos eficaz em deter a infecção quando comparada à uretra masculina (Cap. 14). O ato sexual facilita o movimento ascendente do microrganismo até a uretra, sobretudo em mulheres; consequentemente, a incidência de ITU é maior entre as mulheres sexualmente ativas do que nas celibatárias. É provável que a colonização bacteriana prévia da região periuretral da vagina seja importante (ver adiante).

As ITUs em lactentes do sexo masculino são mais comuns naqueles não circuncidados e estão associadas à colonização da face interna do prepúcio e da uretra por microrganismos fecais.

Gestação, hipertrofia prostática, cálculos renais, tumores e estenoses são as principais causas de obstrução do esvaziamento completo da bexiga

Volumes elevados de urina residual pós-micção estão associados a uma maior probabilidade de infecção. A infecção, sobreposta a uma obstrução do trato urinário, pode levar à infecção ascendente para o rim e rápida destruição do tecido renal.

A perda do controle neurológico da bexiga e dos esfíncteres (p. ex., espinha bífida, paraplegia ou esclerose múltipla) e o

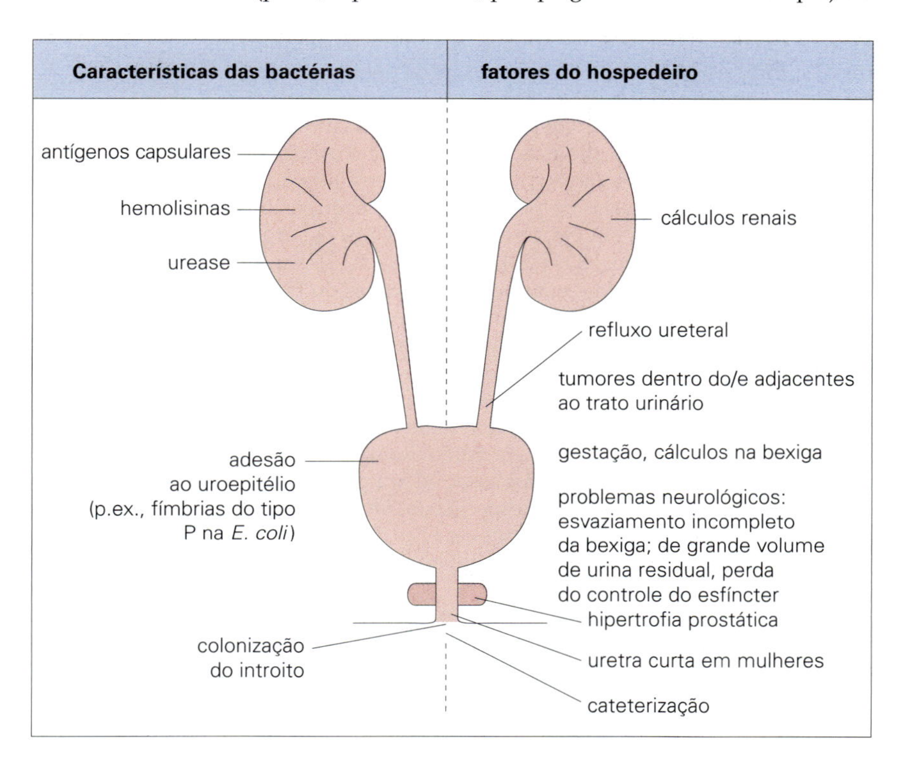

Figura 21.2 Características das bactérias e fatores relacionados com o hospedeiro no favorecimento das infecções do trato urinário. Anormalidades do trato urinário tendem a predispor às infecções. Fatores de aderência bacteriana vêm sendo estudados em detalhes, mas sabe-se relativamente pouco sobre outros fatores de virulência bacteriana nas ITUs.

abundante volume residual resultante de urina na bexiga resultam em obstrução funcional do fluxo urinário, tornando estes pacientes particularmente suscetíveis a infecções recorrentes.

O refluxo vesicoureteral (refluxo da urina da bexiga para os ureteres, algumas vezes para a pelve ou parênquima renal) é comum em crianças com anormalidades anatômicas do trato urinário e pode predispor a infecções ascendentes e lesão renal. O refluxo também pode ocorrer em associação a infecções em crianças sem anormalidades subjacentes, mas tende a desaparecer com a idade.

Estudos clínicos incluindo relatórios de que a pielonefrite (infecção renal) é comumente encontrada em pessoas com diabetes mellitus no *postmortem* sugerem uma propensão elevada para ITU em indivíduos com diabetes mellitus. Os indivíduos diabéticos podem apresentar ITUs mais graves e, quando a neuropatia diabética interfere na função normal da bexiga, ITUs persistentes tornam-se comuns.

O cateterismo é um fator predisponente importante para ITU

Durante a inserção do cateter, as bactérias podem ser carreadas diretamente para o interior da bexiga e, uma vez *in situ*, o cateter facilita o acesso da bactéria à bexiga, através do lúmen ou seguindo o caminho criado entre a porção externa do cateter e a parede da uretra. O cateter interfere na função protetora normal da bexiga e permite a introdução bacteriana na bexiga quando ele é inserido; enquanto está inserido, as bactérias podem alcançar a bexiga seguindo o caminho criado entre a porção externa do cateter e a uretra. A contaminação do sistema de drenagem por cateter por bactérias de outras fontes também pode resultar em infecção. A duração do cateterismo está diretamente associada ao aumento na probabilidade de infecção devido, em parte, à formação de biofilmes (Cap. 2), que protegem os organismos de agentes antimicrobianos e dos mecanismos de defesa do hospedeiro. Assim, o risco de ITU aumenta em torno de 3-10% a cada dia de permanência do cateter.

Uma variedade de fatores de virulência está presente nos organismos causadores

O conflito entre o hospedeiro e o parasito no trato urinário foi discutido no Capítulo 14. A maioria dos patógenos do trato urinário provém da microbiota fecal, mas apenas as espécies aeróbias e facultativas como a *E. coli* possuem os atributos necessários para colonizar e infectar o trato urinário. A capacidade de causar infecção no trato urinário é limitada a determinados sorogrupos de *E. coli*, como os sorotipos O (semânticos) (p. ex., O1, O2, O4, O6, O7, O8 e O75) e os sorotipos K (capsulares) (p. ex., K1, K2, K3, K5, K12 e K13). Estes sorotipos diferem daqueles associados a infecções do trato gastrointestinal (Cap. 23), o que levou ao uso do termo "*E. coli* uropatogênicas" (UPEC). O sucesso destas cepas é atribuível a uma variedade de genes nas ilhas de patogenicidade cromossômica (Cap. 2) que não são encontradas na *E. coli* fecal. Por exemplo, a UPEC tipicamente contém genes associados à colonização de áreas perineurais. Um ótimo exemplo é a adesão conhecida como *P. fimbriae* (pilos associados à pielonefrite [PAP]), que permite à UPEC aderir especificamente ao epitélio uretral e vesicular. Estudos com outras espécies de patógenos urinários confirmam a presença de adesinas similares para as células uroepiteliais (Fig. 21.3).

Outras características da *E. coli* que parecem favorecer a localização dos microrganismos nos rins e na lesão renal incluem o seguinte:

- Os antígenos capsulares acidopolissacarídicos (K) estão associados à capacidade de causar pielonefrite e sabidamente inibem a fagocitose, conferindo às cepas de *E. coli* resistência aos mecanismos de defesa do hospedeiro.
- A produção de hemolisina por *E. coli* está relacionada com a capacidade de causar lesão renal; algumas hemolisinas agem mais comumente como toxinas de lesão à membrana.

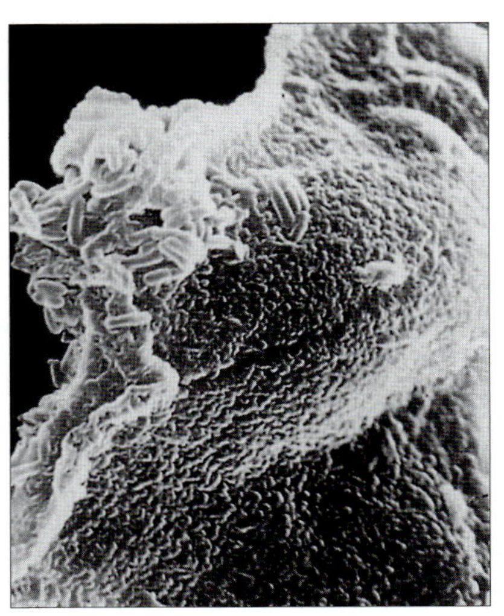

Figura 21.3 Micrografia eletrônica de varredura evidenciando bactérias aderidas à célula uroepitelial esfoliada de um paciente com cistite aguda. (Cortesia de T.S.J. Elliot e do editor do *British Journal of Urology*.)

A produção de urease por microrganismos como *Proteus* spp. tem sido correlacionada com sua capacidade de causar pielonefrite e cálculos.

O trato urinário saudável é resistente à colonização bacteriana

Com exceção da mucosa uretral, o trato urinário geralmente elimina microrganismos de forma rápida e eficiente (Cap. 14). O pH, o conteúdo químico e os mecanismos de limpeza da urina ajudam a eliminar os microrganismos da uretra. Embora a urina seja um bom meio de cultura para a maioria das bactérias, ela tem ação inibitória para algumas como os anaeróbios e outras espécies (estreptococos não hemolíticos, corinebactérias e estafilococos) que constituem a maior parte da microbiota uretral normal e que não se multiplicam facilmente na urina.

Apesar de a resposta inflamatória para a infecção do trato urinário envolver resposta leucocítica, de quimiocina e de citocina, o papel da imunidade humoral na defesa do hospedeiro contra infecções do trato urinário não é bem compreendido. Após a infecção renal, anticorpos da classe IgG e da IgA secretora podem ser detectados na urina, mas não parecem proteger contra infecções subsequentes. Infecções do trato urinário inferior estão, em geral, associadas à resposta sorológica baixa ou não detectável, refletindo a natureza superficial da infecção; a mucosa da bexiga e da uretra raramente é invadida nas ITUs.

MANIFESTAÇÕES CLÍNICAS E COMPLICAÇÕES

As infecções agudas do trato urinário inferior causam disúria, urgência e frequência

As infecções agudas do trato urinário inferior são caracterizadas por um início súbito de:

- disúria (ardor durante a micção);
- urgência (necessidade urgente de urinar);
- polaciúria ou aumento da frequência miccional;

Entretanto, as ITUs em idosos e naqueles com cateteres de longa permanência são frequentemente assintomáticas.

A urina tem aspecto turvo devido à presença de células de pus (piúria) e bactérias (bacteriúria) e pode conter sangue (hematúria). O exame laboratorial de amostras urinárias é essencial para confirmar o diagnóstico. Os pacientes com infecção do trato genital, como lesões vaginais ou uretrite por clamídia, podem apresentar sintomas semelhantes (Cap. 22).

A piúria, na ausência de urinocultura positiva, pode ser resultante de infecções por clamídia ou tuberculose, também podendo ser observada em pacientes submetidos à antibioticoterapia para ITU, uma vez que as bactérias podem ser destruídas ou inibidas pelos agentes antibacterianos antes do desaparecimento da resposta inflamatória.

As infecções recorrentes do trato urinário inferior ocorrem em uma proporção significativa de pacientes. Elas podem ser:

- recidivas, causadas pela mesma cepa de microrganismo;
- reinfecções por microrganismos diferentes.

As infecções recorrentes podem resultar em alterações inflamatórias crônicas na bexiga, próstata e glândulas periuretrais.

Prostatite bacteriana aguda causa sintomas sistêmicos (febre) e locais (dor perineal e lombar, disúria e frequência)

A prostatite bacteriana aguda pode originar-se de infecção ascendente ou hematogênica, e os indivíduos com deficiência nas substâncias antibacterianas normalmente presentes no fluido prostático talvez sejam mais suscetíveis. Entretanto, a prostatite bacteriana crônica, apesar de ser, na maioria das vezes, causada por *E. coli*, é de difícil cura e pode constituir uma fonte de infecções recidivas no trato urinário.

Infecções no trato urinário superior

Embora possa ser importante saber se a infecção está restrita à bexiga (trato urinário inferior) ou ascendeu ao trato urinário superior e rins, a distinção entre uma e outra pode ser difícil (p. ex., exame da urina obtida diretamente do ureter por cateterismo ureteral).

Pielonefrite causa febre e sintomas no trato urinário inferior

Pacientes com pielonefrite (infecção renal, Fig. 21.4) apresentam sintomas relacionados com o trato urinário inferior e quase sempre febre. Os estafilococos são uma causa comum e os abscessos renais em geral estão presentes. Os episódios recorrentes de pielonefrite resultam em perda de função renal, podendo acarretar em hipertensão, que por si só pode causar comprometimento renal. Infecções associadas à formação de cálculos podem resultar em obstrução do trato urinário e septicemia.

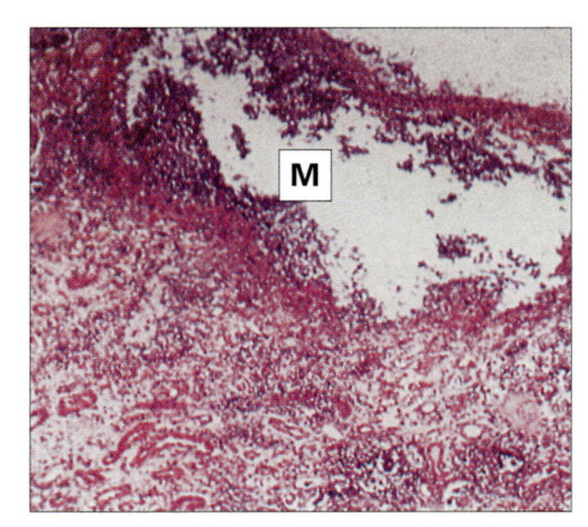

Figura 21.4 Aspecto histológico de rim em pielonefrite aguda demonstrando intensa reação inflamatória e microabscessos (M). (Coloração de H&E.) (Cortesia de M.J. Wood.)

A presença de hematúria, que é uma característica de endocardite e uma manifestação de doenças por imunocomplexos, assim como resultado de infecção renal, requer investigação cuidadosa. A piúria pode estar associada à infecção renal por *M. tuberculosis*. Como este microrganismo não cresce nos métodos de cultivo normalmente utilizados para culturas de urina, o paciente pode aparentar ter uma piúria estéril.

Infecções assintomáticas (isto é, um número significativo de bactérias na urina, na ausência de sintomas — ver a seguir) podem ser detectadas apenas por investigação laboratorial das amostras urinárias. São muito importantes em situações como:

- gestantes e crianças pequenas, nas quais o insucesso do tratamento pode resultar em lesão renal crônica;
- indivíduos submetidos à instrumentação do trato urinário, nos quais a bacteriúria pode evoluir para bacteremia;
- indivíduos idosos e diabéticos (ambos fatores de risco para bacteriúria assintomática).

DIAGNÓSTICO LABORATORIAL

Uma característica-chave é a detecção de bacteriúria significativa.

Infecção pode ser distinguida de contaminação através de métodos de cultura quantitativa

Historicamente, o trato urinário era considerado estéril. No entanto, os métodos moleculares modernos indicam a possível presença de baixos níveis de microrganismos inofensivos. A região distal da uretra é colonizada por microrganismos comensais, que podem incluir microrganismos fecais e periuretrais. Durante a coleta da urina, em geral por micção em frascos estéreis, a amostra pode tornar-se contaminada com a microbiota periuretral. No entanto, a infecção é tradicionalmente distinguida da contaminação por meio de métodos de culturas quantitativas. A bacteriúria é definida como "significativa" quando uma amostra urinária de jato médio adequadamente coletada contém mais do que 10^5 microrganismos/mL. Na maioria dos casos, a urina infectada contém uma única espécie bacteriana predominante. Habitualmente, a urina contaminada tem $< 10^4$ microrganismos/mL e, em geral, contém mais de uma espécie bacteriana (Fig. 21.5). A distinção entre infecção e

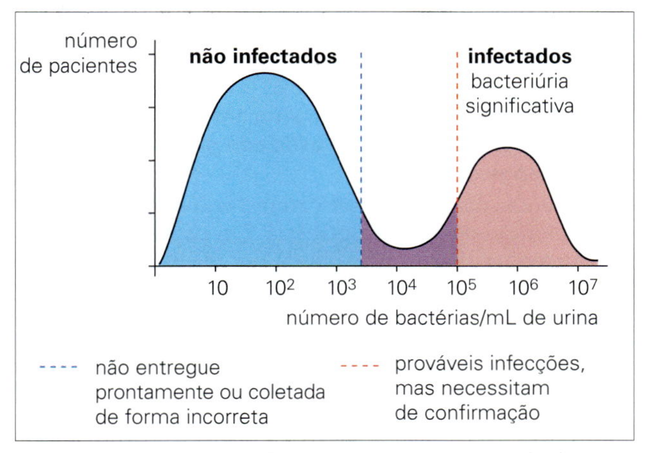

Figura 21.5 Bacteriúria significativa. As amostras urinárias obtidas por micção raramente são estéreis, uma vez que a urina é contaminada por microrganismos da área periuretral durante a coleta. Até mesmo as amostras obtidas de indivíduos saudáveis e coletadas adequadamente podem conter até 10^3 bactérias/mL de urina. Uma contagem de 10^5 bactérias/mL é considerada um indicador confiável de infecção. Entretanto, existem várias razões pelas quais baixas contagens são algumas vezes significativas (p. ex., disúria aguda, obstrução ureteral etc.).

contaminação pode ser difícil quando as contagens situam-se entre 10^4–10^5 microrganismos/mL. A coleta cuidadosa e o transporte rápido das amostras de urina para o laboratório são essenciais (ver adiante).

É importante considerar que os critérios para "bacteriúria significativa" não se aplicam a amostras urinárias coletadas de cateteres ou tubos de nefrostomia ou por punção suprapúbica diretamente da bexiga, nas quais qualquer número de microrganismo pode ser significativo, uma vez que as amostras não estão contaminadas com a microbiota periuretral. Além disso, as infecções do trato urinário, situadas abaixo da bexiga por microrganismos que não pertencem à microbiota fecal normal, podem não produzir números significativos na urina.

A amostra usual para exame microbiológico é a urina do jato médio

Uma amostra do jato urinário médio deve ser coletada em frasco estéril e de boca larga, após lavagem cuidadosa dos lábios ou glande com sabão (não antisséptico) e água e após desprezar o primeiro jato urinário, uma vez que este auxilia a eliminação dos contaminantes da uretra inferior. Depois de orientação adequada, a maioria dos pacientes adultos é capaz de obter amostras satisfatórias com o mínimo de supervisão. Entretanto, a coleta pode ser difícil em idosos e pacientes acamados, devendo-se considerar estas dificuldades quando da interpretação dos resultados.

A obtenção de amostras do jato urinário médio em bebês e crianças pequenas é obviamente difícil. A urina pode ser obtida através de saco coletor plástico acoplado ao períneo das meninas ou ao pênis dos meninos, porém estas amostras, com frequência, estão densamente contaminadas com microrganismos fecais. Esses problemas podem ser contornados por punção suprapúbica da urina diretamente da bexiga.

As amostras urinárias devem ser transportadas ao laboratório o mais rápido possível, já que a urina constitui um bom meio de crescimento para muitas bactérias e a multiplicação dos microrganismos na amostra entre a coleta e a cultura induz distorções nos resultados, sendo alguns destes muito mais altos do que os presentes nos pacientes.

Idealmente, as amostras devem ser coletadas antes do início da terapia antimicrobiana. Entretanto, se o paciente estiver recebendo ou recebeu terapia nas últimas 48 horas, esta informação deve estar explicitada no formulário de requisição de exame.

Para pacientes cateterizados, uma amostra urinária obtida do cateter é utilizada para exame microbiológico

Os pacientes não devem ser cateterizados simplesmente para obtenção de amostra urinária. Em pacientes que têm um cateter *in situ*, a urina é obtida por meio da retirada de uma amostra com uma seringa e agulha do tubo do cateter.

Amostras especiais de urina são necessárias para a detecção de *M. tuberculosis* e *Schistosoma haematobium*

Estas incluem:

- para a detecção de *M. tuberculosis*, três amostras da primeira urina da manhã devem ser coletadas durante três dias consecutivos; estas não necessitam das mesmas precauções durante a coleta como a amostra do jato urinário médio, já que a técnica utilizada para o seu cultivo impede o crescimento de outros microrganismos que não micobactérias. Testes moleculares também são úteis para o diagnóstico de *M. tuberculosis*;
- para a detecção de *S. haematobium*, devem ser obtidos os últimos mililitros de uma amostra urinária coletada no início da tarde após a realização de exercícios físicos.

Investigações laboratoriais

As amostras urinárias devem ser examinadas microscópica e macroscopicamente e devem ser cultivadas por métodos quantitativos ou semiquantitativos (Cap. 32).

O exame microscópico da urina possibilita um rápido resultado preliminar

As bactérias podem ser observadas por microscopia quando presentes em grande quantidade na amostra. Entretanto, não é necessariamente um indicativo de infecção, podendo indicar que a amostra foi inadequadamente coletada ou deixada à temperatura ambiente por um período de tempo prolongado.

A presença de hemácias e leucócitos, apesar de anormal, não indica necessariamente ITU. Hematúria pode estar presente em associação a:

- infecção do trato urinário e de outros locais (p. ex., endocardite bacteriana);
- traumatismo renal;
- cálculos;
- carcinomas do trato urinário;
- distúrbios de coagulação;
- trombocitopenia.

Ocasionalmente, pode haver contaminação da amostra urinária com hemácias em mulheres que estejam menstruadas.

Em indivíduos saudáveis, os leucócitos estão presentes na urina em quantidades muito pequenas (p. ex., < 10/mL); uma contagem maior que 10/mL é considerada anormal, mas nem sempre encontra-se associada à bacteriúria. A piúria estéril é um achado importante e pode refletir:

- antibioticoterapia concomitante;
- outras doenças, como neoplasias ou cálculos urinários;
- infecção com organismos não detectados por métodos rotineiros de urinocultura.

As células tubulares renais, encontradas na urina quando é feito o uso incorreto de aspirina, podem ser confundidas com leucócitos. Cilindros urinários também são indicativos de lesão tubular renal.

O diagnóstico laboratorial de bacteriúria significativa requer quantificação da bactéria

Os métodos convencionais de cultura produzem resultados em 18-24 horas, mas métodos rápidos (p. ex., com base em bioluminescência, turbidimetria, teste da esterase leucocitária/teste da nitrato redutase etc.) também encontram-se disponíveis. Em alguns laboratórios, testes diretos de suscetibilidade a antibióticos podem ser iniciados após a detecção de números anormais de leucócitos ou bactérias por microscopia, de modo que os resultados de cultura e suscetibilidade podem ser obtidos em 24 horas.

A interpretação da importância dos resultados da cultura bacteriana depende de uma variedade de fatores

Estes fatores relacionam-se a:

- *coleta* – a coleta do material deve ser realizada de forma adequada.
- *armazenamento* – a cultura da urina deve ser feita no intervalo de uma hora após a coleta ou mantida a 4 °C por não mais de 18 horas antes da cultura.

- *antibioticoterapia* – em pacientes em uso de antibióticos, números reduzidos de microrganismos podem ser significativos e representar uma população resistente emergente; métodos laboratoriais estão disponíveis para detecção de substâncias antibacterianas na urina.
- *ingestão de líquidos* – a ingestão de maior ou menor quantidade de líquidos do que o normal influencia nitidamente o resultado quantitativo.
- *amostra* – as diretrizes quantitativas são válidas para amostras de jato urinário médio; não se aplicam a amostras obtidas de cateter, punção suprapúbica ou amostras de nefrostomia.

TRATAMENTO

Dependendo da avaliação clínica do paciente e tendências de resistência antimicrobianas locais, a ITU não complicada é tipicamente tratada com um antibacteriano oral por três dias

A ITU não complicada (cistite) em geral resolve-se de modo espontâneo em quatro semanas em até 40% dos pacientes; entretanto, o tratamento com agentes antimicrobianos reduz os sintomas e garante a erradicação bacteriana. A administração de quimioterapia antimicrobiana oral depende do fármaco e da avaliação clínica do paciente. Exemplos dos agentes mais comumente prescritos são mostrados na Tabela 21.1. A escolha do agente deve ter como base os resultados dos testes de suscetibilidade. Entretanto, para ITUs não complicadas em pacientes da comunidade, a terapia de escolha costuma ser a de "maior probabilidade", pelo menos até que os resultados laboratoriais estejam disponíveis. Isso exige conhecimento dos patógenos mais prováveis e seus padrões de suscetibilidade aos antibióticos na região. Após o término do tratamento (pelo menos dois dias depois) deve ser realizada cultura de acompanhamento, a fim de confirmar a erradicação do microrganismo infeccioso. Além da terapia antibacteriana, o paciente deve ser orientado a ingerir grandes volumes de líquido para favorecer os processos normais de lavagem pela micção.

Crianças e gestantes com bacteriúria assintomática devem ser tratadas com antibacterianos e acompanhadas para avaliar a erradicação da infecção. Procedimentos invasivos do trato urinário devem ser adiados em pacientes com bacteriúria significativa até que o tratamento adequado tenha eliminado a infecção.

O tratamento inicial de ITU complicada (pielonefrite) normalmente envolve um agente antibacteriano sistêmico

O microrganismo deve ser sabidamente suscetível ao agente antimicrobiano e o tratamento sistêmico deve ser continuado até o desaparecimento dos sinais e sintomas. Neste momento, pode haver substituição por terapia oral. O tempo usual de tratamento é, no mínimo, de 10 dias, mas tratamentos prolongados podem ser necessários para eliminação da infecção.

As infecções hospitalares ou as recorrentes, principalmente em pacientes cateterizados, podem ser causadas por microrganismos resistentes aos antibióticos e o fármaco de escolha dependerá do padrão de suscetibilidade antibacteriana. Quando possível, o cateter deve ser removido, uma vez que a erradicação da infecção é extremamente difícil de ser alcançada em pacientes cateterizados, o que faz com que alguns defendam o tratamento apenas quando o paciente se queixa de sintomas ou então previamente a procedimentos invasivos. As diretrizes para os cuidados relacionados com os cateteres e para a prevenção de ITUs associadas ao cateterismo são apresentadas na Quadro 21.1.

Quadro 21.1 Diretrizes para o Cuidado com o Cateter

- Evitar cateterismo sempre que possível.
- Manter a duração do cateterismo ao mínimo.
- Uso intermitente em vez de cateterismo contínuo, quando viável.
- Inserir cateteres com boa técnica asséptica.
- Usar um sistema de drenagem estéril fechado.
- Sistema de drenagem fechado.
- Usar antissépticos tópicos ao redor da região do meato em mulheres.
- Lavar as mãos antes e depois de inserir cateteres e de coletar amostras e após esvaziar sacos de drenagem.
- Os cateteres que drenam para tubos coletores abertos são excelentes condutores de infecção. Logo, o sistema de drenagem fechado é atualmente utilizado na maioria dos hospitais, mas, mesmo assim, a bacteriúria ocorre em um número significativo de pacientes.

Tabela 21.1 Exemplos de antibacterianos orais para infecções do trato urinário (ITUs)

Antibacterianos orais para ITUs		
Antibacteriano	**Classe do agente**	**Comentários**
Trimetoprima	Inibidor de síntese de ácido nucleico/ antimetabólito	Elevação da incidência de cepas resistentes
TMP-SMX	Combinação de trimetoprima com sulfametoxazol (adicionalmente, inibidor de síntese de ácido nucleico antimetabólito)	Uma das mais comuns abordagens terapêuticas de "primeira linha"; pode ser útil no tratamento empírico, mas é mais tóxica do que a trimetoprima isoladamente; resistência também é um problema
Nitrofurantoína	Antisséptico urinário	Para ITU não complicada causada por *E. coli* e *Staphylococcus saprophyticus*; não ativa em pH alcalino (portanto, não é útil para infecções por *Proteus*)
Ciprofloxacino, levofloxacino, ofloxacino etc.	Fluoroquinolona	Espectro muito amplo; não é altamente ativa contra enterococos; resistência crescente é um problema

Diversas classes de antibacterianos estão disponíveis em formulações orais e são adequadas para o tratamento de ITU. A nitrofurantoína é útil apenas para ITUs do trato inferior, uma vez que não atinge concentrações séricas e teciduais adequadas para o tratamento das infecções do trato urinário superior.

As infecções adquiridas por disseminação hematogênica exigem terapia antibacteriana específica, conforme descrito para tuberculose no Capítulo 34; *S. typhi*, no Capítulo 23; *S. aureus*, no Capítulo 27; e esquistossomose, no Capítulo 28.

PREVENÇÃO

Muitas das características da patogênese da ITU e da predisposição do hospedeiro não são claramente compreendidas

Infecções recorrentes em mulheres saudáveis podem ser prevenidas por meio do esvaziamento regular da bexiga. Isso elimina bactérias do trato urinário e é particularmente importante após relações sexuais. O uso de antibióticos profiláticos também pode prevenir as infecções recorrentes, porém, em presença de outras anormalidades, pode haver uma tendência a selecionar cepas resistentes aos antibióticos, as quais subsequentemente causam infecções de mais difícil tratamento.

A infecção nos pacientes cateterizados é muito comum, mas pode ser reduzida pela adoção de procedimentos adequados de cateterismo (Quadro 21.1; Cap. 37). Sempre que possível, o cateterismo deve ser evitado ou mantido por um período mínimo de tempo.

PRINCIPAIS CONCEITOS

- As ITUs estão entre as infecções bacterianas mais comuns, especialmente em mulheres.
- A maioria das ITUs consiste em episódios agudos sem sequelas.
- ITUs são normalmente adquiridas de forma endógena, com bactérias colonizadoras ascendendo pelo trato urinário pela área periuretral. *E. coli* é o patógeno predominante; outros bastonetes Gram-negativos também são responsáveis, especialmente em pacientes hospitalizados. Os vírus não são causas importantes de ITUs.
- Fatores estruturais ou mecânicos no hospedeiro, assim como cateterismo, predispõem a infecção.
- Características das bactérias como adesão e polissacarídeos capsulares podem ser importantes no desenvolvimento de ITUs. Não há envolvimento de toxinas específicas, mas provavelmente de hemolisinas (citotoxinas).
- ITU do trato urinário inferior, em geral, apresenta-se com frequência aguda e disúria. A infecção assintomática é comum em gestantes e crianças. A infecção é recorrente em uma proporção significativa de pessoas.
- A pielonefrite (infecção do trato urinário superior) apresenta-se de forma mais grave do que a infecção do trato urinário inferior, com febre e dor lombar; infecções recorrentes resultam em lesão renal.
- A confirmação bacteriológica do diagnóstico requer métodos quantitativos. Piúria também implica infecção.
- A antibioticoterapia oral durante um período curto de tempo é efetiva para ITU baixa; a pielonefrite necessita de tratamento prolongado, em geral iniciado com administração sistêmica de fármacos.
- ITU hospitalar é geralmente causada por bactérias Gram-negativas multirresistentes, e o tratamento deve ter como base o resultado do antibiograma.

Infecções sexualmente transmissíveis

22

Introdução

Infecções sexualmente transmissíveis geralmente causam doenças

Em alguns casos, infecções sexualmente transmissíveis (ISTs/DSTs) podem não resultar em sintomas óbvios de doença, como nos estágios iniciais da infecção por vírus da imunodeficiência humana (HIV) e nos casos de gonorreia assintomática em mulheres. Isso é particularmente preocupante, já que as pessoas com infecções sexualmente transmissíveis assintomáticas ou não relatadas provavelmente não recebem tratamento, o que facilita os ciclos de infecção e propagação. As DSTs são de grande importância médica no mundo inteiro, sendo que a infecção por HIV teve o maior impacto global, estimando-se cerca de 37 milhões de pessoas afetadas em 2015. Além do HIV, novos casos de outras DSTs ocorrem mundialmente com frequência alarmante (centenas de milhões de novos casos) todos os anos.

As ISTs são difíceis de controlar

Esse fato é caracterizado pela situação no Reino Unido, onde ocorreram 472.038 novos casos de DSTs relatados por clínicas de medicina geniturinária em 2014-2015. Uma situação similar existe em outros países, incluindo os EUA. As razões para esse aumento incluem:

- densidade e mobilidade crescentes das populações humanas;
- a dificuldade em estruturar mudanças no comportamento sexual humano;
- a falta de vacinas para quase todas as ISTs, com exceção da vacina do papilomavírus humano (HPV).

As infecções por HIV, sífilis, gonorreia, clamídia e verrugas genitais são algumas das ISTs incluídas nos programas de vigilância nacional e global.

As ISTs mais comuns estão listadas na Tabela 22.1. A Tabela 22.2 dá exemplos de estratégias utilizadas pelos patógenos para superar as defesas do hospedeiro.

IST E COMPORTAMENTO SEXUAL

Os princípios gerais da entrada, saída e transmissão dos patógenos que causam IST são apresentados no Capítulo 14.

A disseminação das ISTs está intrinsecamente ligada ao comportamento sexual

Existem, portanto, muito mais oportunidades de controle das ISTs do que, por exemplo, das infecções respiratórias. Indivíduos infectados, porém assintomáticos, desempenham um importante papel, e fatores determinantes são a promiscuidade e a prática sexual envolvendo contato entre diferentes orifícios e superfícies mucosas (Cap. 14). Por exemplo, a transmissão entre heterossexuais ou homens que fazem sexo com outros homens (MSM) pode acontecer a partir do intercurso oral ou anal. O gonococo, por exemplo, causa faringite e proctite, embora infecte menos rapidamente o epitélio escamoso estratificado do que o epitélio colunar. Como descrito mais detalhadamente no Capítulo 33, os cálculos a respeito do número de casos de infecção secundária resultantes de cada caso de DST primária dependem de vários fatores comportamentais, uma vez que o número de parceiros sexuais de um determinado indivíduo (isto é, o nível de promiscuidade) varia consideravelmente. Aqueles que possuem muitos parceiros sexuais são mais propensos a adquirir e transmitir a infecção, exercendo um papel fundamental na persistência destas infecções na comunidade de indivíduos sexualmente ativos. Eles são, portanto, um alvo evidente para o tratamento e a educação sobre práticas de sexo seguro, como o uso de camisinha.

Vários fatores do hospedeiro influenciam o risco de aquisição de uma IST

Não é surpreendente que o tipo de atividade sexual seja importante ou que lesões ou úlceras genitais aumentem o risco de adquirir infecções como o HIV. Além disso, é bem documentado o fato de que homens não circuncidados possuem um maior risco de infecção.

As ISTs não ocorrem necessariamente de maneira isolada, e a possibilidade de infecções múltiplas deve sempre ser considerada. Por exemplo, a sífilis pode acompanhar a gonorreia e há ainda evidências de que o herpes genital pode ser reativado durante um episódio de gonorreia.

SÍFILIS

A sífilis é causada pelo espiroqueta *Treponema pallidum*

O *Treponema pallidum* está intimamente relacionado aos treponemas que causam as infecções não venéreas como a pinta e a bouba (Tabela 22.3; Fig. 22.1). O *T. pallidum* tem uma distribuição global, e a sífilis se mantém como um sério problema não apenas em países desenvolvidos, mas também, e especialmente, em áreas em desenvolvimento, em decorrência das sérias sequelas e do risco de infecção congênita. Nos EUA, entre 2014-2015, a taxa de sífilis entre mulheres aumentou em quase 30%, e a sífilis congênita aumentou em 6%, uma tendência que continua atualmente e que também foi observada no Reino Unido.

Tabela 22.1 As infecções sexualmente transmissíveis (ISTs) mais comuns

Microrganismo	Doença	Comentário	Tratamento
Papilomavírus (tipos 6, 11, 16 e 18)	Verrugas genitais, displasias	Vacinas disponíveis; IST mais comum nos EUA	Podofilina Imiquimode Crioterapia Cidofovir em gel
Chlamydia trachomatis	Sorotipos D-K (uretrite não específica); sorotipos L (linfogranuloma venéreo)	IST facilmente curada mais comum nos EUA; uretrite muito comum; linfogranuloma venéreo principalmente em países em desenvolvimento	Azitromicina, doxiciclina
Candida albicans	Candidíase vaginal	Fatores predisponentes	Clotrimazol
Trichomonas vaginalis	Vaginite, uretrite	Muitas vezes assintomático; provoca cerca de 50% das infecções vaginais curáveis no mundo todo	Metronidazol
Vírus do herpes simples tipos 1 e 2	Herpes genital	Problema de latência e reativação	Aciclovir, valaciclovir, fanciclovir
Neisseria gonorrhoeae	Gonorreia	2ª doença mais comumente relatada nos EUA; a resistência à quinolona é comum	Cefalosporina (p. ex., ceftriaxona)
HIV	AIDS	Problema mundial	Medicamentos antirretrovirais
Treponema pallidum	Sífilis	Incidência crescente nos EUA	Penicilina
Vírus da hepatite B	Hepatite B	Vacina disponível	Os antivirais incluem lamivudina, tenofovir, entecavir, adefovir, interferon alfa
Haemophilus ducreyi	Cancro mole	Principalmente tropical	Azitromicina, ceftriaxona
Sarcoptes scabiei	Escabiose genital	Ácaro humano entocado na camada cutânea superior	Creme de permetrina
Phthirus pubis	Piolhos púbicos	Infestação nº 1 de piolhos em adultos nos EUA	Creme de permetrina

Tabela 22.2 Estratégias adotadas por microrganismos sexualmente transmissíveis para combater as defesas de hospedeiros

Defesas do hospedeiro	Estratégias microbianas	Exemplos
Integridade da superfície mucosa	Mecanismo de fixação específico	Gonococo ou clamídia ao epitélio uretral
Fluxo urinário (para infecção uretral)	Fixação específica; induz a própria entrada e transporte através da superfície do epitélio uretral no vacúolo fagocítico	Gonococo
	Infecção das células epiteliais ou subepiteliais da uretra	Vírus do herpes simples (HSV), clamídia
Fagócitos (especialmente polimorfonucleares)	Induz inflamação insignificante	*Treponema pallidum*, mecanismo incerto, talvez ative fracamente a via alternativa do complemento em função do revestimento de ácido siálico
	Resiste à fagocitose	
Complemento	O receptor de C3d no patógeno liga-se ao C3b/d e reduz a fagocitose do polimorfonuclear mediada por C3b/d	*Candida albicans*
Inflamação	Induz resposta inflamatória forte, mas evade as consequências	Gonococo, *C. albicans*, HSV, clamídia
Anticorpos (especialmente IgA)	Produz protease de IgA	Gonococo
Resposta imune mediada por célula (células T, linfocinas, células exterminadoras naturais etc.)	Variação antigênica; permite a reinfecção de um determinado indivíduo por uma variante antigênica	Gonococo, clamídia
	Os fatores mal compreendidos causam resposta imune mediada por célula ineficaz	*T. pallidum*, HIV

Tabela 22.3 Microrganismos espiralados de importância médica

Família	Gênero	Espécie	Subespécie	Doença
Spirochaetaceae	*Treponema*	*pallidum*	*pallidum*	Sífilis
		pallidum	*pertenue*	Bouba
		carateum		Pinta
	Borrelia	*recurrentis*		Febre recorrente
		burgdorferi		Doença de Lyme
Leptospiraceae	*Leptospira*	*interrogans*	(Sorovar) *Icterohaemorrhagiae*	Leptospirose (doença de Weil)

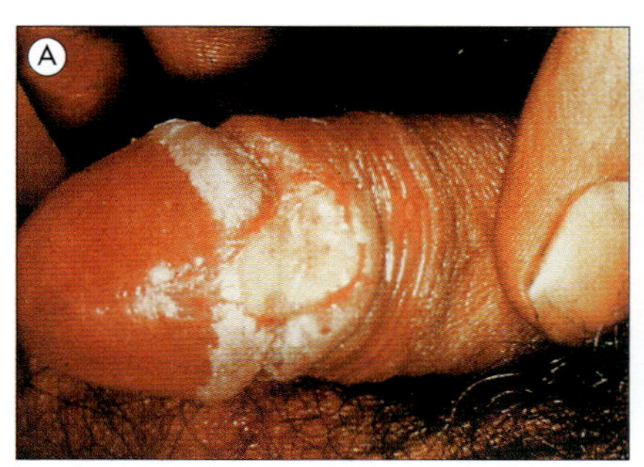

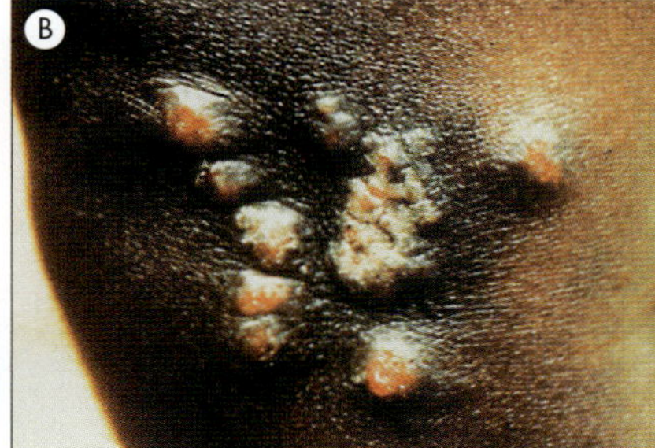

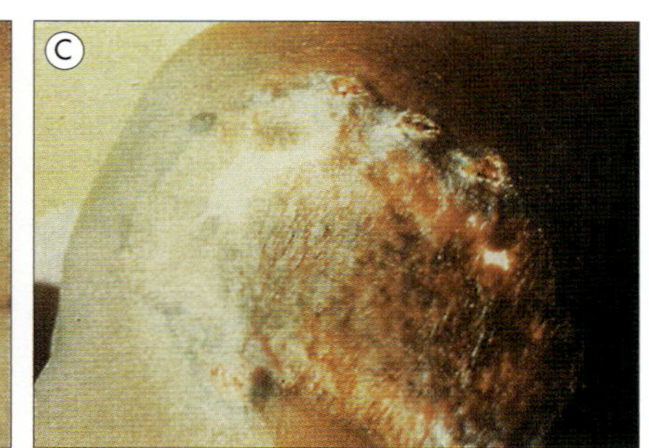

Figura 22.1 (A) Cancro peniano típico da sífilis primária. (B) Bouba e (C) pinta são endêmicas em países tropicais e subtropicais e são transmitidas por contato direto. ([A] Cortesia de R.D. Catterall. [B] e [C] Cortesia de P.J. Cooper e G. Griffin.)

O *T. pallidum* penetra no corpo através de lesões diminutas na pele ou mucosas. A transmissão de *T. pallidum* requer contato pessoal próximo porque o organismo não sobrevive bem fora do corpo, além de ser muito sensível ao ressecamento, ao calor e a desinfetantes. A transmissão horizontal (Cap. 14) ocorre por contato sexual, e a transmissão vertical ocorre via infecção transplacentária do feto (Cap. 24).

A multiplicação local leva a uma infiltração de polimorfonucleares, macrófagos e plasmócitos e, posteriormente, à endarterite. A bactéria se multiplica bem lentamente e o período médio de incubação é de três semanas.

Classicamente, a infecção por *T. pallidum* é dividida em três fases

As três fases clássicas da sífilis são a sífilis primária, a secundária e a terciária (Tabela 22.4). No entanto, nem todos os pacientes passam pelos três estágios; uma proporção considerável fica livre da doença, de modo permanente, depois de sofrer os estágios primário ou secundário da infecção. A lesão da sífilis primária é ilustrada na Figura 22.1. A fase secundária pode ser seguida de período de incubação de 3-30 anos, após o qual a doença pode reaparecer — a fase terciária. Ao contrário da maioria dos patógenos bacterianos, o *T. pallidum* pode sobreviver no organismo por muitos anos, apesar de uma resposta imunológica vigorosa. Foi sugerido que o treponema íntegro pode burlar o reconhecimento e a eliminação por parte do hospedeiro por meio da manutenção de uma superfície celular rica em lipídeos. Essa camada não é antigenicamente reativa e os antígenos são expostos somente em organismos mortos ou naqueles que estão morrendo, quando, então, o hospedeiro é capaz de responder. O dano tecidual se deve, sobretudo, à resposta do hospedeiro.

Apesar de muitos anos de esforço, o *T. pallidum* ainda não pode ser cultivado em laboratório em meios artificiais. Portanto, foi difícil estudar os possíveis fatores de virulência em nível molecular até que ocorreram os avanços mais recentes no sequenciamento do genoma inteiro, o que permitiu a caracterização molecular.

Uma mulher infectada pode transmitir *T. pallidum* para o seu filho no útero

A sífilis congênita é adquirida após os três primeiros meses de gestação. A doença pode se manifestar como:

- infecção grave, resultando em morte intrauterina;
- anomalias congênitas, que podem ser evidentes no nascimento;
- infecção silenciosa, que pode não ser aparente até o segundo ano de vida (deformações faciais e dentárias).

Diagnóstico laboratorial da sífilis

Como o *T. pallidum* não pode ser cultivado *in vitro*, o diagnóstico laboratorial tem como base a microscopia e a sorologia.

Microscopia

O exsudato do cancro primário deve ser examinado por:

- microscopia de campo escuro imediatamente após a coleta;
- microscopia ultravioleta (UV) após coloração com anticorpos antitreponêmicos marcados com fluoresceína.

Os microrganismos se apresentam em forma de espiral fina e enrolada com extremidades afiladas, e movem-se lentamente em preparações sem corantes. O *T. pallidum* é muito delgado (cerca de 0,2 mm de diâmetro, comparado com a *E. coli*, que possui cerca de 1 mm) e não pode ser visto em preparações marcadas com Gram. A impregnação pela prata pode ser utilizada para visualizar os microrganismos em material de biópsia.

Sorologia

Os testes sorológicos para a sífilis são a base do diagnóstico. Estes são divididos em testes não específicos e específicos para a detecção de anticorpos no soro dos pacientes.

Testes não específicos (testes não treponêmicos) para sífilis são os testes VDRL e RPR

O termo não específico é empregado em virtude de os antígenos não serem de origem treponêmica e sim de extratos de tecidos

Tabela 22.4 Patogênese da sífilis

Estágio da doença	Sinais e sintomas	Patogênese
Contato inicial ↓ 2-10 semanas (depende do tamanho do inóculo)	Cancro primário[a] no sítio da infecção	Multiplicação de treponemas no sítio da infecção; resposta do hospedeiro associada
↓ Sífilis primária ↓ 1-3 meses	Linfonodos inguinais aumentados, cura espontânea	Proliferação de treponemas em linfonodos regionais
↓ Sífilis secundária ↓ 2-6 semanas	Doença semelhante à gripe; mialgia, dor de cabeça, febre; erupção mucocutânea[a]; resolução espontânea	Multiplicação e produção da lesão em linfonodos, fígado, articulações, músculos, pele e mucosas
↓ Sífilis latente ↓ 3-30 anos		Treponemas dormentes no fígado ou no baço Reativação e multiplicação de treponemas
Sífilis terciária	Neurossífilis; paralisia geral do insano, *tabes dorsalis* Sífilis cardiovascular; lesões aórticas, insuficiência cardíaca Doença destrutiva progressiva	Disseminação adicional e invasão, e resposta do hospedeiro (hipersensibilidade mediada por célula) Gomas de textura emborrachada na pele, ossos, testículos

Uma característica da infecção por *Treponema pallidum* é sua natureza crônica, que parece envolver uma relação delicadamente equilibrada entre patógeno e hospedeiro.
[a]Cancro: inicialmente uma pápula; forma uma úlcera indolor; cura-se sem tratamento em dois meses. Os treponemas vivos podem ser vistos em microscopia de campo escuro a partir da secreção das lesões; paciente altamente infeccioso.

normais de mamíferos. A cardiolipina, proveniente do coração bovino, possibilita a detecção de IgG e IgM antilipídeos, formados no paciente em resposta ao material lipoide liberado pelas células danificadas pela infecção ou aos lipídeos da superfície do *T. pallidum*. Dois testes muito usados hoje em dia são:

- o teste do Laboratório de Pesquisa de Doença Venérea (VDRL, do inglês, *Venereal Disease Research Laboratory*);
- o teste da reagina plasmática rápida (RPR, do inglês, *Rapid Plasma Reagin*).

Ambos são encontrados sob a forma de *kits*.

Testes não específicos apresentam resultados positivos dentro de um período de 4-6 semanas de infecção (ou de 1-2 semanas após o aparecimento do cancro primário) e declinam em termos de positividade na sífilis terciária ou após antibioticoterapia eficaz das fases primária e secundária da doença. Portanto, esses testes são úteis para triagem. Contudo, por não serem específicos, tais testes podem dar resultado positivo em outras condições além da sífilis (falso-positivos biológicos; Tabela 22.5). Todos os resultados positivos devem, portanto, ser confirmados por um teste específico. Entretanto, o tratamento (p. ex., especialmente durante as fases primária e secundária) tende a resultar em sororreversão para esses mesmos testes. Desse modo, com a confirmação da doença (ver adiante), esses testes podem fornecer, no mínimo, uma indicação de eficácia terapêutica.

Tabela 22.5 Testes sorológicos para sífilis e condições associadas a resultados falso-positivos

Teste	Condições associadas a resultados falso-positivos
Não específico (não treponêmico) VDRL RPR	Infecção viral, doença colágeno-vascular, doença febril aguda, pós-imunização, gestação, hanseníase, malária, uso inadequado de medicamentos
Específico (treponêmico) FTA-ABS TP-PA TPHA	Doenças associadas às globulinas elevadas ou anormais, lúpus eritematoso, doença de Lyme, doença autoimune, diabetes *mellitus*, cirrose alcoólica, infecções virais, uso inadequado de medicamentos e gestação

FTA-ABS, teste de absorção de anticorpo treponêmico fluorescente; RPR, teste rápido de reagina plasmática; TPHA, teste de hemaglutinação por *T. pallidum*; TP-PA, teste de aglutinação de partículas para *T. pallidum*; VDRL (do inglês, *Veneral Disease Research Laboratory*), teste do Laboratório de Pesquisa de Doenças Venéreas.

Os testes específicos mais usados para sífilis incluem o teste de anticorpo treponêmico, o teste FTA-ABS e o MHA-TP

Estes testes utilizam proteínas recombinantes ou antígenos treponêmicos extraídos de *T. pallidum*. Os testes de uso comum incluem:

- o ensaio imunossorvente ligado à enzima (ELISA), que detecta IgM e IgG;
- teste de absorção do anticorpo treponêmico fluorescente (FTA-ABS; Fig. 22.2), no qual o soro do paciente é inicialmente absorvido com treponemas não patogênicos para a remoção de anticorpos de reação cruzada antes de reagir com os antígenos contra o *T. pallidum*;

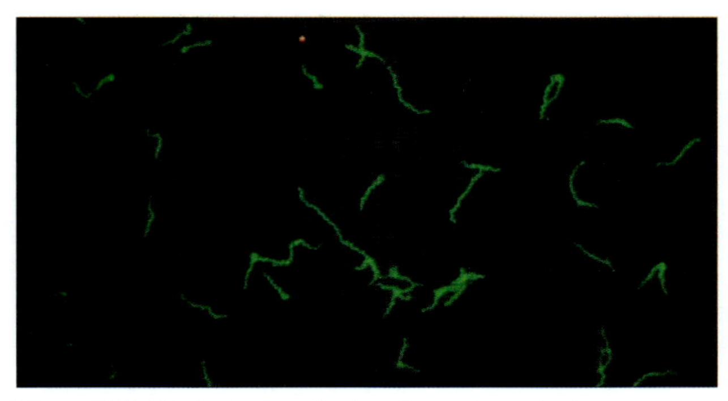

Figura 22.2 O teste de absorção do anticorpo treponêmico fluorescente para sífilis. O anticorpo no soro do paciente se liga à bactéria e é visualizado por intermédio de um corante fluorescente.

- o ensaio de micro-hemaglutinação para *T. pallidum* (MHA-TP).

Esses testes devem ser empregados para confirmar que um resultado positivo de um teste não específico se deve verdadeiramente à sífilis. Além disso, por se tornarem positivos no estágio inicial do desenvolvimento da doença, eles podem ser usados para confirmação quando houver um quadro clínico fortemente indicativo de sífilis. Esses resultados tendem a permanecer positivos durante anos, e talvez sejam os únicos testes positivos em pacientes com sífilis tardia. No entanto, os testes permanecem positivos após tratamento com antibiótico apropriado e, logo, não podem ser utilizados como indicadores de resposta terapêutica. Eles podem ainda dar reações falso-positivas (Tabela 22.5).

A confirmação do diagnóstico de sífilis depende de vários testes sorológicos

Os resultados de testes sorológicos positivos para bebês nascidos de mães infectadas podem representar uma transferência passiva de anticorpos da mãe ou da própria resposta do bebê à infecção. Essas duas possibilidades podem ser diferenciadas com testes para IgM e a reavaliação no 6º mês de vida, período em que os níveis de anticorpos maternos diminuem. Os títulos de anticorpos permanecem elevados em bebês com sífilis congênita.

Atualmente, vários testes sorológicos são necessários para confirmar o diagnóstico de sífilis. Nenhum desses testes diferencia sífilis das treponematoses não sexualmente transmissíveis, bouba e pinta. Ensaios de *Western-blot* empregando células inteiras de *T. pallidum* como antígeno são testes confirmatórios importantes e mais recentes.

Tratamento

A penicilina é o fármaco de escolha para o tratamento de pacientes com sífilis e seus contatos

A penicilina é muito ativa contra o *T. pallidum* (Tabela 22.1). Para pacientes alérgicos à penicilina, o tratamento deve ser feito com doxiciclina. Somente a terapia com penicilina pode tratar de forma confiável um feto quando administrada a uma gestante.

A prevenção da doença na fase secundária ou terciária depende do diagnóstico precoce e do tratamento adequado. O rastreamento e o tratamento dos parceiros também são importantes. Várias ISTs podem estar presentes simultaneamente em um mesmo paciente, e indivíduos com outras ISTs devem ser avaliados com relação à sífilis.

A sífilis congênita pode ser completamente evitável se as mulheres forem submetidas a uma avaliação sorológica no início da gestação (< 3 meses), e as positivas, tratadas com penicilina.

GONORREIA

A gonorreia é causada pelo coco Gram-negativo *Neisseria gonorrhoeae* (o "gonococo")

Essa bactéria é um patógeno humano e não causa infecção natural em outros animais. Portanto, o seu reservatório é o ser humano e a transmissão é interpessoal, ocorrendo de maneira direta, em geral por contato sexual. O microrganismo é sensível ao ressecamento e não sobrevive bem fora do hospedeiro humano, portanto, o contato íntimo é necessário para a transmissão. Acredita-se que uma mulher tenha 50% de chance de ser infectada após uma única relação sexual com um homem infectado, enquanto um homem tem 20% de chance de adquirir a infecção de uma mulher infectada.

Indivíduos infectados assintomáticos (quase sempre mulheres; ver a seguir) constituem o principal reservatório da infecção. A infecção pode ainda ser transmitida verticalmente de uma mãe infectada para o seu filho durante o nascimento. A infecção em bebês normalmente se manifesta como oftalmia neonatal (Cap. 24).

O gonococo tem um mecanismo especial de adesão às células de mucosas

A porta de entrada mais comum dos gonococos no corpo é pela vagina ou mucosa uretral do pênis, mas outras práticas sexuais podem resultar no alojamento de microrganismos na garganta ou na mucosa retal. Mecanismos especiais de adesão (Fig. 22.3) previnem a bactéria de ser mecanicamente removida pelas secreções vaginais ou uretrais. Após a adesão, os gonococos se multiplicam com rapidez e se disseminam através do cérvice, nas mulheres, e uretra acima, nos homens. A disseminação é facilitada por vários fatores de virulência (Fig. 22.3), embora os microrganismos não possuam flagelo e sejam imóveis. A produção de uma protease de IgA os auxilia na proteção contra os anticorpos do hospedeiro que apresentam componente secretor.

As lesões da gonorreia resultam de respostas inflamatórias induzidas pelo gonococo

Os gonococos invadem células epiteliais não ciliadas, que internalizam a bactéria e permitem a sua multiplicação dentro de vacúolos intracelulares, protegidos de fagócitos e anticorpos. Esses vacúolos movem-se pela célula e fundem-se com a membrana basal, liberando o seu conteúdo bacteriano no tecido conjuntivo subepitelial. A *Neisseria gonorrhoeae* não produz nenhuma exotoxina reconhecida. O dano ao hospedeiro é resultado das respostas inflamatórias provocadas pelo microrganismo (p. ex., lipopolissacarídeo e outros componentes da parede celular; Cap. 2). A infecção persistente não tratada pode resultar em inflamação crônica e fibrose.

A infecção em geral é localizada, mas em alguns casos bactérias isoladas (p. ex., resistentes à ação bactericida do soro etc.) podem invadir a corrente sanguínea e, desse modo, disseminarem-se para outras partes do corpo.

A gonorreia, inicialmente, é assintomática em muitas mulheres, mas pode causar infertilidade posteriormente

Os sintomas desenvolvem-se dentro de 2-7 dias de infecção e são caracterizados:

- no homem, por corrimento uretral (Fig. 22.4) e dor à micção (disúria);
- na mulher, por corrimento vaginal.

No mínimo 50% das mulheres infectadas apresentam apenas sintomas leves ou são completamente assintomáticas.

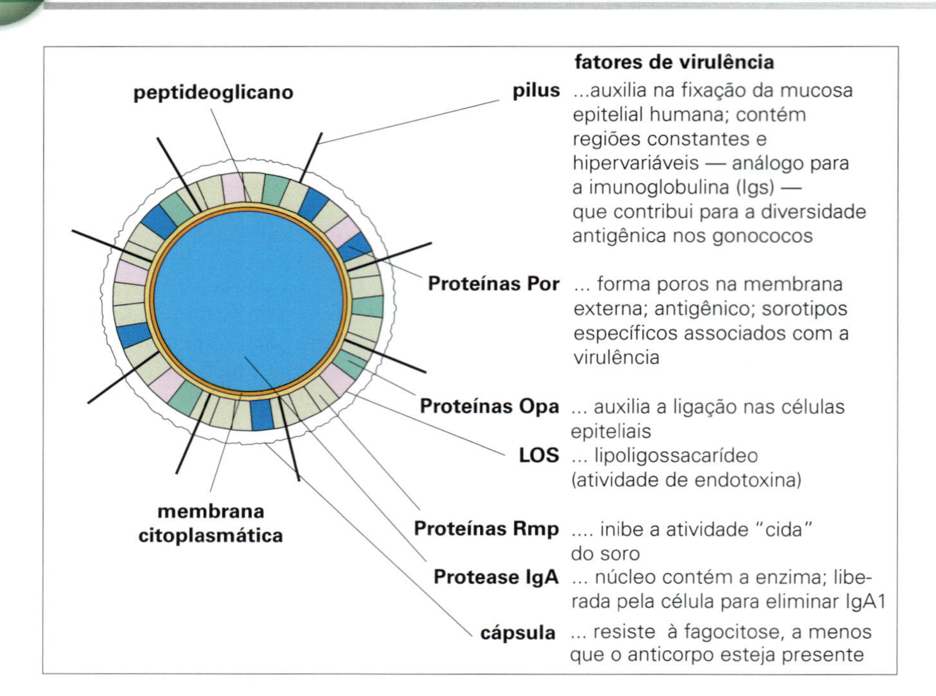

Figura 22.3 A disseminação da *Neisseria gonorrhoeae* é facilitada por vários fatores de virulência. Alterações na estrutura da superfície dos gonococos tornam o microrganismo não virulento.

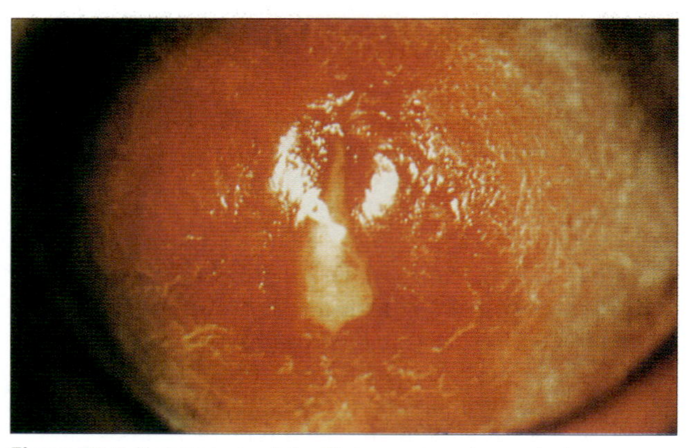

Figura 22.4 Uretrite gonocócica. Típico corrimento purulento no meato ureteral, com inflamação da glande. (Cortesia de J. Clay.)

Por esse motivo, elas não procuram tratamento e continuarão infectando outros indivíduos. A infecção assintomática, no entanto, não representa a evolução mais comum da infecção em homens. As mulheres podem não estar alertas ao seu quadro de infecção, a menos que as complicações surjam, como:

- doença inflamatória pélvica (DIP);
- dor pélvica crônica;
- infertilidade resultante dos danos nas tubas uterinas.

A oftalmia neonatal é caracterizada por uma secreção espessa (Fig. 24.6).

A infecção gonocócica da garganta pode resultar em uma irritação da garganta (Cap. 19), e a infecção do reto também resulta em secreção purulenta.

Nos homens, as complicações da infecção uretral são raras Fig. 22.5). A doença gonocócica invasiva é bem mais comum em mulheres infectadas do que em homens infectados, mas o tratamento imediato é um fator importante para conter a infecção localizada. A ocorrência comum de infecção assintomática nas mulheres é um fator importante para que as complicações ocorram (i.e., a infecção não é reconhecida nem tratada). Em 10-20% das mulheres não tratadas, a infecção dissemina-se para o trato genital superior, causando doença inflamatória pélvica (DIP) e danos nas tubas uterinas.

A infecção disseminada ocorre em 1-3% das mulheres, mas é menos comum entre os homens (ver anteriormente e Fig. 22.6). Não depende apenas da cepa do gonococo (ver anteriormente), mas também de fatores do hospedeiro (p. ex., aproximadamente 5% das pessoas com infecção disseminada apresentam deficiências nos componentes de ação tardia do complemento [C5-C8]).

O diagnóstico da gonorreia é feito a partir da microscopia e da cultura de espécimes apropriados

Secreções uretrais e vaginais e outras amostras clínicas são usadas para microscopia e cultura. Embora um corrimento purulento seja característico de uma infecção gonocócica localizada, não é possível distinguir com precisão em um exame clínico o corrimento de gonorreia daqueles causados por outros patógenos, como *Chlamydia trachomatis*.

Com experiência, o achado de diplococos Gram-negativos intracelulares em um esfregaço de secreção uretral de um homem sintomático é um teste altamente sensível e específico para o diagnóstico de gonorreia.

A cultura é essencial para a investigação da infecção em mulheres e em casos de homens assintomáticos, e também para espécimes coletados de sítios diferentes da uretra. Espécimes de homens sintomáticos também devem ser submetidas à cultura:

- para confirmar a identificação da amostra bacteriana; erros de interpretação da microscopia ou do resultado da cultura podem resultar em grave aflição, podendo resultar em litígio;
- para realizar testes de suscetibilidade aos antibióticos (Cap. 34);
- para auxiliar na distinção entre falha terapêutica e reinfecção.

Por causa da sensibilidade do microrganismo ao ressecamento, as culturas devem ser feitas em meios seletivos (*i.e.*, Thayer-Martin modificado) e meios não seletivos (ágar chocolate) para

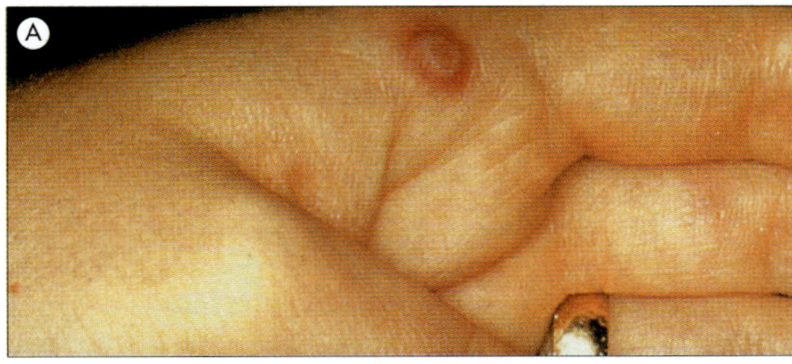

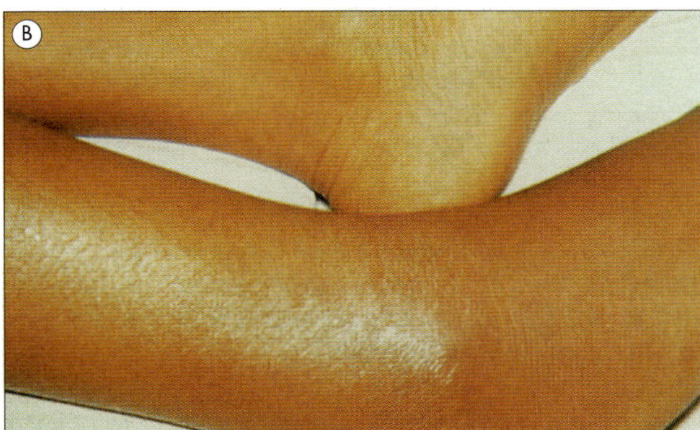

Figura 22.5 Complicações localizadas e sistêmicas da infecção gonocócica. (A) Lesões cutâneas começam como pápulas eritematosas, que frequentemente se tornam pustulares e hemorrágicas com centros necróticos. (B) Artrite séptica do tornozelo com evidente eritema e edema do tornozelo e perna. ([A] Cortesia de J.S. Bingham. [B] Cortesia de T.F. Sellers, Jr.)

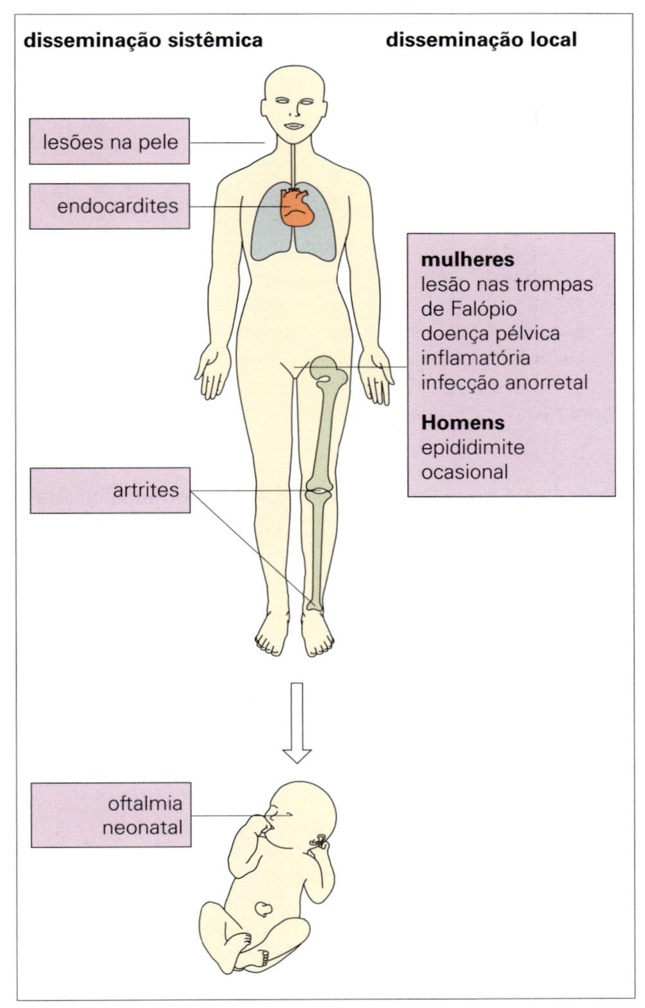

Figura 22.6 Disseminação local e sistêmica da infecção gonocócica e complicações.

garantir a recuperação. A inoculação em meio de transporte apropriado é necessária, caso a transferência para o laboratório demore (não mais que 48h). Hemoculturas devem ser realizadas se houver a suspeita da doença disseminada, e aspirados de articulações podem dar culturas positivas.

Testes sorológicos são insatisfatórios. As abordagens comerciais moleculares (sondas específicas, amplificação etc.) estão disponíveis atualmente, oferecendo resultados confiáveis em algumas horas.

Os antibacterianos utilizados para o tratamento da gonorreia são cefixima ou ceftriaxona

Os agentes antibacterianos de escolha são mostrados na Tabela 22.1. Amostras de *N. gonorrhoeae* produtoras de penicilinase foram primeiramente observadas em 1976 com uma crescente resistência que comprometeu gravemente o tratamento efetivo em muitas partes do mundo, sobretudo no Sudeste Asiático. A resistência às fluoroquinolonas também ocorreu, levando à recomendação de terapia dupla (ceftriaxona e azitromicina), o que apresenta o benefício adicional de atingir a clamídia (ver adiante), que também pode ter infectado o paciente. O tratamento precoce de uma parcela significativa de pacientes sexualmente promíscuos alcança uma redução notável na duração da infecciosidade e nas taxas de transmissão. O uso profilático de antibacterianos não surte nenhum efeito na prevenção de gonorreia sexualmente adquirida, mas a aplicação de colírio antibacteriano para bebês nascidos de mães com gonorreia ou com suspeita da doença tem se mostrado eficaz. A infecção pode ser evitada com o uso de preservativos.

O acompanhamento de pacientes e a busca ativa de parceiros são vitais para o controle da disseminação da gonorreia. Atualmente, vacinas efetivas não estão disponíveis, mas está sendo investigada a possibilidade de usar algumas proteínas do *pilus* ou outros componentes da membrana externa da célula gonocócica como antígeno. Entretanto, a imunização pode prevenir a doença sintomática sem prevenir a infecção, e os perigos da infecção assintomática já foram discutidos.

Infecções recorrentes podem ocorrer com cepas bacterianas que apresentem diferentes proteínas pilina (p. ex., variação antigênica; Cap. 17).

INFECÇÃO POR CLAMÍDIA

Os sorotipos D-K de *C. trachomatis* causam infecções genitais sexualmente transmissíveis

As clamídias são bactérias muito pequenas que são parasitos intracelulares obrigatórios. Elas têm um ciclo de vida mais complicado que o das bactérias de vida livre, uma vez que podem existir em formas diferentes:

- O corpúsculo elementar (CE) é adaptado à sobrevivência extracelular e à iniciação da infecção.
- O corpúsculo reticulado (CR) é adaptado à multiplicação intracelular (Fig. 22.7).

Três espécies de *Chlamydia* foram reconhecidas: *C. trachomatis*, *C. psittaci* e *C. pneumoniae* (Tabela 22.6). *C. psittaci* e

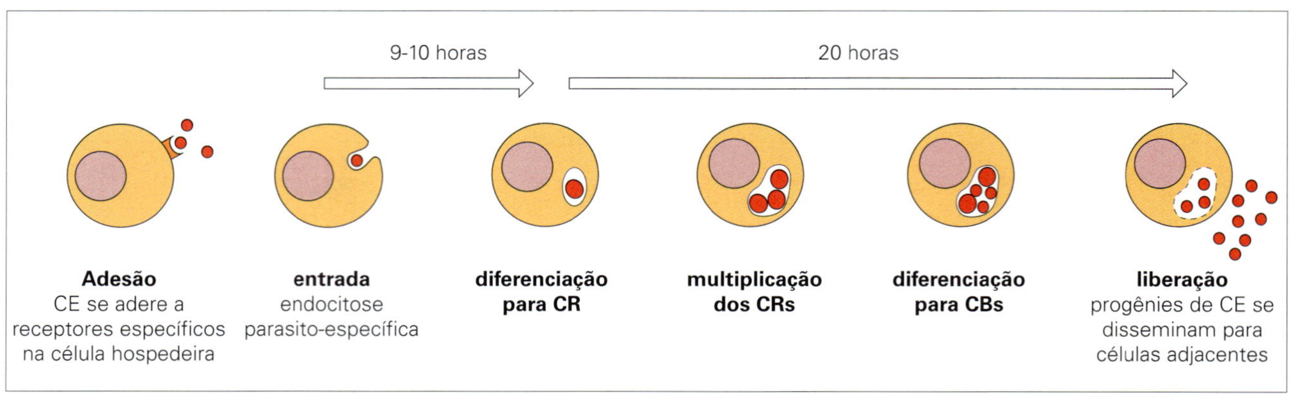

Figura 22.7 O ciclo de vida de *Chlamydia*. CE, corpúsculo elementar; CR, corpúsculo reticulado.

Tabela 22.6 Espécies de *Chlamydiaceae* de importância médica

Espécie	Sorotipo	Hospedeiro natural	Doença em humanos
Chlamydia trachomatis	A, B, C	Humanos	Tracoma
	D–K	Humanos	Cervicite, uretrite, proctite, conjuntivite, pneumonia (em neonatos)
	L1, L2, L3	Humanos	Linfogranuloma venéreo
C. psittaci	Primariamente A	Aves e mamíferos não humanos	Pneumonia
C. pneumoniae	?	Humanos	Doença respiratória aguda

C. trachomatis é a espécie associada a doença sexualmente transmissível.

C. pneumoniae infectam o trato respiratório (Cap. 20). A espécie *C. trachomatis* pode ser subdividida em diferentes sorotipos (também conhecidos como sorovares), que demonstraram estar caracteristicamente relacionados a diferentes infecções:

- Sorotipos A, B e C são responsáveis pela grave infecção ocular tracoma (Cap. 26).
- Sorotipos D-K causam infecção genital, além de infecções oculares e respiratórias associadas (Tabela 22.7).
- Sorotipos L1, L2 e L3 causam a doença sistêmica linfogranuloma venéreo (LGV) (ver adiante).

Os sorotipos D-K de *C. trachomatis* têm uma distribuição mundial, enquanto a distribuição dos sorotipos associados ao LGV é mais restrita.

A maioria das infecções é genital e adquirida durante o ato sexual. A infecção assintomática é muito comum, sobretudo entre as mulheres. As infecções oculares em adultos são provavelmente adquiridas por autoinoculação a partir da genitália infectada ou por contato ocular-genital. Infecções oculares em neonatos são adquiridas durante a passagem através do canal de parto infectado, e os recém-nascidos também estão sob o risco de desenvolver pneumonia por *C. trachomatis* (Cap. 20).

A clamídia entra no hospedeiro através de lesões diminutas na superfície mucosa

Elas se ligam a receptores específicos nas células do hospedeiro e entram nas células por endocitose "induzida" por parasitos (Cap. 14). Uma vez dentro da célula, a fusão das vesículas contendo clamídias com lisossomos é inibida por um mecanismo que ainda não é completamente compreendido e o CE inicia seu ciclo de desenvolvimento (Fig. 22.7). Em 9-10h após a invasão celular, os CEs se diferenciam em CR metabolicamente ativos, que se dividem por fissão binária e produzem uma progênie de novos CEs. Estes são, então, liberados no ambiente extracelular nas próximas 20 horas.

Tabela 22.7 Síndromes clínicas e complicações causadas por *C. trachomatis*, sorotipos D–K

Infecção em	Síndromes clínicas	Complicações
Homens	Uretrite, epididimite, proctite, conjuntivite	Disseminação sistêmica, síndrome de Reiter[a]
Mulheres	Uretrite, cervicite, bartolinite, salpingite, conjuntivite	Gestação ectópica, infertilidade, disseminação sistêmica: peri-hepatite artrite dermatite
Neonatos	Conjuntivite	Pneumonite intersticial

[a]Uretrite, conjuntivite, poliartrite, lesões mucocutâneas.

Os efeitos clínicos da infecção por *C. trachomatis* parecem resultar da destruição celular e da resposta inflamatória do hospedeiro

Os CEs liberados invadem células adjacentes ou mesmo células distantes do sítio da infecção se transportados pela linfa ou pelo sangue.

O crescimento dos sorotipos D-K de *C. trachomatis* parece ser restrito a células epiteliais colunares e de transição, mas os sorotipos L1, L2 e L3 causam doença sistêmica (LGV). O sítio da infecção determina a natureza da doença clínica (Tabela 22.7). A infecção no trato genital pelos sorotipos D-K é localmente assintomática na maioria das mulheres, mas em geral sintomática nos homens.

Chlamydia trachomatis pode ser detectada diretamente no microscópio por imunofluorescência direta

C. trachomatis pode ser detectada diretamente em esfregaços de amostras clínicas feitas em lâminas coradas com fluoresceína conjugada a anticorpos monoclonais e visualizadas por microscopia UV — o teste de imunofluorescência direta. Os CEs aparecem como pontos brilhantes de coloração verde-maçã (Fig. 22.8). Os resultados podem ser obtidos em poucas horas, mas esse método não é suficientemente sensível para as infecções assintomáticas.

Vários testes baseados em ácidos nucleicos estão comercialmente disponíveis para detecção de clamídias

A uretrite e a cervicite por clamídia não podem ser distinguidas de maneira confiável de outras causas para tais condições somente com métodos clínicos. Métodos tradicionais de detecção (p. ex., cultura celular e detecção de antígeno direto) foram amplamente substituídos por testes moleculares rápidos.

Uma sonda de ácido nucleico e testes baseados em amplificação são capazes de detectar diretamente *C. trachomatis* em amostras de indivíduos infectados (p. ex., colo uterino, uretra, urina etc.). Como já mencionado, esses *kits* comerciais disponíveis podem fornecer uma detecção rápida (2-4h) e específica de DNA de *N. gonorrhoeae* e de *Chlamydia*, o que é importante, uma vez que pacientes estão frequentemente coinfectados por ambos os microrganismos.

A infecção por clamídia é tratada ou prevenida com doxiciclina ou azitromicina

É importante relembrar que as clamídias não são suscetíveis aos antibióticos betalactâmicos, que são importantes para o tratamento de sífilis e gonorreia. É recomendável que pacientes sob terapia para gonorreia também se tratem com azitromicina pela possibilidade de uma infecção simultânea por clamídia (Tabela 22.1). Além disso, pacientes com infecções genitais por clamídia diagnosticadas clinicamente, seus contatos sexuais e bebês nascidos de mães infectadas devem ser tratados. A eritromicina deve ser utilizada em bebês.

A prevenção depende do reconhecimento da importância das infecções assintomáticas. O diagnóstico precoce e o tratamento dos casos e dos parceiros sexuais são de extrema importância, no sentido de evitar complicações e reduzir as possibilidades de transmissão. Vale lembrar que as ISTs não são mutuamente excludentes e há pacientes que têm infecções simultâneas por patógenos bem diferentes.

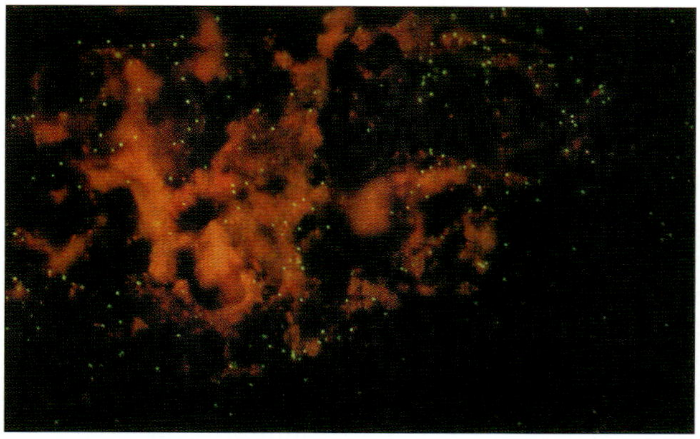

Figura 22.8 Teste de imunofluorescência direta para *Chlamydia trachomatis*. Corpúsculos elementares podem ser vistos como pontos brilhantes de coloração verde-amarelada brilhante em microscopia ultravioleta. (Cortesia de J.D. Treharne.)

OUTRAS CAUSAS DE LINFADENOPATIA INGUINAL

Infecções genitais são causas comuns de linfadenopatia inguinal (inchaço dos linfonodos na virilha) entre a população sexualmente ativa. Sífilis e gonorreia foram discutidas anteriormente. O linfogranuloma venéreo, o cancroide e a donovanose são mais comuns em países com climas tropical e subtropical do que na Europa e nos EUA, mas podem ser importados por viajantes que adquiriram a doença por contato sexual nessas áreas.

Linfogranuloma venéreo

O linfogranuloma venéreo é causado pelos sorotipos L1, L2 e L3 de *C. trachomatis*

O linfogranuloma venéreo (LGV) é uma doença grave, comum sobretudo na África, Ásia e América do Sul. Ocorre de forma esporádica na Europa, Austrália e América do Norte, particularmente entre homens que fazem sexo com outros homens. A prevalência parece ser maior entre homens do que mulheres, provavelmente porque a infecção sintomática é mais comum entre homens.

O linfogranuloma venéreo é uma infecção sistêmica envolvendo o tecido linfoide e é tratada com doxiciclina ou eritromicina

O quadro clínico pode ser contrastado com os tipos de infecção mais restritos relacionados aos sorotipos de *C. trachomatis* (ver anteriormente). A lesão primária é uma pápula ulcerada no sítio da inoculação (após o período de incubação de 1-4 semanas) e pode ser acompanhada de febre, dor de cabeça e mialgia. As lesões curam-se rapidamente, mas as clamídias prosseguem infectando os linfonodos de drenagem, causando edema inguinal característico (Fig. 22.9), com aumento gradual de tamanho. As clamídias podem se disseminar a partir dos linfonodos através do sistema linfático para os tecidos do reto, causando proctite. Outras complicações sistêmicas incluem febre, hepatite, pneumonite e meningoencefalite. A infecção pode ser resolvida mesmo sem ser tratada, mas:

- Abscessos podem se formar nos linfonodos, que supuram e drenam através da pele.

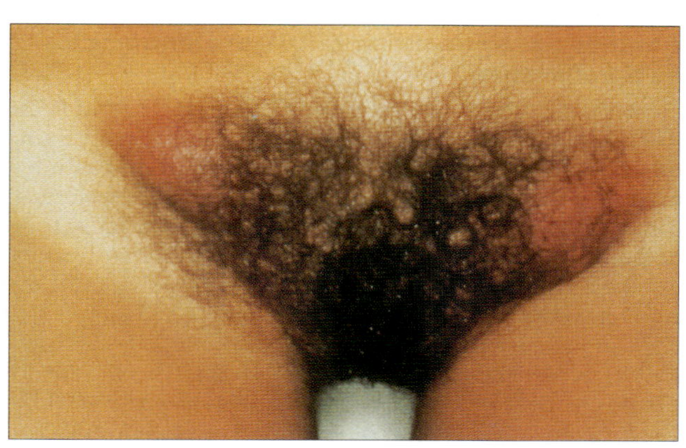

Figura 22.9 Linfogranuloma venéreo. Aumento bilateral de glândulas inguinais. (Cortesia de J.S. Bingham.)

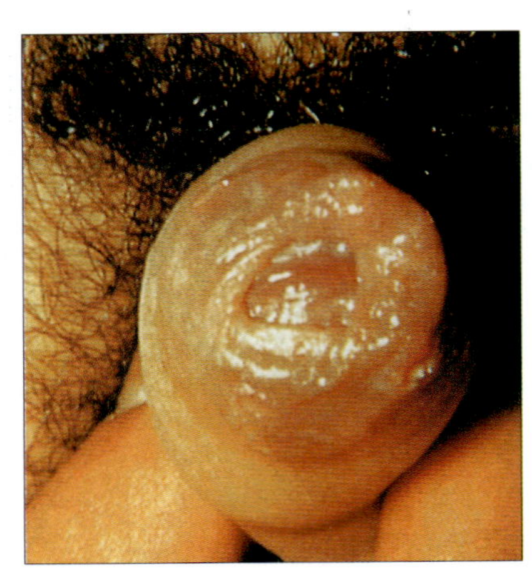

Figura 22.10 Cancroide. Várias úlceras irregulares no prepúcio. (Cortesia de L. Parish.)

- Reações granulomatosas crônicas em tecidos linfáticos e tecidos adjacentes podem eventualmente dar origem a fístulas anais ou elefantíase genital.

Métodos de cultura de células, imunofluorescência ou testes baseados em ácidos nucleicos são usados para diagnóstico. O tratamento com doxiciclina ou eritromicina (Tabela 22.1) é recomendado. Gestantes e crianças com idade inferior a 9 anos devem ser tratadas com eritromicina.

Cancroide (cancro mole)

O cancroide é causado por *Haemophilus ducreyi* e é caracterizado por úlceras genitais dolorosas

A infecção pela bactéria Gram-negativa *Haemophilus ducreyi* manifesta-se por úlceras genitais dolorosas não endurecidas e linfadenite local (Fig. 22.10). Há diferenças entre essa manifestação e o cancro da sífilis primária, que não é doloroso, mas as úlceras podem ser confundidas com as do herpes genital, embora normalmente elas sejam maiores e com aparência mais irregular. Enquanto a doença é endêmica em algumas áreas dos EUA, os casos geralmente tendem a ocorrer sob a forma de surtos isolados. Contudo, na África e na Ásia, o cancroide é uma causa comum de úlceras genitais. Os dados epidemiológicos são importantes porque o diagnóstico na maioria das vezes é clínico, uma vez que é difícil cultivar o microrganismo em laboratório. O cancroide também pode ser confundido com a donovanose (ver adiante).

O cancroide é diagnosticado por microscopia e cultura e tratado com azitromicina, ceftriaxona, eritromicina ou ciprofloxacina

Esfregaços corados por técnica de Gram de aspirados da margem da úlcera ou de linfonodos aumentados mostram, de forma característica, um grande número de bastonetes curtos Gram-negativos em cadeias, em geral descritos como tendo uma aparência de "cardume", dentro ou fora de polimorfonucleares. Os aspirados devem ser cultivados em meio rico (ágar GC com 1-2% de hemoglobina, 5% de soro fetal bovino, 10% de CVA e vancomicina [3 μg/mL]) a 33 °C em atmosfera contendo 5-10% de dióxido de carbono. *H. ducreyi* não tolera temperaturas mais altas. O crescimento é lento e pode levar de 2-9 dias para as colônias aparecerem. Geralmente, o tratamento recomendado é com um macrolídeo (p. ex., eritromicina ou azitromicina) ou ceftriaxona (Tabela 22.1).

Donovanose

A donovanose é causada por *Klebsiella granulomatis* e é caracterizada por nódulos e úlceras genitais

A donovanose (granuloma inguinal ou granuloma venéreo) é rara em climas temperados, mas comum em regiões tropicais e subtropicais como o Caribe, Nova Guiné, Índia e a parte central da Austrália. A infecção é caracterizada por nódulos, quase sempre na genitália, que sofrem erosão para dar lugar a úlceras granulomatosas que sangram imediatamente ao contato. A infecção pode se estender e as ulcerações podem se tornar secundariamente infectadas. O patógeno é um bastonete Gram-negativo, antigamente chamado de *Calymmatobacterium granulomatis*, mas agora é conhecido como *Klebsiella granulomatis* com base na análise genômica. As bactérias invadem e multiplicam-se nas células mononucleares e são liberadas quando as células se rompem.

A donovanose é diagnosticada por microscopia e tratada com doxiciclina

O diagnóstico de donovanose é feito a partir do exame do esfregaço da lesão corado com corante de Wright ou Giemsa. "Corpos de Donovan" aparecem como agregados de microrganismos corados em azul ou preto no citoplasma de células mononucleares. O tratamento com doxiciclina, azitromicina ou cotrimoxazol é recomendado.

MICOPLASMAS E URETRITE NÃO GONOCÓCICA

Mycoplasma hominis, M. genitalium e *Ureaplasma urealyticum* podem ser causas de infecção genital

Embora o *Mycoplasma pneumoniae* tenha um papel comprovado na etiologia da pneumonia (Cap. 20), o papel de *M. hominis, M. genitalium* e *Ureaplasma urealyticum* (que metaboliza a ureia; também chamado de "cepa T") em ISTs é menos preciso. Esses microrganismos frequentemente colonizam o trato genital de homens e mulheres saudáveis e sexualmente ativos. São menos comuns em populações sexualmente inativas, o que sustenta o ponto de vista de que possam ser sexualmente transmissíveis. É difícil provar que esses microrganismos podem causar infecções do trato genital, mas o *M. genitalium* pode causar uretrite não gonocócica e o *M. hominis* pode causar DIP, febre puerperal e pós-aborto e pielonefrite. O *U. urealyticum* também tem sido associado a uretrite e prostatite não gonocócicas.

O *M. hominis, M. genitalium* e *U. urealyticum* são comumente tratados por doxiciclinas ou azitromicina (dependendo do teste de suscetibilidade), que constituem também o tratamento para infecções por clamídia.

OUTRAS CAUSAS DE VAGINITE E URETRITE

Infecção por *Candida*

Candida albicans causa uma variedade de doenças no trato genital, que são tratadas com antifúngico oral ou tópico

Essas doenças variam desde a forma branda superficial, como infecções localizadas em um indivíduo saudável, até o quadro de infecções disseminadas, frequentemente fatais em pacientes imunocomprometidos. Essa levedura pertence à microbiota normal da vagina, portanto, enquanto a *Candida* pode ser transmitida sexualmente, a presença de candidíase vulvovaginal não necessariamente implica transmissão sexual. Em algumas mulheres e em circuns-

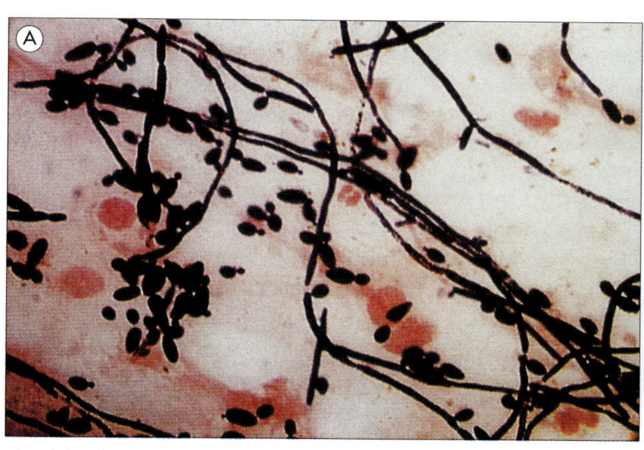

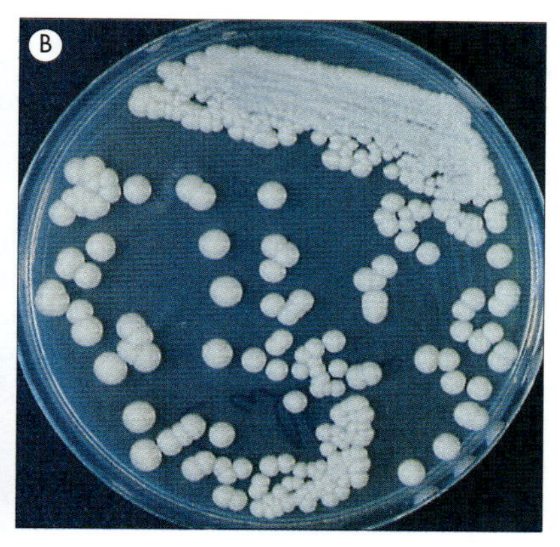

Figura 22.11 *Candida albicans*. (A) Microscopia óptica e (B) cultura de corrimento vaginal.

tâncias ainda não totalmente compreendidas, a quantidade de *Candida* aumenta e causa uma vaginite altamente irritante com corrimento de aspecto caseoso. Esse quadro pode ser acompanhado de uretrite e disúria, podendo ainda se apresentar como infecção urinária (Cap. 21). O diagnóstico pode ser confirmado por microscopia e cultura do corrimento (Fig. 22.11).

O tratamento é feito com um antifúngico tópico como clotrimazol ou com um antifúngico oral como o fluconazol. A recorrência problemática ocorre em uma pequena proporção de mulheres. A terapia antibiótica ou diabetes mellitus predispõem a infecções recorrentes.

A *balanite* (inflamação da glande) é observada em aproximadamente 10% dos parceiros masculinos de mulheres com *candidíase vulvovaginal*, mas a uretrite é incomum em homens e raramente é sintomática. Os fatores para balanite por *Candida* incluem imunossupressão, diabetes mellitus e não ser circuncidado.

Tricomoníase

Trichomonas vaginalis é um protozoário e causa vaginite com corrimento abundante

Trichomonas vaginalis habita:

- a vagina em mulheres;
- a uretra (e algumas vezes a próstata) em homens.

É transmitido durante a relação sexual e é uma das infecções não virais sexualmente transmissíveis mais comuns nos EUA. A incidência é mais alta em indivíduos infectados por HIV e em mulheres infectadas por HIV sua presença tem uma associação significativa com doença inflamatória pélvica. Na gravidez, a infecção por *T. vaginalis* está associada ao parto prematuro. Nas mulheres, infecções com alta carga microbiana causam vaginite com um corrimento caracteristicamente abundante e de odor desagradável, embora a infecção possa ser assintomática em algumas mulheres. Há uma elevação do pH vaginal associada a essa condição. A infecção deve ser diferenciada da vaginose bacteriana (ver adiante) por exame microscópico da secreção, que mostra trofozoítas móveis ativos (Fig. 22.12). *Trichomonas* pode ser detectado por microscopia de preparo úmido de secreções vaginais ou cultivado a partir de um suabe vaginal. Testes imunocromatográficos rápidos no local de atendimento estão disponíveis. Testes de detecção de ácido nucleico (NAT) altamente sensíveis são muito mais sensíveis do que microscopias de preparo úmido, e alguns centros utilizam NAT para testar amostras negativas na microscopia de casos suspeitos.

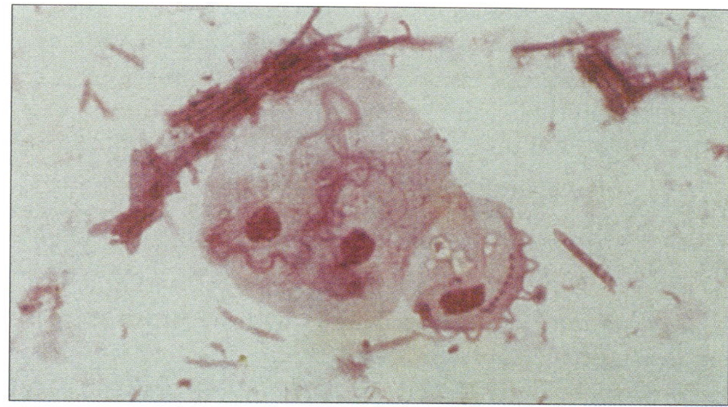

Figura 22.12 Trofozoítos móveis em corrimento vaginal na infecção por *T. vaginalis*. (Coloração de Giemsa.) (Cortesia de R. Muller.)

Os nitroimidazóis, metromidazóis ou tinidazóis são recomendados para o tratamento de infecções por *T. vaginalis*. A resistência a nitroimidazóis é bem documentada, por isso há uma clara necessidade de compostos alternativos oralmente ativos.

Em homens, *Trichomonas vaginalis* é frequentemente assintomático, mas às vezes provoca uretrite branda. Os parceiros sexuais devem ser tratados ao mesmo tempo para evitar a reinfecção, reduzir a transmissão e evitar novos casos na comunidade.

Vaginose bacteriana

A vaginose bacteriana está associada à *Gardnerella vaginalis* e infecção anaeróbia, e manifesta-se por corrimento com odor semelhante ao de peixe

Essa vaginite não específica é uma síndrome em mulheres caracterizada por pelo menos três dos seguintes sinais e sintomas:

- corrimento vaginal excessivo e fétido;
- pH vaginal > 4,5;
- presença de *clue cells* (células epiteliais vaginais cobertas com bactérias; Fig. 22.13);
- um odor semelhante à amina de peixe.

Há um aumento significativo na quantidade de *G. vaginalis* na microbiota vaginal e um crescimento concomitante do número de anaeróbios obrigatórios, como *Bacteroides*.

A *G. vaginalis* é consistentemente encontrada em associação ao quadro de vaginose, mas também é encontrada em 20-40% das mulheres saudáveis. Em geral, ela está presente na uretra dos parceiros de mulheres com vaginose, indicando a possibilidade de transmissão sexual. A *G. vaginalis* também foi isolada de hemoculturas de mulheres com febre puerperal.

A *G. vaginalis* tem uma história taxonômica conturbada, tendo sido classificada inicialmente como um hemófilo, depois como corinebactéria, refletindo a sua tendência de ser Gram-lábil (ora aparecendo como Gram-negativa, ora Gram-positiva). Cresce em laboratório em ágar sangue humano em uma atmosfera úmida enriquecida com dióxido de carbono. A infecção é tratada com metronidazol oral. Espécies do gênero *Mobiluncus* parecem estar relacionadas com *G. vaginalis* e também têm sido associadas à vaginose.

A patogênese da vaginose bacteriana ainda não é muito clara, mas aparenta ser relacionada com fatores que interrompem a acidez normal da vagina e o equilíbrio entre os diferentes constituintes da microbiota vaginal normal. Não está claro se algum desses fatores ou mesmo outros desconhecidos são sexualmente transmissíveis.

HERPES GENITAL

O vírus do herpes simples (HSV)-2 é a causa mais comum de herpes genital, mas o HSV-1 tem sido detectado com mais frequência

O vírus do herpes simples (HSV)-2 é uma infecção onipresente de seres humanos em todo o mundo. O HSV-1 é geralmente transmitido pela saliva, causando infecção orofaríngea primária nas crianças, e o herpes labial ocorre após a reativação viral. Contudo, o HSV-2 surgiu como um resultado de transmissão independente pela via venérea. O HSV-2 mostra diferenças biológicas e antigênicas em relação ao HSV-1 e pode ser distinguido por métodos de tipificação molecular, bem como por técnicas mais antigas como a imunofluorescência. Existe pouca imunidade cruzada. Embora originalmente isolados de sítios distintos, práticas sexuais orogenitais encobriram as diferenças topográficas entre as cepas, de forma que o HSV-1 e o HSV-2 podem ser isolados de sítios orais e genitais. O HSV-2 é uma das ISTs mais comuns, e estima-se que haja mais de 500 milhões de indivíduos com HSV-2 no mundo todo. Nos EUA, uma pesquisa do *Centers for Disease Control* (CDC) no período de 2005 a 2008 relatou que o anticorpo contra o HSV-2 foi detectado em 16% da população estudada, sobretudo em mulheres. Além disso, é estimado que há cerca de 800.000 novos indivíduos infectados nos EUA todos os anos. Um dos aspectos preocupantes acerca do HSV-2 é que a maioria das pessoas não sabe que tem tal infecção, já que mais de 75% podem não apresentar os sintomas e, portanto, não têm consciência de que podem transmiti-la. Por fim, a infecção por HSV-2 pode resultar em um risco duas vezes maior de desenvolvimento da infecção por HIV. Isso pode acontecer por conta das rupturas na barreira mucosa como resultado das úlceras causadas por HSV.

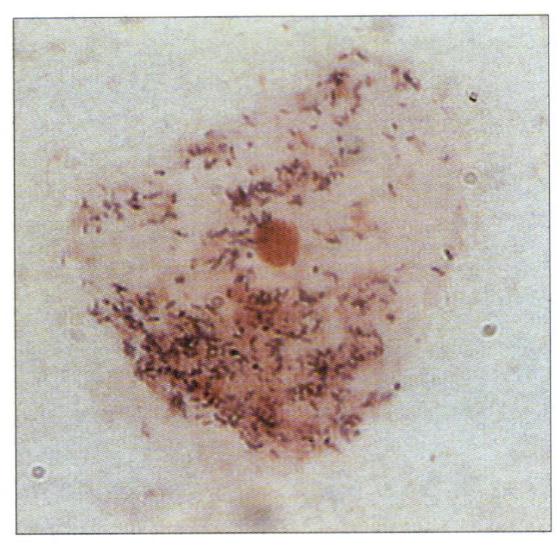

Figura 22.13 *Clue cells* na vaginose bacteriana.

O herpes genital é caracterizado por vesículas ulceradas que podem levar até 2 semanas para curar

A lesão primária no pênis ou na vulva é visível após 3-7 dias de infecção. Consiste em vesículas que logo se rompem, formando úlceras rasas doloridas (Fig. 22.14). Os linfonodos locais ficam aumentados e pode haver sintomas sistêmicos como febre, dor de cabeça e mal-estar. Por vezes, as lesões estão na uretra, causando disúria ou dor ao urinar. A cura pode demorar até 2 semanas, mas o vírus migra a partir da lesão até as terminações nervosas sensoriais para estabelecer uma infecção latente nos gânglios nervosos da raiz dorsal (Cap. 25). Neste sítio, o vírus pode se reativar, migrar para nervos da mesma área e causar lesões recorrentes (herpes genital).

Meningite asséptica ou encefalite são complicações raras que ocorrem em adultos, e a disseminação da infecção da mãe para o filho durante o nascimento pode levar a herpes neonatal disseminado ou encefalite.

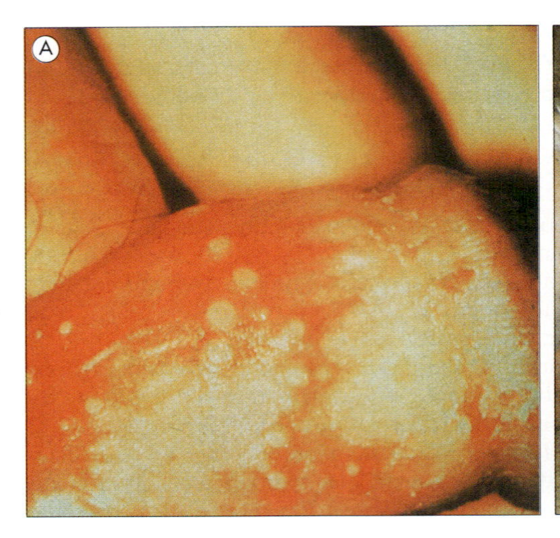

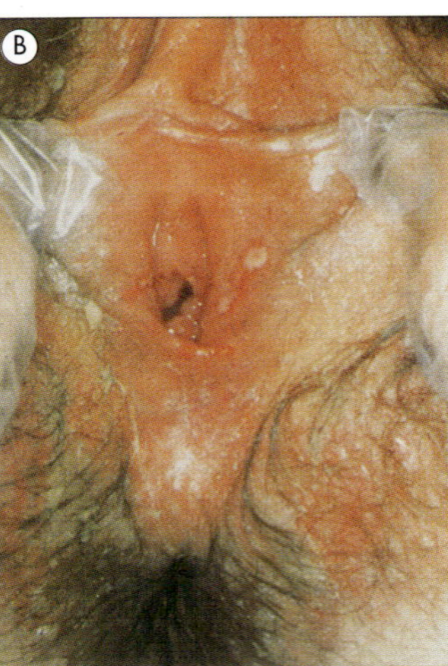

Figura 22.14 Herpes genital. Vesículas (A) no pênis e (B) na região perianal e vulva. Aquelas no lábio menor e na dobra da vulva se romperam, gerando erupções herpéticas características. (Cortesia de J.S. Bingham.)

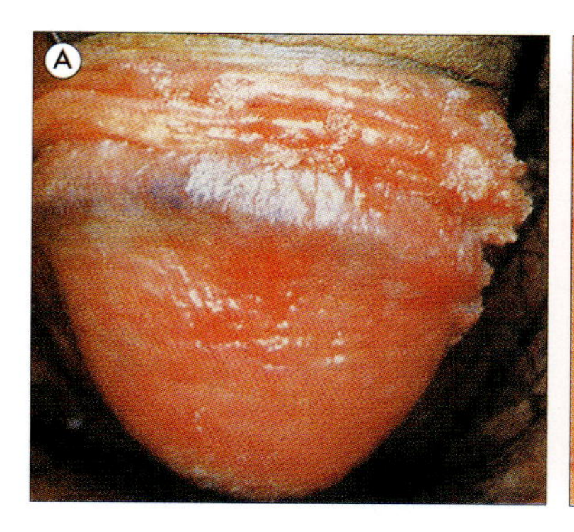

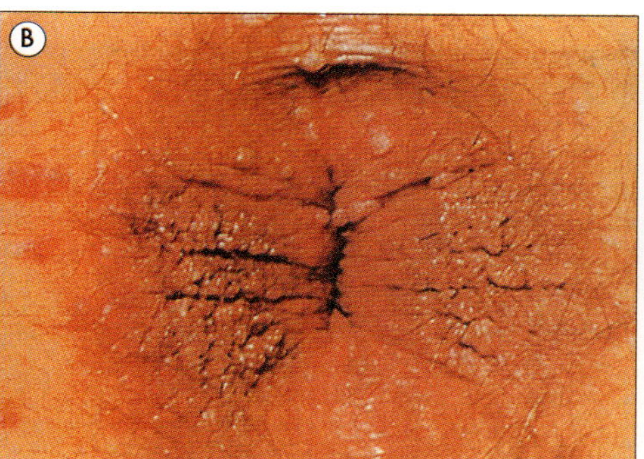

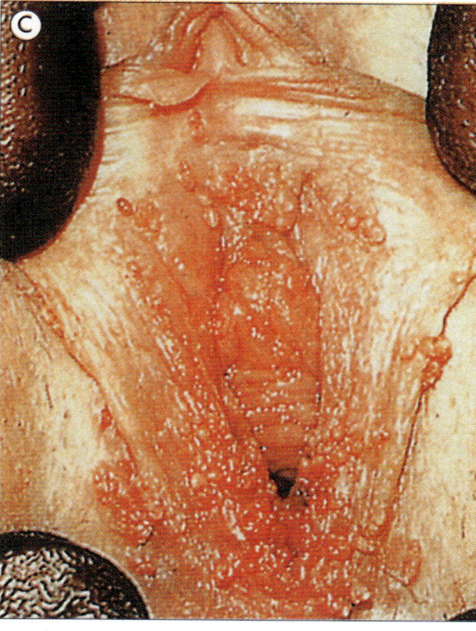

Figura 22.15 Verrugas genitais. (A) Verrugas no pênis normalmente são múltiplas e na haste costumam ser planas e queratinizadas. (B) Verrugas na região perianal geralmente se estendem para o canal anal. (C) Verrugas na região vulvoperineal podem aumentar consideravelmente e se estender para a vagina. (Cortesia de J.S. Bingham.)

O herpes genital é em geral diagnosticado clinicamente e o aciclovir pode ser usado para tratamento e profilaxia

O DNA do HSV pode ser detectado e tipificado no fluido vesicular ou a partir de suabes da úlcera. Técnicas mais clássicas envolviam o isolamento do vírus e a tipificação subsequente da amostra por imunofluorescência usando anticorpos monoclonais tipo-específicos. A infecção genital recorrente é mais frequente com HSV-2; portanto, a tipificação ajuda a determinar o prognóstico. O efeito citopático é característico e geralmente é observado em 1-2 dias após a inoculação, com a balonização de células em degeneração e células gigantes multinucleadas. Os métodos de detecção de DNA do HSV que incluem diferenciação dos tipos podem ser utilizados e possuem uma maior sensibilidade quando comparados ao isolamento viral. Vários antivirais, incluindo aciclovir oral, valaciclovir e fanciclovir, podem ser utilizados para o tratamento das lesões graves ou iniciais, e pode haver a necessidade de administração intravenosa de aciclovir caso existam complicações sistêmicas. Episódios recorrentes são penosos e as opções de tratamento incluem o começo de terapia antiviral quando sintomas prodrômicos ocorrerem, ou então tomar aciclovir em doses baixas por 6-12 meses ou um dos agentes alternativos para interromper ou, pelo menos, reduzir a frequência de recorrências.

INFECÇÃO POR PAPILOMAVÍRUS HUMANO

Existem mais de 120 tipos distintos de papilomavírus humano (HPV), todos infectando a superfície da pele ou mucosa, e o DNA de cada tipo apresenta menos de 50% de hibridização cruzada com o de outros. Essas são, evidentemente, associações virais antigas de seres humanos que evoluíram extensamente e muitos dos diferentes tipos estão adaptados a regiões específicas do corpo humano.

Muitos tipos de papilomavírus são transmitidos sexualmente e causam verrugas genitais

As verrugas (condiloma acuminado) aparecem no pênis, na vulva e nas regiões perianais (Fig. 22.15) após um período de incubação de 1-6 meses (Cap. 27). Elas podem não regredir por muitos meses e podem ser tratadas com podofilina. A lesão no colo uterino se apresenta como uma

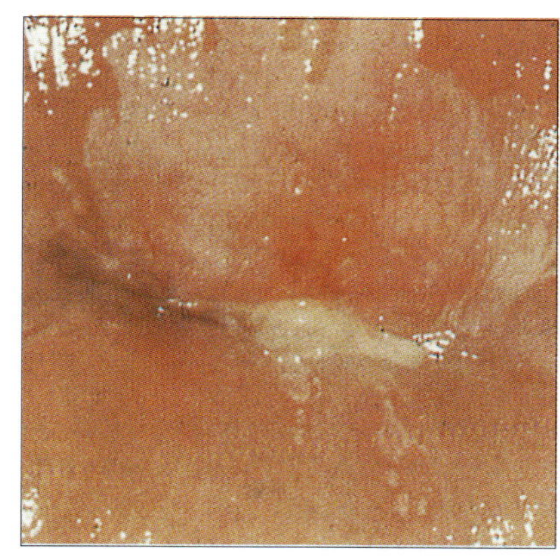

Figura 22.16 A displasia cervical causada por papilomavírus deve ser removida por *laser*. (Cortesia de A. Goodman.)

área plana de displasia visível por colposcopia como uma placa branca (Fig. 22.16) após a aplicação local de ácido acético a 5%. Por causa de sua associação com câncer de colo do útero, sobretudo os tipos 16 e 18, as lesões de colo uterino são mais bem removidas por excisão cirúrgica a *laser* ou por alça.

VÍRUS DA IMUNODEFICIÊNCIA HUMANA

O vírus da imunodeficiência humana (HIV) é um retrovírus (Tabela 22.8), assim chamado uma vez que esse vírus de RNA de fita simples contém um gene *pol* que codifica uma transcriptase reversa (do latim: *retro*, para trás).

A síndrome da imunodeficiência adquirida (AIDS) foi reconhecida inicialmente nos EUA em 1981

Em 1981, o *Communicable Disease Center*, em Atlanta, nos EUA, notou um aumento na requisição do uso de pentamidina para a infecção por *Pneumocystis carinii* (atualmente classificado como *P. jirovecii*) em indivíduos anteriormente saudáveis que também sofriam de infecções graves por outros microrganismos geralmente não patogênicos. Essas infecções incluíam esofagite por *C. albicans*, HSV mucocutâneo, infecção do SNC

Tabela 22.8 Retrovírus humanos

Vírus	Comentário
HTLV-1	Endêmico nas Índias Ocidentais e no sudoeste do Japão; transmissão via sangue, relação sexual, transmissão vertical, leite humano; pode provocar leucemia de célula T em adultos e mielopatia associada ao HTLV-1, também conhecida como paraparesia espástica tropical
HTLV-2	Ocorrência incomum, esporádica; transmissão via sangue, relação sexual, transmissão vertical; pode provocar leucemia de célula T pilosa e doença neurológica
HIV-1, HIV-2	Transmissão via sangue, relação sexual; responsável pela AIDS. HIV-2 originalmente da África Ocidental, intimamente relacionado ao HIV-1, porém antigenicamente distinto
Espumavírus humano	Provoca vacuolização espumosa nas células infectadas; pouco se sabe sobre sua ocorrência ou potencial patogênico
Vírus placentário(s) humano(s)	Detectado no tecido placentário por microscopia eletrônica e pela presença de transcriptase reversa
Vírus do genoma humano	Sequências de ácido nucleico representando retrovírus endógenos são comuns no genoma dos vertebrados, muitas vezes nos *loci* genéticos bem definidos; adquiridos durante a história evolutiva; não expressos como vírus infecciosos; função desconhecida; talvez deva ser considerado como mero DNA parasítico

Vírus linfotrópico da célula T humana (HTLV-1, HTLV-2, HIV-1 e HIV-2 foram cultivados em células T humanas *in vitro*). Os vírus do genoma e os vírus placentários humanos não são reconhecidos como agentes infecciosos. Retrovírus também são comuns em gatos (FAIDS), macacos (MAIDS), camundongos (leucemia do camundongo) e outros vertebrados. ARC, complexo relacionado à AIDS.

ou pneumonia por toxoplasma e enterite por *Cryptosporidium*; o sarcoma de Kaposi também era frequente. Os pacientes tinham evidências de depressão imunológica, conforme mostrado por anergia dos testes cutâneos e depleção dos linfócitos T auxiliares (Th) CD4-positivos. Essa síndrome de imunodeficiência aparecendo em um indivíduo sem nenhuma causa conhecida, como o tratamento com drogas imunossupressoras, foi referida como "síndrome da imunodeficiência adquirida" (AIDS). A definição de consenso internacional como AIDS veio logo em seguida. Epidemias subsequentes ocorreram em São Francisco, Nova York e outras cidades dos EUA, e no Reino Unido e no resto da Europa alguns anos mais tarde.

O vírus da imunodeficiência humana (HIV), a causa da AIDS, foi isolado de linfócitos sanguíneos em 1983

Foi reconhecido como pertencente ao grupo dos lentivírus (vírus lentos) de retrovírus, tendo sido relacionado a agentes similares em macacos e a visnavírus em carneiros e bodes. A estrutura da partícula viral e o seu genoma estão ilustrados na Figura 22.17, e o respectivo mecanismo de replicação, nas Figuras 22.18 e 22.19.

Três genes, *gag, pol* e *env*, codificam as proteínas estruturais da matriz, do capsídeo e do nucleocapsídeo, as enzimas transcriptase reversa, protease e integrase e as proteínas envelope gp120 e gp41, respectivamente. As proteínas regulatórias e acessórias, Tat e Rev, Vif, Vpr, Vpu / x e Nef, são codificadas pelos seus respectivos genes. Em geral, há 16 proteínas envolvidas em diversas reações de pareamento que garantem a replicação eficiente de vírus em partes essenciais do ciclo de vida do HIV, como a entrada do vírus, a transcrição reversa, a integração do vírus, a transcrição e a tradução, a reunião de vírus, o brotamento e a maturação (Fig. 22.18).

A infecção pelo vírus da imunodeficiência humana começou na África entre os anos 1910 e 1930

A evidência biológica molecular baseada em estudos de sequenciamento de ácido nucleico demonstrou que tanto o HIV-1 como o estreitamente relacionado HIV-2, observados na África Ocidental, se originaram de vírus de primatas intimamente relacionados. O HIV-1 é dividido em quatro grandes grupos denominados M (principal, do inglês *major*), N (novo, do inglês *new*), O (variante, do inglês *outlier*) e P, sendo que o último foi relatado em 2009 após a identificação de uma cepa de HIV intimamente relacionada ao vírus da imunodeficiência de símios (SIV) de gorilas em uma mulher de Camarões, a única pessoa na qual ela foi encontrada. O grupo M compreende os subtipos do HIV-1 de A a K, assim como as formas recombinantes circulantes (CRF), que se devem aos eventos de recombinação que ocorreram entre tais subtipos, com os grupos N e O focalizados na África Centro-Ocidental. A prevalência geográfica dos subgrupos varia, sendo o subtipo B o mais comum na América do Norte e na Europa, e as cepas não B, como A e C, sendo mais frequentemente encontradas na África. No entanto, com o aumento de viagens, a distribuição de subtipos está mudando e, em conjunto com o potencial para superinfecções ou infecções mistas, isto é, um indivíduo infectado por HIV se tornando infectado por outra cepa, e eventos de recombinação viral, outros subtipos são observados, como as CRFs. Os grupos M-P resultaram do contato independente entre espécies de humanos e primatas na África Centro-Ocidental. Os eventos de transmissão mais prováveis ocorreram por meio de exposição da pele e de membranas mucosas a sangue e fluidos corporais infectados de primatas, provavelmente durante caçadas. O grupo M foi o primeiro a ser encontrado e é a forma pandêmica, pois consiste na maioria das infecções por HIV no mundo. Esse foi o assunto de análises de relógio molecular, um método usado na biologia evolucionária. A hipótese de relógio molecular é que o DNA e as sequências proteicas evoluem a uma taxa relativamente constante ao longo do tempo. Por esse motivo, a diferença genética entre as duas espécies é proporcional ao tempo desde que elas dividiram um ancestral em comum.

Ao analisar a pandemia do HIV, o início das infecções pelo grupo M de HIV-1 ocorreu no início do século XX. Depois de emergir entre 1910 e 1930 na África Centro-Ocidental, o HIV se disseminou pelos próximos 50 anos que se seguiram e se diversificou em Kinshasa, anteriormente conhecida como Leopoldville, a capital e maior cidade da República Democrática do Congo. Além disso, os rios que servem como rotas de viagem e comércio teriam sido uma ligação entre a reserva de chimpanzés nos bancos do rio Congo. Além disso, os quatro grupos se agruparam com uma cepa particular de SIV cpz (cpz = chimpanzés), a reserva original das infecções humanas e de gorilas. O HIV-2 é encontrado na maioria das vezes na África Ocidental e teve sua origem no *Cercocebus atys*.

O HIV-1 talvez tenha estado presente em seres humanos na África Central por muitos anos, mas no final dos anos

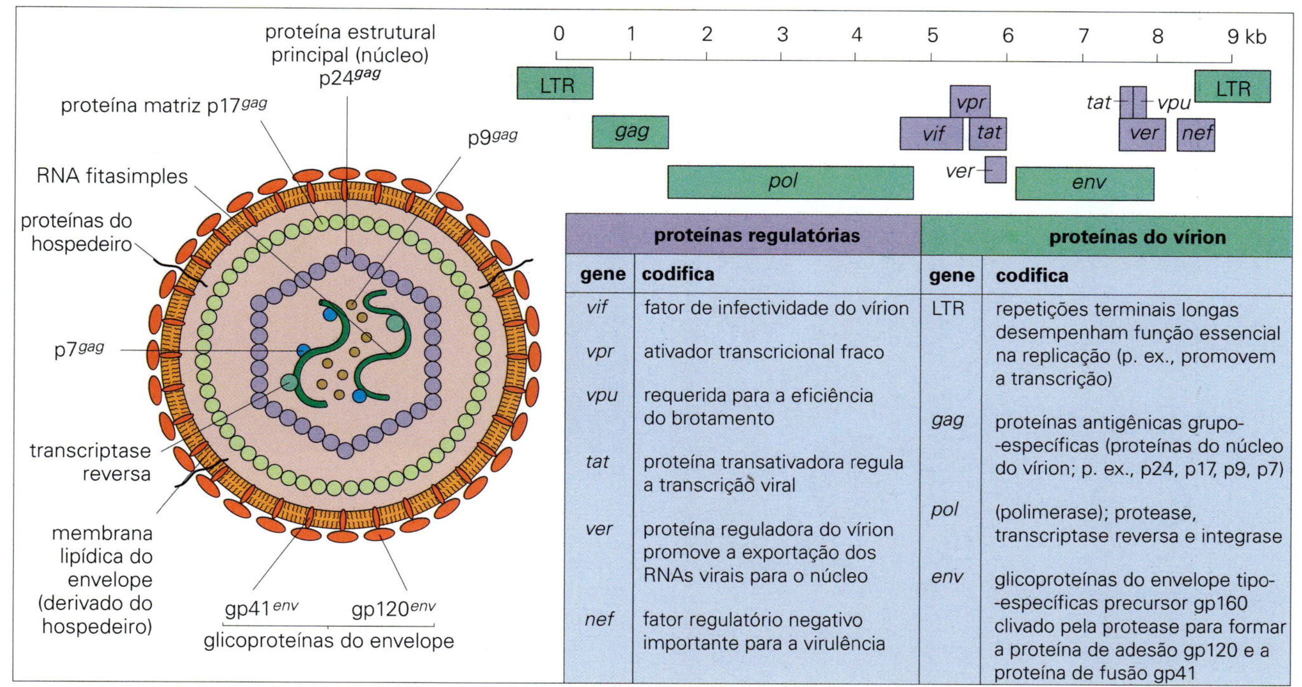

proteínas regulatórias	
gene	**codifica**
vif	fator de infectividade do vírion
vpr	ativador transcricional fraco
vpu	requerida para a eficiência do brotamento
tat	proteína transativadora regula a transcrição viral
ver	proteína reguladora do vírion promove a exportação dos RNAs virais para o núcleo
nef	fator regulatório negativo importante para a virulência

proteínas do vírion	
gene	**codifica**
LTR	repetições terminais longas desempenham função essencial na replicação (p. ex., promovem a transcrição)
gag	proteínas antigênicas grupo-específicas (proteínas do núcleo do vírion; p. ex., p24, p17, p9, p7)
pol	(polimerase); protease, transcriptase reversa e integrase
env	glicoproteínas do envelope tipo-específicas precursor gp160 clivado pela protease para formar a proteína de adesão gp120 e a proteína de fusão gp41

Figura 22.17 A estrutura e o mapa genético do HIV. Os genes *rev* e *tat* são separados em partes não contíguas e os segmentos dos genes são unidos por *rearranjos* do pré-RNA para a transcrição de RNAm. Ocasionalmente, proteínas do hospedeiro, como moléculas do grande complexo principal de histocompatibilidade (MHC, do inglês, *Major Histocompatibility Complex*) estão presentes no envelope. (p) é proteína e (gp) é glicoproteína. Cerca de 10^9 partículas de HIV-1 são produzidas por dia no pico da infecção, e esse fato, aliado à baixa fidelidade da transcriptase reversa, significa que novas variantes do vírus estarão sempre aparecendo. Mutações são observadas principalmente em genes *env* e *nef*. Qualquer paciente apresenta muitas variantes, surgindo mutantes resistentes a drogas e às respostas imunológicas.

1970 começou a se espalhar rapidamente (Fig. 22.20), possivelmente com a mudança de propriedades biológicas, em consequência de uma crescente transmissão acompanhada de grandes mudanças na ordem socioeconômica e migração de pessoas da África Central para a Oriental. Prostitutas, soldados e trabalhadores viajando pelo continente desempenharam um papel de suma importância na transmissão. As vias de migração dos diferentes subtipos foram mapeadas e o subtipo B, que predomina na Europa e nas Américas, teve origem em uma cepa africana que se espalhou para o Haiti na década de 1960 e, então, para os Estados Unidos e a Europa.

No final dos anos 1980, o HIV começou a aparecer nos países asiáticos, inicialmente na Tailândia, e em torno de 1995 uma disseminação explosiva deveu-se à transmissão heterossexual, com altas taxas de infecção em prostitutas e entre usuários de drogas injetáveis na Ásia.

Por volta de 2015, em escala mundial, cerca de 37 milhões de adultos e crianças estavam infectados com HIV, incluindo:

- 25,5 milhões na África Subsaariana;
- 5,1 milhões na Ásia e no Pacífico;
- 1,54 milhão na Europa Oriental e Ásia Central;
- 2,4 milhões na América do Norte, Europa Ocidental e Central.

Em 2009, aproximadamente 3 milhões de pessoas foram infectadas e 1,8 milhão morreram em consequência de infecções por HIV. Em 2015, esses números tinham atingido a marca de 2,1 milhões de pessoas recém-infectadas e 1,1 milhão de mortes relacionadas a AIDS.

Em 2016, o relatório global da ONUAIDS (UNAIDS) declarou que, desde 2014, 30% mais pessoas estavam recebendo terapia antirretroviral (ART), o que totalizava 17 milhões de indivíduos. Mortes relacionadas a AIDS foram reduzidas em 43% desde 2003. A cobertura global da ART era de 46% no fim de 2015, e os maiores ganhos foram na África Oriental e sudeste da África, onde o número de 24% recebendo ART em 2010 passou para 54% em 2015, pouco acima de 10 milhões de pessoas. Essas regiões também apresentaram a maior redução no número de novas infecções por HIV em adultos, 40.000 menos em 2015 do que em 2010. Os números apresentaram uma redução mais gradual ou se mantiveram iguais na maioria das outras áreas, mas foi observado um aumento de quase 60% na Europa Oriental e na Ásia Central.

O HIV infecta principalmente células com glicoproteína CD4 em suas superfícies e também requer correceptores para quimiocinas, CCR5 e CXCR4

A via de transmissão do HIV para mais de 80% dos adultos envolve as superfícies mucosas, em particular as cervicovaginais, as penianas e as retais. O restante pode ser infectado por vias intravenosas ou percutâneas. A janela de detecção do vírus é de 7-21 dias, à medida que o HIV se multiplica na mucosa e nos tecidos linforreticulares de drenagem. Os primeiros alvos são as células portadoras do receptor CD4 que incluem as células Th, monócitos, as células de Langerhans e outras células dendríticas, macrófagos e micróglias (Figs. 22.21 e 22.22). A molécula CD4 atua como um sítio de ligação de alta afinidade para glicoproteína gp120 do envelope viral. Ela interage com a proteína da transmembrana gp41 e leva a uma mudança conformacional que produz um poro de fusão para entrada viral. A replicação produtiva e a destruição celular não ocorrem até que a célula Th seja ativada. A ativação da célula Th é bastante estimulada, não somente no sentido de responder aos antígenos do HIV, mas também em decorrência de infecções microbianas secundárias observadas nos pacientes. Monócitos e macrófagos, células de Langerhans e células

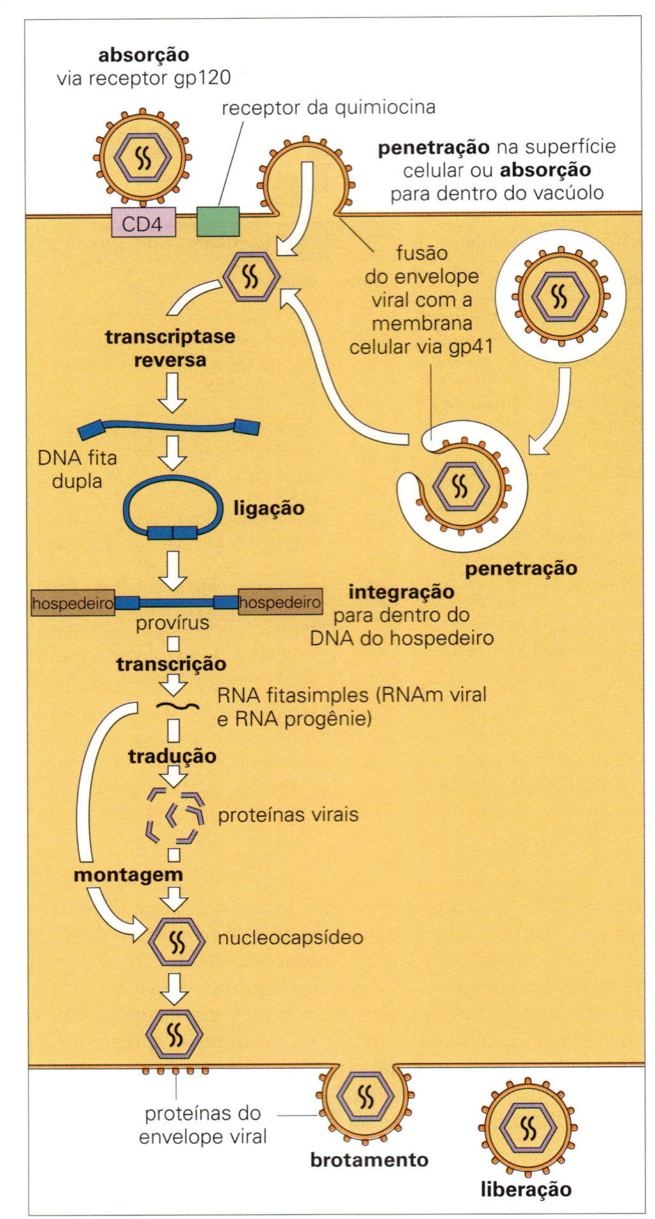

Figura 22.18 O ciclo de replicação do HIV. O vírus entra na célula por fusão com a membrana da célula na superfície celular ou via captação em um vacúolo e liberação dentro da célula.

dendríticas foliculares também apresentam a molécula CD4 e são infectadas, mas em geral não são destruídas, agindo potencialmente como um reservatório para a infecção. As células de Langerhans, como as células dendríticas na pele e na mucosa genital, podem ser as primeiras células infectadas. Posteriormente, no desenvolvimento da doença, há um distúrbio marcante do padrão histológico em folículos linfoides em consequência da destruição de células dendríticas foliculares.

O HIV-1 entra nas células hospedeiras por intermédio da ligação da gp120 viral com o receptor CD4 e um correceptor de quimiocinas na superfície da célula hospedeira. O receptor de betaquimiocina CCR5 é importante no estabelecimento da infecção. Os indivíduos com deleção do gene CCR5 são resistentes à infecção. Por outro lado, o progresso da doença tem sido associado a variantes do HIV usando o receptor de alfaquimiocina CXCR4. A suscetibilidade celular à infecção é, portanto, afetada pelos níveis desses correceptores de quimiocinas; por exemplo, a sua expressão pode ser regulada positivamente por infecções oportunistas.

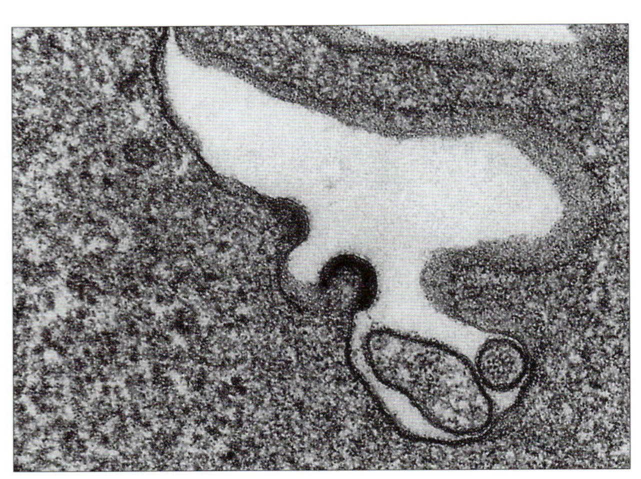

Figura 22.19 Micrografia eletrônica mostrando o brotamento do HIV a partir da superfície da célula antes da liberação. (Cortesia de D. Hockley.)

Ocorre a infecção produtiva das células T CD4 em repouso no sistema linforreticular do trato gastrointestinal. Essas células expressam os receptores de integrina, as moléculas de fixação viral, bem como os marcadores de superfície da célula Th, e a infecção pelo HIV-1 expande-se rapidamente com um aumento nos níveis de RNA do HIV-1 simultaneamente à depleção irreversível dos reservatórios de células Th, bem como uma indução de uma resposta de citocina e quimiocina inflamatórias. Um estado de latência é logo estabelecido com a formação de reservatórios virais de tecido linfoide persistentes.

Inicialmente, o sistema imunológico reage contra a infecção por HIV, mas depois começa a falhar

Durante os primeiros meses, células T CD8-positivas específicas para o vírus são formadas e reduzem a viremia, que é referida como a carga de HIV. As respostas imunológicas inatas e adaptativas à infecção por HIV levam a esse ponto de definição da replicação do HIV (Fig. 22.22). Em seguida, surgem os anticorpos neutralizantes cerca de três meses após a infecção e mutações de escape virais se desenvolvem. São produzidas diariamente até 10^{10} partículas virais infecciosas e até 10^9 linfócitos infectados. Então, o sistema imunológico começa a sofrer danos graduais e o número de células T CD 4-positivas circulantes cai sensivelmente e a carga de HIV cresce. Além da perda das células T CD4 totais, os subconjuntos de células T também mudam, incluindo aqueles que estão envolvidos na defesa contra bactérias. Quase todas as células T CD4-positivas infectadas estão nos linfonodos. As respostas imunológicas mediadas por célula contra antígenos virais, avaliadas por linfoproliferação, enfraquecem, enquanto as respostas para outros antígenos continuam normais. Talvez o vírus inicialmente coordene uma supressão específica das respostas protetoras contra ele próprio. Eventualmente, o paciente perde a batalha para repor as células T perdidas e os números caem com mais rapidez. Respostas aos testes de hipersensibilidade cutânea do tipo tardio (DTH) não aparecem e as atividades das células exterminadoras naturais (NK, do inglês *Natural Killer*) e das células T citotóxicas (Tc) são reduzidas, além de várias outras anomalias imunológicas, incluindo ativação policlonal de células B. Constatam-se alterações funcionais em linfócitos T — respostas reduzidas a

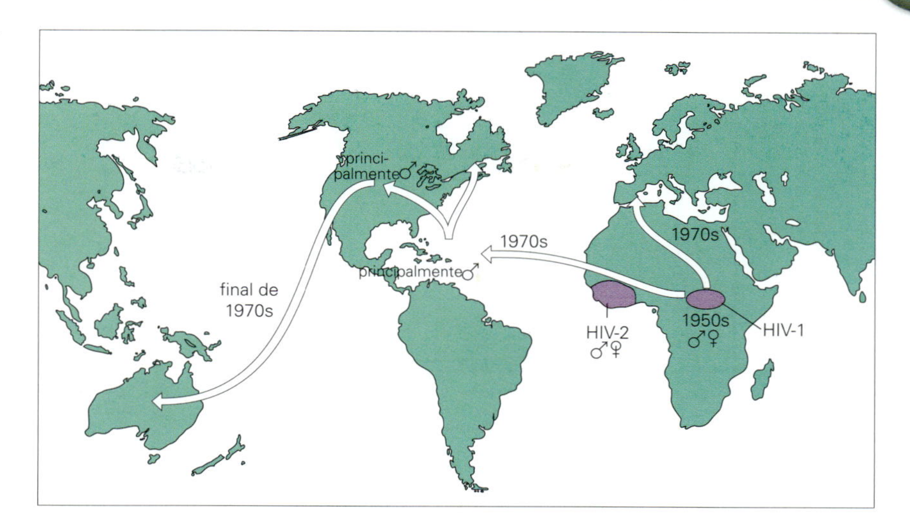

Figura 22.20 Propagação inicial da infecção por HIV (atualmente de âmbito global). O HIV-1 deve ter permanecido na África Central por muitos anos antes de o aumento da migração e de as mudanças socioeconômicas terem causado a sua disseminação no final dos anos 1970. Fora da África, a maioria das infecções ocorria em homens.

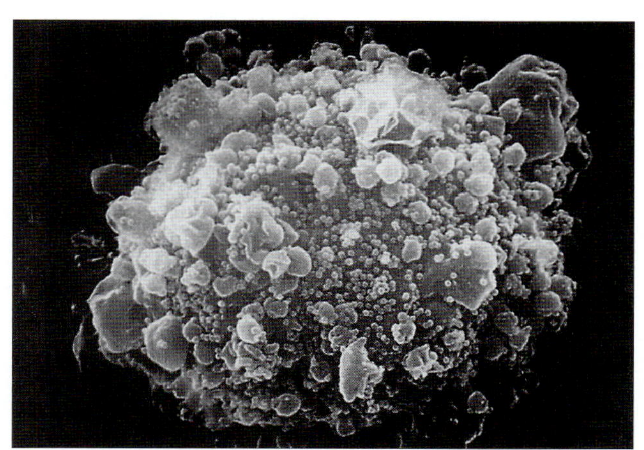

Figura 22.21 Micrografia eletrônica de varredura de célula Th infectada por HIV. (20.000 ×). (Cortesia de D. Hockley.)

mitógenos, redução de interleucinas 2 (IL-2) e da produção de interferon gama (IFNγ). À medida que a AIDS se desenvolve, as respostas ao HIV e a antígenos não relacionados diminuem. O sistema imunológico perdeu o controle. As avaliações da carga plasmática de RNA do HIV-1 têm demonstrado capacidade para a realização de prognóstico clínico e são usadas no tratamento clínico para ajudar a determinar o estágio da doença e o seu progresso, além da resposta à terapia antirretroviral.

Os fatores a seguir devem ser considerados no desenvolvimento da supressão imunológica:

- células Th mortas diretamente pelo HIV;
- células Th induzidas ao suicídio (apoptose, morte celular programada) pelo vírus;
- células Th tornadas vulneráveis ao ataque imunológico pelas células Tc;
- a reposição comprometida das células T em decorrência dos danos causados ao timo e aos linfonodos, bem como da infecção das células-tronco;
- defeitos na apresentação de antígenos associados à infecção de células dendríticas;
- moléculas virais imunossupressoras (gp120, gp41).

A resposta do hospedeiro é ainda debilitada pelas altas taxas de evolução viral auxiliada pela ausência da função de correção de leitura da transcriptase reversa. O vírus existe como uma quase espécie, ou seja, a infecção compreende uma série de cepas heterogêneas. Algumas são variantes que se evadem do sistema imune e outras apresentam maior patogenicidade.

Antes do advento da terapia antirretroviral combinada, a imunossupressão era permanente, o paciente permanecia infectante, o vírus persistia no organismo, e a morte se devia a infecções oportunistas e tumores.

O HIV-2 parece ser transmitido com menos facilidade que o HIV-1, provavelmente porque a carga viral é menor e a progressão para a AIDS é mais lenta. O HIV-2 é endêmico na África Ocidental e se disseminou para Portugal e regiões da Índia.

Vias de transmissão

Em países desenvolvidos, como os da Europa Ocidental e Central e da América do Norte, a principal rota de transmissão é MSM. Isso se deve ao maior risco de transmissão pela relação sexual anal receptiva, redes de relações sexuais expandidas e comportamento de maior risco devido à eficácia da ART. A infecção é transmitida primariamente de homem para homem e de homem para mulher (Fig. 22.23), embora de forma não tão eficiente quando comparada a outras ISTs. A transmissão de mulher para homem, entretanto, é uma característica comum e bem estabelecida do HIV na África e na Ásia.

A transmissão heterossexual não tem sido, até o momento, tão importante em países desenvolvidos quanto o é em países em desenvolvimento

Uma explicação para a maior disseminação heterossexual em países em desenvolvimento é que outras ISTs são mais comuns, causando úlceras e corrimentos, que são fontes de linfócitos e monócitos infectados. Úlceras genitais estão associadas a um risco quatro vezes maior de infecção. Além disso, cepas virais da Ásia e da África Subsaariana têm demonstrado a capacidade de infectar células de Langerhans na mucosa genital com mais facilidade do que outras cepas. Não está claro se o HIV pode infectar homens pela uretra ou se fissuras preexistentes na pele do órgão genital são necessárias. Como em outras ISTs, homens não circuncidados apresentam maior probabilidade de serem infectados.

É estimado que uma redução na carga plasmática do HIV de 0,7 $\log_{10}$ reduza o risco de transmissão de HIV em 50%, motivo pelo qual medidas de profilaxia preventiva pré e pós-exposição foram investigadas e promovidas, em conjunto com mensagens promovendo o sexo seguro.

O HIV também pode ser transmitido verticalmente da mãe infectada para o filho, mas o bebê não é infectado em

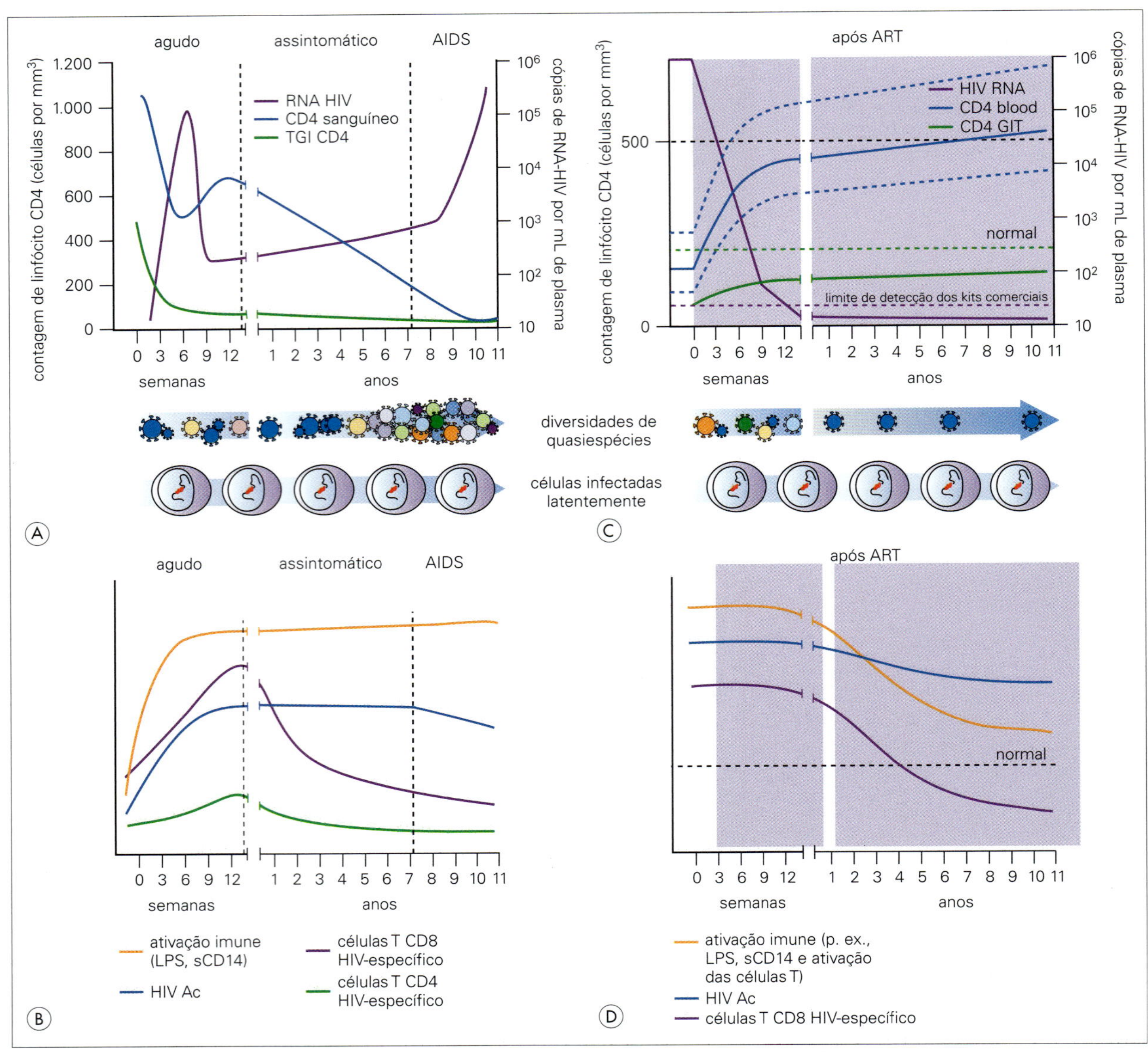

Figura 22.22 Uma comparação da infecção por HIV quando não tratada e após a terapia antirretroviral. (A) Caso a infecção por HIV não seja tratada, a quantidade de células T CD4 reduz gradualmente no sangue e são rapidamente esgotadas precocemente no trato gastrointestinal. (B) O resultado imediato da infecção por HIV é a ativação da resposta imunológica, incluindo a produção de anticorpos não neutralizantes e células T específicas do HIV CD4 e CD8, resultando em uma redução temporal do RNA de HIV no sangue. (C) A terapia antirretroviral reduz significativamente o RNA de HIV com variação da recuperação de células T CD4 dependendo do indivíduo (painel). Por outro lado, há recuperação reduzida das células T CD4 no trato gastrointestinal. (D) A terapia antirretroviral está associada a uma redução no RNA do HIV e do antígeno viral e uma redução nas células T específicas de HIV, embora o anticorpo persista em todos os pacientes. A ativação imune também é reduzida, mas permanece significativamente elevada na maioria dos pacientes em comparação com os controles saudáveis. *TGI*, trato gastrointestinal; *LPS*, lipopolissacarídeo. (De Maartens G.; Celum C.; Lewin S.R. Infecção por HIV: epidemiologia, patogênese, tratamento e prevenção. *Lancet* 2014; 384;258–271, Fig. 3, com permissão.)

55-85% das gestações, sendo que o limite superior está associado à ausência de aleitamento materno. Em geral, o bebê é infectado em cerca de 20% das gestações no útero e durante o trabalho de parto. A taxa de transmissão perinatal e pós-natal varia de 11-16%, sendo que a maior taxa corresponde ao caso de a criança ter sido amamentada até os 24 meses. Em países desenvolvidos, o rastreamento pré-natal do HIV, com a administração de drogas antivirais durante a gestação e o parto cesariano, evitando a amamentação, e administração de drogas antirretrovirais ao recém-nascido reduziram o risco de transmissão do HIV para a criança. Nos países em desenvolvimento, foi demonstrado que a administração de uma dose de uma droga antirretroviral tanto para a mãe como para o filho reduziu a transmissão do HIV em 47%.

No final de 2015, havia cerca de 150.000 crianças recém-infectadas com HIV, em comparação com 490.000 em 2000. Em 2015, 110.000 crianças morreram de enfermidades relacionadas à AIDS, em comparação com 320.000 mortes estimadas em 2004.

Hemofílicos e outros que receberam hemoderivados contaminados também foram infectados no passado. Como para qualquer vírus transmitido pelo sangue, o uso de agulhas contaminadas, como em usuários de drogas injetáveis, tatuagens, *piercings* e acupuntura, pode levar à infecção.

Finalmente, os profissionais da saúde estão sob o risco de infecção por HIV após picadas de agulhas ou outro contato

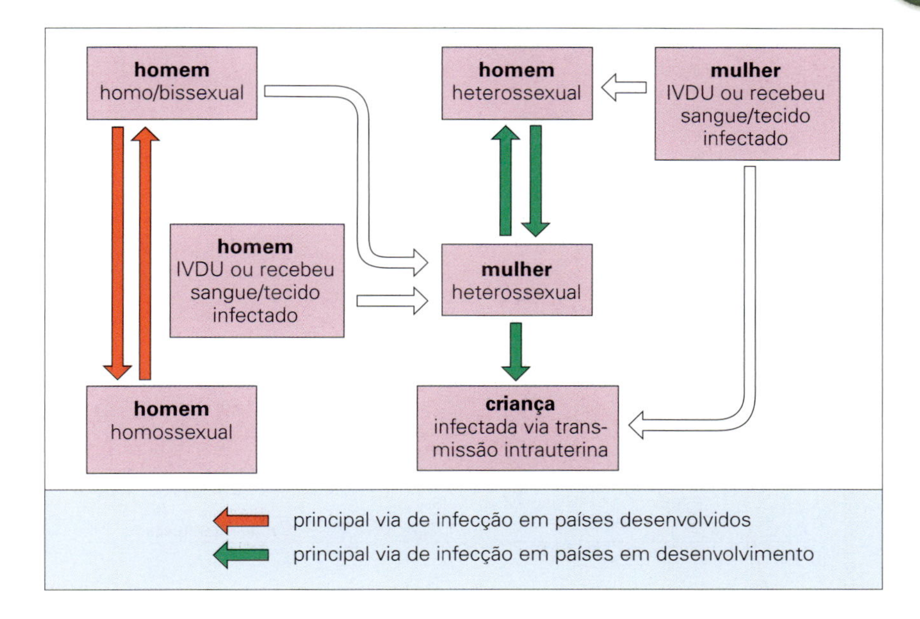

Figura 22.23 Principais vias de transmissão do HIV. Embora a transmissão heterossexual tenha sido, até o momento, bem estabelecida somente em países em desenvolvimento, há evidências de que essa via está se tornando mais importante em países desenvolvidos. UDI, usuário de droga intravenosa.

acidental com lesões em mucosas a partir de um material infectado por HIV. O risco de infecção é de aproximadamente 1 em 400 e depende de uma série de fatores, incluindo a profundidade do ferimento e a quantidade de sangue à qual o acidentado foi exposto. O uso de equipamentos de proteção individual, como luvas e máscaras, faz parte das precauções universais para se evitar a exposição.

Características clínicas

A infecção primária do HIV pode ser acompanhada de uma doença semelhante a uma mononucleose branda

Os sinais e sintomas da doença semelhante a uma mononucleose branda associada à infecção por HIV incluem febre, mal-estar, exantema maculopapular e linfadenopatia. A infecção aguda com rápida e ampla disseminação viral é seguida por um estágio crônico e assintomático. A replicação viral é reduzida de acordo com a resposta imunológica, e o indivíduo geralmente permanece bem. A duração desse estágio depende de uma série de fatores, incluindo o fenótipo viral, a resposta imunológica do hospedeiro e o uso de terapia antirretroviral (Fig. 22.24). Porém, as células infectadas ainda estão presentes e, em um estágio mais avançado, o indivíduo infectado pode desenvolver perda de peso, febre, linfadenopatia persistente, candidíase oral e diarreia. A replicação viral continua até que, finalmente, alguns anos após a infecção inicial, o quadro pleno da AIDS se desenvolve (Fig. 22.25).

Progressão para AIDS

A invasão viral do SNC, com meningoencefalite asséptica autolimitada, é o quadro neurológico mais comum, ocorrendo nos primeiros estágios da infecção.

Uma encefalopatia progressiva associada ao HIV é observada em indivíduos com AIDS, e é caracterizada por múltiplos nódulos pequenos de células inflamatórias; a maioria das células infectadas parece ser micróglias ou macrófagos infiltrados. Estas células expressam o antígeno CD4 e foi sugerido que monócitos infectados transportam o vírus para o cérebro, mas o quadro se torna mais complicado pelas várias infecções persistentes que são ativadas, dando origem à sua própria patologia do SNC. Estas incluem infecções por HSV, vírus varicela-zóster (VVZ), *Toxoplasma gondii*, vírus JC (leucoencefalopatia multifocal progressiva, LMP) e *Cryptococcus neoformans*.

O HIV exerce um complexo controle sobre sua própria replicação (Fig. 22.18). A replicação também é afetada por respostas a outras infecções, que funcionam como estímulo antigênico, e algumas delas atuam diretamente como agentes transativadores.

Alguns pacientes, sobretudo na África, desenvolvem uma síndrome de caquexia (doença da "magreza"), possivelmente em decorrência de infecções ou infestações intestinais desconhecidas, e talvez também dos efeitos diretos dos vírus que infectam as células da parede intestinal.

A AIDS, como doença sintomática, consiste em um amplo espectro de doenças microbianas adquiridas ou reativadas em consequência da imunossupressão subjacente causada pelo HIV (Fig. 22.26; Tabela 22.9). O quadro da doença da AIDS é, portanto, um resultado indireto da infecção por HIV.

Antes do advento da terapia antirretroviral, um estudo em Nova York apresentou uma taxa de mortalidade de 80%, 5 anos depois do estabelecimento da doença, com um tempo médio de sobrevida após a admissão no hospital de 242 dias.

Tratamento

A terapia antirretroviral resulta em melhora marcante do prognóstico da doença

Nos anos 1990, várias terapias antirretrovirais foram introduzidas, que incluíam inibidores da transcriptase reversa análogos de nucleosídeos (ITRN), inibidores da transcriptase reversa não análogos de nucleosídeos (ITRNN) e inibidores de protease (IP). Estes foram desenvolvidos ao longo das duas décadas posteriores em termos de novos medicamentos em todas as classes e combinações. Em 2003, um inibidor de fusão foi adicionado à lista, e por volta de 2009, duas outras classes estavam disponíveis: um inibidor de integrase e um antagonista de receptor de quimiocina (ver detalhes no Cap. 34). Combinadas com dois ITRNs, as drogas ITRNN ou IP têm apresentado um efeito marcante na progressão da AIDS, e o termo terapia antirretroviral altamente ativa (HAART, do inglês, *Highly Active Antiretroviral Therapy*) foi alterado em 2016 para terapia antirretroviral combinada (cART). Os efeitos colaterais incluem toxicidade

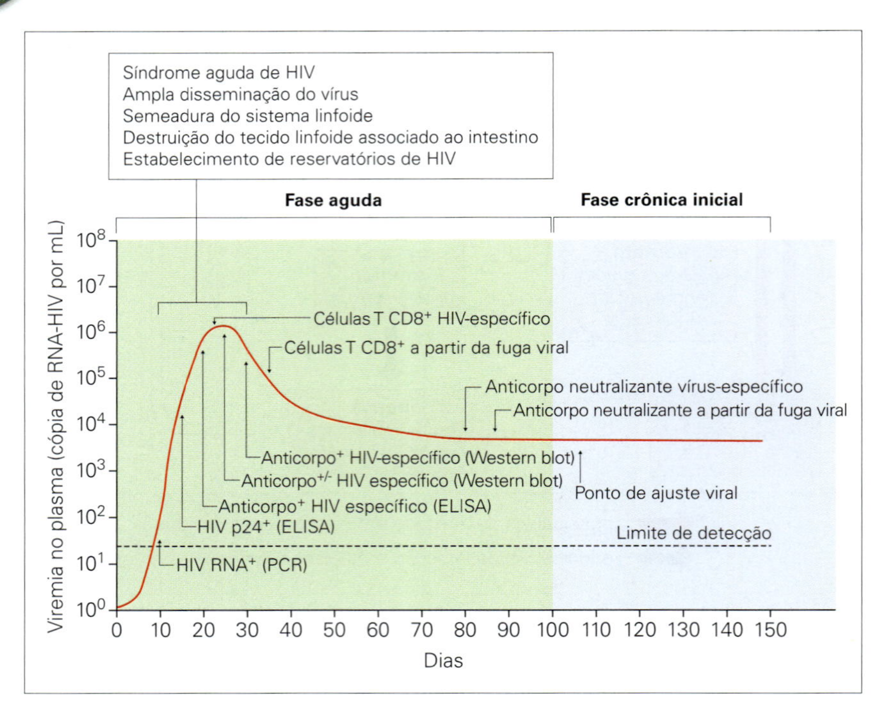

Figura 22.24 Cinética dos eventos imunológicos e virológicos associados à infecção pelo vírus da imunodeficiência humana (HIV) durante as fases aguda e crônica inicial. O esquema representa a sequência dos eventos, incluindo o surgimento dos antígenos virais, anticorpos HIV-específicos e células T $CD8^+$ HIV-específicas durante as fases aguda e crônica inicial da infecção. Os reservatórios do HIV são estabelecidos durante a fase aguda da infecção logo após o surgimento da viremia plasmática. Por toda a fase aguda da infecção, caracterizada por replicação viral em massa e altos níveis de viremia plasmática, uma síndrome aguda do HIV desenvolve-se na maioria dos indivíduos infectados e o vírus se dissemina rapidamente para diversos órgãos linfoides, provocando depleção extensa das células T $CD4^+$. Embora a imunidade anti-HIV, incluindo as células T $CD8^+$ e os anticorpos específicos contra o vírus, se desenvolva durante a fase aguda da infecção, mutantes virais surgem rapidamente. CD, grupamento de diferenciação; ELISA, ensaio imunossorvente ligado à enzima; PCR, reação em cadeia da polimerase. (Retirada a partir de Moir, S.; Chun T.W.; Fauci A.S. Mecanismos patogênicos da doença do HIV, *Annu Rev Pathol Mech Dis* 6:223–248, 2011.)

mitocondrial e distribuição alterada de gordura, conhecida como lipodistrofia. A adesão ao tratamento era um problema, em decorrência dos efeitos colaterais, além do número e da frequência diária de pílulas. A omissão das doses pode levar ao desenvolvimento de resistência à droga, limitando, assim, as opções terapêuticas. No entanto, o tratamento foi simplificado não apenas pela combinação de classes individuais de até três medicamentos em um comprimido, mas também combinações de classes (Cap. 34). A melhora do monitoramento utilizando medidas de carga plasmática de HIV e a contagem e a porcentagem de células CD4 demonstraram o sucesso da cART, com rápida queda da carga viral plasmática e aumento de células CD4 sendo observados após o início da terapia.

No entanto, o HIV pode ser detectado em vários compartimentos do corpo, incluindo o líquido celaforraquidiano e o trato genital. As drogas antirretrovirais podem não penetrar nesses sítios, resultando em uma alta carga viral detectada no sêmen, apesar da supressão da carga de HIV no plasma.

Em consequência do diagnóstico e da vigilância aprimorados, da prevenção e do uso da cART, o número de mortes relacionadas à AIDS entre crianças e adultos no mundo diminuiu de 1,5 milhão em 2010 para 1,1 milhão em 2015.

Resistência a medicamento antirretroviral e opções melhoradas de tratamento

A carga plasmática de RNA do HIV-1 é um bom indicador da replicação viral, e a falha da terapia antirretroviral é constatada por um aumento da carga viral. Os testes de resistência a antirretrovirais e o monitoramento terapêutico da droga fazem parte do tratamento clínico. Testes de resistência à droga devem ser conduzidos quando a carga plasmática de HIV-1 não for suprimida mesmo mediante terapia antirretroviral. Mutações específicas nas regiões da transcriptase reversa, das regiões protease e integrase do HIV, aliadas à suscetibilidade reduzida a uma ou mais drogas antirretrovirais, foram identificadas por sequenciamento de ácidos nucleicos, conhecido como análise genotípica. Algumas mutações conferem resistência a mais de uma droga da mesma classe, enquanto outras determinam resistência somente a drogas específicas.

A transmissão do HIV resistente à droga é uma questão importante. As mutações associadas à resistência à droga foram detectadas em aproximadamente 14% das amostras testadas em 2002, mas caíram para cerca de 7% em 2013, de adultos que ainda não haviam sido submetidos à terapia antirretroviral infectados com HIV no Reino Unido. Essa redução provavelmente se deve à introdução de combinações melhoradas da ART, tanto em termos de classes medicamentosas como na redução da carga de pílulas, que melhoraram a aderência ao tratamento. A prevalência de vírus resistentes a drogas em indivíduos recém-infectados dependerá de alguns fatores, como mudanças na orientação dos testes, mais indivíduos virologicamente suprimidos recebendo cART e se o indivíduo foi infectado por alguém refratário à terapia antirretroviral. Além disso, foi observada uma redução enorme na prevalência das mutações de resistência a medicamentos em indivíduos que utilizavam ART, 72% em 2002 para 33% em 2013 pelos motivos apresentados anteriormente.

A avaliação inicial dos testes de resistência à droga antirretroviral é parte das diretrizes de tratamento em muitos países antes do início do tratamento, já que a infecção com um vírus resistente à droga pode afetar a eficácia de terapias subsequentes.

O tratamento da AIDS envolve profilaxia e o tratamento de infecções oportunistas, bem como a utilização de antirretrovirais

Dependendo da contagem de CD4, a profilaxia é administrada para infecções oportunistas específicas, como aquelas causadas por *Pneumocysts jirovecii* e *Cryptococcus neoformans*. Quando infecções oportunistas são diagnosticadas, elas são tratadas de forma apropriada com, por exemplo, cotrimoxazol ou pentamidina associada ou não a esteroides para o *P. jirovecii*, ganciclovir para citomegalovírus (CMV), e fluconazol ou anfotericina para infecções por *C. neoformans*.

Testes laboratoriais

Testes laboratoriais para a infecção por HIV envolvem análise sorológica e molecular

A síndrome da imunodeficiência adquirida (AIDS) é uma definição clínica; a presença de anticorpos contra o HIV,

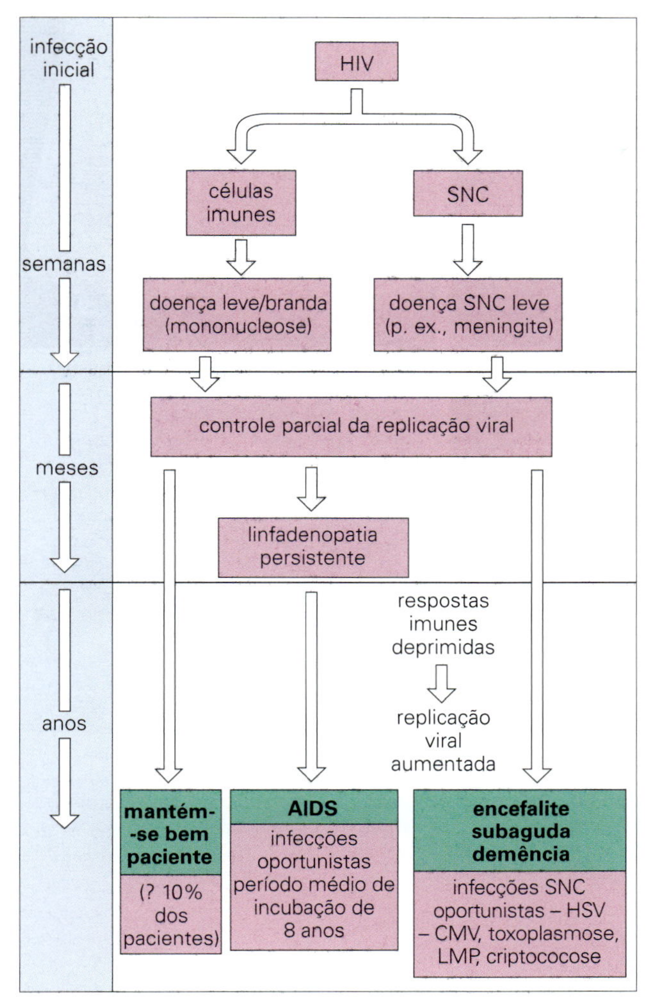

Figura 22.25 Características clínicas e progressão da infecção por HIV não tratada. CMV, citomegalovírus; SNC, sistema nervoso central; HSV, vírus do herpes simples; LMP, leucoencefalopatia multifocal progressiva.

quaisquer das condições listadas na Tabela 22.9, independentemente da presença de outras causas de imunodeficiência, indica AIDS. A variedade e a complexidade dos testes utilizados para triagem de HIV-1 e 2, diagnóstico da infecção e monitoramento da progressão da doença e da resposta à terapia têm aumentado de forma considerável ao longo do tempo.

A replicação viral ocorre durante o período de incubação, período em que o genoma viral e, de forma breve, o antígeno viral p24, mas não a resposta de anticorpo do hospedeiro, podem ser detectados. Os testes diagnósticos para o HIV-1 e 2 podem ser divididos em detecção combinada de anticorpos e antígenos, detecção de antígenos, detecção de anticorpos isolados (embora este seja um teste menos sensível) e detecção do genoma. Esta última pode ser dividida em detecção qualitativa do DNA pró-viral do HIV-1 ou 2 e detecção quantitativa de RNA do HIV-1 ou 2. Além disso, os ensaios de resistência à droga e tropismo antirretroviral são parte do tratamento padrão.

Inicialmente, um ensaio de combinação antígeno/anticorpo contra HIV-1 e 2, que inclui anticorpo e antígeno p24, é realizado. Esses ensaios foram desenvolvidos para reduzir o período de janela imunológica para fins diagnósticos. A reatividade do ensaio é confirmada utilizando-se uma versão alternativa do teste de HIV na amostra original não separada e estocada no laboratório. Tal procedimento tem como objetivo garantir que não houve erro na separação de uma amostra. A diferenciação do tipo de HIV pode ser obtida realizando-se diversos ensaios, que podem incluir *imunoblotting*, no qual os antígenos recobrem tiras de nitrocelulose. Um resultado positivo é confirmado a partir de outra amostra de sangue, para assegurar que a amostra original não tenha sido identificada de forma errônea durante a coleta.

Os testes de detecção de RNA do HIV-1 ou do DNA pró-viral podem ser conduzidos em amostras de plasma e de sangue total, respectivamente, se um baixo nível de reatividade na amostra sérica dificultar o diagnóstico ou se o paciente tiver problema de soroconversão e os testes de triagem forem negativos.

Parte do monitoramento de pacientes infectados pelo HIV-1, submetidos ou não à terapia antirretroviral, envolve a quantificação da carga plasmática de RNA do HIV-1, que pode ser obtida usando-se vários testes comerciais, ou internos, por diferentes métodos. Os principais tipos de teste são baseados na reação em cadeia da polimerase via transcrição reversa (RT-PCR, do inglês, *Reverse Transcription-Polymerase Chain Reaction*), na amplificação de DNA ramificado e na amplificação isotérmica de RNA mediada por transcrição.

Além disso, parte do portfólio do laboratório envolve a análise genotípica da resistência antirretroviral por sequenciamento automático de DNA. Este é um teste mais especializado e a interpretação dos resultados pode ser complicada.

O diagnóstico da infecção por HIV em recém-nascidos pode ser difícil porque a IgG materna passivamente adquirida pode ser detectada nos primeiros 12 meses após o nascimento. Os laboratórios de referência podem ter testes internos, como parte de seu portfólio, que são empregados para detecção de IgM e IgA específicas contra o vírus, o que significaria infecção *in utero* (Cap. 24). Amostras obtidas de lactentes são testadas em diferentes intervalos de tempo até 12-24 meses para o antígeno p24, o RNA do HIV-1 e/ou o DNA pró-viral do HIV-1, além do anticorpo contra o HIV para avaliar o seu *status* em relação ao HIV.

Medidas de controle da disseminação

Há diversas medidas preventivas para reduzir a disseminação do HIV

Em países desenvolvidos como o Reino Unido, a maioria das novas infecções de 2014 envolveram MSM (Fig. 22.27A e B). O número anual estimado de novas infecções por HIV em todas as idades não mudou de maneira substancial de cerca de 2,2 milhões em 2010 para cerca de 2,1 milhões em 2015. A maior queda no índice de novas infecções por HIV em adultos foi observada na África Oriental, Sudeste da África e África Ocidental, sendo que ambos os registros mostravam uma queda de cerca de 50.000 e 40.000 menos casos de novas infecções de HIV em adultos, respectivamente, em 2015.

Reduções muito menores ocorreram na região da Ásia e Pacífico, América Latina e Caribe, Europa Ocidental e Oriental, América do Norte, Oriente Médio e África do Norte. No entanto, um aumento de quase 60% foi observado na Europa Oriental e na Ásia Central (atualização global sobre a AIDS da ONUAIDS de 2016).

O risco de se transmitir HIV pelo sangue e por hemoderivados foi consideravelmente reduzido por programas de triagem do doador e tratamento por calor, respectivamente. As pessoas sob risco de infecção são aconselhadas a não doar sangue. O tratamento por calor do fator VIII é uma precaução

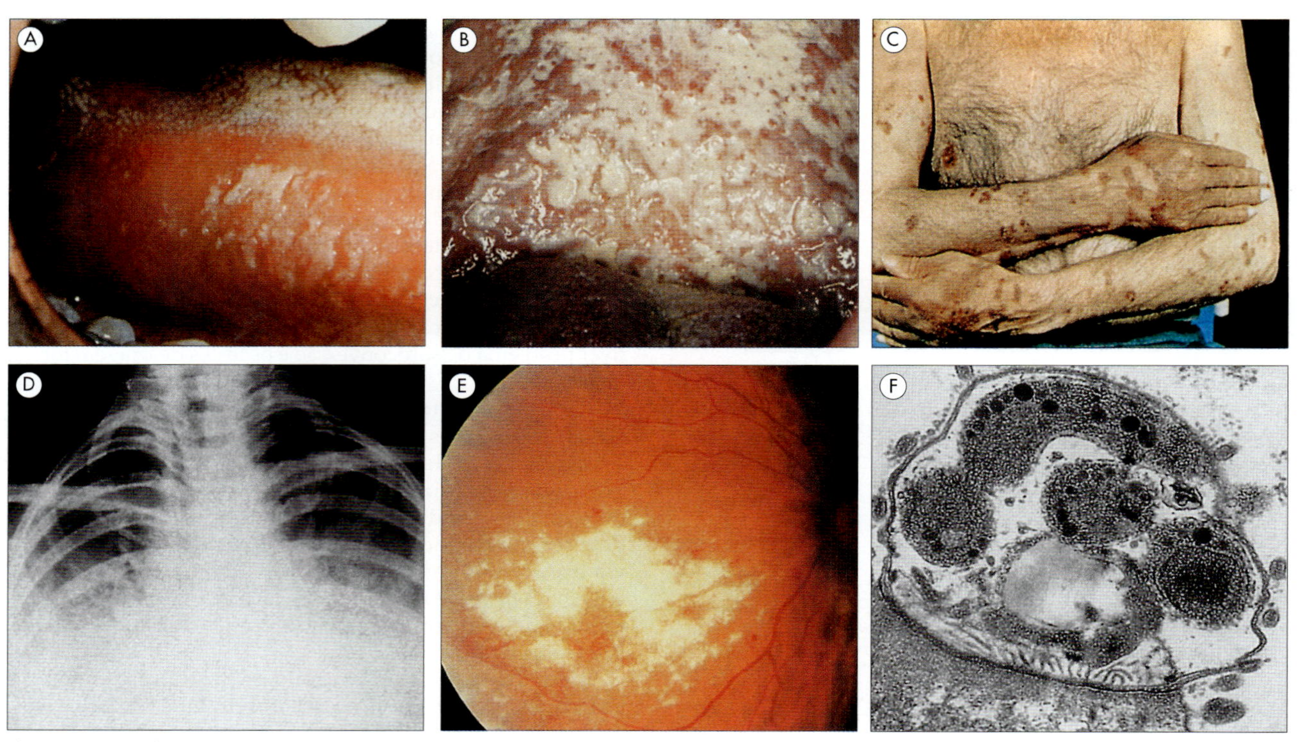

Figura 22.26 Infecções oportunistas e tumores associados à infecção por HIV. (A) Leucoplasia pilosa, lesões esbranquiçadas e elevadas na mucosa oral, predominantemente ao longo da face lateral da língua, devido à infecção pelo vírus Epstein-Barr. (B) Candidíase oral extensa. (C) Sarcoma de Kaposi – lesões com pigmentação marrom nos membros superiores. (D) Pneumonia causada por *Pneumocystis*, com infiltrados extensos em ambos os pulmões. (E) Retinite causada por citomegalovírus apresentando exsudatos esparsos e hemorragias, com alterações vasculares. (F) Criptosporidiose – micrografia eletrônica mostrando um esquizonte maduro com vários merozoítos aderidos ao epitélio intestinal. (Cortesia de H.P. Holley. [B] e [F] Cortesia de W.E. Farrar. [C] Cortesia de E. Sahn. [D] Cortesia de J.A. Innes. [E] Cortesia de C.J. Ellis.)

Tabela 22.9 Infecções oportunistas e tumores na AIDS

Vírus	CMV disseminado (incluindo retina, cérebro, sistema nervoso periférico, trato gastrointestinal) HSV (pulmões, trato gastrointestinal, SNC, pele) Vírus JC (cérebro – LMP) VEB (leucoplasia pilosa, linfoma cerebral primário) HHV-8 (sarcoma de Kaposi)[b]
Bactérias[a]	Micobactérias (p. ex., *Mycobacterium avium*, *M. tuberculosis* – infecções disseminadas, extrapulmonares) Sepse por *Salmonella* (recorrente, disseminada)
Protozoários	*Toxoplasma gondii* (disseminados, incluindo SNC) *Cryptococcus neoformans* (SNC) Histoplasmose (disseminada, extrapulmonar) *Coccidioides* (disseminados, extrapulmonares)
Outros	Doença emaciante (causa desconhecida) Encefalopatia causada por HIV

[a]Também bactérias piogênicas (p. ex., *Haemophilus*, *Streptococcus*, pneumococos) causando sepse, pneumonia, meningite, osteomielite, artrite, abscessos etc.; infecções múltiplas ou recorrentes, especialmente em crianças.
[b]Associada ao HHV-8, um agente transmitido de forma independente; 300 vezes mais frequente na AIDS do que em outras imunodeficiências. A AIDS é definida como a presença de anticorpos contra o HIV em associação a uma das condições dessa tabela. CMV, citomegalovírus: SNC, sistema nervoso central; VEB, vírus Epstein-Barr; HSV, vírus do herpes simples; LMP, leucoencefalopatia multifocal progressiva.

adicional antes de o produto ser utilizado para o tratamento de pacientes hemofílicos. O HIV tem um delicado envoltório externo, sendo altamente suscetível ao calor e a agentes químicos. O HIV é inativado mediante condições de pasteurização, como também pela ação de hipocloritos, mesmo em concentrações baixas, como 1 em 10.000 ppm; 2,5% de glutaraldeído e álcool etílico também são eficazes contra o vírus.

O problema da transmissão entre usuários de drogas injetáveis tem sido enfrentado em algumas áreas por medidas que são originalmente controversas, como a distribuição gratuita de seringas e agulhas não contaminadas.

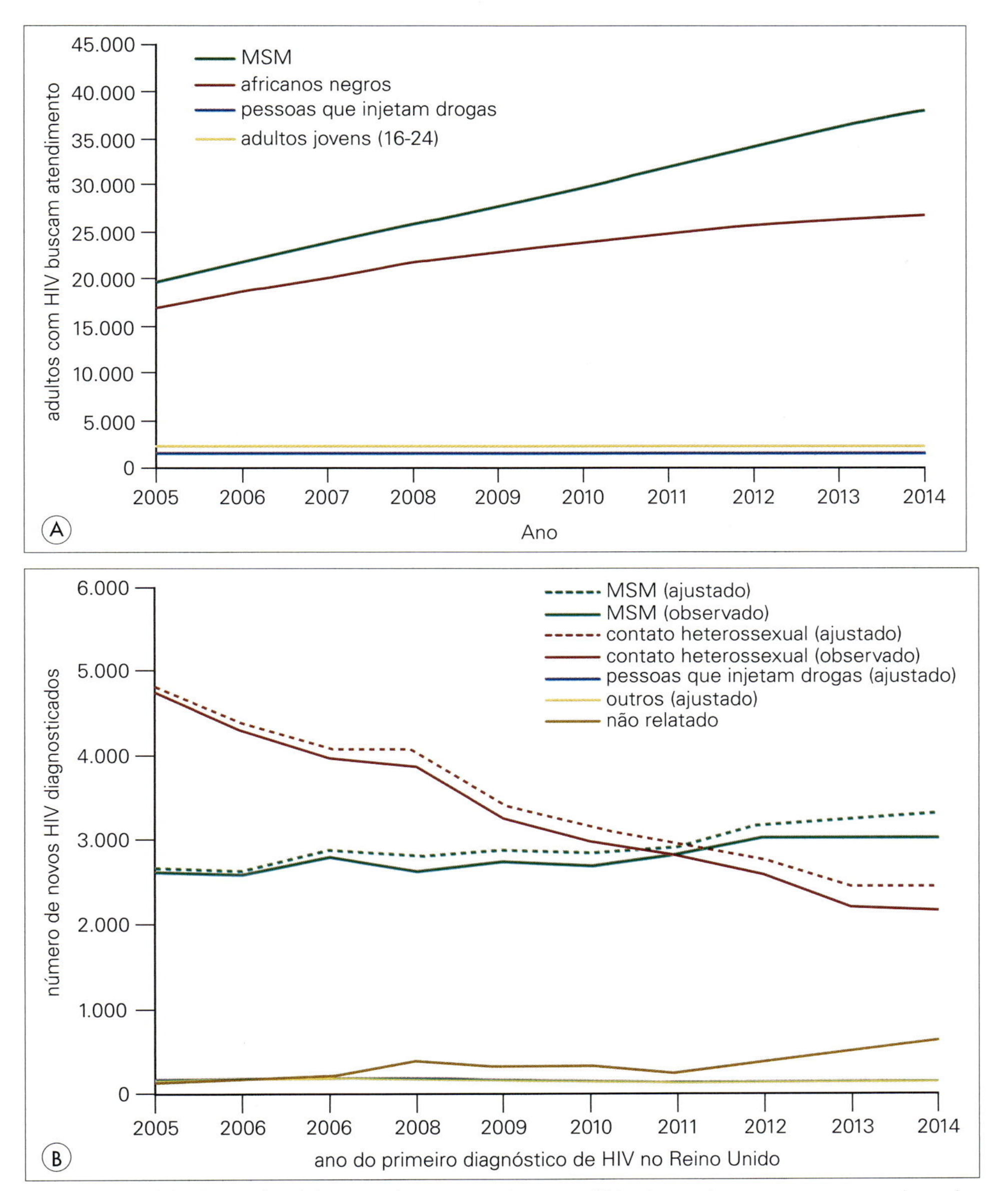

Figura 22.27 (A) Número de adultos tratados para terapia contra HIV ao longo do tempo por grupos-chave de prevenção e (B) novos diagnósticos de HIV por grupo de exposição ao longo do tempo; 2005-2014 (Redefinido a partir de Skingsley A.; Kirwan P.; Yin Z. et al. *Novos Diagnósticos, Tratamento e Cuidados para o HIV no Reino Unido, Relato de 2015*: Dados até o fim de 2014. Outubro de 2015. Londres: Saúde Pública da Inglaterra. Figs. 1 e 5.)

Programas educacionais de saúde pública foram apresentados por diversos tipos de mídias para reduzir a incidência de todas as ISTs.

Vacinação

Há uma série de desafios no desenvolvimento de uma vacina bem-sucedida contra a infecção por HIV

Mais de 50 regimes de vacinas foram submetidos a ensaios clínicos desde 1999. No entanto, apenas quatro foram transferidos para o teste de conceito ou ensaios de eficácia clínica. As perspectivas são limitadas por diversas razões, incluindo variação antigênica viral e diversidade de sequências, lenta resposta de anticorpos neutralizantes à infecção por HIV, evasão viral às respostas imunológicas e estabelecimento dos reservatórios virais latentes. Diversas subunidades de glicoproteínas do envoltório, vacinas de vírus inteiros inativados, vacinas de DNA plasmidial e vetores virais para transportar antígenos do HIV foram investigados e testados. Os ensaios têm sido realizados em modelos animais (macacos) e também em seres humanos.

O objetivo é prevenir a infecção ou reduzir a carga de HIV e a progressão clínica pós-infecção. As correlações imunológicas de proteção ainda permanecem por serem bem definidas e são essenciais para proteger contra a infecção. Duas vacinas candidatas envolvidas em estudos de eficácia foram uma vacina com a proteína gp120 do envelope, que resultou em respostas de anticorpo tipo-específicas, mas não em respostas com anticorpos neutralizantes amplamente reativos, e um vetor de adenovírus incapaz de se replicar, expressando produtos dos genes do HIV-1 *gag*, *pol* e *nef*. Esse último resultou em respostas imunes celulares na maioria dos indivíduos testados. Entretanto, a vacina não foi protetora nem reduziu as cargas de HIV pós-infecção. No estudo de vacina contra o HIV RV144 de 2009 na Tailândia, a eficácia estimada da vacina era de cerca de 31%, e acreditava-se que o anticorpo gerado contra o *loop* V1V2 da glicoproteína do envelope pode ter contribuído para a proteção. O fato de haver uma vacina eficaz de vírus inativados para um retrovírus felino (leucemia felina) e uma vacina similar que protege macacos da AIDS símia nutre alguma esperança com relação ao desenvolvimento de uma vacina contra o HIV. Além disso, foi demonstrado que anticorpos neutralizantes transferidos de forma passiva em soros ou anticorpos monoclonais amplamente neutralizantes protegem contra a infecção por SIV em macacos. Abordagens de imunização ativas e passivas estão sendo investigadas.

Para a prevenção da transmissão sexual, é necessária a imunidade das mucosas e é provável que isso seja obtido a partir de uma vacina administrada diretamente nas mucosas. A principal via de transmissão do HIV-1 é através das superfícies mucosas. Mundialmente, as mucosas cervical e vaginal são as principais portas de entrada, mas a mucosa retal é a via mais comum na América do Norte e na Europa. O prepúcio peniano aumenta o risco de transmissão do HIV por ter uma alta densidade de células de Langerhans que são alvo do HIV, além de uma superfície interna da mucosa não queratinizada. A circuncisão mostrou reduzir o risco de transmissão. Os modelos de infecção por SIV em macacos mostraram outras vias de entrada pela mucosa, sugerindo que a infecção por HIV também pode ser transmitida pelas mucosas orofaríngea e gastrointestinal superior. Uma vacina baseada em célula T precisaria induzir uma resposta imunológica de longa duração na mucosa, que incluísse anticorpos de mucosa IgA e IgG neutralizantes e respostas de célula T. Os $CD8^+$ CTLs de mucosa limitariam a infecção e a viremia subsequente de HIV, bem como eliminariam os reservatórios virais na mucosa intestinal.

ISTS OPORTUNISTAS

ISTs oportunistas incluem infecções por salmonelas, shigelas, hepatite A, *Giardia intestinalis* e *Entamoeba histolytica*

Embora as ISTs sejam transmitidas classicamente durante a relação heterossexual, elas também podem ser transmitidas quando duas superfícies mucosas entram em contato. O intercurso anal possibilita a transferência de microrganismos do pênis para a mucosa retal, como também para as regiões anal e perianal. Lesões gonocócicas ou causadas por papilomavírus, por exemplo, podem ocorrer em qualquer um desses sítios. Alguns microrganismos (hepatite B, HIV) são transmitidos mais frequentemente através da mucosa retal. Se existe contato oral-anal, vários patógenos intestinais têm a oportunidade de se disseminar como infecções sexualmente transmissíveis e podem ser consideradas "ISTs oportunistas". Entre eles estão incluídos a salmonela, a shigela, o vírus da hepatite A, *Giardia intestinalis* e *Entamoeba histolytica* (Cap. 23). Junto com as infecções crônicas, como CMV e criptosporidiose, eles contribuem para os sintomas intestinais e a diarreia em pacientes com AIDS.

O vírus da hepatite B é frequentemente transmitido sexualmente

O vírus da hepatite B é detectável no sêmen, na saliva e nas secreções vaginais. A transmissão do HBV, como o HIV, é mais provável quando regiões genitais se encontram ulceradas ou contaminadas com sangue. A transmissão do vírus da hepatite B entre MSM é paralela à transmissão do HIV, com o intercurso anal passivo como fator de alto risco. A transmissão de hepatite D só pode seguir a hepatite B, já que é um vírus defectivo que precisa do HBsAg para se replicar. A transmissão sexual da hepatite C é menos comum; < 5% dos parceiros de longa duração são infectados.

INFESTAÇÕES POR ARTRÓPODES

A infestação pelo piolho púbico ou piolho-caranguejo, também conhecido como chato, causa coceira e é tratada com xampu de permetrina

O piolho-caranguejo, *Phthirus pubis*, é distinto de outros piolhos humanos, *Pediculus humanus humanus* e *Pediculus humanus capitis*. O chato é bem adaptado à vida na região genital, fixando-se fortemente aos pelos púbicos (Cap. 6), mas podem infestar qualquer área coberta de pelos, portanto os pelos das sobrancelhas, cílios ou axilas são ocasionalmente colonizados. O *P. pubis* ingere até 10 doses de sangue por dia, o que resulta em coceira no local da picada. Os ovos, conhecidos como lêndeas, são vistos aderidos aos pelos afetados, e os piolhos característicos, com até 2 mm de comprimento, são visíveis (em geral na base dos pelos) por uma lente de aumento ou por microscopia de um pelo desprendido. A infestação é comum; por exemplo, no Reino Unido há mais de 10.000 casos por ano.

O tratamento é feito por aplicação de creme de permetrina ou loção de malatião.

A escabiose genital também é tratada com creme de permetrina

Sarcoptes scabiei (Cap. 27) pode causar lesões locais na genitália e, assim, ser sexualmente transmissível. Os pacientes talvez tenham evidências de escabiose em outras partes do corpo, como entre os dedos das mãos ou dos pés. A escabiose genital é tratada com creme de permetrina. A ivermectina oral pode ser necessária em pacientes imunocomprometidos.

PRINCIPAIS CONCEITOS

- Microrganismos transmitidos por contato sexual em seres humanos incluem representantes de todos os grupos, com exceção das riquétsias e helmintos.
- As ISTs são encontradas na comunidade geral, em vez de estarem confinadas apenas aos grupos de alto risco.
- Herpes genital, verrugas, uretrite por clamídia e gonorreia são, sem dúvida, as mais comuns de todas as ISTs, mas a infecção por HIV tem tido um grande impacto, embora agora sejam consideradas infecções crônicas de longa duração em comparação à situação clínica do final da década de 1980 e do começo da década de 1990.
- Com exceção das infecções por hepatite A e B e do papilomavírus humano, não existem vacinas para essas outras ISTs, mas, em geral, dispõe-se de quimioterapia antimicrobiana.
- Atualmente, o melhor método de controle é a prevenção.
- A transmissão depende do comportamento humano, que é notadamente difícil de ser influenciado.
- Longos intervalos entre o início da infecciosidade e da doença aumentam as chances de transmissão.

Infecções do trato gastrointestinal

23

Introdução

A ingestão de patógenos pode causar doença restrita ao intestino ou abranger outras partes do corpo

A ingestão de patógenos pode causar muitas infecções diferentes, as quais podem ser restritas ao trato gastrointestinal ou ter início nele antes de se disseminarem por outras partes do corpo. Neste capítulo serão considerados os principais agentes etiológicos das doenças diarreicas bacterianas e, resumidamente, os outros agentes bacterianos das infecções associadas a alimentos e intoxicações alimentares. Os agentes virais e parasitários responsáveis pela doença diarreica também serão discutidos, assim como as infecções adquiridas pelo trato gastrointestinal, que provocam doença em outros locais do organismo, incluindo a febre tifoide e paratifoide, listeriose e algumas formas de hepatite viral. Para um melhor entendimento, todos os tipos de hepatite viral serão incluídos neste capítulo, apesar de alguns serem transmitidos por outras vias de contaminação. As infecções do fígado também podem resultar em abscessos hepáticos, e várias infecções parasitárias podem levar à doença hepática. Peritonite e abscessos intra-abdominais podem surgir na cavidade abdominal a partir de microrganismos do trato gastrointestinal. Vários termos diferentes são empregados para descrever as infecções do trato gastrointestinal; aqueles de uso mais comum são mostrados no Quadro 23.1.

Um amplo espectro de patógenos microbianos é capaz de infectar o trato gastrointestinal. Os patógenos bacterianos e virais importantes estão listados na Tabela 23.1; eles são adquiridos por via fecal-oral, através de alimentos, fluidos ou dedos contaminados por fezes.

Para que ocorra uma infecção, o patógeno deve ser ingerido em quantidades suficientes ou possuir atributos para escapar das defesas do hospedeiro no trato gastrointestinal superior e finalmente alcançar o intestino (Fig. 23.1; Cap. 14). Neste local, os patógenos provocam doença como resultado da multiplicação e/ou da produção de toxina, ou eles podem invadir a mucosa intestinal para alcançar os gânglios linfáticos ou a corrente sanguínea (Fig. 23.2). Os efeitos deletérios resultantes da infecção do trato gastrointestinal estão resumidos no Quadro 23.2.

Quadro 23.1 Termos Usados para Descrever Infecções do Trato Gastrointestinal

Assim como muitas expressões coloquiais, vários termos clínicos diferentes são utilizados para descrever as infecções do trato gastrointestinal. A diarreia sem sangue e sem pus é quase sempre resultante da produção de enterotoxina, enquanto a existência de sangue e/ou pus nas fezes indica uma infecção invasiva com destruição da mucosa.

Gastroenterite

- Síndrome caracterizada por sintomas gastrointestinais, incluindo náusea, vômito, diarreia e desconforto abdominal.

Diarreia

- Eliminação de fezes anormal caracterizada por defecação frequente e/ou fluida; usualmente resultando de doença no intestino delgado e envolvendo aumento de fluido e perda de eletrólitos.

Disenteria

- Distúrbio inflamatório do trato gastrointestinal frequentemente associado a sangue e pus nas fezes e acompanhado de sintomas como dor, febre, cãibras abdominais; usualmente resultando em doença no intestino grosso.

Enterocolite

- Inflamação envolvendo a mucosa dos intestinos delgado e grosso.

Infecção de origem alimentar *versus* intoxicação alimentar

A infecção associada ao consumo de alimentos contaminados é frequentemente denominada "intoxicação alimentar", contudo o termo mais adequado é infecção de origem alimentar. A verdadeira intoxicação alimentar ocorre após o consumo de alimentos contendo toxinas, que podem ser de origem química (p. ex., metais pesados) ou bacteriana (p. ex., *Clostridium botulinum* ou *Staphylococcus aureus*). As bactérias multiplicam-se e produzem toxinas no alimento contaminado. Os microrganismos podem ser destruídos durante o preparo do alimento, mas a toxina não é afetada e, sendo consumida, age em poucas horas. Nas infecções de origem alimentar, o alimento pode simplesmente agir como um veículo para o patógeno (p. ex., *Campylobacter*) ou fornecer condições nas quais o patógeno pode se multiplicar em quantidades suficientemente grandes para provocar doença (p. ex., *Salmonella*).

Tabela 23.1 Patógenos bacterianos e virais importantes do trato gastrointestinal

Patógeno	Reservatório animal	Transmitido por alimentos	Transmitido por água
Bactérias			
Escherichia coli	+?	+ (EHEC)	+ (ETEC)
Salmonella	+	+++	+
Campylobacter	+	+++	+
Vibrio cholerae	–	+	+++
Shigella	–	+	–
Clostridium perfringens	+	+++	–
Bacillus cereus	–	++	–
Vibrio parahaemolyticus	–	++	–
Yersinia enterocolitica	+	+	–
Vírus			
Rotavírus	–	–	–
Norovírus (anteriormente conhecidos como SRSV ou vírus semelhantes a Norwalk)	–	++	+

Muitos patógenos diferentes causam infecções do trato gastrointestinal. Alguns são encontrados em seres humanos e também em animais, enquanto outros são parasitos exclusivamente humanos. Esta diferença tem importantes implicações para o controle e prevenção. EHEC, *E. coli* êntero-hemorrágica (produtora de verotoxina); ETEC, *E. coli* enterotoxigênica; SRSV, pequenos vírus redondos estruturados.

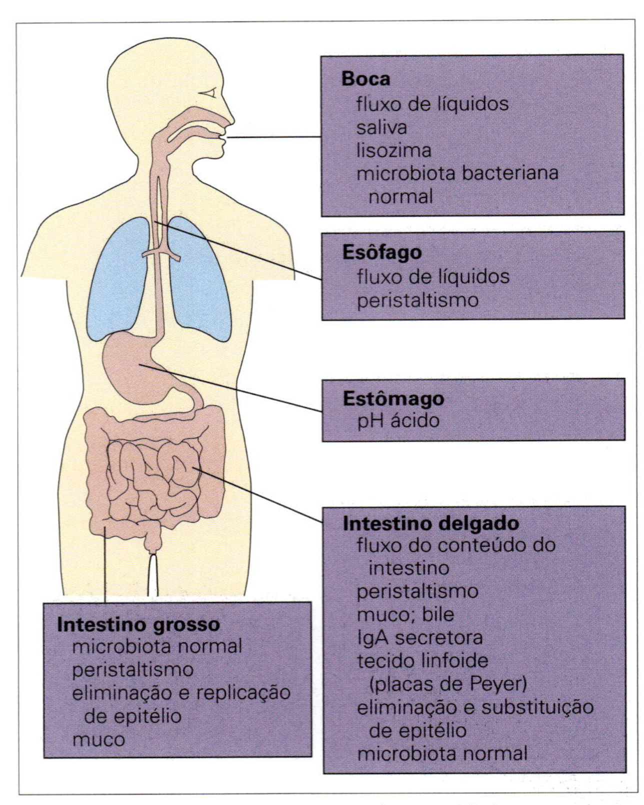

Figura 23.1 Diariamente ingerimos grandes quantidades de microrganismos. No entanto, graças aos mecanismos de defesa do corpo, eles raramente sobrevivem à passagem pelo intestino em número suficiente para causar infecção. IgA, imunoglobulina A.

DOENÇAS DIARREICAS CAUSADAS POR INFECÇÃO BACTERIANA OU VIRAL

A diarreia é a consequência mais comum da infecção do trato gastrointestinal

As infecções do trato gastrointestinal variam em seus efeitos desde um episódio brando, autolimitado, até diarreia grave, algumas vezes fatal. Podem ser acompanhadas de vômitos, febre e mal-estar. A diarreia é o resultado da perda aumentada de líquidos e eletrólitos para dentro do lúmen do trato gastrointestinal, induzindo a produção de fezes não formadas ou líquidas, o que pode ser considerado como um método de expulsão forçada do patógeno pelo hospedeiro (e, desse modo, auxiliar a sua disseminação). Entretanto, a diarreia também ocorre em muitas condições não infecciosas e, nestes casos, uma causa infecciosa não deve ser presumida.

Quadro 23.2 Os Efeitos Destrutivos Resultantes da Infecção do Trato Gastrointestinal

- Ação farmacológica de toxinas bacterianas, localizada no ou distante do local de infecção (p. ex., cólera, intoxicação alimentar por estafilococos).
- Inflamação localizada em resposta à invasão microbiana superficial (p. ex., shigelose, amebíase).
- Invasão acentuada para o sangue ou linfáticos; disseminação para outros locais do corpo (p. ex., hepatite A, febre entérica).
- Perfuração de epitélio das mucosas após infecção, cirurgia ou trauma acidental (p. ex., peritonite, abscessos intra-abdominais).

As infecções do trato gastrointestinal podem causar danos localizados ou em locais distantes no organismo.

Nos países em desenvolvimento, a doença diarreica é uma das principais causas de mortalidade infantil

Nos países em desenvolvimento, a doença diarreica é uma das principais causas de morbidade e mortalidade, sobretudo em crianças muito jovens (Fig. 23.3). Nos países desenvolvidos, a diarreia ainda permanece como uma queixa muito comum, porém é em geral branda e autolimitada, exceto em pacientes muito jovens, nos idosos e nos indivíduos imunocomprometidos. A maioria dos patógenos listados na Tabela 23.1 é encontrada em todo o mundo, mas alguns, como o *Vibrio cholerae*, têm uma distribuição geográfica mais limitada. Entretanto, tais infecções podem ser adquiridas por viajantes nestas áreas e importadas para seus países de origem.

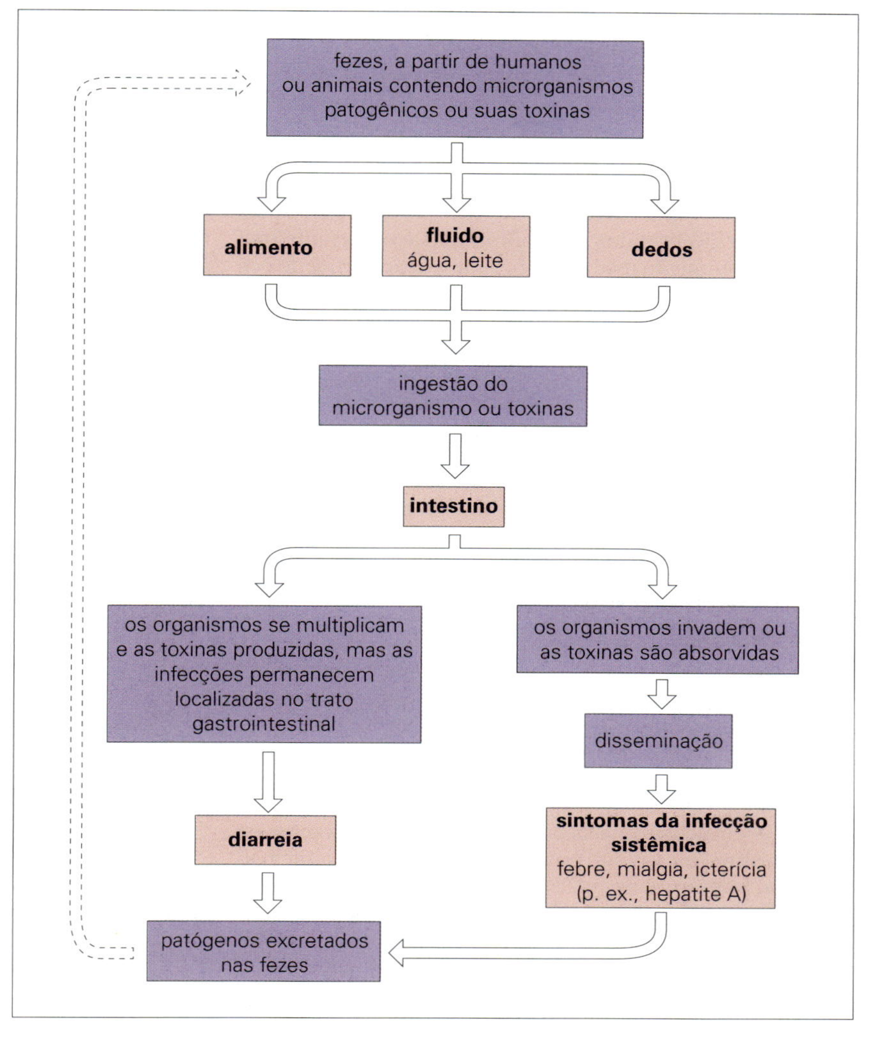

Figura 23.2 As infecções do trato gastrointestinal podem ser agrupadas naquelas que permanecem localizadas no intestino e naquelas que se disseminam, causando infecções em outros locais do corpo. Para disseminação em um novo hospedeiro, os patógenos devem ser excretados em grandes quantidades nas fezes e sobreviver no ambiente por tempo suficiente para infectar uma outra pessoa direta ou indiretamente através de alimentos ou líquidos contaminados. (Da Organização Mundial da Saúde. 2012. Estatísticas Mundiais da Saúde 2012. Imprensa da OMS, Genebra, Suíça.)

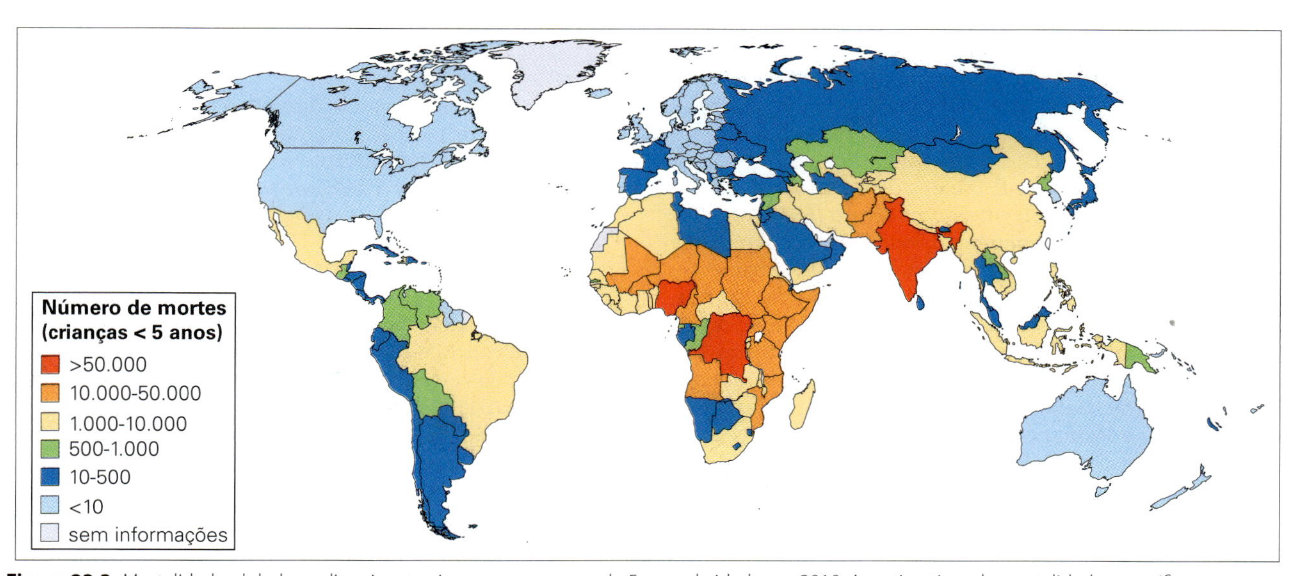

Figura 23.3 Mortalidade global por diarreia em crianças com menos de 5 anos de idade em 2010. As estimativas de mortalidade especificamente por diarreia entre crianças com menos de 5 anos para cada país refletem a alta mortalidade em países em desenvolvimento. Muitas causas infecciosas, incluindo *E. coli* patogênico, são responsáveis por mortalidade relacionada à diarreia nessas crianças. (Reproduzido de Croxen M.A.; Law R.J.; Scholz R. et al. Avanços recentes obtidos no entendimento sobre a *Escherichia coli* entérica patogênica. *Clin. Mic. Rev.* 2013; 26[4], Fig. 1 Fonte dos dados para o mapa: Organização Mundial da Saúde, com permissão.)

Dados do Estudo Multicêntrico Entérico Global, uma investigação de controle de caso de grande escala elaborada para determinar a carga da doença diarreica pediátrica no Sul da Ásia e na África Subsaariana, demonstraram que a *Escherichia coli* e a *Shigella* enterotoxigênicas são duas das quatro principais causas de diarreia moderada a grave e, portanto, da mortalidade das crianças nessas regiões.

Muitos casos de doença diarreica não são diagnosticados, seja porque são brandas e autolimitadas e o paciente não procura atendimento médico ou porque, particularmente nos países em desenvolvimento, os recursos médicos e laboratoriais não estão disponíveis. Em geral, é impossível distinguir com base clínica as infecções causadas por diferentes patógenos. De todo modo, informações sobre a alimentação recente do paciente e o histórico de viagens, associados ao exame macroscópico e microscópico das fezes à procura de sangue e pus, podem fornecer informações úteis. Um diagnóstico preciso pode ser conseguido apenas por meio de investigações laboratoriais. Isso é especialmente importante nos casos de surtos em função da necessidade de estabelecimento de investigações epidemiológicas e medidas de controle apropriadas.

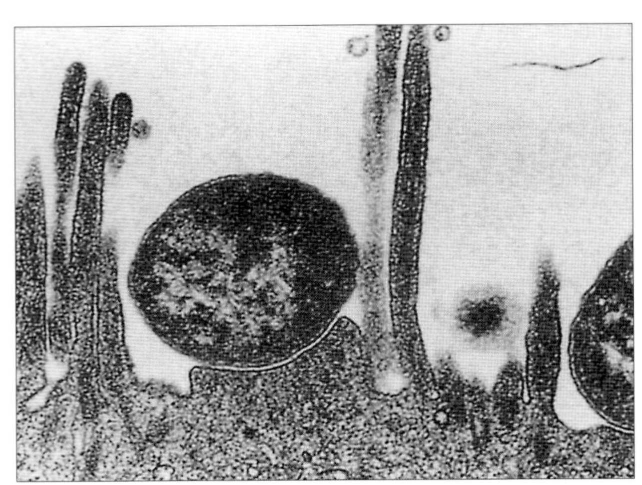

Figura 23.4 Micrografia eletrônica de *E. coli* enteropatogênica aderindo-se à borda em escova das células da mucosa intestinal, com destruição localizada das microvilosidades. (Cortesia de S. Knutton.)

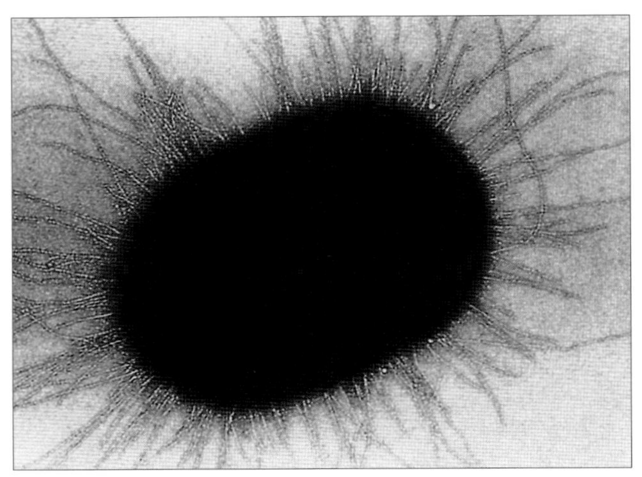

Figura 23.5 Micrografia eletrônica da *E. coli* enterotoxigênica, mostrando as fímbrias necessárias para aderência às células da mucosa epitelial. (Cortesia de S. Knutton.)

Causas bacterianas de diarreia

Escherichia coli

A *E. coli* é um dos patógenos bacterianos mais versáteis. O nome foi dado na década de 1950 em homenagem a Theodor Escherich depois que ele isolou e caracterizou os bastonetes curtos da amostra fecal de uma criança em 1885. Algumas cepas são membros importantes da microbiota intestinal normal de homens e animais (Cap. 2), enquanto outras possuem fatores de virulência que as permitem provocar infecções no trato intestinal ou em outros locais do organismo, principalmente no trato urinário, na corrente sanguínea e no sistema nervoso (Cap. 21). As cepas que causam doença diarreica o fazem por meio de vários mecanismos patogênicos distintos e diferem com relação às suas características epidemiológicas (Tabela 23.2).

Existem seis patógenos distintos de* E. coli *com diferentes mecanismos patogênicos. Inicialmente, todas as *E. coli* associadas à diarreia foram denominadas *E. coli* enteropatogênicas (EPEC). No entanto, a maior compreensão sobre os mecanismos de patogenicidade levou a designações específicas: *E. coli* enteropatogênica (EPEC), *E. coli* enterotoxigênica (ETEC), *E. coli* produtora de toxina shiga (STEC), também conhecida como *E. coli* êntero-hemorrágica (EHEC), ou *E. coli* produtora de verocitotoxina (VTEC), *E. coli* enteroinvasiva (EIEC), *E. coli* enteroagregativa (EAEC) e *E. coli* de adesão difusa (DAEC).

Os patógenos da* E. coli *enteropatogênica (EPEC) aparentemente não produzem nenhuma toxina. Eles são patógenos denominado *attaching-effacing*, ou seja, adesão-aplainamento, que formam lesões distintas nas superfícies das células epiteliais intestinais no intestino delgado. Eles são classificados como subtipos típicos ou atípicos com base no fato de possuírem ou não o fator de aderência (codificado por plasmídeo) e de produzirem ou não as fímbrias formadoras de feixes (BFP), intimina (uma adesina) e uma proteína associada (receptor translocado de intimina, Tir). Estes fatores de virulência permitem a ligação da bactéria às células epiteliais do intestino delgado, provocando destruição das microvilosidades (um mecanismo de ação de adesão-aplainamento; Tabela 23.2; Fig. 23.4) levando à diarreia (Tabela 23.3).

Os patógenos da* E. coli *enterotoxigênica (ETEC) possuem fatores de colonização (adesinas fimbriais). Os fatores de colonização ligam a bactéria a receptores específicos na membrana das células do intestino delgado (Fig. 23.5). Eles são uma das principais causas de diarreia do viajante, bem como diarreia induzida por ETEC na indústria de suínos. As ETECs produzem poderosas enterotoxinas codificadas por plasmídeo, que são caracterizadas como sendo termolábeis (LT) ou termoestáveis (ST):

- A enterotoxina termolábil LT-1 é muito semelhante na estrutura e no modo de ação à toxina colérica produzida pelo *V. cholerae*, e infecções por cepas produtoras de LT-1 podem mimetizar a cólera, sobretudo em crianças pequenas e desnutridas (Tabela 23.3).
- Outras cepas de ETEC produzem enterotoxinas termoestáveis (ST) e/ou LT. As ST têm modo de ação semelhante, porém distinto das LT. ST_a ativa a enzima guanilato ciclase, causando elevação dos níveis de monofosfato de guanosina cíclico, que resulta em aumento na secreção de fluidos. Testes imunológicos comerciais estão disponíveis comercialmente para a identificação de ETEC, porém métodos de reação em cadeia da polimerase (PCR) multiplex para a detecção de enterotoxina foram desenvolvidos.

Isolados de* E. coli *êntero-hemorrágica (EHEC) produzem uma verotoxina. A EHEC é um subconjunto de *E. coli* produtora de toxina shiga (STEC) e a verotoxina (ou seja: tóxica a células

Tabela 23.2 Visão geral de patótipos de *E. coli* entérico

Patótipo	Hospedeiro(s)	Local de colonização	Doença(s)	Reservatórios/ fontes conhecidas de contaminação	Tratamento	Adesão[a]	Local de colonização
tEPEC	Crianças com menos de 5 anos, adultos com muitos inóculos	Intestino delgado	Diarreia aquosa profusa	Humanos	Reidratação oral, antibióticos para casos persistentes	Ligação e deleção	*eae*$^+$, *bfp*$^+$, *stx*$^-$
aEPEC				Humanos, animais			*Eae**, *stx*$^-$
STEC	Adultos, crianças	Íleo distal, cólon	Diarreia aquosa, colite hemorrágica, SHU	Humanos, animais, alimentos, água	Hidratação, suporte para SHU	Ligação e deleção	*eae*$^+$, *bfp*$^+$, *stx*$^{-b}$
EIEC/*Shigella*	Crianças com menos de 5 anos, viajantes, pessoas imunocomprometidas	Cólon	Shigelose / disenteria bacilar, possível SHU	Humanos, animais, alimentos, água	Reidratação oral, antibióticos	NA (invasivo)	*ipaH*$^+$, *ial*$^+$, *stx*$^+$ (*S. dysenteriae*)
EAEC	Adultos	Intestino delgado e/ou cólon	Diarreia do viajante, HUS (*stx* +)	Alimentos, ocasionalmente portadores adultos	Antibióticos, reidratação oral	Tijolos empilhados e/ou invasivo	*aatA*$^+$, *aaiC*$^+$, outros candidatos
	Crianças		Diarreia persistente		Antibióticos, reidratação oral, possivelmente probióticos		
	Pessoas imunocomprometidas		Diarreia persistente		Fluoroquinolonas		
ETEC	Crianças com menos de 5 anos, viajantes	Intestino delgado	Diarreia aquosa	Humanos, animais, alimentos, água	Reidratação, antibióticos	Mediação por CF	CFs, LT, ST
DAEC	Crianças (aumento na gravidade de 18 meses para 5 anos), adultos	Intestino (localização não caracterizada)	Diarreia aquosa persistente em crianças, foi especulado que contribui para a doença de Crohn em adultos	Desconhecido	Reidratação	Difuso aderente e/ou invasivo	Sem marcadores uniformes
AIEC	Adultos, crianças	Intestino delgado	Doença de Crohn	Desconhecido	Antibióticos, ressecção cirúrgica	NA (invasivo)	Não caracterizado

[a]NA, não aplicável.
[b]Somente para STEC positivo para LEE, não para STEC negativo para LEE.
(De Croxen M.A. ; Law R.J. ; Scholz R. et al. Avanços recentes obtidos no entendimento sobre a *Escherichia coli* entérica patogênica. *Clin. Mic. Rev.* 2013; 26:822–880, Tabela 1, com permissão.)

Tabela 23.3 As características clínicas da infecção diarreica bacteriana

Patógeno	Período de incubação	Duração	Sintomas			
			Diarreia	Vômito	Cãibras abdominais	Febre
Salmonella	6h-2 dias	48h-7 dias	Aquosa	+	+	+
Campylobacter	2-11 dias	3 dias-3 semanas	Sanguinolenta	–	+	+
Shigella	1-4 dias	2-3 dias	Sanguinolenta	–	+	+
Vibrio cholerae	2-3 dias	Até 7 dias	Aquosa	+	+	–
Clostridium perfringens	8h-1 dia	12h-1 dia	Aquosa	–	+	–
Bacillus cereus						
Diarreico	8h-12h	12h-1 dia	Aquosa	–	+	–
Emética	15 min-4h	12h-2 dias	Aquosa	+	+	–
Yersinia enterocolitica	4-7 dias	1-2 semanas	Sanguinolenta	–	+	+
E. coli enteropatogênica (EPEC)	1-2 dias	semanas	Aquosa	+	+	+
E. coli enterotoxigênica (ETEC)	1-7 dias	2-6 dias	Aquosa	+	+	–
E. coli êntero-hemorrágica (EHEC)	3-4 dias	5-10 dias	Sanguinolenta	+	+	–
E. coli enteroinvasiva (EIEC)	1-3 dias	7-10 dias	Sanguinolenta	+	+	+

É difícil, se não impossível, determinar a causa provável de uma doença diarreica com base apenas nas características clínicas, e as investigações laboratoriais são essenciais para a identificação do patógeno.

teciduais "vero") é essencialmente idêntica à toxina shiga (*Shigella*). Após a fixação à mucosa do intestino grosso (pelo mecanismo de adesão-aplainamento também observado em EPEC), a toxina produzida possui efeito direto no epitélio intestinal, que resulta em diarreia (Tabela 23.3). A EHEC causa colite hemorrágica (CH) e síndrome hemolítico-urêmica (SHU). Na CH, há destruição da mucosa e consequente hemorragia; este quadro pode ser seguido de SHU. Os receptores da verotoxina foram identificados no epitélio renal, o que pode explicar o acometimento dos rins. Existem muitos sorotipos de EHEC, mas o mais comum nos EUA é o O157:H7 e há muitos relatos em todo o mundo de sua associação a doenças graves. O gado é um reservatório importante de STEC patogênica e doenças humanas ocorrem após exposição a material fecal por meio de água e alimentos contaminados e também estão associadas a higiene inapropriada das mãos após visitar minizoológicos. A STEC pode sobreviver no solo por meses.

Os patógenos da* E. coli *enteroinvasiva (EIEC) se ligam especificamente à mucosa do intestino grosso. As EIEC penetram nas células intestinais por endocitose, utilizando os genes associados aos plasmídeos. No interior das células, elas lisam o vacúolo endocítico, multiplicam-se e disseminam-se para as células adjacentes, provocando destruição tecidual, inflamação, necrose e ulceração, o que resulta no aparecimento de sangue e muco nas fezes (Tabela 23.3).

Os patógenos da* E. coli *enteroagregativa (EAEC) são assim denominados em razão do seu padrão de aderência característico às células de tecidos em cultivo. O padrão de aderência é uma formação agregativa ou do tipo "tijolos empilhados". Estes microrganismos aderem ao intestino delgado, causando diarreia persistente, sobretudo em crianças nos países em desenvolvimento. Sua capacidade de aderência agregativa é devida às adesinas fimbriais codificadas por genes localizados no plasmídeo. O patógeno EAEC também produz toxinas termolábeis (uma enterotoxina e uma toxina relacionadas com a hemolisina da *E. coli*); contudo, seu papel na doença diarreica permanece incerto. O último estágio do modelo de patogênese por EAEC envolve o mecanismo do sistema imunológico inato do hospedeiro e a cepa do EAEC influenciando o grau de inflamação. O EAEC já causou muitos surtos de diarreia pelo mundo e está associado à diarreia do viajante por meio de comida e água contaminados.

O patógeno da* E. coli *de aderência difusa (DAEC) produz alfa-hemolisina e o fator necrosante citotóxico 1. Elas aderem a células, mas não são classificadas como de aderência ou de aderência/aplainamento. Seu papel na doença diarreica, sobretudo em crianças menores, não é completamente compreendido e é de certa forma controverso, com alguns estudos relatando a não associação, uma vez que a DAEC foi detectada em controles saudáveis de idade semelhante.

EPEC e ETEC são importantes na incidência global de diarreia, enquanto EHEC é mais importante nos países desenvolvidos. A diarreia produzida pela *E. coli* varia de branda a grave, dependendo da cepa e da higidez subjacente do hospedeiro. Nos países em desenvolvimento, a diarreia infantil por ETEC pode ser clinicamente indistinguível da cólera. As cepas de EIEC e de EHEC causam diarreia sanguinolenta (Tabela 23.3). Após a infecção por EHEC, a SHU é caracterizada por insuficiência renal aguda (Fig. 23.6), anemia e trombocitopenia, e podem ocorrer complicações neurológicas. A SHU é a causa mais comum de insuficiência renal aguda em crianças no Reino Unido e nos EUA. Embora *E. coli* O157:H7 seja o sorotipo mais comumente reconhecido envolvido em SHU, *E. coli* O104:H4, com o qual não houve casos de epidemia anteriormente, causou um surto significativo de SHU e diarreia sanguinolenta em 15 países europeus em 2011. Após vários meses, começando em maio de 2011, 860 indivíduos com SHU e mais de 3.000 com diarreia sanguinolenta foram relatados na Alemanha, muitos dos quais com contaminação por *E. coli* O104:H4 confirmada em laboratório. Mais de 50 pessoas morreram, e o veículo provável de contaminação foi o broto de feijão importado do Oriente Médio. A detecção de *E. coli* O157:H7 é um dos focos principais; os não O157-H7 são um fator importante na ocorrência de casos esporádicos e surtos na América do Norte, Austrália e na Europa. Nos EUA, a Rede de Vigilância Ativa de Doenças Transmitidas por Alimentos (do inglês, *Foodborne Diseases Active Surveillance Network* (FoodNet)) tem relatado tendências em infecções

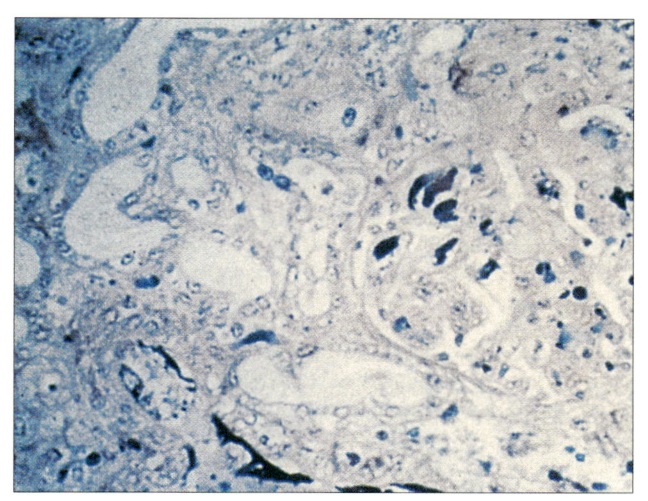

Figura 23.6 Infecção pela *E. coli* produtora de verotoxina, mostrando "trombos" de fibrina nos capilares glomerulares na síndrome hemolítico-urêmica. (Coloração de Weigert.) (Cortesia de H.R. Powell.)

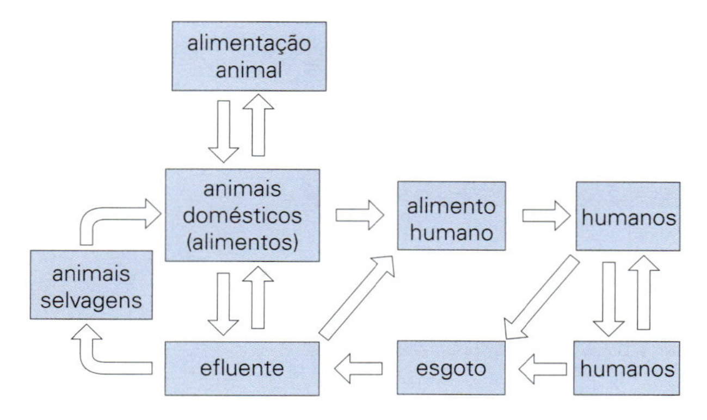

Figura 23.7 A reciclagem da *Salmonella*. Com exceção da *Salmonella typhi*, as demais *Salmonella* são amplamente distribuídas em animais, propiciando uma fonte de infecção constante para os humanos. A excreção de grandes quantidades de salmonela por indivíduos infectados e portadores permite que o microrganismo seja reciclado.

transmitidas por meio de alimentos desde 1996. Em 2014, a taxa de incidência de *E. coli* O157:H7 era de 0,91 a cada 100.000 pessoas, sendo o nível mais alto em crianças com menos de 5 anos, e 16% das infecções estavam associadas a surtos. O tipo não O157 apresentou uma incidência de 1,43 a cada 100.000 pessoas, em sua maioria dentro da mesma faixa etária, e 6% das infecções estavam associadas a surtos. A maioria das infecções por STEC foram constatadas em julho.

Testes específicos são necessários para identificar cepas de* E. coli *patogênicas. Como *E. coli* é um membro da microbiota gastrointestinal normal, testes específicos são necessários para identificar cepas que podem ser responsáveis pela doença diarreica. As infecções são mais comuns em crianças, mas também estão em muitos casos associadas a viagens; estes fatores devem ser considerados quando as amostras de fezes são recebidas no laboratório. É importante observar que, além de exames rotineiros de fezes, testes especializados são necessários para identificar tipos de *E. coli* específicos associados a diarreia. Estes testes não são comumente realizados nos casos de diarreia branda, que em geral é autolimitada. Entretanto, a preocupação com EHEC (p. ex., diarreia sanguinolenta) levou a maioria dos laboratórios a rastrear a *E. coli* O157:H7 nos países desenvolvidos.

***A terapia antibacteriana não é indicada na diarreia por* E. coli.** Não há indicação de terapia antibacteriana específica. A reposição de líquidos pode ser necessária, sobretudo em crianças menores. O tratamento da SHU é urgente e pode envolver diálise.

Suprimento de água limpa e sistemas adequados de eliminação de esgoto são fundamentais para a prevenção da doença. Alimentos e leite não pasteurizado podem ser veículos importantes de infecção, especialmente para EIEC e EHEC. Entretanto, não há evidência de um reservatório animal ou ambiental.

Salmonella

Salmonelose é a causa mais comum de diarreia associada a alimentos em muitos países desenvolvidos. Todavia, em alguns países, como EUA e Reino Unido, as salmonelas foram relegadas a segundo plano, sendo superadas pelo *Campylobacter*. A FoodNet relatou que, em 2014, nos EUA, a taxa de incidência era de 1,53 a cada 100.000 pessoas da população, sendo a maioria crianças com menos de 5 anos de idade. A maioria dos sorotipos eram *enteritidis* (19%), *typhimurium* (11%) e Newport (10%) e 6% das infecções estavam associadas a um surto. Como a *E. coli*, as salmonelas pertencem à família Enterobacteriaceae. Historicamente, a nomenclatura das salmonelas tem sido um tanto confusa, com mais de 2.000 sorotipos definidos com base nas diferenças dos antígenos da parede celular (O) e flagelar (H) (classificação de Kauffmann-White). Entretanto, estudos empregando hibridização de DNA indicam que existem apenas duas espécies, sendo a mais importante na infecção humana a *Salmonella enterica*. *S. enterica* serovar Typhi e Paratyphi A, B e C são conhecidos como *salmonelas* tifoides, são restritos a seres humanos e causam febre tifoide e paratifoide, chamadas juntas de febre entérica. O resto é conhecido como *salmonela* não tifoide. Para simplificar a discussão e a comparação, a última convenção substituiu o nome destas espécies pela designação do sorotipo. Apesar de tecnicamente incorreta (o sorotipo não é uma espécie), esta prática é útil na discussão das inter-relações dos diferentes isolados (como, por exemplo, nas análises epidemiológicas utilizadas para traçar a fonte de uma epidemia). Desta forma, seguiremos esta convenção para manter a continuidade com outras literaturas científicas.

Todas as salmonelas, exceto a *Salmonella typhi* e *S. paratyphi*, são encontradas tanto em animais como em seres humanos. Existe um imenso reservatório animal para a infecção, que é transmitida aos humanos através de alimentos contaminados, principalmente frangos e produtos lácteos (Fig. 23.7). A infecção transmitida pela água é menos frequente. A infecção por salmonela é também transmitida pessoa a pessoa, e a disseminação secundária pode ocorrer, por exemplo, dentro de uma família após um membro ter sido infectado pelo consumo de alimento contaminado. Foi estimado que, em 2010, houve quase 12 milhões de casos de febre tifoide e 129.000 mortes em países de baixa e média renda.

As salmonelas são quase sempre adquiridas por via oral através de alimentos ou bebidas contaminadas por fezes humanas. A barreira do hospedeiro para realizar a infecção envolve a secreção ácida do estômago, com a segurança trazida pelo conhecimento de que a bactéria é suscetível a ácido. No entanto, mantendo-se um passo adiante, é realizado um movimento fluido, pois possuem flagelos, foi demonstrado que a secreção gástrica é reduzida durante a infecção aguda. A diarreia é produzida como resultado da invasão das células epiteliais pela salmonela na porção terminal do intestino delgado (Fig. 23.8).

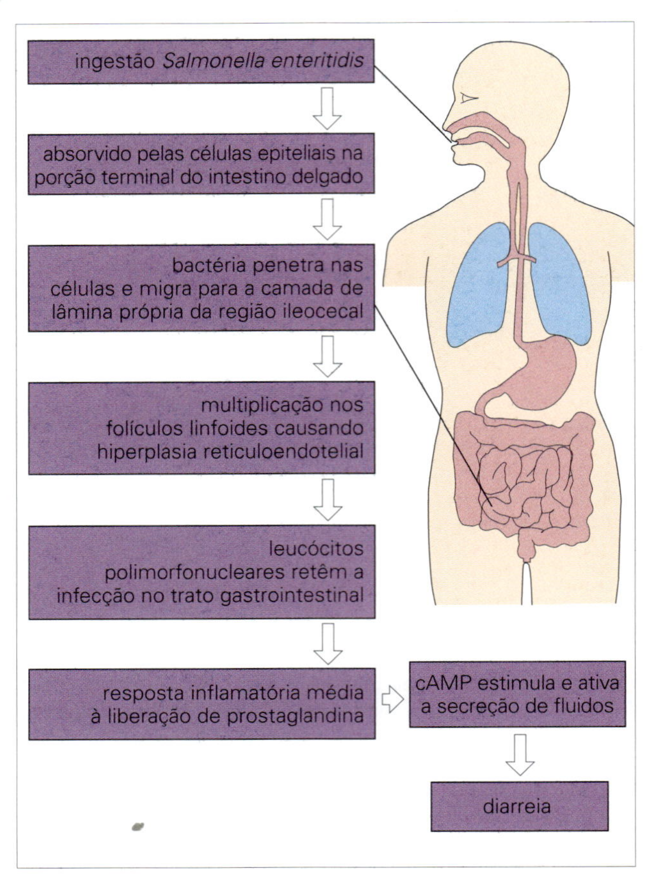

Figura 23.8 A passagem das *Salmonella* pelo organismo. A grande maioria das *Salmonella* causa infecção restrita ao trato gastrointestinal e não invade além da mucosa intestinal. cAMP, monofosfato de adenosina cíclico.

A porta de entrada é provavelmente a internalização pelas células M (as "detectoras de antígeno" do intestino) com subsequente disseminação para as células epiteliais. Uma rota semelhante de invasão ocorre nas infecções por *Shigella*, *Yersinia* e reovírus. As bactérias migram para a lâmina própria na região ileocecal, onde sua multiplicação estimula uma resposta inflamatória, que restringe a infecção ao trato gastrointestinal e medeia a liberação de prostaglandinas. Esta cascata ativa o monofosfato de adenosina cíclico (cAMP) e a secreção de fluidos, resultando em diarreia.

As espécies de *Salmonella* que normalmente causam diarreia (p. ex., *S. enteritidis*, *S. choleraesuis*) podem tornar-se invasivas em pacientes com predisposições particulares, incluindo pacientes imunocomprometidos, crianças e pacientes com anemia falciforme. Os microrganismos não ficam retidos no trato gastrointestinal e invadem o organismo, causando sepse; consequentemente, muitos órgãos tornam-se infectados pela salmonela, o que algumas vezes provoca osteomielite, pneumonia ou meningite.

Na grande maioria dos casos, a *Salmonella* spp. causa diarreia aguda, porém autolimitada. Entretanto, nos jovens e idosos, os sintomas podem ser mais graves. Vômito também é comum nas enterocolites, enquanto febre é, em geral, um sinal de doença invasiva (Tabela 23.3). *S. typhi* e *S. paratyphi* invadem o organismo a partir do trato gastrointestinal, causando uma doença sistêmica que será discutida na seção a seguir.

A diarreia por salmonela pode ser diagnosticada por cultura em meio seletivo. Os microrganismos não são exigentes nutricionalmente e, em geral, podem ser isolados dentro de 24 horas, embora pequenas quantidades possam exigir enriquecimento em caldo selenito antes do cultivo. O melhor momento para detectar a bactéria na corrente sanguínea é na primeira ou segunda semana da doença. A cultura é diagnóstica e o isolado é então testado quanto a sensibilidade a antibióticos, e pode ser tipificado e caracterizado utilizando técnicas moleculares para fins epidemiológicos. Deve-se lidar com isolados de forma cuidadosa, pois eles já foram uma causa comum de infecção adquirida em laboratório. O método clássico de detecção de anticorpos é chamado de reação de Widal, um ensaio de aglutinação realizado em amostras séricas, detectando anticorpos contra os antígenos lipopolissacarídeos (O) e flagelares (H) de *S. typhi*. Há problemas de demora devido ao envolvimento de testes de soros agudos e covalescentes, coletados com 10 dias de intervalo, procurando por um aumento em quatro vezes no título. Testes sorológicos disponíveis comercialmente foram desenvolvidos, assim como ensaios moleculares para a realização de diagnósticos rápidos.

A reposição de líquidos e eletrólitos pode ser necessária na diarreia por salmonela. A diarreia é, em geral, autolimitada e curada sem tratamento. A reposição de líquidos e eletrólitos pode ser necessária, sobretudo em pacientes muito jovens e em idosos. A menos que haja evidência de invasão e sepse, o uso de antibióticos deve ser enfaticamente desencorajado, uma vez que estes agentes não reduzem os sintomas ou encurtam a doença e podem prolongar a excreção de salmonela nas fezes. Existem evidências de que o tratamento sintomático com fármacos que reduzem a diarreia apresenta o mesmo efeito adverso.

A salmonela pode ser excretada nas fezes por várias semanas após a infecção. A Figura 23.7 ilustra os problemas associados à prevenção de infecções por salmonela. O grande reservatório animal torna impossível eliminar os microrganismos, e as medidas preventivas devem, desta forma, objetivar a "quebra da cadeia" entre animais e humanos e de pessoa a pessoa. Tais medidas incluem:

- manutenção de padrões adequados de saúde pública (água potável e eliminação adequada de esgoto);
- programas educativos sobre a preparação higiênica de alimentos.

Após um episódio de diarreia por salmonela, um indivíduo pode continuar a carrear e excretar microrganismos nas fezes por várias semanas. Embora na ausência de sintomas os microrganismos não se dispersem livremente no ambiente, a lavagem das mãos antes de manusear os alimentos é essencial. Pessoas que trabalham manipulando alimentos são dispensadas do trabalho até que três amostras de fezes não apresentem crescimento de salmonela.

Campylobacter

Infecção por Campylobacter é uma das causas mais comuns de diarreia. *Campylobacter* spp. são bastonetes Gram-negativos curvos ou em forma de S (Fig. 23.9). Eles são conhecidos há muito tempo como causadores de doença diarreica em animais, mas são também uma das causas mais comuns de diarreia em humanos. A demora para reconhecer a importância destes microrganismos deveu-se às suas exigências de cultivo, que diferem daquelas das enterobactérias, pois são microaerófilos e termófilos (crescem bem a 42 °C); deste modo, esses microrganismos não crescem nos meios utilizados para o isolamento de *E. coli* e *Salmonella*. Várias espécies do gênero *Campylobacter* estão associadas à doença humana, mas o C.

jejuni é de longe o mais comum, juntamente com o *C. coli*, e é uma das principais causas de gastroenterite em todo o mundo. Ele também pode causar a síndrome de Guillain-Barré, uma condição autoimune (Fig. 23.10). O *Helicobacter pylori*, antes classificado como *Campylobacter pylori*, é uma causa importante de gastrite e úlceras gástricas (ver adiante).

Como ocorre com as salmonelas, existem vários reservatórios animais para o campilobacter, tais como bovinos, ovinos, roedores, aves domésticas e pássaros silvestres. As infecções são adquiridas pelo consumo de alimentos contaminados, sobretudo aves, leite ou água. Estudos demonstraram uma associação entre infecção e consumo de leite em frascos cujas tampas tenham sido bicadas por aves selvagens. Animais domésticos, como cães e gatos, podem se infectar e ser uma fonte de infecção humana, particularmente para crianças menores. A disseminação pessoa a pessoa pela via fecal-oral é rara, assim como a transmissão por pessoas que manipulam alimentos.

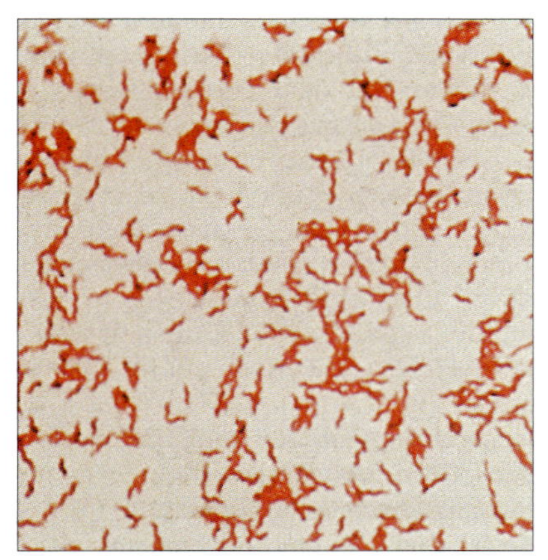

Figura 23.9 Infecção pelo *Campylobacter jejuni*. Coloração de Gram mostrando bacilos Gram-negativos, em forma de S. (Cortesia de I. Farrell.)

Diarreia por Campylobacter é clinicamente semelhante àquela causada por outras bactérias como Salmonella e Shigella. A patologia macroscópica e o aspecto histológico da ulceração e das superfícies mucosas hemorrágicas inflamadas no jejuno, íleo e cólon (Fig. 23.11) são compatíveis com a invasão da bactéria, mas a produção de citotoxinas pelo *C. jejuni* também foi demonstrada. Invasão e bacteremia são eventos relativamente comuns, sobretudo em neonatos e adultos debilitados.

A apresentação clínica é semelhante à da diarreia causada por *Salmonella* e *Shigella*, embora a doença possa ter um período de incubação mais longo e uma duração mais prolongada. As características-chave estão resumidas na Tabela 23.3.

A cultura para Campylobacter deve ser um procedimento de rotina em toda investigação de uma doença diarreica. Meios e condições que selecionam a *Campylobacter* para crescimento diferem daqueles exigidos para as enterobactérias. Muitas vezes, o crescimento é um tanto lento comparado com o das enterobactérias, mas uma identificação presuntiva pode ser obtida dentro de 48 horas de cultura.

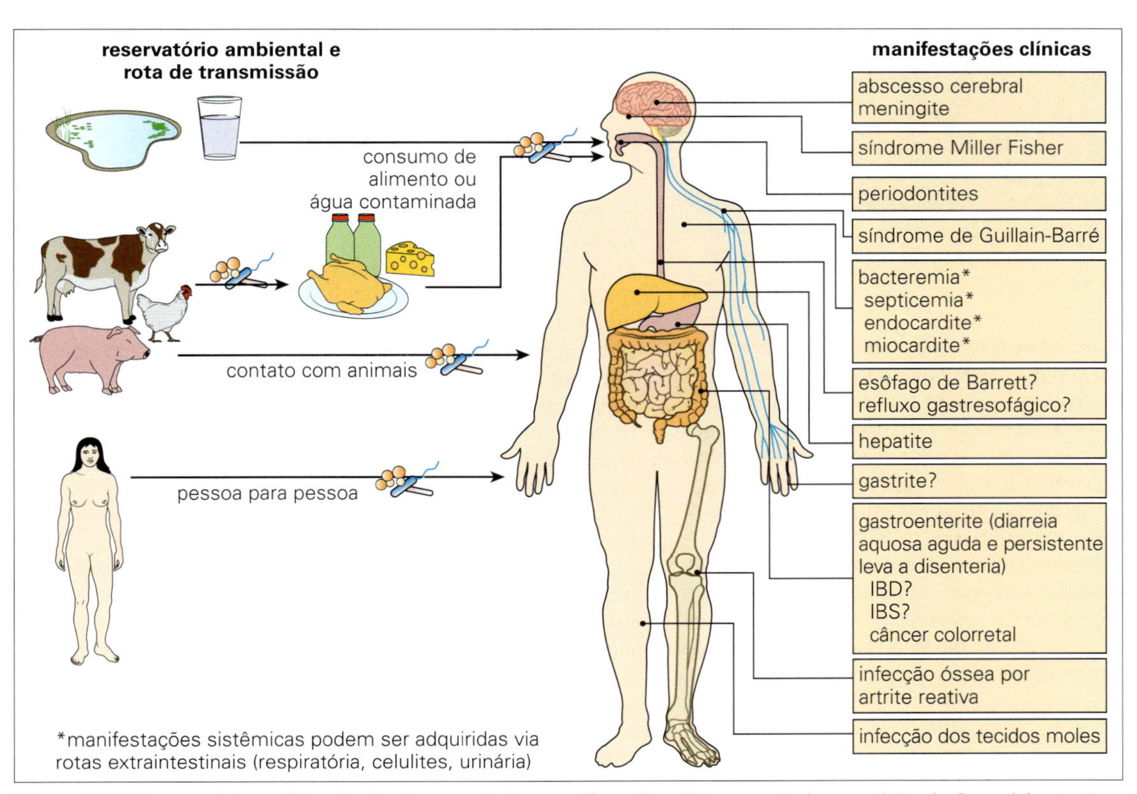

Figura 23.10 Reservatórios ambientais, vias de transmissão e manifestações clínicas associadas a espécies de *Campylobacter*. A espécie *Campylobacter* pode ser transmitida a humanos por meio do consumo de alimentos malcozidos ou contaminados ou por contato com animais. A ingestão de uma dose suficiente de organismos pela via gástrica oral pode levar a uma ou mais manifestações gastrointestinais e/ou extragastrointestinais; o resultado depende da espécie das cepas de *Campylobacter* envolvidas na infecção. IBD, doença inflamatória intestinal; IBS, síndrome do intestino irritável. Pontos de interrogação indicam condições para as quais acredita-se haver envolvimento do *Campylobacter*, mas não é certo. (Reproduzido de Kaakoush N.O.; Castaño-Rodríguez N.; Mitchell H.M.; Man S.M. Epidemiologia global da infecção por *Campylobacter*. *Clin. Micro Rev.* 2015; 28[3]:687–720, Fig. 1, com permissão.)

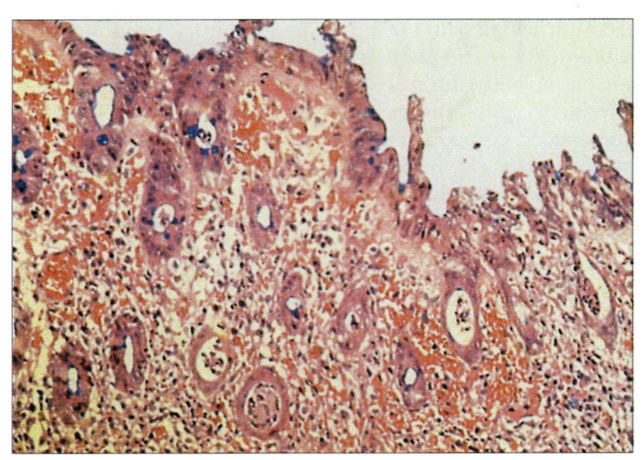

Figura 23.11 Enterite inflamatória causada pelo *Campylobacter jejuni*, acometendo toda a mucosa, com vilosidades achatadas e atróficas, debris necróticos nas criptas e espessamento da membrana basal. (Coloração rápida cresil-violeta.) (Cortesia de J. Newman.)

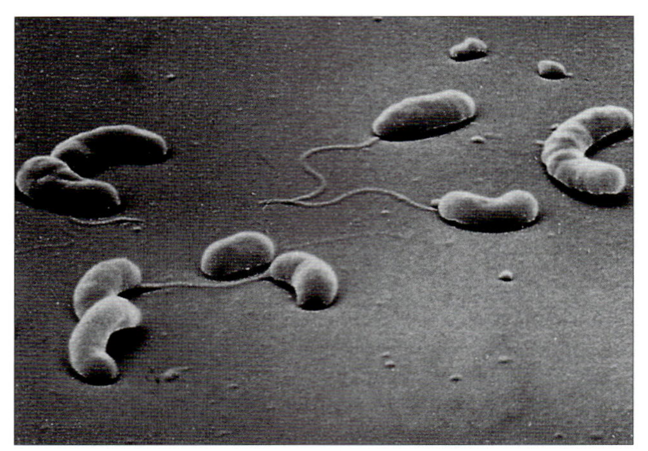

Figura 23.12 Micrografia eletrônica de varredura do *Vibrio cholerae* mostrando bacilos em forma de vírgula com um único flagelo polar (×13.000). (Cortesia de D.K. Banerjee.)

Azitromicina é utilizada nos casos de diarreia grave por Campylobacter. A maioria das pessoas que sofrem de infecções por *Campylobacter* se recuperam sem tratamento antibiótico. Antibióticos macrolídeos como a azitromicina podem ser usados em casos de doença diarreica grave. As infecções invasivas podem necessitar de tratamento com um antibiótico adicional como, por exemplo, uma fluoroquinolona (p. ex., ciprofloxacina), mas é comum haver resistência.

As medidas preventivas para infecções por *Salmonella*, descritas anteriormente, são igualmente aplicáveis para a prevenção das infecções por *Campylobacter*. No entanto, não há exigências para rastreamento de pessoas que manipulam alimentos porque a contaminação por esta via é muito incomum.

Cólera

A cólera é uma infecção aguda do trato gastrointestinal causada pela bactéria Gram-negativa em forma de vírgula, o *V. cholerae* (Fig. 23.12). A doença tem uma longa história, caracterizada por epidemias e pandemias. Os últimos casos de cólera adquiridos no Reino Unido ocorreram no século XIX, após a introdução da bactéria por navegadores oriundos de outros países da Europa. Em 1849, Snow publicou seu ensaio histórico *On the Mode of Communication of Cholera*, propondo que era uma doença comunicável e que o material infectante estava presente nas fezes.

A cólera espalha-se em comunidades com suprimento inadequado de água potável e saneamento inapropriado. A doença permanece endêmica em mais de 50 países, especialmente no Sudeste Asiático e em partes da África e da América do Sul. Estima-se que 3-5 milhões de pessoas são infectadas anualmente. Ao contrário da salmonelose e do *Campylobacter*, o *V. cholerae* é um habitante de vida livre em águas doces, mas provoca infecção apenas em seres humanos. Acredita-se que portadores humanos assintomáticos sejam o principal reservatório. A doença é disseminada por alimentos contaminados; o crescimento de mariscos em águas doces e estuarinas também pode estar envolvido na transmissão da doença. Presume- se que a transmissão direta pessoa a pessoa seja incomum. Desta forma, a cólera continua a proliferar nas comunidades onde o abastecimento de água potável e a rede coletora de esgotos são inexistentes ou de pouca confiabilidade. Desastres naturais, como enchentes e terremotos, podem resultar na destruição de instalações de saúde e causar epidemias de cólera. Em 2010, após um terremoto devastador no Haiti, mais de 7.000 pessoas morreram devido a cólera e, em 2014, mais de 750.000 pessoas foram infectadas.

O* V. cholerae *é classificado em mais de 200 sorogrupos baseado nos antígenos somáticos (O) do lipopolissacarídeo. Somente os sorogrupos O1 e O139 causam cólera epidêmica. O O1 é o mais importante e pode ser dividido em dois biótipos: clássico e El Tor (Fig. 23.13). O biótipo El Tor, assim denominado devido a um acampamento de quarentena onde foi isolado pela primeira vez a partir de peregrinos que retornaram de Meca, difere do *V. cholerae* clássico em vários aspectos. Em especial: ele causa apenas diarreia branda e apresenta uma taxa maior de portadores do que a cólera clássica; o estado de portador é também mais prolongado e os microrganismos sobrevivem melhor no ambiente. O biótipo El Tor, responsável pela sétima pandemia, tem agora se disseminado em todo o mundo e sobrepujou o biótipo clássico.

Em 1992, uma nova cepa (O139) surgiu no sul da Índia. Disseminou-se rapidamente, infectou indivíduos imunes ao O1, causou epidemias, e foi a oitava pandemia de cólera. *V. cholerae* O139 parece ter se originado do biótipo El Tor O1 quando este último adquiriu um novo antígeno O (capsular) por transferência horizontal de genes de uma cepa não O1, mas é quase idêntica a El Tor O1. Esta alteração forneceu à cepa receptora uma vantagem seletiva em uma região onde uma grande parte da população era imune às cepas O1.

Outras espécies de *Vibrio* também causam uma variedade de infecções em humanos (Fig. 23.13). O *V. parahaemolyticus* é outra causa de doença diarreica, porém costuma ser consideravelmente menos grave que a cólera (ver adiante).

Os sintomas da cólera são provocados por uma enterotoxina. Os sintomas de cólera são inteiramente decorrentes da produção de uma enterotoxina no trato gastrointestinal. A entotoxina desta proteína apresenta uma subunidade A e uma subunidade pentamérica B. A subunidade A ativa o adenilato ciclase, fazendo com que a cAMP intracelular aumente, resultando em secreção de cloreto e diarreia com secreção. A subunidade B se liga ao sítio da gangliosina GM1 nas células eucarióticas. O *V. cholerae* apresenta fatores adicionais de virulência que permitem sua sobrevivência contra as defesas do hospedeiro. Esses fatores de virulência estão ilustrados na Figura 23.14 (Cap. 14).

As características clínicas da cólera estão resumidas na Tabela 23.3. A grave diarreia aquosa não sanguinolenta é conhecida como fezes água de arroz, devido à sua aparência

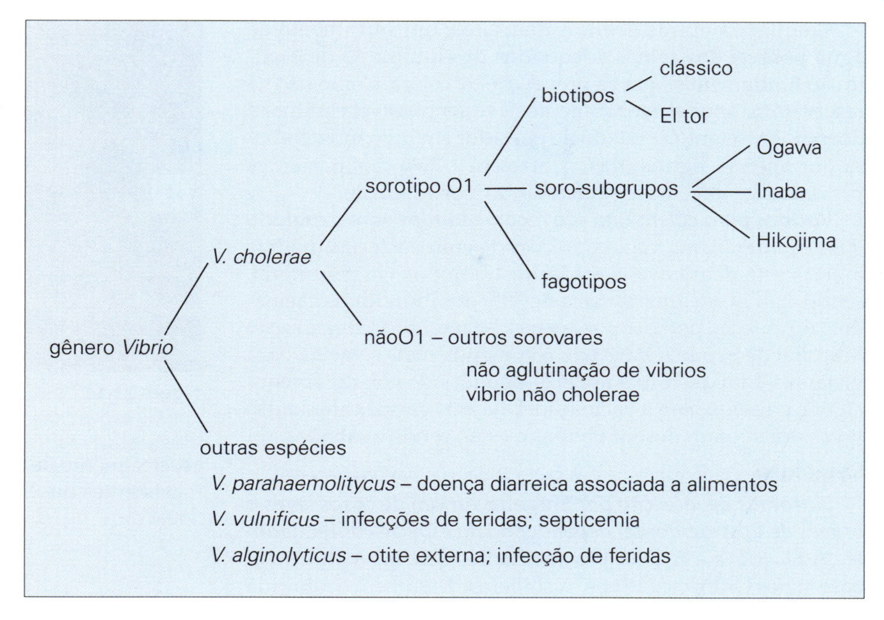

Figura 23.13 O sorotipo O1 de *Vibrio cholerae*, o agente causal da cólera, pode ser subdividido em diferentes biótipos com características epidemiológicas diferentes, e em soro-subgrupos e fagotipos, com a finalidade de investigar surtos da infecção. Embora o *V. cholerae* seja o patógeno mais importante do gênero, outras espécies também podem causar infecções tanto no trato gastrointestinal quanto em outros locais do organismo.

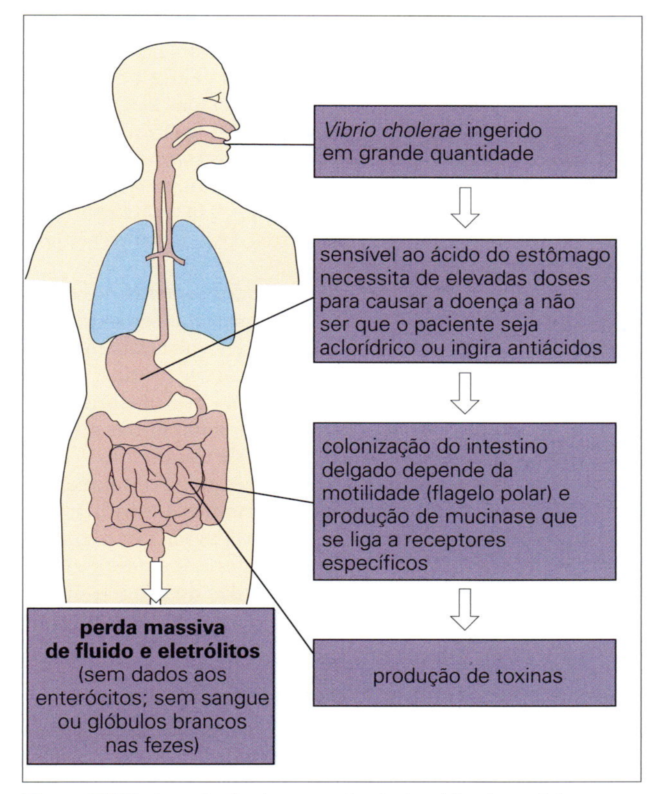

Figura 23.14 A produção de uma enterotoxina é fundamental para a patogênese da cólera, mas os microrganismos devem possuir outros fatores de virulência que permitam a chegada ao intestino delgado e adesão às células da mucosa.

Figura 23.15 Fezes com aspecto de água de arroz na cólera. (Cortesia de A.M. Geddes.)

(Fig. 23.15) e pode resultar em perda de 1 litro de líquido por hora. Esta perda de líquido e o consequente desequilíbrio eletrolítico provocam desidratação acentuada, acidose metabólica (perda de bicarbonato), hipocalemia (perda de potássio) e choque hipovolêmico resultando em insuficiência cardíaca. Se não for tratada, a mortalidade por cólera é de 40-60%. O tratamento rápido com reposição de líquidos e eletrólitos reduz a mortalidade para menos de 1%.

A cultura é necessária para diagnosticar casos de cólera esporádicos ou importados e portadores. Em países onde a cólera é prevalente, o diagnóstico tem por base observações clínicas, e a confirmação laboratorial raramente é realizada. Vale lembrar que a infecção por ETEC pode ser semelhante à cólera na sua gravidade, e o tratamento de indivíduos infectados e a reposição de líquidos e eletrólitos é de extrema importância.

A reidratação imediata com líquidos e eletrólitos é fundamental para o tratamento da cólera. A reidratação oral ou intravenosa é essencial para aqueles que são afetados. Os antibióticos são úteis na desidratação moderada a grave, pois eles reduzem a duração da excreção do *V. cholerae*, reduzindo, desta forma, o risco de transmissão, bem com reduzindo a duração e o volume da diarreia. Os antibióticos devem ser escolhidos com base nos padrões locais de resistência antimicrobiana. O *V. cholerae* resistente à tetraciclina é comum, a suscetibilidade a quinolonas se tornou comum em áreas endêmicas e macrolídeos como azitromicinas e eritromicinas podem ser mais eficazes.

Como para outras doenças diarreicas, um suprimento de água potável e sistemas adequados de eliminação de esgoto são fundamentais para a prevenção de cólera. Como não há reservatório animal, teoricamente deve ser possível eliminar a doença. Entretanto, o estado de portador em humanos, embora por apenas alguns dias, ocorre em 1-20% dos pacientes previamente infectados, dificultando a erradicação.

Vacinas para cólera não são recomendadas para a maioria dos viajantes. Uma vacina preparada com bactérias inteiras mortas está disponível e é administrada por via parenteral, sendo efetiva em apenas cerca de 50% dos indivíduos vacinados. A proteção persiste por apenas 3-6 meses. A Organização Mundial de Saúde (OMS) não recomenda mais a vacina para viajantes com destino a áreas endêmicas de cólera, embora alguns países exijam a vacinação. Diversas vacinas atenuadas vivas orais foram desenvolvidas e estão sendo avaliadas.

Shigelose

Sintomas de infecção por* Shigella *variam de casos leves a graves de gastroenterite, dependendo da espécie contaminante. A *Shigella* e a *E. coli* são semelhantes geneticamente e são bastonetes Gram-negativos. A shigelose é também conhecida como disenteria bacilar (diferente da disenteria amebiana; veja a seguir) porque na sua forma mais grave caracteriza-se por uma infecção invasiva da mucosa do intestino grosso, provocando inflamação e resultando em pus e sangue nas fezes diarreicas. Entretanto, os sintomas variam de leves a graves, dependendo da espécie de *Shigella* envolvida e do estado de saúde do hospedeiro. Existem quatro espécies (também referidas como subgrupos):

- *Shigella sonnei* causa a maioria das infecções leves.
- *S. flexneri* e *S. boydii* usualmente provocam doenças mais graves.
- *S. dysenteriae* causa a doença mais grave.

A shigelose é primariamente uma doença pediátrica. A incidência global de shigelose é estimada em cerca de 165 milhões de infecções, mas houve uma redução significativa na taxa de mortalidade ao longo dos últimos 30 anos. Quando associada à desnutrição grave, pode levar a complicações como a síndrome de deficiência de proteína "kwashiorkor". Como o *V. cholerae*, a shigella é um patógeno humano sem reservatório animal, mas, diferentemente dos vibriões, não é encontrada no ambiente, sendo disseminada pessoa a pessoa pela via fecal-oral e, menos frequentemente, por alimentos e água contaminados. A *Shigella* parece ser capaz de iniciar a infecção a partir de uma pequena dose infectante de apenas 10-100 microrganismos; desta forma, a disseminação é facilitada em situações nas quais o saneamento ou a higiene pessoal são deficitários, incluindo campos de refugiados, creches, enfermarias e outras instituições residenciais.

A diarreia por* Shigella *é em geral aquosa no início, porém na fase tardia contém muco e sangue. A *Shigella* apresenta um fator grande de virulência que codifica proteínas secretadas que agem nas células epiteliais do cólon e que danificam o revestimento epitelial, e apresenta também ação sobre a resposta imunológica do hospedeiro. As *Shigella* aderem e invadem a mucosa epitelial do íleo distal e do cólon, causando inflamação e ulceração (Fig. 23.16). Todavia, elas quase nunca invadem a corrente sanguínea através da parede intestinal. A *S. dysenteriae* produz uma toxina chamada shiga, semelhante àquela associada à *E. coli* êntero-hemorrágica (EHEC; veja anteriormente), que pode causar dano ao epitélio intestinal e às células endoteliais glomerulares e, neste último caso, levar à insuficiência renal (síndrome hemolítico-urêmica, SHU; vide seção referente à *E. coli*).

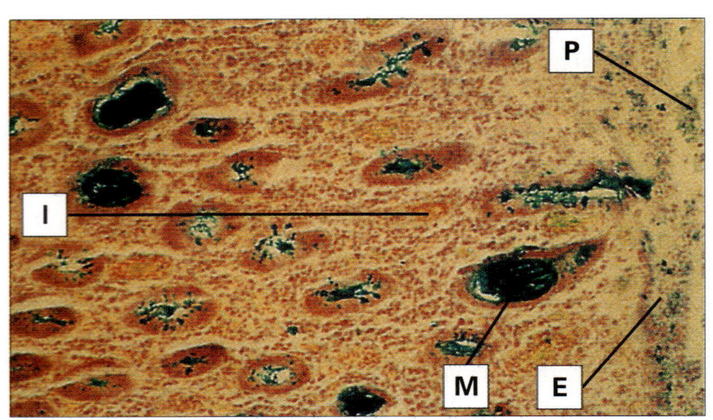

Figura 23.16 Shigelose. Histologia do cólon exibindo ruptura do epitélio coberto por pseudomembrana e infiltrado intersticial. As glândulas de mucina liberaram seu conteúdo e as células caliciformes estão vazias. (E, epitélio; I, infiltração intersticial; M, mucina nas glândulas; P, pseudomembrana) (coloração de ferro coloidal). (Cortesia de R.H. Gilman.)

As principais características da contaminação por *Shigella* estão resumidas na Tabela 23.3. A diarreia é geralmente aquosa inicialmente, mas depois passa a conter muco e sangue. As cólicas abdominais podem ser graves, mas a doença em geral é autolimitada. Pode ocorrer desidratação, sobretudo em jovens e idosos. Complicações podem estar associadas à desnutrição e pode haver a ocorrência de manifestações gastrointestinais.

***A cultura e a tipificação serológica são úteis na distinção entre* Shigella *e* E. coli.** Elas são essenciais para o diagnóstico e para fins epidemiológicos e de saúde pública. Há quatro subgrupos, A a D, que incluem *S. dysenteriae* (A), *S. flexneri* (B), *S. boydii* (C) e *S. sonnei* (D).

***Os antibióticos devem ser administrados somente nos casos graves de diarreia por* Shigella.** Novamente, a reidratação é essencial e antibióticos, sobretudo aqueles que também diminuem a motilidade intestinal, não devem ser usados, exceto nos casos graves. A resistência mediada por plasmídeos é comum, e as cepas de *Shigella* devem ser submetidas ao antibiograma quando houver necessidade de tratamento.

A educação a respeito da higiene pessoal e o tratamento adequado do esgoto são fatores importantes. Os indivíduos infectados podem continuar a excretar *Shigella* por algumas semanas, mas casos de portadores por períodos prolongados são incomuns. Desta forma, com medidas de saúde pública adequadas e sem reservatório animal, a doença é potencialmente erradicável.

Outras causas bacterianas de doença diarreica

Os patógenos descritos nas seções anteriores são as principais causas bacterianas de doença diarreica. Infecções por *Salmonella* e *Campylobacter* e alguns tipos de infecções por *E. coli* são quase sempre relacionadas com alimentos, enquanto a cólera é mais frequentemente associada à água poluída e a shigelose é em geral disseminada por contato fecal-oral direto.

Do ponto de vista diagnóstico (Cap. 32), embora a cultura, a identificação bioquímica e a tipificação serológica sejam as técnicas clássicas, métodos moleculares como espectrometria de massa e painéis de PCR multiplex estão sendo adicionados ao arsenal de recursos diagnósticos.

Outros patógenos bacterianos que causam infecção associada a alimentos ou intoxicação alimentar serão descritos a seguir.

V. parahaemolyticus *e* Yersinia enterocolitica *são microrganismos Gram-negativos veiculados por alimentos associados à*

diarreia. *V. parahaemolyticus* é um microrganismo halofílico (com afinidade por sal) encontrado em ambientes estuarinos, marinhos e costais e podem contaminar frutos do mar e peixes. A ingestão destes alimentos crus pode resultar em doença diarreica. Essas bactérias apresentam diversos fatores de virulência diferentes, incluindo adesinas e hemolisinas. Após se ligarem à célula do hospedeiro, a maioria das cepas associadas à infecção é hemolítica devido à produção de uma citotoxina termoestável, e tem sido demonstrado que estas bactérias invadem as células intestinais (ao contrário do *V. cholerae*, que é não invasivo e produz uma toxina não citotóxica).

As características clínicas da infecção estão resumidas na Tabela 23.3. Os métodos usados para diagnóstico laboratorial da infecção por *V. parahaemolyticus* incluem meio especial de cultivo. A prevenção da infecção depende do preparo adequado de peixe e frutos do mar.

A *Yersinia enterocolitica* é um membro da família Enterobacteriaceae e é uma causa de infecção associada à alimentação, sobretudo entre lactentes e nos meses de inverno, possivelmente pelo fato de o organismo poder se multiplicar em temperaturas encontradas em geladeiras. *Y. enterocolitica* é uma zoonose e é encontrada em uma variedade de hospedeiros animais, incluindo roedores, coelhos, porcos, carneiros, gado, cavalos e animais domésticos. A transmissão para humanos a partir de cachorros domésticos tem sido relatada. O microrganismo sobrevive e se multiplica, embora um pouco mais lentamente, sob temperaturas baixas, e tem sido implicado em surtos de infecção associada a leite contaminado, assim como outros alimentos.

Os fatores de virulência incluem proteínas que promovem adesão e invasão de células epiteliais, bem como a produção de uma enterotoxina, mas as características clínicas da doença resultam da invasão do íleo terminal, necrose das placas de Peyer e uma inflamação associada aos linfonodos mesentéricos (Fig. 23.17). A apresentação, com enterocolite e frequentemente adenite mesentérica, em muitos casos pode ser confundida com apendicite aguda, sobretudo em crianças. As características clínicas estão resumidas na Tabela 23.3. Como para *V. parahaemolyticus*, uma indicação de suspeita de infecção por *Yersinia* é útil, de forma que a equipe laboratorial possa processar a amostra de modo apropriado.

Figura 23.17 Infecção ileal por *Yersinia enterocolitica*, mostrando necrose superficial da mucosa e ulceração. (Cortesia de J. Newman.)

Clostridium perfringens *e* Bacillus cereus *são microrganismos do tipo bastonete Gram-positivos esporulados que causam diarreia.* Os microrganismos Gram-negativos descritos nas seções anteriores invadem a mucosa intestinal ou produzem enterotoxinas, que causam diarreia. Nenhum destes microrganismos produz esporos. Duas espécies de bactérias Gram-positivas são importantes causas de doença diarreica, principalmente em associação com alimentos contaminados por esporos. São elas *Clostridium perfringens* e *Bacillus cereus*, que são discutidos na próxima seção.

INTOXICAÇÃO ALIMENTAR – DIARREIA ASSOCIADA A TOXINAS BACTERIANAS

As toxinas criadas por bactérias que contaminam comidas antes de elas serem consumidas incluem as toxinas eméticas de *B. cereus*, a enterotoxina de *S. aureus*, as toxinas de *C. botulinum* e *C. perfringens*.

Staphylococcus aureus

As cepas enterotóxicas de *S. aureus* estão associadas a doenças transmitidas por alimentos

A produção de mais de 20 enterotoxinas e moléculas semelhantes a enterotoxinas foi relatada por cepas de *S. aureus*, e os sorotipos clássicos são enterotoxinas A-E (Tabela 23.4). Todas elas são estáveis sob o calor e são resistentes à destruição por enzimas no estômago e no intestino delgado. Seu mecanismo de ação não é compreendido por completo; no entanto, de forma semelhante à toxina de TSST-1 ou síndrome do choque tóxico (Cap. 27), eles geralmente se comportam como superantígenos (Cap. 17), e se ligam a moléculas do complexo principal de histocompatibilidade (MHC) de classe II, que resultam no estímulo de células T e levam à produção de mediadores proinflamatórios. Seu efeito sobre o sistema nervoso central resulta em vômito grave dentro de 3-6 horas do consumo. A diarreia não é uma característica e normalmente há recuperação dentro de 24 horas. Além disso, as enterotoxinas estão envolvidas na desregulação autoimune e podem estar envolvidas na patogênese das doenças intestinais inflamatórias.

Até 50% das cepas de *S. aureus* produzem enterotoxinas, e alimentos (especialmente carnes processadas) podem ser contaminados por portadores humanos; até 50% dos indivíduos saudáveis portam a bactéria em sua pele ou no nariz. As bactérias crescem sob temperatura ambiente e liberam toxinas. O aquecimento subsequente pode matar os organismos, mas a toxina é estável e as quantidades em nanogramas são suficientes para causar doenças. Frequentemente, não há organismos viáveis detectáveis nos alimentos consumidos, mas a enterotoxina pode ser detectada por um teste de aglutinação de látex; imunoensaios são mais sensíveis.

Tabela 23.4 Enterotoxinas estafilocócicas

Enterotoxina		
A	Mais comumente associada a intoxicação alimentar	
B	Associada a enterocolite estafilocócica (rara)	
C	Raro	Associadas a produtos lácteos contaminados
D	A segunda mais comum Isolada ou em combinação com A	Associadas a produtos lácteos contaminados
E	Raro	
TSST-1	Síndrome do choque tóxico, não associada a alimentos	

Staphylococcus aureus produz pelo menos oito enterotoxinas imunologicamente distintas e as mais importantes estão listadas aqui. As cepas podem produzir uma ou mais das toxinas simultaneamente. A enterotoxina A é de longe a mais comum em doenças associadas a alimentos.

Botulismo

As exotoxinas produzidas pelo *C. botulinum* causam botulismo, que apresenta uma taxa de mortalidade de cerca de 10%

O botulismo é uma doença rara causada pela entotoxina de *C. botulinum*. O organismo se espalha pelo ambiente, é mesófilo com uma temperatura mínima e ideal de crescimento de 12 °C e 37 °C, respectivamente, e seus esporos podem ser isolados rapidamente a partir de amostras do solo e de vários animais, incluindo peixes. Há sete neurotoxinas botulínicas principais, classificadas A-G, mas apenas quatro — A, B, E, e, com menos frequência, F — estão associadas a doenças humanas. Embora não sejam destruídas por enzimas digestivas, as toxinas são desativadas após 30 minutos sob 80 °C. As toxinas são ingeridas em alimentos (frequentemente enlatados ou reaquecidos) ou produzidas no intestino após a ingestão do organismo; eles são absorvidos pelo intestino e inseridos na corrente sanguínea, e de lá alcançam seu local de ação: as sinapses dos nervos periféricos. Uma pessoa precisa ingerir 30-100 nanogramas de neurotoxinas para desenvolver botulismo. O botulismo é caracterizado por uma paralisia muscular flácida descendente e tem início pelos nervos cranianos, causando visão embaçada, dificuldades em engolir e problemas na fala. Então, o sistema respiratório e os músculos cardíacos são afetados caso não haja tratamento imediato. A ação da toxina é bloquear a neurotransmissão (Cap. 17).

O botulismo infantil é a forma mais comum de botulismo

Há três formas de botulismo:

1. botulismo causado por alimentos;
2. botulismo infantil;
3. botulismo de feridas.

No botulismo causado por alimentos, a toxina é criada por organismos na comida, que é então ingerida. Ela é frequentemente causada por ingerir alimentos enlatados em casa que sofreram processamento por calor inadequado, sendo que o objetivo é alcançar 121 °C por 3 minutos. Em crianças e no botulismo de feridas, os organismos são, respectivamente, ingeridos ou implantados em uma ferida, e se multiplicam e criam toxinas *in vivo*. O botulismo infantil foi associado ao consumo por bebês de mel contaminado por esporos de *C. botulinum*.

A doença clínica é a mesma nas três formas e é caracterizada por paralisia flácida que leva à fraqueza muscular progressiva e à parada respiratória. O tratamento intensivo de suporte é necessário de forma urgente e a recuperação completa pode levar vários meses. As melhoras no tratamento de suporte reduziram a taxa de mortalidade de cerca de 70% para aproximadamente 10%, mas a doença (embora rara), continua sendo de ameaça à vida. Além disso, uma vez que a toxina botulínica é uma das toxinas biológicas mais potentes conhecidas, há preocupações a respeito de seu possível uso como agente de guerra biológico.

Considerar o botulismo no diagnóstico diferencial é essencial, assim como realizar a confirmação por diagnóstico laboratorial

O diagnóstico laboratorial envolve a demonstração da presença da toxina em amostras clínicas ou de alimentos ou em cultura da bactéria. No entanto, pode ser necessário utilizar um bioensaio caso o soro esteja disponível, sendo que o soro seria injetado em camundongos que foram protegidos com a antitoxina botulínica ou que estão desprotegidos. A cultura de fezes ou de exsudato de feridas para a confirmação da presença de *C. botulinum*, bem como detecção da toxina por meio de ensaios baseados em PCR para as sequências de toxinas e ELISA (Cap. 32) testam para a atividade funcional da toxina.

A antitoxina polivalente é recomendada como um adjunto à terapia intensiva de suporte contra o botulismo

Uma vez que as toxinas do botulismo são antigênicas, elas podem ser desativadas e utilizadas para produzir antitoxinas em animais. Quando há suspeita de botulismo, deve-se administrar a antitoxina imediatamente, em conjunto com o tratamento de suporte, que pode incluir ventilação mecânica devido à dificuldade em respirar e no suporte intravenoso e nasogástrico, devido à dificuldade em engolir. Geralmente, antibióticos são utilizados somente para o tratamento de infecções secundárias.

Não é prático prevenir a contaminação da comida por esporos de botulinum, portanto a prevenção da doença depende da prevenção da germinação dos esporos na comida ao:

- manter um pH ácido na comida;
- armazenar alimentos a < 4 °C;
- desativar os esporos por meio de calor a 121 °C por 3 minutos antes do armazenamento;
- desativar a toxina aquecendo por 5 minutos a 80 °C.

Duas espécies Gram-positivas, *Clostridium perfringens* e *Bacillus cereus*, são produtores de enterotoxinas e são causas importantes de doença diarreica, especialmente em associação a alimentos contaminados por esporos. No entanto, em casos muito mais raros, o *C. perfringens* também pode estar presente em alimentos que não foram preparados de maneira adequada e se multiplicar, sendo que as cepas produtoras de beta-toxina causam uma doença necrosante aguda do intestino delgado, acompanhada de dores abdominais e diarreia. A patogênese é resumida na Figura 23.18. Esta forma ocorre após o consumo de carne contaminada por pessoas que não estão acostumadas a uma dieta rica em proteína e não apresentam tripsina intestinal suficiente para destruir a toxina. Esta doença está tradicionalmente associada a banquetes com carne suína, apreciada pelos nativos da Nova Guiné, mas também já ocorreu em prisioneiros libertados de campos de guerra.

As características clínicas dos tipos mais comuns de infecção por enterotoxina estão mostradas na Tabela 23.3. O *C. perfringens* é anaeróbio e cresce com rapidez nos meios laboratoriais de rotina. A produção de enterotoxina pode ser demonstrada pela técnica de aglutinação com partículas de látex, mas há outros testes mais sensíveis, como ELISA em material fecal e detecção por PCR.

O tratamento antibacteriano da diarreia por *C. perfringens* é raramente necessário. A prevenção depende do reaquecimento completo dos alimentos antes de servir ou, de preferência, que se evite preparar o alimento com muita antecedência antes do consumo.

O *C. perfringens* é também uma importante causa de infecções de feridas e tecidos moles, conforme descrito no Capítulo 27.

Bacillus cereus são amplamente distribuídos no ambiente, especialmente no solo, e os esporos e as células vegetativas podem contaminar muitos alimentos. A infecção de origem alimentar terá uma das duas formas:

- diarreia resultante da produção de enterotoxina no intestino;
- vômitos devido à ingestão de enterotoxina nos alimentos.

Duas toxinas diferentes estão envolvidas na patogenicidade e originam exoenzimas que destroem tecidos, conforme ilustrado na Figura 23.19. No intestino delgado, após a ingestão dos esporos, as células vegetativas secretam uma enterotoxina que

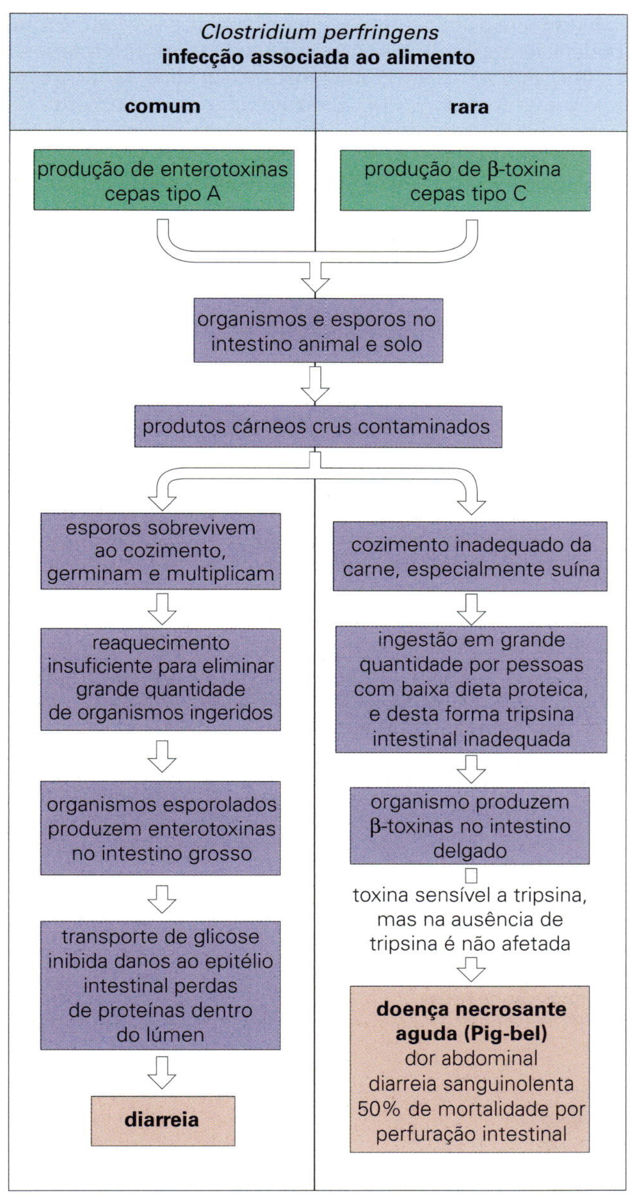

Figura 23.18 O *Clostridium perfringens* está ligado a duas formas de infecção alimentar. A infecção mais comum (à esquerda), mediada por enterotoxina, é em geral adquirida pela ingestão de carne ou produtos da granja (aves) contaminados, com tempo de cocção adequado para matar as células vegetativas, mas não os esporos. Conforme o alimento esfria, os esporos germinam. Se o reaquecimento antes do consumo é inadequado (como frequentemente ocorre em centros de produção comerciais), grandes quantidades de microrganismos são ingeridas. A forma rara associada às cepas produtoras de β-toxinas (à direita) provoca uma doença aguda necrosante rara.

causa diarreia. No entanto, a toxina emética, que é codificada por plasmídeos, é produzida em produtos alimentícios e é ingerida pré-formada. As características clínicas das infecções são resumidas na Tabela 23.3. O *B. cereus* é muito sério e também pode causar diversas infecções, incluindo meningite, abscessos cerebrais, endoftalmites e pneumonia. A confirmação laboratorial do diagnóstico requer meios específicos. O tipo emético da doença pode ser difícil de ser atribuído ao *B. cereus*, a menos que se proceda à análise laboratorial do alimento envolvido.

Como relatado para o *C. perfringens*, a prevenção da infecção associada a alimentos por *B. cereus* depende do cozimento

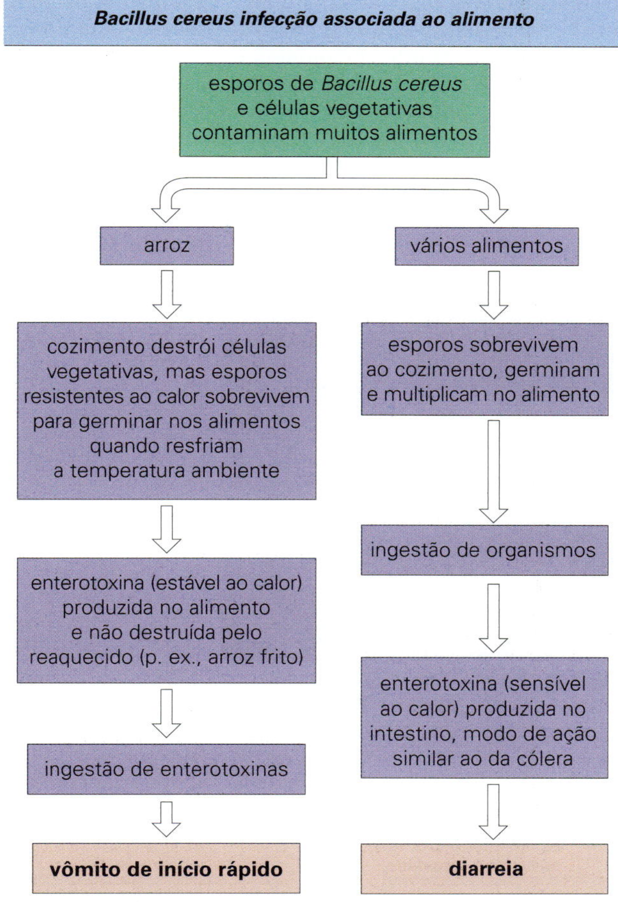

Figura 23.19 O *Bacillus cereus* pode provocar duas formas diferentes de infecção associada a alimentos. Ambas envolvem toxinas.

adequado e consumo rápido do alimento. O tratamento antibacteriano específico não é indicado nesse contexto.

Diarreia associada a antibiótico – *Clostridium difficile*

Contaminação por *Clostridium difficile* é a causa mais comumente diagnosticada de diarreia infecciosa adquirida em ambiente hospitalar em países desenvolvidos. Nos EUA, o CDC estimou que houve quase 500.000 infecções por *C. difficile* e 29.000 mortes em 2011. É a causa mais comum de infecções associadas aos cuidados com a saúde nos EUA.

O tratamento com antibióticos de amplo espectro pode ser complicado devido a diarreia por *C. difficile* associada a antibióticos

Todas as infecções descritas até aqui originam-se da ingestão de microrganismos ou de suas toxinas. Entretanto, a diarreia também pode surgir da destruição da microbiota intestinal normal. Desde os primórdios do uso dos antibióticos se reconhece que estes agentes afetam os patógenos, mas também afetam a microbiota normal do corpo. Por exemplo, a tetraciclina administrada por via oral destrói a microbiota normal do intestino e os pacientes, algumas vezes, tornam-se recolonizados não com os anaeróbios Gram-negativos facultativos usuais, mas com *S. aureus* responsáveis por enterocolite, ou por leveduras, como a *Candida*. Logo após a introdução da clindamicina para uso terapêutico, pensou-se que esse fármaco estava associado à diarreia grave, na qual a mucosa colônica tornava-se coberta por uma pseudomembrana fibrinosa característica (daí o nome colite pseudomembranosa; Fig. 23.20). Entretanto, a clindamicina não é a causa desta condição; o fármaco simplesmente inibe a microbiota normal do intestino e permite que o *C. difficile* se multiplique. Este microrganismo é comumente encontrado no intestino de crianças e, algumas vezes, em adultos, mas pode também ser adquirido de outros pacientes, em hospitais, por infecção cruzada. *C. difficile* é esporulado e sobrevive no ambiente, pois é resistente a calor e a ácido, por exemplo. Os esporos contaminam o ambiente e originam bactérias vegetativas que podem ser transmitidas entre os pacientes nas enfermarias.

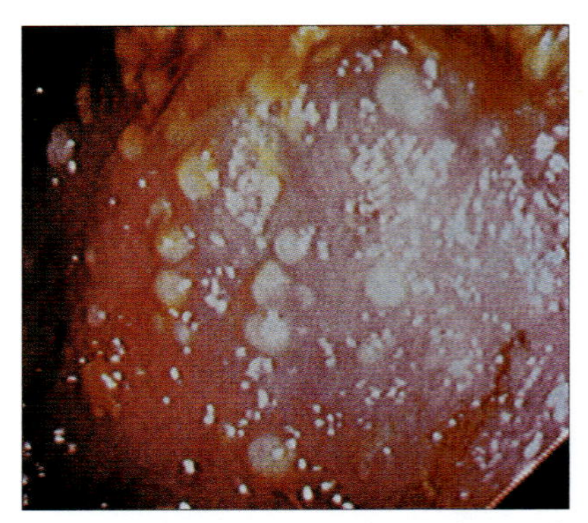

Figura 23.20 Colite associada a antibiótico devido ao *Clostridium difficile*. Visão sigmoidoscópica mostrando múltiplas lesões pseudomembranosas. (Cortesia de J Cunningham.)

O *C. difficile*, assim como outros clostrídios, produz exotoxinas. A toxina A, uma enterotoxina, causa aumento da permeabilidade intestinal e a secreção de líquidos, e a toxina B, uma citotoxina, causa inflamação do cólon, homeostase e necrose tecidual no cólon, resultando em diarreia.

As toxinas A e B são codificadas pelos genes *tcdA* e *tcdB* (Fig. 23.21) dentro de um segmento cromossômico curto carreado por cepas patogênicas de *C. difficile*, descritas como o *locus* de patogenicidade. Algumas cepas podem produzir uma toxina binária chamada *C. difficile* transferase (CDT), e seu papel ainda não é claro, pois os sintomas não são tão graves e a incidência de infecções por *C. difficile* que envolvem cepas que produzem apenas CDT é baixa.

Mostrou-se que uma cepa variante emergente de um *C. difficile* epidêmico denominada *C. difficile* ribotipo B1/NAP1/027 produz muito mais toxinas A e B. A produção de toxinas está relacionada à produção de esporos, portanto esta é uma cepa de alta produção de esporos que, assim, domina o ambiente que habita. O aumento da produção de toxinas causa diversos efeitos citopáticos diretos e indiretos que causam morte de colonócitos, a perda da função da barreira intestinal e colite. Esta cepa, detectada nos EUA, no Canadá, no Reino Unido e em outras partes da Europa, não é apenas altamente transmissível, mas também causadora de doenças mais graves em indivíduos, tanto em hospitais como na comunidade. Ela foi associada a taxas mais altas de mortalidade em

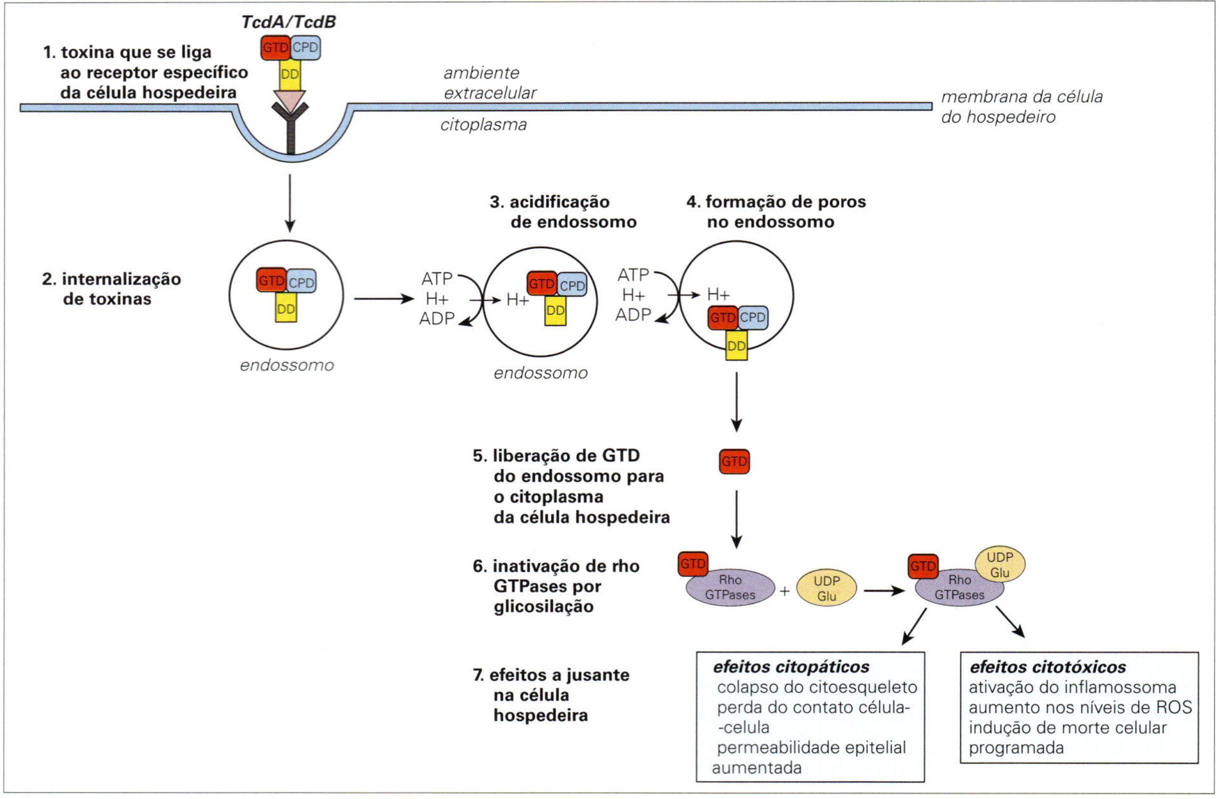

Figura 23.21 O transporte de toxinas para o citosol da célula hospedeira pode ser dividido em sete etapas principais: (1) toxina que se liga ao receptor de superfície da célula hospedeira; (2) a internalização de toxinas por meio de endocitose mediada por um receptor; (3) acidificação de endossomo; (4) formação de poros; (5) liberação de GTD do endossomo para o citoplasma da célula hospedeira; (6) inativação de rho GTPases por glicosilação; e (7) efeitos a jusante na célula hospedeira, ou seja: efeitos citotóxicos e citopáticos induzidos por toxinas. ADP, adenosina difosfato; ATP, trifosfato de adenosina; CPD, domínio da cisteína protease (ciano); DD, domínio de transmissão (amarelo); GTD, domínio de glucosiltransferase *N*-terminal (vermelho). (Reproduzido com permissão de Di Bella, S.; Ascenzi, P.; Siarakas, S. et al. Toxinas A e B de *Clostridium difficile*: observações sobre as propriedades patogênicas e efeitos extraintestinais. *Toxinas* 2016; *8*[5]:134; doi:10.3390/toxins8050134, Fig. 2, com permissão.)

alguns indivíduos contaminados que precisam de colectomia e atendimento em unidades de tratamento intensivo, e mostrou ser mais resistente a antibióticos como fluoroquinolona do que outras cepas.

Embora inicialmente associada à clindamicina, a diarreia por *C. difficile* tem sido, a partir daí, associada ao tratamento com muitos outros antibióticos de amplo espectro; por isso, o termo diarreia ou colite associada a antibiótico. A infecção é geralmente grave e pode necessitar de tratamento com agente antianaeróbio, metronidazol ou vancomicina oral. No entanto, o surgimento de enterococos resistentes à vancomicina, provavelmente originários da microbiota intestinal, levou à recomendação de que o uso oral da vancomicina seja evitado sempre que possível (Cap. 34).

Esperamos que você não esteja comendo enquanto lê, pois estamos prestes a resumir transplante da microbiota fecal como uma abordagem terapêutica alternativa. Trata-se da ingestão de uma suspensão fecal de um doador para reestabelecer a diversidade da microbiota gastrointestinal normal, chamada de microbioma no cólon. Estudos demonstraram que este é um modo seguro e eficaz de tratar a diarreia associada a *C. difficile*. Caso você esteja se perguntando, as vias de administração envolvem uma abordagem com tubo nasojejunal ou nasogástrico, ou um tubo retal ou colonoscópio, mas a via ideal ainda não está clara.

CAUSAS VIRAIS DA DIARREIA

Altas reduções nas taxas de mortes diarreicas têm sido observadas, especialmente em crianças com menos de 5 anos de idade

A gastroenterite e a diarreia não bacterianas são normalmente causadas por vírus e tais infecções são causadas em todas as partes do mundo, especialmente em lactentes e crianças jovens (Fig. 23.22). As infecções bacterianas e parasíticas foram reduzidas como resultado da melhora nas condições de sanitização e higiene. Em todo o mundo, as taxas anuais de mortes foram consideravelmente reduzidas para cerca de 1,3 milhão em 2013 em comparação com um número estimado em 2,6 milhões em 1990. Tal mudança foi observada especialmente na faixa etária das crianças com menos de 5 anos, dentre as quais a mortalidade foi reduzida para um pouco abaixo de 600.000 em 2013. No entanto, esta é a segunda causa de morbidade mais comum em tal grupo.

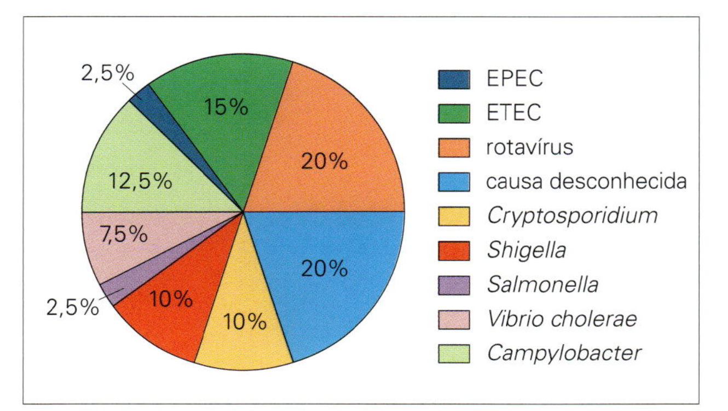

Figura 23.22 A doença diarreica é uma causa importante de doença e óbitos em crianças nos países em desenvolvimento. Esta ilustração mostra a proporção de infecções causadas por diferentes patógenos. Perceba que em mais de 20% das infecções o agente causal não é identificado, mas muitas destas provavelmente são de origem viral. EPEC, *E. coli* enteropatogênica; ETEC, *E. coli* enterotoxigênica. (Dados da OMS.)

Embora os vírus pareçam ser a causa mais comum de gastroenterite em crianças, a gastroenterite viral não é distinguível clinicamente de outros tipos de gastroenterite. As viroses são específicas para seres humanos e a infecção segue os padrões gerais de transmissão fecal-oral. A transmissão oral da gastroenterite não bacteriana foi demonstrada experimentalmente em 1945, mas somente em 1972 as partículas virais foram identificadas nas fezes, por microscopia eletrônica. Entretanto, tem sido difícil ou impossível cultivar a maioria desses vírus em cultura de células.

Norovírus

A causa mais comum de diarreia em todo o mundo, responsável por quase 20% de todos os episódios diarreicos

Os norovírus, anteriormente conhecidos como vírus pequenos redondos e estruturados (SRSV), ou vírus semelhantes a Norwalk (NLV), causam a "doença de vômito do inverno", bem como diarreia. Eles são parte da família Caliciviridae e possuem 27 nm de diâmetro; eles são vírus não envelopados e de RNA de fita simples. Três dos seis genogrupos afetam humanos, a saber GI, GII e G IV, e há muita diversidade genética, que é causada pela seleção imunológica. O cultivo *in vitro* tem sido problemático; os cofatores provavelmente são necessários e demonstraram causar gastroenterite quando ingeridos por adultos voluntários. Um dos primeiros surtos de norovírus identificado foi em uma escola em Norwalk, Ohio, em 1969. A infecção é comum em crianças mais velhas e adultos. Tais vírus são altamente infecciosos, disseminam-se rapidamente e comumente causam infecção nosocomial. O período de incubação é de 12-72h. E em até 50% dos casos pode haver calafrios, dor de cabeça, mialgia ou febre, bem como náusea, dor abdominal, vômito e diarreia. A recuperação pode ocorrer dentro de 24-48h, mas pode levar mais tempo.

Os norovírus se ligam aos carboidratos da superfície celular dos antígenos do grupo histossanguíneo ABH e algumas cepas apresentam afinidades de ligação diferentes para diferentes padrões desses antígenos. Além disso, tais antígenos são expressos em graus diferentes por indivíduos diferentes, resultando em alguns grupos de pessoas que são resistentes a cepas específicas de norovírus. O diagnóstico laboratorial, importante em surtos e para estudos epidemiológicos, é normalmente feito por PCR, microscopia eletrônica ou ELISA. Os vírus neste grupo estão frequentemente envolvidos em casos de diarreia associada a vias de transmissão por alimento ou água que ocorrem após consumir moluscos contaminados por esgotos como berbigões e mexilhões. Os norovírus em particular são uma causa importante de gastroenterite em contextos de cuidados da saúde e muitos surtos foram relatados em ambientes lotados como em navios de cruzeiro. Os norovírus mostram um alto nível de variabilidade, resultando em proteção cruzada entre cepas limitada e imunidade reduzida na população. Além disso, devido a tal diversidade, os ensaios diagnósticos devem ser modificados para otimizar a detecção, e o desenvolvimento da vacina deve envolver um componente de proteção cruzada ou o desenvolvimento de uma vacina multivalente.

Partículas semelhantes a vírus são vacinas em potencial, e o anticorpo que bloqueia sua ligação com antígenos do grupo histossanguíneo pode ser um modelo-chave como uma correlação de proteção.

Rotavírus

Estes vírus apresentam uma morfologia característica (Fig. 23.23) nomeados a partir da palavra latina *rota*, que significa roda, com um genoma consistindo em 11 segmentos sepa-

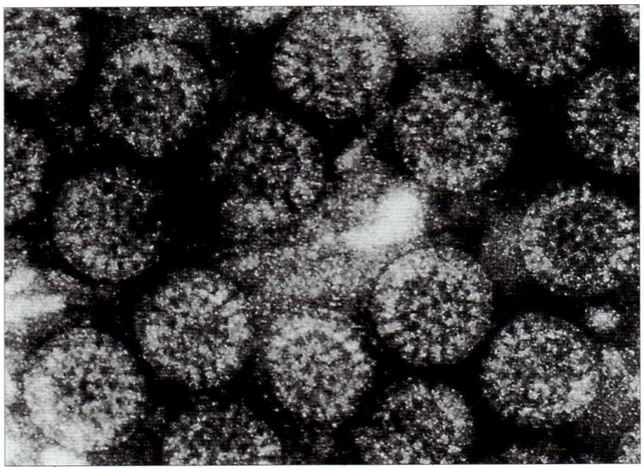

Figura 23.23 Rotavírus. As partículas virais (65 nm em diâmetro) apresentam uma margem externa bem definida, com cápsulas que se projetam a partir do cerne, conferindo às partículas um aspecto de roda (por isso o nome rotavírus). (Cortesia de J.E. Banatvala.)

rados de RNA de fita dupla. Diferentes rotavírus infectam muitos mamíferos jovens, incluindo crianças, gatos, cães, potros, bezerros e leitões, mas acredita-se que o vírus de uma espécie de hospedeiro pode às vezes causar infecção cruzada em outras espécies. Existem pelo menos dois sorotipos humanos.

Durante a replicação, os rotavírus provocam diarreia como resultado dos danos aos mecanismos de transporte no intestino

O período de incubação é de 1-2 dias. Após a replicação viral nas células epiteliais do intestino, ocorre uma manifestação aguda de vômitos, que é, algumas vezes, em jato, e diarreia que dura de 4 a 7 dias. Os vírus em replicação danificam os mecanismos de transporte no intestino, e a perda de água, sais e glicose causa diarreia (Fig. 23.24). As células infectadas no intestino são destruídas, resultando em atrofia das vilosidades. As vilosidades, longas projeções digitiformes, tornam-se aplainadas, resultando na perda tanto da área de superfície para absorção quanto de enzimas digestivas, e aumento na pressão osmótica no lúmen do intestino, que causa diarreia. Não há inflamação ou perda de sangue. Quantidades exces-

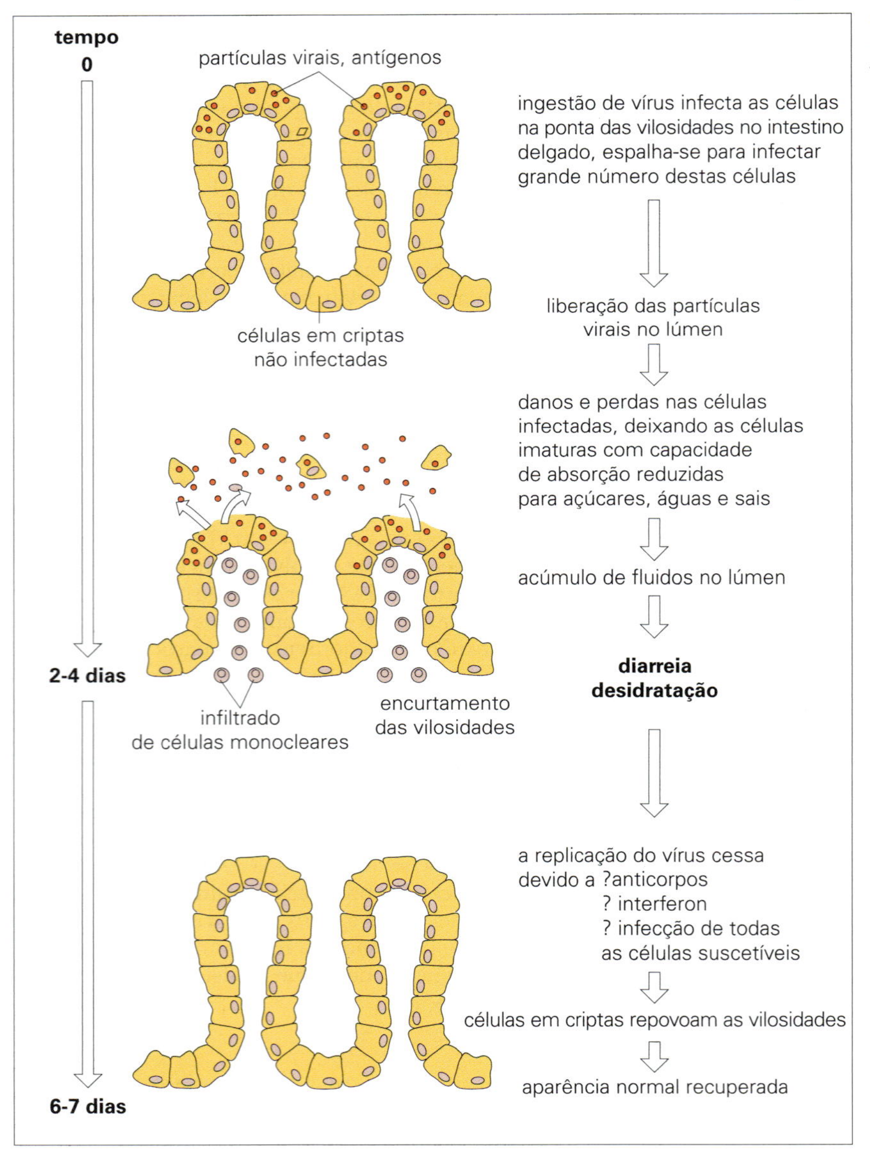

Figura 23.24 A patogênese da diarreia por rotavírus. Pode diferir de outras infecções virais do trato gastrointestinal.

sivamente elevadas de partículas virais, 10^{10}-10^{11}/g, aparecem nas fezes. Por motivos desconhecidos, sintomas respiratórios como tosse e coriza são bastante comuns. A doença é mais grave em crianças nos países em desenvolvimento.

A infecção é mais comum em crianças abaixo de 2 anos de idade, tem padrão sazonal e é mais frequente nos meses mais frios do ano em climas temperados. Anticorpos IgA no colostro conferem proteção durante os primeiros 6 meses de vida. A OMS estimou, até abril de 2016, que em 2013 houve mais de 200.000 mortes de crianças devido a infecções por rotavírus, em comparação a 500.000 no ano 2000. Cerca de 50% das mortes relacionadas a rotavírus em 2013 ocorreram no grupo de idade inferior a 5 anos, na Índia, Nigéria, Paquistão e República Democrática do Congo. Epidemias são algumas vezes observadas em creches. Crianças maiores são menos suscetíveis à infecção porque nessa faixa etária quase todas já desenvolveram anticorpos, mas infecções ocasionais podem ocorrer em adultos.

Os rotavírus são agentes infecciosos intestinais bem adaptados. Dez partículas ingeridas já podem provocar infecção, e, por serem causadores de diarreia com elevadas quantidades de partículas infecciosas, além da sua estabilidade no ambiente, estes microrganismos asseguraram sua sobrevivência e sua transmissão continuada.

A infecção por rotavírus é confirmada por RNA viral ou detecção antigênica

O diagnóstico laboratorial pode não estar disponível em países em desenvolvimento, mas é feito pela detecção de RNA viral ou antígenos, usando os métodos de PCR ou ELISA, respectivamente (Cap. 33). As características partículas virais de 65 nm podem ser observadas em amostras fecais por microscopia eletrônica. As partículas apresentam simetria cúbica e um revestimento externo, o capsídeo, organizado como raios de uma roda (Fig. 23.23).

A reposição hidroeletrolítica pode salvar vidas na diarreia por rotavírus

A desidratação ocorre com rapidez em crianças, e a reposição de líquidos e sais por via oral ou intravenosa pode salvar vidas. Não existem agentes antivirais disponíveis, mas uma variedade de vacinas orais de vírus vivos atenuados tem sido submetida a testes bem-sucedidos. Em 2006, a Food and Drug Administration [*Administração de Alimentos e Medicamentos*] (FDA) dos EUA anunciou a aprovação de uma vacina oral viva para uso na prevenção de gastroenterite por rotavírus em crianças. Um desenvolvimento animador foi a introdução de uma vacina de rotavírus vivo atenuado, administrada oralmente, em 86 países até o ano de 2016, cerca de 45% do mundo. A primeira dose deve ser administrada entre 6 semanas e 14 semanas e 6 dias de idade, pois não há dados suficientes sobre a imunização de crianças mais velhas.

Outros vírus que causam diarreia em seres humanos incluem sapovírus, astrovírus, adenovírus e coronavírus

Os sapovírus, também membros da família Caliciviridae, foram detectados pela primeira vez em um surto de diarreia em um orfanato em Sapporo, Japão. Os astrovírus são vírus RNA de fita simples e medem 28 nm; eles apresentam padrões característicos de estrelas de cinco ou seis pontas. A maioria das infecções ocorre na infância e geralmente são brandas. Acredita-se que tanto o sapovírus como o astrovírus sejam responsáveis, cada um, por 10% dos casos de gastroenterite globalmente. Os adenovírus não possuem envelope, apresentam DNA dupla fita e medem 70-80 nm. Os tipos 40 e 41 podem crescer somente em linhagens de culturas de células especializadas. O papel das infecções por coronavírus, bocavírus humano e diversas outras infecções virais recém-identificadas na gastroenterite é incerto.

Embora os surtos de gastroenterite frequentemente tenham uma etiologia viral, em determinadas circunstâncias pode ser difícil estabelecer o papel exato de um dado vírus presente nas fezes, pois há uma série de vírus que se replica no trato gastrointestinal, enterovírus, por exemplo, e não estão associados à doença diarreica aguda.

HELICOBACTER PYLORI E ÚLCERAS GÁSTRICAS

Helicobacter pylori está associado à maioria das úlceras gástricas e duodenais

Hoje, é fato comprovado que a bactéria Gram-negativa espiralada *H. pylori* está efetivamente associada a mais de 90% dos casos de úlceras duodenais e 70-80% das úlceras gástricas (Fig. 23.25). Marshall e Warren receberam o Prêmio Nobel pela descoberta da bactéria e seu papel. Marshall teve a coragem de ingerir uma cultura de *H. pylori* após constatar uma endoscopia normal, desenvolveu náusea e vômito alguns dias depois, e uma endoscopia repetida demonstrou gastrite, e uma cultura de *H. pylori* cresceu a partir da biópsia, o que demonstrou causa e efeito. O *H. pylori* foi a primeira bactéria a ter sua capacidade de causar malignidade e câncer gástrico comprovada e é também a causa de 25% de todos os casos de câncer associados a infecções. A forma de apresentação mais comum é a dor persistente ou recorrente no abdômen superior na ausência de evidência estrutural da doença.

O *H. pylori* coloniza o hospedeiro pelo resto da vida, mas sua erradicação pode ser alcançada por meio de antibióticos. A persistência se deve à produção de urease, que causa a quebra da ureia em amônia e CO_2, aumentando o pH e trazendo proteção contra o ácido gástrico. Além disso, o *H. pylori* apresenta diversos atributos de superfície que ajudam a escapar da resposta imunológica.

O *H. pylori* apresenta diversos fatores de virulência codificados por *cagA* (gene A associado à citotoxina, CagA), *vacA* (toxina vacuolizante A, VacA), *babA* (adesina de ligação a ácido siálico, BabA) e *oipA* (adesão à proteína inflamatória externa, OipA). CagA, uma citotoxina que afeta a sinalização celular, reduz a adesão celular e muda o fenótipo celular de célula epitelial para mesenquimal, o que está associado à carcinogênese. A VacA induz grandes vacúolos nas células hospedeiras e forma estruturas semelhantes a poros que resultam em inchaço osmótico. Além disso, ela causa dis-

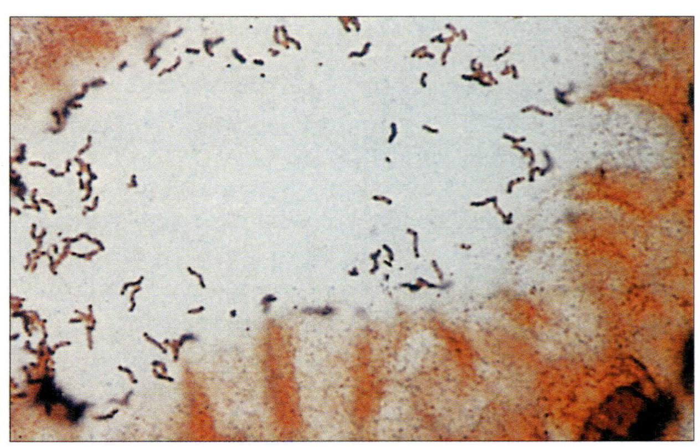

Figura 23.25 Gastrite por *Helicobacter pylori* mostrando numerosos microrganismos espiralados aderidos à superfície da mucosa (coloração pelo método da prata). (Cortesia de A.M. Geddes.)

função da mitocôndria, apoptose, quebra a barreira da célula epitelial e melhora a capacidade do *H. pylori* de colonizar o epitélio gástrico. A BabA se liga ao antígeno b do sistema Lewis do grupo sanguíneo ABO em hemácias e em algumas células epiteliais. Isso causa a quebra de DNA de fita dupla nas células do hospedeiro e pode levar a mutações gênicas associadas a câncer. Ela também pode melhorar a aderência às células do hospedeiro, e a OipA é uma proteína da membrana externa que age como uma adesina e está associada à carcinogênese.

A infecção por *H. pylori* está associada a dispepsia, dor de estômago ou abdominal superior devido às úlceras gástricas, gastrite aguda e crônica, e adenocarcinoma gástrico e linfoma do tecido linfoide associado à mucosa (MALT). Além disso, o *H. pylori* foi encontrado em outras áreas do corpo e está associado a doenças extragástricas.

O diagnóstico rápido pode ser realizado pelo uso de um teste de ureia no ar expirado não invasivo ou teste antigênico de *H. pylori*. Para o teste no ar expirado, uma pessoa ingere ureia radiomarcada com carbono e, com a alta produção de urease do *H. pylori*, ela é quebrada em amônia e dióxido de carbono. Este último é absorvido pela corrente sanguínea e o carbono radiomarcado é detectado no ar expirado. Ambos são mais sensíveis e específicos do que os testes de sorologia baseados em ELISA.

Os métodos invasivos envolvem endoscopia, com um diagnóstico feito com base no exame histológico de amostras de biópsias. Ela também permite uma avaliação direta da inflamação estomacal. O teste rápido de urease pode ser realizado em material de biópsia gástrica e dessa vez, quando a ureia é adicionada à amostra, a amônia produzida aumenta o pH detectado no dispositivo de teste. As biópsias também podem ser testadas por PCR. O *H. pylori* pode ser cultivado em laboratório, mas é difícil fazê-lo e costuma ser realizado para testar a sensibilidade a antibióticos específicos.

A erradicação do *H. pylori* para promover a remissão e a cura de úlceras exige uma terapia de combinação envolvendo medicação quádrupla, tripla ou sequencial. A terapia quádrupla envolve um inibidor da bomba de prótons (PPI), sais de bismuto e dois antibióticos como metronidazol e tetraciclina. A terapia tripla inclui um PPI e dois antibióticos, claritromicina e amoxicilina. O tratamento sequencial tem início com a amoxicilina e um PPI por alguns dias, seguido de terapia tripla (Cap. 34).

PARASITOS E O TRATO GASTROINTESTINAL

Muitas espécies de protozoários e helmintos (vermes) parasitos vivem no trato gastrointestinal, infectando 3,5 bilhões de indivíduos no mundo. Apenas alguns constituem causa comum de patologia grave (Fig. 23.26), e serão o foco desta seção.

A transmissão de parasitos intestinais é mantida pela liberação dos estágios do ciclo de vida nas fezes

As diferentes fases do ciclo de vida incluem cistos, ovos e larvas. Na maioria dos casos, as novas infecções dependem, direta ou indiretamente, do contato com material fecal, e, portanto, as taxas de infecção refletem os padrões de higiene e de medidas sanitárias. Em geral, os estágios dos protozoários parasitos transmitidos pelas fezes são infecciosos ou tornam-se infectantes dentro de dias. Estes parasitos costumam ser adquiridos pela ingestão de alimentos ou água contaminados com fezes em estágio infeccioso. Enteroparasitos, com duas exceções principais, *Enterobius* (também conhecidos como oxiúros) e *Hymenolepis nana*, produzem ovos ou larvas que necessitam de um período de desenvolvimento fora do hospedeiro antes de se tornarem contaminantes. Aqui as rotas de transmissão são mais complexas:

- Algumas espécies são adquiridas por meio de alimentos ou água contaminados com ovos ou larvas infectantes ou são adquiridas diretamente através de mãos contaminadas.

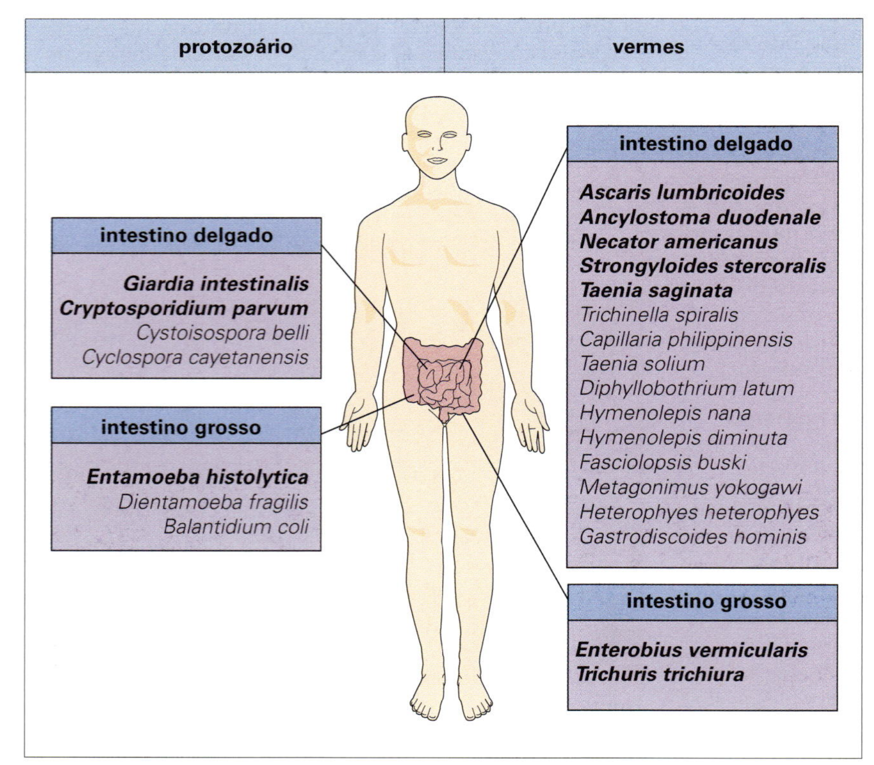

Figura 23.26 Parasitos gastrointestinais de humanos. A maioria destas infecções é encontrada nos países em desenvolvimento, mas todas as espécies também podem ocorrer nos países desenvolvidos e, recentemente, algumas se tornaram proeminentes devido à sua associação com a AIDS. As espécies de parasitos mais importantes estão destacadas em negrito.

- Algumas larvas podem penetrar ativamente através da pele, às vezes migrando para o intestino.
- Outras são adquiridas pela ingestão de produtos de origem animal contendo estágios infectantes.

Os sintomas de infecção intestinal variam de muito brandos a condições diarreicas agudas ou crônicas associadas à inflamação ou doenças que apresentam risco de vida pela disseminação de parasitos para outros órgãos do corpo. A maioria das infecções pertence à primeira destas categorias.

Infecções por protozoários

Três espécies são de particular importância:

- *Entamoeba histolytica;*
- *Giardia intestinalis;*
- *Cryptosporidium hominis.*

Todas estas espécies podem provocar doenças diarreicas, mas os parasitos apresentam características morfológicas distintas que permitem um diagnóstico preciso (Fig. 23.27). Outros protozoários intestinais importantes, sobretudo quando identificados em pacientes imunossuprimidos, incluem *Cyclospora cayetanensis*, *Cystoisospora belli* (conhecido anteriormente como *Isospora belli*) e os microsporídeos.

Entamoeba histolytica

A infecção por* E. histolytica *é particularmente comum nos países subtropicais e tropicais. Por muitos anos foi considerado que infecções por *E. histolytica* podiam ser assintomáticas ou patogênicas, e que o principal sintoma, a disenteria, ocorria quando as amebas invadiam a mucosa. Na verdade, ao invés de haver uma única espécie se comportando de maneira diferente, a explicação é que duas espécies estão envolvidas: *E. histolytica*, que é invasora, e *E. dispar*, que é não patogênica e não é invasora. *E. histolytica* ocorre no mundo todo, mas é encontrada com mais frequência nos países subtropicais e tropicais, onde a prevalência pode exceder 50%. Os trofozoítas habitam a superfície mucosa do intestino grosso. A reprodução neste estágio ocorre por divisão binária com formação periódica de formas encistadas resistentes, que são eliminadas. Estes cistos podem sobreviver no ambiente externo (por até 30 dias na água) e atuar como formas infectantes. A infecção ocorre quando o alimento ou a bebida são contaminados tanto por pessoas infectadas que manipulam os alimentos quanto por falta de saneamento adequado. A transmissão também pode ser resultante de atividade sexual anal. Quando ingeridos, os cistos passam intactos através do estômago e rompem-se no intestino delgado, dando origem a uma progênie de quatro unidades. Estes aderem às células epiteliais por meio de uma combinação de adesinas e lectinas e danificam-nas por citólise induzida por amebaporo, fosfolipase e citólise seguida de fagocitose. Podem invadir a mucosa e alimentar-se de tecidos do hospedeiro, incluindo hemácias, originando a colite amebiana.

As infecções causadas por* E. histolytica *podem variar de diarreia branda até disenteria grave. As infecções por *E. dispar* são assintomáticas e esse protozoário não causa doenças em humanos. Em contraste, a invasão da mucosa por *E. histolytica* pode produzir pequenas úlceras localizadas e superficiais ou envolver toda a mucosa colônica com a formação de úlceras profundas confluentes (Fig. 23.28). A primeira condição provoca diarreia leve, enquanto a invasão mais grave leva à "disenteria amebiana", caracterizada pela presença de muco, pus e sangue nas fezes. As disenterias de origem amebiana ou bacilar podem ser distinguidas por uma série de características (Tabela 23.5).

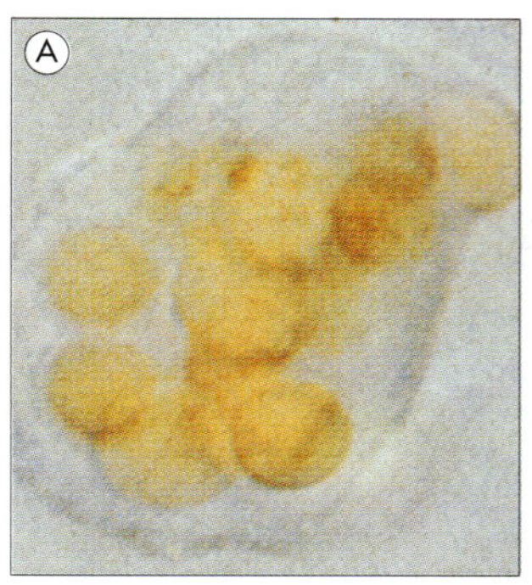

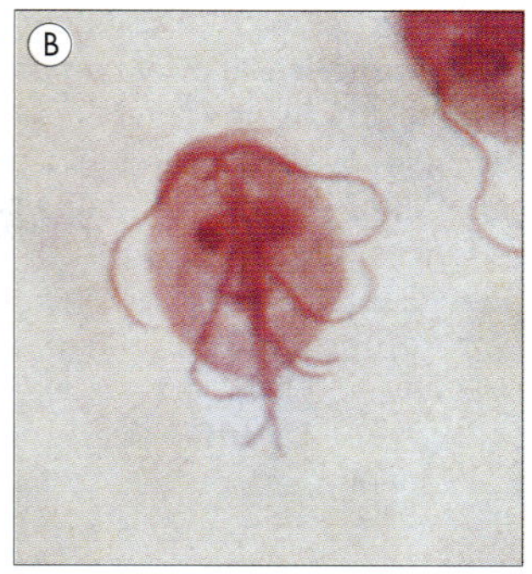

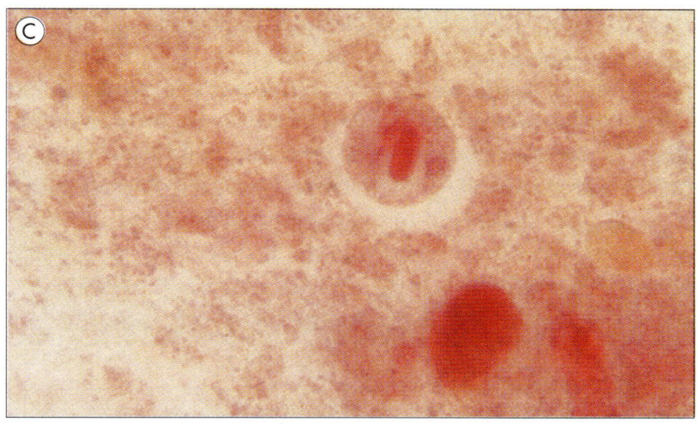

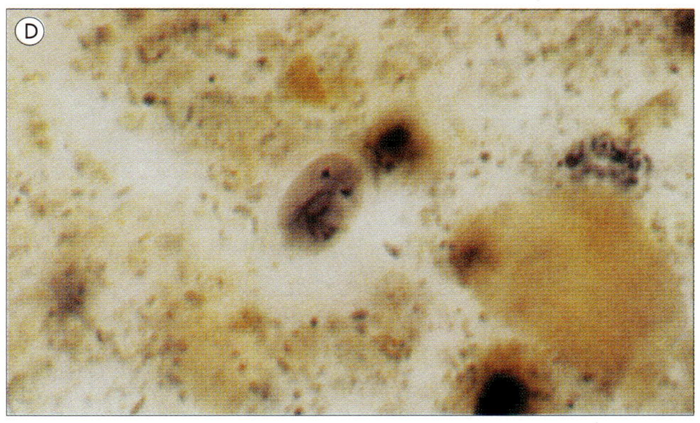

Figura 23.27 Infecções do trato gastrointestinal por protozoários. (A) *Entamoeba histolytica*. O trofozoíta encontrado no estágio agudo da doença frequentemente contém hemácias digeridas. (B) O trofozoíta da *Giardia intestinalis* associado à infecção aguda em humanos. (C) Cisto de *E. histolytica*, com apenas um dos seus quatro núcleos visíveis. A larga barra cromatídica é um agregado semicristalino de ribossomos. (Coloração H&E.) (D) Cisto oval de *G. intestinalis* mostrando dois dos quatro núcleos (coloração de hematoxilina ferrosa). ([B] Cortesia de D.K. Banerjee. [D] Cortesia de R. Muller e J.R. Baker.)

As complicações incluem perfuração do intestino, acarretando peritonite e invasão extraintestinal. Os trofozoítos podem disseminar-se para o fígado por via hematogênica, com a formação de um abscesso e, em uma outra etapa, podem atingir o pulmão ou outros órgãos. Raramente, os abscessos disseminam-se diretamente para acometer camadas cutâneas. A *E. histolytica* é capaz de escapar da resposta imunológica por diversos métodos, incluindo imunomodulação, fagocitose de células imunológicas e destruição baseada em protease de mediadores imunológicos solúveis. A sorologia (por meio de técnica de anticorpos fluorescentes indireta [IFAT] ou ELISA) é o alicerce do diagnóstico para abscessos hepáticos por amebas.

A infecção por* E. histolytica *pode ser diagnosticada em pacientes sintomáticos a partir da presença de cistos tetranucleados característicos nas fezes. Estes cistos podem ser raros em infecções leves e a repetição do exame de fezes se faz necessária. Deve-se ter o cuidado de diferenciar a *E. histolytica* de outras espécies não patogênicas que possam estar presentes (Fig. 23.29). Os trofozoítos podem ser encontrados em casos de disenteria (quando as fezes são amolecidas e líquidas), mas eles são frágeis e se deterioram com rapidez; as amostras devem ser então preservadas antes do exame. Os testes ELISA estão disponíveis, pois são testes de painel de triagem que podem distinguir entre *E. histolytica / E. dispar, Cryptosporidium parvum* e *Giardia intestinalis*. A diferenciação da *E. histolytica* e da *E. dispar* requer testes imunológicos ou PCR específico para a espécie.

A infecção aguda pela* E. histolytica *pode ser tratada com metronidazol ou tinidazol. Caso a infecção seja tratada precocemente, espera-se que haja recuperação, e há alguma imunidade à reinfecção. Metronidazol ou tinidazol mata trofozoítos de amebas nos locais de contaminação intestinal e extraintestinal e resultam em rápida melhora clínica, mas pode ocorrer reincidência de contaminação a menos que um segundo agente antiamebiano seja ministrado para erradicar amebas do lúmen intestinal. Exemplos são o furoato de diloxanida ou paromomicina. A prevenção da amebíase na comunidade depende das mesmas abordagens adotadas para higiene e saneamento descritas para infecções bacterianas intestinais. Uma vacina direcionada contra o fragmento Lec A da lectina Gal/GalNAC, que medeia a ligação da *E. histolytica* à mucosa do cólon, está sendo desenvolvida.

Tabela 23.5 Características da disenteria bacilar e amebiana

	Bacilar	Amebiana
Organismo	*Shigella*	*Entamoeba*
Polimórficos e macrófagos nas fezes	Muitos	Poucos
Eosinófilos e cristais de Charcot-Leyden nas fezes	Poucos ou ausentes	Frequentemente presentes
Microrganismos nas fezes	Muitos	Poucos
Sangue e muco nas fezes	Sim	Sim

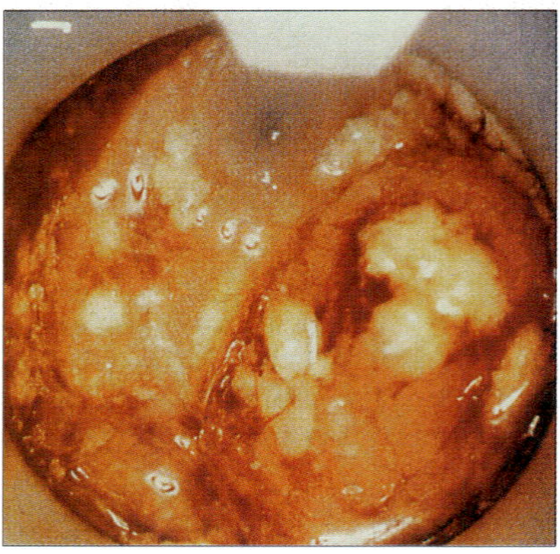

Figura 23.28 Colite amebiana. Visão sigmoidoscópica mostrando úlceras profundas e exsudato purulento. (Cortesia de R.H. Gilman.)

Giardia intestinalis

A *Giardia* foi o primeiro microrganismo intestinal a ser observado sob um microscópio. A descoberta foi feita em 1681 por Anton van Leeuwenhoek, que utilizou um microscópio construído por ele mesmo para examinar amostras das suas próprias fezes. Ela tem distribuição global e é uma causa frequente de diarreia do viajante. *Giardia* é o parasito intestinal mais reconhecido em diagnósticos nos EUA, tendo sido detectado tanto em água potável quanto recreacional. Há confusão a respeito da nomenclatura, e a espécie que infecta humanos também é conhecida como *G. lamblia*, e algumas vezes como *G. duodenalis* (humana).

Como a* Entamoeba*, a* Giardia *tem apenas duas fases no ciclo de vida. Os dois estágios do ciclo de vida da *Giardia* compreendem a fase trofozoíto binucleado flagelado (quatro pares de flagelos) e o cisto tetranucleado resistente. Os trofozoítos vivem na porção superior do intestino delgado, aderidos próximo à borda em escova das células epiteliais através de regiões de ligação especializadas (Fig. 23.30). Eles se dividem por fissão binária e podem ocorrer em quantidades tais que cubram grandes áreas da superfície mucosa. A formação de cistos ocorre em intervalos regulares, cada cisto sendo formado por um trofozoíto ao produzir uma parede resistente. Os cistos são eliminados nas fezes e podem sobreviver por várias semanas sob condições ideais. A infecção ocorre quando os cistos são deglutidos, quase sempre como resultado da ingestão de água contaminada. A dose mínima infectante é muito pequena: 10-25 cistos.

Epidemias de giardíase ocorrem quando os suprimentos públicos de água potável são contaminados, porém pequenos surtos se segue após a ingestão de água de rios e córregos que tenham sido contaminadas por animais. Além da transmissão pela água, *Giardia* pode ser transmitida de pessoa para pessoa, especialmente em famílias, sendo rara a transmissão por alimentos. *Giardia* também pode ser transmitida sexualmente entre homens que têm relações sexuais com outros homens. A genotipagem demonstrou que a *Giardia* consiste em pelo menos sete tipos de agregação diferentes. As agregações A e B podem infestar cães, gatos e gado, assim como humanos,

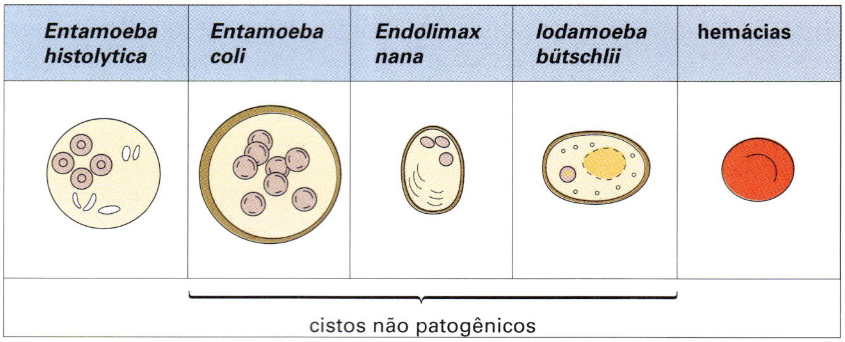

Figura 23.29 Características dos cistos (tamanho e número de núcleos) são utilizadas na diferenciação de formas patogênicas e não patogênicas de protozoários. Um glóbulo vermelho é mostrado para efeito de comparação.

Figura 23.30 Trofozoíta da *Giardia intestinalis* ligado à superfície mucosa do intestino delgado (coloração de hematoxilina ferrosa). (Cortesia de R. Muller e J.R. Baker.)

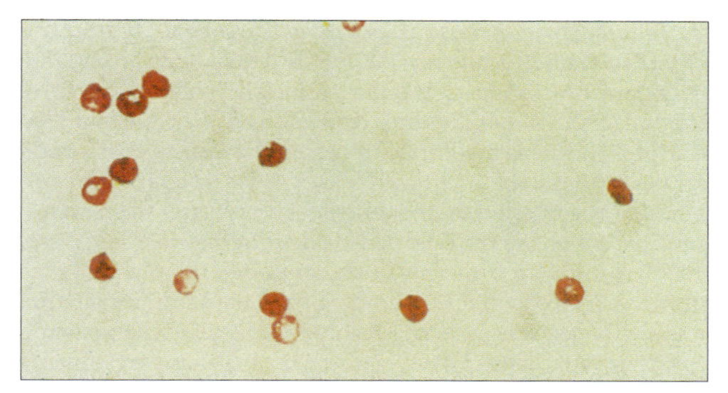

Figura 23.31 Oocistos de *Cryptosporidium* em amostra fecal. (Cortesia de S. Tzipori.)

portanto a infecção contra humanos com esses genótipos pode ser adquirida de forma zoonótica.

Infecções leves por* Giardia *são assintomáticas; e as infecções mais graves provocam diarreia. A diarreia pode ser:

- autolimitada, com um curso normal de 7-10 dias;
- crônica, podendo se tornar uma condição grave, sobretudo em pacientes com defesas imunológicas deficientes ou comprometidas.

Acredita-se que a diarreia seja decorrente das respostas inflamatórias desencadeadas pelas células epiteliais danificadas e da interferência com os processos normais de absorção. As fezes são aquosas, de odor fétido e quase sempre gordurosas.

O diagnóstico da infecção por* Giardia *baseia-se na identificação de cistos ou trofozoítos nas fezes. A concentração de formalina acetato de etila ou de formalina-éter é superior à microscopia de película úmida direta. A coloração imunofluorescente de esfregaços fecais apresenta alta especificidade. Nas infecções leves, há necessidade de repetição de exames. A intubação duodenal ou a ingestão de cápsulas e linhas recuperáveis, conhecidas como o 'teste da linha', podem auxiliar na obtenção de trofozoítos diretamente do intestino. Cada vez mais alternativas a métodos microscópicos têm sido disponibilizadas, incluindo testes de detecção ELISA de antígenos fecais com boa especificidade, testes imunocromatográficos em formato cassete, e PCR. Os ensaios de PCR multiplex que detectam *Giardia*, *Cryptosporidium* e *E. histolytica* em amostras fecais são amplamente disponíveis hoje em dia.

A infecção por* Giardia *pode ser tratada com uma variedade de medicamentos. Os compostos de nitroimidazol, metronidazol e tinidazol, são comumente usados. Porém, ocorreram aumentos nos números de falhas no tratamento com nitromidazol nos últimos 5 anos, especialmente em giardíase adquirida no subcontinente indiano, e nitazoxanida, albendazol ou mepacrina (também conhecido como quinacrina) também são alternativas. As medidas comunitárias para prevenção incluem as preocupações habituais com higiene e saneamento e tratamento apropriado dos suprimentos públicos de água potável (em grande parte, filtração e cloração) onde existe a suspeita de ser a fonte de infecção. Também é importante ter cuidado ao ingerir águas naturais potencialmente contaminadas.

Cryptosporidium hominis e *Cryptosporidium parvum*

Protozoários do gênero* Cryptosporidium *são amplamente distribuídos em muitos animais. O envolvimento do *Cryptosporidium* como uma importante causa de diarreia em seres humanos foi estabelecido durante os primeiros anos de epidemia da AIDS, embora parasitos semelhantes fossem conhecidos por estarem amplamente distribuídos em muitos animais. Ainda que haja 26 espécies de *Cryptosporidium*, uma proporção muito alta das infecções humanas se deve à *C. hominis*, que atinge especificamente humanos, e *C. parvum*, que infecta bezerros, mas que também é capaz de causar doenças em humanos. Essas duas espécies são responsáveis por mais de 90% dos casos de criptosporidiose humana. O parasito apresenta um ciclo de vida complexo, desde fases de desenvolvimento assexuadas a fases sexuadas no mesmo hospedeiro. A transmissão ocorre pela ingestão de, no mínimo, dez oocistos resistentes (diâmetro de 4-5 µm) no material contaminado com fezes (Fig. 23.31). No intestino delgado, o oocisto libera esporozoítos infectantes, que invadem as células epiteliais, permanecendo intimamente associados à membrana plasmática apical, de modo que elas são intracelulares, mas extracitoplásmaticos. São então formados os merontes, que produzem e liberam merozoítos que invadem novamente as células epiteliais. Um segundo tipo de meronte produz estágios sexuais conhecidos como gamontes. A fertilização ocorre, e oocistos de parede espessa são liberados nas fezes. Os principais fatores de risco para o desenvolvimento de criptosporidiose são a ingestão de água potável ou de recreação contaminada, contato com pessoas ou animais infectados e viagem para áreas com pouco saneamento. A maioria dos surtos é causada por água e, em 1993, o *Cryptosporidium* causou um surto massivo de diarreia aquosa, que afetou 403.000 pessoas em Milwaukee, EUA. A infecção foi transmitida por um suprimento de água potável.

A diarreia por* Cryptosporidium *varia de moderada a grave. Os sintomas de infecção por *Cryptosporidium* variam de diarreia moderada a diarreia profusa mais grave, autolimitada dentro de 5-10 dias em indivíduos imunocompetentes, mas pode tornar-se crônica em pacientes imunocomprometidos, incluindo aqueles com infecção por HIV em estágio avançado. Em indivíduos com contagem de células T $CD4^+ < 100/mm^3$ a diarreia é prolongada, podendo tornar-se irreversível na ausência de reconstituição imunológica e pode ser um risco à vida.

***Exames de fezes rotineiros por preparo úmido são inadequados para o diagnóstico da diarreia por* Cryptosporidium.** Pode-se usar microscopia de fluorescência (p. ex., com auramina) ou coloração de Ziehl-Neelsen para revelar oocistos em esfregaços fecais finos. Ensaios ELISA para detecção de antígenos, que são capazes de alto rendimento, e testes cassete imunocromatográficos de fluxo lateral também são empregados. A microscopia de imunofluorescência direta e a PCR apresentam alta especificidade, e a PCR, comumente na forma de ensaio multiplex para detecção de *Cryptosporidium*, *Giardia* e *E. histolytica*, é amplamente disponível hoje em dia.

Tratamento antiparasitológico para diarreia por* Cryptosporidium *é subótimo. A terapia sintomática é uma parte importante do tratamento. Foi relatado que a terapia de combinação antirretroviral (cART) em indivíduos com infecção avançada por HIV e criptosporidiose melhora os sintomas da diarreia. Isso pode ser devido aos inibidores de protease usados na terapia de combinação, que interferem diretamente nas proteases dos *Cryptosporidium* envolvidas no ciclo de vida do protozoário. Além disso, cART resulta em diminuição da carga de HIV plasmático e promove a reconstituição imunológica. A paromomicina reduz a saída de oocistos, mas não resolve a infecção. Nitazoxanida é eficaz em pacientes HIV-negativos, mas apenas parcialmente ativa naqueles coinfectados com HIV. Medidas de saúde pública são semelhantes àquelas delineadas para controlar a giardíase, embora o *Cryptosporidium* seja mais resistente à cloração. Algumas instalações de tratamento de água asseguram uma etapa de ozonização adicional para inativação dos criptosporídeos.

Cyclospora, *Cytoisospora* e microsporídia

Cyclospora, como *Cytoisospora belli* e *Cryptosporidium*, são parasitos coccídeos, cujas fases do ciclo de vida se dão nas células epiteliais da mucosa. *Cyclospora* e *Cytoisospora* foram encontrados somente em humanos, diferentemente de outros coccídeos que são zoonóticos.

Cyclospora cayetanensis, nomeada em 1994, é uma das causas de diarreia em viajantes, mas também pode ser adquirida por alimentos importados contaminados; por exemplo, acredita-se que framboesas da Guatemala foram a causa de cinco surtos de diarreia nos EUA entre os anos 1995 e 2000. Mais recentemente, em 2015 e 2016, surtos de ciclosporíase ocorreram em viajantes do Reino Unido que haviam retornado do México. A diarreia pode ser prolongada, sendo mais grave em indivíduos imunossuprimidos. Tratamento com sulfametoxazol e trimetoprima (cotrimoxazol) é efetivo. Ciprofloxacina é parcialmente eficaz.

Pacientes com AIDS infectados com *Cytoisospora belli* podem apresentar sintomas particularmente graves, com diarreia persistente, provocando perda de peso e até mesmo a morte. O tratamento é feito com cotrimoxazol.

As infecções com microsporídeos, um grupo incomum, também se tornaram reconhecidas como uma causa de diarreia na AIDS e em outros pacientes imunossuprimidos. O *Enterocytozoon bieneusi* é a causa mais comum, embora o *Encephalitozoon intestinalis* também ocorra. A transmissão parece ser direta. Tratamento com albendazol é eficaz contra *E. intestinalis*, mas tem atividade insatisfatória contra *E. bieneusi*. Quando possível, a reconstituição imunológica é a principal forma de tratamento.

Protozoários intestinais "menores"

O intestino humano pode abrigar um grande número de protozoários, muitos dos quais parecem ser completamente inofensivos. Alguns apresentam um papel questionável na doença, como *Blastocystis hominis*, *Dientamoeba fragilis* e *Sarcocystis hominis*.

Infecções por vermes

Os vermes intestinais mais importantes do ponto de vista clínico são os nematódeos conhecidos como os "helmintos transmitidos pelo solo"

Os helmintos transmitidos pelo solo enquadram-se em dois grupos distintos:

- *Ascaris lumbricoides* (nematódeo) e *Trichuris* (tricurídeos), nos quais a infecção ocorre pela ingestão de ovos infectantes.
- *Ancylostoma duodenale* e *Necator americanus* (ancilóstomos) e *Strongyloides stercoralis*, que infectam por penetração ativa na pele por meio de larvas contaminantes e sofrem migração sistêmica através dos pulmões até o intestino.

À exceção do *Trichuris*, todos os nematódeos transmitidos pelo solo habitam o intestino delgado.

Os oxiúros ou o nematódeo *Enterobius vermicularis* são provavelmente o nematódeo intestinal mais comum nos países desenvolvidos e é o menos patogênico. As fêmeas desta espécie, que vivem no intestino grosso, liberam ovos infectantes na região perianal. Isso provoca coceira, e a transmissão, em geral, ocorre diretamente de mãos contaminadas, mas os ovos são leves, podendo ser carreados na poeira.

Os helmintos transmitidos pelo solo são mais comuns em países em desenvolvimento de clima quente. Cerca de um quarto da população do mundo carreia estes helmintos, sendo as crianças o grupo mais infectado. A transmissão é favorecida pelo descarte inadequado de fezes, contaminação do suprimento de água, uso de fezes como fertilizante (solo noturno) ou baixos padrões de higiene (ver adiante). Uma grande quantidade de ovos é liberada durante a vida de cada verme fêmea (dezenas de milhares pelo *Trichuris* e *Ancylostoma* e centenas de milhares pelo *Ascaris*).

Ciclo de vida e transmissão

As fêmeas de* Ascaris *e* Trichuris *colocam ovos de invólucro espesso no intestino, que são expelidos com as fezes e eclodem após serem ingeridos por outro hospedeiro. Os ovos espessos do *Ascaris* e do *Trichuris* são mostrados na Figura 23.32. Os ovos necessitam de um período de incubação de vários dias, em condições ideais (temperatura morna, alta umidade) para que as larvas infectantes se desenvolvam. Uma vez que isso ocorra, os ovos permanecem infectantes por muitas semanas ou meses, dependendo do microclima local, e os ovos de *Ascaris* podem sobreviver em solo úmido por até 10 anos. Após serem ingeridos, os ovos eclodem no intestino, liberando as

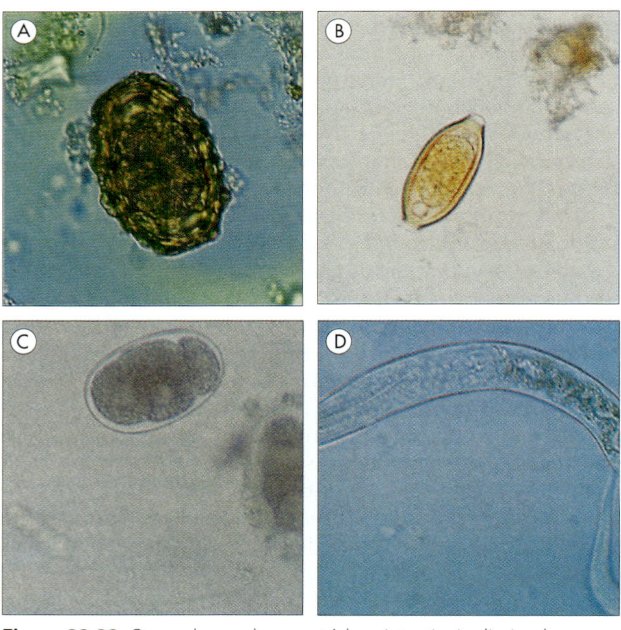

Figura 23.32 Ovos e larvas de nematódeos intestinais eliminados nas fezes. (A) Ovo de *Ascaris* (fértil). (B) Ovo de *Trichuris*. (C) Ovo de ancilóstomo. O embrião continua a se dividir na amostra fecal e pode atingir a fase de 16-32 células no momento em que a amostra é examinada. (D) Larva de *Strongyloides stercoralis*. (Cortesia de J.H. Cross.)

larvas. Os ovos de *Ascaris* penetram na parede intestinal e são carreados pelo sangue até o fígado e os pulmões, migrando para os brônquios e a traqueia, antes de serem deglutidos e mais uma vez atingirem o intestino. Os vermes adultos vivem livremente no lúmen intestinal, alimentando-se do conteúdo intestinal. Em contraste, a larva do *Trichuris* permanece dentro do intestino grosso, penetrando na camada celular epitelial, onde elas permanecem durante o amadurecimento.

As fêmeas adultas de ancilostomídeo depositam ovos de invólucro delgado que eclodem nas fezes imediatamente após deixarem o hospedeiro. Um ovo de ancilóstomo é mostrado na Figura 23.32. As larvas do ancilóstomo (*A. duodenale* e *N. americanus*) alimentam-se de bactérias até se tornarem infectantes e, então, migram da massa fecal. A contaminação ocorre quando as larvas entram em contato com a pele desprotegida (ou, adicionalmente, no caso de *Ancylostoma*, quando são engolidas). As larvas penetram pela pele, migram através do sangue até os pulmões, ascendem até a traqueia e são deglutidas. Os vermes adultos ligam-se através de suas grandes cavidades bucais à mucosa intestinal, ingerem tecidos, rompem os capilares e sugam sangue.

A fêmea adulta do* Strongyloides *deposita ovos que eclodem no intestino. O ciclo de vida do *Strongyloides* é muito semelhante ao dos ancilóstomos, mas mostra algumas diferenças importantes. Humanos são parasitados apenas pelas fêmeas partenogenéticas que depositam ovos na mucosa. Estes ovos eclodem no intestino e as larvas rabditiformes geralmente são liberadas nas fezes (Fig. 23.32D). O desenvolvimento fora do hospedeiro pode seguir o padrão dos ancilóstomos, com a produção direta de larvas filariformes que penetram na pele, ou pode ocorrer a produção de uma geração inteira de vida livre que inclui machos e fêmeas e produz larvas infectantes. Sob certas condições e, particularmente, no hospedeiro imunocomprometido, pode haver transformação das larvas de *Strongyloides* para o estágio filariforme antes de serem eliminadas nas fezes. O processo de autoinfecção pode causar a condição clínica grave conhecida como estrongiloidíase disseminada, também chamada de hiperinfecção, que é frequentemente agravada por uma sepse por bactérias Gram-negativas. Todos os helmintos transmitidos pelo solo possuem vida relativamente longa (vários meses a anos), mas há casos documentados mostrando que as infecções por *Strongyloides* podem persistir por mais de 30 anos, presumivelmente através da autoinfecção interna contínua.

Características clínicas

Na maioria dos indivíduos, as infecções por vermes produzem desconforto intestinal leve e crônico em vez de diarreia grave ou outras condições. As infecções podem levar a respostas de hipersensibilidade e também podem reduzir as respostas à vacinação. Cada parasito apresenta uma série de condições patológicas características relacionadas com ele.

Grandes números de vermes* Ascaris *adultos podem provocar obstrução intestinal. A migração das larvas de *Ascaris* para os pulmões pode acarretar angústia respiratória grave devido à pneumonite; ascaridíase é uma das causas da síndrome de Löffler. Este estágio está quase sempre associado a uma eosinofilia pronunciada. Vermes no intestino podem causar dores abdominais, náuseas e distúrbios digestivos. Em crianças com ingestão nutricional inadequada, estes distúrbios podem contribuir para desnutrição clínica. Uma carga parasitária grande de vermes *Ascaris* pode provocar um bloqueio físico no intestino, e isso também pode ser decorrente da morte dos vermes após quimioterapia antiparasitária. Os vermes intestinais tendem a migrar para fora do intestino, com frequência para o ducto biliar, causando colangite ou abscessos hepáticos. A perfuração da parede intestinal também pode ocorrer. Tem sido descrito que alguns vermes podem, às vezes, se alojar em locais incomuns, incluindo a órbita ocular e a uretra masculina. O *Ascaris* é altamente alergênico, e, em muitos casos, as infecções dão origem a sintomas de hipersensibilidade que podem persistir por muitos anos após a infecção ter sido curada.

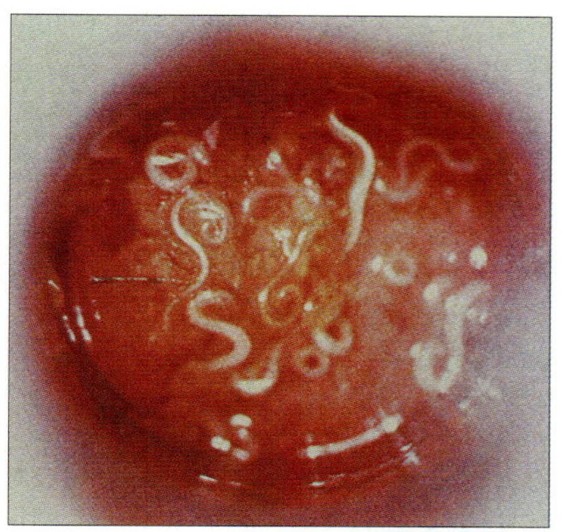

Figura 23.33 Tricuríase em uma criança saudável, infectada. Protoscopia mostrando numerosos *Trichuris trichiura* adultos ligados à mucosa intestinal. (Cortesia de R.H. Gilman.)

A infecção moderada ou grave por* Trichuris *pode provocar diarreia crônica. Como acontece com todos os vermes intestinais, as crianças são os membros da comunidade mais infectados pelo *Trichuris*. Embora em geral seja considerado de pouca importância clínica, pesquisas demonstraram que as infecções moderadas a graves em crianças podem provocar diarreia crônica (Fig. 23.33), resultando em nutrição prejudicada e retardo no crescimento. Ocasionalmente, infecções graves levam ao prolapso retal.

A ancilostomíase pode resultar em anemia por deficiência de ferro. A migração da larva do ancilóstomo através da pele e pulmões pode causar dermatite e pneumonia, respectivamente. As atividades de sucção do sangue pelos vermes intestinais podem levar a anemia ferropriva, se a dieta for inadequada. As infecções graves provocam uma importante debilidade e retardo no crescimento.

A estrongiloidíase pode ser fatal em pessoas imunossuprimidas. A infecção intestinal grave por *Strongyloides* provoca diarreia persistente e profusa com desidratação e desequilíbrio eletrolítico. Alterações profundas na mucosa podem acarretar síndrome de má absorção, que é, algumas vezes, confundida com espru tropical. Pessoas com infecção por vírus linfotrópico tipo 1 (HTLV-1), doenças que suprimem a função imune como AIDS e câncer, ou que estão sendo tratadas com imunossupressores, são suscetíveis ao desenvolvimento de estrongiloidíase disseminada. A invasão do corpo por muitos milhares de larvas autoinfectantes pode ser fatal. Sepse bacteriana por Gram-negativo ou meningite podem ser manifestadas.

O sinal mais comum de infecção por oxiúros é o prurido anal. Ocasionalmente, este é acompanhado de diarreia leve. Os *Enterobius* algumas vezes são encontrados no apêndice, mas seu papel na apendicite é controverso. Ao emergir da pele perianal, vermes fêmeas adultos ocasionalmente invadem a vagina nas mulheres e causam irritação local.

Diagnóstico laboratorial

Todas as cinco espécies transmitidas pelo solo podem ser diagnosticadas pelo achado de ovos ou larvas em fezes frescas. Embora esses estágios possam ser detectados em esfrega-

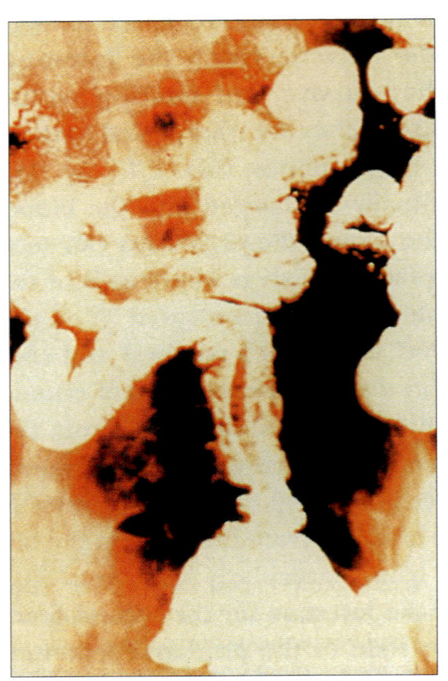

Figura 23.34 Defeito de enchimento no intestino delgado devido à presença de *Ascaris*, observado em uma radiografia após a ingestão de bário. (Cortesia de W. Peters.)

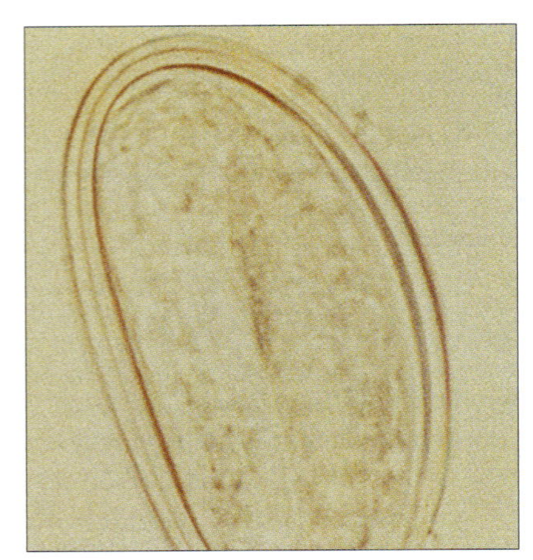

Figura 23.35 Ovo de *Enterobius* na região perianal. (Cortesia de J.H. Cross.)

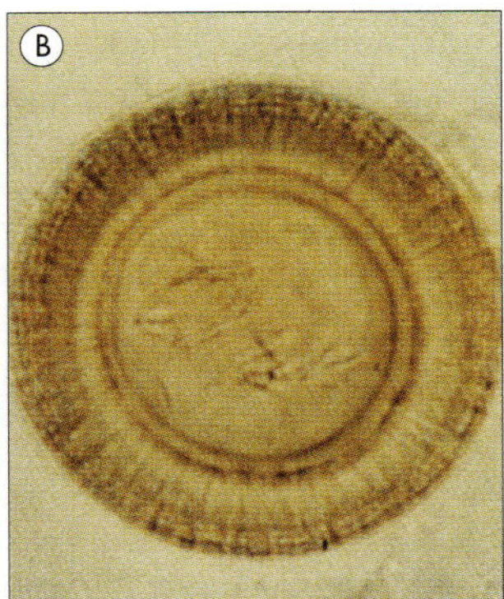

Figura 23.36 *Taenia saginata*. (A) Proglótide grávida corada com tinta da Índia para mostrar as numerosas ramificações laterais. (B) Ovo contendo larva com seis ganchos (hexacanto). (Cortesia de R. Muller e J.R. Baker.)

ços fecais, técnicas de concentração são mais sensíveis, e uma cultura de carvão de fezes é adicionada caso haja suspeita de *Strongyloides*. PCR para detecção de *Strongyloides* em fezes estão sendo introduzidas em laboratórios especializados. Infecções agudas por *Ascaris*, ancilóstomos e *Strongyloides* são em muitos casos acompanhadas de eosinofilia sanguínea importante. Embora não seja diagnóstica, é um forte indicativo de infecção por helminto. Um imunoensaio enzimático pode ser usado para detectar anticorpos de *Strongyloides* e tem aproximadamente 90% de sensibilidade de detecção. No entanto, há alguma reatividade cruzada com IgG feita contra outras infecções de nematoides e não é possível determinar se a infecção por *Strongyloides* ocorreu recentemente ou no passado.

Ovos de* Ascaris, Trichuris *e ancilóstomos são característicos. Estes ovos são mostrados na Figura 23.32 e são reconhecidos com facilidade. A identificação das espécies de ancilóstomos necessita de coprocultura de carvão para permitir a eclosão dos ovos e maturação das larvas para o terceiro estágio infectante. A presença de *Ascaris* adultos é algumas vezes confirmada diretamente por radiografia (Fig. 23.34).

A presença de larvas rabdiformes características nas fezes frescas é diagnóstica de infecção por *Strongyloides*.

A infecção por oxiúros é diagnosticada pelo achado de ovos na pele perianal. Embora oxiúros adultos algumas vezes apareçam nas fezes, os ovos quase nunca são vistos em material fecal concentrado porque eles são colocados diretamente na região perianal (Fig. 23.35). Os ovos podem ser encontrados por meio de pressão nesta área com um pedaço de fita adesiva clara (o teste da "fita adesiva") e análise em lâmina de microscópio com o lado que tem a cola virado para baixo.

Tratamento e prevenção

Enterobius é tratado com mebendazol, piperazina ou pamoato de pirantel; *Ascaris*, com mebendazol, albendazol ou piperazina; ancilóstomos, com mebendazol ou albendazol; e *Trichuris* com mebendazol ou albendazol. *Strongyloides* exige tratamento com ivermectina; tiabendazol também é eficaz, mas tem menor tolerância pelo paciente. Na comunidade, pode-se fazer prevenção melhorando as condições de higiene e saneamento, sobretudo com a eliminação adequada de detritos fecais.

Outros helmintos intestinais

Muitas outras espécies de helmintos podem infectar o intestino, entretanto a maioria é incomum nos países desenvolvidos. Dos cestoides humanos:

- A *Taenia saginata*, transmitida através de carne bovina contaminada, é o verme mais amplamente distribuído. Todavia, a infecção é quase sempre assintomática, exceto a sensação de revulsão apresentada pelos indivíduos durante a passagem dos grandes segmentos. O diagnóstico envolve a demonstração destes segmentos ou de ovos característicos nas fezes (Fig. 23.36A, B).
- O *Diphyllobothrium latum*, a tênia do peixe, tem uma distribuição geográfica ampla, mas a infecção está restrita aos indivíduos que comem peixe cru ou malcozido carreando larvas infectantes. Os ovos desta espécie apresentam uma "tampa" terminal, conhecida como opérculo, e são o estágio diagnóstico nas fezes (Fig. 23.37A).
- *O Hymenolepis nana*, a tênia anã, ocorre primariamente em crianças, pela ingestão direta dos ovos (Fig. 23.37B). Este verme pode iniciar autoinfecção dentro do intestino do hospedeiro, de forma que um grande número de vermes

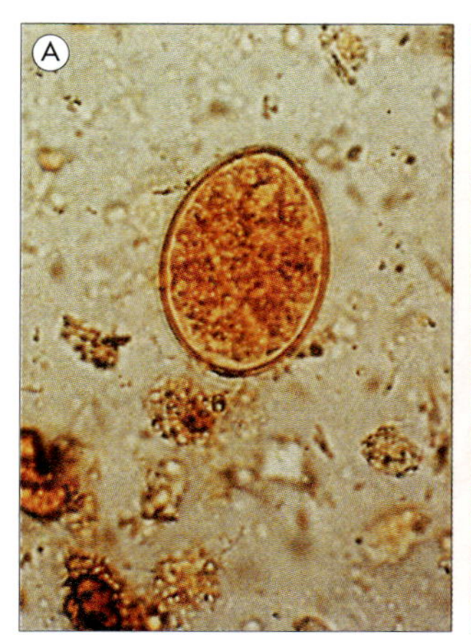

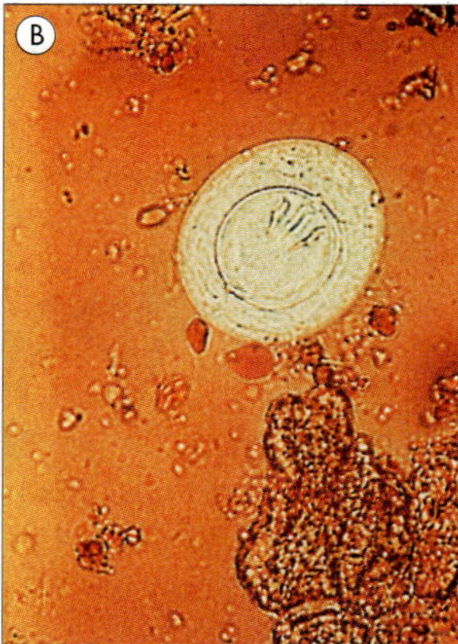

Figura 23.37 Ovos de (A) *Diphyllobothrium latum* e (B) *Hymenolepis nana*. (Cortesia de R. Muller e J.R. Baker.)

se acumule, provocando diarreia e algum desconforto abdominal.

Todas estas tênias podem ser tratadas com praziquantel ou niclosamida.

Os sintomas intestinais (predominantemente diarreia e dor abdominal) estão associados a infecções pelo nematoide *Trichinella spiralis*, que é conhecido clinicamente pela patologia causada pela fase muscular de origem hematogênica (Caps. 27 e 29). A infecção com espécies de esquistossomas situados nos vasos sanguíneos mesentéricos (*Schistosoma japonicum* e *S. mansoni*) também pode provocar sintomas de doença intestinal. Conforme os ovos atravessam a parede intestinal, eles acarretam importantes respostas inflamatórias, em forma de lesões granulomatosas, e a diarreia pode ocorrer na fase aguda inicial. A infecção crônica grave pelo *S. mansoni* está associada a pólipos inflamatórios do cólon, enquanto o acometimento grave do intestino delgado é mais comum com o *S. japonicum*.

INFECÇÕES SISTÊMICAS INICIADAS NO TRATO GASTROINTESTINAL

Nós abrimos este capítulo observando que as infecções adquiridas pela ingestão de patógenos poderiam permanecer localizadas no trato gastrointestinal ou poderiam se disseminar para outros órgãos e sistemas do corpo. Exemplos importantes de infecção disseminada são as febres entéricas e as hepatites virais tipo A e E. A listeriose também parece ser adquirida através do trato gastrointestinal. Com a finalidade de esclarecimento e conveniência, outros tipos de hepatite viral também serão discutidos neste capítulo.

Febres entéricas: tifoide e paratifoide

O termo "febre entérica" foi introduzido no último século na tentativa de esclarecer a distinção entre tifo (Cap. 28) e febre tifoide. Por muitos anos estas duas doenças foram confundidas, como a raiz comum de seus nomes sugere (tifo, uma febre com delírio; febre tifoide, lembrando tifo), mas mesmo antes de os agentes etiológicos serem isolados (tifoide causada por *S. typhi* e tifo causado por *Rickettsia* spp.), foi dito que era "tão impossível confundir as lesões intestinais da febre tifoide com os achados patológicos do tifo quanto confundir as erupções do sarampo com as pústulas da varíola". Na verdade, as febres entéricas podem ser causadas pela *S. typhi* e três espécies adicionais de *Salmonella*, mas a denominação "febre tifoide" permaneceu.

S. typhi e os tipos *paratyphi S. paratyphi A*, *S. schottmuelleri* (previamente chamada de *S. paratyphi B*) e *S. hirschfeldii* (previamente chamada de *S. paratyphi C*) causam febres entéricas

Estas espécies de *Salmonella* são restritas aos seres humanos e não apresentam um reservatório animal. Assim, a disseminação da infecção é interpessoal, geralmente através de alimentos ou água contaminados (Fig. 23.38). Após a infecção, as pessoas podem carrear o microrganismo por meses ou anos, constituindo, então, uma fonte de continuidade através da qual outros podem tornar-se infectados. Maria Tifoide, uma cozinheira na cidade de Nova York no início dos anos 1900, é um exemplo. Era uma portadora de longo período que conseguiu iniciar pelo menos dez surtos da doença (Cap. 17; Quadro 17.1).

As salmonelas multiplicam-se dentro do macrófago e, através dessas células, são transportadas para outras partes do corpo

Após a ingestão, as salmonelas que sobrevivem às defesas antibacterianas do estômago e intestino delgado penetram a mucosa intestinal através das placas de Peyer, provavelmente no jejuno ou íleo distal (Fig. 23.39). Após atravessar a barreira mucosa, as bactérias atingem os linfonodos intestinais, onde elas sobrevivem e multiplicam-se dentro dos macrófagos. As bactérias são transportadas dentro dos macrófagos para os linfonodos mesentéricos e daí para o ducto torácico, e finalmente são descarregadas na corrente sanguínea. Circulando no sangue, os microrganismos podem infectar vários órgãos, especialmente nos locais onde estão concentradas as células do sistema reticuloendotelial (p. ex., baço, medula óssea, fígado e placas de Peyer). No fígado, as bactérias multiplicam-se nas células de Kupffer. A partir do sistema reticuloendotelial, elas invadem novamente o sangue para alcançar outros órgãos (p. ex., rim). A vesícula biliar pode ser infectada tanto por via hematogênica quanto através do fígado pelo trato biliar; a bactéria é particularmente resistente à bile. Como resultado, a *S. typhi* entra no intestino pela segunda vez em quantidades muito maiores do que por ocasião do encontro primário e provoca uma forte resposta inflamatória nas placas de Peyer, levando à ulceração, com risco de perfuração intestinal.

Manchas róseas no abdômen superior são características, mas estão ausentes em até 50% dos pacientes com febre entérica

Após um período de incubação de 10-14 dias (que pode variar de 7-21 dias), a doença apresenta uma manifestação insidiosa com sintomas inespecíficos, como febre e mal-estar, acompanhados de dores e sintomas respiratórios que podem se assemelhar a uma gripe. Pode ocorrer diarreia, mas constipação é também possível. Nesta fase, o paciente com frequência apresenta febre de origem indeterminada. Na ausência de tratamento, a febre aumenta e o paciente torna-se agudamente enfermo. Manchas róseas — lesões eritematosas maculopapulares que se tornam embranquecidas sob pressão (Fig. 23.40) — são características no abdômen superior, mas podem estar ausentes em até metade dos pacientes. Elas são transitórias e desaparecem em horas ou dias. Sem tratamento, uma infecção não complicada pode durar de 4-6 semanas.

Antes da era dos antibióticos, 12-16% dos pacientes com febre entérica morriam, geralmente em decorrência das complicações

As complicações podem ser classificadas em:

- secundárias às lesões gastrointestinais locais (p. ex., hemorragia e perfuração; Fig. 23.41);

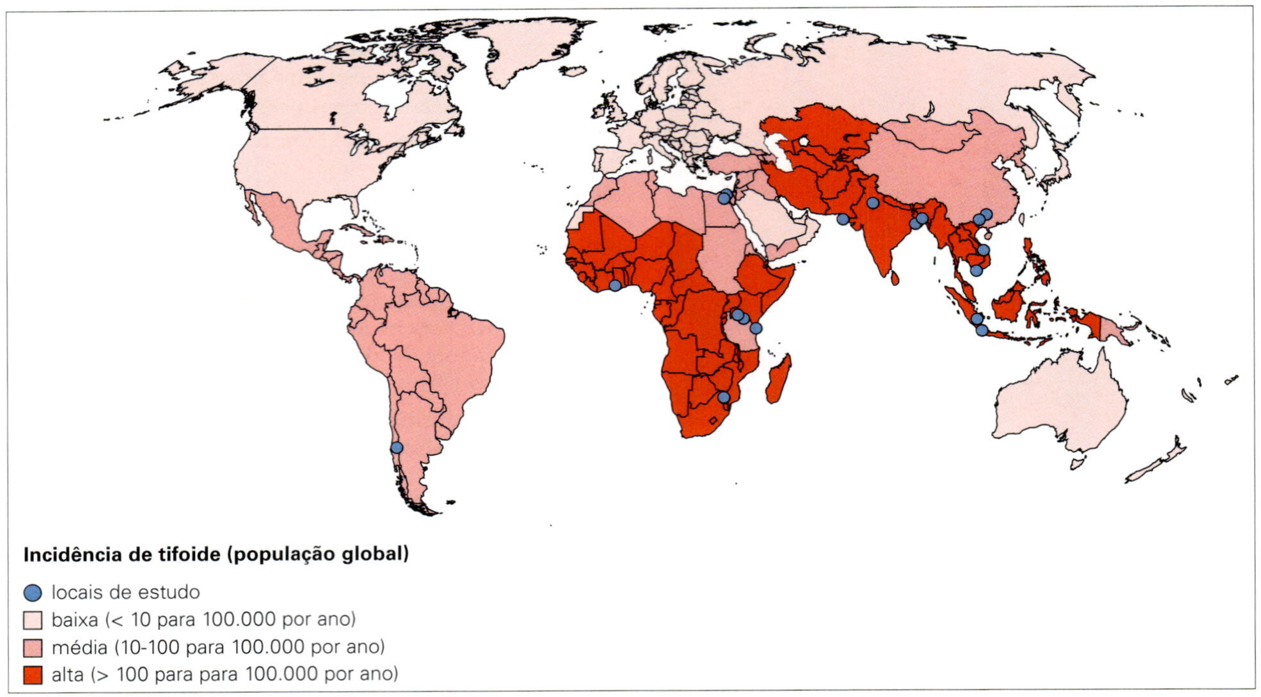

Figura 23.38 Incidência de tifoide em países de baixa e média renda. (Retirado de Crump J.A., Sjölund-Karlsson M.; Gordon M.A.; Parry C.M. Epidemiologia, apresentação clínica, diagnóstico laboratorial, resistência antimicrobiana e tratamento antimicrobiano de infecções invasivas por *Salmonella*. *Clin. Micro Rev.* 2015; 28[4]:901-37, com permissão.)

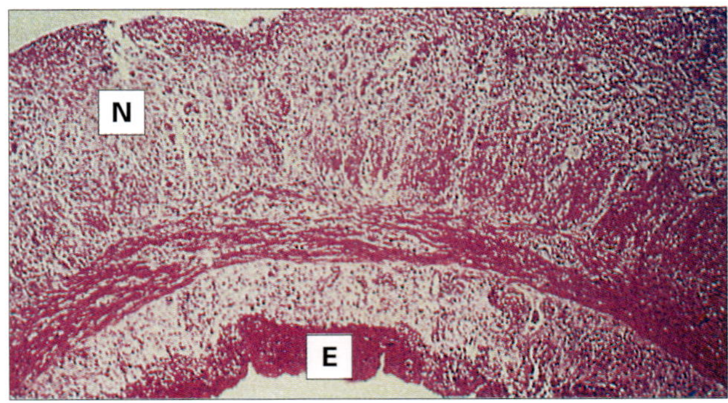

Figura 23.39 Tifoide. Seção histológica do íleo indicando uma úlcera tifoide com uma reação inflamatória transmural, áreas focais de necrose (N) e exsudato fibrinoso (E) na superfície serosa. (Coloração H&E.) (Cortesia de M.S.R. Hutt.)

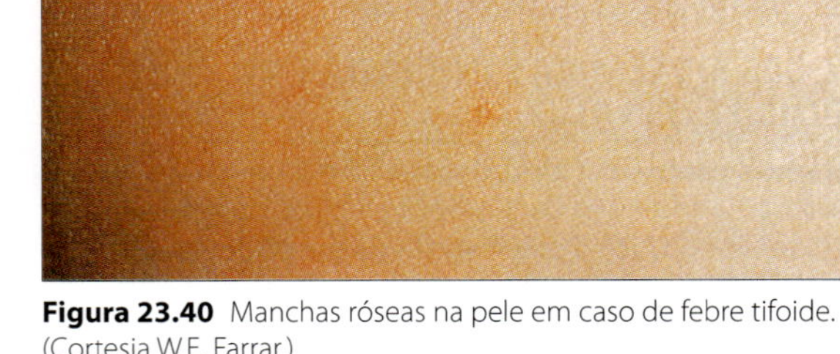

Figura 23.40 Manchas róseas na pele em caso de febre tifoide. (Cortesia W.E. Farrar.)

- associadas à toxemia (p. ex., miocardite, danos hepáticos e envolvimento da medula óssea);
- secundárias a uma doença grave prolongada;
- resultantes da multiplicação de microrganismos em outros locais, provocando meningite, osteomielite ou endocardite.

Anteriormente à era dos antibióticos, 12-16% dos pacientes morriam, geralmente em decorrência de complicações na terceira ou quarta semana da doença. Recidivas após uma recuperação inicial eram eventos comuns.

Cerca de 1-3% dos pacientes com febre entérica tornam-se portadores crônicos

Os pacientes geralmente continuam a excretar a *S. typhi* nas fezes por várias semanas após a recuperação, e 1-3% tornam-se portadores crônicos, assim definidos por excretarem *S. typhi* nas fezes ou urina por 1 ano após a infecção. O estado de portador crônico é mais comum em mulheres, idosos e naqueles com problemas subjacentes de vesícula biliar (p. ex., cálculos biliares) ou bexiga (p. ex., esquistossomose).

O diagnóstico de febre entérica depende do isolamento da *S. typhi* ou dos tipos *paratyphi* em meios seletivos

O diagnóstico laboratorial não pode ser feito apenas com base em dados clínicos, embora a presença de manchas róseas em um paciente febril seja altamente sugestiva. Amostras de sangue, fezes e urina devem ser cultivadas em meio seletivo. A resposta imune com produção de anticorpos contra a infecção pode ser detectada por teste de aglutinação (reação de Widal), mas reação cruzada não específica com outras enterobactérias também pode causar elevação nos níveis de anticorpos H e O. A interpretação dos resultados é complicada e depende do conhecimento dos títulos normais de anticorpos na população e se o paciente foi vacinado. A demonstração de uma elevação no título sérico entre os soros da fase aguda e da convalescente

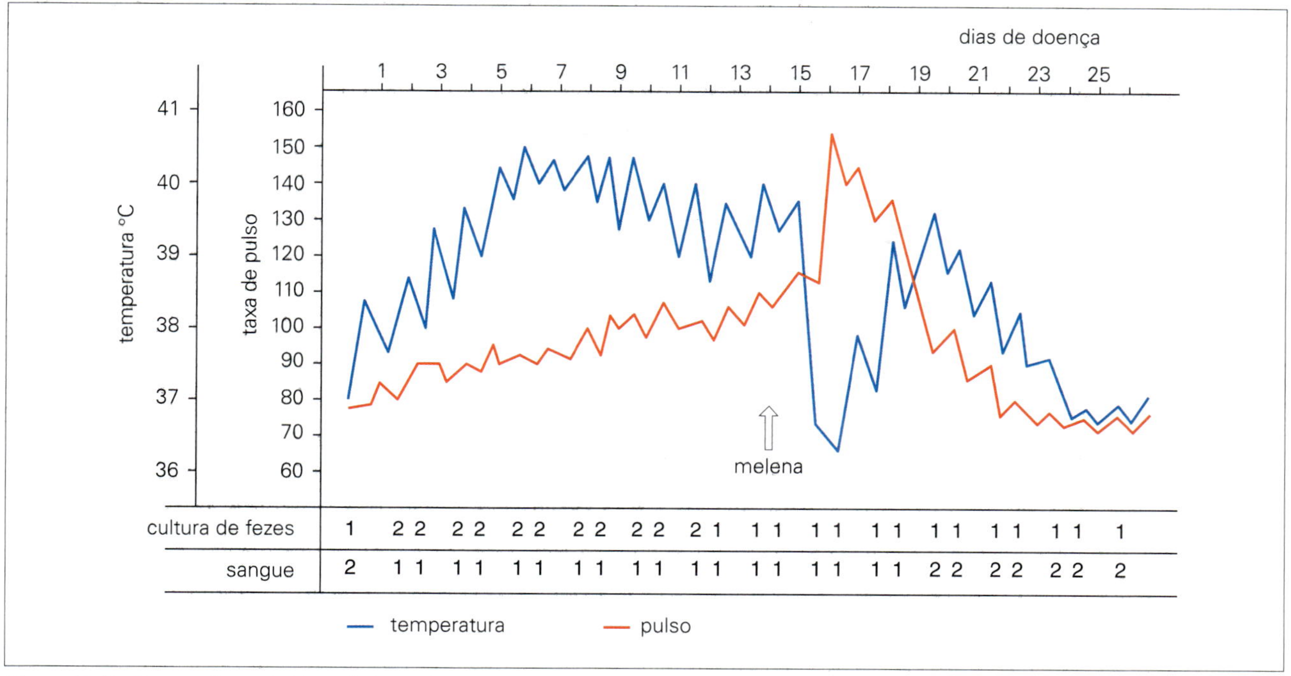

Figura 23.41 O curso clínico da febre tifoide. Gráfico da temperatura, variação da frequência cardíaca e achados bacteriológicos em um paciente cuja doença complicou em decorrência de hemorragia maciça. Melena: fezes de um preto bastante escuro, semelhante a pixe, devido à perda de cor do sangue no trato gastrointestinal superior causada por alteração do sangue. (Cortesia de H.L. DuPont.)

é mais útil do que o exame em uma única amostra de soro. Na melhor das hipóteses, os resultados confirmam o diagnóstico microbiológico e, na pior, podem levar a conclusões errôneas.

O tratamento com antibiótico deve ser iniciado tão logo a febre entérica seja diagnosticada

Ciprofloxacina ou ceftriaxona seguidas de cefixima têm sido efetivamente usadas na terapia antimicrobiana, a qual deve continuar por no mínimo 1 semana após a temperatura do paciente ter retornado ao normal. Alguns antibióticos parecem ativos *in vitro*, mas não resultam em cura clínica, possivelmente por não atingirem a bactéria em sua localização intracelular. Isolados de *S. typhi* resistentes a uma variedade de agentes antimicrobianos têm sido descritos.

A prevenção da febre entérica envolve medidas de saúde pública, tratamento dos portadores e vacinação

A interrupção da cadeia de disseminação pessoa a pessoa depende de condições adequadas de higiene pessoal, eliminação de esgoto e suprimento de água potável. Estas condições existem em países desenvolvidos, onde surtos de febre entérica são raros, mas ainda ocorrem.

Os portadores da febre tifoide são uma preocupação de saúde pública e devem ser liberados de empregos que envolvam manipulação de alimentos. Todos os esforços devem ser feitos para erradicar o estado de portador por meio de tratamento com antibióticos, e, se não for bem-sucedido, pode-se considerar a remoção da vesícula biliar (o local mais comum de persistência nos portadores).

Estão disponíveis uma vacina em dose única injetável (Typhim Vi), que contém o antígeno polissacarídeo capsular, e uma vacina oral preparada com bactérias vivas atenuadas (cepa Ty21a), que são disponibilizadas e recomendadas para viajantes com destino a países em desenvolvimento. Entretanto, com ambas as vacinas, a proteção é completa em apenas 50-80% dos indivíduos vacinados.

Listeriose

A infecção por *Listeria* está associada à gestação e à imunidade reduzida

A *Listeria monocytogenes* é um cocobacilo Gram-positivo, amplamente disseminado entre os animais e o meio ambiente. É um patógeno de origem alimentar, associado principalmente a alimentos malcozidos, como patê, leite contaminado, queijos moles e salada de repolho cru. Estudos de casos envolvendo leite não pasteurizado sugerem que menos de mil microrganismos sejam suficientes para causar doença; a capacidade do microrganismo de se multiplicar em temperaturas de refrigeração, mesmo que de forma lenta, permite que uma dose infectante se acumule nos alimentos armazenados sob refrigeração. Ainda assim, a população de risco parece ser primariamente de:

- gestantes, com a possibilidade de infecção do bebê no útero ou durante o parto;
- indivíduos imunocomprometidos, incluindo os com câncer e AIDS, que são usuários de imunossupressores;
- indivíduos idosos.

Em geral, a doença apresenta-se como meningite (Cap. 25).

Hepatites virais

Uma extensa lista alfabética de vírus atinge diretamente o fígado e compreende as hepatites A a E

Hepatite significa inflamação e dano ao fígado e apresenta diferentes etiologias, incluindo condições multissistêmicas não infecciosas, toxicidade por drogas e agentes infecciosos. No último caso, estão envolvidos os vírus e, em menor grau, as bactérias (p. ex., *Leptospira* spp.) e outros microrganismos. O espectro da doença é amplo, variando de assintomático a sintomático com mal-estar, anorexia, náusea, dor abdominal e icterícia, até, raramente, insuficiência hepática aguda e comprometedora. Icterícia é um termo clínico para a doença em que a pele e as mucosas se apresentam amareladas. A doença é resultado do dano hepático celular, o que acarreta a impossibilidade

Tabela 23.6 Os principais vírus da hepatite humana

Vírus	Classificação de vírus	Tipo de vírus	Modo de infecção	Período de incubação	Outros comentários
Hepatite A (HAV)	Hepatovírus	RNA fita simples	Fecal-oral	2-4 semanas	Sem estado de portador
Hepatite B (HBV)	Hepadnavírus	DNA fita dupla	Transmitido por sangue e por via sexual	6 semanas-6 meses	Portador associado com câncer hepático
Hepatite C (HCV)	Flavivírus	RNA fita simples	Transmitido pelo sangue	2 meses	Portador associado com câncer hepático
Hepatite D (HDV)	Deltavírus	RNA fita simples	Transportado pelo sangue	2-12 semanas	Necessita da infecção pelo vírus da hepatite B
Hepatite E (HEV)	Orto-herpevírus	RNA fita simples	Fecal-oral	2-6 semanas	Infecção esporádica, grandes surtos na Ásia, transmitida por alimentos, pode causar infecção persistente em indivíduos imunossuprimidos
Febre amarela	Flavivírus	RNA fita simples	Mosquito	3-6 dias	Sem propagação de pessoa a pessoa, sem condição de portador

Outros vírus que causam hepatite incluem o vírus Epstein-Barr (hepatite branda em 15% dos adultos e adolescentes infectados), citomegalovírus (CMV), adenovírus e raramente vírus herpes simples, enquanto a infecção intrauterina por rubéola ou CMV provoca hepatite no recém-nascido.

do fígado em transportar bilirrubina para a bile, culminando com níveis aumentados de bilirrubina nos fluidos corporais. Acredita-se que mais da metade do fígado deve ser lesada ou destruída antes do estabelecimento da insuficiência hepática. A regeneração das células hepáticas é rápida, mas a restauração fibrosa, especialmente quando a infecção é persistente, pode levar a um dano permanente chamado cirrose. A cirrose torna o fígado retraído, com função diminuída.

Pelo menos seis tipos diferentes de vírus são referidos como agentes causais da hepatite (Tabela 23.6) e geralmente eles não podem ser distinguidos clinicamente. Entretanto, os vírus da hepatite A e E são transmitidos pela via fecal-oral e geralmente não resultam em um estado de portador, e ambas se resolvem, embora a infecção crônica por HEV possa ocorrer em indivíduos imunocomprometidos. Em contraste, as hepatites B, D (delta) e C são transmitidas por vias semelhantes, incluindo equipamentos contaminados com sangue, embora a transmissão sexual na hepatite B seja muito mais comum do que na hepatite C, e todas podem levar ao estado de portador crônico. Foram relatados alguns agentes que supostamente estariam envolvidos no espectro do que é conhecido como hepatite não A-E. No entanto, não há evidência de que os vírus de GB, hepatite G e TT infectam o fígado diretamente, sendo ele afetado secundariamente. Outros vírus também provocam hepatite como parte da síndrome relacionada com outras doenças e serão discutidos em outros capítulos. Na hepatite viral aguda há elevações expressivas nos níveis séricos de aminotransferases (p. ex., alanina aminotransferase, ALT; aspartato aminotransferase, AST) que lhe são característicos. Testes laboratoriais específicos estão disponíveis para os vírus das hepatites A, B, C, D e E, assim como testes de PCR para detectar e quantificar a carga de vírus de hepatites B, C e E nestas infecções crônicas. Não há vacinas licenciadas, com exceção daquelas produzidas para hepatites A e B, e tratamentos antivirais específicos com ou sem imunomoduladores estão disponíveis para hepatites B, C e E.

Hepatite A

Esta infecção é causada por um vírus RNA de fita simples, sem envelope, referido como vírus da hepatite A (HAV), do gênero *Hepatovirus* na família Picornaviridae. Existe apenas um sorotipo e o vírus é endêmico em todo o mundo.

O HAV é transmitido pela via fecal-oral

Os vírus são excretados em grandes quantidades nas fezes (10^8 doses infectantes/g) e se disseminam de pessoa a pessoa pelo contato através das mãos, pelo contato íntimo (relação anal) ou por água e alimentos contaminados. O período de incubação é de 3-5 semanas, com uma média de 4 semanas; o vírus está presente nas fezes por 1-2 semanas antes dos sintomas aparecerem e durante a primeira semana (algumas vezes também na segunda e terceira semanas) de doença. A transmissão pessoa a pessoa pode acarretar surtos em locais como escolas e acampamentos, e a contaminação viral da água ou de alimentos é uma fonte comum de infecção (Fig. 23.42). Nos países em desenvolvimento, cerca de 90% das crianças já foram infectadas por volta dos 5 anos de idade, enquanto em países desenvolvidos até 20% dos adultos jovens foram infectados. No último caso, o número de indivíduos infectados costumava ser maior, mas o saneamento adequado associado a uma menor aglomeração de pessoas nos locais tem revertido o quadro.

Do ponto de vista clínico, a hepatite A é mais branda em crianças de pouca idade do que em crianças maiores e adultos

Após a infecção, o vírus entra no sangue por meio do trato gastrointestinal, onde pode se replicar. Então, infecta as células do fígado, passando para o trato biliar para alcançar o intestino e aparecer nas fezes (Fig. 23.43). Nessa fase, quantidades relativamente pequenas de vírus entram no sangue. Os eventos que ocorrem durante o período de incubação relativamente prolongado são pouco compreendidos, mas as células hepáticas são lesadas, possivelmente em decorrência de uma ação direta dos vírus. As manifestações clínicas comuns são febres, anorexia, náuseas e vômitos; a icterícia é mais comum em adultos. A doença em geral apresenta um início mais súbito do que a hepatite B. O melhor método laboratorial de diagnóstico de uma infecção aguda é a detecção sorológica de IgM HAV-específicos.

O *pool* de imunoglobulinas humanas normais (HNIG) não é mais o principal modo de proteger os contatos, e foi substituído pela vacina. O HNIG contém anticorpos para o HAV que prevenirão ou atenuarão a infecção, se administrados como profilaxia pré ou pós-exposição. Não há terapia antiviral, mas uma vacina contra a hepatite A efetiva inativada

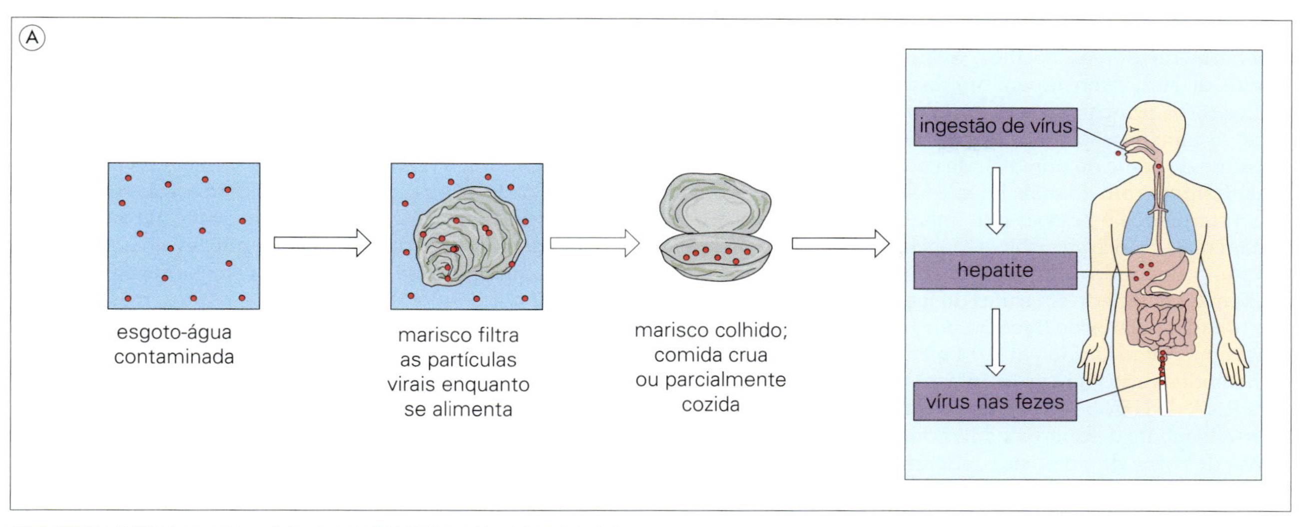

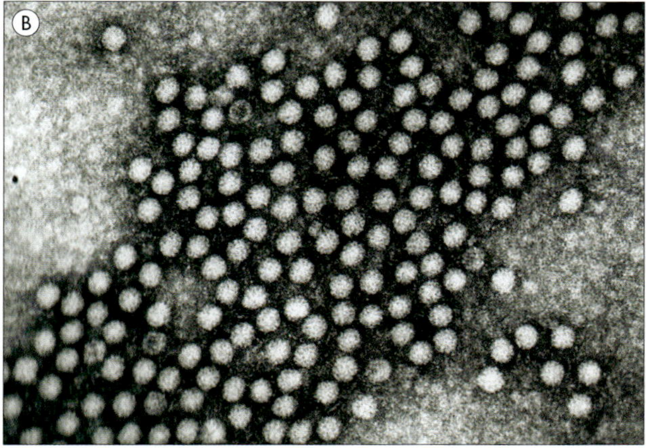

Figura 23.42 (A) A contaminação de moluscos com o vírus da hepatite A (HAV) pode ocasionar infecção humana. (B) O vírus da hepatite A em uma amostra de fezes de um paciente com infecção aguda por HAV. Micrografia eletrônica (×170.000). (Cortesia do Professor A.J. Zuckerman, reproduzido a partir do *Principles and Practice of Clinical Virology*, 1987. Chichester: John Wiley & Sons, com permissão.)

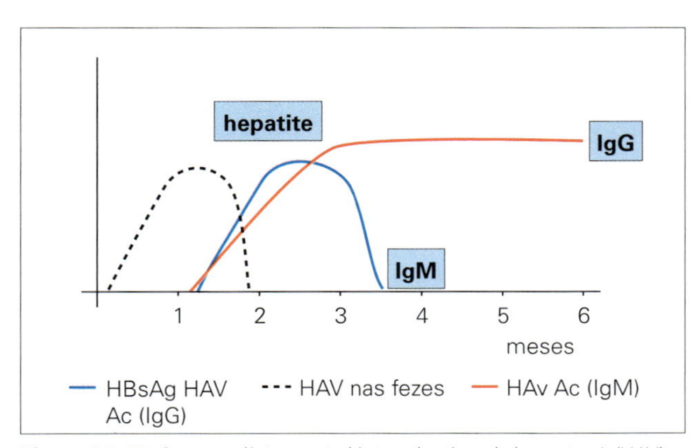

Figura 23.43 O curso clínico e virológico do vírus da hepatite A (HAV). Ac, anticorpo; Ig, imunoglobulina.

por formaldeído deve ser oferecida a grupos com maior risco de infecção. Estes incluem viajantes para países em que HAV é endêmico, trabalhadores de sistemas de esgoto, equipes de creches de crianças, trabalhadores de ambientes institucionais, homens que têm relações sexuais com outros homens (MSM), usuários de drogas injetáveis e indivíduos com doença hepática crônica ou hemofilia. A vacina é usada isoladamente ou em conjunto com HNIG em certas situações, na maioria das vezes se o contato for um indivíduo imunossuprimido, no cenário pós-exposição, no caso de poder ser ministrada a contatos dentro de 14 dias do início de icterícia no indivíduo infectado. Caso a exposição tenha ocorrido 2-4 semanas antes, HNIG pode ser oferecida isoladamente para as pessoas que estão em contato com alto risco de complicações graves como aquelas com doença hepática crônica.

Hepatite E

O vírus da hepatite E (HEV) se dissemina pela via fecal-oral

O HEV é um pequeno vírus RNA de fita simples que compartilha semelhanças com os calicivírus. Foi classificado no gênero *Hepevirus* na família Hepeviridae, com quatro genótipos e um sorotipo.

Genótipos 1 e 2 estavam envolvidos em grandes surtos em países em desenvolvimento, transmitido entre humanos pela via fecal-oral. Os genótipos 3 e 4 contaminam humanos e outros animais tanto em países desenvolvidos como nos em desenvolvimento, e são zoonoses. O vírus é excretado nas fezes e se dissemina pela via fecal-oral. É a causa principal de hepatite esporádica (até 60%) e epidêmica na Ásia, nesta última devendo-se a meios de transmissão pela água. Além disso, há cada vez mais casos esporádicos de infecção identificados em países desenvolvidos.

O HEV foi identificado em uma variedade de animais, especialmente porcos, coelhos, javalis selvagens, galinhas e veados-de-sica, e constituem um reservatório para infecção. Porcos são o principal reservatório animal e são assintomáticos. A transmissão zoonótica se deve principalmente ao consumo de carne de porco ou de caça malcozida, embora o contato direto com animais infectados possa ser importante, pois veterinários e pessoas que trabalham com suínos apresentam mais chance de exibir evidência sorológica de infecção quando comparados à população em geral. O RNA do HEV também foi detectado em frutos do mar, assim como em água não tratada. Relatos de infecção por HEV em transfusões de sangue no Reino Unido em 2014 resultaram na providência de hemoderivados que apresentassem resultados negativos para RNA de HEV a recipientes de transplantes, assim como aconselhamento de como cozinhar carne de porco e produtos à base de carne de porco adequadamente. O RNA de HEV foi detectado em 1 em 2.848 doações de sangue coletadas no sudeste da Inglaterra, e 42% dos receptores que poderiam ser acompanhados foram infectados.

O período de incubação é de 2-6 semanas e a infecção aguda é geralmente autolimitante e branda, durando poucas semanas. No entanto, em mulheres gestantes pode se tornar grave, com alta mortalidade (até 20% durante o terceiro trimestre), devido a hepatite fulminante, bem como indivíduos imunossuprimidos e aqueles que apresentam doença hepática crônica. Uma infecção aguda por HEV em pacientes imunocomprometidos pode resultar em hepatite crônica que leva a cirrose. Tais pacientes são monitorados por meio de testes de carga de RNA de HEV. Caso seja detectado, o objetivo é eliminar a infecção ao reduzir o tratamento imunossupressor quando possível, utilizando o medicamento antiviral ribavirina ou o medicamento imunomodulador interferon peguilado, salvo se contraindicado.

O diagnóstico é feito usando testes sorológicos para detectar a IgM do HEV e a confirmação pode ser obtida por meio de teste de RNA de HEV. A estrutura de cristal 3D da proteína de capsídeo HEV foi determinada, o que levará a potenciais vacinas e agentes antivirais. Duas vacinas recombinantes passaram por ensaios clínicos bem-sucedidos, mas em 2015, a OMS emitiu um artigo declarando que não seria feita uma recomendação para a introdução da vacina, pois não havia informações suficientes sobre a segurança, imunogenicidade e eficácia em grupos de risco específicos.

Hepatite B

O vírus da hepatite B (HBV) é um vírus hepadna (DNA de hepatite) (Quadro 23.3) contendo um genoma de DNA dupla fita parcialmente circular e três antígenos importantes — antígeno de superfície HB, antígeno de cerne HB e antígeno HBe (Fig. 23.44; Tabela 23.7). O antígeno HBe é um componente solúvel secretado pelo cerne do vírus e é expresso na superfície no hepatócito, sendo alvo de ataques pelo sistema imune do hospedeiro. A infecção por uma dada cepa do HBV confere resistência a todas as cepas, embora ocorra variação antigênica entre elas. Os quatro subtipos sorológicos clássicos (*adw*, *adr*, *ayw* e *ayr*) têm sido substituídos pela classificação genotípica na qual oito genótipos A a H têm sido determinados. Estes

Quadro 23.3 Lições de Microbiologia

Hepatite A

Em agosto de 1998, o Departamento de Saúde e Serviços de Reabilitação da Flórida rastreou 61 pessoas que apresentavam confirmação sorológica de infecção pelo HAV. Estes indivíduos residiam em cinco estados diferentes, mas 59 deles tinham ingerido ostras cruas das mesmas áreas de criação nas águas litorâneas de Bay County. As ostras tinham sido colhidas ilegalmente fora das áreas de criação aprovadas e estavam contaminadas com HAV. O período médio de incubação da doença foi de 29 dias (variação de 16-48 dias). As prováveis fontes de contaminação fecal próximas aos locais de cultivo das ostras incluíam barcos com sistemas inadequados de eliminação de detritos e descarga de uma usina local de tratamento de esgoto que continha uma alta concentração de coliformes fecais.

Hepatite B

Um dos maiores surtos de infecções por vírus de hepatite B na Europa ocorreu em Londres, em 1998. Uma paciente foi a uma clínica de medicina alternativa e foi tratada com uma técnica chamada auto-hemoterapia. Esta técnica envolvia misturar uma pequena amostra de sangue do paciente com solução salina e, então, injetar a mistura de sangue e solução salina nas nádegas ou em pontos de acupuntura. Mais tarde ela adquiriu hepatite B aguda; os médicos da saúde pública foram contatados, e foi iniciada uma investigação, que identificou as práticas na clínica que poderiam ter causado icterícia nela.

Foi realizado um exercício de verificação envolvendo 352 pacientes que tinham frequentado a clínica entre janeiro de 1997 e fevereiro de 1998 e quatro funcionários. Evidência de exposição a hepatite B foi encontrada em amostras de 57 (16%) deste grupo. Antígeno de superfície de hepatite B foi detectado em amostras de sangue coletadas de um total de 33 pacientes e funcionários, 23 dos quais com hepatite B aguda. Análise molecular revelou que 30 (91%) das amostras tinham sequências de nucleotídeos idênticas e foram parte de um grande surto de hepatite B na comunidade. Cinco pacientes eram portadores crônicos de hepatite B, sendo um deles a fonte provável de infecção; o veículo foi a solução salina contaminada em um frasco que foi usado para misturar o sangue em várias ocasiões para outros pacientes envolvidos no surto.

Isso demonstrou mais uma vez que somente frascos de uso único devem ser usados em órgãos de saúde, além dos benefícios nos países que oferecem imunização universal contra hepatite B para suas populações.

Hepadnavírus

Os hepadnavírus são também encontrados em marmotas, esquilos e gansos Pekin. Em cada caso, a infecção persiste no corpo, com partículas semelhantes ao HBsAg no sangue, e com hepatite crônica e câncer hepático como sequelas. Estes vírus com frequência infectam células não hepáticas. No nordeste dos EUA, por exemplo, 30% das marmotas carreiam seu próprio tipo de hepadnavírus, e a maioria adquire câncer hepático tardiamente na vida. O vírus replica-se não apenas nos hepatócitos, mas também nas células linfoides do baço, sangue periférico e timo, assim como nas células acinares pancreáticas e no epitélio do ducto biliar.

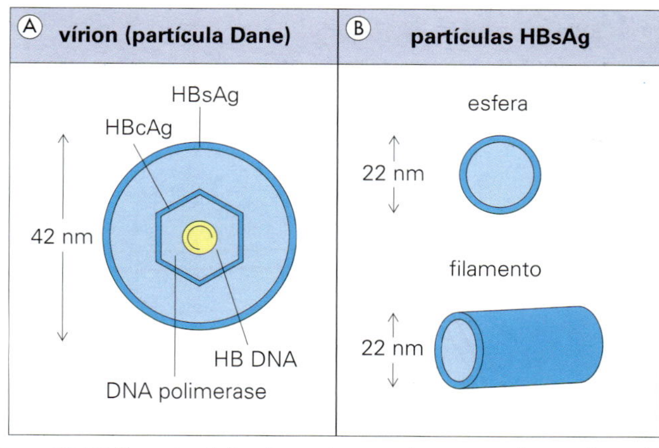

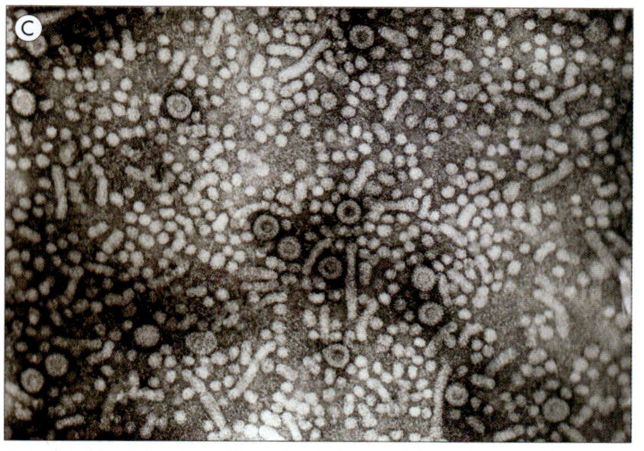

Figura 23.44 Durante a infecção aguda e em alguns portadores, existem 10^6-10^7 partículas infecciosas (Dane)/mL de soro (A) e mais de 10^{12} partículas de antígeno de superfície de hepatite B (HBsAg)/mL (B). (C) Micrografia eletrônica mostrando partículas de Dane e partículas de HBsAg. (Cortesia do Professor A.J. Zuckerman, reproduzido com permissão a partir do *Principles and Practice of Clinical Virology*, 1987, John Wiley & Sons, Chichester.)

Tabela 23.7 Características dos antígenos (Ag) e anticorpos (Ac) do vírus da hepatite B (HBV)

HbsAg	Antígeno de envelope (superficial) de partícula de HBV também ocorre como partículas livres (esferas e filamentos) no sangue; indica infectividade do sangue
HbsAc	Anticorpo para HBsAg; resposta pós-vacina contra a hepatite B; aparece tardiamente após a resolução da infecção por HBV (não em portadores)
HBcAb (total)	Anticorpo contra o antígeno do cerne da HB; surge cedo; inclui o IgM do cerne da HB
HBc IgM	Surge na infecção aguda por HBV; pode durar até 3 meses e é um marcador de infecção aguda por HBV caso tenha sido resolvida; observado em portadores positivos para HBeAg com alta replicação viral; observado na reversão de HBeAg HBeAb
HBeAg	Antígeno derivado do núcleo do HBV; indica alta transmissibilidade
HBeAc	Anticorpo para o núcleo do HBV

genótipos podem influenciar o resultado clínico da infecção e a resposta ao tratamento antiviral e são úteis nos estudos epidemiológicos.

O antígeno de superfície do HB pode ser encontrado no sangue e em outros fluidos corporais

O HBV pode ser transmitido por várias vias, incluindo:

- relação sexual;
- verticalmente da mãe para a criança: infecção intrauterina, peri e pós-natal;
- através do sangue e hemoderivados, agulhas e equipamentos contaminados com sangue utilizados por usuários de drogas injetáveis;
- em associação com tatuagens, *piercings* e acupuntura, também devido à reutilização de agulhas que podem estar contaminadas com sangue.

A transmissão tem sido descrita em ambientes hospitalares, como unidades de hemodiálise, e foi associada a equipamentos de hemodiálise contaminados. Esses problemas têm diminuído expressivamente desde a introdução da monitorização regular do antígeno de superfície HB (HBsAg) nos pacientes e nos cartuchos de diálise descartáveis. Além disso, têm sido descritos incidentes envolvendo a transmissão de HBV de trabalhadores da saúde portadores de hepatite B (TPH) para seus pacientes durante a realização de procedimentos de alta exposição, tais como cirurgia cardiotorácica, por ferimentos perfurantes com agulhas que resultam no contato sangue-sangue. A imunização para hepatite B e o rastreamento de HBsAg em TPH reduzem a incidência dos eventos de transmissão. Doadores de sangue e órgãos também passam por triagem para anticorpos de núcleo HBsAg e HB em muitos países ao redor do mundo, reduzindo o potencial para transmissão para receptores.

Em todo o mundo, o número de portadores de HBV é estimado em mais de 350 milhões, e esses portadores exercem um papel fundamental na transmissão. A prevalência de portadores de HBV é estimada em até 0,5% no norte, oeste e centro da Europa, América do Norte e Austrália, até 0,7% no leste da Europa, litoral do Mediterrâneo, América Central e do Sul, Rússia e sudoeste da Ásia e até 20% no sudeste da Ásia, África Subsaariana e China. Em países onde a infecção em lactentes e na infância é comum (possivelmente porque há uma alta taxa de mães portadoras), as taxas totais de portadores são maiores.

O HBV não é citopático diretamente para as células hepáticas e a patologia é amplamente imunomediada

Após penetrar no corpo, o vírus atinge a corrente sanguínea e o fígado, resultando em inflamação e necrose. Muito da patologia é mediada pelos mecanismos imunológicos, já que as células do fígado infectadas são atacadas por células T citotóxicas vírus-específicas. O período de incubação varia de 6 semanas a 6 meses, sendo o tempo mediano de 2,5 meses.

À medida que o dano hepático aumenta, aparecem os sinais clínicos de hepatite (Fig. 23.45); a doença é em geral mais grave que a hepatite A. A resposta imune lentamente torna-se efetiva, a replicação viral é diminuída e, eventualmente, ainda que às vezes não por muitos meses, o sangue torna-se não infeccioso.

Certos grupos de pessoas são mais propensos a tornarem-se portadores da hepatite B

Pessoas com uma resposta imune mais vigorosa à infecção eliminam o vírus mais rapidamente, mas tendem a sofrer uma doença mais grave. Entretanto, cerca de 10% dos adultos infectados não são capazes de eliminar o vírus do organismo e tornam-se portadores. A viremia do HBV significa que a

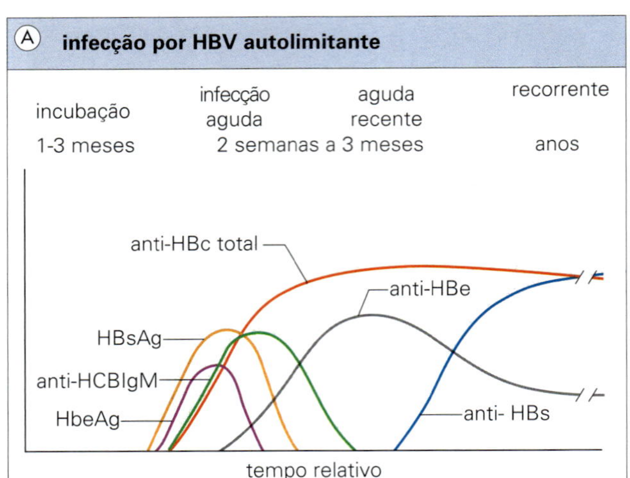

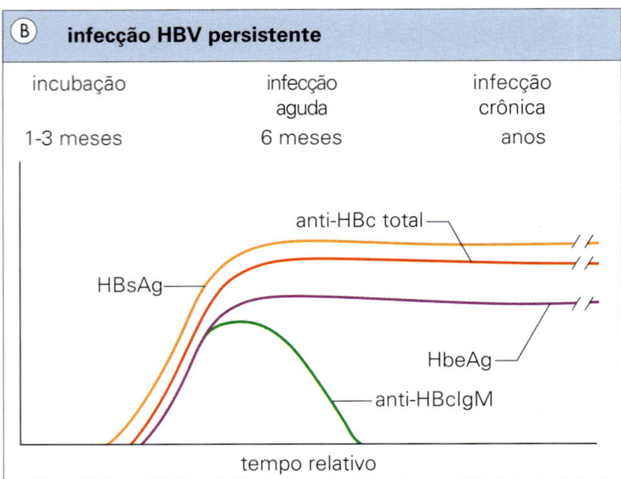

Figura 23.45 (A) Curso clínico e viral da infecção pelo vírus da hepatite B (HBV), com recuperação. (B) Curso clínico e virológico em um portador de hepatite B. (Retirado de: Farrar, W.E.; Wood M.J.; Innes, J.A. e colaboradores. [1992] *Infectious Diseases*, 2ª ed. London: Mosby International.)

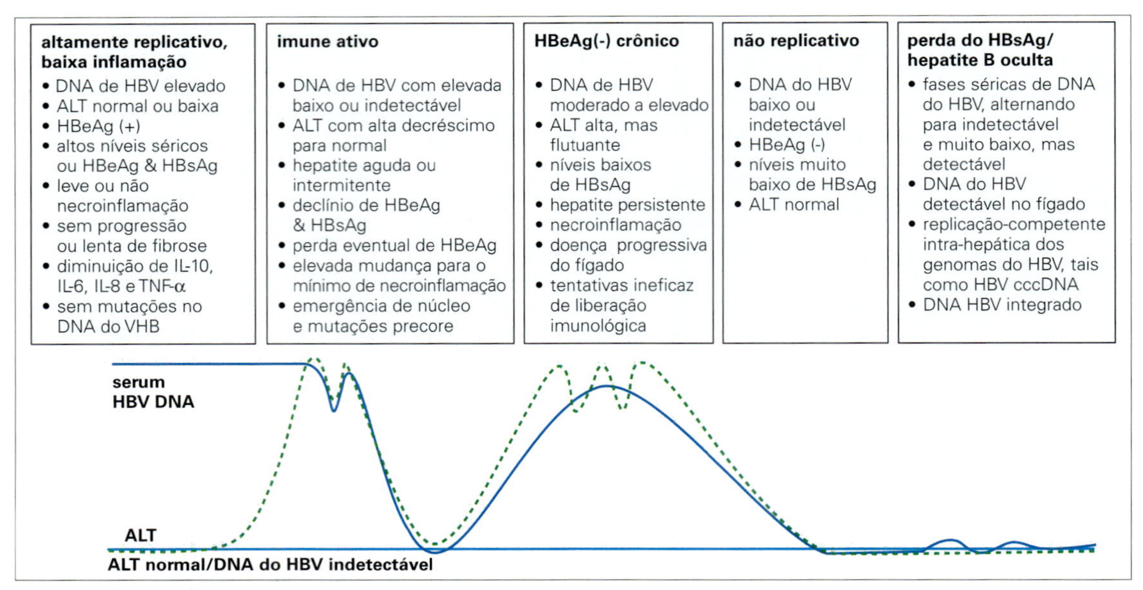

Figura 23.46 Principais fases da infecção crônica pelo vírus da hepatite B (HBV). A história natural pode ser dividida em cinco fases principais: alta replicação; baixa inflamação; depuração imunológica; hepatite crônica HBeAg(−); sem replicação; e perda de HBsAg/hepatite oculta. Estas fases não ocorrem em todos os pacientes, e as transições entre elas são dinâmicas e podem não ser consecutivas. Ag, antígeno; ALT, alternante; IL, interleucina; TNF, fator de necrose tumoral. (Retirado de Ghish R.G.. Given B.D.; Lai C-L. et al. Hepatite crônica B; virologia, história natural, tratamento atual e um vislumbre das oportunidades futuras. *Pesquisa Antiviral* 2015; 121:47–58, Fig. 4.)

pessoa é infecciosa, em muitos casos por toda a vida, mas às vezes ocorrem depurações espontâneas. Embora o dano hepático contínuo possa causar hepatite crônica, o dano pode ser mínimo e o portador permanecerá em condições saudáveis. Em geral, após o estabelecimento de uma infecção crônica, há uma fase inflamatória de alta replicação e baixa inflamação, que substituiu o que foi denominado fase imunotolerante, e que pode durar por décadas. É nessa fase que há uma alta carga de DNA de HBV no sangue, com pouca ou nenhuma inflamação do fígado e testes de função hepática ligeiramente alterados. O estágio de depuração imunológico é seguido de picos de hepatite aguda e níveis de DNA de HBV que termina com o controle imunológico e uma carga de DNA de HBV estável e baixa. Tais eventos podem causar dano hepático e levar a fibrose e cirrose (Fig. 23.46). Alguns grupos de pessoas têm maior ou menor probabilidade de se tornarem portadores:

- Pacientes imunodeficientes podem apresentar poucos ou nenhum sintoma, o que se deve ao efeito de redução da resposta à infecção, mas têm mais chance de se tornarem portadores.
- Existe um efeito marcante relacionado com a idade. Por exemplo, em um estudo feito em Taiwan, 90-95% dos lactentes infectados no período perinatal tornaram-se portadores, comparados com 23% dos indivíduos infectados aos 1-3 anos de idade e apenas 3% dos estudantes universitários infectados.
- Sexo é um outro fator, com indivíduos do sexo masculino sendo mais suscetíveis a tornarem-se portadores do que as mulheres.

Complicações da hepatite B incluem a cirrose e o carcinoma hepatocelular

As complicações da hepatite B incluem:

- Cirrose, como um resultado da hepatite crônica ativa. Esta é uma forma irreversível de lesão hepática que pode levar ao carcinoma hepatocelular primário.
- Carcinoma hepatocelular é um dos 10 cânceres mais comuns no mundo. Os portadores de hepatite B são 200 vezes mais suscetíveis do que os não portadores a desenvolver câncer de fígado. No entanto, esta doença ocorre somente 20-30 anos após a infecção. As células cancerígenas contêm múltiplas cópias integradas de DNA de HBV (Cap. 18).

Testes sorológicos são usados no diagnóstico da infecção por HBV

O HBsAg aparece no soro durante o período de incubação na forma de partículas Dane infecciosas, cujo nome provém de David Dane, que detectou os 42 vírions por microscópio eletrônico (Fig. 23.45). O quadro sorológico característico de uma infecção aguda pelo HBV inclui a detecção do HBsAg, IgM HB cerne-específica e antígeno HBe. A concentração de HBsAg em geral cai e finalmente desaparece durante a recuperação e convalescência. Conforme o HBsAg desaparece, o nível de IgM HB cerne-específica diminui durantes os 3 meses seguintes, os anticorpos totais HB cerne-específicos (IgM e IgG) são detectados, mas, neste estágio, são quase todos da classe IgG, e o anticorpo HB de superfície torna-se detectável. Portanto, evidência de infecção anterior fornece o seguinte perfil sorológico (Tabela 23.8): HBsAg negativo, positivo para núcleo de anticorpo HB total e positivo para anticorpo de superfície HB. O portador de HBV é definido pela detecção de HBsAg no sangue por um período de 6 meses após a infecção aguda. Quando o antígeno HBe é detectado, há grandes quantidades de vírus no sangue, e o portador é considerado de alta infecciosidade. Quando esse antígeno desaparece, o anticorpo HBe pode tornar-se detectável. Os portadores de anticorpo HBe são considerados como de baixa infecciosidade. Todavia, a carga de DNA-HBV é um marcador de infecciosidade mais útil. Mutações têm sido detectadas na região que codifica o antígeno e, o que resulta na ausência da produção desse antígeno, ainda no processo de montagem das partículas virais. De forma análoga ao famoso cavalo de Troia, tudo parece normal, mas não é o caso. São conhecidos como vírus mutantes pré-nucleares. Então, estes pacientes serão antígeno HBe-negativo e anticorpo HBe-positivo, porém poderiam ser altamente infecciosos com altas cargas de DNA de HBV em seu sangue.

A variedade de terapias antivirais aumentou

A redução da viremia de HBV e a melhora da função hepática têm sido os focos da terapia para que haja prevenção de cirrose e câncer hepático. Uma resposta virológica sustentada envolve a ausência de HBsAg e DNA de HBV no sangue de indivíduos que interromperam a terapia antiviral, com a ressalva de que o DNA de HBV é integrado nos hepatócitos e pode reativar-se devido a imunossenescência e imunossupressão. Sete medicamentos antivirais estão licenciados para uso e duas classes de medicamentos são usadas para tratar infecções por vírus da hepatite B, o interferon peguilado e os análogos de nucleotídeos/nucleosídeos (Cap. 34). O tratamento dos portadores de HBV evoluiu com o advento do tratamento antiviral oral, em particular a lamivudina (3TC), adefovir, entecavir, entricitabina e tenofovir. Antes era feito o tratamento com interferon α2b, um imunomodulador, mas apenas 30% dos pacientes tratados atingiram respostas continuadas. Além disso, o tratamento com interferon tem efeitos colaterais significativos. No entanto, os melhores farmacocinéticos de interferon peguilado α2a melhoraram os resultados relacionados à resposta duradoura, após o tratamento ser descontinuado, especialmente nos portadores positivos para o antígeno e. As melhores respostas para interferon foram observadas em mulheres com menos de 50 anos de idade, contaminadas na idade adulta com o genótipo A ou B de HBV, com menor carga de DNA de HBV e aminotransferase de alanina mais de duas vezes acima do limite superior da normalidade. Ainda mais, com a quantidade de antivirais disponíveis, os meios de tratamento são avaliados dependendo do número de fatores relacionados com o vírus, assim como o estágio de doença hepática. Por exemplo, entecavir ou tenofovir podem ser usados se houver desenvolvimento de resistência à lamivudina, o que acontece em 70% dos que passam pelo tratamento após 5 anos. Entecavir e tenofovir são os antivirais mais eficazes em termos de DNA de HBV detectável no sangue, melhor histologia de biópsia hepática e transaminases normais.

Outros medicamentos antivirais de ação direta e indireta que atacam múltiplos estágios do ciclo da vida viral e que interferem na função imunológica do hospedeiro, respectivamente, estão sendo investigados.

A infecção por hepatite B pode ser prevenida pela imunização

A vacina original foi produzida em 1981 e consistia em HBsAg purificado, preparado a partir do plasma de portadores, quimicamente tratado para destruir qualquer partícula viral contaminante. A vacina atual é HBsAg geneticamente projetada, produzida em células de leveduras ou mamíferos. Três injeções da vacina por um período de 6 meses conferem

Tabela 23.8 Interpretação de resultados sorológicos de vírus de hepatite B

	Hepatite B aguda	Portador de hepatite B	Portador de hepatite B	Após infecção pelo vírus da hepatite B[b]	Resposta à vacina de hepatite B
HBsAg[a]	+	+	+	–	–
HB anticorpo nuclear (total)	+	+	+	+	–
HB IgM nuclear	+	–	–	–	–
Anticorpo HBe	–	+	–	+	–
Antígeno HBe	+	–	+	–	–
HB anticorpo superficial	–	–	–	+	+

[a]Sempre confirmar por neutralização se positivo.
[b]Ou anticorpo adquirido de forma passiva ao receber hemoderivados de um indivíduo com histórico de infecção por HBV.

resposta e boa proteção em mais de 90% dos adultos saudáveis. A imunização é recomendada, sobretudo para aqueles que possam ser expostos a sangue ou hemoderivados, como pacientes receptores de múltiplas transfusões ou pacientes em diálise, todos os profissionais da saúde, os que tiveram contatos sexuais com indivíduos com hepatite B aguda ou crônica e usuários de drogas injetáveis. Um problema é que até 10% dos indivíduos saudáveis podem não responder à vacina, mesmo quando vacinados repetidamente. Isso poderia ser devido a defeitos determinados geneticamente no repertório imune ou pela indução das células imunes supressoras.

A prevalência global de infecções por HBV diminuiu após a introdução da vacina em 1982. O relatório global da OMS sobre hepatite de 2017 revelou um valor estimado de 4,5 milhões de infecções em crianças por HBV que foram evitadas anualmente. Os programas de imunização contra hepatite B universais para recém-nascidos ou bebês são conduzidos em 48 dos 53 países na Região Europeia da OMS, após a adesão do Reino Unido em agosto de 2017 e em todo o mundo em pelo menos 187 países.

Após exposição acidental à infecção, a imunoglobulina contra hepatite B (HBIG) pode ser utilizada para fornecer proteção passiva imediata àqueles que não foram imunizados. Ela é preparada a partir do soro de indivíduos com altos títulos de anticorpo de superfície HB e pode ser usada em conjunto com a vacina de hepatite B para prevenir transmissão para filhos de mães portadoras de HBV altamente infectantes.

Hepatite C

O vírus da hepatite C foi a causa mais comum de hepatite viral não A e B associada a transfusões

O vírus da hepatite C (HCV) foi descoberto em 1989, como a causa de 90-95% dos casos de hepatite não A e não B pós-transfusional. É um vírus RNA de fita simples, envelopado, do gênero *Hepacivirus* na família dos Flaviviridae. A descoberta do HCV foi um avanço na virologia molecular. O RNA viral foi extraído do sangue, um clone de DNA complementar (cDNA) foi feito e o antígeno viral foi produzido. O soro de indivíduos com hepatite não A e não B foi, então, testado quanto à presença de anticorpos contra os antígenos virais. A introdução da primeira geração de testes de rastreamento de anticorpos contra o HCV entre 1990 e 1992 e a subsequente melhora na sensibilidade e especificidade destes testes e métodos de detecção genômica resultaram em uma redução massiva na infecção por HCV associada à transfusão. Estima-se que mais de 185 milhões de pessoas no mundo estejam infectadas pelo HCV.

As vias de transmissão do HCV compartilham semelhanças com a hepatite B

O HCV está presente no sangue, e as vias de transmissão incluem sangue e hemoderivados, agulhas e equipamentos contaminados com sangue que podem ter sido usados por usuários de drogas injetáveis e em associação a tatuagens, *piercings* e acupuntura, novamente como consequência da reutilização de agulhas possivelmente contaminadas com sangue de outros clientes. Em ambientes hospitalares, a transmissão ocorre em unidades de hemodiálise por causa de equipamentos contaminados e de outros fômites, incluindo luvas. Embora a introdução da monitorização regular do HCV em pacientes e o descarte dos cartuchos de diálise tenham ajudado no controle da infecção, a transmissão também tem ocorrido por outras vias, provavelmente envolvendo luvas contaminadas usadas por TPH, que podem não ter sido trocadas entre os pacientes. Além disso, ocorreram incidentes envolvendo a transmissão de HCV a partir de TPH portadores de HCV realizando procedimentos de alta exposição em seus pacientes, tais como em lesões intraoperatórias por agulhas resultando no contato sangue-sangue de cirurgias cardiotorácicas. Ao contrário da hepatite B, a transmissão por relação sexual ou a vertical (mãe para criança) do HCV é incomum. Pode haver outros métodos de disseminação, já que a via de transmissão é desconhecida em até 40% dos indivíduos infectados.

O envelope de HCV liga-se à membrana da superfície celular do hepatócito permitindo a entrada do vírus por diversos receptores das células do hospedeiro. Ele envolve um processo de entrada de múltiplas etapas que ainda precisa ser esclarecido. Algumas das proteínas de HCV interferem nas respostas do hospedeiro e outras medidas evasivas incluem um alto grau de diversidade genética devido à alta taxa de erro na replicação de RNA.

Seis genótipos principais de HCV e mais de 100 subtipos foram identificados. Eles têm uma distribuição global, mas genótipos 1 e 3 são os mais comuns. Cerca de 90% das infecções por HCV são os genótipos 1, 2 e 3 na Europa, enquanto nas Américas o genótipo mais visto é do tipo 1 e o resto do genótipo 2. O genótipo 4 é encontrado principalmente no nordeste africano e na África Central, subtipo 4a no Egito, especialmente após a reutilização de agulhas de seringas durante uma campanha nacional pelo tratamento da esquistossomose. O genótipo 6 é encontrado principalmente no Leste e Sudeste Ásia. A determinação do genótipo é preditiva da resposta à terapia antiviral, sendo o genótipo 1 associado a uma resposta fraca. Fatores virais e do hospedeiro afetam a taxa de progressão da doença, com alta carga de HCV no sangue, o genótipo e o grau de heterogeneidade viral, referido como quasiespécies, associados a uma progressão mais rápida. A eliminação viral está relacionada com uma forte resposta e persistência de células T citotóxicas e T auxiliares HCV-específicas.

A infecção com um determinado genótipo não protege contra os outros, possibilitando múltiplas infecções, o que dificulta a obtenção de uma vacina de proteção cruzada efetiva.

Cerca de 75-85% dos indivíduos infectados por HCV desenvolvem HCV crônica

O período de incubação é de 2-4 meses, com uma média de 7 semanas. A infecção subclínica é a regra, com o desenvolvimento de icterícia em cerca de 25% dos indivíduos que sofrem de infecção aguda, em contraste com os 90% observados em infecções agudas por HBV. Isso dificulta o diagnóstico da infecção por HBV porque muitos indivíduos não sabem que foram infectados. Com frequência, o vírus é detectado no sangue após a recuperação da doença aguda, e os portadores são uma fonte de infecção. Nos EUA, até 2% dos indivíduos aparentemente saudáveis têm anticorpos HCV e, como resultado, entre 2,7 e 3,9 milhões de pessoas apresentam uma infecção ativa. Cerca de 75-85% dos indivíduos infectados por HCV desenvolverão HCV crônica e 10-15% terão progressão para cirrose dentro dos primeiros 20 anos, com um risco de câncer hepático de 1-4% por ano nos que tiverem cirrose estabelecida. Também é uma das indicações principais para transplante de fígado. A taxa de infecção por HCV crônica depende da idade, do sexo, da etnia e da resposta imunológica do indivíduo infectado.

Testes diagnósticos para infecção por HCV envolvem ensaios sorológicos para detectar o anticorpo HCV ou anticorpo HCV combinado e ensaios antigênicos, métodos de detecção qualitativa e quantitativa do RNA de HCV e análise do genótipo. O RNA do HCV está presente em cerca de 70% dos indivíduos positivos para anticorpos anti-HCV.

Antivirais de ação direta (DAA) revolucionaram o tratamento com HCV em um curto período de tempo

O objetivo do tratamento é uma resposta virológica duradoura (SVR; *sustained virological response*), o que significa que o RNA do HCV não pode ser detectado 6 meses após completar um curso de tratamento (Cap. 34). Deve-se considerar a breve história que mudou rapidamente em relação à situação do tratamento de HCV. Interferon peguilado (IFN)α e ribavirina era o tratamento padrão. Originalmente, a monoterapia com IFNα resultou em positividade de até 40% das taxas de resposta iniciais, mas menos de 20% foram respostas duradouras. Tratamento com IFNα peguilado, em que polietileno glicol é anexado ao interferon, estendendo a meia-vida e a duração da atividade, e ribavirina resultou em SVR em 45% dos pacientes com infecções de genótipo 1 ou 4 (tratamento de 48 semanas) e 80% daqueles com genótipo 2 ou 3 (tratamento de 24 semanas). Combinar interferon peguilado e ribavirina com alguns DAAs melhorou as taxas de SVR nas infecções por HCV mais difíceis de tratar.

Desde 2011, após a determinação da estrutura cristalográfica dos domínios proteicos não estruturais (NS), diversos DAAs e combinações desses agentes foram licenciados, e o interferon peguilado combinado com ribavirina com alguns DAAs melhorou as taxas de SVR nas infecções por HCV mais difíceis de se tratar. Os DAAs, tendo como alvo a NS3 protease viral e a polimerase NS5, podem erradicar as viremias crônicas de RNA do HCV dentro de 8 a 24 semanas do início do tratamento oral. As empresas farmacêuticas têm competido umas com as outras para inventar um nome trava-língua pra medicações mais difícil que o anterior. Os medicamentos inibidores de protease NS3 tiveram início com telaprevir e boceprivir, foram substituídos por simeprevir, asunaprevir e paritaprevir. Os inibidores da polimerase NS5 incluem daclatasvir, elbasvir, ledipasvir, ombitasvir, sofosbuvir e velpatasvir. São observadas diferentes barreiras de resistência antiviral, sendo que sofosbuvir apresenta uma alta barreira à resistência e atividade contra o espectro genotípico. Esses DAAs, sozinhos ou em combinação, apresentam o potencial de curar indivíduos infectados por HCV e erradicar a infecção.

Em resumo, HCV é outro vírus de RNA que evolui continuamente como uma quasiespécies. Como resultado, ele apresenta a vantagem de escapar das respostas imunológicas do hospedeiro, a ação de antivirais, e fazer com que o desenvolvimento de vacinas seja um enorme desafio.

Hepatite D

O vírus da hepatite D pode se multiplicar apenas em uma célula infectada pelo HBV

Este tipo de hepatite é causado pelo vírus da hepatite D (HDV ou delta vírus), que tem o menor genoma entre os vírus animais, um genoma RNA de fita simples circular. Ele é um vírus incompleto, assim denominado porque pode se multiplicar de forma bem-sucedida apenas em uma célula que também esteja infectada pelo HBV. Quando o HDV brota da superfície de uma célula hepática, ele adquire um envelope consistindo em HBsAg (Fig. 23.47). O HDV precisa do capsídeo HBV apenas para entrar nos hepatócitos e, uma vez dentro, replica-se utilizando as RNA-polimerases da célula do hospedeiro.

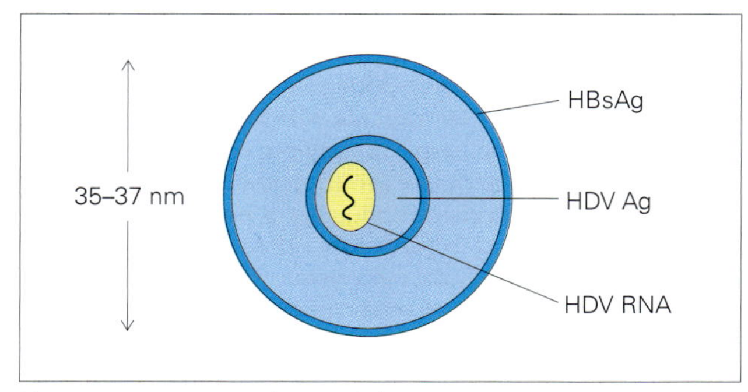

Figura 23.47 Estrutura do vírus da hepatite D (HDV) no soro. Ag, antígeno.

A disseminação do HDV é semelhante àquela do HBV e do HBC

O sangue infectado contém grandes quantidades de vírus (até 10^{10} unidades infecciosas/mL em chimpanzés experimentalmente infectados), e a disseminação é semelhante àquela de outras hepatites virais transmitidas por via parenteral.

A infecção por HDV pode ocorrer ao mesmo tempo em que uma infecção pelo HBV, e a doença resultante é frequentemente mais grave que com HBV isolado. Alternativamente, a superinfecção pelo HDV de um portador de HBV pode ocorrer, o que pode acelerar o curso da doença hepática relacionada com a hepatite B crônica. Estima-se que 15 milhões de pessoas em todo o mundo apresentam infecção por HDV e que 5% dos indivíduos infectados por HBV apresentam uma coinfecção por HDV. Durante as últimas duas décadas, a epidemiologia da infecção por HDV mudou, devido à imunização universal contra a hepatite B. No entanto, áreas com alta prevalência incluem o Mediterrâneo, o Oriente Médio, o Paquistão, a Ásia Central e Setentrional e partes da África, América do Sul e a região do Pacífico.

O diagnóstico laboratorial é feito por testes sorológicos para o antígeno HD (antígeno "delta") ou para IgM e IgG anti-HDV. O HBsAg também estará presente. O tratamento antiviral é limitado pelo fato de que antivirais usados para tratar infecções por HBV não têm efeito sobre o HDV, embora interferon possa ser eficaz. No entanto, há taxas significativas de recidivas quando o tratamento é descontinuado. Diferentes estratégias terapêuticas que têm como alvo outras partes do ciclo de vida do HDV estão sendo investigadas.

Não há vacina HDV-específica, mas uma imunização bem-sucedida para hepatite B previne a infecção pela hepatite D.

Hepatite viral, o resto do alfabeto

Após a descoberta de HCV, uma pequena porcentagem de infecções por hepatite que se sabe ter transmissão por transfusão sanguínea ainda tem de ser atribuída a uma infeção viral, embora o vírus da hepatite G, conhecido como vírus C GB, o vírus transmitido por transfusão, ou vírus Torque Teno (TTV), e SENV 25-28 tenham sido detectados em indivíduos com hepatite pós-transfusão. Ainda existem mais hepatites virais humanas por serem descobertas.

Infecções parasitárias que atingem o fígado

Poucos protozoários afetam o fígado. Alguns helmintos vivem nesse órgão como adultos e outros migram através do fígado para atingir outros locais.

Respostas inflamatórias aos ovos de *Schistosoma mansoni* resultam em dano hepático grave

A patologia hepática nas infecções parasitárias é mais grave nos indivíduos que estão infectados com *S. mansoni*. Embora os helmintos se localizem no fígado por um tempo relativamente curto antes de se deslocarem para os vasos mesentéricos, os ovos liberados pelas fêmeas podem ser arrastados pela corrente sanguínea até a circulação hepática e, posteriormente, filtrados nos sinusoides hepáticos. A resposta inflamatória a

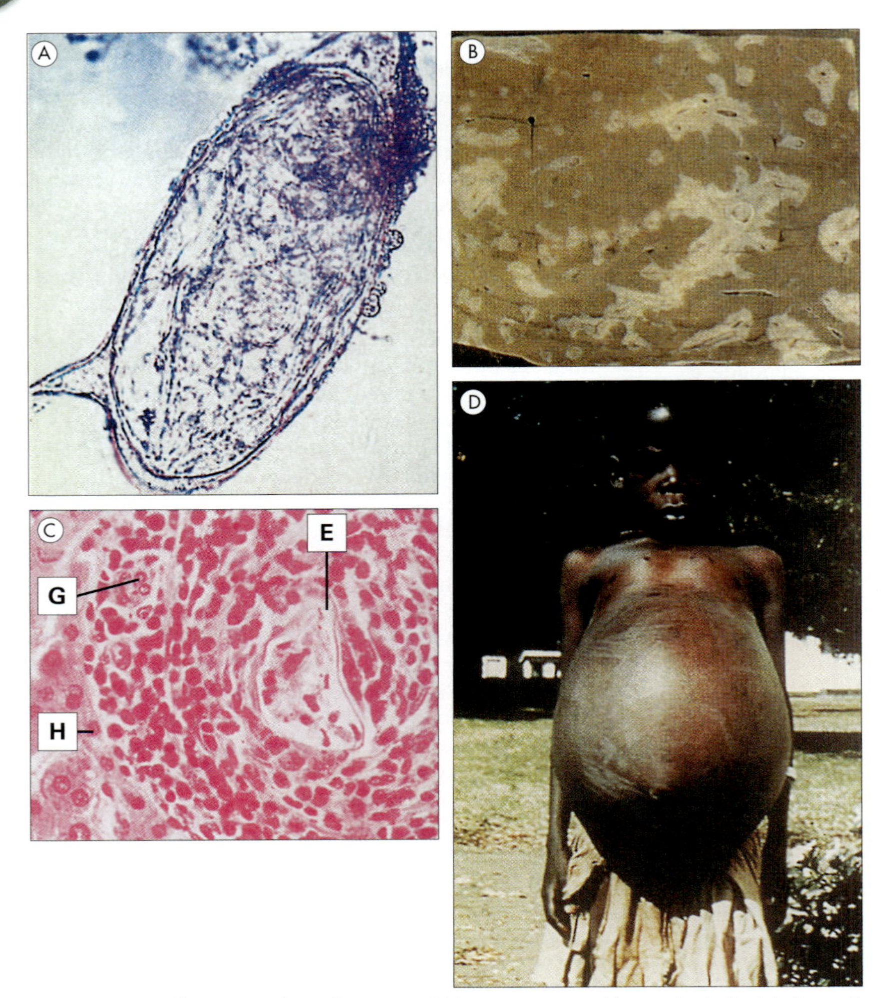

Figura 23.48 A fibrose portal na infecção por *Schistosoma mansoni* é o resultado final da formação de grandes números de granulomas ao redor dos ovos depositados no fígado. Na infecção relacionada com o *Schistosoma haematobium*, um processo similar ocorre na parede da bexiga. (A) Ovo de *S. mansoni* (× 400). (B) Fibrose em "haste de cachimbo" no fígado, como um resultado dos granulomas coalescentes calcificados. (C) Reação celular ao redor de um ovo no fígado. E, ovo contendo miracídeo; G, célula gigante; H, hepatócito. (D) Esquistossomose clínica avançada com grande hepatoesplenomegalia e ascite devido à obstrução portal. ([A]-[C] Cortesia de R. Muller. [D] Cortesia de G. Webbe.)

estes ovos retidos é a causa primária das alterações complexas que resultam em hepatomegalia, fibrose e formação de varizes (Fig. 23.48A-D).

Enquanto a esquistossomose é amplamente disseminada nas regiões tropical e subtropical, outras infecções parasitárias afetando o fígado apresentam uma distribuição mais restrita (p. ex., clonorquiose e doença hidátida alveolar).

Na Ásia, as infecções com o trematódeo hepático humano *Clonorchis sinensis* são adquiridas pela ingestão de peixe contaminado com metacercárias. Os trematódeos jovens, liberados no intestino, chegam ao ducto biliar, ligam-se ao epitélio, onde podem viver por até 20 anos, e alimentam-se das células, sangue e líquidos teciduais. Nas infecções maciças, há uma resposta inflamatória pronunciada com proliferação e hiperplasia do epitélio biliar. Colangite, icterícia e hepatomegalia são possíveis consequências, mas muitas pessoas permanecem assintomáticas nos estágios iniciais ou apresentam sintomas não específicos. Infecção crônica com *C. sinensis* ou *Opisthorchis viverrini* é uma causa reconhecida de colangiocarcinoma intra-hepático e *C. sinensis* é classificado como um biocarcinógeno do grupo 1.

Alguns trematódeos hepáticos animais podem também se estabelecer em humanos. Estes incluem espécies de *Opisthorchis* (na Ásia e Europa Oriental) e a *Fasciola hepatica*, trematódeo hepático comum. Em geral, os sintomas associados a estas infecções são semelhantes àqueles descritos para *C. sinensis*.

Os ovos da tênia *Echinococcus granulosus*, presente em cães, podem se desenvolver em larvas quando ingeridos por humanos. As larvas dos ovos deslocam-se do intestino para a circulação portal e se desenvolvem em grandes cistos hidátidos (equinococose cística) no fígado em cerca de dois terços dos casos, os pulmões e ocasionalmente outros órgãos. Estes podem ser encontrados por ultrassom ou exame de imagem transversal como cistos de tamanho grande. Além do dano pressórico aos tecidos circundantes, a ruptura dos cistos leva a propagações secundárias e pode causar anafilaxia. A estratégia de tratamento é determinada pelo tamanho, local e tipo do cisto. As opções incluem o tratamento com medicamentos à base de benzimidazol isolado (normalmente albendazol ou mebendazol) para cistos uniloculares pequenos, injeção e reaspiração de aspiração percutânea (PAIR) mais um medicamento com benzimidazol para cistos uniloculares maiores, e operação aberta mais um medicamento com benzimidazol para cistos uniloculares grandes com cistos-filhos. *E. multilocularis*, adquirida de ovos transmitidos por carnívoros selvagens, normalmente raposas, se comporta de forma muito diferente e desenvolve-se no fígado, não como cistos,

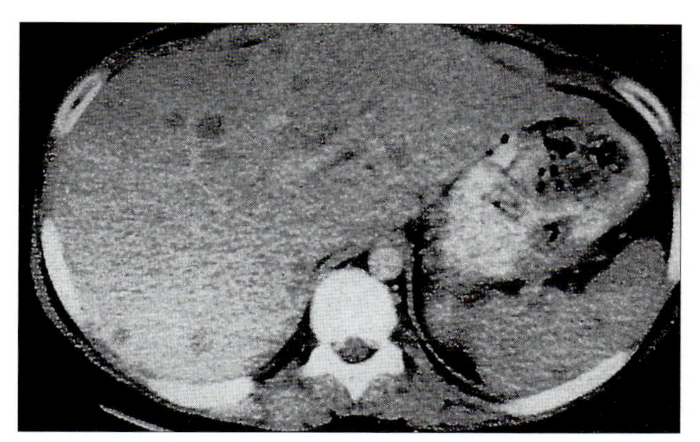

Figura 23.49 Múltiplos abscessos hepáticos piogênicos por *Pseudomonas aeruginosa*. (Cortesia de N. Holland.)

Figura 23.50 Peritonite tuberculosa. Intestino edemaciado com múltiplas lesões na superfície peritoneal. (Cortesia de M. Goldman.)

mas como uma massa com ramos que lembra um carcinoma (equinococose alveolar). *E. multilocularis* é tratado com excisão radical e terapia com benzimidazol. Casos inoperáveis requerem terapia medicamentosa por toda a vida. O transplante de fígado é, às vezes, utilizado. Outras infecções parasitárias associadas à patologia hepática são malária, leishmaniose, ascaridíase e amebíase extraintestinal, que provoca abscessos hepáticos.

Abscessos hepáticos

Apesar do nome, o abscesso hepático amebiano não consiste em pus

A *E. histolytica* pode se mover a partir do trato gastrointestinal e provocar doença em outros locais do organismo, incluindo o fígado (ver anteriormente). Entretanto, o termo "abscesso hepático amebiano" não é exatamente preciso porque a lesão formada no fígado consiste em tecido hepático necrótico, e não em pus. Abscessos hepáticos verdadeiros — lesões sem paredes contendo microrganismos e polimorfos mortos ou morrendo (pus) — são na maioria das vezes polimicrobianos, contendo uma microbiota mista de bactérias aeróbicas e anaeróbicas (Fig. 23.49). As lesões causadas por ambos os tipos de doença hidátida podem tornar-se secundariamente infectadas com bactérias. A fonte da infecção pode ser local à lesão ou em outras regiões do corpo, porém na maior parte das vezes não é diagnosticada. A terapia antibacteriana é necessária para abranger tanto aeróbicos quanto anaeróbicos.

Infecções do trato biliar

A infecção é uma complicação comum da doença do trato biliar

Embora a infecção não seja com frequência a causa primária da doença no trato biliar, ela é uma complicação muito comum. Muitos pacientes com litíase obstruindo o sistema biliar desenvolvem complicações infecciosas provocadas por microrganismos da flora gastrointestinal normal, como enterobactérias e anaeróbicos. A infecção local pode resultar em colangite e, subsequentemente, em abscessos hepáticos, ou invadir a circulação sanguínea para causar sepse e infecção generalizada. A remoção da obstrução subjacente da árvore biliar é um pré-requisito para uma terapia bem-sucedida. Em geral, o tratamento antibacteriano é de amplo espectro, abrangendo tanto aeróbicos quanto anaeróbicos.

Peritonite e sepse intra-abdominal

A cavidade peritoneal é normalmente estéril, mas está sempre ameaçada de contaminação por bactérias eventualmente introduzidas através de perfurações na parede intestinal em decorrência de trauma (acidental ou cirúrgico) ou infecção. O resultado da contaminação peritoneal depende do volume do inóculo (1 mL de conteúdo intestinal contém muitos milhões de microrganismos) e da capacidade das defesas locais de conter e destruir os microrganismos.

A peritonite é em geral classificada como primária (sem aparente fonte de infecção) ou secundária (p. ex., devido a apendicite, úlcera, cólon perfurados)

A peritonite costuma se iniciar como uma inflamação aguda no abdômen que pode progredir para formação de abscessos intra-abdominais localizados. Em geral, os agentes etiológicos responsáveis pela peritonite primária ou secundária e abscessos intraperitoneais são diferentes. Peritonite bacteriana espontânea (PBE) está mais comumente associada a cirrose hepática. A PBE é tipicamente consequência de bactéria entérica Gram-negativa, mais comumente *E. coli*. Muitas vezes, a peritonite secundária e os abscessos intra-abdominais envolvem uma mistura de microrganismos, sobretudo os anaeróbicos Gram-negativos *Bacteroides fragilis*. *Mycobacterium tuberculosis* e *Actinomyces* também podem causar infecção intraperitoneal (Fig. 23.50). Na ausência de terapia antibiótica apropriada, as infecções são frequentemente fatais, e mesmo com tratamento apropriado a mortalidade permanece em 1-5%. A terapia antibiótica empírica para PBE normalmente envolve cefalosporinas de terceira geração, como ceftriaxona (Cap. 34) com reavaliação quando os resultados de cultura estiverem disponíveis. O tratamento antimicrobiano inicial da peritonite secundária deve visar, sobretudo, ao anaeróbico Gram-negativo *B. fragilis* (p. ex., metronidazol) e patógenos aeróbicos Gram-negativos, além de garantir a eliminação da fonte de contaminação. A infecção por micobactérias necessita de tratamento antituberculoso específico (Cap. 34), enquanto a actinomicose responde bem ao tratamento prolongado com penicilina.

PRINCIPAIS CONCEITOS

- A doença diarreica é uma das maiores causas de morbidade e mortalidade nos países em desenvolvimento. Uma ampla variedade de patógenos provoca infecções do trato gastrointestinal. A diarreia, o sintoma mais comum, varia de branda e autolimitada a grave, com consequentes desidratação e morte.
- Os patógenos gastrointestinais são transmitidos pela via fecal-oral. Estes agentes podem invadir o intestino, causando doença sistêmica (p. ex., febre tifoide) ou podem se multiplicar e produzir toxinas de ação local e danificar apenas o trato gastrointestinal (p. ex., cólera). A quantidade de microrganismos ingeridos e seus atributos de virulência são fatores críticos no estabelecimento da infecção.
- O diagnóstico microbiológico normalmente é difícil sem uma investigação laboratorial, mas o histórico do paciente, incluindo dados sobre alimentação e viagens, fornece indicativos úteis.
- As maiores causas bacterianas de diarreia são *E. coli*, salmonelose, *Campylobacter*, *V. cholerae* e shigelose. Outras causas menos comuns incluem *C. perfringens*, *B. cereus*, *V. parahaemolyticus* e *Y. enterocolitica*. Intoxicação alimentar (*i.e.*, a ingestão de toxinas bacterianas em alimentos) é causada por *S. aureus* e *C. botulinum*.
- A *E. coli* é a maior causa de diarreia bacteriana nos países em desenvolvimento e da diarreia do viajante. Diferentes categorias desta espécie (ETEC, EHEC, EPEC e EIEC) apresentam diferentes mecanismos patogênicos — algumas são invasivas, outras toxigênicas.
- *Salmonella* e *Campylobacter* são comuns nos países desenvolvidos, apresentam grandes reservatórios animais e se disseminam através da cadeia alimentar. Ambos provocam doença pela multiplicação no intestino e produção de toxinas de ação local.
- *V. cholerae* e *Shigella* não possuem reservatórios animais, e as doenças são potencialmente erradicáveis. A transmissão pode ser prevenida por condições adequadas de higiene, suprimento de água potável limpa e eliminação adequada de dejetos. A patogênese da cólera depende da produção da enterotoxina colérica, que atua nas células da mucosa gastrointestinal. Em contraste, a *Shigella* invade a mucosa, provocando ulceração e diarreia sanguinolenta, sintomas similares aos da disenteria amebiana.
- O *H. pylori* está associado a gastrite e úlceras duodenais. A eliminação da bactéria pelo tratamento combinado à base de antibióticos e inibidores de bomba de prótons reduz os sintomas e estimula a cicatrização.
- Um desequilíbrio na microbiota bacteriana normal do intestino (em geral, devido à antibioticoterapia) permite que microrganismos normalmente ausentes ou presentes em quantidades pequenas (p. ex., *C. difficile*) se multipliquem e causem diarreia associada aos antibióticos.
- Embora vírus pareçam ser a causa mais comum de gastroenterite em lactentes e crianças jovens, a gastroenterite viral não é distinguível clinicamente de outros tipos de gastroenterite. Os principais responsáveis são as infecções por norovírus e rotavírus, embora os programas de imunização contra rotavírus poderão reduzir a incidência de infecções.
- A ingestão de água e alimentos contaminados com *S. typhi* ou *S. paratyphi* pode resultar na infecção sistêmica denominada febre entérica (tifoide). Estes patógenos invadem a mucosa intestinal e são internalizados pelos macrófagos, sobrevivendo no seu interior. Eles são transportados através dos linfáticos para a corrente sanguínea, de onde colonizam vários órgãos e conferem a característica de doença multissistêmica. O diagnóstico positivo depende de isolamento e cultura do microrganismo. A antibioticoterapia específica é necessária, e a prevenção específica é obtida através da imunização.
- A hepatite é comumente causada por vírus, especialmente as infecções por hepatites virais A-E. As hepatites A e E são transmitidas pela via fecal-oral, e as demais por via hematogênica ou por via sexual. A infecção pelo HBV e HCV frequentemente leva à hepatite crônica e pode resultar em câncer hepático. Os tratamentos antivirais foram desenvolvidos para HBV e HCV, que são altamente eficazes. Os DAAs orais para tratar infecções por HCV em especial podem, potencialmente, eliminar esta infecção com respostas virológicas sérias sustentadas. As vacinas podem prevenir infecções pelos vírus da hepatite A e B.
- Muitos protozoários e helmintos vivem no intestino, mas relativamente poucos são capazes de causar diarreia grave. Os protozoários importantes são *E. histolytica*, *G. intestinalis* e *Cryptosporidium*, adquiridos pela ingestão das fases larvais contaminantes, em alimentos ou água contaminados por fezes. Os vermes importantes são *Ascaris*, *Trichuris* e ancilóstomos. Estes agentes têm vias mais complexas de transmissão, com os ovos ou larvas necessitando de um período de desenvolvimento fora do hospedeiro humano.
- As infecções parasitárias envolvendo o fígado incluem aquelas causadas pelo *Schistosoma mansoni* nos trópicos e subtrópicos e *Clonorchis sinensis*, o trematódeo hepático humano, na Ásia. Outras infecções parasitárias com patologia hepática importante incluem malária, leishmaniose, amebíase extraintestinal, equinococose (doença hidátida) e ascaridíase.
- A infecção da árvore biliar é em geral secundária à obstrução. A flora intestinal normal provoca infecções mistas, que podem se ampliar produzindo abscessos hepáticos e sepse.
- A peritonite e sepse intra-abdominal são secundárias à contaminação da cavidade abdominal, normalmente estéril, por patógenos intestinais. A apresentação é aguda e a infecção pode ser fatal. A antibioticoterapia dirigida para bactérias aeróbicas e anaeróbicas é essencial.

Infecções obstétricas e perinatais

24

Introdução

Durante a gestação, surge um novo conjunto de tecidos potencialmente suscetíveis à infecção, incluindo o feto, a placenta e as glândulas mamárias lactantes. A placenta atua como uma barreira efetiva, protegendo o feto da maioria dos microrganismos circulantes, e as membranas fetais o protegem dos microrganismos do trato genital. A perfuração da bolsa amniótica, por exemplo, em um estágio tardio da gestação, frequentemente resulta em infecção fetal.

Durante a gestação, certas infecções maternas podem ser mais graves que o normal, incluindo malária e hepatite viral, ou vírus latentes, como vírus do herpes simples (HSV) e citomegalovírus (CMV), que podem se reativar e infectar o feto, e após o parto o tecido uterino lesado fica suscetível a infecções estreptocócicas e por outros patógenos, podendo causar a sepse puerperal.

O feto, uma vez infectado via placenta, é altamente suscetível, mas pode sobreviver a certos patógenos e desenvolver anomalias congênitas; exemplos incluem rubéola, CMV, Zika vírus (ZIKV), *Toxoplasma gondii* e *Treponema pallidum*. No entanto, nem todas as crianças são infectadas após infecção primária materna, e há uma distinção importante entre bebês que são infectados e, como resultado, afetados. Bactérias da vagina, como estreptococos do grupo B, podem causar sepse neonatal, meningite e morte, e um canal de parto infectado por *Neisseria gonorrhoeae* ou *Chlamydia trachomatis* atinge o recém-nascido, causando conjuntivite neonatal. Infecção genital materna por HSV pode causar doença neonatal mais grave e é subnotificada.

Infecção materna por HIV em países em desenvolvimento ou quando a infecção materna não é diagnosticada pode levar à infecção de até 40% dos recém-nascidos, cerca de um terço no útero, causando aborto, prematuridade e baixo peso ao nascer e dois terços no período perinatal através de viremia ou leite maternos. Mães que carreiam o vírus da hepatite B podem transmitir o vírus da hepatite B no útero e durante o nascimento, e o leite materno pode ser fonte de infecção pelo vírus linfotrópico da célula T humana do tipo 1 (HTLV-1).

Neste capítulo, nós descrevemos infecções que ocorrem durante a gestação e no período próximo ao nascimento, e discutimos seus efeitos na mãe, no feto e no neonato.

INFECÇÕES DURANTE A GESTAÇÃO

Alterações imunológicas e hormonais durante a gestação agravam ou reativam certas infecções

O feto pode ser considerado um implante imunologicamente incompatível que não pode ser rejeitado pela mãe. As razões para a falha na rejeição do feto incluem:

- a ausência ou baixa densidade de antígenos do complexo principal de histocompatibilidade (MHC, do inglês, *Major Histocompatibility Complex*) nas células placentárias;
- a cobertura de antígenos por anticorpos bloqueadores;
- deficiências sutis na resposta imune materna.

Uma imunossupressão materna grave ou generalizada seria indesejável porque significaria uma suscetibilidade potencialmente desastrosa à doença infecciosa. Certas infecções, no entanto, são sabidamente mais graves (Tabela 24.1) e algumas infecções persistentes sofrem reativação durante a gestação. As alterações hormonais que acompanham a gestação também podem aumentar a suscetibilidade. O quadro complica-se ainda mais quando há desnutrição, que por si só prejudica as defesas do hospedeiro por enfraquecer as respostas imunológicas, reduzir as reservas metabólicas e interferir na integridade das superfícies epiteliais.

O feto tem defesas imunológicas escassas

Uma vez que o feto é infectado, ele é extremamente suscetível, pois:

- os anticorpos IgM e IgA não são produzidos em níveis significativos até a segunda metade da gestação;
- não há síntese de anticorpos IgG;
- as respostas imunes celulares são pouco desenvolvidas ou ausentes, com produção inadequada das citocinas necessárias.

De fato, se o feto fosse capaz de gerar uma vigorosa resposta aos antígenos maternos, poderia ser desencadeada uma perigosa reação enxerto-*versus*-hospedeiro.

A maioria dos microrganismos tem atividade destrutiva suficiente para matar o feto ao infectá-lo, levando ao aborto espontâneo ou a natimorto. Aqui, nossos interesses são concentrados nos poucos microrganismos capazes de causar efeitos mais sutis, não letais. Eles atravessam e infectam a barreira placentária para que a infecção chegue ao feto, podendo, assim, interferir no desenvolvimento fetal ou causar lesões de forma que o bebê nasça, porém com problemas decorrentes dessas infecções.

INFECÇÕES CONGÊNITAS

A infecção intrauterina pode resultar em óbito fetal ou malformações congênitas

Após a infecção primária durante a gestação, certos microrganismos chegam à corrente sanguínea, estabelecem infecção na placenta e, então, invadem o feto. O feto às vezes morre, levando ao aborto, mas quando a infecção é menos grave, como no caso de um vírus relativamente não citopático, ou quando é em parte controlada pela resposta de IgG materna, o feto sobrevive. Pode, então, nascer com uma infecção congênita, muitas vezes exibindo malformações ou outras alterações patológicas. O recém-nascido, em geral, é pequeno e não se desenvolve normalmente. Produção de anticorpos específicos contra o vírus pode ocorrer, mas, com frequência, como no caso do CMV, o feto não consegue gerar uma resposta imune celular vírus-específica adequada, permanecendo infectado por um longo período. Então, as lesões podem progredir após o nascimento. Uma característica marcante dessas infecções é o fato de que, em geral, são leves ou passam despercebidas pela mãe.

Causas importantes de infecções congênitas são mostradas na Tabela 24.2. Vírus que induzem malformações fetais (*i.e.*, agem como teratógenos) compartilham certas características com outros agentes teratogênicos, como drogas ou radiação. O feto tende a apresentar respostas similares (p. ex., hepatoesplenomegalia, encefalite, lesões oculares, baixo peso ao nascer) a diferentes agentes infecciosos e o diagnóstico baseado apenas na área clínica é difícil. A maioria destas infecções — HSV, rubéola, CMV e sífilis — também pode, às vezes, matar o feto. Elas em geral seguem uma infecção primária materna durante a gestação, de modo que sua incidência depende da proporção de mulheres não imunes em idade fértil.

A triagem pré-natal de rotina para anticorpos contra rubéola, treponemas (que incluem sífilis, bouba, pinta ou bejel, que não podem ser identificados individualmente por sorologia), ensaios de antígeno de superfície do vírus da hepatite B e combinação de anticorpos e antígeno de superfície do vírus HIV estão sendo executados em diferentes graus em todo o mundo. Estes testes ajudam a identificar mulheres que são infectadas por hepatite B ou HIV, infectadas ou previamente

Tabela 24.1 O efeito das doenças infecciosas severas sobre a gestação.

Infecção	Comentários
Malária	? Imunidade celular deprimida
Hepatite viral	A carga viral pode flutuar devido à imunomodulação na gestação
Influenza	Maior morbidade e mortalidade
Poliomielite	Paralisia é mais comum
Infecções do trato urinário	Cistite; pielonefrite mais comum; atonia de bexiga e ureter leva a um fluxo, esvaziamento, menos eficaz
Candidíase	Vulvovaginite
Listeriose	Doença similar à influenza
Coccidioidomicose	Causa principal de mortalidade materna em áreas endêmicas no sudoeste dos EUA e na América Latina

Tabela 24.2 Infecções maternas transmitidas ao feto

Microrganismo	Efeitos
Vírus da rubéola	Rubéola congênita
Citomegalovírus (CMV)	CMV congênito, surdez, retardo mental
Vírus da imunodeficiência humana (HIV)	Infecção congênita, AIDS infantil; cerca de 1 em 5 recém-nascidos de mães infectadas em países em desenvolvimento são infectados no útero[a]
Zika vírus (ZIKV)	Microcefalia, desproporcionalidade facial, *cutis gyrata*
Vírus varicela-zóster (VVZ)	Lesões cutâneas; anormalidades musculoesqueléticas e do SNC, quando o feto é infectado antes de 20 semanas. Após infecção tardia na gravidez, zóster infantil é uma sequela comum[b]
Vírus herpes simples (HSV)	Infecção neonatal por HSV, frequentemente disseminada. Risco muito mais elevado em caso de infecção primária materna em vez de recorrente; infecção no útero é rara
Vírus da hepatite B	Hepatite B congênita, infecção persistente [a,c]
Parvovírus B19	Após infecção materna, 5-10% dos fetos morrem (aborto, hidropisia fetal)
Zika vírus (ZIKV)	A síndrome congênita do ZIKV inclui microcefalia e outras características neurológicas
Treponema pallidum	Sífilis congênita, síndrome clássica
Toxoplasma gondii	Toxoplasmose congênita
Trypanosoma cruzi	Doença de Chagas congênita
Listeria monocytogenes	Listeriose congênita, pneumonia, sepse, meningite[b]
Mycobacterium leprae	Infecção congênita comum em mães com hanseníase lepromatosa

Bebês infectados de forma congênita podem ser assintomáticos, sobretudo na infecção por citomegalovírus. Eles em geral são pequenos, têm dificuldade de se desenvolver ou exibem anormalidades detectáveis mais tarde na infância. Em todos os casos, o bebê permanece infectado, frequentemente por longos períodos, e pode infectar outros.

[a]Esta situação é para países em desenvolvimento sem intervenção (sem fármacos antirretrovirais, sem acesso a parto cesáreo ou onde a amamentação não é evitada).

[b]Infecção também ocorre durante e imediatamente após nascimento.

[c]Proteção de recém-nascido com vacina contra hepatite B mais imunoglobulina específica.

expostas a infecções treponêmicas, sendo a sífilis a mais importante neste contexto, ou que são suscetíveis à rubéola.

Programas de triagem de rotina levam a complicações de tratamento clínico tanto para a mãe quanto para a criança. Por exemplo, um diagnóstico positivo de HIV conduz a equipe a discutir o uso de terapia antirretroviral para a mãe e, imediatamente ao nascimento, para a criança, planejando um nascimento vaginal, salvo se for indicado o parto cesáreo e aconselhamento contra amamentação para reduzir o risco de transmissão vertical. Além disso, a criança será acompanhada por no mínimo 12 meses utilizando-se testes sensíveis para determinar se o HIV foi transmitido verticalmente. O diagnóstico do vírus da hepatite B (HBV) crônica resulta na determinação do nível materno de infectividade, com oferecimento subsequentemente ao bebê de um curso acelerado de vacina anti-hepatite B somente ou, se a mãe estiver em um nível altamente infeccioso, vacina e imunoglobulina específica contra HBV. Existem também medicamentos antivirais para hepatite B crônica que podem ser oferecidos à mãe, com acompanhamento a longo prazo. Imunização pós-natal é oferecida a mulheres suscetíveis à rubéola, embora no Reino Unido os testes com anticorpos contra rubéola tenham sido removidos do programa de triagem pré-natal em 2016. Isso se deve ao fato de que ele não atendeu aos critérios para um programa de triagem com base no fato de que a incidência de infecção por rubéola no Reino Unido era tão baixa que estava dentro da definição da OMS de "eliminada", de que a infecção por rubéola na gravidez era muito rara, e que o uso da vacina para sarampo, caxumba e rubéola (SCR) havia aumentado consideravelmente. Tal índice tinha sido reduzido nos anos anteriores, mas em 2016 foi considerado mais eficaz na proteção das mulheres contra a rubéola durante a gravidez, antes da gravidez, pois o teste de detecção usado poderia ser interpretado de forma incorreta em mulheres com infecção aguda por rubéola.

Mulheres expostas à infecção treponêmica na gestação recebem antibioticoterapia; o bebê é acompanhado durante o primeiro ano utilizando-se sorologias para identificar a infecção ativa, já que a sífilis congênita pode ser decorrente de infecção materna prévia não tratada. No caso de CMV, que não faz parte dos exames de rotina pré-natais no Reino Unido e nos EUA, por exemplo, uma infecção primária, reinfecção ou reativação do vírus latente durante a gestação pode levar à infecção fetal (ver próxima seção).

A probabilidade de uma infecção fatal é maior em infecções maternais primárias e quando a mãe apresenta uma infecção crônica, embora haja diversos fatores que resultam em níveis variados de risco de infecção fetal.

Não há evidências adequadas que sugiram que a infecção materna por caxumba, influenza ou poliovírus durante a gestação leve a efeitos prejudiciais ao feto, mas com a infecção pela parvovirose humana B19, o risco de infecção intrauterina é de aproximadamente 19% entre 5-16 semanas de gravidez e 25-70% após 16 semanas de gestação, com risco de morte fetal em cerca de 9% nas primeiras 20 semanas. O feto infectado desenvolve hidropisia fetal devido à anemia grave com ascite e hepatoesplenomegalia em 3% dos casos, já que o vírus infecta células-tronco eritropoiéticas. A transfusão sanguínea intrauterina é utilizada no tratamento da hidropisia fetal.

Em se tratando de doenças infecciosas emergentes, um surto de Zika no Brasil, que em 2016 atingiu a América do Sul, Central e do Norte e o Caribe também, resultou em relatos de microcefalia neonatal e doenças neurológicas, incluindo síndrome de Guillain-Barré.

Rubéola congênita

O feto é particularmente suscetível à infecção por rubéola quando a infecção materna ocorre durante os 3 primeiros meses de gestação

Neste período, coração, cérebro, olhos e orelhas estão sendo formados, e o vírus infectante interfere no seu desenvolvimento. Se o feto sobrevive, pode exibir anormalidades características (Fig. 24.1). Nem todos os fetos são afetados, apesar do risco de infecção intrauterina de 90% com menos de 11 semanas, 55% entre 11-16 semanas e 45% com mais de 16 semanas.

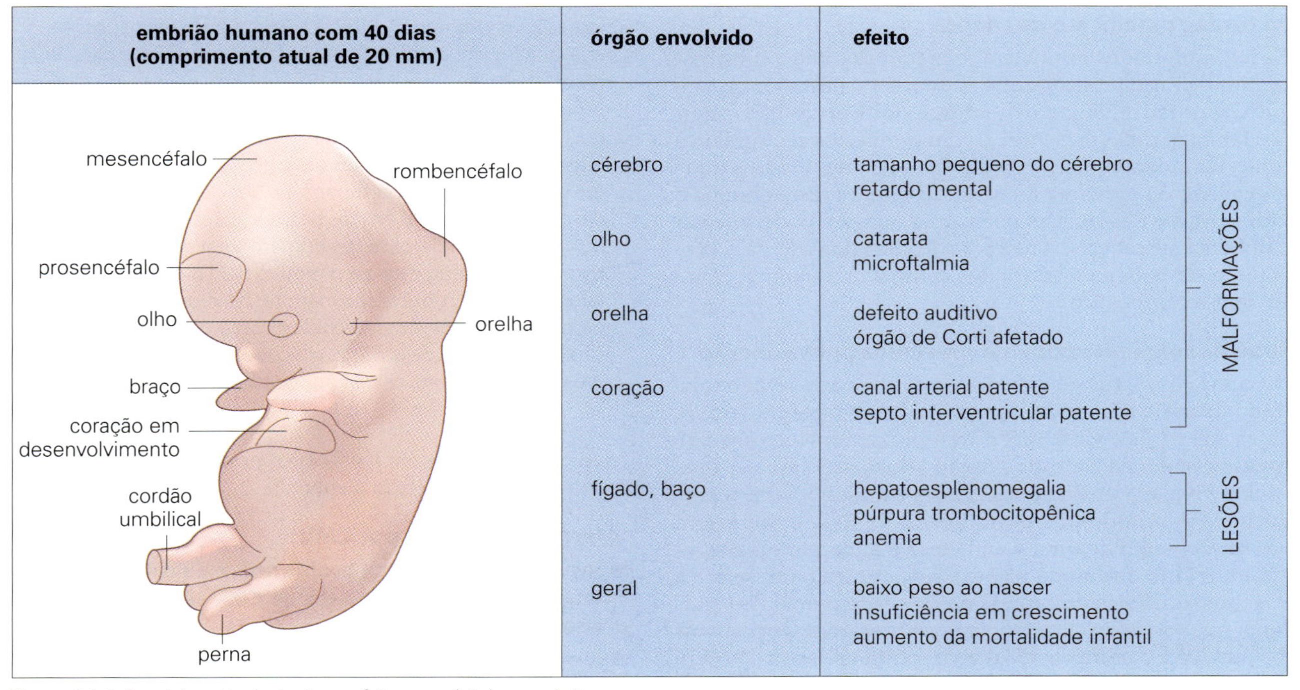

órgão envolvido	efeito	
cérebro	tamanho pequeno do cérebro retardo mental	MALFORMAÇÕES
olho	catarata microftalmia	MALFORMAÇÕES
orelha	defeito auditivo órgão de Corti afetado	MALFORMAÇÕES
coração	canal arterial patente septo interventricular patente	MALFORMAÇÕES
fígado, baço	hepatoesplenomegalia púrpura trombocitopênica anemia	LESÕES
geral	baixo peso ao nascer insuficiência em crescimento aumento da mortalidade infantil	

Figura 24.1 Envolvimento de órgãos e efeitos na rubéola congênita.

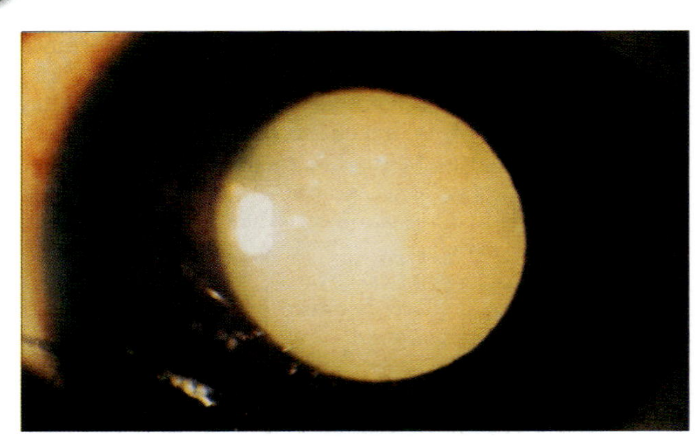

Figura 24.2 Catarata na rubéola congênita. (Cortesia de R.J. Marsh e S. Ford.)

O risco de um resultado fetal adverso foi observado em 90% dos bebês quando houve rubéola maternal nas primeiras 11 semanas de gravidez, 20% quando ocorreu entre 11-16 semanas, nas 16-20 semanas havia risco mínimo de surdez e não havia risco aumentado com mais de 20 semanas.

Rubéola congênita pode afetar olhos, coração, cérebro e orelha

As manifestações clínicas da rubéola congênita incluem baixo peso ao nascer e lesões oculares (Fig. 24.2) e cardíacas. Efeitos no cérebro e orelhas podem não ser detectáveis até tardiamente na infância, sob a forma de retardo mental e surdez. Até 80% dos recém-nascidos infectados eventualmente apresentam deficiência auditiva. Aproximadamente 25% das crianças infectadas de forma congênita desenvolvem, mais tardiamente, diabetes mellitus dependente de insulina (o vírus se replica no pâncreas), mas a rubéola é uma causa muito incomum desta doença. Há 15% de mortalidade em lactentes que exibem sinais da infecção ao nascimento, frequentemente associada à hipogamaglobulinemia.

IgM antirrubéola fetal é encontrada no sangue do cordão umbilical e da criança

Os fetos infectados produzem seus próprios anticorpos IgM contra o vírus da rubéola, que podem ser detectados no sangue do cordão umbilical e da criança. Anticorpos IgG maternos também estão presentes e, com os interferons, ajudam a controlar a disseminação da infecção no feto. O vírus pode ser isolado da garganta ou urina da criança. Esta elimina o vírus através dessas vias por vários meses e pode infectar indivíduos suscetíveis. A detecção do RNA do vírus da rubéola pode ser feita na maioria dos centros de referência para auxiliar o diagnóstico.

Rubéola congênita pode ser prevenida por vacinação

A vacina com vírus da rubéola vivos atenuados é administrada durante a infância, em geral como parte integrante da vacina tríplice viral SCR (sarampo, caxumba e rubéola). A gestação é uma contraindicação à vacinação por ser uma vacina viva, e a única época segura durante a vida reprodutiva é o período pós-parto imediato. Esse é um exemplo interessante de uma vacina que é dada para proteger um indivíduo que ainda não existe (o futuro feto), sendo a infecção subclínica ou branda na mãe. Até o final dos anos 1960, quando as vacinas eficazes se tornaram disponíveis (Quadro 24.1), a rubéola era uma importante causa de doença cardíaca congênita, surdez, cegueira e retardo mental. O vírus continua circulando na comunidade e causando problemas em fetos em países com programas de vacinação menos extensivos contra a rubéola.

Quadro 24.1 Lições de Microbiologia

A rubéola e o feto

O Dr. Norman McAllister Gregg (1892-1966) era cirurgião oftálmico do *Royal Alexandra Hospital for Children*, em Sidney, e durante a Segunda Guerra Mundial percebeu o que ele chamou de uma "epidemia" de catarata congênita em neonatos. Ele foi adiante e fez a astuta observação de que todas as mães tiveram rubéola durante o início da gestação. Havia 78 recém-nascidos com catarata e 68 das mães tinham histórico de rubéola no início da gestação. Muitos dos neonatos tinham defeitos cardíacos, eram pequenos e dois terços deles tinham microftalmia. Ele publicou estes achados em 1941, fornecendo a primeira demonstração clara de que um fator ambiental poderia causar malformações congênitas. Uma característica marcante da infecção reside no fato de que, enquanto o feto sofre graves malformações, a mãe exibe pouco ou nenhum sinal da doença. Nós agora sabemos que vários outros vírus, sobretudo o CMV, podem fazer isso, assim como outros fatores, como talidomida e deficiência de folato. Estudos posteriores sobre rubéola revelaram que recém-nascidos com infecção congênita também desenvolveram surdez e problemas cerebrais. Os sobreviventes foram acompanhados até 1991, ocasião em que compreendiam 50 indivíduos, e outras anormalidades foram observadas, incluindo o desenvolvimento de diabetes por volta dos 25 anos e certas anormalidades vasculares.

Somente em 1962 o vírus responsável foi isolado e cresceu em cultura de células. Uma epidemia de rubéola nos EUA em 1964-1965 deixou 20.000 neonatos com a síndrome da rubéola congênita. No final dos anos 1960, uma vacina efetiva de vírus vivo se tornou disponível, e a rubéola congênita somente é observada hoje em dia quando a cobertura vacinal é pequena. O feto é extremamente vulnerável à rubéola durante o primeiro trimestre gestacional. Este é o estágio crítico do desenvolvimento embrionário quando órgãos-chave (coração, orelha, olhos, cérebro) estão sendo formados, e apesar de o vírus não lesar as células por ele infectadas, ele interfere na sua mitose. A interferência na mitose programada desses órgãos importantes causa as malformações, com a vasculite influenciando também. O feto é bom na reparação dos danos, mas não consegue, em um estágio tardio, compensar a deficiência no desenvolvimento dos órgãos básicos. A ação antimitótica do vírus também implica um número total de células corporais reduzido e esse é o motivo pelo qual os neonatos infectados pela rubéola são menores. O vírus da rubéola permanece nos órgãos infectados, como o cristalino e o cérebro, por mais de um ano, mas eventualmente ocorre uma resposta imune celular adequada e o vírus é eliminado.

Infecção congênita por CMV

Mães com uma resposta proliferativa de células T deficiente contra antígenos do CMV têm maior probabilidade de infectar seus fetos

Após uma infecção materna primária durante a gestação, cerca de 40% dos fetos são infectados e 5% desses exibem sinais ao nascimento. Não se sabe se o feto é especialmente vulnerável em determinados estágios da gestação. O feto também é infectado após a reativação do CMV durante a gestação em mulheres previamente expostas ao vírus, mas o dano ao feto é incomum nessa situação. Até 1-2% das crianças nascidas nos Estados Unidos são infectadas e até cerca de 10% dessas são sintomáticas, com a presença de uma dose infectante de até 1 milhão de vírus por mililitro de urina. No entanto, a incidência de infecção congênita por CMV é provavelmente subestimada em todo o mundo. Em grandes coortes de gestantes estudadas, foi mostrado que 2% desenvolveram uma infecção primária por CMV, porém mais de 95% foram assintomáticas. Daquelas mulheres com infecção primária no primeiro trimestre, até 30% dos bebês podem desenvolver sequelas decorrentes de danos ao sistema nervoso central (SNC), incluindo perda auditiva neurossensorial. Embora a porcentagem seja muito reduzida, se a infecção materna for tardia na gestação, ainda ocorre dano ao SNC em algum grau. No entanto, a relação entre uma infecção no primeiro trimestre e as consequências é muito mais clara nas infecções causadas por rubéola do que naquelas por CMV. Na reativação ou reinfecção por CMV, o controle parcial da infecção por anticorpos maternos nestas circunstâncias significa que o bebê pode ser infectado, mas não afetado, embora uma pequena porcentagem torne-se sintomática ao longo dos 2 anos subsequentes. A frequência e as consequências decorrentes da infecção congênita por CMV na reativação ou na reinfecção durante a gestação ainda não são bem compreendidas. No entanto, foi relatada uma incidência similar de infecções sintomáticas congênitas por CMV em mulheres grávidas com infecções primárias e reativações ou reinfecções.

As características clínicas da infecção congênita incluem retardo mental, coroidorretinite e atrofia óptica, defeitos auditivos, hepatoesplenomegalia, púrpura trombocitopênica e anemia (Fig. 24.3). Surdez e retardo mental podem não ser detectáveis até mais tarde na infância.

O diagnóstico é feito pela detecção de anticorpos IgM específicos para o CMV no sangue de neonatos até 3 semanas após o parto e por meio da detecção e quantificação de DNA do CMV no sangue ou na urina durante este período. Os vírus podem ser isolados a partir de suabes de garganta e de amostras de urina. Vacinas vivas atenuadas têm sido investigadas (cepas AD169 e Towne), e em estudos preliminares nenhuma mulher que engravidou após a vacinação transmitiu o vírus ao neonato (Fig. 24.4).

Medicamentos antivirais como ganciclovir e valganciclovir podem ser considerados no tratamento de bebês sintomáticos com infecção congênita por CMV.

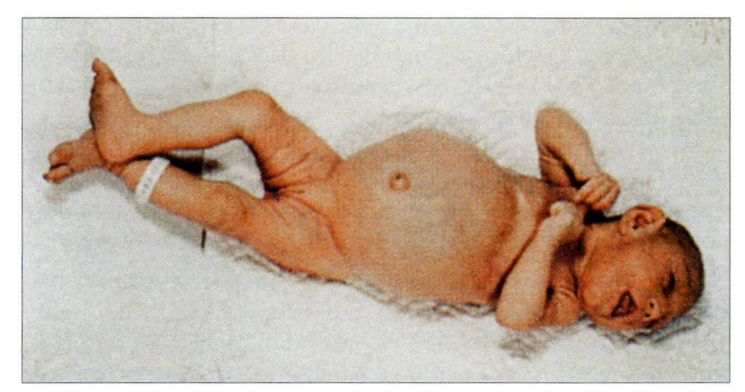

Figura 24.3 Microcefalia com retardo psicomotor grave associado e hepatoesplenomegalia na infecção congênita por citomegalovírus. (Cortesia de W.E. Farrar.)

Zika vírus

O Zika vírus é um vírus de fita simples que pertence aos Flaviviridae, família que inclui o vírus da Dengue, o Vírus do Oeste do Nilo e o vírus da Febre Amarela. Isolado em 1947 em um macaco da Floresta Zika na Uganda e com relatos de causar infecção em humanos em 1954, ele se tornou proeminente em 2015 com um surto na América do Sul e Central, no Caribe, na Oceania e em partes da Ásia. Em 2016, foi declarada uma emergência de saúde pública. O Zika vírus é transmitido por diversos mosquitos *Aedes*, especialmente o *Aedes aegypti*. Aproximadamente 80% daqueles que são infectados são assintomáticos e, naqueles que desenvolvem sintomas, a doença é relativamente leve na maioria dos casos, embora possa causar síndrome de Guillain-Barré em alguns casos. No entanto, o Zika vírus pode atravessar a placenta, e a infecção materna durante a gravidez pode levar a malformações fetais e microcefalia congênita. Um programa ativo está sendo realizado para desenvolver uma vacina contra o Zika vírus, mas enquanto isso, até que uma vacina seja disponibilizada, a prevenção da infecção depende em grande parte do cuidado com as picadas de mosquito. O vírus foi detectado em sêmen e no trato genital feminino. A transmissão sexual do Zika vírus ocorreu em uma minoria de casos e foi relatado que ela ocorre de mulher para homem e de homem para mulher. Mulheres grávidas ou que planejam engravidar e que podem ser expostas ao risco de infecção por Zika ou cujos parceiros sexuais podem ser expostos devem consultar um profissional de saúde para obter uma avaliação individual. Orientações estão disponibilizadas nos Centros de Controle de Doenças dos EUA; no Centro Europeu de Prevenção e Controle de Doenças; e na Rede e Centro de Saúde Nacional de Viagens do RU.

Sífilis congênita

Como resultado da triagem sorológica de rotina para sífilis, uma infecção treponêmica, em consultas pré-natais e com tratamento com penicilina, a sífilis congênita atualmente é rara, sendo mais comum em países em desenvolvimento. As manifestações clínicas no neonato incluem rinite (coriza), lesões cutâneas e mucosas, hepatoesplenomegalia, linfadenopatia e anormalidades ósseas, dentárias e cartilaginosas (nariz em sela). A gestação frequentemente mascara os sinais precoces da sífilis, mas a mãe terá evidências sorológicas da infecção treponêmica e a IgM treponêmica será detectada no sangue fetal. A transmissão vertical ocorre mais comumente após 4 meses de gestação; portanto, o tratamento da mãe antes desse período deve prevenir a infecção fetal.

Toxoplasmose congênita

Infecção aguda assintomática por *Toxoplasma gondii* durante a gestação pode causar malformação fetal

O toxoplasma é uma infecção presente em todo o mundo. Dependendo do país em questão, aproximadamente 10% a 80% dos adultos saudáveis apresentam evidência sorológica de infecção anterior por *Toxoplasma gondii*, mas o fator de risco de toxoplasmose congênita é a infecção primária da mãe adquirida durante a gravidez. A incidência de infecção fetal aumenta de 14%, quando a infecção materna está no primeiro trimestre, para 59% quando está no terceiro trimestre. Em contraste, o dano ao feto é mais grave quanto mais cedo na gravidez ele tiver sido contraído. No nascimento, a maioria das crianças são assintomáticas e, frequentemente, não há anormalidades em tal momento, mas sinais (p. ex., coriorretinite) geralmente surgem em alguns anos.

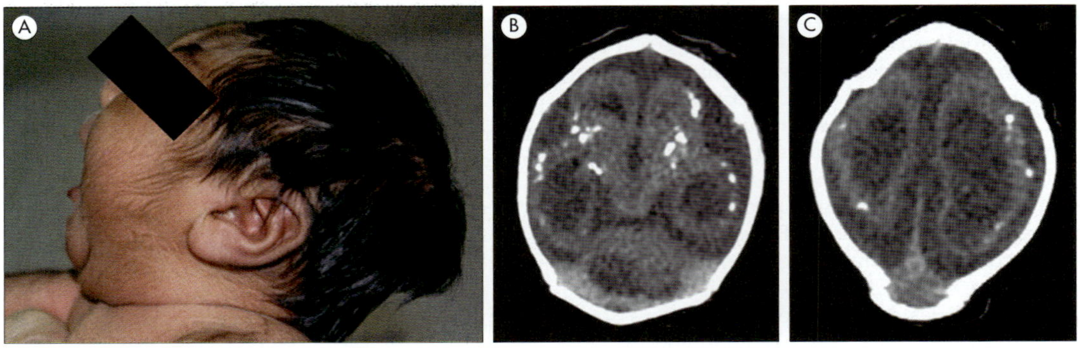

Figura 24.4 (A) Recém-nascido com microcefalia com Zika vírus confirmado por laboratório. (B, C) Anormalidades detectadas em exames de tomografia computadorizada (TC). O recém-nascido mostra características fenotípicas descritas anteriormente durante a epidemia de microcefalia, incluindo desproporção craniofacial, protuberância occipital externa e pele do couro cabeludo excessiva. As características radiológicas encontradas em exames de imagem de TC do cérebro incluem volume reduzido do parênquima cerebral cortical, calcificações corticais e subcorticais, padrão giral simplificado e ventriculomegalia. (Reproduzido com permissão de T.V. Barreto de Araújo *et al.* Associação entre a infecção pelo Zika vírus e a microcefalia no Brasil, janeiro a maio de 2016: relato preliminar de um estudo de caso-controle. *Lancet Infect Dis* 2016; 16[12]:1356–1363. ©2016 Organização Mundial da Saúde.)

Em lactentes gravemente afetados, os sintomas clínicos da toxoplasmose congênita incluem convulsões, microcefalia, coriorretinite, hepatoesplenomegalia, icterícia e, posteriormente, hidrocefalia, retardo mental e visão deficiente. Alguns países realizam triagem sorológica de mulheres grávidas para encontrar anticorpos específicos para *Toxoplasma*, incluindo IgM. Caso o perfil sorológico indique infecção maternal adquirida na gravidez, o tratamento da mãe é iniciado com espiramicina para tentar evitar a transmissão ao feto. O líquido amniótico é testado pela PCR para toxoplasma e, caso confirme infecção fetal, o tratamento com sulfadiazina mais pirimetamina mais ácidos folínicos é prescrito ao invés de espiramicina.

Não há vacina. A prevenção é evitar a infecção primária, que ocorre pela ingestão de cistos presentes em fezes de gatos ou em carne malcozida durante a gestação.

Doença de Chagas congênita

A doença de Chagas (tripanossomíase americana), causada pelo *Trypanosoma cruzi*, é transmitida de forma vetorial por insetos Reduviidae; por via oral, congênita; transfusão de sangue; e transplante de órgãos. Como resultado de programas de controle vetorial, a transmissão vertical agora consiste em cerca de 20% das novas infecções. Isso é preocupante, pois permite a continuação da transmissão mesmo na ausência de um inseto vetor competente. A infecção congênita por *T. cruzi* é normalmente assintomática, mas quando há presença da doença, as características clínicas incluem prematuridade, baixo peso ao nascer, anemia, trombocitopenia, meningoencefalopatia, hepatoesplenomegalia e angústia respiratória. A infecção congênita, caso não tratada, tem progressão para o estágio crônico, com risco de desenvolver complicações cardíacas ou gastrointestinais de 20 a 30 anos depois. O tratamento de crianças infectadas no primeiro ano de vida com benznidazol ou nifurtimox é muito eficaz. Em contraste à situação com adultos que costumam apresentar efeitos adversos, esses medicamentos são bem tolerados em lactentes. A prevenção de Chagas congênita depende da triagem sorológica de mulheres que nasceram em áreas endêmicas ou de triagem de mulheres cujas mães tenham nascido em uma área endêmica. Após o nascimento, o lactente é monitorado quanto à presença de infecção vertical por esfregaço sanguíneo, PCR e sorologia durante o primeiro ano de vida e o tratamento oferecido caso haja evidência de parasitemia por *T. cruzi*.

Infecção congênita pelo vírus da imunodeficiência humana (HIV)

Em países em desenvolvimento, aproximadamente um quarto dos recém-nascidos de mães com HIV é infectado: cerca de um terço destes no útero e os outros no período perinatal

Em 2015, a Organização Mundial da Saúde publicou dados mostrando que cerca de 150.000 crianças com menos de 15 anos de idade haviam sido diagnosticadas com infecção por HIV e que, na mesma faixa etária, havia cerca de 1,8 milhão de crianças que viviam com o HIV. A infecção congênita por HIV manifesta-se clinicamente como déficit de peso, suscetibilidade a sepse, atraso de desenvolvimento, pneumonia linfocítica, candidíase oral, linfonodomegalia, hepatoesplenomegalia, diarreia e pneumonia, e algumas crianças desenvolvem encefalopatia e AIDS por volta de 1 ano de idade. Como a maioria das infecções ocorre no final da gestação ou durante o parto, as taxas de transmissão são reduzidas pela diminuição da carga viral da gestante administrando-se medicamentos antirretrovirais, sobretudo durante o último trimestre gestacional ou durante o parto, pela realização de cesárea eletiva quando indicado (caso a carga de HIV seja suprimida, o parto vaginal é recomendado) e por evitar a amamentação.

Anticorpos IgG presentes em amostras de sangue neonatal podem ser de origem materna e persistir por no mínimo um ano. Portanto, a base do diagnóstico laboratorial envolve a detecção de DNA proviral ou RNA do HIV-1 por reação em cadeia da polimerase (PCR), embora estes testes possam não ser positivos até vários meses após o nascimento, em conjunto com teste para detecção de antígeno do HIV e de ensaios de combinação para detecção de anticorpos anti-HIV quando o sangue materno tiver diminuído.

Listeriose congênita e neonatal

Exposição materna a animais ou alimentos infectados com *Listeria* pode levar a óbito fetal ou malformações

Listeria monocytogenes é um pequeno bastonete Gram-positivo, móvel e beta-hemolítico. É distribuído mundialmente em uma grande variedade de animais, incluindo bovinos, porcos, roedores e pássaros, e a bactéria também ocorre em plantas e no solo. *Listeria* pode crescer em temperaturas de refrigeração regular (p. ex., 3-4 °C). A transmissão para o ser humano ocorre por:

- contato com animais infectados ou suas fezes;
- consumo de leite não pasteurizado, queijos cremosos ou produtos hortícolas contaminados.

Nos EUA, há cerca de 2.000 casos relatados de listeriose a cada ano, aproximadamente um terço deles em neonatos. Portador por via fecal é incomum, exceto em contatos de pacientes com listeriose.

Listeria monocytogenes em gestantes causa uma doença similar à influenza branda ou é assintomática, mas há uma bacteremia que leva à infecção placentária e, consequentemente, do feto. Isso pode causar aborto, parto prematuro, sepse neonatal ou pneumonia com abscessos ou granulomas. O recém-nascido também pode ser infectado logo após o nascimento, por exemplo, a partir de outros bebês ou de profissionais de saúde, e isso pode ocasionar doença meníngea.

Listeria monocytogenes pode ser isolada a partir de hemoculturas, cultura de líquido cefalorraquidiano (LCR) ou de lesões cutâneas do neonato.

O tratamento é feito com amoxicilina, que pode necessitar da combinação com gentamicina para se obter um efeito bactericida. Não há vacinas.

As gestantes devem evitar exposição a material infectado, mas a fonte exata da infecção é em geral desconhecida.

INFECÇÕES QUE OCORREM PRÓXIMO AO MOMENTO DO NASCIMENTO

Efeitos no feto e no neonato

As vias de infecção do feto e do neonato são mostradas na Figura 24.5

Infecções virais (p. ex., rubéola, CMV) costumam ser menos prejudiciais ao feto quando a infecção materna ocorre tardiamente na gestação. A infecção primária pelo vírus varicela-zóster (VVZ) nas primeiras 20 semanas de gestação pode ocasionar deformidades em membros e outras lesões graves no neonato. A infecção por HSV nesse contexto é subdiagnosticada e pode levar a morbidade e mortalidade neonatais.

Infecções bacterianas originárias da vagina e do períneo no final da gestação, sobretudo aquelas que ocorrem quando as membranas fetais se romperam há mais de 1-2 dias, podem resultar em corioamnionite, febre materna, parto prematuro e natimorto. Bebês de baixo peso no nascimento (<1.500 g) tendem a ser mais gravemente afetados. As bactérias envolvidas incluem:

- estreptococos hemolíticos do grupo B; 10-30% das gestantes são colonizadas no reto ou na vagina;
- *Escherichia coli;*
- *Klebsiella;*
- *Proteus;*
- *Bacteroides;*
- estafilococos;
- *Mycoplasma hominis.*

Essas infecções também podem ser adquiridas após o parto, levando à forma tardia da doença.

Sepse neonatal frequentemente progride para meningite

Geralmente, a meningite bacteriana (Tabela 24.3) é fatal, caso não seja tratada. O diagnóstico clínico é difícil porque o recém-nascido exibe sinais inespecíficos, como angústia respiratória, dificuldade de alimentação, diarreia e vômitos, mas o diagnóstico precoce é essencial e o tratamento de emergência é necessário. A antibioticoterapia empírica deve ser iniciada assim que o LCR (coloração de Gram e cultura) e as amostras de sangue forem coletados.

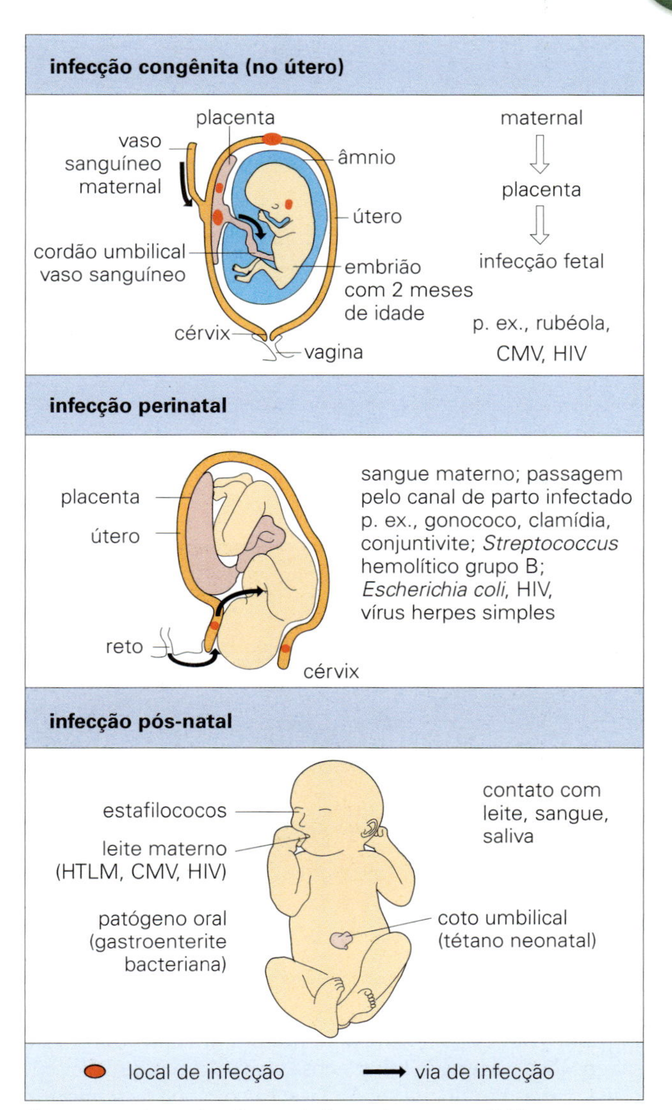

Figura 24.5 Rotas de infecção do feto e do neonato. CMV, citomegalovírus; HIV, vírus da imunodeficiência humana; HTLV, vírus linfotrófico humano de células T.

A infecção fetal com o HSV deve ser considerada em bebês com doença aguda poucas semanas ou dias após o parto

A infecção fetal durante o parto resulta do contato direto com o microrganismo infectante à medida que o feto passa pelo canal do parto infectado (Tabela 24.3). Por exemplo, lesões cutâneas causadas pelo HSV podem se desenvolver 1 semana após o parto com infecção generalizada e envolvimento grave do SNC. Aproximadamente 80% das mães com infecção primária por HSV (mas apenas cerca de 10% com HSV recorrente) têm lesões cervicais e cerca de um terço de seus recém-nascidos é infectado. Bebês com menos de 4 semanas de idade podem apresentar HSV neonatal como doença aguda e "séptica", mas, classicamente, há três apresentações clínicas bem definidas: aqueles com infecção que afeta pele, olhos e/ou boca (POB); encefalite com ou sem envolvimento cutâneo; e doença disseminada envolvendo pulmões, fígado, sistema nervoso central, glândulas adrenais e POB. O diagnóstico pode não ocorrer, já que a infecção neonatal por HSV pode se apresentar sem lesões cutâneas em até 39% dos bebês.

Tabela 24.3 Infecções neonatais adquiridas durante a passagem pelo canal de parto infectado

Agente infeccioso	Sítio de infecção	Fenômeno
Neisseria gonorrhoeae	Conjuntiva	Conjuntivite neonatal (oftalmia neonatal)
Chlamydia trachomatis	Conjuntiva, trato respiratório	Conjuntivite neonatal (oftalmia neonatal), pneumonia neonatal
Vírus herpes simples	Pele, olho, boca	Infecção herpética neonatal[a]
Papilomavírus genital	Trato respiratório	Verrugas na laringe em crianças pequenas
Estreptococos do grupo B[b], bacilos Gram-negativos (*E. coli* etc.)	Trato respiratório	Sepse; óbito, se não for tratada
Candida albicans	Cavidade oral	Candidíase oral neonatal

[a]Embora possa ser prevenida por parto cesáreo, frequentemente é difícil detectar infecção genital materna; recém-nascidos podem ser tratados profilaticamente com aciclovir.
[b]Até 30% das mulheres são colonizadas por estas bactérias na vagina ou no reto.

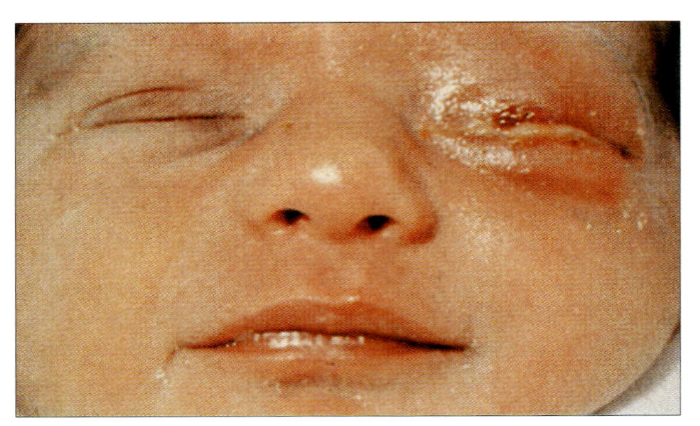

Figura 24.6 Oftalmia gonocócica neonatal. Os sinais aparecem 2-5 dias após o nascimento. A inflamação e o edema são mais graves do que na infecção por clamídia. (Cortesia de J.S. Bingham.)

Portanto, deve haver um baixo limiar para considerar este diagnóstico e a terapia intravenosa com aciclovir deve ser iniciada o mais rápido possível. O tratamento pode ser iniciado ao mesmo tempo que amostras são coletadas para detecção de DNA do HSV, que incluem suabes de POB e vesículas, se presentes, amostras de sangue total com EDTA e LCR. As taxas de morbidade e mortalidade são maiores naqueles com encefalite e doença disseminada.

Gonococos (Fig. 24.6), clamídias ou estafilococos podem infectar os olhos e causar oftalmia neonatal. Infecção por estreptococos do grupo B geralmente ocorre neste momento.

Em países com altas taxas de portadores de hepatite B, o sangue materno é a principal fonte de infecção durante ou logo após o nascimento. Mais de 90% dos recém-nascidos de mães portadoras tornam-se infectados e carreiam o vírus. Isso pode ser prevenido pela administração da vacina junto com a imunoglobulina específica ao neonato. A hepatite C, ao contrário, não é usualmente transmitida desta forma e o risco é maior caso a mãe seja imunocomprometida, pois é provável que isso leve a maior viremia maternal do vírus.

O leite humano pode conter o vírus da rubéola, CMV, vírus linfotrópico da célula T humana (HTLV) e HIV. A quantidade de vírus detectável no leite é baixa e, exceto nos casos de HTLV e HIV, o leite não é tido como uma importante fonte de infecção. No entanto, faz sentido pasteurizar o leite em bancos de leite humano, assim como pasteurizamos o leite de vaca.

Efeitos sobre a mãe

A sepse puerperal é prevenida por técnicas assépticas

Após o parto (ou aborto), uma grande área de tecido uterino vulnerável lesionado fica exposta à infecção. A sepse puerperal (febre puerperal) era uma causa importante de morte materna na Europa no século XIX. Em 1843, Oliver Wendell Holmes fez a sugestão impopular de que era transmitida pelas mãos dos médicos, e 4 anos depois Ignaz Semmelweiss, em Viena, mostrou como isto poderia ser prevenido se os médicos e as parteiras lavassem suas mãos antes de atender uma mulher em trabalho de parto e praticassem técnicas assépticas. Isto porque:

- estreptococos beta-hemolíticos do grupo A eram os principais responsáveis e vinham do nariz, da orofaringe ou da pele dos funcionários do hospital;
- outros possíveis microrganismos incluem anaeróbios como *Clostridium perfringens* ou *Bacteroides*, *E. coli* e estreptococos do grupo B, originados da própria microbiota fecal materna.

A sepse puerperal representava uma taxa de mortalidade de até 10% até os anos 1930, mas atualmente, assim como o aborto séptico, é incomum em países desenvolvidos. Fatores predisponentes incluem a ruptura prematura de membranas, instrumentação e fragmentos retidos de membranas ou placenta. Suabes vaginais (terço distal) e hemoculturas devem ser obtidos se houver febre pós-natal ou secreção abundante.

Outras infecções neonatais

A infecção pode ser transmitida ao neonato durante as primeiras 1-2 semanas após o nascimento, em vez de durante o parto, como a seguir:

- Estreptococos beta-hemolíticos do grupo B e bacilos Gram-negativos (ver anteriormente) adquiridos por infecção cruzada na enfermaria podem ainda causar sérias infecções neste momento, muitas vezes com meningite.
- Vírus herpes simples a partir de herpes facial ou de paroníquia herpética de assistentes adultos.
- Estafilococos provenientes das narinas e dos dedos de portadores adultos podem causar conjuntivite estafilocócica ou "olho pegajoso", sepse cutânea do neonato e às vezes a síndrome da "pele escaldada" estafilocócica (Fig. 24.7) em decorrência da toxina estafilocócica epidermolítica específica.

Durante as primeiras 1-2 semanas de vida, o nariz do neonato torna-se colonizado por *Staphylococcus aureus*, que podem entrar no mamilo durante a amamentação e causar abscesso mamário. Essas infecções podem ser prevenidas, se os profissionais do hospital observarem rigorosamente as medidas de lavagem das mãos e técnicas assépticas.

Se as práticas higiênicas não forem adequadas, o coto umbilical, sobretudo em países em desenvolvimento, pode ser infectado por *Clostridium tetani*, quase sempre porque os instrumentos utilizados para cortar o cordão umbilical estão contaminados por esporos dessas bactérias, resultando em tétano neonatal (Fig. 24.8). Isso pode ser prevenido pela imunização materna com toxoide tetânico.

Em países em desenvolvimento, a gastroenterite é um importante problema durante o período neonatal, assim como durante a infância.

A diarreia levando à depleção de água e eletrólitos é particularmente grave em crianças de baixo peso ao nascer. Agentes causadores incluem cepas de *E. coli* e salmonelas, em vez de rotavírus. O aleitamento materno oferece alguma proteção por fornecer anticorpos específicos e outros fatores protetores não tão bem caracterizados.

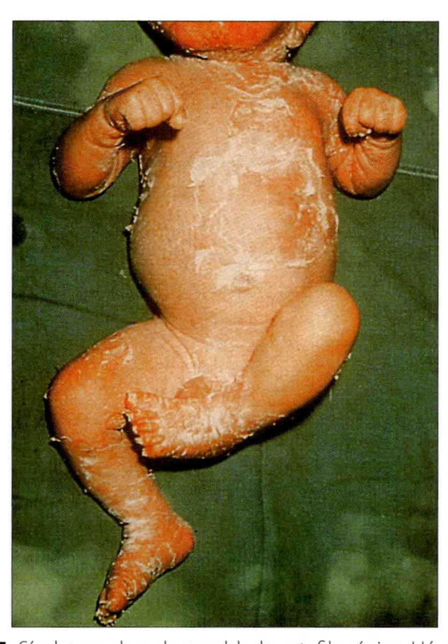

Figura 24.7 Síndrome da pele escaldada estafilocócica. Há grandes áreas de perda epidérmica onde houve rompimento de bolhas. (Cortesia de L. Brown.)

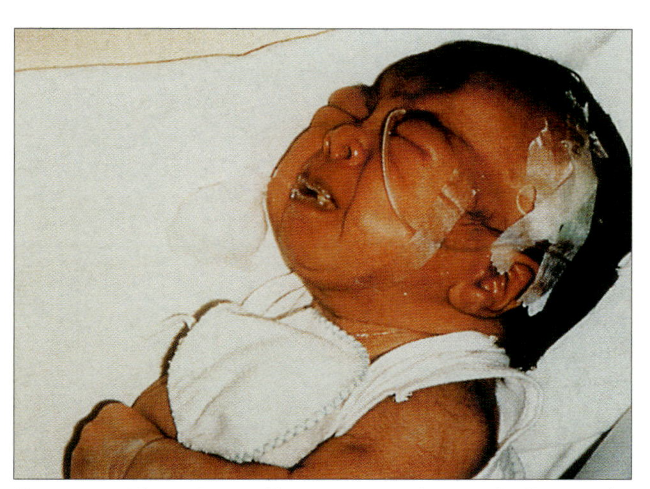

Figura 24.8 Tétano. Riso sardônico em um recém-nascido. (Cortesia de W.E. Farrar.)

PRINCIPAIS CONCEITOS

- Durante a gestação, certas infecções (coccidioidomicose, influenza) podem ser mais graves que o usual e pode haver reativação de certas infecções latentes (HSV, CMV).
- Algumas infecções são capazes de alcançar o feto através da placenta e causar danos. Estas infecções, em geral, são brandas ou subclínicas na mãe (rubéola, CMV, ZIKV, toxoplasmose, tripanossomíase americana), mas nem sempre este é o caso (sífilis).
- Uma vez infectado, o feto pode morrer, mas, se o bebê sobreviver, pode nascer com a infecção (HIV, toxoplasmose), muitas vezes exibindo malformações características (rubéola, sífilis).
- Infecção do recém-nascido durante ou logo após o parto pode causar doença localizada (conjuntivite gonocócica ou por clamídia) ou, em alguns casos, doença grave potencialmente fatal (meningite por *E. coli*, HSV ou infecção por estreptococos do grupo B).
- Infecção bacteriana materna de ameaça à vida através do útero no período pós-parto (sepse puerperal) era comum, porém atualmente é rara em países desenvolvidos.

Infecções do sistema nervoso central

Introdução

A invasão por agentes infecciosos no sistema nervoso central geralmente ocorre por via hematogênica ou pelos nervos periféricos

O cérebro e a medula espinal estão protegidos da pressão mecânica ou de deformações porque estão contidos em compartimentos rígidos, o crânio e a coluna vertebral, que atuam como barreiras à disseminação da infecção. Os vasos sanguíneos e os nervos que atravessam as paredes do crânio e a coluna vertebral são as principais vias de invasão. No entanto, barreiras celulares tal como a hematoencefálica e a sangue-líquido cefalorraquidiano (LCR) protegem contra a invasão de patógenos. A invasão hematogênica é a via mais comum de infecção (p. ex., por poliovírus ou *Neisseria meningitidis*). A invasão via nervos periféricos é menos comum (p. ex., pelos vírus herpes simples, varicela-zóster e da raiva). Também ocorre a invasão local a partir de infecções do ouvido ou dos seios paranasais, de lesão local ou defeitos congênitos, como a espinha bífida, enquanto a invasão a partir do trato olfativo, que causa meningite amebiana, é rara.

Neste capítulo, discutiremos as principais vias de invasão do sistema nervoso central (SNC) por patógenos e a resposta do organismo, com detalhes sobre as doenças resultantes. Especialmente a meningite (inflamação das meninges que circundam o cérebro), encefalite (inflamação da matéria branca do cérebro), meningoencefalite e síndromes focais do SNC abrangem as apresentações clínicas dessas infecções.

INVASÃO DO SISTEMA NERVOSO CENTRAL

As barreiras naturais atuam na prevenção da invasão hematogênica

A invasão hematogênica ocorre através:

- da barreira hematoencefálica, causando encefalite;
- da barreira sangue-LCR, causando meningite (Fig. 25.1).

A barreira hematoencefálica consiste em células endoteliais firmemente unidas, cercadas por processos gliais, enquanto a barreira sangue-LCR, no plexo coroide, consiste em endotélio com fenestrações e células epiteliais do plexo coroide firmemente unidas. Os patógenos podem atravessar estas barreiras por:

- crescimento através delas, e infecção das células que formam a barreira;
- transporte passivo em vacúolos intracelulares;
- transporte através de leucócitos infectados.

Exemplos de cada uma dessas vias são vistos nos casos de infecção viral. A apresentação clínica pode ser de dor de cabeça e rigidez no pescoço, no caso da meningite, inflamação das meninges que cercam o cérebro ou estado de confusão, na encefalite, inflamação da matéria branca do cérebro, ou uma mistura de ambos, na meningoencefalite. Os poliovírus, por exemplo, invadem o SNC através da barreira hematoencefálica. Após a entrada do vírus por ingestão oral, uma série complexa de eventos conduz à invasão do SNC (Fig. 25.2). O poliovírus também invade as meninges após permanência nas células endoteliais vasculares e pode atravessar a barreira sangue-LCR. O vírus da caxumba comporta-se do mesmo modo, assim como o *Haemophilus influenzae* circulante, os meningococos e os pneumococos. Uma vez que a infecção tenha atingido as meninges e o LCR, a substância cerebral pode, por sua vez, ser invadida se a infecção atravessar a pia. Na poliomielite, por exemplo, em muitos casos, uma fase meningítica precede a encefalite e a paralisia.

A invasão do SNC, contudo, é um evento raro, porque a maioria dos microrganismos não consegue passar do sangue para o SNC através das barreiras naturais. Uma grande variedade de vírus pode se multiplicar e causar doença se introduzida diretamente no cérebro, mas os vírus circulantes em geral não conseguem invadir, e o envolvimento do SNC por vírus da pólio, da caxumba, da rubéola ou do sarampo é visto somente em uma pequena proporção de indivíduos infectados. Outros vírus neutrotrópicos incluem os enterovírus, o vírus do herpes simples (HSV), o vírus varicela-zóster (VVZ), citomegalovírus (CMV), vírus Epstein-Barr (VEB), JC (nome em homenagem a John Cunningham), HIV e vírus linfotrópico de células T humanas (HTLV), vírus da encefalite japonês, assim como aqueles que emergiram em anos recentes, incluindo o vírus Zika e o vírus do Nilo Ocidental.

A invasão do SNC via nervos periféricos é uma característica das infecções virais por herpes simples, varicela-zóster e raiva

O HSV e o VVZ estão presentes em lesões da pele ou da mucosa e migram pelos axônios, usando os mecanismos normais de transporte retrógrado que podem mover partículas virais (bem como moléculas estranhas, como a toxina tetânica) em uma taxa de cerca de 200 mm/dia, chegando aos gânglios da raiz dorsal. O vírus da raiva, introduzido no músculo ou nos tecidos subcutâneos após a mordida de um animal raivoso, infecta as fibras e os feixes musculares depois da ligação do

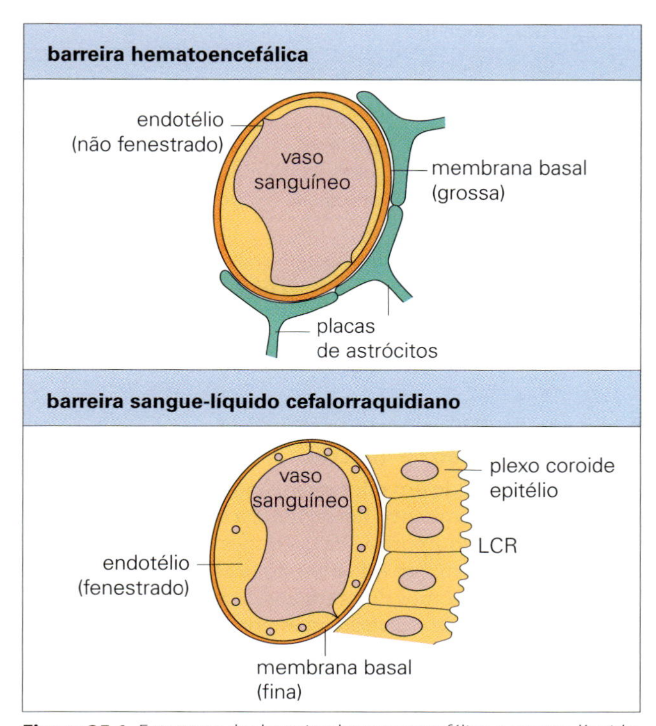

Figura 25.1 Estruturas das barreiras hematoencefálica e sangue-líquido cefalorraquidiano (LCR).

vírus ao receptor nicotínico da acetilcolina. O vírus então penetra nos nervos periféricos e migra até o SNC, chegando às células gliais e aos neurônios, onde se multiplica.

A RESPOSTA DO CORPO À INVASÃO

A contagem de células no LCR aumenta em resposta à infecção

A resposta à invasão viral reflete-se em um aumento de linfócitos, principalmente do tipo T, e monócitos no LCR (Tabela 25.1). Também ocorre discreto aumento na concentração de proteínas, e o LCR permanece claro. Esta patologia é denominada meningite "asséptica". A resposta a bactérias piogênicas apresenta um aumento mais espetacular e mais rápido dos leucócitos polimorfonucleares e proteínas (Fig. 25.3), de modo que o LCR torna-se visivelmente turvo. Esta patologia é denominada meningite "séptica". Certos microrganismos de crescimento mais lento ou menos piogênico induzem alterações menos dramáticas, como na meningite tuberculosa ou por *Listeria*.

As consequências patológicas da infecção do SNC dependem do tipo de microrganismo

No SNC, os vírus podem infectar células neurais, algumas vezes mostrando acentuada preferência por estas células. Os vírus da pólio e da raiva, por exemplo, invadem neurônios, enquanto o vírus JC invade oligodendrócitos. Estes últimos são células produtoras de mielina do SNC e as infecções virais levam à lise celular, os axônios perdem seu revestimento de mielina, tornando-os disfuncionais, e lesões desmielinizantes surgem. Como há muito pouco espaço extracelular, a disseminação ocorre diretamente pelo contato célula-célula ao longo

Figura 25.2 Mecanismo de invasão do sistema nervoso central (SNC) por poliovírus. LCR, líquido cefalorraquidiano; GALT, tecido linfoide associado ao intestino.

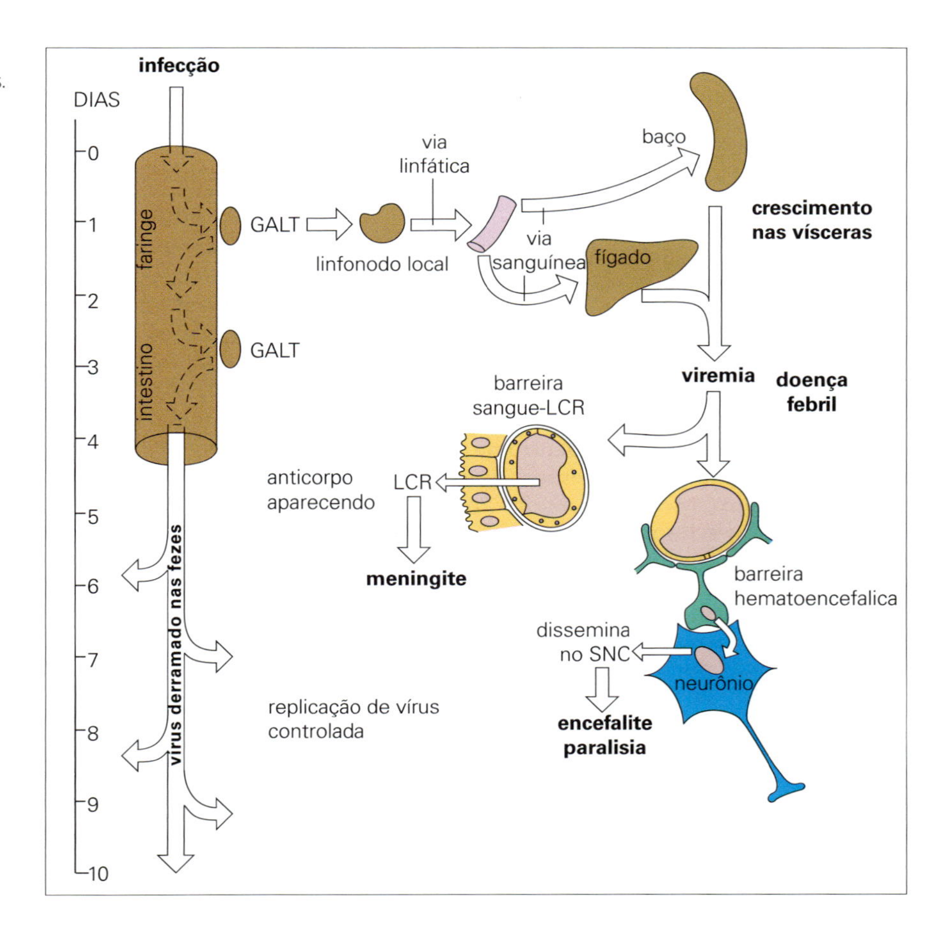

Tabela 25.1 Alterações do líquido cefalorraquidiano (LCR) em resposta à invasão por patógenos

	Células/mL	Proteína (mg/dL)	Glicose (mg/dL)	Causas
Normal	0–5	15–45	45–85	
Meningite séptica (purulenta)	200–20.000 (principalmente neutrófilos)	Alta (> 100)	< 45 Baixa	Bactérias, incluindo tuberculose e leptospira, fungos, amebas, abscessos cerebrais
Meningite asséptica[a] ou meningoencefalite	100–1.000 (principalmente mononuclear)	Moderadamente alta (50–100)	Normal	Vírus, tuberculose, leptospira, fungos, abscessos cerebrais, meningite bacteriana parcialmente tratada

[a]Asséptica porque o LCR é estéril na cultura bacteriológica regular.

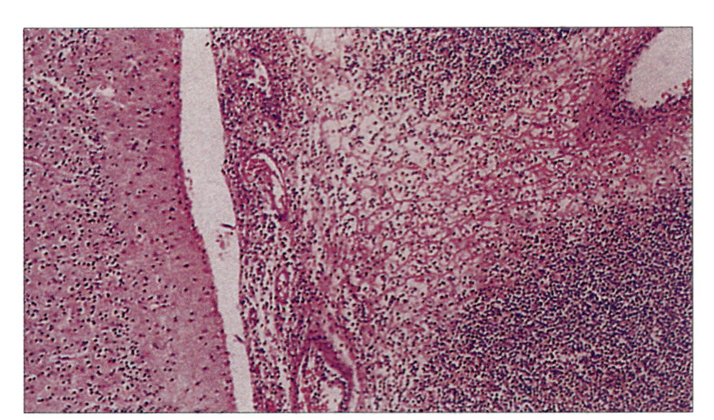

Figura 25.3 Meningite bacteriana. Exsudato de células inflamatórias agudas no espaço subaracnoide (coloração H&E). (Cortesia de P. Garen.)

das vias nervosas estabelecidas. As bactérias e os protozoários invasores, em geral, induzem eventos inflamatórios mais dramáticos, que limitam a propagação local, de modo que a infecção é localizada e forma abscessos.

Os vírus induzem infiltração perivascular de linfócitos e monócitos, algumas vezes, como no caso da pólio, com lesão direta das células infectadas. (A patogênese da encefalomielite viral é mostrada na Fig. 25.7.) As respostas imunes associadas, não somente para componentes virais, mas também frequentemente para componentes do SNC do hospedeiro, desempenham um papel importante na encefalite pós-vacinal. As células B infiltradas produzem anticorpos contra o microrganismo invasor, e as células T reagem com antígenos microbianos, liberando citocinas que atraem e ativam outras células T e macrófagos. A condição patológica evolui dentro de alguns dias; em alguns casos, quando parcialmente controlada pelas defesas do hospedeiro, pode levar alguns anos para evoluir. A panencefalite esclerosante subaguda (PEES), causada por sarampo, é um exemplo disso, pois apresenta patogênese viral (demonstrada por replicação viral persistente e defeituosa) e imunológica, com altos títulos de anticorpos neutralizantes no soro e LCR contra proteínas da estrutura viral. A resposta imunológica é ineficaz na eliminação do vírus do sarampo do SNC.

Em todos os casos, o grau de inflamação e edema que poderia ser trivial no músculo estriado, na pele ou no fígado pode ser um risco de vida quando ocorre na vulnerável "caixa fechada" que contém as leptomeninges, o cérebro e a medula espinal. Pode levar várias semanas depois da recuperação clínica para que os infiltrados celulares sejam removidos e o aspecto histológico volte ao normal.

A invasão do SNC raramente contribui para a transmissão da infecção

Do ponto de vista de um microrganismo parasito que precisa ser transmitido a um novo hospedeiro, a invasão do SNC, em geral, é sem sentido porque causa danos ao hospedeiro. As únicas situações em que esta invasão faz sentido são:

- quando os neurônios dos gânglios da raiz dorsal são invadidos como etapa essencial no estabelecimento de latência (HSV e VVZ); isso fornece um mecanismo para reativação e posterior liberação de partículas virais das lesões da mucosa ou da pele;
- no caso da raiva (ver adiante), em que a invasão do SNC no hospedeiro animal é necessária por duas razões. Em primeiro lugar, possibilita a propagação viral do SNC para os nervos periféricos e para as glândulas salivares, de onde ocorre a transmissão. Em segundo lugar, a invasão do sistema límbico do cérebro causa mudança de comportamento do animal infectado, tornando-o menos tímido, mais agressivo e capaz de morder, transmitindo então a infecção. A invasão do sistema límbico pode ser vista como uma estratégia perversa, por parte do vírus da raiva, para promover sua própria transmissão e sobrevivência.

MENINGITE

Meningite bacteriana

A meningite bacteriana aguda é uma infecção que representa risco à vida, em que tratamento específico urgente é necessário

A meningite bacteriana é mais grave, porém menos comum, que a meningite viral e pode ser causada por vários agentes (Tabela 25.2). Antes da década de 1990, o *Haemophilus influenzae* tipo b (Hib) era responsável pela maioria dos casos de meningite bacteriana. No entanto, a introdução da vacina contra Hib nos esquemas de imunização infantil baixou a incidência global de Hib em favor de *Neisseria meningitidis* e *Streptococcus pneumoniae*, que agora são responsáveis pela maioria das meningites bacterianas. Estes três patógenos têm vários fatores de virulência em comum (Tabela 25.3), incluindo uma cápsula de polissacarídeos (Tabela 25.4).

Meningite meningocócica

Cerca de 20% da população é portadora de* Neisseria meningitidis*, mas, em epidemias, são observadas taxas mais elevadas. A *Neisseria meningitidis* é um diplococo Gram-negativo, que se assemelha à *N. gonorrhoeae* em sua estrutura, mas com uma cápsula adicional de polissacarídeo que é antigênica e pela qual o sorotipo de *N. meningitidis* pode ser reconhecido. As bactérias são portadas assintomaticamente por até 20% da população, dependendo da localização geográfica. Utilizam

Tabela 25.2 Agentes importantes como causadores de meningite não viral, seu tratamento e prevenção

Patógeno	Tratamento[a]	Prevenção
Neisseria meningitidis	Ceftriaxona (ou cloranfenicol)	Profilaxia com ciprofloxacina para os contatos íntimos; vacina polissacarídica
Haemophilus influenzae	Ceftriaxona ou cefotaxima (ou cloranfenicol)	Vacina polissacarídica contra o tipo b (Hib)
Streptococcus pneumoniae	Ceftriaxona (ou cloranfenicol)	Tratamento imediato de otite média e infecções respiratórias; vacina polissacarídica polivalente (23 sorotipos)
Escherichia coli (e outros coliformes), estreptococos do grupo B	Gentamicina + cefotaxima ou ceftriaxona (ou cloranfenicol)[b]	Nenhuma vacina disponível
Listeria monocytogenes	Amoxicilina + gentamicina	Nenhuma vacina disponível
Mycobacterium tuberculosis	Isoniazida e rifampicina e pirazinamida ± estreptomicina	Vacinação com BCG; profilaxia com isoniazida para os contatos recomendada nos EUA
Cryptococcus neoformans	Anfotericina B e flucitosina	Nenhuma vacina disponível

[a]O tratamento deve ser iniciado imediatamente e a suscetibilidade do isolado infectante, confirmada no laboratório.
[b]Se o isolado for suscetível (10-20% dos isolados são resistentes porque eles produzem uma beta-lactamase codificada por plasmídeo).

Tabela 25.3 Fatores de virulência na meningite bacteriana

Fator de virulência	Patógeno bacteriano		
	Neisseria meningitidis	***Haemophilus influenzae***	***Streptococcus pneumoniae***
Cápsula	+	+	+
Protease IgA	+	+	+
Pili	+	+	−
Endotoxina	+	+	−
Proteínas da membrana externa	+	+	−

Tabela 25.4 As cápsulas polissacarídicas são importantes fatores de virulência na patogênese da meningite bacteriana

Patógeno	Cápsula	Tipo importante	Vacina
Neisseria meningitidis	Polissacarídeo	A, B, C, Y, W-135	Vacina quadrivalente A, C, Y, W, vacina B
Haemophilus influenzae	Polissacarídeo	B	Vacina Hib para < 1 ano de idade
Streptococcus pneumoniae	Polissacarídeo	Muitos	Pneumovax: 23-valente para os tipos mais comuns
Estreptococo do grupo B	Polissacarídeo rico em ácido siálico	(Ia, Ib, II) III na meningite neonatal	Em desenvolvimento
Escherichia coli		KI na meningite	−

suas fímbrias para aderir às células epiteliais da nasofaringe. A invasão do sangue e das meninges é um evento raro e pouco entendido. Os fatores de virulência conhecidos estão resumidos na Tabela 25.3. Os indivíduos que possuem anticorpos bacterianos específicos dependentes do complemento contra antígenos capsulares são protegidos contra invasão. Aqueles com deficiência dos componentes C5–C9 do complemento são mais suscetíveis à bacteremia (como nos casos de bacteremia por *N. gonorrhoeae*; Cap. 22). O grupo infectado mais frequentemente inclui crianças pequenas que perderam os anticorpos adquiridos de forma passiva da mãe e adolescentes que não foram expostos ao sorotipo infectante e, portanto, não têm imunidade tipo-específica.

A propagação pessoa a pessoa ocorre pela infecção com gotículas de saliva, sendo facilitada por outras infecções respiratórias, muitas vezes virais, que causam aumento das secreções respiratórias. Deste modo, as condições de aglomeração e confinamento, como em prisões, acampamentos militares e alojamentos escolares, contribuem para a frequência da infecção em populações. Durante surtos de meningite meningocócica, que ocorrem com mais frequência no final do inverno e início da primavera, a taxa de portadores pode chegar a 60-80%. Sorotipos específicos associados à infecção exibem certa variação geográfica. No entanto, os sorotipos B, W, Y e C, nesta ordem, predominam em países mais desenvolvidos, enquanto os sorotipos A e W-135 são mais comuns em regiões menos desenvolvidas. As vacinas disponíveis têm como alvos sorotipos A, B, C, Y e W-135 (Tabela 25.4). O Reino Unido foi o primeiro país a introduzir a vacina conjugada contra a meningite C. Ela faz parte da imunização infantil de rotina desde novembro de 1999 e resultou em uma redução de 96% da incidência de infecções por meningite C.

A doença meningocócica do grupo B é diagnosticada em mais de 50% dos casos de meningite, especialmente em lactentes e crianças pequenas. Um programa nacional de imunização contra meningite B para crianças foi introduzido no Reino Unido em setembro de 2015. Além disso, conforme havia aumento das infecções por meningite W, uma vacina conjugada de meningite ACWY foi introduzida como parte do programa nacional de imunização na Inglaterra em 2015 para aqueles que estavam deixando a escola.

O quadro clínico da meningite meningocócica inclui uma erupção cutânea hemorrágica. Após um período de incubação de 1-3 dias, o início da meningite meningocócica é súbito, com irritação da garganta, cefaleia, sonolência e sinais de meningite, que incluem febre, irritabilidade, rigidez da nuca e fotofobia. Frequentemente ocorre uma erupção cutânea hemorrágica com petéquias, como consequência da septicemia associada (Fig. 25.4). Em cerca de 35% dos pacientes, a septicemia é fulminante, com complicações causadas pela coagulação intravascular disseminada, endotoxemia, choque e insuficiência renal. Nos casos mais graves, há uma crise aguda da doença de Addison, com hemorragia no cérebro e nas glândulas suprarrenais, a denominada síndrome de Waterhouse-Friedrichsen. A mortalidade por meningite meningocócica chega a 100%, se não for tratada, mas fica em torno de 10%, mesmo se tratada. Além disso, sequelas graves como a perda de audição podem ocorrer em alguns sobreviventes (Tabela 25.5).

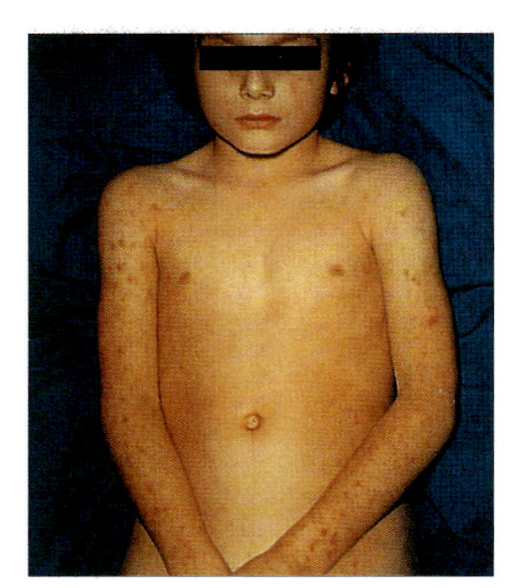

Figura 25.4 Septicemia meningocócica mostrando um misto de erupção petequial e maculopapular nas extremidades e superfícies externas. (Cortesia W.E. Farrar.)

O exame clínico normalmente leva à suspeita de meningite aguda. A identificação laboratorial da causa bacteriana da meningite aguda é essencial para a administração de antibioticoterapia apropriada e profilaxia dos contatos. Os resultados preliminares da microscopia, envolvendo contagens de leucócitos e bacterioscopia, devem estar prontos em uma hora após o recebimento da amostra de LCR no laboratório. A proporção de LCR/glicose sérica também é útil, pois bactérias realizam a quebra da glicose e, assim, um baixo nível de açúcar no LCR em comparação à glicose sérica indica uma infecção bacteriana no LCR (Tabela 25.1). Os resultados da cultura do LCR e do sangue devem vir depois de 24 horas. O diagnóstico molecular da infecção meningocócica também pode ser feito, e pode oferecer assistência clínica, já que o tratamento inicial salva vidas; porém o cultivo de organismos viáveis das amostras é mais difícil.

A sorologia não é útil no diagnóstico, porque a infecção é aguda demais para uma resposta de anticorpos ser detectável. A meningite bacteriana é uma emergência clínica e a terapia antibiótica, como ceftriaxona ou cloranfenicol, se o paciente tiver alergia à penicilina, deve ser realizada imediatamente, caso o diagnóstico seja suspeito (Tabela 25.2), e é o tratamento preferencial quando há confirmação do diagnóstico.

Os contatos íntimos na família, conhecidos como "contatos por beijo", devem receber ciprofloxacina de única dose. Observe que a penicilina não é usada para profilaxia porque não elimina os meningococos da nasofaringe. A rifampicina costumava ser recomendada, mas é associada com um rápido surgimento de resistência, deve ser tomada por um longo período e interage com os contraceptivos orais.

Meningite por *Haemophilus*

O* H. influenzae *tipo b causa meningite em lactentes e crianças pequenas. O *H. influenzae* é um cocobacilo Gram-negativo. "Haemophilus" significa "gosta de sangue", e o nome "influenzae" foi empregado porque originalmente se acreditava que este cocobacilo causasse gripe, mas agora se sabe que é um invasor secundário comum no trato respiratório inferior. Existem seis tipos (a–f) de *H. influenzae*, sorologicamente distinguíveis pelas suas cápsulas polissacarídicas:

- As cepas não encapsuladas são comuns e estão presentes na orofaringe da maioria das pessoas saudáveis.
- O tipo b encapsulado, habitante comum do trato respiratório de lactentes e crianças pequenas (onde pode causar infecção; Cap. 19), muito ocasionalmente invade o sangue e atinge as meninges.

Os anticorpos maternos protegem o lactente até 3-4 meses de idade, mas, à medida que os anticorpos vão desaparecendo, há uma "janela de suscetibilidade" até que a criança produza

Tabela 25.5 Características clínicas da meningite bacteriana

Patógeno	Hospedeiro (paciente)	Características clínicas importantes	Mortalidade[a]	Sequelas[a,b]
Neisseria meningitidis	Crianças e adolescentes	Início agudo (6-24h); erupção cutânea	7-10	< 1
Haemophilus influenzae	Crianças com < 5 anos de idade	Início menos agudo; (1-2 dias)	5	9
Streptococcus pneumoniae	Todas as idades, mas sobretudo crianças com < 2 anos de idade e idosos	O início agudo pode ocorrer após pneumonia e/ou septicemia em idosos	20-30	15-20

[a]Como porcentagem dos casos tratados.
[b]Principal dano do sistema nervoso central; até 10% dos pacientes desenvolvem surdez.

seus próprios anticorpos. Os anticorpos anticapsulares são boas opsoninas, que facilitam a fagocitose e a morte das bactérias, mas as crianças, em geral, não produzem estes anticorpos até 2-3 anos de idade, possivelmente porque estes anticorpos são células do tipo T-independentes. Além da cápsula, o *H. influenzae* tem vários outros fatores de virulência, como mostra a Tabela 25.3.

A meningite aguda por* H. influenzae *comumente é complicada por graves sequelas neurológicas. O período de incubação da meningite por *H. influenzae* é de 5-6 dias, e o início costuma ser mais insidioso do que o da meningite meningocócica ou pneumocócica (Tabela 25.5). A patologia é fatal menos frequentemente, mas, da mesma forma que a infecção meningocócica, podem ocorrer sequelas graves, como surdez, atraso do desenvolvimento da fala, retardo mental e crises convulsivas.

As características gerais para o diagnóstico são as mesmas que para a meningite meningocócica, conforme já explicado aqui. É importante enfatizar que os organismos dificilmente são vistos em esfregaços do LCR corados por Gram, sobretudo se estiverem presentes em pequeno número. Tratamento com ceftriaxona é recomendado.

A vacina contra* H. influenzae *tipo b (Hib) é eficaz para crianças a partir de 2 meses de idade. As características gerais do tratamento referem-se ao mencionado, anteriormente, nos parágrafos sobre meningite meningocócica; os detalhes estão resumidos na Tabela 25.2. Uma vacina eficaz contra Hib, adequada para crianças de 2 meses de idade, está disponível. A profilaxia da rifampicina é recomendada para contatos íntimos de pacientes com doença Hib invasiva.

Meningite pneumocócica

Streptococcus pneumoniae *é causa comum de meningite bacteriana, sobretudo em crianças e idosos.* O *Streptococcus pneumoniae* foi isolado pela primeira vez há mais de 100 anos, mas relativamente pouco se sabe sobre seus atributos de virulência além de sua cápsula de polissacarídeos (Tabelas 25.3 e 25.4). O pneumococo continua sendo uma causa importante de morbidade e mortalidade. (As infecções do trato respiratório por pneumococos são comentadas no Capítulo 20.)

O *S. pneumoniae* é um coco Gram-positivo encapsulado encontrado na orofaringe de muitos indivíduos saudáveis. A invasão do sangue e das meninges é um evento raro, porém mais comum nos muito jovens (< 2 anos de idade), nos idosos, nos portadores de doença falciforme, nos pacientes debilitados ou esplenectomizados e após traumatismo craniano. A suscetibilidade à infecção está associada aos níveis baixos de anticorpos para os antígenos polissacarídicos capsulares: o anticorpo opsoniza o microrganismo e promove a fagocitose, protegendo assim o hospedeiro da invasão. No entanto, esta proteção é tipo-específica, e existem mais de 85 tipos diferentes de cápsulas de *S. pneumoniae*.

O quadro clínico da meningite pneumocócica em geral é pior do que com *N. meningitidis* e *H. influenzae*, e está apresentado na Tabela 25.5. As características gerais do diagnóstico são as mesmas da meningite meningocócica descrita anteriormente.

O tratamento e a prevenção da meningite pneumocócica estão resumidos na Tabela 25.2. Como os pneumococos resistentes à penicilina têm sido observados no mundo inteiro, a suscetibilidade da cepa infectante aos antibióticos deve ser analisada com atenção, e a quimioterapia empírica em geral envolve uma combinação de vancomicina e cefotaxima ou ceftriaxona.

Uma vacina pneumocócica conjugada (VPC) efetiva contendo polissacarídeos de 13 tipos capsulares comuns conjugados em proteína está disponível e é recomendada para todos os bebês e crianças com menos de 2 anos de idade (ou seja, para ser administrada com outras vacinas recomendadas para crianças) e para indivíduos de 2 a 64 anos de idade com alto risco (ou seja: doença falciforme, infecção pelo HIV, doença crônica ou sistema imune enfraquecido) de infecção pneumocócica grave. A vacina polissacarídica 23-valente mais antiga (PPV) continua disponível para todos os adultos com 65 anos de idade ou mais e indivíduos de 2 a 64 anos de idade com alto risco, como apresentado anteriormente. Isso acontece porque crianças com menos de 2 anos de idade apresentam resposta imunológica ruim à PPV.

Meningite por *Listeria monocytogenes*

A* Listeria monocytogenes *causa meningite em adultos imunocomprometidos. A *Listeria monocytogenes* é um cocobacilo Gram-positivo e é uma causa importante de meningite em adultos imunocomprometidos. Também causa infecções intrauterinas e infecções em recém-nascidos, conforme resumido no Capítulo 24. A *L. monocytogenes* é menos suscetível que o *S. pneumoniae* à penicilina, e o tratamento recomendado é uma combinação de ceftriaxona e amoxicilina.

Meningite neonatal

No geral, os neonatos, sobretudo os com baixo peso ao nascer, têm risco elevado de meningite em função de seu estado imunológico imaturo, conforme ilustrado por problemas, por exemplo, com a imunidade humoral e celular, e com a capacidade fagocítica e a via alternativa do sistema complemento ineficaz. Os avanços médicos nos últimos anos contribuíram muito para o aumento da sobrevida em lactentes prematuros.

Embora as taxas de mortalidade por meningite neonatal estejam declinando nos países desenvolvidos, o problema ainda é grave. A meningite neonatal pode ser causada por uma ampla variedade de bactérias, mas as mais frequentes são os estreptococos hemolíticos do grupo B (EGB) e *E. coli* (Tabela 25.6; Cap. 24). Pode ocorrer infecção por meios como por via nosocomial; no entanto, o lactente também pode ser infectado pela mãe. Por exemplo, em casos de mulheres colonizadas vaginalmente pelo EGB, o lactente pode deglutir secreções maternas, como o líquido amniótico infectado, durante o parto.

Em muitos casos, a meningite neonatal causa sequelas neurológicas permanentes, como paralisia cerebral ou de nervos cranianos, epilepsia, retardo mental ou hidrocefalia. Em parte, isso acontece porque o diagnóstico clínico da meningite é difícil no recém-nascido, apresenta apenas sinais inespecíficos, como febre, recusa alimentar, vômitos, angústia respiratória ou diarreia. Além disso, devido à variedade de possíveis agentes etiológicos, a antibioticoterapia "às cegas" na ausência de antibiogramas pode não ser a ideal, e a penetração adequada do antibiótico no LCR também é outra questão. O tratamento antibiótico inclui benzilpenicilina e gentamicina.

Meningite tuberculosa

Os pacientes com meningite tuberculosa sempre apresentam um foco de infecção em algum outro local do organismo, mas cerca de 25% podem não ter evidências clínicas ou históricas de tal infecção. Em mais de 50% dos casos, a meningite está associada à tuberculose miliar aguda (Fig. 25.5). Em áreas com alta prevalência de tuberculose, a meningite comumente é observada nas crianças de 0 a 4 anos de idade. No entanto, em áreas onde a tuberculose é menos frequente, a maioria dos casos de meningite ocorre em adultos.

A meningite tuberculosa em geral se apresenta com um início gradual durante algumas semanas. Há uma manifestação

Tabela 25.6 Os estreptococos do grupo B são a principal causa de meningite neonatal

Os estreptococos do grupo B (*Streptococcus agalactiae*) são habitantes normais do trato genital feminino e podem ser adquiridos pelo neonato		
	No momento do nascimento ou logo após	***No berçário***
	Doença de início precoce	**Doença de início tardio**
Idade	< 7 dias	1 semana-3 meses
Fatores de risco	Mãe altamente colonizada sem anticorpo específico Ruptura prematura das membranas Parto prematuro Trabalho de parto prolongado, complicações obstétricas	Falta de anticorpo materno Exposição de bebês altamente colonizados à infecção cruzada Falta de higiene no berçário
Tipo de doença	Infecção generalizada incluindo bacteremia, pneumonia e meningite	Predominantemente meningite
Tipo de estreptococo do grupo B	Todos os sorotipos, mas meningite principalmente devido ao tipo III	90% do tipo III
Consequências	Fatal em aproximadamente 60%; sequelas graves em muitos sobreviventes	Fatal em aproximadamente 20%
Tratamento	Coleta de sangue e LCR para cultura	Tratar os casos suspeitos
	Tratar os casos suspeitos	Coleta de sangue e LCR para cultura
	Gentamicina e benzilpenicilina	Gentamicina e benzilpenicilina
Prevenção	O tratamento com antibiótico não elimina o estado de portadora da mãe; não recomendado	Práticas de boa higiene no berçário
	Tratamento "às cegas" para o bebê doente que tenha fatores de risco Futuro: Imunizar as mulheres anticorpo-negativas em idade fértil	Não permitir que as mães tenham contato com outros bebês

LCR, líquido cefalorraquidiano.

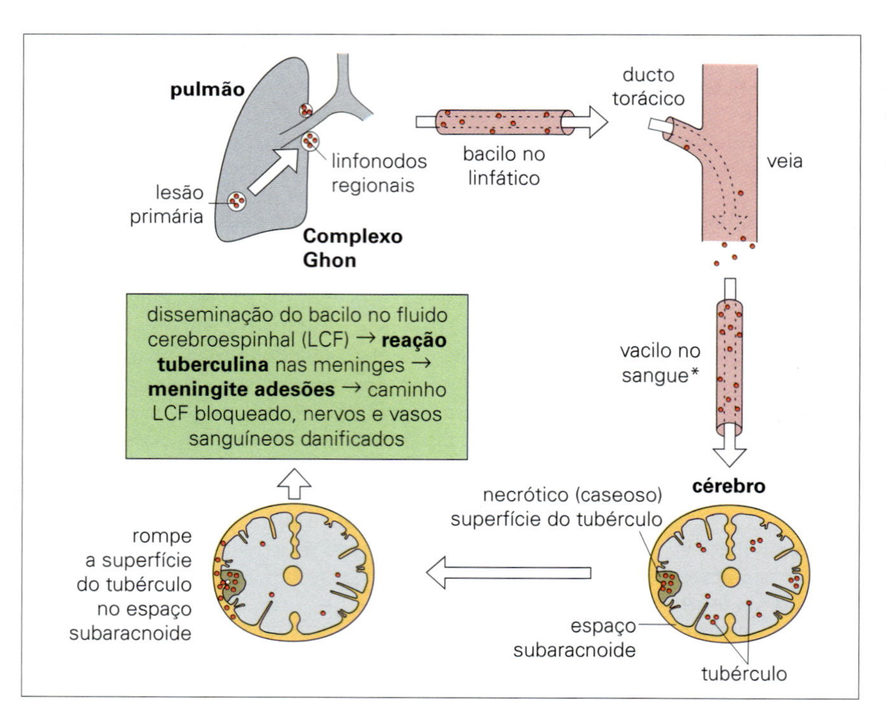

Figura 25.5 A associação entre a tuberculose miliar aguda e a meningite. (*Provoca tuberculose miliar [do latim: *milium*, semente de painço — cada tubérculo assemelha-se à semente de painço]. A tuberculose miliar também ocorre nos pulmões e em outros locais.)

gradual de doença generalizada, começando com mal-estar, apatia e anorexia, evoluindo, em algumas semanas, para fotofobia, rigidez da nuca e comprometimento da consciência. Ocasionalmente, o início é muito mais rápido e pode ser confundido com hemorragia subaracnoide. Por causa da variabilidade da apresentação, o clínico precisa estar atento quanto à possibilidade de meningite tuberculosa para o estabelecimento do diagnóstico. A demora em firmar o diagnóstico e iniciar a antibioticoterapia apropriada (Tabela 25.2) resulta em graves complicações e sequelas.

A tuberculose vertebral é rara, exceto nos países em desenvolvimento; as bactérias nas vértebras destroem os discos intervertebrais, formando abscessos epidurais. Estes comprimem a medula espinal e provocam paraplegia.

Meningite fúngica

O *Cryptococcus neoformans* e o *Coccidioides immitis* podem invadir o sangue a partir de um foco de infecção primária nos pulmões e, dali, se deslocam para o cérebro, causando meningite. O *Cryptococcus* tem acentuado tropismo pelo SNC, sendo a principal causa de meningite fúngica. O *C. neoformans* ocorre em duas variedades, cada uma com dois sorotipos.

A meningite por *Cryptococcus neoformans* é observada em pacientes com queda de imunidade celular

Portanto, ocorre em indivíduos com AIDS e outras condições imunossupressoras. O início geralmente é lento, no decorrer de dias ou semanas. As leveduras encapsuladas podem ser vistas em preparações do LCR coradas com tinta nanquim (Fig. 25.6) e podem ser cultivadas. A detecção de antígenos também é um recurso diagnóstico útil, e evidências de declínio do antígeno e o aumento dos níveis de anticorpos no LCR podem ser usados como medida de sucesso do tratamento. Recomenda-se o tratamento combinado com os antifúngicos anfotericina B e flucitosina, e o primeiro penetra mal no LCR.

A infecção por *Coccidioides immitis* é comum em determinadas localizações geográficas

Estas localizações compreendem o sudoeste dos EUA, México e América do Sul. A infecção do SNC ocorre em menos de 1% dos indivíduos infectados, mas é fatal se não for tratada. Pode fazer parte da doença generalizada ou pode representar apenas a área extrapulmonar. Os organismos raramente são visíveis no LCR, e as culturas são positivas em menos de 50% dos casos, mas o diagnóstico pode ser feito pela detecção dos anticorpos que fixam complemento no soro. Recomenda-se o tratamento com anfotericina B ou fluconazol.

Meningite por protozoários

As amebas termofílicas de vida livre *Naegleria fowleri* vivem em água fresca de temperaturas mais quentes, sobretudo no lodo do fundo de lagos e piscinas, onde se alimentam de bactérias. Quando inalada, *N. fowleri* pode chegar às meninges através do trato olfativo e da placa cribriforme. A meningoencefalite amebiana provocada por *Naegleria* afeta os indivíduos saudáveis sem nenhum defeito óbvio na imunidade. A doença tem um início rápido, e a taxa de mortalidade é muito alta.

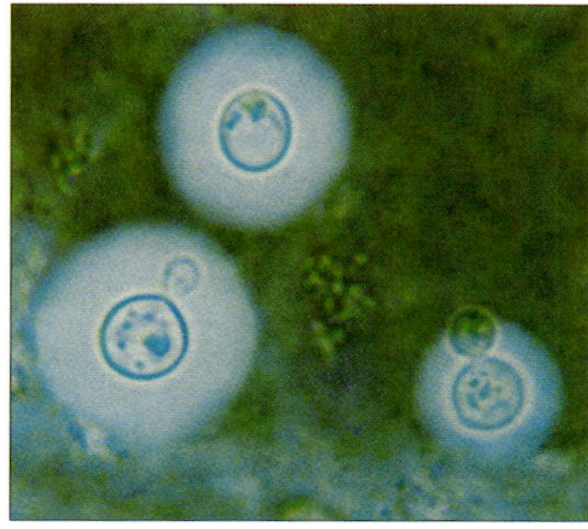

Figura 25.6 *Cryptococcus neoformans* em preparação de sedimento do líquido cefalorraquidiano corada com tinta nanquim. (Cortesia A.E. Prevost.)

Acanthamoeba spp. estão disseminadas no ambiente. Elas afetam com mais frequência os indivíduos que já não apresentam um quadro de debilidade ou que são imunocomprometidos e, possivelmente, entram através da pele ou do trato respiratório. A *Acanthamoeba* causa uma patologia crônica progressiva (encefalite amebiana granulomatosa) que é quase sempre fatal.

Balamuthia mandrillaris é encontrado no solo ou na água estagnada como trozofoítos vegetativos e cistos dormentes. Humanos são infectados por inalação dos cistos ou contaminação direta da pele. Muitos meses podem se passar entre o aparecimento de lesões cutâneas e a invasão do SNC. Os casos foram relatados em pacientes com uma variedade de condições clínicas subjacentes, mas também em indivíduos imunocompetentes. A infecção do SNC produz encefalite granulomatosa com proteína elevada, LCR linfocítico e glicose do LCR normal ou baixa, mas, em presença da imunidade celular gravemente comprometida, pode haver uma leve formação granulomatosa. A morte ocorre em dias ou semanas..

Ao microscópio, a *N. fowleri* aparece como ameba de movimento lento em exame cuidadoso de amostra úmida fresca do LCR. As *Acanthamoeba* spp. raramente são vistas no LCR, mas podem ser visualizadas em biópsias do cérebro. Elas também crescem em culturas preparadas a partir de biópsias de tecido. A PCR normalmente está disponível em centros especializados e a sorologia está, por vezes, à disposição. O diagnóstico da infecção por *Balamuthia* é feito por histopatologia das amostras da biópsia e PCR do tecido cerebral ou do LCR. A sorologia é disponível apenas em alguns centros especializados. O tratamento não é inteiramente satisfatório. Anfotericina B, com miconazol e rifampicina, tem sido usada para *Naegleria*; muitos fármacos têm sido usados para *Acanthamoeba*. As taxas de mortalidade para encefalite por *Balamuthia* são relatadas como sendo superiores a 90%. A terapia de combinação é administrada para as três formas de encefalite amébica. A escolha de agentes é baseada nos relatos de caso e a inclusão de miltefosina no regime é relatada como tendo associação com uma probabilidade maior de sobrevida nos casos de *Balamuthia* e *Acanthamoeba*.

Meningite viral

A meningite viral é o tipo mais comum de meningite

A meningite viral é uma doença mais branda do que a meningite bacteriana, com cefaleia, febre e fotofobia, porém com menos rigidez da nuca. O LCR é claro na ausência de bactérias, e as células são principalmente linfócitos, embora os polimorfonucleares possam estar presentes nos estágios iniciais (Tabela 25.1). Antes do advento dos métodos moleculares de detecção, os vírus eram isolados do LCR em menos de 50% dos casos.

Há cinco grupos de enterovírus humano que incluem os ecovírus, os coxsackievírus dos grupos A e B e três tipos de poliovírus. Os enterovírus não pólio são a causa mais comum de meningite asséptica sazonal, normalmente do final da primavera até o outono. Ao contrário da meningite bacteriana, a meningite viral em geral tem evolução benigna, com uma recuperação completa do paciente.

ENCEFALITE

Normalmente, a encefalite é provocada por vírus, mas há muitos casos em que a etiologia infecciosa não é identificada

A patogênese da encefalite viral é mostrada na Figura 25.7. A incidência estimada de encefalite em um estudo nos EUA

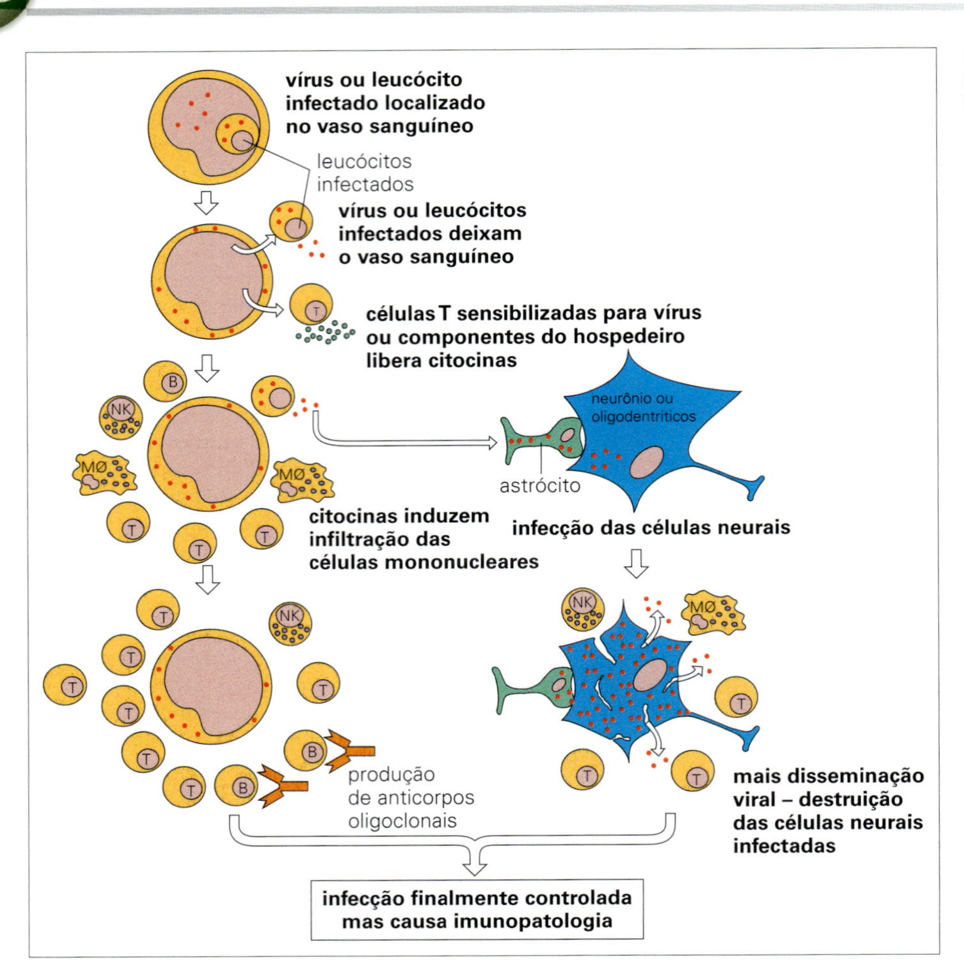

Figura 25.7 Patogênese da encefalomielite viral. Mϕ, macrófago; NK, célula exterminadora natural.

entre 1998 e 2010 relatou cerca de 20.000 hospitalizações associadas a encefalite por ano, com uma taxa de mortalidade de 6% e morbidade substancial, incluindo dificuldades físicas, cognitivas e comportamentais. Supõe-se que os custos anuais da enfermidade provocada por encefalite para o serviço de saúde dos Estados Unidos cheguem a cerca de 630 milhões de dólares.

Caracteristicamente, há sinais de disfunção cerebral à medida que a substância do cérebro é afetada, ao contrário da meningite, na qual o revestimento do cérebro torna-se inflamado. Indivíduos com doença encefalítica têm comportamento anormal, confusão, crises convulsivas e alteração da consciência, muitas vezes com náuseas, vômitos e febre.

Até 85% dos indivíduos diagnosticados mundialmente com encefalite são de etiologia desconhecida. Os vírus emergentes que podem provocar encefalite incluem o vírus Nipah, o lissavírus do morcego e o vírus influenza A aviário H5N1. As formas imunomediadas de encefalite, incluindo a encefalite associada a anticorpos contra canais de potássio voltagem-dependente e associada a anticorpos contra o receptor N-metil-D-aspartato (NMDA), devem ser consideradas no diagnóstico diferencial, já que têm uma apresentação semelhante àquelas de origem infecciosa. Esteroides podem ser usados para tratar encefalite imunomediada, incluindo encefalomielite disseminada aguda (ADEM).

Medicamentos antivirais como aciclovir são usados para tratar herpes simples e encefalite por vírus da varicela-zóster.

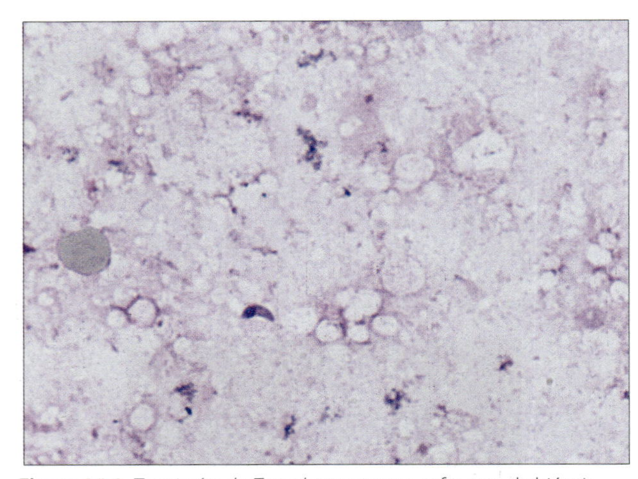

Figura 25.8 Taquizoíto de *Toxoplasma* em um esfregaço de biópsia cerebral. (Cortesia de Peter Chiodini.)

Medidas de prevenção incluem imunização contra sarampo, caxumba e rubéola.

O *Toxoplasma gondii* e o *C. neoformans* também podem causar encefalite ou meningoencefalite com risco de vida (Fig. 25.8). Isso é particularmente provável naqueles com resposta imune celular deficiente. A malária cerebral, como complicação da infecção pelo *Plasmodium falciparum*, geralmente é fatal. A encefalite pode ocorrer na doença de Lyme (*Borrelia burgdorferi*) e na doença dos Legionários (*Legionella pneumophila*), mas a importância relativa da invasão bacteriana, das toxinas bacterianas e da imunopatologia é desconhecida.

A encefalite por HSV (EHS) é a forma mais comum de encefalite focal aguda esporádica e grave e o tratamento com aciclovir administrado logo no início é crucial

Acredita-se que a incidência de EHS nos EUA seja de aproximadamente 1 por 250.000 a 500.000 habitantes por ano. Existe uma distinção entre infecções do SNC pelo HSV durante o período neonatal e aquelas infecções em crianças mais velhas e em adultos. Os recém-nascidos podem adquirir uma infecção primária e disseminada com uma encefalite difusa após o parto normal de mãe que esteja eliminando partículas do HSV-2 no trato genital. A maioria das EHS ocorre em crianças mais velhas e adultos por causa do HSV-1, que, na maioria das vezes, sofre reativação nos gânglios do trigêmeo; a infecção segue então para o lobo temporal do cérebro, e uma minoria é causada por uma infecção primária. Cerca de 30% das EHS são observadas em pessoas com menos de 20 anos de idade, e 50%, na faixa etária acima de 50 anos.

Podem estar presentes lesões herpéticas na pele ou na mucosa. O diagnóstico é indicado pelo aumento do lobo temporal detectado em tomografia computadorizada e ressonância magnética da cabeça (Fig. 25.9). A detecção do DNA do HSV em uma amostra de LCR é feita pela reação de PCR. Um exame de eletroencefalograma (EEG) também pode ajudar no diagnóstico. A taxa de mortalidade de 70% nos pacientes não tratados diminui significativamente com o tratamento precoce e prolongado usando aciclovir intravenoso. O período de tratamento de 21 dias é importante na medida em que pode ocorrer recidiva.

Outros herpesvírus são causas menos comuns de encefalite

Com o VVZ, a encefalite em geral ocorre como consequência da reativação, e com o citomegalovírus durante uma infecção primária intrauterina ou reativação como complicação de imunossupressão (por exemplo, em receptores de transplantes de medula). Também foi relatada encefalite por herpesvírus humano 6 (HHV-6) em pacientes imunocomprometidos. O vírus B, por fim, é um herpesvírus *Cercopithecine* de macaco que não afeta o animal, mas pode causar uma encefalite grave e fatal no ser humano quando mordido ou arranhado por um macaco infectado. A ferida deve ser limpa imediatamente, sendo recomendada profilaxia antiviral.

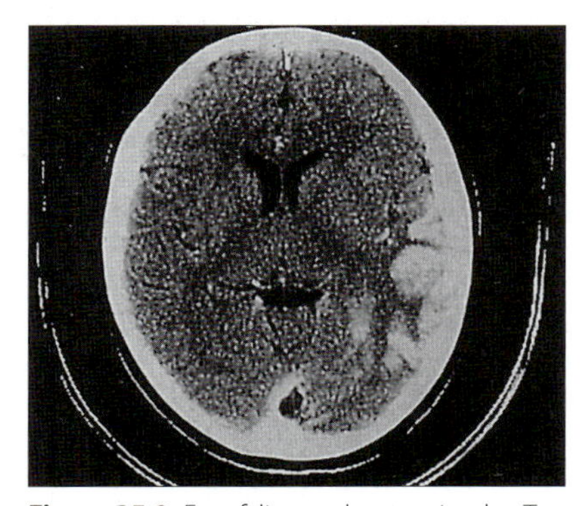

Figura 25.9 Encefalite por herpes simples. Tomografia computadorizada de cabeça mostrando aumento de estruturas girais no lobo temporal esquerdo e edema cerebral associado. (Cortesia de J. Curé.)

Infecções enterovirais

A epidemia associada ao enterovírus-71 de mão, pé e boca resultou em uma alta taxa de complicações neurológicas

Outros enterovírus como o vírus de Coxsackie e o echovírus ocasionalmente causam meningoencefalite. No entanto, em 1998, houve um grande surto de infecção pelo enterovírus 71 (EV71) de mão, pé e boca (DMPB) em Taiwan, no qual a maioria dos 405 pacientes eram crianças com menos de 5 anos de idade, com uma taxa de mortalidade de 19%. As crianças mais gravemente afetadas apresentaram envolvimento do tronco encefálico, e muitas acabaram com sequelas neurológicas permanentes. O tratamento é de suporte e não há vacina. Desde então, o EV71, tendo sido identificado na província de Guangdong na República Popular da China e tendo sido a causa de epidemias no sul da China, provocou diversas epidemias relatadas no centro e no norte da China. De forma geral, em agosto de 2016, haviam sido relatadas quase 1.800.000 infecções por HFMD em todo o país, incluindo 172 mortes.

Poliovírus costumava ser causa comum de encefalite

Na grande epidemia de pólio de 1916 na cidade de Nova York, foram relatados 9.000 casos de paralisia, quase todos em crianças com menos de 5 anos de idade. A doença do SNC ocorre em menos de 1% dos infectados. Após um período inicial de 1-4 dias de febre, irritação na garganta e mal-estar, aparecem sinais e sintomas meníngeos, seguidos por envolvimento dos neurônios motores e paralisia (Fig. 25.2).

Há vacinas bem-sucedidas; a estrutura (Fig. 25.10) e a replicação do vírus são mais bem entendidas, e com os esforços para erradicar a doença até 2002 a incidência da pólio chegou ao seu ponto mais baixo na história. A doença pode ser completamente prevenida por vacinação (Cap. 32) e está desaparecendo em países desenvolvidos desde que os programas de vacinação foram executados pela primeira vez

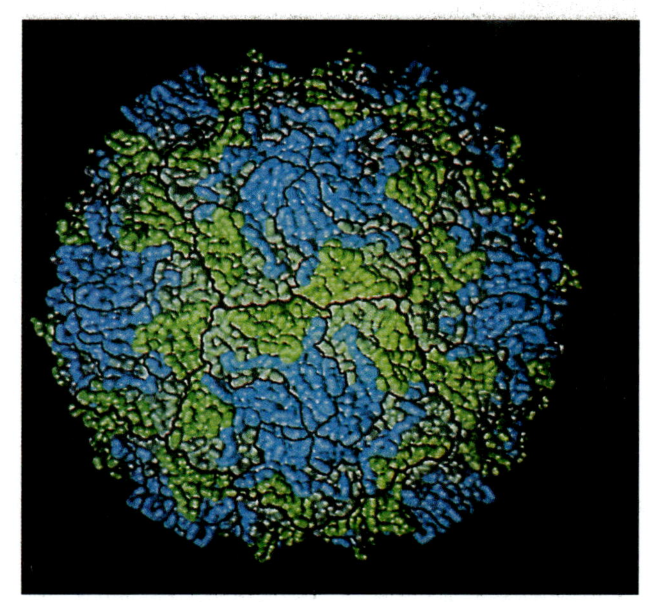

Figura 25.10 Modelo gráfico computadorizado da superfície de um poliovírus com base em estudos de difração de raios X. As subunidades das proteínas do capsídeo visíveis na superfície da partícula do vírus são as proteínas virais 1 (VP1), em azul, VP2, em verde, e VP3, em cinza. (Cortesia de A.J. Olson, *Research Institute of Scripps Clinic*, La Jolla, Califórnia.)

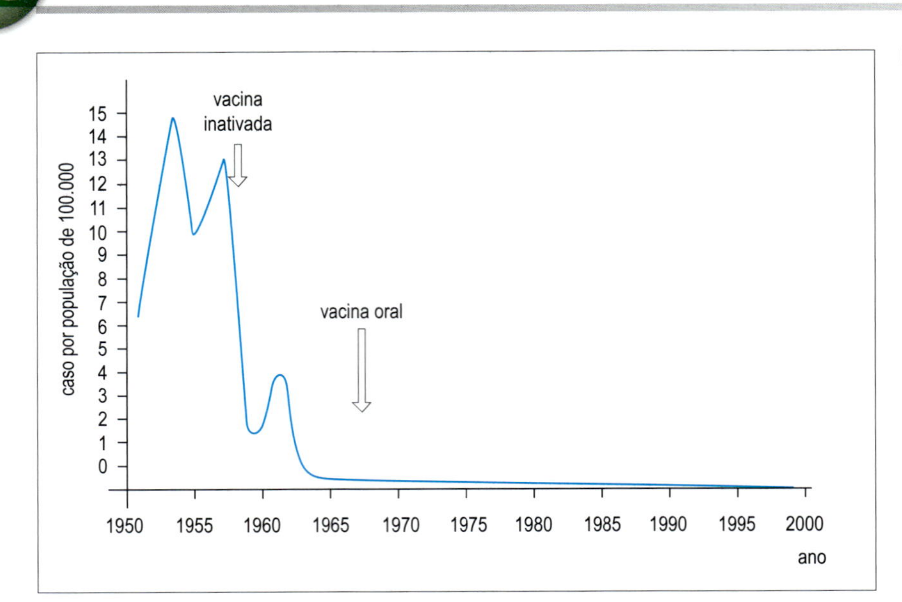

Figura 25.11 Incidência de poliomielite paralítica nos EUA de 1951 a 2000.

na década de 1950 (Fig. 25.11). A Global Polio Eradication Initiative reduziu o número de países pólio-endêmicos, e a diminuição da transmissão de poliovírus nesses países ocorreu devido a uma nova vacina bivalente oral contra pólio e a novas maneiras de distribui-la. Toda a região do sudeste da Ásia da OMS foi certificada como livre de pólio em 2014, englobando 11 países da Índia à Indonésia. Em 2016, 80% da população global vivia nas regiões nas quais a pólio foi erradicada. No entanto, a transmissão endêmica ainda ocorria no Paquistão, na Nigéria e no Afeganistão.

Há três tipos sorológicos (antigênicos) de poliovírus, com pouca reação cruzada entre eles, de modo que para proteção é necessário anticorpos contra cada tipo. Pelo menos 75% dos casos paralíticos são causados pelos poliovírus tipo 1.

Infecções por paramixovírus

O vírus da caxumba é uma causa comum de encefalite leve

A invasão assintomática do SNC pode ser comum porque há aumento do número de células no LCR em cerca de 50% dos pacientes com parotidite; por outro lado, meningite e encefalite costumam ser vistas sem parotidite.

Encefalite pelo vírus Nipah, uma infecção zoonótica por paramixovírus

Em 1998, um surto de encefalite com taxa de mortalidade alta foi relatado entre trabalhadores que lidavam com criações de suínos na Malásia. No total, houve 105 mortes entre 265 pacientes com a encefalite pelo vírus Nipah. Alguns pacientes apresentam sintomas respiratórios nos estágios iniciais da infecção. A princípio atribuído à encefalite japonesa, as características clínicas, epidemiológicas e virológicas mostraram que o vírus era um paramixovírus transmitido ao ser humano pelo contato próximo com porcos infectados, provavelmente por aerossol. O surto terminou com o abate de mais de um milhão de porcos infectados ou expostos no local e em regiões circunvizinhas na Malásia. A raposa voadora da ilha, *Pteropus hypomelanus*, um morcego da fruta, era o reservatório provável, pois o vírus foi encontrado na urina e saliva de morcegos infectados. Os porcos foram infectados por terem comido alimento contaminado com secreções do morcego da fruta. A transmissão entre humanos também pode desempenhar um importante papel na transmissão do vírus Nipah. Ocorreram outros surtos em 2001 em Bangladesh e na Índia, onde houve relatos de transmissão entre humanos em ambientes hospitalares.

Encefalite por raiva

Mais de 55.000 pessoas no mundo morrem em decorrência da raiva a cada ano

- A raiva ocorre em mais de 150 países e territórios.
- Limpeza da ferida e imunização dentro de algumas horas após o contato com um animal suspeito de raiva pode evitar o início da doença e morte.
- Por ano, mais de 15 milhões de pessoas no mundo recebem um regime preventivo de pós-exposição para evitar a doença — estima-se que isso previne 327.000 mortes por raiva todos os anos.

O agente causador da raiva é um rabdovírus, vírus de RNA de fita simples em forma de projétil. O gênero *Lyssavirus* pertence à família Rhabdoviridae e há sete genótipos: o genótipo 1 ocorre mundialmente e é o vírus da raiva clássico; os genótipos 2, 3 e 4 são os vírus do morcego africano de Lagos, Mokola e Duvenhage, respectivamente; os genótipos 5 e 6 são os *Lyssavirus* (EBLV) 1 e 2 do morcego europeu, respectivamente; e o genótipo 7 é o *Lyssavirus* do morcego australiano.

O vírus é excretado na saliva de cães, raposas, chacais, lobos, gambás, guaxinins e morcegos vampiros (e outros morcegos) contaminados, mas a transmissão para o ser humano vem após a mordida ou a contaminação salivar de outros tipos de abrasões ou feridas da pele. A infecção é finalmente fatal, embora a evolução da doença varie consideravelmente entre as espécies. Se um cão aparentemente saudável ainda estiver saudável 15 dias depois de morder um humano, a raiva será extremamente improvável. No entanto, o vírus pode ser excretado na saliva do cão antes que o animal mostre qualquer sinal clínico de doença.

O vírus pode infectar todos os animais de sangue quente. A raiva originada em morcegos vampiros causa mais de 1 milhão de mortes por ano no gado das Américas Central e do Sul. Os cães são a fonte de mais de 99% das mortes por raiva em humanos e estão envolvidos na maioria dos 55.000 casos da doença em humanos que ocorrem no mundo todos os anos. Em todas as massas continentais, a infecção se mantém em hospedeiros mamíferos não humanos; as ilhas, como a Austrália, a Grã-Bretanha, o Japão, o Havaí, a maioria das ilhas do Caribe e também a Escandinávia, estão livres de raiva devido ao controle rígido sobre a importação de animais, como cães e gatos, embora isto esteja mudando. Desde o desenvolvimento do Eurotúnel que liga o Reino Unido ao resto da Europa, inúmeras infecções por raiva ocorreram por associação ao contato com morcegos. Trinta espécies diferentes de morcegos foram identificadas na Europa, muitas das quais transportam o EBLV 1 ou 2. Elas são distintas das infecções pela raiva do genótipo 1 nas raposas, cães e outros animais terrestres. Nos EUA, a incidência de raiva humana tem caído desde os anos 1940 e 1950, quando a maioria dos casos surgiu após exposição a cães infectados. Desde então, a fonte tem sido, com mais frequência, animais não domesticados, como gambás, guaxinins e morcegos, ou por exposição a cães em outros países.

A raiva do guaxinim dissemina-se lentamente para o norte, tendo partido da Flórida na década de 1950, e, na década de 1980, causou uma epidemia de grandes proporções na Virgínia, em Maryland e no Distrito de Colúmbia. Este surto foi consequência da importação de guaxinins de áreas infectadas com finalidades esportivas.

O período de incubação no ser humano, em geral, é de 4-13 semanas, embora, às vezes, possa chegar a 6 meses, possivelmente devido a uma demora do vírus em atingir os nervos periféricos. O vírus migra pelos nervos periféricos, e, em geral, quanto mais longe a mordida está do SNC, mais longo o período de incubação. Por exemplo, uma mordida no pé leva a um período de incubação mais longo do que uma mordida na face.

Enquanto o vírus migra pelos axônios dos neurônios motores ou sensoriais, não há anticorpo ou resposta imune celular detectável, possivelmente porque o antígeno continua sequestrado nas células musculares infectadas. Por isso, a imunização passiva com o uso de imunoglobulinas específicas para a raiva pode ser dada durante o período de incubação.

Uma vez no cérebro, o vírus dissemina-se de célula a célula até que uma grande proporção de neurônios esteja infectada, mas há pouco efeito citopático, mesmo quando visto por microscopia eletrônica, e quase nenhum infiltrado celular. Os sintomas marcantes desta doença devem-se amplamente à disfunção, e não à lesão visível das células infectadas. A mudança de comportamento dos animais infectados decorre da invasão viral do sistema límbico.

O quadro clínico da raiva inclui espasmos musculares, convulsões e hidrofobia

Após sofrer irritação da garganta, cefaleia, febre e desconforto no local da mordida, o paciente fica agitado, tem espasmos musculares e convulsões. O envolvimento dos músculos da deglutição, quando se tenta fazer o paciente beber água, explica o nome antigo da raiva, hidrofobia, pois os sintomas são às vezes precipitados pela simples visão da água.

Uma vez desenvolvida a raiva, ela é fatal, ocorrendo a morte após parada cardíaca ou respiratória. A paralisia costuma ser a característica principal da doença.

A raiva pode ser diagnosticada pela detecção de antígeno viral ou RNA

O diagnóstico laboratorial pode ser feito pela detecção de antígeno viral por imunofluorescência ou pelo uso de PCR para detectar RNA viral da raiva em biópsias da pele, em esfregaços de impressão da córnea ou em biópsia cerebral. As características inclusões intracitoplasmáticas chamadas corpúsculos de Negri são vistas nos neurônios (Fig. 25.12). Não há tratamento além do tratamento de suporte. Cinco indivíduos sobreviveram ao recebimento da imunoprofilaxia antes do início dos sintomas. Houve um relato em 2005 de uma menina de 15 anos de idade que foi mordida por um morcego e desenvolveu raiva, não havia recebido imunoprofilaxia contra raiva e foi posta em coma induzido para descansar e proteger o cérebro de danos, para permitir que a resposta imunológica se desenvolvesse. O coma foi induzido por meio de antagonistas e agonistas do receptor específicos que reduziram o metabolismo cerebral, a reatividade autonômica e a excitotoxicidade. Antivirais também foram administrados e ela sobreviveu. Esse procedimento foi chamado de protocolo de Milwaukee.

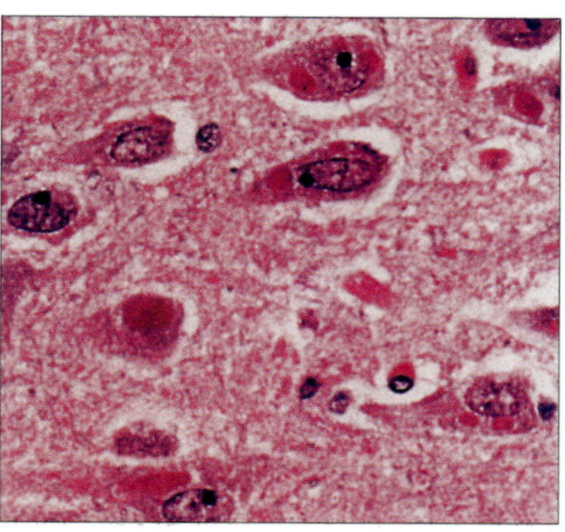

Figura 25.12 Múltiplos corpúsculos de Negri citoplasmáticos em neurônios piramidais do hipocampo na raiva. (Cortesia de P. Garen.)

Muitos países (p. ex., França) desenvolveram programas de vacinação para cães domésticos, e no Canadá, e em outros locais, as raposas silvestres têm sido vacinadas através de iscas alimentares com vacina com vírus vivos do ar. Para os países livres da raiva, é preciso fazer vigilância constante nas fronteiras e regulamentos rígidos de quarentena para impedir a introdução de animais infectados. Em 1886, houve 36 mortes por raiva humana na Inglaterra, 11 delas em Londres. Em 1906, a raiva ainda era endêmica na Inglaterra e houve mortes por raiva nos cervos no Hampton Court Park, em Londres.

Depois da exposição a um animal possivelmente infectado, devem-se tomar medidas preventivas imediatas

Estas medidas incluem:

- limpeza imediata da ferida (álcool iodado, debridamento);
- confirmação se o animal está raivoso ou não (observação clínica dos cães suspeitos);
- administração da imunoglobulina humana antirrábica (HRIG) para garantir imunização passiva imediata; HRIG é infiltrada intramuscularmente em volta da ferida;
- imunização ativa com vírus da raiva mortos derivados de células diploides (Cap. 35). As chances de prevenir a doença são maiores quando se inicia a vacinação o mais cedo possível depois da infecção. A vacina e a HRIG nunca devem ser administradas no mesmo local anatômico.

Meningite e encefalite por togavírus

Numerosos togavírus transmitidos por artrópodes podem causar meningite ou encefalite

Estes togavírus algumas vezes causam surtos de infecção. Em diferentes partes do mundo, diversos mamíferos, aves ou até répteis atuam como reservatórios, e há muitos vetores artrópodes (mosquitos e carrapatos). Geralmente, menos de 1% dos humanos infectados desenvolvem doença neurológica (Cap. 28). Pode haver uma doença febril, mas é comum a infecção assintomática. Na Califórnia, por exemplo, o vírus da encefalomielite equina do oeste (EEO) e o vírus da encefalite de St. Louis (ESL) são prevalentes e são transmitidos pelo mosquito *Culex tarsalis*; existe uma vacina contra EEO, mas apenas para cavalos.

Infecções por flavivírus

A infecção por vírus da encefalite japonesa é uma causa importante de encefalite no Sudeste da Ásia e afeta principalmente crianças

O vírus da encefalite japonesa, uma infecção por flavivírus relacionada à dengue, à febre amarela e ao vírus do Oeste do Nilo, é (você deve ter adivinhado) prevalente no Sudeste da Ásia. A maioria das infecções relatadas, cerca de 700.000 por ano, ocorre na China e na Índia. Ela é transmitida pelos mosquitos *Culex*, sendo que porcos e aves pernaltas são seus hospedeiros intermediários. Muitos adultos em países endêmicos foram infectados na infância e são imunes. A infecção pode resultar em uma taxa de mortalidade de mais de 30%. Vacinas inativadas e vivas atenuadas foram desenvolvidas, com os programas de imunização em países endêmicos.

A infecção pelo vírus do Nilo Ocidental se espalhou rapidamente pelos EUA após os relatos iniciais

Em 1999, foi relatada uma epidemia dramática de encefalite viral na cidade de Nova York, que atingiu 62 pacientes com encefalite, sete dos quais morreram. A meningoencefalite era rara nas faixas etárias mais jovens e mais comum naqueles com mais de 50 anos de idade. Originalmente, pensava-se que fosse devida à ESL, mas as características clínicas, epidemiológicas e virológicas resultaram na identificação correta de infecção pelo vírus do Nilo Ocidental (WNV), pois havia ocorrido uma epidemia com mortes entre aves silvestres e outros pássaros que são o reservatório para a ESL, mas não costumam ser mortos pelo vírus. Como o vírus chegou à América do Norte, sendo que circulava por Israel e pela Tunísia, não estava claro. Gansos domésticos israelenses desenvolveram infecções fatais de WNV em 1997-1998, e as infecções por WNV humano ocorreram em agosto de 1999 em ambos os países. Mosquitos da espécie *Culex* infectados transmitem WNV para pássaros, alguns dos quais desenvolvem altos níveis de viremia, e outros mosquitos são infectados ao picarem eles, auxiliando o ciclo do WNV. Em Nova York, um surto de infecção em pássaros com uma alta taxa de mortalidade foi relatado, mas não houve ligação com as aglomerações de infecções humanas. Avaliações patológicas extensas foram realizadas, e o sequenciamento do genoma demonstrou que as cepas de WNV eram homólogas. Para ilustrar a velocidade notável com a qual o WNV se espalhou na América do Norte, havia 21 infecções humanas em 10 comarcas no nordeste em 2000; 66 em 38 comarcas em 10 estados em 2001, e em 2003 havia mais de 4.000 infecções humanas com quase 2.500 casos de meningoencefalite e 284 mortes. Esse foi o maior surto de meningoencefalite por WNV já registrado, com doença grave do sistema nervoso central observada em pessoas de mais idade e mais branda, na forma de uma doença febril, em pessoas de menos idade. Foi importante manter vigilância sobre a morte de pássaros e grupos de mosquitos para a perspectiva da saúde pública. A transmissão também foi relatada em quatro receptores de transplantes de órgãos que haviam recebido órgãos de um doador falecido com viremia do Nilo Ocidental, assim como por transfusão sanguínea.

O vírus do Nilo Ocidental pertence ao sorogrupo de encefalite japonesa de flavivírus que inclui ESL; ele não tinha sido observado no hemisfério ocidental, mas era bem reconhecido na África e no Oriente Médio. O vírus do Nilo Ocidental é primariamente uma infecção de aves e de mosquitos culicíneos, tendo o ser humano e os cavalos como hospedeiros acidentais. Desde 1999, o vírus tem sido disperso com sucesso por aves migratórias e se disseminam pela maior parte dos EUA. Em 2017, foi relatada infecção pelo WNV em humanos pelo Centro Europeu pela Prevenção e Controle de Doenças em diversos países europeus, incluindo Bulgária, Itália, Hungria, Romênia e Áustria.

O diagnóstico pode ser feito por detecção do RNA do vírus do Nilo Ocidental ou de uma resposta de IgM em amostras de soro e/ou LCR. O tratamento é de suporte, não há vacina, e a prevenção inclui programas de controle do mosquito.

Meningite e encefalite por HIV

O HIV pode causar encefalite subaguda, muitas vezes com demência

O HIV frequentemente invade o SNC logo depois da infecção inicial, resultando em aumento de células no LCR e doença meningítica branda. Em um estágio posterior, e totalmente independente do quadro da doença que decorre da imunodeficiência, pode desenvolver-se uma encefalite subaguda, muitas vezes com demência. No início da epidemia de HIV, diversas infecções oportunistas do SNC foram detectadas, diagnósticos que definem a AIDS, e eram o resultado de infecção e imunossupressão avançadas por HIV. Tais infecções incluem *Toxoplasma gondii*, *Cryptococcus neoformans*, CMV e vírus JC. O vírus JC, um poliomavírus, ocasionalmente invade oligodendrócitos em pessoas imunodeficientes, particularmente na AIDS, e finalmente dá origem à leucoencefalopatia multifocal progressiva (LMP). Na demência relacionada com o HIV, o cérebro se contrai, os ventrículos ficam alargados, e há vacuolização dos tratos de mielina. O HIV infecta principalmente macrófagos e micróglia no SNC, e o vírus também pode entrar em astrócitos, embora isso seja controverso. Pode ser que o HIV afete de forma direta e indireta a atividade neuronal, alterando as vias neuronais, e esteja envolvido na inflamação local.

A terapia antirretroviral combinada reduziu a incidência de demência associada ao HIV, mas os efeitos neurológicos do HIV ainda são observados conforme a população envelhece e são relatados como distúrbios neurocognitivos associados ao HIV (HAND). Os HAND estão correlacionados a inflamações e neurotoxicidades de longo prazo do SNC.

Mielopatia viral

Inúmeras infecções virais podem provocar inflamação da medula espinal, uma mielite. Caso atravesse a medula espinal, a mielite aguda pode resultar nos sintomas simétricos, como fraqueza motora e perda sensorial. Os sintomas serão assimétricos se somente parte da medula espinal estiver envolvida. Quando os cornos anteriores da medula são afetados pela infecção por pólio, coxsackie, enterovírus 71 e vírus do Nilo Ocidental, os sintomas são motores e resultam em paralisia flácida aguda. Inúmeros herpesvírus, incluindo HSV, CMV, VEB e VVZ, foram associados à mielite. Causas pós-infecciosas também foram relatadas.

A mielopatia crônica pode ser causada pela infecção por HTLV-1 e os pacientes apresentam paraparesia espástica tropical (PET), também chamada de MAH (mielopatia associada ao HTLV-1). A infecção por HIV-1 também é parte do diagnóstico diferencial.

Síndrome de Guillain-Barré – uma condição desmielizante inflamatória do sistema nervoso periférico

Cerca de 2-4 semanas antes da síndrome de Guillain-Barré (SGB) se desenvolver, há normalmente um histórico de infecção do trato respiratório superior ou de outro tipo, levando a uma fraqueza muscular ascendente de evolução rápida com pouca perda sensorial. Ela pode ser grave, e pacientes podem apresentar deterioração rápida, exigindo ventilação mecânica para auxiliar sua respiração.

A SGB foi associada a diversas infecções, assim como à imunização com material não infeccioso. As infecções virais incluem VEB, CMV, HIV, o vírus do Nilo Ocidental e o Zika vírus, e, entre as bactérias, a *Campylobacter jejuni* pode ser observada em um terço dos pacientes, com *Mycoplasma pneumoniae* e *Borrelia burgdorferi* como associações raras.

Em 1976, a maioria dos adultos nos EUA recebeu vacina contra o vírus influenza inativada, o que resultou em um número pequeno, mas altamente significativo, de SGB.

O tratamento em geral é de suporte, e a troca plasmática, que remove diretamente complexos imunológicos, citocinas, autoanticorpos e outros mediadores inflamatórios que podem estar envolvidos na patogênese, assim como imunoglobulina intravenosa, tiveram sua eficácia demonstrada.

Encefalite pós-infecciosa

A encefalite após infecção viral ou vacinação possivelmente tem base autoimune

A encefalite muito ocasionalmente ocorre 1-2 semanas depois de sarampo após uma infecção aparentemente normal do vírus do sarampo e com menos frequência depois de varicela. Também é observada depois de infecção por *Mycoplasma* e várias doenças semelhantes à gripe. O agente infeccioso, em geral, não é recuperável do SNC, e a infiltração perivascular, algumas vezes com desmielinização, sugere uma patogênese autoimune. Uma patologia semelhante ocorre depois da administração de vacina contra raiva inativada derivada do cérebro, que agora está obsoleta, e depois de outras imunizações com material não infeccioso. O quadro clínico assemelha-se ao da encefalite alérgica experimental e, provavelmente, decorre de respostas autoimunes desencadeadas pela infecção ou pelo material injetado.

Além disso, o vírus da rubéola ou do sarampo invade o SNC, mas o crescimento do vírus é lento, muitas vezes incompleto e parcialmente controlado pelas defesas do hospedeiro; a doença clínica aparece depois de um período de incubação de até dez anos. Por exemplo:

- No sarampo não complicado, a invasão do SNC pode ocorrer e finalmente resultar em PESS.
- A rubéola muito ocasionalmente causa uma doença semelhante à PESS, porém, mais comumente, como o CMV, invade o cérebro do feto, interferindo no desenvolvimento e causando retardo mental.

DOENÇAS NEUROLÓGICAS DE POSSÍVEL ETIOLOGIA VIRAL

Muitas vezes, sugere-se que certas doenças neurológicas de origem desconhecida, incluindo a esclerose múltipla, a esclerose lateral amiotrófica, a doença de Parkinson, a esquizofrenia e a demência, têm uma origem viral. Embora, até aqui, não haja evidências definitivas para isto, é possível que os vírus e outros agentes infecciosos possam, por vezes, desencadear respostas perigosas do tipo autoimune no SNC.

ENCEFALOPATIAS ESPONGIFORMES PROVOCADAS POR AGENTES TIPO *SCRAPIE*

Agentes do tipo *scrapie* associam-se estreitamente à proteína príon codificada pelo hospedeiro

Agentes do tipo *scrapie* infectam vários mamíferos, inclusive o ser humano, e são transmissíveis a roedores de laboratório ou a primatas. Mostram muitas características biológicas notáveis; sua biologia molecular agora está bem descrita, e experimentos em camundongos de laboratório revelaram muito sobre sua interação com os tecidos do hospedeiro (Cap. 8). A doença é caracterizada pelo aparecimento de um aspecto espongiforme nos tecidos nervosos causado por vacuolização e formação de placas. As infecções em animais parecem ter sido originadas em carneiros e cabras com *scrapie* (Fig. 8.4), presente na Europa há 200-300 anos. Os animais afetados se arranham contra os postes buscando alívio para a coceira.

DOENÇAS DO SNC CAUSADAS POR PARASITOS

O SNC é um alvo importante na toxoplasmose

Embora a infecção por *Toxoplasma gondii* adquirida de maneira congênita seja inicialmente generalizada, pode tornar-se localizada no SNC. A lesão do olho é a consequência mais comum (Cap. 26), mas o cérebro também pode ser afetado, resultando em hidrocefalia e calcificação intracerebral. Antes do advento da terapia antirretroviral combinada, a toxoplasmose cerebral devido à reativação da infecção por cistos dormentes no tecido era uma causa importante de morte em pacientes com AIDS, com encefalites e abscessos do toxoplasma em virtude da necrose como causas contribuintes.

A malária cerebral é uma causa significativa de morte

O ciclo de vida do *Plasmodium falciparum* mostra uma característica incomum em que as hemácias contendo as fases assexuais (as fases assexuais estão nos humanos; as fases sexuais estão nos mosquitos; Cap. 28) aderem às paredes dos capilares. Quando isso acontece no cérebro, a malária cerebral pode ocorrer, e isso é uma causa importante de mortalidade das crianças africanas. A febre é seguida de vários sintomas, incluindo convulsões e coma, que levam rapidamente à morte, se não tratados. A terapia de combinação com artemisinina substituiu a quinina como tratamento de escolha, pois apresenta uma vantagem evidente na malária grave e complicada. O coma é reversível, na maioria das vezes sem dano residual neurológico, quando o tratamento é bem-sucedido.

A infecção por *Toxocara* pode resultar em formação de granuloma no cérebro e na retina

Os nematódeos do gato e do cão, *Toxocara cati* e *Toxocara canis*, infectam o ser humano, em geral crianças, quando são ingeridos ovos do *Toxocara*, derivados das fezes de filhotes de gato ou de cão. Depois da ingestão por humanos, os ovos se abrem e as larvas migram do intestino para o fígado, pulmão, olho, cérebro, rins, músculos. Contudo, como os humanos são um beco sem saída para esses parasitos, eles não podem alcançar a maturidade completa. Formam-se granulomas em torno das larvas, que, no cérebro, podem causar convulsões e meningoencefalite eosinofílica. No olho, ele pode se apresentar como uma massa semelhante a um tumor na retina periférica ou como um granuloma no polo posterior. Granulomas podem causar descolamento da retina, e pode ocorrer cegueira caso a mácula esteja envolvida. A eosinofilia do sangue periférico raramente é vista na toxocaríase ocular.

O soro pode ser testado quanto à presença de anticorpos para os antígenos excretor-secretor do *Toxocara* por meio de ensaio de imunoabsorção enzimática (ELISA), confirmado por *Western blot*, mas pode dar resultados falso-negativos na toxocaríase ocular. A detecção de anticorpos nas amostras de fluido vítreo ocular é mais sensível. A doença é prevenida pela vermifugação dos filhotes de cães e gatos e pela redução da contaminação nas áreas de lazer infantil por excrementos de

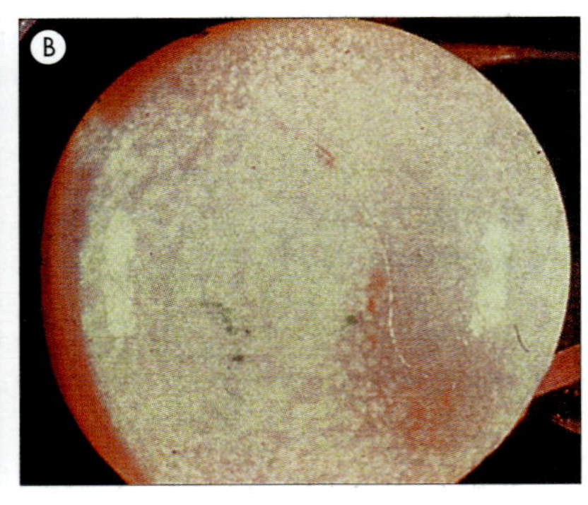

Figura 25.13 Equinococose. (A) Angiografia cerebral mostrando deslocamento de vasos por uma grande massa frontal. (B) Cisto removido do paciente em (A). (Cortesia H. Whitwell.)

cães. Albendazol administrado sob corticosteroides pode ser administrado para neurotoxocaríase. A terapia anti-helmíntica não é sempre dada na toxocaríase ocular. Corticosteroides e cirurgia oftálmica apropriada são as principais formas de terapia.

A doença hidática cística é caracterizada pela formação de cistos, potencialmente em qualquer órgão, mas mais comumente no fígado

A equinococose cística (doença hidática cística) é causada pelo cestódeo *Echinococcus granulosus*, que tem uma distribuição mundial, especialmente nas áreas de criação de ovinos. Quando o ser humano ingere ovos de cães infectados, os embriões emergem e migram através do intestino até os vasos sanguíneos. A partir daí, eles são carreados, principalmente, até o fígado, onde subsequentemente se desenvolvem em cistos hidáticos. Estes podem se formar em qualquer órgão, mas são encontrados especialmente no fígado e, com menos frequência, nos pulmões, no cérebro e no rim. A doença é causada por pressão local do cisto e, algumas vezes, reações de hipersensibilidade aos antígenos hidátidos. Os sintomas neurológicos incluem náuseas e vômitos, crises convulsivas e alteração das condições mentais.

A doença hidática é diagnosticada pela detecção do anticorpo sérico para os antígenos hidáticos e, especificamente para o envolvimento do SNC, por TC ou, preferencialmente, por RM, para demonstrar a existência de cistos (Fig. 25.13). Os cistos hidáticos no SNC exigem remoção cirúrgica, com cuidado especial para evitar a ruptura do cisto, além da terapia adjuntiva com albendazol.

A doença é prevenida pela interrupção do ciclo natural cão-ovelha, cão-cabra ou outro ciclo carnívoro-herbívoro.

A cisticercose caracteriza-se por formação de cistos no cérebro e no olho

A cisticercose resulta da infestação por *Taenia solium*, um cestódeo de suínos, em estágio larval. Os ovos apresentam-se nas fezes humanas e infectam porcos, que desenvolvem cistos no tecido muscular (carne contaminada) e são a fonte de infecção humana se a carne for consumida crua ou malcozida. Os humanos ingerem ovos no material contaminado com fezes humanas, geralmente de outra pessoa, e não de uma infecção por tênia dela mesma, o que explica por que os vegetarianos podem contrair cisticercose. Após passar pela parede intestinal, as larvas liberadas dos ovos são carreadas na corrente sanguínea, normalmente para o músculo esquelético, mas também, e mais importante, para o cérebro (Fig. 25.14) ou para o olho, onde eles se desenvolvem em cistos conhecidos como cisticercos. Eles podem não causar nenhum sintoma no início caso sua quantidade seja pequena, ou podem provocar convulsões ou, se estiver muito infectado, encefalopatia cisticercótica. O diagnóstico é feito pela detecção do anticorpo específico no soro ou no LCR utilizando *Western blot* (curiosamente, há uma taxa de positividade mais alta no soro do que no LCR) e pela visualização dos cistos, de preferência por RM. O tratamento é feito com albendazol e praziquantel com cobertura de corticosteroides, que é superior a albendazol, e corticosteroides para neurocistercose parenquimal.

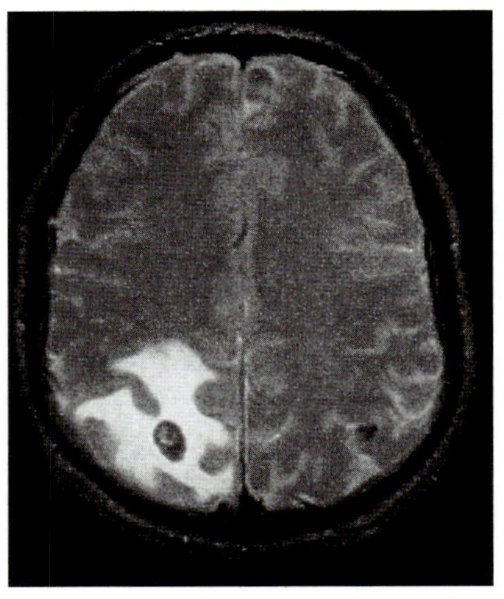

Figura 25.14 Cisticercose cerebral. Imagem de ressonância magnética da cabeça mostrando um cisto contendo uma larva em desenvolvimento. (Cortesia de J. Curé.)

A doença do sono é uma infecção tripanossômica que tem sido mais bem controlada

Há duas formas de tripanossomíase africana transmitida por vetor, ou doença do sono, sendo que a maioria das infecções se deve ao protozoário *Trypanosoma brucei gambiense*. Eles são transmitidos às pessoas principalmente na região rural da África Subsaariana após serem picadas pela mosca tsé-tsé, sendo que as moscas adquirem sua infecção de humanos ou animais portadores do tripanossoma.

Uma pessoa pode ser infectada e ser assintomática por um longo período e apresentar sintomas apenas em um estágio avançado da doença com sinais do SNC. Inicialmente, os tripanossomas se replicam na corrente sanguínea, no sistema linfático e em tecidos subcutâneos, e os sintomas incluem febre, dor de cabeça e artralgia. Eles podem então cruzar a barreira hematoencefálica, resultando em meningoencefalite; sua característica distintiva é o sono, confusão e mudanças de comportamento.

Um número menor de infecções é causado por *Trypanosoma brucei rhodesiense,* que apresenta um curso clínico mais curto e agressivo.

O diagnóstico é feito por microscopia, realizada por profissionais qualificados e experientes, e o tratamento é complexo

Para detectar os parasitos tripanossômicos nos fluidos ou tecidos corporais por microscopia, a concentração das amostras é frequentemente necessária. Aspirados de linfonodos e LCR devem ser examinados também.

O tratamento implica saber qual tripanossoma está envolvido e o estágio da doença. Os diversos medicamentos incluem pentamidina, suramina, melarsoprol, eflornitina e nifurtimox.

Houve grandes epidemias na África no século XX, mas iniciativas sustentadas de controle da mosca tsé-tsé, reforçadas por constatação de casos no caso do *T. b. gambiense*, foram eficazes. Em 2009, menos de 100.000 casos foram relatados pela primeira vez em 50 anos, e em 2015 houve apenas < 3.000 casos.

ABSCESSOS CEREBRAIS

Os abscessos cerebrais geralmente estão associados a fatores predisponentes

Desde o desenvolvimento dos antibióticos, os abscessos cerebrais tornaram-se raros e, em geral, ocorrem após cirurgia ou trauma, osteomielite crônica de osso vizinho, embolia séptica ou anoxia cerebral crônica. Também são observados em crianças com cardiopatia cianótica congênita nas quais os pulmões deixam de filtrar as bactérias circulantes. Os abscessos agudos são causados por várias bactérias, em geral de origem orofaríngea, incluindo anaeróbicos. Geralmente há uma microbiota bacteriana mista. Os abscessos crônicos podem ocorrer em função do *Mycobacterium tuberculosis* (referidos como tuberculomas; Fig. 25.5) ou *C. neoformans*. Em pacientes imunossuprimidos, a infecção oportunista pode ocorrer com agentes etiológicos de fungos e protozoários.

Os abscessos cerebrais são diagnosticados clinicamente e por TC e RM. Se houver suspeita de um abscesso, a punção lombar é contraindicada, mas, se realizada, em geral mostra elevação das células e das proteínas no LCR (Tabela 25.1). O tratamento é por drenagem cirúrgica, se o abscesso estiver bem encapsulado, e devem ser administrados antibióticos pelo menos por um mês. Outras infecções que podem se manifestar como meningite crônica ou abscesso cerebral estão resumidas na Tabela 25.7.

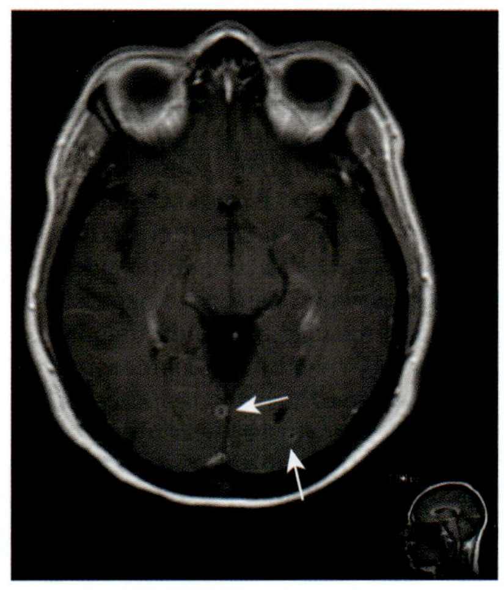

Figura 25.15 Ressonância magnética da cabeça com setas apontando para dois tuberculomas. (Cortesia do Dr. G. Bain, London North West Healthcare NHS Trust.)

TÉTANO E BOTULISMO

Várias bactérias liberam toxinas que atuam no sistema nervoso, mas elas não invadem o SNC. No caso do *Clostridium tetani* e *Clostridium botulinum*, o principal impacto clínico é neurológico.

Tétano

A toxina do *C. tetani* é levada ao SNC nos axônios dos nervos periféricos

Os esporos do tétano provenientes das fezes de animais domésticos disseminam-se no solo. Os esporos entram em uma ferida, e, se o tecido necrótico ou a presença de um corpo estranho permitir o crescimento local e anaeróbico das bactérias, a toxina tetanoespasmina é produzida (Cap. 18). Todas as cepas do *C. tetani* produzem a mesma toxina. A ferida pode ser causada por um simples arranhão na mão de um jardineiro ou mesmo uma grande lesão causada por um acidente automobilístico ou em um campo de batalha. No entanto, em até 20% dos casos não há histórico de trauma. A infecção do coto umbilical pode causar tétano neonatal, que matou um número estimado de 34.000 recém-nascidos em 2015 em todo o mundo (em comparação com a estimativa da OMS de cerca de 790.000 em 1989), sobretudo nos países em desenvolvimento.

A toxina é transportada nos axônios dos nervos periféricos e provavelmente no sangue até o SNC, onde se liga a neurônios e bloqueia a liberação de mediadores inibitórios nas sinapses medulares, causando atividade excessiva dos neurônios motores. A toxina também pode passar pelos axônios dos nervos simpáticos e levar à atividade excessiva do sistema nervoso simpático.

O quadro clínico do tétano inclui rigidez muscular e espasmos

Após um período de 3-21 dias, algumas vezes mais longo, há exacerbação dos reflexos, rigidez muscular e espasmos musculares descontrolados. A mandíbula cerrada (trismo) decorre da contração dos músculos mandibulares. Também

Tabela 25.7 Infecções que causam meningite crônica ou abscessos cerebrais

Bacteriana	
Tuberculose	*Mycobacterium tuberculosis*
Sífilis	*Treponema pallidum*
Brucelose	*Brucella abortus*
Doença de Lyme	*Borrelia burgdorferi*
Nocardiose[a]	*Nocardia asteroides*
Actinomicose[a]	*Actinomyces fumigatus*
Fúngica	
Criptococose	*Cryptococcus neoformans*
Coccidioidomicose	*Coccidioides immitis*
Histoplasmose	*Histoplasma capsulatum*
Candidíase	*Candida albicans*
Blastomicose[a]	*Blastomyces dermatitidis*
Parasitária	
Toxoplasmose[a]	*Toxoplasma gondii*
Cisticercose	*Taenia solium*

[a]A doença manifesta-se como abscesso cerebral.

são observados disfagia, "riso sardônico" (aspecto de escárnio), rigidez da nuca e opistótono (especialmente no tétano neonatal). Os espasmos musculares podem provocar trauma, e, por fim, ocorre insuficiência respiratória. A taquicardia e a sudorese podem ser consequência de efeitos sobre o sistema nervoso simpático. A mortalidade é de até 50%, dependendo da gravidade e qualidade do tratamento.

O diagnóstico é clínico. Os organismos raramente são isolados da ferida, sendo necessário apenas um pequeno número de bactérias para formar toxina suficiente para causar a doença.

A imunoglobulina antitetânica humana deve ser ministrada assim que se suspeitar clinicamente de tétano

A ferida deve ser excisada, se necessário, e penicilina, administrada para inibir o crescimento bacteriano. São usados relaxantes musculares e, se necessário, suporte respiratório em unidade de terapia intensiva.

A imunização com toxoide previne o tétano, os efeitos da vacina perduram por até dez anos após a última dose. Deste modo, o tétano representa uma doença que pode ser prevenida por vacinação, que é peculiar por não ser transmissível, mas sim adquirida do ambiente em decorrência da exposição aos esporos do *C. tetani*. As feridas devem ser limpas, o tecido necrótico e os corpos estranhos, removidos, e uma dose de reforço do toxoide tetânico deve ser administrada. Aqueles com feridas muito contaminadas também devem receber imunoglobulina antitetânica e penicilina.

Nos países em desenvolvimento, a imunização rotineira de mulheres com o toxoide tetânico e a melhora das práticas de higiene durante o parto representam um impacto significativo na redução das taxas de tétano neonatal.

Botulismo

Os esporos de *C. botulinum* estão disseminados no solo e contaminam vegetais, carnes e peixes. Quando os alimentos são enlatados ou preservados sem esterilização adequada (frequentemente em casa), os esporos contaminantes sobrevivem e podem germinar no ambiente anaeróbio, levando à formação da toxina.

A toxina do *C. botulinum* bloqueia a liberação de acetilcolina dos nervos periféricos

A toxina botulínica pré-formada é ingerida, absorvida no intestino e chega ao sangue. Atua nas sinapses dos nervos periféricos bloqueando a liberação da acetilcolina. Portanto, é um tipo de intoxicação alimentar que afeta os sistemas nervosos motor e autônomo. Algumas vezes, os esporos contaminam uma ferida, e a toxina é então absorvida deste local. Se o microrganismo for ingerido por lactentes, no mel colocado em chupetas, por exemplo, pode multiplicar-se no intestino e produzir a toxina, causando botulismo infantil.

O quadro clínico do botulismo inclui fraqueza e paralisia

Após um período de incubação de 2-72 horas, ocorre fraqueza e paralisia descendentes, com disfagia, diplopia, vômitos, vertigens e falência dos músculos respiratórios. Não há dor abdominal, diarreia ou febre. Os lactentes desenvolvem fraqueza generalizada ("bebês moles"), mas em geral se recuperam.

O botulismo é tratado com anticorpos e suporte respiratório

O diagnóstico do botulismo é basicamente clínico. A toxina pode ser detectada no alimento contaminado e, às vezes, no soro do paciente.

Como a cepa específica de *C. botulinum* responsável quase sempre é desconhecida, deve ser administrada imediatamente a antitoxina trivalente (para toxinas tipos A, B e E), juntamente com o suporte respiratório. A mortalidade é inferior a 20%, dependendo do sucesso do suporte respiratório.

A prevenção é feita evitando-se alimento enlatado ou preservado com esterilização imperfeita. As latas contaminadas costumam estar estufadas pela liberação de gás pelas enzimas do *Clostridium*. Os alimentos preservados em casa costumam ser incriminados, mas frutas, com seu pH ácido, em geral impedem o desenvolvimento dos esporos. A toxina é termolábil e destruída pelo cozimento adequado, por exemplo, fervura por dez minutos. Contudo, os esporos podem sobreviver à fervura por 3-5 horas.

PRINCIPAIS CONCEITOS

- A invasão microbiana do SNC é rara, devido à presença das barreiras hematoencefálica e sangue-LCR, que limitam a propagação da infecção.
- Uma vez que os agentes infecciosos tenham atravessado essas barreiras, em geral, causam doença neurológica por envolvimento das meninges (meningite) ou da substância cerebral (encefalite).
- A etiologia viral da meningite é a patologia mais comum, seguida da meningite bacteriana, sendo raros os abscessos cerebrais e a encefalite viral. A medula espinal (na mielite) ou os nervos periféricos (na neurite) são ocasionalmente afetados.
- A doença resulta da interferência na função das células nervosas afetadas (p. ex., raiva) ou da lesão direta das células nervosas infectadas (p. ex., poliomielite), ou é consequência da inflamação devida à invasão do SNC (p. ex., meningite bacteriana, encefalite viral).
- A encefalite por herpes simples é um diagnóstico essencial a ser considerado, pois a terapia com aciclovir deve ser administrada o mais rápido possível.
- Causas autoimunes de encefalite podem apresentar febre, aparentemente de origem infecciosa, mas apresenta uma boa resposta a esteroides e, assim, deve-se fazer um diagnóstico rapidamente.
- Como os compartimentos anatomicamente definidos do sistema nervoso são adjacentes ou interconectados, mais de um deles podem estar envolvidos em uma determinada doença infecciosa.
- A doença do SNC algumas vezes é observada nas infecções helmínticas, como toxocariose, hidatidose e cisticercose.
- A doença do SNC também pode ocorrer quando neurotoxinas bacterianas chegam ao SNC a partir de locais extraneurais de crescimento (tétano) ou de alimento contaminado (botulismo).

Infecções oculares

26

Introdução

A superfície externa do olho está exposta ao ambiente externo e, consequentemente, representa um fácil acesso para organismos infecciosos. A conjuntiva é particularmente suscetível. Ela não apenas é uma superfície epitelial vulnerável, mas também é coberta pelas pálpebras, que proporcionam um ambiente aquecido, úmido e fechado, no qual organismos contaminantes podem rapidamente se estabelecer e formar um foco de infecção. As pálpebras e as lágrimas protegem as superfícies externas do olho, tanto mecânica quanto biologicamente; qualquer interferência em sua função aumenta a probabilidade de um patógeno se estabelecer.

As infecções palpebrais geralmente são ocasionadas por *Staphylococcus aureus*, *Streptococcus pneumoniae* ou *Haemophilus influenzae*, com o envolvimento das margens das pálpebras, causando blefarite, ou das glândulas e dos folículos das pálpebras, causando terçóis ou hordéolos.

A conjuntiva pode ser invadida por outras vias, como, por exemplo, pelo sangue ou pelo sistema nervoso. Os tecidos mais profundos do olho também podem ser invadidos internamente, sobretudo por parasitos protozoários e vermes. A diferenciação entre as diversas causas de conjuntivite com base em sinais clínicos e sintomas pode ser difícil.

CONJUNTIVITE

Uma ampla variedade de vírus e bactérias pode causar a conjuntivite, ou "olho vermelho" (Tabela 26.1). A conjuntivite pode ter início em um olho e, então, progredir para o outro. O olho fica vermelho, irritado e com fluido lacrimoso em grande quantidade. Uma secreção espessa provavelmente é secundária a uma infecção bacteriana. Algumas infecções são comuns em crianças e se resolvem rapidamente; outras são potencialmente mais sérias. A ceratoconjuntivite por adenovírus e infecção pelo vírus herpes simples ou varicela-zóster podem resultar em danos graves. A conjuntivite hemorrágica aguda é altamente contagiosa e surtos têm sido relatados ao redor do mundo. Esta se apresenta como olho vermelho, dor ocular de início rápido com formação de lágrimas e sensibilidade à luz ou fotofobia. Pode surgir após infecção por enterovírus 70 ou por coxsackievírus A24.

Infecções por clamídia

Diferentes sorotipos de *Chlamydia trachomatis* causam conjuntivite de inclusão e tracoma

Para estabelecer a infecção na conjuntiva, os microrganismos devem evitar ser removidos nas lágrimas. A melhor forma de conseguir isto é ter um mecanismo específico de ligação às células conjuntivais. A *Chlamydia*, por exemplo, possui moléculas de superfície que se ligam especificamente aos receptores nas células hospedeiras. Este é um dos motivos pelos quais, dentre todos os organismos que infectam a conjuntiva (Tabela 26.1), as clamídias estão entre os organismos mais bem-sucedidos. Há oito diferentes sorotipos de *C. trachomatis* responsáveis pela conjuntivite de inclusão (D-K) (Fig. 26.1) e outros quatro sorotipos responsáveis pelo tracoma (A, B, Ba e C), que, globalmente, é a infecção ocular mais importante.

Dois milhões de pessoas em todo o mundo ficam com deficiências visuais em decorrência do tracoma

Aproximadamente 200 milhões de pessoas em 42 países em todo o mundo são afetadas pelo tracoma. Dentre estas, cerca de 2 milhões possuem algum grau de deficiência visual; a doença é responsável por 1-2% da cegueira no mundo. O tracoma é endêmico em países em desenvolvimento (Fig. 26.2), onde as taxas de prevalência em crianças em idade pré-escolar podem atingir de 60% a 90%. O tracoma já era conhecido no Egito antigo, há 4 mil anos, e pinças para remoção de cílios retrovirados foram encontradas em tumbas reais. A transmissão de *C. trachomatis* se dá por contato, por exemplo, de moscas, dedos e toalhas contaminadas.

O tracoma, em si, é o resultado de infecções crônicas repetidas (Fig. 26.3), especialmente predominantes onde não há disponibilidade suficiente de água para a higiene regular das mãos e do rosto. Nessas circunstâncias, a infecção por clamídia normalmente se dissemina de uma conjuntiva para a outra, o que pode ser considerado "promiscuidade ocular", comparável à disseminação de secreções genitais em uretrite não específica (Cap. 22). Alguns sorotipos de clamídia podem infectar o trato urogenital (Cap. 22), bem como a conjuntiva; e a conjuntiva ou os pulmões de um recém-nascido podem tornar-se infectados após a passagem pelo canal vaginal infectado (Cap. 24), exigindo tratamento sistêmico com eritromicina.

Infecções por clamídia são tratadas com antibióticos e prevenidas com a higiene do rosto

Testes de amplificação de ácido nucleico (NAATs; p. ex., PCR) são os mais precisos para diagnóstico laboratorial de infecções por clamídia (Caps. 22 e 32), embora tracoma seja mais frequentemente diagnosticado em áreas endêmicas com base nos sintomas clínicos, assim como na análise microscópica do

Tabela 26.1 Exemplos de infecções microbianas da conjuntiva

Organismo	Comentários
Adenovírus	Muito comum, especialmente os tipos 8 e 19
Vírus do sarampo	Infecção da conjuntiva através do sangue
Vírus herpes simples	A reativação do vírus na divisão oftálmica dos gânglios trigêmeos causa lesão da córnea (úlcera dendrítica)
Vírus varicela-zóster	Pode envolver a conjuntiva
Enterovírus 70, coxsackievírus A24	Conjuntivite hemorrágica aguda
Zika vírus	Pode causar infecções, incluindo conjuntivite e uveíte
Chlamydia trachomatis Tipos A–C Tipos D–K	Causa de tracoma e comumente de cegueira Causa da conjuntivite de inclusão; infecção pelos dedos, ou em recém-nascidos através do canal vaginal
Neisseria gonorrhoeae	Infecção do recém-nascido através do canal vaginal
Staphylococcus aureus *Streptococcus pneumoniae* *Haemophilus influenzae*	Causam infecção na pálpebra (terçol) e "olho remelando" em neonatos

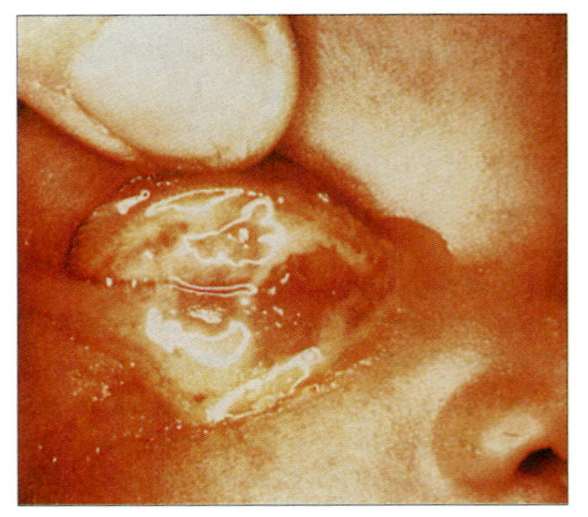

Figura 26.1 A conjuntivite por clamídia é a forma mais comum de conjuntivite neonatal. (Cortesia de G. Ridgway.)

líquido conjuntival ou raspagens. O tratamento é realizado com antibióticos tópicos ou orais (p. ex., azitromicina, doxiciclina etc.). Como a infecção e a reinfecção são facilitadas pela superpopulação, pela escassez de água e pela população abundante de moscas, a doença pode ser prevenida com melhorias nas condições de higiene. Em muitas áreas com altos índices de tracoma endêmico, a doença que leva à cegueira foi intensamente reduzida ou eliminada mediante desenvolvimento socioeconômico e medidas de intervenção específicas (p. ex., lavagem do rosto). Isto fez a Organização Mundial de Saúde estabelecer uma aliança internacional para a eliminação da cegueira por tracoma em todo o mundo até o ano de 2020.

Apesar de muitas décadas de pesquisa, ainda não há vacinas para a prevenção das infecções por clamídia. Isto porque, parcialmente, a própria imunopatologia acarreta uma contribuição importante para a doença, e as respostas imunes induzidas pela vacina podem ser prejudiciais.

Outras infecções da conjuntiva

Em países desenvolvidos, a conjuntivite é causada por uma variedade de bactérias

Várias bactérias (especialmente *H. influenzae, S. aureus* e *S. pneumoniae*) podem causar conjuntivite (Fig. 26.4).

A infecção por *Neisseria gonorrhoeae* é um risco do nascimento através da passagem por um canal vaginal infectado e pode resultar em uma condição purulenta grave. É observada no primeiro ou no segundo dia de vida (oftalmia neonatal) e requer tratamento imediato com ceftriaxona (a resistência à penicilina já está disseminada). *S. aureus* também produz infecções em recém-nascidos, bem como em adultos. Os olhos de crianças poderão ser colonizados por esse organismo se este for transferido de uma parte do corpo da própria criança ou de um adulto infectado. Casos de conjuntivite causados por *H. influenzae* diminuíram em áreas com disponibilidade de vacinas, mas podem continuar a ser um problema com cepas que não podem ser tipificadas (não encapsuladas) ou em áreas mais pobres.

A infecção direta do olho pode estar associada ao uso de lentes de contato

O uso excessivo de lentes de contato pode acarretar a redução da eficácia dos mecanismos de defesa do olho, permitindo que os patógenos se estabeleçam, contudo, os riscos mais prováveis são o uso de colírios ou soluções de limpeza contaminadas e a colocação de lentes contaminadas. Muitas bactérias podem ser transmitidas diretamente dessa maneira. Espécies de ameba de vida livre *Acanthamoeba* podem multiplicar-se em algumas soluções de limpeza de lentes de fórmula inalterada (embora produtos mais novos sejam mais eficazes em eliminá-los) e ser transferidas quando a lente é colocada, causando ulceração da córnea. O diagnóstico é feito por microscopia e cultura de raspagens corneanas. NAATs estão se tornando mais amplamente disponíveis.

Infecções de conjuntiva podem ser transmitidas pela corrente sanguínea ou pelo sistema nervoso

Vários organismos invadem os tecidos superficiais do olho após o transporte através do sangue ou, no caso do vírus herpes simples (HSV), pelo deslocamento ao longo do nervo trigêmeo. A reativação do vírus pode resultar no desenvolvimento de uma ceratite com formação de úlceras dendríticas (Fig. 26.5). A ceratite pode levar a cicatrizes corneanas com nova formação de vasos sanguíneos (a neovascularização), resultando em perda da visão. Fármacos antivirais, como aciclovir e fanciclovir, combinados ao tratamento com esteroides, podem ser eficazes. Entretanto, se não controlada, pode ser necessário um transplante de córnea. O vírus varicela-zós-

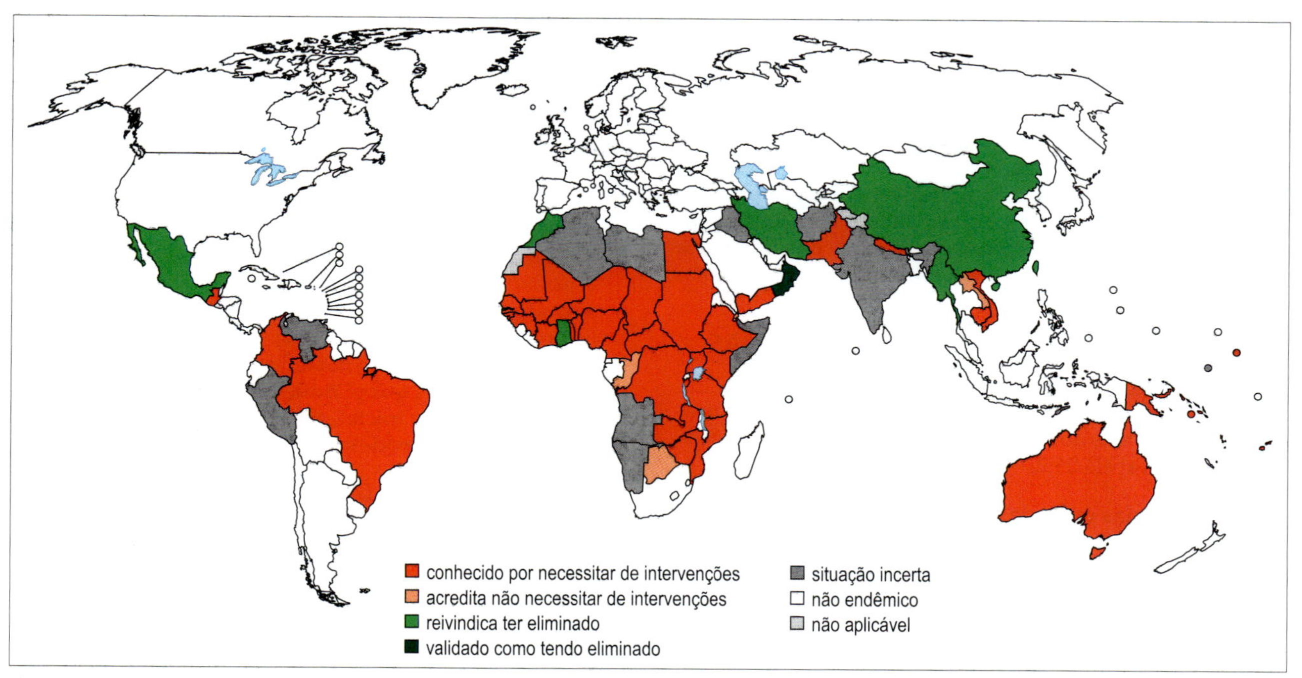

Figura 26.2 Incidência global de tracoma, 2016. (Adaptado de http://gamapserver.who.int/mapLibrary/Files/Maps/Trachoma_2016.png.)

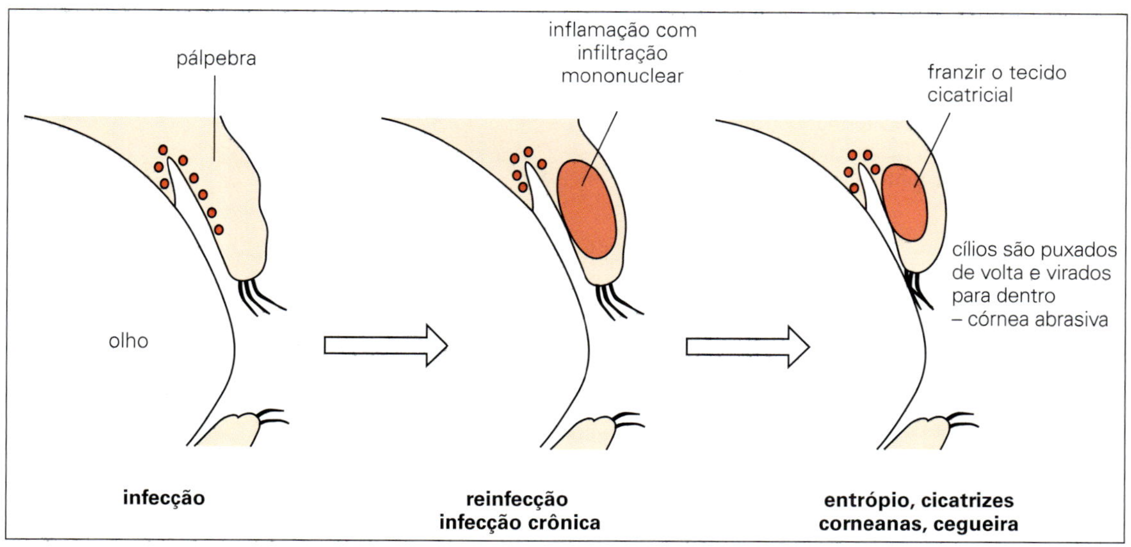

Figura 26.3 Etapas na patogênese por *Chlamydia trachomatis* que levam à cegueira.

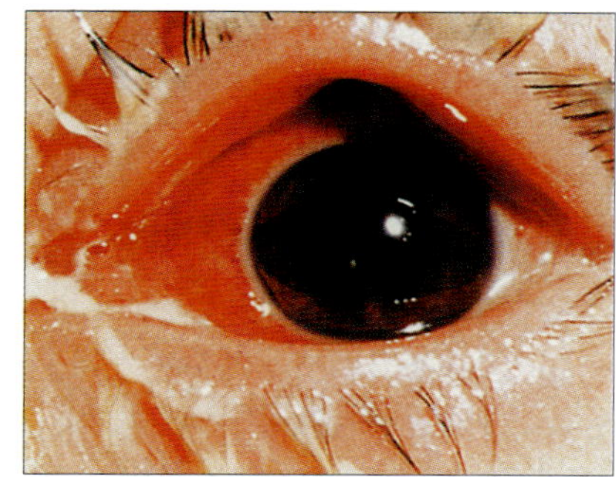

Figura 26.4 A descarga purulenta na conjuntivite bacteriana geralmente está associada com infecções por *Streptococcus pneumoniae, Haemophilus influenzae* ou *Staphylococcus aureus*. (Cortesia de M. Tapert.)

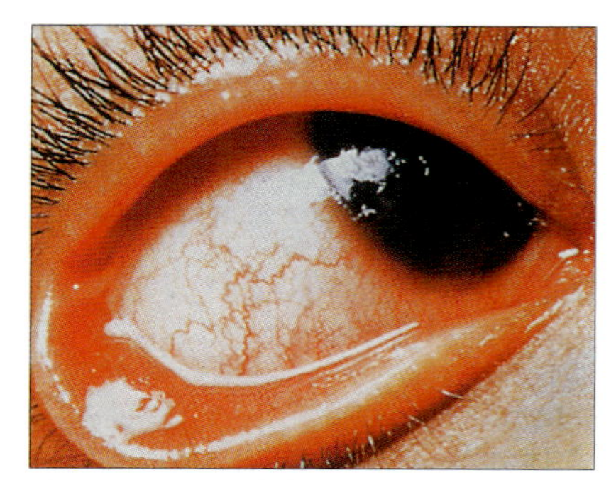

Figura 26.5 Ceratite por vírus do herpes simples (HSV). As úlceras dendríticas, aqui observadas na córnea, são comuns em infecções recorrentes por HSV. (Cortesia de M.J. Wood.)

ter pode causar conjuntivite associada à catapora ou a uma infecção secundária. De modo geral, a conjuntivite viral é mais comumente causada por infecções pelo adenovírus. Há muitos anos, em decorrência da forte associação ocupacional, olho de estaleiro (*shipyard eye*) foi o nome dado à conjuntivite por adenovírus vista em construtores navais e outros trabalhadores expostos ao risco de lesões oculares que podiam, então, resultar em uma infecção por adenovírus. Esses vírus também causam febre faringoconjuntival, que inclui, como se poderia esperar, faringite, febre e uma conjuntivite folicular aguda que cessa dentro de algumas semanas.

INFECÇÕES DAS CAMADAS MAIS PROFUNDAS DO OLHO

O espectro de organismos causadores de doenças nas camadas mais profundas do olho é mais amplo do que o associado à conjuntiva (Tabela 26.2).

A introdução nas camadas mais profundas ocorre por meio de diversas vias

Traumas oculares podem resultar no estabelecimento de infecção oportunista por *Pseudomonas aeruginosa*, originando infecção grave das camadas oculares internas. Esse organismo também pode ser introduzido por colírios contaminados. A sífilis congênita produz uma retinopatia com lesões discretas e a ceratite pode aparecer anos depois. A sífilis secundária também está associada à inflamação ocular.

O feto pode ser contaminado no útero pelo vírus da rubéola, que causa catarata e microftalmia, e pelo citomegalovírus (CMV), responsável por coriorretinite grave. O CMV também pode causar coriorretinite em pacientes com AIDS, embora a terapia antirretroviral altamente ativa tenha resultado em uma redução da doença ocular (Fig. 22.26 E). Complicações oculares têm sido relatadas em pacientes com infecção pelo vírus do Nilo Ocidental.

Toxoplasmose

A infecção por *Toxoplasma gondii* pode causar retinocoroidite, levando à cegueira

A infecção com este protozoário é disseminada entre adultos e crianças (Cap. 5) e é normalmente adquirida pela deglutição de oocistos liberados por felinos infectados (o hospedeiro definitivo) ou pela ingestão de carne contendo cistos teciduais. Mulheres que são infectadas durante a gestação podem transmitir a infecção ao feto, uma vez que os taquizoítos podem atravessar a placenta. Cistos teciduais podem formar-se na retina do feto e sofrer proliferação contínua, produzindo lesões progressivas, especialmente quando os níveis de imunidade se encontram baixos. Estas lesões também podem envolver a coroide (Fig. 26.6) e, finalmente, levar à cegueira. Um ou ambos os olhos podem ser afetados.

A infecção não é séria, a menos que:

- seja adquirida intrauterinamente, quando o organismo invade todos os tecidos, sobretudo o sistema nervoso central (SNC);
- seja adquirida (ou reativada) sob imunossupressão.

Danos oculares ocorrem tanto na toxoplasmose congênita quanto na adquirida após o nascimento e podem se apresentar em qualquer idade. A toxoplasmose ocular pode apresentar-se anos após a infecção inicial, sendo congênita ou adquirida após o nascimento, e pode ser mais séria na população idosa.

Infecções por vermes parasitos

Larvas de *Toxocara canis* podem produzir uma resposta inflamatória intensa e levar ao descolamento de retina

As larvas de cestoides (p. ex., o estágio de cisto hidático de *Echinococcus granulosus*, transmitido por ovos eliminados nas fezes de cães infectados) ocasionalmente entram no olho, e o crescimento dos cistos causa danos mecânicos graves. A forma larval (cisticerco) da *Taenia solium* (a tênia do porco) é adquirida quando humanos ingerem ovos dessa tênia. Os cisticercos se desenvolvem nos músculos esqueléticos, mas podem invadir o sistema nervoso ou o olho. Os cisticercos

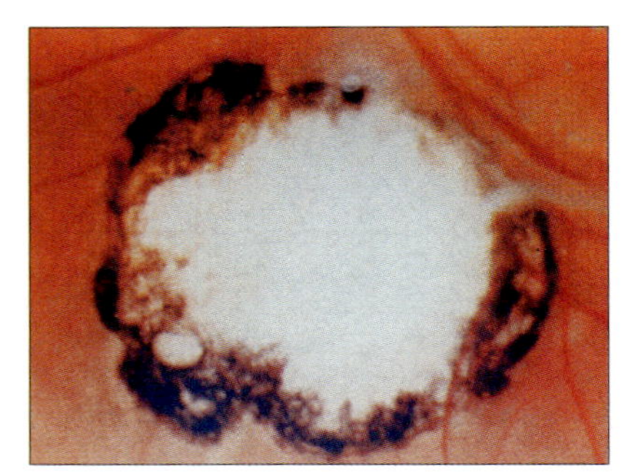

Figura 26.6 Toxoplasmose congênita. Fotografia de fundo de olho mostrando a cicatriz de uma coriorretinite curada. (Cortesia de M.J. Wood.)

Tabela 26.2 Exemplos de infecções das camadas profundas do olho

Organismo	Doença	Via de infecção
Vírus da rubéola	Catarata, microftalmia	Infecção no útero
Citomegalovírus	Coriorretinite	Infecção no útero; pode ocorrer em indivíduos com AIDS e nos demais indivíduos imunocomprometidos
Pseudomonas aeruginosa	Infecção ocular interna séria	Após trauma; corpos estranhos no olho; cirurgias oculares; bactérias podem contaminar colírios
Toxoplasma gondii (toxoplasmose)	Coriorretinite	Infecção no útero
Echinococcus granulosus (doença hidática)	Distorção do olho pelo crescimento de tênias larvais em cisto hidático	Transmissão por ovos eliminados por cães
Toxocara canis (toxocaríase ocular)	Coriorretinite, granuloma do polo posterior, cegueira	Transmissão por ovos eliminados por cães
Onchocerca volvulus (cegueira dos rios)	Ceratite esclerosante, coriorretinite	Larvas transmitidas pela mosca *Simulium* que se alimenta de sangue

oculares são diagnosticados por visão direta (p. ex., vistos como vesículas translúcidas no humor vítreo), ultrassonografia (p. ex., como um cisto subcoroidal sub-retinal), exame de imagem transversal e sorologia. O tratamento de cisticercose intraocular é feito por remoção cirúrgica. Medicamentos antiparasitários não são administrados, para evitar uma reação inflamatória. São administrados corticosteroides caso haja uveíte. A invasão por larvas migratórias do nematódeo *Toxocara canis* (comumente chamado de verme de cachorro) é mais comum. Este parasito ocorre naturalmente nos intestinos dos cães, liberando no ambiente os ovos com cápsula resistente. Os ovos podem eclodir se ingeridos por humanos; as larvas aparecem e iniciam, mas não completam, seu curso migratório normal através dos tecidos. No hospedeiro canino, a migração resulta em vermes que são reintroduzidos no intestino, onde amadurecem. Em humanos, as larvas podem entrar em praticamente qualquer órgão, especialmente no fígado e, frequentemente, no SNC ou no olho (Fig. 26.7), desencadeando uma intensa resposta inflamatória eosinofílica. No olho, as larvas de *Toxocara* podem levar à posterior uveíte, granuloma retiniano localizado, bandas de tração e descolamento da retina. O erro de diagnóstico do granuloma retinal como retinoblastoma pode levar à enucleação. A sorologia em amostras vítreas é preferível a amostras de soro para diagnosticar toxocaríase ocular. O tratamento anti-helmíntico não é administrado rotineiramente pelo fato de poder levar a uma piora na inflamação; corticosteroides são usados para suprimir a resposta inflamatória. A fotocoagulação a *laser* e a criorretinopexia têm sido usadas para destruir granulomas oculares.

A infecção por *Onchocerca volvulus* causa a "cegueira dos rios" e é transmitida pela mosca *Simulium*

A infecção por *Onchocerca volvulus* é transmitida pela mordida de moscas *Simulium*, que ingerem larvas microfilárias da pele de hospedeiros infectados, e depois de as larvas terem se desenvolvido para se tornarem infectantes, estas são reintroduzidas no hospedeiro, em uma futura alimentação. Os vermes adultos vivem em nódulos subcutâneos e são comparativamente inócuos. As microfilárias, liberadas pelas fêmeas em grandes quantidades, induzem reações inflamatórias intensas na pele (Cap. 27). As larvas migram através do tecido subcutâneo, e a invasão do olho (que resulta em "cegueira dos rios") é particularmente comum em regiões da África, do Yêmen e da América Central.

As reações inflamatórias no olho causam uma série de alterações patológicas que podem afetar tanto a câmara anterior quanto a posterior do olho (Fig. 26.8). Estas incluem:

- ceratite pontilhada e esclerosante;
- iridociclite;
- coriorretinite;
- atrofia óptica.

A doença é chamada de cegueira dos rios porque as moscas *Simulium* se desenvolvem em rios de fluxo rápido e as populações que vivem nesses locais são as mais afetadas. No passado, os índices de cegueira atingiram 50% da população adulta em áreas endêmicas, mas o controle do vetor e especialmente o tratamento com ivermectina são importantes na redução da incidência de novas infecções. Infelizmente, a cegueira é irreversível.

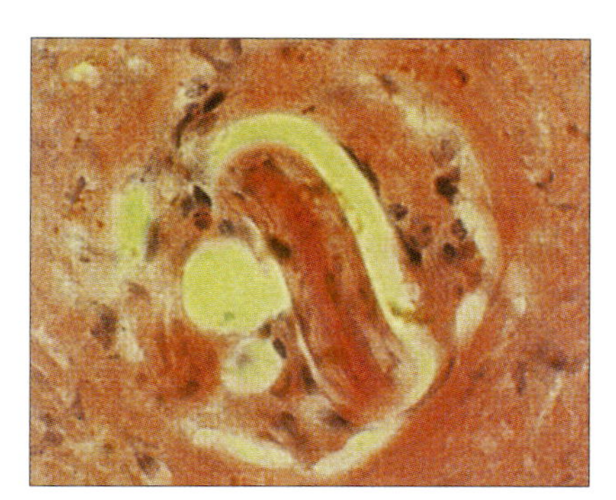

Figura 26.7 *Toxocara*. Granuloma no polo posterior de olho infectado. A larva do nematoide é claramente vista no centro do granuloma. (Cortesia de D. Spalton.)

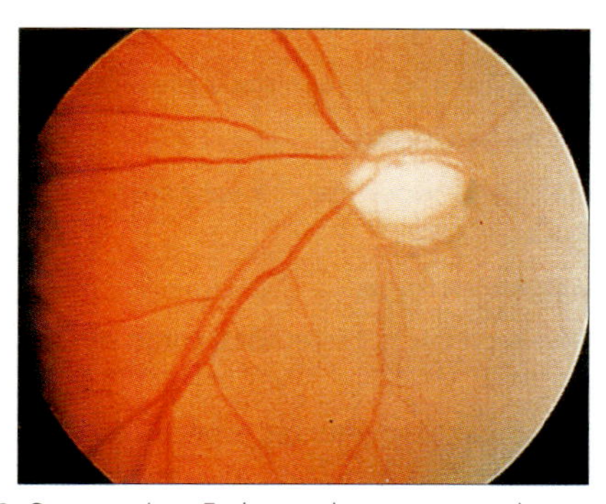

Figura 26.8 Oncocercíase. Esclerose dos vasos coroides causada pelas microfilárias invasivas de *Onchocerca volvulus*. (Cortesia de J. Anderson.)

PRINCIPAIS CONCEITOS

- As superfícies externas do olho são vulneráveis a infecções. Estas superfícies são protegidas pelas pálpebras e por fatores como a lisozima das lágrimas.
- Pode ser difícil a obtenção de um diagnóstico em relação à etiologia da conjuntivite somente com base em sinais clínicos e sintomas.
- As consequências da infecção ocular são sempre potencialmente graves, uma vez que a visão depende de uma córnea transparente intacta.
- Os patógenos que infectam a conjuntiva possuem mecanismos de adesão específicos.
- As respostas inflamatórias, apesar de serem "elaboradas" para limitar a invasão e reparar os danos, podem lesar irreversivelmente as superfícies da córnea e da conjuntiva.
- Relativamente poucos organismos invadem a retina, mas os que o fazem são potencialmente ameaçadores à visão.
- Algumas das doenças oculares mais sérias, relacionadas com infecções, envolvem a invasão por parasitos protozoários ou helmínticos. O diagnóstico geralmente ocorre após, ao invés de preceder, o desenvolvimento do comprometimento visual.

Infecções de pele, tecidos moles, músculos e sistemas associados

Introdução

A pele íntegra saudável protege os tecidos subjacentes e proporciona uma excelente defesa contra os patógenos invasores

A carga microbiana da pele normal é mantida por diversos fatores, como mostrado no Quadro 27.1. Alterações nestes fatores (p. ex., exposição prolongada à umidade) perturbam o equilíbrio ecológico da microbiota comensal e predispõem à infecção.

Um pequeno número de patógenos causa doenças no músculo, nas articulações ou no sistema hematopoiético. A invasão destes locais geralmente ocorre pela via hematogênica, mas o motivo para a localização em determinados tecidos costuma ser obscuro. Os patógenos circulantes tendem a estar localizados em ossos em crescimento ou danificados (osteomielite aguda) e em articulações danificadas, mas não sabemos por que o vírus Coxsackie ou *Trichinella spiralis* invadem músculos. Por outro lado, alguns vírus infectam uma célula-alvo específica, e plasmódios invadem eritrócitos devido aos seus sítios de ligação específicos para essas células.

Quadro 27.1 Fatores que Controlam a Carga Microbiana da Pele

- Quantidade ilimitada de umidade presente
- pH ácido da pele normal
- Temperatura da superfície < ideal para muitos patógenos
- Suor salgado
- Substâncias químicas excretadas, como sebo, ácidos graxos e ureia
- Concorrência entre diferentes espécies da microbiota normal.

O número de bactérias na pele varia de algumas centenas/cm^2 nas superfícies secas do antebraço e dorso a dezenas de milhares/cm^2 nas áreas mais úmidas, como a axila e a virilha. Esta microbiota normal desempenha um importante papel na prevenção da colonização da pele por organismos "estranhos", mas ela também precisa ser mantida sobcontrole.

Infecções da pele

Além de ser uma barreira estrutural, a pele é colonizada por uma gama de organismos que formam sua microbiota normal. As áreas relativamente áridas do antebraço e do dorso são colonizadas por um número menor de organismos, predominantemente bactérias Gram-positivas e leveduras. Nas áreas mais úmidas, como a virilha e as axilas, os organismos são mais numerosos e incluem bactérias Gram-negativas. A microbiota normal da pele e outras partes do corpo desempenha um papel importante na defesa da superfície de "invasores estranhos".

O estudo da estrutura da pele ajuda na compreensão dos diferentes tipos de infecção aos quais a pele e os tecidos subjacentes estão propensos (Fig. 27.1). Se o organismo rompe o estrato córneo, as defesas do hospedeiro são mobilizadas, as células epidérmicas de Langerhans elaboram citosinas, os neutrófilos são atraídos para o local de invasão e o complemento é ativado pela via alternativa.

A doença da pele de etiologia microbiana pode resultar de qualquer uma das três linhas de ataque

Estas linhas de ataque são:

- rupturas da pele íntegra, permitindo a entrada de organismos infecciosos;
- manifestações cutâneas de infecções sistêmicas, que podem surgir como consequência da disseminação hematogênica desde o foco infectado até a pele ou por extensão direta (p. ex., sinusoides drenantes das lesões actinomicóticas ou infecção anaeróbia necrosante por sepse intra-abdominal);
- lesão da pele mediada por toxinas microbianas em outro local do corpo (p. ex., febre escarlate, síndrome do choque tóxico).

A sequência de eventos na patogênese das lesões mucocutâneas provocadas por infecções bacterianas, fúngicas e virais é destacada na Figura 27.2. As rupturas na pele variam de microscópicas a um trauma maior, que pode ser acidental (p. ex., lacerações ou queimaduras) ou intencional (p. ex., cirurgia). Os pacientes hospitalizados estão propensos a outros tipos de ruptura da pele (p. ex., lesão por pressão e inserções de cateteres intravenosos), que podem se infectar. As infecções dos indivíduos comprometidos, como os pacientes com queimaduras, são discutidas no Capítulo 31. Aqui, consideraremos as infecções primárias da pele e dos tecidos moles subjacentes, juntamente com as lesões mucocutâneas que resultam de certas infecções virais sistêmicas. Exemplos de infecções bacterianas e fúngicas sistêmicas que causam lesões mucocutâneas estão resumidas na Tabela 27.1.

Figura 27.1 A infecção da pele e dos tecidos moles pode estar relacionada com a anatomia da pele. Os patógenos em geral penetram nas camadas inferiores da epiderme e da derme somente depois que a superfície da pele é danificada.

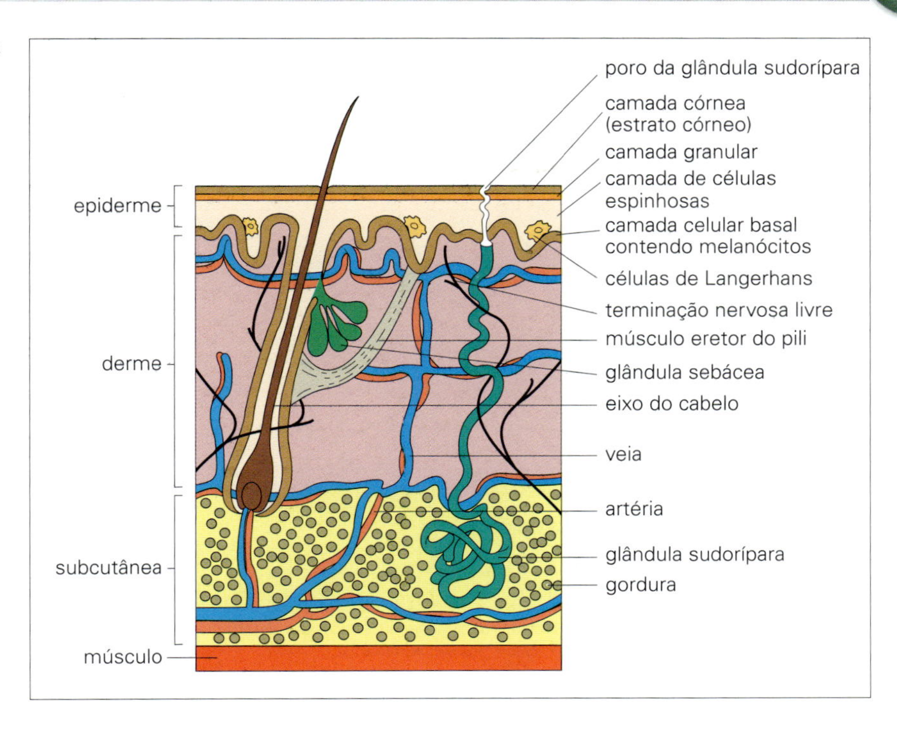

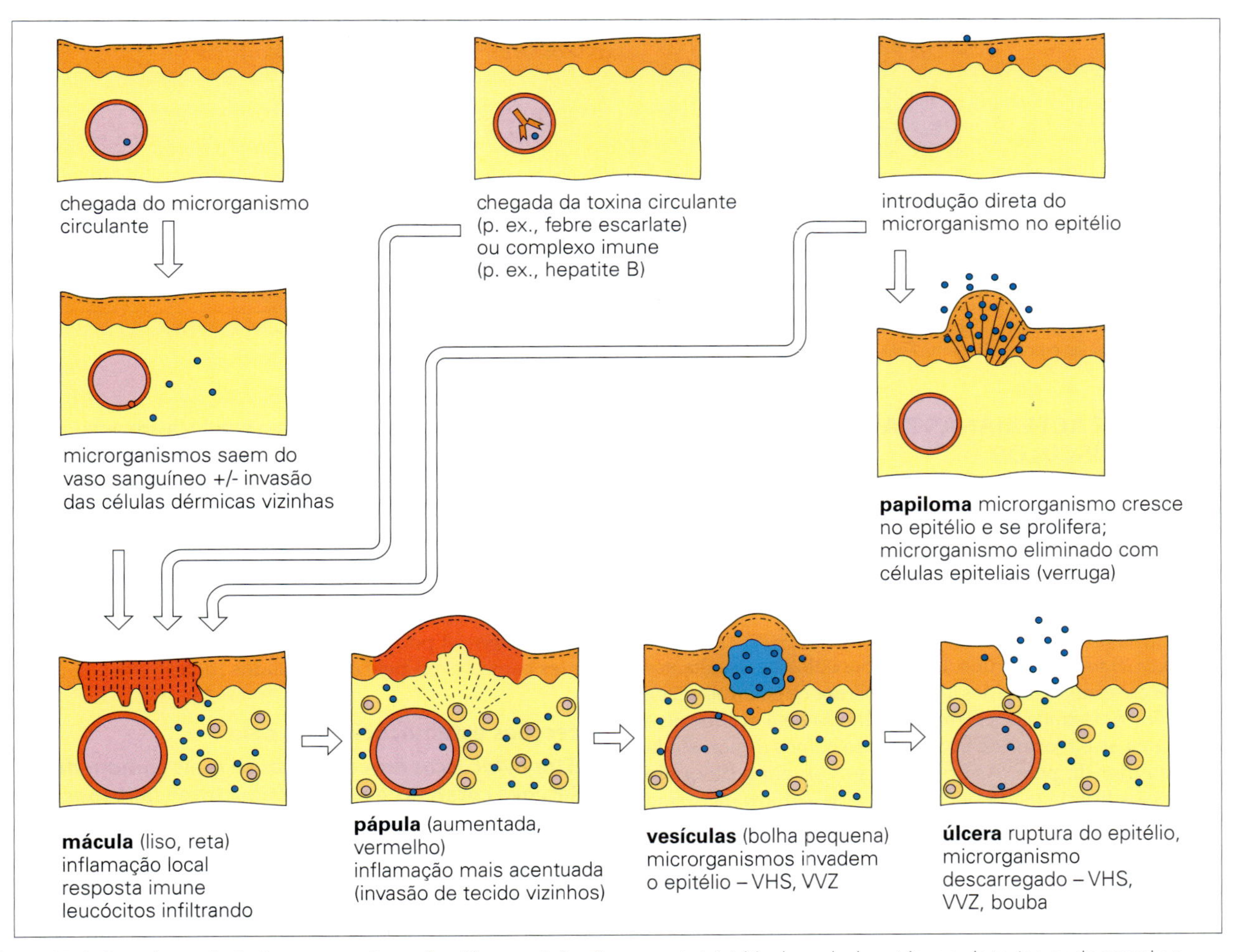

Figura 27.2 Patogênese das lesões mucocutâneas. Em diferentes infecções, o ponto inicial (a chegada do patógeno, da toxina ou do complexo imune) e o quadro final (p. ex., exantema maculopapular, vesícula) serão diferentes. HSV, vírus do herpes simples; VVZ, vírus da varicela-zóster.

Tabela 27.1 Manifestações cutâneas das infecções sistêmicas provocadas por bactérias e fungos

Organismo	Doença	Manifestação cutânea
Salmonella typhi, Salmonella schottmuelleri	Febre entérica	"Manchas róseas" contendo bactérias
Neisseria meningitidis	Septicemia, meningite	Lesões petequiais ou maculopapulares contendo bactérias
Pseudomonas aeruginosa	Sepse	Ectima gangrenoso, lesão cutânea patognomônica em caso de infecção por esse organismo
Treponema pallidum *Treponema pertenue*	Sífilis Bouba	Exantema infeccioso disseminado observado na fase secundária da doença após a infecção
Rickettsia prowazekii *Rickettsia typhi* *Rickettsia rickettsii*	Tifo Febres maculosas	Exantema macular ou hemorrágico
Streptococcus pyogenes	Febre escarlate	Erupção eritematosa provocada por toxina eritrogênica
Staphylococcus aureus	Síndrome do choque tóxico	Erupção e descamação em função da toxina
Blastomyces dermatitidis	Blastomicose	A pápula ou pústula desenvolve-se em lesões do granuloma contendo organismos
Cryptococcus neoformans	Criptococose	Pápula ou pústula, normalmente no rosto ou no pescoço

As lesões cutâneas geralmente estão associadas a infecções sistêmicas por determinadas bactérias e fungos. As lesões podem fornecer auxílios diagnósticos úteis. Por vezes, elas são um local pelo qual os organismos são eliminados.

Tabela 27.2 Entrada direta na pele de bactérias e fungos

Estrutura envolvida	Infecção	Causa comum
Epitélio queratinizado	Tinha	Fungos dermatófitos (*Trichophyton, Epidermophyton* e *Microsporum*)
Epiderme	Impetigo	*Streptococcus pyogenes* e/ou *Staphylococcus aureus*
Derme	Erisipelas	*S. pyogenes*
Folículos pilosos	Foliculite Furúnculos Carbúnculos	*S. aureus*
Gordura subcutânea	Celulite	*S. pyogenes*
Fáscia	Fasciite necrosante	Anaeróbios e microaerófilos, normalmente infecções mistas
Músculo	Mionecrose, gangrena	*Clostridium perfringens* (e outros clostrídios)

A introdução direta da bactéria ou fungo na pele é a via mais comum de infecção cutânea. As infecções variam de brandas, geralmente crônicas, como as tinhas, até as infecções agudas, e potencialmente letais, como a fasciite e a gangrena. Poucas espécies estão envolvidas nas infecções comuns.

INFECÇÕES BACTERIANAS DA PELE, TECIDOS MOLES E MÚSCULOS

Estas infecções podem ser classificadas em uma base anatômica

A classificação depende das camadas de pele e tecidos moles envolvidos, apesar de algumas infecções poderem envolver vários componentes dos tecidos moles:

- *Formação de abscesso.* Furúnculos e carbúnculos são resultantes da infecção e inflamação dos folículos pilosos na pele (foliculite).
- *Infecções disseminadas.* O impetigo limita-se à epiderme e apresenta-se na forma de uma erupção bolhosa, encrustada ou pustular da pele. As erisipelas envolvem o bloqueio dos vasos linfáticos da derme e se apresentam na forma de uma inflamação eritematosa bem definida e espalhada, geralmente na face, nas pernas ou nos pés, podendo ser acompanhadas de dor e febre. Se o foco da infecção está localizado na gordura subcutânea, a celulite, uma forma difusa de inflamação aguda é a apresentação usual.
- *Infecções necrosantes.* A fasciite corresponde à resposta inflamatória à infecção dos tecidos moles abaixo da derme. A infecção progride, quase sempre com uma rapidez alarmante, ao longo dos planos faciais, causando a interrupção do suprimento sanguíneo. A infecção pode ser seguida por gangrena ou mionecrose em associação com isquemia da camada muscular. O gás resultante do metabolismo fermentativo dos organismos anaeróbios pode ser palpável nos tecidos (gangrena gasosa).

Os microrganismos causativos comuns são mostrados na Tabela 27.2. Observe que alguns patógenos (p. ex., *Streptococcus pyogenes*) podem causar diferentes infecções em diferentes camadas da pele e dos tecidos moles.

Infecções estafilocócicas da pele

O *Staphylococcus aureus* é a causa mais comum de infecções cutâneas e provoca uma intensa resposta inflamatória

Staphylococcus aureus está relacionado a pequenas infecções cutâneas, como furúnculos ou abscessos, bem como infecções mais sérias em feridas pós-operatórias. A infecção pode ser adquirida por meio de uma "autoinoculação" a partir de um sítio colonizado (p. ex., nariz) ou pelo contato com uma fonte exógena, geralmente outra pessoa. Indivíduos colonizados nas fossas nasais por

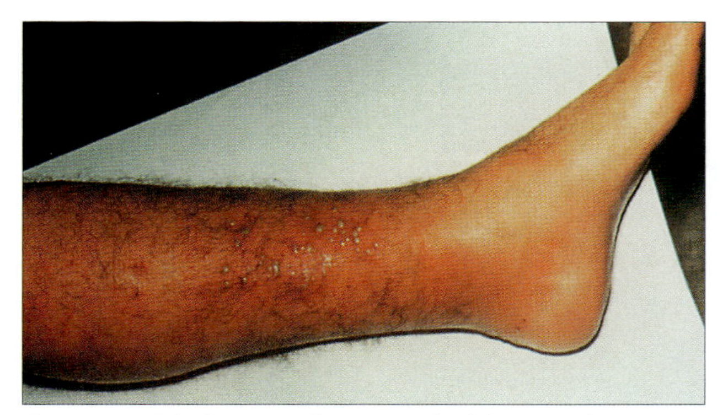

Figura 27.3 Foliculite. Uma infecção superficial demonstrada aqui em uma forma localizada nos folículos pilosos da perna. Os furúnculos contêm pus amarelo cremoso e massas de bactérias. *Staphylococcus aureus* é a causa mais comum. (Cortesia de A. du Vivier.)

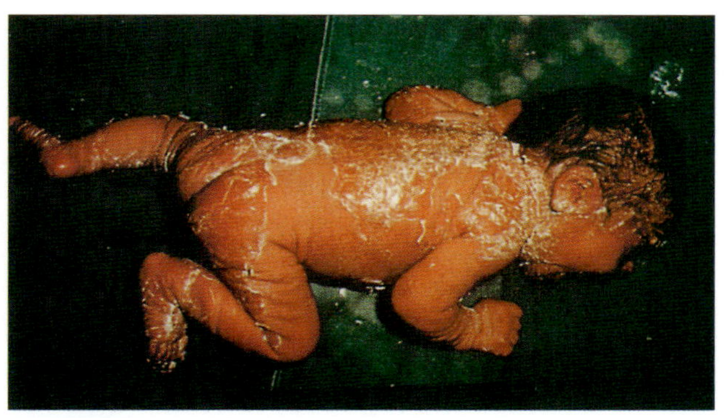

Figura 27.4 A síndrome da pele escaldada resulta da infecção da pele com cepas de *Staphylococcus aureus* que produzem uma toxina específica, que destrói as conexões intercelulares na pele, resultando em grandes áreas de descamação. O aspecto pode ser confundido com queimadura. (Cortesia de A. du Vivier.)

S. aureus virulentos podem sofrer de furúnculos recorrentes, mas acredita-se que a inoculação de cerca de 100.000 microrganismos é necessária na ausência de ferida ou corpo estranho. O *S. aureus* também pode causar sérias doenças cutâneas pela produção de toxinas (síndrome da pele escaldada, síndrome do choque tóxico; ver adiante). Além disso, as infecções cutâneas e do tecido mole provocadas pelas cepas de *S. aureus* resistentes à meticilina associadas à comunidade (CA-MRSA) são de incidência crescente e vêm causando preocupação (Cap. 37).

Um furúnculo surge depois de 2-4 dias da inoculação, na forma de uma infecção superficial dentro e ao redor do folículo piloso (foliculite; Fig. 27.3). Neste local, os organismos ficam relativamente protegidos das defesas do hospedeiro, podendo se multiplicar rapidamente e se disseminar localmente. Esta proliferação provoca uma intensa resposta inflamatória com migração de neutrófilos. Ocorre a deposição de fibrina, que isola o local da infecção. Os abscessos contêm caracteristicamente uma secreção purulenta amarelada e viscosa abundante formada por um número maciço de microrganismos e leucócitos necróticos. Os abscessos continuam a se expandir lentamente, causando a erosão da camada superior da pele, em seguida amadurecem e drenam o material purulento. A drenagem para o meio interno pode levar à contaminação dos locais corporais subjacentes pelo estafilococo, causando sérias infecções como peritonite, empiema ou meningite.

As infecções por *Staphylococcus aureus* em geral são diagnosticadas clinicamente, e o tratamento inclui a drenagem e o uso de antibióticos

Staphylococcus aureus é a causa mais comum de furúnculos, sendo diagnosticado clinicamente. O isolamento e a caracterização dos estafilococos infectantes em pacientes hospitalizados e na equipe hospitalar são importantes nas investigações de infecções relacionadas à assistência em saúde (Cap. 37).

O tratamento envolve a drenagem, que quase sempre é suficiente para as lesões menores, mas os antibióticos podem ser utilizados como adjuvantes quando a infecção é grave e o paciente apresenta febre. A maioria dos *S. aureus* é produtor de beta-lactamase, mas os *S. aureus* suscetíveis à meticilina (MSSA) podem ser tratados com penicilinas enzima-estáveis, como a nafcilina. Isolados resistentes a estes compostos (p. ex., *Staphylococcus aureus* resistentes à meticilina [MRSA]; Cap. 34) podem ser tratados com vancomicina, linezolida ou quinopristina-dalfopristina. O tratamento com estes agentes não necessariamente erradica o estado de portador de estafilococos.

As infecções recorrentes nos portadores nasais de *S. aureus* podem ser tratadas com cremes contendo antibióticos. Por exemplo, a mupirocina tem sido utilizada com sucesso para os portadores de estafilococos resistentes à meticilina (Cap. 37). O paciente deve ser orientado a manter a pele em bom estado e tomar cuidado com a higiene pessoal.

A síndrome da pele escaldada estafilocócica é causada por *Staphylococcus aureus* produtores de toxinas

Esta condição, também conhecida como "doença de Ritter" em lactentes e "doença de Lyell" ou "necrólise epidérmica tóxica" em crianças mais velhas, ocorre esporadicamente ou em surtos. A doença é causada por cepas de *S. aureus* que produzem uma toxina conhecida como "exfoliativa" ou "toxina da síndrome da pele escaldada". As lesões cutâneas iniciais podem ser pequenas, mas as toxinas causam a destruição das conexões intercelulares e a separação da camada superior da epiderme. Grandes bolhas se formam, contendo um líquido claro, e dentro de 1 ou 2 dias as áreas da pele sob estas bolhas desaparecem (Fig. 27.4), deixando por baixo a pele normal. O bebê se mostra irritado e desconfortável, mas raramente apresenta doença grave. Entretanto, o tratamento deve levar em consideração o risco de uma grande perda de líquidos através da superfície lesada, e a reposição de fluidos pode ser necessária. Conforme mencionado, a quimioterapia antimicrobiana deve empregar penicilinas resistentes à beta-lactamase (p. ex., nafcilina) contra MSSA, enquanto vancomicina, linezolida ou quinopristina-dalfopristina ou daptomicina devem ser utilizadas para MRSA.

A síndrome do choque tóxico é causada por *Staphylococcus aureus* produtores da toxina do choque tóxico

Esta infecção sistêmica tornou-se mais conhecida pela sua associação com o uso de absorventes internos por mulheres saudáveis, mas não é exclusiva de mulheres e pode ocorrer como resultado da infecção por *S. aureus* em locais não genitais (p. ex., uma ferida). A síndrome do choque tóxico (SCT) envolve múltiplos sistemas orgânicos e se caracteriza por febre, hipotensão e um exantema eritematoso macular difuso acompanhado pela descamação da pele, particularmente nas solas e nas palmas (Fig. 27.5). A SCT é causada pelas exotoxinas do *S. aureus*, mais comumente a TSST1, que se comporta como um superantígeno (estimulando a proliferação de células T e liberação de citosinas; Cap. 17). Apesar de a prevalência da SCT nos EUA ser baixa (estimada em < 200 casos por ano), > 90% dos adultos possuem anticorpos para TSST1. O tratamento da SCT inclui a abertura do local infectado (p. ex., drenagem), reposição de líquidos e quimioterapia antiestafilocócica.

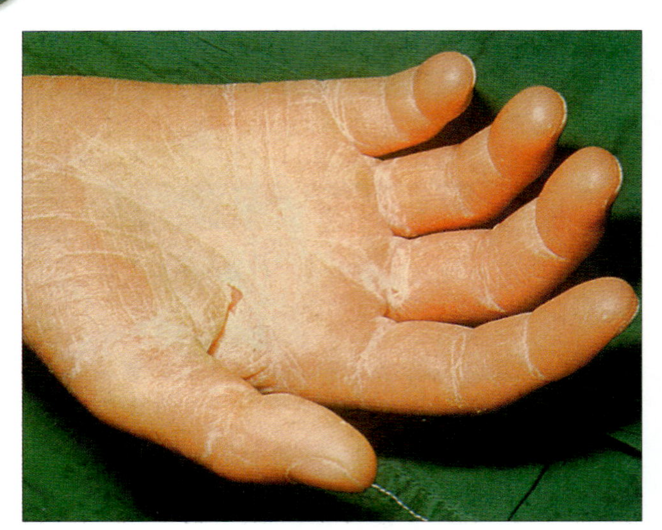

Figura 27.5 A síndrome do choque tóxico resulta da infecção sistêmica por *Staphylococcus aureus*, mas apresenta manifestações cutâneas na forma de descamação, particularmente nas palmas das mãos e nas solas dos pés. (Cortesia de M.J. Wood.)

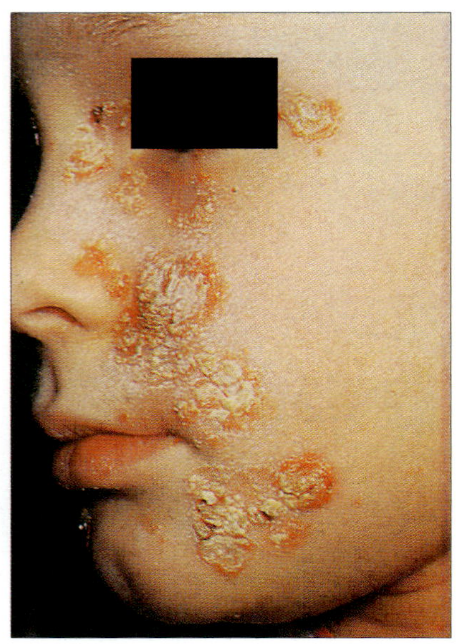

Figura 27.7 O impetigo é uma condição limitada à epiderme, com lesões tipicamente amareladas e de superfície crostosa. A doença comumente é causada pelo *Streptococcus pyogenes* isoladamente ou em associação com *Staphylococcus aureus*. (Cortesia de M.J. Wood.)

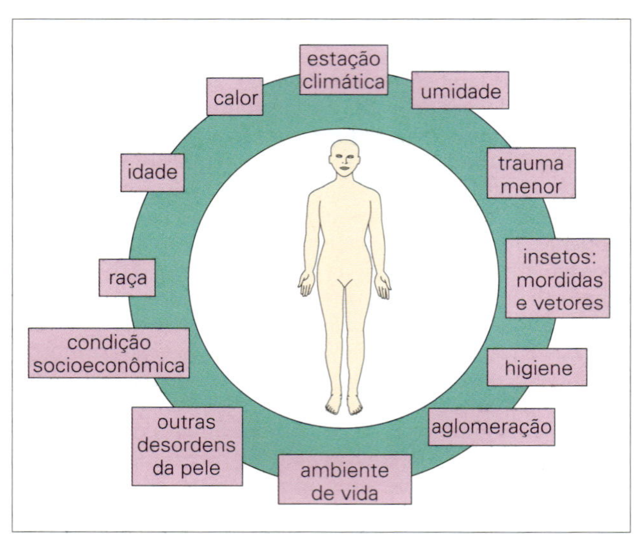

Figura 27.6 Vários fatores estão envolvidos no desenvolvimento das infecções estreptocócicas da pele. Tipos específicos de M de *Streptococcus pyogenes* apresentam predileção pela pele, mas diversos fatores predispõem o hospedeiro (geralmente crianças) à infecção. As infecções mistas por *Staphylococcus aureus* também são comuns.

Infecções cutâneas estreptocócicas

As infecções cutâneas estreptocócicas são causadas por *Streptococcus pyogenes* (estreptococos do grupo A)

O impetigo estreptocócico desenvolve-se independentemente de uma infecção estreptocócica do trato respiratório superior, e apesar de até 35% dos pacientes serem portadores da mesma cepa na nasofaringe ou orofaringe, a colonização pode ocorrer depois da infecção da pele. Os organismos são adquiridos mediante contato com outras pessoas que apresentam infecções cutâneas e podem colonizar e se multiplicar inicialmente na pele normal antes da invasão através de pequenas frestas no epitélio, e, então, produzir as lesões. Os diversos fatores de risco envolvidos no desenvolvimento do impetigo estreptocócico são mostrados na Figura 27.6. O *S. pyogenes* também pode provocar erisipelas, uma infecção aguda mais profunda na derme. Cerca de 5% dos pacientes com erisipela desenvolvem bacteremia, que apresenta uma alta mortalidade se não for tratada. Como já foi discutido anteriormente, o impetigo também pode ser causado pelo *S. aureus* e ocasionalmente se apresenta em uma forma bolhosa mais extrema (impetigo bolhoso), semelhante a uma síndrome da pele escaldada localizada (ver anteriormente).

Streptococcus pyogenes possui certas proteínas de superfície (M e T) que são antigênicas. As espécies podem ser subdivididas (tipificadas) com base nestes antígenos, e já se sabe que certos tipos de M e T estão associados à infecção da pele (estes tipos diferem daqueles associados às infecções da orofaringe). As proteínas T não desempenham nenhum papel conhecido na virulência, e sua função é desconhecida. As proteínas M são importantes fatores de virulência, pois inibem a opsonização e conferem uma resistência à fagocitose. Uma variedade de fatores adicionais contribui para a virulência do organismo, como o ácido lipoteicoico (ALT; um componente da parede celular Gram-positiva) e a proteína F, que facilitam a ligação das bactérias às células epiteliais.

As características clínicas das infecções cutâneas estreptocócicas são tipicamente agudas

Os sinais clínicos manifestam-se dentro de 24-48h após a invasão da pele e desencadeiam uma acentuada resposta inflamatória enquanto o hospedeiro tenta localizar a infecção (Figs. 27.7 e 27.8). O *S. pyogenes* elabora diversos produtos tóxicos e enzimas, como a hialuronidase, que ajudam na proliferação do organismo através dos tecidos. O envolvimento linfático é comum, resultando em linfadenite e linfangite.

As cepas lisogênicas de *S. pyogenes* produzem exotoxinas pirogênicas (SPE; anteriormente conhecidas como toxinas eritrogênicas). Assim como a TSSR1 produzida pelo *S. aureus* (discutida previamente), estas toxinas são superantígenos com forte influência sobre o sistema imune. As toxinas (p. ex., SPEA, B e C) também agem nos vasos sanguíneos da pele para provocar a erupção eritematosa difusa da febre escarlate, que

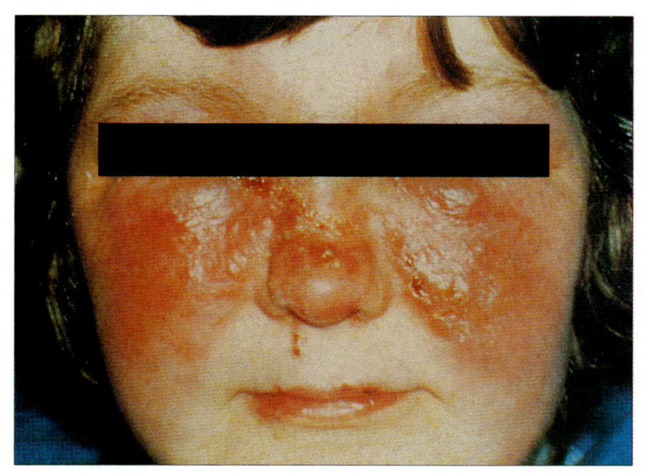

Figura 27.8 Erisipelas. A infecção pelo *Streptococcus pyogenes* envolve os vasos linfáticos da derme dando origem a uma área claramente demarcada de eritema e induração. Com o envolvimento da face, observa-se um exantema em "asa de borboleta", como demonstrado nesta figura. (Cortesia de M.J. Wood.)

pode ocorrer com a faringite estreptocócica. O *S. pyogenes* também pode provocar uma forma de choque tóxico que foi especialmente associada à produção de SPEA.

A proteína M é um grande fator de virulência no *Streptococcus pyogenes* com mais de 100 tipos, alguns dos quais (p. ex., M49) são especificamente associados a doenças como a glomerulonefrite aguda

A glomerulonefrite aguda (GNA) ocorre com mais frequência após infecções cutâneas do que após infecções da orofaringe (Cap. 19). Ela se caracteriza pela deposição de complexos imunes na membrana basal do glomérulo, mas o papel preciso do estreptococo como agente causal ainda é obscuro (Cap. 18); 10-15% dos indivíduos infectados com uma cepa nefritogênica irão desenvolver GNA em 2-3 semanas após a infecção primária. A maioria das pessoas se recupera completamente, e a recorrência após uma infecção estreptocócica subsequente é rara. A febre reumática (Cap. 19) raramente ocorre após infecções cutâneas por *S. pyogenes*.

As infecções cutâneas estreptocócicas são diagnosticadas clinicamente e tratadas com penicilinas

A coloração de Gram do pus oriundo das vesículas do impetigo demonstra cocos Gram-positivos, e a cultura revela *S. pyogenes* algumas vezes associados a *S. aureus* (Fig. 27.9). Nas erisipelas, as culturas de pele geralmente são negativas, embora a cultura do líquido coletado na borda da lesão possa ser positiva. Dependendo da causa da infecção e da suscetibilidade a antibióticos, dicloxacilina é um medicamento comumente usado, apesar de a eritromicina, macrolídeos mais recentes, ou cefalosporinas orais poderem ser utilizadas nos pacientes com alergia à penicilina. Entretanto, a prevalência de resistência em estreptococos (p. ex., eritromicina) está aumentando, e estes fármacos não são efetivos nas infecções mistas com *S. aureus*. As infecções graves podem necessitar de hospitalização.

O impetigo é prevenido com a melhora dos fatores do hospedeiro associados à contração da doença, como ilustrado na Figura 27.7. Como a GNA raramente ocorre em uma infecção estreptocócica subsequente, a profilaxia com penicilina por longos períodos não está indicada (em contraste com

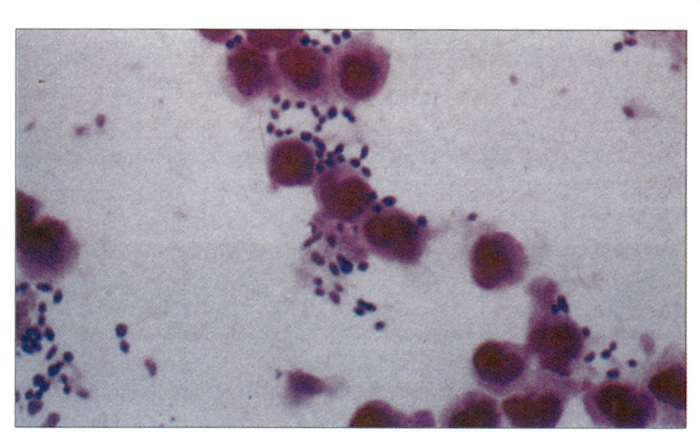

Figura 27.9 Cocos Gram-positivos em pus.

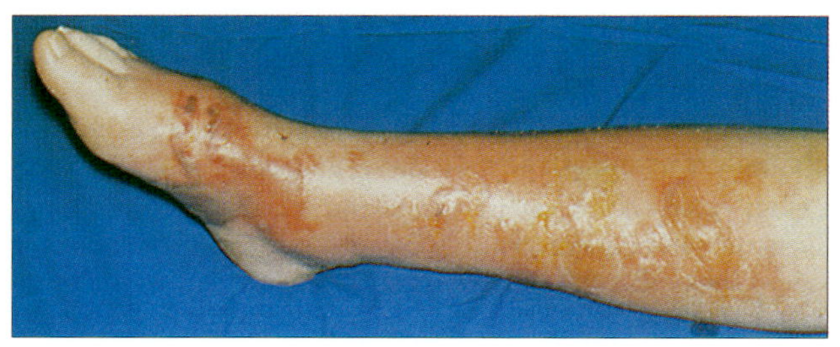

Figura 27.10 Quando o foco de infecção se localiza no tecido adiposo subcutâneo, a celulite — uma infecção grave e rapidamente progressiva — é a apresentação típica. Grandes bolhas e descamações podem estar presentes na superfície da pele. (Cortesia de M.J. Wood.)

a profilaxia de longa duração com penicilina após a febre reumática; Cap. 19).

Celulite e gangrena

A celulite é uma infecção aguda disseminada da pele que envolve os tecidos subcutâneos

A celulite acomete uma região mais profunda do que as erisipelas e quase sempre se origina em lesões cutâneas superficiais, como furúnculos ou úlceras, ou ainda após traumatismos. Raramente a celulite é hematogênica, mas, inversamente, pode levar a uma invasão bacteriana da corrente sanguínea. A infecção se desenvolve algumas horas ou dias após o traumatismo e rapidamente produz uma lesão vermelha, quente e edemaciada (Fig. 27.10). Os linfonodos regionais se tornam dilatados, e o paciente apresenta mal-estar, calafrios e febre.

A grande maioria dos casos de celulite é provocada por *S. pyogenes* e *S. aureus*. Ocasionalmente, em pacientes que tiveram uma determinada exposição ambiental, outros organismos podem ser implicados. Por exemplo, o *Erysipelothrix rhusiopathiae* está associado à celulite em açougueiros ou indivíduos que limpam peixes, enquanto *Vibrio vulnificus* e *Vibrio alginolyticus* podem complicar feridas traumáticas adquiridas em ambientes de água salgada.

O patógeno causador da celulite é isolado em apenas 25-35% dos casos, e a terapia inicial deve abranger estreptococos e estafilococos. É possível tentar confirmar o diagnóstico clínico com a cultura:

- de aspirados da borda superior da celulite;
- do local do trauma (se houver);
- das biópsias cutâneas;
- do sangue.

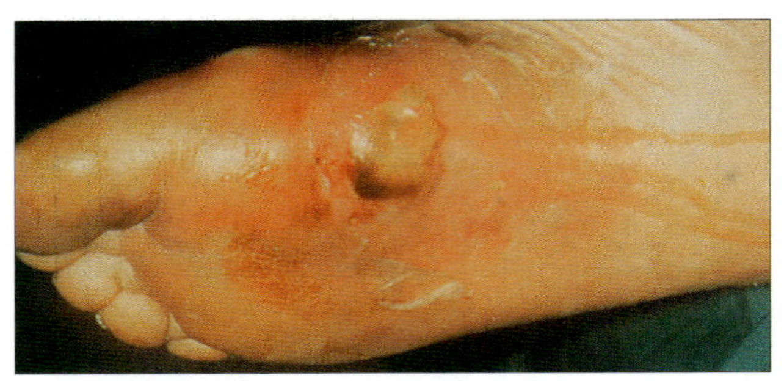

Figura 27.11 Celulite progressiva grave do pé. Este tipo de celulite geralmente é causado por bactérias anaeróbicas ou uma mistura de anaeróbicos e aeróbicos, sendo um problema particularmente em pacientes diabéticos com dano vascular periférico e neuropático. (Cortesia de J.D. Ward.)

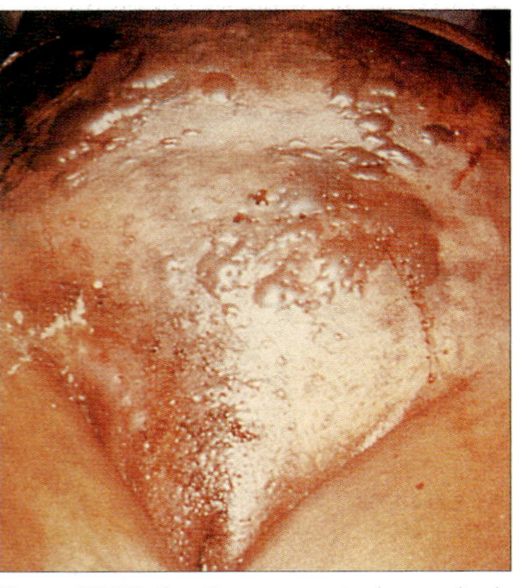

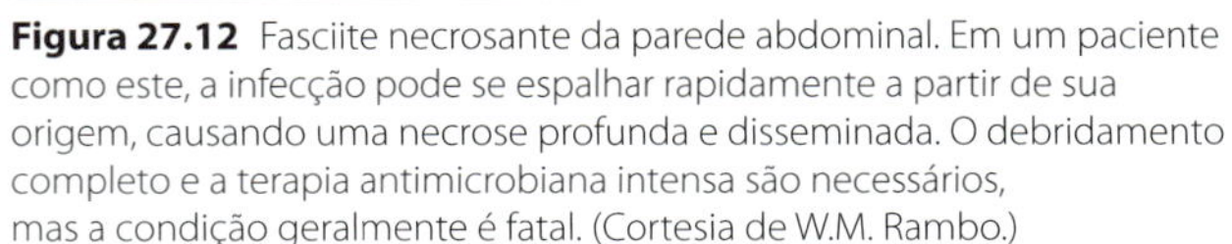

Figura 27.12 Fasciite necrosante da parede abdominal. Em um paciente como este, a infecção pode se espalhar rapidamente a partir de sua origem, causando uma necrose profunda e disseminada. O debridamento completo e a terapia antimicrobiana intensa são necessários, mas a condição geralmente é fatal. (Cortesia de W.M. Rambo.)

O tratamento deve ser iniciado com base no diagnóstico clínico por causa do potencial de rápida progressão da doença.

A celulite anaeróbica pode se desenvolver em áreas de tecido traumatizado ou desvitalizado

Estas lesões estão associadas a feridas cirúrgicas ou traumáticas ou são encontradas em extremidades isquêmicas. Os pacientes diabéticos são particularmente propensos a celulite anaeróbica nos pés (Fig. 27.11). Os microrganismos causadores dependem das circunstâncias do trauma: as infecções das regiões inferiores do corpo em geral são causadas por microrganismos da microbiota fecal, enquanto as feridas causadas por mordidas de humanos são infectadas por microrganismos orais. Secreção com odor fétido, edema acentuado e gás nos tecidos são característicos da celulite anaeróbica, e uma mistura de organismos geralmente é detectada na cultura de amostras da ferida. O tratamento precisa ser agressivo para interromper a progressão da infecção, e o uso de antibióticos e debridamento cirúrgico é necessário. A osteomielite (ver adiante) é uma sequela comum.

A gangrena bacteriana sinérgica é uma infecção implacavelmente destrutiva

Essa rara infecção é provocada por uma mistura de organismos, em geral estreptococos microaerófilos e *S. aureus*. A gangrena costuma ocorrer após a cirurgia na virilha ou na área genital, começando no local de um dreno ou sutura. A celulite desenvolve-se na pele ao redor da lesão e cresce rapidamente (em questão de horas), deixando um centro necrótico negro. A condição geralmente é fatal, e o tratamento requer a excisão radical da área necrótica com terapia antibiótica sistêmica.

Fasciite necrosante, mionecrose e gangrena

A fasciite necrosante é uma infecção mista frequentemente fatal causada por anaeróbios e anaeróbios facultativos

Apesar de ser aparentemente semelhante à gangrena bacteriana sinérgica, a fasciite necrosante é uma infecção muito mais aguda e extremamente tóxica, causando necrose disseminada e o colapso dos tecidos circundantes, de modo que a destruição nos tecidos profundos é mais ampla do que a lesão da pele (Fig. 27.12). A fasciite necrosante é associada com maior proeminência ao *Streptococcus pyogenes*, que frequentemente é chamado de "bactéria carnívora". No entanto, a infecção pode ser causada por diversos outros organismos, sobretudo estafilococo resistente à meticilina (MRSA). Pacientes com fasciite necrosante apresentam deterioração rápida e frequentemente morrem. A excisão radical de toda a área necrótica é uma parte essencial da terapia, juntamente com o uso de antibióticos administrados tanto localmente na ferida como sistemicamente.

As feridas traumáticas ou cirúrgicas podem se tornar infectadas com espécies de *Clostridium*

O *Clostridium tetani* invade os tecidos através de traumatismos na pele, mas a doença ocorre exclusivamente devido à produção de uma poderosa exotoxina (Cap. 18).

A gangrena gasosa ou mionecrose por clostrídios pode ser causada por diversas espécies de clostrídios, mas o *Clostridium perfringens* é o mais comum. O microrganismo e seus esporos são encontrados no solo e nas fezes animais e humanas e, portanto, chegam aos tecidos lesados pela contaminação a partir destas fontes. A infecção desenvolve-se em áreas do corpo com baixo aporte sanguíneo (anaeróbica); as nádegas e o períneo são locais comuns, particularmente em pacientes com doença vascular isquêmica ou arteriosclerose periférica. Os microrganismos multiplicam-se nos tecidos subcutâneos, produzindo gás e uma celulite anaeróbica, mas uma característica marcante da infecção clostridial é que o organismo invade de forma mais profunda o músculo, onde causa necrose e produz bolhas de gás, que podem ser palpadas nos tecidos e algumas vezes vistas na ferida (Fig. 27.13). A infecção prossegue de maneira bastante rápida e causa dor aguda. A maioria dos danos causados ocorre pela produção de uma lecitinase (também conhecida como alfa-toxina) pelo *C. perfringens*, que hidrolisa os lipídios das membranas celulares, resultando em lise e morte celular. A presença de tecido morto ou em estágio terminal compromete ainda mais o suprimento sanguíneo, e os microrganismos se multiplicam, produzindo mais toxina e mais dano. Outras enzimas extracelulares também podem desempenhar um papel na disseminação da bactéria. Quando a toxina ultrapassa a área afetada e alcança a corrente sanguínea, ocorre hemólise maciça, falência renal e morte.

A amputação pode ser necessária para impedir a disseminação da infecção clostridial

Por causa da rápida progressão e do resultado fatal deste tipo de infecção clostridial, as áreas gangrenosas necessitam de cirurgia imediata para a excisão de todos os tecidos afetados, e a amputação pode ser necessária. Embora alguns relatórios

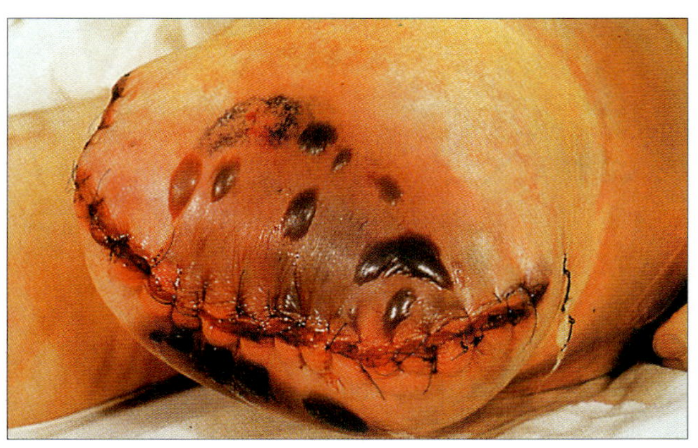

Figura 27.13 Gangrena gasosa causada por *Clostridium perfringens*. Os microrganismos da microbiota fecal podem contaminar a ferida, crescendo e se multiplicando no tecido fracamente perfundido (anaeróbio). A infecção dissemina-se rapidamente, e o gás pode ser palpado nos tecidos e observado nas radiografias. (Cortesia de J. Newman.)

sugiram que a antialfa-toxina pode ajudar se administrada logo no início, o tratamento com antitoxina normalmente não é visto como eficaz, ao passo que o tratamento em uma câmara de oxigênio hiperbárica, onde disponível, pode ser útil (isto é, oxigenação do tecido) em alguns casos.

Os antibióticos devem ser apenas auxiliares no tratamento, e não substitutos do debridamento cirúrgico.

A prevenção da infecção é da maior importância. As feridas devem ser limpas e debridadas precocemente para remover os tecidos mortos ou malperfundidos, que favorecem o crescimento de anaeróbios. A profilaxia com antibióticos deve ser utilizada no pré-operatório para os pacientes submetidos a cirurgias eletivas em locais do corpo que apresentem tendência para a contaminação pela microbiota fecal.

Propionibacterium acnes e acne

Propionibacterium acnes está associada às alterações hormonais da puberdade que resultam em acne

A resposta aumentada aos hormônios androgênicos leva ao aumento da produção de sebo e aumento da queratinização e descamação dos ductos pilossebáceos. O bloqueio dos ductos os transforma em sacos em que o *P. acnes* e outros membros da microbiota normal (p. ex., micrococos, leveduras, estafilococos) se multiplicam. O *P. acnes* age no sebo para formar ácidos graxos e peptídeos que, juntos com as enzimas e outras substâncias liberadas pelas bactérias e pelos polimorfos, provocam a inflamação (Fig. 27.14). Os comedões são tampões oleosos compostos de uma mistura de queratina, sebo e bactérias, cobertos por uma camada de melanina (cravos, na terminologia popular) (Fig. 27.15).

O tratamento da acne inclui a administração de antibióticos orais durante longos períodos

Os antibióticos utilizados para o tratamento da acne geralmente são tetraciclinas. Outros tratamentos incluem cuidados com a pele, queratolíticos e, nos casos graves, o uso de derivados sintéticos da vitamina A, como a isotretinoína. Os antibióticos administrados por via oral reduzem os números de *P. acnes* da superfície com diminuição concomitante dos ácidos graxos livres, que atuam como irritantes da pele, causada pela atividade das enzimas bacterianas no sebo. A acne pode ser um problema para adolescentes, mas em geral desaparece em grupos etários mais velhos quando os folículos sebáceos se tornam menos ativos.

Figura 27.14 Lesões típicas da acne. "Comedões" são vistos quando tampões de queratina bloqueiam os ductos pilossebáceos. (Cortesia de A. du Vivier.)

Outras cepas Gram-positivas relacionadas com a *P. acnes*, como as corinebactérias e brevibactérias, também podem causar infecções na pele.

DOENÇAS MICOBACTERIANAS DA PELE

Hanseníase

A incidência de hanseníase está decrescendo, porém ela ainda preocupa

A hanseníase é conhecida desde os tempos bíblicos, mas no passado a palavra utilizada era "lepra", um termo genérico, aplicado a várias doenças diferentes, também implicando uma "impureza moral". Acredita-se que a hanseníase chegou à Europa no século VI, e por volta do século XIII havia mais de duzentos hospitais para hansenianos na Inglaterra. Durante os séculos que se seguiram, a incidência da hanseníase diminuiu, e, por volta do século XV, não era mais endêmica na Inglaterra; em contraste, a tuberculose aumentava. Hoje em dia, a hanseníase é rara no Reino Unido e nos EUA, e a Organização Mundial da Saúde (OMS) estima que o número de novos casos pelo mundo tenha diminuído para aproximadamente 200.000 casos detectados em 2015. Entretanto, a doença ainda representa um problema significativo no sudeste da Ásia, África e Américas.

A hanseníase é causada pela *Mycobacterium leprae*

A *Mycobacterium leprae* foi descoberta em 1873 por G.A. Hansen, que a identificou como o primeiro agente bacteriano capaz de provocar a doença em humanos. A hanseníase (doença de Hansen) parece estar confinada aos humanos. *M. leprae* é encontrada em tatus, chimpanzés e macacos *cercocebus*; no entanto, os estudos epidemiológicos não demonstraram uma associação significativa entre estes portadores e a doença humana. A transmissão da infecção está diretamente relacionada com aglomerações excessivas e falta de higiene, ocorrendo por contato direto e inalação de aerossóis. Um número relativamente baixo de microrganismos é transmitido a partir das lesões cutâneas, mas as secreções nasais de pacientes com hanseníase lepromatosa são carregadas com *M. leprae*. Vetores artrópodes podem desempenhar um papel na transmissão. A hanseníase não é extremamente contagiosa, e a exposição prolongada a uma fonte infectada é necessária; deduz-se que crianças que vivem sob o mesmo teto de um caso aberto de hanseníase estão em maior risco. Ironicamente, como as lesões da hanseníase são mais evidentes, no passado os pacientes eram excluídos das comunidades e agrupados em colônias de hansenianos; embora a tuberculose fosse muito mais contagiosa, as pessoas com tuberculose não sofriam segregação.

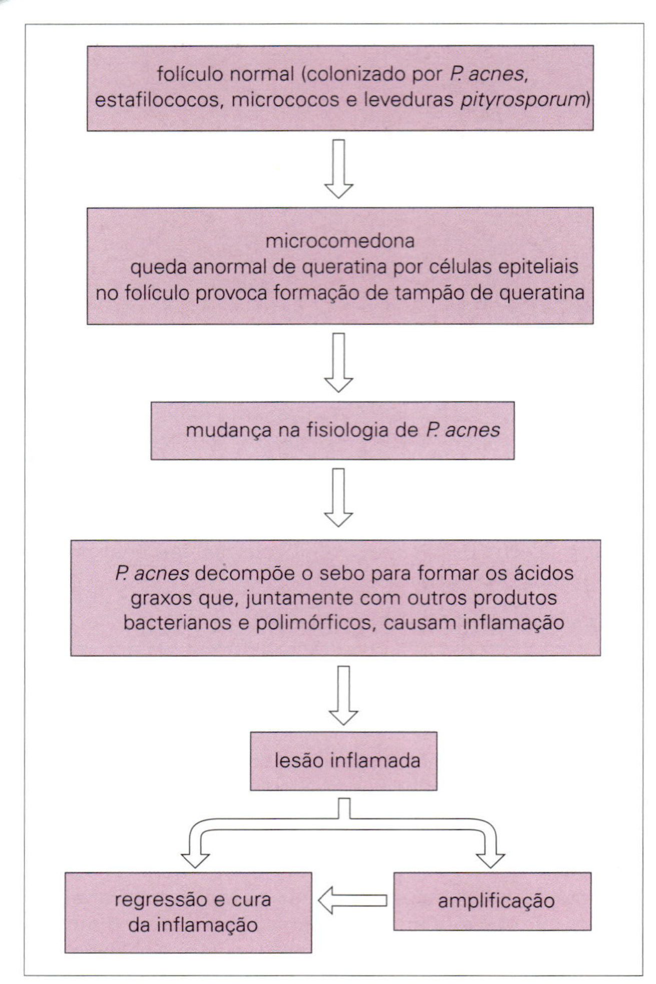

Figura 27.15 Mecanismo proposto da patogênese da acne. Alterações hormonais no hospedeiro iniciam a formação dos comedões no folículo normal e, consequentemente, mudam o ambiente da bactéria *Propionibacterium acnes* e suas propriedades fisiológicas. A *P. acnes* também é conhecida como um imunoestimulador.

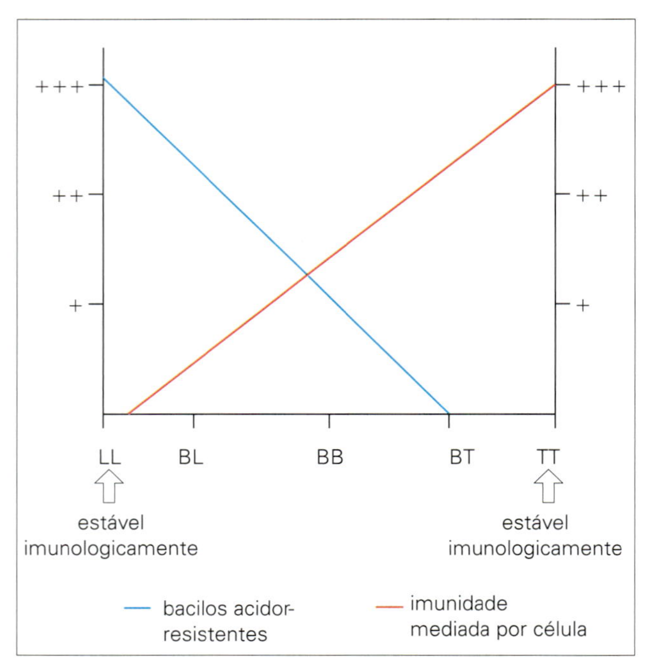

Figura 27.16 Respostas imunológicas na hanseníase. Na hanseníase tuberculoide (TT), o paciente é capaz de montar uma eficiente resposta imune mediada por células (IMC), que permite a destruição dos organismos pelos macrófagos, contendo a infecção. No outro extremo, na hanseníase lepromatosa (LL), o paciente não é capaz de produzir uma resposta mediada por células (IMC), e os organismos se multiplicam sem controle. Estes pacientes possuem muitos bacilos acidorresistentes na pele e nas secreções nasais, e são muito mais infecciosos do que os pacientes com TT. As respostas lepromatosa-limítrofe (*borderline lepromatous*, BL), limítrofe-limítrofe (*borderline borderline*, BB) e tuberculosa-limítrofe (*borderline tuberculoide*, BT) são observadas entre estes extremos.

As características clínicas da hanseníase dependem da resposta imune mediada por células à *M. leprae*

A *M. leprae* não cresce em meio de cultura artificial e pouco se sabe sobre seu mecanismo patogênico. Observando-se a infecção em dois modelos animais: infecções em tatus e nas patas de camundongos, concluiu-se que o microrganismo cresce melhor em temperaturas abaixo de 37 °C, sendo este o motivo de sua localização na pele e nos nervos superficiais; o organismo cresce de forma extremamente lenta. No camundongo, o tempo de geração é de 11-13 dias; em humanos, o período de incubação pode levar vários anos.

A *M. leprae* cresce no meio intracelular, tipicamente nos histiócitos, nas células endoteliais da pele e nas células de Schwann dos nervos periféricos. A resposta imune é importante na determinação do tipo da doença.

A *M. leprae* compartilha várias características patobiológicas com a *M. tuberculosis*, mas as manifestações clínicas das doenças são muito diferentes. Após um período de incubação de vários anos, o início da hanseníase é gradual e o espectro de atividade da doença é muito amplo, dependendo da presença ou ausência de uma resposta imune mediada por células (IMC) para *M. leprae* (Fig. 27.16). Em uma forma de manifestação clínica, encontramos a hanseníase tuberculoide

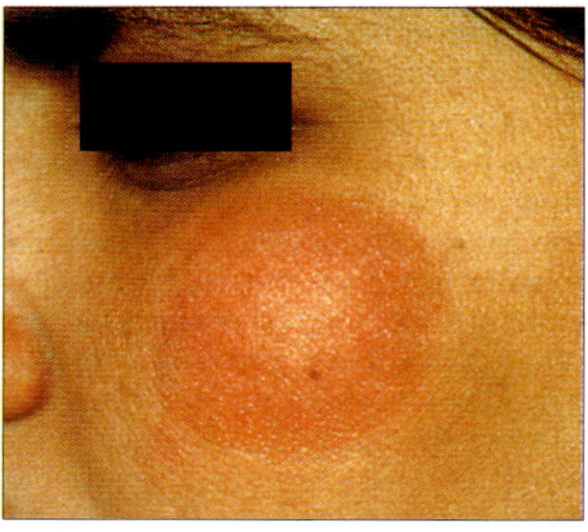

Figura 27.17 Hanseníase tuberculoide — lesão seca maculosa característica na face, mas o diagnóstico precisa ser confirmado pelo exame microscópico de uma biópsia da pele (Fig. 27.20). (Cortesia do Instituto de Dermatologia.)

(TT), caracterizada por lesões na forma de manchas vermelhas e com áreas anestésicas na face, tronco e extremidades (Fig. 27.17). Observa-se um espessamento palpável dos nervos periféricos pela multiplicação dos organismos nas bainhas nervosas. A anestesia local deixa o paciente propenso a traumatismos repetidos e infecção bacteriana secundária. O quadro da doença é equivalente ao da tuberculose secundária (Cap. 20), com uma vigorosa resposta celular (IMC) levando à destruição fagocítica da bactéria e respostas alérgicas exageradas. A TT tem melhor prognóstico do que a hanseníase

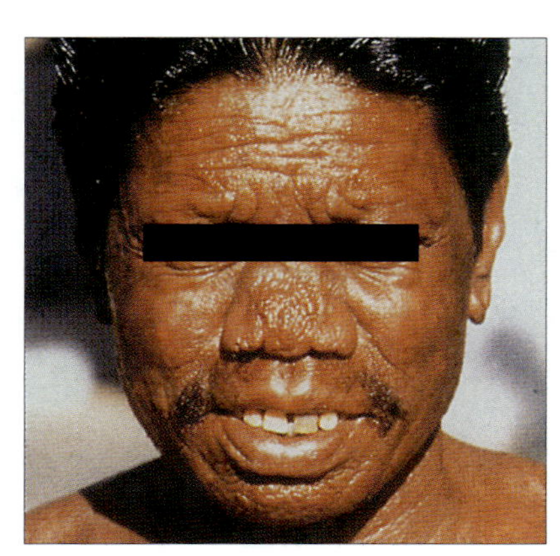

Figura 27.18 Extenso envolvimento cutâneo na hanseníase lepromatosa resulta em uma aparência leonina característica. (Cortesia de D.A. Lewis.)

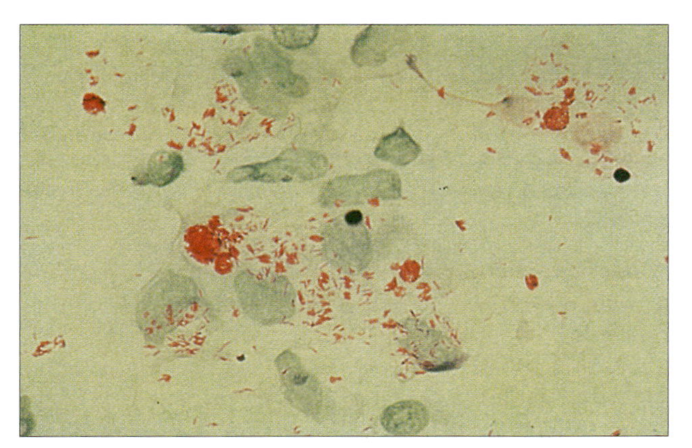

Figura 27.19 Na hanseníase lepromatosa, a mucosa nasal está infectada com *Mycobacterium leprae*, vista aqui em uma coloração de acidorresistentes (Ziehl-Neelsen) de raspados nasais. (Cortesia de I. Farrell.)

lepromatosa (LL) e, em alguns pacientes, é autolimitada, mas em outros pode progredir e atingir o espectro LL.

Na LL, observa-se um envolvimento extenso da pele com grande número de bactérias nas áreas afetadas. Conforme a doença progride, observam-se perda das sobrancelhas, espessamento e dilatação das narinas, orelhas e bochechas, resultando na típica aparência facial leonina (Fig. 27.18). Observa-se uma destruição progressiva do septo nasal, e a mucosa nasal é rica em microrganismos (Fig. 27.19). Esta forma da doença é equivalente à tuberculose miliar (Cap. 20) com uma fraca resposta celular (IMC) e vários organismos extracelulares visíveis nas lesões. As deformidades macroscópicas características da doença tardia resultam primariamente da destruição infecciosa das estruturas faciais nasomaxilares e, secundariamente, das alterações patológicas nos nervos periféricos, que predispõem ao traumatismo repetido das mãos e dos pés com superinfecção subsequente por outros organismos.

O desenvolvimento de hanseníase TT ou LL pode ser geneticamente determinado, pelo menos parcialmente. Pacientes com formas intermediárias da doença podem progredir para qualquer um dos extremos.

A *M. leprae* pode ser caracterizada como bacilo acidorresistente em raspagens nasais e nas biópsias das lesões

O médico deve ficar atento para a possibilidade de hanseníase quando um paciente apresenta queixas dermatológicas, neurológicas ou multissistêmicas. Embora a maioria dos casos ocorra em pessoas que não sejam originárias da Europa ou dos EUA, o diagnóstico também deve ser considerado para as pessoas que tenham trabalhado em áreas endêmicas.

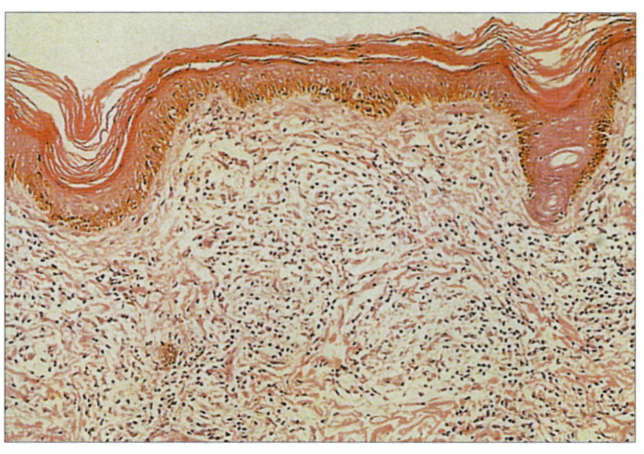

Figura 27.20 Na hanseníase tuberculoide os microrganismos são muito mais esparsos, porém existe a formação de granulomas característicos na derme, como demonstrado nesta preparação histológica. (Cortesia de C.J. Edwards.)

Os raspados nasais e a biópsia das lesões de pele podem ser coradas pelo corante de Ziehl-Neelsen ou por auramina para a demonstração de bacilos acidorresistentes. Na LL, os bacilos são numerosos, mas na TT são vistos poucos ou nenhum organismo; contudo, a aparência dos granulomas é suficientemente típica para permitir que o diagnóstico seja feito (Fig. 27.20). Em contraste com a *M. tuberculosis*, o microrganismo não pode ser cultivado *in vitro*.

Tratamento

A hanseníase é tratada com dapsona administrada como parte de um protocolo de associação com outros fármacos para evitar a resistência

Se a doença é diagnosticada no início e o tratamento é prontamente iniciado, o paciente tem um prognóstico muito melhor. A dapsona (Cap. 34) é, há muito tempo, o principal fármaco da terapia, mas o tratamento com vários fármacos é realizado nos dias de hoje para o controle da resistência à dapsona.

- Para a LL, a terapia tripla com dapsona, rifampicina e clofazimina é comumente administrada por 2 anos, podendo ser administrada durante mais tempo ou até que os raspados da pele e as biópsias sejam negativas para bacilos acidorresistentes.
- Para a TT, uma combinação de dapsona e rifampicina durante 6 meses é recomendada, já que esta forma da doença apresenta menos microrganismos e, portanto, há menor chance de aparecer mutantes resistentes.

Com o resultado da terapia combinada, que é razoavelmente barata, bem tolerada e leva à cura completa, há progresso regular para que ocorra a eliminação da hanseníase como um problema de saúde pública.

A destruição dos microrganismos por meio de uma terapia antimicrobiana efetiva pode resultar em uma resposta inflamatória, eritema nodoso hanseniano, que pode ser grave e ocasionalmente fatal. O tratamento com corticosteroides pode ser indicado.

A vacinação com o bacilo Calmette-Guérin (BCG) foi usado nos países com alta incidência onde a possível proteção compensa os fatores negativos como um teste cutâneo positivo. A vacina não é útil para indivíduos imunocomprometidos.

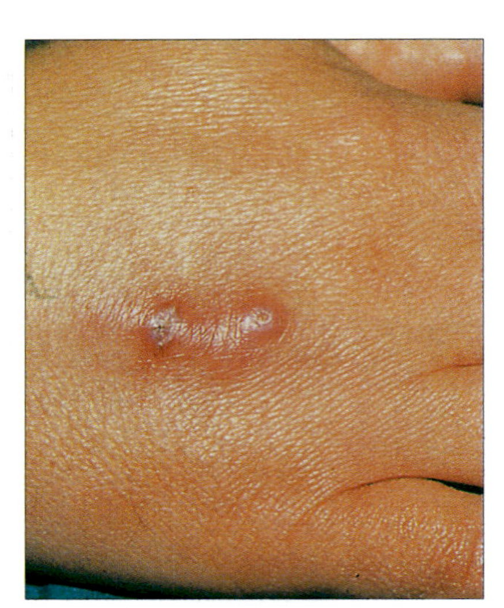

Figura 27.21 Granuloma de aquário causado pela infecção por *Mycobacterium marinum* em uma lesão adquirida durante a limpeza de um tanque de peixes. (Cortesia de M.J. Wood.)

Outras infecções micobacterianas da pele

Mycobacterium marinum, M. ulcerans e *M. tuberculosis* também causam lesões cutâneas

Mycobacterium marinum e *M. ulcerans* são duas espécies micobacterianas de crescimento lento que preferem temperaturas mais baixas e causam lesões cutâneas. Como seu nome sugere, a *M. marinum* está associada à água e a organismos marinhos. As infecções humanas ocorrem após traumatismos, geralmente pequenos, como um arranhão adquirido durante a saída de uma piscina ou durante a limpeza de um aquário contaminado pela micobactéria contida no ambiente aquático. Após um período de incubação de 2-8 semanas, as lesões iniciais aparecem como pequenas pápulas, que dilatam e supuram, podendo ulcerar. Histologicamente, as lesões são granulomas e, consequentemente, recebem o nome de "granulomas de piscina" ou "granulomas de aquário" (Fig. 27.21). Algumas vezes os nódulos seguem o curso dos vasos linfáticos e produzem um aspecto que pode ser confundido com uma esporotricose (ver adiante).

A *M. ulcerans* causa úlceras cutâneas crônicas e relativamente indolores conhecidas como "úlceras Buruli". Esta doença é prevalente na África e na Austrália, mas raramente em outras regiões.

A tuberculose da pele é extremamente rara. A infecção pode ocorrer mediante implantação direta da *M. tuberculosis* durante um traumatismo da pele (*lupus vulgaris*) ou pode atingir a pele a partir de um linfonodo infectado (escrofuloderma).

INFECÇÕES FÚNGICAS DE PELE

As infecções fúngicas podem ficar confinadas às camadas mais externas da pele ou nos cabelos, ou penetrar nas camadas queratinizadas da epiderme, das unhas e dos cabelos (as micoses superficiais e cutâneas); outras se desenvolvem nas camadas da derme (micoses subcutâneas). Além disso, algumas infecções fúngicas sistêmicas adquiridas por via aerógena posteriormente apresentam manifestações cutâneas (Tabela 27.1).

Micoses superficiais e cutâneas

Estas micoses estão entre as infecções mais comuns encontradas em humanos. As infecções superficiais da pele e do cabelo (pitiríase versicolor, *tinea nigra*, *piedra negra* e *piedra branca*) causam, principalmente, problemas estéticos; as infecções cutâneas (tinhas) causadas por fungos dermatófitos são as mais relevantes. Os importantes agentes causais são a levedura superficial basidiomicota *Malassezia furfur* e os dermatófitos cutâneos ascomicetos *Epidermophyton*, *Trichophyton* e *Microsporum*.

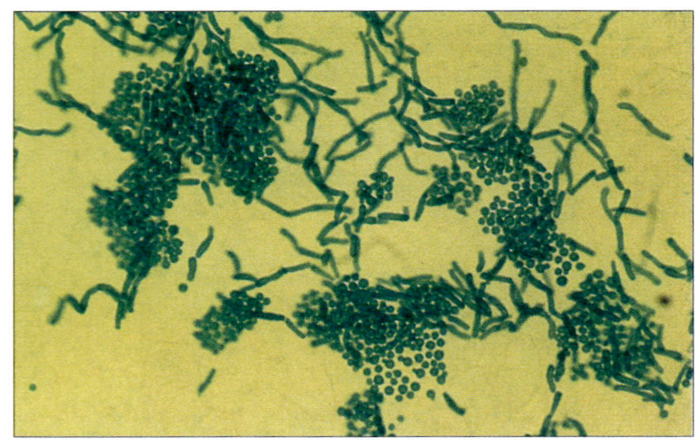

Figura 27.22 Descamações infectadas da pele coradas para demonstrar as formas da levedura de paredes espessas *Malassezia furfur* e as hifas curtas e angulares. (Cortesia de Y. Clayton e G. Midgley.)

Pitiríase versicolor

O *Malassezia furfur* é a causa da pitiríase ou tinha versicolor

A levedura *M. (Pityrosporum) furfur* é um habitante comum da pele. A mudança de comensalismo para patogenicidade parece estar associada à mudança de fase de levedura para formas de hifas do fungo, mas o estímulo para esta mudança é desconhecido. Como parte de sua adaptação para sobreviver na pele, o *Malassezia* secreta o ácido esfigomielinase e aspartato proteases e, por não poderem sintetizar ácidos graxos, secretam lipases e fosfolipases C, que liberam ácidos graxos dos lipídeos do hospedeiro. As infecções geralmente ficam confinadas ao tronco ou partes proximais dos membros e estão associadas a máculas hipo ou hiperpigmentadas que coalescem para formar placas descamativas. As lesões geralmente não causam prurido e, em alguns casos, resolvem de maneira espontânea.

As leveduras *Malassezia* também estão envolvidas na patogênese da dermatite seborreica e caspa, mas os papéis relativos do sistema imunológico do hospedeiro, atividade enzimática da *Malassezia* ou metabólitos secundários no seu estímulo ainda não foram claramente definidos.

O diagnóstico da pitiríase versicolor pode ser confirmado pela microscopia direta de raspados

A microscopia direta dos raspados demonstra as características formas de leveduras arredondadas (Fig. 27.22), e o tratamento com um antifúngico tópico azólico (ver adiante) ou loção de sulfito de selênio (2,5%) é apropriado.

Dermatófitos cutâneos

As infecções dermatófitas são adquiridas a partir de várias fontes e são disseminadas por artrósporos

As espécies de dermatófitos são descritas como antropofílicas, zoofílicas ou geofílicas, dependendo de sua fonte primária (humanos, animais ou solo). As espécies em questão diferem em sua distribuição geográfica, sua predileção por diferentes

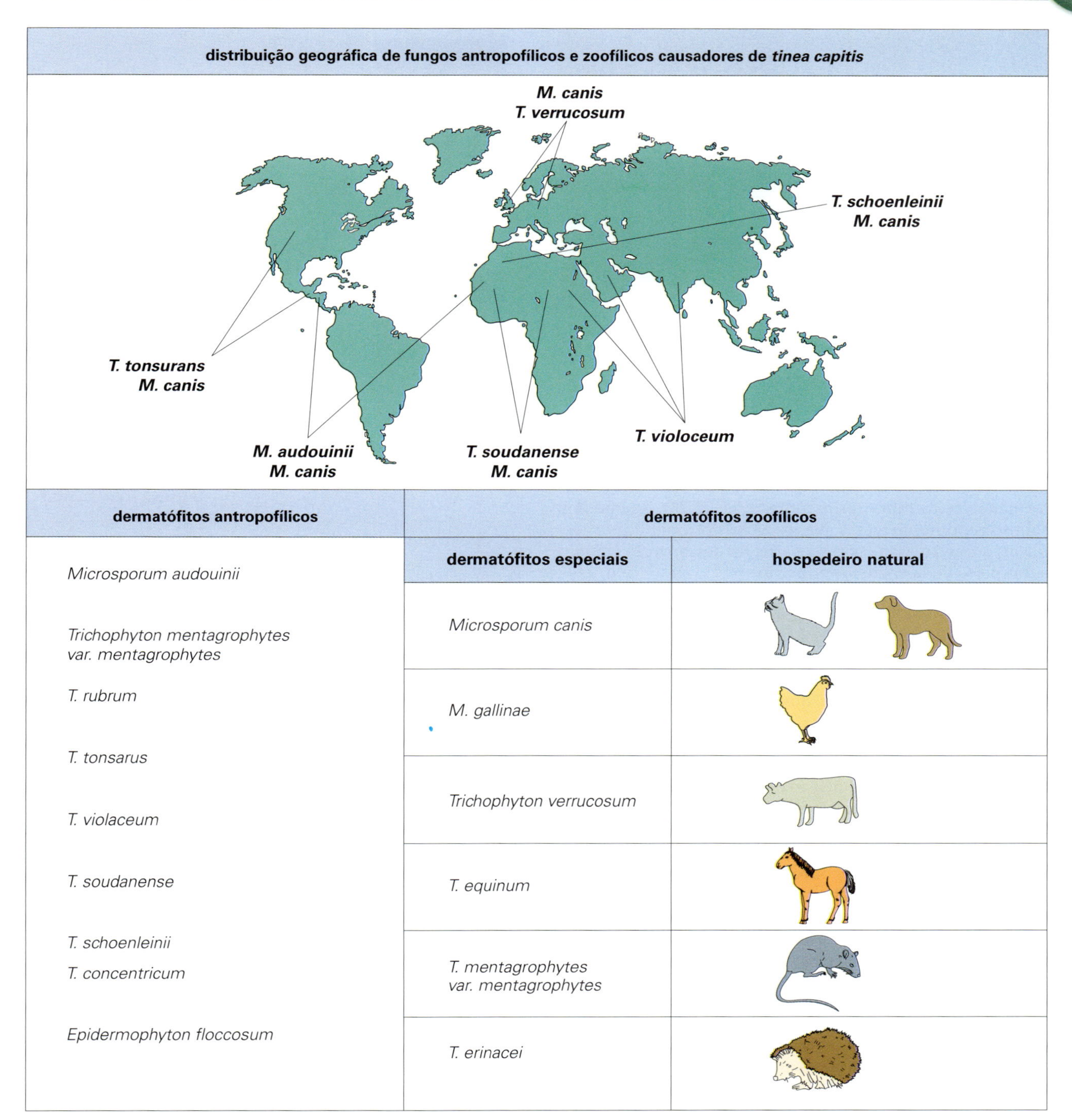

dermatófitos antropofílicos	dermatófitos zoofílicos	
	dermatófitos especiais	**hospedeiro natural**
Microsporum audouinii	*Microsporum canis*	
Trichophyton mentagrophytes var. mentagrophytes	*M. gallinae*	
T. rubrum	*Trichophyton verrucosum*	
T. tonsarus	*T. equinum*	
T. violaceum	*T. mentagrophytes var. mentagrophytes*	
T. soudanense	*T. erinacei*	
T. schoenleinii		
T. concentricum		
Epidermophyton floccosum		

Figura 27.23 Três gêneros dos dermatófitos são causas importantes da doença: *Microsporum*, *Trichophyton* e *Epidermophyton*. Dentro de cada gênero encontramos espécies antropofílicas, zoofílicas e geofílicas. O hospedeiro natural e, portanto, a distribuição das espécies antropofílicas variam. *Microsporum gypseum* é a espécie geofílica mais importante.

locais do corpo e no grau de resposta desencadeado pelo hospedeiro. A fonte de uma infecção determina sua via de transmissão para humanos e, em parte, sua distribuição nas populações humanas (Fig. 27.23), apesar de os movimentos populacionais estarem mudando os padrões estabelecidos. Por exemplo, a migração de países da América Latina substituiu o *Microsporum audouinii* pelo *Trichophyton tonsurans* como a causa mais comum de *tinea capitis* nos EUA, mas a última (que responde fracamente ao tratamento) é predominante novamente.

As espécies antropofílicas são as causas mais comuns de infecções dermatófitas. Nos países temperados, a *Trichophyton verrucosum* do gado, *T. mentagrophytes* de roedores e a *Microsporum canis* de gatos e cães são as causas zoofílicas mais comuns de infecção humana. As espécies geofílicas como a *Microsporum gypseum* são fontes incomuns de doença humana, mas são encontradas em pessoas com determinados tipos de exposição, como jardineiros e agricultores. As espécies zoofílicas e geofílicas tendem a causar uma maior resposta inflamatória do que as espécies antropofílicas.

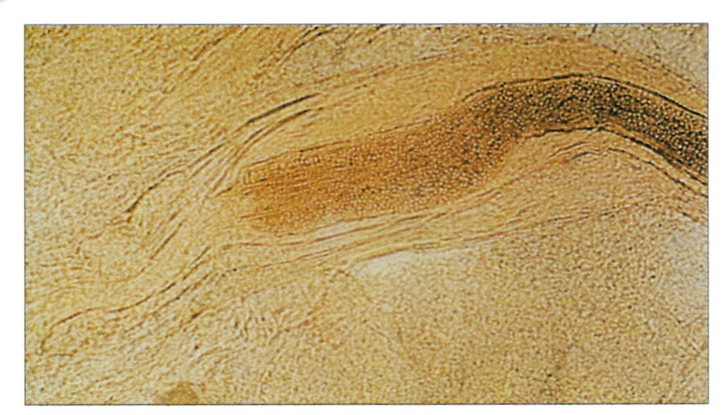

Figura 27.24 Artrósporos de *Trichophyton tonsurans* em um folículo piloso infectado. Estes esporos de parede espessa são a forma de disseminação da infecção. Eles podem sobreviver no ambiente durante semanas ou meses antes de infectar um novo hospedeiro. (Cortesia de A.E. Prevost.)

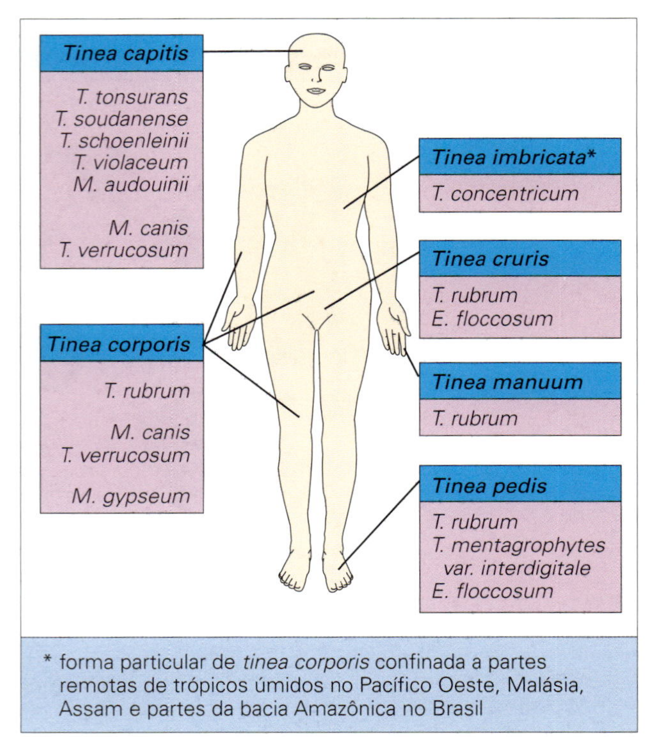

Figura 27.25 A tinha é uma doença de pele, cabelos e unhas causada por fungos dermatófitos. Diferentes espécies apresentam predileções por diferentes locais corporais. E., *Epidermophyton*; M., *Microsporum*; T., *Trichophyton*.

As infecções são transmitidas por meio do contato com os artrósporos, as células vegetativas de parede espessa formadas pelas hifas dermatófitas (Fig. 27.24), que podem sobreviver durante meses. Nas espécies antropofílicas e zoofílicas, a transmissão ocorre a partir da descamação cutânea e dos pelos do hospedeiro primário.

Os dermatófitos invadem pele, cabelos e unhas

Os dermatófitos são organismos que se alimentam de queratina e invadem as estruturas queratinizadas do corpo (p. ex., pele, cabelos e unhas). Os dermatófitos apresentam hifas separadas e formam artrósporos, que se aderem aos queratinócitos, germinam e invadem. Para que sobrevivam à vida na pele, eles produzem proteases para quebrar a queratina, proteínas Lisina M para evadir o reconhecimento pelo hospedeiro e pelas quinases e pseudoquinases para modular o metabolismo da célula hospedeira. A palavra latina "*tinea*" (que significa larva) é utilizada porque originalmente se imaginava que a doença era causada por um verme parasito. Assim, a *tinea capitis* afeta o cabelo e o couro cabeludo; a *tinea corporis*, o corpo; a *tinea cruris*, a virilha; a *tinea manuum*, as mãos; a *tinea unguium*, as unhas; e a *tinea pedis*, os pés (Fig. 27.25).

A lesão típica é uma descamação anular ou em forma de serpentina com uma margem elevada. O principal sintoma é coceira, mas com grau variável. A pele geralmente é seca e escamosa, algumas vezes quebradiça (p. ex., entre os dedos do pé na *tinea pedis*), enquanto as infecções do couro cabeludo podem provocar a queda de cabelos (Fig. 27.26). O grau de inflamação associada varia com as espécies infectantes, e é quase sempre maior com as espécies zoofílicas do que com as antropofílicas. Os indivíduos também diferem em sua suscetibilidade à infecção, mas os fatores que determinam esta diferença ainda não estão claramente compreendidos. De modo similar, as espécies dermatófitas diferem em sua capacidade de desencadear uma resposta imune; algumas espécies, como a *Trichophyton rubrum*, causam condições crônicas ou recorrentes, enquanto outras induzem resistência de longo prazo à reinfecção. Em alguns pacientes, os antígenos fúngicos circulantes dão origem a um fenômeno de hipersensibilidade imunomediada na pele (p. ex., eritema ou vesículas) conhecido como reação dermatofítica. Quando a pele se rompe e fica macerada após uma infecção, ela se torna propensa a uma superinfecção por outros organismos como bactérias Gram-negativas em locais úmidos.

Muito raramente, os dermatófitos invadem os tecidos subcutâneos através dos vasos linfáticos, causando granulomas, linfedema e sinusoides drenantes. O envolvimento de outros locais como fígado ou cérebro pode ser fatal.

A maioria dos dermatófitos fluoresce sob a luz ultravioleta

Esta característica pode ser utilizada como uma ferramenta diagnóstica, particularmente para a *tinea capitis*, na clínica. O diagnóstico laboratorial depende da cultura dos raspados ou cortes das lesões no ágar Sabouraud ou outros ágares para os quais os agentes inibidores (antibióticos/cicloeximida) foram adicionados para fornecer alguma seletividade (Fig. 27.27). Os dermatófitos que infectam os cabelos demonstram uma distribuição característica, que pode ser útil na identificação:

- Algumas, como a maioria das espécies *Microsporum*, formam artrósporos na face externa da haste do pelo (infecções ectotrix).
- A maioria das infecções por *Trichophyton* forma artrósporos dentro da haste do pelo (infecção endotrix, Fig. 27.28).

A confirmação da identidade é útil para determinar a fonte da infecção e depende das características coloniais e microscópicas dos fungos cultivados em ágar Sabouraud (Fig. 27.29). O crescimento pode levar até 3 semanas, portanto, métodos moleculares mais rápidos também são empregados, e espectrometria de massa de dessorção a *laser* assistida por matriz por tempo de voo (MALDI-TOF MS) passará a ser utilizada.

Sempre que possível, as infecções dermatofíticas são tratadas topicamente

Uma variedade de agentes está disponível para o tratamento tópico (Cap. 34), antifúngicos (p. ex., miconazol) e agentes

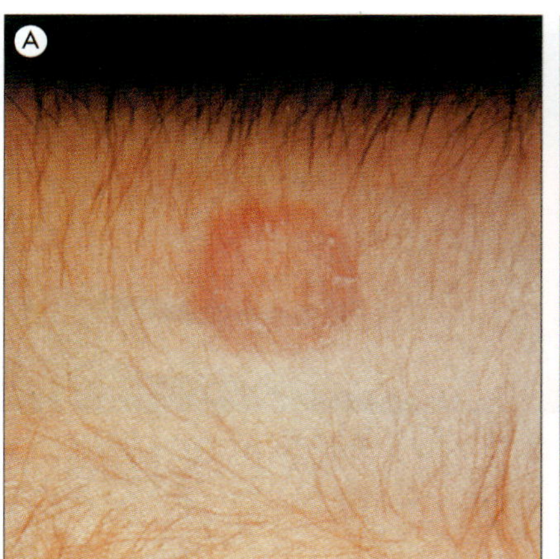
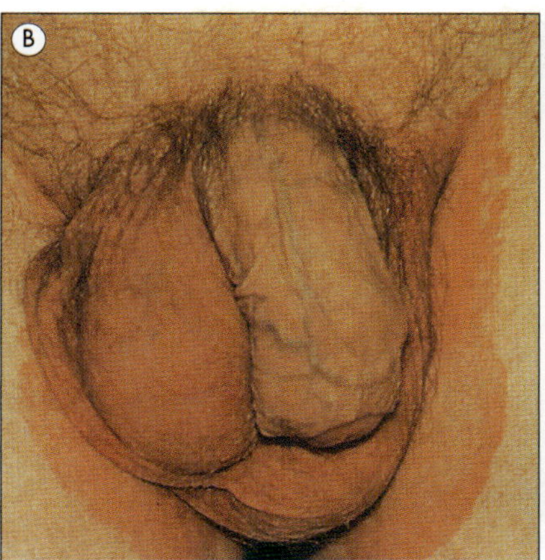
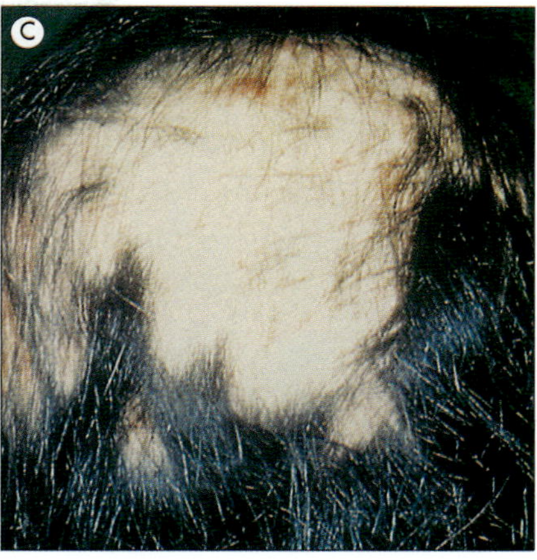

Figura 27.26 (A) Lesão anular clássica da *tinea corporis*, causada pela infecção com uma espécie de *Microsporum*. (B) *Tinea cruris* ou "coceira de jóquei" é um exantema descamativo entre as coxas; a região escrotal geralmente é poupada. (C) *Tinea capitis* é caracterizada por descamação do couro cabeludo e perda de cabelos. Alguns dermatófitos fluorescem sob a luz ultravioleta, e esta pode ser uma ferramenta diagnóstica. ([A] Cortesia de A.E. Prevost. [B] Cortesia de M.J. Wood. [C] Cortesia de M.H. Winterborn.)

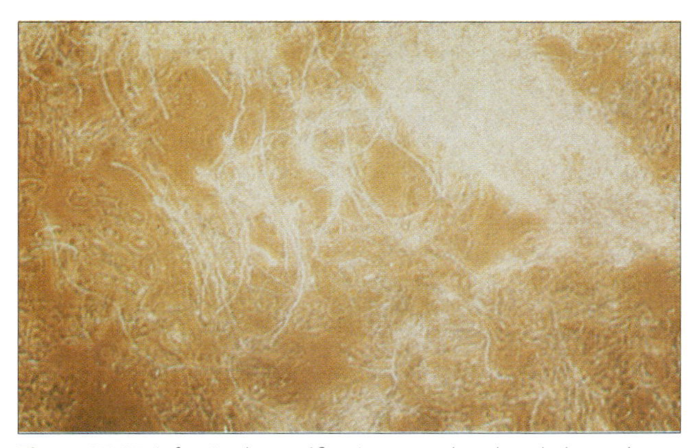

Figura 27.27 Infecção dermatófita. Amostras de pele, cabelo e unhas precisam ser "limpas" pelo tratamento com hidróxido de potássio antes do exame sob o microscópio à procura das hifas fúngicas. (Cortesia de R.Y. Cartwright.)

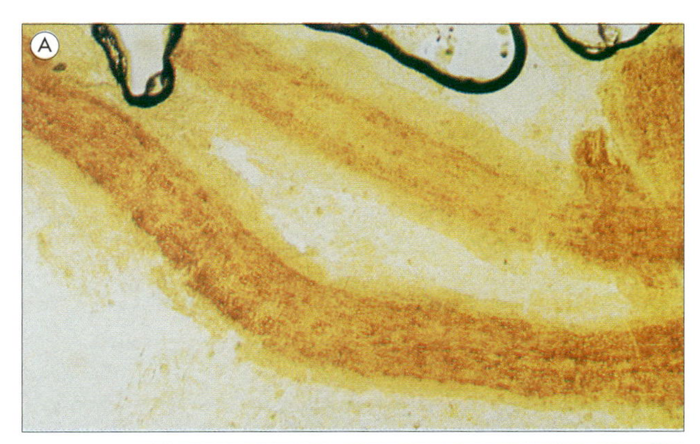
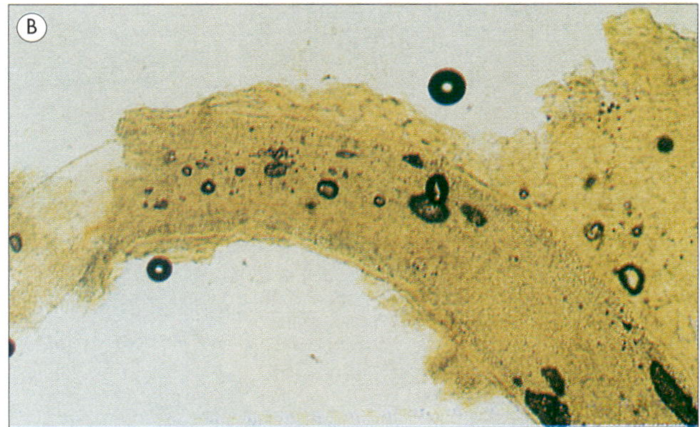

Figura 27.28 Os dermatófitos podem formar artrósporos dentro das hastes dos pelos (infecção endotrix), como demonstrado em (A), e menos comumente fora da haste (infecção ectotrix), como demonstrado em (B). (Cortesia de Y. Clayton e G. Midgley.)

queratolíticos como a pomada Whitfield (uma mistura de ácido salicílico e benzoico). Para evitar uma recidiva, o tratamento deve ser continuado por 1 a 2 semanas após a resolução de sinais clínicos. A terapia sistêmica com medicamentos antifúngico orais é necessária para infecções do couro cabeludo e é mais eficaz do que agentes tópicos para infecções ungueais. Hoje, terbinafina ou itraconazol são preferíveis à griseofulvina. Esses agentes mais novos podem ter uma taxa de cura de 70-80% para infecções ungueais.

Candida e a pele

A *Candida* necessita de umidade para crescer

A relativa falta de umidade da maioria das áreas da pele limita o crescimento de fungos, como a *Candida*, que necessitam de umidade. A *Candida* é encontrada em pequeno número na pele íntegra saudável, mas coloniza rapidamente a pele danificada e os locais intertriginosos (locais que, com a aposição da pele, geralmente são úmidos e ficam irritados; Fig. 27.30). A *Candida* também coloniza as mucosas oral e vaginal, e o crescimento exagerado pode resultar em doença nestes locais (candidíase oral; Cap. 22). Entretanto, uma diminuição substancial nas resistências do hospedeiro (p. ex., neutropenia, levando à invasão por meio do trato gastrointestinal) é necessária para a invasão do tecido subcutâneo mais profundo pela *Candida*, e a candidíase disseminada geralmente não se origina de uma infecção cutânea, a menos que haja ruptura da barreira cutânea, por exemplo: presença de um cateter venoso central.

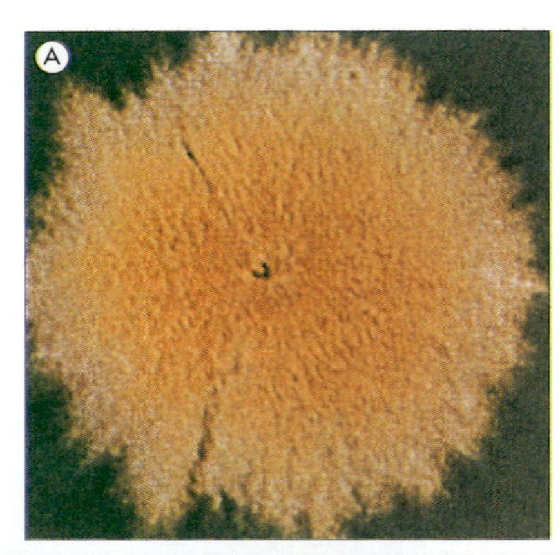

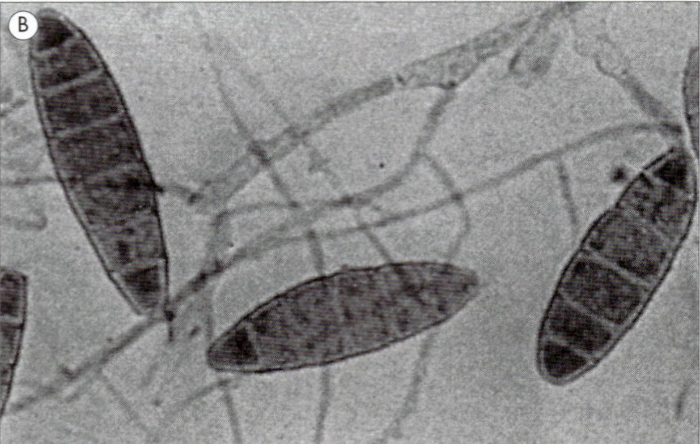

Figura 27.29 (A) Crescimento macroscópico (colônia) e (B) preparação microscópica mostrando os macronídios de *Microsporum gypseum*.

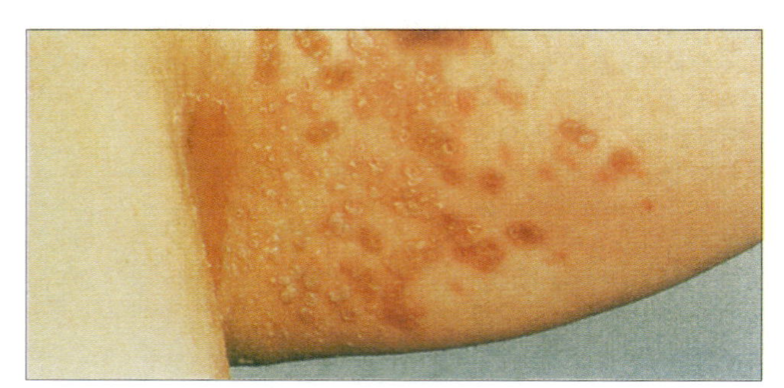

Figura 27.30 Infecção cutânea por *Candida*. Aqui, a infecção ocorreu entre duas superfícies cutâneas apostas, que proporcionam um ambiente adequadamente úmido para a multiplicação desta levedura. (Cortesia de A. du Vivier e St Mary's Hospital.)

Micoses subcutâneas

As infecções fúngicas subcutâneas podem ser causadas por inúmeras espécies diferentes

As lesões geralmente se desenvolvem em locais de traumatismo (uma mordida, um espinho), onde o fungo fica implantado. Com exceção da esporotricose, as infecções subcutâneas por fungos são raras, mas doenças similares podem ser causadas por certas bactérias como a *Actinomyces* e micobactérias atípicas, e, então, é importante estabelecer a etiologia de modo a escolher o tratamento adequado. Os fungos envolvidos são de difícil erradicação com agentes antifúngicos, e a intervenção cirúrgica, na forma de excisão ou até amputação, geralmente é necessária.

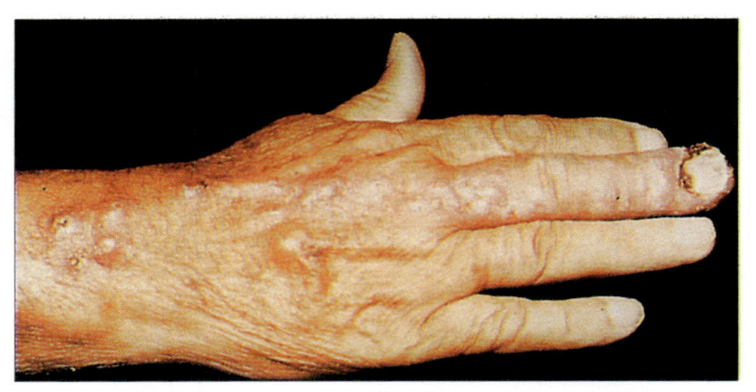

Figura 27.31 Esporotricose se espalhando para os vasos linfáticos de drenagem da mão após uma infecção primária no leito ungueal do terceiro dedo. (Cortesia de T.F. Sellers, Jr.)

A esporotricose é uma condição nodular causada pelo *Sporothrix schenckii*

O *Sporothrix schenckii* é um fungo saprófito dimórfico encontrado naturalmente no solo, nas roseiras, nos arbustos Berberis, em cascas de árvores e em musgos. A infecção é adquirida mediante traumatismo (p. ex., um espinho), sendo um risco ocupacional entre fazendeiros, jardineiros e floricultores. A apresentação clínica depende da condição do sistema imunológico do hospedeiro, do tamanho e da profundidade do inóculo, e da patogenicidade e tolerância térmica da cepa infectante. Comumente, uma pequena pápula ou nódulo subcutâneo desenvolve-se no local do traumatismo entre 1 semana e 6 meses após a inoculação, e a infecção se dissemina, produzindo uma série de nódulos secundários ao longo dos vasos linfáticos que drenam o local (Fig. 27.31). O diagnóstico é feito mediante cultura do material drenado ou aspirado em ágar Sabouraud. O diagnóstico molecular é mais rápido e pode ser útil em casos de cultura negativa. Testes sorológicos, por exemplo: ELISA de IgG, estão disponíveis. Os azóis são altamente eficazes, e o itraconazol substituiu o tratamento com iodeto de potássio oral.

A doença disseminada pode ocorrer após infecção cutânea ou pulmonar por *S. schenckii*. Ocorre mais comumente em pacientes comprometidos, como os portadores de carcinomas ou sarcoidoses subjacentes, mas muitos casos ocorrem em pessoas nas quais nenhuma doença subjacente é reconhecida. O tratamento com anfotericina B é indicado para a terapia de indução, seguida por itraconazol. Pode ser necessário utilizar terapia de manutenção de longo prazo, na qual não é possível reverter a imunossupressão subjacente.

Outras espécies que causam infecções subcutâneas incluem *Cladosporium* e *Phialophora* (cromoblastomicose).

Micetoma

O micetoma é uma infecção progressiva subcutânea crônica que cria inchaços semelhantes a tumores que são complicados pelo desenvolvimento de grânulos sinusais com secreção. Ele envolve, com mais frequência, o pé (por isso pé de madura), mas também pode afetar a mão ou outras partes do corpo. A lesão se desenvolve após trauma, que introduz o organismo infectante no tecido subcutâneo, de forma que é mais comum em fazendeiros e nas pessoas pobres, que podem não possuir calçados. Não se estabeleceu sua real distribuição ou prevalência globais. A maioria dos casos foi relatada no México, no Sudão e na Índia. Como resultado dos padrões globais de migração, médicos de regiões consideradas não endêmicas para micetoma estão presenciando casos estrangeiros pela primeira vez.

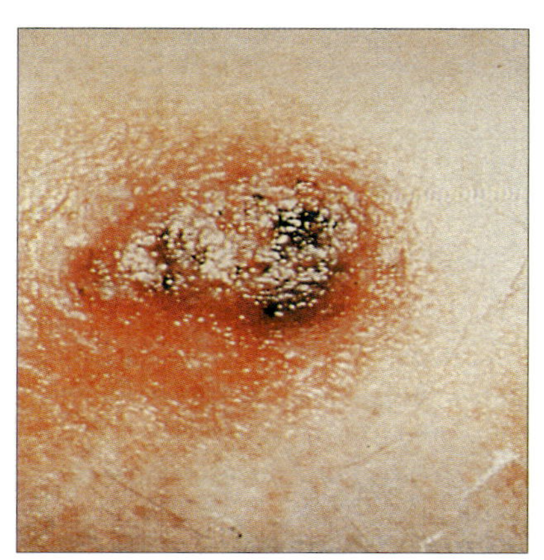

Figura 27.32 Lesão cutânea típica da blastomicose. A infecção é adquirida pela via respiratória, e o local primário de infecção é o pulmão. Entretanto, na blastomicose crônica, a pele é o local de infecção extrapulmonar mais comum. (Cortesia de K.A. Riley.)

Há duas formas de micetoma:

- eumicetoma, causado por fungos, dentre os quais o *Madurella mycetomatis* é o agente causador mais comum;
- actinomicetoma, causado por bactérias, comumente *Nocardia brasiliensis* e *Streptomyces somaliensis*.

A biópsia para a histopatologia, cultura fúngica e bacteriana é necessária para estabelecer o diagnóstico e identificar o microrganismo infectante. A PCR é valiosa na identificação do microrganismo responsável, mas a cultura é essencial para testar a suscetibilidade antimicrobiana.

A actinomicetona tem boa resposta à terapia antibiótica, por exemplo: cotrimoxazol. O eumicetoma exige cirurgia, além de terapia antifúngica prolongada, frequentemente com itraconazol e, quando possível, excisão local ampla deve ser realizada. A repetição da operação pode ser necessária para lidar com doença recorrente e, em casos avançados, pode ser necessário realizar amputação.

As infecções fúngicas sistêmicas com manifestações cutâneas incluem blastomicose, coccidioidomicose e criptococose

As lesões cutâneas ocorrem em 40-80% dos casos de blastomicose, uma doença endêmica nas Américas Central e do Norte e na África, que é causada pelo fungo dimórfico *Blastomyces dermatitidis*. A infecção é adquirida mediante aspiração de esporos fúngicos e se dissemina a partir de seu local primário no pulmão. A blastomicose pode ser uma doença sistêmica em hospedeiro que aparentemente apresenta imunidade normal (Fig. 27.32). Ela também causa doença em cavalos e cães.

Outras infecções fúngicas sistêmicas que podem apresentar manifestações cutâneas são as causadas por *Coccidioides immitis* e *Cryptococcus neoformans*.

INFECÇÕES PARASÍTICAS DA PELE

A pele é a principal via de entrada para os parasitos, que podem:

- penetrar diretamente (p.ex., esquistossomas, nematoides);
- ser injetados por vetores que se alimentam de sangue.

Muitos destes parasitos deixam a pele quase imediatamente à medida que progridem pelo seu ciclo de vida, mas alguns permanecem e outros, por exemplo: parasitas animais incapazes de completar seu ciclo de vida em humanos, podem ficar aprisionados. Alguns parasitos, na verdade, deixam o corpo através da pele (p. ex., liberação de larvas do verme da Guiné). As respostas patológicas aos parasitos associados à pele variam de branda a extremamente grave e incapacitante. Algumas espécies que causam condições graves serão brevemente descritas adiante.

A leishmaniose pode ser cutânea ou mucosal (antes chamada de mucocutânea)

Os dois principais complexos patológicos causados pelo protozoário *Leishmania* afetam a pele e são transmitidos pela picada de mosquitos-palha vetores:

- A leishmaniose cutânea, que ocorre tanto no Velho Mundo (Ásia, África e Sul da Europa) como no Novo Mundo (Américas Central e do Sul), inclui condições que variam desde úlceras localizadas e autolimitadas a lesões incuráveis, disseminadas, de aspecto semelhante ao da hanseníase.
- No Novo Mundo, a leishmaniose mucocutânea ocorre quando o parasito localizado na pele invade as superfícies mucosas (nariz, boca), dando origem a condições crônicas e desfigurantes. A leishmaniose é discutida no Capítulo 28.

A infecção pelo esquistossoma pode causar uma dermatite

A transmissão da infecção pelo esquistossoma para os humanos é alcançada pela penetração cutânea ativa feita pelas larvas (cercárias) liberadas na água doce pelo hospedeiro intermediário do caracol (Cap. 28). Esse estágio da infecção pode dar vazão à dermatite conhecida como "coceira do nadador". Também pode ser produzido pelas cercárias dos esquistossomas das aves e é relativamente comum onde a água natural usada para recreação é habitada por aves aquáticas. Este é um problema frequente em lagos da América do Norte. O tratamento com anti-inflamatórios tópicos é eficaz. Ocasionalmente, pomada de hidrocortisona a 1% é necessária.

A larva *migrans* cutânea é caracterizada pela trilha pruriginosa inflamatória causada pelo ancilóstomo

Os ancilóstomos humanos (os nematódeos *Ancylostoma* e *Necator*) invadem o corpo através da pele; a larva infectante perfura a derme, migrando através do sangue para eventualmente atingir o intestino. A invasão pode causar uma dermatite (conhecida popularmente como amarelão), e esta se torna mais grave nos casos de infecção repetida. Entretanto, humanos também podem ser invadidos por larvas de espécies felinas ou caninas de *Ancylostoma*. A infecção é adquirida quando a pele exposta entra em contato com o solo contaminado por animais portadores dos vermes adultos em seus intestinos. Os ovos nas fezes dão origem às larvas infecciosas, que permanecem viáveis por períodos prolongados. Como o hospedeiro humano é estranho para estas espécies, as larvas não escapam da derme após a invasão e podem viver durante algum tempo, migrando em paralelo através da pele, deixando trilhas inflamatórias sinuosas extremamente pruriginosas (erupção insidiosa) que são prontamente visíveis na superfície (Fig. 27.33). O tratamento é feito com tiabendazol tópico em pasta ou ivermectina oral.

A oncocercose caracteriza-se pelas respostas de hipersensibilidade aos antígenos larvais

A oncocercose também é conhecida popularmente como "cegueira do rio". *Onchocerca volvulus* em estágio adulto vive durante vários anos em nódulos subcutâneos. Os vermes fêmeas liberam microfilárias, que migram dos nódulos, permanecendo em grande parte nas camadas dérmicas. Elas podem

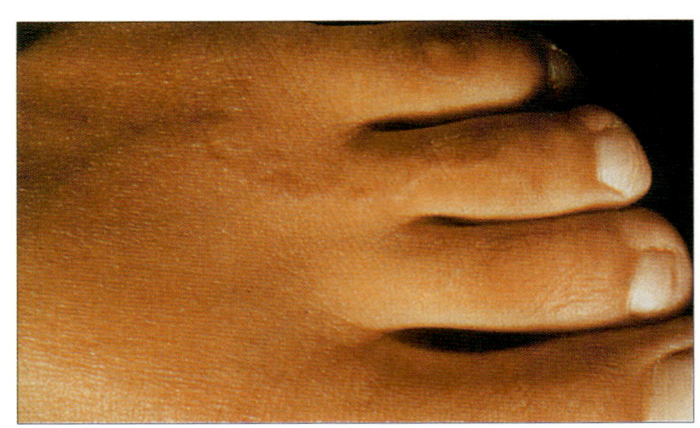

Figura 27.33 Larva *migrans* cutânea (erupção insidiosa) mostrando a trilha inflamatória elevada deixada pela larva invasora. (Cortesia de A. du Vivier.)

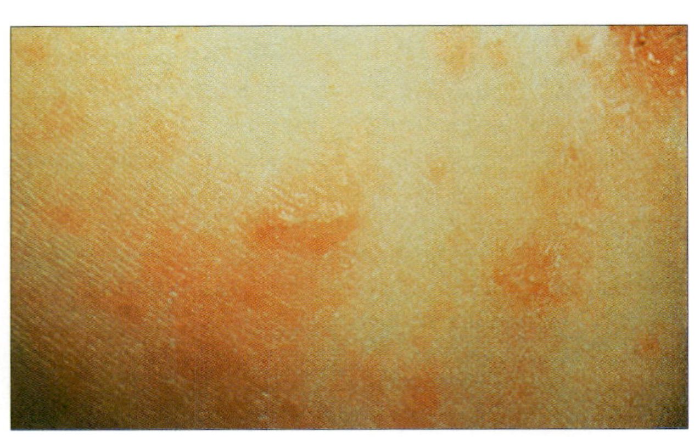

Figura 27.34 Lesão cutânea característica da escabiose. (Cortesia de M.J. Wood.)

invadir os olhos, causando "cegueira do rio" (Cap. 26). O acúmulo lento de parasitos e o desenvolvimento de uma resposta de hipersensibilidade aos antígenos liberados pelas larvas vivas e mortas originam as inflamações na pele. Nos estágios iniciais, estas lesões aparecem como exantemas eritematosos papulares acompanhados por intenso prurido. Mais tarde, observam-se espessamento da pele, perda da elasticidade e excessivo enrugamento cutâneo; a despigmentação também é comum. As microfilárias podem ser mortas mediante tratamento com ivermectina, mas as mudanças da pele, uma vez avançadas, são irreversíveis. A condição inflamatória dérmica e a infecção bacteriana secundária não são incomuns durante a infecção com nematódeos filariais linfáticos.

Infecções por artrópodes

Algumas moscas, principalmente nos trópicos e nas regiões subtropicais, possuem larvas que se desenvolvem dentro da pele

A miíase é uma condição associada à invasão do organismo por larvas (vermes) de dípteros como *Dermatobia*. Várias espécies de moscas passam por um ciclo no qual as larvas se alimentam e crescem na pele de um mamífero, logo abaixo da superfície, escapando antes ou depois da pupação para continuar seu ciclo de vida e, por fim, liberar as formas adultas. As moscas fêmeas depositam seus ovos ou larvas diretamente na pele, e as larvas podem invadir feridas ou orifícios naturais. As atividades e a alimentação das larvas causam intensas reações dolorosas, podendo surgir grandes lesões. Várias destas espécies foram encontradas em humanos, e as infecções foram relatadas em vários países, apesar de primariamente serem oriundas de áreas tropicais e subtropicais. O tratamento envolve a remoção das larvas, alívio dos sintomas e prevenção de infecções bacterianas secundárias.

Existem novas pesquisas voltadas para o uso de larvas de espécies não miíase para a remoção de tecido necrótico de feridas, já que suas secreções também previnem contra a contaminação bacteriana.

Alguns carrapatos, piolhos e ácaros vivem no sangue ou fluidos corporais de humanos

Algumas espécies se alimentam de forma não seletiva de humanos, sendo os animais os hospedeiros naturais, enquanto outras espécies são específicas dos humanos. Sua alimentação, e a inevitável liberação de sua saliva, dão origem a uma irritação na pele, que se torna mais intensa conforme o corpo responde imunologicamente às proteínas presentes na saliva. A alimentação prolongada, como a praticada por carrapatos, pode gerar lesões dolorosas na pele, que podem apresentar infecção secundária. Espécies como piolhos e ácaros da escabiose, que passam a maior parte, ou o todo, de suas vidas em um hospedeiro humano, podem causar graves condições cutâneas quando existe o acúmulo de suas populações. Estas condições surgem:

- da atividade dos próprios artrópodes;
- de sua produção de excretas;
- da exsudação do sangue e líquidos teciduais a partir dos locais de alimentação do inseto;
- da reação inflamatória do hospedeiro.

A pediculose — infecção por piolhos do gênero *Pediculus*, que infestam os cabelos e o corpo — pode, quando grave, dar origem às massas inflamatórias encrustadas, onde podem se estabelecer infecções por fungos. A boa higiene pessoal previne contra as infestações; o uso de cremes inseticidas, loções, xampus e talcos contendo permetrina ajuda na eliminação direta dos insetos.

O ácaro da escabiose tem um contato mais íntimo com o hospedeiro humano do que o piolho, passando toda a sua vida em covas dentro da pele. A fêmea deposita seus ovos nestas covas, de modo que a área de infecção pode se espalhar para cobrir grandes áreas do corpo a partir do local original, geralmente mãos ou punhos (Fig. 27.34; Cap. 22). A infecção causa um exantema característico com coceira, podendo haver infecções secundárias causadas pelo ato de coçar as lesões. Podem desenvolver-se infecções muito pesadas em indivíduos imunocomprometidos ou em pessoas que não são capazes de manter uma higiene pessoal adequada. Sob estas condições, observa-se espessamento excessivo da pele com formação de crostas (escabiose norueguesa). O tratamento com malation ou permetrina é recomendado; o benzoato de benzoíla também pode ser utilizado na pele íntegra, mas é menos eficaz. A ivermectina oral pode ser exigida além da terapia tópica para a escabiose norueguesa.

MANIFESTAÇÕES MUCOCUTÂNEAS DE INFECÇÃO VIRAL

As erupções cutâneas podem ser divididas em:

- erupções vesiculares (bolhas)
- maculopapulares (planas, pápulas) e eritematosas (vermelho) e também:
- quando o vírus fica restrito à superfície corporal no local inicial da infecção
- quando o vírus se dissemina de forma sistêmica pelo corpo (Tabela 27.3).

O exantema cutâneo apresenta uma distribuição característica em várias doenças infecciosas, mas, com exceção do zóster,

Tabela 27.3 Manifestações mucocutâneas de vírus

Vírus	Lesão	Vírus eliminado da lesão
Sem propagação sistêmica		
Papiloma (verruga)	Verruga comum; verruga plantar; verruga genital	+
Molusco contagioso (poxvírus)	Pápula carnosa	+
Ectima (poxvírus de ovelhas, cabras)	Papulovesicular	+
Propagação sistêmica		
Vírus do herpes simples, Vírus do varicela-zóster	Vesicular (propagação neural e latência)	+
Vírus de Coxsackie A (9, 16, 23)	Vesicular, na boca (herpangina)	+
Vírus de Coxsackie A16	Vesicular (doença da mão, pé e boca)	+
Parvovírus B19	Maculopapular facial (eritema infeccioso)	-
Herpesvírus humano 6	Exantema súbito (*roseola infantum*)	-
Vírus do sarampo	Erupção cutânea maculopapular	-
Vírus da rubéola, ecovírus	Maculopapular não distinguível clinicamente	-
Dengue e outros vírus transmitidos por artrópodes	Maculopapular	-

A patogênese destas doenças está ilustrada na Figura 27.2. Os papilomas e as lesões vesiculares geralmente são locais de disseminação viral. A distribuição, bem como a natureza da lesão, pode ser importante no diagnóstico (p. ex., varicela), mas vários exantemas maculopapulares são clinicamente indistinguíveis.

que envolve o dermatoma da pele cujos nervos têm origem no nervo afetado/gânglio da raiz dorsal, a razão para esta distribuição ainda não foi esclarecida.

Os exantemas são característicos de infecção humana, sendo raros em animais. Isso se dá porque a pele humana é praticamente nua, sendo um tecido extremamente reativo no qual os eventos imunes e inflamatórios são claramente visíveis. As erupções podem causar desconforto e podem ser dolorosas, porém também são bastante úteis para o médico que precisa fazer um diagnóstico. O veterinário é menos privilegiado porque a pele da maioria dos outros mamíferos é coberta por pelos e as lesões cutâneas geralmente envolvem áreas desprovidas de pelos, como úbere, região escrotal, orelhas, prepúcio, mamilos, nariz ou patas, que possuem as propriedades humanas de espessamento, sensibilidade e reatividade vascular.

Infecção pelo papilomavírus

Mais de 120 tipos diferentes de papilomavírus podem infectar os humanos e são específicos da espécie

Os papilomavírus são vírus de DNA fita dupla, com 55 nm de diâmetro e icosaédricos, que causam papilomas na pele (verrugas). Os 70 tipos diferentes que podem infectar humanos demonstram < 50% de hibridização cruzada de DNA, apesar de nem todos os tipos serem comuns. Os papilomavírus humanos (HPV) são espécie-específicos e distintos dos papilomavírus animais. Eles são extremamente adaptados à pele e mucosa humana e associados à nossa espécie há muito tempo; portanto, durante grande parte de nossas vidas, causam doença leve ou nenhuma doença. Eles demonstram alguma adaptação a determinados locais do corpo:

- Pelo menos 40 tipos, incluindo HPV 6, 11, 16 e 18, podem infectar o trato anogenital e outras áreas mucosas e são sexualmente transmitidos.
- Os HPV 1 e 4 tendem a causar verrugas plantares.
- Os HPV 2, 3 e 10 causam verrugas nos joelhos e nos dedos.

Os papilomavírus geralmente são transmitidos pelo contato direto, mas eles são estáveis e também podem ser transmitidos indiretamente. Por exemplo, as verrugas plantares podem ser adquiridas a partir de pisos contaminados ou em superfícies não deslizantes nas bordas das piscinas, e, em um determinado indivíduo, as verrugas podem ser transmitidas de um local para outro mediante uso de barbeadores, pois são autoinoculados.

O papilomavírus infecta células nas camadas basais da pele ou mucosa

Após invadir o corpo através de lesões superficiais, o vírus infecta as células das camadas basais da pele ou da mucosa (Fig. 27.2). O vírus não se infiltra nos tecidos mais profundos. A replicação dele é lenta e altamente dependente da diferenciação das células do hospedeiro. O DNA viral está presente nas células basais, mas o antígeno viral e o vírus infeccioso somente são produzidos quando as células começam a se tornar estratificadas e queratinizadas conforme se aproximam da superfície. As células infectadas são estimuladas a se dividir, e, finalmente, 1-6 meses após a infecção inicial, a massa de células infectadas forma uma protrusão na superfície do corpo e forma um papiloma ou verruga visível (Fig. 27.35). Observa-se acentuada proliferação de células espinhosas e células vacuoladas presentes nas camadas mais superficiais. As verrugas podem ser:

- filiformes, com projeções digitiformes;
- de superfície plana;
- planas porque crescem para dentro em virtude da pressão externa (verrugas plantares);
- protuberantes, semelhantes a uma couve-flor (p. ex., verrugas genitais);
- uma área plana de displasia na cérvice.

As respostas imunes eventualmente mantêm a replicação viral sob controle, e, vários meses após a infecção, a verruga regressa. Os anticorpos são demonstráveis, mas as respostas imunes celulares (IMC) são mais importantes na recuperação. O DNA viral permanece em estado latente na camada basal da célula, infectando uma célula-tronco ocasional e, portanto, mantém-se dentro da camada durante a diferenciação das células epidérmicas que são eliminadas na superfície. Quando os pacientes tornam-se imunocomprometidos (p. ex., após

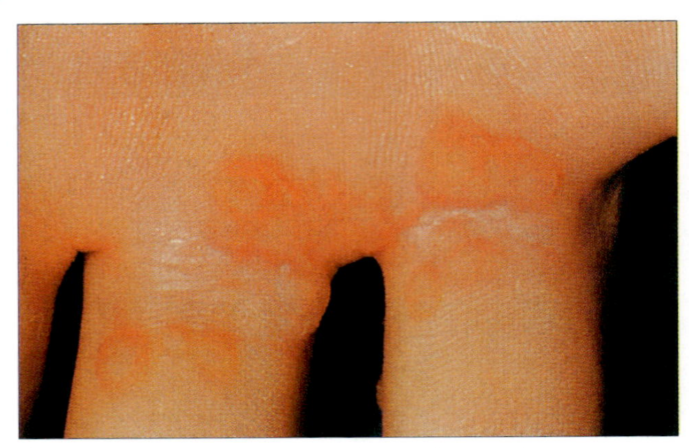

Figura 27.35 Verrugas comuns (papilomas) da mão. (Cortesia de M.J. Wood.)

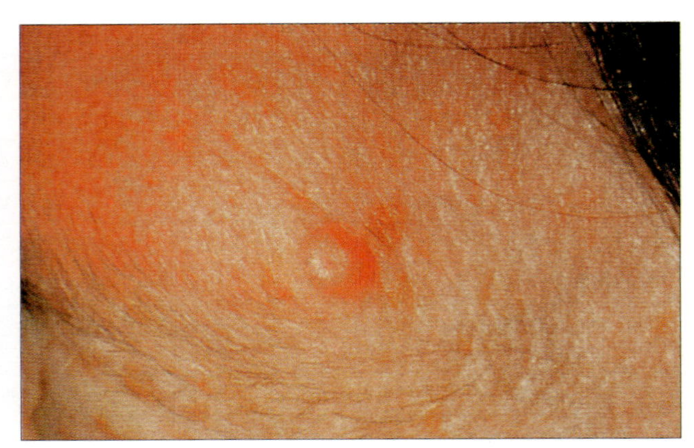

Figura 27.36 Lesão umbilicada isolada do molusco contagioso. (Cortesia de M.J. Wood.)

transplante), podem aparecer verrugas em decorrência da reativação do vírus latente na pele.

As infecções pelo papilomavírus estão associadas ao câncer de cérvice, vulva, pênis, reto, cabeça e pescoço

Algumas infecções com papilomavírus humano estão associadas a quase 4% de todos os cânceres. A associação entre verrugas genitais e o câncer da cérvice, da vulva, do pênis e do reto é discutida no Capítulo 18. A infecção por HPVs genitais específicos provoca câncer cervical invasivo. Existe uma rara doença autossômica recessiva, a epidermodisplasia verruciforme, caracterizada por verrugas múltiplas contendo diferentes tipos de HPV que não são normalmente observados na pele e causam verrugas de pele e defeitos imunológicos. As verrugas podem sofrer transformação maligna (carcinomas de células escamosas) em quase 30% destes pacientes, geralmente nos locais expostos ao sol.

O diagnóstico da infecção pelo papilomavírus é clínico, e existem vários tipos de tratamento

Vírus das verrugas não podem ser cultivados em laboratório, e os testes sorológicos são, principalmente, de uso epidemiológico, e não diagnóstico. Os métodos de detecção do HPV pelo DNA podem ser utilizados no exame das amostras não somente para a detecção do tipo de HPV, mas também para quantificar a carga viral.

Muitos tratamentos foram empregados para as verrugas, alguns deles com um efeito enganosamente eficaz, porque as verrugas eventualmente desaparecem sem tratamento. Os tratamentos das verrugas de pele incluem a aplicação de agentes cariolíticos, como o ácido salicílico, e a destruição do tecido verrucoso mediante crioterapia, congelamento com gelo seco (dióxido de carbono sólido) ou nitrogênio líquido. O último é o mais utilizado e o tratamento mais eficiente. As lesões intraepiteliais genitais, especialmente as da cérvice, podem acarretar uma doença maligna, e o tratamento para a eliminação da lesão pode envolver terapia com *laser*, excisão com laço e cirurgia. Os agentes imunomoduladores e antivirais, como imiquimod e cidofovir tópico, respectivamente, foram usados em determinados cenários clínicos.

O molusco contagioso é uma lesão umbilicada causada por um poxvírus

O poxvírus infecta as células epidérmicas formando uma lesão carnosa, geralmente com um centro umbilicado (Fig. 27.36). Este vírus infecta somente humanos, sendo disseminado pelo contato; no caso de lesões genitais, pelo contato sexual. Existem dois tipos antigenicamente distintos. As partículas dos poxvírus podem ser observadas por microscopia eletrônica (Cap. 3).

Ectima é uma lesão papulovesicular causada por um poxvírus

Ectima (dermatite pustular contagiosa) é uma infecção rara da epiderme e adquirida mediante contato direto com ovelhas ou cabras infectadas. Observa-se uma lesão papulovesical, geralmente nas mãos, que pode ulcerar. Seu diagnóstico é clínico, podendo ser confirmado pela microscopia eletrônica.

Infecção pelo vírus do herpes simples

A infecção pelo vírus do herpes simples é onipresente

O vírus do herpes simples (HSV) é um vírus de DNA fita dupla com tamanho médio (120 nm) do grupo herpesvírus. Dois tipos, HSV-1 e HSV-2, são antigenicamente distinguíveis. É uma infecção onipresente no início da infância. Eles causam uma ampla variedade de síndromes clínicas, sendo que a lesão básica é uma vesícula intraepitelial, de onde o vírus é disseminado.

A infecção quase sempre é transmitida pela saliva ou por feridas da boca de outros indivíduos e, frequentemente, pelo beijo e relações sexuais.

As características clínicas da infecção pelo HSV incluem vesículas dolorosas e estado de latência

Após a infecção, o vírus sofre replicação nas células da mucosa oral e forma vesículas ricas em vírus, que formam ulcerações e são cobertas por uma secreção de cor branco-acinzentada (Fig. 27.37).

Durante a infecção primária, as partículas do vírus invadem as terminações de nervos sensoriais que se estendem à área afetada da pele e são transportadas para o gânglio da raiz dorsal, onde desencadeiam uma infecção latente (Cap. 17). A lesão resolve quando se desenvolvem respostas por anticorpos e imunidade celular (IMC). O vírus latente permanece no gânglio sensorial e, sob certas circunstâncias, como um trauma local, pode reativar e se disseminar pelos nervos sensoriais para causar feridas no local da infecção original (Fig. 27.38).

A infecção primária pode ocorrer em diversos locais do corpo e pode ser o resultado de uma autoinoculação inadvertida e inclui:

- na boca, lábios e nariz dela e em volta deles, úlceras recorrentes;
- nos olhos, causando conjuntivite e ceratite, em geral com vesículas nas pálpebras (Cap. 26);

- nos dedos, causando paroníquia herpética;
- em outros locais da pele após o contato direto com indivíduos infectados onde existe atrito ou traumatismo, por exemplo, no futebol americano (*scrum pox*) ou em praticantes de lutas (*herpes gladiatorum*);

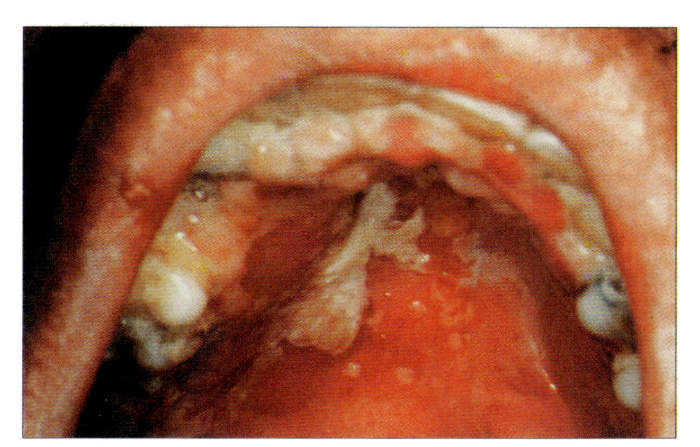

Figura 27.37 Infecção primária pelo vírus do herpes simples. Observam-se úlceras rasas com exsudatos brancos no palato e na gengiva. (Cortesia de J.A. Innes.)

- no trato genital (Cap. 22). Apesar de o HSV-2 ter surgido como uma variante sexualmente transmissível do HSV-1, os locais infectados pelos dois tipos atualmente não são claramente distintos.

As complicações graves associadas à infecção pelo HSV incluem:

- infecção herpética de áreas eczematosas da pele que acarretam doença grave em crianças mais novas, eczema herpético (Fig. 27.39)
- encefalite necrosante aguda após infecção primária ou reativação (Cap. 25)
- infecção neonatal adquirida no trato genital da mãe (Cap. 24)
- infecção primária ou reativada pelo HSV em indivíduos imunocomprometidos, causando doença muito grave (Cap. 31).

A reativação do HSV é provocada por uma variedade de fatores

Em indivíduos saudáveis, a reativação do HSV é provocada por:

- certas doenças febris (p. ex., gripe comum, pneumonia);
- luz direta do sol;
- estresse;
- trauma;
- menstruação;
- imunocomprometimento.

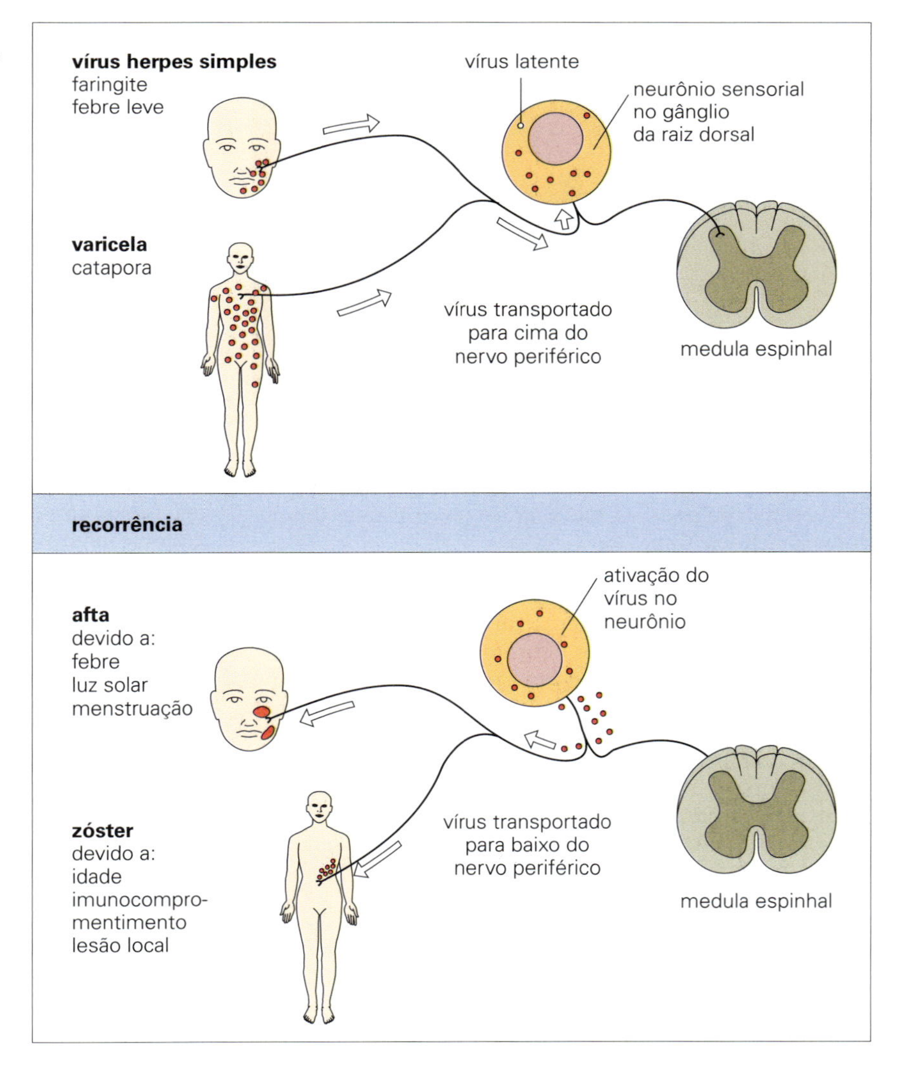

Figura 27.38 Patogênese do herpes labial e do herpes-zóster. Tanto na infecção pelo vírus do herpes simples como na infecção pelo varicela-zóster, o vírus nas extremidades mucocutâneas do nervo cursa pelo axônio para atingir o gânglio da raiz dorsal, onde se torna latente. As recorrências ocorrem pela reativação do vírus dentro do gânglio da raiz dorsal para se tornar infeccioso, acompanhada pela passagem do vírus através do axônio até locais mucocutâneos, com disseminação e replicação local, formando lesões clínicas.

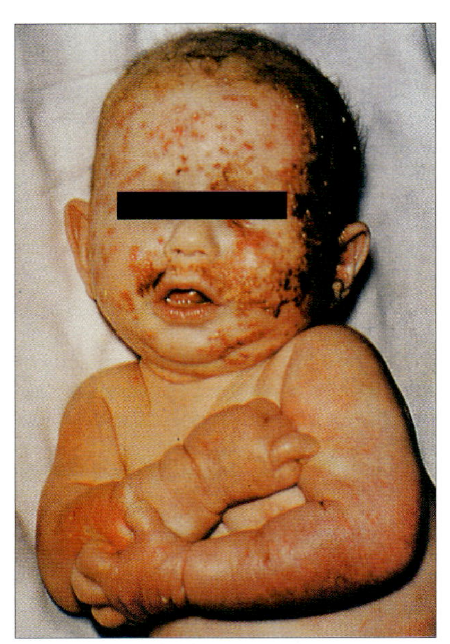

Figura 27.39 Eczema herpético causado pela infecção pelo vírus do herpes simples em um lactente. (Cortesia de M.J. Wood.)

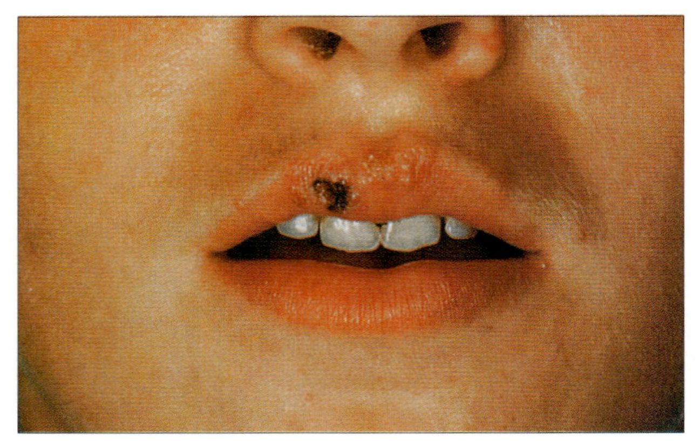

Figura 27.40 Vesículas recorrentes do vírus do herpes simples na margem mucocutânea do lábio. (Cortesia de A. du Vivier.)

A reativação pode ser muito grave nos pacientes imunocomprometidos (Cap. 31).

Um pródromo sensorial na área afetada pode incluir sensação de formigamento, dor, queimação e prurido, que precedem o aparecimento da lesão, sendo causado pela atividade do vírus nos neurônios sensoriais. A lesão geralmente ocorre ao redor de junções mucocutâneas no nariz ou na boca (Fig. 27.40). Menos comumente, quando o ramo oftálmico do gânglio trigêmeo está envolvido, a lesão é uma úlcera dentrítica da córnea. Grandes quantidades do vírus são eliminadas pela ferida, que descama e cicatriza em um período de cerca de 1 semana. Ocasionalmente, o pródromo sensorial ocorre sem que surja uma ferida (ver também recorrência do vírus da varicela-zóster, a seguir).

DNA de HSV pode ser detectado no líquido das vesículas, e a infecção é tratada com aciclovir

O DNA de HSV pode ser detectado por PCR em fluido vesicular coletado de lesões e áreas afetadas. A maioria das amostras enviadas a laboratórios são de lesões genitais, mas como o HSV pode infectar diversas áreas, amostras de esfregaços do líquido cefalorraquidiano, da pele e da membrana mucosa são parte da carga de trabalho de rotina laboratorial para o diagnóstico. O HSV causa um efeito citopático distinto quando cresce em linhas de culturas celulares como o pulmão do embrião humano. Entretanto, técnicas moleculares de alta sensibilidade e especificidade melhoraram o diagnóstico da infecção por HSV ao detectar os tipos 1 e 2 do DNA de HSV em uma variedade de amostras e substituíram a cultura do vírus em muitos laboratórios ao redor do mundo.

O aciclovir revolucionou o tratamento da infecção pelo HSV (Cap. 34) e pode ser utilizado tanto por via sistêmica como tópica, embora a penetração do medicamento antiviral seja melhor quando administrado sistematicamente. O fármaco é relativamente não tóxico e atua de forma específica nas células infectadas pelo vírus (Cap. 34). HSV recorrente pode ser muito debilitante e a profilaxia com aciclovir pode ser bem-sucedida ao se utilizar doses menores administradas duas vezes ao dia durante 6 a 12 meses, quando o tratamento pode ser interrompido, e a frequência da infecção recorrente, reavaliada.

Outras opções de tratamento antiviral incluem valaciclovir e fanciclovir. O aciclovir deve ser administrado por via intravenosa quando se tratam infecções graves pelo HSV, como na encefalite por herpes simples ou na infecção disseminada pelo HSV em pacientes imunocomprometidos. Antivirais alternativos, como ganciclovir, foscarnet ou cidofovir, podem ser utilizados quando se considera a resistência aos antivirais.

Infecção pelo vírus varicela-zóster

As infecções pelo vírus varicela-zóster (VVZ) são extremamente infecciosas e causam catapora (varicela) e herpes-zóster (cobreiro)

O VVZ é um vírus de DNA fita dupla de tamanho médio (100-200 nm de diâmetro) do grupo dos herpesvírus, morfologicamente indistinguível do HSV. Existe somente um tipo sorológico. O vírus cresce mais lentamente do que o HSV e não é liberado pela célula infectada. A infecção ocorre pela inalação de gotículas de secreções respiratórias ou da saliva, ou pelo contato direto com as infecções da pele. A infecção primária com o VVZ causa varicela (catapora). Existe o desenvolvimento de imunidade, que previne contra uma reinfecção (um segundo ataque de varicela), mas o vírus persiste no corpo, podendo mais tarde se reativar, causando zóster (cobreiro). Quase todos os indivíduos pesquisados em países ricos são infectados durante a infância, mas existem várias áreas do mundo em que a incidência de catapora em crianças é baixa, como, por exemplo, África e ilhas do Caribe.

A varicela é caracterizada por grupos de vesículas que formam pústulas e depois descamam

Após a infecção primária, o vírus atravessa o epitélio de superfície no trato respiratório para infectar células mononucleares, sendo carreado para os tecidos linfoides. Esta fase é assintomática, não havendo lesões detectáveis no local de entrada do corpo. O vírus se replica lentamente nos tecidos linforreticulares durante cerca de 1 semana, penetrando na corrente sanguínea em associação com as células mononucleares, infectando regiões epiteliais. Estas células são principalmente do trato respiratório e da pele, mas também incluem as da boca, em geral da conjuntiva, e, provavelmente, também dos tratos alimentar e urogenital. Em relação à pele, por motivos desconhecidos, o tronco, a face e o couro cabeludo são especialmente envolvidos. Nestes locais epiteliais, o vírus sai dos pequenos vasos sanguíneos, infectando as células subepiteliais e, finalmente, as células epiteliais. Células gigantes multinucleadas com inclusões intracelulares estão presentes nas lesões. Na orofaringe e no trato respiratório, o vírus atinge a superfície, podendo infectar outros indivíduos 2 semanas após a infecção inicial. Na pele, isso leva 1 ou 2 dias a mais, e é nesse estágio em que surgem as características vesículas da varicela em uma distribuição centrípeta, que o diagnóstico clínico pode ser feito (Fig. 27.41). O período médio de incubação é de 14 dias (variação de 10-23 dias).

O paciente permanece bem até 1 ou 2 dias antes do exantema, quando pode haver uma febre leve e mal-estar, mas a doença geralmente é leve, podendo passar despercebida. As vesículas surgem inicialmente no tronco, depois na face e no couro cabeludo, com menos frequência nos braços e pernas. As lesões geralmente surgem em "grupos" durante o curso de alguns dias, e todos os estágios das lesões ocorrem de maneira simultânea, com presença de pústulas, drenagem e descamação. As lesões são mais profundas do que as lesões causadas pelo HSV, e a formação de cicatrizes é mais comum. As lesões na boca podem ser dolorosas.

A varicela geralmente é mais grave, sendo uma causa mais provável de complicações em adultos

As lesões cutâneas da varicela podem se tornar infectadas com estafilococos ou estreptococos, produzindo um impetigo secundário, mas a varicela em crianças é caracteristicamente uma doença leve. As principais complicações são:

- pneumonia intersticial, especialmente em adultos tabagistas; a pneumonia bacteriana secundária também pode ocorrer;
- envolvimento do sistema nervoso central (SNC), que pode consistir em meningite linfocítica ou encefalomielite (Cap. 25).

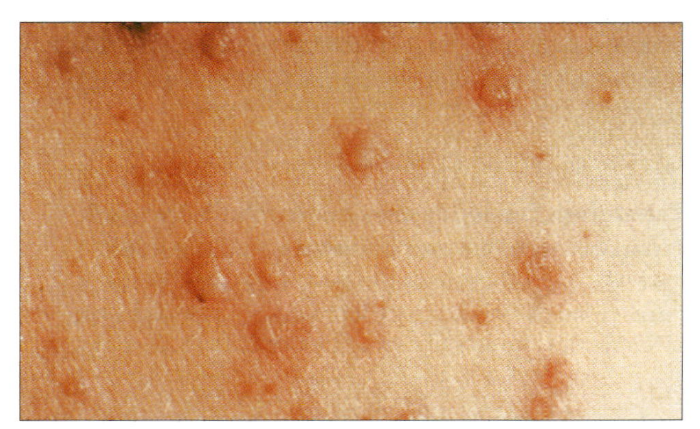

Figura 27.41 O exantema inicial da varicela (catapora), com máculas, pápulas e vesículas. (Cortesia de M.J. Wood.)

Pode ocorrer trombocitopenia, mas esta quase sempre é assintomática. A varicela pode ser uma doença potencialmente letal em muitos pacientes imunocomprometidos.

Após uma infecção primária durante a gestação, o vírus pode infectar o feto (Cap. 24). A síndrome da varicela congênita é observada em cerca de 1-2% se a infecção materna ocorre no primeiro ou segundo trimestre. As características clínicas incluem formação de cicatrizes na pele, membros hipoplásicos e outros estigmas envolvendo os olhos e o cérebro. Quando a mãe é infectada alguns dias antes ou depois do parto, o lactente é exposto sem a proteção dos anticorpos maternos e pode sofrer uma doença séria. A imunização passiva com imunoglobulina antivaricela-zóster (VZIG) pode prevenir ou atenuar a infecção no lactente.

O herpes-zóster resulta da reativação do VVZ latente

Durante a infecção primária, o VVZ nas lesões mucocutâneas invade as terminações de nervos sensoriais e estabelece infecção latente nos gânglios da raiz dorsal (Fig. 27.38). Mais tarde, pode haver reativação, causando herpes-zóster no dermátomo, a área da pele suprida por aquele nervo, do local da reativação. Os dermátomos torácicos são os mais comumente afetados porque estes são os locais mais comuns para as lesões iniciais da varicela. O zóster costuma ser unilateral, a não ser que o indivíduo esteja imunocomprometido, porque a reativação é um evento localizado em um único gânglio da raiz dorsal. Portanto, o zóster se origina dentro do corpo, não sendo adquirido diretamente de lesões de varicela ou herpes-zóster de outros indivíduos. Durante a reativação nos neurônios sensoriais (Fig. 27.38), ocorrem parestesia e dor. A dor pode ser grave e precede o desenvolvimento do exantema eritematoso no qual vesículas ricas em vírus aparecem (Fig. 27.42) durante vários dias. Leva alguns dias para que o vírus passe pelos nervos periféricos e se multiplique na pele. Febre e mal-estar podem acompanhar o exantema. Algumas vezes, a resposta imune controla o vírus reativante antes de as lesões cutâneas se formarem e, neste caso, o fenômeno sensorial ocorre sem a erupção da pele. Esse fenômeno é chamado de *zoster sine herpete*, para os acadêmicos clássicos dentre os nossos leitores.

As condições que predispõem ao herpes-zóster incluem:

- idade avançada. Apesar de o zóster ocasionalmente ser observado na infância, sua incidência aumenta com a progressão da idade, aumentando de três casos/1.000/ano em pessoas entre 50-59 anos de idade para 10 casos/1.000/ano em pessoas entre 80-89 anos de idade.
- imunocomprometimento causado por leucemia, linfoma, AIDS, transplante de órgão sólido ou outra imunossupressão induzida por fármacos.
- traumatismo ou tumores que afetam o cérebro ou a medula espinal.

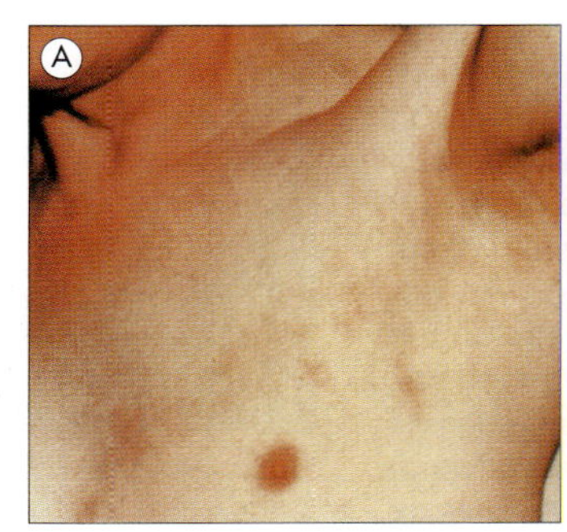

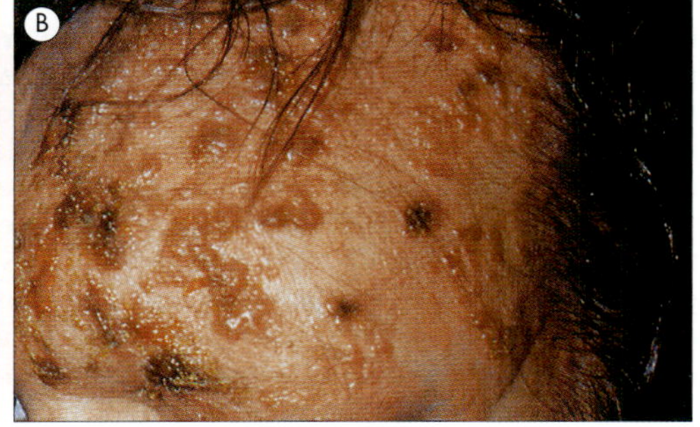

Figura 27.42 Exantema do zóster. (A) Uma banda de eritema leve, um sinal inicial do herpes-zóster, ao longo de um nervo intercostal. (B) Exantema afetando a divisão oftálmica do nervo trigêmeo. (Cortesia de M.J. Wood.)

As áreas de pele afetadas pelo herpes-zóster refletem a distribuição do exantema original da varicela, como deve ser esperado por sua patogênese (Fig. 27.38). Por este motivo, o tronco é envolvido com maior frequência. O zóster oftálmico envolvendo a pálpebra superior, a testa e o couro cabeludo é uma manifestação particularmente desagradável que pode ser esteticamente ruim e é altamente infeccioso, pois há uma oportunidade de muitos VVZs serem liberados no ar.

A neuralgia pós-herpética é uma complicação comum do zóster

No hospedeiro saudável, a neuralgia pós-herpética (também conhecida como dor associada ao zóster, ZAP) é comum, especialmente no idoso. A dor, que pode ser grave no início da doença, continua durante vários meses após a resolução das lesões. Ela é de difícil tratamento, apesar de os agentes antivirais reduzirem a incidência, duração e gravidade do ZAP se iniciados assim que possível após a ocorrência do zóster.

O zóster pode ser grave em pacientes imunocomprometidos. Alguns dias depois da erupção localizada, o vírus, sem o controle adequado da imunidade mediada por células, dissemina-se através da corrente sanguínea para produzir lesões cutâneas e viscerais por todo o corpo. Podem ocorrer complicações hemorrágicas e pneumonia.

Diagnóstico laboratorial do VVZ

O diagnóstico é clínico, mas pode ser auxiliado por testes moleculares para detectar o DNA do VVZ em esfregaços das vesículas. Testes alternativos menos utilizados incluem testes de imunofluorescência nos raspados da lesão cutânea, com o uso de anticorpos monoclonais específicos para o VVZ ou mediante isolamento do VVZ em culturas de células, apesar de o efeito citopático poder ocorrer após algumas semanas. As partículas do herpesvírus podem ser observadas por microscopia eletrônica no líquido colhido nas vesículas, mas são indistinguíveis de outros herpesvírus e, em particular, do HSV, que também causa lesões vesiculares. A infecção passada é determinada pela detecção do IgG para VVZ através do ensaio imunoadsorvente ligado à enzima (*Enzime-Linked Immunoabsorbent Assay* – ELISA) ou outros métodos. Um teste de IgM VVZ poderá ser útil se as lesões cutâneas já tiverem cicatrizado e o diagnóstico precisa ser feito por motivos clínicos.

Tratamento da varicela e da infecção pelo herpes-zóster

Aciclovir em doses maiores é administrado para tratar infecções por VVZ, em comparação às infecções por HSV, mas este fármaco, ou valaciclovir ou fanciclovir, que são mais prontamente biodisponíveis, pode ser utilizado oralmente para o tratamento da varicela e do zóster. Geralmente, o tratamento da catapora não é considerado, pois ela é vista como uma infecção leve que causa pouco desconforto, em sua maior parte por indivíduos que não se lembram de terem tido catapora. Entretanto, a varicela pode causar complicações em adolescentes e adultos, e o tratamento antiviral deve ser oferecido, especialmente porque desta forma a formação de novas lesões, a disseminação viral e os sintomas serão reduzidos. As infecções graves devem ser tratadas com aciclovir intravenoso, especialmente nos grupos de alto risco. A imunoglobulina antivaricela-zóster (VZIG) contém um título alto de IgG de VVZ, agrupada de doadores de sangue com histórico de catapora. A VZIG é utilizada para prevenir ou atenuar a varicela em indivíduos suscetíveis com risco de complicações (p. ex., pacientes imunocomprometidos) após a exposição, mas deve ser administrada dentro de 7-10 dias de exposição à fonte. As lesões cutâneas da varicela podem ser tratadas com loção de calamina para aliviar a coceira, impedir que as lesões sejam coçadas e as infecções secundárias.

Uma vacina com vírus vivo atenuado de catapora está licenciada para uso em diversos países, e a imunização universal das crianças norte-americanas foi iniciada em 1995. Além disso, há uma vacina contra herpes-zóster que é utilizada desde 2006 nos Estados Unidos e reduz o risco na faixa etária à qual é direcionada, de 60 anos ou mais, de desenvolver doença por herpes-zóster e dor associada ao zóster em pouco mais de 50% e quase 70%, respectivamente. Outros países apresentam faixas etárias diferentes para quem é elegível aos seus programas nacionais de vacinação contra herpes-zóster.

Exantemas causados pelo enterovírus

Os vírus do coxsackie e echovírus causam uma variedade de exantemas (erupções cutâneas)

Os enterovírus são vírus de RNA de fita simples e senso positivo presentes na família Picornaviridae. Há 71 sorotipos de enterovírus humanos e o gênero apresenta 12 espécies, enterovírus A-H e J, dentre os quais os vírus de Coxsackie, echovírus, enterovírus, rinovírus e poliovírus. Algumas vezes estas infecções são acompanhadas por um enantema (lesões nas superfícies epiteliais internas, como a cavidade oral). Estas infecções geralmente são vistas em lactentes, não costumam ser distinguíveis no exame clínico e não são graves. Estes vírus também são responsáveis por doenças que afligem o SNC (Cap. 25), o trato respiratório superior (Cap. 19), além das musculaturas estriada e cardíaca (ver adiante). Além disso, a associação das infecções por enterovírus com o desenvolvimento de diabetes mellitus tipo 1 tem aumentado.

As lesões geralmente são vesiculares e ocorrem, sobretudo, na mucosa bucal e na língua. A maioria das crianças apresenta irritação da orofaringe ou da língua, podendo haver uma febre leve. Quando as lesões vesiculares também são vistas na pele, principalmente nas mãos e pés, a condição é denominada doença de mão-pé-boca (Fig. 27.43). O vírus está presente nas lesões, e o vírus de coxsackie A16 é a causa mais comum.

Exantemas maculopapulares semelhantes aos da rubéola, que geralmente ocorrem no verão, são manifestações comuns de algumas infecções por coxsackie A e echovírus.

Exantemas causados pelo parvovírus humano B19

O parvovírus B19 causa a "síndrome da bofetada"

Os vírus são pequenos de qualquer forma (!), mas os parvovírus, como os estudiosos de latim devem saber, são vírus de DNA de fita simples muito pequenos (22 nm de diâmetro).

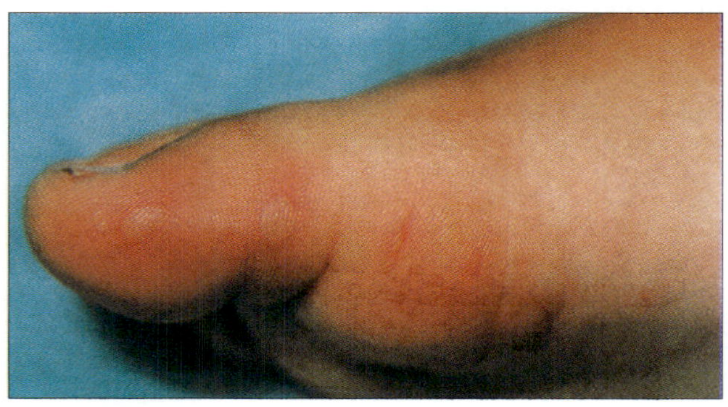

Figura 27.43 Lesões vesiculares no pé na doença de mão-pé-boca. (Cortesia de M.J. Wood.)

O parvovírus B19 foi identificado em 1974, quando a amostra sérica número 19 no painel B apresentou alguns resultados estranhos ao ser testada em ensaios de presença de antígeno de superfície da hepatite B. Naquela época, a microscopia eletrônica era o método universal para a detecção de vírus, e partículas que pareciam parvovírus animais foram observadas. O parvovírus B19 é o único membro da família Parvoviridae que conhecidamente causa doença humana e é trópica a células progenitoras eritroides, e se liga ao receptor celular do antígeno P. Ele causa doença febril em crianças com um exantema maculopapular característico na face ("síndrome da bofetada"). A condição é denominada "eritema infeccioso" e, algumas vezes, "quinta doença", e é a quinta de seis infecções exantematosas comuns reconhecidas pelos médicos do século XIX.

A infecção assintomática pelo parvovírus B19 é comum e se dissemina através de gotículas respiratórias

Quase 50% da população já contraiu parvovírus B19. O vírus cresce nas células hematopoiéticas na medula óssea, e sua presença normalmente não causa nada mais do que uma queda temporária e imperceptível dos níveis de hemoglobina; entretanto, ele pode ter sérias consequências nos pacientes com anemias crônicas. Em crianças com anemia falciforme, por exemplo, o efeito sobre a eritropoiese pode causar uma crise aplástica. O vírus também pode causar artralgia quando infecta adultos. O diagnóstico laboratorial é feito mediante teste do soro para detecção de IgM específico para o parvovírus B19. Testes moleculares podem ser utilizados para detectar o DNA B19 no sangue fetal quando se suspeita de hidropisia fetal, após a mãe ter sofrido infecção por parvovírus ou um exame de ultrassom do bebê ter mostrado hidropisia. O parvovírus 19 não pode ser isolado em culturas de células.

Exantemas causados pelos herpesvírus humanos 6 e 7

O herpesvírus humano 6 (HHV-6) está presente na saliva de mais de 85% dos adultos e causa *roseola infantum*

Os herpesvírus humanos 6 e 7 foram descobertos em 1986 e 1990, respectivamente, sendo HSV-1, HSV-2, VVZ, CMV e VEB os cinco HHVs anteriores. Ambas as infecções são mundialmente presentes e ocorrem na maior parte da população nos primeiros 2 anos de vida. O HHV-6 se replica nas células T e B e também na orofaringe, de onde se dissemina através da saliva. O vírus persiste no organismo após a infecção inicial. Há duas variantes de HHV-6, denominadas HHV-6A e 6B. Sua distribuição tecidual difere no sentido de que o HHV-6B pode ser detectado no sangue, na saliva e no tecido cerebral, ao passo que o 6A ocorre com mais frequência nos pulmões e na pele.

O HHV-6B é a causa do exantema súbito (também chamado de *roseola infantum*), uma doença febril aguda bastante comum em lactentes e crianças novas. Após um período de incubação de aproximadamente 2 semanas, a criança desenvolve febre alta que dura 3-5 dias. A doença é leve, e, após 2 dias, a febre diminui, surgindo um exantema maculopapular (Fig. 27.44). O HHV-6B também é associado a aproximadamente 30% das convulsões febris em crianças, e a encefalite por HHV-6 foi relatada em receptores do transplante de medula óssea.

O diagnóstico é difícil, pois o DNA de HHV-6 pode estar integrado aos cromossomos da célula humana, portanto a detecção de DNA de HHV-6 pode não ser diagnóstica de uma infecção ativa. Isso significa que a carga de DNA de HHV-6 deve ser quantificada no sangue periférico, assim como a amostra do compartimento afetado do corpo, para realizar um diagnóstico da infecção por HHV-6.

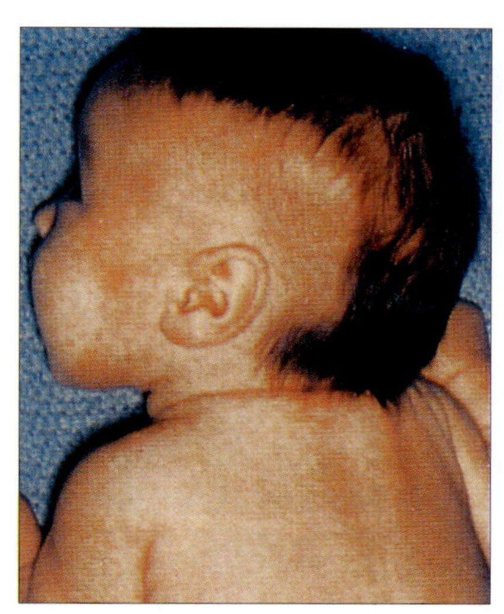

Figura 27.44 Exantema maculopapular na *roseola infantum*. (Cortesia de M.J. Wood.)

O herpesvírus humano 7 (HHV-7) é adquirido um pouco mais tarde no início da infância

O HHV-7 foi isolado em células T CD4-positivas. A infecção ocorre em um estágio mais tardio do que o HHV-6 durante o período lactente ou início da infância. A persistência na saliva e no exantema súbito foi relatada no HHV-7.

O herpesvírus humano 8 (HHV-8) está associado a todas as formas de lesões da pele do sarcoma de Kaposi

Depois de diversos registros epidemiológicos, chegou-se à conclusão de que um agente transmissível estava envolvido no desenvolvimento do sarcoma de Kaposi (SK), uma malignidade da pele mais comum em algumas áreas do Mediterrâneo e em partes da África, além do SK associado à AIDS. Diversos aprimoramentos na tecnologia molecular permitiram, em 1994, a identificação do herpesvírus associado ao SK (KSHV), também conhecido HHV-8, nas células endoteliais das lesões do SK. Não é uma infecção onipresente e também foi associada a outras duas malignidades raras — linfoma de efusão primária e doença multicêntrica de Castleman. A transmissão é feita na maioria das vezes pela saliva, e interações entre as respostas imunocelulares defectivas, o sistema endotelial e o KSHV resultam na patogênese do SK.

O diagnóstico é clínico. A incidência do SK associado à AIDS diminuiu desde o advento de uma terapia antirretroviral combinada. Além disso, estudos retrospectivos demonstraram que o tratamento com ganciclovir e foscarnet resultou na redução das lesões do SK.

INFECÇÃO PELO VÍRUS DA VARÍOLA

A varíola foi o maior flagelo da humanidade por, pelo menos, 3.000 anos. Era causada por um poxvírus, e a transmissão ocorria de pessoa a pessoa pelo contato com as lesões de pele e via trato respiratório. A doença era grave, com um exantema generalizado (Fig. 27.45), sendo fatal em até 40% dos casos, dependendo da cepa do vírus.

A erradicação global da varíola foi oficialmente certificada em dezembro de 1979

Durante a primeira parte do século XX, a varíola foi erradicada da Oceania, da América do Norte e da Europa graças a amplas

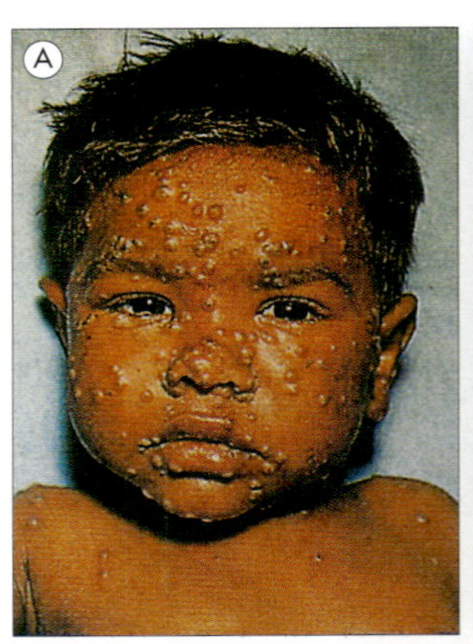

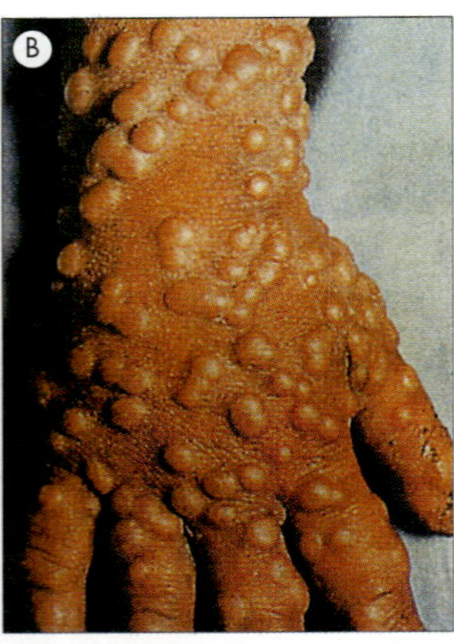

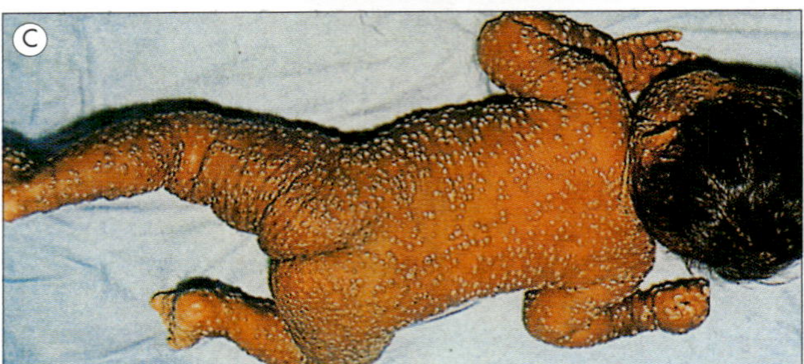

Figura 27.45 Varíola. A-C. Estas fotografias eram utilizadas como cartões de reconhecimento da varíola pela Organização Mundial da Saúde durante a campanha de erradicação da varíola. Depois da infecção do trato respiratório superior, o vírus atinge a pele, onde se replica para causar um exantema vesiculopustular disseminado, com formação posterior de cicatrizes, especialmente na face. A taxa de mortalidade era de até 40%, dependendo da idade do hospedeiro e da cepa do vírus. (Cortesia da Organização Mundial da Saúde.)

campanhas de vacinação, originalmente desenvolvidas por Edward Jenner (Cap. 35), utilizando uma cepa de vírus vivo atenuado (vacínia vírus), juntamente com o estrito controle das fronteiras. Em 1967, a Organização Mundial da Saúde (OMS) começou uma campanha para erradicar a varíola em todo o mundo, focando na América do Sul, na África, na Índia e na Indonésia, fazendo uso da vacinação, vigilância e isolamento dos casos. A despeito das dificuldades, como as barreiras culturais, estados de guerra e o transporte para áreas remotas, a campanha foi bem-sucedida. Casos ocasionais continuaram a ocorrer nos EUA até 1940, e, em 1974, houve 218.000 casos mundiais, principalmente na Ásia, mas o último caso foi registrado na Somália em outubro de 1977. O custo total para a OMS foi de aproximadamente 150 milhões de dólares.

A erradicação global da varíola foi possível por uma variedade de motivos

Estes motivos foram:

- Não havia infecções subclínicas, assim os casos eram prontamente identificados.
- O vírus era eliminado do corpo durante a recuperação, não havia portadores.
- Os humanos eram os únicos hospedeiros (sem reservatórios animais).
- Havia uma vacina eficaz.

Durante alguns anos houve uma preocupação com a varíola do macaco, uma doença de símios causada por um vírus similar e adquirida pelo contato com macacos infectados na África. Entretanto, esta doença não é transmitida com eficácia entre humanos. Apesar disso, acredita-se que mais de 80 pessoas contraíram a varíola do macaco nos EUA em 2003. Esta contaminação ocorreu pelo contato com cães de pradaria infectados. Preocupados com o uso da varíola por bioterroristas, alguns países criaram planos de contingência para a possível ameaça, que incluem a estocagem da vacina.

INFECÇÃO PELO VÍRUS DO SARAMPO

O sarampo tem diversas características:

- Quase todos os indivíduos infectados apresentam mal-estar e desenvolvem a doença. Esta característica contrasta com quase todas as outras infecções virais, nas quais uma proporção significante dos indivíduos sofre uma infecção assintomática ou subclínica.
- A doença é tão característica que um diagnóstico clínico pode ser feito em quase todos os casos, sem a necessidade de ajuda laboratorial. Podemos reconhecer o sarampo da forma descrita há mil anos pelo médico árabe Rhazes.
- Existe somente um tipo antigênico do vírus do sarampo.
- Depois da infecção, existe uma completa resistência à reinfecção, que provavelmente perdura por toda a vida. Segundos ataques são quase desconhecidos.
- O sarampo é altamente infeccioso, e quase todas as crianças suscetíveis contraem a doença mediante exposição. O sarampo era considerado uma rotina inescapável da infância, e mais de 99% dos indivíduos eram infectados até os programas de imunização serem desenvolvidos.
- Existe um marcante contraste entre o sarampo que ocorre em crianças bem nutridas com bom acesso ao tratamento clínico (isto é, nos países desenvolvidos) e o sarampo sob condições de desnutrição e fome com serviços médicos deficientes (ou seja, nos países em desenvolvimento; Tabela 27.4).

Etiologia e transmissão

Os surtos de sarampo ocorrem periodicamente nas populações não vacinadas

A virologia básica deste paramixovírus está descrita no Capítulo 3; ele é transmitido por gotículas respiratórias. Apesar de o vírus logo ser inativado ao secar em superfícies, ele é mais estável em gotículas suspensas no ar. Em populações não vacinadas, os surtos ocorrem periodicamente quando o número de crianças suscetíveis atinge um nível suficiente. Houve inúmeros surtos de sarampo na Europa no ano de 2011, alguns dos quais foram bastante grandes, incluindo mais de 7.000 casos na França, o que resultou em campanhas de imunização em diversos países.

As características clínicas do sarampo incluem sintomas respiratórios, manchas de Koplik e exantema

O vírus inalado penetra no corpo no trato respiratório superior ou inferior ou conjuntiva e se dissemina para os tecidos linfáticos subepiteliais e locais, sem causar lesões ou sintomas detectáveis. Durante alguns dias, ocorre uma viremia primária e o vírus, que é altamente linfotrópico, lentamente se espalha e se multiplica nos tecidos linfoides por outras áreas do corpo, incluindo o baço e o trato respiratório. Em seguida, há uma segunda viremia por volta de 5 dias após a infecção inicial e o vírus dissemina-se para diversos locais epiteliais, incluindo a pele, os rins e a bexiga. Os sinais clínicos logo aparecem no trato respiratório, onde existem somente uma ou duas camadas de células epiteliais para atravessar. O paciente fica bem até 9-10 dias após a infecção e depois desenvolve uma doença

Tabela 27.4 Impacto clínico do sarampo depende da condição do hospedeiro

Local	Criança bem nutrida Atendimento médico bom	Criança malnutrida Atendimento médico ruim
Pulmão	Enfermidade respiratória leve	Pneumonia potencialmente fatal
Ouvido	A otite média é bastante comum	Otite média mais comum, mais grave
Mucosa oral	Sinais de Koplik	Lesões ulcerativas graves
Conjuntiva	Conjuntivite	Lesões graves da córnea, infecção bacteriana secundária, pode ocorrer cegueira
Pele	Erupção maculopapular	Pode ocorrer erupções hemorrágicas ("sarampo negro")
Trato intestinal	Sem lesões	Diarreia – exacerba malnutrição, interrompe o crescimento, compromete a recuperação
Impacto geral	Doença séria em uma pequena proporção daqueles infectados	Principal causa de morte na infância (estimam-se 1 milhão de mortes/ano ao redor do mundo)

O sarampo é uma doença mais séria nas crianças malnutridas com acesso deficiente a tratamento clínico. As mesmas superfícies epiteliais são infectadas mais extensivamente e com sequelas mais sérias.

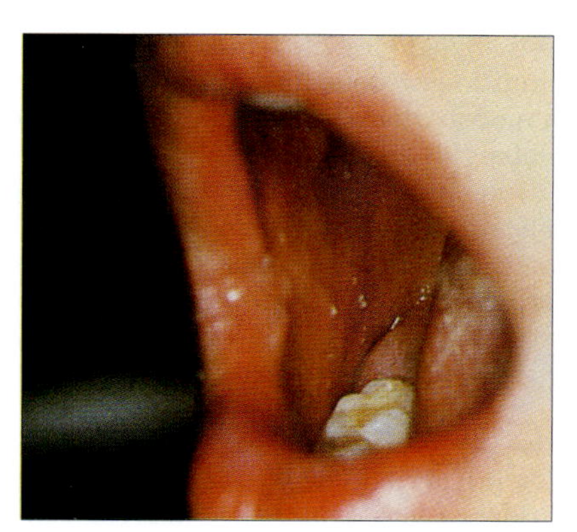

Figura 27.46 Manchas de Koplik vistas como pequeninos pontos brancos na mucosa bucal inflamada de um paciente com sarampo. (Cortesia de M.J. Wood.)

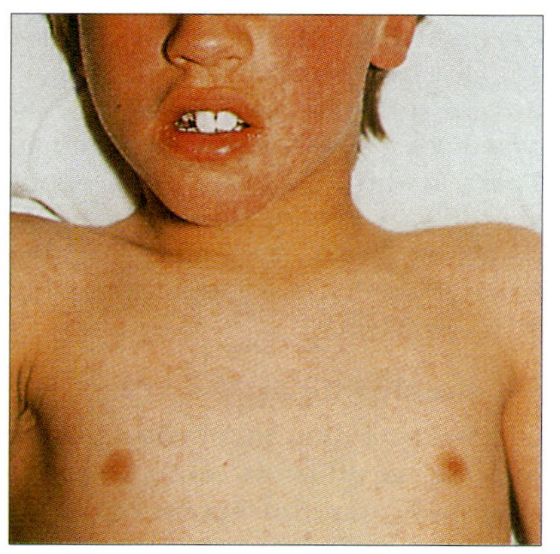

Figura 27.47 Exantema maculopapular na face e no tronco de um paciente com sarampo. (Cortesia de M.J. Wood.)

respiratória aguda com coriza, febre e tosse. A conjuntivite também é uma característica, e como resultado de grandes quantidades do vírus eliminadas nas secreções respiratórias, o paciente é extremamente infeccioso. O diagnóstico pode ser suspeitado durante este estágio prodrômico da doença, especialmente após uma exposição conhecida ao sarampo. Leva 1 dia ou mais para que os focos de infecção na mucosa e nas superfícies da pele causem a lesão. A mancha de Koplik, patognomônico do sarampo, aparece dentro da bochecha (Fig. 27.46), e logo depois, cerca de 12 dias após a infecção, surge um exantema maculopapular (Fig. 27.47), primeiro na face e depois pelo corpo até atingir as extremidades.

O exantema do sarampo resulta de uma resposta imune mediada por células

Anticorpos são formados, mas uma resposta imune mediada por células (IMC) é necessária para controlar o crescimento do vírus nos pulmões e em outros locais do corpo. Sem esta resposta, o vírus continua crescendo e dá origem a uma pneumonia de células gigantes (Cap. 20). A resposta IMC também é responsável pelas lesões de pele, que não são vistas em pacientes com sérios defeitos deste tipo de imunidade. Crianças com agamaglobulinemia, por outro lado, apresentam um curso normal de doença, desenvolvem imunidade normal e podem ser protegidas pela vacinação. Nos casos não complicados, a recuperação é rápida.

Durante o sarampo, assim como em outras infecções agudas, existem defeitos temporários nas respostas imunes para antígenos não relacionados. Por exemplo, no momento do surgimento do exantema, indivíduos conhecidamente positivos para tuberculina apresentam respostas negativas para os testes cutâneos para tuberculina. Esta resposta retorna ao normal em aproximadamente um mês. Durante a epidemia do "solo virgem", quando o sarampo reapareceu após uma longa ausência no sul da Groenlândia em 1953, infectando adultos e crianças, houve maior mortalidade entre os indivíduos previamente infectados com tuberculose.

As complicações do sarampo são particularmente prováveis entre crianças nos países em desenvolvimento

As complicações do sarampo, devido à perda de células B e T de memória e resultando na supressão imunológica generalizada, incluem:

- superinfecções bacterianas oportunistas, que são bastante comuns, especialmente otite média e pneumonia, como resultado do dano viral às superfícies respiratórias;
- pneumonia primária pelo vírus do sarampo (pneumonia de células gigantes), que é vista em pacientes com sérios defeitos de resposta da IMC;
- encefalite pós-infecciosa, que ocorre em cerca de um em 1.000 pacientes (Cap. 25);
- muito raramente, panencefalite esclerosante subaguda (PESS). Esta se desenvolve 1-10 anos após a recuperação de uma infecção aguda.

Tabela 27.5 Consequências clínicas da invasão do vírus da rubéola em diferentes tecidos corporais

Local	Resultado	Comentário
Trato respiratório	Eliminação viral, porém com sintomas mínimos (inflamação branda de garganta, coriza, tosse)	Paciente contaminado 5 dias antes a 3 dias após os sintomas
Pele	Exantema	Muitas vezes transitório, atípico; imunopatologia envolvida (complexos Ag-Ab)
Linfonodos	Linfadenopatia	Mais comum no triângulo posterior do pescoço ou atrás da orelha
Articulações	Artralgia branda, artrite	Imunopatologia envolvida (complexos imunológicos circulantes)
Placenta / feto	Placentite, dano fetal	Rubéola congênita

Crianças nos países em desenvolvimento, onde há acesso deficiente a tratamentos clínicos e desnutrição, desenvolvem uma doença mais séria (Tabela 27.4), especialmente durante períodos de escassez de alimentos. Isso é atribuível a:

- baixas defesas das mucosas, que podem ser melhoradas com a administração de vitamina A;
- deficiência das defesas imunes em virtude de desnutrição proteico-calórica, com um impacto adicional da imunossupressão induzida pelo vírus do sarampo;
- serviços médicos inadequados, com menor acesso a antibióticos para o controle de infecções secundárias;
- altos níveis de contaminação bacteriana no ambiente;
- exposição a uma grande carga viral — um possível fator se outros indivíduos liberam grandes quantidades de vírus pelo trato respiratório.

Diagnóstico, tratamento e prevenção

No geral, o sarampo é diagnosticado clinicamente; a ribavirina pode ser utilizada como tratamento antiviral se for indicada clinicamente e houver uma vacina segura e eficaz

Apesar de o diagnóstico clínico ser preciso, o exantema é similar a inúmeros outros exantemas virais que afetam o mesmo grupo etário. Sinais de Koplik e conjuntivite ajudam a realizar o diagnóstico definitivo. Além disso, com o sucesso da vacina, a incidência da infecção pelo sarampo caiu, e era pouco provável que os trabalhadores na área de saúde vissem crianças com sarampo nos países desenvolvidos. No entanto, após a publicação controversa de um estudo em 1998 no qual a vacina contra sarampo, caxumba e rubéola (MMR) apresentava ligação com autismo (o que nunca foi confirmado, e todas as investigações epidemiológicas subsequentes mostraram que não havia ligação), houve uma redução nas taxas de imunização para infecções de sarampo e caxumba em todo o mundo. Desde então, as taxas de vacinação por MMR aumentaram, com uma redução correspondente sobre a infecção.

O ensaio para detecção de RNA viral ou de uma IgM específica do sarampo é útil na confirmação do diagnóstico tanto em amostras de sangue como da saliva. O isolamento do vírus em culturas celulares raramente é necessário. A infecção complicada por sarampo pode ser tratada com ribavirina.

Uma vacina viva atenuada está disponível desde 1963. Ela é eficaz, segura e de longa duração, sendo combinada com as vacinas contra a rubéola e caxumba (vacina MMR; Cap. 35). Antes de a vacina ser lançada, o sarampo matou 7 a 8 milhões de crianças por ano em todo o mundo. Em 1996, isso foi reduzido a 1 milhão, e as iniciativas da OMS/UNICEF contaram com a aplicação de programas de imunização em massa nas Américas e na Europa e em países em desenvolvimento.

INFECÇÃO PELO VÍRUS DA RUBÉOLA

A infecção pelo vírus da rubéola causa uma infecção multissistêmica, mas o principal impacto ocorre sobre o feto

Existe somente um sorotipo deste togavírus de RNA de fita simples, e seu impacto principal ocorre sobre o feto (Cap. 24). Ele é transmitido por gotículas do trato respiratório, sendo menos contagioso que o sarampo, porém mais contagioso que a caxumba.

Depois de invadir o corpo através do trato respiratório, o vírus se replica durante um determinado período nos tecidos linfoides locais, contaminando o baço e linfonodos em outros locais do corpo. Uma semana após a infecção, uma nova multiplicação nestes tecidos leva à viremia e localização do vírus no trato respiratório e pele, algumas vezes na placenta, articulações e rins. As consequências clínicas desta infecção nos vários tecidos do corpo estão demonstradas na Tabela 27.5.

Depois de um período de incubação de 14-21 dias, observa-se uma doença leve, com febre, mal-estar e um exantema maculopapular irregular que dura 3 dias. Geralmente se observam linfonodos dilatados atrás das orelhas, mas a infecção comumente é subclínica.

A rubéola é diagnosticada em laboratório; não existe tratamento, mas há vacina

O diagnóstico clínico da rubéola algumas vezes é possível, mas deve ser confirmado laboratorialmente. O diagnóstico laboratorial é feito através da demonstração de anticorpos IgM específicos para a rubéola ou detecção do DNA viral da rubéola (Cap. 33). O isolamento do vírus em amostras da orofaringe raramente está indicado — o isolamento do vírus requer linhagens de células especializadas, e são necessários métodos indiretos para demonstrar seu crescimento. O RNA viral pode ser detectado em amostras de diferentes locais.

Não existe tratamento antiviral. Uma vacina com vírus vivo atenuado da rubéola, segura e eficaz, é administrada com injeções, geralmente em combinação com as vacinas contra sarampo e caxumba (vacina MMR). A prevenção da rubéola congênita é discutida no Capítulo 24.

OUTROS EXANTEMAS MACULOPAPULARES ASSOCIADOS A INFECÇÕES RELACIONADAS A VIAGENS

Os exantemas maculopapulares observados em certas infecções virais transmitidas por artrópodes (p. ex., dengue) e nas infecções virais zoonóticas (p. ex., doença de Marburg) são discutidos nos Capítulos 28 e 29. Um exantema maculopapular pode ser visto, em casos raros, no estágio prodrômico da infecção pelo vírus da hepatite B e é mediado por complexos imunes.

OUTRAS INFECÇÕES QUE PRODUZEM LESÕES CUTÂNEAS

Outras infecções bacterianas, fúngicas e riquétsias produzem uma variedade de exantemas ou outras lesões da pele

A maioria destas infecções é discutida em outras partes deste livro e está listada na Tabela 27.1. Os exantemas nas infecções por riquétsias geralmente são marcantes, como no caso da febre das Montanhas Rochosas ou do tifo (Cap. 28). A maioria das riquétsias invade as células do endotélio vascular e contamina o sangue para infectar vetores artrópodes hematófagos. A invasão das células endoteliais vasculares na pele proporciona a base para o exantema de pele, mas não é uma fonte de contaminação direta para o exterior.

SÍNDROME DE KAWASAKI

A síndrome de Kawasaki é uma vasculite aguda, provavelmente causada por toxinas superantigênicas

A síndrome de Kawasaki é uma enfermidade infantil que ocorre em hospedeiros geneticamente suscetíveis com ativação desregulada da célula T após exposição a desencadeadores infecciosos. Os pacientes, que geralmente têm menos de 4 anos de idade, desenvolvem febre, conjuntivite e exantema. Observam-se ressecamento e vermelhidão dos lábios, e vermelhidão das palmas das mãos e das solas dos pés com algum grau de edema, descamação das pontas dos dedos, e frequentemente artralgia e miocardite, que geram mortalidade de aproximadamente 2%. A patologia básica é uma vasculite aguda multissistêmica, e 20% dos pacientes não tratados desenvolvem aneurismas da artéria coronária. A doença é mais comum em indivíduos de descendência asiática, mas ocorre em todo o mundo. Não há evidências claras para a transmissão entre humanos e a doença é endêmica com flutuações e surtos sazonais. Supõe-se que ela tenha origem infecciosa e o mecanismo de ativação imune pode se dar em função de um antígeno ou superantígeno, como as toxinas (Cap. 17) do *S. aureus* ou *S. pyogenes*. Um superantígeno é um grupo de proteínas que pode estimular muitas células T ao fixar-se na parte do receptor da célula T em associação às moléculas MHC de classe II sem necessitar do processamento de antígenos.

O tratamento, se recebido logo de início, com imunoglobulina intravenosa e aspirina, reduz a incidência do dano da artéria coronária e evita os aneurismas.

INFECÇÕES VIRAIS DOS MÚSCULOS

Miosite, miocardite e pericardite viral

Alguns vírus, particularmente o vírus de coxsackie B, causam miocardite e mialgia

Um efeito citotóxico é visto em modelos animais após a fixação viral aos receptores celulares encontrados em miócitos e macrófagos cardíacos. O vírus de coxsackie do grupo B e, em menor grau, do grupo A, além de certos enterovírus, são as principais causas virais da miocardite e da pericardite agudas. Há uma leve predominância da miocardite em homens, e tanto ela quanto a pericardite podem ser confundidas por infarto do miocárdio. Mesmo assim, o prognóstico é bom e a recuperação completa é o normal. Também existem evidências de uma infecção persistente ligada a miocardite crônica e cardiomiopatia crônica dilatada. A causa mais comum de miocardite viral em lactentes é o vírus de coxsackie do grupo B, e pode apresentar início rápido e fatal. Estas infecções são transmitidas pela via fecal-oral e ocasionalmente através das secreções faríngeas. O vírus ingerido migra para os vasos linfáticos a partir da faringe ou da mucosa gastrointestinal e dos vasos linfáticos para o sangue. A invasão dos músculos estriados, coração ou pericárdio ocorre através dos vasos sanguíneos pequenos e resulta em inflamação aguda. No coração e no pericárdio, isso provoca dispneia, dor torácica e, às vezes, imita um infarto do miocárdio. O vírus de coxsackie pode ser isolado em esfregaços da orofaringe, amostras fecais ou, ocasionalmente, líquido pericárdico, mas os métodos de detecção do RNA e a tipificação de amostras positivas são mais amplamente utilizados, por exemplo, na hibridização *in situ* no tecido por biópsia endomiocárdica. A caxumba e a influenza são causas menos comuns de miocardite ou pericardite. A rubéola (Cap. 24) pode causar miocardite e lesões congênitas associadas no feto.

Os vírus de coxsackie do grupo B também causam pleurodinia ou mialgia epidêmica. Esta condição algumas vezes é chamada de "doença de Bornholm" em homenagem à ilha dinamarquesa que sofreu um extenso surto em 1930. Observam-se dor e inflamação envolvendo os músculos intercostais ou abdominais.

O vírus influenza (especialmente, influenza B em crianças) pode causar dor e sensibilidade nos músculos, mas não se sabe se está associado à invasão viral do músculo. As mialgias também são vistas na dengue, nas infecções por riquétsias e em outras infecções febris, sendo provavelmente causadas pelas citosinas circulantes.

O diagnóstico laboratorial nestas situações pode ser difícil, já que métodos moleculares, sorologia e isolamento do vírus podem gerar somente evidências circunstanciais para a associação entre esta infecção viral e um órgão específico. Os métodos de detecção direta nos tecidos afetados podem ser mais úteis.

O medicamento antiviral pleconaril foi utilizado para tratar as infecções por enterovírus. Contudo, não está mais sendo produzido. Não existem vacinas específicas para as infecções pelo vírus de coxsackie. A base do tratamento envolve o cuidado clínico da insuficiência cardíaca aguda. Isso pode envolver o suporte circulatório mecânico e a oxigenação da membrana extracorpórea (ECMO) em algumas situações clínicas.

Síndrome da fadiga pós-viral

É difícil estabelecer a síndrome da fadiga pós-viral como uma entidade clínica

A síndrome da fadiga pós-viral ou síndrome da fadiga crônica algumas vezes é denominada encefalomielite miálgica, mas este termo é inapropriado porque não existem evidências de patologia do SNC. A síndrome consiste em:

- fraqueza muscular crônica e grave, durando pelo menos 6 meses, geralmente uma sequela de uma doença febril aguda;
- cansaço acentuado;
- sintomas menos regularmente associados, como depressão, dores de cabeça e ansiedade.

Esta síndrome é identificada de forma mais confiável quando os dois primeiros sintomas aparecem em um indivíduo previamente saudável sem histórico de doença psicossomática. Vários vírus foram sugeridos como causas. Existem diversas citações sobre o papel dos vírus coxsackie B, com base em testes de anticorpos e na detecção de uma proteína específica do vírus no soro dos pacientes, mas estes resultados ainda não foram amplamente confirmados, e o quadro permanece obscuro. Uma pequena proporção de casos parece ser causada pela infecção crônica com o vírus Epstein-Barr (VEB). Registros ocasionais associam a condição ao HHV-6 e a outros vírus. Também foi sugerido que a síndrome é causada por "reações alérgicas" desencadeadas por infecções virais.

Em 2009, um gama-retrovírus chamado de vírus xenotrópico da leucemia murina (XMRV) foi detectado nas células mononucleares do sangue periférico de cerca de 67% das pessoas com síndrome da fadiga crônica em comparação a 4% dos controles saudáveis. No entanto, a associação não foi confirmada em outros estudos, e foi uma boa lição sobre métodos sensíveis de detecção, assim como de boas práticas laboratoriais, pois foi demonstrado que as sequências genômicas detectadas eram na verdade parte das enzimas utilizadas no processo de PCR.

INFECÇÕES PARASÍTICAS DO MÚSCULO

Relativamente poucos protozoários ou parasitos helmínticos invadem os tecidos musculares e causam doenças sérias. Os três dos mais comuns são descritos neste capítulo para ilustrar a variedade de organismos e a amplitude da patologia.

Infecções pelo *Trypanosoma cruzi*

O *Trypanosoma cruzi* é um protozoário e causa a doença de Chagas

A doença de Chagas também é conhecida como tripanossomíase americana (Cap. 28). A doença se restringe ao México, às Américas Central e do Sul, onde até 15 milhões de pessoas são infectadas. Esta é uma zoonose, e o *Trypanosoma cruzi* foi isolado em mais de 150 espécies de mamíferos. O parasito é transmitido por insetos reduvídeos hematófagos, que depositam tripomastigotas na pele ao defecarem enquanto se alimentam. Se os tripomastigotas são esfregados, levando-os às membranas mucosas ou feridas, os parasitos invadem as células, transformam-se em amastigotas e se multiplicam. As células infectadas entram em colapso, liberando tripomastigotas, formando uma lesão local. O parasito se dispersa por todo o corpo para reinvadir outras células. Os principais locais de infecção incluem SNC, plexo mioentérico intestinal, sistema reticuloendotelial e músculo cardíaco.

A doença de Chagas é complicada por distúrbios de condução cardíaca, formação de aneurisma ventricular ou insuficiência cardíaca muitos anos depois

A doença de Chagas pode ser assintomática desde o início ou ocorrer como uma fase febril aguda, com intensas alterações inflamatórias, seguidas por uma fase crônica que pode não produzir nenhum dano aparente (fase indeterminada), ou progride para causar dano 20-30 anos depois. Na fase crônica, há uma gradual destruição tecidual causada em parte por dano autoimune. Noventa e cinco por cento das características clínicas da doença de Chagas crônica apresentam manifestações cardíacas e 5% apresentam megaesôfago ou megacólon. O parasito invade as miofibrilas do coração (Fig. 28.15), causando miocardite, e as fibrilas musculares e fibras de Purkinje podem ser substituídas por tecido fibroso. Esta substituição causa defeitos de condução, o que leva a uma dilatação e arritmias cardíacas, podendo acarretar uma insuficiência cardíaca.

Benznidazol ou nifurtimox são usados para tratar a fase aguda e alguns casos da fase indeterminada ou crônica. Esses medicamentos são disponibilizados pela Organização Mundial da Saúde. Até o momento da redação deste livro, não existia vacina, e a prevenção é a medida mais importante.

Infecção por *Taenia solium*

Os estágios larvais da *Taenia solium* invadem os tecidos corporais

Os vermes são parasitos intestinais, mas os estágios larvais de várias espécies podem invadir tecidos mais profundos. Os mais importantes destes vermes são:

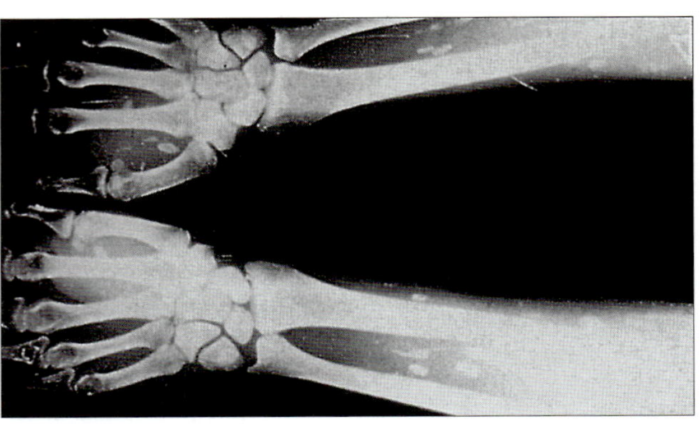

Figura 27.48 Radiografia demonstrando vários cistos calcificados de *Taenia solium* nos antebraços. (Cortesia de R. Muller e J.R. Baker.)

- *Echinococcus granulosus* (que causa doença hidática; Caps. 25 e 29);
- o verme suíno *Taenia solium*.

Os humanos adquirem a infecção por *T. solium* mediante ingestão de carne suína infectada malcozida na qual as larvas cisticercais são encontradas na forma de pequenas estruturas vesiculosas no tecido muscular. Estas larvas são digeridas no intestino e amadurecem, transformando-se no verme adulto, que pode atingir vários metros de comprimento. Os ovos da *T. solium* liberados nas fezes humanas e ingeridos por um porco incubam em seu intestino e liberam larvas que cruzam a parede intestinal e são transportadas pelo sangue até o músculo. A *T. solium* é incomum, pois seus ovos podem se implantar diretamente no intestino humano e se comportar da mesma maneira que se comportam em um porco. Nas áreas com péssimas condições de higiene, isso pode resultar na ingestão acidental de água ou alimento contaminado com os ovos. Se houver incubação, as larvas podem invadir e formar cisticercos no músculo humano, ou, muito mais grave, no SNC. Neste último, os cistos eventualmente se calcificam e podem ser vistos radiologicamente (Fig. 27.48). A infecção muscular não é séria, sendo altamente assintomática. As infecções são comuns em muitas partes do mundo, particularmente nas Américas do Sul e Central, além da Ásia. Evitar produtos de carne suína malcozida é o cuidado mais seguro contra o desenvolvimento do verme suíno, ao passo que a boa sanitização e a prática da boa higiene pessoal são necessárias para evitar a ingestão de ovos e, assim, o desenvolvimento de cisticercose.

Infecção por *Trichinella*

As larvas de *Trichinella* invadem a musculatura estriada

Este nematódeo apresenta várias características únicas. Ele é capaz de infectar quase todos os animais de sangue quente e tem um ciclo de vida no qual uma geração completa (estágio infeccioso a estágio infeccioso) se desenvolve dentro do corpo de um único hospedeiro. O ser humano pode ser infectado por uma variedade de espécies de *Trichinella*, sendo a *T. spiralis* a mais comum. A transmissão depende da ingestão do tecido muscular contendo larvas infecciosas viáveis. A via mais comum para os humanos é a carne suína infectada, mas muitas outras fontes também podem transmitir a infecção (p. ex., ursos, javalis, cavalos). As infecções ocorrem em todo o mundo. Quando um indivíduo ingere carne infectada malcozida, as larvas são digeridas no intestino delgado e se desenvolvem rapidamente em vermes adultos. Estes vermes vivem na mucosa, e cada fêmea libera aproximadamente mil larvas recém-nascidas diretamente nos tecidos intestinais, de onde são carreadas no sangue ou linfa por todo o corpo. Eventualmente, as larvas penetram na musculatura estriada e amadurecem até o estágio infeccioso, transformando as células musculares em uma célula sustentadora de parasitos (Fig. 29.11).

As infecções leves são assintomáticas, mas a migração e penetração das larvas estão associadas a reações inflamatórias, que podem ser graves e potencialmente letais quando uma pessoa está altamente infectada. Uma variedade de sintomas está associada a esta fase, sendo que febre, dores musculares, fraqueza e eosinofilia são características. A miocardite também pode ocorrer, apesar de o parasito não se desenvolver no coração.

O diagnóstico a partir de critérios clínicos geralmente ocorre depois que os parasitos invadem os músculos, e o tratamento neste estágio é difícil. Albendazol ou mebendazol são utilizados para matar fêmeas adultas no intestino e evitar a produção de mais larvas. Corticosteroides adjuntos são administrados em casos gravemente sintomáticos para tratar miosite.

Sarcocistos

Os *sarcocistos* são parasitos musculares raros

Os estágios císticos do *Sarcocystis*, um protozoário semelhante ao *Toxoplasma*, ocasionalmente são registrados em músculos humanos. Surtos de mialgia e miosite devido a *Sarcocystis nesbitti* ocorreram em 2011 até 2012 em visitantes do Sudeste da Ásia.

INFECÇÕES ARTICULARES E ÓSSEAS

As articulações e os ossos serão considerados separadamente por conveniência, mas as lesões articulares em geral se disseminam para envolver os ossos vizinhos e vice-versa (p. ex., na tuberculose).

Artrite reativa, artralgia e artrite séptica

Artralgia e artrite ocorrem em uma variedade de infecções e quase sempre são mediadas imunologicamente

Os exemplos dessas infecções são destacados na Tabela 27.6. As articulações podem ser infectadas pela via hematogênica ou diretamente após traumatismos ou cirurgias, mas, em muitos casos, a condição é mediada imunologicamente em vez de ser causada pela invasão microbiana da articulação. O patógeno responsável está em um local distante e causa "artrite reativa". A artrite reativa e a artralgia ocorrem após certas infecções bacterianas entéricas, e a artralgia nas infecções por rubéola e hepatite B tem origem similar. Neste tipo de artrite, mais de uma articulação geralmente é afetada.

A espondilite anquilosante está associada à infecção por *Klebsiella*, e sugere-se que a similaridade antigênica entre os antígenos da *Klebsiella* e do HLA B27 provoca uma resposta imune reativa cruzada que causa a doença. Até o momento, não existem evidências de que a artrite reumatoide seja causada por vírus ou por microrganismos.

As bactérias circulantes algumas vezes se localizam nas articulações, especialmente após traumatismo

Esta localização bacteriana pode causar uma artrite supurativa (séptica). Em geral, uma única articulação está envolvida. As articulações são bastante suscetíveis, particularmente se elas já estão danificadas, por exemplo, como na artrite reumatoide, ou se uma prótese foi inserida. Os joelhos são as articulações mais comumente afetadas, seguidos por quadris, tornozelos (Fig. 22.5B) e cotovelos. Os sinais incluem febre, dor articular, limitação dos movimentos, inchaço e derrame articular.

Tabela 27.6 Artralgia e artrite nas doenças infecciosas

Agente infeccioso	Comentários
Artrite viral	
Hepatite B	Ocorre no período pródromo; em decorrência dos complexos imunológicos circulantes
Rubéola	Sobretudo em mulheres jovens, geralmente segue a vacina com vírus vivo
Caxumba	Incomum; principalmente em homens
Ross River e outros togavírus	Infecções transmitidas por mosquito na Austrália (Ross River) e na África
Parvovírus	Pode seguir a infecção adulta
Artrite reativa	
Campylobacter, *Yersinia*, salmonelas, shigelas, *Chlamydia trachomatis* (síndrome de Reiter[a])	Artrite "pós-infecciosa", associada ao HLA B27, sem invasão bacteriana da articulação imunomediada
Artrite séptica	
Staphylococcus aureus	Causa mais comum de artrite supurativa
Estreptococos (grupos A e B)	Comum em adultos e crianças
Haemophilus influenzae	A ocorrência em crianças diminuiu com a vacina contra *H. influenzae*
Neisseria gonorrhoeae	Pode afetar múltiplas articulações
Mycobacterium tuberculosis	Frequentemente com lesões ósseas, sobretudo articulações e ossos que suportam peso
Borrelia burgdorferi	A artrite é uma característica tardia da doença de Lyme
Bacilos Gram-negativos	Neonatos, idosos, pacientes com distúrbios de deficiência imunológica
Sporothrix schenckii	Infecção fúngica das articulações; risco elevado com infecção por HIV

[a]Uretrite, artrite, uveíte, lesões mucocutâneas; complica uma pequena porcentagem dos casos de uretrite clamidial.

As bactérias podem ser isoladas do fluido articular ou vistas no depósito centrifugado, e o microrganismo mais comum é o *S. aureus*. Às vezes, a fonte das bactérias circulantes é óbvia (p. ex., uma lesão cutânea séptica), porém nenhuma fonte costuma ficar aparente.

Osteomielite

O osso pode se infectar por infecção dos tecidos adjacentes ou por via hematogênica

Assim como nas articulações, a infecção óssea pode ocorrer através de uma via direta (p. ex., de um foco próximo de infecção, após fraturas e cirurgias ortopédicas) ou patógenos circulantes. A causa mais comum de osteomielite hematogênica é o *Staphylococcus aureus*, mas, quando a infecção é oriunda de um local vizinho, ela geralmente é mista, com bacilos Gram-negativos e ocasionalmente anaeróbios. Parece não haver equivalência à artrite reativa, na qual a inflamação acontece pela infecção em um local distante.

A osteomielite aguda caracteristicamente envolve a extremidade em crescimento de um osso longo, onde os capilares adjacentes às placas de crescimento epifisárias promovem a localização da bactéria circulante. Portanto, tende a ser uma doença de crianças e adolescentes e pode acontecer após uma lesão não penetrante do osso.

A osteomielite resulta em uma lesão óssea sensível e dolorosa e uma doença febril generalizada.

A osteomielite é tratada com antibióticos e, algumas vezes, com cirurgias

A infecção é diagnosticada a partir de hemoculturas realizadas antes do início da terapia antibiótica ou na presença de lesão aberta, a partir de uma biópsia óssea. A reação periosteal e perda óssea podem ser visíveis radiologicamente (Fig. 27.49). O tratamento inicia-se na base da "maior probabilidade" (p. ex., nafcilina para MSSA; ver anteriormente) assim que amostras microbiológicas tenham sido coletadas.

A osteomielite pode se tornar crônica, sobretudo na presença de fragmentos necróticos de osso que atuam como uma fonte contínua de infecção. A intervenção cirúrgica para debridamento e drenagem bem como cursos prolongados de antibióticos podem ser necessários.

A tuberculose pode afetar a coluna, os quadris, joelhos e ossos das mãos e dos pés, e, nos países desenvolvidos, é particularmente vista em imigrantes do subcontinente indiano. Distúrbios constitucionais quase sempre estão ausentes, mas o local geralmente é doloroso, e a pressão causada por um abscesso tuberculoso sobre a coluna pode causar paraplegia.

INFECÇÕES NO SISTEMA HEMATOPOIÉTICO

Muitos agentes infecciosos causam alterações nas células sanguíneas circulantes

Exemplos destes agentes são:

- *Bordetella pertussis*, que causa linfocitose;
- VEB e citomegalovírus, que causam mononucleose;
- *Plasmodium* spp., que causa anemia e trombocitopenia.

Um número menor de agentes infecciosos atua diretamente sobre as células da medula óssea (parvovírus humano) ou causa transformação maligna dos linfócitos — por exemplo, o vírus linfotrópico de células T humanas (HTLV) do tipo 1. As possibilidades estão resumidas na Tabela 27.7. HTLV-1 e HTLV-2 foram mencionados anteriormente (Capítulo 24), mas são descritos com mais detalhes a seguir.

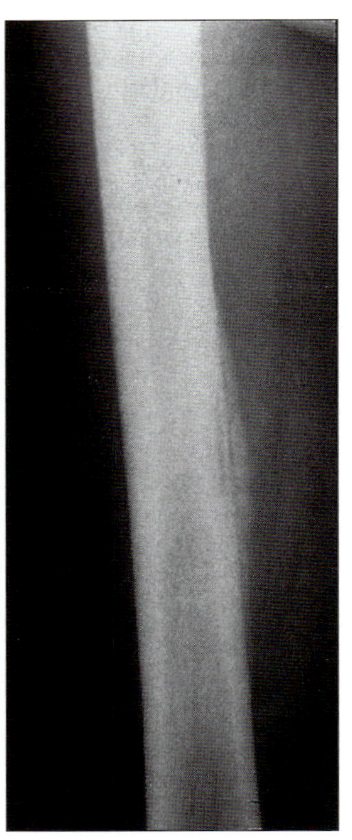

Figura 27.49 Osteomielite estafilocócica aguda no fêmur de uma mulher de 24 anos de idade. Observa-se reação periosteal bem definida em relação à diáfise média do fêmur e translucidez subjacente. (Cortesia de A.M. Davies.)

Infecção pelo vírus T-linfotrópico humano tipo 1

O HTLV-1 é transmitido principalmente pelo leite materno

O vírus linfotrópico de células T humanas do tipo 1 foi isolado pela primeira vez em 1980 em um paciente com leucemia de células T adultas (LCTA). A infecção é encontrada em todo o mundo, principalmente em certas ilhas das Índias ocidentais e no Japão, onde 5-15% da população está infectada, além da América do Sul e partes da África. A transmissão se dá primariamente pelo leite materno e, de forma menos eficaz, pelas relações sexuais, além do sangue contaminado em usuários de drogas intravenosas.

O HTLV-1 infecta as células T, e até 5% daqueles infectados desenvolvem leucemia de células T

O HTLV-1 contamina as células T e persiste. O produto do gene *tax*, uma proteína viral ativadora da transcrição, estimula a transcrição dos genes do hospedeiro, controlando a produção de interleucina-2 (IL-2), do receptor IL-2 e outras moléculas, afetando a replicação celular. As células T infectadas proliferam e, se houver certas anormalidades cromossômicas, poderá ocorrer uma transformação maligna.

Clinicamente, o paciente desenvolve uma doença febril branda com linfadenopatia. A pele geralmente está envolvida, com a formação de nódulos e placas, podendo ocorrer derrame pleural ou meningite asséptica. Ocorre uma maior suscetibilidade para infecções oportunistas como pelo *Pneumocystis jirovecii* e *Strongyloides stercoralis*. Também é observada diminuição das respostas de hipersensibilidade tardia à tuberculina. A polimiosite já foi descrita. Até 5% dos pacientes infectados eventualmente desenvolvem leucemia

Tabela 27.7 Exemplos de patógenos que afetam as células sanguíneas ou hemopoiese

Patógeno	Doença	Efeito	Mecanismo
Plasmodium spp.	Malária	Anemia	Replicação nos eritrócitos
Babesia spp.	Babesiose (transmitida por carrapato)	Anemia	Replicação nos eritrócitos
Bartonella bacilliformis	Febre de Oroya[a] (rara, transmitida por flebótomos, ocorre no Peru)	Anemia	Replicação nos eritrócitos
Ehrlichia spp. (*Rickettsiae*)	Erliquiose humana (transmitida por carrapatos no sudeste dos EUA e no Japão)	Leucopenia, trombocitopenia	Replicação nos leucócitos
Parvovírus humano B19	Eritema infeccioso	Queda temporária nos níveis de hemoglobina Crise aplástica (individual com anemia crônica)	Replicação nas células eritropoiéticas
Vírus da febre do carrapato do Colorado	Febre do carrapato do Colorado	Sem efeito na sobrevivência dos eritrócitos infectados	Replicação nas células eritropoiéticas
Vírus linfotrópico da célula T humana (HTLV-1)	Leucemia, linfoma de célula T	Transformação maligna das células T infectadas	Replicação nas células T
HIV	AIDS	Imunossupressão	Infecção das células T CD4-positivas
Vírus Epstein-Barr (VEB)	Mononucleose infecciosa	Trombocitopenia, anemia	Autoanticorpo para plaquetas, eritrócitos
Citomegalovírus (CMV)	Complicação congênita do CMV na infecção adulta	Anemia, trombocitopenia	Infecção de autoanticorpo para eritrócitos, plaquetas

[a]Uma forma cutânea (verrugas) também ocorre; em 1885, um estudante de medicina peruano, Daniel Carrion, mostrou a origem bacteriana comum inoculando em si mesmo sangue infectado com a forma cutânea da doença e desenvolveu febre de Oroya.

de células T, que apresenta um índice de mortalidade alto e rápido, e uma proporção similar progride para paraparesia espástica "tropical" (PET), também conhecida como mielopatia associada ao HTLV (MAH), na qual se observa uma desmielinização primária (Cap. 25). As células neurais não parecem ser infectadas, e não se sabe se o vírus causa doença neurológica.

A detecção do anticorpo específico HTLV-1 e do HTLV-2 baseia-se em métodos sorológicos com diferenciação do tipo pelo imunoblot. Agentes antirretrovirais diferentes dos inibidores da protease inibem a replicação viral e podem ser usados como parte do tratamento de indivíduos com LCTA ou PET. Outros tratamentos foram examinados com sucesso limitado. Foi obtido algum sucesso no transplante alogênico de medula óssea, sendo que houve alguns sobreviventes dentre aqueles com efeito de enxerto *versus* LCTA 3 anos após o transplante. O HTLV pode ser transmitido por indivíduos positivos para anticorpos de HTLV e não devem doar sangue ou órgãos. O rastreamento do anticorpo de HTLV em doadores de sangue atualmente é utilizado em muitos países.

Infecção pelo HTLV-2

O HTLV-2 foi inicialmente isolado em 1982 em um paciente com leucemia pilosa da célula T, apesar de não ser a causa usual desta condição. O HTLV-2 está intimamente associado ao HTLV-1, é transmitido por vias similares e foi registrado em usuários de drogas intravenosas e tribos ameríndias nativas nas Américas do Norte, Central e do Sul. O vírus está associado a inúmeras condições neurológicas, incluindo registros ocasionais de mielopatia.

PRINCIPAIS CONCEITOS

- A pele íntegra é uma barreira imprescindível que protege o organismo contra a invasão.
- Uma ampla variedade de microrganismos está associada à infecção e doença da pele.
- Bactérias, fungos e vírus geralmente obtêm acesso através de lacerações da barreira produzidas por traumatismos.
- Alguns parasitos promovem sua própria penetração na pele (ancilóstomo, esquistossomas).
- Outros patógenos são introduzidos na pele por vetores artrópodes.
- Uma vez na pele, os patógenos causam infecção local ou disseminam-se através do corpo até locais distantes.
- Os patógenos podem ser adquiridos por outras vias, disseminam-se no organismo e se localizam na pele para causar manifestações tóxicas ou imunopatológicas na pele.
- As infecções superficiais da pele estão entre as infecções humanas mais comuns (furúnculos, impetigo, verrugas, acne, tinha).
- A invasão de patógenos nas camadas profundas da derme e da epiderme pode produzir infecções graves que podem ser rapidamente fatais, como na gangrena, ou uma deformação e destruição lenta, mas progressiva, como na hanseníase.
- As infecções do músculo geralmente surgem pela invasão de áreas externas, enquanto as infecções das articulações geralmente têm origem hematogênica.
- As infecções ósseas podem surgir por disseminação local a partir de uma articulação infectada ou como resultado de uma disseminação hematogênica.
- Células da medula óssea ou leucócitos podem ser invadidos por vírus que interferem na hematopoiese (parvovírus), causam transformação maligna (HTLV-1) ou interferem no sistema imune (VEB, HIV).

Infecções transmitidas por vetores

28

Introdução

Várias doenças humanas importantes, causadas por organismos que variam de vírus a vermes, são transmitidas por artrópodes que se alimentam de sangue (hematófagos). Esses vetores injetam os organismos dentro dos indivíduos à medida que captam o seu sangue. Duas classes de artrópodes são as principais transmissoras de doenças em humanos: os insetos de seis patas e os carrapatos e ácaros de oito patas. Apesar de ocorrerem mundialmente, as infecções transmitidas por artrópodes são mais frequentemente observadas em países de clima quente, sendo a malária indubitavelmente a mais importante. Este capítulo também abordará aspectos relativos à esquistossomose, uma das principais doenças tropicais, frequentemente descrita como transmitida por vetor, embora os caramujos "vetores" aquáticos sejam chamados, mais apropriadamente, de hospedeiros intermediários.

Transmissão de doenças por vetores

Em áreas escassamente povoadas, a transmissão por insetos é um meio efetivo de disseminação

A transmissão de doenças por insetos possui implicações importantes para os hospedeiros, vetores e parasitos. Considerando primeiro o parasito, é necessário que o organismo esteja presente no local certo (no sangue) e no tempo certo (alguns insetos, por exemplo, picam apenas à noite). O sangue é um ambiente desfavorável para a sobrevivência dos parasitos, requerendo, portanto, mecanismos de evasão sutis. Além disso, as condições fisiológicas encontradas nos vetores podem ser muito diferentes daquelas do hospedeiro humano, e o parasito pode ter de realizar uma transição complexa em um curto período. No caso de helmintos e protozoários maiores, essa transição frequentemente envolve mudanças claramente visíveis na aparência e é responsável por muitas das nomenclaturas complicadas dos ciclos de vida dos parasitos. Como alguns insetos vetores possuem uma vida média ligeiramente mais longa do que a de seus parasitos, há uma considerável perda do parasitismo, devido à morte do vetor antes que o parasito tenha atingido o estágio infectante para humanos. Uma diferença de poucos dias no tempo de vida do mosquito pode fazer uma enorme diferença na eficácia da transmissão da malária e, de fato, acredita-se que esse simples fator seja a base da diferença entre o padrão africano da infecção endêmica e o padrão indiano de epidemia esporádica. Entretanto, o que pode ser perdido pelo desperdício é mais que compensado pelas distâncias aumentadas sobre as quais a propagação do parasito pode ocorrer.

As doenças transmitidas por vetores podem ser controladas por meio da eliminação dos vetores e é, por exemplo, uma das razões principais pelas quais a malária não é endêmica em muitos países europeus, onde costumava ser comum.

Uma vantagem em potencial desse tipo de transmissão para o hospedeiro é que, algumas vezes, é possível imunizar especificamente contra os estágios infectivos para humanos ou contra o vetor do parasito. Mais uma vez, a malária pode servir como um exemplo — vacinas contra esporozoítos, gametócitos e gametas têm sido capazes de bloquear a transmissão em modelos animais. Uma vez que a transmissão é bloqueada, há possibilidade matematicamente calculável de que a doença seja extinta. Uma vacina contra esporozoítos mostrou atividade promissora em proteger crianças africanas contra a malária causada pelo *Plasmodium falciparum*, e de 2017 a 2020 haverá projetos-piloto na África Subsaariana.

INFECÇÕES POR ARBOVÍRUS

Arbovírus são vírus transmitidos por artrópodes

Aproximadamente 500 vírus diferentes são transmitidos por artrópodes como carrapatos, mosquitos e flebotomíneos. Esses arbovírus se multiplicam no vetor artrópode, e para cada vírus tem um ciclo natural envolvendo vertebrados (vários pássaros ou mamíferos) e artrópodes. Os vírus penetram nos artrópodes (no momento em que esses últimos estão se alimentando de sangue de vertebrados infectados) e ultrapassam a parede intestinal para alcançar a glândula salivar, onde ocorrerá a replicação viral. Desse modo, 1-2 semanas após a ingestão do vírus, os artrópodes se tornam infectantes e capazes de transmiti-lo para outro vertebrado durante outra refeição de sangue. Alguns arbovírus que infectam carrapatos são também transmitidos diretamente do carrapato adulto para os ovos (transmissão transovariana), de modo que as gerações futuras dos carrapatos são infectadas sem a necessidade de passagem por um hospedeiro vertebrado.

Um número restrito de arbovírus é responsável por quadros de infecções em humanos

Os arbovírus tendem a replicar-se no endotélio vascular, no sistema nervoso central (SNC), na pele e no músculo, e são, portanto, responsáveis por infecções multissistêmicas. Geralmente são denominados pela doença clínica que causam (p. ex., febre amarela) ou pela localidade onde foram inicialmente descobertos (p. ex., febre do Vale Rift, encefalite japonesa). Alguns desses vírus podem causar quadros de artrite (p. ex., o vírus do Rio de Ross na Austrália e no Pacífico, e o vírus Chikungunya, na África e na Ásia).

O estágio humano do ciclo viral pode ser essencial (p. ex., febre amarela urbana e dengue), não havendo a necessidade de passagem por outro hospedeiro vertebrado. Por outro lado, o estágio humano pode ser "acidental", com os seres humanos atuando como "becos sem saída" que não formam uma parte necessária do ciclo natural (p. ex., encefalite equina, vírus do Nilo Ocidental).

Febre amarela

O vírus da febre amarela é transmitido por mosquitos e é restrito à África, às Américas Central e do Sul e ao Caribe

O vírus da febre amarela é um vírus RNA da família Flaviviridae. Ele foi levado pelos primeiros mercadores de escravos para as Américas, onde o primeiro caso registrado ocorreu em Yucatan no ano de 1640. O vírus da febre amarela é transmitido por dois diferentes ciclos:

- de humano para humano pelo mosquito *Aedes aegypti*, que é bem adaptado à procriação nas proximidades de habitações humanas; a infecção pode ser mantida dessa maneira como febre amarela "urbana";
- de macacos infectados para humanos por mosquitos como, por exemplo, o *Haemagogus*. Essa é a febre amarela "silvestre" e é observada na África e na América do Sul.

A febre amarela não é transmitida diretamente de humano para humano no contato diário, mas a transmissão de indivíduos enfermos para profissionais da saúde tem sido relatada, notavelmente após ferimentos com agulhas.

As características clínicas da febre amarela podem ser brandas, embora 10 a 20% de casos de febre amarela clássica com dano ao fígado possam ser fatais

O vírus penetra tecidos dérmicos ou vasos sanguíneos no local da picada do mosquito e se dissemina pelo corpo humano. O fígado é o órgão mais afetado, mas os rins, o baço, os linfonodos e o coração também são danificados. Estudos realizados na África estimaram que a proporção de infecções aparentes para as ocultas era de 7-12:1. Quando ocorrem os sintomas, após um período de incubação de 3-6 dias, há um súbito episódio de febre, náusea, vômito, dor de cabeça e dores musculares. Embora casos brandos possam ocorrer, infecções graves podem resultar em icterícia hepatocelular, insuficiência renal, incluindo necrose tubular aguda e choque. Defeitos de coagulação (devido à redução da síntese e aumento do consumo de fatores coagulantes) causam hemorragia no trato gastrintestinal (que se manifesta como hematêmese e melena) e em outras áreas. A taxa de fatalidade nestes casos é de aproximadamente 20% na África e 40-60% na América do Sul.

O diagnóstico clínico é impreciso; não há tratamento específico, mas há uma vacina

O vírus pode ser isolado ou detectado por reação em cadeia da polimerase (PCR) via transcriptase reversa do sangue durante o estágio agudo. Um diagnóstico histopatológico *post-mortem* pode ser realizado observando mudanças graves do meio-zonal e dos corpúsculos acidófilos (corpúsculos de Councilman) no fígado. Anticorpos de imunoglobulina M (IgM) específicos para o vírus são detectáveis após 1 semana, mas há reatividade cruzada com outros flavivírus, um problema especialmente nas áreas endêmicas.

A melhor prevenção é administrar a vacina viva atenuada "17D" contra a febre amarela nos indivíduos sujeitos à exposição ao vírus. A vacinação é compulsória para a entrada e viagem em regiões endêmicas. A proteção é de longa duração e, em 2016, as Regulamentações Internacionais de Saúde (IHR, do inglês *International Health Regulations*) estipularam que o período de proteção fornecido pela vacina deveria ser mudado de 10 anos para toda a vida da pessoa vacinada. As IHR permitem que um estado faça requerimento de certificado válido de vacinação de um viajante vindo de uma área endêmica de outro país onde os mosquitos estão presentes, mas no qual a doença não ocorre (p. ex., da África tropical à Índia). Vacinas produzidas com tecnologia do DNA recombinante foram desenvolvidas. Assim como para todas as infecções veiculadas por artrópodes, o controle dos vetores artrópodes (inseticidas, atenção aos locais de procriação) e a exposição reduzida (repelentes de insetos, mosquiteiros) também são importantes.

Dengue

O vírus da dengue é transmitido por mosquitos e ocorre no sudeste da Ásia, na área do Pacífico, na Índia e nas Américas Central e do Sul

A dengue está incluída entre as arboviroses reemergentes que exibem mais de 50 milhões de infecções a cada ano. O vírus da dengue é um flavivírus que apresenta quatro subtipos antigênicos, e todos eles atualmente circulam pela Ásia, África e Américas. O principal vetor humano é o mosquito *A. aegypti*. O vírus também circula em macacos e pode ser transmitido por mosquitos para causar a dengue silvestre em humanos, uma doença semelhante à febre amarela silvestre.

A dengue pode ser complicada pela febre hemorrágica/síndrome de choque da dengue

O vírus da dengue se replica nas células dendríticas, nos monócitos do sangue periférico, nas células parenquimais do fígado e nos macrófagos nos linfonodos, no fígado e no baço. Após um período de incubação de 4-8 dias, ocorre mal-estar, febre, dor de cabeça, artralgia, náuseas, vômitos, e, algumas vezes, uma erupção maculopapular ou eritematosa. A fase de recuperação pode ser seguida por fadiga prolongada e/ou depressão.

A febre hemorrágica da dengue/síndrome de choque da dengue (DHF/DSS, do inglês, *Dengue Haemorrhagic Fever/Dengue Shock Syndrome*) é uma forma particularmente grave da doença. No passado, as taxas de mortalidade eram altas, mas, com rápido acesso a atendimento hospitalar de qualidade, uma taxa de fatalidade de menos de 1% pode ser atingida. A patogênese dessa síndrome é apresentada na Figura 28.1. Após um ataque anterior de dengue, são formados anticorpos específicos para aquele sorotipo. Na infecção subsequente com um diferente sorotipo, os anticorpos se ligam ao vírus e não somente falham em neutralizá-lo (como deve ser esperado para um diferente subtipo), mas na verdade melhoram sua capacidade de infectar monócitos. A porção Fc da molécula de imunoglobulina (Ig) ligada ao vírus se liga a receptores Fc nos monócitos, e a entrada na célula por essa rota aumenta a eficiência da infecção. A infecção de números aumentados de monócitos resulta em liberação aumentada de citocinas na circulação (Cap. 18), levando a dano vascular, choque e hemorragia, particularmente no trato gastrointestinal e na pele. Anticorpos "facilitadores" semelhantes são formados em muitas outras infecções virais, mas é somente na febre hemorrágica da dengue que eles são reconhecidos por desempenharem um papel patogênico. Diversos outros fatores podem influenciar o curso da infecção, incluindo a idade, sexo feminino, diversos alelos de classe I do HLA e a virulência da cepa viral de dengue.

Não há terapia antiviral contra a febre da dengue. O tratamento é de suporte. A Organização Mundial da Saúde (OMS) publicou uma classificação de caso de dengue revisada com base na presença ou ausência de sinais de risco para melhorar o tratamento dos pacientes (Bibliografia).

Muitos anos foram necessários para se desenvolver a vacina da dengue. Era essencial que ela fosse tetravalente para evitar o risco de indução do tipo de anticorpo associado ao

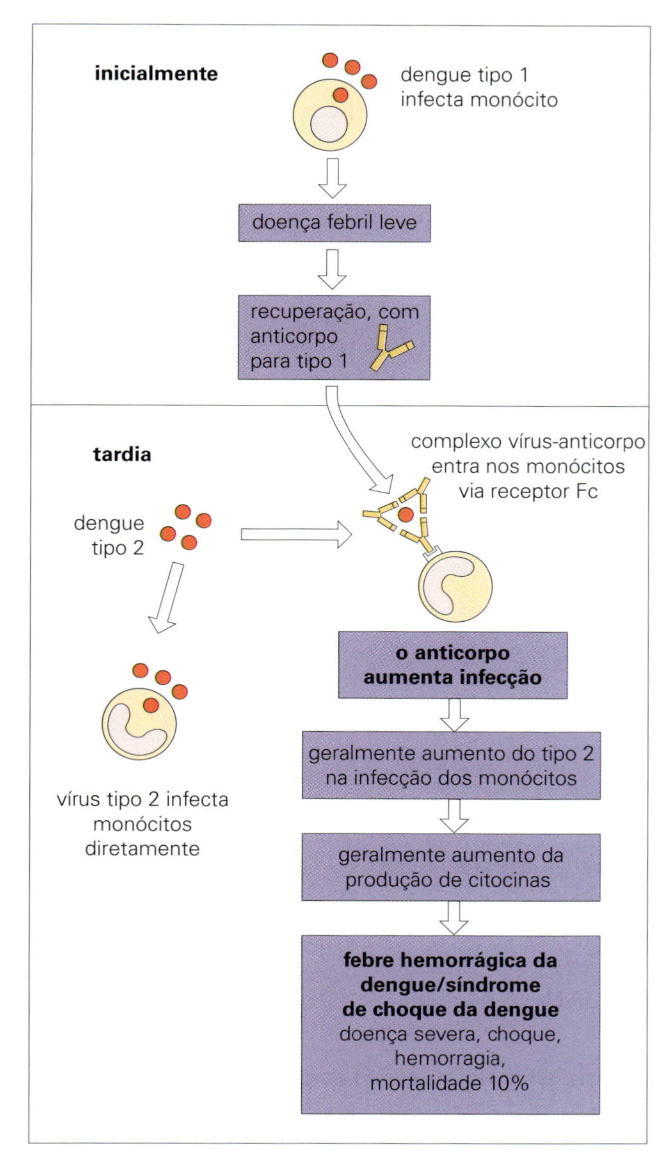

Figura 28.1 Patogênese da febre hemorrágica da dengue/síndrome de choque da dengue. Há quatro sorotipos do vírus da dengue. Os tipos 1 e 2 estão ilustrados como exemplos. O anticorpo contra o tipo 1 liga-se ao tipo 2, sem prevenir a infecção pelo tipo 2.

DHF/DSS. O primeiro produto foi licenciado em dezembro de 2015 e é uma vacina tetravalente de vírus atenuado. A OMS recomenda que sua introdução seja considerada apenas em locais onde haja alta carga da doença. Não há uma recomendação atual para a vacinação de viajantes.

Infecção por vírus Chikungunya (CHIKV)

Chikungunya é um arbovírus da família Togaviridae transmitido principalmente pelo *Aedes aegypti*. A doença está presente principalmente na África e na Ásia, mas houve um surto na Itália em 2007 e um surto de grande porte nas Américas em 2015. A enfermidade é similar à dengue, mas poliartrite é muito comum e dor retro-orbital é rara na CHIKV.

Zika vírus

O zika vírus, um membro da família Flaviviridae, foi descoberto em 1947 em um macaco rhesus na floresta Zika em Uganda e foi reconhecido como uma causa de doença humana em 1953. Ele continuou sendo uma causa incomum de doença humana e, assim, não apareceu no *Mims Microbiologia Médica* até agora, na sexta edição, após se tornar proeminente a partir de 2013 no Pacífico e a partir de 2015 nas Américas. Assim, um arbovírus pouco conhecido que se acreditava causar apenas uma doença branda se tornou uma ameaça significativa para humanos. Os possíveis motivos para sua disseminação pela América Latina incluem as mudanças no clima e no uso da terra, pobreza e o deslocamento das pessoas. Em fevereiro de 2016, a OMS declarou que a disseminação do Zika vírus era uma emergência de interesse público.

O vírus é transmitido pelos mosquitos vetores *Aedes aegypti* ou *A. albopictus*. A infecção, quando adquirida durante a gravidez, pode levar à infecção vertical do feto, resultando em microcefalia ou outras anormalidades congênitas. A infecção também pode ser transmitida por relações sexuais ou por transfusão sanguínea.

Os sinais e sintomas de infecção por Zika vírus incluem febre branda, exantema maculopapular, artralgia, mialgia e conjuntivite. Pode ocorrer síndrome de Guillain-Barré. A síndrome da Zika congênita inclui microcefalia (Fig. 29.2 A, B), diversas anormalidades oculares, desproporção craniofacial, espasticidade e convulsões.

O diagnóstico do Zika vírus é feito pela reação em cadeia da polimerase via transcrição reversa (RT-PCR) para RNA viral no soro, saliva ou urina e por detecção de anticorpos (IgM e IgG) após a primeira semana de sintomas. Os anticorpos do flavivírus apresentam reatividade cruzada significativa e é necessário realizar cuidados para interpretar os testes para diferenciar a infecção pelo Zika vírus da dengue.

Atualmente, não há uma vacina disponível. Mas as cepas do Zika vírus são bem conservadas ao nível de nucleotídeo, aumentando a possibilidade de desenvolver uma vacina para proteger contra todas as cepas.

Encefalite por arbovírus

Os arbovírus encefalíticos causam encefalite apenas ocasionalmente

Seis de 10 arbovírus encefalíticos listados na Tabela 28.1 causam doença nos EUA. Embora a maioria das infecções seja subclínica ou branda, podem ocorrer casos fatais de encefalite. Os vírus replicam-se no SNC, mas uma resposta imune mediada por células contra a infecção contribui de modo importante para a encefalite. Vacinas contra a encefalite equina ocidental (WEE), encefalite equina oriental (EEE) e encefalite equina venezuelana (VEE), as quais podem causar doença em cavalos, têm sido utilizadas para trabalhadores em laboratórios. Uma vacina contra a encefalite japonesa também está disponível e é utilizada na Inglaterra para viajantes em risco. O diagnóstico laboratorial é realizado em centros especializados, ocasionalmente pelo isolamento do vírus, porém mais comumente pela demonstração de aumento nos níveis de anticorpos específicos.

Antes da segunda metade da década de 1990, o vírus do Nilo Ocidental (WNV), um flavivírus transmitido por pássaros contaminados por mosquitos *Culex* e para os quais os humanos são considerados "becos sem saída" como hospedeiros, não era considerado um dos principais problemas de saúde pública. Entretanto, modificações ocorridas nas partículas virais resultaram no aparecimento de casos de doença neurológica grave. A presença do vírus, que até o momento não havia sido relatada no hemisfério ocidental, foi registrada em Nova York em 1999. Desde então, ocorreu ampla propagação do vírus nos EUA, Canadá, México e Caribe. Vinte a quarenta por cento dos humanos infectados com WNV desenvolvem

Tabela 28.1 Arbovírus que causam encefalite

Vírus e doença	Distribuição geográfica	Vetor para infecção de humanos	Reservatório vertebrado	Gravidade da infecção
Encefalite equina do leste (alfavírus)	EUA (estados do Golfo do Atlântico)	Mosquitos *Aedes* spp.	Aves selvagens, cavalos (hospedeiros finais)	Fatalidade em 50% dos casos
Encefalite equina do oeste (alfavírus)	EUA (oeste do Mississippi)	Mosquitos *Culex* spp.	Aves selvagens, cavalos (hospedeiros finais)	Fatalidade em até 2% dos casos
Encefalite do Nilo Ocidental (flavivírus)	África, Europa, Ásia Central, EUA	Mosquitos *Culex* spp.	Aves	Fatalidade em até 5% dos casos
Vírus da encefalite de St. Louis (flavivírus)	EUA (estados do Sul, do Centro e do Oeste)	Mosquitos *Culex* spp.	Aves selvagens	Fatalidade em 10% dos casos
Encefalite californiana (buniavírus)	EUA (estados do Norte e do Centro)	Mosquitos *Aedes* spp.	Pequenos mamíferos	Fatalidades raras
Encefalite japonesa (flavivírus)	Extremo Oriente, Sudeste da Ásia	Mosquitos *Culex* spp.	Aves, porcos	Fatalidade em mais de 10% dos casos
Encefalite do vale Murray (flavivírus)	Austrália	Mosquitos *Culex* spp.	Aves	Fatalidade em até 70% dos casos
Encefalite transmitida por carrapatos (flavivírus)	Leste europeu	Carrapato	Mamíferos, aves	Fatalidade em até 10% dos casos (variável)
Encefalite venezuelana (alfavírus)	Sul dos EUA, América Central e América do Sul	Mosquito	Roedores	Fatalidade em 70% dos casos (casos raros)
Powassan (flavivírus)	EUA, Canadá	Carrapato	Roedores	Casos raros

A grande maioria das infecções é subclínica ou está associada a quadro febril inespecífico (p. ex., 70% de casos fatais na encefalite pelo vírus da encefalite venezuelana, mas somente 3% desenvolvem a doença).

sintomas. Em 2006, o *Centers for Disease Control* (CDC) registrou nos EUA mais de 1.500 casos de infecção em humanos e mais de 150 portadores do vírus entre indivíduos doadores de sangue. Em 2010, foram relatados mais de 25.000 casos de infecção, incluindo 12.000 casos com doença neurológica grave, sendo mais de 1.100 fatais. A maneira pela qual o vírus cruzou o oceano Atlântico permanece desconhecida, mas foi sugerido que a entrada no continente se deveu a uma ave viva contaminada. A maioria dos episódios clínicos se apresenta como uma doença branda semelhante à gripe. A doença neuroinvasora do Nilo Ocidental pode ser dividida em três síndromes diferentes: meningite, encefalite e paralisia flácida aguda. A contagem celular e de proteína no líquido cefalorraquidiano (LCR) é elevada. Pode-se realizar um diagnóstico específico por isolamento do vírus no soro, detecção de RNA viral no sangue, urina e LCR, e detecção de anticorpos no soro (e LCR quando apropriado). Há vacinas disponíveis para cavalos, e vacinas para humanos estão sendo desenvolvidas.

Arbovírus e febres hemorrágicas

Arbovírus são as principais causas de febre em áreas endêmicas do mundo

As infecções por arbovírus são frequentemente subclínicas ou brandas, mas ocasionalmente há uma doença hemorrágica grave. Algumas das infecções mais bem conhecidas estão listadas na Tabela 28.2. O diagnóstico laboratorial pelo isolamento do vírus, pela detecção do genoma viral ou pela demonstração de um aumento nos níveis de anticorpos é possível em centros especializados.

INFECÇÕES CAUSADAS POR RIQUÉTSIAS

As riquétsias constituem um grupo de bastonetes Gram-negativos aeróbios, intracelulares e transmitidos por artrópodes (Cap. 2; Apêndice). Anteriormente, o grupo incluía, entre outros, os gêneros *Rickettsia, Bartonella, Coxiella, Ehrlichia* e *Orientia.* A análise baseada em genômica resultou em uma completa reclassificação do grupo e apenas os gêneros *Rickettsia* e *Orientia* permanecem na família Rickettsiaceae. *Bartonella, Coxiella* e *Ehrlichia* foram transferidas para outras famílias e não serão mais discutidas adiante neste capítulo. As riquétsias são parasitos intracelulares obrigatórios, carreados por artrópodes ou reservatórios animais (Fig. 28.2). Não ocorre transmissão de uma pessoa a outra.

As riquétsias são bactérias pequenas e as infecções tendem a ser persistentes ou se tornarem latentes

Howard T. Ricketts identificou a "febre maculosa das Montanhas Rochosas" em 1906 e mostrou que a infecção era transmitida transovarialmente em carrapatos. As riquétsias provavelmente surgiram como parasitos de hematófagos ou de outros artrópodes nos quais elas eram mantidas por transmissão vertical, sendo a transferência para o hospedeiro vertebrado, a partir do artrópode, inicialmente "acidental" e não necessária para a sobrevivência das riquétsias. O artrópode infectado não parece ser adversamente afetado. *Rickettsia prowazekii* é talvez um parasito mais recente do piolho do corpo humano, porque o piolho morre de 1-3 semanas após a infecção. Assim como observado para a maioria das infecções veiculadas por artrópodes, a transmissão de pessoa a pessoa não ocorre.

Sintomas clínicos típicos de infecção por riquétsias são febre, cefaleia e erupção cutânea

As riquétsias multiplicam-se no endotélio vascular, causando vasculite na pele, no SNC e no fígado e, dessa maneira, são infecções multissistêmicas (Tabela 28.3). Apesar da resposta do sistema imune, as infecções humanas por riquétsias tendem a persistir durante longos períodos ou a se tornar latentes.

As características clínicas típicas são febre, dor de cabeça e erupção cutânea. Um histórico sugerindo contato com vetores de riquétsia ou reservatórios de animais pode sugerir um

Tabela 28.2 Arbovírus causadores de febres e doenças hemorrágicas

Vírus	Reservatório de doença	Distribuição geográfica	Vetor	Animal
Febre amarela (alfavírus)	Febre, hepatite	África, Américas Central e do Sul	Mosquito *Aedes* spp.	Nil (macacos para o tipo selvagem)
Dengue (4 sorotipos) (flavivírus)	Febre, exantema (síndrome do choque hemorrágico)	Índia, sudeste da Ásia, Pacífico, América do Sul, Caribe	Mosquito	Nil
Floresta Kyasanur (flavivírus)	Febre hemorrágica	Índia	Carrapato	Macacos, roedores
Rio Ross (alfavírus)	Febre, artralgia, artrite	Austrália, Ilhas do Pacífico	Mosquito	Aves
Febre do Vale Rift (buniavírus)	Febre e, por vezes, hemorragia	África	Mosquito	Carneiros, gado, camelos
Febre de flebótomos (buniavírus)	Febre (doença branda)	Ásia, América do Sul, Mediterrâneo	Flebótomos	Gerbilos
Febre hemorrágica do Congo-Crimeia (buniavírus)	Febre, hemorragia	Ásia, África	Carrapato	Roedores
Vírus da febre por carrapatos do Colorado (reovírus)	Febre, mialgia	EUA (Montanhas Rochosas)	Carrapato	Roedores
La Crosse (buniavírus)	Febre	EUA	Mosquito	Roedores

Há muitos outros arbovírus menos importantes. Por exemplo, há quase 200 pertencentes à família dos buniavírus, a maioria dos quais são transmitidos por vetores artrópodes, com cerca de 40 causando ocasionalmente doença em humanos.

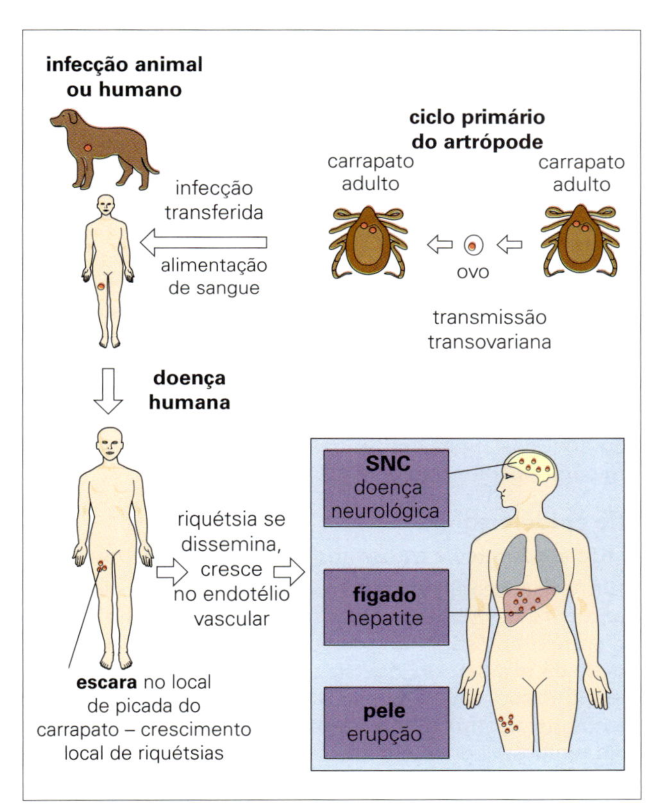

Figura 28.2 Eventos típicos na infecção por riquétsias. Não há disseminação direta de pessoa a pessoa. O tifo é incomum porque o artrópode infectado que transmite de pessoa a pessoa eventualmente morre e não há escara. SNC, sistema nervoso central.

diagnóstico (p. ex., acampamentos, trabalho ou engajamento em atividades militares em áreas endêmicas).

O diagnóstico laboratorial é fundamentado em testes sorológicos

Ensaios de microimunofluorescência são os métodos sorológicos mais comumente empregados, sendo a demonstração de um aumento de quatro vezes ou mais no título da reação considerada como resultado positivo. A análise por *Western blot* é utilizada em laboratórios de referência. A soroconversão ocorre 7-15 dias após o início da doença, mas pode levar até 28 dias. Pacientes infectados também produzem anticorpos contra riquétsias que reagem cruzadamente com o polissacarídeo do antígeno O de várias cepas de *Proteus vulgaris*, como detectado por aglutinação no teste de Weil-Felix. Embora o fenômeno seja de interesse, o teste de Weil-Felix não é de grande valor devido aos resultados falso-positivos e falso-negativos. O diagnóstico precoce frequentemente pode ser obtido por coloração do material de biópsia de pele com anticorpos fluorescentes. Testes de PCR são empregados em biópsias de pele ou esfregaços de escaras, mas uma PCR negativa não exclui infecção por rickétsias. O isolamento de riquétsias é difícil e perigoso, tendo ocorrido casos de contaminação em laboratório.

Todas as riquétsias são sensíveis a tetraciclinas

A prevenção é com base na redução da exposição ao vetor (p. ex., carrapatos). Uma vacina de células de *R. prowazekii* mortas já foi utilizada anteriormente pelo exército, mas não há uma vacina comercialmente disponível contra a *Rickettsia.*

Febre maculosa das Montanhas Rochosas

A febre maculosa das Montanhas Rochosas é transmitida por carrapatos de cães e apresenta mortalidade de 10% ou mais

As riquétsias que causam essa doença são carreadas por carrapatos de cães (*Dermacentor variabilis*) ou por carrapatos de madeira (*D. andersoni*) e transmitidas verticalmente do carrapato adulto para o ovo. A infecção em humanos ocorre nos meses quentes do ano à medida que os carrapatos se tornam ativos. As crianças são as mais comumente infectadas, porém a doença infantil é mais branda.

As riquétsias multiplicam-se na pele no local da picada do carrapato e, então, disseminam-se pelo sangue e infectam o endotélio vascular do pulmão, do baço, do cérebro e da pele. Após um período de incubação de cerca de 1 semana, há sintomas de febre, dor de cabeça intensa, mialgia e frequen-

Tabela 28.3 Principais doenças causadas por riquétsias em humanos

Organismo	Doença	Vetor artrópode	Reservatório vertebrado	Severidade clínica	Distribuição geográfica
Febres maculosas[a]					
Rickettsia rickettsii	Febre maculosa das Montanhas Rochosas	Carrapato[b]	Cães, roedores	++	Estados das Montanhas Rochosas, leste dos EUA
R. akari	Riquetsiose variceliforme	Ácaro[b]	Camundongos	–	Ásia, Extremo Oriente, África, EUA
R. conorii	Febre maculosa do Mediterrâneo	Carrapato	Cães	+	Mediterrâneo
Tifo					
R. prowazekii	Tifo epidêmico	Piolho	Humano[c]	+ +	África, América do Sul
R. typhi	Tifo endêmico	Pulga	Roedores	–	Mundial
Orientia tsutsugamushi	Tifo rural	Ácaro[b]	Roedores	+ +	Extremo Oriente

[a]Outras riquétsias causam febres similares transmitidas por carrapatos na África, Índia, Austrália.
[b]Transmitido verticalmente em artrópode.
[c]Vertebrados não humanos também estão possivelmente envolvidos.

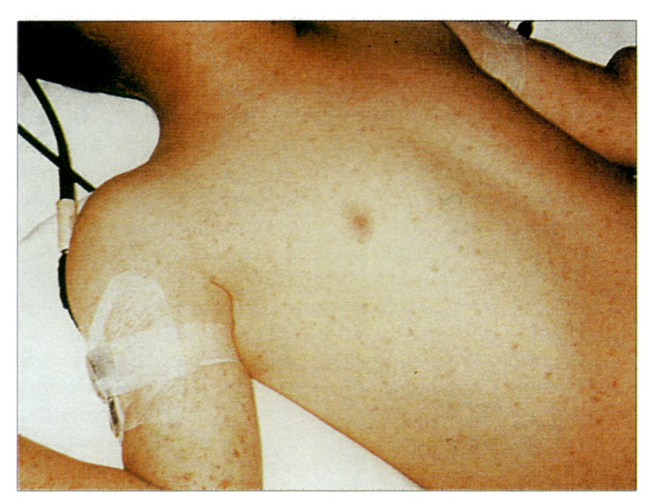

Figura 28.3 Exantema maculopapular generalizado com petéquias na febre maculosa das Montanhas Rochosas. (Cortesia de T.F. Sellers, Jr.)

temente sintomas respiratórios. Um exantema maculopapular generalizado se desenvolve 2-4 dias depois do início da febre, tornando-se petequial ou purpúrico em 50-60% dos casos (Fig. 28.3). Pode ocorrer esplenomegalia, e o envolvimento neurológico é frequente, com posteriores problemas de coagulação (coagulação intravascular disseminada), choque e morte. Os casos fatais em geral estão relacionados a um diagnóstico tardio. O pico de mortalidade é observado nos indivíduos na faixa de 40-60 anos de idade.

Febre maculosa do Mediterrâneo

A febre maculosa do Mediterrâneo é transmitida por carrapatos de cães

A febre maculosa do Mediterrâneo é causada por *Rickettsia conorii*, carreada pelo carrapato de cães *Rhipicephalus sanguineus*. A infecção em humanos, que ocorre principalmente no verão, é conhecida em todos os países do Mediterrâneo e pode ocorrer em áreas urbanas e rurais. Após um período de incubação de aproximadamente 1 semana, 50% dos pacientes desenvolvem febre, dor de cabeça e mialgia, então 2-4 dias depois aparece erupção cutânea maculopapular, sobretudo nas palmas das mãos e nas plantas dos pés. Aproximadamente 50-75% dos casos apresentam escaras.

Febre africana causada por mordida de carrapato

Oito espécies patogênicas de riquétsias são reconhecidas atualmente na África. *R. africae* é encontrada principalmente em áreas urbanas e *R. conorii* em áreas semirrurais e rurais. A doença é regularmente observada em viajantes que retornam da África para a zona temperada.

Riquetsiose variceliforme

Riquetsiose variceliforme é uma infecção branda

Cerca de 5 dias após a mordida de um ácaro associado a roedores (*Liponyssoides sanguineus*) contaminado com *R. akari*, desenvolve-se uma escara no local, e aproximadamente 1 semana mais tarde o paciente passa a apresentar febre e dor de cabeça. Após mais alguns dias, aparece um exantema papulovesicular generalizado. A doença é, no entanto, autolimitante e geralmente se resolve em 14-21 dias.

Tifo epidêmico

O tifo epidêmico é transmitido pelo piolho de humanos

O tifo epidêmico é transmitido de pessoa a pessoa pelo piolho *Pediculus corporis*. As riquétsias (*R. prowazekii*) multiplicam-se no epitélio intestinal do piolho e são excretadas nas fezes no ato da picada. As riquétsias penetram na pele quando o indivíduo coça o local da picada. A doença não se mantém, a menos que um número suficiente de pessoas esteja infestado com piolhos. O tifo epidêmico está, portanto, classicamente associado à pobreza e à guerra, quando as roupas e os corpos são lavados com menor frequência. Na Europa Oriental e na União Soviética, no pe-ríodo de 1918 a 1922, ocorreram 30 milhões de casos de tifo epidêmico. A doença ocorre na África, Américas Central e do Sul e, esporadicamente (na forma silvestre), nos Estados Unidos. Uma vez que não ocorre transmissão direta de pessoa a pessoa, os surtos podem ser finalizados com campanhas de eliminação dos piolhos.

O tifo epidêmico não tratado causa mortalidade elevada que pode alcançar 60% dos casos

As riquétsias se proliferam no local da picada e então se espalham pelo sangue, infectando o endotélio vascular da pele, do coração, do SNC, dos músculos e dos rins. Aproximadamente 10-14 dias após a picada do piolho (não há escara), o indivíduo infectado desenvolve febre, dor de cabeça e sintomas semelhantes aos da gripe. Exantema maculopapular generalizado aparece 5-9 dias depois em 20-40% dos casos. Ocorre envolvimento neurológico em 80% dos casos e, algumas vezes, ocorre quadro grave de meningoencefalite com delírio e coma. Em casos não tratados, a mortalidade pode variar de 20% em indivíduos saudáveis para mais de 60% em idosos ou pacientes comprometidos em decorrência de colapso vascular periférico ou de pneumonia bacteriana secundária. Casos bem tratados apresentam uma taxa de mortalidade de 4%.

A convalescença pode levar meses. Em alguns indivíduos, as riquétsias não são eliminadas do organismo na recuperação clínica e permanecem nos linfonodos. Cinquenta anos depois, a infecção pode ser reativada, causando a doença de Brill-Zinsser, e o paciente mais uma vez age como fonte de infecção para qualquer piolho que possa estar presente.

Tifo endêmico (murino)

O tifo endêmico é causado por *R. typhi* e é transmitido para os humanos pela pulga de ratos. A doença é semelhante ao tifo epidêmico, porém é menos grave e pode ser exibida como doença febril não específica.

Tifo rural

O tifo rural é uma enfermidade grave causada por *Orientia tsutsugamushi* e é transmitido para os humanos por acarinos trombiculídeos larvais. Ele ocorre por toda a Ásia, onde é uma causa comum de febre em áreas rurais. As riquétsias são mantidas nos acarinos por transferência transovariana e transmitidas aos humanos ou roedores durante a alimentação. Há febre, cefaleia e escara, então, após 5-8 dias de doença aparece exantema maculopapular. Pneumonite, meningite, coagulação intravascular disseminada e colapso circulatório podem ocorrer. Testes diagnósticos rápidos de imunocromatografia estão disponíveis e devem aperfeiçoar o diagnóstico na área. O tratamento é feito com doxiciclina ou azitromicina e deve ser realizado tão logo quanto possível. A resposta imunológica humana a *O. tsutsugamushi* é incapaz de produzir imunidade estéril, de longa duração e proteção cruzada. Como resultado, as tentativas de se criar uma vacina até agora foram malsucedidas, mas trabalho está sendo feito para identificar os antígenos de candidatos que são reconhecidos por células T.

INFECÇÕES POR *BORRELIA*

Febre recorrente

A forma epidêmica da febre recorrente é causada por *Borrelia recurrentis*, transmitida por piolhos do corpo humano

Borrelia recurrentis é um espiroqueta Gram-negativo cujos corpos consistem em espiral irregular, de 10-30 μm de comprimento, extremamente flexíveis, e que se movimentam por rotação e torção.

As epidemias de febre recorrente (Fig. 28.4) são devidas à transmissão da infecção pelo piolho de humanos. As bactérias multiplicam-se no piolho, e quando a picada é friccionada, os piolhos são esmagados e as bactérias introduzidas na ferida da picada. A *B. recurrentis* também pode penetrar na mucosa e na pele intactos. Os piolhos são essenciais para a transmissão de pessoa a pessoa da febre recorrente veiculada por piolho. Da mesma maneira que com outras infecções veiculadas por piolhos (p. ex., tifo), a disseminação da doença em humanos é favorecida quando as pessoas raramente se lavam ou quando

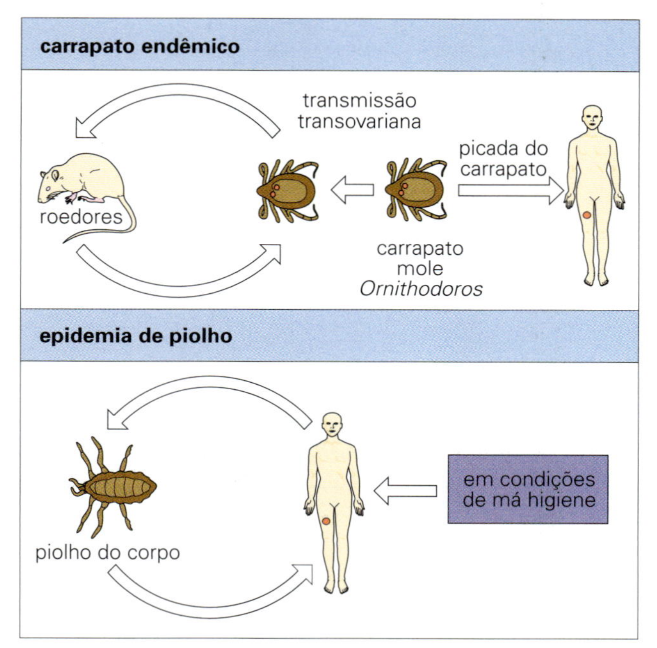

Figura 28.4 Transmissão na febre recorrente.

as roupas não são trocadas (p. ex., em guerras, desastres naturais). A última grande epidemia ocorrida no norte da África e na Europa durante a Segunda Guerra Mundial causou 50.000 mortes e continua sendo uma infecção de preocupação pública no norte da África e na África Oriental.

A forma endêmica da febre recorrente em humanos é transmitida por picadas de carrapatos

Infecções causadas por outras espécies de *Borrelia* são endêmicas em roedores em muitas partes do mundo, incluindo o oeste dos Estados Unidos, e transmitidas por carrapatos moles do gênero *Ornithodoros*. No carrapato, as bactérias são transmitidas transovarianamente de geração para geração, que, juntamente com a habilidade de sobrevivência até 10 anos, auxiliam na manutenção do ciclo endêmico desta forma de febre recidivante.

A febre recorrente é caracterizada por episódios febris repetidos devido à variação antigênica nos espiroquetas

As bactérias multiplicam-se localmente e penetram na corrente sanguínea. Após um período de incubação de 3-10 dias, ocorre o início súbito da doença com calafrios e febre, com duração de 3-5 dias (Fig. 28.5). O período afebril dura cerca de 1 semana antes que aconteça um segundo ataque de febre, acompanhado de outro período afebril. Geralmente, ocorrem 3-10 desses episódios, que vão reduzindo de gravidade. Quadros mais graves da doença podem ocorrer se houver um crescimento bacteriano intenso no baço, fígado e rins.

Anticorpos aglutinantes e líticos são formados contra a bactéria contaminante, que é eliminada do sangue. Sob a "pressão" dessa resposta imune, surge um novo tipo antigênico capaz de multiplicar livremente e causar um novo episódio febril.

A variação antigênica envolve a troca de proteínas variáveis da superfície bacteriana. As espécies de *Borreilia* apresentam arranjos de genes (proteínas grandes variáveis [Pgv] e proteínas pequenas variáveis [Ppv]) que são alterados e ativados por conversão gênica, envolvendo plasmídeos carreando a coleções desses genes. O resultado é que um único clone bacteriano pode dar origem espontaneamente a

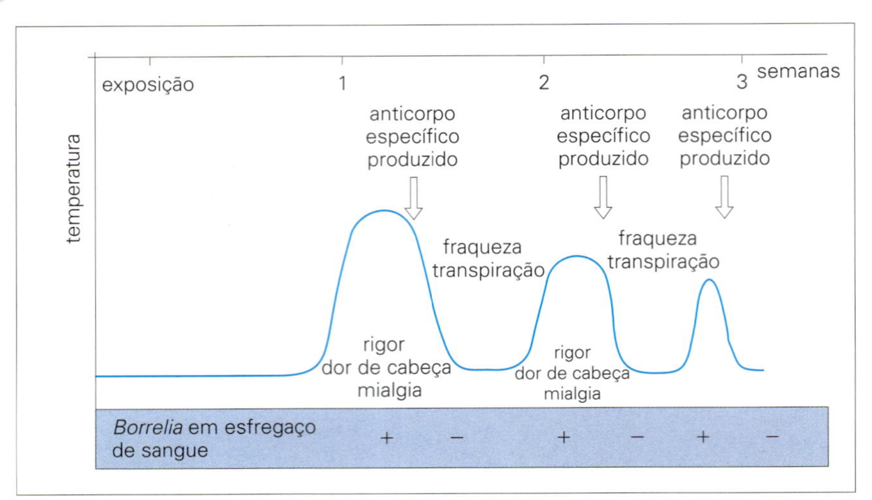

Figura 28.5 Curso de eventos na febre recorrente.

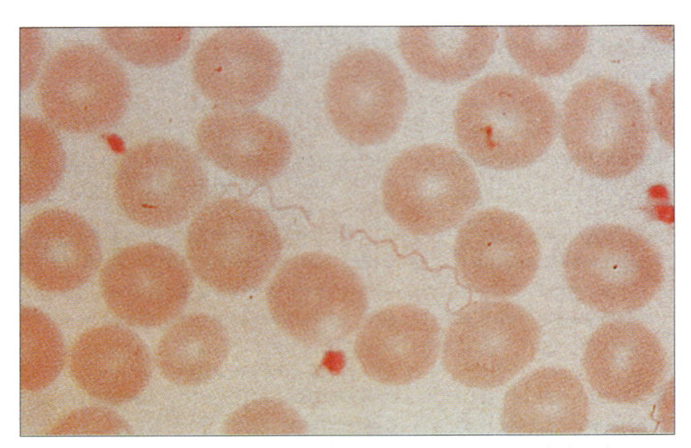

Figura 28.6 Espiroquetas helicoidais intensamente espiraladas de *Borrelia recurrentis* no sangue de um paciente com febre recorrente. (Cortesia de T.F. Sellers.)

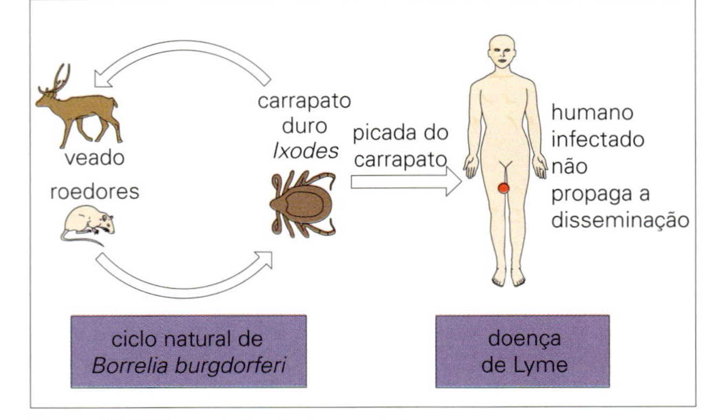

Figura 28.7 Transmissão da doença de Lyme.

aproximadamente 30 sorotipos, e a troca de proteínas ocorre em uma taxa de 1:1.000 a 1:10.000 por geração celular. Fenômenos semelhantes são observados nos tripanossomas. A transmissão direta de pessoa a pessoa não ocorre. A mortalidade causada pela febre recorrente (veiculada por carrapatos) endêmica corresponde a < 5% dos casos, mas pode chegar a 40% na febre recorrente (veiculada por piolhos) epidêmica não tratada (4% com tratamento).

A febre recorrente é diagnosticada em laboratório e tratada com tetraciclina

As bactérias podem ser cultivadas em laboratório e em aproximadamente 70% dos casos visualizadas em esfregaços de sangue colhido durante o período febril submetidos à coloração com Giemsa (Fig. 28.6). Ensaios de ELISA ou imunofluorescentes são capazes de detectar anticorpos específicos após uma semana de infecção. A PCR e a tipificação molecular são disponíveis em laboratórios de referência.

A tetraciclina é utilizada no tratamento e na prevenção de recaídas. Uma reação de Jarisch-Herxheimer, com agravamento dos sintomas, febre alta, rigores e hipotensão, ocorre nas primeiras horas após o início do tratamento em 50-75% dos casos. A melhor medida preventiva contra a febre recorrente transmitida por piolho é uma boa higiene pessoal, bom saneamento e controle sobre os piolhos vetores. Para febre recorrente transmitida por carrapato, uma medida essencial é evitar o vetor.

Doença de Lyme

A doença de Lyme é causada por *Borrelia* spp. e é transmitida por carrapatos *Ixodes*

A doença de Lyme (ou borreliose de Lyme) ocorre na Europa, nos EUA e na maioria dos continentes, e recebeu este nome a partir de uma cidade em Connecticut (EUA), onde os primeiros casos foram reconhecidos no ano de 1975. Estima-se que cerca de 30.000 novos casos de doença de Lyme ocorram todo ano nos Estados Unidos. Nos EUA, a doença de Lyme é causada pela espécie *Borrelia burgdorferi*, enquanto na Europa, por *B. garinii* e *B. afzelii*, sendo *B. burgdorferi* menos comum. O ciclo natural da infecção ocorre em pequenos mamíferos, nos quais as bactérias são transmitidas por carrapatos duros do gênero *Ixodes* (Fig. 28.7). A infecção humana ocorre após a picada de um carrapato infectado (mais comumente a ninfa). Na Europa e nos EUA a infecção é comum no verão, quando aumenta a possibilidade de exposição recreacional aos carrapatos infectados. A transmissão de pessoa a pessoa não ocorre.

O eritema migratório é um sinal característico da doença de Lyme

As bactérias multiplicam-se localmente, e após um período de incubação de cerca de 1 semana ocorrem febre, dor de cabeça, mialgia e linfadenopatia, além do desenvolvimento de uma lesão característica no local da picada do carrapato. A lesão de pele é denominada eritema migratório (Fig. 28.8) em virtude de suas principais características. Começa como mácula e aumenta nas semanas seguintes, permanecendo

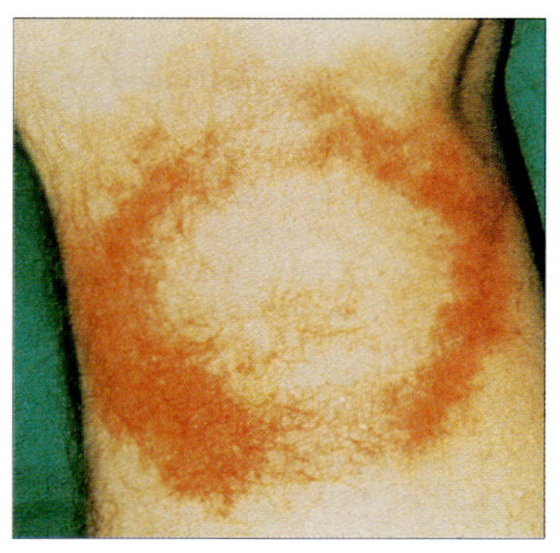

Figura 28.8 Erupção cutânea do eritema crônico migratório na perna na doença de Lyme. (Cortesia de E. Sahn.)

vermelha e achatada, apresentando centro claro, até alcançar vários centímetros de diâmetro. Em 50% dos pacientes, surgem outras lesões transitórias na pele ou em qualquer outro local no corpo. Os achados imunológicos incluem complexos imunes circulantes e, algumas vezes, níveis séricos elevados de IgM e crioglobulinas que contêm IgM. *Borrelia* é capaz de escapar da resposta imunológica humana por mecanismos que incluem variação antigênica e a capacidade de escapar à morte mediada por complementos.

Na doença de Lyme geralmente são observadas manifestações tardias que ocorrem 1 semana a 2 anos após o seu início

Em 75% dos pacientes não tratados, apesar das respostas em anticorpos e células T contra *Borrelia*, há manifestações tardias adicionais da doença. Estas são observadas em um período que varia de 1 semana a >2 anos após o início da doença. As manifestações iniciais que aparecerem são neurológicas (meningite, encefalite, neuropatia periférica) e cardiológicas (bloqueio cardíaco, miocardite). As manifestações seguintes incluem artralgia e artrite, que podem persistir por meses ou anos. Complexos imunes são encontrados nas articulações afetadas. Essas manifestações tardias são de origem imunológica e provavelmente decorrentes da reatividade cruzada entre antígenos da *Borrelia* e dos tecidos do hospedeiro. As bactérias são raramente detectáveis nesse estágio da doença.

A doença de Lyme é diagnosticada sorologicamente e tratada com antibióticos

Borrelia pode ser cultivada (no meio BSK ou MKPN) a partir de tecidos cutâneos nos estágios iniciais da doença, porém a cultura apresenta baixa sensibilidade (40-60% no eritema migratório) e a cultura pode levar várias semanas até o aparecimento de crescimento bacteriano. Dessa maneira, o diagnóstico da doença de Lyme é principalmente fundamentado nos aspectos clínicos e no conhecimento de exposição prévia ao patógeno. Quando indicados, testes sorológicos, tais como o ensaio de imunoabsorção enzimática (ELISA), são úteis, com posterior confirmação de todos os resultados positivos ou equivocados pela técnica de *Western blot*. Anticorpos IgM específicos são detectados de 3-6 semanas após a infecção, e anticorpos IgG, em um estágio mais tardio. A realização de diagnóstico por PCR tem sido decepcionante, exceto pela artrite de Lyme, na qual a PCR do líquido sinovial é positiva em 70-85% dos casos.

A doxiciclina ou a amoxicilina é eficaz no tratamento da doença em estágio inicial. A doença tardia, especialmente quando ocorrem complicações neurológicas, pode requerer uma terapia mais agressiva, com, por exemplo, ceftriaxona intravenosa por até 28 dias.

A prevenção da doença de Lyme é feita evitando picadas de carrapatos. Há uma vacina disponível para cães (que podem ser infectados naturalmente), mas não há uma vacina atualmente licenciada contra Lyme para humanos. Uma vacina contra Lyme baseada em proteína A recombinante da superfície externa (Osp A) foi comercializada na América do Norte para uso humano de 1998 a 2002, mas foram expressas preocupações quanto à sua possibilidade de induzir artrite, a captação era baixa e ela foi voluntariamente retirada do mercado. Pesquisas atuais sobre a doença de Lyme exploram a opção de uma vacina que bloqueie a alimentação do carrapato e a transmissão de *Borrelia*.

INFECÇÕES POR PROTOZOÁRIOS

Malária

A malária é iniciada pela picada de fêmeas do mosquito anofelino infectadas

Entre 2000 e 2015, estima-se que houve uma redução em 41% na taxa de incidência global de malária. Mas continua sendo um adversário consideravel, com aproximadamente 200 milhões de casos por ano em todo o mundo. A malária é restrita a áreas nas quais mosquitos *Anopheles* podem procriar, isto é, nos trópicos entre 60°N e 40°S (exceto nas áreas mais altas superiores a 2.000 m). Noventa por cento dos casos de malária ocorrem na região africana da OMS; 7% na região sudeste da Ásia da OMS; e 2% na região do Mediterrâneo Oriental da OMS. Apesar dos avanços feitos, a resistência a medicamentos e inseticidas apresenta desafios enormes à eliminação da malária e há cerca de 420.000 mortes por essa doença globalmente todos os anos. O aumento das viagens internacionais significa que a malária é regularmente vista como uma doença importada em países onde ela não ocorre e, a menos que a possibilidade de contrair malária se tenha constantemente em mente, o diagnóstico pode ser tardio ou nunca feito, levando o paciente ao óbito. A malária também pode ser transmitida por transfusão de sangue, acidentes com agulhas, ou da mãe para o feto ou neonato.

O ciclo de vida do parasito da malária compreende três estágios

Cinco espécies de *Plasmodium* causam malária em humanos, das quais *P. falciparum* e *P. knowlesi* são as mais virulentas (Tabela 28.4). Todos possuem ciclos de vida semelhantes, os quais são os mais complexos de qualquer infecção em humanos, compreendendo três estágios bem distintos e caracterizados por alternarem as formas intra e extracelulares (Figs. 28.9, 28.10).

A invasão dos eritrócitos requer, no mínimo, duas interações receptor-ligante distintas; a ausência de um receptor de superfície no eritrócito, o antígeno Duffy, explica a ausência de *P. vivax* na maioria dos africanos da região ocidental, pois há uma alta prevalência de indivíduos Duffy-negativos na região. No entanto, a infecção por *P. vivax* de indivíduos Duffy-negativos foi agora confirmada, indicando que este parasito da malária é capaz de utilizar outros receptores para invadir os eritrócitos; sugere-se que a sua evolução é rápida. Outros traços genéticos que contribuem para a resistência à malária incluem a hemoglobina S (anemia falciforme), beta-talassemia e deficiência de glicose-6-fosfato desidrogenase (G6PD).

As características clínicas da malária incluem febre flutuante e sudorese intensa

Os sintomas variam de febre a doença cerebral ou falência de múltiplos órgãos fatal e estão associados exclusivamente

Tabela 28.4 Parasitos humanos da malária

Espécie	*Plasmodium falciparum*	*P. vivax*	*P. malariae*	*P. ovale*	*P. knowlesi*
Principal distribuição	Oeste, Leste e Centro da África, Oriente Médio, Extremo Oriente, América do Sul	Índia, Norte e Leste da África, América do Sul, Extremo Oriente	África Tropical, Índia, Extremo Oriente	África Tropical	Região da Ásia-Pacífico
Nome comum	Terçã maligna	Terçã benigna	Quartã	Oval terçã	
Duração de estágio hepático (período de incubação)	6-14 dias	12-17 dias (com recorrência em até 3 anos)	13-40 dias (com recrudescência em até 20 anos)	9-18 dias (com raras recorrências)	9-12 dias
Duração do ciclo sanguíneo assexual (ciclo da febre)	48h	48h	72h	50h	24h
Principais complicações	Malária cerebral; anemia; hipoglicemia; icterícia; edema pulmonar; choque		Síndrome nefrótica		Dificuldade respiratória; falência renal

As complicações mais importantes e com risco de morte ocorrem com *P. falciparum*, por isso seu antigo nome "malária terçã maligna".

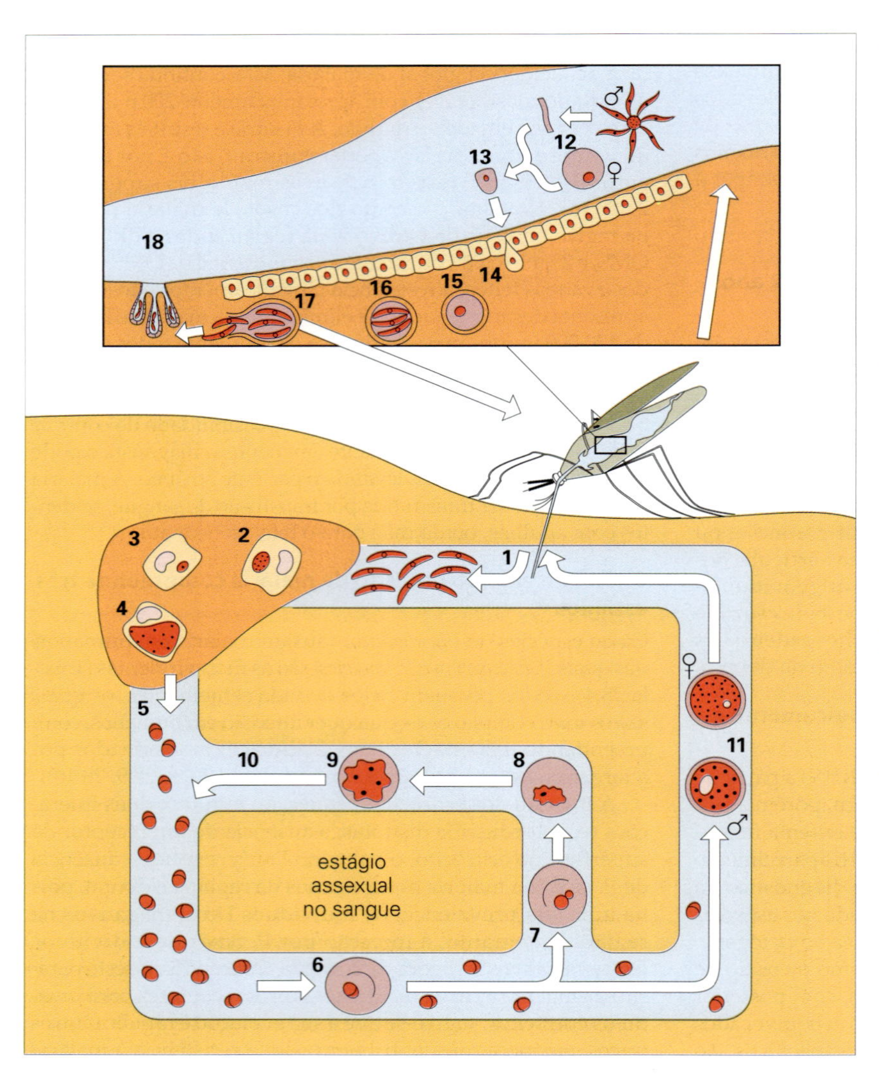

Figura 28.9 Ciclo de vida da malária no ser humano e no mosquito. No estágio pré-eritrocítico assintomático, os esporozoítas da saliva de um mosquito *Anopheles* infectado são injetados na corrente sanguínea humana quando o mosquito pica (1). Eles então penetram as células do parênquima hepático (2), onde amadurecem em aproximadamente 2 semanas em esquizontes (teciduais) pré-eritrocíticos (4), finalmente se rompendo para produzir 10.000-40.000 merozoítos (5). Estes circulam no sangue por alguns minutos antes de penetrarem os eritrócitos (6) para iniciar o estágio sanguíneo assexuado. No caso do *P. vivax* e do *P. ovale*, alguns parasitos, entretanto, permanecem dentro do fígado, ficando latentes como hipnozoítas (3), que são a causa de recaídas. Uma vez no interior dos eritrócitos, os merozoítas amadurecem na forma de anel (7), trofozoítas (8) e esquizontes (9), os quais completam o ciclo de amadurecimento liberando merozoítos de volta à circulação (10). Esse ciclo pode durar meses ou até anos. Alguns merozoítos, porém, iniciam o estágio sexual, amadurecendo dentro dos eritrócitos para formar gametócitos machos e fêmeas (11), os quais podem ser captados pelo mosquito *Anopheles* durante sua alimentação. No momento em que entra no intestino do inseto, o gametócito macho perde os flagelos (12) para formar os microgametas machos, que fertilizam o gameta feminino para formar o zigoto (13). Este, então, invade a mucosa intestinal (14), onde se desenvolve como um oocisto (15). Este se desenvolve para produzir milhares de esporozoítas (16), os quais são liberados (17), e migram para as glândulas salivares do inseto (18), de onde o ciclo se inicia novamente.

ao estágio sanguíneo assexual (Fig. 28.9). O quadro clínico depende da idade e do estado imunológico do paciente, assim como da espécie do parasito. O fator característico principal é a febre, a qual é acompanhada da ruptura dos esquizontes eritrocitários e é principalmente devida à indução de citocinas como interleucina 1 (IL-1) e fator de necrose tumoral (TNF). O ciclo sincronizado nos eritrócitos significa que as diferentes espécies de malária produzem padrões característicos de febre, com periodicidade de 48h (terçã: dias 1 e 3), de 72h (quartã: dias 1 e 4) ou, mais raramente, 24h (quotidiana: diária) (Fig. 28.11).

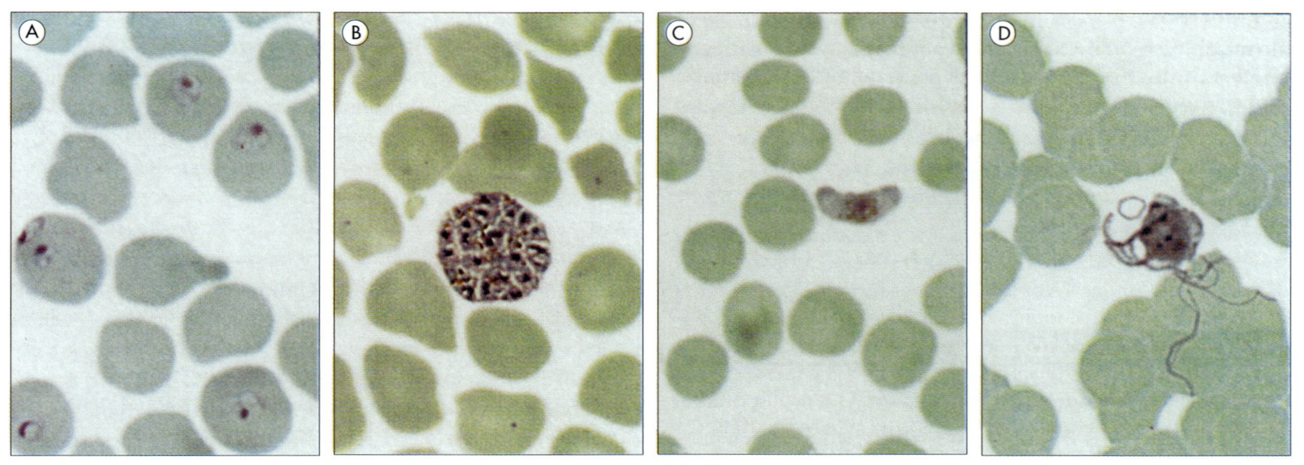

Figura 28.10 Diferentes estágios dos parasitos da malária. (A) Forma em anel do *Plasmodium falciparum* nas hemácias. (B) Esquizonte eritrocítico de *Plasmodium vivax*. (C) Gametócito fêmea de *P. falciparum*. (D) Gametócitos de *P. vivax* machos eliminando os flagelos para formar microgametas de 20-25 μm de comprimento.

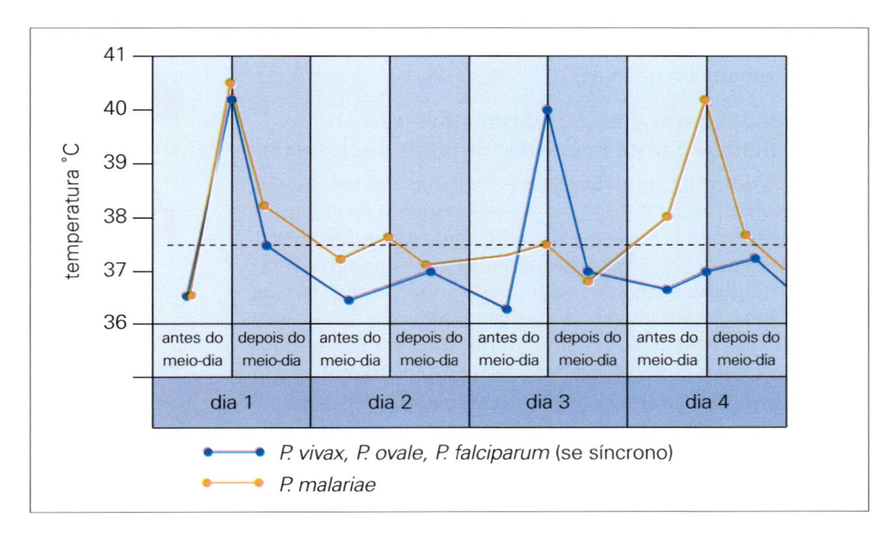

Figura 28.11 Mapeamento da febre da malária mostrando flutuações cíclicas na temperatura. Os picos coincidem com o amadurecimento e a ruptura dos esquizontes intraeritrocíticos, ocorrendo a cada 48h (*Plasmodium falciparum*, *P. vivax* e *P. ovale*) ou a cada 72h (*P. malariae*), quando os ciclos estão sincronizados.

No entanto, o padrão clássico de febre é dificilmente visto na prática clínica, em que um padrão de febre caótico é comum. Além disso, é possível que haja estado de malária sem febre, mas obviamente com mal-estar. Um paroxismo típico inicia-se com uma sensação de frio intenso, com calafrios seguidos por um estágio de calor sem sudorese e, finalmente, um período de sudorese intensa. Dores de cabeça e musculares e vômitos são comuns. Os sintomas de malária lembram muito os de influenza, o que é um erro de diagnóstico comum. Icterícia pode estar presente e pode levar a um diagnóstico equivocado de hepatite viral. Febre pode ser o único sinal físico na malária inicial, mas o aumento tardio do baço e do fígado é comum, e a presença de anemia é quase invariável.

O *P. vivax* produz uma doença febril crônica debilitante que resulta em morbidez e mortalidade significantes em áreas endêmicas. Inclusive, há casos comprovados de infecção por *P. vivax* que atendem à definição de caso de malária grave, que se manifesta como anemia e angústia respiratória. Na ausência de uma reinfecção, o *P. ovale* e o *P. malariae* são infecções normalmente autolimitadas, porém debilitantes. *P. malariae* pode persistir no sangue em níveis baixos por décadas e recrudescer para causar sintomas de tempos em tempos. Recorrências (definidas como induzidas por hipnozoítos) podem ocorrer com *P. vivax* e *P. ovale* durante meses, ou mesmo 1-2 anos, após a enfermidade de malária inicial.

Malária por *P. falciparum* é frequentemente fatal durante as primeiras 2 semanas por conta de uma variedade de complicações (Tabela 28.4). Nas áreas hiperendêmicas, a malária complicada por *P. falciparum* é mais comum em crianças com idade entre 6 meses e 5 anos e em grávidas, particularmente mulheres primíparas. Contudo, pode ocorrer em qualquer idade em indivíduos não imunes (p. ex., turistas). A complicação mais perigosa é a malária cerebral, com convulsões e nível diminuído de consciência progredindo para o coma. As possíveis causas incluem ligação (sequestração) dos eritrócitos parasitados nos capilares cerebrais, disfunção endotelial, permeabilidade aumentada da barreira hematoencefálica, desregulação das vias de coagulação e indução excessiva das citocinas proinflamatórias, tais como o fator de necrose tumoral (TNF). Se bem-sucedido o tratamento, há geralmente pouco ou nenhum prejuízo da função cerebral, embora sequelas neurológicas e psiquiátricas possam ocorrer em 5-10% dos casos infantis.

Também é comum a anemia grave, que se deve em parte à destruição dos eritrócitos e, em parte, à diseritropoese na medula óssea. Das outras complicações, acredita-se que a hipoglicemia e a acidose lática sejam importantes contribuintes para a mortalidade. Falência renal aguda devido à necrose tubular aguda é uma complicação importante da malária por *P. falciparum*, e síndrome nefrótica pode ocorrer com *P. malariae* (nefropatia por malária quartã).

Em crianças, os principais componentes de malária grave são malária cerebral, anemia grave por malária e acidose metabólica. Em adultos, é observada falência de múltiplos órgãos, com acidose metabólica, insuficiência renal aguda, icterícia e insuficiência respiratória com ou sem malária cerebral.

A malária tem um efeito imunossupressor e interage com infecção por HIV

A forte correlação epidemiológica entre a malária e o linfoma endêmico de Burkitt provavelmente reflete a citotoxicidade reduzida das células T contra células infectadas com o vírus Epstein-Barr (VEB). A malária também pode interferir na eficácia de vacinas contra vírus comuns ou infecções bacterianas.

Em mulheres grávidas, infecção por HIV-1 está associada à malária do sangue mais periférica, malária mais placentária, maiores densidades de parasitos, mais febre e riscos maiores de complicações no nascimento. Em adultas não grávidas e semi-imunes, infecção por HIV-1 está associada a altos índices de infecção por malária e altos índices de doença clínica. Em adultas não grávidas e não imunes, infecção por HIV-1 está associada a altos índices de malária grave e morte. Os pacientes infectados por HIV apresentam uma taxa maior de falha no tratamento da malária.

A imunidade contra a malária desenvolve-se gradualmente e parece necessitar de repetidos reforços

A imunidade contra a malária desenvolve-se em estágios, e em áreas endêmicas as crianças que sobrevivem aos ataques iniciais se tornam resistentes à doença grave por aproximadamente 5 anos. Os níveis de parasitos caem progressivamente até a idade adulta, quando eles se apresentam baixos ou ausentes na maior parte do tempo. Contudo, 1 ano sem exposição ao parasito é suficiente para que essa imunidade decaia consideravelmente, embora não completamente (isto é, o reforço repetido é necessário para mantê-la). Os mecanismos reais ainda estão sendo analisados, mas envolvem tanto a imunidade mediada por células quanto por anticorpos (Fig. 28.12).

estágio	mecanismo
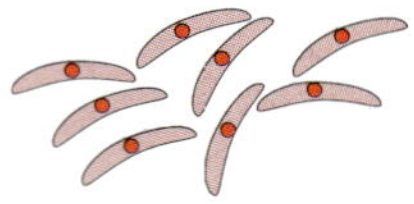 esporozoítos	anticorpos CD4 + células T
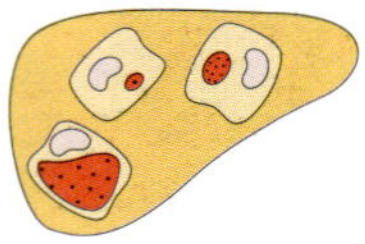 estágio hepático	células T citotóxicas TNF IFN-α IL-1
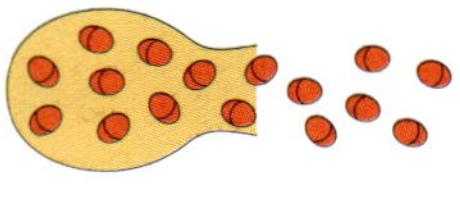 merozoítos	anticorpos mecanismos celulares dependentes de anticorpos
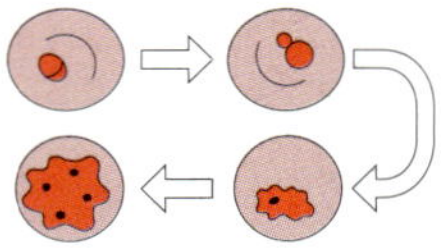 estágio eritrocitário assexuado	anticorpos ROI RNI ECP TNF
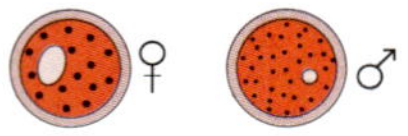 gametócitos ♀ ♂	anticorpos
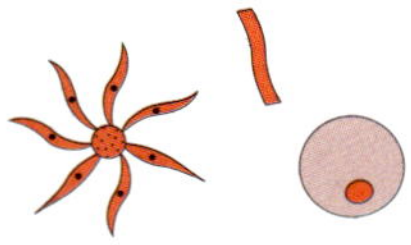 gametas	anticorpos

Figura 28.12 Imunidade contra malária. Os principais mecanismos que se acredita serem responsáveis pela imunidade em cada estágio do ciclo. CD, grupamento de diferenciação; ECP, proteínas catiônicas do eosinófilo; IFN, interferon; IL, interleucina; RNI, intermediários reativos de nitrogênio; ROI, intermediários reativos de oxigênio; TNF, fator de necrose tumoral.

A malária é diagnosticada mediante detecção de eritrócitos parasitados em esfregaços de sangue finos e espessos

Dispositivos de fluxo lateral (tiras reagentes) para detectar antígenos da malária também são amplamente usados e podem ser realizados sem a necessidade de um laboratório. Ensaios moleculares para detectar DNA ou RNA da malária são muito mais sensíveis e estão disponíveis em laboratórios de referência.

No caso de infecção por *P. falciparum*, estágios tardios (esquizontes) podem estar sequestrados em tecidos profundos, assim os parasitos podem parecer enganosamente escassos, ou até mesmo ausentes no sangue periférico. Um único esfregaço sanguíneo negativo não exclui a malária de qualquer espécie. Mais amostras devem ser colhidas 12-24h e 48h depois. Uma doença febril grave, especialmente com anemia, esplenomegalia ou sinais cerebrais, com esfregaço de sangue negativo, em um paciente que de modo concebível poderia apresentar malária, pode, portanto, precisar ser tratada como sendo malária, enquanto funcionários da saúde continuam a buscar outros diagnósticos e auxílio especializado. No entanto, a presença de parasitos no sangue de um paciente enfermo de uma área endêmica não significa que a malária é a causa da enfermidade, então outras causas de febre devem ser consideradas enquanto ele recebe tratamento para malária. Por exemplo, o paciente pode ter pneumonia lobular e parasitemia por malária coincidente, já que a parasitemia de baixo grau pode ser assintomática naqueles com imunidade parcial à malária.

Quando disponível, o artesunato intravenoso (em combinação com outros antimaláricos para evitar o desenvolvimento de resistência aos medicamentos) é a droga de escolha para a malária grave. Quinina intravenosa é usada se o artesunato não puder ser obtido sem atraso.

Malária *falciparum* descomplicada é tratada com terapia combinada de artemisinina oral . Casos de malária devido a *P. vivax*, *P. ovale*, *P. knowlesi* ou *P. malariae* são tratados com terapia combinada de artemisinina ou cloroquina oral. Malária grave ou complicada devido a qualquer uma dessas espécies é tratada da mesma forma que a malária grave por *falciparum*. Primaquina (contraindicada em caso de deficiência de G6PD) é usada para matar hipnozoítos de *P. vivax* ou *P. ovale* no fígado, prevenindo, assim, recorrências dessas infecções.

Em áreas endêmicas, o método mais importante de prevenção é o uso de mosquiteiros cobertos com inseticida. O uso de *sprays* em áreas fechadas apresenta um efeito importante na redução da transmissão da malária quando ao menos 80% das casas em uma dada área utilizam tais *sprays*. O desenvolvimento de vacinas contra a malária é discutido no Capítulo 35.

Tripanossomíase

Três espécies do protozoário *Trypanosoma* causam doenças em humanos

Trypanosoma brucei gambiense e *T. b. rhodesiense* causam a tripanossomíase humana africana ou doença do sono, e *T. cruzi* causa a tripanossomíase sul-americana ou doença de Chagas. As doenças diferem perceptivelmente em:

- inseto vetor;
- localização do parasito;
- efeitos sobre o sistema imunológico.

Tripanossomíase humana africana

A tripanossomíase humana africana é transmitida pela mosca tsé-tsé e é restrita à África equatorial

O vetor da tripanossomíase humana africana (THA) é a mosca tsé-tsé *Glossina*, e há um reservatório da infecção por *T.b. rhodesiense* em vários animais domésticos e selvagens (p. ex., gado, porcos, cervos). Em humanos, *T. brucei* permanece extracelular, inicialmente nos tecidos próximos à picada do inseto, e então, no sangue, onde se divide rápida e continuamente.

As características clínicas da THA incluem linfadenopatia e "doença do sono"

Após uma picada infectada, um cancro inchado se desenvolve no local (apenas para *T. b. rhodesiense*), com difusão de linfonodos aumentados. Linfadenopatia cervical posterior (sinal de Winterbottom; Fig. 28.13A) é típica de *T. b. rhodesiense*. O parasito se estabelece no sangue e se multiplica rapidamente, produzindo febre, esplenomegalia e, frequentemente, sinais de comprometimento do miocárdio. O SNC pode estar envolvido (mais agudamente pelo *T. b. rhodesiense* na África Oriental do que pelo *T. b. gambiense* na África Ocidental), com desenvolvimento gradual de dor de cabeça, mudanças psicológicas, perda de peso, e, finalmente, coma ("doença do sono"; Fig. 28.13B) e morte. Diferentemente da malária, a tripanossomíase parasitologicamente curada pode deixar o paciente com deficiência neurológica e mental grave residual.

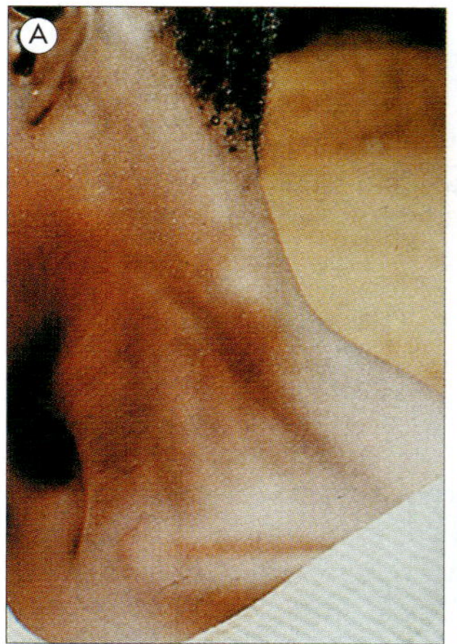

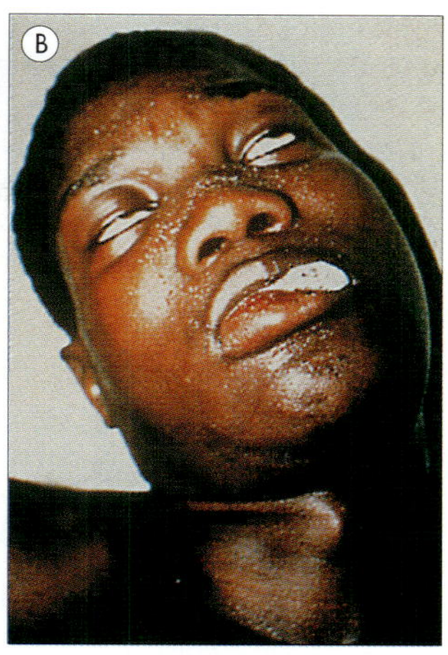

Figura 28.13 Tripanossomíase africana. (A) Aumento dos linfonodos no pescoço (sinal de Winterbottom). (B) Coma (doença do sono) devido à encefalite generalizada. ([A] Cortesia de P.G. Janssens. [B] Cortesia de M.E. Krampitz e P. de Raadt.)

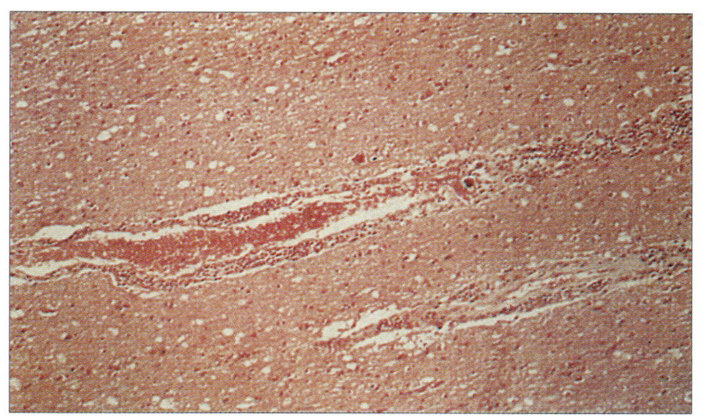

Figura 28.14 Infiltração linfocítica ao redor de um vaso sanguíneo no cérebro, na infecção por *Trypanosoma brucei* (coloração por H&E). (Cortesia de R. Muller e J.R. Baker.)

T. brucei evade as defesas do hospedeiro pela variação de antígenos em sua camada glicoproteica

T. brucei sobrevive livremente no sangue pelo seu notável grau de variação antigênica, com base na troca entre alguns dos 900 diferentes genes para a camada glicoproteica da superfície, expressos um de cada vez. Uma alta concentração de IgM é encontrada no sangue e, posteriormente, no LCR, produzida pelos plasmócitos (células Mott), uma característica do infiltrado linfocítico observado como "algemas perivasculares" em torno dos vasos sanguíneos no cérebro (Fig. 28.14).

A THA é diagnosticada pela demonstração de parasitos microscopicamente no sangue, nos linfonodos (por punção) ou, em casos tardios, no LCR. Detecção de anticorpos antitripanossômicos é usada na triagem de populações quanto à existência de *T. b. gambiense*, com exames parasitológicos posteriores dos que são soropositivos. Testes imunocromatográficos foram desenvolvidos para uso de campo e diagnóstico molecular em laboratórios de referência.

A tripanossomíase da África Oriental é tratada com suramina intravenosa, para o estágio hemolinfático, seguida de melarsoprol intravenoso (altamente tóxico) se o SNC estiver envolvido. A tripanossomíase da África Ocidental é tratada com pentamidina intravenosa ou intramuscular para o estágio hemolinfático. Envolvimento de SNC é tratado com nifurtimox oral e eflornitina intravenosa (NECT, do inglês, *Nifurtimox-Eflornithine Combination Therapy* ou terapia de combinação nifurtimox-eflornitina). Um novo composto de nitromidazol, fexinidazol, está sendo analisado em um ensaio clínico como uma alternativa à NECT.

Profilaxia por pentamidina não é mais assegurada

Cerca de 97% dos casos de THA são causados por *T. b. gambiense*. Seu controle é baseado na descoberta do caso e tratamento, com suporte do controle dos vetores. Os mosquiteiros são ineficazes, uma vez que as moscas se alimentam à luz do dia.

Doença de Chagas

O *T. cruzi* é transmitido pelo inseto reduvídeo (barbeiro)

T. cruzi é transmitido por insetos reduvídeos (barbeiros), que habitam prontamente em moradias pobres; portanto, a doença de Chagas é caracteristicamente uma doença de pessoas pobres das áreas rurais. Quase todas as espécies de mamíferos podem atuar como reservatórios da infecção. O parasito invade as células do hospedeiro, sobretudo macrófagos e células do músculo cardíaco.

A transmissão vetorial ocorre em partes da América do Norte, Central e do Sul. A transmissão oral por meio de alimentos ou bebidas contaminados com insetos reduvídeos também ocorre em áreas endêmicas. A transmissão vertical da mãe para o feto e a transmissão pelo sangue ou por doação de órgão também ocorrem.

Devido à migração de ambientes rurais para urbanos, muitas pessoas com Chagas agora vivem nas grandes cidades da América Latina e, como resultado da migração internacional, nos Estados Unidos e em partes da Europa.

A doença de Chagas tem sérios efeitos a longo prazo, os quais incluem doença cardíaca fatal

Uma lesão nodular (chagoma) ou inchaço edematoso da pálpebra (sinal de Romaña) podem se desenvolver no local da infecção, com quadro febril transitório, o que pode raramente levar à morte por insuficiência cardíaca. Após a invasão das células do hospedeiro, a doença segue um curso extremamente lento e crônico. Aproximadamente 70% dos indivíduos contaminados permanecem na fase indeterminada da doença e não desenvolvem complicações. Em casos em que a doença não progride, as maiores complicações, que podem levar anos para aparecer, envolvem o coração e o trato intestinal. A principal causa de morte é a miocardite, com progressivos enfraquecimento e dilatação dos ventrículos decorrentes da destruição do músculo cardíaco como resultado da persistência do parasito e da resposta inflamatória do hospedeiro (Fig. 28.15). Aneurisma e bloqueio cardíacos são características particularmente sérias. A dilatação do trato intestinal é devido a processos semelhantes nas células nervosas, e os órgãos se tornam incapazes de realizar o peristaltismo apropriado; megaesôfago e megacólon representam as duas manifestações mais comuns.

A doença de Chagas crônica é geralmente diagnosticada sorologicamente

Na fase aguda, os parasitos podem ser observados em esfregaços de sangue, mas a doença crônica em geral é diagnosticada por sorologia, mais PCR de sangue periférico quando disponível. Os parasitos *T. cruzi* também podem ser detectados por "xenodiagnóstico". Insetos reduvídeos não infectados são alimentados com o sangue do paciente e seus conteúdos retais, examinados 1-2 meses depois ou homogeneizados e injetados em camundongos, nos quais mesmo um único tripanossoma produz infecção patente. O uso da PCR de fezes de insetos ao invés de microscopia aumenta a sensibilidade de um xenodiagnóstico.

A terapia antiparasitária da doença de Chagas é feita com benznidazol oral ou nifurtimox oral. Crianças respondem melhor a drogas antitripanossômicas que adultos. Nos últimos anos, foi feita uma reavaliação do papel da terapia medicamentosa em adultos infectados cronicamente de forma que hoje mais profissionais da saúde agora os consideram para terapia medicamentosa antiparasitária. O benznidazol e o nifurtimox costumam causar efeitos colaterais, de modo que os pacientes precisa ser acompanhados cuidadosamente durante o tratamento.

A melhoria da qualidade de habitações e de padrão de vida, o controle de vetores e a descoberta de casos ativos e tratamento são fatores importantes na prevenção da doença. No entanto, o controle de vetores com inseticidas é difícil, pois insetos triatomíneos podem se adaptar a diferentes ambientes e reinvadir casas após o uso de *spray*. *Trypanosoma cruzi* é adepto de evasão da resposta imunológica, um grande desafio para o desenvolvimento de vacinas. No entanto, uma vacina terapêutica está sendo desenvolvida como imunoterapia para indivíduos com doença de Chagas crônica ou indeterminada.

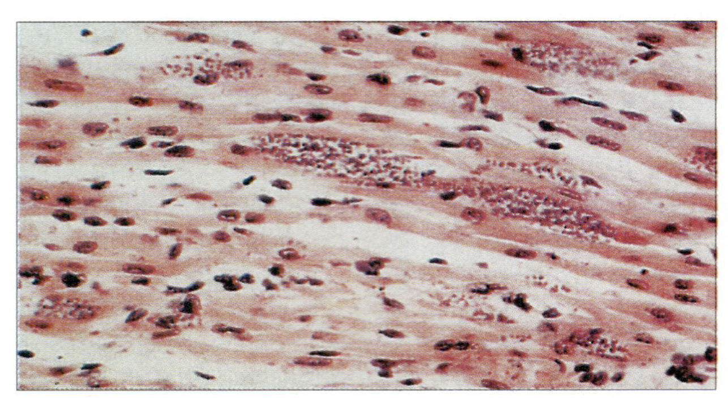

Figura 28.15 Formas amastigotas de *Trypanosoma cruzi* no músculo cardíaco na doença de Chagas (coloração por H&E). (Cortesia de H. Tubbs.)

Leishmaniose

Leishmania são parasitos transmitidos por mosquitos e causam a leishmaniose do Novo Mundo e do Velho Mundo

Várias espécies de *Leishmania* causam doenças tanto no Novo quanto no Velho Mundo (Tabela 28.5). Os cães podem atuar como um importante reservatório da infecção, principalmente no Velho Mundo. Todas as espécies são transmitidas por mosquitos flebotomíneos.

Leishmania é um parasito intracelular e sobrevive nos macrófagos

Leishmania escapa dos mecanismos de morte apresentados pelos macrófagos (Fig. 28.16), a menos que estes estejam for-

Tabela 28.5 Espécies de *Leishmania* – distribuição e síndromes clínicas

Espécie	Distribuição	Doenças
L. donovani *L. infantum*	África, Índia, Mediterrâneo	Leishmaniose visceral
L. chagasi	América do Sul	
L. major *L. tropica*	África, Índia, Mediterrâneo	Leishmaniose cutânea
L. aethiopica	África	
L. mexicana	México e América Central	
L. braziliensis	América do Sul	

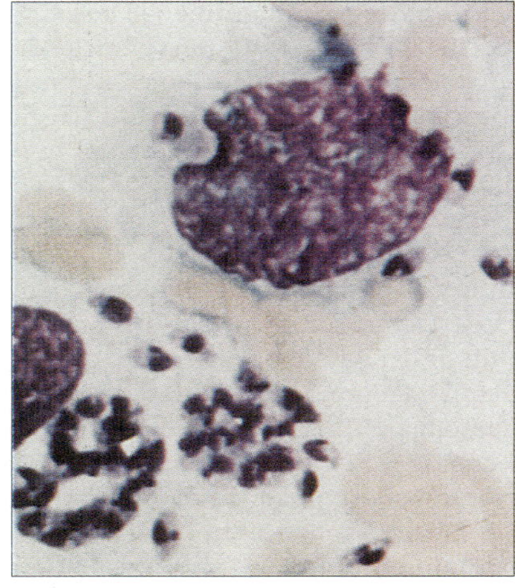

Figura 28.16 *Leishmania* dentro de macrófagos no aspirado de uma lesão da leishmaniose do Novo Mundo. (Cortesia de M.J. Wood.)

tementе ativados, por exemplo, pelo interferon gama (IFNγ). Os dois principais locais onde o parasito se multiplica são:

- o baço, o fígado e a medula óssea (leishmaniose visceral);
- a pele (leishmaniose cutânea).

Leishmaniose visceral ("calazar") quando não tratada é fatal em 80-90% dos casos

A leishmaniose visceral ou "calazar" quase sempre se desenvolve lentamente, com febre e perda de peso, seguidas, após meses ou anos, de hepatomegalia e, especialmente, esplenomegalia. Com tratamento adequado, morrem apenas aqueles pacientes muito doentes. As lesões cutâneas conhecidas como leishmaniose dérmica pós-calazar (PKDL) podem surgir após o tratamento. Elas contêm amastigotos de *Leishmania* e são um reservatório de infecção que pode infectar flebótomos que picam.

Leishmaniose cutânea é caracterizada por placas, nódulos ou úlceras

A leishmaniose cutânea clássica progride insidiosamente de uma pequena pápula no local da infecção até uma grande úlcera. Eventualmente a lesão pode se curar, deixando, entretanto, considerável cicatriz (Fig. 28.17) e tornando o paciente relativamente imune à reinfecção. Lesões por leishmânias no Velho Mundo são conhecidas como botão do oriente (também como "leishmaniose tegumentar" e "úlcera de Bauru") e leishmaniose do Novo Mundo, como espúndia (leishmaniose mucosa por *Leishmania [Viannia] braziliensis*) e úlcera chiclero (infecção do pavilhão auricular por *Leishmania mexicana*).

Pacientes imunodeficientes podem sofrer de formas mais graves de leishmaniose

Em pacientes imunodeficientes, a difusão de lesões cutâneas crônicas pode ocorrer — leishmaniose cutânea difusa — análoga à hanseníase lepromatosa. Leishmaniose visceral (LV) é uma complicação importante da infecção por HIV não apenas nos trópicos, como também no Mediterrâneo, embora atualmente seja mais fácil de tratar com drogas antileishmaniose desde o advento da terapia antirretroviral altamente ativa (HAART, do inglês, *Highly Active Antiretroviral Therapy*). Pacientes imunocomprometidos com LV apresentam menores taxas de cura e maiores taxas de recidiva. Um fator de risco que passou a emergir recentemente para leishmaniose mais grave é a terapia monoclonal de anticorpos contra o fator alfa de necrose tumoral (TNFα). Portanto, é provável que mais casos passem a ser observados, pois tais produtos biológicos são cada vez mais usados para tratar diversas condições médicas.

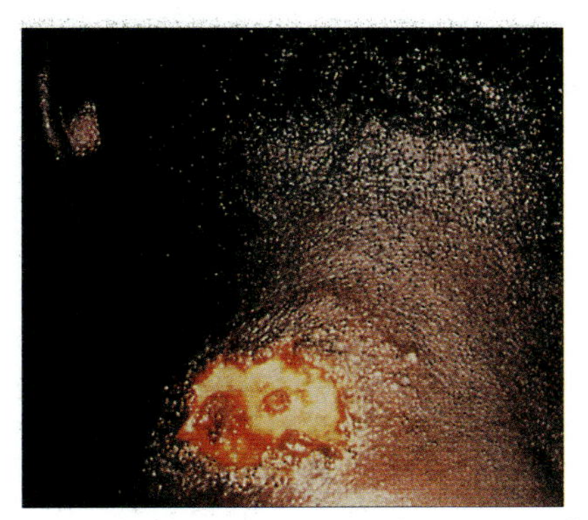

Figura 28.17 Lesão cutânea no pescoço na infecção por *Leishmania braziliensis*. (Cortesia de P.J. Cooper.)

A leishmaniose é diagnosticada pela demonstração do organismo ao microscópio e tratada com antimoniais

A demonstração do organismo por microscopia em aspirados esplênicos ou biópsias da medula, ou de lesões cutâneas (dependendo do quadro clínico) é prova definitiva de leishmaniose. A PCR é mais sensível do que a microscopia e a cultura.

Detecção de anticorpo antileishmaniose pelo teste de aglutinação direta de *Leishmania* e teste rápido de rK39 é valiosa para o diagnóstico de leishmaniose visceral.

Quando disponível, a PCR é atualmente o método de escolha para a detecção e a identificação da espécie de *Leishmania* em materiais de biópsias de pele.

A escolha precisa de agentes depende da espécie infectante, mas, a princípio, a leishmaniose cutânea é tratada com injeção local nas margens da úlcera com estibogluconato de sódio (um antimônio). Estibogluconato de sódio intravenoso é usado para tratar lesões múltiplas ou potencialmente desfigurantes. Miltefosina oral é uma alternativa. O agente de escolha para o tratamento de leishmaniose visceral é a anfotericina B lipossômica intravenosa. Estibogluconato de sódio intravenoso é uma alternativa, embora atualmente tenha ocorrido leishmaniose visceral significativamente resistente a antimônios em algumas regiões da Índia.

Mosquiteiros impregnados são eficazes contra o flebótomo vetor e uma vacina contra *Leishmania infantum* está disponível para uso em cães.

Diversas vacinas contra a doença cutânea estão sendo desenvolvidas para uso humano, incluindo algumas compostas de proteínas salivares de flebótomos com ou sem antígenos de *Leishmania*.

INFECÇÕES POR HELMINTOS

Esquistossomose

A esquistossomose é transmitida por um caramujo vetor

Todos os digenéticos (trematódeo) devem passar por um molusco (hospedeiro intermediário) para completar seu desenvolvimento larval. Contudo, os esquistossomas constituem do único grupo de trematódeo cujas larvas liberadas dos caramujos penetram diretamente no hospedeiro definitivo.

O ciclo de vida dos esquistossomas está ilustrado na Figura 28.18. Caramujos de água doce infectados, que são sempre aquáticos, liberam larvas com cauda bifurcada na água circundante. As larvas penetram a pele do hospedeiro, entram pela derme e passam por via hematogênica pelos pulmões até o fígado, onde amadurecem e formam pares permanentes de machos e fêmeas, antes de migrarem para os seus sítios definitivos:

- as veias que envolvem a bexiga para *Schistosoma haematobium*;
- as veias mesentéricas em volta do cólon para *S. japonicum* e *S. mansoni*.

O ciclo de vida é completado quando os ovos depositados pelas fêmeas dos vermes se movem através das paredes da bexiga ou do intestino e deixam o organismo.

As características clínicas da esquistossomose resultam de respostas alérgicas aos diferentes estágios do ciclo de vida

Os estágios de penetração da pele, migração e produção de ovos estão associados, cada um deles, a mudanças patológicas, coletivamente afetando muitos sistemas do organismo. A penetração pode causar dermatite, a qual se torna mais grave nos casos de reinfecções repetidas. Os estágios de desenvolvimento estão associados a quadro de sintomas

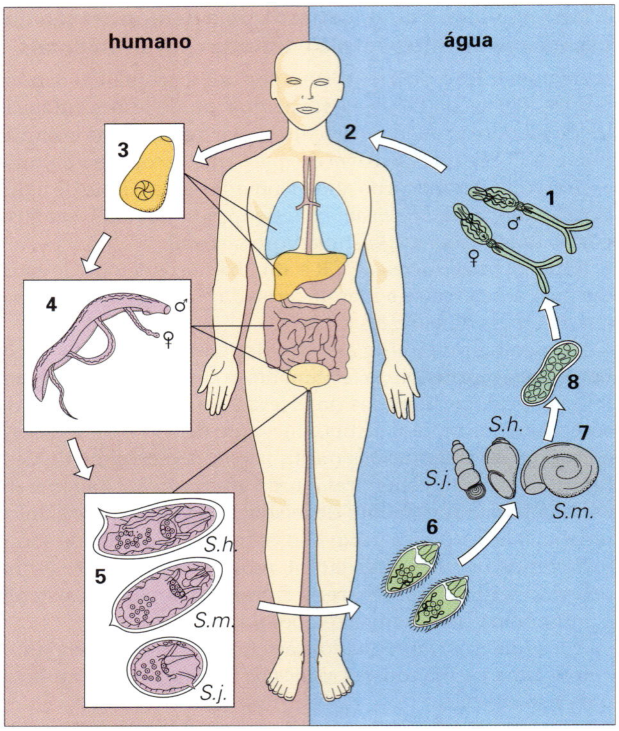

Figura 28.18 Ciclo de vida dos esquistossomas. Cercárias de vida livre na água (1) penetram a pele desprotegida. (2) Durante a penetração elas perdem suas caudas, tornando-se esquistossômulos. (3) Essas migram através da corrente sanguínea pelos pulmões e pelo fígado para as veias na bexiga (*Schistosoma haematobium*, *S.h.*) ou no intestino (*S. mansoni*, *S. m.*; *S. japonicum*, *S.j.*), onde amadurecem (4) para produzir ovos característicos (5) dentro de 6-12 semanas. Os ovos então penetram a bexiga ou o cólon, para serem eliminados na urina ou nas fezes (6). Os ovos liberados em água fresca liberam miracídeos que penetram o intestino delgado do hospedeiro intermediário, (7) onde amadurecem em esporocistos (8). Estes liberam as cercárias (1) na água para completar o ciclo.

alérgicos (p. ex., febre, eosinofilia, linfadenopatia, hepatoesplenomegalia, diarreia), porém a patologia mais grave se origina após o início da deposição dos ovos. O organismo desenvolve hipersensibilidade aos antígenos liberados pelos ovos à medida que eles passam através dos tecidos para o meio exterior, ou ficam retidos em outros órgãos após terem sido varridos pela corrente sanguínea:

- Na esquistossomose urinária causada por *S. haematobium* o movimento dos ovos pela parede da bexiga causa hemorragia. Com o tempo, a parede da bexiga torna-se inflamada. Pólipos infiltrados desenvolvem-se e alterações malignas podem ocorrer; também pode ocorrer nefrose (Cap. 21).
- A liberação dos ovos de *S. japonicum* e *S. mansoni* causa, de modo semelhante, hemorragia intestinal e inflamação.

Uma consequência mais séria dessas infecções resulta das respostas inflamatórias aos ovos retidos em outros órgãos do organismo, especialmente no fígado, mas também no pulmão e no SNC. Essas consequências não se desenvolvem em todos os pacientes, mas, se ocorrerem, doença grave poderá se manifestar (Cap. 23). A formação de granulomas devido a reações de hipersensibilidade tardia em torno dos ovos nos capilares pré-sinusoidais interfere no fluxo sanguíneo e, juntamente com a fibrose periportal extensiva (fibrose em haste de cachimbo de Symmers), que ocorre em cerca de 10% dos indivíduos infectados por *S. mansoni*, leva à hipertensão da veia porta. Como consequência, há hepatoesplenomegalia, conexões colaterais se formam entre os vasos hepáticos e varizes esofágicas frágeis se desenvolvem. A circulação colateral pode fazer com que os ovos sejam carreados para o leito capilar dos pulmões.

A esquistossomose é diagnosticada por microscopia e tratada com praziquantel

O diagnóstico de esquistossomose é realizado pela visualização de ovos na microscopia de amostras de fezes ou urina. A detecção de anticorpos no soro é útil em áreas não endêmicas, especialmente em viajantes. Ensaios de detecção de antígenos e diagnósticos moleculares são utilizados em alguns centros.

O tratamento de indivíduos com praziquantel remove os vermes, mas não os ovos, que morrem naturalmente em cerca de 2 meses. Em casos avançados, a patologia é irreversível. Há três vacinas candidatas para a esquistossomose baseadas nos antígenos Sm-14, Sm-TSP-2 e Sm-p80 que devem ser introduzidas em ensaios clínicos de segurança e eficácia em humanos nos próximos anos.

O controle da infecção na população é atingido pela quebra do ciclo de transmissão, evitando o contato com água contaminada e com a melhoria do saneamento. Programas de administração de medicação em massa (MDA) buscam reduzir a morbidade, mas também podem reduzir a transmissão. Durante o processo de erradicação, espera-se que o tratamento com MDA mude para seletivo, mas isso exigiria um diagnóstico mais sensível, adequado para uso em campo.

Filariose

Nematódeos filariais dependem de vetores artrópodes hematófagos para sua transmissão

Nematódeos filariais parasitam tecidos mais profundos do organismo (Cap. 6). As espécies mais importantes podem ser divididas entre aquelas localizadas nos vasos linfáticos (*Brugia*, *Wuchereria*) e nos tecidos subcutâneos (*Onchocerca*). Algumas espécies menos perigosas também ocorrem. Em todas as espécies, as fêmeas liberam larvas (microfilárias) vivas, as quais são apanhadas pelo vetor a partir do sangue (espécies linfáticas) ou da pele (*Onchocerca*). Ambos os grupos podem causar respostas inflamatórias graves, refletindo uma variedade de respostas patológicas na pele e nos linfonodos, embora cada um esteja associado a patologias adicionais e características. (As descrições das doenças causadas por *Onchocerca* estão apresentadas nos Capítulos 26 e 27.)

Filariose linfática causada por *Brugia* e *Wuchereria* é transmitida por mosquitos

Os mosquitos introduzem as larvas infectantes dentro da pele à medida que se alimentam. Essas larvas migram para os vasos linfáticos e se desenvolvem lentamente em vermes adultos finos e longos (fêmeas 80-100 mm × 0,25 mm), e são encontrados nos linfonodos e vasos linfáticos dos membros (geralmente inferiores) e virilha. Infecções tornam-se evidentes após cerca de 8-12 meses, quando microfilárias embainhadas aparecem no sangue. Indivíduos infectados podem apresentar poucos sinais clínicos ou ter manifestações agudas como febre, erupções cutâneas, eosinofilia, linfangite, linfadenite (Fig. 28.19) e orquite. O dano inicial ao sistema linfático é a dilatação das veias em resposta aos mediadores liberados pelos vermes adultos. Em seguida, há debilitação gradual da contratilidade linfática. As válvulas linfáticas se tornam incompetentes, o que resulta em estase linfática. Posteriormente, alterações obstrutivas crônicas causadas por episódios repetidos de linfangite podem bloquear os vasos linfáticos, levando à hidrocele e a um grande aumento dos seios, bolsa escrotal e membros, sendo a última condição conhecida como "elefantíase" (Fig. 28.20).

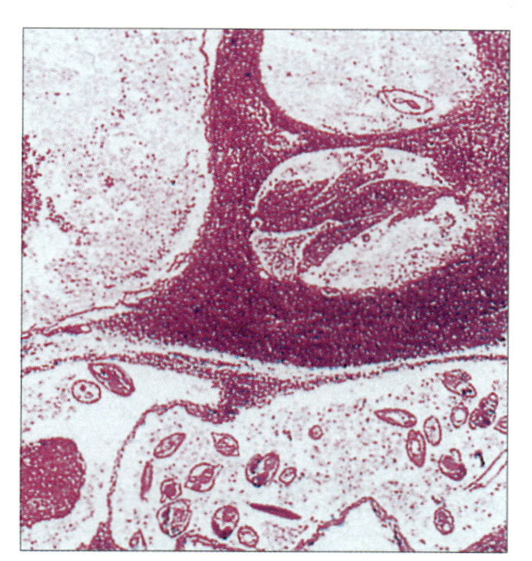

Figura 28.19 Linfonodo contendo *Wuchereria* adulta, mostrando linfáticos dilatados e reação tecidual nas paredes dos vasos. (Cortesia de R. Muller e J.R. Baker.)

Figura 28.20 Elefantíase da perna causada por *Brugia malayi*. (Cortesia de A.E. Bianco.)

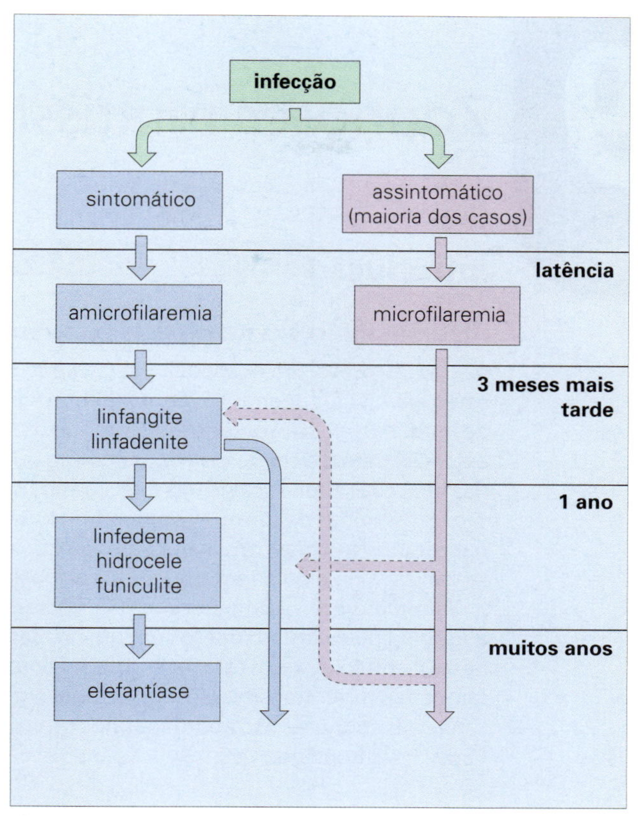

Figura 28.21 Curso de filariose linfocítica em casos sintomáticos. (Retirado de: Muller R.; Baker J.R. *Medical Parasitology*. Londres: Gower Medical Publishing, 1990.)

Infecção bacteriana secundária da pele (p. ex., com estreptococos) é um fator importante no desenvolvimento e na progressão da adenolinfangite.

Uma característica das infecções filariais em regiões endêmicas é que nem todos os indivíduos expostos desenvolvem infecções sintomáticas. Muitos, embora microfilarêmicos, permanecem assintomáticos, e relativamente poucos apresentam patologia grave (Fig. 28.21). Alguns indivíduos desenvolvem sintomas pulmonares conhecidos como "eosinofilia pulmonar tropical" (Cap. 20).

Poucas drogas são realmente eficazes no tratamento da filariose

Dietilcarbamazina (DEC), que mata primariamente microfilárias, não é mais utilizada no tratamento de oncocercose por produzir uma violenta resposta alérgica quando as microfilárias são mortas. Uma única dose baixa de DEC, no entanto, é usada no teste diagnóstico de Mazzotti para oncocercose em pacientes cujas amostras de pele são negativas para microfilárias. A oncocercose é tratada com ivermectina mais doxiciclina.

A DEC ainda é usada para tratar filariose linfática, em combinação com doxiciclina, que mata os simbiontes de *Wolbachia* no verme adulto. A associação de albendazol com DEC ou ivermectina é usada em programas de MDA para eliminar a filariose linfática.

É difícil prevenir a transmissão de filariose, e programas de MDA devem ter o suporte de controle do vetor e prevenção de picadas.

PRINCIPAIS CONCEITOS

- Muitas infecções importantes (arbovírus, riquétsias, *Borrelia*, protozoários, helmintos) são transmitidas por vetores — insetos, carrapatos ou caramujos.
- Algumas infecções são crônicas (doença de Lyme, leishmaniose, esquistossomose) ou podem ser letais (malária, encefalite viral).
- Frequentemente estão restritas aos países tropicais devido à distribuição dos vetores. Alterações climáticas podem alterar esta distribuição e, portanto, o padrão de doenças transmitidas.
- Respostas imunológicas intensas são desencadeadas, frequentemente ocasionando quadros imunopatológicos. O tratamento é usualmente realizado por quimioterapia.
- O controle de vetores é difícil, mas pode permitir a erradicação da doença.
- Com raríssimas exceções (febre amarela), vacinas não estão disponíveis para este grupo de doenças.

Zoonoses multissistêmicas

Introdução

Algumas infecções multissistêmicas em humanos são doenças animais (*i. e.*, zoonoses)

Nestas infecções, um hospedeiro vertebrado não humano é o reservatório da infecção, e os humanos estão envolvidos apenas incidentalmente. A infecção humana acontece após o contato com, ou ingestão do, material infeccioso transmitido por um hospedeiro infectado, mas a infecção de um humano não é essencial para o ciclo de vida do patógeno ou sua manutenção na natureza. Uma característica marcante das infecções zoonóticas, e das infecções transmitidas por artrópodes descritas no Capítulo 28, é que poucas são transmitidas de forma eficiente entre humanos que, portanto, são "becos sem saída" para o organismo parasitário. No entanto, o maior surto de Ebola até hoje, entre 2013 e 2016, demonstrou que há potencial de se realizar algo e que é extremamente importante prevenir e controlar essas infecções.

Algumas vezes, a origem zoonótica destas infecções não é tão clara. Por exemplo, a tularemia pode ser adquirida pelo contato direto com um hospedeiro reservatório ou com um vetor artrópode e está incluída neste capítulo. A peste está incluída aqui porque é transmitida pela pulga de ratos infectados, apesar de também ocorrer transmissão interpessoal direta.

Outras zoonoses são abordadas nos capítulos correspondentes (p. ex., toxoplasmose, Caps. 24-26; raiva, Cap. 25; salmonelose, Cap. 23).

INFECÇÕES POR ARENAVÍRUS

Os arenavírus são transmitidos aos humanos mediante excreta de roedores

Várias zoonoses são causadas por vírus envelopados de RNA de fita simples com um genoma consistindo em dois segmentos de RNA denominados arenavírus. Na microscopia eletrônica (Fig. 29.1), estas partículas virais pleomórficas com diâmetro de 50-300 nm podem ser vistas com ribossomos com aparência de pequenos grãos de areia, o que origina o nome *arena* (do latim: arena, areia). Os arenavírus são carreados por diversas espécies de roedores, nos quais causam uma infecção duradoura inofensiva, com excreção contínua do vírus na urina e nas fezes dos animais infectados, aparentemente saudáveis. Os humanos podem infectar-se por meio do contato direto com roedores infectados, inalação de excretas infecciosas, trabalho em ambientes agrícolas ou caminhada em áreas onde roedores estão presentes e podem desenvolver doença grave e muitas vezes letal, envolvendo hemorragia extensa e comprometimento de múltiplos órgãos. Uma variedade de arenavírus e doenças que eles causam estão incluídas na Tabela 29.1. Desde 2007, nove novos arenavírus foram identificados, alguns em decorrência de eventos de recombinação dentro de um segmento. Eles estão divididos nos grupos do Velho e do Novo Mundo, cujos vírus do Velho Mundo, da febre de Lassa e os vírus da coriomeningite linfocítica (LCMV, do inglês, *Lymphocytic Choriomeningitis Virus*) estão associados às infecções humanas mais comuns envolvendo esta família. A distribuição do hospedeiro é concordante com a distribuição do vírus. O LCMV é o único arenavírus com uma distribuição mundial, com o restante sendo visto na África ou no Novo Mundo. Dos vírus do sorocomplexo de Tacaribe do Novo Mundo, a doença grave está associada aos vírus Junin e Machupo, que causam as febres hemorrágicas argentina e boliviana, respectivamente. O LCMV pode causar doença aguda do sistema nervoso central. Assim como na maioria das zoonoses, a infecção não é transmitida, ou é transmitida com uma eficiência muito baixa, entre humanos. Entretanto, profissionais da saúde já foram infectados pelo contato direto com sangue ou secreções de pacientes infectados com o vírus da febre de Lassa, mas isto pode ser evitado pelo uso de técnicas de barreira em enfermagem.

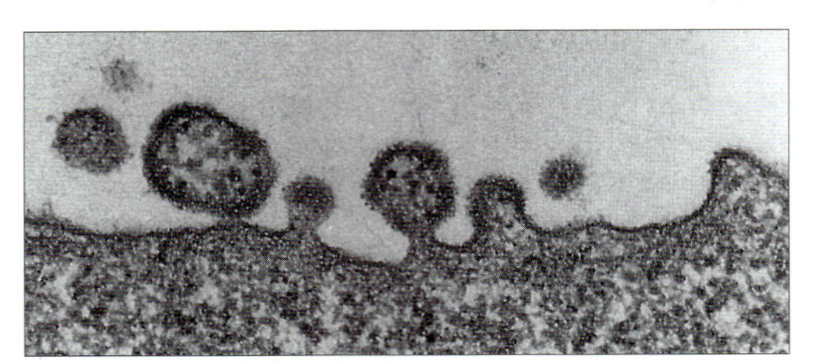

Figura 29.1 Imagem de microscopia eletrônica do vírus da coriomeningite linfocítica em brotamento na superfície de uma célula infectada. Os grânulos arenosos nas partículas do vírus são característicos dos arenavírus. (Cortesia de K. Mannweiler e F. Lehmann-Grübe.)

A infecção pelo arenavírus é diagnosticada mediante detecção do genoma viral, sorologia ou isolamento do vírus

O diagnóstico mediante testes para genoma viral ou anticorpos específicos, ou ainda pelo isolamento do vírus, pode ser realizado em centros especializados.

A prevenção da infecção consiste na redução da exposição ao vírus, conforme claramente demonstrado quando o uso de armadilhas para os roedores pôs fim aos surtos de febre hemorrágica boliviana (Quadro 29.1; Fig. 29.2). O tratamento com o agente antiviral ribavirina é bem-sucedido se utilizado

Tabela 29.1 Febres virais e doenças hemorrágicas adquiridas de vertebrados ou de fontes desconhecidas

Vírus	Grupo do vírus	Doença	Animal de origem	Letalidade	Distribuição geográfica
Coriomeningite linfocítica (LCM)	Arenavírus	LCM	Camundongo, *hamster*	–	Mundial
Febre de Lassa	Arenavírus	Febre de Lassa	Rato selvagem africano (*Mastomys natalensis*)	+	África Ocidental
Machupo	Arenavírus	Febre hemorrágica boliviana	Camundongo selvagem (*Calomys callosus*)	+	Nordeste da Bolívia
Junin	Arenavírus	Febre hemorrágica argentina	*Calomys* spp., camundongos	+	Argentina
Hantaan	Buniavírus	Febre hemorrágica Febre com síndrome renal (febre hemorrágica coreana) Síndrome pulmonar grave	Camundongos, ratos	+	Extremo Oriente, Escandinávia, leste da Europa, Sudoeste dos EUA
Marburg	Filovírus	Doença de Marburg	Morcegos frugívoros	++	África (infecções laboratoriais em Marburg, Alemanha)
Ebola	Filovírus	Doença do Ebola	Morcegos frugívoros	++	África (Sudão, Zaire, Serra Leoa, Guiné, Libéria)

Quadro 29.1 Lições de Microbiologia

Febre hemorrágica boliviana: um aprendizado em ecologia

Em 1962, houve um surto de uma doença infecciosa grave e geralmente letal na pequena cidade de San Joachim, Bolívia. Os pacientes desenvolveram febre, mialgia e um enantema (erupção interna), seguidos de ruptura capilar, hemorragia, choque e uma doença neurológica. Esta doença foi denominada "febre hemorrágica boliviana" e apresentou uma taxa de mortalidade de 15%. Apesar de todas as pesquisas realizadas, não foi possível identificar o artrópode vetor, mas as evidências apontaram para o papel dos camundongos na epidemia. Atuando sobre esta possibilidade, centenas de armadilhas para ratos foram espalhadas pela cidade, sendo demonstrado que o controle dos roedores teve um efeito dramático na redução da incidência da doença. A epidemia foi completamente eliminada. Em trabalhos independentes, um vírus foi isolado dos tecidos de um camundongo selvagem aprisionado (*Calomys callosus*). O vírus causava uma infecção duradoura e inofensiva neste animal, com a contínua excreção do vírus na urina e nas fezes. O vírus (que recebeu o nome de "Machupo") pertence ao grupo dos arenavírus, um grupo que inclui o vírus da coriomeningite linfocítica (LCM; que infecta camundongos e *hamsters*) e o vírus da febre de Lassa (que infecta ratos selvagens da África). Estes vírus causam infecção persistente inofensiva no roedor hospedeiro natural, mas causam doença grave nos humanos expostos aos animais infectados.

Este surto de febre hemorrágica boliviana nos deu um importante aprendizado em ecologia. Por causa da alta incidência de malária em San Joachim, uma grande pulverização de DDT foi feita para o controle dos mosquitos. Como resultado, as lagartixas (pequenos lagartos que se alimentam de insetos) acumularam o DDT em seus tecidos, e os gatos locais que se alimentaram das lagartixas começaram a morrer com as concentrações letais de DDT em seus fígados. A falta de gatos, por sua vez, permitiu que os camundongos selvagens invadissem os domicílios humanos. A aproximação dos camundongos infectados dos humanos e de seus alimentos levou à epidemia (Fig. 29.2).

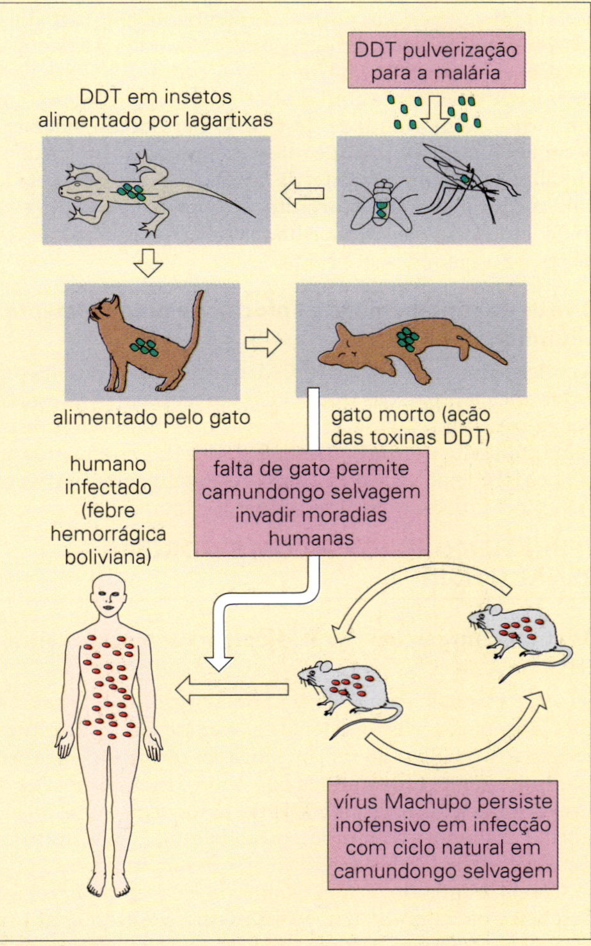

Figura 29.2 Febre hemorrágica boliviana – um aprendizado em ecologia. DDT, diclorodifeniltricloroetano. (Cortesia do falecido Dr. Davis Ellis, London School of Hygiene & Tropical Medicine [Escola Londrina de Higiene e Medicina Tropical].)

precocemente na infecção pela febre de Lassa. A profilaxia pós-exposição com ribavirina oral tem sido utilizada. Não existem vacinas aprovadas pela Organização Mundial de Saúde contra os arenavírus. Entretanto, uma vacina viva do vírus Junin atenuado foi licenciada em 2006 para uso apenas na Argentina.

O vírus da febre de Lassa é um arenavírus que ocorre naturalmente em ratos de arbustos em partes da África Ocidental

A infecção originária da exposição humana aos ratos infectados, *Mastomys natalensis*, ou à urina dos ratos, resulta em uma doença febril, que geralmente não é muito grave. A entrada viral nas células do hospedeiro é conduzida por uma glicoproteína de fusão situada no envelope viral lipídico externo. O receptor celular para a febre de Lassa e alguns outros arenavírus é a α-distroglicana, uma proteína de membrana encontrada nos mastócitos, que ancora o citoesqueleto e a matriz extracelular. Existem aproximadamente 300.000 casos com 5.000 mortes por ano, e a febre de Lassa é uma das doenças febris mais comuns nos hospitais em certas regiões de Serra Leoa. A transferência do vírus do paciente hospitalar para o profissional de saúde através do sangue ou de fluidos corporais pode resultar em uma doença mais grave com uma mortalidade mais alta. A doença causa hemorragia, dano capilar, hemoconcentração e colapso, e foi identificada pela primeira vez em 1969 em americanos na vila de Lassa. No entanto, a transmissão interpessoal por gotículas é considerada rara. O período normal de incubação é de 5-10 dias.

Foram registrados surtos na África Central, na Libéria, na Nigéria e em Serra Leoa. Um surto ocorrido em Serra Leoa, entre janeiro de 1996 e abril de 1997, envolveu 823 casos com um índice de mortalidade de 19%. O período de incubação permitiria que um indivíduo infectado transportasse a doença a qualquer lugar do mundo e, de fato, houve casos importados para a Europa e EUA. Portanto, a febre de Lassa deve ser considerada em viajantes oriundos de áreas endêmicas com febres de origem desconhecida.

O vírus da coriomeningite linfocítica é mundialmente difundido

A coriomeningite linfocítica (LCM) é responsável por infecção esporádica em pessoas que vivem em ambientes infestados por ratos, e foi relatada em crianças que possuem *hamsters* aparentemente normais, mas infectados. É geralmente uma doença febril não específica, mas ocasionalmente ocorre uma meningite linfocítica asséptica, com recuperação.

FEBRE HEMORRÁGICA COM SÍNDROME RENAL (FHSR)

Os vírus Hantaan e de Seul infectam roedores e causam FHSR na Ásia

Os vírus Hantaan e de Seul são buniavírus que causam uma infecção inofensiva e persistente em várias espécies de camundongos e ratos. Eles diferem de outros buniavírus pelo fato de os últimos serem transmitidos por vetores artrópodes. Depois da exposição à urina de animais infectados ocorre uma doença febril, geralmente com hipotensão, hemorragia e síndrome renal. Muitos soldados americanos sofreram infecções graves na Coreia, e uma doença mais branda é observada no Leste Europeu e na Escandinávia. Vírus relacionados estão presentes em camundongos e ratos nos EUA, e surtos ocorridos no sudoeste dos Estados Unidos causaram 26 mortes com doença pulmonar grave. Esta é chamada de síndrome cardiopulmonar por hantavírus e tem sido relatada nas Américas em decorrência de infecção pelo vírus Sin Nombre. Na Europa, o vírus Puumala causa uma forma branda de FHSR conhecida como nefropatia epidêmica. O diagnóstico laboratorial é feito por meio de métodos moleculares e sorológicos detectando RNA viral ou anticorpo IgM ou IgG específico, respectivamente.

FEBRES HEMORRÁGICAS MARBURG E EBOLA

Morcegos frugívoros são o reservatório para os vírus Marburg e Ebola

As febres hemorrágicas por Ebola e de Marburg ocorrem na África Central e Oriental, e são infecções causadas pelo vírus Ebola (EBOV) e pelo vírus Marburg, membros da família Filoviridae, e são vírus de filamentosos longos de RNA de fita simples (Fig. 29.3A, B). Existem cinco vírus do Ebola (EBOV) no gênero *Ebolavirus*: vírus Zaire, vírus do Sudão, vírus da Floresta Tai e o vírus Bundibugyo, que pode infectar humanos e primatas. O Reston vírus também é um membro, mas não causa doenças em humanos. Indivíduos infectados pelos vírus Ebola e Marburg podem desenvolver febre, hemorragia, exantema e coagulação intravascular disseminada (Cap. 18). O reservatório de origem e o ciclo natural de manutenção para o vírus Marburg não eram conhecidos até o RNA deste vírus ser detectado em morcegos frugívoros habitando cavernas após um pequeno surto de febre hemorrágica de Marburg ser observado em alguns mineradores em Uganda no ano de 2007. Também foi encontrado um morcego frugívoro reservatório para o vírus Ebola Zaire.

A infecção pelo vírus Marburg foi identificada em 1967 em Marburg, Alemanha, após a exposição de técnicos de laboratório a macacos africanos da espécie *Chlorocebus aethiops* infectados trazidos de Uganda. No entanto, esses macacos não são os hospedeiros naturais. A mortalidade era de aproximadamente 20% e, assim como na infecção pelo vírus Ebola, foi observado que o vírus pode ser detectado no sêmen durante meses após a recuperação clínica; um paciente transmitiu a infecção para sua esposa por esta via.

Doença por vírus Ebola (DVE) – evolução gradual de surtos até um nível sem precedentes na África Ocidental de 2013 a 2016

Surtos de doenças similares às infecções pelo vírus Marburg ocorreram em 1976, no sudeste do Sudão e na região do rio Ebola, no Zaire (atualmente República Democrática do Congo). No total, houve 602 casos de pessoas com doença do vírus Ebola (DVE) e 397 mortes. A transmissão interpessoal ocorre em hospitais locais através de seringas e agulhas contaminadas, preparações de funerais e contato sexual.

O vírus entra pelas membranas mucosas ou pele ferida. A infecção não ocorre através de transmissão por aerossol. Em 1989, macacos infectados com EBOV foram inadvertidamente importados das Filipinas para os Estados Unidos. Vários macacos morreram, mas, apesar de pelo menos quatro pessoas terem sido infectadas, nenhuma desenvolveu a doença.

Uma grande epidemia foi observada em Kikwit, Zaire, em 1995, com 315 casos e 244 mortes. Gabon teve três epidemias entre 1994 e 1997. A DVE surgiu no norte de Uganda em 2000 e causou grandes surtos com altas taxas de mortalidade no Congo-Brazavile em 2003, também matando muitos gorilas e chimpanzés, e também em Angola, entre 2004 e 2005.

A maior e mais longa epidemia de DVE ocorreu entre dezembro de 2013 e abril de 2016 na África Ocidental, na Guiné, na Libéria e em Serra Leoa. No geral, 28.616 pessoas foram analisadas com suspeita, provável e confirmada, de DVE, com 11.310 mortes, embora os números reais provavelmente tenham sido mais elevados. Devido a viagens locais e profis-

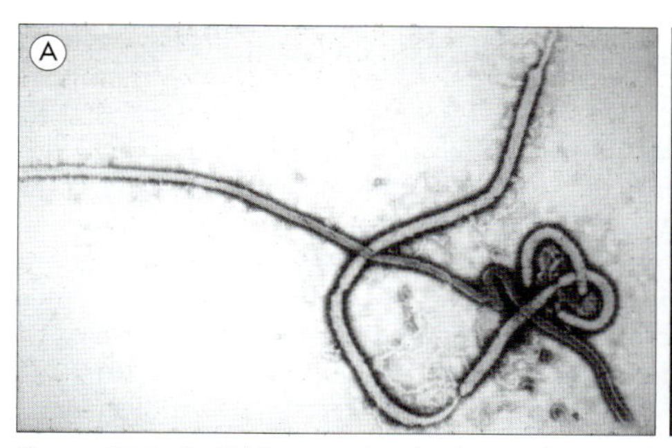

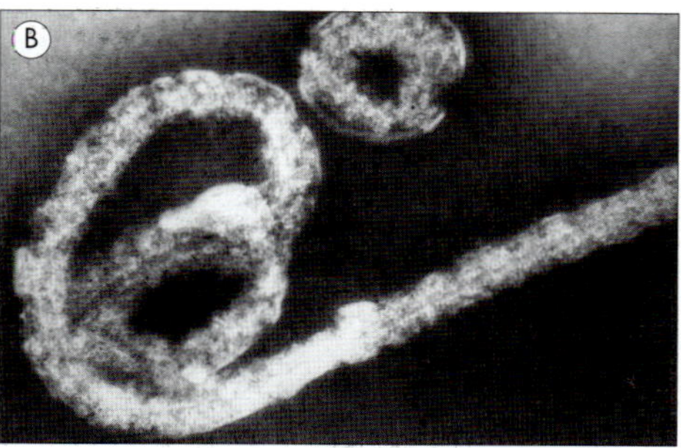

Figura 29.3 (A, B) Microscopias eletrônicas do vírus Ebola Zaire. (Cortesia do falecido Dr. Davis Ellis, London School of Hygiene & Tropical Medicine.)

sionais da saúde infectados por EBOV que retornaram a seus países, houve 36 pessoas com relatos de DVE na Nigéria, no Senegal e no Mali, e nos Estados Unidos, na Grã-Bretanha, na Espanha e na Itália, respectivamente.

Acredita-se que ela tenha tido início na Guiné, onde um garoto de 2 anos de idade faleceu 2 dias depois de se tornar convalescente devido à cepa Zaire do EBOV (Fig. 29.3B), possivelmente após entrar em contato com um morcego. Subsequentemente, o contato direto com o sangue ou fluidos corporais de indivíduos sintomáticos infectados por EBOV foi a principal via de transmissão. Os surtos em países da África Ocidental variavam de tamanho devido ao período de tempo da taxa de crescimento da epidemia, assim como o tamanho da população. Além disso, uma proporção dos indivíduos infectados por EBOV eram especialmente bons em se disseminarem, infectando a maioria das pessoas que constituíram a geração seguinte dos indivíduos infectados.

Intervenções que reduziram a taxa de transmissão

As medidas eficazes de controle incluem encontrar indivíduos sintomáticos, rastreamento de contato, isolamento de pacientes e contatos, internação de pacientes em centros específicos de tratamento de Ebola onde suporte clínico possa ser fornecido, garantindo boas práticas de controle de infecção e fornecendo enterros seguros. Na ausência de tratamentos antivirais, o tratamento de pessoas sintomáticas que estavam críticas envolveu uma medida relativamente simples como realizar exames de sangue para medir desequilíbrios de eletrólitos e reidratação intravenosa. O desenvolvimento de uma vacina e testes diagnósticos rápidos em laboratórios de campos de biocontenção também contribuíram, em termos de proteção e detecção mais rápida de DVE, respectivamente.

A epidemia alcançou seu auge em setembro de 2014, após 10 meses, e outras infecções por EBOV foram observadas por mais 18 meses, sendo que o fim foi determinado pela passagem de dois períodos de incubação, 42 dias, a partir do último caso relatado de pessoa infectada por EBOV. Sabia-se que a transmissão podia ocorrer na ausência de uma viremia, pois o RNA viral podia ser detectado no sêmen, no leite materno, em fluidos oculares e no LCR. A reativação de locais de santuário também podem resultar em uma viremia, levando a uma transmissão. Sabe-se pouco sobre as possíveis sequelas clínicas durante a recuperação da DVE, mas um médico em Serra Leoa relatou que 76% dos sobreviventes apresentaram artralgia, 18% uveíte e 24% perda de audição. Foram relatados sintomas neurológicos em pessoas que sobreviveram à DEV.

O rápido desenvolvimento de testes diagnósticos, agentes antivirais e vacinas

Um trabalho global de grande impacto pela comunidade internacional levou à construção de quase 40 laboratórios de campo na África Ocidental, com instalações de biocontenção e os equipamentos para realizar a extração do ácido nucleico a partir de vários tipos de amostras e ensaios de transcriptase reversa para detectar RNA de EBOV.

Nas 27 pessoas que foram medicamente evacuadas para tratamento em seus países de origem na Europa e nos Estados Unidos, incluindo aquelas diagnosticadas com DEV em países que foram infectados com EBOV na África Ocidental, monitoramento cuidadoso, reidratação intravenosa, correção de desequilíbrios eletrolíticos e manejo de tratamento crítico foram essenciais para contribuir com o percentual de sobrevivência de 82%.

Também foram utilizados tratamentos experimentais, incluindo imunoterapias como plasma convalescente, anticorpos monoclonais (ZMapp, ZMab ou MIL77) e agentes antivirais como brincidofovir e favipravir. Era impossível determinar se eles tinham algum efeito, pois o número de pacientes era pequeno e não havia controles (Quadro 29.2).

Estratégias de controle de infecções para controlar viajantes de países afetados pelo EBOV

Foram elaborados algoritmos de análise a partir do ponto de vista do controle da infecção para controlar pessoas que viajassem dos países da África Ocidental onde houve os surtos de EBOV. As principais perguntas envolvem se o viajante apresentou febre nas 24 horas anteriores e desenvolveu sintomas dentro de 21 dias de sua saída de um país afetado pelo EBOV. A triagem em aeroportos e outros pontos de entrada nos países envolviam medir a temperatura da pessoa e fazer perguntas sobre sintomas, preparando salas de isolamento em departamentos de emergência em hospitais para viajantes ou contatos com sintomas, fazendo os arranjos necessários em laboratórios para testar e enviar amostras para análise de RNA de EBOV e malária, sendo que o último é o diagnóstico mais comum. Além disso, equipes de ambulância e hospitais foram treinadas a respeito de quais equipamentos protetores usar ao entrar em contato com pessoas com potencial infecção por EBOV e para saber em quais unidades de contenção de doenças infecciosas eles seriam internados para controle em caso de DEV.

Diversas vacinas foram desenvolvidas rapidamente, começando com a inativação do vírus e passando rapidamente para vacinas de DNA, vacinas de vetor recombinante viral e recombinante e subunidades de proteína. Todas estão envolvidas na expressão da glicoproteína do EBOV, que está implicada na ligação e na fusão da membrana vírus-célula e é um alvo para a neutralização de anticorpos. Duas vacinas foram submetidas à avaliação clínica, uma vacina era baseada em vírus de estomatite vesicular capaz de replicação que expressa a glicoproteína da cepa Zaire do EBOV (ZEBOV) e uma vacina monovalente, de replicação deficiente, de ZEBOV era baseada em vetor de adenovírus de chimpanzé de tipo 3.

Quadro 29.2 Lições sobre Microbiologia

Embora tenham ocorrido diversos surtos de doenças causadas pelo vírus Ebola (DEV) na África, não foram reconhecidas complicações nos sobreviventes. Diversos profissionais da área da saúde foram repatriados em seus países, por serem voluntários na assistência ao tratamento de pacientes com DEV na epidemia no Oeste da África e, subsequentemente, terem desenvolvido sintomas associados à infecção pelo vírus Ebola (EBOV). Uma enfermeira se tornou sintomática ao retornar à Grã-Bretanha. Ela foi transferida para uma unidade de alta contenção de doenças contagiosas especializada e recebeu líquidos intravenosos e reposição eletrolítica, um agente antiviral chamado brincidofovir e plasma convalescente que foi coletado de outro sobrevivente. No entanto, ela desenvolveu insuficiência respiratória e precisou de ventilação mecânica; ela também desenvolveu diarreia de alto volume, eritroderma e mucosite. A alta carga inicial de RNA de EBOV plasmática, com um valor de RT-PCR com valor acima do limiar (CT) de 25, aumentou em um valor de 13 no dia 6 da internação. Tal nível foi reduzido após a administração de duas doses de ZMAb, um anticorpo monoclonal experimental criado com uma glicoproteína de EBOV, e o nível plasmático de RNA de EBOV não era mais detectável no dia 25.

Ela então recebeu alta do hospital, mas 3 semanas depois desenvolveu tireotoxicose, uma superatividade da glândula tireoide, devido à tireoidite. Não foi detectado RNA de EBOV no plasma sanguíneo, que foi analisado em um teste realizado após ela ter desenvolvido dor articular e alguns derrames articulares no tornozelo. No entanto, 9 meses depois de receber alta, ela apresentou febre, cefaleia grave e meningismo. Foi feito um diagnóstico de recidiva de EBOV após a realização de uma punção lombar que detectou RNA de EBOV em CT de 24 no LCR e 31 no plasma. Nenhum outro patógeno foi detectado na amostra de LCR. Ela subsequentemente desenvolveu meningoencefalite, apresentou duas convulsões tônico-clônicas e recebeu outro medicamento de anticorpo monoclonal, MIL 77, que teve de ser descontinuado. Um análogo de nucleosídeo experimental, GS-5734, que tratou de maneira bem-sucedida primatas não humanos infectados por EBOV, foi utilizado com um esteroide, dexametasona, e ela apresentou melhora lenta, recebendo alta novamente após quase 2 meses.

O sistema nervoso central era o local mais provável de recidiva de EBOV, provavelmente após disseminação viral durante a infecção aguda e a persistência neste local de santuário, imunologicamente privilegiado. A análise da sequência do EBOV mostrou que o vírus não havia mudado desde a infecção inicial.

O monitoramento atento dos sobreviventes de DEV é essencial, junto com a pesquisa continuada e o desenvolvimento de terapias antivirais eficazes.

Modelos de modelagem de nicho ecológico têm sido usados para prever onde se pode esperar encontrar essas infecções por filovírus. Curiosamente, o Ebola foi mapeado em florestas tropicais latifoliadas e áreas úmidas na África Central equatorial e partes da África Ocidental (apesar de Angola não se enquadrar nesse modelo). O Marburg, todavia, foi mapeado em áreas opostas, mais secas e mais abertas, longe do equador. Nesses modelos, morcegos foram considerados os hospedeiros reservatórios potenciais. Subsequentemente, morcegos frugívoros de florestas tropicais foram identificados como o reservatório do vírus Ebola. Os desenvolvimentos de sequenciamentos de nova geração de alto rendimento e ampla escala de dados de sequências e análises de bioinformática permitiram a realização de investigações de cadeias epidemiológicas moleculares da transmissão de EBOV que poderiam auxiliar no controle de surtos (Quadro 29.3).

Quadro 29.3 Lições sobre Microbiologia

Epidemiologia molecular, análises filogenéticas, sequenciamento de alto rendimento e bioinformática revolucionaram a abordagem feita para investigar surtos de infecções, determinando a origem, a evolução e a disseminação.

O sequenciamento dos genomas do vírus Ebola por alto rendimento durante a epidemia de Ebola entre 2013-2016 no Oeste da África permitiu a rápida investigação molecular epidemiológica em tempo real de cadeias de transmissão que resultaram em respostas melhoradas nos surtos.

A análise das sequências dos genomas respondeu às perguntas-chave quanto a se um evento de transmissão entre espécies envolvendo humanos ou se diversos eventos zoonóticos de um reservatório animal amplo de EBOV ocorreu, levando à epidemia. É provável que tenha sido o primeiro caso, pois os genomas de EBOV sequenciados no início da epidemia eram geneticamente semelhantes. As análises do relógio molecular mostraram que todos os surtos registrados de DEV apresentavam um ancestral em comum por volta de 1975, perto do primeiro surto descrito no sul do Sudão e na região do rio Ebola em 1976.

Foram utilizados dados genômicos para auxiliar no controle da infecção e em políticas de saúde pública durante a epidemia. Abordagens filogeográficas foram utilizadas para determinar como o EBOV se disseminou pelas comunidades, permitindo que a intervenção direta fosse usada nos pontos de maior infecção. Análises filogênicas ajudaram a esclarecer eventos individuais de transmissão envolvendo sobreviventes, juntamente com os "superdisseminadores" humanos.

Não há tratamento, opções profiláticas pós-exposição ou opção preventiva como vacina para infecções pelo vírus Marburg.

FEBRE HEMORRÁGICA DA CRIMEIA-CONGO, UM VÍRUS TRANSMITIDO POR CARRAPATOS

A febre hemorrágica da Crimeia-Congo (FHCC), uma febre hemorrágica grave, com choque e coagulação intravascular disseminada, foi descrita clinicamente durante um grande surto na Crimeia, parte da antiga União Soviética, em 1944. O vírus da FHCC da família Bunyaviridae, gênero *Nairovirus*, foi identificado em 1967 e tem uma ampla distribuição geográfica, incluindo a África, a Ásia, a Europa Central e Oriental e o Oriente Médio. Ele é transmitido pela picada de carrapatos ixodídeos (tanto reservatórios quanto vetores), pelo contato com animais infectados ou entre pessoas por meio da exposição a fluidos corporais infectados, incluindo o sangue. Uma série de surtos nosocomiais tem sido relatada ao redor do mundo. Embora tenham sido relatadas taxas de mortalidade de até 80%, tratamento de suporte e o uso de ribavirina mostraram-se eficazes.

FEBRE Q

A *Coxiella burnetii* é a riquétsia que causa a febre Q

A doença febre Q foi inicialmente identificada na Austrália em 1935, mas a causa ficou desconhecida por vários anos, por isso o nome febre Q (*query* – dúvida, em inglês). A riquétsia causadora, *Coxiella burnetii*, difere de outras riquétsias (Cap. 28) pelos seguintes motivos:

- Não é transmitida a humanos por artrópodes.
- É relativamente resistente à dessecação, calor e luz do sol, e portanto é suficientemente estável para ser adquirida a partir de material infectado por inalação.
- Seu principal sítio de ação é o pulmão, em vez do endotélio vascular ou qualquer outro local do organismo, de modo que geralmente não se observa um exantema.

A *C. burnetii* é transmitida aos humanos através da inalação

A *C. burnetti* pode infectar várias espécies de animais selvagens e domésticos. Em vários países (p. ex., nos EUA), a infecção animal é bastante comum, mas ocorrem poucos casos humanos (132 casos registrados nos EUA em 2008). Grandes surtos sazonais de febre Q ocorreram na Holanda entre 2007 e 2009. Fazendas de cabras leiteiras infectadas foram as fontes de infecção. Mais de 3.500 infecções humanas foram notificadas durante aquele período. A parte sul da Holanda foi a mais afetada, com mais de 12% da população constatada com anticorpos de *C. burnetii*. Pessoas que entram em contato com animais infectados, especialmente com suas placentas (p. ex., veterinários, fazendeiros, trabalhadores de abatedouros), estão em risco pela presença de organismos aerossolizados. O leite não pasteurizado, os fluidos e poeira teciduais de animais infectados também podem transmitir a doença.

Após a inalação, o micróbio se multiplica nas vias terminais do pulmão, e, cerca de 3 semanas mais tarde, o paciente desenvolve febre, graves dores de cabeça e, geralmente, sintomas respiratórios e pneumonia atípica. A riquétsia também pode contaminar o fígado, comumente causando hepatite. A recuperação geralmente é completa em 2 semanas, mas a doença pode se tornar crônica. O coração algumas vezes é envolvido (endocardite), com trombocitopenia e púrpura em alguns pacientes, uma condição fatal se não for tratada.

A febre Q é diagnosticada sorologicamente e tratada com antibióticos

A reação em cadeia da polimerase (PCR) pode ser usada para determinar se um paciente tem febre Q; no entanto, a sensibilidade desta abordagem diminui após a primeira semana da doença. A *C. burnetti* não pode ser detectada em hemoculturas e não pode ser isolada por cultura, exceto em laboratórios especializados. Portanto, o diagnóstico sorológico é importante. Uma elevação de quatro vezes ou mais nos títulos de anticorpos fixadores de complementos é significativa. Existem duas formas antigênicas de lipopolissacarídeos (LPS) de riquétsiais conhecidas como fases 1 e 2. Anticorpos aumentados para a fase 2 em comparação à fase 1 são observados na febre Q aguda, enquanto o reverso (títulos mais elevados de anticorpos para a fase 1 do que para a fase 2) é visto na doença crônica. A confirmação sorológica definitiva da febre Q aguda é demonstrada por um aumento de quatro vezes nos títulos de anticorpos medidos por ensaio de imunofluorescência indireta (IFA). O teste de Weil-Felix (Cap. 28) não é usado.

A infecção aguda é tratada com tetraciclinas orais; as infecções crônicas podem necessitar de combinações medicamentosas, como rifampicina e doxiciclina ou trimetoprim-sulfametoxazol. Uma vacina com células mortas está disponível para os grupos de risco. As riquétsias são destruídas quando o leite é pasteurizado.

ANTRAZ

O antraz é causado pelo *Bacillus anthracis* e é uma doença primária de herbívoros

A maioria dos membros do gênero *Bacillus* é de saprófitos inofensivos, presentes no solo, na água, no ar e na vegetação. O *Bacillus cereus* é causa de intoxicação alimentar, mas o *B. anthracis* é o principal patógeno. Ele é um bastonete grande, aeróbio Gram-positivo e não móvel, e é singular por apresentar uma cápsula antifagocítica formada por ácido D-glutâmico. Os esporos formados pelos bacilos sobrevivem durante anos no solo.

O antraz é uma doença de herbívoros, tais como ovinos, caprinos, bovinos e equinos, e os bacilos são excretados nas fezes, urina e saliva. Humanos são relativamente resistentes, com a infecção ocorrendo após o contato direto com animais infectados, ou pelo contato com esporos presentes em produtos animais. Os esporos podem penetrar o corpo através da pele e membranas mucosas ou, menos frequentemente, pelo trato respiratório. Nos países desenvolvidos, nos quais a infecção animal atualmente é rara, a infecção humana é incomum e quando ocorre está relacionada com a exposição a produtos animais importados, como couro, pele, lã, pelo de cabra, cerdas e farinha de osso em fertilizantes. Os esporos também são utilizados no bioterrorismo.

O antraz caracteriza-se por uma escara negra, e a doença pode ser fatal se não for tratada

Os esporos de *B. anthracis* germinam nos tecidos do sítio de entrada. A bactéria então se multiplica e produz a toxina do antraz, que consiste em um antígeno protetor, um fator de edema (uma adenilato ciclase) e um fator letal; todos codificados por plasmídeos. A atividade tóxica requer o antígeno protetor e pelo menos um dos outros dois fatores. As defesas do hospedeiro são inibidas pela cápsula antifagocítica que envolve os bacilos (Cap. 15).

A pele é o sítio comum de entrada. Conforme o material tóxico se acumula, há o desenvolvimento de edema e congestão, e uma pápula se desenvolve em 12-36h. A pápula sofre ulceração, cujo centro se torna negro e necrótico, formando uma escara ou "pústula maligna" (apesar de não haver pus), que é indolor e geralmente circundada por um anel de vesículas (Fig. 29.4). Os bacilos disseminam-se pelos vasos linfáticos e, em aproximadamente 10% dos casos, atingem o sangue para causar sepse. A multiplicação contínua dos bacilos e a produção de toxina causam efeitos tóxicos generalizados, edema e morte.

Quando os esporos são inalados e entram nos macrófagos alveolares, o crescimento bacteriano nos pulmões leva a edema pulmonar e hemorragia mediastinal, com disseminação para o sangue e morte subsequente. O antraz pulmonar atualmente é muito raro na maioria dos países desenvolvidos, nos quais era denominado como a "doença dos catadores de lã".

O antraz é diagnosticado por meio da cultura e tratado com ciprofloxacina

Amostras das lesões cutâneas demonstram os bacilos Gram-positivos, mas o diagnóstico pode ser confirmado e o organismo distinguido dos bacilos não patogênicos pela cultura em ágar sangue ou teste de PCR. Anticorpos para as toxinas indicam a presença do bacilo.

O antraz cutâneo é tratado de maneira bem-sucedida pela ciprofloxacina. O antraz cutâneo é fatal em 20% dos casos quando não é tratado. O antraz sistêmico é tratado com uma terapia antimicrobiana de combinação mais antitoxina.

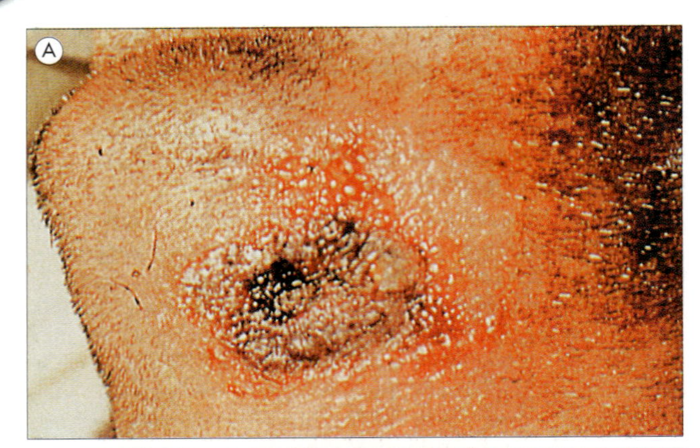

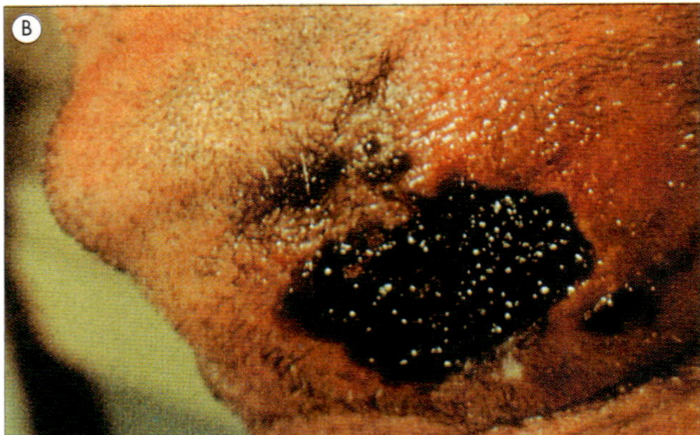

Figura 29.4 Antraz. (A) Escara negra característica, circundada por um anel vesiculoso. (B) Cerca de 8 dias mais tarde, a escara aumentou de tamanho, cobrindo a área previamente vesicular, e o edema circundante diminuiu. (Cortesia de F.J. Nye.)

O antraz, como uma infecção natural, agora está confinado aos países em desenvolvimento. Vacinas estão disponíveis. O bioterrorismo é uma ameaça importante.

A doença está essencialmente confinada a países em desenvolvimento (partes da Ásia, da África, do Oriente Médio).

Os animais podem ser protegidos pela vacinação com bactérias vivas não virulentas. Os animais infectados são isolados, sacrificados e enterrados ou cremados sem autópsia. Uma vacina que consiste no antígeno protetor purificado está disponível para humanos em alto risco. A infecção humana é reduzida com rígida e controlada desinfecção de produtos animais importados, como couro, pelo e lã.

O antraz é uma das três bactérias categorizadas pelo CDC como ameaças de bioterrorismo de alta prioridade. Esporos enviados por correspondência infectaram 22 pessoas nos EUA em 2001 e isto gerou um interesse renovado no controle pós-exposição antimicrobiano (p. ex., fluoroquinolona ou doxiciclina).

PESTE

A peste é causada pela *Yersinia pestis*, que infecta roedores e é transmitida destes aos humanos por pulgas

A *Yersinia pestis* é um bacilo pequeno Gram-negativo envolvido por uma cápsula antifagocítica associada à virulência. Os reservatórios silvestres são roedores, como ratos, esquilos, gerbilos e ratos-do-campo, nos quais a infecção geralmente é branda, sendo que a bactéria é transmitida entre os animais e para os humanos através de pulgas (Fig. 29.5). As infecções de ratos urbanos têm sido as fontes mais importantes de peste em humanos, e a doença já foi capaz de dizimar populações e influenciou o curso da história. No século XIV, cerca de 25% da população da Europa morreu nas epidemias de peste (Quadro 29.4). No início do século XX, a doença chegou à América do Norte e atualmente é endêmica em roedores selvagens do oeste dos EUA. A peste em humanos atualmente é muito rara na Europa e incomum nos EUA.

A pulga do rato (*Xenopsylla cheopis*) transmite a infecção entre os ratos e dos ratos para os humanos. A *Y. pestis* causa a coagulação sanguínea no intestino da pulga, multiplica-se profusamente e, eventualmente, bloqueia o lúmen intestinal, de modo que a pulga regurgita material infectado quando tenta se alimentar. Conforme os ratos infectados adoecem, as pulgas deixam estes ratos e podem picar humanos, transmitindo a peste "bubônica". Esta doença geralmente não é transmitida entre humanos. Entretanto, quando existe uma extensa multiplicação das bactérias nos pulmões, com broncopneumonia e grandes números de bactérias no escarro, a infecção pode se disseminar de pessoa a pessoa através de gotículas, causando uma peste "pneumônica", com início extremamente rápido.

A infecção de roedores é endêmica na Índia, no sudeste da Ásia, no centro e no sul da África, na América do Sul, no México e nos estados do oeste dos Estados Unidos. A peste esporádica continua a ocorrer nessas partes do mundo, por exemplo, durante um período de 8 semanas em 2010, no qual 31 casos de peste foram relatados no Peru, levando a três mortes em uma província contendo importantes portos de exportação. Em 2009, um surto de peste em uma área agrícola do noroeste da China resultou em três mortes.

As características clínicas da peste incluem bubões, pneumonia e um elevado índice de mortalidade

As bactérias infectantes multiplicam-se no sítio de entrada na pele e disseminam-se através dos vasos linfáticos para os linfonodos locais e regionais. Elas produzem diversos fatores de virulência, incluindo um antígeno capsular antifagocítico (fração 1, codificado por plasmídeo), endotoxina e várias outras toxinas proteicas. Os linfonodos da axila ou da virilha ficam bastante sensíveis e se dilatam formando "bubões", com inflamação hemorrágica de 2-6 dias após a picada da pulga. O paciente desenvolve febre. Nas formas brandas, a infecção é contida neste estágio, mas a disseminação para o sangue é frequente, com sepse, doença hemorrágica e envolvimento multissistêmico (baço, fígado, pulmões, SNC).

As complicações mais comuns são coagulação intravascular disseminada, pneumonia e meningite. O índice de mortalidade é de aproximadamente 50% na peste bubônica não tratada e de quase 100% na peste pneumônica. Com a recuperação, o paciente desenvolve uma sólida imunidade, e as bactérias são eliminadas do organismo.

A peste é diagnosticada microscopicamente e tratada com antibióticos

Os organismos podem ser identificados no líquido aspirado de linfonodos ou do escarro na peste pneumônica e corados com Giemsa, Gram ou anticorpo fluorescente (o corante é bipolar); e também podem ser cultivados. A estreptomicina é o tratamento padrão; doxiciclina ou ciprofloxacina também é usada.

A peste pode ser prevenida com as seguintes medidas:

- classicamente, por medidas de quarentena em portos e navios;

Figura 29.5 Epidemiologia da peste.

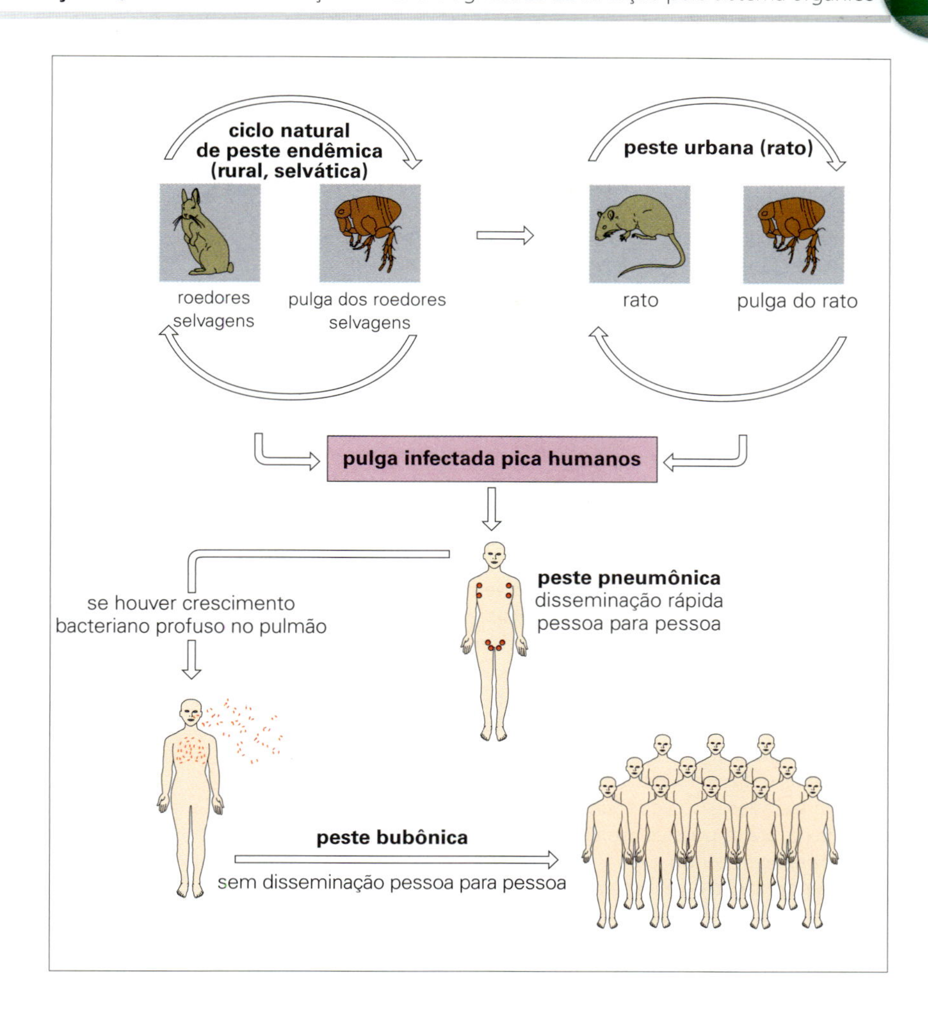

- pelo controle de roedores, especialmente ratos no local de entrada de navios e aviões com destino a países livres da peste;
- pelo completo isolamento de pacientes com peste;
- pela quimioprofilaxia (doxiciclina) durante uma epidemia ou visita a uma área afetada;
- pela vacinação de militares e certos trabalhadores em áreas endêmicas.

Uma formulação de vacina mais antiga consistindo em bactérias mortas em formalina foi substituída por esforços no sentido de desenvolver uma formulação mais eficaz (recombinante).

INFECÇÃO POR *YERSINIA ENTEROCOLITICA*

A *Yersinia enterocolitica* é causa de doença diarreica (Cap. 23) e é mencionada neste capítulo porque possui um reservatório em roedores, coelhos, suínos e outros animais da pecuária.

TULAREMIA

A tularemia é causada pela *Francisella tularensis* e é disseminada por artrópodes a partir de animais infectados

A tularemia é causada pelo pequeno bacilo Gram-negativo *Francisella tularensis*, inicialmente isolada de roedores no condado de Tulare, na Califórnia, em 1912, sendo descrita como capaz de provocar doenças em humanos por Edward Francis. O microrganismo está presente em roedores e em uma ampla variedade de animais selvagens em vários países do hemisfério norte, incluindo EUA (especialmente Arkansas e Missouri), Rússia, Escandinávia e Espanha. Pode ocorrer em água contaminada. A variedade encontrada na América do Norte causa uma doença mais grave do que a encontrada na Europa e na Ásia. No animal infectado, o microrganismo causa uma doença parecida com a peste e é transmitido por carrapatos, ácaros, piolhos e mosquitos. Nos carrapatos *Dermacentor*, a bactéria é transmitida verticalmente pelo carrapato fêmea, infectando seus descendentes através dos ovos. A infecção humana é esporádica, e os meios normais de infecção são o contato com a carcaça de um animal infectado (p. ex., retirada do pelo de coelhos, lebres e ratos almiscarados) ou a picada de um vetor artrópode. Não existe transmissão interpessoal.

As características clínicas da tularemia incluem linfonodos edemaciados e dolorosos

A *F. tularensis* parasita o sistema reticuloendotelial e vive intracelularmente em macrófagos, inibindo a fusão do fagossoma ao lisossoma. Ela se dissemina no sítio de entrada, auxiliada por sua cápsula antifagocítica, e depois de 3-5 dias forma uma úlcera na pele. Observa-se uma doença febril, e a disseminação para os vasos linfáticos resulta em linfonodos regionais edemaciados e dolorosos. A invasão sanguínea e o envolvimento dos pulmões, trato gastrointestinal e fígado não são raros, com a formação de nódulos granulomatosos ao redor de células reticuloendoteliais infectadas. Pode haver um exantema. A mortalidade nos pacientes não tratados é de 5%-15%. A conjuntiva ou a mucosa oral podem ser infectadas por dedos contaminados, resultando em manifestações orais ou oculares. A infecção pela inalação é menos comum e gera uma doença febril com sintomas respiratórios.

Quadro 29.4 Lições sobre Microbiologia

A Peste Negra na Inglaterra do século XIV

Por milhares de anos, a *Yersinia pestis* era endêmica em roedores do Extremo Oriente, com ocasionais epidemias na Europa ou em outros locais do mundo. Em janeiro de 1348, três embarcações carregadas com especiarias do Oriente trouxeram a peste para o porto de Gênova, Itália. A doença, por razões não esclarecidas, tornou-se conhecida como "A Peste Negra" e logo se disseminou para o resto da Europa, chegando a Londres em dezembro de 1348. Para a mentalidade medieval, a velocidade e a violência com as quais a doença passava de pessoa para pessoa (na forma pneumônica no inverno) eram suas características mais assustadoras. A forma bubônica também era importante, especialmente nos meses mais quentes de verão, havendo pelo menos uma família de ratos-pretos por domicílio e três pulgas por rato.

A doença na época foi atribuída a terremotos, ao movimento dos planetas, a uma conspiração de judeus ou de árabes (350 massacres de judeus ocorreram durante a Peste Negra na Europa) e, mais comumente, a uma punição divina à perversidade humana. As pessoas podiam infectar-se mesmo sem ocorrer contato com uma vítima da peste, e para muitos parecia haver algo — um miasma ou um veneno — no ar. Os médicos utilizavam estranhas máscaras, e as casas infectadas eram lacradas e isoladas, juntamente com seus habitantes. Todavia, era impossível isolar todos os doentes e, assim, ricos e pobres pereceram.

A população da Inglaterra era de aproximadamente 4 milhões de habitantes, e durante o período de 2,5 anos cerca de 35% (mais de um milhão) morreram. O clero, por motivos desconhecidos, sofreu uma mortalidade ainda maior, de quase 50%. Em toda a Europa, pelo menos 25 milhões de pessoas morreram. A Peste Negra foi uma grande catástrofe humana, com efeitos duradouros na economia e estrutura social. Houve outros cinco surtos menos graves na Inglaterra durante o século XIV. A epidemia em 1665, o ano anterior ao Grande Incêndio de Londres, foi graficamente descrita por Daniel Defoe (com apenas 5 anos de idade na época) em seu *Journal of a Plague Year in London*. A última pandemia ocorreu na China e atingiu Hong Kong em 1894, onde Yersin e (independentemente) Kitasato descreveram o bacilo causador.

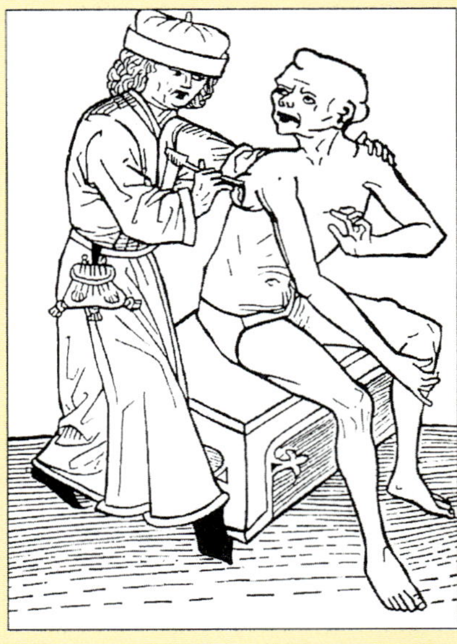

Figura 29.6 Imagem alemã do século XV demonstrando a incisão de uma bouba. (Cortesia da Organização Mundial de Saúde.)

A tularemia é diagnosticada clínica e sorologicamente. A estreptomicina é a droga de escolha, embora outros antimicrobianos tenham sido usados (doxiciclina e gentamicina).

Os tecidos infectados podem ser testados com anticorpos fluorescentes, mas o isolamento da bactéria geralmente não é realizado por causa do alto risco de infecção laboratorial. Os testes de detecção de anticorpos são utilizados com maior frequência no diagnóstico.

A estreptomicina é um tratamento eficaz. Uma vacina bacteriana atenuada viva está disponível para pessoas com riscos ocupacionais (p. ex., caçadores de peles), mas apresenta problemas de toxicidade e proteção incompleta, o que levou a esforços para o desenvolvimento de uma preparação mais eficaz. A manipulação de animais com luvas, particularmente quando se retiram o pelo ou as vísceras, gera proteção, e o contato com carrapatos deve ser evitado.

INFECÇÃO POR *PASTEURELLA MULTOCIDA*

A *Pasteurella multocida* faz parte da microbiota normal de cães e gatos e é transmitida aos humanos pela mordida ou arranhadura de um animal

A *Pasteurella multocida* é um bacilo Gram-negativo encapsulado, encontrado em todas as regiões do mundo. Existem diversos tipos capsulares. Ela faz parte da microbiota oral de cães, gatos e outros animais domésticos e selvagens, nos quais também pode causar pneumonia e sepse. Ela é transmitida aos humanos por mordidas (especialmente mordidas de gatos) ou arranhaduras de animais.

A infecção pela *P. multocida* causa celulite e é diagnosticada pela microscopia, sendo tratada com amoxicilina/clavulanato

A multiplicação local da bactéria leva à celulite e à linfadenite em 1 ou 2 dias; outros tipos de bactérias, incluindo anaeróbios, geralmente estão presentes na lesão. A infecção pode se tornar sistêmica em pacientes com sistema imune comprometido. Os fatores de virulência incluem a endotoxina e a cápsula.

A *P. multocida* pode ser cultivada e identificada no material da ferida.

A amoxicilina/clavulanato é um tratamento eficaz e também tem sido utilizada na profilaxia depois de mordidas de cães ou gatos. Os ferimentos devem ser limpos e desbridados.

LEPTOSPIROSE

A leptospirose é causada pela espiroqueta *Leptospira interrogans*, que infecta alguns mamíferos, como os ratos

As leptospiras são espiroquetas firmemente espiraladas com 5-15 µm de comprimento. Estas bactérias apresentam um movimento rotacional ativo e possuem dois flagelos, que se originam em cada extremidade, mas estão localizados dentro da célula,

Tabela 29.2 Doenças causadas pelos três sorogrupos principais do complexo *Leptospira interrogans*

Sorogrupos leptospiróticos	Hospedeiro animal	Distribuição geográfica	Características clínicas
Canícola	Cão	Mundial	A doença semelhante à influenza ("febre canícola", "febre dos 7 dias") é a mais comum; pode progredir para meningite asséptica, danos hepáticos e renais (doença de Weil)
Icterohaemorrhagiae	Rato	Mundial	
Hebdomadis	Camundongos, ratos-do-mato, ratos, gado	Japão, Europa	

Existem 19 sorogrupos diferentes deste organismo, outros sorogrupos incluindo Seroja (suínos) e Pomona (suínos e bovinos nos EUA e Europa). Entre os sorogrupos, existem 172 sorotipos diferentes.

como na *Borrelia*. Seus delicados perfis são mais bem observados na microscopia de campo escuro porque não são corados de forma eficiente pelos corantes. Existem muitas espécies, cada qual com vários sorotipos. O complexo *biflexa* é de vida livre, a *interrogans* é patogênica. As extremidades da *L. interrogans* curvam-se no formato de um ponto de interrogação, por isso seu nome. Esta espécie infecta vários mamíferos domésticos e selvagens em diversas partes do mundo (Tabela 29.2), sendo os cães e ratos as fontes mais importantes de infecção. Os animais infectados desenvolvem infecção renal crônica, com excreção de grande número de bactérias na urina. As espiroquetas morrem por ressecamento, calor ou detergentes e desinfetantes, mas permanecem viáveis por várias semanas na água alcalina ou solo úmido. Os humanos são infectados pela ingestão ou exposição à água ou a alimentos contaminados. As bactérias, auxiliadas por sua motilidade, penetram através de abrasões na pele ou mucosa, de modo que a infecção pode ser adquirida quando o indivíduo nada, trabalha ou brinca em água contaminada. Portanto, mineradores, fazendeiros, pessoas que trabalham na rede de esgotos e entusiastas dos esportes aquáticos apresentam um risco elevado. Existem aproximadamente 50 casos por ano na Inglaterra e no País de Gales, e cerca de 100 casos por ano são registrados nos EUA. As bactérias são excretadas na urina humana, mas a transmissão interpessoal é rara. A imunidade é sorotipo-específica.

As características clínicas da leptospirose incluem insuficiências renal e hepática

As bactérias podem atingir o sangue e, depois de um período de incubação de 1 a 2 semanas, causam uma doença febril semelhante à influenza. Em aproximadamente 90% dos casos, a doença não evolui, mas sua multiplicação pode causar:

- hepatite, icterícia e hemorragia no fígado;
- uremia e bacteriúria nos rins;
- meningite asséptica e hemorragia conjuntival ou esclerótica no líquido cefalorraquidiano (LCR) e no humor aquoso (Fig. 29.7).

Os principais sinais clínicos resultam do dano ao endotélio dos vasos sanguíneos, com o quadro clínico dependendo em certo grau do tipo particular de leptospira envolvido. A doença de Weil, a forma grave com complicações hemorrágicas e insuficiência renal e hepática, ocorre somente em 5%-10% dos pacientes com leptospirose.

A leptospirose é diagnosticada principalmente por testes sorológicos e é tratada com antibióticos

Geralmente existe um histórico de exposição. As bactérias podem ser isoladas a partir do sangue, LCR e urina, podendo ser demonstrada uma elevação em anticorpos sorotipo-específicos nos testes de aglutinação.

A penicilina e a doxiciclina são valiosas para o tratamento quando administradas 1 dia ou 2 após o início dos sintomas, e a doxiciclina irá prevenir a doença nos indivíduos expostos à infecção.

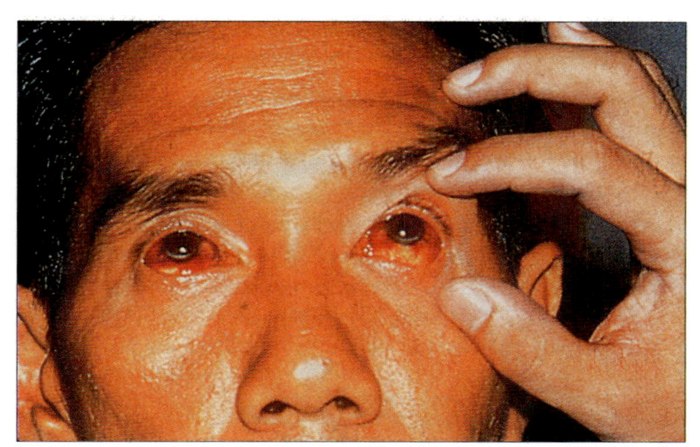

Figura 29.7 Hemorragia conjuntival em paciente ictérico com leptospirose. (Cortesia de D. Lewis.)

As medidas de prevenção incluem:

- controle de roedores;
- roupas de proteção;
- penicilina profilática após cortes e abrasões nas pessoas em risco.

FEBRE DA MORDEDURA DO RATO

A febre da mordedura do rato é causada por uma bactéria transmitida aos humanos pela mordida de um roedor

Esta condição rara, mas que ocorre em todo o mundo, é causada por uma das duas espécies: *Spirillum minus*, uma bactéria Gram-negativa espiralada (febre espiralar), ou *Streptobacillus moniliformis*, um bacilo filamentoso Gram-negativo (febre estreptobacilar). Estas bactérias são encontradas na microbiota da orofaringe de 50% dos ratos selvagens e de ratos de laboratório saudáveis, e também em outros roedores. A transmissão aos humanos ocorre através de mordeduras.

As características clínicas da febre da mordedura do rato incluem endocardite e pneumonia

Após um período de incubação de 7-10 dias, observa-se uma manifestação de febre, dores de cabeça e mialgia. As bactérias multiplicam-se no local da mordedura e, no caso da *S. moniliformis*, causam uma lesão local inflamada. A disseminação da infecção para os linfonodos e para o sangue leva a linfadenopatia, exantema e artralgia. A febre pode ser recorrente se não for tratada.

As complicações incluem endocardite e pneumonia, sendo observada uma mortalidade de até 10% nos pacientes não tratados.

A febre da mordedura do rato é diagnosticada pela microscopia ou cultura e é tratada com antibióticos

A *S. moniliformis* pode ser cultivada a partir do sítio da ferida, linfonodos ou sangue, mas a *Spirillum minus* não pode ser cultivada e deve ser demonstrada nos tecidos pela microscopia em campo escuro.

Penicilina e estreptomicina são tratamentos eficazes.

As medidas de prevenção incluem:

- controle de roedores;
- prevenção contra a mordedura de ratos em técnicos de laboratórios.

BRUCELOSE

A brucelose ocorre mundialmente e é causada pelas espécies de *Brucella*

As brucellas são pequenos cocobacilos Gram-negativos imóveis e adaptados para a multiplicação intracelular. Quatro "espécies" causam a doença em humanos: a *Brucella abortus, B. melitensis, B. suis, B. canis,* porém, com base na homologia do DNA, todas são variantes da *B. melitensis*. As três primeiras compartilham antígenos A e M comuns (a *B. abortus* principalmente A, e a *B. melitensis* principalmente M); a *B. canis* é distinta.

As brucelas são primariamente patógenos animais, que infectam humanos após o contato com animais infectados ou seus produtos (Fig. 29.8):

- A *B. abortus* infecta rebanhos bovinos em todo o mundo, mas já foi erradicada em diversos países desenvolvidos. Esta bactéria causa uma doença branda em humanos.
- A *B. melitensis* infecta caprinos e ovinos, sendo comum na ilha de Malta e em outros países mediterrânicos, México e América do Sul. Esta bactéria causa uma doença mais grave em humanos.
- A *B. suis* infecta suínos nos EUA, América do Sul e Sudeste Asiático. Esta bactéria causa uma doença grave com lesões destrutivas em humanos.
- A *B. canis* infecta cães, sendo uma causa rara de doença branda em humanos.
- Em bovinos e caprinos, a brucela se localiza na placenta, causando um aborto contagioso, e também nas glândulas mamárias, onde as bactérias são liberadas por longo período no leite. Estas bactérias estão presentes nas secreções uterinas, na urina e nas fezes.

A brucelose humana (febre ondulante, febre de Malta) ocorre quando a bactéria penetra o organismo através de abrasões na pele, do trato alimentar ou, mais comumente, através do trato respiratório. Portanto, a infecção é mais comum em fazendeiros, veterinários e trabalhadores de abatedouros. O leite de vaca não pasteurizado (Reino Unido, EUA), o leite ou o queijo de cabra (países mediterrânicos) são fontes menos frequentes de infecção. Não existe transmissão interpessoal. A infecção é comum em todo o mundo, mas a incidência é baixa no mundo desenvolvido.

As características clínicas da brucelose são mediadas pela resposta imune e incluem febre ondulante e cronicidade

A bactéria infectante migra do sítio de penetração para os linfonodos locais e regionais, ducto torácico e para a corrente sanguínea (fase septicêmica). As células reticuloendoteliais são infectadas (fígado, baço, medula óssea e tecidos linfoides) e neste ambiente as bactérias podem sobreviver por longos períodos. O resultado é uma reação inflamatória (granulomatosa) com células epitelioides e gigantes, necrose central e fibrose periférica.

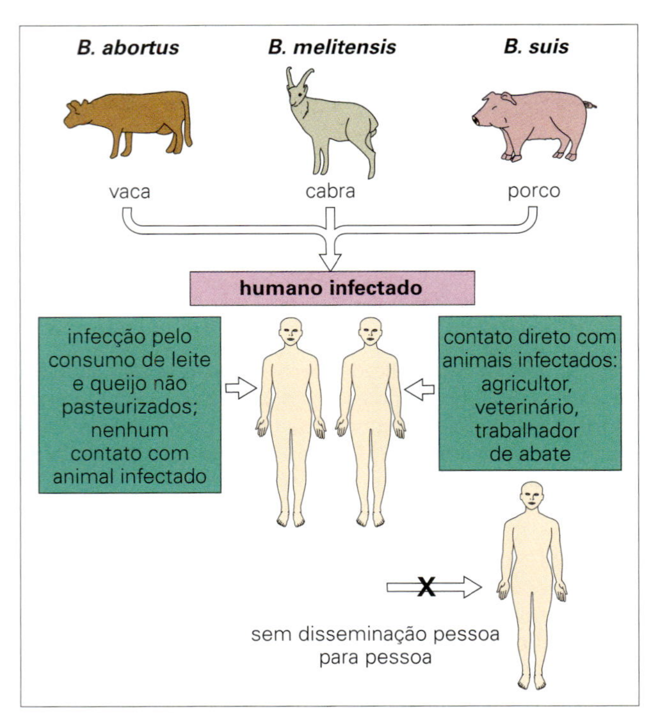

Figura 29.8 Transmissão da brucelose. A infecção humana acompanha o contato com animais infectados ou o consumo de produtos de animais infectados.

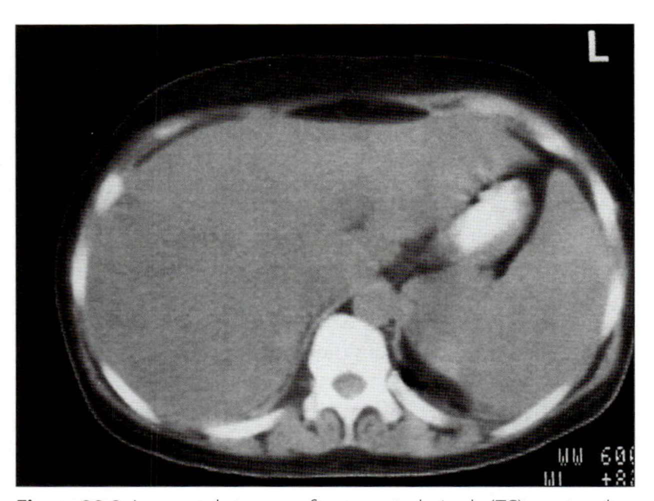

Figura 29.9 Imagem de tomografia computadorizada (TC) mostrando hepatoesplenomegalia em caso de infecção por *Brucella melitensis*. (Cortesia de H. Tubbs.)

Na maioria das vezes, a infecção é subclínica. Os sintomas da brucelose aguda começam após um período de incubação de 2-6 semanas, com manifestação gradual de mal-estar, febre, sudorese intensa, dores e fraqueza. Elevação e queda de temperatura (febre ondulante) são observadas em uma minoria dos pacientes. A dilatação de linfonodos e do baço pode ser detectada, podendo ocorrer hepatite (Fig. 29.9). As lesões da medula óssea podem progredir para osteomielite; colecistite, endocardite e meningite são observadas ocasionalmente. O aborto pode ocorrer em vacas, cabras e porcas infectadas, mas não em humanos, que não possuem o composto de açúcar chamado eritritol, que estimula o crescimento bacteriano na placenta.

O paciente geralmente se recupera após algumas semanas ou meses, porém um estágio crônico (doença de mais de

1 ano) pode desenvolver-se com cansaço, dores, ansiedade, depressão e febre ocasional. Recorrências e remissões podem ocorrer. As brucelas não podem ser isoladas neste estágio, e a brucelose crônica geralmente tem diagnóstico difícil. Os títulos de aglutininas geralmente são elevados, mas os anticorpos são menos relevantes do que a imunidade mediada por células para este parasito intracelular.

A brucelose é diagnosticada por cultura e testes sorológicos e tratada com antibióticos

As brucelas podem ser isoladas, em alguns casos, em hemoculturas (ou em culturas da medula óssea ou linfonodos), e a urinocultura pode ser bem-sucedida. O isolamento dessas bactérias em cultura pode levar até 4 semanas. Os anticorpos IgM estão presentes na brucelose aguda, e IgG e IgA, na brucelose crônica. Uma titulação crescente sugere infecção em curso.

A brucelose normalmente é suscetível à tetraciclina e à estreptomicina; cotrimoxazol também é utilizado. Por causa da localização intracelular da bactéria, a brucelose é normalmente tratada com terapia combinada (p. ex., doxiciclina mais estreptomicina) por, no mínimo, 6 semanas.

As brucelas são destruídas pela pasteurização do leite. Nos Estados Unidos e no Reino Unido, a brucelose diminuiu gradualmente (cerca de 100 casos por ano são registrados atualmente nos EUA) após programas de erradicação e controle. Roupas e óculos de proteção podem ser utilizados pelas pessoas que entram em contato próximo com animais infectados (fazendeiros, veterinários, trabalhadores de abatedouros). Não existe uma vacina satisfatória para uso em humanos. Na realidade, veterinários podem desenvolver a doença quando são infectados acidentalmente com a vacina animal RB51 preparada com microrganismos vivos.

INFECÇÕES POR HELMINTOS

Poucas doenças helmínticas são doenças multissistêmicas verdadeiras

É uma decisão um tanto arbitrária incluir uma determinada infecção helmíntica em um capítulo sobre infecções zoonóticas multissistêmicas. Muitos dos vermes parasitos que podem ser adquiridos a partir de animais apresentam estágios que invadem vários sistemas corporais. Outros se localizam primariamente em um determinado órgão, mas causam alterações patológicas que podem ter efeitos disseminados. Por outro lado, apesar de os estágios de certos vermes poderem estar amplamente distribuídos pelo corpo, seus efeitos patológicos estão associados a maior frequência a um órgão em particular.

Por exemplo:

- As larvas do cestódeo suíno *Taenia solium*, que causa a doença cisticercose, desenvolvem-se em vários tecidos, incluindo o músculo. Entretanto, a patologia mais séria é causada pelas larvas encontradas no SNC. Por este motivo, esta infecção é discutida no Capítulo 25.
- Após a infecção com ovos do nematódeo canino *Toxocara canis*, as larvas migram por todo o corpo, causando larva migrans visceral ou larva migrans ocular. Novamente, os efeitos mais sérios estão associados a larvas no SNC (Cap. 25) e nos olhos (Cap. 26).

Entretanto, três helmintos podem ser considerados genuinamente multissistêmicos em seus efeitos. Estes são:

- o cestódeo *Echinococcus granulosus;*
- o nematódeo *Trichinella spiralis;*
- o nematódeo *Strongyloides stercoralis.*

Equinococose

Os *Echinococcus* adultos são pequenos cestódeos no intestino delgado de cães ou raposas, e suas larvas causam doença hidática em humanos. Eles causam dois tipos importantes de equinococose, ambos resultando em significativa morbidade humana.

Echinococcus granulosus (equinococose cística; doença hidática cística)

Os adultos desta espécie vivem como diminutos cestódeos (3-5 mm de comprimento) no intestino de cães. Os ovos depositados pelo verme são eliminados nas fezes, sobrevivendo no ambiente por longos períodos. Se forem deglutidos (por ovelhas ou acidentalmente por humanos), os ovos liberarão as larvas, que penetram na mucosa do intestino delgado para entrar em um vaso sanguíneo. As larvas, então, alojam-se nos tecidos, mais comumente no fígado, com o pulmão sendo o segundo local mais comum, mas qualquer órgão pode ser potencialmente afetado. Elas crescem lentamente, formando grandes cistos hidáticos, de parede espessa, repletos de líquidos. Os sintomas e sinais resultantes, em grande parte, são causados pela pressão mecânica exercida pelos cistos (Fig. 29.10), mas os pacientes também podem apresentar febre devido a vazamento do cisto ou à infecção bacteriana secundária.

A doença do cisto hidático é diagnosticada por ultrassonografia, TC ou RM e testes sorológicos auxiliam o diagnóstico, contudo a sensibilidade e especificidade da sorologia são variáveis. Encontrar ganchos e protoescólices no líquido aspirado do cisto fornece confirmação, mas cistos hidáticos suspeitos no pulmão nunca devem ser aspirados. O tratamento deve estar em conformidade com a classificação de ultrassonografia para diagnóstico da equinococose cística (EC) da OMS (Bibliografia). Dependendo do tipo de cisto, a terapia é realizada com albendazol, mais praziquantel em alguns casos, com ou sem PAIR (**P**unção, **A**spiração, **I**njeção e **R**easpiração) ou cirurgia aberta. Cistos mortos não requerem tratamento. Deve-se tomar um cuidado especial durante a aspiração ou remoção cirúrgica para que não haja escape de líquido dos cistos. Este escape pode desencadear não apenas respostas anafiláticas em indivíduos sensibilizados, mas também as inúmeras larvas presentes no líquido (produzidas por reprodução assexuada) podem causar recorrência local ou infecção metastática em outros sítios.

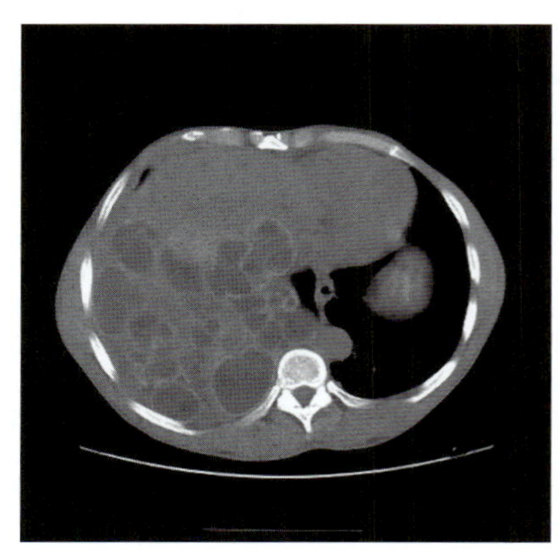

Figura 29.10 TC mostrando doença hidática cística extensa do fígado. (Cortesia de P. Chiodini.)

Echinococcus multilocularis (equinococose alveolar; doença hidática alveolar)

O *Echinococcus multilocularis* resulta na formação de uma lesão multilocular, consistindo em centenas de pequenas vesículas. O parasito geralmente ocorre em um ciclo roedores-raposa na China, no norte da Europa, na Sibéria e em regiões da América do Norte, com infecções humanas ocorrendo pela ingestão de ovos disseminados pela contaminação por fezes de raposas. Sua patogênese e suas características clínicas são significativamente diferentes daquelas das equinococoses císticas, e a aparência macroscópica da equinococose alveolar é similar àquela de um carcinoma hepático. Quase todos os casos ocorrem no fígado, onde o parasito leva à icterícia obstrutiva e à perda de peso. A metástase para os pulmões e cérebro pode ocorrer. O tratamento da doença hepática é realizado com excisão radical mais albendazol. Casos inoperáveis requerem terapia com albendazol por toda a vida. O transplante de fígado é, às vezes, necessário.

Trichinella

A *Trichinella spiralis* é transmitida na carne suína malcozida e causa a triquinose

O gênero *Trichinella* consiste em oito espécies diferentes e o gênero é capaz de infectar praticamente qualquer animal de sangue quente. Seu ciclo natural envolve predadores (p. ex., ursos, focas) e suas presas ou os animais carniceiros e carniças, mas existe um ciclo doméstico que se estabeleceu em suínos e ratos.

Os humanos são infectados pela ingestão de carne malcozida (suínos, cavalos ou animais selvagens de caça) infectada com estágios larvais encistados. Estas larvas amadurecem rapidamente no intestino delgado, invadindo a mucosa e causando enterite aguda.

As características clínicas da triquinose são, em sua maioria, de origem imunopatológica

As fêmeas liberam larvas vivas na mucosa, que invadem os vasos sanguíneos e se distribuem por todo o corpo. As larvas tentam invadir as células de vários órgãos (incluindo o coração e o SNC), apesar de somente amadurecer em células da musculatura estriada, onde formam cistos característicos (Fig. 29.11). A gravidade depende do número de larvas originalmente ingerido pelo paciente e há um amplo espectro de sinais patológicos, incluindo febre, dores articulares e musculares, eosinofilia, edema periorbital, miosite, hemorragia petequial; encefalite e miocardite também podem ocorrer. Estes sinais são causados principalmente por hipersensibilidade e respostas inflamatórias.

A triquinose é diagnosticada pela microscopia e sorologicamente, e é tratada com anti-helmínticos e anti-inflamatórios

O diagnóstico da triquinose é feito com biópsias musculares e demonstração do anticorpo específico pelo método ELISA ou IFAT. É necessário utilizar métodos moleculares para identificar as espécies. O tratamento é feito com benzimidazóis, que matam os vermes adultos e, assim, evitam a liberação de mais larvas. Os benzimidazóis não matam as larvas encistadas nos músculos, portanto eles precisam ser administrados o mais cedo possível durante a infecção. A terapia corticosteroide sistêmica é administrada em casos moderados a graves e agentes anti-inflamatórios não esteroidais são administrados em casos leves.

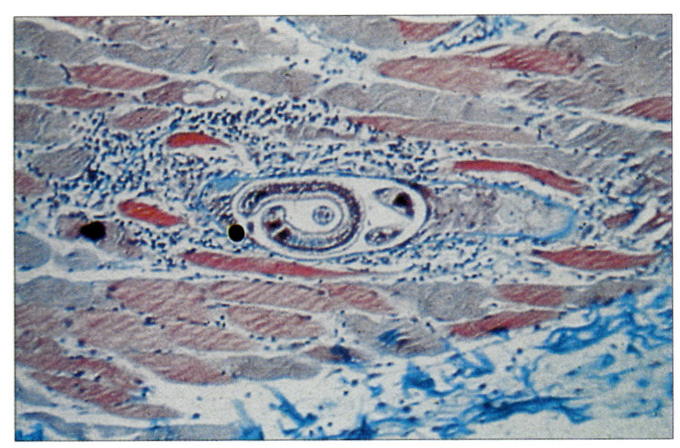

Figura 29.11 Reação inflamatória ao redor de uma célula enfermeira contendo uma larva espiralada de *Trichinella spiralis*. Coloração de tricromo. (Cortesia de I.G. Kagan.)

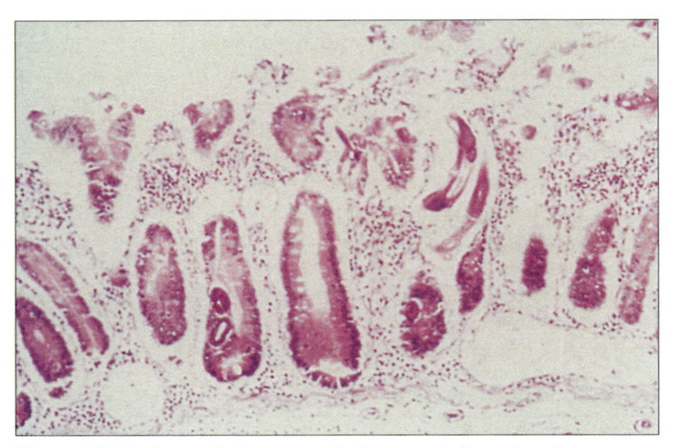

Figura 29.12 *Strongyloides stercoralis*. Formas adultas e larvais na mucosa do intestino delgado, mostrando a ruptura da superfície vilosa.

Estrongiloides

As infecções por *Strongyloides* geralmente são transmitidas entre humanos, mas podem se desenvolver em hospedeiros animais, incluindo cães

A infecção por *Strongyloides* é adquirida pela penetração das larvas infectantes através da pele. As larvas migram para os pulmões, penetram nos alvéolos, passam pelos brônquios e traqueia, sendo então deglutidas. Somente as fêmeas se desenvolvem no hospedeiro humano. Elas se reproduzem partenogeneticamente, depositando fileiras de ovos na mucosa intestinal (Fig. 29.12). Os ovos eclodem no intestino para liberar as larvas que são eliminadas nas fezes, necessitando de solo úmido em temperatura amena para se tornarem infecciosas. A distribuição geográfica da estrongiloidíase é semelhante à da ancilostomíase (áreas tropicais e nos estados rurais do sul dos EUA).

As infecções em geral são transmitidas entre humanos, mas duas espécies também podem se desenvolver em hospedeiros animais, incluindo cães (*S. stercoralis*) e primatas africanos (*S. fuelleborni*). Os estágios larvais fecais podem desenvolver-se diretamente para o estágio infeccioso enquanto ainda no intestino e penetrar na mucosa ou na pele perianal para reinfectar o hospedeiro — o processo da autoinfecção.

As infecções por *Strongyloides* quase sempre são assintomáticas, mas podem causar doença disseminada em pacientes com estados de imunodeficiência ou desnutrição

Muitos indivíduos infectados são assintomáticos, embora dor abdominal, vômitos ou diarreia possam ocorrer. No entanto, na imunodeficiência devida à corticoterapia, imunossupressão por transplante, malignidade avançada, infecção por vírus linfotrópico humano de células T (HTLV) e desnutrição, a autoinfecção pode levar à hiperinfecção ou estrongiloidíase disseminada, à invasão de larvas em quase todos os órgãos, e causar patologia grave e, às vezes, fatal. Os pacientes infectados podem apresentar vômitos, dor abdominal, diarreia com má absorção e desidratação, íleo paralítico e pneumonite. A eosinofilia está geralmente ausente na hiperinfecção por *Strongyloides*. A estrongiloidíase disseminada pode surgir muito tempo depois da infecção inicial. Já está estabelecido que as infecções podem persistir por muitos anos (> 30), sendo mantidas por uma autoinfecção de baixo nível, e então podem disseminar-se, uma vez que as defesas imunes dos pacientes se reduzem. Os testes para o anticorpo HTLV-1 devem ser aconselhados nessas situações, já que há uma correlação entre *Strongyloides* e a infecção por HTLV-1. Além disso, qualquer paciente para o qual seja planejada imunossupressão deve ser questionado quanto ao seu local de residência e seu histórico de viagens. Caso tenham sido potencialmente expostos a *Strongyloides*, eles devem ser analisados quanto à sua presença, preferencialmente antes do início da terapia de imunossupressão.

A infecção por *Strongyloides* é diagnosticada por microscopia e cultura de *Strongyloides* nas fezes para detectar larvas. Elas costumam ser escassas em infecções assintomáticas, mas são prontamente observadas em hiperinfecções, pois a carga parasitária é muito alta sob essas condições. A PCR do material fecal é utilizada em alguns centros, mas ainda não é utilizada de maneira ampla. A sorologia para anticorpo IgG para *Strongyloides* é útil em migrantes de áreas endêmicas, mas é menos sensível em viajantes. Ela pode ser negativa na hiperinfestação.

O tratamento da infecção por *Strongyloides* é feito com ivermectina. O tiabendazol também é eficaz, mas muito menos bem tolerado pelos pacientes. Albendazol é inferior a ambos.

PRINCIPAIS CONCEITOS

- As infecções multissistêmicas descritas neste capítulo são zoonoses, sendo naturalmente um reservatório vertebrado não humano.
- Os humanos são infectados de maneira incidental, geralmente por meio de roedores (arenavírus, hantavírus, peste, tularemia, leptospirose), morcegos (filovírus, vírus da raiva) ou animais domésticos (brucelose, leptospirose, triquinose).
- Geralmente não existe transmissão interpessoal, com exceção da peste e do vírus Ebola.
- A natureza e a extensão do contato humano-animal são fatores determinantes.
- Algumas dessas infecções são altamente virulentas.
- Quando o hospedeiro reservatório é comum em comunidades humanas (p. ex., peste), epidemias da doença se tornam grandes fatos históricos.
- A maioria dessas infecções nos dias de hoje é menos frequente nos países desenvolvidos (p. ex., antraz, brucelose, doença hidática), mas permanece sendo causa frequente de doenças em outras partes do mundo e, portanto, pode se apresentar em migrantes dessas regiões.
- O antraz é visto como uma importante ameaça bioterrorista.
- Existem agentes antimicrobianos satisfatórios para a maioria das infecções não virais, mas, na maioria das vezes, vacinas eficientes não estão disponíveis.
- A epidemia do vírus Ebola entre 2013 e 2016 demonstrou o potencial de transmissão em todo o mundo e como o planejamento e o preparo são essenciais para a prevenção, controle e manejo de infecções.

Febre de origem indeterminada

Introdução

Febre é um aumento anormal da temperatura corporal e pode ser contínua ou intermitente

Os mecanismos homeostáticos do corpo mantêm uma temperatura corporal constante com flutuações diárias (ritmo circadiano de temperatura), não excedendo ± 1–1,5 °C. Embora 37 °C (98,6 °F) seja visto como uma temperatura "normal", há variação na temperatura corporal de um indivíduo para outro; em alguns, ela pode ser de 36 °C, já em outros, pode ser de 38 °C. A febre é definida como um aumento anormal na temperatura corporal — temperatura oral superior a 37,6 °C (100,4 °F) ou uma temperatura retal superior a 38 °C (101 °F) — e pode ser contínua ou intermitente:

- Na febre contínua, a temperatura corporal mantém-se elevada durante todo o dia (24 horas) e varia menos de 1 °C; isto é uma característica, por exemplo, do tifo e da febre tifoide.
- Numa febre intermitente, a temperatura fica acima do normal durante um período de 24 horas, mas varia em mais de 1 °C durante esse tempo. Uma febre intermitente é típica de infecções piogênicas, abscessos e tuberculose.

A febre pode ser produzida como resposta a:

- pirogênios exógenos tais como endotoxinas das paredes celulares de microrganismos Gram-negativos;
- pirogênios endógenos tais como a interleucina 1 (IL-1) liberada por células fagocitárias.
  Acredita-se que a febre pode ser uma resposta protetora do hospedeiro (Fig. 30.1).

DEFINIÇÕES DE FEBRE DE ORIGEM INDETERMINADA

A febre é uma queixa comum de pacientes que consultam um médico. Sua causa é, usualmente, de imediato reconhecimento ou será descoberta em poucos dias, ou a temperatura normaliza-se espontaneamente. Contudo, se a febre do paciente for > 38,3 °C (101 °F), em várias ocasiões, assim continuando por mais de três semanas, a despeito de uma semana de avaliação intensa, um diagnóstico provisório de "febre de origem indeterminada" (FOI) é estabelecido com base na definição clássica de FOI. No entanto, o maior conhecimento sobre as causas de FOI e um número cada vez maior de pacientes com doenças subjacentes graves mantidos vivos com êxito pela medicina moderna levou a uma categorização mais detalhada da FOI no que diz respeito a grupos de risco específicos de pacientes (Tabela 30.1).

CAUSAS DE FOI

A causa mais comum de FOI é a infecção

Há séculos, a febre tem sido reconhecida como um sinal característico de infecção e, historicamente, ela tem sido a causa mais comum de FOI, especialmente em crianças. Contudo, existem importantes causas não infecciosas de febre, sendo as mais notáveis:

- malignidades;
- colagenoses vasculares.

Essas causas não infecciosas devem ser diferenciadas de infecções durante a investigação do paciente com FOI. A despeito de investigações intensas e prolongadas, as causas da febre podem permanecer sem diagnóstico em um número significativo de pacientes. Contudo, na ausência de significativa perda de peso ou de indicação de doença subjacente grave, a evolução, mesmo que potencialmente lenta, costuma ser positiva. A incidência relatada de diferentes etiologias de FOI tem variado com o tempo devido, em parte, à demografia dos pacientes e aos avanços nos diagnósticos médicos. Deve-se também levar em consideração que pacientes podem apresentar febre factícia (produzida artificialmente pelo próprio paciente, como acontece, por exemplo, na síndrome de Münchausen).

Causas infecciosas da FOI clássica

As causas infecciosas mais comuns de FOI clássica são mostradas na Tabela 30.2. Estas podem ser divididas em dois grupos principais:

- infecções tais como tuberculose e febre tifoide, causadas por patógenos específicos;
- infecções tais como infecções biliares e abscessos, que podem ser causados por uma variedade de diferentes patógenos.

A maioria dessas infecções é descrita detalhadamente em outros capítulos deste livro. A endocardite bacteriana, que foi associada por muito tempo com a FOI mas que agora é diagnosticada de forma mais fácil, será discutida a seguir.

Infecção significativa pode estar presente na ausência de febre em alguns grupos de pacientes, notadamente:

- recém-nascidos gravemente doentes
- idosos
- pacientes com uremia
- pacientes em uso de corticoides
- pacientes em uso contínuo de antipiréticos.

Nessas pessoas, outros sinais e sintomas de infecção devem ser investigados. Este capítulo trata apenas de pacientes cuja queixa única é febre.

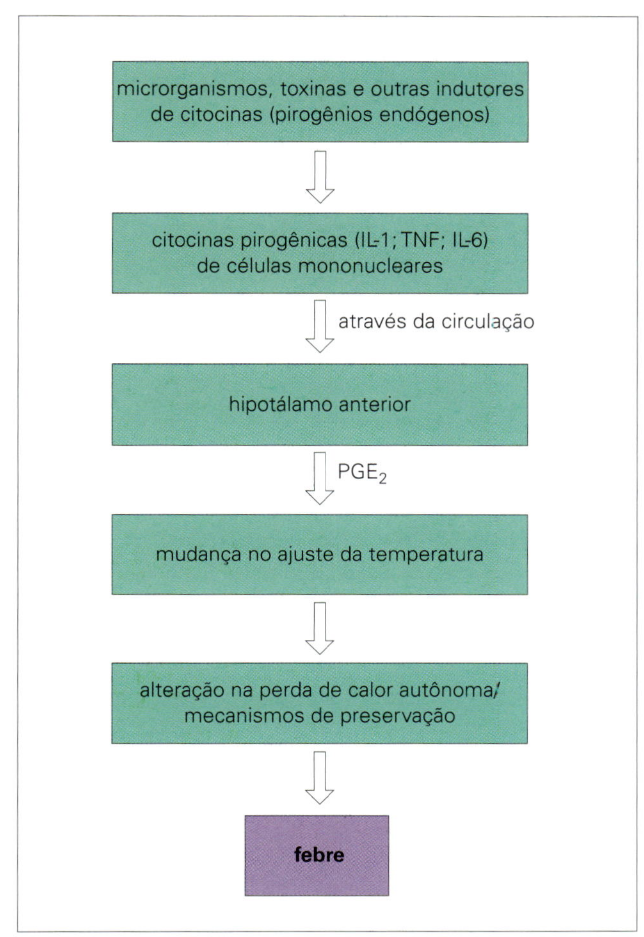

Figura 30.1 Mecanismos da febre. A febre pode ser induzida seja por pirogênios exógenos, tais como patógenos ou suas toxinas, ou por pirogênios endógenos liberados pelo hospedeiro, podendo exercer um efeito protetor. IL, interleucina; PG, prostaglandina; TNF, fator de necrose tumoral.

INVESTIGAÇÃO DA FOI CLÁSSICA

Etapas no processo de investigação

Por causa das muitas possíveis causas infecciosas e não infecciosas da FOI, evidentemente não é prático tentar de início realizar investigações específicas para cada uma delas. Entretanto, as orientações para a avaliação diagnóstica mínima necessária para categorizar um caso apresentado como FOI permaneceram consistentes ao longo dos anos, um exemplo das quais é exibido no Quadro 30.1. Ademais, a via diagnóstica pode ser dividida em uma série de estágios, cada qual tentando enfocar a investigação nas causas prováveis (p. ex., infecciosas) (Tabela 30.2).

O estágio 1 compreende a tomada cuidadosa do histórico, o exame físico e os testes de triagem

A cuidadosa tomada do histórico do paciente é essencial e deve incluir questões sobre viagens, profissão, passatempos, exposição a animais e a riscos conhecidos de infecções, terapia antibiótica nos dois meses anteriores, uso de drogas e outros hábitos. Algumas das infecções listadas na Tabela 30.2 são zoonoses (p. ex., leptospirose, febres maculosas), enquanto outras são transmitidas por vetores (p. ex., malária, tripanossomíase) e/ou apresentam distribuição geográfica limitada (p. ex., histoplasmose), por isso a importância de um histórico de viagens.

Diante do histórico e do diagnóstico diferencial, um exame físico completo do paciente com FOI é essencial, particularmente:

- pele, olhos, linfonodos e abdômen devem ser examinados;
- o coração deve ser auscultado.

É importante, também, confirmar se o paciente tem realmente febre. Em algumas séries estudadas, cerca de 25% dos pacientes que se apresentaram com queixa de FOI não tinham febre alguma, mas um ritmo circadiano de temperatura naturalmente exagerado. A possibilidade de uma febre facciosa também deve ser considerada.

Investigações rotineiras tais como radiografia do tórax e exames de sangue devem ser feitas neste estágio.

Tabela 30.1 Definições de febre de origem indeterminada (FOI)

Definição	Sintomas	Diagnóstico
FOI clássica	Febre (> 38,3 °C) em várias ocasiões e com mais de 3 semanas de duração	Incerto apesar das investigações apropriadas após pelo menos três consultas ambulatoriais ou 3 dias de internação, incluindo pelo menos 2 dias de incubação de culturas microbiológicas
FOI nosocomial (associada a serviço de saúde)	Febre (> 38,3 °C) em várias ocasiões em um ambiente de cuidados de saúde; infecção não presente ou incubada na admissão hospitalar	Incerto após 3 dias apesar das investigações apropriadas, incluindo pelo menos 2 dias de incubação de culturas microbiológicas
FOI neutropênica	Febre (> 38,3 °C) em várias ocasiões; contagem de neutrófilos < 500/mm^3 no sangue periférico, ou é esperado que esta fique abaixo desse número dentro de 1 a 2 dias	Incerto após 3 dias apesar das investigações apropriadas, incluindo pelo menos 2 dias de incubação de culturas microbiológicas
FOI associada ao HIV	Febre (>38,3 °C) em várias ocasiões; febre com mais de 4 semanas de duração em paciente ambulatorial ou com mais de 3 dias de duração internado; sorologia positiva para HIV confirmada	Incerto após 3 dias apesar das investigações apropriadas, incluindo pelo menos 2 dias de incubação de culturas microbiológicas

A definição clássica de FOI requer que a febre tenha duração igual ou maior que 3 semanas, mas infecções em pacientes imunocomprometidos, não raro, progridem mais rapidamente, por causa das defesas inadequadas do hospedeiro. Consequentemente, o ritmo das investigações precisa ser rápido quando se pretende iniciar uma terapia apropriada.

Tabela 30.2 Causas infecciosas associadas à febre de origem indeterminada (FOI)

Infecção	Causa usual
Bacteriana	
Tuberculose	*Mycobacterium tuberculosis*
Febres entéricas	*Salmonella typhi*
Osteomielítica	*Staphylococcus aureus* (também *Haemophilus influenzae* em crianças pequenas, *Salmonella* em pacientes com doença de células falciformes)
Endocardite	Estreptococos orais, *S. aureus*, estafilococos coagulase-negativos
Brucelose	*Brucella abortus*, *B. melitensis* e *B. suis*
Abscessos (esp. intra-abdominal)	Anaeróbios mistos e anaeróbios facultativos da microbiota intestinal
Infecções do sistema biliar	Anaeróbios facultativos Gram-negativos, p. ex., *E. coli*
Infecções do trato urinário	Anaeróbios facultativos Gram-negativos, p. ex., *E. coli*
Doença de Lyme	*Borrelia burgdorferi*
Febre recorrente	*Borrelia recurrentis*
Leptospirose	*Leptospira interrogans* sorovar *icterohaemorrhagiae*
Febre da mordedura do rato	*Streptobacillus moniliformis*, *Spirillum minus*
Tifo	*Rickettsia prowazekii*
Febre maculosa	*Rickettsia rickettsii*, *R. conorii*
Psitacose	*Chlamydophila psittaci*
Febre Q	*Coxiella burnetii*
Parasítica	
Malária	*Plasmodium* spp.
Tripanossomíase	*Trypanosoma brucei gambiense*
Abscessos amebianos	*Entamoeba histolytica*
Toxoplasmose	*Toxoplasma gondii*
Fúngica	
Candidíase	*Candida albicans*
Criptococose	*Cryptococcus neoformans*
Histoplasmose	*Histoplasma capsulatum*
Viral	
AIDS	HIV
Mononucleose infecciosa	Vírus Epstein–Barr, citomegalovírus
Hepatite	Vírus da hepatite

Um amplo espectro de infecções pode apresentar-se como FOI. Algumas, como a brucelose, são zoonoses e muitas são transmitidas por vetores. Nestes casos, o paciente deve ter sido exposto para contrair tais infecções. Por exemplo, há aproximadamente 2.000 casos de malária/ano no Reino Unido e nos EUA, mas a maioria esmagadora foi contraída fora do país. Um histórico de viagens é, portanto, muito importante.

O estágio 2 envolve a revisão do histórico, a repetição do exame físico, os testes diagnósticos específicos e as investigações não invasivas

Uma revisão do histórico do paciente, particularmente depois de uma discussão do caso com colegas e talvez até realizada por um segundo médico, é valiosa para verificar omissões, tais como a exposição a fatores de risco particulares no passado recente ou distante. O exame físico também deve ser repetido porque erupções cutâneas e outros sinais de infecção podem ser transitórios.

Pistas para o diagnóstico, levantadas pela cuidadosa tomada do histórico, devem direcionar as investigações específicas. Como a causa mais comum de febre inexplicada é infecção, a coleta e o exame cuidadoso de amostras apropriadas são essenciais. Testes cutâneos podem, também, ser adequados neste estágio. As amostras mais importantes incluem:

- sangue para cultura;
- sangue para exame de anticorpos. Uma amostra de soro coletada quando o paciente se apresenta à consulta também deve ser estocada para comparação com amostras posteriores, a fim de detectar o aumento de títulos de anticorpos, mesmo que o paciente já esteja infectado há algumas semanas. Os testes sorológicos ajudam particularmente no diagnóstico de infecções por citomegalovírus (CMV) e vírus de Epstein-Barr (VEB), toxoplasmose, psitacose e riquetsioses. Resultados positivos para a sorologia da

Quadro 30.1 Exemplo de Avaliação Diagnóstica Mínima Necessária para Categorizar um Caso como Febre de Origem Indeterminada Clássica

- Histórico abrangente (incluindo histórico de viagens, risco de doenças venéreas, passatempos, contato com animais de estimação e aves etc.)
- Exame físico abrangente (incluindo artérias temporais, exame digital retal etc.)
- Exames de sangue de rotina (hemograma completo, incluindo contagem diferencial, VHS ou PCR, eletrólitos, testes renais e hepáticos, creatinofosfoquinase e lactato desidrogenase)
- Urinálise microscópica
- Culturas de sangue, urina (e outros compartimentos normalmente estéreis se clinicamente indicados, p. ex., articulações, pleura, líquido cefalorraquidiano)
- Radiografia torácica
- Ultrassonografia abdominal (incluindo pélvica)
- Anticorpos citoplasmáticos antinuclear e antineutrofílico, fator reumatoide
- Teste cutâneo de tuberculina
- Testes sorológicos direcionados por dados epidemiológicos locais
- Avaliação adicional direcionada por anormalidades detectadas pelo teste supracitado, p. ex., anticorpos para HIV, dependendo do histórico detalhado
- Sorologia para CMV-IgM e VEB em caso de contagem diferencial de leucócitos anormal
- TC helicoidal abdominal ou torácica
- Ecocardiografia em caso de sopro cardíaco

CMV, citomegalovírus; PCR, proteína C reativa; TC, tomografia computadorizada; VEB, vírus Epstein–Barr; VHS, velocidade de hemossedimentação; Ig, imunoglobulina. (Adaptado de Knockaeert, D.C.; Vanderschuern, S.; Blockmans, D. (2003). Fever of unknown origin in adults: 40 years on. Do *Department of General Internal Medicine*, Gasthuisberg University Hospital, Leuven, Bélgica. J Intern Med 253:263–275.)

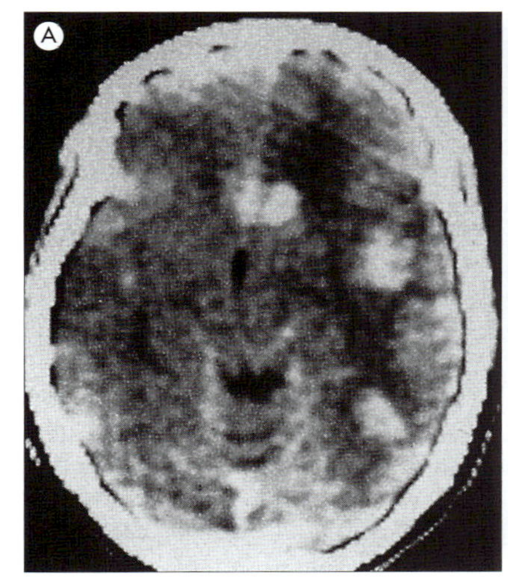

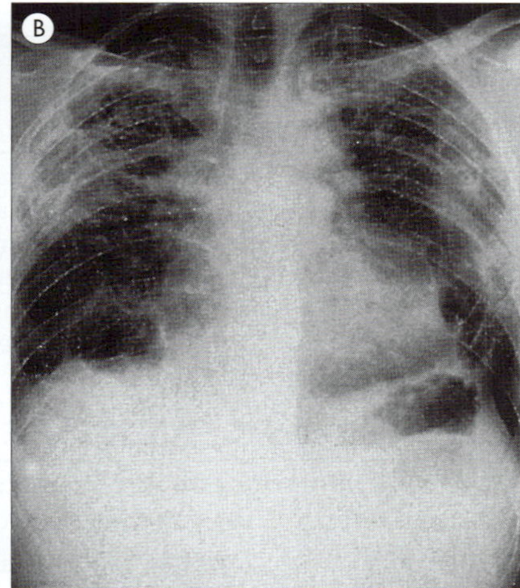

Figura 30.2 A varredura por tomografia computadorizada (TC) ajuda na demonstração de abscessos. O paciente em (A) apresenta um tuberculoma cerebral, mas a aparência nos cortes de TC não é suficientemente característica para distingui-lo de um abscesso piogênico ou de um meningioma. A radiografia do tórax em (B) mostra um paciente com sarcoidose. O diagnóstico diferencial entre causas infecciosas e não infecciosas de granulomas é importante e pode ser difícil nos estágios iniciais da investigação. ([A] Cortesia de J. Ambrose. [B] Cortesia de M. Turner-Warwick.)

sífilis devem ser vistos com cautela porque outras infecções podem causar resultados falso-positivos (Cap. 22);

- exame direto do sangue para diagnosticar malária, tripanossomíase e febre recorrente.

Amostragem repetida de sangue, urina e outros fluidos corporais pode ser necessária, e o laboratório deve ser alertado para procurar por organismos incomuns e fastidiosos (p. ex., variantes nutricionais de estreptococos como causa de endocardite; ver a seguir). Se possível, culturas seriadas devem ser coletadas antes de ser iniciada a terapia antimicrobiana.

Os avanços nas técnicas de diagnóstico por imagens fornecem ao médico um vasto número de métodos investigativos não invasivos (p. ex., ultrassom, tomografia computadorizada [TC], ressonância nuclear magnética [RNM] etc.). Alguns procedimentos radiológicos, tais como radiografias do tórax, são rotineiros nas pesquisas diagnósticas em pacientes com FOI (Fig. 30.2), enquanto outros procedimentos, tais como escanografias com gálio ou tecnécio, podem ser considerados, dependendo dos possíveis diagnósticos (Tabela 30.3).

O estágio 3 compreende os testes invasivos

Biópsias de fígado e de medula óssea devem sempre ser consideradas na investigação de casos clássicos de FOI, mas outros tecidos, tais como pele, linfonodos e rins, podem também fornecer amostras. Não é desejável ou é mesmo impossível repetir biópsias, portanto, é importante organizar os exames laboratoriais do material colhido, de modo cuidadoso, para maximizar as informações obtidas.

O estágio 4 envolve as tentativas terapêuticas

Tentativas terapêuticas com corticosteroides (p. ex., dexametasona, prednisona) ou com inibidores das prostaglandinas (p. ex., aspirina, indometacina) poderão ser indicadas se uma causa não infecciosa tiver sido primeiramente eliminada. Há

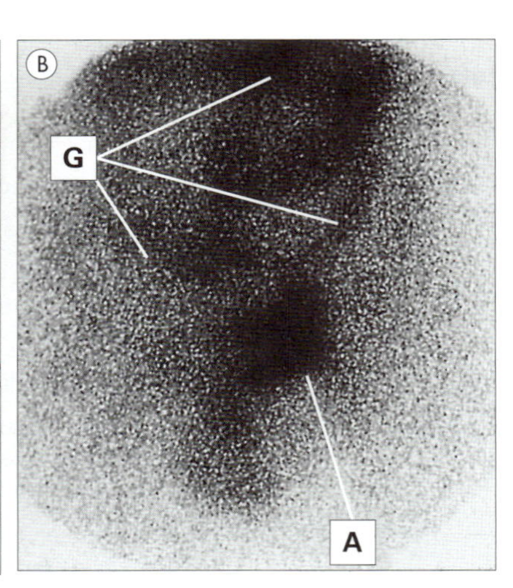

Figura 30.3 O gálio concentra-se em muitos tecidos inflamatórios e neoplásicos e constitui uma técnica não invasiva útil de investigação de um paciente com febre de origem indeterminada. (A) Linfadenopatia retroperitoneal da doença de Hodgkin, esclarecida por uma TC com gálio. (B) Abscesso intra-abdominal mostrado por TC com gálio. A, abscesso; G, gálio presente no cólon. ([A] Cortesia de H Tubbs. [B] Cortesia de W.E. Farrar.)

poucas indicações para a terapia antimicrobiana empírica ou para quimioterapia citotóxica no tratamento da FOI clássica. Contudo, uma tentativa com drogas antituberculosas pode ser defendida em pacientes com histórico de tuberculose na ausência de evidências microbiológicas. A infecção pode progredir muito rapidamente em pessoas neutropênicas ou que tenham AIDS, casos em que a terapia "cega" é justificada (ver adiante).

TRATAMENTO DA FOI

A investigação e o tratamento do paciente com FOI requerem persistência, estar bem informado e ter a mente aberta para alcançar o diagnóstico correto. Como a variedade de causas infecciosas para a FOI é enorme, o diagnóstico correto é um prelúdio essencial para a escolha do tratamento adequado. Assim que a causa for identificada, a terapia específica, se disponível, deverá ser iniciada.

FOI EM GRUPOS ESPECÍFICOS DE PACIENTES

A principal diferença entre a FOI nestes grupos e a FOI clássica é o tempo de evolução

Como mencionado, um número crescente de indivíduos sobrevive a graves doenças subjacentes que os predispõem a infecções ou recebe tratamento com drogas citotóxicas que comprometem suas defesas contra infecções. Estes grupos de pacientes serão discutidos com mais detalhes no Capítulo 31, mas foram aqui incluídos porque, além da FOI clássica, outras classificações de FOI (Tabela 30.1) são:

- FOI nosocomial
- FOI neutropênica
- FOI associada ao HIV.

Classicamente, uma FOI pode existir por semanas ou meses antes de se alcançar um diagnóstico, enquanto a FOI associada a tratamentos de saúde (nosocomial) e aquela que acompanha pacientes neutropênicos têm um tempo de evolução (curso) menor, de horas ou dias. As causas infecciosas mais comuns de FOI nestes grupos são mostradas na Tabela 30.3.

A investigação deve seguir da maneira especificada anteriormente, mas com ênfase na situação particular do paciente. Nos pacientes hospitalizados, a ênfase vai depender:

- do tipo de procedimento operatório realizado; a febre é uma queixa comum em pacientes que receberam transplantes e pode indicar doença do enxerto contra hospedeiro, e não infecção;
- da presença de corpos estranhos, especialmente dispositivos intravasculares;
- da terapia medicamentosa, já que febres induzidas por drogas constituem uma causa comum de FOI não infecciosa;
- da doença subjacente e do estágio da quimioterapia em pacientes neutropênicos;
- da presença de fatores de risco conhecidos, tais como uso incorreto de drogas intravenosas, viagens e contato com indivíduos infectados com HIV. Embora as principais infecções oportunistas nos pacientes com AIDS estejam bem definidas (Cap. 31), infecções comuns podem apresentar-se de modo atípico, e novas infecções continuam emergindo.

ENDOCARDITE INFECCIOSA

Embora hoje em dia seja mais facilmente diagnosticada do que antigamente, a endocardite infecciosa é uma doença incomum que historicamente se apresentava como FOI e é fatal quando não tratada. A infecção envolve o endocárdio, usualmente incluindo as válvulas cardíacas. Pode ocorrer como doença aguda de rápida evolução ou sob forma subaguda. A maioria desses pacientes apresenta um defeito cardíaco preexistente, congênito ou adquirido (p. ex., resultante de febre reumática), ou uma prótese cardíaca valvular *in situ*. Contudo, o paciente pode desconhecer qualquer defeito antes da infecção.

Quase todos os organismos podem causar endocardite, mas válvulas nativas são usualmente infectadas por estreptococos e estafilococos orais

A infecção de válvulas nativas é mais comumente causada por espécies de estreptococos orais do grupo *viridans* (tais como *Streptococcus sanguinis*, *S. oralis* e *S. mitis*), *Staphylococcus aureus* e estafilococos coagulase-negativos (Tabela 30.4). Indivíduos que utilizam drogas por via venosa incorretamente correm o risco de complicação por infecção, por causa dos microrganismos que injetam em si próprios. Estafilococos coagulase-negativos são causas comuns da endocardite precoce que pode acompanhar uma prótese valvular e são adquiridos, provavelmente, durante a cirurgia. As espécies que provocam infecções tardias — mais de três meses depois

Tabela 30.3 Causas infecciosas representativas de febre de origem indeterminada (FOI) em grupos específicos de pacientes

Categoria de FOI	Infecção	Causa usual
Nosocomial	Relacionada à linha vascular	Estafilococos
	Relacionada a outros dispositivos	Estafilococos, *Candida*
	Relacionada à transfusão	Citomegalovírus
	Colecistite e pancreatite	Bastonetes Gram-negativos
	Pneumonia (relacionada à ventilação assistida)	Bastonetes Gram-negativos, incluindo *Pseudomonas*
	Abscessos pós-operatórios, p. ex., intra-abdominais	Bastonetes Gram-negativos e anaeróbios
	Cirurgia pós-gástrica	Candidíase sistêmica
Neutropênica	Relacionada à linha vascular	Estafilococos
	Infecção oral	*Candida*, vírus herpes simples
	Pneumonia	Bastonetes Gram-negativos, *Candida*, *Aspergillus*, CMV
	Tecido mole, p. ex., abscessos perianais	Aeróbios e anaeróbios mistos
Associada ao HIV	Trato respiratório	Citomegalovírus, *Pneumocystis*, *Mycobacterium tuberculosis*, *M. aviumintracellulare*
	Sistema nervoso central	*Toxoplasma*
	Trato gastrointestinal	*Salmonella*, *Campylobacter*, *Shigella*
	Trato genital ou disseminada	*Treponema pallidum*, *Neisseria gonorrhoeae*

Aqueles que contraem FOI associada a tratamentos com a saúde mais provavelmente estarão infectados com "patógenos associados a serviço de saúde" da sua própria microbiota normal ou do ambiente de cuidados com a saúde. O mesmo raciocínio se aplica aos pacientes neutropênicos se estiverem internados, mas alguns são tratados como pacientes ambulatoriais e podem, portanto, ser expostos a uma ampla gama de patógenos. Indivíduos com AIDS comumente se tornam infectados com patógenos oportunistas, ainda que uma variedade crescente de organismos venha sendo detectada. É importante obter o histórico detalhado do paciente, pois infecções latentes podem florescer à medida que o estado imune do paciente deteriora. CMV, citomegalovírus.

Tabela 30.4 Agentes causais de endocardite em diferentes grupos de pacientes (em geral, por ordem decrescente de importância)

Grupo de pacientes	Principais agentes etiológicos de endocardite infecciosa
Válvula nativa	Estreptococos orais e enterococos *Staphylococcus aureus* Estafilococos coagulase-negativos Bastonetes Gram-negativos (entéricos) Fungos (principalmente *Candida*)
Usuário de drogas intravenosas	*S. aureus* Estreptococos orais e enterococos Bastonetes Gram-negativos (entéricos) Fungos (principalmente *Candida*) Estafilococos coagulase-negativos
Prótese cardíaca valvular (inicial)	Estafilococos coagulase-negativos *S. aureus* Bastonetes Gram-negativos (entéricos) Estreptococos orais e enterococos Fungos (principalmente *Candida*)
Prótese cardíaca valvular (tardia)	Estreptococos orais e enterococos Estafilococos coagulase-negativos *S. aureus* Bastonetes Gram-negativos (entéricos) Fungos (principalmente *Candida*)

Ainda que quase todo microrganismo possa causar endocardite, a maioria dos casos associa-se a um conjunto relativamente reduzido de espécies. A importância relativa dessas espécies varia, dependendo de os pacientes terem válvulas nativas ou prótese valvular.

da cirurgia cardíaca — são mais semelhantes àquelas que causam endocardite em válvulas nativas (Fig. 30.4).

A endocardite é uma infecção endógena adquirida quando organismos que penetram a corrente sanguínea se estabelecem nas válvulas cardíacas. Portanto, qualquer bacteremia pode, potencialmente, causar endocardite. Mais comumente, estreptococos da microbiota oral penetram a corrente sanguínea, por exemplo, durante procedimentos odontológicos, escovação vigorosa ou uso de fio dental, e aderem a válvulas cardíacas lesadas. Acredita-se que vegetações de fibrina rica em plaquetas estejam presentes em válvulas danificadas antes da implantação dos organismos e que a aderência destes esteja provavelmente associada à sua capacidade de produzir dextrano, bem como adesinas e proteínas ligantes de fibronectina. Uma vez aderido à válvula cardíaca, o organismo multiplica-se e atrai mais fibrina e plaquetas que lá se depositam. Nessa situação, esses organismos ficam protegidos das defesas do hospedeiro e as vegetações podem crescer até atingir vários centímetros em tamanho. Provavelmente se trata de um processo muito lento, e correspondentemente o período de tempo entre a bacteremia inicial e o começo dos sintomas situa-se em torno de cinco semanas.

Um paciente com endocardite infecciosa quase sempre apresenta febre e sopro cardíaco

Os sinais e sintomas de endocardite infecciosa são muito variados, mas relacionam-se, essencialmente, a quatro processos evolutivos:

- processo infeccioso na válvula e complicações intracardíacas locais;
- embolização séptica para praticamente qualquer órgão;

- bacteremia, muitas vezes, com focos metastáticos de infecção;
- imunocomplexos circulantes e outros fatores.

O paciente quase sempre apresenta febre e sopro cardíaco e pode, também, queixar-se de sintomas inespecíficos. tais como anorexia, perda de peso, mal-estar, arrepios, náuseas, vômitos e suores noturnos, comuns a muitas causas de FOI listadas na Tabela 30.2. Manifestações periféricas também podem estar evidentes na forma de hemorragias dissidentes e nódulos de Osler (Fig. 30.5). Hematúria microscópica resultante da deposição de imunocomplexos nos rins é característica (Cap. 18).

A hemocultura é o mais importante teste para o diagnóstico de endocardite infecciosa

Investigações microbiológicas e cardiológicas são de importância crítica. Dos testes de laboratório, a hemocultura é o mais importante. Idealmente, três amostras separadas de sangue devem ser coletadas dentro de 24h e antes de iniciar terapia com agentes antimicrobianos. O isolamento do organismo infectante é essencial, de modo que se possa fazer testes de suscetibilidade aos antibióticos e uma terapia ideal seja prescrita. Cepas nutricionalmente variantes de estreptococos orais são conhecidas como causadoras de endocardite infecciosa. Estas podem deixar de crescer na hemocultura, a menos que seja acrescentado piridoxal. Alternativamente, estas variantes podem crescer como colônias satélites em torno de colônias de *Staphylococcus aureus* crescidas em ágar sangue.

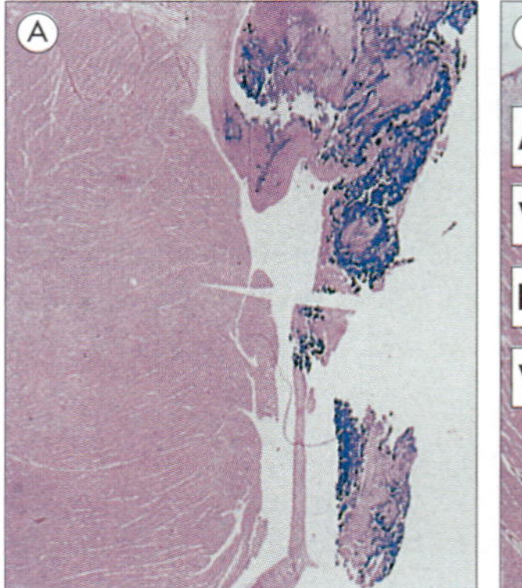

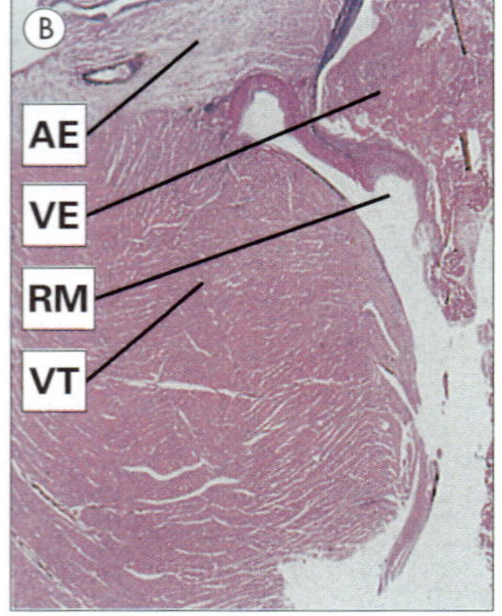

Figura 30.4 Bactérias circulando na corrente sanguínea aderem às válvulas cardíacas, onde se estabelecem. Sua multiplicação associa-se à destruição do tecido valvular e à formação de vegetações que interferem na função normal das válvulas, que podem, então, ter sua função severamente comprometida. Esses cortes histológicos mostram a virtual destruição dos folhetos da válvula mitral por estafilococos. (A) Coloração de Gram. (B) Coloração com Eosina-Van Gieson. AE, átrio esquerdo; VE, ventrículo esquerdo; RM, remanescente da válvula mitral; VT, vegetação trombótica. (Cortesia de R.H. Anderson.)

A mortalidade por endocardite infecciosa é de aproximadamente 20-50%, a despeito do tratamento com antibióticos

No passado, a maioria dos organismos causadores de endocardite infecciosa era suscetível a uma variedade de antimicrobianos. No entanto, a resistência a antibióticos tornou-se um problema crescente (Cap. 34). Mesmo com o tratamento apropriado, a erradicação completa leva semanas para ser alcançada e a recorrência é comum. Isto, provavelmente, deve-se a fatores tais como:

- o acesso aos organismos infectantes, no interior das vegetações, é relativamente difícil, tanto para os antibióticos quanto para as defesas do hospedeiro;
- a alta densidade populacional do organismo e a taxa de multiplicação relativamente lenta.

Antes do advento de antibióticos, a endocardite infecciosa apresentava um índice de mortalidade de 100%. Mesmo hoje em dia, a despeito de quimioterapia antimicrobiana adequada e dependendo das circunstâncias individuais, a mortalidade permanece aproximadamente entre 20 e 50%.

A antibioticoterapia para a endocardite infecciosa depende da suscetibilidade do organismo infectante

Para a endocardite de prótese valvular com estreptococos suscetíveis à penicilina, altas doses de penicilina constituem o tratamento de escolha. Pacientes com histórico confirmado de alergia à penicilina podem ser tratados com ceftriaxona ou vancomicina. Testes para concentração inibitória mínima (CIM) e concentração bactericida mínima (CBM) (Cap. 34) devem ser efetuados para detectar organismos menos suscetíveis ou tolerantes à penicilina (inibição, mas não destruição; p. ex., CBM = 32 × CIM). Organismos menos suscetíveis à penicilina e enterococos, os quais são sempre mais resistentes à penicilina, são tratados com uma combinação de um antibiótico betalactâmico e um aminoglicosídeo. Tal combinação atua sinergicamente contra estreptococos e enterococos (Cap. 34). Entretanto, enterococos resistentes à vancomicina (VRE; normalmente *E. faecium*) representam um desafio terapêutico e requerem medicamentos como linezolida ou daptomicina.

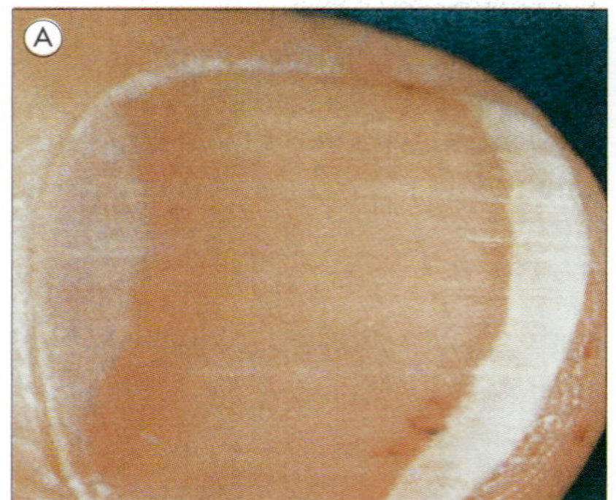

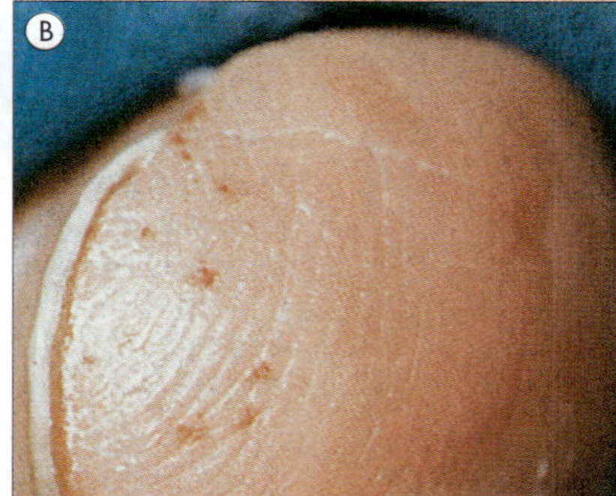

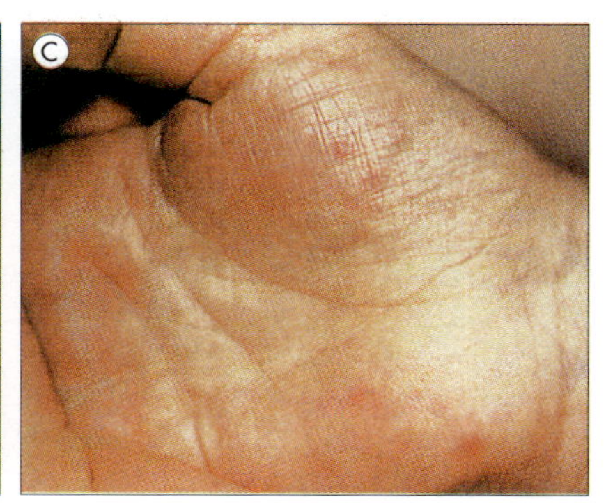

Figura 30.5 Sinais externos de endocardite podem ser úteis na sugestão de diagnóstico. Resultam da resposta do hospedeiro à infecção e apresentam-se na forma de vasculite mediada por imunocomplexos, agregação plaquetária focal e permeabilidade vascular. (A e B, visualizações diferentes). Hemorragias no leito ungueal e lesões petequiais na pele. (C) Nódulos de Osler. Lesões nodulares dolorosas que tendem a afetar as palmas das mãos e as pontas dos dedos. (Cortesia de H. Tubbs.)

A endocardite estafilocócica, particularmente em prótese valvular, quando o organismo pode estar associado a tratamentos de saúde, sendo frequentemente resistente a vários antibióticos, muitas vezes constitui um difícil desafio terapêutico. A incidência cada vez maior de estafilococos resistentes à meticilina requer uma abordagem de combinação (vancomicina mais rifampina e gentamicina). Existe uma série de fontes para esquemas de tratamento detalhados, incluindo a *American Heart Foundation* e a *British Society for Antimicrobial Chemotherapy*.

Pessoas com defeitos cardíacos necessitam de profilaxia antibiótica durante procedimentos invasivos

Pessoas com conhecidos defeitos cardíacos devem receber, profilaticamente, antibióticos para protegê-las durante cirurgia dentária ou quaisquer outros procedimentos invasivos que possam resultar em bacteremia transitória.

A maioria das pessoas com FOI tem uma doença tratável apresentando-se de modo incomum

A investigação clínica precisa ser individualizada, mas este capítulo esboça os estágios essenciais na investigação do paciente e dirige a atenção para as principais causas infecciosas da FOI.

Embora, classicamente, um paciente com FOI apresente um longo histórico de febre (semanas ou meses), outros apresentam, também, febres cujas causas não são imediatamente diagnosticadas pelas investigações laboratoriais de rotina. Definições de FOI também têm sido propostas para estes grupos (nosocomial, neutropênica e associada ao HIV). A lista de patógenos que causam febre nestes pacientes está crescendo.

O objetivo do médico durante a investigação de cada paciente com FOI deve ser o de descobrir a causa (isto é, transformar a FOI em uma febre de origem conhecida), dando início, então, ao tratamento adequado.

PRINCIPAIS CONCEITOS

- Febre é a resposta do corpo a pirógenos endógenos e exógenos. É um sintoma comum e pode ter efeito protetor.
- O termo "febre de origem indeterminada" (FOI) é empregado quando a causa da febre não é evidente, classicamente excedendo três semanas de duração, e não é revelada pelas investigações clínicas e laboratoriais de rotina.
- O aumento do número de pacientes imunocomprometidos ocasionou definições novas de grupos de FOI além das clássicas (nosocomial, neutropênica e associada ao HIV).
- Entre as causas da FOI, a infecção é a mais comum, mas neoplasias e doenças autoimunes são também significativas. As causas da FOI muitas vezes permanecem sem diagnóstico.
- A lista das causas infecciosas é longa; portanto, o primeiro estágio de investigação (ou seja, o histórico do paciente e os resultados de seu exame físico e de testes de triagem) é extremamente importante no direcionamento dos testes diagnósticos subsequentes específicos.
- Ensaios terapêuticos poderão ser indicados se um diagnóstico não tiver sido alcançado. Contudo, essa medida pode confundir os resultados de outros testes diagnósticos.
- O diagnóstico correto é da maior importância para determinar a terapia específica apropriada.
- A endocardite infecciosa é agora um exemplo incomum, porém clássico, de FOI. É usualmente causada por cocos Gram-positivos, cujas espécies dependerão da predisposição subjacente do paciente, e é fatal se não for tratada.

Infecções em indivíduos imunocomprometidos

Introdução

O corpo humano apresenta mecanismos complexos de proteção para prevenir infecções que envolvem o sistema imunológico adaptativo (celular e humoral) e o sistema imunológico de defesa inato (p. ex., pele, membranas mucosas). (Ambos os sistemas foram descritos detalhadamente nos Caps. 10 a 12.) Até o presente momento, concentramo-nos nas infecções comuns e graves que ocorrem em pessoas cujos mecanismos de proteção estão amplamente intactos. Nessas circunstâncias, as interações entre o hospedeiro e o microrganismo são tais que o microrganismo tem de usar todos os seus recursos para sobreviver e invadir o hospedeiro, e o hospedeiro saudável tem capacidade de combater tal infecção. O foco deste capítulo envolve as infecções que ocorrem quando as defesas imunológicas do hospedeiro estão comprometidas, resultando no desequilíbrio em favor do microrganismo nas interações hospedeiro-microrganismo.

O HOSPEDEIRO COMPROMETIDO

Hospedeiros comprometidos são indivíduos que apresentam uma ou mais deficiências nos mecanismos de defesa naturais do seu corpo contra microrganismos invasores. Consequentemente, essas pessoas são muito mais suscetíveis às infecções graves e fatais. A medicina moderna dispõe de métodos eficazes para o tratamento de muitos tipos de cânceres, está progredindo no campo de transplantes de órgãos, além de já ter desenvolvido tecnologias que permitem que um paciente apresentando doença fatal possa ter uma vida mais prolongada e produtiva. Entretanto, uma consequência de tais conquistas é o número crescente de indivíduos imunocomprometidos suscetíveis a infecções. Além disso, infecções virais, incluindo o vírus da imunodeficiência humana (HIV) e o vírus linfotrópico de células T humanas (HTLV), resultam em estado de imunocomprometimento, denominados síndrome da imunodeficiência adquirida (AIDS) (Cap. 22) e leucemia/linfoma de células T em adultos (ATLL, do inglês, *Adult T-cell Leukaemia/Lymphoma*), respectivamente.

O hospedeiro pode ser comprometido de muitas maneiras diferentes

O comprometimento pode apresentar-se de variadas formas, que podem ser distribuídas em dois grupos principais:

- defeitos, acidentais ou intencionais, nos mecanismos inatos de defesa do organismo;
- deficiências na resposta imune adaptativa.

Esses distúrbios no sistema imunológico podem ser ainda subclassificados como "primários" ou "secundários" (Tabela 31.1):

- Imunodeficiência primária pode ser hereditária ou decorrente de exposição intrauterina a fatores ambientais ou de outros mecanismos desconhecidos. É rara e varia em gravidade conforme o tipo de defeito.
- Imunodeficiência secundária ou adquirida é decorrente de uma doença subjacente (Tabela 31.2) ou como resultado de um tratamento de algumas doenças.

Os defeitos primários da imunidade inata incluem defeitos congênitos nas células fagocitárias ou na síntese do sistema complemento

Os defeitos congênitos das células fagocitárias conferem suscetibilidade a infecções, das quais talvez a mais conhecida seja a doença crônica granulomatosa (Fig. 31.1), na qual uma falha herdada impede a síntese do citocromo b-245, o que consequentemente impossibilita a produção de espécies reativas de oxigênio durante a fagocitose. Como resultado, os neutrófilos não podem matar os patógenos invasores.

O papel principal do sistema complemento nos mecanismos inatos de defesa é indiscutível. A incapacidade de gerar a clássica C3 convertase (Cap. 11) em decorrência de defeitos congênitos na síntese de componentes iniciais, particularmente C4 e C2, está associada a uma elevada frequência de infecções extracelulares.

Defeitos secundários das defesas inatas incluem o rompimento das barreiras mecânicas do corpo humano

Diversos fatores podem romper as barreiras mecânicas inespecíficas contra as infecções. Por exemplo, queimaduras, lesões traumáticas e grandes cirurgias podem levar à destruição da continuidade da pele e à redução da vascularização dos tecidos próximos à superfície corporal, criando, assim, uma área relativamente sem defesa contra a colonização e invasão por patógenos. Na saúde, as barreiras mucosas dos tratos respiratório e alimentar são vitais na prevenção das infecções. Lesões provocadas, por exemplo, por procedimentos como endoscopia, cirurgia ou radioterapia fornecem acesso fácil para agentes infecciosos. Dispositivos tais como cateteres intravasculares e urinários ou procedimentos como punção lombar ou aspiração de medula óssea permitem que microrganismos ultrapassem as defesas naturais e penetrem nos tecidos estéreis. Corpos estranhos, tais como próteses (p. ex., articulações dos quadris ou válvulas cardíacas) e *shunts* de líquido cefalorraquidiano (LCR), alteram as respostas inespecíficas locais e fornecem superfícies que os patógenos podem colonizar mais rapidamente do que as superfícies naturais equivalentes.

Tabela 31.1 Fatores que tornam um hospedeiro imunocomprometido

Fatores que afetam o sistema inato	
Primários	Deficiências de complementos, deficiências de células fagocíticas
Secundários	Queimaduras, traumatismos, cirurgias maiores, cateterização, corpos estranhos (p. ex., desvios, próteses), obstrução
Fatores que afetam o sistema adaptativo	
Primários	Defeitos de células T, deficiências de células B, imunodeficiência combinada grave
Secundários	Desnutrição, doenças infecciosas, neoplasias, irradiação, quimioterapia, esplenectomia

Tabela 31.2 Infecções que causam imunossupressão

Virais	Bacterianas
Sarampo	*Mycobacterium tuberculosis*
Caxumba	*Mycobacterium leprae*
Rubéola congênita Vírus Epstein-Barr Citomegalovírus HIV-1, HIV-2 HTLV-1	*Brucella* spp.

HIV, vírus da imunodeficiência humana; HTLV, vírus linfotrópico de células T humanas.

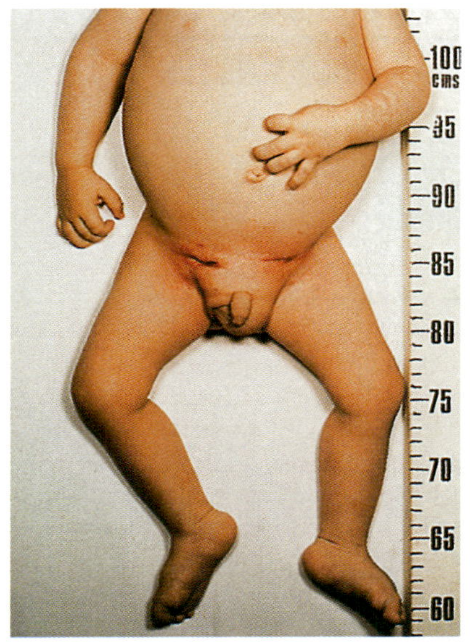

Figura 31.1 Drenagem linfática bilateral em criança de 18 meses de idade e do sexo masculino com doença granulomatosa crônica. Os abscessos causados por *Staphylococcus aureus* desenvolveram-se em ambas as virilhas e necessitaram de remoção cirúrgica. (Cortesia de A.R. Hayward.)

O ditado "obstrução leva à infecção" tem valor para lembrar que as defesas de muitos sistemas do corpo humano trabalham, parcialmente, através da eliminação de materiais indesejáveis, por exemplo, pelo fluxo urinário, movimento ciliar no trato respiratório e peristaltismo intestinal. A interferência nesses mecanismos, como resultado de uma obstrução patológica, de uma disfunção do SNC ou de uma intervenção cirúrgica, tende a resultar em infecção.

Imunodeficiência adaptativa primária resulta de defeitos na diferenciação ambiental primária ou na diferenciação celular

As principais anormalidades congênitas provenientes do sistema imunológico adaptativo estão apresentadas na Figura 31.2. Um defeito no microambiente do estroma onde ocorre a diferenciação dos linfócitos pode inibir a produção de células B (agamaglobulinemia do tipo Bruton) ou de células T (síndrome de DiGeorge).

As vias de diferenciação celular também podem ser afetadas. Por exemplo, uma enzima recombinase não funcional irá impedir a recombinação de fragmentos de genes relacionados com a produção de anticorpos pelas células B ou de regiões variáveis dos receptores de células T envolvidas no reconhecimento de antígenos, resultando, portanto, na imunodeficiência combinada severa (SCID, do inglês, *Severe Combined Immunodeficiency*).

A forma mais comum de deficiência congênita de anticorpos — imunodeficiência variável comum — caracteriza-se por infecções piogênicas recorrentes e provavelmente tem um mecanismo heterogêneo. Embora o número de células B imaturas na medula tenda a ser normal, as células B periféricas apresentam-se em baixo número ou, em alguns casos, ausentes. Quando presentes, em alguns casos, são incapazes de se diferenciar em plasmócitos, e em outros casos, de secretar anticorpos.

A hipogamaglobulinemia transitória infantil, caracterizada por infecções respiratórias recorrentes, está associada a baixas concentrações de IgG no soro que, muitas vezes, normalizam-se abruptamente por volta dos 3-4 anos de idade (Fig. 31.3).

A deficiência de imunoglobulinas ocorre naturalmente em crianças quando a concentração sérica de IgG materna decai. É um problema sério em bebês demasiadamente prematuros porque, dependendo da idade gestacional, a IgG materna pode não ter cruzado a barreira placentária.

Causas de imunodeficiência adaptativa secundária incluem desnutrição, infecções, neoplasias, esplenectomia e certos tratamentos médicos

A desnutrição é comum em todo o mundo e é a causa mais importante da imunodeficiência adquirida. A desnutrição calórico-proteica (PEM, do inglês, *Protein-Energy Malnutrition*) é a principal forma e apresenta uma vasta faixa de desordens, com o *kwashiorkor* e o marasmo ocupando os dois extremos. PEM resulta em:

- efeitos drásticos na estrutura dos órgãos linfoides (Fig. 31.4)
- redução acentuada na síntese dos componentes do complemento
- resposta quimiotática lenta dos fagócitos
- concentrações diminuídas da IgA secretora e de mucosa
- redução na afinidade de IgG
- em particular, uma drástica redução nos números de células T circulantes (Fig. 31.5), produzindo inadequadas respostas mediadas por células.

As infecções são frequentemente imunossupressoras (Tabela 31.2) e nenhuma é maior do que a infecção pelo HIV, que dá origem à AIDS (Cap. 22). Neoplasias do sistema linfoide frequentemente induzem um estado reduzido de imunorreatividade, e a esplenectomia resulta em respostas humorais deficientes.

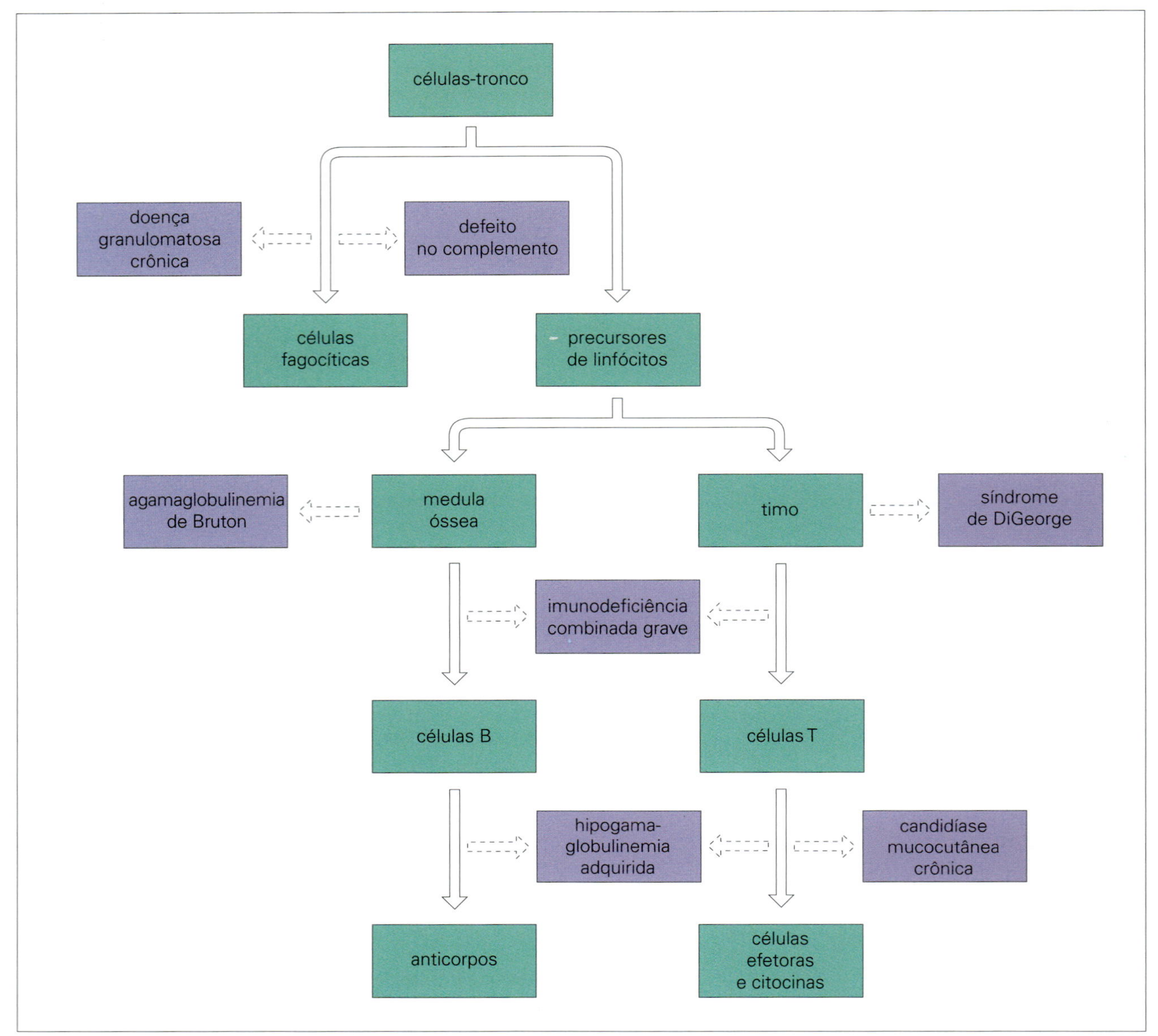

Figura 31.2 Principais imunodeficiências celulares primárias. Os estados de deficiência (indicados nas caixas de cor roxa) derivam de defeitos na diferenciação primária ligada ao ambiente (medula óssea ou timo) ou durante a diferenciação celular (mostrada como setas tracejadas, derivada do estado de diferenciação indicado).

Os tratamentos de doenças também podem causar imunossupressão. Por exemplo:

- Agentes citotóxicos, tais como a ciclofosfamida e a azatioprina, causam leucopenia ou desarranjo funcional das células B e T.
- Os corticosteroides reduzem o número de linfócitos, monócitos e eosinófilos circulantes e suprimem o acúmulo de leucócitos nos sítios de inflamação.
- A radioterapia prejudica a proliferação das células linfoides.

Portanto, um paciente sob tratamento para doença neoplásica apresentará imunocomprometimento decorrente de ambos, doença e tratamento.

É importante reconhecer as imunodeficiências e compreender quais procedimentos são prováveis comprometedores das defesas naturais do paciente. Em virtude dos avanços na tecnologia médica, muitos defeitos no sistema imune, particularmente a imunossupressão resultante da radioterapia ou de drogas citotóxicas, são transitórios, e os pacientes que sobrevivem ao período de imunossupressão têm uma boa chance de recuperação completa.

Patógenos que infectam o hospedeiro imunocomprometido

Indivíduos imunocomprometidos podem se infectados por qualquer patógeno capaz de infectar indivíduos imunocompetentes, assim como por patógenos oportunistas que não causam doença em pessoas saudáveis. Estas infecções podem ser letais se as defesas do hospedeiro estiverem baixas. Diferentes tipos de defeitos predispõem a infecções por diferentes patógenos, dependendo de mecanismos críticos que operam na defesa contra cada microrganismo (Fig. 31.6). Aqui, nos concentraremos principalmente nas infecções oportunistas

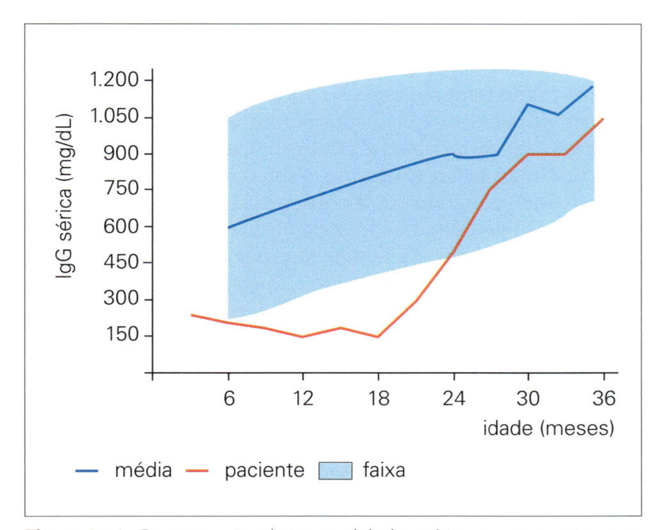

Figura 31.3 Concentrações de imunoglobulina sérica em um menino com hipogamaglobulinemia transitória, em comparação com os níveis normais de controle. O paciente desenvolveu poliomielite paralítica branda quando imunizado, aos 4 meses de idade, com vacina viva atenuada (Sabin).

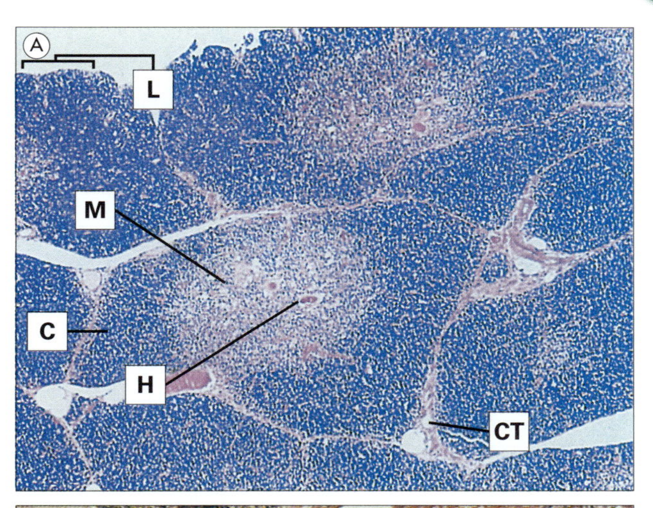

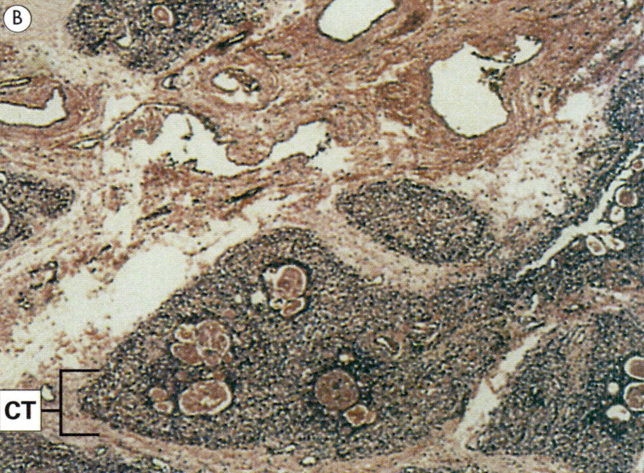

Figura 31.4 Histologia do timo de crianças normais e de crianças com desnutrição calórico-proteica (PEM). (A) Timo normal mostrando as zonas corticais e medulares. (B) Involução aguda na PEM caracterizada por atrofia lobular, perda de distinção entre córtex e medula, depleção de linfócitos e aumento dos corpúsculos de Hassall. C, córtex; CT, tecido conjuntivo; H, corpúsculos de Hassall; L, lóbulo; M, medula. (Cortesia de R.K. Chandra.)

e nos referiremos a outros capítulos para informações sobre outros patógenos.

INFECÇÕES DO HOSPEDEIRO COM IMUNIDADE INATA DEFICIENTE DEVIDO A FATORES FÍSICOS

Infecções de feridas por queimadura

As queimaduras lesam as barreiras mecânicas, as funções dos leucócitos e a resposta imune

As lesões de pele decorrentes de queimaduras ficam estéreis imediatamente após o acidente, mas inevitavelmente dentro de horas tornam-se colonizadas por uma microbiota bacteriana mista. As queimaduras causam danos diretos nas barreiras mecânicas do corpo e anormalidades na função dos neutrófilos e nas respostas imunes. Adicionalmente, verifica-se um importante desequilíbrio fisiológico com perda de fluidos e de eletrólitos. A queimadura proporciona aos microrganismos colonizadores uma superfície altamente nutritiva, e a incidência de infecções graves varia não apenas com o tamanho e a profundidade da lesão, mas também com a idade do paciente. A terapia antimicrobiana tópica deve prevenir a infecção de queimaduras que atingem < 30% da área corporal, porém queimaduras maiores são sempre colonizadas. As infecções não invasivas limitam-se às crostas das lesões, que correspondem aos restos de tecido morto que recobrem a superfície das queimaduras profundas. Caracterizam-se pela rápida separação da crosta e do tecido subjacente, além da presença de exsudato purulento derivado da queimadura. Em geral, os sintomas sistêmicos são relativamente brandos. Contudo, os microrganismos que se acumulam nas escaras intensamente colonizadas podem invadir os tecidos subjacentes viáveis e destruí-los rapidamente, convertendo queimaduras de espessura parcial em lesões que acometerão todo o tecido cutâneo. Deste ponto, basta um pequeno passo para a invasão do sistema linfático e desta para a corrente sanguínea, ou para a invasão direta dos vasos sanguíneos e para a sepse. A sepse em pacientes queimados em geral é de natureza polimicrobiana.

Os principais patógenos nas queimaduras são bactérias aeróbias e anaeróbias facultativas e fungos

Os patógenos mais importantes em feridas por queimaduras são:

- *Pseudomonas aeruginosa* e outros bastonetes Gram-negativos;
- *Staphylococcus aureus*;
- *Streptococcus pyogenes*;
- outros estreptococos;
- enterococos.

Candida spp. e *Aspergillus*, juntos, respondem por cerca de 5% das infecções. Anaeróbios são raros em infecções de feridas por queimaduras. Infecções por herpesvírus foram relatadas e devem-se, provavelmente, à reativação em um local danificado da pele.

P. aeruginosa é um patógeno Gram-negativo devastador para os pacientes queimados

P. aeruginosa é um bastonete Gram-negativo oportunista que apresenta uma relação antiga e prejudicial com as infecções em queimaduras. O patógeno desenvolve-se no ambiente úmido da ferida por queimadura, produzindo um exsudato esverdeado, malcheiroso, e necrose. A invasão é comum, e as lesões da pele características (ectima gangrenoso), que são patognomônicas da sepse por *P. aeruginosa*, podem aparecer em áreas não queimadas (Fig. 31.6). Fatores ligados ao hospedeiro que predispõem às infecções incluem:

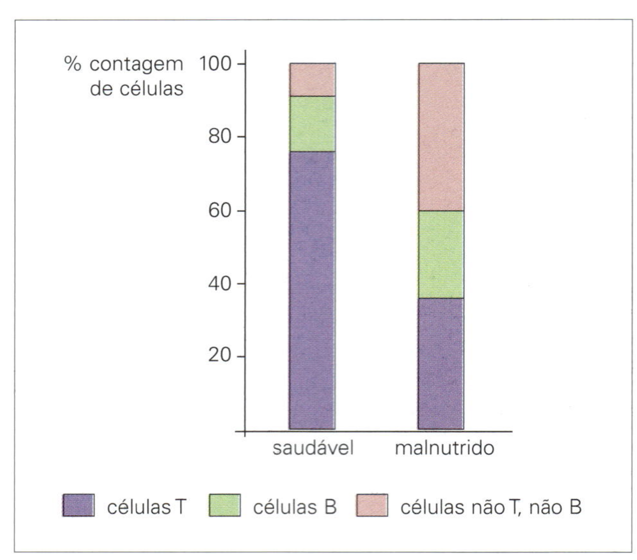

Figura 31.5 A proporção de células T é diminuída nos pacientes desnutridos, em comparação com controles saudáveis. As contagens de células B estão usualmente inalteradas, e as de linfócitos não T e não B encontram-se aumentadas.

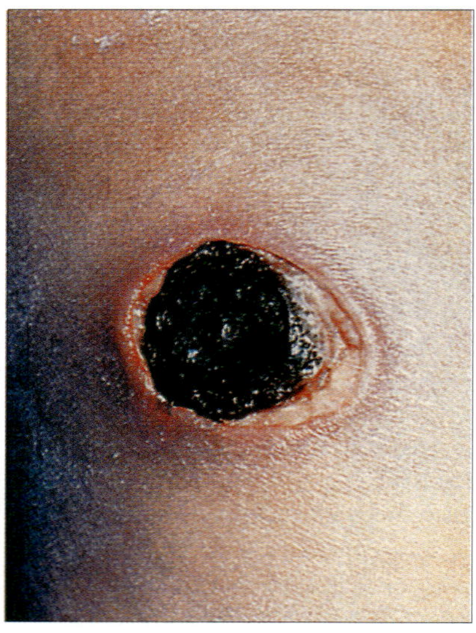

Figura 31.6 Ectima gangrenoso em criança com sepse por *Pseudomonas* associada à imunodeficiência. (Cortesia de H. Tubbs.)

- anormalidades nas atividades antibacterianas dos neutrófilos;
- deficiências de opsoninas séricas.

Além disso, há os fatores de virulência do microrganismo que incluem produção de elastase, protease e exotoxinas. Esta combinação torna a *P. aeruginosa* o patógeno Gram-negativo mais devastador para os pacientes com queimaduras. O tratamento é difícil por causa da resistência inata do microrganismo a muitos agentes antimicrobianos. A combinação de um aminoglicosídeo, usualmente gentamicina ou tobramicina, com um dos beta-lactâmicos, tais como ceftazidima ou imipenem, é usualmente favorecida, porém várias unidades de tratamento relataram a existência de cepas resistentes a esses agentes.

É virtualmente impossível prevenir a colonização. A prevenção da infecção depende, amplamente, da inibição da multiplicação dos microrganismos colonizadores das queimaduras pela aplicação de agentes tópicos, tais como o nitrato de prata.

Staphylococcus aureus é o principal patógeno nas feridas por queimadura

O fator predisponente mais importante para a infecção por *S. aureus* de pacientes queimados parece ser uma anormalidade da função antibacteriana dos neutrófilos. As infecções apresentam curso mais insidioso do que as infecções por estreptococos (ver adiante), podendo passar vários dias antes de se tornarem aparentes. O patógeno é capaz de destruir tecido de granulação, invadir e causar sepse. As infecções da pele por *S. aureus* são discutidas com detalhes no Capítulo 27. O tratamento com agentes antiestafilocócicos, tais como flucoxacilina ou um glicopeptídeo, no caso de *S. aureus* resistente à meticilina ter sido isolado, deverá ser administrado se houver evidência de infecção invasiva. Todo esforço possível deve ser feito para prevenir a disseminação de estafilococos entre pacientes. Embora os estafilococos possam ser transmitidos pelo ar e por outros meios, o contato direto é, de longe, o mais importante.

A alta transmissibilidade do *Streptococcus pyogenes* faz dele o flagelo das enfermarias de queimados

Infecções da pele e do tecido mole por *S. pyogenes* (estreptococo do grupo A) são discutidas detalhadamente no Capítulo 27. O *S. pyogenes* era a causa mais comum de infecções em queimaduras na era pré-antibióticos e ainda é temido em enfermarias de queimaduras. A infecção ocorre, usualmente, nos primeiros dias após o ferimento e caracteriza-se pela rápida deterioração no estado da ferida e pela invasão dos tecidos saudáveis adjacentes. O paciente pode mostrar-se severamente intoxicado e morrerá dentro de horas, a menos que seja tratado adequadamente. O *S. pyogenes* raramente infecta tecido de granulação sadio, mas feridas recém-suturadas podem tornar-se infectadas, o que resulta em destruição do enxerto. O máximo esforço deverá ser feito para prevenir a disseminação. A penicilina é a droga de escolha para o tratamento, e a eritromicina e a vancomicina poderão ser usadas em pacientes alérgicos.

Os estreptococos beta-hemolíticos de outros grupos Lancefield (notavelmente os grupos C e G) e os enterococos são também patógenos importantes das feridas por queimadura.

Infecções em lesões traumáticas e em feridas cirúrgicas

Os traumatismos acidentais e intencionais destroem a integridade da superfície corporal e deixam-na predisposta à infecção. Os traumatismos acidentais podem ser responsáveis pela inoculação de patógenos em regiões mais profundas das feridas. As espécies bacterianas envolvidas dependerão do tipo da ferida, conforme discutido no Capítulo 27.

Staphylococus aureus é a causa mais importante de infecção em feridas cirúrgicas

Infecções de feridas cirúrgicas por *S. aureus* (Cap. 37) podem ser adquiridas durante o procedimento cirúrgico ou no pós-operatório e podem ser originárias do próprio paciente, de outro paciente ou dos membros da equipe de saúde. As feridas cirúrgicas são mais suscetíveis às infecções do que os tecidos íntegros, uma vez que podem apresentar um menor suprimento sanguíneo, além de poderem abrigar corpos estranhos, tais como linha de sutura. Estudos clássicos sobre feridas infectadas demonstraram que é necessário um número muito menor de bactérias estafilocócicas para dar início a uma infecção em uma sutura do que na pele íntegra. Infecções em feridas podem ser graves, e os microrganismos podem invadir a corrente sanguínea com consequente disseminação para outros sítios, tais como válvulas cardíacas ou ossos, causando, respectivamente, endocardite (Cap. 30) e osteomielite (Cap. 27), aumentando ainda mais o estado de comprometimento do paciente.

Infecções do trato urinário associadas ao uso de cateteres são frequentes

Os cateteres urinários rompem as defesas normais do trato urinário do hospedeiro e permitem o fácil acesso de microrganismos à bexiga. Infecções do trato urinário associadas ao uso de cateteres urinários são especialmente comuns nos casos em que estes forem mantidos no local por > 48 horas (Cap. 21). Os microrganismos envolvidos são, usualmente, bastonetes Gram-negativos derivados da microbiota fecal ou periuretral do próprio paciente, apesar de também ocorrerem infecções cruzadas (Cap. 37).

Os estafilococos constituem a causa mais comum das infecções de cateteres intravenosos e de diálise peritoneal

Os cateteres intravenosos e de diálise peritoneal rompem a integridade das barreiras cutâneas e permitem um fácil acesso aos tecidos mais profundos por microrganismos da microbiota da pele do paciente ou das mãos dos auxiliares. Os estafilococos são os principais agentes etiológicos de tais infecções, embora microrganismos corineformes, bastonetes Gram-negativos e *Candida* possam também ser responsáveis por esses quadros infecciosos.

Os estafilococos coagulase-negativos, particularmente *S. epidermidis*, respondem por mais de 50% das infecções. Esses patógenos oportunistas são membros da microbiota da pele e por muitos anos foram considerados avirulentos. Contudo, eles apresentam habilidade particular para colonizar materiais plásticos e, portanto, são capazes de disseminar-se para os tecidos adjacentes aos dispositivos de plástico e de causar infecções invasivas. Sua habilidade de produzir um material viscoso adesivo e formar biofilmes em superfícies plásticas é importante. Os quais são aglomerados bacterianos viscosos que aderem à superfície e estão envoltos em uma matriz extracelular. A proteção contra antibióticos e defesas do hospedeiro é fornecida pela barreira mecânica, retardando os processos celulares como síntese proteica e replicação, além de serem compostos por células *persisters* (tolerantes), torna os microrganismos menos suscetíveis a antibióticos. Há diversos fatores de virulência que promovem a produção do biofilme, que incluem proteínas, adesinas e polissacarídeos. As infecções são, caracteristicamente, de forma mais insidiosa do que as causadas pelas cepas mais virulentas de *S. aureus*, além de o reconhecimento ser prejudicado pela dificuldade em distinguir a cepa infectante daquelas integrantes da microbiota normal. A dificuldade de tratamento também ocorre em virtude de muitas cepas de *S. epidermidis* expressarem resistência a múltiplos antibióticos, sendo, portanto, necessário em algumas ocasiões o uso de glicopeptídeos (vancomicina ou teicoplanina) e rifampicina (Cap. 34). Sempre que possível, o dispositivo plástico deve ser removido.

Infecções nos locais de implante dos dispositivos plásticos

O desenvolvimento dos plásticos e de outros materiais sintéticos permitiu muitos avanços na medicina e na cirurgia, mas favoreceu, também, a introdução de agentes infecciosos no organismo humano. O *S. epidermidis* é um dos principais microrganismos responsáveis por infecções em marca-passos cardíacos, enxertos vasculares e *shunts* de LCR.

Staphylococcus epidermidis é o principal agente etiológico de infecções em próteses valvulares e articulações

Pacientes portadores de próteses cardíacas valvulares ou próteses articulares são comprometidos em virtude de:

- procedimento cirúrgico para a implantação da prótese;
- permanência do corpo estranho no organismo.

Mais uma vez, o *S. epidermidis* é a espécie mais frequentemente associada a esses casos de infecção. Os microrganismos ganham acesso aos dispositivos médicos durante a cirurgia ou em decorrência de uma subsequente bacteremia originária de, por exemplo, infecção intravascular. A endocardite associada a próteses valvulares é discutida no Capítulo 30.

Em casos de substituição de uma articulação, o afrouxamento da prótese é a causa mais comum de complicação, seguida de infecção, que apresenta muito mais capacidade de levar à falha permanente do procedimento. As dificuldades do tratamento foram destacadas anteriormente, entretanto há uma enorme relutância para que seja realizada a remoção da prótese, mesmo nas oportunidades em que este seja o único meio de erradicar a infecção.

Infecções devido ao comprometimento dos mecanismos de depuração

A estagnação predispõe à infecção, e, na saúde, o corpo funciona no sentido de preveni-la. No trato respiratório, o distúrbio do movimento ciliar predispõe os pulmões à invasão microbiana, particularmente em pacientes com fibrose cística e infectados com *S. aureus*, *Haemophilus influenzae* e, posteriormente, com *P. aeruginosa* (Cap. 20).

A obstrução e a interrupção do fluxo normal de urina permitem que microrganismos Gram-negativos da microbiota periuretral ascendam pela uretra e se estabeleçam na bexiga. A sepse é uma importante complicação da infecção do trato urinário decorrente de uma obstrução.

INFECÇÕES ASSOCIADAS À IMUNODEFICIÊNCIA ADAPTATIVA SECUNDÁRIA

O estado de imunodeficiência subjacente determina a natureza e a gravidade de qualquer infecção associada, sendo que, em alguns casos, a infecção é a única forma de manifestação clínica de um paciente em estado de deficiência imunológica. Entretanto, a sepse e as complicações infecciosas relacionadas com a imunodeficiência são mais comumente encontradas em pacientes hospitalizados submetidos à quimioterapia para doenças malignas ou transplante de órgãos. Nesses pacientes, a infecção continua sendo uma causa principal de morbidade e de mortalidade (Tabela 31.3). Uma proporção crescente de casos de infecções iatrogênicas causadas por patógenos oportunistas adquiridos no ambiente hospitalar vem sendo observada.

Infecções relacionadas com quadros de malignidade hematológica e de transplantes de medula óssea

A ausência de neutrófilos circulantes em consequência de falência da medula óssea acarreta predisposição à infecção

A suscetibilidade a infecções de pacientes com malignidades hematológicas é principalmente devida à ausência de neutrófilos circulantes ocasionada pela falência da medula óssea, disfunção que é causada pela doença ou pelo tratamento. A sepse pode ser a principal manifestação de infecção, porém é muito mais comum nos pacientes que receberam quimioterapia com citotoxina para induzir remissão da doença. A neutropenia (definida como uma contagem menor do que $0{,}5 \times 10^9$ neutrófilos/L) pode persistir por alguns dias a várias semanas. De modo semelhante, períodos prolongados de neutropenia ocorrem após transplantes de medula óssea até que tenha sido realizado um enxerto.

Tabela 31.3 Exemplos de patógenos oportunistas em hospedeiros imunocomprometidos

Bactérias
Gram-positivas
Staphylococcus aureus
Estafilococos coagulase-negativos
Estreptococos
Listeria spp.
Nocardia asteroides
Mycobacterium tuberculosis
Mycobacterium avium-intracellulare
Gram-negativas
Enterobacteriaceae
Pseudomonas aeruginosa
Legionella spp.
Bacteroides spp.
Fungos
Candida spp.
Aspergillus spp.
Cryptococcus neoformans
Histoplasma capsulatum
Pneumocystis jirovecii[a]
Parasitos
Toxoplasma gondii
Strongyloides stercoralis
Vírus
Herpesvírus, p. ex., HSV, CMV, VVZ, VEB, HHV-6, HHV-7, HHV-8
Hepatite B
Hepatite C
Poliomavírus, p. ex., BKV, JCV
Adenovírus
HIV

BKV, vírus BK; JCV, vírus JC; CMV, citomegalovírus; VEB, vírus Epstein-Barr; HIV, vírus da imunodeficiência humana; HHV, herpesvírus humano; HSV, vírus herpes simples; VVZ, vírus varicela-zóster.
[a]Anteriormente *P. carinii*.

O tempo pelo qual o paciente encontra-se neutropênico influencia a natureza e a frequência de quaisquer infecções associadas. Por exemplo, infecções fúngicas são muito mais comuns em pacientes apresentando neutropenia por mais de 21 dias. Embora os bastonetes Gram-negativos, tais como *Escherichia coli* e *P. aeruginosa* da microbiota do intestino, tenham sido, no passado, as causas mais comuns de sepse nos pacientes neutropênicos, microrganismos Gram-positivos, como estafilococos, estreptococos e enterococos, também são importantes. A sepse por *S. epidermidis* associada ao uso de cateteres intravasculares (ver anteriormente) é comum. As infecções causadas por fungos estão também aumentando, em parte porque os pacientes estão sobrevivendo ao período neutropênico inicial com a ajuda de agentes antibacterianos modernos e com transfusões de granulócitos. Infecções por citomegalovírus podem ser reativadas no tipo mais intensivo de transplante de medula conhecido como transplante alogênico, no qual o receptor recebe medula óssea de um doador compatível, em comparação a transplantes autólogos, nos quais o paciente recebe suas próprias células-tronco ao receber quimioterapia citotóxica, por exemplo. A reativação do CMV é frequentemente associada à doença do enxerto contra hospedeiro. Além disso, infecções por adenovírus, vírus Epstein-Barr (VEB) e vírus BK (BKV) podem ser observadas, especialmente em indivíduos receptores de transplantes alogênicos de medula óssea. A profilaxia com aciclovir é eficaz para prevenir outras infecções pelo herpesvírus latente por reativação, como HSV e VVZ.

Infecções após transplantes de órgãos sólidos

A maioria das infecções ocorre 3-4 meses após o transplante

No paciente transplantado, a supressão da imunidade mediada por células é necessária para prevenir a rejeição de órgãos transplantados. Os regimes citotóxicos utilizados ocasionam algum nível de supressão na imunidade humoral. Adicionalmente, doses elevadas de corticosteroides para suprimir a resposta inflamatória são necessárias. A combinação destes fatores tem como resultado um estado grave de imunocomprometimento do hospedeiro. Os fatores que exercem um efeito sobre a infecção nos indivíduos receptores de órgãos sólidos transplantados incluem:

- a condição clínica subjacente do paciente;
- o estado imunológico prévio do paciente;
- o tipo de transplante de órgão;
- o regime imunossupressor;
- a exposição do paciente aos patógenos.

Os organismos que causam as infecções mais comuns e mais graves estão apresentados na Tabela 31.3. Algumas das infecções virais são latentes e reativadas quando a vigilância mediada por células é suprimida.

O risco de infecções torna-se reduzido 3-4 meses após o transplante, apesar de permanecer durante todo o tempo em que o paciente estiver imunossuprimido.

Infecção por HIV levando a AIDS

A definição clínica da AIDS inclui a presença de uma ou mais infecções oportunistas

Indivíduos portadores de AIDS são muitas vezes infectados concomitantemente por múltiplos patógenos, os quais são difíceis de erradicar, a despeito de quimioterapia antimicrobiana apropriada, agressiva e prolongada. Os patógenos envolvidos são, em sua maioria, patógenos intracelulares que requerem, para uma defesa eficaz, uma intacta resposta imune mediada por células. À medida que o indivíduo infectado pelo vírus HIV progride para a AIDS (Cap. 22), os microrganismos, usualmente controlados pela imunidade mediada por células, tornam-se capazes de reativação, causando infecções disseminadas, não observadas nos indivíduos imunologicamente intactos. A terapia antirretroviral combinada permitiu uma vigilância imunológica mais eficiente, o que reduziu a incidência de quadros de infecções tradicionalmente observados nos pacientes com AIDS, incluindo candidíase, sarcoma de Kaposi e outros causados por patógenos oportunistas, descritos mais detalhadamente a seguir.

Muitos dos patógenos que causam infecções nos hospedeiros imunocomprometidos (Tabela 31.3) estão descritos em outros capítulos deste livro.

OUTROS PATÓGENOS OPORTUNISTAS IMPORTANTES

Fungos

Candida é o fungo patogênico mais comumente observado em pacientes imunocomprometidos

Esta levedura é um patógeno oportunista em uma variedade de pacientes e em diferentes sítios anatômicos. Ela causa:

- candidíase vaginal e oral (Cap. 22);
- infecções cutâneas (Cap. 27);
- endocardite, particularmente em usuários de drogas injetáveis (Cap. 30).

Candida manifesta-se de várias maneiras, dependendo da natureza do comprometimento de base:

- *Candidíase mucocutânea crônica*. É uma manifestação rara e não invasiva, embora persistente, das membranas mucosas, dos cabelos, da pele e das unhas, em pacientes, na maioria crianças, com um defeito específico de células T, que muitas vezes as tornam anérgicas à *Candida* (Fig. 31.7). Pode exigir tratamento de longo prazo ou repetitivo com drogas antifúngicas azólicas. Sensibilidade reduzida a estas drogas pode ocorrer após uso repetitivo.
- *Candidíase orofaríngea e esofágica*. Pode ser observada em uma variedade de pacientes imunocomprometidos, incluindo indivíduos com HIV (Fig. 31.8) e pessoas com dentaduras mal-adaptadas, com diabetes mellitus ou sob tratamento com antibióticos ou com corticosteroides. Candidíase orofaríngea geralmente responde ao tratamento com soluções antifúngicas para bochechos (nistatina ou um composto azólico). Os indivíduos que não respondem podem ser tratados com fluconazol. Candidíase esofágica requer terapia sistêmica.
- *Candidíase gastrointestinal*. Observada em pacientes com neoplasias ou submetidos a grandes cirurgias gástricas ou abdominais. Os microrganismos podem atravessar a parede do intestino e disseminar-se a partir de um foco gastrointestinal. O diagnóstico é difícil, e cerca de 25% dos pacientes não apresentam sintomas nos estágios iniciais da doença. Se ocorrer disseminação a partir do intestino, as hemoculturas podem tornar-se positivas e antígenos de *Candida* podem ser detectáveis no soro. Embora a doença disseminada seja frequentemente fatal, é necessária uma forte suspeita de infecção para que seja iniciada a terapia com agentes fungicidas.
- *Candidíase disseminada*. Provavelmente é adquirida pelo trato gastrointestinal, mas também pode originar-se de infecções relacionadas com cateteres intravasculares. Pacientes com linfomas e leucemias apresentam elevado risco de infecção. A disseminação hematogênica para quase todos os órgãos também pode ocorrer. Infecções dos olhos (endoftalmite; Fig. 31.9) e da pele (lesões cutâneas nodulares; Cap. 27) são importantes porque fornecem evidências para o diagnóstico, sem as quais os sintomas inespecíficos de febre e choque séptico dificultam o diagnóstico precoce. Pacientes imunocomprometidos frequentemente recebem terapia antifúngica empírica, caso apresentem febre e falhem em responder aos agentes antibacterianos de amplo espectro.

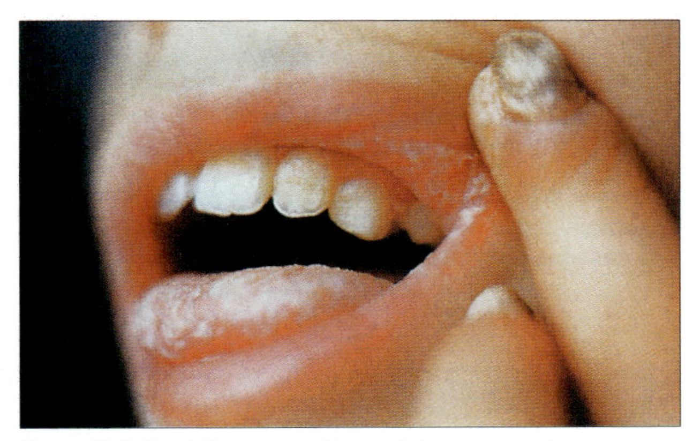

Figura 31.7 Candidíase mucocutânea crônica em uma criança com respostas deficientes de células T. (Cortesia de M.J. Wood.)

A infecção por *Cryptococcus neoformans* é mais comum em pessoas com imunidade mediada por células prejudicada

O *C. neoformans* é uma levedura oportunista amplamente distribuída no mundo. Pode causar infecção em indivíduos imunocompetentes, apesar de ser mais comumente relacionada com quadros infecciosos em indivíduos que apresentam deficiências na imunidade celular. O início da doença pode ser vagaroso e usualmente resulta em infecção pulmonar ou meningoencefalite; ocasionalmente, outros locais, tais como pele, ossos e juntas, podem estar comprometidos (Cap. 27).

O *C. neoformans* pode ser demonstrado no líquido cefalorraquidiano (LCR) e caracteriza-se por sua grande cápsula polissacarídica (Fig. 25.6). A identificação rápida pode ser feita pela detecção de antígeno no teste de aglutinação do látex, usando anticorpos específicos adsorvidos nas partículas de látex. O tratamento envolve uma combinação de anfotericina e flucitosina (Cap. 34) e pode ser monitorado pela detecção da queda na concentração de antígenos no LCR. O prognóstico varia muito de acordo com a doença de base do paciente; nos pacientes severamente imunocomprometidos, a mortalidade é de apro-

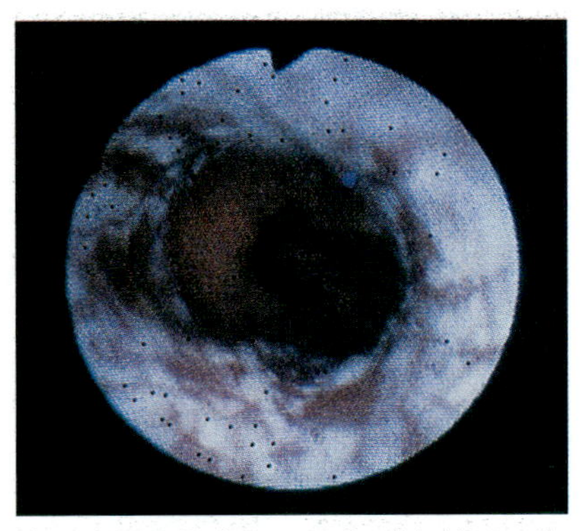

Figura 31.8 Esofagite por *Candida*. Vista endoscópica mostrando áreas extensas com exsudato esbranquiçado. (Cortesia de I. Chesner.)

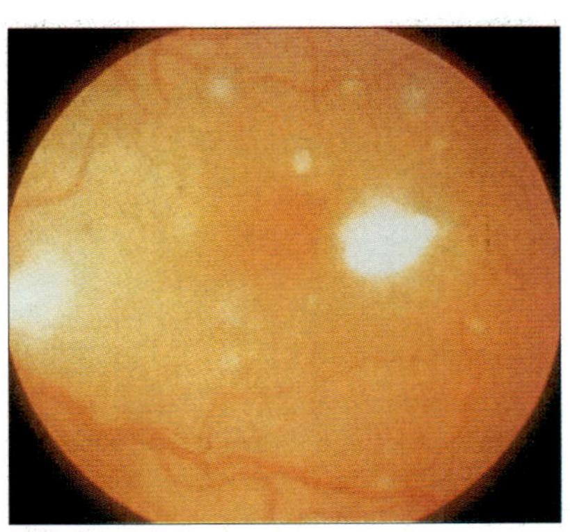

Figura 31.9 Endoftalmia por *Candida*. Fotografia do fundo do olho mostrando áreas com exsudato branco. (Cortesia de A.M. Geddes.)

ximadamente 50%. Em pacientes com AIDS é quase impossível erradicar o microrganismo, mesmo com tratamento intensivo. O fluconazol pode ser usado na profilaxia pós-tratamento.

A infecção disseminada por *Histoplasma capsulatum* pode ocorrer anos após a exposição de um paciente imunocomprometido

Trata-se de um fungo altamente infeccioso que causa infecção pulmonar aguda, porém benigna, em pessoas saudáveis, mas que pode produzir doença crônica, progressiva e disseminada em indivíduos imunocomprometidos. O microrganismo é endêmico apenas nas regiões tropicais do mundo e no chamado "cinturão de histoplasmose", que compreende os vales dos rios Ohio e Mississippi, localizados na região central dos Estados Unidos. O hábitat natural do organismo é o solo, e a transmissão ocorre pelas vias aéreas. Os esporos são depositados nos alvéolos, de onde o fungo dissemina-se por via linfática aos linfonodos regionais. Como a doença disseminada pode ocorrer muitos anos após a exposição inicial do paciente imunocomprometido, pode apresentar-se em pacientes que já deixaram as áreas endêmicas há muito tempo. A infecção pode ocorrer em indivíduos contaminados pelo HIV que visitaram estas regiões.

Culturas de sangue, de medula, de escarro e de LCR podem apresentar *Histoplasma*, mas a biópsia e o exame histológico da medula óssea, fígado e linfonodos são, muitas vezes, necessários, para chegar a um diagnóstico definitivo (Fig. 31.10). Aproximadamente 50% dos casos de doença progressiva nos indivíduos imunocomprometidos são tratados com sucesso com anfotericina. Itraconazol pode ser utilizado na profilaxia pós-tratamento.

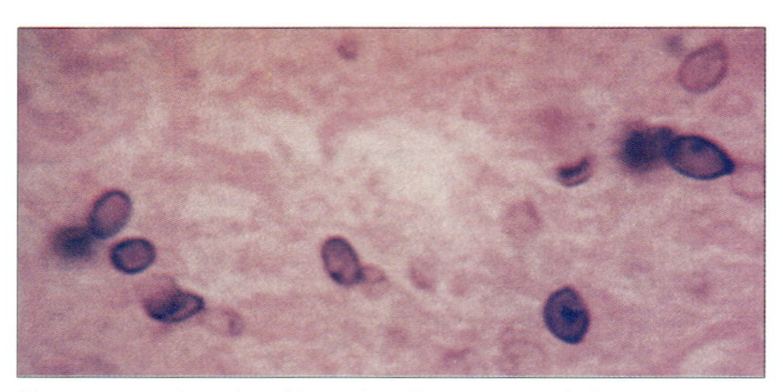

Figura 31.10 Corte histológico de pulmão mostrando formas de levedura do *Histoplasma capsulatum* (coloração de metenamina de prata). (Cortesia de T.F. Sellers, Jr.)

Histoplasmose africana, causada por *Histoplasma duboisii*, é encontrada na África Equatorial. Os pacientes podem apresentar quadros de infecção localizada na pele ou de doença disseminada.

Aspergilose invasiva tem uma taxa muito elevada de mortalidade em pacientes imunocomprometidos

O papel do *Aspergillus* spp. na doença pulmonar foi delineado no Capítulo 20, mas este fungo vem sendo citado mais frequentemente como causa de doença invasiva em pacientes imunocomprometidos, usualmente naqueles profundamente neutropênicos ou nos que estão recebendo altas doses de corticosteroides (Fig. 31.11). Do mesmo modo que o *Histoplasma*, os aspergilos são encontrados no solo, porém apresentam distribuição mundial. A infecção é disseminada pelas vias aéreas, e o pulmão é o local de invasão em quase todos os casos. A disseminação para outros sítios, particularmente para o sistema nervoso central (Fig. 31.12) e para o coração, ocorre em cerca de 25% dos indivíduos imunocomprometidos com infecção pulmonar. O diagnóstico envolve microscopia, cultura, detecção de antígeno e reação em cadeia da polimerase (PCR) de amostras de lavado broncoalveolar. A biópsia pulmonar pode ser necessária para realizar o diagnóstico do tecido.

Aspergilose invasiva tem uma alta taxa de fatalidade em pacientes imunocomprometidos. Agentes antifúngicos utilizados na profilaxia, como caspofungina, posaconazol e voriconazol, diagnóstico precoce e instituição de tratamento usando uma formulação lipídica intravenosa de anfotericina B, conhecida como complexo de anfotericina B lipossômico ou AmBisome (Cap. 34), em conjunto com uma redução de terapia com corticosteroides e citotoxinas, sempre que possível, parecem melhorar o prognóstico. Surtos de infecção hospitalar têm sido relatados (Cap. 37), especialmente relacionados com serviços de obras e construção de prédios.

Pneumocystis jirovecii (anteriormente designado *P. carinii*) causa doença sintomática apenas em pessoas com imunidade celular deficiente

O *P. jirovecii* é um fungo atípico e amplamente disseminado; uma grande proporção da população mundial apresenta

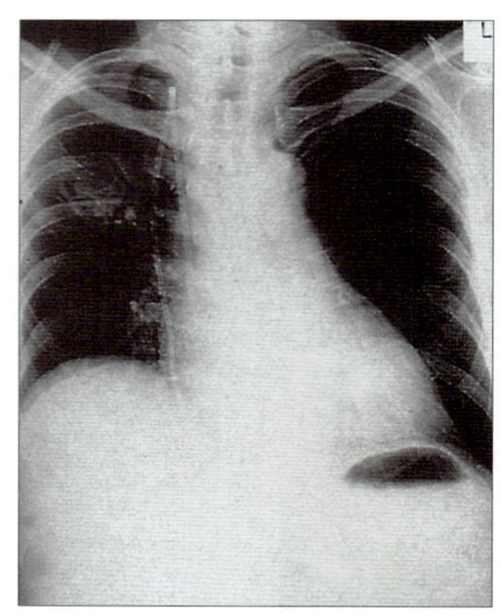

Figura 31.11 Radiografia do tórax mostrando aspergilose invasiva no pulmão direito de um paciente com leucemia mieloblástica aguda. (Cortesia de C. Kibbler.)

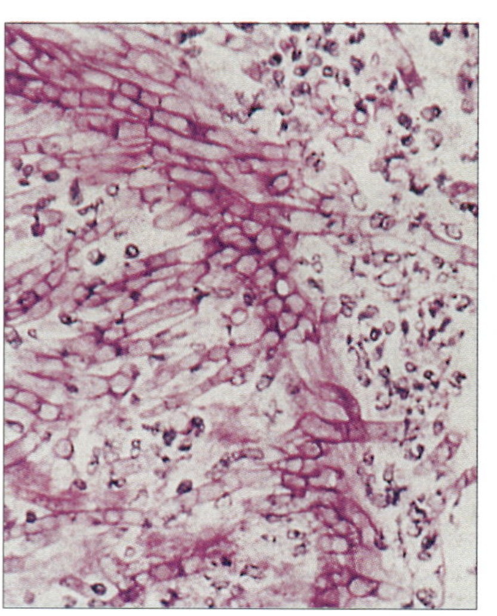

Figura 31.12 Inúmeras hifas septadas invadindo a parede de um vaso sanguíneo em um caso de aspergilose cerebral (coloração de ácido periódico de Schiff). (Cortesia de W.E. Farrar.)

anticorpos contra o microrganismo, embora cause doença sintomática apenas em pessoas que apresentem imunidade celular deficiente. Existe, portanto, uma alta incidência de pneumonia por *P. jirovecii* em pacientes que estão recebendo terapia imunossupressora para evitar rejeição de transplantes e em indivíduos portadores de HIV. É muito raro encontrar infecções por *Pneumocystis* em qualquer outro sítio anatômico, mas a razão para tal fato é desconhecida.

O diagnóstico não é fácil e requer um alto índice de suspeita clínica. Os sintomas são inespecíficos e podem mimetizar uma variedade de outras doenças respiratórias infecciosas e não infecciosas. Além disso, diferentemente de outros fungos antes descritos, o microrganismo não pode ser isolado a partir de escarro expectorado submetido aos procedimentos convencionais de cultura. Procedimentos invasivos para a obtenção de lavado broncoalveolar são necessários. Em materiais clínicos obtidos por tais técnicas, o microrganismo pode ser visualizado através de técnicas de impregnação pela prata ou por imunofluorescência (Fig. 31.13). O ensaio de amplificação do DNA por PCR aumenta a sensibilidade do diagnóstico.

O tratamento é feito com doses elevadas de cotrimoxazol (sulfametoxazol-trimetoprima). Pentamidina é uma droga alternativa (Cap. 34). O tratamento adjuvante com corticosteroides é realizado nos casos de infecções moderadas a graves em indivíduos coinfectados por HIV. Cotrimoxazol é usado profilaticamente.

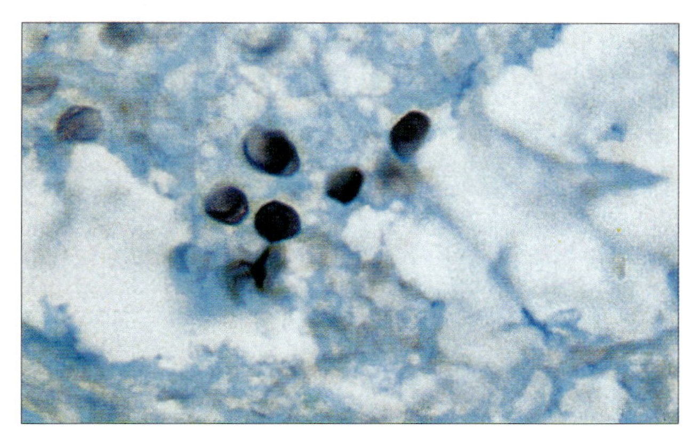

Figura 31.13 Cistos de *Pneumocystis jirovecii*, corados em tom escuro, em biópsia pulmonar aberta com pneumonia de paciente com AIDS. (Coloração de prata de Grocott.) (Cortesia de M. Turner-Warwick.)

Bactérias

Nocardia asteroides é um patógeno oportunista incomum de distribuição universal

A família Actinomicetos, parentes das micobactérias, porém com morfologia celular semelhante à dos fungos por exibirem filamentos ramificados, apresenta dois gêneros patogênicos: *Actinomyces* e *Nocardia*. As infecções por *N. asteroides* têm sido relatadas em pacientes imunocomprometidos, sobretudo nos que sofreram transplante renal. Apesar de o pulmão ser, usualmente, o sítio primário de infecção (Fig. 31.14), pode ocorrer disseminação para a pele, rins e SNC. Como acontece com o *Aspergillus*, têm sido descritos surtos de nocardiose em ambientes hospitalares.

As nocárdias podem ser isoladas em meios de cultura utilizados rotineiramente nos laboratórios, embora, geralmente, apresentem crescimento lento e sejam, consequentemente, superadas pela microbiota comensal. Portanto, a equipe do laboratório deve ser informada da suspeita clínica de nocardiose, de modo que meios apropriados de cultura sejam inoculados. As nocárdias são bastonetes Gram-positivos ramificados e fracamente acidorresistentes (Fig. 31.15).

As sulfonamidas ou cotrimoxazol são as drogas de escolha, mas o tratamento pode ser difícil, e vários outros esquemas

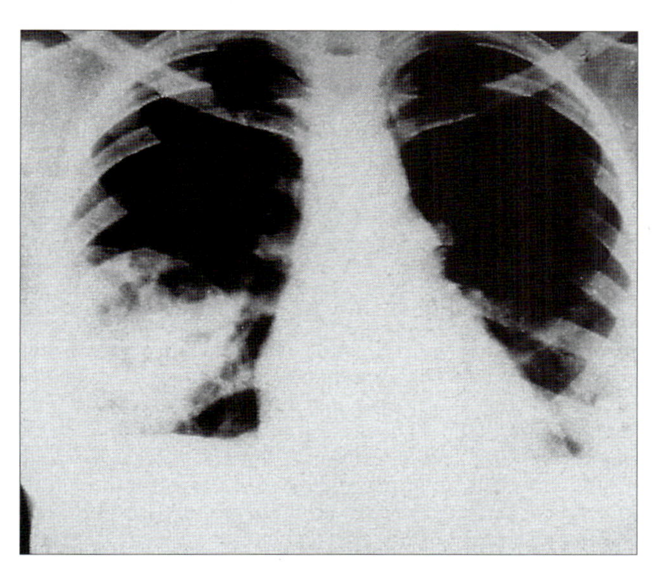

Figura 31.14 Nocardiose pulmonar. Radiografia do tórax mostrando uma grande lesão arredondada, na zona inferior do pulmão direito, com múltiplas cavidades. (Cortesia de T.F. Sellers, Jr.)

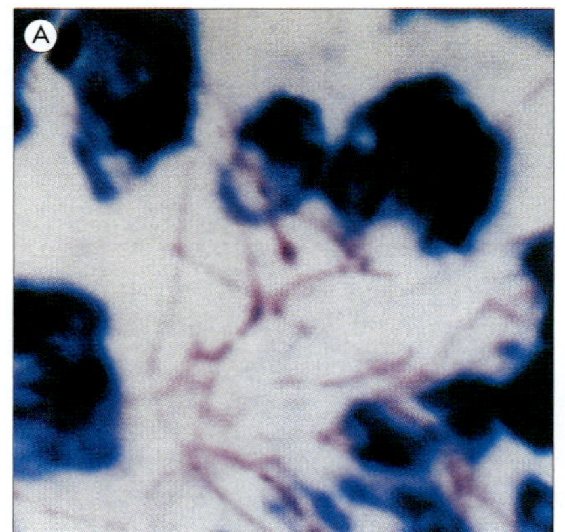

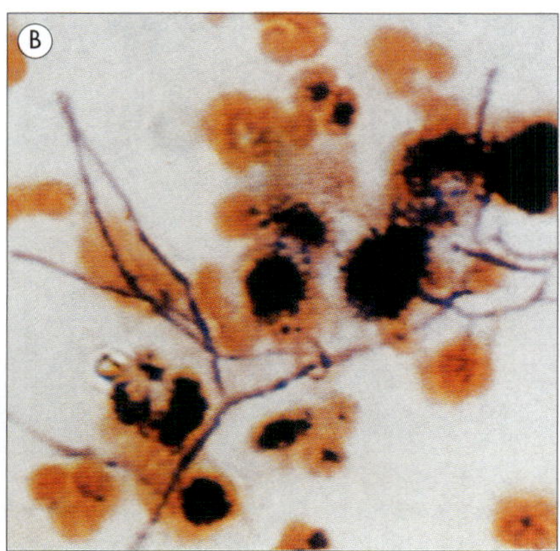

Figura 31.15 *Nocardia asteroides* no escarro. (A) Coloração para acidorresistente. (B) Coloração de Gram. ([A] Cortesia de T.F. Sellers, Jr. [B] Cortesia de H.P. Holley.)

terapêuticos, empregando aminoglicosídeos ou imipenem, têm sido descritos.

A doença causada por *Mycobacterium avium-intracellulare* é frequentemente um evento terminal na AIDS

Embora as micobacterioses sejam bem documentadas em pacientes imunossuprimidos, a associação entre AIDS e micobactérias inclui infecção disseminada de *Mycobacterium tuberculosis* e *M. avium-intracellulare* (complexo de *M. avium* ou MAC, do inglês, *Mycobacterium Avium Complex*). Estes microrganismos podem ser isolados de hemoculturas de pacientes com AIDS. O *M. tuberculosis* foi descrito detalhadamente no Capítulo 20. O *M. avium-intracellulare* pertence ao grupo das chamadas micobactérias "atípicas" ou micobactérias não associadas à tuberculose (MOTT). Assemelha-se à *M. tuberculosis* no fato de ter desenvolvimento lento, mas é resistente às drogas antituberculose convencionais. Por esta razão, recomenda-se uma terapia com múltiplas drogas com macrolídeos como azitromicina ou claritromicina com etambutol (e rifabutina pode ser considerada também).

Protozoários e helmintos

Cryptosporidium e *Cystoisospora belli* provocam infecções intestinais com severa diarreia em pacientes com AIDS

O *Cryptosporidium* (Fig. 31.16) é um protozoário parasito que causa doenças em humanos e que é também conhecido dos veterinários como patógeno animal. Causa significativa diarreia, porém autolimitada, em pessoas saudáveis com um sistema imunológico intacto (Cap. 23), mas diarreia crônica e severa em pessoas gravemente imunocomprometidas, como indivíduos com casos avançados de infecção pelo vírus da imunodeficiência humana (HIV). Foi relatado que a terapia retroviral ativa combinada (HAART) em indivíduos com AIDS infectados com *Cryptosporidium* melhora os sintomas da diarreia. A paromomicina reduz a liberação de oocistos, mas não resolve a infecção. A nitazoxanida é eficaz em pacientes HIV-negativos, mas apenas parcialmente ativa nos cocontaminados com HIV. O *Cystoisospora belli* (Fig. 31.17) é outro parasito protozoário muito semelhante ao *Cryptosporidium* e também produz diarreia severa em pessoas com AIDS. Ao contrário do *Cryptosporidium*, no entanto, responde ao tratamento com cotrimoxazol.

Cyclospora cayetanensis, também relacionada com *Cryptosporidium*, produz diarreia prolongada e grave em indivíduos imunossuprimidos. O tratamento com cotrimoxazol é eficaz. Ciprofloxacina é parcialmente eficaz.

As infecções com microsporídeos também causam diarreia em pessoas com AIDS e em outros pacientes imunossuprimidos. O *Enterocytozoon bieneusi* é a causa mais comum, embora também possam ocorrer infecções por *Encephalitozoon intestinalis*. O tratamento com albendazol é eficaz contra *E. intestinalis*, mas tem atividade insatisfatória contra *E. bieneusi*. Quando possível, a recuperação do sistema imunológico é a principal forma de tratamento.

A imunossupressão pode levar à reativação do *Strongyloides stercoralis* dormente

O *Strongyloides stercoralis* é um verme parasito redondo que permanece dormente por anos após a infecção inicial, mas pode ser reativado por meio de imunossupressão, como em terapias com esteroides, e produzir uma autoinfecção massiva. Infecção por vírus linfotrópico de células T humanas tipo 1 (HTLV-1, do inglês, *Human T-cell Lymphotropic Virus Type 1*) é associada à estrongiloidíase disseminada devido à resposta imunológica modificada para este helminto entérico. Os pulmões, o fígado e o cérebro são os órgãos mais comumente afetados. Embora raro no Reino Unido e na maior parte dos Estados Unidos, é preciso considerar a infecção por *Strongyloides* em pacientes que viveram em áreas endêmicas, tais como países tropicais e no sul dos EUA, mesmo que tenha sido muitos anos antes de terem manifestado imunossupressão.

Vírus

Algumas infecções virais são ao mesmo tempo mais comuns e mais severas em pacientes imunocomprometidos, o que torna a vigilância regular indispensável

As infecções virais mais comuns e mais severas no paciente imunocomprometido (Tabela 31.3) foram descritas com pormenores em outro capítulo deste livro. Muitas delas representam reativação de infecções latentes. Uma sorologia inicial no pré-transplante de órgãos é feita para determinar, tanto no doador quanto no receptor, seu estado referente a uma variedade de infecções virais, incluindo HIV, HTLV, hepatites B e C, CMV, VEB e herpesvírus simples (HSV).

A supressão de infecções virais específicas pelo uso de agentes antivirais é parte do tratamento do receptor, em conjunto com a vigilância virológica regular depois do transplante, usando-se métodos de detenção que têm, em geral, superado a detecção de antígenos.

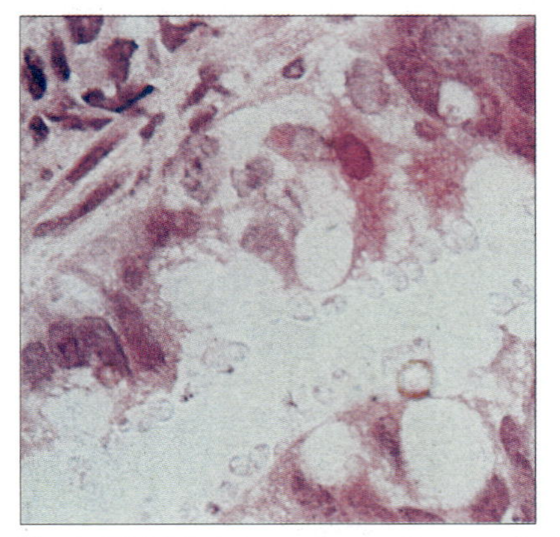

Figura 31.16 Inúmeros microrganismos nas microvilosidades do intestino na criptosporidiose. (Cortesia de J. Newman.)

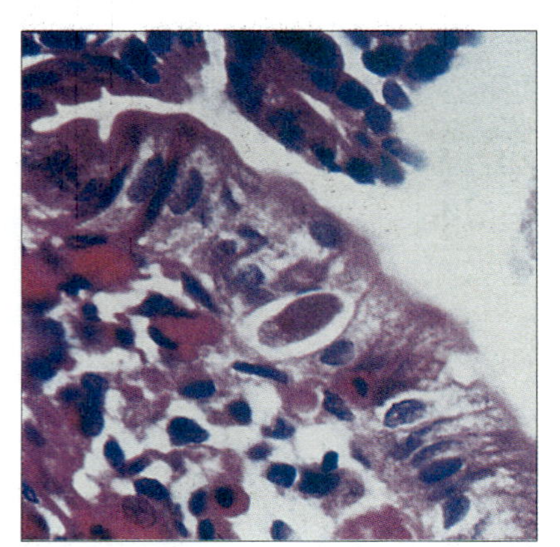

Figura 31.17 Coccidiose humana com um único *Isospora belli* no interior de uma célula epitelial e uma reação inflamatória crônica na lâmina própria. (Cortesia de G.N. Griffin.)

Como parte desta estratégia de prevenção, amostras de sangue são coletadas para detecção precoce da viremia ou da antigenemia que precede a doença. Por exemplo, doadores e receptores de transplantes são examinados quanto a IgG de CMV. O CMV causa uma doença clínica de amplo espectro nesse contexto, incluindo pneumonia, esofagite, colite, hepatite e encefalite. Se houver incompatibilidade entre o doador e o receptor (ou seja, se o doador for IgG CMV-positivo e o receptor for negativo), a infecção poderá ser adquirida do órgão ou da medula óssea do doador. Sempre que possível, os centros de transplantes procuram evitar esta situação, já que o risco de infecção primária por CMV logo no primeiro mês após o transplante é extremamente alto, como também a morbidade e a mortalidade. Neste caso, o monitoramento do DNA de CMV em amostras de sangue é feito regularmente após o transplante, para detectar precocemente a infecção e dar início à terapia antiviral o mais cedo possível. Alguns centros de transplantes instituem a terapia antiviral imediatamente após a intervenção neste contexto clínico no intuito de retardar o início da manifestação da infecção para um tempo em que o receptor estiver menos imunossuprimido. Receptores de órgãos de doadores IgG CMV-positivos correm o risco de reativação ou de reinfecção e deverão, também, ser monitorados regularmente após o transplante. Uma infecção primária por CMV é geralmente detectada em cerca de 4 semanas, enquanto a reativação ocorre 6-8 semanas pós-transplante.

A profilaxia antiviral contra a reativação de HSV, que pode ocorrer imediatamente após o transplante, é frequentemente realizada nos indivíduos receptores por um longo período de tempo após o transplante de medula óssea. O aciclovir é usado em dosagem baixa e é eficaz em prevenir reativação de HSV e vírus varicela-zóster (VVZ). Portanto, a vigilância viral não é realizada, mas se ocorrer infecção será importante coletar material das lesões para o isolamento do vírus ou a análise sequencial de seu genoma para determinar a suscetibilidade aos agentes antivirais. Lesões herpéticas podem ser persistentes e envolver os lábios, o esôfago e outras partes do trato gastrointestinal, além de poderem causar pneumonite, hepatite e encefalite.

Herpes-zóster, uma reativação da infecção por VVZ, pode ocorrer dentro de poucos meses após o transplante, afetando o dermatoma cutâneo suprido pelo nervo envolvido. Por vezes, a distribuição pode ser multidermatomial e pode ocorrer a disseminação para outros sítios.

Infecções, reinfecções ou reativações de HHV-6 e HHV-7 foram relatadas em pacientes transplantados, em particular quando apresentavam manifestações neurológicas, incluindo encefalite. O HHV-8 tem sido associado ao desenvolvimento de sarcoma de Kaposi (SK) tanto em indivíduos com AIDS quanto em indivíduos não infectados pelo HIV. Caso um receptor ou doador tenha sofrido infecção pelo vírus da hepatite B anteriormente, a profilaxia antiviral com lamivudina, tenofovir ou entecavir também é administrada para evitar a reativação. O monitoramento dos HBsAc e presença de DNA de HBV também é realizado em amostras de sangue.

A infecção por VEB pode causar o desenvolvimento de tumores

A infecção por VEB tem sido associada ao desenvolvimento de doença de Hodgkin, linfomas não Hodgkin em indivíduos com infecção por HIV, além de doença linfoproliferativa pós-transplante e de tumores de músculos lisos em crianças imunossuprimidas. O VEB apresenta um amplo aspecto de síndromes clínicas que vão desde mononucleose infecciosa a malignidades que incluem doença linfoproliferativa pós-transplante associada ao VEB (PTLD), com anormalidades cromossômicas clonais, com alta taxa de mortalidade, especialmente nos casos de tumores monoclonais. Os fatores de risco para o desenvolvimento de PTLD no receptor após o transplante de órgão sólido incluem infecção primária por VEB após transplante, incompatibilidade do doador e do receptor quanto ao contato com CMV, doença por CMV, intensidade e tipo de terapia imunossupressora. Com respeito à infecção por VEB, os receptores suscetíveis apresentam risco 10–76 vezes maior de desenvolver PTLD, em comparação com os receptores que foram previamente expostos ao VEB.

Como os dois picos de infecção primária por VEB ocorrem em crianças e adolescentes, a incidência de PTLD é maior em transplantados pediátricos. Além disso, sem uma eficaz resposta de células T citotóxicas em virtude da imunossupressão pós-transplante para prevenir rejeição de enxerto, os linfócitos B contaminados por VEB podem proliferar de forma descontrolada. Isto resulta em hiperplasia de células B com linfócitos CD20-positivos, que pode variar de uma forma policlonal e benigna ao desenvolvimento de uma forma de linfoma monoclonal ou oligoclonal de células B. A prevalência de PTLD em crianças que receberam transplante de fígado varia de 4% a 14%, dependendo do regime de imunossupressão. Estudos retrospectivos indicaram que até 50% de receptores pediátricos de transplantes com infecção primária por VEB apresentam risco de desenvolver PTLD. A infecção pode ser adquirida na comunidade ou no ambiente de transplante, do doador de órgão ou de componentes do sangue. A história natural da infecção por VEB e a fisiopatologia da linfoproliferação por VEB pós-transplante não são bem compreendidas.

Critérios diagnósticos para a PTLD associada ao VEB foram estabelecidos. Contudo, na ausência de experimentos randomizados e controlados por placebo, há pouca informação sobre a eficácia dos protocolos específicos para o tratamento. O tratamento de PTLD inclui a redução do estado de imunossupressão para permitir uma melhor resposta do hospedeiro para controlar a infecção, embora haja risco de rejeição do enxerto, usando-se rituximabe, um anticorpo monoclonal anti-CD20 que ataca células B com o receptor VEB, e quimioterapia. Tratamento de linfomas de pós-transplantados, por transferência adotiva de linfócitos T citotóxicos e VEB específicos, tem sido relatado.

Infecção por vírus respiratórios

Pacientes imunocomprometidos, especialmente os receptores de transplantes, exibem um risco elevado de desenvolver quadros de pneumonia e de morte quando apresentam infecção do trato respiratório com vírus como o vírus sincicial respiratório (RSV), influenza, parainfluenza e adenovírus. Medidas preventivas incluem imunização contra influenza, profilaxia com palivizumabe, um anticorpo monoclonal RSV-específico usado em instalações clínicas específicas, e diagnóstico precoce de uma infecção do trato respiratório superior usando testes de sensibilidade, como detecção de genoma viral. Há alguns tratamentos antivirais específicos que incluem oseltamivir para influenza e ribavirina para infecções por RSV.

Infecções por adenovírus apresentam uma elevada taxa de mortalidade

Infecções primárias ou reativadas por adenovírus podem resultar em doença disseminada em hospedeiros imunocomprometidos, particularmente em crianças e adultos que receberam transplante de medula óssea. Quadros de hepatite e de pneumonia são os mais frequentemente relatados. Novamente, a vigilância em relação ao adenovírus é por vezes feita nos centros de transplante pela coleta, após transplante, de amostras de sangue que são testadas quanto à presença do DNA do adenovírus, a fim de detectar viremia precoce. Quando esta for detectada, as opções de tratamento incluem a redução dos imunossupressores e o tratamento com agentes antivirais, tais como ribavirina ou cidofovir. Entretanto, foram raros os casos de pacientes que apresentavam quadros de infecções disseminadas que obtiveram sucesso com o tratamento.

Infecção pelos vírus da hepatite B e C em indivíduos transplantados

A infecção pelo vírus da hepatite B (HBV) apresenta aspectos imunopatológicos que ocasionam o desenvolvimento de icterícia em decorrência da lise dos hepatócitos portadores de antígeno de superfície da hepatite B causada pelas células T citotóxicas. O vírus integra-se aos hepatócitos após o desenvolvimento de quadro agudo de hepatite B. Para os indivíduos que foram infectados pelo vírus da hepatite B antes do transplante de medula óssea, ocorre maior probabilidade de reativação da infecção pós-transplante. Eles serão assintomáticos, visto que são imunossuprimidos, e não montarão uma resposta de células T citotóxicas até serem enxertados. É neste estágio que se tornarão sintomáticos, desenvolverão icterícia, e a morbidade e a mortalidade poderão ser altas. Profilaxia antiviral com agentes antivirais, como lamivudina, tenofovir ou entecavir, é usada para prevenir reativação, em conjunto com monitoramento de DNA de HBV. Tratamento antiviral será usado pré e pós-transplante se um receptor de transplante tiver uma infecção atual por HBV, isto é, for positivo para antígeno de superfície do vírus da hepatite B.

A hepatite C tomou o lugar da hepatite B como a principal causa viral de cirrose, levando a transplante de fígado quando opções de tratamento antiviral foram disponibilizadas. Em 2017, os indivíduos infectados por HCV com doença hepática avançada podiam ser tratados com antivirais de ação direta e foi relatado o potencial de retirar candidatos a transplante de fígado da lista.

O HCV também está associado à doença veno-oclusiva em receptores de transplante de medula óssea. Congestão venosa ocorre no fígado devido à vasculite não específica e resulta em necrose do fígado. Falência múltipla de órgãos pode ser precipitada por causa da elevada permeabilidade capilar pelo corpo todo.

O poliomavírus pode causar cistite hemorrágica e leucoencefalopatia multifocal progressiva

Os vírus BK e JC são poliomavírus adquiridos via trato respiratório que permanecem latentes nos rins e podem ser detectados na urina de receptores de transplante de medula óssea (Cap. 21). O quadro de virúria por BK está associado à cistite hemorrágica.

O vírus JC pode se reativar e se disseminar para causar infecções no sistema nervoso central, como leucoencefalopatia multifocal progressiva (LMP) em indivíduos com AIDS. No entanto, desde o advento da HAART, resultando em contagens maiores de CD4 e carga de HIV suprimida, a LPM é menos frequentemente observada.

PRINCIPAIS CONCEITOS

- Uma pessoa imunocomprometida é aquela cujas defesas normais contra as infecções estão imperfeitas. As imunodeficiências podem envolver o sistema imune inato ou adaptativo e podem ser primárias ou secundárias.
- Os pacientes imunocomprometidos podem ser infectados com qualquer dos patógenos capazes de infectar indivíduos imunocompetentes. Adicionalmente, eles sofrem de muitas infecções causadas por patógenos oportunistas. O tipo de infecção relaciona-se com a natureza do imunocomprometimento.
- A terapia antimicrobiana eficaz é muitas vezes difícil de ser conseguida na ausência de uma resposta imune funcional, mesmo quando o patógeno é suscetível *in vitro* à droga testada.
- Bactérias oportunistas importantes incluem *P. aeruginosa*, especialmente em pacientes neutropênicos e naqueles que se apresentam com extensas queimaduras, e *S. epidermidis* em pacientes que fazem uso de dispositivos plásticos *in situ*. Na AIDS, as bactérias oportunistas predominantes são patógenos intracelulares que se beneficiam da falta de imunidade mediada por células.
- Neutropenia após terapia citotóxica e em infecção avançada por HIV (AIDS) predispõe a infecções fúngicas (p. ex., *Candida*, *Aspergillus* e *Cryptococcus*), especialmente quando o paciente tiver recebido, previamente, terapia antibacteriana.
- As infecções virais são mais comuns e graves em pacientes imunodeficientes do que em pacientes imunocompetentes, particularmente a reativação de infecções latentes (p. ex., HSV, CMV, JCV).

SEÇÃO

5

Diagnóstico e controle

Diagnóstico de infecção e avaliação de mecanismos de defesa do hospedeiro

Introdução

Amostras de boa qualidade são necessárias para diagnósticos microbiológicos confiáveis

A identificação exata do microrganismo causador de uma infecção vem se tornando cada vez mais importante em razão de hoje haver a possibilidade de intervenção terapêutica. Um trabalho bem-sucedido só é possível com a interação positiva entre o médico e o microbiologista: o médico precisa estar ciente da complexidade dos testes e do tempo necessário para se chegar a um resultado. Por sua vez, o microbiologista deve avaliar a natureza da condição do paciente e ser capaz de ajudar o médico na interpretação do laudo laboratorial. Um passo fundamental em qualquer diagnóstico é a escolha de uma amostra apropriada, o que, no final das contas, depende da compreensão da patogênese das infecções.

A microbiologia difere das demais especialidades do laboratório clínico no nível de interpretação necessário. Quando uma amostra é recebida, o microbiologista deve decidir sobre os procedimentos laboratoriais adequados, e o resultado microbiológico deve ser interpretado levando em consideração a amostra clínica e o paciente.

OBJETIVOS DO LABORATÓRIO DE MICROBIOLOGIA CLÍNICA

Os objetivos do laboratório de microbiologia são:

- fornecer informações precisas sobre a presença ou ausência em amostras de microrganismos que possam estar envolvidos no processo de doença de um paciente;
- quando relevante, fornecer informações sobre a suscetibilidade dos microrganismos isolados aos antimicrobianos.

A identificação é obtida detectando-se o microrganismo ou seus produtos, ou a resposta imune do paciente

Os testes de laboratório são conduzidos para:

- detectar microrganismos ou seus produtos em amostras coletadas do paciente;
- detectar a resposta imune do paciente (produção de anticorpos) à infecção.

Embora existam diferentes protocolos para diferentes amostras (p. ex., urina, fezes, trato genital, sangue etc.), os testes enquadram-se em três categorias principais:

1. *Identificação de microrganismos por isolamento e cultura.* Os microrganismos podem se proliferar em meios artificiais ou, no caso dos vírus, em culturas celulares. Em alguns casos, a quantificação é importante (p. ex., valores acima de 10^5 bactérias/mL de urina indicam uma infecção, enquanto valores menores não; Cap. 21). Uma vez que um microrganismo é isolado em uma cultura, pode-se determinar sua suscetibilidade a substâncias antimicrobianas.
2. *Identificação de um gene ou produto microbiano específico.* As técnicas que não dependem da cultura para crescimento e multiplicação de microrganismos a serem detectados têm o potencial de alcançar resultados mais rápidos. Elas incluem a detecção de componentes estruturais da célula (como os antígenos da parede celular) e de produtos extracelulares (como as toxinas). Como alternativa, os métodos moleculares estão cada vez mais disponíveis, como a detecção de sequências de gene específicos diretamente em amostras clínicas por meio do uso de sondas de DNA ou a reação em cadeia de polimerase (PCR; ver adiante). Essas técnicas são potencialmente aplicáveis a todos os microrganismos, mas a suscetibilidade antimicrobiana real não pode ser determinada sem a cultura (embora seja possível detectar a presença de genes de resistência por análise molecular).
3. *Detecção de anticorpos específicos a um patógeno.* Esta abordagem é especialmente importante quando o patógeno não pode ser cultivado em laboratório (p. ex., *Treponema pallidum* e muitos vírus) ou quando as culturas forem particularmente arriscadas à equipe do laboratório (p. ex., cultura de *Francisella tularensis*, que provoca tularemia, ou do fungo *Coccidioides immitis*). A detecção de anticorpos IgM e/ou IgG em uma única amostra de soro coletada durante a fase aguda da doença pode ser útil no diagnóstico, por exemplo, de IgM específica para a rubéola, de IgM para hepatite A e do antígeno de superfície HepB para hepatite B, ou em doenças raras como febre de Lassa. O método diagnóstico clássico é a detecção de um aumento (quatro vezes ou mais) no título de anticorpos entre amostras de soro "pareadas", coletadas na fase aguda de uma infecção (5-7 dias após o início dos sintomas) e durante a convalescença (p. ex., após 3-4 semanas). Esses testes tendem, portanto, a produzir diagnósticos tardios ou retrospectivos, fornecendo ajuda limitada para a conduta clínica.

PROCESSAMENTO DE AMOSTRA

O manuseio da amostra e a interpretação dos resultados baseiam-se no conhecimento da microbiota normal e de contaminantes

As amostras destinadas à cultura de microrganismos podem ser divididas em dois tipos:

- aqueles extraídos de locais normalmente estéreis;

- aqueles extraídos de locais normalmente providos de microrganismos comensais (Quadro 32.1; Cap. 9).

O conhecimento abrangente dos microrganismos normalmente isolados de amostras provenientes de locais não estéreis e dos contaminantes comuns de amostras coletadas de locais estéreis é importante para assegurar o manuseio apropriado desse material e a interpretação correta dos resultados. Algumas amostras de locais que são normalmente considerados estéreis (p. ex., urina [bexiga] e escarro [trato respiratório inferior]) são normalmente coletadas após a sua passagem por mucosas contendo flora normal, que pode contaminar esse material. Esse aspecto deve ser levado em conta na interpretação dos resultados de cultura dessas amostras.

O ideal seria que cada amostra que chega ao laboratório pudesse ser considerada em conjunto com as informações fornecidas sobre o paciente e constantes no formulário de solicitação, de modo que o microbiologista pudesse avaliar os patógenos prováveis e elaborar um plano de processamento "individualizado". Sabe-se, porém, que essa abordagem não é possível na prática, em razão das restrições de tempo e custo. Por isso, existe a tendência de se processarem amostras por tipo (p. ex., urina, sangue, fezes), e o microbiologista busca pelos patógenos mais facilmente cultivados e conhecidos por sua associação a cada tipo de amostra. Entretanto, se o laboratório dispuser de informações adequadas, como suspeita sobre a possível etiologia, mais patógenos fastidiosos ou incomuns poderão ser pesquisados, e poderá ser feita uma avaliação de suscetibilidade aos antibióticos mais relevante. Para se obter um resultado que identifique corretamente a infecção, são importantes a coleta de uma amostra apropriada, o uso de condições adequadas de transporte e o envio rápido das amostras ao laboratório. Todas essas condições afetam a exatidão dos laudos emitidos pelo laboratório e, consequentemente, seu valor para o médico e, em última análise, para o paciente. Os pontos principais a serem lembrados sobre a coleta de uma amostra são apresentados no Quadro 32.2.

A cultura de rotina leva pelo menos 18 horas para produzir um resultado

O tempo é fator-chave, pois os métodos convencionais de diagnóstico microbiológico dependem do crescimento e da identificação do patógeno. Resultados de cultura de rotina confiáveis não podem ser obtidos em menos de 18 horas e podem levar muito mais tempo (até várias semanas) para uma minoria de patógenos como a micobactérias, cujo crescimento é muito vagaroso. Os testes de suscetibilidade a antibióticos envolvem um período de incubação adicional. Assim, o processamento de uma amostra pode ser categorizado de acordo com o tempo necessário para obter um resultado e com o método — empregando ou não a cultura. Uma alternativa mais imediata para o diagnóstico de uma infecção é a via imunológica, que se baseia na detecção no sangue do paciente de uma resposta de anticorpos para um suposto patógeno, ou uma resposta molecular como a PCR e sondas de ácido nucleico (ver adiante).

O CULTIVO (CULTURA) DE MICRORGANISMOS

Bactérias e fungos podem ser cultivados em meios nutrientes sólidos ou líquidos

Embora as culturas possam ser feitas em meios líquidos (caldo), não é possível a confirmação da presença de mais de uma

Quadro 32.1 Locais de Amostragem, o Microbioma Normal e Interpretação de Resultados

Locais do corpo que normalmente são estéreis

- Sangue e medula óssea
- Líquido cefalorraquidiano
- Fluidos serosos
- Tecidos
- Trato respiratório inferior
- Bexiga

Locais do corpo que têm microrganismos comensais normais

- Boca, nariz e trato respiratório superior
- Pele
- Trato gastrointestinal
- Trato genital feminino
- Uretra

Alguns locais do corpo são estéreis em indivíduos sadios, de modo que o crescimento de qualquer microrganismo é indicativo de infecção, desde que a amostra tenha sido coletada e transportada apropriadamente e examinada imediatamente no laboratório. O significado dos isolados de locais que possuem flora comensal depende da sua identidade e quantidade, assim como da condição imune do paciente.

Quadro 32.2 Etapas Importantes na Coleta de Amostras e Remessa ao Laboratório

- Colete a amostra adequada, por exemplo, sangue e líquido cefalorraquidiano na suspeita de meningite.
- Colete a amostra no momento apropriado, durante a fase aguda da doença, como esfregaços para malária, isolamento de vírus, detecção do genoma viral, detecção de IgM.
- Se possível, colete a amostra antes de o paciente receber antimicrobianos.
- Colete material suficiente e um número adequado de amostras, por exemplo, sangue suficiente para mais de um conjunto de culturas de sangue.
- Evite contaminação: pela flora normal, por exemplo: urina de jato médio, equipamento não estéril.
- Use os recipientes corretos e meios de transporte adequados.
- Identifique corretamente as amostras.
- Preencha o formulário de requisição com informações clínicas suficientes e uma indicação da possível etiologia.
- Informe o laboratório se forem necessários testes especiais.
- Transporte as amostras o mais rápido possível até o laboratório.

A responsabilidade do médico não termina com a coleta da amostra e a solicitação de exames. A boa comunicação com o microbiologista é essencial.

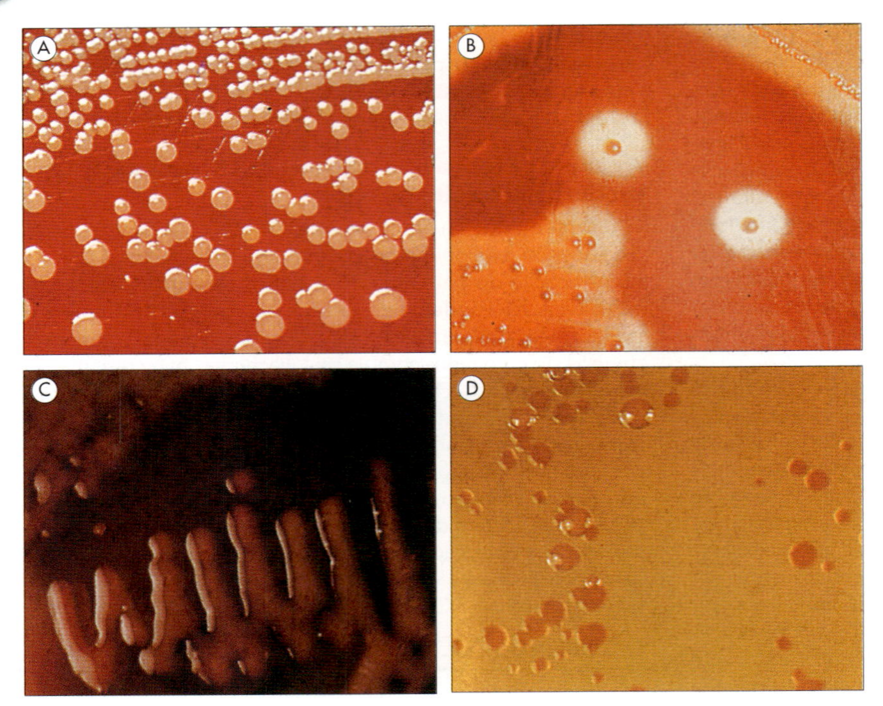

Figura 32.1 Colônias bacterianas. Uma célula bacteriana implantada em um meio nutritivo sólido se multiplica para produzir uma colônia contendo milhões de células. Espécies diferentes produzem colônias com características diferentes, e isso pode ser usado como uma indicação preliminar quanto à identidade do microrganismo. (A) Colônias douradas de *Staphylococcus aureus*. (B) Características adicionais, como a capacidade de lisar os glóbulos vermelhos, podem ser demonstradas através da cultura de bactérias em meios contendo sangue. Aqui, a beta-hemólise (hemólise completa) é produzida por *Streptococcus pyogenes* em ágar sangue. (C) Meios de cultura podem ser feitos seletivamente por meio da inclusão de agentes que inibem algumas espécies. Por exemplo, o ágar MacConkey contém sais biliares, de modo que somente os microrganismos tolerantes à bile irão crescer. Além disso, ele contém lactose e um indicador de pH. As espécies que fermentam a lactose mudam o indicador para um rosa-choque. (D) Espécies que não fermentam a lactose, como a *Salmonella* e a *Shigella*, formam colônias amareladas.

espécie nesse tipo de cultivo. Assim, em microbiologia diagnóstica, os meios sólidos são mais úteis. Bactérias e fungos crescem na superfície de meios nutrientes sólidos (à base de ágar), produzindo colônias compostas de milhares de células derivadas de uma única célula implantada na superfície. As colônias de diferentes espécies frequentemente têm aspectos característicos, que podem sinalizar sua provável identidade (Fig. 32.1).

Espécies diferentes de bactérias e fungos apresentam exigências diferentes para seu crescimento

No laboratório, é possível obter o crescimento da maioria das espécies de bactérias e fungos de importância médica em meios artificiais, mas não existe um meio de cultura universal que dê suporte ao crescimento de todas as espécies existentes, além de haver algumas cujo crescimento só pode ser conduzido em animais (p. ex., *Mycobacterium leprae* e *Treponema pallidum*). Algumas bactérias que não podem ser cultivadas em meios artificiais (como *Chlamydia* e *Rickettsia*) podem crescer em culturas celulares (ver adiante).

Muitos meios de cultura são elaborados não só para permitir o crescimento dos microrganismos desejados, mas também para inibir o crescimento de outros microrganismos (ou seja, tratam-se de "meios de cultura seletivos").

As amostras coletadas de sítios corporais com microbiota comensal normal conterão uma mistura de microrganismos, dentre os quais o patógeno que precisa ser reconhecido. As amostras são semeadas em uma variedade cuidadosamente escolhida de meios nutrientes e meios seletivos para produzirem colônias isoladas, assegurando uma cultura pura. Essas colônias são subcultivadas em meios frescos para a identificação e testes de suscetibilidade a antibióticos (ver adiante), que é um procedimento que pode levar 48 horas ou mais pelas abordagens convencionais (não moleculares).

Parasitos como *Leishmania*, *Trypanosoma* e *Trichomonas* podem ser cultivados em meio líquido para permitir que pequenos números presentes na amostra original (como sangue e secreção vaginal) se multipliquem e assim facilitem a detecção por exame microscópico. Os parasitos não formam colônias em meios sólidos, como acontece com bactérias e fungos.

O cultivo de vírus, clamídia e riquétsia deve ser realizado em culturas celulares ou de tecidos

Esse processo é necessário porque tais microrganismos não são capazes de viver como formas de vida livre. As culturas celulares usadas no laboratório diagnóstico são células humanas ou de animais adaptadas ao crescimento *in vitro* e que podem ser armazenadas a -80 °C até serem usadas. A amostra é introduzida no meio de cultura e o crescimento/multiplicação permite então a detecção. As técnicas de cultura celular são específicas, trabalhosas, e levam tempo para produzir um resultado observável (> 1 semana para o citomegalovírus). Portanto, métodos alternativos como a detecção de antígenos e a detecção de anticorpos (ver adiante) e as abordagens baseadas na PCR são importantes para o diagnóstico.

IDENTIFICAÇÃO DE MICRORGANISMOS DESENVOLVIDOS EM MEIO DE CULTURA

As bactérias são identificadas por características simples e propriedades bioquímicas

A identificação preliminar de muitas bactérias de importância médica tem sido feita tradicionalmente com base em algumas das seguintes características simples das células (Fig. 32.2):

- reação de Gram;
- morfologia celular (como bastonetes ou cocos) e arranjo (como pares ou cadeias);
- capacidade de crescer em condições aeróbias ou anaeróbias;
- requisitos de crescimento (simples ou fastidiosos).

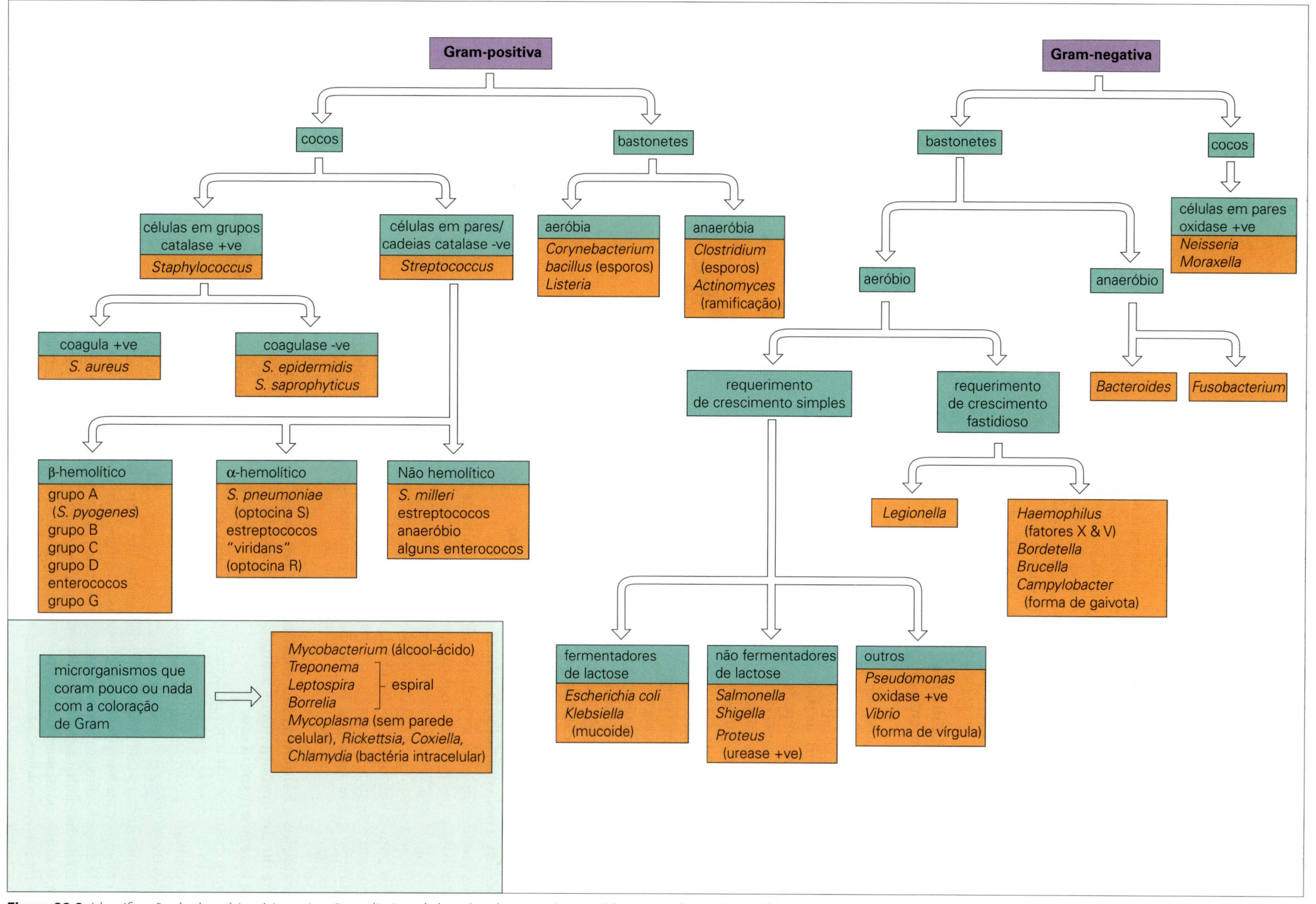

Figura 32.2 Identificação das bactérias. A investigação preliminar da bactéria de importância médica era tradicionalmente feita com base em algumas características-chave (ver texto). Outras investigações podem então ser feitas com base nos testes bioquímicos e sorológicos.

A identificação mais precisa é feita com base em propriedades bioquímicas como:

- capacidade de produção de enzimas que possam ser detectadas por testes simples;
- capacidade de metabolizar açúcares por oxidação ou fermentação (aeróbica ou anaerobicamente);
- capacidade de usar uma gama de substratos para crescer (como glicose, lactose, sacarose).

Embora esses testes costumassem ser feitos individualmente (p. ex., em meio líquido contendo os reagentes especificamente exigidos), hoje em dia eles são comumente realizados com o uso de conjuntos (*kits*) comerciais ou sistemas automatizados, que fornecem uma identificação rápida (em 2 a 4 horas) do patógeno com base em perfis bioquímicos.

Algumas espécies são identificadas com base em seus antígenos pelo emprego de suspensões celulares que reagem com antissoros específicos.

A suscetibilidade aos antibióticos só pode ser determinada após o isolamento das bactérias em cultura pura

Existem vários métodos para a verificação de suscetibilidade aos antimicrobianos, incluindo a microdiluição em meio líquido (caldo) e abordagens que empregam instrumentos automatizados. Entretanto, os métodos mais amplamente usados para avaliar a suscetibilidade a antibióticos baseiam-se na aplicação de discos de papel de filtro contendo diferentes antibióticos sobre uma fina camada do microrganismo teste semeada em uma placa de ágar (ou seja, disco-difusão). Com a incubação durante a noite, os microrganismos crescem e se multiplicam, e os antibióticos se difundem para fora dos discos e inibem o crescimento bacteriano ao redor do disco. Assim, após o isolamento das bactérias de uma amostra, é ainda preciso outro período de incubação (durante a noite para a verificação do teste de disco-difusão) antes que os resultados da suscetibilidade aos antibióticos fiquem disponíveis. Os métodos para testes de suscetibilidade aos antibióticos estão descritos com mais detalhes no Capítulo 34.

Os fungos são identificados pelas características de suas colônias e pela morfologia celular

Os fungos são identificados a partir de colônias ou culturas puras, com base principalmente nas características coloniais (como cor) e pela morfologia das células individuais visualizadas ao microscópio (Fig. 32.3). Testes bioquímicos podem ser usados para a identificação detalhada de leveduras clinicamente importantes. Em geral, os fungos crescem mais vagarosamente que as bactérias, e a identificação final pode levar semanas.

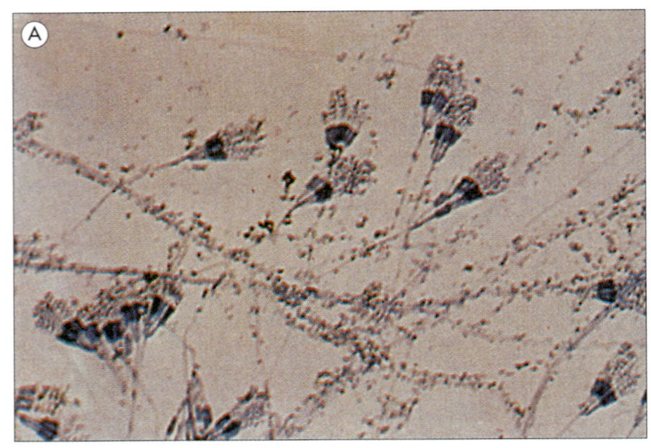

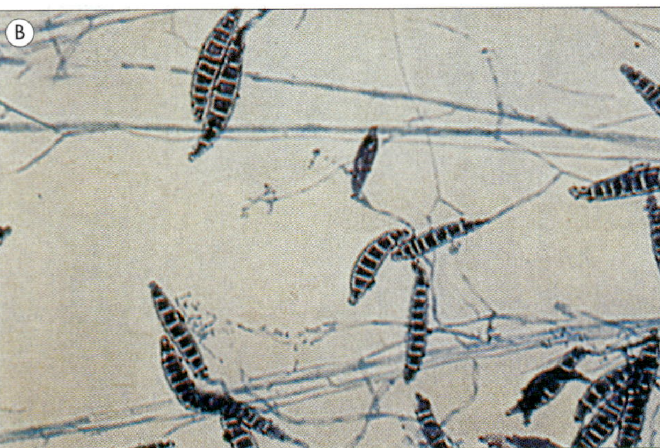

Figura 32.3 Fungos sob um microscópio. Fungos podem ser cultivados em meios de cultura ágar da mesma forma que as bactérias, mas a maioria das espécies crescem muito mais lentamente do que as bactérias e pode levar semanas para formar uma colônia. Características coloniais (como a cor) são úteis na identificação de fungos, mas a confirmação depende do exame microscópico das estruturas de hifas e esporos. (A) *Penicillium* em um preparo fresco mostrando os conidióforos e conídios livres. (B) Macroconídia de *Microsporum canis* corado com azul-algodão de lactofenol.

Os protozoários e helmintos são identificados por meio de exame direto, embora novos métodos moleculares também estejam disponíveis

Muitos protozoários e parasitos podem ser identificados pelo exame direto de amostras sem necessidade de cultura e, portanto, os resultados podem ser obtidos no dia do recebimento da amostra no laboratório:

- Os protozoários são identificados, tradicionalmente, com base em suas características morfológicas — diferentes estágios do ciclo de vida do microrganismo podem estar visíveis em diferentes amostras do mesmo paciente e em vários estágios na doença (Fig. 32.4).
- Os helmintos são comumente identificados pela aparência macroscópica do verme (como *Ascaris* ou *Enterobius*) ou por exame microscópico de amostras (como fezes e urina) buscando ovos de, por exemplo, esquistossomos (Cap. 23).

Diversas abordagens moleculares melhoraram a capacidade de diagnóstico em relação aos métodos tradicionais.

Vírus são normalmente identificados por meio de testes sorológicos ou baseados em ácido nucleico

Vários vírus podem ser agora identificados por testes baseados no ácido nucleico (como a PCR; ver a seguir), bem como pela detecção dos antígenos virais e pela verificação da presença de anticorpos específicos no soro do paciente (ver adiante).

A espectrometria de massa anuncia uma nova era diagnóstica

Uma das abordagens mais promissoras na identificação de bactérias e fungos envolve o uso de espectrometria de massa ou, mais especificamente, espectrometria de massa de ionização e dessorção a *laser* assistida por matriz em tempo de voo (MALDI-TOF). MALDI-TOF está sendo cada vez mais utilizada para identificar patógenos microbianos por meio da análise das suas características distintivas na proteína da massa espectral predominante, que podem então ser comparadas aos bancos de dados estabelecidos de microrganismos conhecidos.

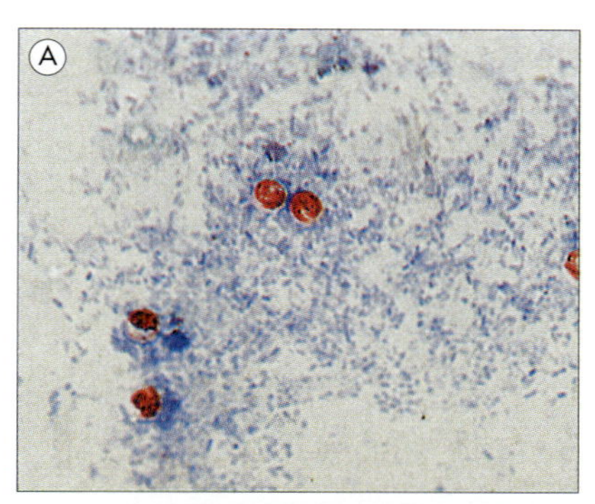

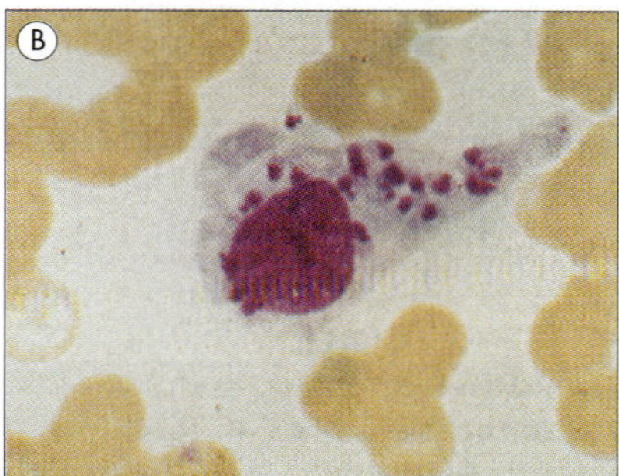

Figura 32.4 Embora alguns parasitos possam ser cultivados em laboratório, a identificação é normalmente baseada no aparecimento microscópico na amostra. (A) Coloração acidorresistente de *Cryptosporidium* nas fezes. Como as micobactérias, este microrganismo é capaz de reter a coloração cor-de-rosa do carbolfucsina quando desafiado com álcool-ácido. (B) *Leishmania donovani* (corpúsculos de Donovan) em uma preparação corada de uma amostra de medula óssea.

TÉCNICAS QUE NÃO EMPREGAM CULTURA PARA O DIAGNÓSTICO LABORATORIAL DE INFECÇÃO

As técnicas que independem de cultura não exigem a multiplicação dos microrganismos antes da sua detecção

Embora a microbiologia clínica venha sendo, há tempos, sinônimo do cultivo de microrganismos a partir de amostras de pacientes, essas técnicas são trabalhosas e demoradas na produção de resultados (dias, em vez de horas), pois a replicação dos microrganismos, sendo um passo necessário, limita a rapidez desses procedimentos. Além disso, alguns microrganismos não podem ser cultivados em meios artificiais, e é difícil recuperar microrganismos viáveis de amostras oriundas de pacientes tratados com substâncias antimicrobianas. As técnicas que independem de cultura não requerem a multiplicação do microrganismo antes de sua identificação. Técnicas como a microscopia, a detecção de antígenos microbianos em amostras, sondas de DNA e amplificação do DNA pela PCR também fornecem uma resposta rápida (em questão de minutos ou horas).

Microscopia

A microscopia representa um passo inicial importante no exame de amostras

A microscopia desempenha papel fundamental na microbiologia. Embora os microrganismos demonstrem uma grande variação em tamanho (Cap. 1), são muito pequenos para serem vistos individualmente a olho nu; portanto, um microscópio é uma ferramenta essencial na microbiologia. O microscópio óptico amplia os objetos, melhorando a resolução do olho nu de cerca de 100.000 nm (0,1 mm) para 200 nm; embora não seja usado rotineiramente em laboratórios de microbiologia clínica, o microscópio eletrônico pode melhorar esta resolução de 0,1 nm para 1,0 nm.

Microscopia óptica

A microscopia em campo claro é usada para examinar amostras e culturas como preparações a fresco ou coradas

As preparações a fresco são usadas para demonstrar:

- células sanguíneas e patógenos em amostras de fluidos como urina, fezes ou líquido cefalorraquidiano (LCR);
- cistos, ovos e parasitos nas fezes;
- fungos na pele;
- protozoários no sangue e nos tecidos.

Os microrganismos vivos podem ser examinados para detectar motilidade.

Os corantes são usados para que as células possam ser visualizadas com mais facilidade. Os corantes são normalmente aplicados em material seco que tenha sido fixado (por calor ou álcool) em lâmina para microscopia. As alíquotas das amostras, ou culturas puras, podem ser coradas. A lâmina poderá então ser examinada no microscópio óptico com objetiva com óleo de imersão, o que melhora o poder de resolução do equipamento.

A técnica de coloração diferencial mais importante em bacteriologia é o método de Gram

Os procedimentos de coloração diferencial exploram o fato de células com propriedades diferentes apresentarem coloração diferente e, por isso, permitirem sua distinção umas das outras. Com base em sua reação à técnica de coloração de Gram (Fig. 32.5), as bactérias são divididas em dois grandes grupos:

- Gram-positivas (coloração púrpura).
- Gram-negativas (coloração rosa).

Essa diferença está associada a distinções na estrutura das paredes celulares dos dois grupos (Cap. 2).

Colorações acidorresistentes são usadas para a detecção de micobactérias

Alguns microrganismos, especialmente as micobactérias, com paredes celulares ricas em lipídios, não se coram pelo método de Gram. Para demonstrar sua presença, são usadas técnicas especiais de coloração que se baseiam na habilidade desses microrganismos em reter o corante na presença de agentes de "descoloração", como ácido e álcool. A coloração de Ziehl-Neelsen (Fig. 20.24) é um procedimento clássico de coloração diferencial que usa calor para transportar o corante fucsina ao interior das células; as micobactérias coradas com fucsina resistem à descoloração com ácido e álcool e são, portanto, conhecidas como "ácido-e álcool-resistentes" (tipicamente abreviado para AFB, do inglês *Acid-Fast Bacteria*), enquanto outras bactérias perdem a coloração após o tratamento com ácido e álcool. Como alternativa, muitos laboratórios demonstram a presença desses microrganismos por meio de microscopia de fluorescência, com o uso do corante fluorescente auramina-rodamina, que possui forte afinidade com a parede celular rica em lipídios das micobactérias (Fig. 32.6).

Outras técnicas de coloração podem ser usadas para demonstrar características particulares das células

Exemplos de características particulares das células bacterianas incluem colorações para detectar esporos bacterianos, os grânulos de armazenamento de polimetafosfato (volutina) em espécies de *Corynebacterium* (pontos negros em células

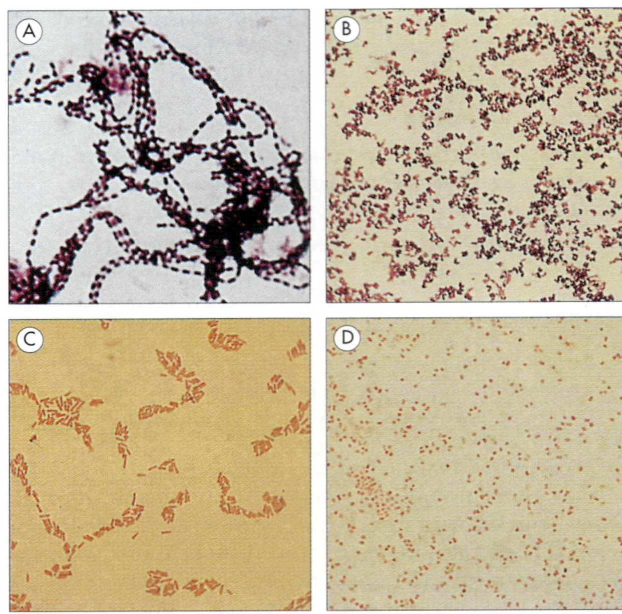

Figura 32.5 A coloração de Gram é o método de coloração mais importante para o estudo de bactérias. A combinação do corante violeta (cristal violeta) com iodo (atuando como mordente) adere à parede celular. Células Gram-positivas retêm o corante quando tratadas com acetona e permanecem com cor roxa. As células Gram-negativas perdem o corante roxo e se mostram incolores até serem coradas com um contracorante rosa (vermelho neutro ou safranina). O exame de esfregaços submetidos ao método de Gram também permite a observação da forma das células. A figura mostra alguns exemplos: (A) cocos Gram-positivos em cadeias (*Streptococcus*); (B) bastonetes Gram-positivos (*Listeria*); (C) bastonetes Gram-negativos (*E. coli*); (D) cocos Gram-negativos (*Neisseria*).

verde-azuladas com o uso de coloração de Albert), e os grânulos de armazenamento de lipídios nas espécies de *Bacillus* corados com Sudan black (lipídios pretos contra hemácias vermelhas).

A microscopia em campo escuro é útil para observar mobilidade e células delgadas como as espiroquetas

O microscópio óptico pode ser adaptado modificando-se o condensador, de modo que o objeto apareça brilhante contra um fundo escuro. Os microrganismos vivos podem ser examinados por microscopia em campo escuro e, com isso, a mobilidade pode ser observada. O método também é usado para visualizar células muito delgadas como as espiroquetas porque a luz refletida a partir de suas superfícies faz com que elas pareçam maiores e, portanto, mais fáceis de serem visualizadas do que quando examinadas por microscopia em campo claro (Fig. 32.7).

A microscopia em contraste de fase aumenta o contraste de uma imagem

Essa técnica reforça as mínimas diferenças no índice de refração e na densidade entre células vivas e o fluido no qual estão suspensas; produz, portanto, uma imagem com maior grau de contraste do que aquela obtida por microscopia em campo claro.

A microscopia de fluorescência é usada para substâncias naturalmente fluorescentes ou que tenham sido coradas com corantes fluorescentes

Se a luz de um comprimento de onda incide sobre um objeto fluorescente, este emite luz de um comprimento de onda

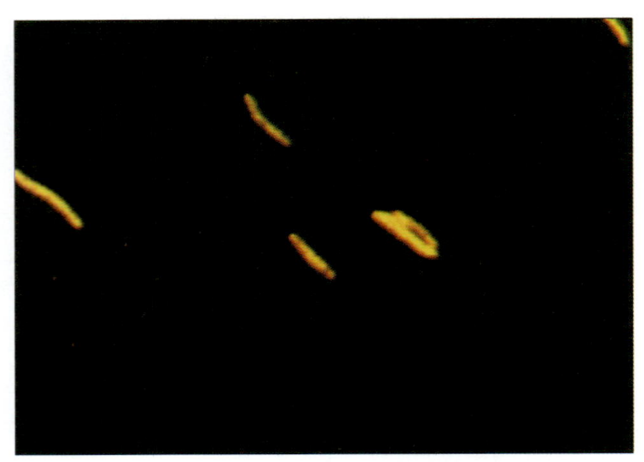

Figura 32.6 Coloração com fluorocromo de *Mycobacterium tuberculosis* com uma mistura de auramina O e rodamina B. As micobactérias mostram-se fluorescentes sob luz ultravioleta. (Cortesia de D.K. Banerjee.)

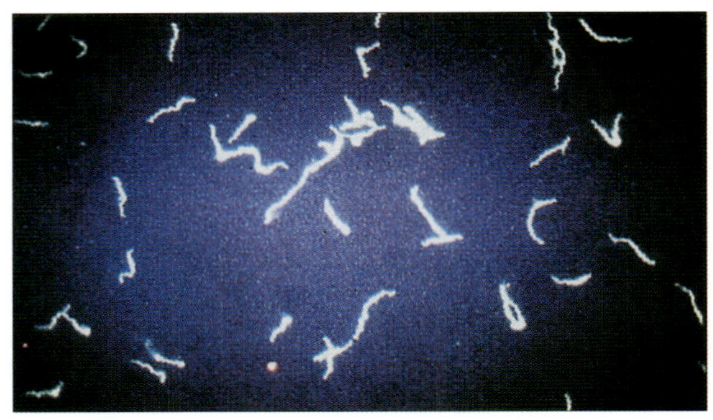

Figura 32.7 Espiroquetas visualizados por microscopia em campo escuro. Espiroquetas e leptospiras são muito mais delgadas que a maioria das células bacterianas (cerca de 0,1 μm de diâmetro, em comparação com 1 μm para *E. coli*), mas aparecem maiores quando visualizadas com iluminação em campo escuro.

diferente. Algumas substâncias biológicas são naturalmente fluorescentes; outras podem ser coradas com corantes fluorescentes e visualizadas em microscópio com uma fonte de luz ultravioleta, em vez de luz branca (Fig. 32.6).

A microscopia de fluorescência é amplamente usada em microbiologia e imunologia, e foi desenvolvida para detectar antígenos microbianos em amostras e tecidos por meio da "coloração" com anticorpos específicos marcados com corantes fluorescentes (imunofluorescência). Pode-se aumentar a sensibilidade desse método ou adaptá-lo para a detecção de anticorpos por meio da marcação de um segundo anticorpo em um teste indireto (Fig. 32.8).

Microscopia eletrônica

Embora não seja rotineiramente usada em laboratórios clínicos, a microscopia eletrônica fornece o que há de melhor na visualização de micróbios e pode auxiliar na identificação do microrganismo

A microscopia eletrônica usa um feixe de elétrons, em vez de luz, e ímãs para focalizar esse feixe, em vez das lentes usadas na microscopia óptica. Todo o sistema é operado sob alto vácuo. A penetração dos feixes de elétrons é insatisfatória, e uma única célula microbiana é muito espessa para ser visualizada diretamente. Para superar esse problema, a amostra é

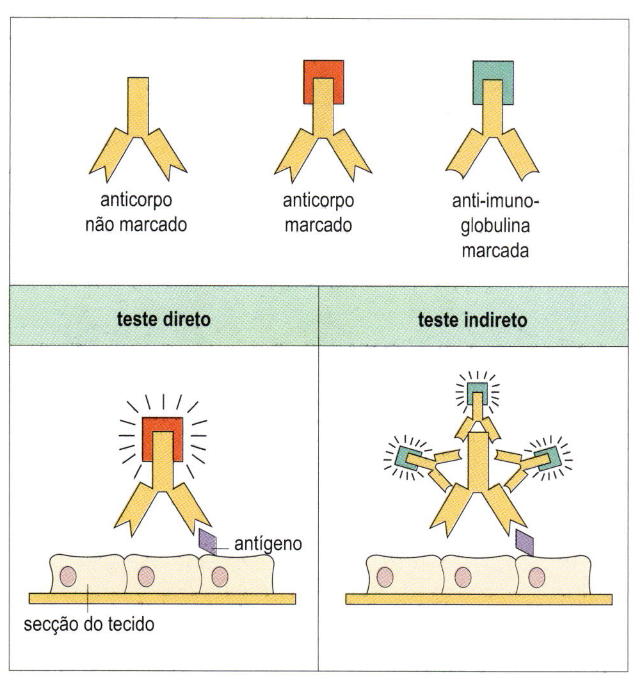

Figura 32.8 Teste de anticorpos fluorescentes para a detecção e identificação de antígenos microbianos (ou de tecidos) ou anticorpos direcionados contra eles. No teste direto, o anticorpo marcado com um corante fluorescente é aplicado ao corte de tecido contendo o antígeno; o anticorpo não ligado é eliminado por lavagem; e o anticorpo aderido mostrando a presença e a localização do antígeno é visualizado por microscopia de fluorescência. No teste indireto, o antígeno é revelado por tratamentos sucessivos com anticorpo não marcado antígeno-específico e a seguir com anti-imunoglobulina marcada com corante fluorescente, o que amplifica o sinal (por isso, se o primeiro anticorpo for humano, o anticorpo marcado será uma imunoglobulina anti-Ig humana).

fixada e montada em plástico e seccionada em cortes finos, que são examinados individualmente. Corantes eletrodensos, como tetróxido de ósmio, acetato de uranila ou glutaraldeído, são aplicados à amostra para melhorar o contraste. Os elétrons passam através dos cortes e produzem a imagem em uma tela fluorescente. Alternativamente, os elétrons interagem com a amostra em um certo ângulo para obter uma visão em três dimensões (microscopia eletrônica de varredura). Em todo caso, as imagens são fotografadas e ampliadas para que a amostra original seja aumentada milhares de vezes.

Detecção de antígenos microbianos em amostras

A detecção de antígenos microbianos específicos pode ser um método mais rápido de identificar a presença de um microrganismo do que a tentativa de cultivar e identificar o micróbio. Essa detecção pode ser feita por vários métodos, dentre os quais:

- aqueles que detectam antígenos por sua interação com anticorpos específicos;
- aqueles que detectam toxinas microbianas.

Esses métodos estão resumidos no Quadro 32.3. A detecção de genes microbianos por meio de sondas de DNA e PCR será discutida posteriormente neste capítulo.

Partículas de látex recobertas com anticorpos específicos reagirão com o microrganismo ou com seus produtos, resultando em aglutinação visível

Por exemplo, os agentes comumente associados à meningite bacteriana (p. ex., *Streptococcus pneumoniae* e *Haemophilus influenzae*) podem ser detectados no líquido cefalorraquidiano (LCR) misturando-se a amostra com anticorpos específicos revestidos em partículas de látex. Se o antígeno (ou seja, o microrganismo ou seu produto) estiver presente, as partículas formarão um aglutinado (Fig. 32.9). Esses testes dão resultado alguns minutos após o recebimento da amostra e são um método de diagnóstico útil quando o paciente tiver recebido antibióticos, condição que pode tornar os microrganismos morfologicamente irreconhecíveis no LCR, além de não crescerem na cultura.

Quadro 32.3 Técnicas que não Empregam Cultura para Detecção de Produtos Microbianos

Técnicas não específicas para a detecção de produtos microbianos

Ácidos graxos resultantes do metabolismo de anaeróbicos podem ser detectados em amostras de fluidos (p. ex., pus, sangue) por cromatografia gás-líquido.

Detecção de antígeno

Detecção de antígenos de carboidratos solúveis por aglutinação de partículas de látex ou hemácias revestidas por anticorpos (Fig. 32.9) como:

- Cápsula de *Streptococcus pneumoniae* em LCR e urina
- Cápsula de *Haemophilus influenzae* tipo b em LCR e urina
- Cápsula de *Cryptococcus neoformans* em LCR e urina
- Antígeno de grupo de *S. pyogenes* em suabes da garganta.

Detecção de antígenos específicos por meio da ligação a anticorpos marcados com:

- Enzimas (Fig. 32.10), como ELISA para hepatite B, rotavírus
- Moléculas fluorescentes (Fig. 32.8).

Detecção de toxina

A detecção de exotoxinas costumava envolver cultura de tecidos ou injeção em animais. A endotoxina da parede celular de bactérias Gram-negativas costumava ser detectada pela coagulação de extratos de amebócitos do caranguejo-ferradura (*Limulus*) (ensaio com lisado de *Limulus*), mas também pelos ensaios colorimétricos e turbidimétricos.

A identificação de produtos microbianos específicos pode ser um método mais rápido para detecção de microrganismos do que o isolamento e a cultura. As técnicas disponíveis variam em termos de especificidade. As toxinas podem ser detectadas ou por suas propriedades antigênicas ou pela demonstração de sua atividade. Métodos moleculares como a PCR são usados para avaliar o potencial de microrganismos para produzir produtos microbianos específicos (p. ex., toxinas) pela detecção de seus respectivos genes.

A técnica de imunoensaio pode ser usada para mensurar a concentração de antígenos

Normalmente, um anticorpo é adsorvido por conveniência em uma fase sólida, e a quantidade de antígenos ligados é avaliada usando um segundo anticorpo marcado com uma

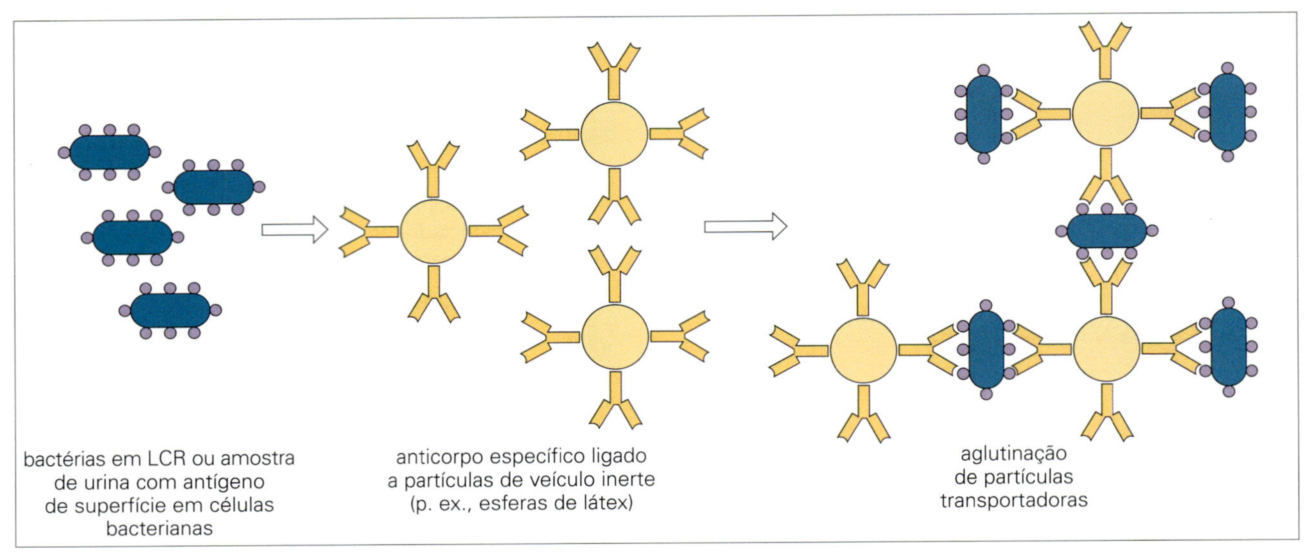

Figura 32.9 Quando uma amostra de líquido cefalorraquidiano (LCR) contendo bactérias (p. ex., *Haemophilus influenzae*) é misturada a uma suspensão de partículas de látex revestidas com anticorpos específicos (p. ex., anticorpos anticapsulares de *H. influenzae*), a interação entre antígenos e anticorpos provoca uma aglutinação imediata das partículas, o que é visível a olho nu.

enzima que age sobre uma substância para produzir uma cor ou luminosidade (Fig. 32.10), ou uma sonda fluorescente.

- O teste que usa um marcador enzimático é conhecido como ELISA (ensaio de imunoadsorção enzimática).
- O uso de marcadores quimioluminescentes ou fluorescentes fornece ensaios de sensibilidade muito alta.

Técnicas mais modernas permitem que múltiplos ensaios sejam feitos em amostras únicas (ver adiante).

Anticorpos monoclonais podem fazer a distinção entre espécies ou entre cepas da mesma espécie com base na presença de diferenças antigênicas

Os hibridomas produzidos pela fusão de células B tumorais "imortalizadas" e células produtoras de anticorpos procedentes de indivíduos normais fornecem uma fonte abundante de anticorpos monoclonais, todos com especificidades idênticas para seu antígeno de relevância. Estes anticorpos monoclonais

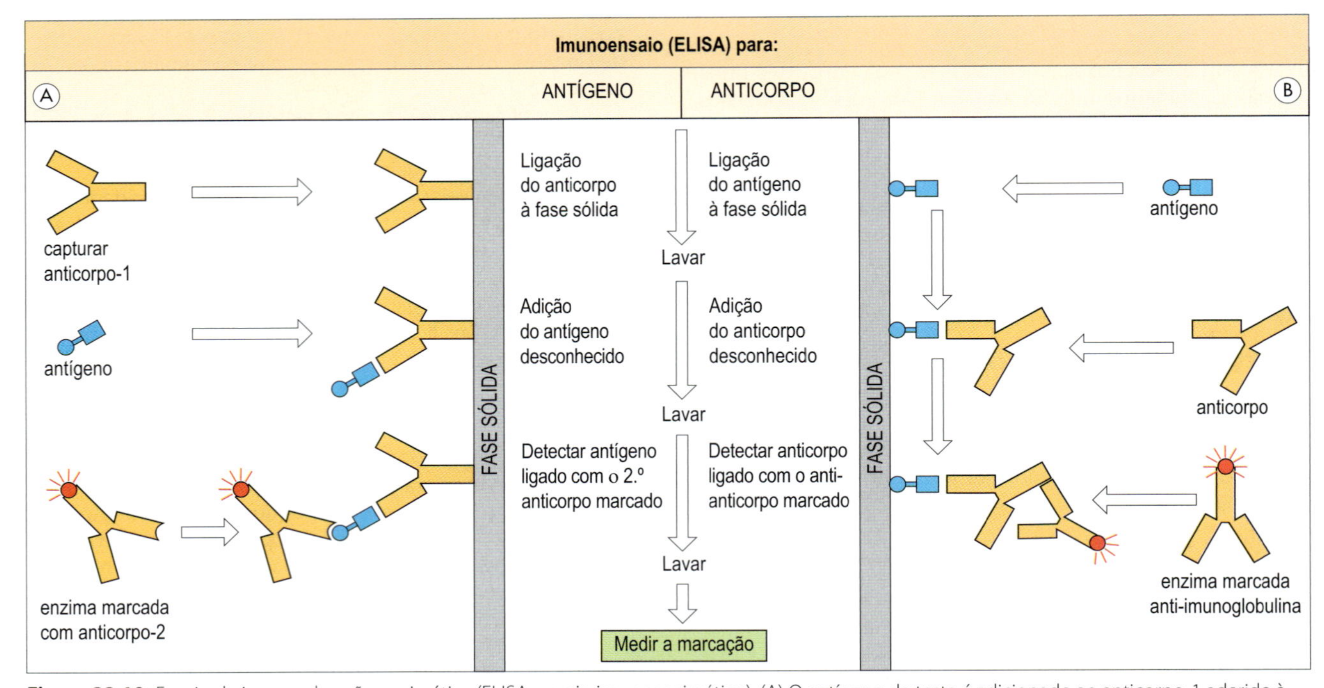

Figura 32.10 Ensaio de imunoadsorção enzimática (ELISA, ensaio imunoenzimático). (A) O antígeno de teste é adicionado ao anticorpo-1 aderido à fase sólida, e a sua ligação ao anticorpo é medida pela adição de um segundo anticorpo marcado com enzima. Em seguida, é feita a leitura da enzima aderida (peroxidase ou fosfatase alcalina) por meio de uma reação colorimétrica ou luminométrica. Em alguns casos, especialmente com antígenos menores, os sítios desocupados podem ser detectados adicionando-se uma quantidade conhecida do antígeno marcado. (B) O anticorpo a ser testado é adicionado ao antígeno imobilizado na fase sólida e detectado pela adição de uma anti-imunoglobulina marcada com enzima. (Compare com o teste indireto na Figura 32.8 que usa uma anti-imunoglobulina fluorescente para detectar anticorpos aderidos. Da mesma forma, nesses ensaios mencionados, a molécula marcadora pode ser uma sonda fluorescente em lugar de uma enzima.)

podem ser usados como ferramentas diagnósticas. No teste de ELISA direto (ver referência anterior), anticorpos monoclonais conjugados com enzimas são empregados com frequência para detectar antígenos em amostras de pacientes. Rotavírus, HIV, vírus da hepatite B, herpesvírus e vírus sincicial respiratório (RSV) podem ser detectados diretamente por anticorpos monoclonais em testes de ELISA. A infecção por *Chlamydia trachomatis* pode ser diagnosticada em poucas horas pelo teste direto com anticorpos fluorescentes empregando um anticorpo monoclonal marcado com fluoresceína (Fig. 32.8; Cap. 22).

Detecção de micróbios por meio da busca de seus genes

Microrganismos podem ser identificados por meio de sondas de ácido nucleico compatíveis com as sequências genéticas específicas

Uma sonda genética consiste em uma molécula de ácido nucleico que, quando tem uma das fitas marcada, pode ser usada para detectar uma sequência complementar de DNA por meio de hibridação a ela. As sondas de ácido nucleico são marcadas com um corante fluorescente e hibridizadas ao ácido nucleico microbiano extraído e desnaturado por calor (para a obtenção das fitas únicas), e então imobilizados em uma membrana de nitrocelulose. A sonda marcada pode ser visualizada por métodos de quimiluminescência, dependendo do marcador usado. Tais técnicas de "transferência" (*blotting*) são demoradas e estão sujeitas à contaminação no uso rotineiro e foram superadas pelos métodos de reação em cadeia da polimerase (PCR).

A reação em cadeia da polimerase (PCR) pode ser usada para amplificar uma sequência específica de DNA com produção de milhões de cópias em poucas horas

A PCR tem a capacidade de detectar um único gene-alvo, isto é, um único microrganismo em uma amostra analisada (Fig. 32.11) em 1-3 horas, dependendo do tipo de técnica usada. É particularmente útil para o trabalho diagnóstico com patógenos (p. ex., vírus) difíceis de cultivar. Os métodos mais antigos exigiam que os produtos da PCR fossem analisados em géis de agarose e, para a confirmação do diagnóstico, eram utilizadas sondas de ácido nucleico para identificar o alvo de forma inequívoca. Esse procedimento elevava consideravelmente o tempo de análise.

Para fins diagnósticos, a PCR tradicional foi substituída em grande parte pela PCR em tempo real

A PCR em tempo real utiliza basicamente os mesmos reagentes e técnicas que a PCR original, mas com a adição de sondas de sequência específica marcadas por fluorescência. A sonda TaqMan é um dos tipos mais amplamente utilizados, porque ela é relativamente fácil de projetar e demonstra níveis inerentemente baixos de fluorescência de fundo (Fig. 32.12A). A sequência da sonda de nucleotídeos apresenta duas moléculas fluorescentes ligadas a ela: na extremidade 5′, um corante

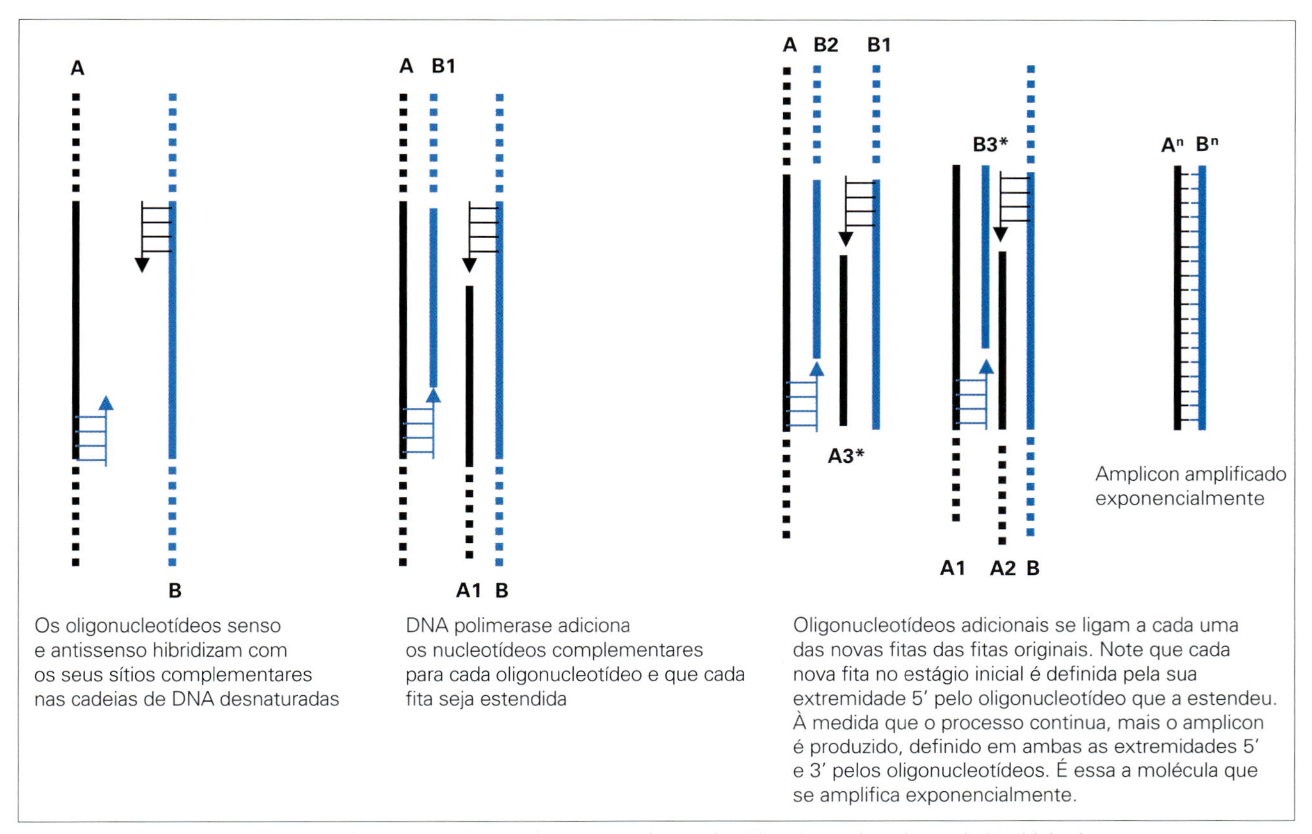

Figura 32.11 Reação em cadeia de polimerase convencional. Pequenos oligonucleotídeos (cerca de 20 bases de DNA) hibridizam-se com as sequências complementares de cada fita de DNA a ser amplificada. As fitas são separadas por desnaturação, permitindo a ligação dos iniciadores, e são estendidas pela enzima polimerase termoestável, que adiciona os nucleotídeos complementares por meio de ciclos térmicos repetidos de desnaturação, anelamento e extensão (de 30 a 60 vezes). As fitas originais a serem amplificadas são mostradas na figura como A e B, com numeração das cópias subsequentes amplificadas. Após os ciclos de amplificação, o fragmento de DNA desejado (amplicon) é copiado exponencialmente.

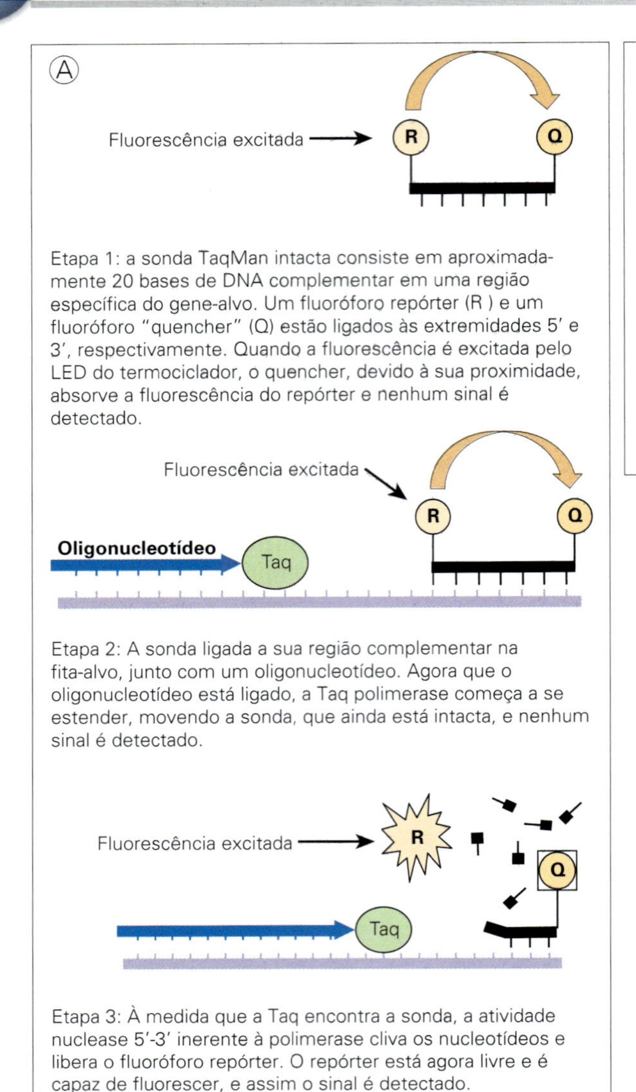

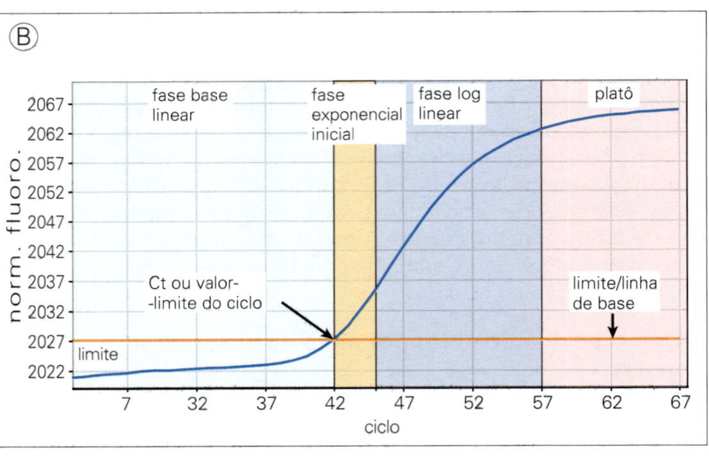

Figura 32.12 PCR em tempo real. (A) As etapas envolvidas na detecção em tempo real de produtos da PCR por sondas TaqMan. (B) Uma curva típica de amplificação da PCR em tempo real em formato de S. O número de ciclos na reação é mostrado no eixo X e os níveis de fluorescência, derivados da sonda TaqMan, representando o amplicon acumulado, são mostrados no eixo Y. O limite ou o valor basal pode ser estabelecido pelo usuário. O valor Ct representa o número do ciclo da PCR em que começa a fase exponencial de amplificação.

repórter, e na extremidade 3', uma molécula supressora. Quando a sonda está intacta, não é identificado nenhum sinal devido à proximidade repórter-supressora; qualquer fluorescência emitida pelo repórter é imediatamente absorvida, uma característica que contribui para o baixo histórico da reação. Durante a PCR, a reação em cadeia da polimerase remove os nucleotídeos 5' aos quais o corante repórter está ligado. O corante repórter agora está livre para se distanciar da molécula supressora e sua fluorescência pode ser detectada. Esta atividade 5'-3' de exonuclease é uma capacidade inerente de leitura de prova da enzima, que remove regiões de DNA de fita dupla inesperadas e restringe a sonda para registrar a fluorescência somente enquanto a PCR estiver funcionando. O resultado é a capacidade de monitorar o processo de amplificação em tempo real (por isso o nome). A quantidade de fluorescência detectada durante a reação é diretamente proporcional à quantidade de amplicon produzida (Fig. 32.12B). A inclusão de um conjunto de padrões de DNA pré-quantificados que serão coamplificados durante a reação permite que o número de cópia de ácido nucleico na amostra original seja estimado. Por não haver a necessidade de análise pós-PCR, os tubos de reação não precisam ser abertos, o que reduz o potencial de contaminação e fornece resultados em pouco tempo, como em 1 hora. Se o ácido nucleico do patógeno estiver na forma de RNA, primeiro precisa ser convertido em DNA complementar (cDNA), antes de poder ser amplificado. Isso pode ser feito em uma etapa enzimática empregando-se uma transcriptase reversa, antes da PCR (RT-PCR).

Mais de um patógeno pode ser detectado em uma única reação – multiplex

Pode-se realizar multiplex na PCR adicionando iniciadores e sondas para mais de um patógeno, reduzindo ainda mais os custos e o tempo para o diagnóstico. A multiplexagem é uma abordagem extremamente útil para a PCR diagnóstica, que, além de seus benefícios econômicos, permite que os testes sejam agrupados em síndromes de doenças, como infecções respiratórias ou sexualmente adquiridas, tornando o procedimento de solicitação e diagnóstico muito mais eficiente. A abordagem sindrômica também pode fornecer um diagnóstico para múltiplas infecções e patógenos não solicitados originalmente pelo médico. Por exemplo, a análise de um suabe da região glútea de um paciente em consulta em uma clínica de saúde sexual, com um provável diagnóstico de HSV, pode revelar herpes-zóster (cobreiro), não considerado como parte do diagnóstico diferencial original. As limitações técnicas atuais a esta abordagem estão relacionadas ao número de corantes fluorescentes disponíveis atualmente detectando até quatro alvos, enquanto um painel respiratório viral típico pode consistir em até 12 patógenos. Abordagens para níveis mais altos de multiplexagem estão atualmente em desenvolvimento.

Avanços nos diagnósticos moleculares para doenças infecciosas: técnicas baseadas em sequenciamento

Sequenciamento de terminação de cadeia (método dideoxi)

Este método foi desenvolvido na década de 1970 por Fredrick Sanger e colegas (sequenciamento de Sanger) e, embora novas técnicas continuem sendo desenvolvidas, ainda é a base da tecnologia de sequenciamento de rotina. A reação é semelhante à PCR; uma DNA polimerase é usada para produzir cópias do ácido nucleico a ser sequenciado. Porém, além das quatro bases de desoxirribonucleotídeo trifosfato (dNTPs), quatro bases análogas de didesoxirribonucleotídeo (ddNTPs) também são usadas (Fig. 32.13A e B). Os ddNTPs não possuem o grupo 3′-OH na ribose dos dNTPs necessária para a extensão da molécula de DNA. Quando uma dessas moléculas é incorporada na cadeia crescente, a extensão é finalizada, por isso o nome do método. Cada um dos quatro ddNTPs é marcado com um corante fluorescente diferente que emite luz em comprimentos de ondas distintos. Os fragmentos são separados, por eletroforese, de acordo com seu comprimento. Um *laser* excita os diferentes corantes fluorescentes, os diferentes comprimentos de onda são detectados, e a sequência do ácido nucleico original é lida como uma série de picos de fluorescência.

"Sequenciamento por síntese" de segunda geração

A necessidade de gerar dados com maior velocidade e reduzir custos levou a melhoras significativas nos métodos de sequenciamento. Um dos métodos mais usados (o chamado sequenciamento de nova ou segunda geração) é o sequenciamento por síntese. A metodologia básica é semelhante à do sequenciamento de dideoxi, mas há diferenças em como essas reações são realizadas. O método emprega uma célula de fluxo, o que simplifica a adição de novos reagentes e a remoção de reagentes anteriores em cada ciclo do processo. Uma biblioteca do DNA do microrganismo é criada cortando aleatoriamente o genoma em fragmentos curtos (50-80 bases) enzimática ou mecanicamente e ligando adaptadores (ligantes) de sequências de DNA conhecida a ambas as extremidades dos fragmen-

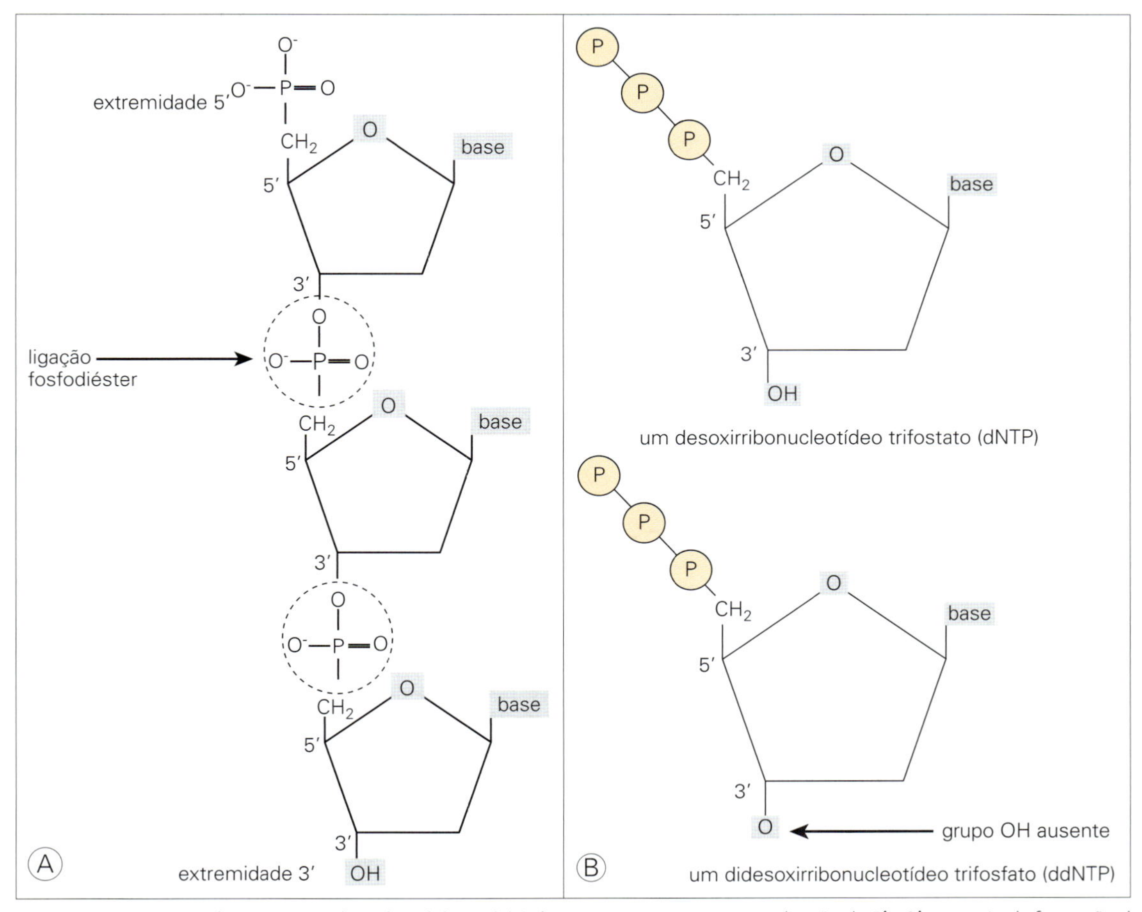

Figura 32.13 Sequenciamento de extermínio de cadeia dideoxi. (A) Polimerização ocorre em uma direção de 5′ a 3′ por meio da formação de ligações fosfodiéster. (B) Didesoxinucleotídeos não apresentam –OH reativo no carbono 3′. O 5′–C pode formar uma ligação fosfodiéster com o nucleotídeo anterior na cadeia, mas o 3′–C não pode formar uma ligação com o dNTP introduzido (sem grupo OH). A adição de um ddNTP durante a replicação do DNA impede o alongamento da cadeia.

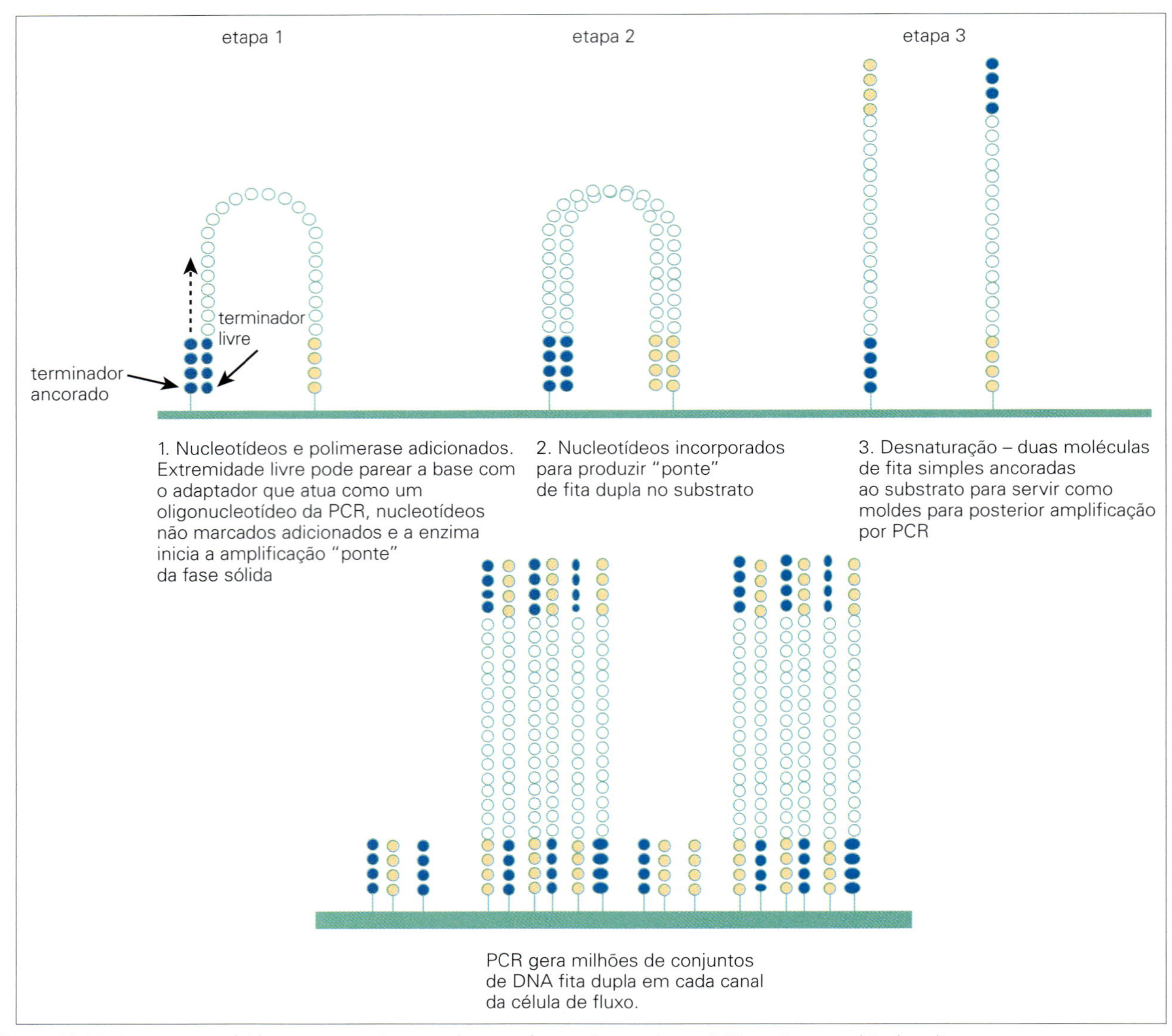

Figura 32.14 As etapas envolvidas em sequenciamento de segunda geração por síntese. PCR, reação em cadeia da polimerase.

tos. Os adaptadores são complementares aos iniciadores já conectados às superfícies dos canais da célula de fluxo. Como ilustrado na Figura 32.14, os fragmentos são desnaturados e os produtos de cadeia de fita simples, ligados aos iniciadores complementares. A biblioteca é amplificada para sequenciamento, resultando na formação de estruturas de pontes de fita dupla que são desnaturadas para formar moldes para maior amplificação, eventualmente produzindo milhões de cópias de cluster nos canais da célula de fluxo. O modelo da detecção de fluorescência permite que as sequências sejam lidas de cada cluster em cada um dos canais simultaneamente, de tal forma que um genoma bacteriano completo possa ser lido numa única corrida em menos de um dia. Essa tecnologia requer grandes quantidades de poder de computação para montar os fragmentos de sequência, conforme eles se sobrepõem para produzir a sequência contígua final, muitas vezes por comparação com uma sequência de referência conhecida (Cap. 37).

Sequenciamento de molécula única – terceira geração

Desenvolvimentos futuros prometem aquisições de dados ainda mais rápidas e econômicas. Tais métodos têm como foco o sequenciamento de uma única molécula e não precisam de amplificação de PCR do genoma do patógeno. Dentre estas, uma das técnicas mais promissoras é baseada no movimento da molécula a ser sequenciada por um nanoporo de proteína. Cada base tem sua própria assinatura eletrônica individual e perturba a corrente que flui através do poro de uma maneira específica, permitindo que cada base seja identificada de maneira única ao passar pelo poro. Essa abordagem é capaz de produzir trechos mais longos de sequência mais fáceis de se juntar e analisar.

Técnicas baseadas em amplificação e testes no local de tratamento (POC)

Um teste de POC, por definição, exige que uma amostra seja testada no, ou próximo do, local do paciente, com resultados disponíveis instantaneamente ou dentro de um período muito curto de tempo para fornecer um diagnóstico imediato e possibilitar a inicialização de um tratamento rápido e adequado. Conforme observado anteriormente, métodos microbiológicos baseados em cultura tradicionais podem levar pelo menos 24 horas para gerar um resultado. Em um laboratório molecular, o teste em si pode ser concluído em 1-2 horas, permitindo a tomada de decisões rápidas sobre o tratamento do paciente, com muitos dos obstáculos removidos porque o paciente está próximo ao dispositivo de teste. Isto determina que os equipamentos utilizados devem ser pequenos e portáteis, de modo que possam ser usados convenientemente em um consultório ou ao lado do leito. Isto é particularmente importante no tratamento de doenças infecciosas, nas quais o tratamento empírico pode levar ao uso inapropriado de antibióticos e ao desenvolvimento de resistência a microrganismos. Além disso, problemas com o controle da infecção envolvendo pacientes infecciosos podem ser resolvidos rapidamente. Apesar de haver um considerável interesse em testes POC, há dificuldades relacionadas à necessidade de extrair o ácido nucleico da amostra e a análise POC da amostra por PCR, que foram abordadas por alguns fabricantes usando métodos baseados em cassete ou microfluídicas. No entanto, essa instrumentalização normalmente testa apenas uma amostra por vez, enquanto a análise multiplex tem a capacidade de aplicações atuais em tempo real. Em alguns casos, o tamanho do equipamento pode exigir que ele seja instalado em laboratórios, e estes foram denominados "testes próximos aos pacientes" (p. ex., um painel respiratório próximo ao POC com 17 alvos virais mais *Bordetella pertussis, Chlamydophila pneumoniae* e *Mycoplasma pneumoniae*). Sistemas mais avançados estão sendo desenvolvidos para reduzir o tamanho dos equipamentos e os tempos de reação utilizando microfluidos e nanotecnologia, na qual os analitos, em volumes muito pequenos, interagem rapidamente com as mudanças de temperatura, acelerando a PCR. Por exemplo, abordagens recém-desenvolvidas de sequenciamento de molécula única empregam dispositivos altamente portáteis que podem ser do tamanho de um *pen-drive*.

Medicina molecular personalizada e doenças infecciosas

A medicina personalizada não é nada nova; na verdade, médicos têm tentado adaptar os tratamentos às necessidades individuais dos pacientes há séculos. Hoje, a diferença é a quantidade de dados disponibilizados pelos avanços dramáticos na tecnologia que estão fornecendo entendimentos mais claros sobre a base molecular da doença. O conceito original da medicina personalizada era baseado em questionar as informações genéticas dos pacientes para determinar a eficácia de um regime terapêutico específico, o que normalmente envolvia o controle de doenças genéticas ou distúrbios crônicos como o uso de biomarcadores moleculares do câncer para analisar a doença e prever a eficácia de tratamentos ou sua toxicidade em um indivíduo. O uso de uma combinação de técnicas moleculares e diagnóstico de doenças infecciosas para obter medicina personalizada é uma realidade crescente que se deve às melhorias na PCR, sequenciamento e à gama de biomarcadores clinicamente úteis (p. ex., resposta imunológica, suscetibilidade do hospedeiro à infecção, hipersensibilidade ao tratamento com drogas antimicrobianas). A medicina personalizada, embora com frequência não seja reconhecida como tal, tem sido um fator importante no tratamento do HIV/AIDS desde o início dos anos 2000. Foram utilizados dados de sequenciamento para orientar os tratamentos antivirais com base no subtipo viral e na comparação da sequência com a de mutações antirretrovirais de resistência já conhecidas. Sem a genotipagem, pode haver introdução de uma terapia inadequada, a supressão viral será improvável, e a resistência antirretroviral pode se desenvolver. O desenvolvimento de testes diagnósticos em conjunto com terapias direcionadas levou ao conceito de "teranóstico". Vincular um medicamento identificado através de medicina personalizada com um teste diagnóstico auxiliar ajuda a garantir que o paciente se beneficie do medicamento e determine sua utilidade a longo prazo, monitorando a terapia em tempo real. Outros benefícios dessa abordagem relacionam-se potencialmente ao desenvolvimento de medicamentos e a dados genômicos abrangentes aplicados na seleção de candidatos a ensaios clínicos, o que poderá reduzir os resultados de efeitos colaterais potencialmente prejudiciais e o tempo necessário para demonstrar sua segurança e eficácia.

MÉTODOS DE DETECÇÃO DE ANTICORPOS PARA O DIAGNÓSTICO DE INFECÇÃO

Testes sorológicos (o estudo das interações antígeno-anticorpo) são usados para:

- diagnosticar infecções;
- identificar microrganismos (ver comentário anterior);
- tipificação sanguínea para bancos de sangue e tipificação de tecidos para transplantes.

Os diagnósticos com base na detecção de anticorpos no soro de pacientes são retrospectivos

A principal desvantagem de um diagnóstico baseado na detecção de anticorpos no soro de um paciente é o fato de ser retrospectivo, pois podem-se passar entre 2-4 semanas antes que os anticorpos IgG produzidos em resposta à infecção sejam detectáveis. Mais ainda, um resultado positivo indica somente que o paciente entrou em contato com o agente infeccioso em algum momento no passado. Entretanto, os anticorpos IgM são detectados mais cedo em uma infecção (7-10 dias) e normalmente são indicativos de infecção ativa, ao contrário de infecção passada. Essa detecção também pode ajudar a demonstrar que o paciente passou por um processo de "soroconversão", quando se observa um aumento de quatro vezes ou mais no título de anticorpos entre as amostras de soro coletadas na fase aguda e na fase convalescente da doença.

Testes sorológicos comuns usados no laboratório para o diagnóstico de infecções

Imunoensaios em fase sólida podem ser usados para estimar anticorpos em determinadas amostras

Esses ensaios já foram descritos anteriormente (Fig. 32.10). A quantidade de anticorpos ligados ao antígeno imobilizado na fase sólida é uma medida do teor de anticorpos da amostra original e pode ser detectada adicionando-se um segundo anticorpo conjugado com um fluorocromo ou uma enzima (como fosfatase ou peroxidase), que produz uma reação de coloração ou luminescência com um determinado substrato.

Técnicas modernas permitem o ensaio simultâneo de vários analitos em uma mesma amostra.

Por exemplo, conjuntos multiplexados de núcleos de esferas marcadas com diferentes fluorocromos e revestidas com anticorpos para citocinas estão sendo cada vez mais usados.

AVALIAÇÃO DE SISTEMAS DE DEFESA DO HOSPEDEIRO

Amostras de sangue podem ser verificadas quanto a componentes complementares

O sistema complemento é um conjunto completo de proteínas sanguíneas que funcionam respondendo a infecção (p. ex., inflamação e resposta imunológica). Os testes de proteínas complemento específicas no sangue fornecem uma indicação da robustez dos sistemas de defesa imunológica do hospedeiro.

A atividade fagocítica é um elemento essencial da função imunológica adequada

A capacidade dos neutrófilos de se tornarem fagocitários e concomitantemente liberarem oxigênio reativo (ou seja, explosão de oxigênio) tem sido tradicionalmente estudada pelo teste de nitroazul tetrazólio (NBT). Quando se adiciona o corante NBT amarelo ao sangue, formam-se complexos com heparina ou fibrinogênio na amostra. Esses complexos são então fagocitados por neutrófilos que foram ativados pela adição de endotoxina exógena. O complexo de corante é então captado pelos neutrófilos estimulados e substituem o oxigênio ao atuar como um substrato para o processo de redução, formando um formazan azul insolúvel (Fig. 32.15). Mais recentemente, a citometria de fluxo (ver adiante) foi empregada para avaliar a explosão oxidativa por meio de di-hidrorodamina 123 (ou seja, o teste de DHR).

Linfócitos

O desenvolvimento de células T efetoras para um antígeno pode ser frequentemente revelado por desafio intradérmico com esse antígeno. Este desafio intradérmico normalmente dá origem a eritema e enduração, com pico em torno de 48 horas (Fig. 32.16). Esse período levou à descrição da reação como "hipersensibilidade do tipo tardio", e é a base do teste cutâneo de Mantoux para tuberculose (Cap. 20).

A capacidade geral de resposta da população de células T pode ser testada por citometria de fluxo com o uso de células que incorporaram nucleosídeos modificados específicos. Estas células atraem e formam uma ligação com um corante de marcação. Ao adicionar anticorpos específicos, a citometria de fluxo pode detectar células T responsivas por meio de seus sinais fluorescentes. A técnica também pode fornecer informações a respeito da saúde geral das células T (p. ex., apoptose). O separador de células ativado por fluorescência (FACS) separa as subpopulações delineadas por seus parâmetros citofluorimétricos ao medir múltiplas marcações fluorescentes diferentes simultaneamente, permitindo que tanto os fenótipos de superfície das células quanto suas funções sejam avaliados (Fig. 32.17).

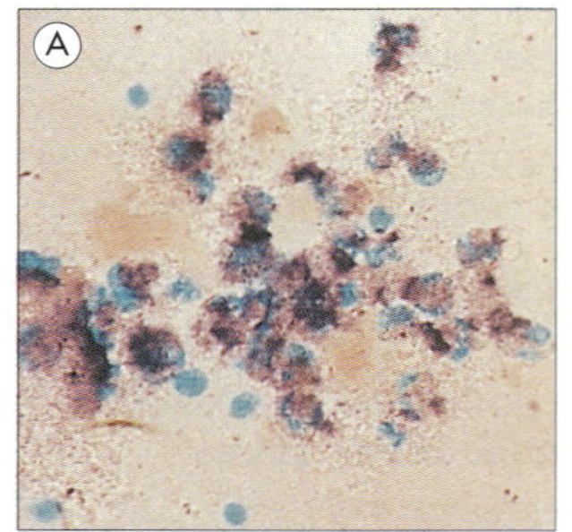

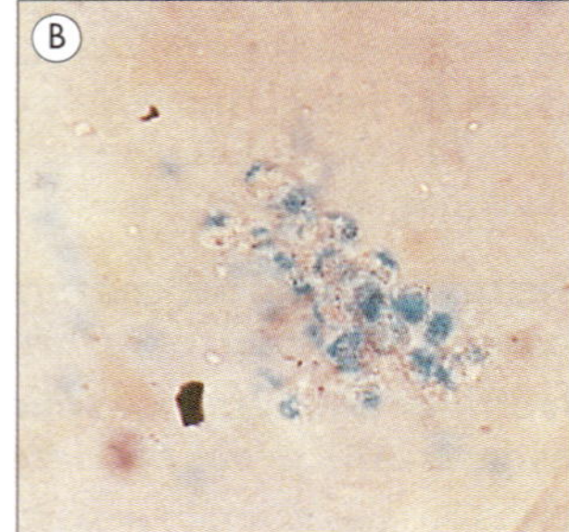

Figura 32.15 Teste de nitroazul tetrazólio (NBT). Em leucócitos polimorfonucleares e monócitos normais, intermediários reativos do oxigênio (ROIs) são ativados pela fagocitose, e o NBT amarelo é convertido em formazan azul-púrpura (A). Os pacientes com doença granulomatosa crônica (DGC) não podem formar ROIs e, por isso, o corante permanece amarelo (B). (Cortesia de A.R. Hayward.)

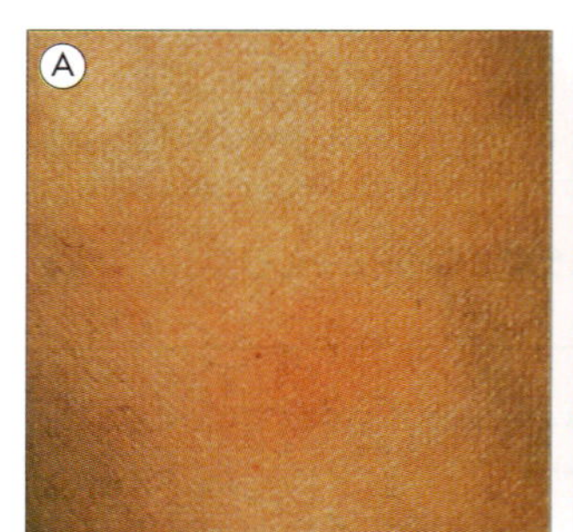

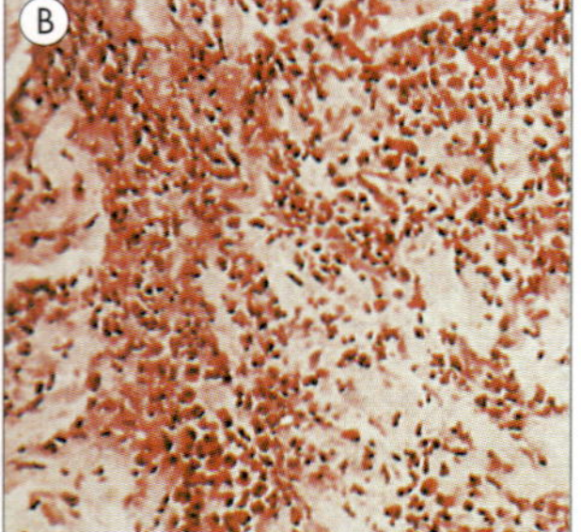

Figura 32.16 Sensibilidade retardada do tipo tuberculina. A resposta dérmica a antígenos do bacilo da hanseníase em um indivíduo sensível (reação de Fernandez) é caracterizada por (A) induração avermelhada máxima entre 48 e 72 horas e (B) infiltração densa de linfócitos e macrófagos no local da injeção. (H&E, ×80.)

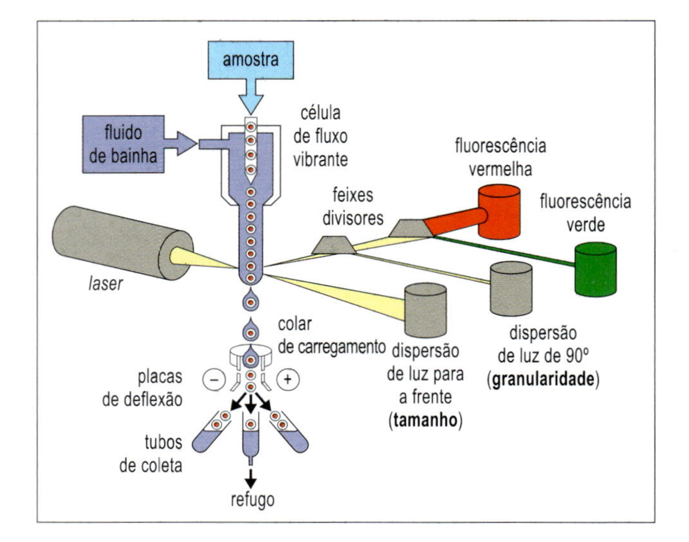

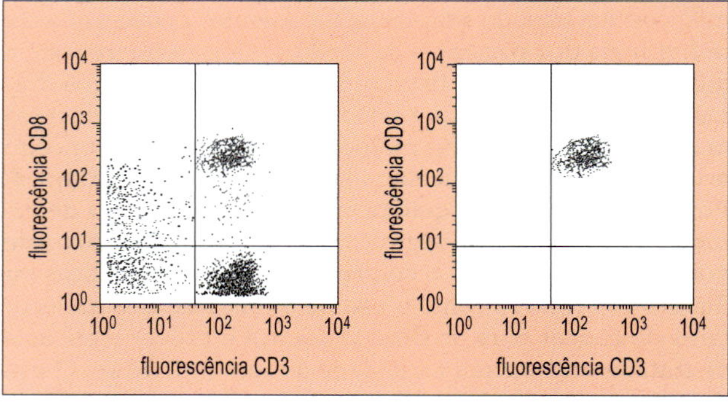

Figura 32.17 Citofluorimetria de fluxo. As células na amostra são coradas com reagentes fluorescentes específicos, para detectar moléculas de superfície, e a seguir são passadas, uma de cada vez, por um *laser*. Cada célula é analisada de acordo com o seu tamanho (dispersão frontal de luz) e granulosidade (90° de desvio de luz), assim como de acordo com a fluorescência vermelha e verde, para a detecção de dois marcadores de superfície diferentes do sangue periférico — neste caso, CD8 e CD3, respectivamente (mas instrumentos modernos podem detectar muitos outros fluoróforos diferentes). Em um selecionador de células, a câmara de fluxo vibra o curso celular, fazendo-o quebrar em gotículas que então são carregadas de acordo com uma "região" de corte arbitrário e podem ser conduzidas pelas placas de deflexão sob controle de computador para coletar populações celulares diferentes de acordo com os parâmetros medidos. No exemplo demonstrado no painel esquerdo, quatro populações podem ser vistas; após o desenho da região apropriada, a população CD8 no quadrante inferior direito pode ser selecionada. A reanálise origina o gráfico visto no painel inferior esquerdo. (Retirado de Male D.; Brostoff J.; Roth D.B.; Roitt I. *Immunology*, 7th edition, 2006. Mosby Elsevier, com permissão.)

Células individuais que secretam anticorpos ou citocinas podem ser contadas pela técnica ELISPOT ou pela citometria de fluxo

Os linfócitos são incubados em uma membrana impregnada com antígenos para a detecção de anticorpos, ou com anticorpo monoclonal anticitocina, para a detecção de citocinas (Fig. 32.18). O produto secretado é identificado por leitor de ELISA convencional.

Uma abordagem alternativa utiliza inibidores de exportação de citocina (p. ex., venenos metabólicos como brefeldina A que prende citocinas dentro do retículo endoplasmático) para bloquear a secreção de citocina de modo que estas moléculas possam ser detectadas por imunocoloração, após a permeabilização celular. Assim, as células podem ter suas citocinas intracelulares coradas (coloração de citocinas intracelulares; ICS) pelo uso de anticorpos específicos, seguido pela análise de citometria de fluxo, como descrito anteriormente. Outra abordagem faz uso de anticorpos biespecíficos que podem se ligar simultaneamente a um marcador de superfície da célula T (como CD4) enquanto o outro braço Fab é específico para uma citocina. As citocinas são capturadas à medida que são secretadas pelas células; entretanto, devido à natureza biespecífica do anticorpo, a citocina se torna ligada de forma estável à célula que a produziu e pode, então, ser detectada por um outro anticorpo específico para a citocina conjugado a um fluorocromo, novamente usando um citômetro de fluxo.

A capacidade das células T citotóxicas de atacar alvos também pode ser analisada por citometria de fluxo

A capacidade das células T citotóxicas de atacar alvos como células infectadas por vírus tem sido alcançada historicamente com a pré-marcação do alvo com um radioisótopo como o ^{51}Cr, buscando-se então a liberação do isótopo no sobrenadante resultante das células danificadas. Mais recentemente, diversos ensaios mais sensíveis foram desenvolvidos para uso com citometria de fluxo e corantes imunofluorescentes.

REUNINDO TODOS OS ELEMENTOS: DETECÇÃO, DIAGNÓSTICO E EPIDEMIOLOGIA

Como será visto mais integralmente no Capítulo 33, o entendimento da epidemiologia de uma infecção pode ajudar a definir as estratégias corretas para o controle populacional. Entretanto, esse conhecimento e as decisões sobre o controle dependem fortemente da habilidade em reconhecer surtos de infecção, acompanhar seu progresso e identificar o microrganismo causador. Portanto, a detecção e o diagnóstico são, neste contexto, fundamentais para o tratamento das infecções no aspecto individual.

A epidemiologia descritiva envolve questões sobre o surto de uma doença que ajudarão na identificação do patógeno e da fonte da infecção. É importante ter uma *definição de caso* que inclua os sintomas destas doenças tanto quanto detalhes dos indivíduos envolvidos e a sequência dos eventos. A análise desses dados deve possibilitar dizer onde e como o surto apareceu, quem está em risco e que tratamento é necessário para controlar futuras infecções (Quadro 32.4). Medidas adotadas

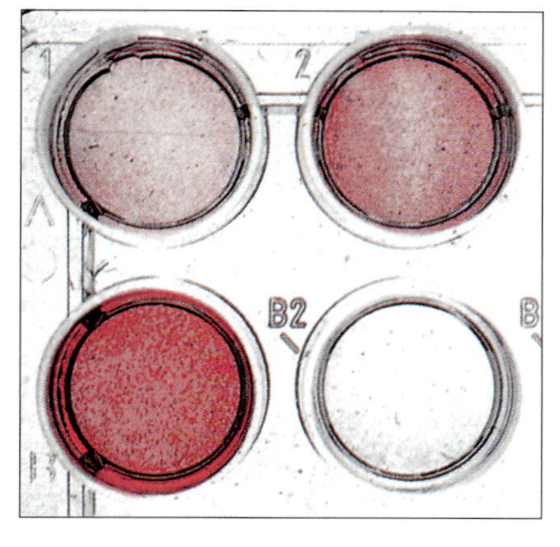

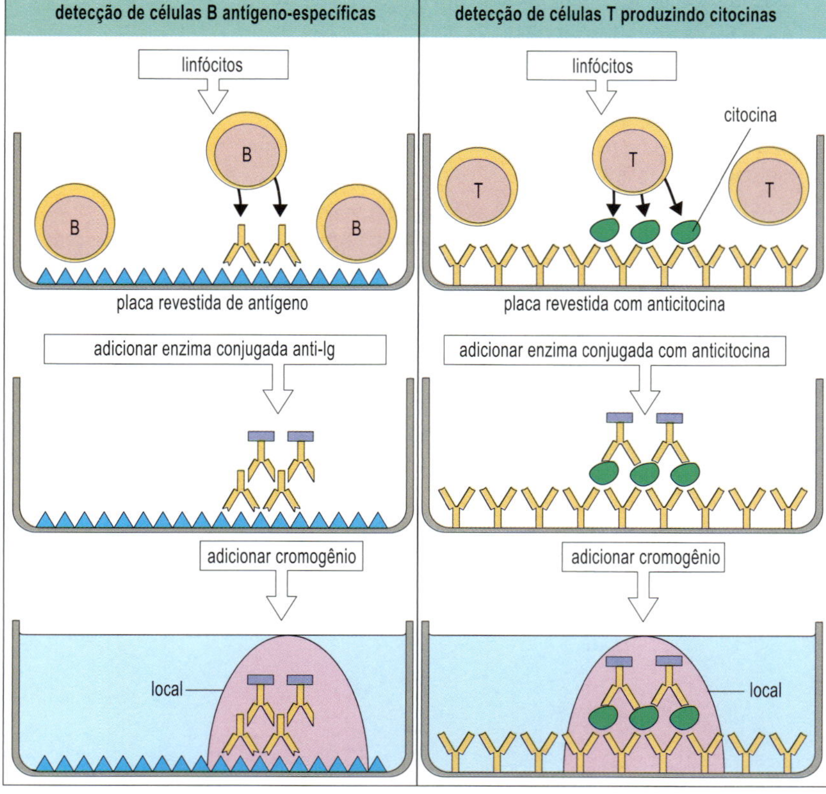

Figura 32.18 Método ELISPOT para a contagem de linfócitos secretores de anticorpos ou citocinas. Os produtos secretados (anticorpos por células B e citocinas por células T) são ligados pelas moléculas de captura de fase sólida imediatamente abaixo da célula e reveladas por um reagente cromogênico como um ponto correspondente à célula secretora. Poços com números diferentes de ELISPOTs são mostrados na parte superior esquerda. (Retirado de Male D.; Brostoff J.; Roth D.B.; Roitt I. *Immunology*, 7th edition, 2006. Mosby Elsevier, com permissão.)

Quadro 32.4 Lições de Microbiologia

Importância do sequenciamento do DNA para compreender o surto de Ebola

O sequenciamento por Nanopore foi usado no surto de Ebola de 2015-2016 na África Ocidental. Ao combinar os dados com os dados obtidos de um segundo grupo que trabalhou em Serra Leoa, foi demonstrada evidência de transmissões frequentes através da fronteira com a Guiné. É importante informar que havia divulgação regular de dados durante a investigação, os quais permitiram que diagnósticos clínicos complicados fossem discutidos com outros trabalhadores do estudo que trabalhavam em diferentes áreas da epidemia. Embora a epidemia tenha sido oficialmente declarada em 14 de janeiro de 2016, horas depois, um novo caso foi confirmado em Serra Leoa. A vigilância genômica é essencial para compreender as fontes de novos surtos, determinando ligações a indivíduos infectados anteriormente e eliminando qualquer ligação zoonótica (Cap. 37).

podem envolver o tratamento com antibióticos dos indivíduos inicialmente afetados, ou vacinação, caso um grande número de pessoas esteja sob risco (p. ex., surtos de meningite em universitários). Para doenças sexualmente transmissíveis (ver anteriormente), um importante elemento de detecção é o estabelecimento dos padrões de contato, ou mistura de matrizes, de modo que indivíduos recém-infectados possam ser tratados e futuras transmissões possam ser prevenidas.

Esta abordagem para surtos de doenças conhecidas ou novas envolve sua descoberta por acaso por observações clínicas, exemplificadas pela descoberta da AIDS em 1981 mediante a ocorrência aumentada de infecção por *Pneumocystis carinii* (hoje conhecido como *Pneumocystis jirovecii*) e pelo sarcoma de Kaposi em MSM (homens que têm relações sexuais com homens). Uma abordagem mais sistemática para a detecção de surtos baseia-se em um sistema de notificação regular — um sistema de vigilância que rotineiramente registra episódios de doenças de notificação compulsória. Sistemas assim funcionam em âmbito nacional, por meio de organizações governamentais ou federais de saúde, e internacional, por intermédio da Organização Mundial da Saúde. A monitoração regular desse tipo facilita a identificação de surtos, porque fornece a linha basal que servirá para medir a ocorrência de casos além do esperado (definição de uma epidemia).

Uma vez que surtos de doenças infecciosas são detectados, o patógeno envolvido pode ser identificado por procedimentos diagnósticos convencionais, a fim de garantir que antibióticos apropriados ou vacinação sejam oferecidos.

PRINCIPAIS CONCEITOS

- A confirmação microbiológica de um diagnóstico clínico de infecção depende da coleta de amostras de alta qualidade e de sua remessa rápida ao laboratório, com todas as informações de suporte necessárias.
- Os testes de laboratório detectam microrganismos ou seus produtos ou manifestações de uma resposta imune do paciente à infecção.
- Embora partindo de diferentes perspectivas, os métodos sorológicos e de cultura representam abordagens importantes e complementares para a identificação de patógenos clinicamente significativos.
- Técnicas moleculares mais recentes (como aquelas envolvendo PCR e espectrometria de massa) estão sendo cada vez mais usadas para detectar patógenos rapidamente; entretanto, a suscetibilidade antimicrobiana é determinada com mais precisão, e as informações apropriadas ao tratamento só podem ser obtidas pelo isolamento de microrganismos em cultura pura.
- O crescimento de bactérias requer pelo menos 18 horas (o isolamento de vírus e de fungos pode levar muito mais tempo); por isso, resultados de cultura não podem ser esperados em menos de 24 horas, apesar de novos testes diagnósticos serem mais rápidos.
- A interpretação dos resultados da cultura depende da origem da amostra. Considerando-se locais normalmente estéreis, qualquer microrganismo isolado é significativo. Se os locais forem colonizados por flora comensal, o isolamento e a identificação do patógeno podem ser mais difíceis.
- A boa comunicação entre o médico e o microbiologista é extremamente importante.

Epidemiologia e controle de doenças infecciosas

33

Introdução

Epidemiologia é definida como "o estudo da distribuição e dos determinantes dos estados ou eventos relacionados à saúde em populações específicas e a aplicação desse estudo no controle de problemas de saúde" (Porta, M, 2016, *A Dictionary of Epidemiology*).

A epidemiologia concentra-se na população e não em um indivíduo isoladamente. As questões básicas sobre uma doença em uma população são: *quem, onde, quando* e *por quê*. Por exemplo, surtos de hepatite A são frequentemente associados a instituições, restaurantes e alimentos específicos; portanto, é importante determinar quem — que indivíduos comeram salada de batata, onde — em uma casa de repouso, quando — 1º de fevereiro de 2010 — contraíram hepatite A, e por que — foi identificada uma pessoa infecciosa que havia preparado a comida.

O campo da epidemiologia é dividido em epidemiologia de observação e de intervenção.

Os estudos observacionais são descritivos, descrevendo a frequência e os padrões (quem, onde, quando) de uma doença na população, ou analíticos (por que), que investigam as associações entre fatores de risco e doenças. A vigilância das doenças que descreve o número de casos de doenças de notificação obrigatória, como sarampo, meningite ou cólera, é um exemplo de epidemiologia descritiva observacional. Estudos que mostram uma associação entre infecção pelo papilomavírus humano e o câncer cervical são exemplos de estudos epidemiológicos analíticos.

Estudos epidemiológicos intervencionistas ou experimentais são elaborados para testar uma hipótese por meio da atribuição de uma exposição ou intervenção em um grupo de pessoas, mas não em outro, além de medir a evolução da doença. Exemplos de estudos de intervenção são ensaios randomizados controlados que investigam a eficácia de uma nova vacina.

Os epidemiologistas falam sobre resultados e exposições. O resultado é geralmente uma doença ou evento, como a morte, infecção ou aparecimento de novos sintomas. Às vezes, os resultados são marcadores laboratoriais, por exemplo, proteína C-reativa (uma proteína de fase aguda) ou carga viral de HIV. Estes resultados são por vezes chamados de resultados intermediários porque eles podem não representar um desfecho definitivo clinicamente importante. Exposições são fatores de risco, por exemplo, um determinado comportamento ou substância nociva, ou intervenções como medicamentos, vacinas ou educação sanitária.

AVALIAÇÕES DOS RESULTADOS

É importante definir claramente os resultados relacionados à saúde. A definição deve incluir os métodos utilizados para identificar um caso, as definições de um caso e a unidade de análise.

Por exemplo, doença ocular secundária a *Chlamydia trachomatis* (Cap. 26) é um importante problema de saúde pública mundial. A inflamação tracomatosa é classificada clinicamente de acordo com o sítio acometido: inflamação folicular da pálpebra; cílios posicionados de forma anormal ou cicatrizes na córnea. Ao definir um caso de inflamação tracomatosa, é importante descrever (1) os métodos e procedimentos utilizados para determinar um caso: exame clínico *versus* microscopia de imunofluorescência direta de esfregaço conjuntival; (2) a definição de um caso: por exemplo, apenas inflamação folicular em comparação a esse quadro incluindo todos os três graus; e (3) a unidade de análise: neste caso, um ou dois olhos.

A prevalência e a incidência da doença são os dois principais tipos de medida de ocorrência (frequência da doença) utilizados em epidemiologia. A prevalência é o número de casos existentes em uma população em um determinado momento. A incidência refere-se ao número de casos novos que ocorrem na população durante um período específico de tempo.

A prevalência (P) é influenciada pela ocorrência de novos casos (incidência, I) e a duração (D) de cada caso (ou seja: $P = I * D$). Assim, a prevalência de doenças com curtos períodos de duração, tais como a gastroenterite viral, é influenciada principalmente pela incidência, enquanto a prevalência de doenças crônicas com mortalidade relativamente baixa é provável que seja alta, mesmo que a incidência seja baixa. Um exemplo da interação entre a incidência, prevalência e mortalidade é apresentado no Quadro 33.1.

TIPOS DE ESTUDOS EPIDEMIOLÓGICOS

Estudos transversais

Estudos transversais medem a frequência de um resultado e/ou exposição(ões) em uma população definida em um determinado momento (Fig. 33.2A). Esses estudos podem ser tanto descritivos, medindo o ônus da doença, quanto analíticos, comparando a frequência da doença em pessoas expostas e não expostas a um fator de risco.

Quadro 33.1 Lições de Microbiologia

Interação entre prevalência, incidência, mortalidade e tratamento

Quando o HIV é introduzido em uma população HIV-negativa, a prevalência e a incidência do HIV aumentam exponencialmente (Fig. 33.1). À medida que as pessoas são infectadas, a proporção de indivíduos não infectados diminui. Com menos indivíduos suscetíveis à infecção, a probabilidade de um indivíduo HIV-positivo infeccioso estar em contato com um indivíduo não infectado pelo HIV é reduzida. Isso, por sua vez, reduz a incidência, mas a prevalência continua a aumentar. O tempo mediano de sobrevida no curso natural da infecção pelo HIV é de 6-8 anos (sem tratamento antirretroviral). Assim, depois de um lapso de tempo, a mortalidade pelo HIV aumenta, o que reduz a prevalência desse vírus. No entanto, se o tratamento do HIV se torna disponível, a sobrevivência é prolongada e a prevalência aumenta.

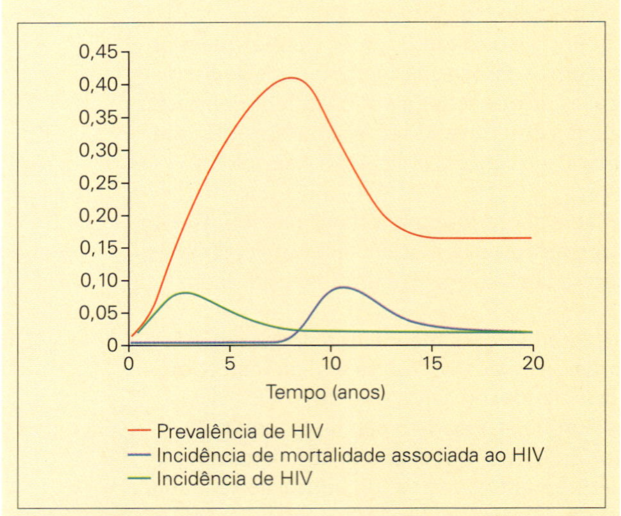

Figura 33.1 Prevalência, incidência e mortalidade do HIV em uma população hipotética. (Baseado em dados de: Tendências na Incidência e Prevalência do HIV: Curso Natural da Epidemia ou Resultados da Mudança Comportamental? Coleção de Melhores Práticas do UNAIDS em colaboração com o Centro Wellcome Trust para a Epidemiologia das Doenças Infecciosas, 1999.)

Exemplos de questões de estudo abordadas por estudos transversais são:

- Qual proporção da população tem evidência de uma infecção anterior pela doença de Lyme?
- A hepatite B está associada a carcinoma hepatocelular?

Estudos transversais são relativamente baratos e rápidos. Eles são úteis para determinar a escala de um problema (prevalência da doença ou prevalência de um fator de risco na população), avaliar hipóteses para possíveis associações causais e avaliar testes diagnósticos (Quadro 33.2). Uma vez que estudos de corte transversal podem somente medir a prevalência da doença, é difícil distinguir as exposições que causam a doença ou melhoram a sobrevida. Com os estudos transversais, o resultado e a exposição são determinados ao mesmo tempo, portanto a incerteza permanece se a exposição precedeu o resultado, o que é um requisito fundamental para a causalidade. Às vezes, é difícil excluir a causalidade reversa (ou seja, o resultado causou a "exposição").

Estudos de caso-controle

Estudos de caso-controle identificam as pessoas com o resultado (casos) e um grupo representativo de pessoas na população de onde surgiram esses casos, mas sem o resultado (controles). Casos e controles são então comparados no que diz respeito a diferenças na sua exposição anterior (Fig. 33.2B). Estes estudos são sempre analíticos, pois eles questionam: "A exposição A causa a doença B?".

Exemplos de questões de estudo abordadas por estudos de caso-controle são:

- As mulheres com câncer de colo do útero têm mais probabilidade de serem infectadas com o papilomavírus humano do que as mulheres sem câncer de colo do útero?
- O uso de drogas injetáveis está associado à hepatite C?

Estudos de caso-controle são geralmente menos caros e demorados do que estudos de coorte ou de intervenção. Doenças raras e doenças com longa duração entre exposição e resultado são investigadas mais eficientemente com um modelo de caso-controle, pois os estudos de caso-controle começam com indivíduos doentes e não doentes. No entanto, quando a exposição é rara, os estudos de caso-controle são impraticáveis. A verificação imparcial da exposição muitas vezes é difícil, especialmente quando depende do relato do próprio participante. Nem a prevalência da doença, nem a incidência é medida em um estudo de caso-controle. Somente o aumento do risco de doença em caso de exposição dos indivíduos em comparação a se não forem expostos é mensurável. A exposição é determinada quando já ocorreu o resultado e, assim, a causalidade reversa pode ser a razão para uma associação entre a exposição e a doença.

Estudos de coorte

Os estudos de coorte acompanham um grupo de pessoas que, inicialmente, não têm o resultado de interesse e determinam se eles desenvolvem a doença (estudo de coorte descritivo). Coortes analíticas classificam as pessoas, no início do estudo, como expostas ou não expostas a um determinado fator de risco. Ambos os grupos são observados ao longo do tempo, e a ocorrência da doença é comparada entre o grupo não exposto e o exposto (Fig. 33.2C).

Exemplos de questões de estudo abordadas por estudos de coorte são:

- Qual é a mortalidade entre os pacientes com sepse por *Staphylococcus aureus* resistente à meticilina?
- A infecção com o herpesvírus-8 humano causa sarcoma de Kaposi em indivíduos infectados pelo HIV?

Os estudos de coorte medem a incidência da doença e averiguam os fatores de risco antes do resultado ocorrido. Assim, eles fornecem evidências mais sólidas de que uma associação entre a doença e a exposição é provavelmente causal. Como os estudos de coorte selecionam indivíduos livres de doença expostos e não expostos, eles são particularmente úteis para investigar associações entre as exposições raras e doenças, mas são ineficientes quando investigam doenças raras. Minimizar a perda de acompanhamento às vezes é difícil, mas importante para assegurar a comparabilidade entre os grupos de exposição e a validade dos resultados do estudo. Os estudos de coorte são frequentemente caros em termos de custos e de mão de obra necessários, bem como demorados, a não ser que informações do histórico (p. ex., registros eletrônicos de saúde tanto das exposições como dos resultados subsequentes) estejam disponíveis.

Estudos de intervenção

Em um estudo de intervenção, os indivíduos livres de doença e livres de exposição são ativamente divididos em grupos de exposição (com intervenção) ou nenhuma exposição (sem intervenção). Os dois grupos são então acompanhados por um período e a frequência do resultado é comparada entre eles (Fig. 33.2D). Estudos randomizados controlados são um subtipo de estudos de intervenção e são considerados o tipo "padrão ouro" de estudo porque, quando rigorosamente projetados e realizados, fornecem evidência muito forte de associações causais. A intervenção é alocada aleatoriamente,

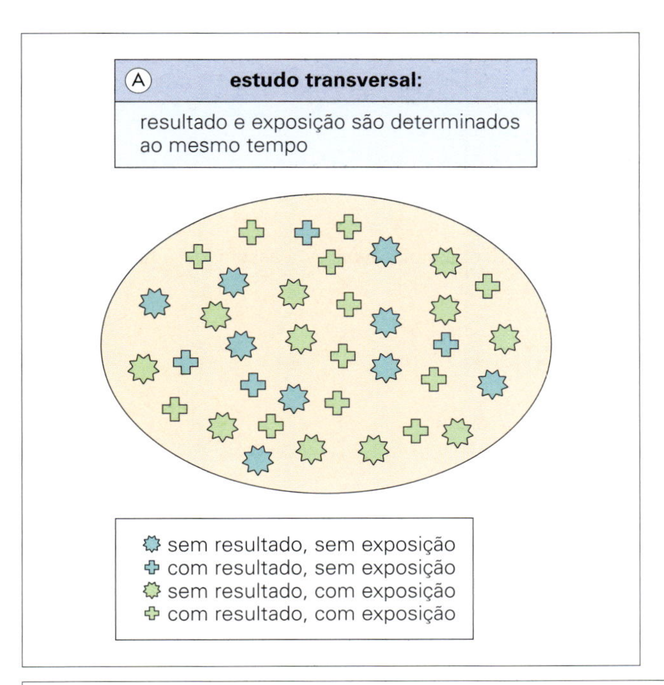

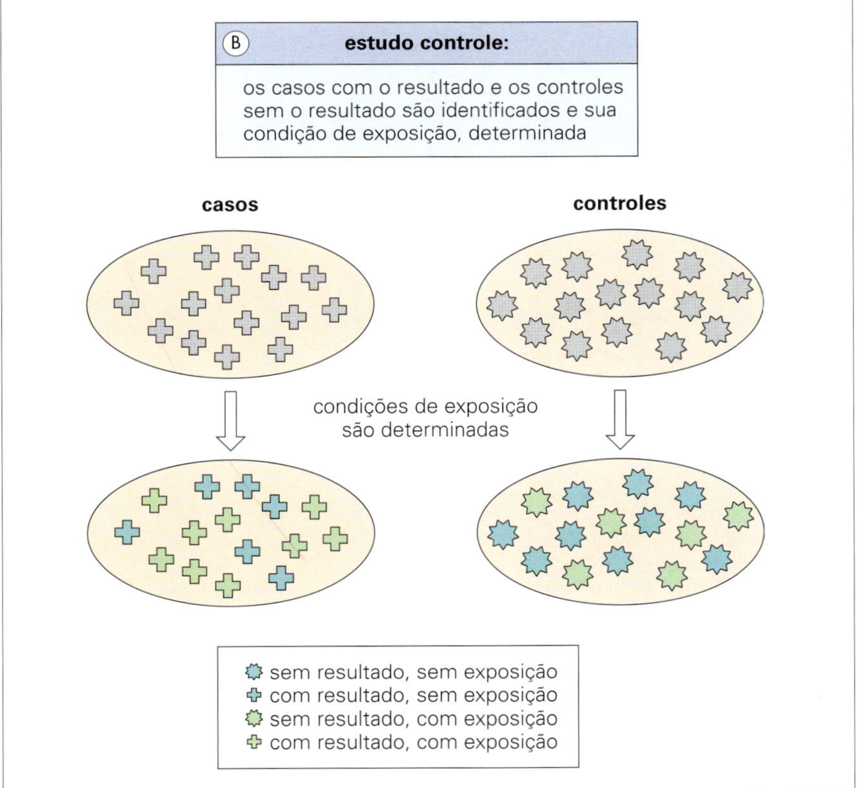

Figura 33.2 (A) Estudo transversal: resultado e exposição são determinados ao mesmo tempo. (B) Estudo de caso-controle: casos com resultados e controles sem que os resultados sejam identificados e seus estados de exposição, determinados.

(Continua)

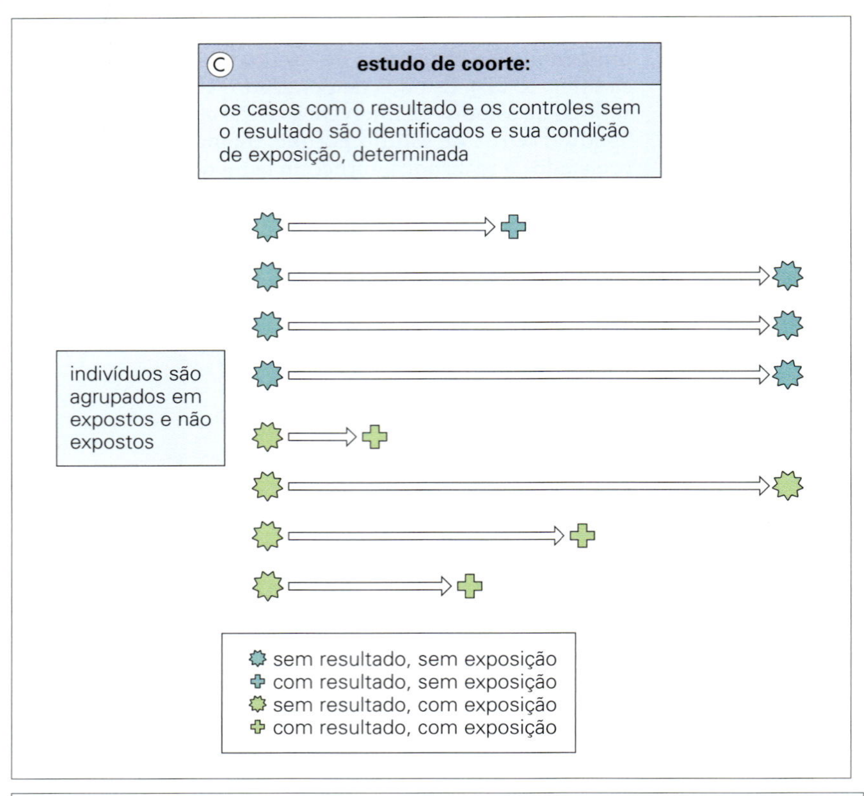

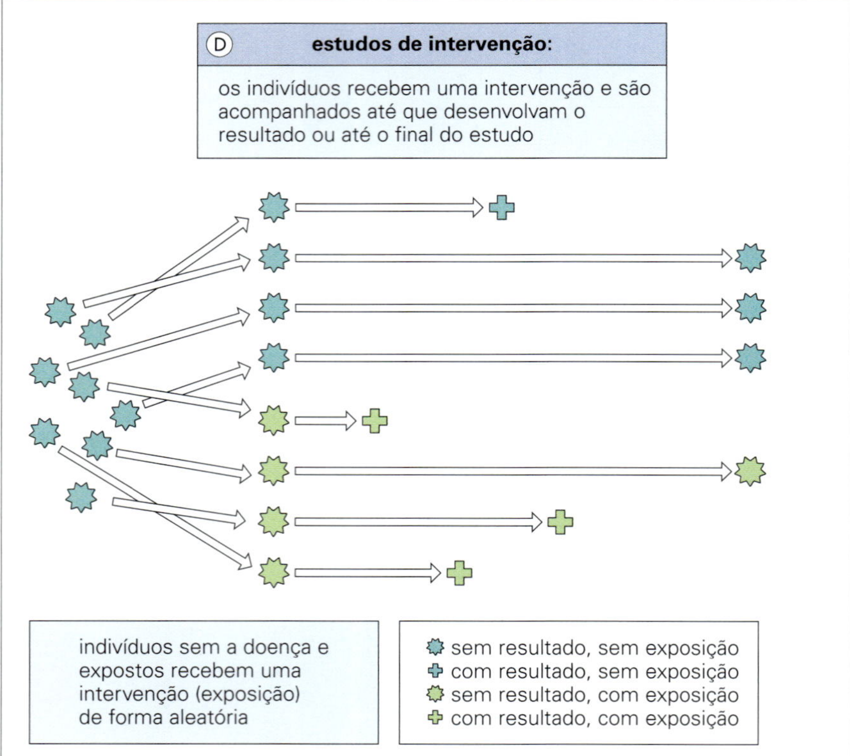

Figura 33.2 (*Cont.*) (C) Estudo de coorte: indivíduos com e sem a exposição são identificados e acompanhados até que desenvolvam o resultado ou até o final do estudo. (D) Estudo de intervenção: os indivíduos são alocados em uma intervenção (exposição) e são seguidos até que desenvolvam o resultado ou até o final do estudo.

Quadro 33.2 Lições de Microbiologia

Sensibilidade, especificidade e valor preditivo positivo e negativo

Novos testes de diagnóstico são normalmente avaliados utilizando-se um modelo de estudo transversal. O novo teste é comparado com um teste padrão ouro e a sensibilidade e especificidade são determinadas.

Sensibilidade é a proporção de positivos verdadeiros identificados corretamente pelo novo teste, e especificidade é a proporção de negativos verdadeiros identificados corretamente pelo novo teste. A sensibilidade e a especificidade são intrínsecas ao teste e não variam de acordo com a prevalência da doença. No entanto, elas podem ser influenciadas pelos operadores e pelas condições ambientais.

A partir do ponto de vista do paciente e do médico, a questão mais interessante é: "Quais são as chances de ter a doença se for obtido um resultado positivo?". Essa pergunta é respondida pelo valor preditivo positivo (VPP), que é a proporção de indivíduos com um resultado positivo que realmente têm a doença. O valor preditivo negativo (VPN) é a proporção de indivíduos com um resultado negativo, que estão livres da doença. Ambos, VPP e VPN, estão relacionados com a sensibilidade e especificidade de um teste, mas também com a prevalência da doença em uma população.

O Xpert MTB-RIF é um teste molecular automatizado para o diagnóstico de *Mycobacterium tuberculosis* (Cap. 20). O diagnóstico da tuberculose (TB) costumava fundamentar-se em microscopia de esfregaço na maioria dos cenários de recursos limitados e cultura líquida em cenários de recursos dispendiosos. A microscopia de esfregaço tem uma baixa sensibilidade e detecta apenas os pacientes com doença relativamente avançada. A cultura líquida é o padrão ouro de diagnóstico de tuberculose, porém leva dias ou semanas para tornar-se positiva.

Um estudo de avaliação hipotética em 7.000 suspeitos de TB em um cenário de alta prevalência de TB revelou uma sensibilidade do Xpert MTB-RIF de 92% e uma especificidade de 98% (Tabela 33.1A). A prevalência de TB entre estes 7.000 suspeitos de TB foi de 10%. O VPP foi de 93% e o VPN, de 99%.

O estudo de avaliação foi repetido em um levantamento populacional com 10.000 participantes, entre os quais a prevalência de TB foi de 1%, a sensibilidade e a especificidade permaneceram as mesmas, mas o VPP foi de 53% e o VPN, de 100% (Tabela 33.1B).

Tabela 33.1A Resultados da avaliação Xpert MTB-RIF entre suspeitos de tuberculose

		Cultura líquida (padrão ouro)		
		Positiva	**Negativa**	**Total**
Xpert MTB-RIF	Positiva	645	50	695
	Negativa	55	6.250	6.305
	Total	700	6.300	7.000

Sensibilidade = 645/700 = 92%
Especificidade = 6.250/6.300 = 98%
Valor preditivo positivo = 645/695 = 93%
Valor preditivo negativo = 6.250/6.305 = 99%

Tabela 33.1B Resultados da avaliação Xpert MTB-RIF em um levantamento populacional

		Cultura líquida (padrão ouro)		
		Positiva	**Negativa**	**Total**
Xpert MTB-RIF	Positiva	92	80	172
	Negativa	8	9.820	9.828
	Total	100	9.900	10. 000

Sensibilidade = 92/100 = 92%
Especificidade = 9.820/9.900 = 98%
Valor preditivo positivo = 92/172 = 53%
Valor preditivo negativo = 9.820/9.828 = 100%

o que significa que o único motivo pelo qual um participante recebe a intervenção é o acaso. Isso garante que o grupo que recebeu a intervenção e o grupo que não a recebeu sejam igualmente equilibrados e comparáveis. O grupo de controle recebe frequentemente um placebo, como um comprimido ou injeção que não contém compostos ativos. Alguns estudos de intervenção são duplo-cegos, o que significa que nem o investigador nem o participante sabem quem recebe a intervenção ativa e quem recebe o placebo.

Exemplos de questões de estudo abordadas por estudos de intervenção são:

- Uma nova vacina é eficaz na prevenção da doença pneumocócica em crianças?
- Os esteroides melhoram o resultado em crianças com doença meningocócica?

Estudos randomizados, controlados por placebo e duplo-cegos potencialmente lidam com a maioria dos problemas vividos em estudos observacionais: confusão, viés de memória e do observador. A confusão ocorre quando há distribuição desigual de um fator de risco entre os indivíduos expostos e não expostos e, portanto, a associação observada entre a exposição e a doença é devida a outro fator. O viés de memória é um erro sistemático que ocorre quando a forma como um participante responde a uma pergunta é afetada pelo estado da doença (em estudos de caso-controle ou transversais) ou pelo estado da exposição (em estudos de coorte). O viés do observador surge quando a precisão dos dados da exposição (em estudos de caso-controle ou transversais) ou resultados (em estudos de coorte) registrados pelo investigador difere sistematicamente entre os indivíduos de diferentes grupos de resultado ou exposição. Os dados dos resultados são determinados prospectivamente em estudos de intervenção e, assim, a definição de casos-padrão pode ser aplicada. Os estudos de intervenção podem ser caros e demorados, e a perda de acompanhamento pode ser um desafio. Grandes amostras ou longos períodos de acompanhamento podem ser necessários se a incidência da doença for baixa ou a duração entre a exposição e a doença for longa. Atribuir uma exposição prejudicial ou reter uma intervenção benéfica é antiético. Estudos de intervenção não podem ser conduzidos sob essas circunstâncias.

TRANSMISSÃO DE DOENÇAS INFECCIOSAS

Uma doença infecciosa é transmitida de uma pessoa para outra, seja direta ou indiretamente. A transmissão indireta ocorre quando o agente infeccioso é transferido de uma pessoa para outra através de um intermediário (p. ex., vetor ou veículo). A ocorrência de um caso depende da ocorrência de pelo menos um caso anterior (fonte), e cada um dos casos pode ele mesmo conduzir a um outro caso. Eventos de doença em doenças infecciosas são dependentes. Portanto, investigamos a propagação de doenças infecciosas em uma população ao longo do tempo para determinar modos de controlá-la (Fig. 33.3).

Infecciosidade (Quadro 33.3)

A infecciosidade de uma doença em uma população depende de vários fatores:

- do agente infeccioso: tempo entre a infecção de uma pessoa e o momento em que se torna infecciosa
- duração da infecciosidade
- probabilidade de transmissão dado o contato entre uma pessoa infectada e uma pessoa suscetível
- do ambiente:
  - tipos de contatos entre os indivíduos suscetíveis e infecciosos;
  - número de contatos.
- das características dos indivíduos na população:
  - suscetibilidade da população (número de indivíduos suscetíveis e grau de suscetibilidade);
  - infecciosidade da pessoa infectada.

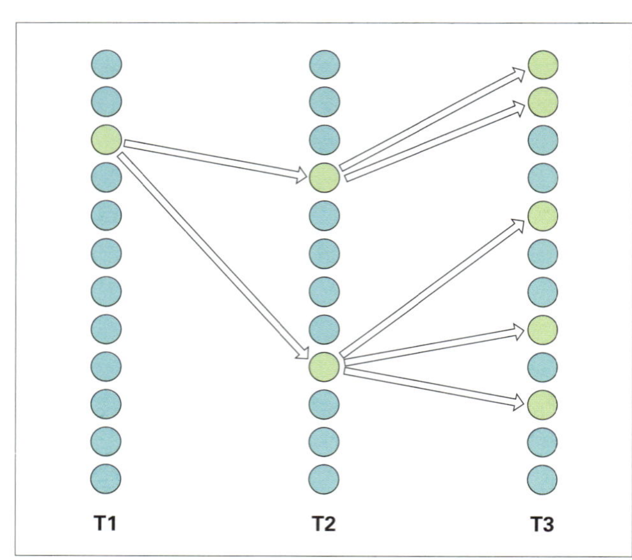

Figura 33.3 Transmissão de uma doença infecciosa em uma população. Um caso de doença (fonte) em T1 transmite a doença para dois casos (casos secundários) em T2; esses casos transmitem a doença para cinco casos em T3. Observe que os indivíduos que tiveram a doença em T1 e T2 não têm a doença em T3, em função da imunidade.

Períodos de tempo de infecções

Quando um indivíduo suscetível é infectado, ele entra no período de latência (Fig. 3.4; Quadro 33.4). O período de latência é o período entre a infecção e o momento em que o indivíduo se torna infeccioso (capaz de transmitir a infecção) e, assim, é frequentemente chamado de período pré-infeccioso para evitar confusão com os outros usos do termo "latente"

Quadro 33.3 Lições de Microbiologia

Infecciosidade – exemplo: sífilis

Um indivíduo infectado com sífilis desenvolve uma ferida muito infecciosa indolor (cancro) no local da infecção, em média, 3 semanas após a infecção. A lesão pode persistir por 3-6 semanas. O indivíduo não pode transmitir a infecção antes de o cancro se desenvolver. Assim, a duração entre a infecção e ela tornar-se infecciosa é importante para a transmissão. A probabilidade de transmissão da infecção é maior quanto mais frequente o indivíduo tem relação sexual e mais tempo a lesão persiste (se a frequência das relações sexuais permanecer constante). Portanto, a duração da infecciosidade e o número de contatos influenciam a transmissão. A probabilidade de transmissão é reduzida se o indivíduo usa preservativos.

Quadro 33.4 Lições de Microbiologia

Terminologia: latência

Em geral, a latência é um tempo de atraso. O termo é frequentemente utilizado na terminologia de doença infecciosa. O período de latência, propriamente dito, é o tempo desde o início da infecção até a capacidade de transmissão da doença pelo indivíduo. No entanto, por vezes, o período de incubação é chamado de período de latência, embora os dois períodos sejam definidos de forma diferente e possam variar na duração. Uma criança infectada com sarampo torna-se infecciosa antes de os sintomas aparecerem. Assim, o período de latência é mais curto do que o período de incubação. Em contraste, um indivíduo infectado com malária por *P. falciparum* apresentará os sintomas 7-14 dias após a infecção, mas será contagiante somente depois de 24 dias. Às vezes, os estágios da doença são chamados latentes, como a tuberculose ou sífilis latente. A doença latente nesse contexto descreve períodos de inatividade da doença com relação a sinais e sintomas.

(discutido posteriormente). Este período é seguido pelo período infeccioso, durante o qual o indivíduo infectado é capaz de transmitir o agente infeccioso. Em seguida, ocorre o período não infeccioso em decorrência de morte ou recuperação. Se o indivíduo sobrevive, ele pode se tornar imune ou permanecer suscetível a reinfecção.

A soma dos períodos médios de latência e infeccioso é chamada de tempo de geração médio da infecção.

Períodos de latência e infeccioso são diferentes para diferentes doenças (Tabela 33.2). Para o sarampo, o período de latência é de 6-9 dias, seguido por um período infeccioso de 6-7 dias. Em contrapartida, o período de latência do vírus da hepatite B é de 13-17 dias e o período infeccioso é de 19-22 dias.

Períodos de duração de doenças infecciosas

Nem todos os indivíduos infectados desenvolvem doença. Doença e infecção diferem no que diz respeito aos sintomas e sinais clínicos. Indivíduos infectados sem sintomas e sinais têm infecções assintomáticas. Para alguns agentes infecciosos, como o citomegalovírus, a maioria das infecções é assintomática.

O período de incubação inicia-se com o momento da infecção e termina quando o indivíduo desenvolve sintomas (Fig. 33.4). É seguido pelo período sintomático, que, por sua vez, termina com a morte ou com a recuperação.

O período de incubação é de 8-13 dias e 50-110 dias para sarampo e hepatite B, respectivamente. Assim, um indivíduo infectado com o sarampo é infeccioso antes de desenvolver os sintomas, pois as pessoas tornam-se infecciosas após 6-9 dias. Portanto, é importante saber que o isolamento no momento dos sintomas não impedirá a transmissão.

Taxa de reprodução básica e líquida

O número básico de reprodução (R_0) é o número médio de casos secundários infectados produzidos por cada caso infeccioso em uma população totalmente suscetível.

Incidência da doença:

- é estática se cada caso leva a um novo caso ($R_0 = 1$)
- aumenta, se cada caso leva a mais de um caso infeccioso secundário ($R_0 > 1$)
- diminui, se cada caso leva a menos do que um caso infeccioso secundário ($R_0 < 1$), o que resulta no controle e erradicação da doença.

O número básico de reprodução depende da duração da infecciosidade do caso (d), do número de contatos por unidade de tempo (c) e da probabilidade de transmissão (p): $R_0 = c^* p^* d$. Esta fórmula indica que o número básico de reprodução não é específico apenas de um agente infeccioso, mas também de uma população hospedeira específica em um determinado momento. R_0 para o HIV é diferente para mulheres e homens, e também para indivíduos que se prostituem. A Tabela 33.3 mostra números básicos de reprodução de diferentes doenças. O sarampo tem um número básico de reprodução muito alto de 15-17, enquanto a gripe tem um número básico de reprodução de 2-3.

É incomum encontrar uma população totalmente suscetível. Mais comumente, uma população consiste em indivíduos

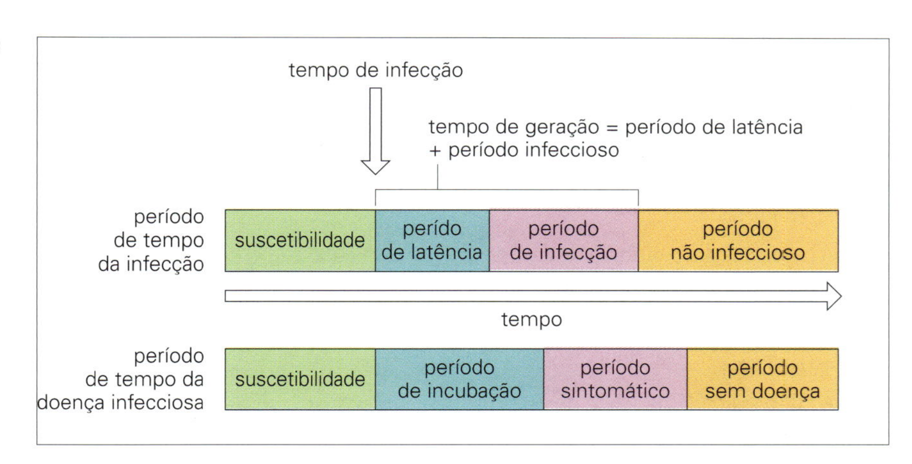

Figura 33.4 Períodos de tempo de infecções e doenças infecciosas.

Tabela 33.2 Períodos de latência, contagioso e de incubação para uma variedade de infecções virais e bacterianas

Doenças infecciosas	Período de latência (dias)	Período infeccioso (dias)	Período de incubação (dias)
Sarampo	6–9	6–7	8–13
Caxumba	12–18	4–8	12–26
Tosse convulsa (coqueluche)	21–23	7–10	6–10
Rubéola	7–14	11–12	14–21
Difteria	14–21	2–5	2–5
Varicela	8–12	10–11	13–17
Hepatite B	13–17	19–22	50–110
Poliomielite	1–3	2–3	7–12
Influenza	1–3	2–3	1–3

Tabela 33.3 Taxa básica de reprodução para uma variedade de doenças infecciosas

Doença infecciosa	Taxa básica de reprodução (R_0)
Sarampo	15–17
Caxumba	10–12
Tosse convulsa (coqueluche)	15–17
Rubéola	7–8
Difteria	5–6
Poliomielite	5–6
Influenza	2–3

suscetíveis e imunes. O número líquido de reprodução (R) é o número médio de casos secundários em uma população onde nem todos os indivíduos são suscetíveis. A taxa líquida de reprodução depende do número básico de reprodução (R_0) e a proporção de indivíduos suscetíveis (x): $R = R_0 * x$. Quanto mais baixa a proporção de indivíduos suscetíveis em uma população, menor é a probabilidade de que um indivíduo infeccioso entre em contato com um indivíduo suscetível. Assim, se a proporção de indivíduos suscetíveis (x) for suficientemente pequena, R será inferior a 1 e a doença pode ser erradicada. A proporção da população imune a uma infecção é chamada imunidade de grupo (HI): $HI = 1\text{-}x$. O limiar de imunidade de grupo é a proporção da população que precisa ser imune a fim de que uma doença seja eventualmente erradicada ($R < 1$): $HIT = R_0 - 1/R_0$. Indivíduos suscetíveis tornam-se imunes uma vez que são vacinados com uma vacina altamente eficaz. O número básico de reprodução permite estimar a cobertura da vacina que deve ser atingida de modo a controlar uma doença infecciosa. A cobertura vacinal crítica precisa ser muito alta (92-95%) para o sarampo em decorrência da alta taxa de reprodução (15-17). A rubéola tem um número de reprodução mais baixo (7-8) e, assim, para o controle da doença, a cobertura de vacinação necessita ser de apenas 85-87%.

EFICÁCIA DA VACINA

As vacinas protegem indivíduos diretamente, tornando-os menos suscetíveis (mais imunes) à doença. Elas também protegem indivíduos indiretamente (mesmo os indivíduos que não receberam a vacina) pelo aumento da imunidade do grupo.

A eficácia da vacina é a medida de efeito mais comumente usada ao avaliar vacinas ensaios controlados e randomizados. A eficácia da vacina é demonstrada pela redução da incidência da doença em indivíduos vacinados em comparação com indivíduos não vacinados:

A eficácia da vacina = (incidência de doença em indivíduos não vacinados - incidência de doença em indivíduos vacinados / incidência da doença em indivíduos não vacinados). Assim, a eficácia da vacina mede apenas o efeito direto dela. A medição do efeito indireto de vacinas requer desenhos de estudo mais complexos.

PRINCIPAIS CONCEITOS

- Estudos epidemiológicos podem ser de observação ou de intervenção.
- A prevalência é o número de casos existentes em uma população em um determinado momento. A incidência refere-se ao número de casos novos que ocorrem na população durante um período de tempo específico.
- A infecciosidade depende do próprio agente infeccioso, do ambiente e das características dos indivíduos da população, tais como se são imunes ou suscetíveis.
- As infecções podem também ser caracterizadas pelos períodos de latência ou pré-infeccioso, infeccioso, de incubação e sintomático: os indivíduos podem tornar-se infecciosos antes de desenvolverem sintomas.
- A eficácia da vacina é demonstrada pela redução da incidência da doença em indivíduos vacinados em comparação com indivíduos não vacinados. Quando uma proporção significativa da comunidade é protegida pela vacinação, os indivíduos não vacinados também são menos propensos a adquirir a doença; isso é chamado de imunidade de grupo.

Atacando o inimigo: agentes antimicrobianos e quimioterapia

34

Introdução

As interações entre hospedeiro, patógeno microbiano e agente antimicrobiano podem ser consideradas como um triângulo, e qualquer alteração em um dos lados afetará inevitavelmente os outros dois (Fig. 34.1). Neste capítulo, dois lados desse triângulo serão examinados mais detalhadamente:

- as interações entre agentes antimicrobianos e microrganismos;
- as interações entre agentes antimicrobianos e o hospedeiro humano.

Os aspectos laboratoriais dos ensaios e testes de suscetibilidade aos antimicrobianos também serão abordados. O terceiro lado do triângulo, as interações entre microrganismos e o hospedeiro humano, foi considerado detalhadamente nos outros capítulos. A conclusão do presente capítulo apresentará os três lados do triângulo em conjunto.

TOXICIDADE SELETIVA

O termo "toxicidade seletiva" foi proposto por Paul Ehrlich, um especialista em imunoquímica (Quadro 34.1). A toxicidade seletiva é obtida pela análise das diferenças na estrutura e no metabolismo de microrganismos e células do hospedeiro; de modo ideal, o agente antimicrobiano deverá atuar em um sítio-alvo presente no microrganismo infectante, mas ausente nas células do hospedeiro. A probabilidade de chegar-se a essa condição é maior em microrganismos procariotos do que nos eucariotos, pois os primeiros são estruturalmente mais diferentes do que as células do hospedeiro. (Uma comparação da organização celular entre células procarióticas e eucarióticas é apresentada no Capítulo 1.) Na outra extremidade do espectro, os vírus são difíceis de se atacar, por seu estilo de vida obrigatoriamente intracelular. Um agente antiviral bem-sucedido deve ser capaz de entrar na célula hospedeira, mas inibir e danificar um alvo específico do vírus. O Quadro 34.2 sumariza os aspectos desejáveis de agentes antimicrobianos ideais.

DESCOBERTA E DESENHO DE AGENTES ANTIMICROBIANOS

O termo "antibiótico" referia-se, tradicionalmente, a produtos metabólicos naturais de fungos, actinomicetos e bactérias que matam ou inibem o crescimento de microrganismos. A produção de antibióticos tem sido historicamente associada aos microrganismos do solo e, no meio ambiente natural, acredita-se que forneçam vantagens seletivas para microrganismos em sua luta por espaço e nutrientes. Agentes antibacterianos derivados de fontes naturais (p. ex., penicilinas, aminoglicosídeos) são normalmente modificados quimicamente (*i.e.*, semissintéticos) para melhorar suas propriedades antibacterianas ou farmacológicas. Entretanto, algumas substâncias são totalmente sintéticas (como as sulfonamidas e as quinolonas). Assim, prefere-se o termo "agente antibacteriano" ou "antimicrobiano" no lugar de "antibiótico". As substâncias contra fungos, parasitos e vírus também podem ser incluídas na classe dos antimicrobianos, mas os termos antifúngico, antiprotozoário, anti-helmíntico e antiviral são usados com mais frequência.

A descoberta de novos agentes antimicrobianos costumava acontecer inteiramente por acaso. As companhias farmacêuticas assumiram a condução de programas de triagem em massa, em busca de novos microrganismos do solo que produzissem atividade antibiótica. À luz de nossa compreensão mais abrangente dos mecanismos de ação dos antimicrobianos existentes, os processos se tornaram racionalizados, pesquisando novos produtos naturais por triagem direcionada a sítios-alvo ou sintetizando moléculas previstas como possuindo atividade de interação com um alvo microbiano. Abordagens genômicas para a identificação de novos alvos revolucionaram esta abordagem. Além disso, o conhecimento da estrutura cristalina das principais enzimas envolvidas na replicação viral, como proteases, transcriptases reversas e helicases, leva ao desenvolvimento de novos fármacos. Os passos de um programa de desenho racional estão sumarizados no Quadro 34.3.

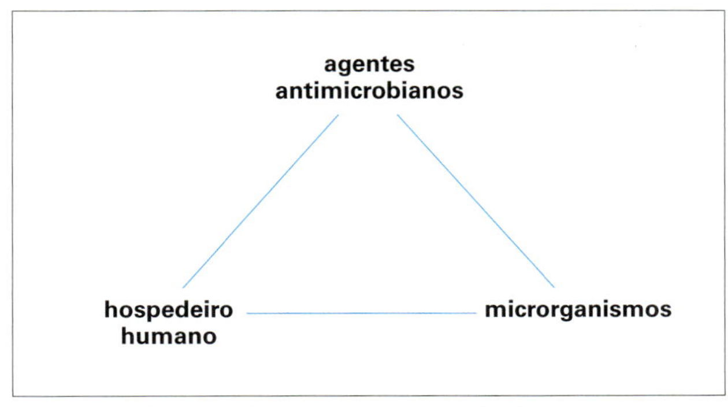

Figura 34.1 As interações entre agentes antimicrobianos, microrganismos e o hospedeiro humano podem ser visualizadas como um triângulo, e qualquer alteração em um dos lados afetará inevitavelmente os outros dois.

Quadro 34.1 Lições de Microbiologia

Paul Ehrlich (1854-1915)

Assim como Pasteur se destaca na imunomicrobiologia, Ehrlich (Fig. 34.2) é o pai da imunoquímica. Suas contribuições para a ciência médica em todos os níveis são extraordinárias. Ele foi o primeiro a propor que os antígenos estranhos eram reconhecidos por "cadeias laterais" nas células (1890), uma percepção brilhante que levou 70 anos para ser confirmada. Ehrlich também descobriu o mastócito, inventou o corante acidorresistente para o bacilo tuberculoso e arquitetou um método para fabricar e comercializar uma potente antitoxina contra a difteria. Ele foi o pioneiro no desenvolvimento de antibióticos, com seu trabalho sobre o "606" (ou "Salvarsan"), um tratamento para a sífilis, pelo qual foi denunciado pela Igreja por interferir com o castigo divino para os pecados do homem.

Enquanto trabalhava no tratamento de infecções causadas por tripanossomas, ele estabeleceu o conceito de "toxicidade seletiva", como ilustrado na seguinte citação: "Mas, cavalheiros, deveria estar claro que, em geral, esta tarefa é muito mais complicada do que a de usar soroterapia. Essas substâncias químicas, ao contrário dos anticorpos, podem ser perigosas ao corpo. Quando tal agente é administrado a um organismo doente, deve existir uma diferença entre a toxicidade desse agente ao parasito e sua toxicidade ao hospedeiro. Precisamos estar sempre cientes do fato de que essas substâncias têm a capacidade de agir sobre outras partes do corpo, assim como sobre os parasitos."

Da mesma maneira que Pasteur, ele tinha a compreensão da massa contínua do corpo como um todo com relação à célula e à estrutura tridimensional das moléculas, e durante toda a sua vida ressaltou a importância da interação molecular como a base para toda a função biológica; esse conceito está resumido em sua famosa máxima *corpora non agunt nisi fixata*, ou "os elementos não interagem até entrarem em contato uns com os outros". Vencedor do Prêmio Nobel em 1908, seu nome foi sistematicamente eliminado dos registros pelo regime Nazista, por conta de sua ascendência judaica, mas sua honra foi restaurada com a reconstrução de seu laboratório no Sétimo Congresso Internacional de Imunologia realizado em Berlim, em 1989.

Figura 34.2 Paul Ehrlich (1854-1915).

Quadro 34.2 Propriedades Desejadas de um Novo Agente Antimicrobiano

No projeto de novos agentes antimicrobianos, é preciso considerar tanto a atividade antimicrobiana como as propriedades farmacológicas do antibiótico para o hospedeiro.

Propriedades antimicrobianas

- Seletividade para alvos microbianos em vez de mamíferos
- Atividade "cida" (agentes antibacterianos e antifúngicos)
- Lento surgimento de resistência
- Espectro de ação estreito[a*]

Atividades farmacológicas

- Não tóxico para o hospedeiro
- Meia-vida plasmática longa (dosagem de uma vez ao dia)
- Boa distribuição por tecidos, incluindo LCR
- Baixa ligação por proteínas do plasma
- Formas de dosagem oral e parenteral
- Sem interferência com outras drogas

[a]O atributo desejado depende do uso de drogas. Drogas de espectro estreito causar menos perturbação na microbiota e pode contribuir menos para a emergência de resistência aos antibióticos, enquanto os compostos de largo espectro são mais útil para terapia empírica e tratamento de infecções polimicrobianas. LCR, líquido cefalorraquidiano.

Quadro 34.3 Desenvolvimento Racional de um Agente Microbiano

O processo de descoberta de novas agentes antimicrobianos passou da triagem aleatória histórica de microrganismos do solo para um programa racional de projeto informado por modelagem em computador e genômica. O processo desde a descoberta até o desenvolvimento e a comercialização pode chegar a mais de 10 anos e a um custo de pelo menos US$ 1 bilhão. Esta lista identifica diferentes etapas neste programa.

- Selecionar um alvo apropriado.
- Identificar um ponto de partida químico (*i.e.*, uma nova molécula com atividade inibidora no alvo).
- Modificar o composto principal para aumentar a potência.
- Avaliar atividade *in vitro*.
- Avaliar atividade e toxicidade *in vivo*.
- Testar em avaliações clínicas e desenvolver.

CLASSIFICAÇÃO DE AGENTES ANTIBACTERIANOS

Há três maneiras de se classificar essas substâncias:

1. conforme sua natureza: bactericida ou bacteriostática;
2. conforme sítio-alvo;
3. conforme a estrutura química.

Alguns agentes antibacterianos são bactericidas, outros são bacteriostáticos

Alguns agentes antibacterianos matam bactérias (bactericidas), enquanto outros apenas inibem seu crescimento (bacteriostáticos). Por isso, o processo bactericida é irreversível, o que não ocorre com a bacteriostase. Apesar disso, os agentes bacteriostáticos são bem-sucedidos no tratamento de algumas infecções porque previnem o crescimento da população bacteriana, permitindo que os mecanismos de defesa do hospedeiro possam consequentemente combater a população em estase. No entanto, em pacientes imunocomprometidos, drogas bacteriostáticas podem ser menos eficazes, e certas infecções (p. ex., endocardite) exigem uma droga bactericida mesmo em um paciente imunocompetente.

Como meio de classificação, a distinção entre substâncias bactericidas e bacteriostáticas pode ser imprecisa (p. ex., alguns agentes bacteriostáticos podem apresentar atividade bactericida em concentrações mais altas).

Há cinco sítios-alvo principais para a ação antibacteriana

Uma maneira conveniente de classificar agentes antibacterianos tem como base seu sítio de ação. Essa classificação não permite uma previsão precisa de quais antibacterianos serão ativos contra quais espécies, mas ajuda a compreender a base molecular da ação antibacteriana e, por outro lado, a elucidar muitos processos sintéticos em células bacterianas. Os cinco sítios-alvo principais para a ação antibacteriana são:

- síntese da parede celular;
- síntese proteica;
- síntese de ácido nucleico;
- vias metabólicas;
- função da membrana celular.

Esses alvos diferem, em maior ou menor grau, daqueles nas células do hospedeiro (humano) e assim permitem a inibição das células bacterianas sem a inibição concomitante dos alvos celulares equivalentes nos mamíferos (toxicidade seletiva).

Cada sítio-alvo abrange grande quantidade de reações sintéticas (enzimas e substratos), cada uma das quais podendo ser especificamente inibida por um agente antibacteriano. Várias moléculas quimicamente diversas podem inibir reações diferentes no mesmo sítio-alvo (como os inibidores da síntese de proteínas).

Os agentes antibacterianos possuem estruturas químicas diversas

A classificação com base somente na estrutura química não é prática em razão dessa diversidade. Entretanto, a combinação de um sítio-alvo com a estrutura química fornece uma classificação operacional útil para organizar os agentes antibacterianos em famílias específicas, o que será discutido posteriormente neste capítulo.

RESISTÊNCIA A AGENTES ANTIBACTERIANOS

A resistência a agentes antibacterianos é uma questão de graduação. No ambiente clínico, definimos um microrganismo resistente como aquele que não será inibido ou morto por um agente antibacteriano em concentrações de droga atingíveis no corpo após a dosagem normal. "Alguns nascem grandes, outros alcançam a grandeza e alguns têm a grandeza imposta a eles" (William Shakespeare, *Noite de reis*). Em outras palavras, algumas bactérias nascem resistentes, outras possuem a resistência imposta a elas. Em outras palavras, algumas espécies possuem resistência inata a algumas famílias de antibióticos por não possuírem um alvo suscetível, por serem impermeáveis ao agente antibacteriano ou por inativarem tal agente enzimaticamente. Os bastonetes Gram-negativos com sua camada de membrana externa exterior aos peptidoglicanos da parede celular são menos permeáveis às grandes moléculas do que as células Gram-positivas. Entretanto, entre as espécies com suscetibilidade inata, existem também cepas que desenvolvem ou adquirem resistência.

A genética da resistência

Paralelamente ao rápido desenvolvimento de uma ampla faixa de agentes antibacterianos desde os anos 1940, as bactérias têm-se mostrado extremamente aptas ao desenvolvimento de resistência a cada novo agente que surge. Esse cenário

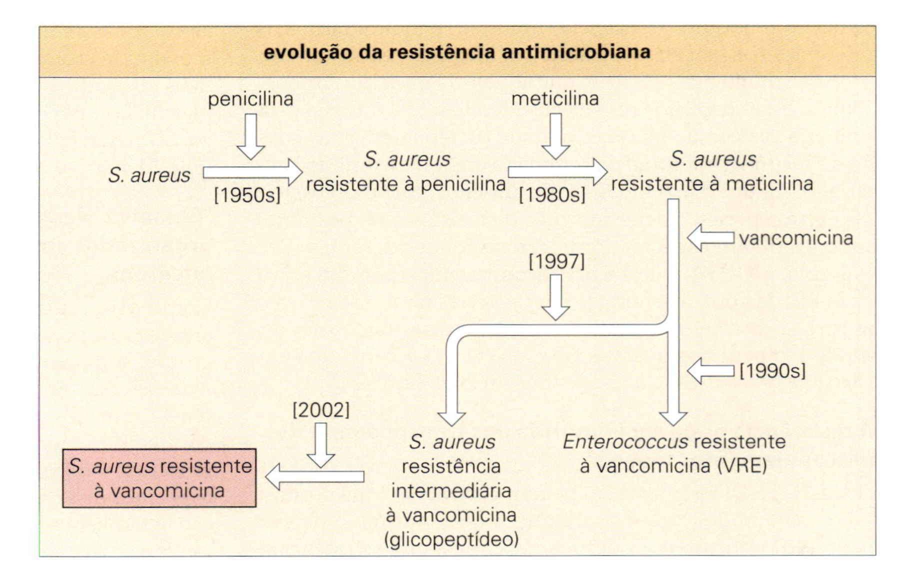

Figura 34.3 Ilustração temporal do aparecimento cronológico da resistência aos antibióticos em cocos Gram-positivos.

pode ser ilustrado com o *Staphylococcus aureus* pela linha do tempo mostrada na Figura 34.3. O crescimento cada vez mais rápido da incidência de resistência associada à diminuição na descoberta de novos agentes antibacterianos para combater cepas resistentes é hoje conhecida mundialmente como uma séria ameaça ao tratamento de infecções potencialmente fatais.

A mutação cromossômica pode resultar em resistência a uma classe de agentes antimicrobianos (resistência cruzada)

A resistência pode surgir de:

- uma única mutação cromossômica em uma célula bacteriana, resultando na síntese de uma proteína alterada: por exemplo, a resistência à estreptomicina via alteração em uma proteína ribossômica, ou uma única alteração de aminoácido na enzima di-hidropteroato sintetase, resultando em afinidade reduzida para as sulfonamidas. Um evento mutacional também poderia alterar (*i.e.*, aumentar ou reduzir) a produção de uma proteína, resultando em resistência elevada;
- uma série de mutações, como as alterações nas proteínas que ligam a penicilina (PBP, do inglês, *Penicillin-Binding Proteins*) em pneumococos resistentes a essa substância.

Na presença do antibiótico, esses mutantes espontâneos têm a vantagem seletiva de sobreviverem e sobrepujarem-se à população suscetível (Fig. 34.4A). Eles também podem espalhar-se para outros locais no mesmo paciente ou em outros pacientes por meio da infecção cruzada e, assim, disseminarem-se. As mutações cromossômicas são eventos relativamente raros (*i.e.*, normalmente encontrados uma vez em uma população de 10^6-10^8 microrganismos) e geralmente determinam resistência a uma única classe de antimicrobianos (*i.e.*, "resistência cruzada" a compostos estruturalmente relacionados).

Em plasmídeos transmissíveis, os genes podem determinar resistência a classes diferentes de agentes antimicrobianos (resistência múltipla)

Não satisfeitas em sobreviverem ao ataque furioso dos agentes antibacterianos por se valerem de mutações cromossômicas aleatórias, as bactérias também têm a capacidade de adquirir genes de resistência em plasmídeos transmissíveis (Fig. 34.4B; ver também Cap. 2). Esses plasmídeos geralmente codificam determinantes de resistência para várias famílias não relacionadas de compostos antibacterianos. Portanto, uma célula pode adquirir resistência "múltipla" a muitos fármacos diferentes (*i.e.*, em classes diferentes) de uma vez só, em um processo muito mais eficiente que aquele da mutação cromossômica. Essa chamada "resistência infecciosa" foi descrita pela primeira vez por japoneses estudando bactérias entéricas, mas hoje é reconhecida como disseminada em todo o mundo bacteriano. Alguns plasmídeos são promíscuos, cruzando barreiras entre espécies, e o mesmo gene de resistência é, portanto, encontrado em espécies significativamente diferentes. Por exemplo, a TEM-1, que é a betalactamase mais comum entre as mediadas por plasmídeos em bactérias Gram-negativas, mostra-se disseminada em *E. coli* e em outras enterobactérias, sendo também responsável pela resistência à penicilina em *Neisseria gonorrhoeae* e à ampicilina em *H. influenzae*.

A resistência pode ser adquirida dos transpósons e de outros elementos móveis

Genes de resistência também podem ocorrer em transpósons; são os chamados "genes saltantes", que, por meio de um processo replicativo, podem gerar cópias que se integram

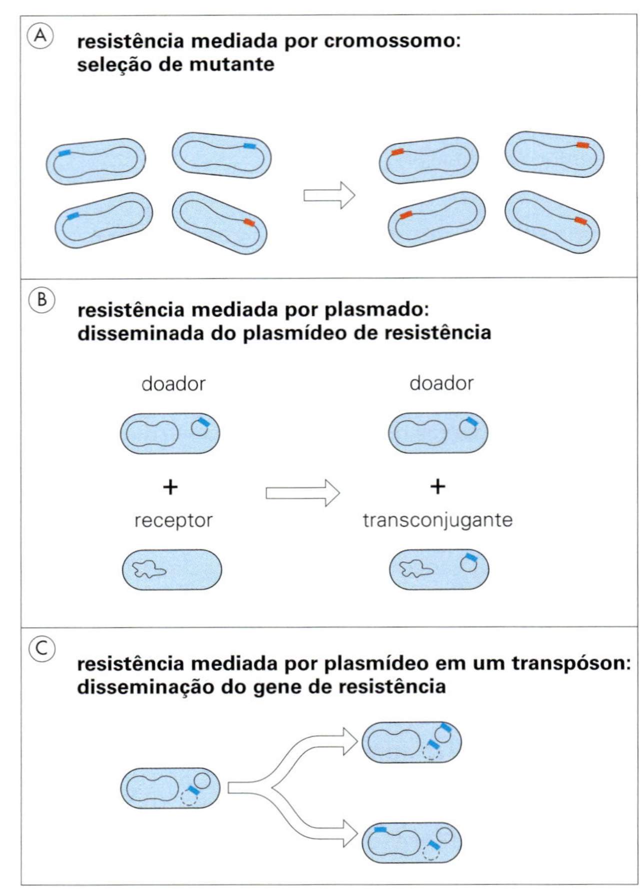

Figura 34.4 A mutação cromossômica (A) pode produzir um alvo resistente ao medicamento que confere resistência à célula bacteriana e permite que ela se multiplique na presença do antibiótico. Os genes de resistência transportados nos plasmídeos (B) podem disseminar-se de uma célula para a outra com mais rapidez que células que estão se dividindo e se disseminando. Os genes de resistência em elementos passíveis de transposição (C) se movimentam entre plasmídeos e o cromossomo e de um plasmídeo para o outro, permitindo assim maior estabilidade ou maior disseminação do gene de resistência.

no cromossomo ou nos plasmídeos (Cap. 2). O cromossomo fornece uma localização mais estável para os genes, mas estes serão disseminados somente na mesma rapidez com que as bactérias se dividirem. As cópias de transpósons que se movem do cromossomo para os plasmídeos disseminam-se mais rapidamente. A transposição também pode ocorrer entre plasmídeos, por exemplo, de um plasmídeo não transmissível para um transmissível, novamente acelerando a disseminação (Fig. 34.4C).

"Cassetes" de genes de resistência podem ser organizados em elementos genéticos denominados *integrons*

Como discutido anteriormente, os genes de resistência a antibióticos podem residir individualmente em plasmídeos, cromossomos ou transpósons encontrados em ambas as localizações. Entretanto, em alguns casos, genes de resistência múltipla podem aparecer juntos em uma estrutura conhecida como um *integron*. Como mostrado na Figura 34.5A, o *integron* codifica uma enzima de recombinação específica ao sítio (gene *int*; integrase), que permite a inserção (e também a excisão) de "cassetes" de genes resistentes a antibióticos (gene de resistência mais sequências adicionais,

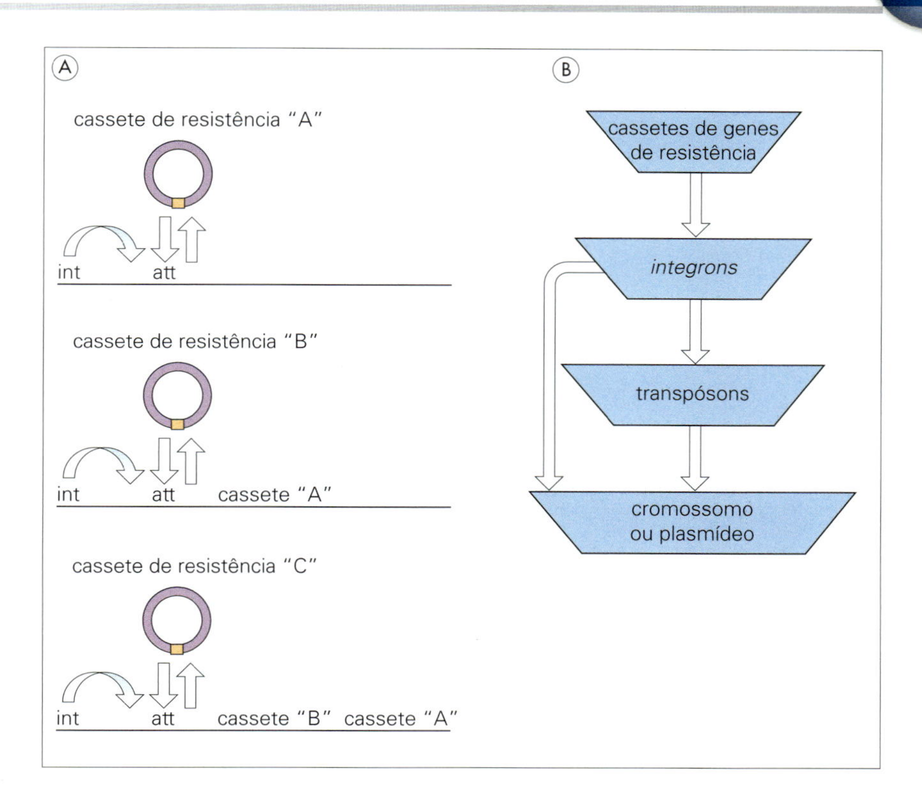

Figura 34.5 (A) Estrutura básica do *integron* e (B) inter-relacionamento geral entre *integrons* e outros elementos do DNA. att, sítio de ligação do *integron*; int, integrase.

incluindo uma região de "ligação") no local de integração ao *integron* (att). Na forma clássica do óperon, um potente promotor de *integron* controla a transcrição dos genes inseridos. Com base em seu mecanismo de integração (integrase etc.) os *integrons* foram organizados em classes diferentes encontradas tanto em microrganismos Gram-negativos como Gram-positivos. Seja atuando como elementos genéticos móveis independentes ou inseridos em transpósons, os *integrons* são capazes de se movimentar em várias moléculas de DNA, cuja hierarquia geral é apresentada na Figura 34.5B. Com sua capacidade de capturar, organizar e rearranjar diferentes genes de resistência a antibióticos, os *integrons* representam um mecanismo importante para a disseminação de resistência antibiótica múltipla em microrganismos clinicamente importantes.

Genes estafilocócicos de resistência à meticilina são organizados em uma estrutura "cassete" única

Os genes estafilocócicos responsáveis pela resistência à meticilina antibiótica (discutidos adiante) são encontrados em um arranjo estafilocócico especializado denominado cassete cromossômico estafilocócico *mec* (SCC*mec*). O SCC*mec* é inserido em um único sítio-alvo no cromossomo estafilocócico. O cassete representa uma região altamente recombinogênica que pode não só rearranjar-se internamente, mas também servir como alvo para a inserção de outros elementos de resistência (p. ex., transpósons e plasmídeos).

Mecanismos de resistência

Os mecanismos podem ser amplamente classificados em três tipos principais. Eles estão sumarizados a seguir, na Tabela 34.1, além de descritos com mais detalhes onde são relevantes para cada antibiótico em outras partes deste capítulo. Nos casos em que esses mecanismos bacterianos de resistência aos antimicrobianos foram elucidados, eles parecem envolver a síntese de proteínas novas ou alteradas. Como mencionado, os genes que codificam essas proteínas podem ser encontrados em plasmídeos ou no cromossomo.

O sítio-alvo pode ser alterado

É possível alterar o sítio-alvo de modo a diminuir sua afinidade ao antibacteriano, mas permitindo que ele ainda funcione adequadamente para o prosseguimento do metabolismo normal. De modo alternativo, pode-se sintetizar um alvo (mais resistente) adicional (como uma enzima).

O acesso ao sítio-alvo pode ser alterado (absorção alterada ou aumento da saída)

Esse mecanismo envolve a redução do volume de fármaco que atinge o alvo:

- ou alterando-se a entrada, por exemplo, reduzindo-se a permeabilidade da parede celular; ou
- bombeando-se o medicamento para fora da célula (conhecido como mecanismo de efluxo).

É possível produzir-se enzimas que modificam ou destroem o agente antibacteriano (inativação do medicamento)

Há muitos exemplos dessas enzimas, destacando-se:

- betalactamases;
- enzimas modificadoras de aminoglicosídeos;
- cloranfenicol acetiltransferases.

Essas enzimas serão descritas nas partes relevantes desses antibióticos.

CLASSES DE AGENTES ANTIBACTERIANOS

O texto a seguir trata dos grupos de agentes antibacterianos com base em seu sítio-alvo e sua estrutura química. Em cada caso, a discussão tenta resumir as respostas às questões definidas na Tabela 34.2, revisando as interações entre o agente antibacteriano e bactérias e entre o agente e o hospedeiro (*i.e.*, dois lados do triângulo na Figura 34.1).

Tabela 34.1 Os mecanismos de resistência podem ser classificados em três tipos principais

Antibacteriano	Mecanismo de resistência		
	Alvo alterado	Captação alterada	Desativação da droga
Betalactâmicos	+	+	+
Glicopeptídeos	+		
Aminoglicosídeos	+	+	+
Tetraciclinas	+	+	
Cloranfenicol		+	+
Macrolídeos/cetolídeos	+	+	+
Lincosamídeos	+		
Estreptograminas	+		
Oxazolidinonas	+		
Ácido fusídico	+		
Sulfonamidas/trimetoprima	+	+	
Quinolonas	+	+	
Rifampicina	+		
Lipopeptídeo cíclico	+		

Para antibióticos para os quais há mais de um modo de resistência, os medicamentos variam com relação àquele mais frequentemente encontrado.

Tabela 34.2 Para compreender a natureza e o uso ideal de um agente antibacteriano é preciso responder às perguntas aqui relacionadas

O que é?	Estrutura química: produto natural ou sintético
O que faz?	Sítio-alvo, mecanismo de ação
Para onde vai? (e, portanto, a rota preferida de administração)	Absorção, distribuição, metabolismo e excreção da droga no corpo do hospedeiro
Quando é usada?	Espectro de atividade e usos clínicos importantes
Quais são as limitações para seu uso?	Toxicidade para o hospedeiro humano; ausência de toxicidade, *i.e.*, resistência das bactérias
Quanto custa?	Grande variação entre agentes, mas custo é uma limitação séria na disponibilidade de alguns agentes em países em desenvolvimento

INIBIDORES DA SÍNTESE DA PAREDE CELULAR

O peptidoglicano, um componente vital da parede da célula bacteriana (Cap. 2), é um composto único das bactérias e, portanto, fornece um alvo ótimo para a toxicidade seletiva. A síntese de precursores de peptidoglicanos começa no citoplasma; subunidades da parece celular são então transportadas por meio da membrana citoplasmática e finalmente inseridas na molécula de peptidoglicano em crescimento. Vários estágios diferentes são, portanto, alvos potenciais para inibição (Fig. 34.6). Os antibacterianos que inibem a síntese da parede celular são variados quanto à estrutura química. Os mais importantes desses compostos são os betalactâmicos, que formam o maior grupo, e os glicopeptídeos, que são ativos somente contra microrganismos Gram-positivos. A bacitracina (primariamente de uso tópico) e a ciclosserina (usada principalmente como medicamento de "segunda linha" para o tratamento de tuberculose, discutida mais adiante neste capítulo) possuem muito poucas aplicações clínicas.

Betalactâmicos

Os betalactâmicos contêm um anel betalactâmico e inibem a síntese da parede celular ligando-se às proteínas ligadoras da penicilina (PBP)

Os betalactâmicos formam uma família muito grande de grupos diferentes de agentes bactericidas, todos contendo o anel betalactâmico. Dentro dessa família, os grupos são distinguidos uns dos outros pela estrutura do anel anexo ao anel betalactâmico — nas penicilinas temos um anel de cinco membros, nas cefalosporinas o anel tem seis membros — e pelas cadeias laterais anexas a esses anéis (Fig. 34.7).

As proteínas ligadoras da penicilina são proteínas da membrana (p. ex., carboxipeptidases, transglicosilases e transpeptidases) capazes de se ligarem à penicilina (daí o nome PBP) e responsáveis pelos estágios finais de ligação cruzada da estrutura da parede celular bacteriana. A inibição de uma ou mais dessas enzimas essenciais resulta no acúmulo de unidades precursoras da parede celular, levando à ativação do sistema autolítico das células e à lise celular (Fig. 34.8).

A maioria dos betalactâmicos precisa ser administrada por via parenteral

Betalactâmicos diferentes são administrados por via intramuscular, intravenosa ou oral. A maioria atinge concentrações clinicamente úteis no líquido cefalorraquidiano (LCR) quando as meninges estão inflamadas (como na meningite), e a barreira hematoencefálica torna-se mais permeável. Em geral, essas substâncias não são eficazes contra microrganismos intracelulares.

Algumas cefalosporinas, notadamente a cefotaxima, são metabolizadas em compostos com atividade biológica menor. Os betalactâmicos são excretados na urina, e para alguns, como a benzilpenicilina, essa excreção é muito rápida; surge

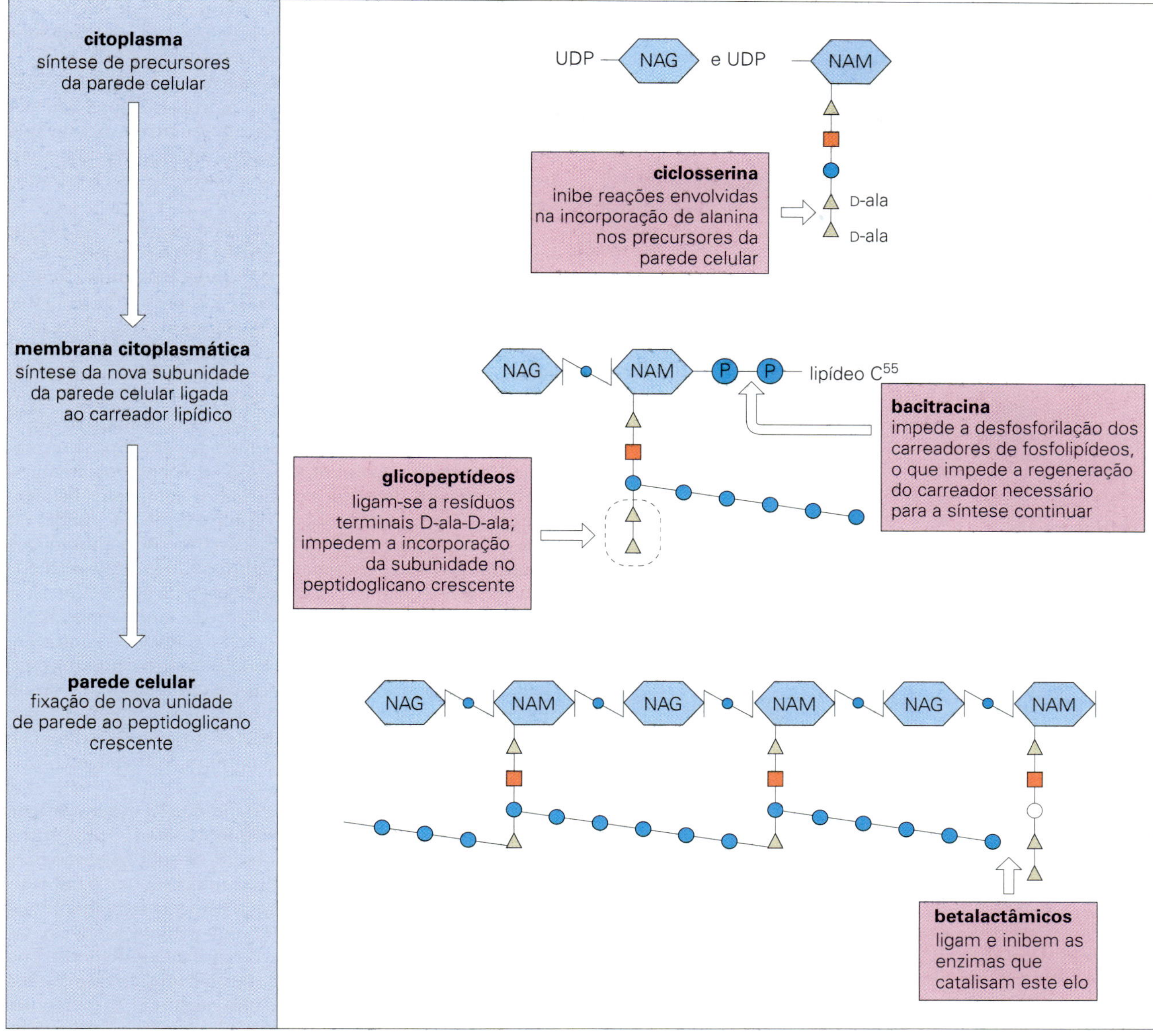

Figura 34.6 A síntese do peptidoglicano é um processo complexo que começa no citoplasma, prossegue pela membrana citoplasmática e leva à ligação de novas unidades da parede à cadeia de peptidoglicanos em crescimento. Essa via de síntese pode ser inibida em vários pontos por agentes antibacterianos. NAG, N-acetil glicosamina; NAM, N-acetil ácido murâmico; UDP, uridina difosfato.

daí a necessidade de doses frequentes. A probenecida pode ser administrada concomitantemente para diminuir a excreção e manter concentrações sanguíneas e teciduais mais altas por um período de tempo mais prolongado.

Betalactâmicos diferentes possuem usos clínicos diferentes, mas não são ativos contra espécies desprovidas de parede celular

Uma grande variedade de antibióticos betalactâmicos está atualmente licenciada para uso clínico. Alguns deles, como a penicilina, são ativos principalmente contra microrganismos Gram-positivos, enquanto outros (como as penicilinas semissintéticas, as carboxipenemas, os monobactâmicos e as cefalosporinas de segunda, terceira, quarta e quinta gerações) foram desenvolvidos por sua atividade contra bastonetes Gram-negativos. Somente os betalactâmicos mais recentes são ativos contra microrganismos com maior resistência inata como *Pseudomonas aeruginosa* (Tabela 34.3).

É importante lembrar que os betalactâmicos não são ativos contra espécies desprovidas de parede celular (como o *Mycoplasma*) ou contra as espécies com parede celular muito resistente, como as micobactérias, ou ainda contra patógenos intracelulares como *Brucella*, *Legionella* e *Chlamydia*.

A resistência aos betalactâmicos pode envolver um ou mais dos três mecanismos possíveis

Resistência por alteração no sítio-alvo. Os estafilococos resistentes à meticilina (p. ex., *Staphylococcus aureus*, *S. epidermidis* — MRSA, MRSE, respectivamente) sintetizam uma PBP adicional (PBP2a), que possui afinidade muito mais baixa aos betalactâmicos do que as PBPs normais; portanto, é capaz de continuar a síntese da parede celular mesmo quando as outras PBPs já foram inibidas. Embora o gene *mecA*, que codifica a PBP2a, esteja presente no cromossomo em todas as células de uma população resistente, em muitos casos ele só pode ser transcrito em uma proporção das células, resultando em um

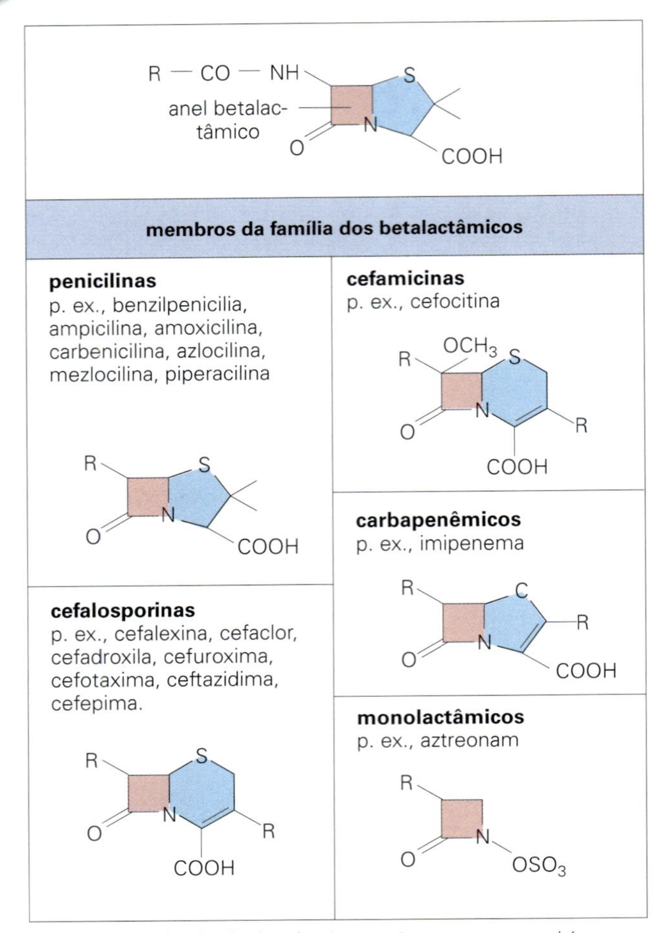

Figura 34.7 A família dos betalactâmicos. A estrutura em anel é comum a todos os betalactâmicos e deve permanecer intacta para a ação antibacteriana. As enzimas (betalactamases) que catalisam a hidrólise da ligação de betalactâmicos tornam a substância antibacteriana inativa. As penicilinas e as cefalosporinas são as principais classes de antibióticos betalactâmicos, mas outros membros da família e novas combinações de inibidores de betalactamases betalactâmicos são o foco de novos desenvolvimentos.

fenômeno conhecido como "heterorresistência". No laboratório, condições especiais de cultura são usadas para estimular a expressão e demonstrar a resistência. Estafilococos resistentes à meticilina geralmente produzem betalactamase (ver adiante) e são resistentes a todos os outros betalactâmicos, com a exceção da ceftarolina, uma cefalosporina de quinta geração e a primeira aprovada pelo FDA dos EUA para atividade contra MRSA. Esta cefalosporina liga-se a PBP2a com uma afinidade 2.000 vezes melhor que outros betalactâmicos e é, portanto, eficaz em tratar infecções causadas por MRSA. Outra cefalosporina de quinta geração, ceftobiprole, apresenta um espectro de atividade semelhante e está disponível em vários países.

Outros microrganismos como os *Streptococcus pneumoniae*, *Neisseria gonorrhoeae* e *Haemophilus influenzae* também se valem das alterações da PBP para desenvolver a resistência aos betalactâmicos, que pode variar dependendo do composto empregado.

Resistência por alteração em acesso ao sítio-alvo. Este mecanismo é encontrado nas células Gram-negativas, nas quais os betalactâmicos ganham acesso às suas PBP-alvo por difusão, por meio de canais de proteína (porinas) na membrana externa. As mutações em genes de porinas geram redução da permeabilidade da membrana externa e, portanto, da resistência. Cepas que se tornam resistentes por meio desse mecanismo podem exibir resistência cruzada a antibióticos não relacionados que usam as mesmas porinas.

Resistência por produção de betalactamases. As betalactamases são enzimas que catalisam a hidrólise do anel betalactâmico transformando-o em produtos inativos em termos microbiológicos. Os genes que codificam essas enzimas são disseminados no reino bacteriano e encontrados no cromossomo e nos plasmídeos.

As betalactamases de bactérias Gram-positivas são liberadas no ambiente extracelular (Fig. 34.8A) e a resistência só se manifestará na presença de uma população significativa de células. As betalactamases de células Gram-negativas, entretanto, permanecem no interior do periplasma (Fig. 34.8B).

Até hoje, centenas de diferentes enzimas betalactamase já foram descritas. Todas elas possuem a mesma função, mas com sequências de aminoácidos que diferem e influenciam sua afinidade por diferentes substratos betalactâmicos. Algumas enzimas atuam especificamente nas penicilinas ou cefalosporinas, enquanto outras são especialmente problemáticas ao atacarem amplamente a maioria dos compostos betalactâmicos (*i.e.*, betalactamases de espectro estendido, ESBL, do inglês, *Extend-Spectrum Beta-Lactamases*). Alguns antibióticos betalactâmicos (p. ex., carbapenêmicos são hidrolisados por muito poucas enzimas (*i.e.*, são estáveis para betalactamases) enquanto outros (como a ampicilina) são muito mais lábeis. Os inibidores de betalactamase como o ácido clavulânico são moléculas que contêm um anel betalactâmico e atuam como "inibidores suicidas", ligando-se às betalactamases e evitando que estas destruam os betalactâmicos. Esses inibidores, por si mesmos, possuem atividade bactericida muito reduzida e são usados em combinação com antibióticos betalactâmicos (Fig. 34.9).

Betalactamases de espectro estendido são especialmente problemáticas. O espectro estendido de novos antibióticos betalactâmicos representou um desafio de sobrevivência para os patógenos afetados que, infelizmente, estavam completamente preparados para encará-los. De forma semelhante aos eventos apresentados na Figura 34.3, novas interações de drogas betalactâmicas se encontraram com mutações de genes que codificam betalactamases (p. ex., betalactamases de espectro estendido; ESBLs) em bactérias Gram-negativas. O transporte de tais genes nos plasmídeos permitiu que eles se movimentassem dentro e entre espécies patogênicas, resultando na disseminação da resistência medicamentosa associada. No momento, há uma infinidade de enzimas desse tipo (p. ex., TEM, SHV, CTX-M, OXA, betalactamases, e as carbapenemases IMP, VIM, OXA, KPC, CMY e NDM-1). Um espectro estendido de atividade acoplado em alguns casos com resistência a combinações de inibidores de betalactâmicos e betalactamase resultou em microrganismos com poucas, quando há, opções terapêuticas restantes. Por este motivo, conforme observado na introdução do livro, enterobactérias resistentes ao carbapenêmicos e produtoras de ESBL agora são categorizadas pela Organização Mundial da Saúde como de preocupação crítica e estão em 3º lugar na lista de 12 patógenos identificados como prioridade em pesquisas e desenvolvimento de novos antibióticos.

Efeitos colaterais

Os efeitos tóxicos dos antibióticos betalactâmicos incluem erupções cutâneas leves e reações de hipersensibilidade imediata. As estatísticas sobre a alergia aos agentes betalactâmicos são complicadas pelo fato de o problema envolver, historicamente, o autorrelato por pacientes frequentemente equivoca-

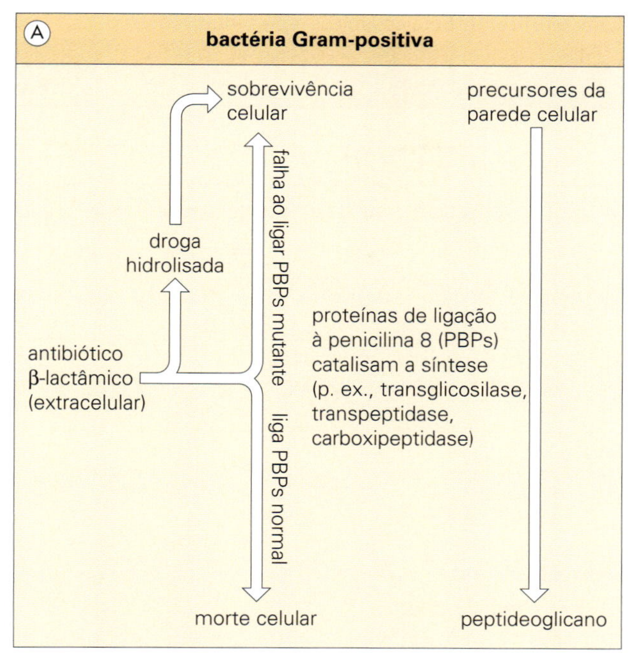

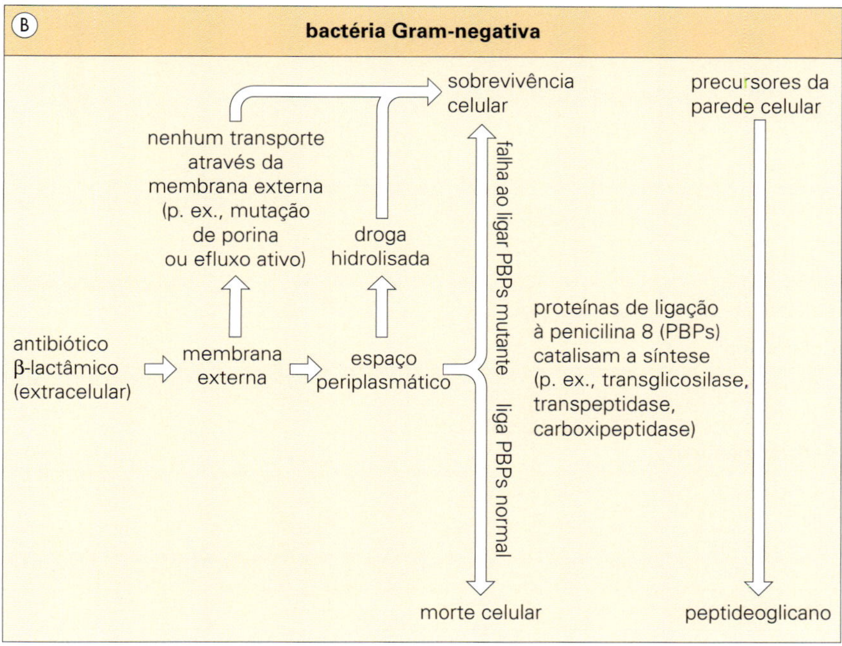

Figura 34.8 As proteínas de ligação à penicilina (PBP) desempenham papel-chave nas etapas finais da síntese de peptidoglicanos. Elas catalisam a ligação cruzada das subunidades da parede, que são então incorporadas na parede celular. Os betalactâmicos são capazes de penetrar na célula (através dos poros da membrana externa de microrganismos Gram-negativos) e ligar-se às PBP. Isso bloqueia a catalisação da ligação cruzada de subunidades, levando ao acúmulo nas células e à liberação de enzimas autolíticas, o que provoca a lise celular. Dentro do espaço periplasmático dos microrganismos Gram-negativos (b1), as betalactamases podem inativar os betalactâmicos antes que estes atinjam suas PBP-alvo, protegendo assim as células da ação antibiótica. Como alternativa, PBPs mutantes falham na ligação com betalactâmicos, permitindo a ocorrência da síntese de peptidoglicanos. Em bactérias Gram-positivas (b2), os betalactâmicos podem ser destruídos fora das células por betalactamases ou tornar-se ineficazes, como ocorre nos microrganismos Gram-negativos, por PBPs mutantes.

dos em seus "diagnósticos". Apesar disso, um quadro grave de alergia a essas substâncias na forma de uma reação de hipersensibilidade imediata (tipo 1) pode ocorrer em 0,5-4% dos pacientes, embora a anafilaxia seja muito menos frequente (em cerca de 0,004% a 0,04% dos cursos de tratamento com penicilina). Reações idiopáticas leves, geralmente na forma de erupções cutâneas, são mais comuns (> 1% dos cursos de tratamento), especialmente com a ampicilina. Os pacientes alérgicos à penicilina são frequentemente alérgicos às cefalosporinas (menos aos compostos de gerações mais novas), mas o aztreonam, que é uma monobactama, mostra reatividade cruzada insignificante.

Neurotoxicidade e crises convulsivas podem ocorrer com todos os betalactâmicos se dosados impropriamente para o peso corporal e a função renal, especialmente em pacientes com comprometimento renal. Essa toxicidade manifesta-se como ataques, inconsciência, espasmos mioclônicos e alucinações. A carbenicilina pode provocar disfunção plaquetária e sobrecarga de sódio (pois é administrada na forma de sal de sódio), especialmente em pacientes com insuficiências hepática, renal e cardíaca congestiva.

Glicopeptídeos

Os glicopeptídeos são grandes moléculas que atuam em um estágio mais precoce que os betalactâmicos

Entre os glicopeptídeos estão a vancomicina (sendo a Oritavancina, a Telavancina e a Dalbavancina estruturalmente relacionadas) e a teicoplanina. Tanto a vancomicina como a teicoplanina são moléculas muito grandes e, portanto, têm dificuldade em penetrar células Gram-negativas. A teicoplanina é um complexo natural de cinco moléculas diferentes, embora intimamente relacionadas.

Tabela 34.3 Características de betalactâmicos representativos

Classe da droga	Categoria	Espectro geral de atividade
Penicilinas		
Penicilina G, V[a]	Penicilina natural	Bactérias Gram-positivas
Nafcilina[a] Oxacilina[a]	Penicilina semissintética (resistente à betalactamase)	Bactérias Gram-positivas (incluindo produtores de betalactamases)
Amoxicilina[a,b] Ampicilina[a,b]	(Amino) penicilina semissintética	Bactérias Gram-positivas Bactérias Gram-negativas, incluindo espiroquetas, *Listeria monocytogenes*, *Proteus mirabilis* e algumas *Escherichia coli*
Carbenicilina[a] Mezlocilina Piperacilina[b]	(Carboxi) penicilina semissintética (Ureido) penicilina semissintética	Bactérias Gram-positivas Maior abrangência de Gram-negativos, incluindo *Pseudomonas* e *Klebsiella*
Cefalosporinas		
Cefadroxil[a] Cefazolina Cefalexina[a]	Primeira geração	Bactérias Gram-positivas ↓
Cefaclor[a] Cefprozila[a] Cefuroxima[a]	Segunda geração	↓
Cefdinir[a] Cefditoreno[a] Cefpodoxima[a] Cefotaxima Ceftazidima Ceftibuteno[a] Ceftriaxona	Terceira geração	↓
Cefepima	Quarta geração	Atividade melhorada contra bactérias Gram-negativas
Ceftolozano[b] Ceftobiprole Ceftarolina	Quinta geração	Atividade melhorada contra bactérias Gram-negativas Atividade melhorada, especialmente contra MRSA
Cefamicina[c]		
Cefotetan Cefoxitina		Bactérias Gram-positivas Atividade melhorada contra *Bacillus fragilis*
Carbapenêmicos		
Ertapénem Imipenema Meropenema Doripenema		Bactérias Gram-positivas e Gram-negativas
Monobactâmicos		
Aztreonam		Bactérias Gram-negativas, incluindo *Haemophilus influenza* e *Pseudomonas aeruginosa*

Apesar da grande disponibilidade de muitas substâncias betalactâmicas, as de uso mais frequente estão listadas, juntamente com suas principais indicações.
[a]Formulação oral disponível.
[b]Pode ser formulada em combinação com inibidores de betalactamase (Fig. 34.9).
[c]Frequentemente classificada com cefalospoxinas de segunda geração.

Os glicopeptídeos são bactericidas e interferem na síntese da parede celular por ligarem-se à D-alanina-D-alanina no final das cadeias de pentapeptídeos que são parte da estrutura da parede celular bacteriana em crescimento (Fig. 34.6). Essa ligação inibe a reação de transglicosilação e impede a incorporação de novas subunidades dentro da parede celular em crescimento. Uma vez que os glicopeptídeos atuam em um estágio mais precoce que os betalactâmicos, não é útil combinar glicopeptídeos e betalactâmicos no tratamento de infecções.

A vancomicina e a teicoplanina devem ser administradas por injeção para o tratamento de infecções sistêmicas

Essas duas substâncias não são absorvidas pelo trato gastrointestinal e não penetram no líquido cefalorraquidiano de pacientes sem meningite. Entretanto, as concentrações bactericidas são atingidas na maioria dos pacientes com meningite por causa da maior permeabilidade da barreira hematoencefálica. Essas substâncias são excretadas pelos rins.

A vancomicina e a teicoplanina atuam somente contra microrganismos Gram-positivos

Essas substâncias são empregadas principalmente para:

- tratamento de infecções causadas por cocos Gram-positivos e por bastonetes Gram-positivos resistentes aos antibióticos betalactâmicos, especialmente *Staphylococcus aureus* e *Staphylococcus epidermidis* multirresistentes;
- tratamento de pacientes alérgicos ao betalactâmico;
- tratamento de *Clostridium difficile* no quadro de colite associada a antibióticos, embora a preocupação com o fato de esse procedimento poder dar origem a enterococos resistentes aos glicopeptídeos na microbiota intestinal tenha levado ao uso cada vez mais frequente de compostos alternativos.

Resistência

Alguns microrganismos são intrinsecamente resistentes aos glicopeptídeos. Como já mencionado, as bactérias Gram-negativas são "naturalmente" resistentes aos glicopeptídeos, uma vez que esses compostos são grandes demais para se movimentarem com eficiência através da membrana externa em direção ao peptidoglicano. Outros microrganismos possuem um alvo de glicopeptídeo alterado, como os pentapeptídeos, terminando em D-alanina-D-lactato (p. ex., *Erysiplothrix, Leuconostoc, Lactobacillus* e *Pediococcus*) ou D-alanina-D-serina (como *Enterococcus gallinarum, Enterococcus casseliflavus*).

Os microrganismos podem adquirir resistência aos glicopeptídeos. Historicamente, a resistência a glicopeptídeos adquirida mais clinicamente relevante foi observada em *Enterococcus faecium* e *Enterococcus faecalis* (enterococos resistentes à vancomicina; ERV), relatada primeiramente por investigadores no Reino Unido, em 1986. Desde aquela época, uma variedade de fenótipos de resistência foi descrita como podendo ser diferenciada por capacidade de transferência (p. ex., associação a plasmídeo), de indução e por ampliação da resistência (Tabela 34.4). Os genes associados aos níveis mais elevados de resistência aos glicopeptídeos são *vanA*, *vanB* e *vanD*, que codificam uma ligase produzindo pentapeptídeos terminando em D-alanina-D-lactato.

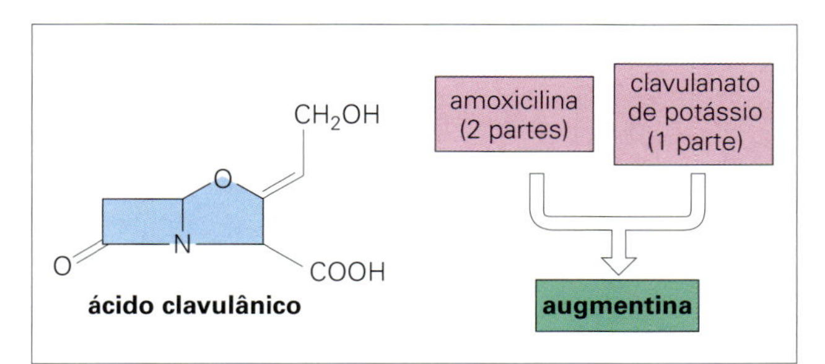

Figura 34.9 Ácido clavulânico, um produto do *Streptomyces clavuligerus*, inibe as betalactamases mais comuns (p. ex., enzimas TEM) e permite que a amoxicilina iniba as células produtoras dessas enzimas. A augmentina é a combinação mais usada dessas substâncias. Outras combinações incluem a ampicilina e sulbactam, piperacilina e tazobactam, ceftolozano e tazobactam, e ceftazidima e avibactam.

O VanA é o mecanismo mais bem entendido de resistência adquirida aos glicopeptídeos. A resistência a glicopeptídeos do tipo *vanA* tem sido a mais extensivamente estudada, sendo caracterizada por seu alto nível de resistência induzível à vancomicina e à teicoplanina. O gene *vanA* está associado ao elemento passível de transposição *Tn1546* (cerca de 11 kb em tamanho), que pode ser carregado pelos cromossomos ou em um plasmídeo, sendo de natureza transferível neste último caso.

O gene *vanB* está associado à resistência induzível de alto nível à vancomicina, mas não à teicoplanina (embora a resistência a essa substância possa ser induzida por exposição prévia à vancomicina). A resistência do tipo *vanB* pode estar ligada ao cromossomo ou ao plasmídeo e associada a um elemento de transposição muito grande, como o *Tn1549* (34 kb).

O gene *vanD* tem natureza cromossômica e, portanto, intransferível, resultando em resistência constitutiva a altos níveis de vancomicina, mas a baixos níveis de teicoplanina.

A resistência aos glicopeptídeos nos estafilococos ocorre por mutação ou aquisição a partir dos enterococos. No grupo dos estafilococos coagulase-negativos (sistema nervoso central [SNC]), as espécies *Staphylococcus epidermidis* e *S. haemolyticus* estão especialmente aptas ao desenvolvimento de resistência aos glicopeptídeos por mecanismos cuja compreensão ainda é incompleta, mas que provavelmente envolve o espessamento da parede celular. Isolados resistentes clinicamente e gerados em laboratório demonstraram diferir de suas contrapartidas suscetíveis em várias formas, incluindo as alterações na capacidade de ligação aos glicopeptídeos, proteínas da membrana e composição e síntese da parece celular.

Os estafilococos coagulase-positivos (*i.e., S. aureus*) apresentando suscetibilidade reduzida ao glicopeptídeo (mas não totalmente resistentes) foram descritos primeiramente por pesquisadores japoneses em 1996. A suscetibilidade reduzida desses isolados com resistência intermediária à vancomicina ou aos glicopeptídeos (VISA ou GISA, respectivamente) pode ser expressa homogênea ou heterogeneamente. Em qualquer um dos casos, a "resistência" não está associada aos genes *vanA*, *B* ou *D*, mas, pelo contrário, envolve outros mecanismos que afetam a composição da parede celular (p. ex., levam ao aumento da espessura etc.).

Infelizmente, alto nível de resistência a glicopeptídeos também foi observado no *S. aureus* (*S. aureus* resistente à vancomicina; VRSA), devido ao movimento de plasmídeos associados ao gene *vanA* dos ERV. Embora ele seja altamente problemático, este evento tem sido, felizmente, raro (< 20 isolados em todo o mundo).

Efeitos colaterais

Os glicopeptídeos são potencialmente ototóxicos e nefrotóxicos. A vancomicina é normalmente administrada lentamente por infusão intravenosa, para evitar a chamada síndrome do "homem vermelho", por causa da liberação de histamina. Cuidados especiais devem ser tomados para evitar o acúmulo de concentrações tóxicas em pacientes com comprometimento renal. A vancomicina oral é usada para o tratamento de colite pseudomembranosa associada a antibióticos causada por *Clostridium difficile*.

Tabela 34.4 Características da resistência de glicopeptídeos em enterococos

Tipo	Resistência	Expressão	Transmissível
VanA	Vancomicina Teicoplanina	Induzível	+
VanB	Vancomicina	Induzível	+
VanD	Vancomicina (variável) Teicoplanina (variável)	Constitutiva	–

A teicoplanina é menos tóxica do que a vancomicina e pode ser administrada intravenosamente em bolo e injeção intramuscular.

INIBIDORES DA SÍNTESE DE PROTEÍNAS

Embora o procedimento de síntese de proteínas seja essencialmente similar em células procarióticas e eucarióticas, é possível explorar as diferenças (como ribossomo 70S *vs.* 80S) para se atingir a toxicidade seletiva. O processo de tradução da cadeia do RNA mensageiro (RNAm) para sua cadeia correspondente de peptídeos é complexo, com vários agentes antibacterianos atuando como inibidores (Fig. 34.10).

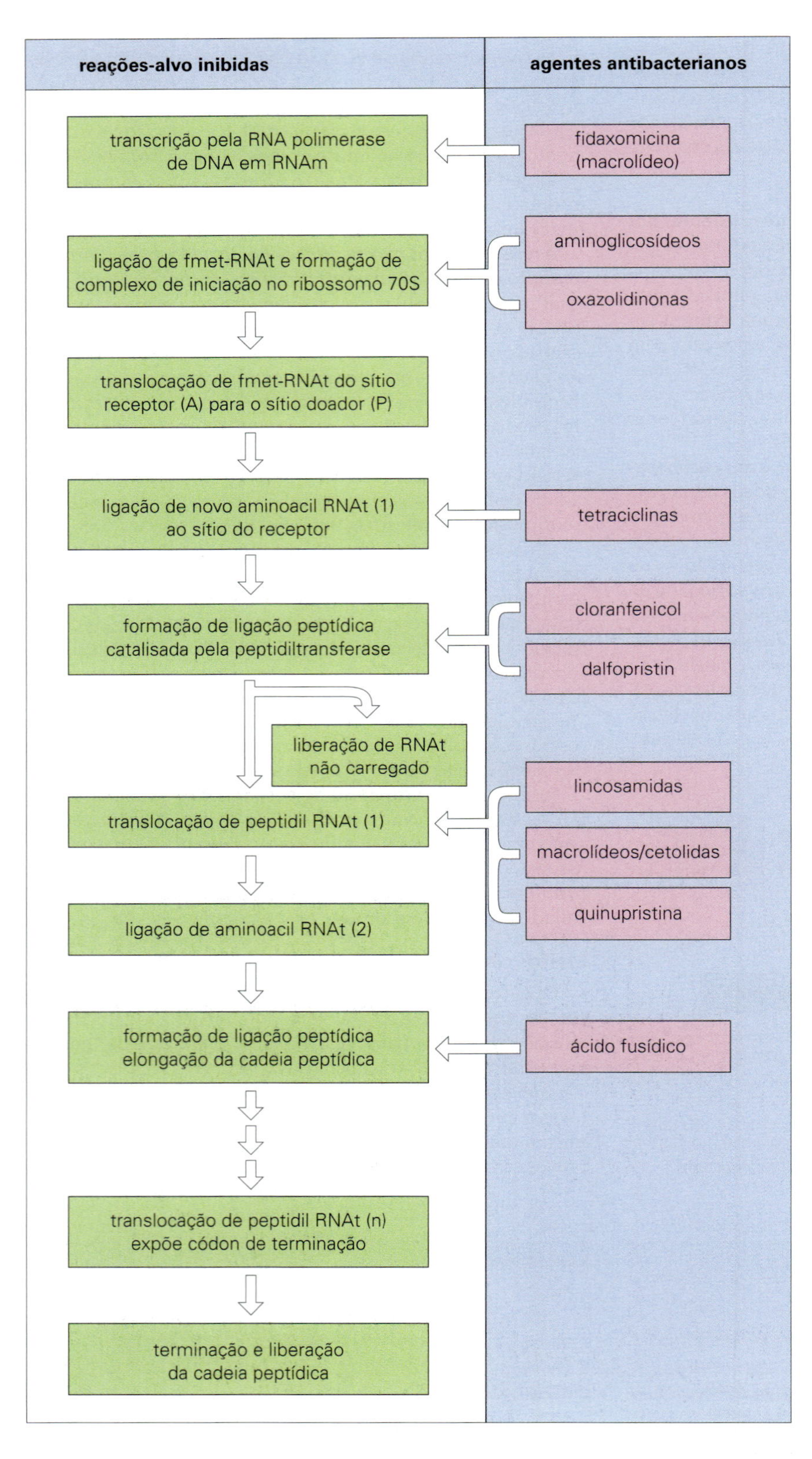

Figura 34.10 A via de síntese que leva à produção de nova proteína em células bacterianas é extremamente complexa. Vários grupos diferentes de agentes antibacterianos atuam inibindo as proteínas com reações específicas nessa via de síntese. O medicamento macrocíclico fidaxomicina inibe a etapa mais precoce (transcrição de RNAm), enquanto os outros podem ser agrupados naquelas que atuam sobre a subunidade 30S do ribossomo (como os aminoglicosídeos e as tetraciclinas) e naquelas que atuam na subunidade 50S (como cloranfenicol, lincosamidas, macrolídeos e ácido fusídico). fmet-RNAt, formilmetionil-RNA de transferência.

Tabela 34.5 Os antibióticos de aminoglicosídeo-aminociclitol são classificados de acordo com sua estrutura química

2-desoxiestreptaminas 4,6-distribuídos	
Gentamicina[a]	Complexo de três estruturas intimamente relacionadas; primeiro aminoglicosídeo com espectro amplo
Tobramicina[b]	Atividade muito similar à gentamicina, mas ligeiramente melhor contra *Pseudomonas aeruginosa*
Amicacina	Derivado semissintético de canamicina; ativo contra muitos bastonetes Gram-negativos resistentes à gentamicina
2-desoxiestreptaminas 4,5-dissubstituídas	
Neomicina[b]	Demasiadamente tóxica para uso parenteral, mas tem usos tópicos na descontaminação de superfícies mucosas
Contém estreptidina	
Estreptomicina[b]	O mais antigo aminoglicosídeo; agora tem uso restrito ao tratamento de tuberculose

Eles também são diferenciados pelo gênero dos microrganismos que os produzem e isso se reflete na grafia dos nomes.
[a]Micinas de espécies de *Micromonospora*.
[b]Micinas de espécies de *Streptomyces*.

Aminoglicosídeos

Os aminoglicosídeos constituem uma família de moléculas relacionadas entre si e com atividade bactericida

Esses antibióticos contêm ou estreptidina (estreptomicina) ou 2-desoxiestreptamina (p. ex., gentamicina; Tabela 34.5). As estruturas originais foram modificadas clinicamente alterando-se as cadeias laterais para a produção de moléculas como amicacina e netilmicina, que são ativas contra microrganismos que desenvolveram resistência aos aminoglicosídeos mais antigos.

Esses antibióticos atuam aderindo a proteínas específicas na subunidade ribossômica 30S, onde interferem com a ligação do formilmetionil-RNA de transferência (fmet-RNAt) ao ribossomo (Fig. 34.10), impedindo assim a formação de complexos de iniciação a partir dos quais a síntese de proteínas se origina. Além disso, os aminoglicosídeos provocam a leitura incorreta dos códons do RNAm e tendem a separar polissomos funcionais (síntese de proteínas por ribossomos múltiplos dispostos em sequência e ligados a uma única molécula de RNAm) em monossomos não funcionais.

Os aminoglicosídeos devem ser administrados por via intravenosa ou intramuscular para tratamento sistêmico

Os aminoglicosídeos não são bem absorvidos pelo intestino, não penetram nos tecidos ou ossos de modo satisfatório e não cruzam a barreira hematoencefálica. Por isso, são normalmente administrados como infusão intravenosa. Administração intratecal de estreptomicina é usada no tratamento da meningite tuberculosa, enquanto a gentamicina e a amicacina podem ser administradas por essa via no tratamento da meningite Gram-negativa em neonatos. A excreção dessas substâncias é feita pelos rins.

A gentamicina e os aminoglicosídeos mais recentes são usados para tratar infecções graves por bactérias Gram-negativas

Gentamicina, tobramicina e amicacina são substâncias importantes no tratamento de infecções graves por bactérias Gram-negativas, incluindo aquelas provocadas por *P. aeruginosa* (Quadro 34.4). Essas substâncias não são ativas contra estreptococos ou anaeróbios, mas atuam contra os estafilococos. Contra *P. aeruginosa,* amicacina é a mais ativa. Amicacina pode ser ativa contra cepas resistentes a gentamicina e tobramicina (ver adiante). Atualmente, a estreptomicina é reservada quase exclusivamente para o tratamento de infecções micobacterianas. A neomicina não é usada para tratamento sistêmico, mas pode ser administrada por via oral em regimes de descontaminação intestinal em pacientes neutropênicos.

Quadro 34.4 Indicações de Terapia com Aminoglicosídeos

Os aminoglicosídeos são adições valiosas ao arsenal terapêutico, apesar de sua toxicidade em potencial. Tratam-se de substâncias importantes e ativas contra bactérias Gram-negativas facultativas e são usadas frequentemente em combinação com betalactâmicos para ampliar o espectro e incluir os estreptococos e alguns anaeróbios, que não são suscetíveis aos aminoglicosídeos usados isoladamente. A resistência aos aminoglicosídeos, especialmente entre as enterobactérias e estafilococos, é mediada pela produção de enzimas modificadoras de aminoglicosídeos, que reagem com grupos sobre a molécula de aminoglicosídeo para resultar em um produto alterado dessa substância. Este compete com o aminoglicosídeo não modificado pela captação na célula e pela ligação ao ribossomo.

Regra básica: usar somente em infecções graves, com risco de morte

- septicemia por Gram-negativa (incluindo *Pseudomonas*) geralmente em combinação com betalactâmico
- septicemia de etiologia desconhecida surgida de:
  - infecção adquirida em ambiente de cuidado à saúde
  - traumatismo maior, cirurgia maior ou queimaduras maiores
  - cateter intravenoso
  - infecções complicadas associadas a cateter urinário
- Endocardite bacteriana para sinergia com betalactâmico
- Septicemia por *Staphylococcus aureus* em combinação com betalactâmico
- Pielonefrite para casos difíceis
- Septicemia abdominal pós-cirúrgica em combinação com terapia antianaeróbia

A produção de enzimas modificadoras de aminoglicosídeos é a principal causa de resistência a esses antibióticos

Embora relativamente incomum, a resistência aos antibióticos aminoglicosídeos pode ocorrer por alteração da proteína-alvo ribossômica 30S (p. ex., uma única alteração de aminoácido na proteína P12 impede a ligação da estreptomicina). Além disso, a metilação de RNA ribossômico 16S pode prevenir a ligação de aminoglicosídeos ao sítio de aminoacil ribossômico. A resistência também pode surgir por meio de alterações na per-

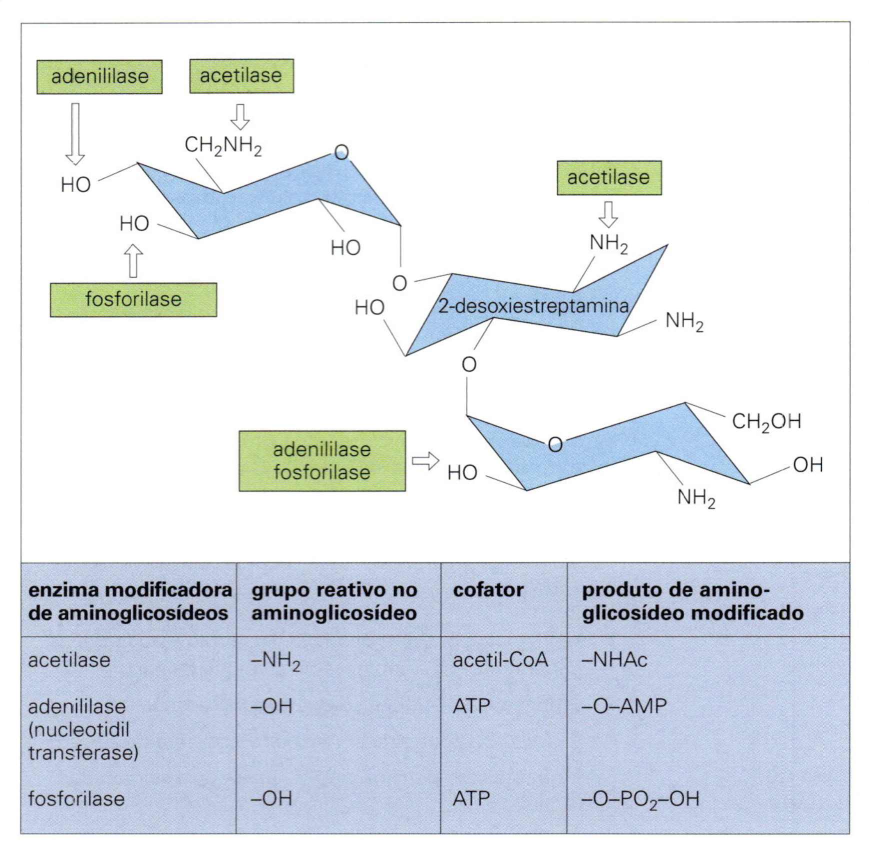

enzima modificadora de aminoglicosídeos	grupo reativo no aminoglicosídeo	cofator	produto de aminoglicosídeo modificado
acetilase	$-NH_2$	acetil-CoA	–NHAc
adenililase (nucleotidil transferase)	–OH	ATP	–O–AMP
fosforilase	–OH	ATP	$-O-PO_2-OH$

Figura 34.11 Estrutura do protótipo de um aminoglicosídeo consistindo em amino-hexoses ligadas via ligação glicosídica a um núcleo central de 2-desoxiestreptamina. Os grupos de hidroxil e de amino são locais nos quais esses compostos podem ser inativados por fosforilação, adenilação ou acetilação catalisadas por enzimas produzidas por cepas resistentes.

meabilidade da parede celular ou no transporte dependente de energia pela membrana citoplasmática.

A produção de enzimas modificadoras de aminoglicosídeos é o mecanismo mais importante de resistência adquirida (Fig. 34.11). Os genes para essas enzimas são frequentemente mediados por plasmídeos, localizados em transpósons e transferíveis entre espécies bacterianas. As enzimas alteram a estrutura da molécula de aminoglicosídeo, tornando o medicamento inativo. O tipo de enzima determina o espectro de resistência do microrganismo que a contém.

Os aminoglicosídeos são potencialmente nefrotóxicos e ototóxicos

A "janela" terapêutica entre a concentração sérica de aminoglicosídeos exigida para o tratamento bem-sucedido e a concentração considerada tóxica é pequena. As concentrações de sangue deverão ser monitoradas com regularidade, especialmente em pacientes com comprometimento renal.

Tetraciclinas

As tetraciclinas são moléculas bacteriostáticas que diferem mais em suas propriedades farmacológicas do que por seus espectros antibacterianos

As tetraciclinas formam uma família de grandes estruturas cíclicas com vários locais para possíveis substituições químicas (Fig. 34.12).

Elas inibem a síntese de proteínas aderindo à subunidade menor ribossômica, de maneira a impedir que o aminoácil-RNA de transferência penetre nos sítios de ligação no ribossomo (Fig. 34.10). Embora esse processo possa ocorrer com os ribossomos procarióticos e eucarióticos, a ação seletiva das tetraciclinas se deve à sua absorção muito mais significativa pelas células procarióticas.

Normalmente, as tetraciclinas são administradas por via oral. A doxiciclina e a minociclina são mais bem absorvidas que a tetraciclina, resultando assim em concentrações séricas mais altas e menos desconforto gastrointestinal, pois a inibição da microbiota normal do intestino é menor. As tetraciclinas são bem distribuídas e penetram nas células do hospedeiro, inibindo as bactérias intracelulares. Sua excreção é feita principalmente pela bile e pela urina.

As tetraciclinas são ativas contra várias bactérias, mas seu uso é restrito por causa da resistência disseminada

As tetraciclinas são usadas no tratamento de infecções causadas por micoplasmas, clamídias e riquétsias. Em outros gêneros, a resistência é comum, em parte por causa do uso disseminado dessas drogas em seres humanos e também por causa de sua aplicação como promotoras de crescimento na alimentação animal. Os genes de resistência são carreados em um transpóson, o que facilita sua disseminação, e as novas proteínas da membrana citoplasmática são sintetizadas na presença da tetraciclina. Como resultado, esse antibiótico é positivamente bombeado para fora das células resistentes (mecanismo de efluxo). Embora esteja incluída com as tetraciclinas (Fig. 34.12), a tigeciclina é um membro de uma classe relacionada de compostos (glicilciclinas), derivados da minociclina, com atividade contra bactérias resistentes a tetraciclinas.

Deve-se evitar o uso de tetraciclinas na gestação e em crianças com menos de 8 anos

As tetraciclinas suprimem a microbiota normal do intestino, resultando em desconforto gastrointestinal e diarreia, e estimulando o crescimento exagerado indesejáveis de bactérias resistentes (p. ex., *S. aureus*) e fungos (p. ex., *Candida*).

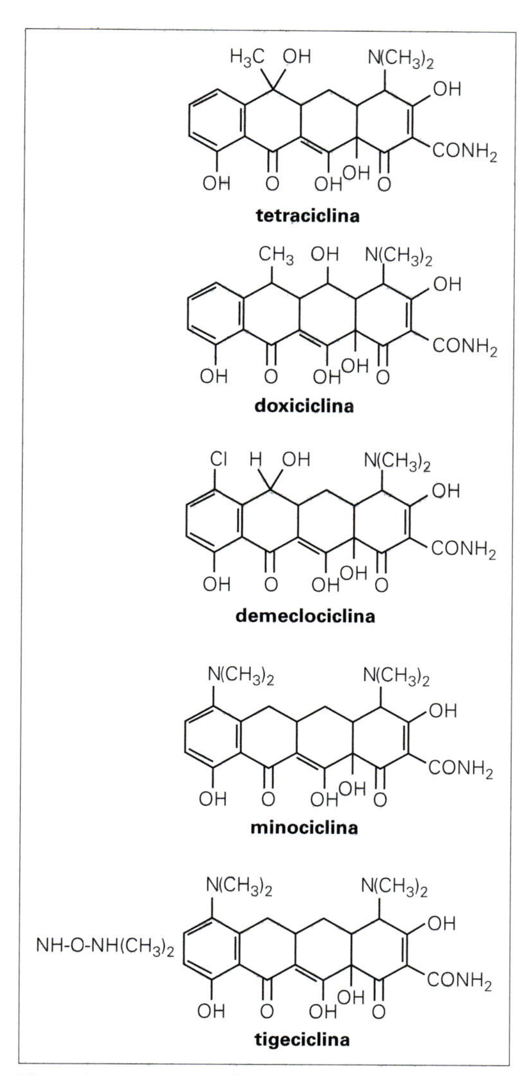

Figura 34.12 As tetraciclinas são moléculas de quatro anéis com locais diferentes em volta dos anéis para substituição, e por isso dão origem a uma família de moléculas com substituintes diferentes em locais diferentes. Os membros da família diferem mais em suas propriedades farmacológicas do que em seus espectros de atividade.

A interferência com o desenvolvimento ósseo e a coloração marrom dos dentes ocorrem no feto e nas crianças. A administração sistêmica pode causar danos ao fígado. O potencial para fotossensibilização é outra advertência associada ao uso de tetraciclinas em todos os pacientes.

Cloranfenicol

Esse antibiótico contém um núcleo de nitrobenzeno e impede a síntese de ligação de peptídeos, com um resultado bacteriostático

O cloranfenicol é uma molécula relativamente simples contendo um núcleo de nitrobenzeno, responsável por alguns dos problemas tóxicos associados à droga (ver adiante). Outros derivados foram produzidos, mas nenhum deles é amplamente usado na prática clínica.

Esse antibiótico tem afinidade com a subunidade maior ribossômica (50S), na qual ele bloqueia a ação da peptidil transferase, impedindo assim a síntese de ligação de peptídeos (Fig. 34.10). O medicamento apresenta alguma atividade inibidora em ribossomos mitocondriais humanos (que também são 70S), e que podem responder por certa parte da toxicidade à medula óssea dependente da dose (ver adiante).

O cloranfenicol é bem absorvido quando administrado por via oral, mas também pode ser aplicado por via intravenosa se o paciente não puder tomar medicamentos por via oral. Existem ainda preparos para uso tópico. O antibiótico é bem distribuído no corpo e penetra nas células hospedeiras. É metabolizado no fígado por conjugação com ácido glicurônico, resultando em uma forma microbiologicamente inativa excretada pelos rins.

Resistência e toxicidade limitam o uso de cloranfenicol

Esse antibiótico tem sido usado no tratamento da meningite bacteriana (especialmente aquela causada por *H. influenzae*), pois esse medicamento atinge concentrações satisfatórias no LCR. O cloranfenicol é ativo contra várias espécies bacterianas, tanto Gram-positivas como Gram-negativas, aeróbias e anaeróbias, incluindo os microrganismos intracelulares. Entretanto, seus efeitos tóxicos potenciais graves (ver adiante) e as questões de resistência praticamente eliminaram o uso sistêmico desse medicamento em países nos quais existam drogas alternativas prontamente disponíveis.

O mecanismo mais comum de resistência ao cloranfenicol envolve a inativação do medicamento por um mecanismo enzimático mediado por plasmídeos, que é facilmente transferido entre as populações de bactérias Gram-negativas. As acetiltransferases do cloranfenicol produzidas por bactérias intracelulares resistentes são capazes de converter o antibiótico existente no meio ambiente das células em uma forma inativa, impedindo assim que ele se ligue ao alvo ribossômico.

Os efeitos tóxicos mais importantes do cloranfenicol são na medula óssea

O nitrobenzeno é um supressor de medula óssea, e a molécula de cloranfenicol com estrutura similar apresenta efeitos similares. Essa toxicidade assume duas formas:

- supressão de medula óssea dependente da dose, que ocorre quando o medicamento é administrado por períodos prolongados, sendo reversível quando o tratamento é suspenso;
- reação idiossincrásica causando anemia aplásica, que independe da dose e é irreversível. Essa toxicidade pode ocorrer após a suspensão do tratamento, mas felizmente é rara.

O cloranfenicol também é tóxico aos neonatos, especialmente aos bebês prematuros cujos sistemas enzimáticos do fígado ainda não estão completamente desenvolvidos. Essa toxicidade pode resultar na "síndrome do bebê cinza". Por isso, as concentrações séricas desse medicamento deverão ser monitoradas em recém-nascidos.

Macrolídeos, lincosamídeos e estreptograminas

Esses três grupos de agentes antibacterianos compartilham locais de ligação sobrepostos nos ribossomos, e a resistência aos macrolídeos confere resistência aos outros dois grupos.

Macrolídeos

A eritromicina é um macrolídeo amplamente empregado que impede a liberação do RNA de transferência após a formação das ligações peptidicas. Os macrolídeos formam uma família de grandes moléculas cíclicas, todas contendo um anel macrocíclico de lactona (Fig. 34.13A) e com atividade bacteriostática. A eritromicina é o antibiótico mais conhecido, porém os agentes mais recentes, azitromicina e claritromicina, apresentam menos efeitos colaterais com farmacologia e atividade aperfeiçoadas.

Os macrolídeos se ligam ao RNA ribossômico 23S (RNAr) na subunidade 50S do ribossomo e bloqueiam o passo de translocação no processo de síntese de proteínas, impedindo assim a liberação do RNA de transferência após a formação da ligação de peptídeos (Fig. 34.10).

Os macrolídeos são normalmente administrados por via oral, mas também podem ser usados por via intravenosa. O medicamento é bem distribuído no corpo e penetra as células para alcançar os microrganismos intracelulares. O fármaco concentra-se no fígado e é excretado na bile. Uma pequena proporção da dose é recuperável na urina.

Os macrolídeos representam uma alternativa à penicilina para infecções por estreptococos, mas cepas resistentes dessas bactérias são comuns. Os macrolídeos são ativos contra cocos Gram-positivos e representam uma alternativa importante de tratamento de infecções causadas por estreptococos em pacientes alérgicos à penicilina. Eles são ativos contra *Legionella pneumophila* e *Campylobacter jejuni*. Eles também atuam contra *Mycoplasma* e *Chlamydia* spp., sendo importantes no tratamento de pneumonia atípica e infecções do trato urogenital por clamídias.

A resistência se deve, principalmente, aos genes *mef* ou *erm* codificados por plasmídeos, para efluxo ou alteração do alvo 23S RNAr, por metilação de dois nucleotídeos de adenina no RNA, respectivamente. A enzima metilase pode ser induzida ou de expressão constitutiva. Os macrolídeos são melhores indutores de resistência que os lincosamídeos, mas cepas resistentes a esse antibiótico também resistirão à lincomicina e à clindamicina, em um fenômeno conhecido como "resistência MLS" (macrolídeos-lincosamídeos-estreptogramina). A capacidade de indução também varia entre as espécies bacterianas e são comuns cepas resistentes de cocos Gram-positivos, como estafilococos e estreptococos. Ao contrário da metilação, o efluxo é ativo contra macrolídeos e antibióticos estreptograminas B, mas não afeta a estreptogramina A e lincosamídeos.

Novos medicamentos relacionados a macrolídeos (macrociclos) são promissores para a terapia direcionada

O termo macrociclo geralmente se refere a compostos com uma estrutura em anel que contém pelo menos oito átomos. Isso inclui os macrolídeos, mas também uma classe mais nova de compostos chamada de antibióticos macrocíclicos. Fidaxomicina é um membro recém-aprovado deste grupo. Esse composto bactericida de administração oral é interessante em seu foco específico para o complicado patógeno *Clostridium*

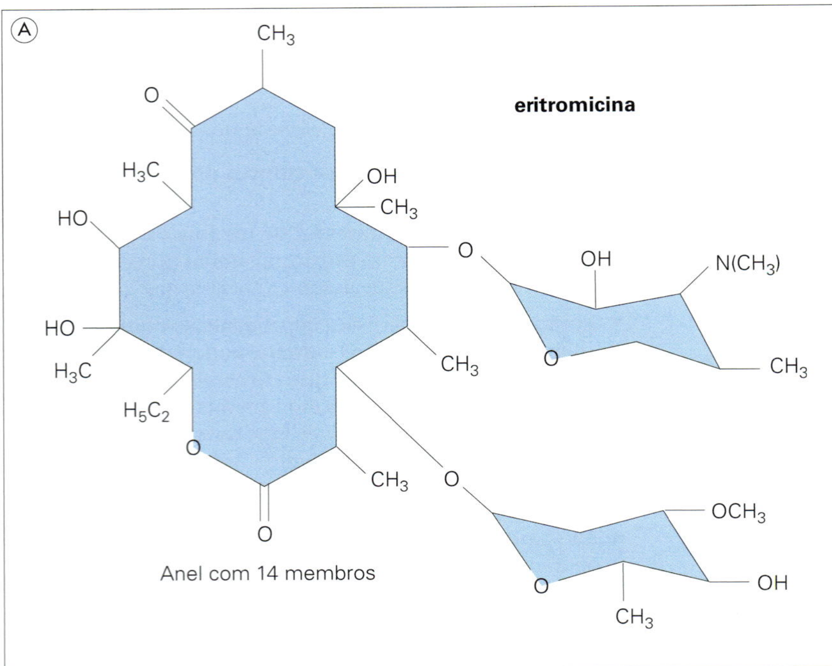

Figura 34.13 (A) Os macrolídeos são agentes antibacterianos compostos de grandes estruturas que podem representar anéis com 14, 15 ou 16 membros. A eritromicina é a mais antiga, e agentes mais novos com atividade aumentada e menores frequências de reações adversas estão disponíveis.

macrolídeos recentes	**atividade *in vitro* em comparação com eritromicina**	**farmacocinética humana**
azitromicina (anel com 15 membros)	melhorado contra bactérias Gram-negativas	altas concentrações teciduais, administração diária
claritromicina (anel com 14 membros)	melhorado contra bactéria Gram-positiva e *Legionella* spp.	pico da melhor concentração sérica em comparação com a eritromicina
macrolídeo novo		
fidaxomicina	alvos específicos	mínimo sistêmico
	C. difficile	adsorção

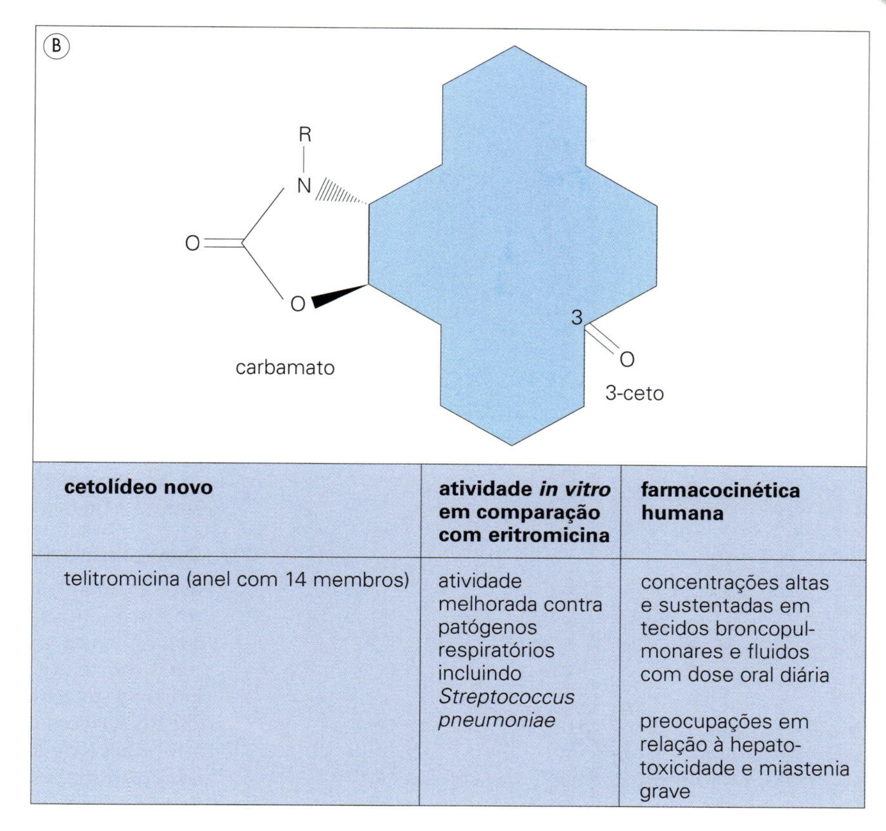

cetolídeo novo	atividade *in vitro* em comparação com eritromicina	farmacocinética humana
telitromicina (anel com 14 membros)	atividade melhorada contra patógenos respiratórios incluindo *Streptococcus pneumoniae*	concentrações altas e sustentadas em tecidos broncopulmonares e fluidos com dose oral diária preocupações em relação à hepatotoxicidade e miastenia grave

Figura 34.13 (*Cont.*) (B) Diferenças maiores na estrutura química do cetolídeo em comparação com eritromicina (*i.e.*, posições de 3-ceto e carbamato na estrutura anelar da "coluna").

difficile (Cap. 23) sem distúrbio significativo da microbiota intestinal. O medicamento age ao interferir no estágio inicial da síntese proteica (transcrição de RNAm), inibindo a RNA polimerase bacteriana (Fig. 34.10).

Cetolídeos são derivados semissintéticos da eritromicina com atividade melhorada contra patógenos respiratórios

A modificação da estrutura anelar dos macrolídeos (Fig. 34.13B) fornece cetolídeos com aumento da atividade contra uma variedade de bactérias Gram-positivas (e algumas Gram-negativas), especialmente aquelas associadas a infecções respiratórias. Os cetolídeos são administrados via oral e atuam de forma similar à eritromicina. No entanto, sua maior afinidade com a subunidade ribossômica 50S permite que eles se liguem aos ribossomos, que são resistentes à eritromicina. Embora seja ativo contra *S. aureus* suscetíveis à meticilina e também suscetíveis ou induzivelmente resistentes à eritromicina, a atividade do cetolídeo contra MRSA resistente à eritromicina é baixa. Além disso, a telitromicina apresentou muitos problemas relacionados à hepatotoxicidade e exacerbação de miastenia grave.

Lincosamídeos

A clindamicina inibe a formação das ligações peptídicas. A clindamicina é o derivado clorado mais ativo da lincomicina lincosamida e representa o medicamento mais importante e mais clinicamente utilizado dessa classe.

Os lincosamídeos se ligam à subunidade ribossômica 50S e inibem a síntese de proteínas, de maneira similar à dos macrolídeos (Fig. 34.10), daí a combinação de resistência MLS observada anteriormente. A ação seletivamente tóxica resulta de um impedimento de ligação à subunidade ribossômica equivalente nos mamíferos.

Geralmente, a clindamicina é administrada por via oral, mas também podem ser usadas as vias intramuscular ou intravenosa. O medicamento tem boa penetração nos ossos, mas não no LCR, mesmo quando as meninges estão inflamadas. Clindamicina é transportada ativamente em leucócitos polimorfonucleares e macrófagos. É metabolizada no fígado em vários produtos com atividade antibacteriana variável, e a atividade do medicamento persiste nas fezes por até 5 dias após uma dose.

A clindamicina possui um espectro de atividade similar ao da eritromicina. A clindamicina é muito mais ativa que os macrolídeos contra os anaeróbios, tanto Gram-positivos (p. ex., *Clostridium* spp.) como Gram-negativos (p. ex., *Bacteroides*). Entretanto, *C. difficile* costuma ser resistente e pode ser selecionado no intestino, provocando a colite pseudomembranosa (ver adiante). A atividade da clindamicina contra *S. aureus* e sua penetração nos ossos fazem desse medicamento uma opção no tratamento da osteomielite. A clindamicina não é ativa contra bactérias aeróbias Gram-negativas, por conta de penetração insatisfatória através da membrana externa.

Uma vez que a clindamicina é um indutor menos potente da metilase do 23S RNAr (ver resistência MLS, mencionada anteriormente), cepas resistentes à eritromicina podem demonstrar suscetibilidade à clindamicina *in vitro*. Entretanto, a resistência se manifestará *in vivo*.

A colite pseudomembranosa causada por* C. difficile *foi observada pela primeira vez após um tratamento com clindamicina. Colite pseudomembranosa causada por *C. difficile* aparece após o tratamento com muitos antibióticos. A patogênese dessa complicação deve ser tratada com medicamentos como metronidazol, vancomicina oral ou fidaxomicina e está descrita no Capítulo 23.

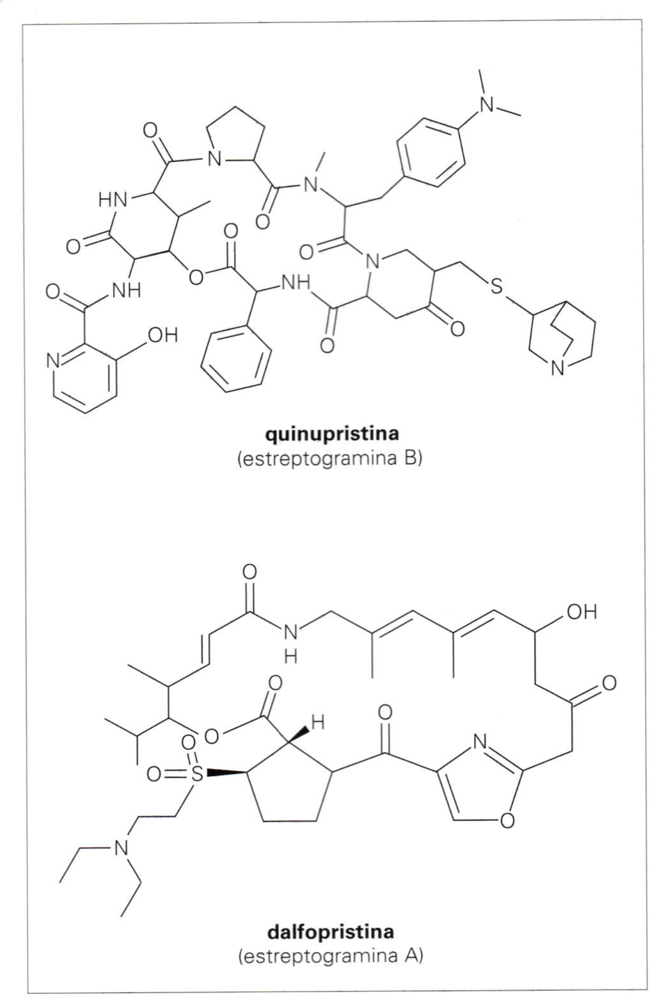

Figura 34.14 Estrutura química das estreptograminas.

Estreptograminas

A formulação das estreptograminas disponível atualmente é uma mistura de compostos das estreptograminas B e A — quinupristina e dalfopristina, respectivamente (Fig. 34.14) — que apresentam atividade bacteriostática individualmente, mas atividade sinérgica bactericida quando combinadas. Ambos os compostos se ligam ao 23S RNAr da subunidade maior ribossômica (50S) (a dalfopristina facilita a ligação da quinupristina). A dalfopristina inibe a síntese de proteínas em uma etapa anterior em relação à da quinupristina (Fig. 34.10), e juntas essas substâncias interferem com o alongamento e a extensão de cadeias de peptídeos.

A resistência pode desenvolver-se alterando o sítio de ligação da quinupristina (resistência MLS descrita anteriormente), por inativação enzimática ou efluxo.

A combinação quinupristina-dalfopristina é ativa contra cocos Gram-positivos, incluindo os isolados resistentes a vários fármacos. Essa atividade é satisfatória contra *Enterococcus faecium*, mas não contra *E. faecalis* (muito provavelmente devido a mecanismo intrínseco de efluxo). No entanto, tem havido uma preocupação de que o uso comercial de compostos de estreptogramina (p. ex., virginiamicina) para prevenir doenças e promover crescimento em aves domésticas possa contribuir para resistência à quinupristina/dalfopristina entre patógenos Gram-positivos em humanos.

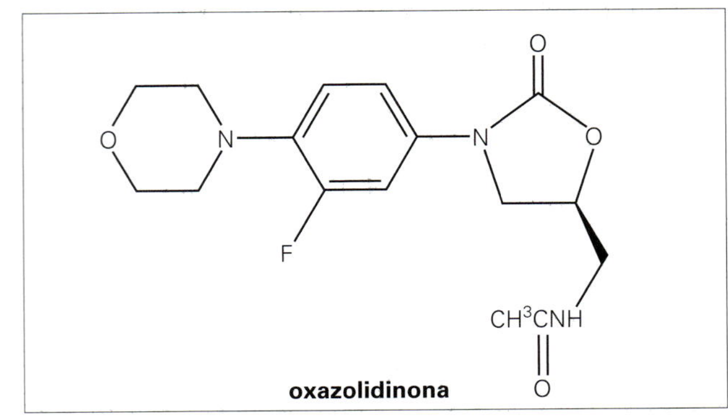

Figura 34.15 Estrutura química das oxazolidinonas.

A quinupristina-dalfopristina é administrada por via intravenosa e metabolizada principalmente no fígado.

Oxazolidinonas

Esta é uma classe mais nova de agentes antimicrobianos sintéticos com ação bacteriostática (Fig. 34.15). A linezolida é ativa contra várias bactérias Gram-positivas, incluindo as cepas resistentes a múltiplos fármacos. Essa substância inibe o início da síntese de proteínas (Fig. 34.10) usando como alvo o 23S RNA ribossomal da subunidade 50S de maneira a impedir a formação de um complexo 70S funcional. A linezolida é administrada por via oral ou intravenosa e é metabolizada no fígado. Uma oxazolidinona mais nova, a tedizolida, é administrada e age de formas semelhantes à da linezolida, mas parece ter uma toxicidade hematológica mais baixa. Devido ao mecanismo de ação único das oxazolidinonas, o surgimento de resistência é baixo.

Ácido fusídico

O ácido fusídico é um composto semelhante aos esteroides que inibe a síntese de proteínas

Trata-se de uma substância bacteriostática que inibe a síntese de proteínas formando um complexo estável com fator de alongamento EF-G (o equivalente bacteriano do fator EF-2 humano), difosfato de guanosina e ribossomo.

O ácido fusídico pode ser administrado por via oral ou intravenosa. Ele é bem absorvido e penetra satisfatoriamente nos tecidos e ossos, mas não no LCR. Existem também preparos tópicos, mas seu uso não deve ser incentivado, por causa do surgimento rápido de resistência (ver adiante). Esse ácido é metabolizado no fígado e excretado na bile.

O ácido fusídico é usado no tratamento de infecções estafilocócicas, mas deve ser usado com outras drogas antiestafilocócicas para evitar o aparecimento de resistência

Esse ácido é ativo contra cocos Gram-positivos, sendo aplicado principalmente no tratamento de infecções estafilocócicas resistentes aos betalactâmicos ou em pacientes alérgicos a agentes antiestafilocócicos alternativos. Essa substância deverá ser administrada em combinação com outra substância antiestafilocócica para evitar o aparecimento de mutantes resistentes com EF-G alterado, que podem emergir rapidamente em populações de estafilococos expostas à droga.

As reações adversas do ácido fusídico são mínimas

Às vezes, o ácido fusídico provoca icterícia e desconforto gastrointestinal.

INIBIDORES DA SÍNTESE DE ÁCIDO NUCLEICO

Os agentes antibacterianos inibidores da síntese de ácido nucleico atuam por meio de três mecanismos principais apresentados no Quadro 34.5.

Quinolonas

As quinolonas são substâncias sintéticas que interferem com a replicação do cromossomo bacteriano

As quinolonas representam uma grande família de agentes sintéticos bactericidas que, de maneira similar às cefalosporinas, são por vezes discutidos em termos de "gerações" com base em seu espectro de atividade. No entanto, essas categorias são menos claras do que as das cefalosporinas. O ácido nalidíxico era o protótipo de primeira geração, mas a adição de flúor na posição 6 do principal anel de quinolona (*i.e.*, as fluoroquinolonas; p. ex., ciprofloxacina, moxifloxacina) (Fig. 34.16) melhorou a atividade antibacteriana, levando à síntese de muitos compostos adicionais usados mais comumente.

A atividade antibacteriana das quinolonas se deve à sua capacidade em inibir as atividades da DNA girase e topoisomerase bacterianas. Durante a replicação do cromossomo bacteriano, a DNA girase produz e remove superenrolamento no DNA à frente da forquilha de replicação, para manter a "tensão" apropriada e exigida para a duplicação eficiente do DNA. A topoisomerase IV atua de modo semelhante para remover superenrolamento e separar fitas "filhas" de DNA, recém-formadas após a replicação (Fig. 34.17). Essas enzimas atuam em conjunto para assegurar que a molécula de DNA tenha a conformação apropriada para a replicação e o acondicionamento eficiente no interior da célula. As quinolonas têm a capacidade de interferir com essas enzimas essenciais nas bactérias sem afetar suas contrapartidas nas células dos mamíferos.

Quadro 34.5 Inibidores do Ácido Nucleico

A inibição do ácido nucleico ocorre em diferentes etapas em sua síntese e função, envolvendo grupos diferentes de agentes antimicrobianos.

Inibidores de replicação do DNA

- Quinolonas

Inibidores da RNA polimerase

- Rifampicina

Antimetabólitos inibindo síntese precursora

- Sulfonamidas, trimetoprima

A resistência às quinolonas é normalmente mediada por cromossomos

A resistência mediada por cromossomos manifesta-se de duas formas:

- por mutações que alteram as enzimas-alvo de maneira a afetar a ligação das quinolonas;
- por alterações na permeabilidade da parede celular, resultando em absorção reduzida, ou por efluxo. Esses mecanismos também podem levar à resistência cruzada em relação a outros agentes não relacionados ou afetados pelo mesmo processo.

A resistência à quinolona codificada por plasmídeos envolve a produção de uma proteína (chamada qnr) que protege o DNA-alvo da ligação de quinolona.

ácido nalidíxico **ciprofloxacina** **moxifloxacina**

Figura 34.16 As quinolonas formam um grande grupo de agentes antibacterianos sintéticos.

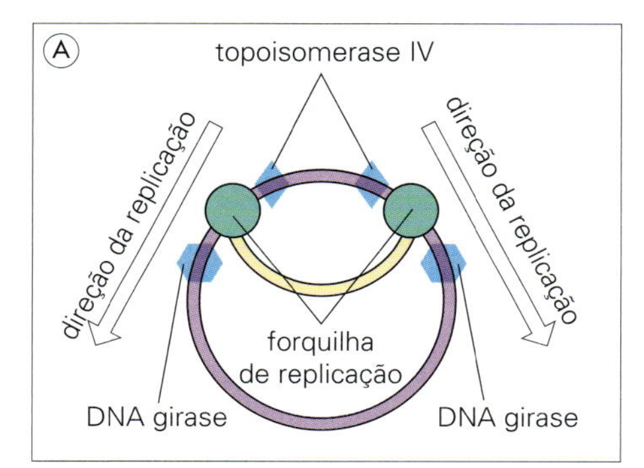

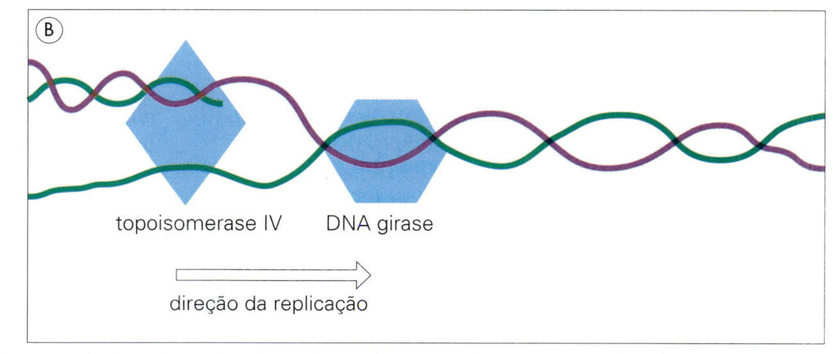

Figura 34.17 Visão geral (A) e ampliada (B) do papel desempenhado pelas enzimas bacterianas girase e topoisomerase na replicação do cromossomo bacteriano.

As quinolonas são usadas como alternativa aos antibióticos betalactâmicos para o tratamento de várias infecções

As quinolonas são administradas principalmente por via oral, pois são rapidamente absorvidas no trato gastrointestinal, atingindo concentrações séricas significativas e distribuição satisfatória por todos os compartimentos corporais.

A ciprofloxacina, gemifloxacina, levofloxacina, moxifloxacina e ofloxacina são os medicamentos mais comumente usados. A excreção ocorre principalmente pela urina; no entanto, medicamentos como a moxifloxacina são excretados em níveis significantes nas fezes.

As quinolonas mais recentes atingiram maior atividade contra bastonetes Gram-negativos, incluindo *P. aeruginosa*. Além da aplicação no tratamento de infecções do trato urinário, essas quinolonas mais recentes são úteis para tratar infecções sistêmicas por Gram-negativos, infecções por clamídia e por riquétsias. Elas também são úteis em infecções causadas por outros microrganismos intracelulares, como *L. pneumophila* e *S. typhi*, e para o combate a micobactérias "atípicas", quando usadas em combinação com outros agentes. As quinolonas demonstram atividade contra os estafilococos, mas muitas cepas de *S. aureus* resistentes à meticilina agora apresentam alto nível de resistência e o uso é limitado contra estreptococos e enterococos.

As fluoroquinolonas não são recomendadas a crianças, gestantes ou mulheres em fase de amamentação, devido aos possíveis efeitos tóxicos sobre o desenvolvimento das cartilagens

Os distúrbios gastrointestinais são as reações adversas mais comuns das quinolonas. As reações de neurotoxicidade e de fotossensibilidade são menos comuns. Todas as fluoroquinolonas possuem potencial para causar rupturas nos tendões de pacientes ativos com tendência a realizar treinamento físico pesado. O risco é aumentado quando as quinolonas e os corticosteroides são administrados simultaneamente.

Rifamicinas

A rifampicina é a rifamicina mais importante e bloqueia a síntese do RNAm

A rifampicina é o membro mais importante da família das rifamicinas nas aplicações clínicas. Trata-se de uma grande molécula com uma estrutura complexa. Existem também disponíveis outros membros dessa família, como a rifabutina e a rifapentina, e todas elas possuem atividade bactericida.

A rifampicina liga-se à RNA polimerase DNA dependente e bloqueia a síntese do RNAm. A toxicidade seletiva tem como base a afinidade muito maior por polimerases bacterianas que pelas enzimas humanas equivalentes.

Essa substância é administrada por via oral, apresenta boa absorção e excelente distribuição no corpo. Ela cruza a barreira hematoencefálica e atinge altas concentrações na saliva. Além disso, parece ter afinidade por plásticos, o que pode ser muito valioso no tratamento de infecções envolvendo próteses.

A rifampicina é metabolizada no fígado e eliminada na bile. O composto é vermelho e a urina, o suor e a saliva dos pacientes tratados se tornam alaranjados. Essa reação não é perigosa, embora possa assustar o paciente, contudo representa evidência satisfatória da conformidade do paciente com o medicamento.

As rifamicinas mais recentes — rifabutina e rifapentina — são excretadas mais vagarosamente que a rifampicina, permitindo assim a administração menos frequente — uma característica especialmente desejável no tratamento da tuberculose.

A rifampicina é usada principalmente no tratamento de infecções micobacterianas, mas a resistência é uma preocupação

Embora usada principalmente contra micobactérias, a rifampicina também pode ser usada para a profilaxia de contatos diretos em casos de meningite meningocócica e por *Haemophilus*. Entretanto, podem surgir cepas de meningococos altamente resistentes, de modo que só devem ser administrados cursos curtos (máximo de 48 horas).

Uma vez que os estafilococos desenvolvem resistência à rifampicina rapidamente, o medicamento pode ser eficaz se usado em combinação com outra droga, especialmente no tratamento da endocardite de válvula protética.

A resistência é determinada por mutações cromossômicas alterando a RNA polimerase-alvo, determinando afinidade reduzida pela rifampicina e escape da inibição. A prevalência do microrganismo *M. tuberculosis* resistente à rifampicina está aumentando, o que é problemático para a terapia antituberculose.

Erupções cutâneas e icterícia são efeitos colaterais do tratamento com rifampicina

O uso intermitente de rifampicina pode levar a reações de hipersensibilidade.

ANTIMETABÓLITOS QUE AFETAM A SÍNTESE DE ÁCIDO NUCLEICO

Vários agentes antimicrobianos normalmente usados inibem as vias metabólicas das bactérias, incluindo aquelas que produzem precursores para a síntese do ácido nucleico.

Sulfonamidas

As sulfonamidas são análogos estruturais do ácido *para*-aminobenzoico e atuam em competição com este composto

Esse grupo de moléculas é produzido inteiramente por síntese química (*i.e.*, não se trata de produtos naturais). Em 1935, o composto antecessor sulfanilamida se tornou o primeiro agente antibacteriano clinicamente eficaz. O grupo *p*-amino é essencial à atividade, mas modificações à cadeia lateral de ácido sulfônico produziram muitos compostos relacionados (Fig. 34.18).

As sulfonamidas são compostos bacteriostáticos que atuam em competição com o ácido *para*-aminobenzoico, PABA, para o local ativo da di-hidropteroato sintetase, uma enzima que catalisa uma reação essencial na via sintética do ácido tetra-hidrofólico (THFA, do inglês, *Tetrahydrofolic Acid*), exigido para a síntese de purinas e de pirimidinas e, portanto, para a síntese do ácido nucleico (Fig. 34.19). A toxicidade seletiva depende do fato de que muitas bactérias sintetizam o THFA, enquanto as células humanas não possuem essa capacidade e dependem de um suprimento exógeno de ácido fólico. As bactérias que podem usar ácido fólico pré-formado são, da mesma maneira, imunes às sulfonamidas.

As sulfonamidas são normalmente administradas por via oral, frequentemente em combinação com trimetoprima como cotrimoxazol (ver adiante). Moléculas diferentes dentro da família diferem quanto à solubilidade e à penetrabilidade. O metabolismo ocorre no fígado e o medicamento livre ou metabolizado é eliminado pelos rins.

As sulfonamidas são úteis no tratamento de infecções do trato urinário, mas a resistência é amplamente disseminada

As sulfonamidas possuem um espectro de atividade principalmente contra microrganismos Gram-negativos (exceto *Pseudomonas*). Assim, elas são úteis no tratamento de infecções

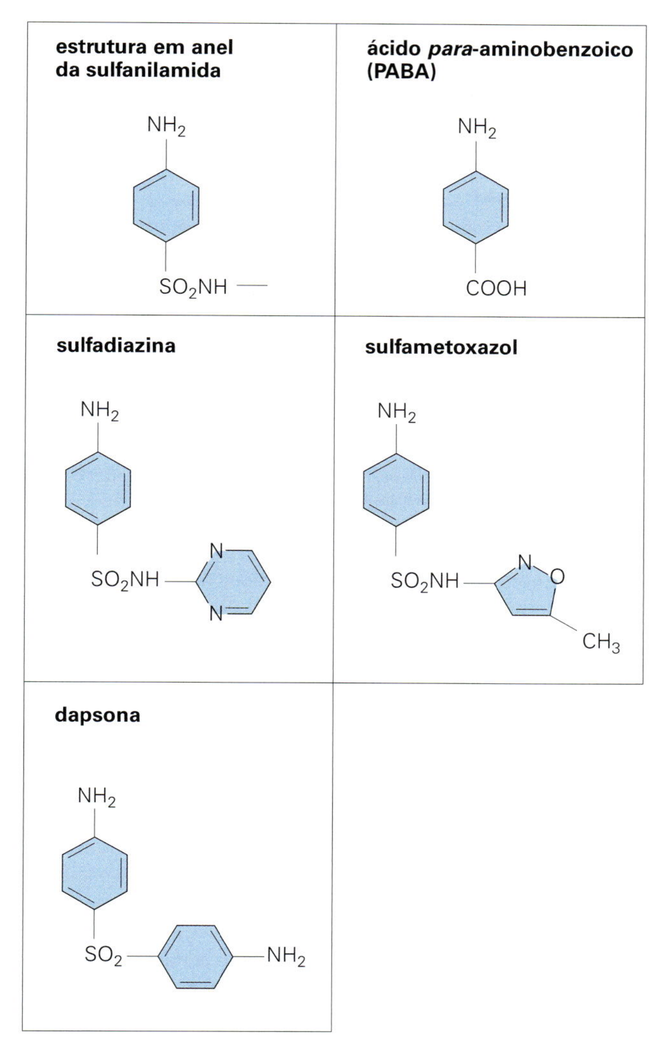

Figura 34.18 A estrutura anelar das sulfonamidas é muito semelhante à do substrato normal (PABA) da enzima di-hidropteroato sintetase, inibida pelas sulfonamidas. As sulfonamidas diferem mais quanto às propriedades farmacológicas do que quanto ao espectro de atividade. A dapsona é importante no tratamento do *Mycobacterium leprae*.

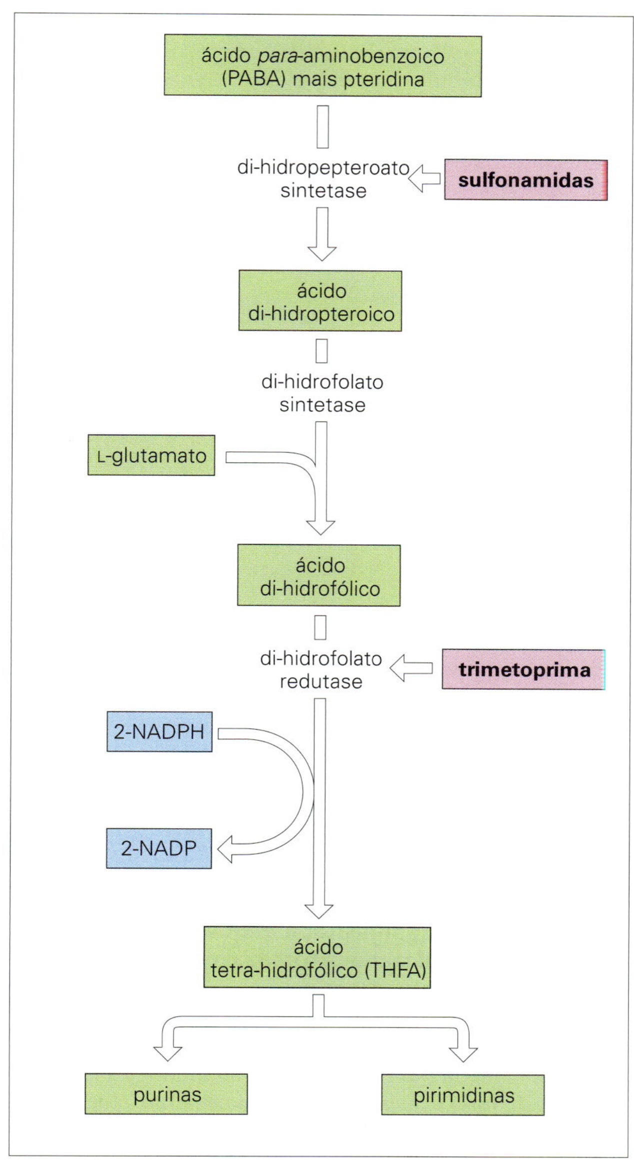

Figura 34.19 As sulfonamidas e a trimetoprima inibem em série as etapas na síntese do ácido tetra-hidrofólico ao interagir com enzimas-chave nessa via. NADP, fosfato de dinucleotídeo de nicotinamida; NADPH, fosfato de dinucleotídeo de dicotinamida e adenina em forma reduzida.

do trato urinário (Cap. 21). Entretanto, a suscetibilidade não pode ser assumida, pois a resistência é amplamente disseminada com genes mediados por plasmídeos que codificam uma di-hidropteroato sintetase alterada. Isso essencialmente não altera a afinidade por PABA, mas reduz significativamente a afinidade pelas sulfonamidas. Assim, uma célula resistente possui duas enzimas distintas: uma sensível codificada por gene cromossomal e uma resistente codificada por plasmídeo.

As sulfonamidas provocam a síndrome de Stevens-Johnson muito raramente

As sulfonamidas são relativamente livres de reações adversas tóxicas, mas podem ocorrer erupções cutâneas e supressão da medula óssea.

Trimetoprima (e cotrimoxazol)

A trimetoprima é um análogo estrutural do componente amino-hidroxipirimidina do ácido fólico e impede a síntese de THFA

Essa substância pertence a um grupo de moléculas semelhantes à pirimidina, com estrutura análoga ao componente amino-hidroxipirimidina da molécula de ácido fólico (Fig. 34.20). Outras substâncias com estrutura e mecanismo de ação similares incluem a pirimetamina antimalária e o metotrexato, um medicamento contra o câncer.

A trimetoprima, como as sulfonamidas, impede a síntese do THFA, mas em um estágio posterior, ao inibir a di-hidrofolato redutase (Fig. 34.19). Essa enzima está presente em células de mamíferos, assim como em células bacterianas e de protozoários; a toxicidade seletiva depende da afinidade muito maior da trimetoprima pela enzima bacteriana.

Esse antibiótico é administrado frequentemente em combinação com sulfametoxazol, como cotrimoxazol. As vantagens dessa combinação sobre qualquer outro medicamento isolado são:

- As bactérias mutantes e resistentes a uma substância têm menos chance de serem resistentes a outra (*i.e.*, mutação dupla).

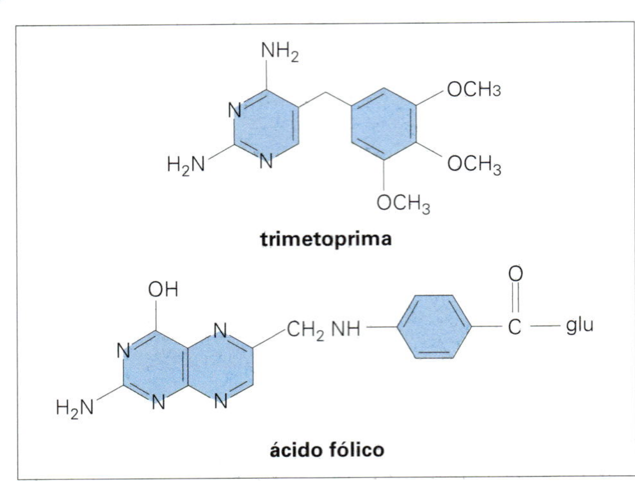

Figura 34.20 A trimetoprima se assemelha ao componente amino-hidroxipirimidina do ácido fólico e, dessa forma, antagoniza a enzima di-hidrofolato redutase.

- As duas substâncias atuam em sinergia contra algumas bactérias (*i.e.*, a ação combinada dos dois agentes bacteriostáticos tem efeito bactericida maior que a ação de qualquer um dos agentes isoladamente).

A trimetoprima pode ser administrada por via oral (isoladamente ou como cotrimoxazol) ou por infusão intravenosa (isoladamente ou em associação à sulfonamida). A trimetoprima é excretada na urina e, em pacientes com insuficiência renal grave, é eliminada mais rapidamente que a sulfonamida, de modo que a proporção de sinergia da combinação pode perder-se.

A trimetoprima é administrada frequentemente com um sulfametoxazol como cotrimoxazol no tratamento de infecções do trato urinário

A trimetoprima isolada é ativa contra bastonetes Gram-negativos, com exceção de *Pseudomonas* spp., e sua aplicação principal é no tratamento (e na profilaxia em longo prazo) de infecções do trato urinário (Cap. 21); no entanto, o desenvolvimento de resistência é um problema.

Cotrimoxazol é ativo contra uma ampla variedade de patógenos do trato urinário e contra *S. typhi*. Essa combinação é também valiosa para o tratamento da pneumonia causada pelo fungo *Pneumocystis jirovecii* (anteriormente, *P. carinii*), embora a pentamidina, outro derivado da pirimidina, seja provavelmente a alternativa preferida. O cotrimoxazol também é útil no tratamento de nocardiose.

A resistência à trimetoprima é determinada por di-hidrofolato redutases codificadas por plasmídeo

As di-hidrofolato redutases codificadas por plasmídeo com afinidade alterada pela trimetoprima permitem que a síntese de THFA prossiga sem impedimento pela presença de trimetoprima. As "enzimas substitutas" são cerca de 20.000 vezes menos suscetíveis ao agente, enquanto retêm sua afinidade pelo substrato normal. As bactérias resistentes à sulfonamida e à trimetoprima também mostram resistência ao cotrimoxazol.

Trimetoprima e cotrimoxazol

A trimetoprima isolada ou em combinação com sulfametoxazol pode provocar neutropenia. Podem ocorrer náuseas e vômitos.

OUTROS AGENTES QUE AFETAM O DNA

Nitroimidazóis

Enquanto os nitroimidazóis são geralmente conhecidos por sua atividade antiparasitária, o metronidazol também apresenta propriedades antibacterianas

Após penetrar na célula microbiana, a molécula é ativada por redução e os produtos intermediários reduzidos são responsáveis pela atividade antimicrobiana, provavelmente por meio de interação com o DNA da célula e subsequente fragmentação desse DNA. Os intermediários de reação têm vida curta e se decompõem em produtos finais inativos atóxicos. O metronidazol é ativo somente contra microrganismos anaeróbios, pois somente estes podem produzir o baixo potencial de redução necessário para reduzir a droga-mãe.

O metronidazol também tem sido usado como sensibilizador de células hipóxicas em radioterapia.

O metronidazol é geralmente administrado por via oral ou retal. Sua absorção é satisfatória, assim como a distribuição nos tecidos e no LCR. O medicamento é metabolizado, e a maior parte da droga-mãe e dos metabólitos é excretada na urina.

O metronidazol foi originalmente introduzido para o tratamento do parasito flagelado *Trichomonas vaginalis*

O metronidazol também é eficaz contra outros parasitos protozoários, como *Giardia intestinalis* e *Entamoeba histolytica*. É um agente importante para o tratamento de infecções causadas por bactérias anaeróbias.

A resistência ao metronidazol é uma preocupação crescente em *T. vaginalis*, *G. intestinalis*, e várias outras bactérias anaeróbias e microaerófilas, e comumente envolve uma alteração na absorção ou uma redução de atividade de redutase celular, tornando mais lenta, portanto, a ativação da droga intracelular. A *Helicobacter pylori*, uma bactéria microaerófila que causa úlcera e gastrite, tem sido frequentemente tratada com metronidazol. No entanto, a resistência pode se desenvolver rapidamente.

Em raras ocasiões, o metronidazol causa reações adversas ao SNC

As reações adversas mais graves do metronidazol envolvem o SNC e incluem a neuropatia periférica. Entretanto, essas reações são relativamente raras e normalmente observadas somente em pacientes sob tratamento prolongado ou com doses elevadas.

INIBIDORES DA FUNÇÃO DA MEMBRANA CITOPLASMÁTICA

As membranas citoplasmáticas que abrangem todos os tipos de células vivas desempenham várias funções vitais. A estrutura dessas membranas em células bacterianas difere daquela das células de mamíferos e permite a aplicação de algumas moléculas seletivamente tóxicas, mas em pequena quantidade se comparadas àquelas que atuam em outros sítios-alvo.

Lipopeptídeos

Lipopeptídeos são uma classe mais nova de antibióticos ativos na membrana

A daptomicina é um antibiótico lipopeptídico com atividade bactericida contra uma ampla variedade de bactérias Gram-positivas, incluindo as resistentes à vancomicina *E. faecalis* e *E. faecium* e as resistentes à meticilina *S. aureus* e

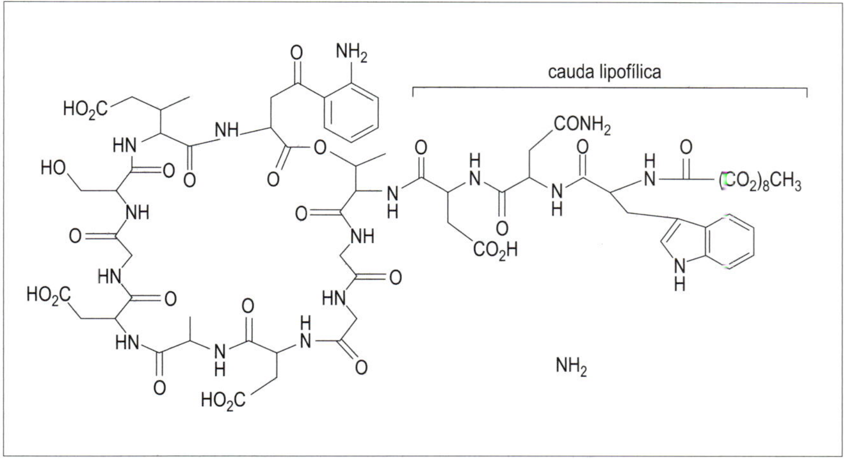

Figura 34.21 Estrutura química do lipopeptídeo cíclico daptomicina, consistindo em um lipopeptídeo cíclico composto de 13 aminoácidos com uma cauda lipofílica que ataca a membrana celular bacteriana, causando despolarização e um efluxo de ferro-potássio.

S. epidermidis (Fig. 34.21). A droga tem sido especialmente útil no tratamento de infecções da estrutura e complicações da pele e de bacteremia. O composto atua como uma substância cálcio-dependente para inserir e despolarizar a membrana citoplasmática bacteriana, levando a inúmeras consequências, incluindo a incapacidade para sintetizar ATP e interferência na absorção de nutrientes. Atualmente, a resistência à daptomicina tem sido relativamente rara e parece ocorrer de maneira progressiva ao longo do tempo.

Polimixinas

Polimixinas agem nas membranas de bactérias Gram-negativas

Além das polimixinas, os agentes antifúngicos poliênicos (p. ex., anfotericina B, nistatina) também atuam inibindo a função da membrana (ver adiante). As polimixinas são polipeptídeos cíclicos bactericidas que rompem a estrutura das membranas celulares.

Os grupos de aminoácidos livres de polimixinas atuam como detergentes catiônicos, rompendo a estrutura fosfolipídica da membrana celular. A polimixina B é o membro mais comum da família ainda em uso clínico.

No passado, as polimixinas foram usadas sistemicamente, mas em função da distribuição insatisfatória nos tecidos, da neurotoxicidade e da nefrotoxicidade, seu uso geral foi substituído por agentes menos tóxicos.

Há um novo interesse em polimixinas como uma última opção no tratamento de infecções por Gram-negativos multirresistentes

As polimixinas são ativas contra microrganismos Gram-negativos, exceto *Proteus* spp. Elas têm sido usadas principalmente em aplicações tópicas em unguentos. Após a administração oral, as polimixinas não são absorvidas pelo intestino e a polimixina E (colistina) tem sido usada em alguns regimes de descontaminação do intestino em pacientes neutropênicos, embora cautelosamente, em decorrência de questões relacionadas à toxicidade renal. Questões com relação à ausência de antibióticos eficazes para tratar bactérias Gram-negativas resistentes a múltiplas drogas (especialmente *Pseudomonas* e *Acinetobacter* spp.) levaram a interesses renovados na terapia de combinação de polimixina/colistina.

A resistência deve-se a alterações mediadas por cromossomos na estrutura da membrana ou pela absorção do antibiótico.

ANTISSÉPTICOS DO TRATO URINÁRIO

A nitrofurantoína e a metenamina inibem a ação dos patógenos urinários

Esses dois compostos sintéticos, quando ingeridos por via oral, são absorvidos e excretados na urina em concentrações suficientemente elevadas para inibir a ação dos patógenos do trato urinário. A nitrofurantoína possui atividade somente na urina ácida. A metenamina é hidrolisada em pH ácido para produzir amônia e formaldeído, este último possuindo atividade antibacteriana. A nitrofurantoína é usada para tratar infecções não complicadas do trato urinário, e ambas as substâncias são usadas para prevenir a recorrência dessas infecções, embora haja preocupações em relação a efeitos adversos em jovens e idosos. Enquanto a resistência raramente se desenvolve em populações bacterianas suscetíveis, a resistência à nitrofurantoína em tratamento prévio é preocupante.

AGENTES ANTITUBERCULOSE

As infecções por *M. tuberculosis* e por outras micobactérias exigem tratamento prolongado

O tratamento das infecções causadas por *M. tuberculosis* e outras micobactérias representam um desafio enorme à medicina e à indústria farmacêutica, pois esses microrganismos:

- possuem uma camada externa cerosa que os torna naturalmente muito impermeáveis e dificulta a penetração dos antibióticos;
- possuem localização intracelular, frequentemente em células cercadas por uma massa de material caseoso que também dificulta a penetração dos antibióticos;
- crescem e se multiplicam de maneira extremamente lenta e, portanto, levam-se semanas ou meses para obter a inibição efetiva (e, dessa maneira, a cura). A terapia em longo prazo é, portanto, um desafio para a administração do medicamento, com alta necessidade por fármacos de administração oral. Além disso, o aparecimento de resistência entre as micobactérias e a toxicidade ao paciente são mais prováveis que com o tratamento "de ataque" mais frequentemente administrado para infecções bacterianas;
- são comuns e estão se tornando mais frequentes no rastro da epidemia de AIDS nos países em desenvolvimento, nos quais o custo do tratamento com medicamentos pode ser proibitivo.

Os agentes para a terapia de primeira linha da tuberculose são: isoniazida, etambutol, rifampicina e pirazinamida

Os regimes de tratamento variam entre os países e a suscetibilidade da cepa infectante, mas quando há incerteza quanto à suscetibilidade, um curso inicial com isoniazida, etambutol, rifampicina e pirazinamida costuma ser usado por 2 meses, seguido de uma fase de continuação com dois medicamentos (p. ex., isoniazida e rifampicina) por um período adicional de 18 semanas. Se a cepa for suscetível a isoniazida e rifampicina, o etambutol é descontinuado. A estrutura e o mecanismo de ação da rifampicina foram descritos anteriormente neste capítulo.

Isoniazida

A isoniazida inibe as micobactérias e é administrada com piridoxina para prevenir reações adversas neurológicas

A isoniazida é uma hidrazida de ácido isonicotínico, um composto que inibe as micobactérias, mas não age em outras espécies de bactérias ou de seres humanos em grande extensão. Sua atividade bactericida resulta da inibição da síntese do ácido micólico, a qual também representa por sua especificidade. O composto é bem absorvido após administração oral, e normalmente prescreve-se uma única dose diária, exceto para casos mais graves, como nos quadros de meningite ou tuberculose miliar. Os principais efeitos tóxicos em humanos são as complicações neurológicas (que podem ser prevenidas com a administração concomitante de piridoxina) e a hepatite.

Etambutol

O etambutol inibe as micobactérias, mas pode provocar neurite óptica

O etambutol é uma molécula sintética que inibe, mas não mata, as micobactérias. Ele atua inibindo a polimerização do arabinoglicano, um constituinte crítico da parede celular das micobactérias. Sua absorção após administração oral é satisfatória, assim como a distribuição no corpo, incluindo o LCR. A resistência aparece rapidamente se o medicamento for usado isoladamente. Por isso, ele é combinado com outros agentes na terapia antituberculose. A neurite óptica é uma reação adversa tóxica importante, e a acuidade visual deverá ser controlada durante a terapia.

Pirazinamida

A pirazinamida é um análogo sintético da nicotinamida que parece ter como alvo a síntese de ácido micólico. Após a administração oral, o medicamento é prontamente absorvido pelo trato gastrointestinal e bem distribuído nos tecidos e fluidos corporais. A substância é metabolizada principalmente no fígado e excretada pelos rins. Assim como o etambutol, a resistência durante a monoterapia exige que o medicamento seja usado em combinação com outras substâncias de primeira linha. A reação adversa tóxica mais importante da pirazinamida é a hepatotoxicidade.

Resistência micobacteriana

A resistência medicamentosa e os pacientes imunocomprometidos complicam a terapia da tuberculose

Apesar do uso de antimicrobianos em combinação, a incidência de resistência entre as micobactérias é um problema persistente e cada vez maior. As infecções com outras micobactérias, além de *M. tuberculosis*, estão se tornando causa mais frequente das infecções oportunistas em pacientes com AIDS, e esses microrganismos tendem a apresentar resistência inata mais intensa que o *M. tuberculosis*.

Tratamento de hanseníase

O desenvolvimento de resistência durante a monoterapia com dapsona para hanseníase levou a seu uso em combinação com rifampicina

A infecção causada pelo *M. leprae* se caracteriza pela persistência do microrganismo nos tecidos durante anos e requer um tratamento muito prolongado para prevenir a recorrência. Por muitos anos usou-se a dapsona, relacionada às sulfonamidas (Fig. 34.18). Esse medicamento tem as vantagens da administração oral, do baixo custo e da eficácia. Entretanto, a monoterapia resultou no aparecimento da resistência. Assim, atualmente se usa comumente a terapia de combinação de dapsona, rifampicina e clofazimina, um composto fenazínico (cujo mecanismo de ação não é bem compreendido).

AGENTES ANTIBACTERIANOS NA PRÁTICA

Com base nas seções anteriores deste capítulo, fica claro que, embora haja certas "regras empíricas" sobre a resistência das bactérias a um antibiótico, é frequentemente impossível atuar, senão por palpite, na ausência de testes de laboratório. Os testes de suscetibilidade conduzidos no laboratório demonstram a interação entre antibióticos e bactérias de maneira isolada e bem artificial. No melhor dos casos, os resultados são um guia útil para o resultado provável da terapia; no pior dos casos, eles são enganosos. Os fatores do paciente como idade, doença subjacente, local e tipo de infecção, comprometimentos renal e hepático e farmacodinâmica das drogas devem ser levados em conta no controle de uma infecção por meio de antibióticos.

Testes de suscetibilidade

Os testes de laboratório para suscetibilidade antibiótica são apresentados em duas categorias principais:

- testes de difusão de disco;
- testes de diluição.

Os testes de difusão envolvem a semeadura do microrganismo em uma placa de ágar e aplicação de discos de filtros de papel contendo antibióticos

O isolado a ser testado é semeado em toda a superfície de uma placa de ágar, aplicando-se discos de filtros de papel contendo os antibióticos. Após incubação por uma noite, a placa é observada quanto a zonas de inibição ao redor de cada disco de antibiótico (Fig. 34.22). A quantidade de antibiótico no disco está relacionada à, entre outros, concentração sérica atingível e, portanto, difere entre antibióticos diferentes. Além disso, os antibióticos diferem em sua capacidade de se difundir no ágar, de modo que o tamanho da zona de inibição (e não simplesmente sua presença) é um indicador da suscetibilidade do isolado. As dimensões das zonas de inibição são comparadas com as dos microrganismos de referência (ou testadas em paralelo ou estabelecidas previamente e publicadas em tabelas de referência) e o resultado é registrado como "S" (suscetível), "I" (intermediário) ou "R" (resistente). Um resultado "I" mostra que o isolado é menos suscetível que o padrão, mas pode responder a doses mais altas de antibiótico ou em locais nos quais o antibiótico está concentrado (como em urina, na bexiga, para antibióticos excretados pelos rins).

Um teste de diluição fornece estimativa quantitativa de suscetibilidade a um antibiótico

Pode-se chegar a uma estimativa mais quantitativa da suscetibilidade de um microrganismo a um antibiótico executando-se um teste MIC (concentração mínima de inibição) (*i.e.*, um teste para descobrir a menor concentração capaz de inibir o crescimento visível de um isolado bacteriano *in vitro*). Diluições seriadas do antibiótico em teste são preparadas em meio de ágar ou caldo e inoculadas com uma suspensão do microrganismo em teste. Após incubação durante a noite, o MIC é registrado como a diluição mais alta na qual não existe crescimento macroscópico (Fig. 34.23). Esses testes podem ser conduzidos em placas de microtitulação e formam a base de alguns sistemas automatizados de testes de suscetibilidade. Uma abordagem alternativa é o E-test, no qual uma tira de filtro de papel impregnada com um gradiente de antibiótico é deixada em uma placa de ágar semeada com o isolado em teste. A concentração da tira na qual o crescimento é inibido indica a MIC.

Figura 34.22 A suscetibilidade de um microrganismo aos antibióticos pode ser testada aplicando-se um filtro de papel impregnado com antibiótico sobre uma camada de microrganismo semeada em uma placa de ágar. Após incubação por uma noite, o microrganismo cresce e os antibióticos se difundem para produzir uma zona de inibição que indica o grau de suscetibilidade: teste de suscetibilidade do disco indicando resistência à sulfonamida. SF100 é o disco de sulfonamida. (Cortesia de D.K. Banerjee.)

Os testes MIC são claramente mais demorados e dispendiosos que os de difusão de disco, em termos de tempo e material, e não são usados rotineiramente em laboratórios clínicos, mas podem acrescentar informações úteis para o tratamento de infecções difíceis ou para pacientes que não estejam respondendo à terapia aparentemente apropriada.

Uma das vantagens de um teste MIC é o fato de ele poder ser estendido para se determinar a concentração bacteriana mínima (MBC), que é a concentração mais baixa de um antibiótico exigida para matar o microrganismo. Para descobrir se a substância realmente matou as bactérias, em vez de simplesmente ter inibido seu crescimento, as diluições do teste são subcultivadas em um meio fresco, livre do medicamento, e incubadas por mais um período de 18-24 horas (Fig. 34.23). O agente antibacteriano é considerado como bactericida se a MBC for igual ou não superior a quatro vezes o valor da MIC.

Curvas de destruição fornecem uma estimativa dinâmica de suscetibilidade bacteriana

Uma das desvantagens dos testes de MIC e de MBC é o fato de os resultados estarem prontos em apenas um momento definido no tempo. Pode-se obter uma estimativa mais dinâmica de suscetibilidade bacteriana medindo-se a redução na viabilidade da população com o tempo (Fig. 34.24). Assim como com os testes MIC e MBC, curvas de destruição são mais demoradas e dispendiosas do que os testes de difusão de disco e costumam ser realizadas apenas em pesquisas. Vários sistemas automatizados de testes de suscetibilidade usam uma medida de viabilidade bacteriana (*i.e.*, turbidez, impedância elétrica) na presença de uma substância antibacteriana como seu sistema indicador. Essas máquinas podem produzir resultados mais rapidamente (p. ex., dentro de algumas horas) do

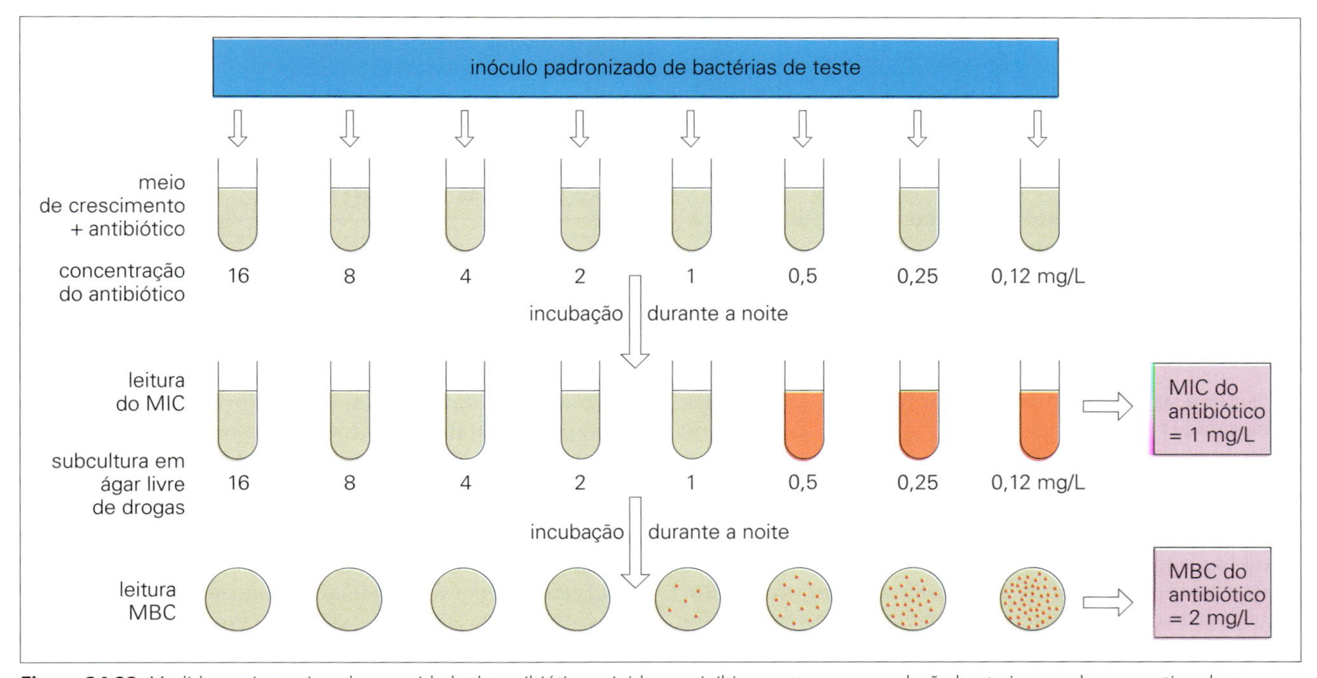

Figura 34.23 Medidas mais precisas da quantidade de antibiótico exigida para inibir e matar uma população bacteriana podem ser estimadas estabelecendo-se a concentração mínima de inibição (MIC) e a concentração bactericida mínima (MCB) do antibiótico. Usando-se o método padrão conforme delineado nesta ilustração, o resultado para MIC estará disponível após 24 horas, e o valor para CBM, em 48 horas. Diferentes variáveis como tamanho do inóculo, meio de crescimento e a interpretação dos resultados afetam o resultado dos testes para MIC.

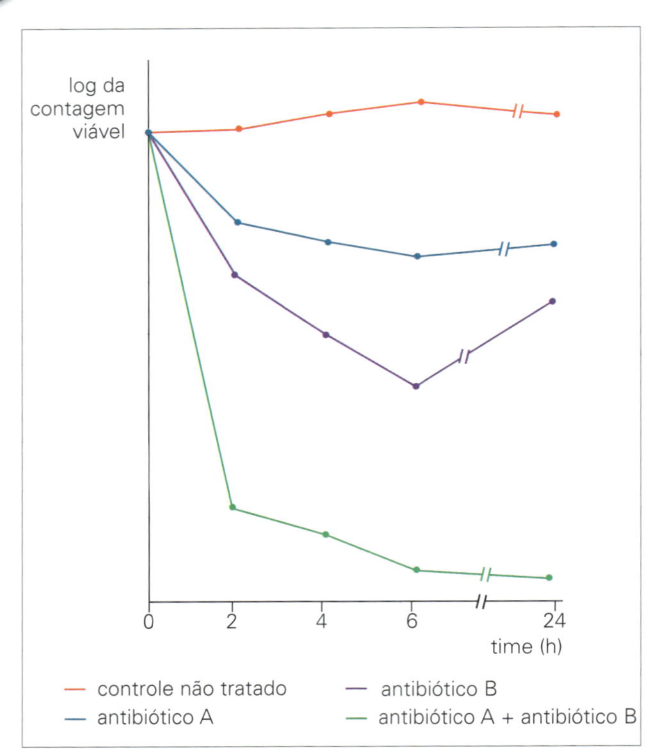

Figura 34.24 Pode-se obter uma ilustração mais dinâmica da interação entre um antibiótico e uma população bacteriana por meio de curvas de destruição. Nessas experiências, uma cultura com 2 × 10^6 U/mL unidades formadoras de colônias foi tratada com antibióticos A e B isoladamente e em combinação. Quando comparados com o controle não tratado, ambos os antibióticos, A e B, inibem o crescimento da cultura bacteriana, mas B se mostra mais ativo que A. Entretanto, quando combinados, existe sinergia entre A + B (*i.e.*, mais atividade que a soma das atividades dos dois antibióticos atuando isoladamente). A combinação também evita o novo crescimento observado após 6-24 horas quando os antibióticos são usados isoladamente.

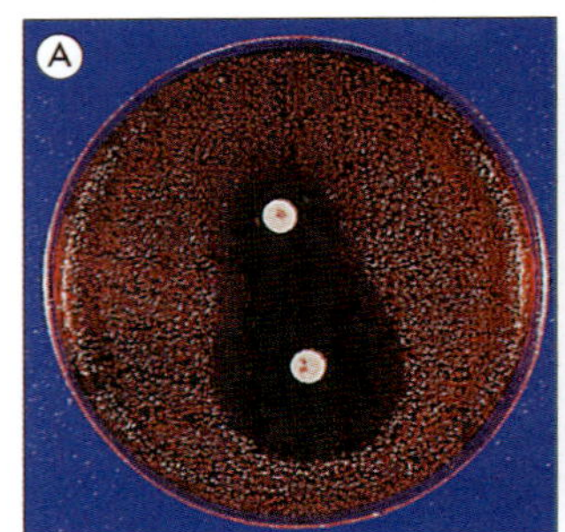

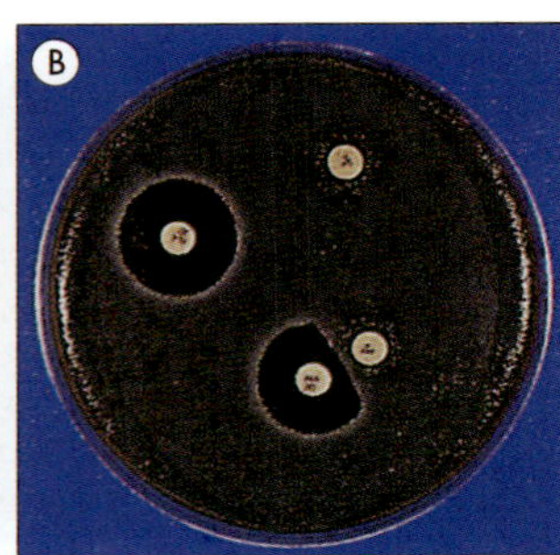

Figura 34.25 (A) Sinergia entre dois agentes antibacterianos. Os discos contendo sulfonamida e trimetoprima foram colocados para demonstrar a atividade sinérgica desses dois agentes contra *E. coli*. A sinergia pode ser reconhecida pelo fato de as zonas de inibição se tornarem contínuas entre os dois discos. (B) Antagonismo. A nitrofurantoína é capaz de antagonizar a atividade do ácido nalidíxico. Quando os discos são colocados distantes um do outro, o ácido nalidíxico inibe o microrganismo em teste, mas quando colocados próximos, essa inibição é antagonizada pela presença da nitrofurantoína, como demonstrado pela redução da zona de inibição.

que os testes convencionais. Entretanto, microrganismos exigentes (como *S. pneumoniae*, *N. meningitidis* etc.) ou com resistências caracteristicamente difíceis de se detectarem (como MIC limítrofe para oxacilina com *Staphylococcus aureus*, ESBL em isolados Gram-negativos etc.) podem ser problemáticos.

A combinação de agentes antibacterianos pode levar à sinergia ou ao antagonismo

Os pacientes hospitalizados recebem, com frequência, mais de um agente antibacteriano, e essas substâncias podem interagir entre si (e também com outras drogas como os diuréticos).

As combinações antibacterianas são descritas como:

- "sinérgicas", se sua atividade for maior que a soma das atividades individuais;
- "antagônicas", se a atividade de um medicamento for comprometida na presença do outro.

Tanto os testes de difusão de disco como os de diluição permitem a ação de combinações de antibióticos a serem estudados. Embora a sinergia possa ser frequentemente demonstrada *in vitro* (Fig. 34.25), a confirmação *in vivo* é difícil. O cotrimoxazol é um exemplo de combinação usada com frequência (ver anteriormente). Outro exemplo é a combinação de penicilina (ou ceftriaxona) com gentamicina no tratamento de endocardite provocada por uma cepa suscetível à penicilina, pois essa combinação demonstrou ser nitidamente superior ao efeito do betalactâmico isolado (Quadro 34.6).

Quadro 34.6 Uso de Combinações de Antibióticos

Razões para o uso da combinação de antibióticos.

O ideal é o uso das drogas isoladamente, mas as combinações se justificam sob certas circunstâncias:

- para obter efeito sinérgico, p. ex., cotrimoxazol
- para evitar ou atrasar surgimento de microrganismos persistentes, p. ex., isoniazida, rifampicina, etambutol e pirazinamida para tuberculose
- para tratar infecções polimicrobianas, p. ex., abscessos intra-abdominais nos quais os micróbios diferentes têm suscetibilidades diferentes
- para tratar infecção grave no estágio antes de o agente contaminador ser identificado

O antagonismo pode ser demonstrado entre alguns pares de antibióticos *in vitro*, mas é raramente constatável *in vivo*.

ENSAIOS COM ANTIBIÓTICOS

As propriedades farmacocinéticas (*i.e.* absorção, distribuição e excreção) dos agentes antibacterianos já foram sumarizadas. Alguns desses agentes apresentam um "índice terapêutico" estreito (ou seja, a concentração exigida para o tratamento bem-sucedido e a concentração tóxica para o paciente não são muito diferentes). As concentrações desses antibióticos deverão ser monitoradas tanto para prevenir a toxicidade como para garantir que as concentrações terapêuticas sejam atingidas. Outras substâncias menos tóxicas deverão ser monitoradas em certas circunstâncias para alguns pacientes (Quadro 34.7). Em geral, medem-se as concentrações séricas, mas, se aplicável, urina, LCR e outros fluidos corporais podem ser submetidos a ensaios.

Os ensaios com antibióticos podem ser conduzidos por vários métodos como a cromatografia líquida de alto desempenho e os ensaios diretos para atividade biológica (bioensaios). Entretanto, a abordagem mais comum usa métodos imunológicos que podem ser automatizados. Nesse método, o antibiótico na amostra do paciente é um "antígeno" que compete com um nível específico de antibiótico "rastreador"

Quadro 34.7 Importância de Ensaios Antibióticos

Os ensaios com antibióticos na prática médica são especialmente importantes quando o antibiótico for potencialmente tóxico, mas existem outras situações nas quais essas experiências são importantes:

- quando um antibiótico tem um índice terapêutico estreito, p. ex., aminoglicosídeos
- quando a via normal de excreção do antibiótico está comprometida, p. ex., em pacientes com falência renal para agentes excretados por meio do rim
- quando a absorção do antibiótico é incerta, p. ex., após administração oral
- para verificar concentrações em locais de infecção nos quais a penetração de antibióticos é irregular ou desconhecida, como no líquido cefalorraquidiano
- em pacientes que recebem terapia prolongada para infecções graves, como endocardite
- em neonatos com infecções graves
- em pacientes que não respondem à terapia aparentemente apropriada
- para verificar a adesão do paciente

marcado por locais de ligação em um anticorpo "antidroga". Por isso, níveis aumentados de antibiótico em uma amostra do paciente resultam em redução na ligação do antibiótico rastreador etc. Esses ensaios são rápidos, exigem apenas pequenos volumes de soro e são altamente específicos. Entretanto, só são aplicáveis em circunstâncias nas quais exista disponível um anticorpo específico contra o medicamento.

TERAPIA ANTIVIRAL

Medicamentos antivirais não matam vírus, mas impedem a replicação viral

A variação de alvos e o número de agentes antivirais com licença para tratar (já que, ao contrário de James Bond, eles não podem matar), as infecções virais têm sido um dos grandes sucessos da virologia clínica. Inicialmente, o primeiro medicamento antiviral, idoxuridina, foi aprovado em 1963 e o arsenal cresceu de forma lenta mas constante durante os 30 anos seguintes. No entanto, até 2017 havia quase 90 medicamentos antivirais, o que incluía novas combinações e imunomoduladores, que estavam sendo usados para tratar o vírus da imunodeficiência humana (HIV), hepatites B e C (HBV, HCV), herpesvírus (incluindo o vírus herpes simples [HSV], vírus varicela-zóster [VVZ] e citomegalovírus [CMV]), influenza A e B, vírus sincicial respiratório (VSR) e papilomavírus humano (HPV) (Fig. 34.26). Eles são todos virostáticos, em vez de viricidas, ou seja, eles não matam os vírus, mas suprimem sua replicação. Do crescente arranjo de agentes antivirais licenciados para tratamento, tem havido uma revolução no tratamento de infecções virais que causam doenças crônicas, a saber, infecções por HIV, HBV e HCV. Não apenas o número e a variedade de medicamentos aumentaram em um período muito curto de tempo — cerca de 10 anos — mas, criticamente, a aderência e a facilidade de tomar esses tratamentos melhoraram, ao reduzir a carga de comprimidos pela terapia de combinação e ao ser capaz de oferecer tratamento oral com um único comprimido. A terapia antirretroviral de combinação (cART) tornou a infecção crônica por HIV uma infecção controlada, uma vez que ela melhorou a sobrevida e reduziu o número de hospitalizações. Ela também está sendo investigada como uma forma de reduzir a transmissão quando administrada como profilaxia. Até 2017, havia 14 comprimidos de uso isolado ou combinado de dois a quatro, e 25 agentes antirretrovirais, constituindo seis classes diferentes de drogas (resumidas na Tabela 34.6).

Entretanto, a mudança mais rápida no cenário de tratamento foi observada com a infecção por HCV, com novos medicamentos e combinações se tornando obsoletas conforme eram substituídas, levando a respostas virais sustentadas que resultavam em depuração viral após curtos programas de tratamento. O problema no desenvolvimento de novos antivirais tem sido principalmente ocasionado pela dificuldade de se interferir na atividade viral na célula sem afetar adversamente o hospedeiro. Isso porque os vírus dependem da maquinaria sintética de proteínas das células desse hospedeiro.

Relatórios destacaram a importância de se realizar diagnóstico precoce nas infecções virais de curto período de incubação, como influenza, para que o tratamento antiviral seja bem-sucedido. Além disso, as etapas de replicação específicas ao vírus podem ser identificadas (Fig. 34.27) e muitas delas serão, sem dúvida, exploradas, como a identificação de enzimas induzidas por vírus.

Tendo em mente que antivirais podem ser usados para tratar infecções virais agudas e crônicas, e que neste último caso o tratamento pode continuar por muitos anos ou por toda a vida, considerações incluem o tempo de tratamento, terapias comuns ou de combinação, farmacocinética e interações das drogas, efeitos adversos e resistência antiviral. Monitoramento da carga viral como marcador de prognóstico e resposta de tratamento é importante para infecções crônicas e virais como HIV, HBV e HCV, em conjunto com monitoramento de drogas e testes de resistência genotípicos e fenotípicos.

A resistência antiviral ocorre com prevalência variável em diferentes populações de pacientes; por exemplo, o HSV resistente ao aciclovir e o CMV resistente ao ganciclovir são encontrados em baixa frequência entre indivíduos imunocomprometidos. A resistência antirretroviral é observada em todas as classes principais de agentes — inibidores nucleosídeos da transcriptase reversa, inibidores não nucleosídeos da transcriptase reversa e inibidores de protease — com frequência cada vez maior em países desenvolvidos. O HBV resistente à lamivudina é bem reconhecido e normalmente detectado após alguns anos de tratamento. Resistência a drogas envolvendo a maioria dos outros agentes usados para tratar portadores de HBV também ocorre. Uma questão a considerar com relação à resistência ao antiviral é o fato de a adaptação de replicação das variantes resistentes à droga ser, com frequência, menor que aquela da cepa do tipo selvagem. Além disso, no caso de vários vírus, incluindo HBV e HCV, a resposta varia dependendo do genótipo viral.

Algumas infecções virais possuem base imunopatológica, como a pneumonite por CMV, na qual um antiviral é administrado em combinação com uma preparação de imunoglobulina. Esta pode ser a imunoglobulina humana normal ou a específica ao vírus (ou seja, a globulina hiperimune do CMV). Além disso, um imunomodulador pode ser administrado em conjunto com um antiviral como o interferon peguilado e a ribavirina para tratar a infecção pelo vírus da hepatite C.

O palivizumab é um exemplo de anticorpo monoclonal humanizado, produzido para prevenir a infecção. Ele é direcionado contra a proteína de fusão do VSR e possui potente

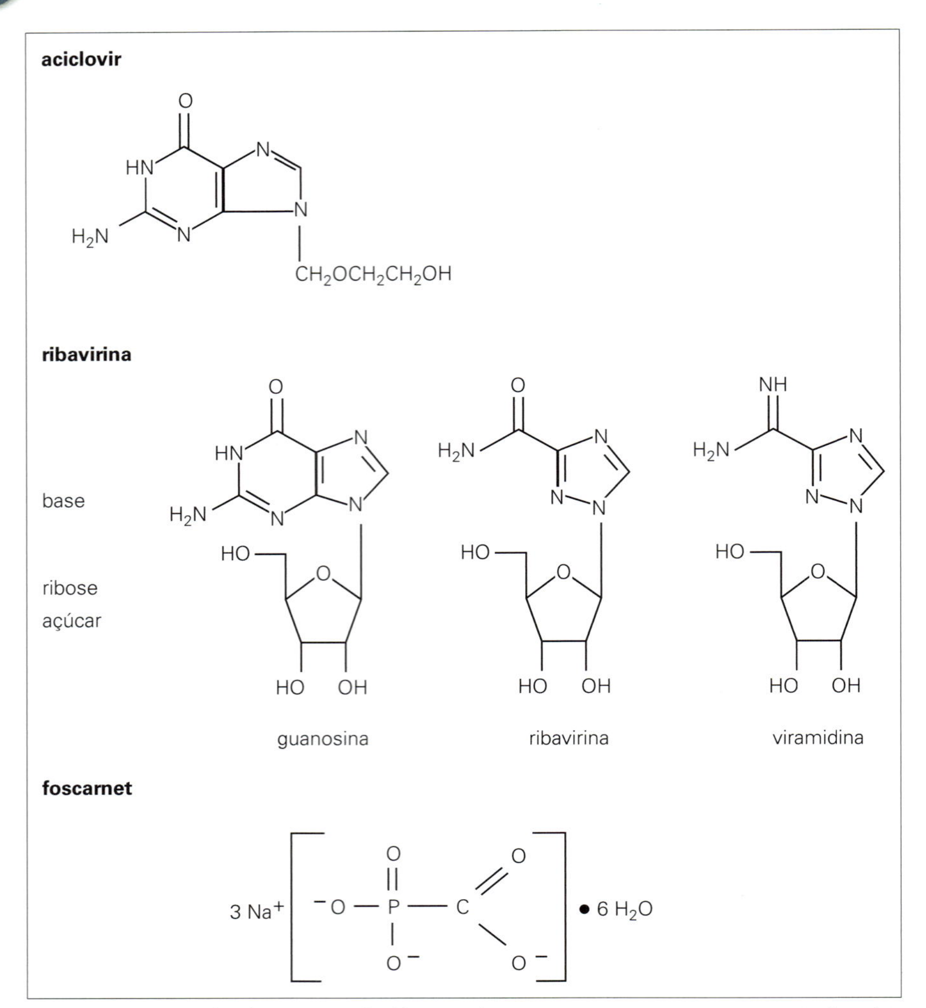

Figura 34.26 Exemplos de estruturas de diferentes drogas antivirais que causam terminação da cadeia por serem análogos de guanosina que podem ser incorporados ao DNA viral e inibir a DNA polimerase viral (aciclovir), usam um mecanismo similar, mas com RNA polimerase (ribavirina, que também tem um efeito intracelular em relação ao monofosfato de ribavirina, que inibe competitivamente a inosina monofosfato desidrogenase, causando depleção de trifosfato de guanosina, necessária para a síntese de RNA viral), ou se liga ao sítio ativo de polimerase viral (foscarnet).

Tabela 34.6 Medicamentos antivirais

Vírus de DNA	
CMV	Ganciclovir Valganciclovir Foscarnet Cidofovir
HSV e VVZ	Aciclovir Valaciclovir Fanciclovir Ganciclovir Foscarnet Cidofovir
HBV	Lamivudina Tenofovir Entecavir Adefovir Entricitabina Interferon alfa
Vírus de RNA	
Vírus da influenza A e B	Oseltamivir Zanamavir Peramivir

Tabela 34.6 Medicamentos antivirais *(Cont.)*

Vírus da influenza A	Amantadina Rimantadina
VRS	Ribavirina
HIV	
NRTIs	Abacavir Didanosina (ddI) Entricitabina Lamivudina (3TC) Estavudina (d4T) Tenofovir Zidovudina (AZT)
Inibidor de fusão	Enfuvirtida (T-20)
Inibidor de CCR5	Maraviroc
NNRTIs	Delavirdina Efavirenz Etravirina Nevirapina Rilpivirina
InSTIs	Dolutegravir Elvitegravir Raltegravir
IPs	Amprenavir Atazanavir Darunavir Fosamprenavir Indinavir Lopinavir + ritonavir (Kaletra) Nelfinavir Ritonavir Saquinavir Tipranavir
HCV	
IPs de NS3	Asunaprevir Boceprivir Paritaprevir Simeprivir Telaprivir
Inibidores NS5 da polimerase	Dacaltasvir Elbasvir Ledipasvir Ombitasvir Sofosbuvir Velpatasvir Ribavirina Interferon alfa
Combinações (comprimidos únicos)	
HIV	Efavirenz + Entricitabina + Tenofovir Rilpivirina + Entricitabina + Tenofovir Elvitegravir + Cobicistat + Entricitabina + Tenofovir Dolutegravir + Abacavir + Lamivudina Abacavair + Lamivudina Abacavair + Lamivudina + Zidovudina Entricitabina + Tenofovir Lamivudina + Zidovudina

CMV, citomegalovírus; HBV, vírus da hepatite B; HCV, vírus da hepatite C; HIV, vírus da imunodeficiência humana; InSTI, inibidores da transferência da cadeia de integrase; NNRTI, inibidor não nucleosídeo da transcriptase reversa; NRTI, inibidor nucleosídeo e nucleotídeo da transcriptase reversa; NS, não estrutural; IP, inibidor da protease; VSR, vírus sincicial respiratório; VVZ, vírus varicela-zóster.

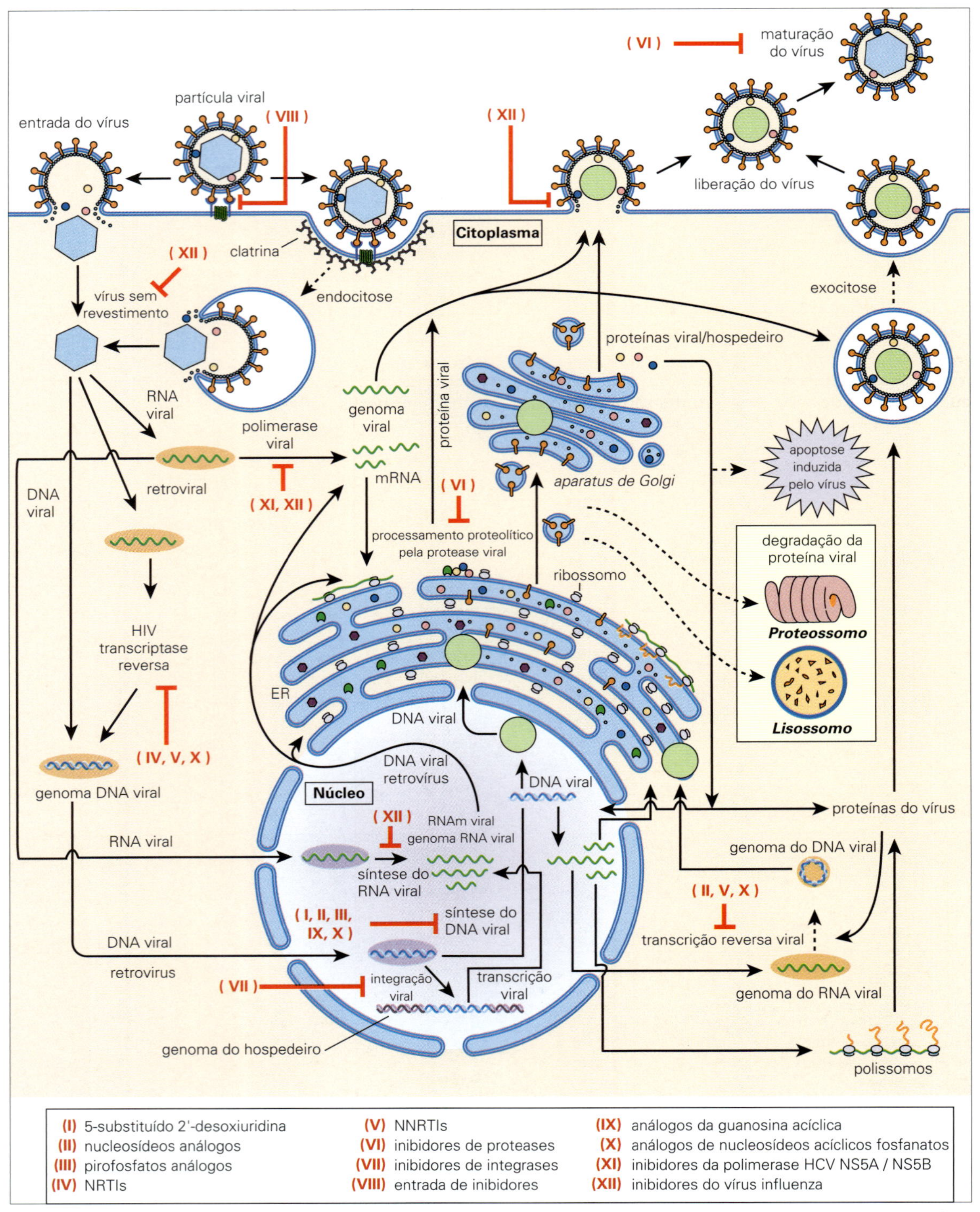

Figura 34.27 Sítio de ação de agentes antivirais durante o ciclo de vida viral. Doze grupos de medicamentos são apresentados na parte inferior (numerais romanos em vermelho). A ação inibitória do medicamento nos estágios principais do ciclo de vida viral está destacada (setas vermelhas). As setas pretas sólidas indicam vias biológicas diretas envolvendo replicação viral, e as setas pretas pontilhadas mostram vias biológicas com vias intermediárias dentro das células do hospedeiro. Os principais estágios virais são ilustrados, incluindo endocitose, exocitose, entrada do vírus, transcrição reversa, integração viral, transcrição viral, tradução viral, brotamento/liberação do vírus, maturação do vírus e outras vias associadas aos compartimentos celulares (por exemplo, complexo de Golgi, mitocôndrias, retículo endoplasmático [RE], ribossomo, proteassoma, polissomo e endossomo). As vias de replicação de vírus de DNA (HCMV, HBV, HPV, HSV e VVZ), vírus de RNA (HCV, VSR e vírus influenza) e retrovírus (HIV) divergem após a entrada nas células do hospedeiro. Os vírus de RNA se replicam no citoplasma, mas os vírus de DNA e os retrovírus replicam-se no núcleo. O grupo medicamentoso XIII não é exibido, uma vez que o grupo atua principalmente como agentes imunorreguladores ou antimitóticos, sem focar diretamente nas proteínas virais. Os tamanhos e formas das proteínas e dos componentes celulares não são em escala. HCV, vírus da hepatite C; NNRTI, inibidor não nucleosídeo da transcriptase reversa; NRTI, inibidor nucleosídeo da transcriptase reversa. (De De Clercq E.; Guangdi L. *Approved antiviral drugs over the past 50 years. Clin. Microbiol ver.* 2016; 29[3], Fig. 4, com permissão.)

atividade inibidora de fusão e neutralização. Esse anticorpo é usado em situações clínicas específicas para prevenir infecções graves do trato respiratório inferior, causadas por VSR, exigindo hospitalização em crianças nascidas com 35 semanas de gestação ou menos e que tenham menos de 6 meses à época do início da estação da época do VSR. Além disso, esse anticorpo pode ser usado em crianças com menos de 2 anos com condições cardíacas e respiratórias específicas como a displasia broncopulmonar.

Por fim, em algumas infecções virais do trato respiratório, os antibióticos são administrados geralmente para controlar ou atuar como profilaxia contra uma infecção bacteriana secundária. A infecção pelo vírus da influenza é um exemplo no qual a pneumonia estafilocócica ou estreptocócica pode ocorrer após a agressão virológica inicial.

É difícil agrupar as drogas antivirais da mesma maneira usada para antibióticos. Pode-se considerá-las, por exemplo, anti-HIV, anti-HBV e anti-HCV ou agrupá-las levando-se em conta seu mecanismo de ação. As seguintes são classificadas por este último método.

Pró-drogas que destroem a DNA polimerase do vírus

Dentre elas, aciclovir, valaciclovir, penciclovir, fanciclovir, ganciclovir, valganciclovir e cidofovir.

Aciclovir (acicloguanosina)

O aciclovir inibe a DNA polimerase do HSV e vírus da varicela-zóster (VVZ). O aciclovir é usado no tratamento de infecções por HSV e VVZ. Há vários outros agentes, incluindo o valaciclovir, o L-valil éster de aciclovir e o fanciclovir. O aciclovir permanece inativo até ser fosforilado e é um exemplo de pró-fármaco. A fosforilação é feita (Fig. 34.28) pela timidina quinase do herpesvírus e o monofosfato é então convertido por quinases celulares em trifosfato, que inibe a DNA polimerase do herpesvírus. Uma vez absorvido e fosforilado com eficiência pelas células infectadas com HSV, a ação sobre a DNA polimerase celular é mínima e as reações adversas tóxicas, como neutropenia e trombocitopenia, em geral são raras. O medicamento também é incorporado ao DNA viral, resultando no término da cadeia. Por ser excretado pelos rins, o medicamento pode cristalizar-se no trato renal em indivíduos com insuficiência renal, causando necrose tubular aguda. Em outros casos, o aciclovir tem um excelente perfil de segurança.

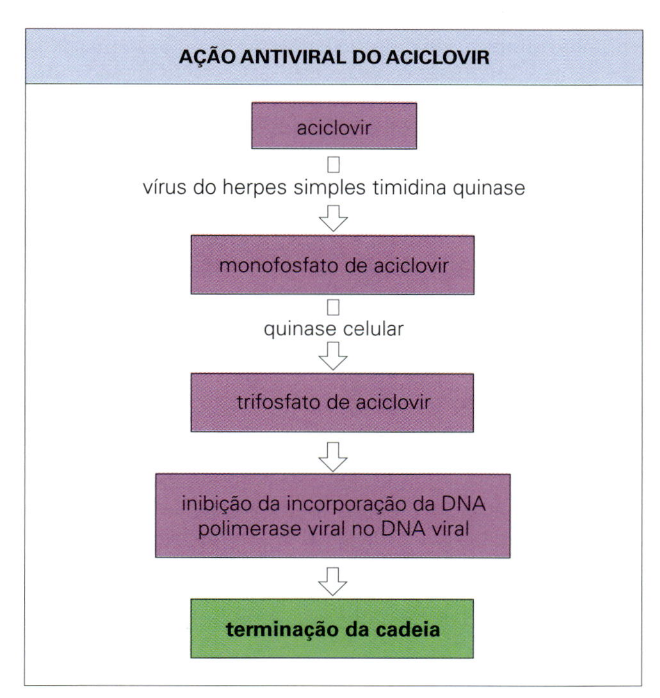

Figura 34.28 A atividade de uma substância antiviral contra herpes vírus diferentes está correlacionada com a capacidade dos vírus de induzir uma timidina quinase; daí o aciclovir ser mais ativo contra o vírus herpes simples e menos ativo contra o citomegalovírus.

O aciclovir sistêmico revolucionou o tratamento da encefalite por HSV e das infecções por HSV e VVZ em pacientes imunocomprometidos. O medicamento é eficaz no tratamento de herpes genital primário e recorrente. Nos casos de cobreiro (herpes-zóster), a recuperação é acelerada com redução da dor pós-zóster. Assim como com o HSV, o vírus varicela-zóster permanece latente nos gânglios e pode reativar-se.

Uma vez que a biodisponibilidade oral é de apenas 15%-20%, o aciclovir é inicialmente administrado por via intravenosa em várias situações clínicas. O valaciclovir e o fanciclovir possuem perfis de biodisponibilidade mais aperfeiçoados em comparação ao aciclovir, resultando em dosagens diárias menos frequentes.

Ganciclovir (di-hidroxipropoximetilguanina, DHPG)

O ganciclovir tem estrutura similar à do aciclovir, mas com um grupo extra de hidroxila. Seu espectro de atividade é mais amplo que aquele do aciclovir e o medicamento se mostra ativo contra infecções por CMV. Este vírus não codifica a timidina quinase, mas a droga é monofosforilada por uma quinase codificada especificamente pelo gene *UL97* do vírus e a seguir fosforilada novamente por quinases celulares. Entretanto, não se observa toxicidade seletiva e o medicamento é mielossupressor, sendo a toxicidade para medula óssea sua principal reação adversa. O trifosfato de ganciclovir inibe a DNA polimerase de CMV. É administrado por via intravenosa por sua biodisponibilidade oral limitada. No entanto, um agente oral, valganciclovir, melhorou o tratamento ambulatorial de indivíduos com infecções por CMV, por ter atividade equivalente à do ganciclovir intravenoso.

O ganciclovir é administrado no tratamento de retinite, encefalite e doença gastrointestinal, causadas por CMV observadas em indivíduos imunocomprometidos. A droga também é usada como terapia antecipada em transplante de medula óssea, assim como em receptores de transplante de órgãos sólidos, que são monitorados regularmente quanto à presença do CMV no sangue, pois o procedimento pode levar à disseminação do vírus.

Valganciclovir

O valganciclovir é o éster valina de ganciclovir, com biodisponibilidade similar, mas com a vantagem de ser usado oralmente.

Cidofovir

Cidofovir é outro terminador de cadeia que tem como alvo a DNA polimerase viral. É fosforilado intracelularmente para a forma de difosfato e, então, adicionado à extremidade 3′ da cadeia de DNA viral. É eficaz contra CMV e tem sido usado para tratar infecções por adenovírus. Quando usado topicamente ou intralesionalmente, tem atividade contra verrugas genitais e pode ser usado para tratar infecções por HSV resistentes ao aciclovir. Deve ser usado por via intravenosa e é nefrotóxico.

Análogo de pirofosfato que bloqueia o sítio de ligação de pirofosfato na DNA polimerase viral

Foscarnet

Esse composto se liga ao sítio de ligação de pirofosfato da DNA polimerase do herpes vírus, prevenindo a ligação de nucleotídeos e, portanto, inibindo a replicação viral. É usado para tratar infecções por CMV e é ativo contra HSV e VVZ, podendo ser usado para tratar infecções por HSV resistentes ao aciclovir. Trata-se de uma substância nefrotóxica e pode ocasionar problemas de aderência, pois possui outros efeitos adversos; usada frequentemente como agente de segunda linha.

Medicamentos antirretrovirais

Os medicamentos antirretrovirais são divididos em seis classes; tendo todas elas sido denominadas conforme seus mecanismos de ação, como a seguir.

Inibidores nucleosídeos e nucleotídeos da transcriptase reversa (NRTIs): zidovudina (azidotimidina, AZT), didanosina (ddI), lamivudina (3TC), estavudina (d4T), abacavir, entricitabina e tenofovir

O objetivo da terapia antirretroviral é reduzir e manter a carga de RNA de HIV-1 plasmático abaixo do limite da detecção por ensaio e, assim, manter a contagem de CD4. O tratamento do HIV se tornou bastante complexo graças às opções disponíveis. Esta classe de medicamentos apresenta mecanismos de ação semelhantes, podem ser administrados isoladamente ou em combinação uns com os outros em alguns casos, mas principalmente com outras classes de medicamentos, como os inibidores não nucleosídeos da transcriptase reversa e os inibidores de protease.

Zidovudina (azidotimidina, AZT). A zidovudina é um análogo do nucleosídeo timidina na qual o grupo hidroxila da ribose é substituído por um grupo azida. Após a conversão para o trifosfato por enzimas celulares (Fig. 34.29), essa droga atua como substrato e inibidor da transcriptase reversa viral. O grupo azida previne a formação da ligação fosfodiéster. A formação de DNA pró-viral é bloqueada porque o AZT trifosfato é incorporado ao DNA, resultando no término da cadeia.

A zidovudina é administrada por via oral. A toxicidade constitui um problema, causando supressão da medula óssea (anemia macrocítica, neutropenia, leucopenia) e, com menos frequência, náuseas, vômitos, dor de cabeça, mialgia e mal-estar. Essas reações foram mais frequentes no início do tratamento do HIV, quando o medicamento era ministrado em doses elevadas. Outros eventos adversos incluem acidose lática, hiperlipidemia, lipoatrofia e resistência à insulina ou diabetes mellitus. Testes sanguíneos regulares são necessários para detectar a anemia e a mielossupressão.

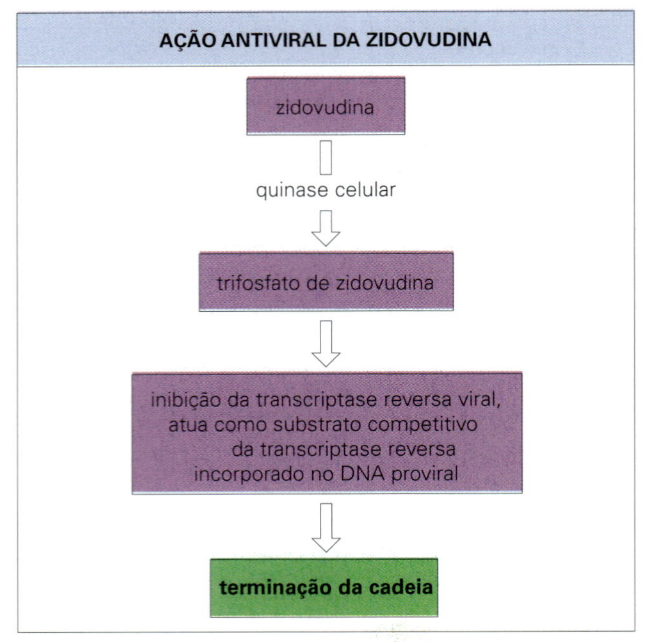

Figura 34.29 A transcriptase reversa do HIV é 100 vezes mais sensível que a DNA polimerase da célula do hospedeiro à zidovudina trifosfato, mas os efeitos tóxicos não são raros.

Como a zidovudina, outros análogos de nucleosídeo são convertidos em trifosfatos e inibem a transcriptase reversa do HIV. Alguns destes agentes foram combinados em tratamentos de dose fixa, como o combivir (AZT e 3TC), truvada (entricitabina e tenofovir) e trizivir (AZT, 3TC e abacavir).

Existem várias reações adversas compartilhadas por esta classe de drogas, mas as mais específicas incluem pancreatite (ddI), neuropatia periférica (d4T, ddI), lipodistrofia, (ou seja, redistribuição de tecido gorduroso das áreas subcutâneas como face e membros para o pescoço e vísceras abdominais [d4T]), além de hipersensibilidade (abacavir). Também foram relatados quadros de toxicidade mitocondrial devido à inibição da DNA polimerase mitocondrial e de acidose lática.

A resistência medicamentosa pode levar à resistência cruzada a outros análogos de nucleosídeo.

Tenofovir é um inibidor de transcriptase reversa de nucleotídeo e é fosforilado para a forma de difosfato que atua como terminador de cadeia.

Os nucleosídeos e nucleotídeos RTIs e a maioria dos inibidores de protease podem ser usados para tratar indivíduos infectados por HIV-2. Os RTIs não nucleosídeos não podem ser usados e o inibidor de fusão, enfuvirtida, tem reduzida atividade no HIV-2.

Inibidores não nucleosídeos da transcriptase reversa (NNRTIs)

Nevirapina, efavirenz, delavirdina, etravirina e rilpivirina. Esses inibidores atuam como inibidores não competitivos da transcriptase reversa do HIV-1, ligando-se a uma bolsa hidrofóbica proximal ao sítio catalítico da enzima. Não apresentam atividade contra o HIV-2. Os NNRTIs são indutores do citocromo P450 e é importante considerar potenciais interações entre drogas. A reação adversa mais comum com a nevirapina é a erupção cutânea. Efavirenz pode causar sonhos vívidos e perturbações no sono inicialmente, e não deve ser usado no primeiro trimestre de gestação.

Uma única mutação na transcriptase reversa leva à resistência a estas drogas, comprometendo efetivamente a utilização dessa classe de fármacos no regime de tratamento.

Inibidores da protease (IPs)

Nelfinavir, saquinavir, indinavir, ritonavir, lopinavir e ritonavir (Kaletra), atazanavir, amprenavir, darunavir, fosamprenavir e tipranavir. A protease é uma enzima que atua na clivagem pós-traducional das poliproteínas gag e gag-pol em proteínas e enzimas estruturais críticas para a replicação viral. O resultado da inibição da protease é a produção de partículas virais defeituosas e imaturas. Os IPs foram introduzidos às combinações de tratamento de HIV em 1996 e tiveram grande efeito no controle da infecção por HIV. Isto levou ao uso do termo terapia antirretroviral altamente ativa (HAART, do inglês, *Highly Active Antiretroviral Therapy*). São inibidores peptidomiméticos da protease viral e previnem a clivagem das poliproteínas gag e gag-pol em proteínas e enzimas estruturais funcionais. Os inibidores da protease são drogas muito potentes que levam à queda rápida na carga de RNA do HIV no plasma, especialmente nos indivíduos com cargas muito elevadas de HIV. As reações adversas incluem distúrbios gastrintestinais, síndrome da lipodistrofia (redistribuição da gordura corporal), aumento de triglicérides e resistência à insulina, levando ao diabetes.

A resistência medicamentosa é bem reconhecida e várias mutações da protease resultam em resistência cruzada. Potencializar atazanavir e darunavir com ritonavir de baixa dose ou cobicistat, que é administrado somente como potencializador, causa atividade virológica mais elevada em função da farmacodinâmica melhorada. No entanto, são observadas taxas mais altas de efeitos colaterais.

Inibidores de fusão

O enfuvirtida, também conhecido como T-20, é um peptídeo que bloqueia o HIV antes de entrar na célula hospedeira, por ligação competitiva à gp41, uma glicoproteína transmembrana, e impede a formação da estrutura pós-fusão. Portanto, não deve ter reação cruzada com outras classes de drogas antirretrovirais. É administrado duas vezes ao dia como uma injeção subcutânea e é aprovado para terapia de resgate nos indivíduos experimentado o tratamento devido à presença de mutações resistentes a outras classes de drogas. Eventos adversos incluem dor no local da injeção e, raramente, reações de hipersensibilidade.

Inibidores de integrase (INSTIs)

Dolutegravir, raltegravir, elvitegravir. Estes são inibidores da transferência da cadeia de integrase de HIV (INSTI). A integração envolve a transferência de DNA viral codificado no cromossomo hospedeiro. É um processo de três etapas que inclui a formação de complexo de DNA viral de pré-integração, processamento de 3′ e transferência de fita. Os INSTIs inibem a etapa de transferência da fita; imagina-se que eles interajam com cátions divalentes do núcleo catalítico da integrase. Os INSTIs também são ativos contra cepas de HIV resistentes a outras classes de agentes antirretrovirais. Efeitos colaterais são majoritariamente gastrintestinais.

Antagonistas do receptor de quimiocina

Maraviroc. A entrada de HIV-1 na célula hospedeira envolve a ligação da proteína do envelope viral ao receptor de CD4 e, subsequentemente, a um correceptor de quimiocina. Dois correceptores identificados são chamados de CCR5 e CXCR4. Testes que identificam o fenótipo viral foram usados para determinar as populações de vírus em um indivíduo com HIV e estes foram referidos como R5-trópicos, X4-trópicos ou duplos/mistos. Laboratórios de diagnóstico usam testes genotípicos para prever tropismo de correceptor viral, R5 ou X4, baseando-se na sequência do envelope viral na base dos algoritmos.

O maraviroc é um antagonista de correceptor de quimiocina de CCR5 e foi aprovado originalmente para adultos nos quais foi usada HAART e que tinham infecção por HIV-1 R5.

Combinações de tratamento

Os usos e combinações dessas seis classes de medicamentos antirretrovirais são complexos demais para resumir e as diretrizes de tratamento são atualizadas regularmente. Até 2016, a cART era recomendada para todos os indivíduos com uma infecção aguda pelo HIV, bem como todos aqueles que eram virêmicos. As combinações incluíam um tratamento de base com NRTI [inibidores nucleosídeos da transcriptase reversa], dois NRTIs e um INSTI. Outras combinações incluíam NNRTIs ou IPs dinamizados com dois NRTIs. A redução do fardo de comprimidos ao combinar drogas juntamente com o aumento da gama de agentes antirretrovirais aumentou a escolha e a facilidade de mudar regimes para assegurar tolerabilidade, adesão, resistência antirretroviral, interações medicamentosas e potenciais efeitos adversos, como na gravidez, hepatite viral crônica e disfunção renal. A profilaxia pré-exposição (PrEP) estava sendo considerada como parte da prevenção do HIV, adicionada à profilaxia pós-exposição recomendada (PEP) em vários contextos clínicos.

Inibidor da inosina monofosfato desidrogenase

Ribavirina

Este análogo de guanosina é trifosforilado por enzimas celulares. Possui várias ações, incluindo a inibição da produção de concentrações de trifosfato de guanosina, necessárias à síntese do ácido nucleico viral. A ribavirina pode destruir vírus de RNA e DNA. Uma vez trifosforilado, também pode interferir com a RNA polimerase viral. A droga é usada clinicamente como um aerossol para tratar infecções VSR em lactentes e para infecções por arenavírus como a febre de Lassa (Cap. 27). Ribavirina oral pode ser usada como profilaxia de pós-exposição para febre de Lassa no caso de incidentes de exposição de alto risco. Também é ativa contra a infecção pelo vírus do sarampo e pelo vírus da hepatite C e E (ver adiante).

Antivirais que destroem vírus da influenza

Amantadina, rimantadina, zanamivir, oseltamivir e peramivir. Estas drogas têm atividade seletiva contra os vírus da influenza e, portanto, foram agrupadas com este título, em vez de fazê-lo por seu modo de ação. A amantadina e a rimantadina têm atividade somente contra influenza A e são raramente usadas, ou nunca. Os inibidores de neuraminidase zanamivir, oseltamivir e peramivir têm um amplo espectro de atividade por inibirem os vírus da influenza A e B.

Amantadina e rimantadina

Estas drogas são mencionadas aqui somente porque são medicamentos clássicos que inibem especificamente a replicação do vírus da influenza A com um modo de ação interessante, mas não têm efeito sobre influenza B e sobre outros vírus respiratórios. Agem inibindo a penetração do vírus na célula ou seu desnudamento. Previne a fusão do envelope viral com a membrana celular, o que ocorre, normalmente, em pH baixo. A amantadina age no canal iônico de proteína da matriz viral, impedindo a passagem iônica de hidrogênio, elevando o pH nos vacúolos intracelulares e, portanto, bloqueando a infecção. A dose padrão pode causar reações adversas neurológicas mínimas como insônia, tonturas e cefaleia, especialmente em pacientes idosos, o que desencorajou seu uso disseminado. Essa substância pode ser administrada como profilaxia durante surtos comunitários de influenza A e também para tratamento; se ingerida dentro de 48 horas a partir do início dos sintomas, observa-se redução na gravidade da doença. No entanto, emergência rápida de variantes resistentes a drogas pode ocorrer, e em razão da inatividade contra influenza B e efeitos colaterais no SNC, e do desenvolvimento dos inibidores de neuraminidase, esta classe de drogas é de importância menor no arsenal da influenza.

Inibidores de neuraminidase

Oseltamivir, zanamivir e peramivir. A neuraminidase é uma das duas glicoproteínas de superfície do vírus da influenza. Ele cliva o ácido N-acetilneuramínico, também conhecido como ácido siálico, resíduos da célula hospedeira, liberando o vírus e permitindo propagação para o trato respiratório.

Os inibidores da neuraminidase (INA) são análogos de ácidos N-acetilneuramínicos e atuam como inibidores reversíveis competitivos do sítio ativo da enzima neuraminidase. Zanamivir é um agente inalado e pode ser usado por via intravenosa, oseltamivir é uma droga oral, e peramivir é um agente intravenoso, todos clivados por esterases para a forma de carboxilato ativa e agem sobre a influenza A e a B. A importância de ter um arsenal maior de INAs foi demonstrada durante 2007-2008 e 2008-2009 como resistência a oseltamivir que surgiu globalmente nos vírus de influenza A H1N1. Nos EUA, a resistência ao oseltamivir foi observada em cerca de 20% e 90% de vírus de influenza A H1N1, testados durante as duas épocas citadas, respectivamente.

Esses medicamentos reduzem a disseminação viral, assim como a gravidade, a duração e os sintomas da doença quando administrados logo no início da infecção, podendo também ser usados como profilaxia. São eficazes contra as cepas circulantes de influenza, incluindo o vírus da influenza H5N1 aviária.

Tratamento da hepatite B

O objetivo de tratar indivíduos com infecções por vírus de hepatites crônicas B e C é reduzir o risco de cirrose e carcinoma hepatocelular por meio da supressão dos níveis de DNA do HBV e RNA do HCV, respectivamente.

Regimes de tratamento oferecidos para portadores de hepatite B incluem inibidores de nucleosídeos e nucleotídeos da transcriptase reversa (NRTIs) como lamivudina, adefovir, entecavir, telbivudina, tenofovir e entricitabina. Após interromper o tratamento, a resposta do antiviral pode ser revertida e a continuação do tratamento em longo prazo pode levar ao desenvolvimento de resistência antiviral, embora o vírus seja menos adaptado do que o tipo selvagem.

A imunomodulação usando interferon peguilado alfa, que tem meia-vida mais longa do que preparações de interferon que não incluem polietilenoglicol, melhora a resposta imunológica inata, por meio da ligação ao receptor de interferon tipo 1. Isto causa a regulação positiva de múltiplos genes estimulados por interferons, limitando a replicação viral. Em portadores de antígeno HBe positivos e negativos, 48 semanas de interferon alfa peguilado resultam em perda de DNA do HBV em 25% e 63% dos pacientes, respectivamente. No entanto, interferons têm um extenso perfil de efeitos colaterais.

Dos análogos de nucleosídeos, a terapia com lamivudina resulta em DNA do HBV indetectável, histologia hepática e níveis de enzimas celulares melhorados em 40-44% e 49-62% dos pacientes, respectivamente. Com entecavir, esses valores são de 67%, 72% e 68%, respectivamente. A barreira genética para resistência é baixa, pois apenas uma mutação é necessária para causar a resistência à lamivudina, em comparação com entecavir e tenofovir. As taxas mais baixas de resistência ao medicamento são, portanto, observadas com entecavir e tenofovir.

Entricitabina não pode ser usada em terapia de agente único em decorrência das altas taxas de resistência. Telbivudina é eficaz, mas tem uma barreira genética baixa para resistência.

Adefovir e tenofovir são fosfonatos de nucleosídeos acíclicos, sendo o tenofovir mais eficaz do que o adefovir. São pró-fármacos por precisarem ser fosforilados para se tornarem ativos e são análogos do monofosfato de adenosina. Afetam a polimerase de HBV inibindo competitivamente o 5'-trifosfato de desoxiadenosina, resultando na terminação da cadeia. O principal efeito colateral é a nefrotoxicidade.

Entecavir é um análogo de deoxiguanosina e uma das drogas mais eficientes. Inibe a DNA polimerase de HBV pela prevenção das seguintes funções: sensibilização da DNA polimerase de HBV, transcrição reversa da fita negativa do RNA mensageiro pré-genômico e síntese da fita positiva de DNA do HBV.

Esses agentes antivirais orais mudaram o cenário de tratamento para portadores de hepatite B crônica, e podem ser usado como terapia de combinação. O efeito potente dos NRTIs tem sido registrado em longo prazo, como observado em uma redução de 78% no carcinoma hepatocelular em portadores positivos para o antígeno HBe, nos quais a carga do DNA do HBV é maior. No entanto, 6 meses após a interrupção do tratamento, até 50% dos portadores voltam ao quadro de antígeno HBe positivo. O tratamento não é recomendado para portadores de hepatite B nas seguintes fases da infecção — alta replicação, baixa inflamação ou não replicativa — já que tanto o interferon como os NRTIs são menos propensos a resultar na depuração do HBsAg ou enzimas hepáticas normalizadas. Há novas abordagens terapêuticas com antivirais de ação direta visando a outras partes do ciclo de vida do HBV. Dentre eles, inibidores de capsídeos, drogas que visam ao DNA circular covalentemente fechado (cccDNA), bem como drogas que interferem com as funções das células do hospedeiro que permitem a persistência viral como auxiliando a resposta imunológica contra o HBV. Isso ilustra, mais uma vez, a importância de compreender o patógeno e a resposta do hospedeiro.

Tratamento da hepatite C

Foram-se os tempos em que interferon alfa peguilado combinado com ribavirina era o tratamento padrão para infecções por HCV crônicas. Entretanto, o objetivo do tratamento antiviral que leva a uma resposta virológica sustentada (RVS) e o benefício clínico de longa duração observado pelo RNA de HCV em soro sendo abaixo do limite de detecção por ensaios ainda é verdadeiro — mas com menos de 24 semanas de início do tratamento, o que também era o caso apresentado anteriormente. Dois mil e onze foi o ano em que tudo começou a progredir, quase tão rapidamente quanto Usain Bolt (que não precisa de apresentações), já que os antivirais de ação direta mostraram melhorar as taxas de RVS mesmo nos casos de infecções por HCV mais difíceis de tratar. Os alvos da proteína não estrutural (NS) do HCV incluíam os fármacos inibidores da protease NS3, começando com telaprevir e boceprevir, que foram rapidamente substituídos por simeprevir, asunaprevir e paritaprevir. Os inibidores NS5 da polimerase incluem daclatasvir, elbasvir, ledipasvir, ombitasvir, sofosbuvir e velpatasvir. Em 2015, a ação antiviral de sofosbuvir, um inibidor análogo de nucleotídeo, foi elucidada. Sua forma ativa é o 2'-F'-2'-C-metiluridina monofosfato. Isto é incorporado na fita crescente de RNA do HCV que afeta a formação de redes de ligação de hidrogênio e interrompe as alterações conformacionais na polimerase de HCV dependente de RNA, que perturba a cadeia de RNA viral. De repente, a RVSs de 99% estavam sendo relatados em todos os genótipos de HCV, com a exceção do genótipo recalcitrante 3, pessoas tratadas anteriormente com os agentes mais antigos e indivíduos com cirrose. Como se isso não fosse incrível o suficiente, isso foi alcançado com uma combinação de sofosbuvir e velpatasvir, administrado por via oral, uma vez por dia durante 3 meses. Quanto ao genótipo 3, a RVS ainda estava em torno de 95% em pacientes virgens de tratamento e foi melhorada com a adição de ribavirina.

O desenvolvimento de marcadores não invasivos de fibrose hepática, marcadores sorológicos e técnicas de ultrassom também reduziram a necessidade de biópsia do fígado como parte do estadiamento e controle da doença. No entanto, embora exista o potencial de reduzir a carga de trabalho dos hepatologistas, tornando as consultas de HCV uma coisa do passado e curando os portadores de HCV, os DAAs são caros, muitos daqueles com infecção por HCV diagnosticada ou não diagnosticada podem ter dificuldade em ter acesso e há muitos indivíduos com HCV não diagnosticado globalmente.

Por fim, o HCV é como um marionetista, puxando as cordas do ambiente intracelular, usando os fatores do hospedeiro de maneira positiva ou negativa, replicando em um ambiente de colesterol e lipídios, protegido das ribonucleases, exonucleases e respostas imunológicas do hospedeiro. Além disso, foi demonstrado que níveis elevados de 25-hidroxiesterol são constatados em infecções por HCV. Isso induz um microRNA, que afeta o ambiente de colesterol e lipídios e reduz a replicação do HCV — uma descoberta fascinante que esclarece outro exemplo da maneira complexa que os fatores hospedeiro e viral afetam uns aos outros.

Interferons – reinício de agentes imunomoduladores

Interferons (Cap. 10) são glicoproteínas naturais produzidas pelo sistema imunológico inato em resposta a infecções. Eles têm antivirais não vírus-específicos e ações imunomodulatórias e ativam uma cascata de reações intracelulares que ativam genes induzíveis por interferon (IFN). Estes genes codificam proteínas que, acredita-se, inibem a multiplicação viral intracelular pela inibição da iniciação da tradução e auxiliam na degradação do RNA. O IFN-α também se liga a células imunes, resultando na expressão de antígeno de MHC de classe I, ativação de células efetoras e uma cascata de citocina. A produção de células Th1 é estimulada, em contraste às células supressoras de Th2, que são reduzidas. Os IFNs são geralmente administrados como injeções subcutâneas; os efeitos colaterais são significativos e incluem cansaço, dor de cabeça, mialgia e sintomas psiquiátricos.

Os IFNs têm sido usados para tratar indivíduos com infecções crônicas por HBV e HCV e têm efeito nas infecções por HPV, sendo administrados por injeção intralesional; não são, entretanto, usados rotineiramente.

Quando costumavam ser administrados como monoterapia, o sucesso era limitado em função das baixas taxas de RVS para infecções por HBV e HCV.

Outros alvos

As drogas que atacam partes diferentes do ciclo de vida viral, processo pós-traducional, entrada de vírus, tradução de RNA e montagem e liberação de vírus, assim como compostos que atacam células hospedeiras estão sempre sendo desenvolvidos. Agentes antivirais baseados em ácido nucleico, incluindo oligonucleotídeos antissenso e agentes baseados na interferência do RNA, foram sintetizados, assim como opções imunoterapêuticas, usando preparações baseadas em anticorpos e vacinas terapêuticas.

Controle clínico da terapia antiviral

Testes de carga viral e de resistência antiviral, bem como o monitoramento terapêutico de fármacos, auxiliam no tratamento clínico

Testes qualitativos e/ou quantitativos de ácido nucleico são essenciais para o diagnóstico, decisão de tratamento, avaliação de resposta ao tratamento e prognóstico para diversas infecções virais. Isto vale para teste de carga de HIV, assim como para contagem e porcentagem de CD4. Com HCV, é importante determinar o genótipo do HCV e então monitorar a carga de RNA do HCV plasmático para verificar se há presença de RVS. Para infecção por HBV, a carga de DNA do HBV plasmático e teste de resistência antiviral são parte da estratégia de tratamento clínico. Análise genotípica também é útil. Outro exemplo é o monitoramento de DNA do CMV em pessoas receptoras de transplante para detectar início de viremia de modo que possa ser realizado tratamento preventivo.

As principais causas de falha no tratamento da infecção por HIV são questões de conformidade ou desenvolvimento da resistência antiviral.

Terapia antirretroviral combinada (cART) teve enorme impacto na progressão da doença do HIV. O desenvolvimento de vírus resistente a drogas levará à falha no tratamento como visto por um aumento na carga de HIV e redução da contagem de CD4. Mutações específicas podem ser detectadas nos sítios-alvo das drogas, ou seja: regiões da transcriptase reversas e protease por sequenciamento de ácido nucleico. Isto é chamado de ensaio genotípico de resistência. Mutações essenciais conhecidas como mutações de resistência primárias nos códons específicos têm sido associadas com uma redução na suscetibilidade às várias famílias de drogas antirretrovirais. Algumas mutações são únicas para certas drogas, mas muitas conferem resistência cruzada, resultando na remoção de famílias inteiras de drogas (como os NNRTIs) do regime de tratamento. Além disso, ensaios de tropismo viral são realizados em laboratórios de diagnóstico para identificar o uso de correceptores, que é crítico para a decisão de usar antagonistas do receptor de quimiocina. Entrada de HIV-1 nos linfócitos e monócitos envolve ligação da glicoproteína gp120 do envelope ao receptor CD4, seguida de interação com um de dois correceptores principais, CCR5 ou CXCR4. Isto é chamado de tropismo viral e a determinação de se o vírus é X4 ou R5 é feita principalmente pela sequência de aminoácido da região V3 do gp120. Cepas dualmente trópicas podem usar os dois receptores. Na infecção por HIV-1 em estágio terminal, a contagem celular de CD4 cai e a população menor de cepas X4 ou R5/X4 aumenta nas quase espécies virais, e pode finalmente emergir como a população maior. Tropismo de HIV-1 pode ser determinado usando-se métodos fenotípicos e genotípicos. Teste de tropismo genotípico pode ser realizado em laboratórios, e as previsões de uso de correceptores baseiam-se na sequência de aminoácido da alça de gp120 V3, usando algoritmos interpretativos. Regimes de drogas antirretrovirais baseiam-se nos resultados de ensaios de sequenciamento de resistência antirretroviral, bem como em ensaios de tropismo viral.

Como a resistência a drogas do HIV pode ser transmitida, e a prevalência de vírus resistentes é crescente em indivíduos como novo diagnóstico de HIV, o teste de resistência genotípica inicial é muito importante para se adequar a cART apropriadamente. Além do mais, isto tem sido usado para otimizar o regime de tratamento durante os episódios de falha dos medicamentos. Detalhes das mutações principais podem ser encontrados nos sites especializados em HIV, juntamente com diretrizes para o tratamento de indivíduos infectados com HIV.

É importante na infecção por HIV a continuação do uso de medicamentos paralelamente aos testes de resistência, visto que, sem o "piloto", há uma reversão para a cepa do tipo selvagem quando as populações virais menores que contêm as mutações não são selecionadas. Análise fenotípica também pode ser útil.

A eficácia da cART depende de boas concentrações plasmáticas de drogas. Manter concentrações de drogas com alcance terapêutico é essencial, e interações medicamentosas e problemas de adesão podem resultar em níveis de medicamentos altos ou baixos, levando à toxicidade ou falha virológica, respectivamente. Monitoramento medicamentoso terapêutico é realizado em laboratórios especializados e auxilia a encontrar e corrigir estes tipos de problemas.

AGENTES ANTIFÚNGICOS

Quando comparado aos agentes antibacterianos, o número de drogas antifúngicas adequadas é muito limitado. A toxicidade seletiva é muito mais difícil de se alcançar nas células fúngicas eucarióticas do que nas bactérias procarióticas e, embora os antifúngicos disponíveis possuam atividade maior contra células fúngicas que contra células humanas, a diferença não é tão acentuada quanto aquela para a maioria dos agentes antibacterianos. O tratamento de infecções fúngicas é ainda dificultado por problemas de solubilidade, estabilidade e absorção das drogas existentes, e a busca por novos agentes constitui prioridade máxima. Além disso, a resistência medicamentosa é cada vez maior.

Os antifúngicos podem ser classificados com base no sítio-alvo e na estrutura química

Da mesma forma que os antibacterianos, os antifúngicos podem ser classificados com base no sítio-alvo e na estrutura química. Essa característica revela de imediato a principal diferença entre as duas substâncias, sendo que a maioria dos antifúngicos atua na síntese ou função das membranas intracelulares. As exceções são a flucitosina (5-fluorocitosina) e a griseofulvina, que interferem com a síntese do DNA, e caspofungina, que inibe a formação da parede celular. Não existem, atualmente, inibidores da síntese proteica dos fungos que também não inibam a via equivalente nos mamíferos.

Os compostos azólicos inibem a síntese da membrana celular

Os antifúngicos à base de azol atuam inibindo a lanosterol C14-desmetilase, uma enzima importante na biossíntese dos esteróis. O clotrimazol e o miconazol são úteis como preparações tópicas. Itraconazol e fluconazol costumam ser usados no tratamento de uma variedade de infecções fúngicas graves (Tabela 34.7), e fluconazol é frequentemente usado no tratamento de infecções por *Candida* sujeitas à identificação da espécie. Resistência aos azóis vem se tornando cada vez mais disseminada e ameaça comprometer este grupo de compostos. Novos compostos de azóis incluem posaconazol, usado em aspergilose não responsiva à anfotericina B, e isavuconazol, usado no tratamento de mucormicose invasiva.

Equinocandinas interferem com a síntese da parede celular

As equinocandinas caspofungina, micafungina e anidulafungina inibem a enzima β-(1,3)-D-glicano sintase, necessária para a síntese de uma parte essencial da parede celular fúngica. Este importante grupo de compostos oferece novas opções terapêuticas contra infecções como as infecções por *Aspergillus* invasivas, candidemia e candidíase invasiva e *Pneumocystis*. No entanto, não são ativas contra *Cryptococcus neoformans*.

Os polienos inibem a função da membrana celular

A anfotericina B e a nistatina atuam ligando-se aos esteróis nas membranas das células, resultando no extravasamento do conteúdo celular e na morte da célula. Sua preferência de ligação ao ergosterol, em vez de ao colesterol, é a base para a toxicidade seletiva. Com algumas exceções, a anfotericina permanece como o medicamento de escolha para o tratamento de infecções sistêmicas graves provocadas por fungos, apesar de seus efeitos colaterais tóxicos sérios; as formulações de lipídeos apresentam

Tabela 34.7 Principais aplicações terapêuticas de substâncias antifúngicas

Infecção	Antifúngico de escolha	Via de administração
Micoses superficiais		
Tinha (dermatófitos)	Agentes tópicos (ver texto) são usados para tratar a maioria dos casos. Terapia sistêmica é exigida para tinhas no couro cabeludo Griseofulvina	Tópica Oral
Candidíase	Cloritromazol Miconazol Nistatina Fluconazol	Tópica Tópica Tópica Oral
Micoses sistêmicas		
Histoplasmose	Anfotericina lipossomal B e então itraconazol	Intravenosa Oral
Blastomicose	Anfotericina lipossomal B e então cetoconazol	Intravenosa Oral
Coccidioidomicose	Fluconazol (anfotericina lipossomal B para infecção grave)	Oral Intravenosa
Paracoccidioidomicose	Itraconazol Se grave: Anfotericina lipossomal B e então itraconazol	Oral Intravenosa Oral
Aspergilose	Voriconazol Isavuconazol Anfotericina lipossomal B	Oral Oral Intravenosa
Candidíase	Caspofungina Anfotericina lipossomal B Para infecção ocular do SNC ou meningite: Anfotericina lipossomal B com Flucitosina	Intravenosa Intravenosa Intravenosa Oral
Criptococose	Anfotericina lipossomal B Flucitosina	Intravenosa Oral
Mucormicose	Anfotericina lipossomal B	Intravenosa
Pneumonia por *Pneumocystis*	Trimetoprima-sulfametoxazol Pentamidina isetionato	Intravenosa ou oral Intravenosa

SNC, sistema nervoso central.

toxicidade mais baixa e dá-se preferência cada vez maior a elas. A nistatina é usada somente em formulações tópicas.

A flucitosina e a griseofulvina inibem a síntese de ácido nucleico

A flucitosina (5-fluorocitosina) é desaminada em 5-fluorouracil, que inibe a síntese do DNA. A toxicidade seletiva baseia-se na absorção preferencial por células fúngicas, em comparação com as células do hospedeiro. A flucitosina é ativa somente contra leveduras (p. ex., *Candida* spp. e *Cryptococcus*). A resistência à flucitosina surge rapidamente quando administrada como agente único e, portanto, essa droga deve ser usada em combinação com a anfotericina B (por meio da qual às vezes é possível reduzir a dose da anfotericina B e, assim, os efeitos colaterais tóxicos).

A griseofulvina parece inibir a síntese do ácido nucleico e possuir atividade antimitótica, possivelmente por inibir a montagem de microtúbulos. Esse medicamento também pode atuar sobre a síntese da parede celular por inibir a síntese de quitina. No hospedeiro, a griseofulvina liga-se especificamente à ceratina recém-formada e apresenta atividade *in vivo* somente contra fungos dermatófitos (Caps. 4 e 27).

Outras substâncias antifúngicas tópicas incluem unguento de Whitfield, tolnaftato, ciclopirox, haloprogina e naftifina

Várias substâncias como o unguento de Whitfield (uma mistura dos ácidos benzoico e salicílico), tolnaftato, ciclopirox, haloprogina e naftifina estão disponíveis como cremes para o tratamento tópico de micoses superficiais. Esses medicamentos estão amplamente disponíveis em venda livre, sem grandes diferenças entre eles.

Nenhum agente antifúngico específico é ideal

Os principais usos e efeitos adversos de antifúngicos estão resumidos na Tabela 34.7. Apesar da disponibilidade de várias preparações eficazes, alguns quadros como a infecção das unhas por dermatófitos (onicomicose) ou a candidíase vaginal recorrente podem se mostrar intratáveis. A quantidade de agentes antifúngicos para tratamento de infecções sistêmicas é limitada e seus efeitos colaterais são consideráveis.

Os fungos desenvolvem resistência aos agentes antifúngicos

Embora muito menos estudada que a resistência aos antimicrobianos usados contra bactérias, há evidências de que muitos mecanismos similares atuam na resistência aos antifúngicos. Estes incluem:

- modificação enzimática;
- modificação de alvo;
- permeabilidade reduzida;
- bombas de efluxo ativas;
- falha na ativação de substâncias antifúngicas.

A resistência envolvendo alguns ou todos esses mecanismos tem sido descrita nos fungos *Aspergillus*, *Candida* e *Cryptococcus*, especialmente no caso dos compostos azólicos.

A necessidade de agentes antifúngicos mais seguros e eficazes é urgente

As infecções fúngicas invasivas representam causa significativa de morbidade e mortalidade em pacientes submetidos à quimioterapia, à imunossupressão ou a transplante. A incidência dessas infecções é crescente, em paralelo com o aumento no número desses pacientes e de sua sobrevivência mais prolongada, por conta das terapias antibacterianas efetivas. São necessárias novas drogas para controlar essas infecções (p. ex., por *Aspergillus*).

AGENTES ANTIPARASITÁRIOS

Os parasitos representam problemas especiais

Qualquer consideração quanto a agentes antiparasitários deve levar em conta o número muito grande de parasitos capazes de infectar humanos, a complexidade de seus ciclos de vida e as diferenças entre eles em suas vias metabólicas. Por isso, as drogas que atuam contra os protozoários são normalmente inativas contra os helmintos e vice-versa. Além disso, os protozoários e os helmintos são eucariotos e, portanto, metabolicamente mais semelhantes a humanos que as bactérias. Embora alguns antibacterianos tenham atividade contra protozoários (como metronidazol e tetraciclina), essas substâncias são em geral ineficazes contra os parasitos. O maior desafio tem sido a identificação de alvos nos quais existam diferenças suficientes entre hospedeiro e parasito para facilitar a atividade segura do medicamento. Alguns desses alvos são:

- captação específica da droga: cloroquina, mefloquina e primaquina na malária
- diferenças no metabolismo do ácido fólico: pirimetamina na malária, sulfonamidas na toxoplasmose, trimetoprima na ciclosporíase
- captação de poliamina: pentamidina na leishmaniose
- mecanismos distintos de redução dependentes da tripanotiona: fluorometilornitina contra tripanossomos;
- neurotransmissores distintos: piperazina, ivermectina e pirantel contra nematódeos;
- proteínas citoesqueléticas (tubulina): benzimidazóis contra nematódeos;
- níveis de cálcio intracelular: praziquantel contra trematódeos e tênias;
- fosforilação oxidativa: niclosamida contra tênias.

Apesar das diferenças entre hospedeiro e parasito em seus alvos, é verdadeiro o fato de que várias das substâncias antiparasitárias mais eficazes carregam o risco de toxicidade significativa.

A vasta série de diferentes medicamentos antiprotozoários e anti-helmínticos até hoje desenvolvida está sumarizada nas Tabelas 34.8 e 34.9, respectivamente.

A resistência a drogas é um problema cada vez maior

Assim como ocorre com os antibacterianos, a resistência a drogas é um problema significativo no tratamento de infecções parasitárias, especialmente no caso da malária. Há quatro indicações diferentes para quimioterapia antimalárica:

- profilática: para prevenir a infecção
- terapêutica: para tratar infecção (aplica-se a todas as malárias humanas)
- cura radical: para prevenir reincidência após o tratamento de infecção aguda (aplica-se somente a *Plasmodium vivax* e *P. ovale*)
- controle de gametócitos maláricos: para prevenir a transmissão.

Malária por *Plasmodium falciparum* resistente a um ou mais agentes antimaláricos está atualmente disseminada. Malária *falciparum* resistente à cloroquina tem disseminação global e *P. vivax* também mostra resistência focal a este agente, notavelmente na região Ásia-Pacífico. A al ternativa usual à cloroquina nos trópicos era a combinação de pirimetamina e sulfadoxina, mas atualmente a resistência aos compostos antifolatos é significativa. Malária *falciparum* resistente à meflo-

Tabela 34.8 Principais aplicações terapêuticas de substâncias antiprotozoárias

Doença/local	Agente	Via de administração	Comentários
Amebíase			
Transmissor de cisto assintomático	Diloxanida furoato ou paromomicina	Oral Oral	
Invasivo (disenteria ou abscesso hepático)	Metronidazol ou tindazol seguido por diloxanida furoato ou paromomicina	Oral Oral	
Criptosporidiose	Nitazoxanida (o agente de escolha)	Oral	
	Paromomicina (atividade limitada)	Oral	
Ciclosporíase	Trimetoprima-sulfametoxazol	Oral	
Giardíase	Metronidazol Tinidazol	Oral	
	Nitazoxanida	Oral	
	Quinacrina (também conhecida como mepacrina)	Oral	
Leishmaniose			
Leishmaniose cutânea	Depende da espécie infectante, local e número de lesões: Infiltração local com estibogluconato de sódio (um antimônio) Estibogluconato de sódio intravenoso Miltefosina	Injeção local intralesional IV Oral	
Leishmaniose visceral	Anfotericina B lipossômica (agente de escolha); ou estibogluconato de sódio ou miltefosina	IV IV Oral	
Malária			
Estágios sanguíneos	Cloroquina (*P. vivax, ovale* ou *malariae* **somente**)	Oral	
	Quinina	Oral, IV	Usada contra *P. falciparum* resistente a drogas
	Mefloquina	Oral	
	Atovaquona/proguanil	Oral	
	Artemisininas; terapia de combinação (ACT) exemplo: arteméter/lumefantrina	Oral	ACTs são os agentes de escolha para malária por *P. falciparum* descomplicada. A OMS lista cinco ACTs recomendados
	Artesunato	IV	Agente de escolha para malária grave
	Tetraciclina	Oral	Usada com ou após quinina contra *P. falciparum* resistente a drogas
Estágios pré-eritrocíticos	Primaquina	Oral	Usada após cloroquina para matar hipnozoítos no fígado e atingir cura radical após terapia com cloroquina. Requerida para *P. vivax* e *P. ovale* **somente**. Risco de anemia hemolítica em pacientes deficientes de G6PD
Toxoplasmose	Pirimetamina e sulfadiazina	Oral	
Microsporidiose	Albendazol	Oral	Variável, resposta dependente da espécie
Tricomoníase	Metronidazol	Oral	
	Tinidazol	Oral	
Tripanossomíase			
Leste da África	Suramina para estágio hematolinfático	IV	
	Seguida por melarsoprol se o SNC estiver envolvido	IV	
Oeste da África	Pentamidina para o estágio hemolinfático	IV	
	Combinação de nifurtinox e eflornitina se o SNC estiver envolvido	Nifurtimox oral Eflortinina IV	
Americana (doença de Chagas)	Benznidazol	Oral	
	Nifurtimox	Oral	

Várias delas são potencialmente tóxicas e devem ser administradas com supervisão. Algumas também possuem atividade antibacteriana e foram descritas com detalhes anteriormente neste capítulo. A resistência a drogas é um problema, especialmente no tratamento da malária. SNC, sistema nervoso central; G6PD, glicose-6-fosfato desidrogenase; IV, intravenoso.

Tabela 34.9 Aplicações terapêuticas das principais drogas anti-helmínticas

Doença	Agente	Comentários
Cestódios (tênias)		
Infecção por estágio adulto	Niclosamida	
	Praziquantel	Evitar praziquantel na infecção por *Taenia solium* intestinal a menos que cisticercose cerebral concomitante tenha sido excluída
Cisticercose cerebral (larva de *T. solium*)	Albendazol mais Praziquantel	Sob cobertura de corticosteroides
Doença hidática	Albendazol	Regime depende do tipo do cisto
Trematódeos (tremátodas)		
Esquistossomose Tremátodas intestinais Tremátoda pulmonar Tremátodas hepáticas, exceto *Fasciola hepatica*	Praziquantel Praziquantel Praziquantel Praziquantel	
F. hepatica	Triclabendazol	
Nematódeos (nemátodas)		
Ascaridíase e infecção por oxiúro	Mebendazol Albendazol Pirantel pamoato Piperazina	
Infecção por ancilóstomo	Mebendazol Albendazol Pirantel pamoato	
Estrongiloidíase	Ivermectina Albendazol Tiabendazol	 Menos eficaz Eficaz mas raramente disponível. Baixa tolerabilidade devido aos efeitos colaterais
Triquinose	Albendazol	
	Mebendazol	
Tricuríase	Mebendazol	
Larva *migrans* cutânea (contaminação com ancilóstomo animal)	Ivermectina oralmente Albendazol oralmente Pomada de Tiabendazol (raramente disponível)	
Toxocaríase (larva *migrans* visceral)	Albendazol	
Filaríase linfática	Dietilcarbamazina mais doxiciclina	
Oncocercíase	Doxiciclina mais Ivermectina	

Todas são administradas por via oral, exceto a pomada de tiabendazol para larva *migrans* cutânea, que tem aplicação tópica. Observe que muitas dessas substâncias não são seguras na gestação.

quina é encontrada em partes do sudeste da Ásia e da América do Sul. Quinina, o antimalárico original, ainda é usado para tratar malária grave se artesunato, o medicamento de escolha, não estiver disponível, embora quininas necessitem de monitoramento durante o tratamento para evitar toxicidade. O desenvolvimento de antimaláricos a partir de produtos naturais forneceu novos compostos, sendo os mais importantes os derivados da artemisina (do medicamento chinês *quinghaosu*, produzido a partir da planta *Artemisia annua*). O artesunato intravenoso substituiu a quinina como o agente de escolha para o tratamento de malária *falciparum* grave. Combinações de drogas são atualmente usadas para o tratamento de malária *falciparum* para reduzir a chance de desenvolver resistência a medicamentos após a monoterapia, como aconteceu com a cloroquina, e a terapia de combinação de artemisinina (TCA) é o tratamento de primeira linha de escolha. A resistência à droga é menos grave para outros protozoários e, embora disseminada em nematódeos parasitos de animais, ainda não se tornou um problema grave em relação às infecções humanas.

Os protozoários se valem de modificação de enzimas e alvos para desenvolver resistência (como aquela contra antifolatos e sulfonamidas). Mas, além disso, há relatos de bombas ativas de efluxo na resistência do *P. falciparum* à cloroquina e à mefloquina. A resistência aos anti-helmínticos à base de benzimidazol envolve modificação de alvo, que surge de mutações em tubulinas cuticulares.

CONTROLE POR QUIMIOTERAPIA *VERSUS* VACINAÇÃO

Enquanto a vacinação é discutida detalhadamente no Capítulo 35, é importante observar aqui o papel que a quimioterapia e a vacinação têm na proteção de indivíduos. Uma diferença importante é que a quimioterapia geralmente é administrada após a exposição à infecção, enquanto a vacinação geralmente é usada antes da exposição. A quimioterapia essencialmente oferece proteção de curta duração, desaparecendo quando a droga não é administrada; a vacinação pode oferecer proteção de longa duração sem tratamento repetitivo. A vacinação é, portanto, mais eficaz do que a quimioterapia na proteção da população.

Há, é claro, exceções: anticorpos passivos podem ser utilizados para o tratamento de infecção aguda como se fossem uma droga, enquanto medicamentos como mefloquina ou preparos de atovaquona-proguanil são utilizados na profilaxia contra malária quase como se fossem vacinas de curto prazo. Entretanto, na maioria dos casos, existe uma clara distinção entre vacinas de uma ou duas doses, que conferem proteção durante anos, e medicamentos de uma ou duas doses diárias.

O conceito de seletividade, ou especificidade, é central tanto para a quimioterapia como para a vacinação

Embora esses procedimentos pareçam ser muito diferentes (Tabela 34.10), tanto a quimioterapia como a vacinação foram desenvolvidas a partir de estudos intensivos decorrentes da demonstração, na década de 1800, de que as doenças poderiam ser causadas por micróbios. Louis Pasteur (Quadro 34.8) demonstrou que micróbios mortos ou atenuados (p. ex., antraz, raiva) poderiam ser utilizados para induzir imunidade ativa contra a doença. O trabalho de Ehrlich com cortes corados histológicos levou-o à ideia de que uma substância química em particular ("droga") poderia ligar-se especificamente a uma estrutura microbiana em particular e posteriormente danificá-la, sendo, portanto, ativa contra várias doenças. Dessa maneira, ambos estabeleceram o conceito de seletividade ou especificidade contra um microrganismo infeccioso no corpo como um modo de controlar a doença.

A especificidade de um antimicrobiano reside na capacidade de a droga danificar o micróbio e não o hospedeiro

Como observado antes, idealmente as drogas antimicrobianas devem ligar-se a moléculas presentes apenas no micróbio, a fim de garantir especificidade para o patógeno e não para o hospedeiro. A extensão com que isso ocorre varia de micróbio para micróbio. Bactérias com estrutura celular procariótica estão muito mais distantes dos seres humanos do que os fungos, protozoários ou vermes (os quais são todos eucarióticos). Portanto, não é uma surpresa que a maioria dos antimicrobianos mais eficazes seja daqueles usados contra as bactérias. Como muito do ciclo de vida viral usa componentes da célula hospedeira, a quimioterapia antiviral até o momento tem sido menos bem-sucedida do que a terapia antibacteriana.

Muitos agentes antimicrobianos são produtos das próprias bactérias ou derivados desses produtos. Supõe-se que estes façam parte de um mecanismo de autopreservação através do qual os micróbios previnem a superpopulação de sua espécie ou de outros microrganismos.

Embora seja possível administrar antimicrobianos de modo a prolongar sua presença no organismo, eles perdem a atividade quando sua concentração cai abaixo de um limiar crítico. A continuação da atividade antimicrobiana, portanto, requer administração repetitiva, em oposição a vacinas, que podem prover proteção de longa duração com muito menos readministração (Cap. 35).

CONTROLE *VERSUS* ERRADICAÇÃO

Controle e erradicação são objetivos diferentes, embora a erradicação seja sempre um desfecho ideal

Muitas infecções podem ser controladas (ao menos em algumas partes do mundo) pelo uso de uma combinação de estratégias, incluindo quimioterapia e vacinação (Cap. 35; Tabela 34.10); não são, porém, erradicadas, mesmo nos países onde o controle é eficaz. A teoria epidemiológica (Cap. 33) prevê que, quando uma taxa de transmissão cai abaixo de um limiar, a infecção deve desaparecer, e isso pode certamente ser verdadeiro em nível local. Entretanto, reservatórios de infecção persistem onde o tratamento não existe ou é ineficiente, ou onde a infecção é novamente introduzida através de migrações populacionais, permitindo a ocorrência de novas epidemias. Até o momento, apenas uma doença — a varíola — alcançou o ponto em que ocorre a eliminação do microrganismo. Quais são as chances de outras doenças infecciosas terem o mesmo destino que a varíola e caírem no esquecimento? Vários fatores são importantes para determinar a eficácia de qualquer programa de erradicação (Tabela 34.11).

Tabela 34.10 Comparação entre quimioterapia e vacinação

	Quimioterapia	Vacinação
Especificidade	Normalmente alta	Muito alta
Toxicidade	Potencialmente alta	Normalmente baixa
Duração do efeito	Normalmente curta	Normalmente longa
Duração do tratamento	Pode ser prolongada	Normalmente curta, mas pode precisar de aumento
Eficácia	Bactérias: Alta Vírus, Fungos: Moderada Parasitos: Alta	Vírus: Alta Bactérias, Fungos: Baixa/moderada Parasitos: Ainda não há vacina comercializada para infecções humanas; uma vacina contra a malária será a primeira

Quadro 34.8 Lições de Microbiologia

Louis Pasteur (1822-1895)

A ciência da microbiologia foi estabelecida no século XIX por meio do trabalho de vários cientistas notáveis. Entretanto, um dos cientistas dessa época, Louis Pasteur, pode ser legitimamente lembrado como o fundador desta disciplina (Fig. 34.30). Pasteur, juntamente com um médico alemão, Robert Koch (Cap. 13), foi capaz de demonstrar que microrganismos vivos ou "micróbios" eram as causas de doenças, e propiciou uma base científica sólida para seu estudo e controle.

Pasteur começou a trabalhar em uma época em que a geração espontânea ainda era uma explicação aceitável para o surgimento de microrganismos em materiais em decomposição. Seus experimentos elegantes mostraram que infusões orgânicas estéreis não sofriam putrefação ou fermentação caso não houvesse contato com contaminantes do ar, sugerindo que não havia geração espontânea e que todos os micróbios deveriam vir de micróbios preexistentes. Essa descoberta contribuiu para muitos campos da ciência, tanto a básica como a aplicada. Talvez a mais importante contribuição de Pasteur tenha sido, juntamente com os trabalhos de Lister, os antissépticos, o que revolucionou os procedimentos cirúrgicos.

Pasteur trabalhou com uma enorme variedade de campos microbiológicos, desde a fermentação no processo de produção de cervejas e vinhos até a identificação de doenças do bicho da seda, trazendo para cada uma delas uma reflexão científica profunda e fazendo descobertas que o tornaram conhecido nacional e internacionalmente. Sua compreensão quanto ao papel dos microrganismos em causar doenças e sua aguçada percepção científica permitiram-lhe conhecer, a partir de uma série de contratempos com os experimentos de cólera aviária, que micróbios atenuados poderiam induzir não a doença, mas sim imunidade contra ela. Suas ideias geraram forte oposição, mas sua crença era tão sólida, que foi suficiente para encorajá-lo a participar, em 1881, de um ensaio público de uma vacina produzida por ele contra o antraz em animais domésticos. Posteriormente, ele aplicou seus conhecimentos a uma doença, a raiva, causada por microrganismos que até então não podiam ser vistos ou cultivados, a fim de desenvolver uma vacina atenuada feita a partir da medula espinal seca de coelhos infectados. Essa vacina se mostrou eficaz em humanos em 1885, quando Pasteur inoculou Joseph Meister, um garoto de 9 anos que havia sido gravemente mordido por um cão raivoso. Meister sobreviveu, e o conceito de Pasteur sobre vacinação tornou-se universalmente aceito.

Pasteur terminou seus dias como um herói nacional em sua terra natal, França, e com uma reputação mundial por seu trabalho. Seu nome foi imortalizado não apenas no processo de esterilização ("pasteurização") que ele desenvolveu, mas também no Instituto Pasteur, em Paris, que permanece como um dos mais importantes centros internacionais de trabalhos em microbiologia.

Figura 34.30 Louis Pasteur (1822-1895).

Realismo é necessário ao considerar-se os objetivos em longo prazo das estratégias de controle antimicrobiano

As esperanças produzidas pelo sucesso inicial dos antibióticos foram logo frustradas pela emergência de resistência; longe de a disputa entre a carga microbiana dos seres humanos ter diminuído, houve um crescimento nos últimos anos. Muitas infecções descritas neste livro, HIV, Ebola e Zika, para citar apenas algumas, não aparecem nos livros mais antigos de microbiologia. Infecções anteriormente bem controladas por antibióticos vêm se tornando um problema grave em hospitais (MRSA, *C. difficile,* Enterobacteriaceae produtora de ESBL e resistente a carbapenema). As abordagens para o controle de doenças infecciosas são, desse modo, uma questão de identificação de prioridades como:

- Que doenças poderiam ser erradicadas com um esforço adequado?
- O custo da erradicação seria justificado?
- Que doenças necessitam de medidas urgentes no sentido de abrandá-las?
- Que doenças são responsáveis por maior sofrimento humano e perda econômica?

Inevitavelmente, algumas não se enquadram também nessas listas, e devemos aceitar que estarão sempre entre nós.

USO E APLICAÇÃO INAPROPRIADA DE AGENTES ANTIMICROBIANOS

Este capítulo já apresentou muitas considerações sobre as interações entre agentes antimicrobianos e os micróbios — os mecanismos de toxicidade seletiva e as defesas mostradas pelos microrganismos resistentes. A distribuição, o metabolismo e a excreção de substâncias pelo hospedeiro foram considerados de maneira resumida, o mesmo acontecendo com as reações adversas tóxicas desses agentes. A escolha do antimicrobiano para o tratamento de infecções específicas é comentada no capítulo de sistemas apropriados. Os esquemas de dosagem ainda não foram incluídos porque variam conforme o agente, a infecção, a idade e o quadro subjacente do paciente — e, às vezes, de um país para outro.

Tabela 34.11 Estratégias para controle de doenças infecciosas

Características gerais	Purificação da água (doenças transmitidas pela água) Eliminação de esgoto (infecções entéricas) Melhora nutricional (defesa do hospedeiro) Melhora habitacional (menos lotação, lixo etc.)
Alimento	Depósitos frios Pasteurização (leite etc.) Inspeção de alimentos (carne etc.) Cozimento adequado
Zoonoses e infecções transmitidas por artrópodes	Controle de vetores (mosquitos, carrapatos, piolhos etc.) Controle de reserva animal (raiva etc.)
Tratamento ou prevenção de doença específica	Quimioterapia Vacinas
Medidas diversas	Alteração em hábitos pessoais (promiscuidade reduzida, uso de preservativos, melhora da higiene pessoal etc.) Controle de abuso de drogas intravenosas Exames de sangue de transfusão e órgãos

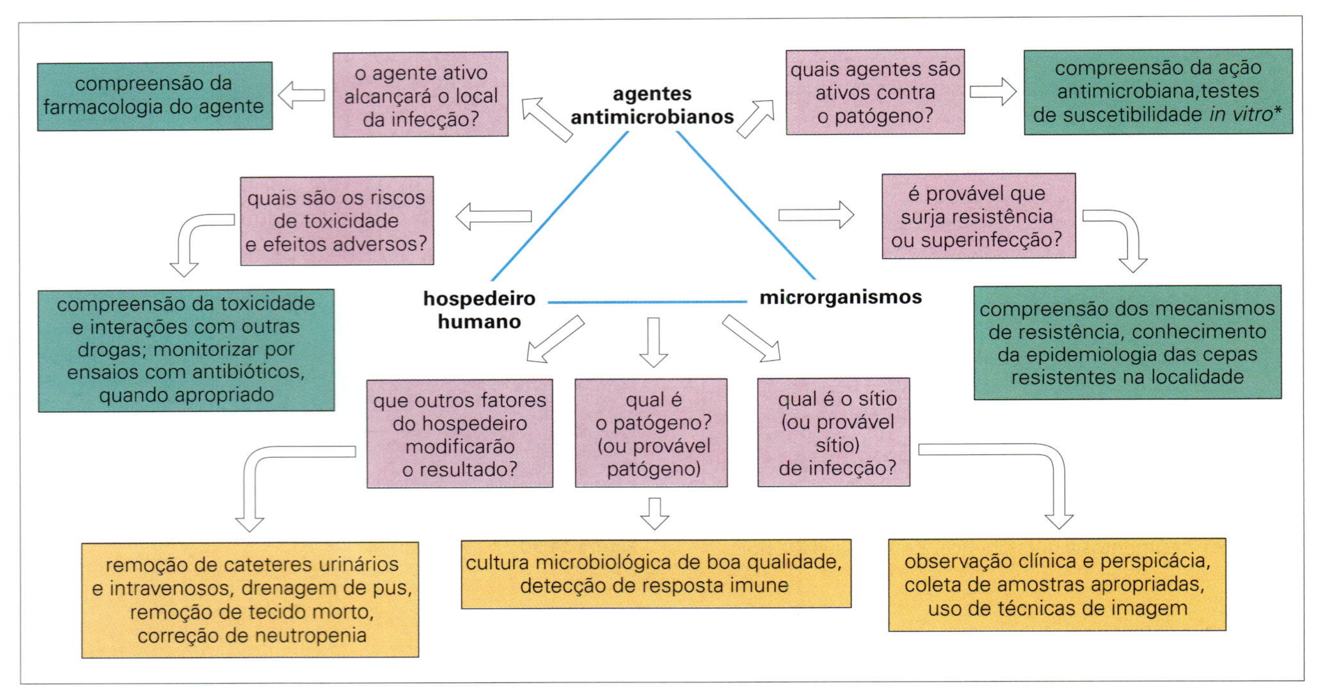

Figura 34.31 As interações entre agentes antimicrobianos, microrganismos e o hospedeiro humano podem ser sumarizadas examinando-se as respostas às diferentes questões que afetam cada lado do triângulo de interação. *Outros testes incluem testes de suscetibilidade fenotípica e genotípica e testes de carga viral.

Os médicos deverão consultar as diretrizes farmacológicas locais apropriadas.

Os agentes antimicrobianos só deverão ser usados em situações específicas para profilaxia ou tratamento

Concluindo, devemos recuar e perguntar: "Esse paciente precisa de terapia antimicrobiana? E, se for o caso, que agente será o mais apropriado?". Os antimicrobianos podem ser usados para:

- ajudar na prevenção da infecção (profilaxia)
- tratar a infecção.

O uso profilático de antibióticos só é apropriado em algumas poucas circunstâncias claramente definidas e normalmente por um período muito curto (de 1-2 dias). Os exemplos específicos incluem: (1) pacientes com suscetibilidade normal e que tenham sido expostos a patógenos específicos (como na meningite bacteriana ou na tuberculose), (2) indivíduos com aumento de suscetibilidade à infecção (como os pacientes neutropênicos) e (3) "cobertura" antibiótica pré-operatória para pacientes submetidos à cirurgia.

A utilização de antimicrobianos resulta na seleção de cepas resistentes

Se o tratamento antibiótico for necessário, vários fatores devem ser considerados; tais fatores são resumidos na Figura 34.31. É importante reconhecer que, durante o tratamento, não só o micróbio infectante, mas também o paciente e toda a sua microbiota normal ficam expostos aos efeitos do agente antimicrobiano. O uso desses antimicrobianos tem demonstrado claramente a seleção de cepas resistentes, tanto no indivíduo como na comunidade, e o uso excessivo ou inapropriado só aumenta esse risco. A história sugere que os micróbios nunca ficarão sem os meios para desenvolverem resistência, mas nós podemos ficar sem agentes antimicrobianos eficazes.

PRINCIPAIS CONCEITOS

- A infecção é distinta entre as doenças que afligem a humanidade, pois envolve dois sistemas biológicos distintos. Os agentes antimicrobianos são designados para inibir um dos sistemas (o micróbio) com o mínimo de danos ao outro (o paciente). Os agentes antimicrobianos exigem toxicidade seletiva.
- Com frequência, as drogas antimicrobianas são, por si mesmas, produtos de microrganismos (produtos naturais), embora a maioria seja quimicamente modificada para melhorar suas propriedades. Outras substâncias são inteiramente sintéticas. As antibacterianas são as mais numerosas; a criação de drogas antivirais, antifúngicas e antiparasitárias que se mostram seletivamente tóxicas apresenta desafios muito maiores.
- Os agentes antibacterianos são classificados por seu sítio-alvo e sua família química, o que ajuda a compreender melhor seu modo de ação e os mecanismos de resistência.
- Antibacterianos têm quatro possíveis sítios de ação na célula bacteriana: parede celular, proteína, ácidos nucleicos e membrana celular. A maioria dos antibacterianos atua na parede celular ou inibe a síntese de proteínas ou de ácido nucleico. Em cada sítio, há muitos alvos moleculares diferentes (enzimas ou substratos) que podem ser especificamente inibidos.
- O desenvolvimento de resistência é o principal fator de limitação dos agentes antibacterianos. Essa resistência surge por meio de mutação aleatória de genes cromossômicos bacterianos, mas principalmente por meio da aquisição, a partir de outras bactérias, de genes de resistência presentes em *integrons*, transpósons e plasmídeos.
- Os genes modificados ou adquiridos conferem resistência alterando o sítio-alvo do antibacteriano, alterando a captação da substância na célula ou produzindo enzimas de destruição da droga.
- O aparecimento da AIDS representou um estímulo significativo para a pesquisa de antivirais (especialmente de medicamentos anti-HIV). A toxicidade seletiva é, novamente, um grande desafio. As combinações de substâncias são promissoras no tratamento do HIV, mas não existe terapia específica para a maioria das doenças virais. Já existe terapia eficaz para outras infecções virais, incluindo as hepatites B e C, influenza A e B, HSV e CMV.
- O número de classes de moléculas antifúngicas é muito limitado. A toxicidade (de todas elas), a dificuldade de formulação (polienos) e a resistência cada vez maior (compostos azólicos) tornam o tratamento eficaz de infecções fúngicas um verdadeiro desafio.
- Apesar da grande disponibilidade de muitas substâncias antiparasitárias, várias delas mostram toxicidade e outras estão tornando-se cada vez menos eficazes por causa do desenvolvimento da resistência. Essa situação é especialmente significativa nas infecções de malária, nas quais os parasitos mostram resistência a quase todos os medicamentos atualmente disponíveis.
- As bactérias podem ser testadas no laboratório quanto à suscetibilidade aos agentes antibacterianos. Os resultados de testes bem controlados fornecem orientação valiosa para o tratamento apropriado. Testes *in vitro* com antifúngicos são menos confiáveis e raramente conduzidos com compostos antivirais no ambiente de laboratório clínico.

Protegendo o hospedeiro: vacinação

Introdução

As vacinas são uma das mais eficazes ferramentas de saúde pública. Este capítulo irá analisar como as vacinas funcionam, e aquelas de uso corrente. No entanto, embora a vacinação seja uma medida de saúde pública com ótimo custo/benefício que salva um número estimado em 2-3 milhões de pessoas a cada ano, outras 1,5 milhão de pessoas ainda morrem todo ano de uma doença passível de prevenção pela vacina, como resultado de uma baixa aceitação dessa ferramenta (Fig. 35.1). Muitos outros morrem de doenças infecciosas, como o HIV, para o qual não existe nenhuma vacina eficaz, assim, novas vacinas também são necessárias (Tabela 35.1).

A vacinação explora a capacidade de o sistema imunológico desenvolver a memória imunológica, de modo que ela possa mobilizar rapidamente suas forças para combater uma infecção quando necessário. As vacinas podem ser de diferentes tipos, incluindo microrganismos vivos atenuados, microrganismos mortos ou vacinas de subunidade. Dependendo do tipo de vacina, mais do que uma dose pode ser necessária para atingir ou manter uma proteção ideal. Os adjuvantes são muitas vezes necessários para aumentar a imunidade. O desenvolvimento de vacinas novas e mais eficazes é uma importante área de pesquisa, especialmente com surtos de vírus como o Ebola ou Zika. A vacinação bem-sucedida requer também uma compreensão da epidemiologia da transmissão da doença para avaliar qual proporção da população precisa ser vacinada para produzir imunidade de grupo, como discutido no Capítulo 33.

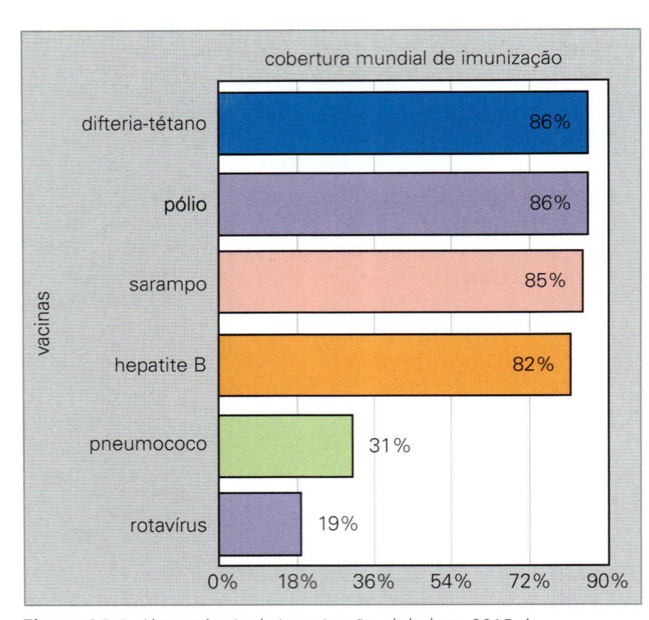

Figura 35.1 Abrangência da imunização global em 2015. A abrangência da vacina é boa para algumas das vacinas mais antigas, porém um número muito maior de vidas seria salvo se as vacinas disponíveis fossem usadas mais amplamente: difteria-tétano, difteria, pertussis, tétano. (Fonte: OMS. http://www.who.int/mediacentre/factsheets/fs378/en/, com permissão.)

Tabela 35.1 Agentes infecciosos de maior letalidade

Organismo	Doença	Estimativa de mortes anuais (em milhões)
HIV	AIDS	1,1
Mycobacterium tuberculosis	Tuberculose	1,8
Plasmodium spp.	Malária	0,4
Total		3,3

Atualmente, não existem vacinas eficazes contra esses microrganismos, embora a vacinação com o bacilo Calmette-Guérin (BCG) possa proporcionar proteção contra formas disseminadas de tuberculose da infância e tuberculose pulmonar em algumas partes do mundo. A maioria das mortes por HIV ocorre na África, e a maior parte das mortes por malária é de crianças africanas. (Fonte: Dados da OMS para 2015).

VACINAÇÃO – UMA HISTÓRIA DE 400 ANOS

"Nunca na história do progresso humano", escreveu o patologista Geoffrey Edsall, "foi desenvolvido um método melhor e mais barato de prevenção de doenças do que a imunização." A história de maior sucesso na medicina, a eliminação da varíola, começou antes que sequer se suspeitasse da existência dos microrganismos ou do sistema imune. Graças ao trabalho pioneiro de Jenner com a vaccínia (Quadro 35.1; Fig. 35.2), todas as formas de imunidade específica, ativamente induzida, são hoje chamadas de "vacinação".

O princípio da vacinação é simples: preparar o sistema imunológico adaptativo para os antígenos de um patógeno particular, de modo que no primeiro contato com o organismo vivo uma rápida e eficaz resposta imune secundária

Quadro 35.1 Lições de Microbiologia

Edward Jenner (1749-1823)

O médico inglês Edward Jenner (Fig. 35.2) é considerado o criador da vacinação moderna, mas ele não foi absolutamente o primeiro a tentar a técnica. A antiga prática da "variolação" remonta à China do século X, e chegou à Europa no início do século XVIII pela Turquia. A técnica envolvia a inoculação de crianças com material seco das crostas de lesões cicatrizadas de casos brandos de varíola, e foi uma comprovação surpreendente do princípio das modernas vacinas virais atenuadas. Essa prática era, contudo, tanto inconsistente quanto perigosa, e a inovação de Jenner foi mostrar que uma proteção muito mais segura e confiável podia ser obtida pela inoculação deliberada do vírus da varíola bovina (vaccínia). Mulheres que trabalhavam na ordenha das vacas, expostas à varíola bovina, eram tradicionalmente resistentes à varíola, e, desse modo, não sofriam as consequências desfigurantes da doença. Em 1796, Jenner testou sua teoria inoculando o menino James Phipps, de 8 anos, com o líquido de uma pústula de varíola bovina da mão de Sarah Nelmes. A inoculação subsequente do menino com a varíola não produziu doença. Embora acolhido com ceticismo no princípio, as ideias de Jenner logo passaram a ser aceitas, e ele prosseguiu inoculando milhares de pacientes em um barracão no quintal de sua casa em Berkeley, Gloucestershire. Ele finalmente alcançou fama mundial, embora sua bolsa de estudos da Royal Society tenha sido concedida por um trabalho muito diferente, sobre os hábitos de aninhamento do cuco!

Figura 35.2 Edward Jenner (1749-1823).

seja induzida pelas células T e B de memória. A vacinação, portanto, depende da capacidade de os linfócitos, tanto as células B quanto as T, responderem a antígenos específicos e se desenvolverem em células T e B de memória, e desse modo representa uma forma de imunidade adaptativa ativamente amplificada. A administração passiva de elementos pré-formados, como os anticorpos, é abordada no Capítulo 36.

OBJETIVOS DA VACINAÇÃO

Os objetivos da vacinação variam desde a prevenção dos sintomas até a erradicação da doença

O objetivo mais ambicioso da vacinação é a erradicação da doença. Isso já foi alcançado com a varíola, já a tentativa de erradicação da pólio está em andamento, e houve uma acentuada tendência descendente na incidência da maioria de muitas doenças evitáveis com vacina de 1950 a 1980 (Fig. 35.3). Entretanto, enquanto qualquer foco de infecção permanecer na comunidade, o efeito principal da vacinação será a proteção do indivíduo vacinado contra aquela infecção.

Em certos casos, o objetivo da vacinação pode ser mais limitado: proteger o indivíduo contra os sintomas ou a patologia. Por exemplo, as vacinas contra difteria e tétano induzem a imunidade somente contra as toxinas produzidas pelas bactérias, já que é o efeito dessas toxinas, e não a simples presença do microrganismo em si, que é de fato prejudicial.

A importância da imunidade de grupo

Os programas de vacinação bem-sucedidos dependem não somente do desenvolvimento e da utilização das vacinas em si, mas também da compreensão dos aspectos epidemiológicos da transmissão da doença. Se um número suficiente de indivíduos em uma população está imunizado, isso reduzirá ou interromperá a transmissão da infecção. Isso é chamado de imunidade de grupo. Ao vacinar seu filho, você, portanto, ajuda a proteger toda a comunidade — mas, inversamente, quando muitos pais decidem não vacinar seus filhos, porque eles acham que o risco de a criança contrair a doença é baixo, isso pode contribuir para a doença se tornar mais comum (Fig. 35.3). Por isso, é importante saber quantos indivíduos de uma população devem ser imunizados para produzir a imunidade de grupo, e se a imunidade deve ser estimulada pela revacinação.

AS VACINAS PODEM SER DE TIPOS DIFERENTES

As vacinas podem ser baseadas em microrganismos inteiros, quer vivos ou inativados, ou componentes do agente infeccioso (Tabela 35.2). Por vezes, dois tipos de vacinas estão disponíveis para a mesma doença, e por um bom motivo.

As vacinas vivas são concebidas para induzir imunidade de um modo semelhante à infecção real. A maioria das vacinas vivas usa microrganismos que foram atenuados por meio de cultura em ovos, animais ou em cultura de tecidos (Fig. 35.4); esses microrganismos atenuados se replicam numa extensão limitada no indivíduo vacinado, mas não causam doença em pessoas saudáveis. No entanto, a imunossupressão pode produzir problemas com vacinas vivas. Por exemplo, as crianças com infecção pelo HIV que recebem a vacina de bacilo Calmette-Guérin (BCG) podem desenvolver BCGite disseminada. Indivíduos infectados pelo HIV com imunossupressão grave não devem receber vacinas vivas, como o sarampo ou varicela, mas podem receber vacinas inativadas.

As vacinas inativadas são seguras para uso no indivíduo imunocomprometido, embora possam não ser tão imunogênicas; portanto, um bom adjuvante pode ser necessário. A inativação ocorre normalmente por fixação, por exemplo: com formalina. Os tipos de fixadores em uso em vacinas são apresentados na Tabela 35.3. Outra diferença entre as vacinas vivas e as atenuadas é que a imunidade induzida pelas vacinas inativadas não é afetada por anticorpos circulantes.

Antígenos individuais ou toxinas também podem ser usados como uma vacina, com adjuvante. Proteínas purificadas são utilizadas na vacina acelular contra coqueluche, e a proteína antigênica de superfície recombinante é usada nas vacinas contra a hepatite B. Diversas proteínas antigênicas podem ser unidas como uma proteína de fusão, como em algumas candidatas à vacina contra a TB. Polissacarídeos formam a base da vacina pneumocócica, mas como as vacinas de polissacarídeos não são imunogênicas em crianças com menos de 2 anos de idade, as vacinas conjugadas que utilizam um polissacarídeo ligado a uma proteína foram desenvolvidas para a doença meningocócica e pneumocócica, e para *Haemophilus influenzae* tipo b (Hib). Em algumas bactérias, é a toxina que é patogênica – e esta pode ser inativada para produzir um toxoide, como na vacina toxoide tetânico. Com os componentes individuais de um organismo, um adjuvante será necessário para aumentar as respostas imunológicas. Múltiplas doses de proteína ou polissacarídeo são geralmente necessárias, pelo fato de essas vacinas serem menos imunogênicas do que as com microrganismos inteiros.

Um ou mais antígenos vacinais também podem ser entregues por um vetor viral, como o vírus vaccínia Ankara modificado (MVA), que foi utilizado com segurança em seres humanos no final da campanha de erradicação da varíola. Outros vetores virais que estão sendo considerados para novas vacinas incluem o adenovírus e o citomegalovírus. Este tipo de tecnologia pode ser usado rapidamente para fazer novas vacinas, e tem sido explorada para desenvolver vacinas para os vírus Ebola e Zika.

Algumas vacinas são concebidas para aumentar a imunidade utilizando apenas antígenos selecionados ou uma via de administração diferente – chamada de *prime boost*. Por exemplo, algumas vacinas novas de TB em desenvolvimento poderão melhorar a imunidade induzida por BCG, dando antígenos fundamentais fornecidos por um vetor viral (Fig. 35.5), ou como uma proteína de fusão com o adjuvante.

Receptores de transplantes de células estaminais hematopoiéticas podem necessitar de revacinação depois da infusão de células-tronco, pois do contrário os níveis de anticorpos para doenças evitáveis com vacinas sofrerão um declínio.

Adjuvantes

Os adjuvantes aumentam a imunidade induzida por uma vacina de diversas maneiras. Eles podem aumentar a resposta imunológica aos antígenos vacinais por meio da indução da ativação de receptores tipo Toll (TLR), em células dendríticas, para melhorar a apresentação de antígenos, ou através da formação de um depósito de antígeno que permite que o antígeno persista e vaze lentamente ao longo do tempo. Os primeiros adjuvantes consistiam em emulsões de água em óleo, e o adjuvante completo de Freund, que inclui micobactérias mortas em uma emulsão de água em óleo, é muito eficaz em animais, embora não seja adequado para utilização em seres humanos. Outros adjuvantes aumentam a apre-

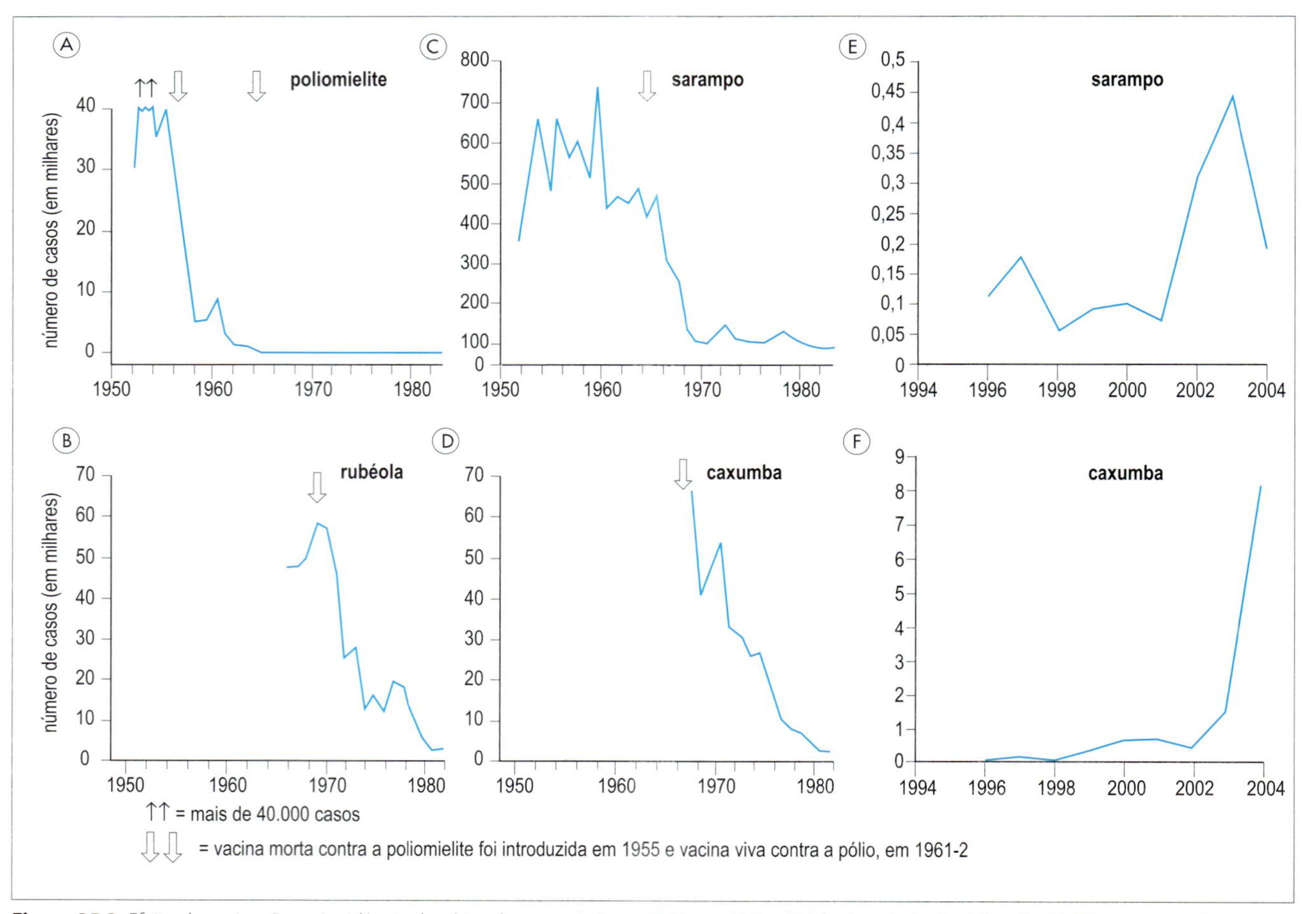

Figura 35.3 Efeito da vacinação na incidência de várias doenças virais nos EUA e no Reino Unido. A maioria das infecções (A-D) tem mostrado uma tendência descendente drástica após a introdução de uma vacina (setas), mas os painéis da direita (E, F) mostram o ressurgimento da doença, quando a absorção é reduzida após abstenção da vacina. (Dados de Mims and White and the Health Protection Agency, UK.)

Tabela 35.2 Tipos de vacina

Tipos de vacina	Exemplos
Atenuada viva	
Viral	Sarampo, caxumba, rubéola, varicela, febre amarela, zóster, poliomielite oral, influenza intranasal, rotavírus
Bacteriana	BCG, tifoide oral
Inativada	
Vírus inteiro	Poliomielite, gripe, hepatite A, raiva, encefalite japonesa
Bactéria inteira	Coqueluche, cólera, febre tifoide
Frações	
Toxoides	Difteria, tétano
Subunidades proteicas	Hepatite B, gripe, coqueluche acelular, papilomavírus
Polissacarídeos	Pneumocócica, meningocócica, *Salmonella typhi* (Vi)
Conjugadas	*Haemophilus influenzae* tipo b (toxoide tetânico, toxoide diftérico não tóxico ou proteína da membrana externa de *Neisseria meningitidis*), pneumocócica (toxoide diftérico), meningocócica (toxoide diftérico)

Observe que nem todos os tipos de vacina estão disponíveis em todos os países. As vacinas também estão disponíveis para agentes do bioterrorismo como o antraz e a peste, e para vaccínia.

Tabela 35.3 Fixadores e conservantes utilizados em vacinas atuais

Fixadores	
Formalina	DTPa/dTaP, dT, HepA, HepB, Hib*, influenza,* encefalite japonesa, meningocócica,* pólio, tifoide inativada, antraz
Glutaraldeído	DTPa, dTpa
Conservantes	
EDTA	Influenza,* raiva,* varicela
Fenol	Hib,* polissacarídeo pneumocócico,* tifoide inativada
2-fenoxietanol	DTPa, poliovírus inativado
β-propiolactona	Influenza,* raiva
Deoxicolato de sódio	Influenza*
Tiomersal	DT/dT,* influenza,* meningocócica polissacarídica*

*Usado na formulação de algumas vacinas e em alguns frascos de múltiplas doses. dTPa/DTPa, tétano combinada, difteria e coqueluche; DT/dT, difteria combinada e tétano; HepA, hepatite A; HepB, hepatite B; Hib, *Haemophilus influenzae* tipo b; VIP, vacina inativada contra a poliomielite. Tiomersal (timerosal) foi removido da maioria das vacinas devido a preocupações com apresentar traços escassos de mercúrio na vacina. Algumas vacinas também podem conter traços dos meios de cultura de tecido usados para fazer o microrganismo crescer ou a linhagem celular na qual ele cresce, por exemplo: algumas vacinas contra a influenza e contra a febre amarela apresentam traços de proteínas de ovo.

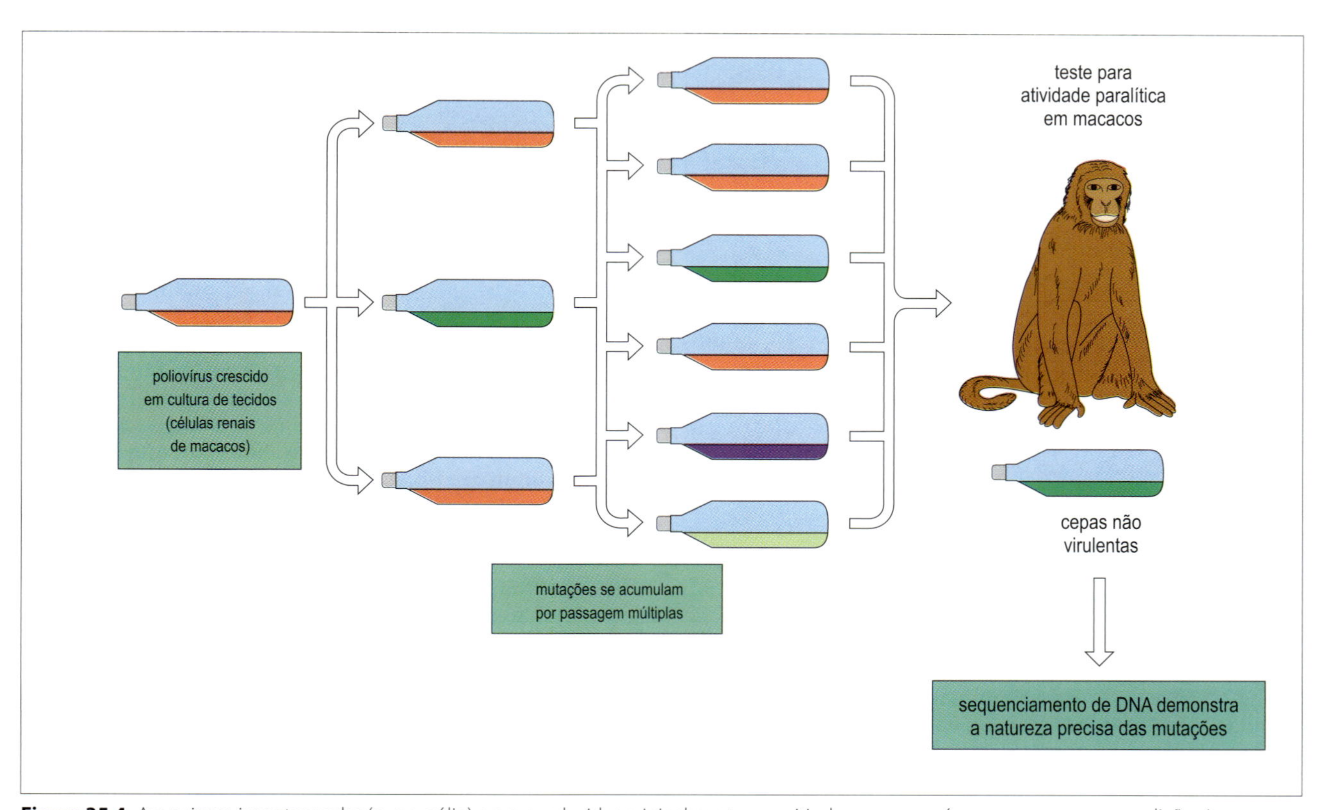

Figura 35.4 As vacinas vivas atenuadas (p. ex., pólio) eram produzidas originalmente permitindo-se que os vírus crescessem em condições incomuns e selecionando os mutantes que ocorriam ao acaso, os quais haviam perdido a virulência.

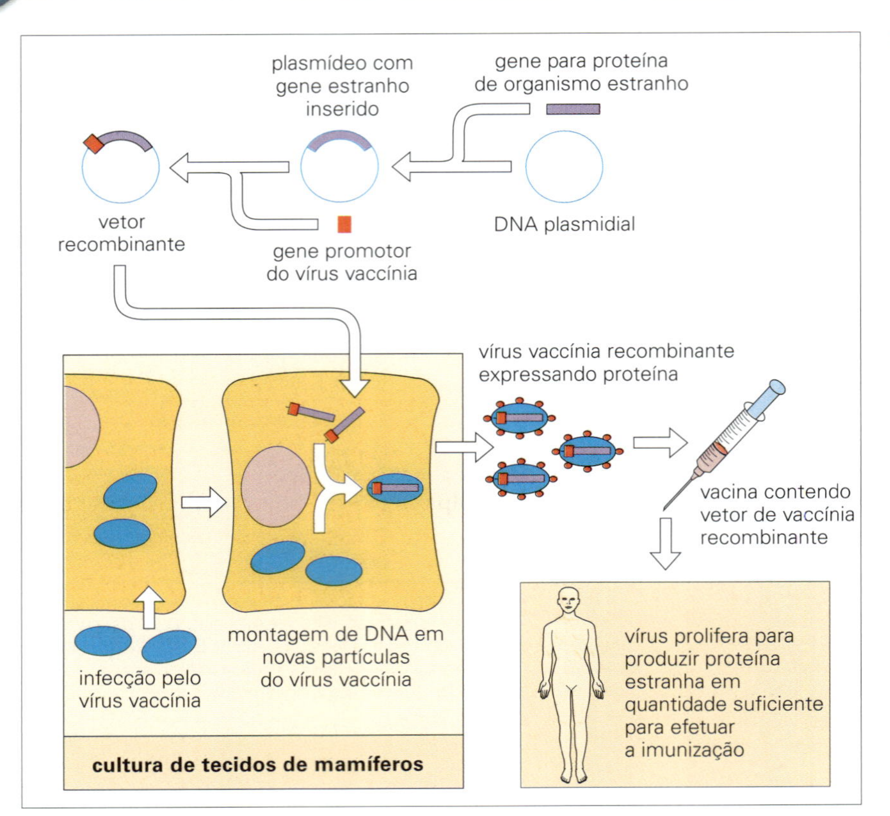

Figura 35.5 Hoje é possível inserir genes que codificam antígenos de um ou mais microrganismos em um vírus grande, tal como o vírus da vaccínia modificado Ankara (MVA) ou adenovírus, de modo que as réplicas dos vírus e os antígenos são produzidos dentro do hospedeiro. Tal tecnologia pode ser explorada para desenvolver rapidamente novas vacinas, por exemplo, para o Ebola.

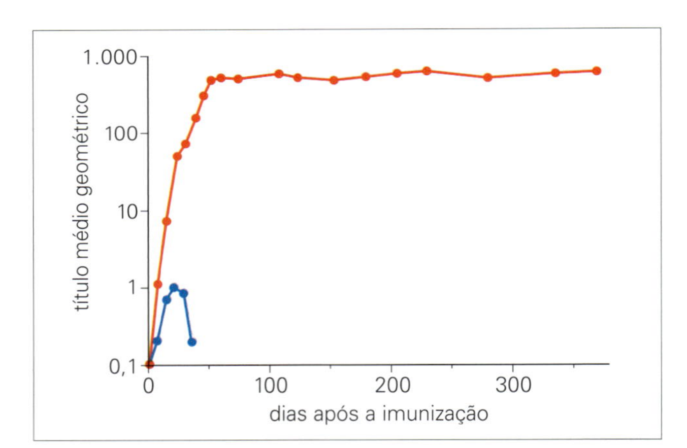

Figura 35.6 Efeitos dos adjuvantes nas respostas de anticorpos de camundongos à albumina do ovo. Os camundongos foram injetados subcutaneamente com albumina do ovo em solução salina ou em adjuvante incompleto de Freund. São mostrados os títulos de anticorpo ao longo dos intervalos de tempo. Os símbolos azuis representam o antígeno em solução salina, e os símbolos vermelhos, o antígeno em adjuvante. (Retirado de: Hunter, R. *Vaccine* 2002; 20:S7–S12.)

sentação de antígenos, ou melhoram determinados tipos de imunidade, tal como anticorpos ou imunidade Th1. O efeito drástico da adição de um adjuvante a uma vacina é mostrado na Figura 35.6. Os sais de alumínio são adjuvantes potentes e ainda são utilizados em muitas vacinas (Quadro 35.2); eles induzem inflamação quando os produtos celulares de células sob estresse ou em processo de morte (incluindo proteínas do choque térmico) interagem com os receptores de padrões moleculares associados a danos (DAMPS). De forma experimental, as citocinas como IL-1, IL-2, IFNγ, IL-12 e IL-18, bem como algumas quimiocinas, foram testadas como adjuvantes.

Quadro 35.2 Adjuvantes em Vacinas Utilizadas Atualmente

Sais de alumínio[a]	DTPa, DTPa/VIP/Hib, pertússis acelular, Hib[b], HepA, HepB, HPV, MenB, PCV-13, Td, encefalite japonesa
Monofosforil-lipídeo A (MPL)	HPV (Cervarix)

DTPa: difteria tétano e pertússisacelular; HepA/B: hepatite A/B; Hib: *Haemophilus influenzae* tipo b; HPV: papilomavírus humano; VIP: poliovírus inativado; MenB: vacina B meningocócica; PCV-13: vacina pneumocócica 13-valente; Td: tétano e difteria.
[a]Hidróxido de alumínio/ hidroxissulfato de alumínio/fosfato de alumínio/ sulfato de potássio de alumínio.
[b]Algumas formulações.

Compostos como lipossomas, vesículas contendo lipídios, também foram usados, por exemplo: 3-*O*-desacil-4′-monofosforil-lípideo A na vacina de HPV (Cervarix).

Segurança da vacina

Como as vacinas são administradas em indivíduos saudáveis, é importante que elas sejam seguras. Em 1926, o *M. tuberculosis* vivo foi inadvertidamente administrado em crianças saudáveis em vez da BCG, levando ao desastre de Lubeck, e, em 1942, militares norte-americanos foram vacinados com vírus da febre amarela contaminados com o vírus da hepatite B. Os testes de segurança agora são rigorosos, exigindo controles de qualidade e testes em animais, antes de testes ou uso em seres humanos. Algumas das questões mais importantes estão resumidas no Quadro 35.3. É particularmente crítico que as vacinas derivadas de microrganismos vivos sejam inativadas para garantir que sejam seguras, e que sejam preservadas de forma adequada para assegurar que sua imunogenicidade seja mantida. Exemplos de agentes fixadores e conservantes utilizados em vacinas atualmente são apresentados na Tabela 35.3.

Vacinas de uso corrente

Difteria, tétano e coqueluche

A vacina contra a difteria consiste no toxoide inativado. O toxigênico *Corynebacterium diphtheriae* é cultivado em cultura líquida, e o filtrado, inativado com formaldeído para produzir o toxoide. Trata-se de uma vacina altamente eficaz, dando proteção de mais de 90%. Três ou quatro doses são necessárias para oferecer boa proteção, com um reforço a cada 10 anos. Agora ela é administrada em diferentes formulações em combinação com outras vacinas.

A exotoxina tetanospasmina inativada do *Clostridium tetani*, inativada com formaldeído, é utilizada na vacina contra o tétano. O toxoide tetânico foi produzido pela primeira vez em 1924. Mais uma vez, esta é uma vacina muito eficaz, mas são necessários reforços a cada 10 anos. Em alguns países em desenvolvimento, o tétano neonatal ainda é um problema; se a mãe foi vacinada contra o tétano isto irá proteger o recém-nascido, mas mais de 200.000 recém-nascidos ainda morrem todos os anos devido ao tétano neonatal.

A primeira vacina desenvolvida contra a coqueluche era uma vacina de células inteiras, que estava disponível em meados dos anos 1940 e foi introduzida no Reino Unido em 1957 (Fig. 35.7). No entanto, apesar das quatro doses de vacina que induziram 70%-90% de proteção contra a tosse convulsiva grave, as preocupações com a segurança da vacina no Reino Unido e em outras regiões nos anos 1970 levaram ao ressurgimento da doença e ao desenvolvimento de uma vacina acelular contra coqueluche. As vacinas atuais contêm hemaglutinina filamentosa purificada (FHA) e pertactina, assim como a toxina pertussis, sendo que algumas formulações também incluem fímbrias dos tipos 2 e 4, sem conservantes. No entanto, casos de coqueluche têm aumentado desde a troca para a vacina acelular, frequentemente em crianças e adolescentes completamente vacinados; portanto, isso é um exemplo em que uma vacina mais segura pode não induzir uma imunidade tão forte.

A abrangência global das vacinas DTP combinadas ou das vacinas contra difteria, tétano e coqueluche acelular (DTPa) agora é satisfatória, com um número estimado de 116 milhões de crianças recebendo três doses de vacina DTP em 2015, o equivalente a 86% de abrangência. Outra formulação para uso em adolescentes e adultos (dTpa) contém toxoide tetânico, com 3-5 antígenos de pertussis, mas menos toxoide de difteria do que a vacina DTPa pediátrica.

Quadro 35.3 Problemas com a Segurança da Vacina

Ambas as vacinas, viva e não viva, exigem rigoroso controle de qualidade e segurança. Algumas outras áreas preocupantes estão listadas abaixo:

Vacinas vivas atenuadas

- Atenuação insuficiente
- Reversão ao tipo selvagem
- Administração ao paciente imunodeficiente
- Infecção persistente
- Contaminação por outros vírus
- Risco de dano fetal

Vacinas não vivas

- Contaminação por toxinas ou produtos químicos
- Reações alérgicas
- Indução de autoimunidade

Vacinas geneticamente manipuladas

- Possível inclusão de oncogenes

Weblink: www.who.int/immunization/monitoring_surveillance/data/en/

Vacinas contra sarampo, caxumba e rubéola

A vacina viva atenuada contra o sarampo foi introduzida nos EUA em 1963, utilizando a vacina Edmonston B, que foi substituída pela cepa Edmonston-Enders mais atenuada, cultivada em células fibroblásticas de embriões de galinhas. Devem ser administradas duas doses de vacina para as crianças, pois a primeira dose falha em induzir anticorpos protetores em 5% dos vacinados. A vacinação é segura e eficaz, seja administrada sozinha ou como parte da vacina MMR com sarampo, caxumba e rubéola, ou a vacina MMRV contendo sarampo, caxumba, rubéola e varicela. No entanto, os anticorpos maternos inibem a indução de imunidade; assim, a primeira dose é administrada geralmente aos 12-15 meses de idade, uma vez que os anticorpos materno-derivados diminuíram, e a segunda aos 4-6 anos de idade. Em países em desenvolvimento, onde o risco de contrair sarampo é maior, a vacina pode ser administrada por volta dos 9 meses, em uma tentativa de proteger as crianças cujos níveis de anticorpos maternos estão em declínio.

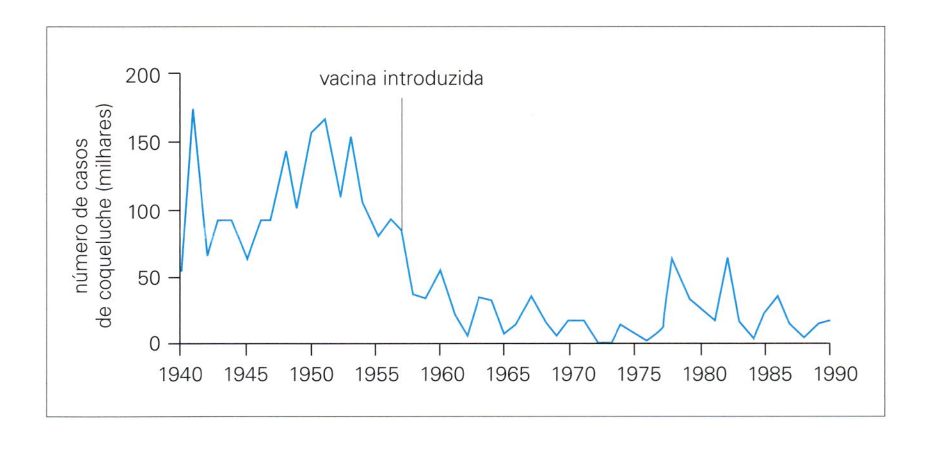

Figura 35.7 O número de casos de coqueluche notificados caiu vertiginosamente após a introdução da imunização em massa no Reino Unido, em 1958, embora epidemias continuassem a ocorrer em intervalos de aproximadamente quatro anos. Seguindo-se ao alarme sobre os possíveis efeitos adversos da vacina anticoqueluche, o número de casos aumentou, e houve uma grande epidemia no inverno de 1978-1979.

A imunidade induzida pela vacina do sarampo é de longa duração e, após duas doses, a imunidade provavelmente durará toda a vida. Entre 2000 e 2015 houve uma queda estimada de 79% em mortes por sarampo no mundo, com um número estimado de mortes evitadas pela vacinação contra o sarampo de 20 milhões. No entanto, a OMS estima que > 134.000 pessoas morreram devido a sarampo em 2015, sendo que a maioria dos casos foi de crianças com menos de 5 anos de idade. Como mostrado na Figura 35.3, o número de casos de sarampo aumentou no Reino Unido após 2001, após a redução no uso da vacina. Isso resultou da sugestão de que a vacina tríplice viral (sarampo, caxumba e rubéola) causava autismo, já que havia um aparente aumento de casos de autismo na Califórnia e no Reino Unido que parecia coincidir com a introdução da vacina. No entanto, estudos posteriores não demonstraram um aumento do risco de autismo após a MMR. Não é de admirar que os pais fiquem preocupados quando bombardeados com essas histórias assustadoras — mas eles se esquecem de que a infecção por sarampo pode matar crianças saudáveis. Em um surto de sarampo na Irlanda, em 2000, cerca de 1.500 casos foram notificados e três crianças morreram.

A vacina contra caxumba

A vacina da caxumba atual é um vírus vivo atenuado (cepa de Jeryl Lynn), que foi licenciada em 1967. Mais de 97% dos vacinados mostram produção de anticorpos após uma única dose de vacina, e um estudo no Reino Unido mostrou que 88% dos que receberam duas doses foram protegidos. A importância de receber duas doses da MMR foi ilustrada por um surto recente de caxumba na Irlanda do Norte, onde 55,4% dos casos confirmados receberam uma dose da vacina, mas esse índice foi de apenas 0,9% naqueles que haviam recebido as duas doses da MMR. Depois de duas doses, a proteção deve durar > 25 anos e pode ser mantida por toda a vida. Esta vacina é muito mais eficaz do que uma vacina inativada que era usada anteriormente — o que mostra como vírus vivos atenuados induzem boa imunidade.

Vacina contra a rubéola

A vacina contra a rubéola atual é um vírus vivo atenuado, cepa 27/3, licenciada em 1979. O vírus foi atenuado por 25-30 passagens em cultura de células de fibroblastos diploides humanos. Mais de 90% dos vacinados têm pelo menos 15 anos de proteção contra a rubéola clínica ou viremia. Embora a rubéola em si seja uma infecção relativamente leve, ela causa problemas reais se uma gestante for infectada no primeiro trimestre da gestação, quando a síndrome da rubéola congênita pode causar sérios danos ao feto. Felizmente, houve uma drástica redução nos casos confirmados de síndrome da rubéola congênita em decorrência da vacinação: os casos foram reduzidos em 98% nas Américas entre 1998 e 2009.

Vacina contra a poliomielite

A primeira vacina contra a poliomielite foi uma vacina morta (vacina inativada contra poliomielite, VIP), desenvolvida por Salk, licenciada em 1955, e muito eficaz na redução do risco de contrair a pólio. A vacina oral contra a poliomielite (VOP), desenvolvida por Sabin, foi licenciada em 1960. Administrar a vacina em pedaços de açúcar ou diretamente na boca era muito mais fácil do que administrá-la por injeção, e a vacina viva também proporciona melhor imunidade intestinal. No entanto, o poliovírus vivo utilizado na vacina VOP não é geneticamente estável e pode causar a poliomielite paralítica associada à vacina (PPAV) em cerca de 1 pessoa por milhão de doses administradas (Tabela 35.4). Além disso, já se sabe há tempos que a VOP é transmissível de vacinados para seus contatos próximos, e pode (em casos raros) persistir na comunidade como vírus da poliomielite derivado da vacina circulante (cVDPV). A iniciativa global de eliminação da pólio que teve início em 1988 enfatizou o uso de VOP, mas após o ano 2000 a maioria dos países ricos voltou para a VIP para evitar o risco de PPAV. A iniciativa da eliminação foi muito bem-sucedida na redução do número de casos de pólio em todo o mundo em > 99%, de um valor estimado de 350.000 casos em 1988 para 650 casos de pólio selvagem em 2011 e para 35 em 2016 (Fig. 35.8). Como parte da estratégia do "jogo final" do programa de eliminação, países estão trocando para a VIP para evitar a circulação de VDPV, e a VOP trivalente foi substituída pela VOP bivalente (1-3). Em 2016, apenas três países relataram casos de pólio — Afeganistão, Paquistão e Nigéria.

Tabela 35.4 Vacinas contra a poliomielite inativada e oral comparadas

	Inativada (VIP)	Atenuada (VOP)
Tipo de vírus	Trivalente (tipos 1-3)	Bivalentes tipos 1 e 3[a] Monovalente tipo 1 ou 3
Introduzida	Salk 1954	Sabin 1957
Via	Injeção	Oral
Adjuvante	Alúmen	Nenhuma
Vantagens	Pode ser dada com outras vacinas infantis	Aumenta a imunidade IgA Melhor imunidade no intestino
Desvantagens	Mais cara Precisa ser administrada por equipe treinada	Retorno à virulência[b]

[a]VOP bivalente usada para imunização de rotina desde abril de 2016.
[b]Embora a poliomielite paralítica associada à vacina apenas ocorra em < 1/milhão de vacinados, os vírus da poliomielite derivada da vacina podem circular dentro da comunidade.

Vacinas pneumocócicas

O desafio de produzir uma vacina eficaz contra a doença pneumocócica é que existem 90 sorotipos de *Streptococcus pneumoniae* — mas por sorte poucos sorotipos causam a maioria das infecções. A primeira vacina foi uma vacina pneumocócica com polissacarídeo capsular a partir de 14 sorotipos. Esta foi substituída em 1983 por uma formulação contendo 23 polissacarídeos capsulares de 23 sorotipos, a PCV23. No entanto, embora esta vacina induzisse anticorpos em mais de 80% dos adultos, não era imunogênica em crianças com idade inferior a 2 anos. Duas vacinas conjugadas são usadas hoje: PCV13, na qual polissacarídeos capsulares são conjugados a uma forma não tóxica da toxina da difteria, que é altamente imunogênica em lactentes e crianças jovens, e inclui os sorotipos que causam 60% dos casos da doença em crianças com menos de 5 anos de idade, e a vacina PCV10. Estudos em animais sugeriram que bactérias inteiras atenuadas, ou proteínas específicas do *S. pneumoniae* (incluindo a pneumolisina desintoxicada), também podem ser promissoras como vacinas. Uma questão interessante é se as taxas de transporte dos diferentes sorotipos podem ser afetadas pela vacinação — nos EUA, o sorotipo de resistência a múltiplos medicamentos 35B, um sorotipo que não está presente nas vacinas PCV13, está se tornando mais comum.

Vacinas meningocócicas

Assim como para a vacina pneumocócica, a primeira vacina contra a doença meningocócica causada por *Neisseria menin-*

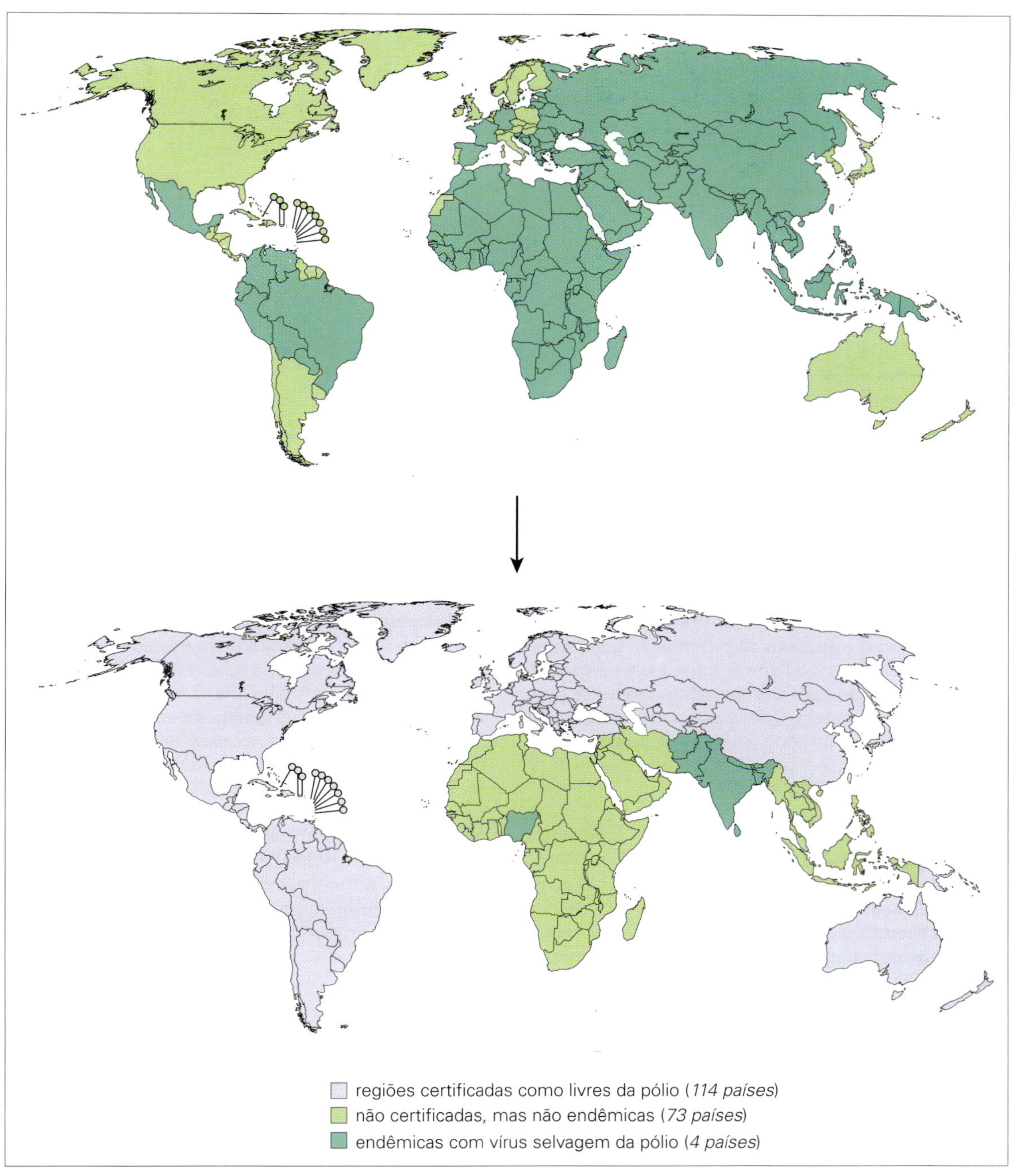

Figura 35.8 Progresso para a erradicação da pólio. O progresso para a erradicação da poliomielite é ilustrado pelo aumento de países certificados como livres da pólio desde 1988 (mapa de cima) a 2016 (mapa de baixo). (Retirado de www.who.int/immunization_monitoring/data/SlidesGlobalImmunization.pdf; dados a partir de WHO/Polio database, de agosto de 2017.)

gitidis continha um polissacarídeo do sorogrupo C, mas em 1981 ela foi substituída por uma vacina quadrivalente que continha polissacarídeos capsulares purificados para quatro dos cinco sorotipos A, C, Y e W-135. De modo semelhante ao da vacina pneumocócica, a vacina de polissacarídeo meningocócico não era imunogênica em crianças pequenas, como outros antígenos T-independentes. Uma vacina conjugada contendo polissacarídeo capsular dos mesmos quatro sorotipos (ACWY) conjugados ao toxoide diftérico está disponível agora, e induz quatro vezes mais anticorpos do que a vacina polissacarídica, com uma resposta imunológica melhor. A cepa B não é incluída em qualquer uma dessas vacinas, pois o polissacarídeo do grupo B é fracamente imunogênico e pode ter alguma reação cruzada no sistema nervoso humano.

Haemophilus influenzae tipo b (Hib)

Haemophilus influenzae afeta principalmente crianças menores de 5 anos de idade. Embora existam seis sorotipos capsulares, um, o tipo B, composto de um polímero com ligações fosfodiéster de ribose e ribitol, provoca 95% das doenças, e assim se tornou a base das vacinas Hib. A introdução de vacinas contra Hib reduziu drasticamente a incidência de meningite bacteriana por Hib (Fig. 35.9). A primeira vacina de polissacarídeo introduzida nos EUA em 1985 não era imunogênica

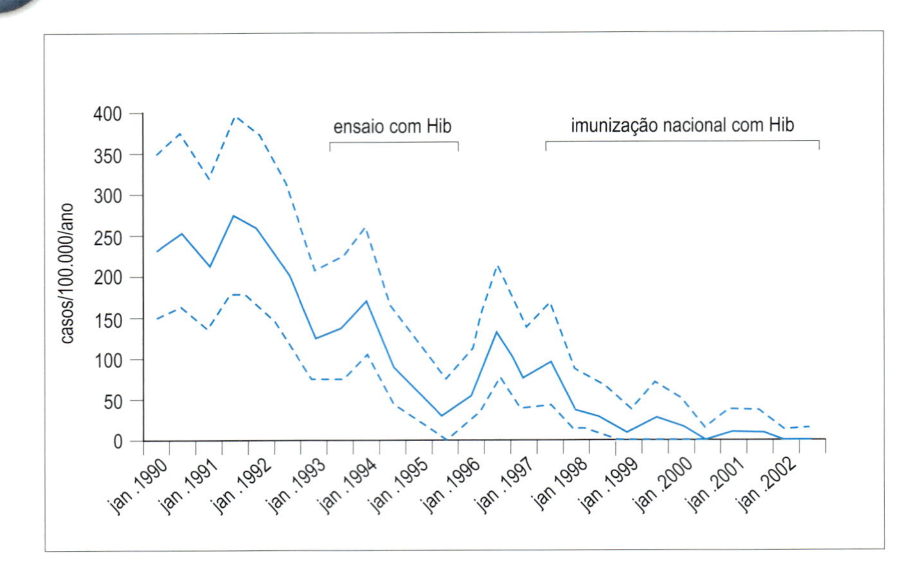

Figura 35.9 O uso da vacina conjugada de polissacarídeo-toxoide tetânico e *Haemophilus influenzae* tipo b (Hib) produziu uma dramática diminuição na incidência de meningite por Hib em crianças com mais de 1 ano de idade na Gâmbia. Linhas pontilhadas representam 90% de limites de confiança baseados em verossimilhança. (Dados de: Adegbola, R.R.; Secka O.; Lahai G. et al. Eliminação da doença tipo b [Hib] da Gâmbia após a introdução da imunização de rotina com uma vacina conjugada de Hib: um estudo prospectivo. *Lancet* 2005; 366:144–150.)

em crianças com menos de 18 meses de idade, induzindo em sua maior parte anticorpos IgM de baixa afinidade, semelhante a outros antígenos que induzem respostas imunes independentes de células T. A conjugação do polissacarídeo a um antígeno dependente de célula T como o toxoide tetânico, toxoide da difteria ou o complexo da proteína da membrana externa de meningococos do grupo B, superou esse problema. Mesmo assim, três ou quatro doses são necessárias para induzir uma boa imunidade, já que este é outro exemplo de como uma vacina de subunidade é menos imunogênica do que uma vacina viva.

Influenza

A gripe gerou muito alarme em 2009, quando a primeira pandemia de gripe desde 1968 foi causada por um novo vírus da influenza A (H1N1). A ameaça desse novo vírus, e da gripe aviária (H5N1), destacou a limitada capacidade mundial de produzir novas vacinas rapidamente nas quantidades necessárias. Dois tipos de vacina estão atualmente disponíveis: vacinas inativadas trivalentes ou quadrivalentes que podem ser administradas em qualquer pessoa com mais de 6 meses de idade, por injeção intramuscular ou intradérmica, e uma vacina viva atenuada da influenza, administrada por *spray* intranasal, para aqueles indivíduos com idade entre 2-49 anos, saudáveis e não gestantes, que se replica da mucosa da nasofaringe.

O vírus da gripe é complicado, pois ele altera seus antígenos hemaglutinina e neuraminidase em decorrência de mutações pontuais e de eventos de recombinação, resultando em deriva antigênica (Fig. 35.10) e mudança antigênica (Fig. 17.10). As composições recomendadas de vacinas contra a gripe atuais podem ser encontradas no *site* da OMS. As vacinas trivalentes de 2016/2017 para o hemisfério norte continham os antígenos A/Califórnia/7/2009 (H1N1), A/Hong Kong/4801/2014 (H3N2) e B/Brisbane/60/2008. O vírus da vacina da influenza A (H1N1) era derivado de um vírus pandêmico de influenza A de 2009 (H1N1). Vacinas quadrivalentes contêm um vírus adicional B/Phuket/3073/2013. Formulações diferentes são recomendadas para o hemisfério sul, por exemplo: em 2017 foi usado um vírus da influenza A H1N1 diferente.

A política de vacinação contra a gripe varia em diferentes países: por exemplo, nos EUA, a vacina inativada foi oferecida a todos com mais de 6 meses, incluindo mulheres grávidas; a vacina com vírus vivo atenuado é utilizada naqueles com idade entre 2-49 anos. No Reino Unido, a vacinação em 2016/2017 foi restrita a crianças com idade entre 2-7 anos por *spray* nasal, e como vacina inativada àqueles com idade superior a 65 anos ou em grupos de risco, como asmáticos e gestantes. Crianças de 6 meses a 6 anos (nos EUA) vacinadas pela primeira vez agora recebem duas doses da vacina. Uma nova dose elevada de vacina trivalente inativada também está disponível para uso em pessoas com mais de 65 anos de idade – mas evidências recentes sugerem que vacinar mais crianças, aumentando a imunidade de grupo, pode ser tão econômico quanto vacinar os idosos.

Os anticorpos fornecem correlações úteis de proteção para a maioria dessas vacinas

Quando os anticorpos fornecem proteção, normalmente é possível determinar um corte quantitativo que está associado à proteção. Isto pode ser determinado por ELISA, por neutralização de toxina ou vírus ou em um ensaio de opsonofagocitose (Tabela 35.5).

BCG e novas vacinas para tuberculose (TB)

A vacina mais antiga ainda em uso é a vacina BCG, atenuada após cultura extensiva de *M. bovis* em meio que continha batata impregnada com bile bovina por Calmette e Guérin. A BCG foi utilizada como vacina pela primeira vez em 1921! A atenuação envolvia a perda da região RD1, que codifica os antígenos ESAT-6 e CFP-10, usados nos testes diagnósticos comerciais atualmente disponíveis para infecção por *M. tuberculosis*, o teste QuantiFERON™ e o ensaio TSPOT-TB ELISPOT™.

A BCG é geralmente administrada em bebês logo após o nascimento e é dada a mais de 100 milhões de crianças por ano. Ela fornece boa prevenção (e bom custo/benefício) das formas disseminadas da TB na infância, mas proteção variável contra a TB pulmonar em adultos. Por exemplo, ela induzia boa proteção (> 80%) em ensaios em adolescentes no Reino Unido, mas não há proteção no sul da Índia ou Maláui. As razões para isto podem incluir a exposição a micobactérias ambientais que podem induzir um mascaramento ou um efeito de bloqueio na imunidade induzida por BCG. Quando a BCG é protetora, isso está associado à indução de uma resposta imunológica Th1 – embora a simples medição do IFNγ induzido em resposta a antígenos micobacterianos não forne-

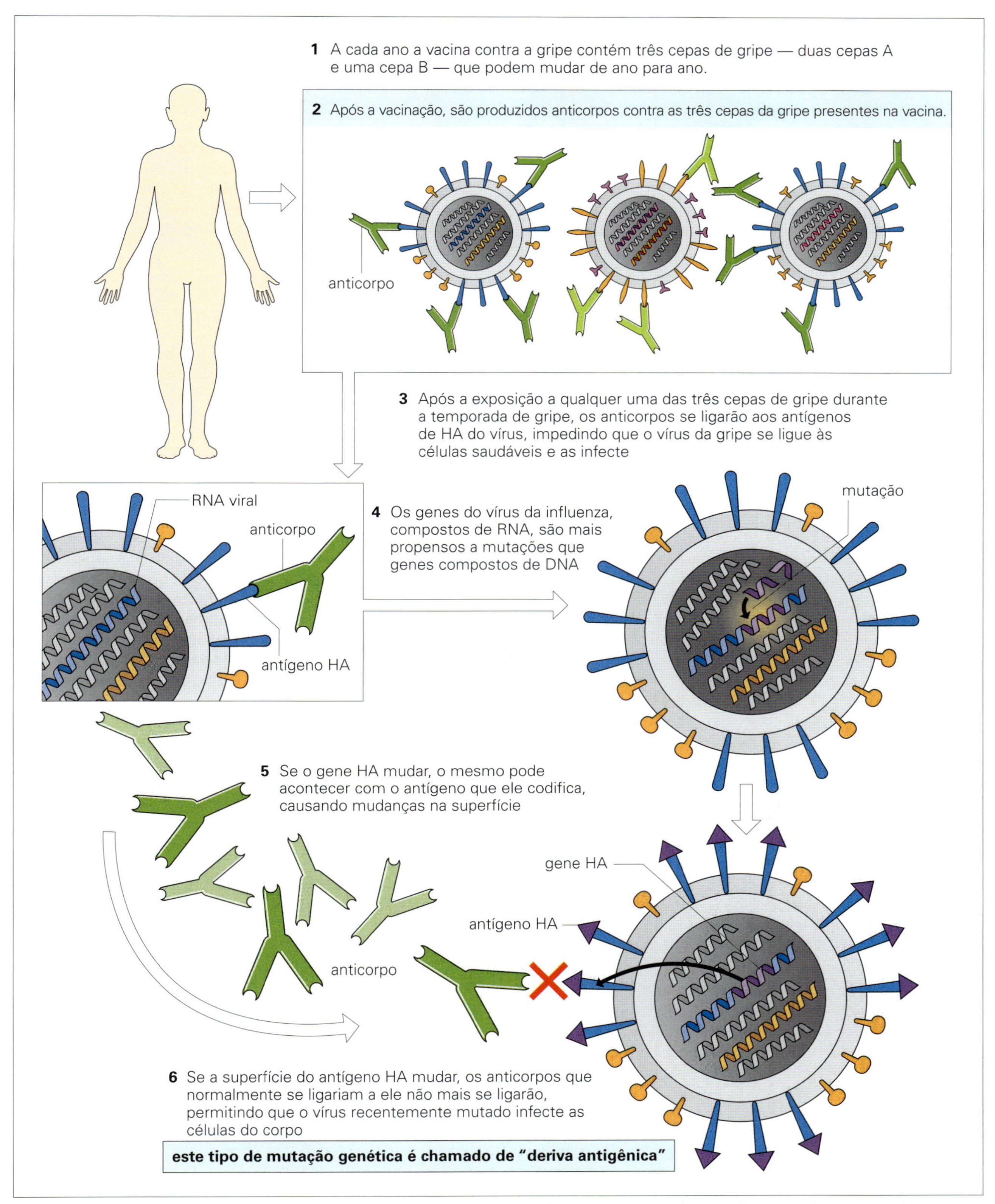

Figura 35.10 Vacinas contra a gripe e variação antigênica. Vacinas da gripe sazonal contêm três cepas de gripe, duas cepas A e uma cepa B. Os anticorpos para estas cepas, induzidos pela vacinação, protegem contra a infecção, mas as mutações nos genes da gripe podem causar variação antigênica, levando à infecção. HA: hemaglutinina. (Modificado de National Institute of Allergy and Infectious Diseases. Gripe [Influenza]: variação antigênica. Bethesda, MD: US Department of Health and Human Services; 2011.)

ça um correlato de proteção. Quando induzida, a imunidade protetora dura por 10-15 anos, e em um estudo durou por mais de 50 anos. Em contextos em que a BCG é protetora, ela pode proteger contra a infecção, bem como contra a doença. Não há evidência de que a revacinação seja útil. Em crianças acima de 6 anos de idade, ou naqueles com infecção conhecida ou provável por *M. tuberculosis*, o teste cutâneo com derivado de proteína purificada de *M. tuberculosis* (teste de pele Mantoux) deve ser realizado, e a vacinação BCG, dada apenas para aqueles com um resultado negativo.

Em função da proteção variável que a vacinação com BCG contra a tuberculose oferece em adultos, pesquisa-se atualmente uma nova vacina contra a tuberculose. Vacinas em desenvolvimento incluem BCGs geneticamente modificadas, *M. tuberculosis* atenuados, vetores virais que expressam antígenos importantes do *M. tuberculosis* e as proteínas de fusão em adjuvante. Uma modificação do vírus vaccínia Ankara expressando Ag85A, administrada como um reforço após BCG (Fig. 35.11), foi testada em um ensaio de fase IIb em crianças e em adultos infectados pelo HIV na África, mas não demonstrou indução de proteção significativa; novos estudos estão investigando se a administração da vacina por aerossol pode ser uma alternativa melhor. Outras vacinas candidatas promissoras incluem uma BCG geneticamente modificada que expressa hemolisina, que pode aumentar a ativação de células T CD8 por meio da fuga de antígenos para o citoplasma do macrófago infectado (e que induz melhora da memória central das células T em camundongos), e proteínas de fusão que contêm diversos antígenos de *M. tuberculosis* como adjuvantes. As vacinas que devem ser administradas após a infecção por TB latente, ou como vacinas terapêuticas para indivíduos com TB resistente a medicamentos, também estão sendo desenvolvidas.

Tabela 35.5 Correlações sorológicas de proteção

Vacina	Ensaio	Correlação de proteção
Difteria	Neutralização de toxina	0,01-0,1 UI/mL
Hepatite A	ELISA	10 mUI /mL
Influenza	Inibição de hemaglutinina	1/40 diluição
Pneumococos	Opsonofagocitose por ELISA	0,20-35 µg/mL* 1/8 diluição
Poliomielite	Neutralização de soro	¼-1/8 diluição
Rubéola	Imunoprecipitação	10-15 mUI/mL
Tétano	Neutralização de toxina	0,1 UI/mL

*Em crianças. Alguns testes sorológicos que fornecem correlações de proteção para vacinas atualmente em uso estão listados. No entanto, por vezes são os anticorpos secretórios que são mais importantes na proteção, e para algumas vacinas, como a BCG, as correlações de proteção não foram identificadas, embora saiba-se que as células T são importantes. ELISA, ensaio de imunoabsorção enzimática.
(Dados da Plotkin, S.A. *Clinical Infectious Diseases* 2008, 47:401, 2008.)

Vacinas contra a hepatite

A primeira vacina para vírus da hepatite B (HBV) consistia no antígeno de revestimento de superfície do HBV purificado a partir do plasma de portadores do vírus. Esta vacina era protetora, contudo exigia muito cuidado na purificação e inativação para garantir sua segurança, além de o custo de produção ser dispendioso. A vacina com o antígeno de superfície da hepatite B recombinante foi licenciada nos EUA em 1986, e foi a primeira vacina produzida usando a engenharia genética (Fig. 35.12). As vacinas recombinantes do HBV produzidas em leveduras têm uma eficácia de 85-100% contra a infecção ou hepatite clínica, com imunidade que dura > 20 anos após três doses da vacina.

Vacinas de células inteiras inativadas estão disponíveis para a hepatite A. O vírus é cultivado em células humanas, purificado, inativado com formaldeído e adsorvido no alúmen. Novamente, essas vacinas induzem excelente imunidade. Vacinas combinadas para hepatites A e B também estão disponíveis, mas ainda não existe vacina disponível para a hepatite C.

Papilomavírus humano (HPV)

Novas vacinas contra o HPV foram introduzidas na última década devido à associação entre a infecção pelo HPV e o câncer cervical. A primeira vacina quadrivalente (Guardisil™), que induz imunidade contra quatro tipos de HPV, foi licenciada em 2006. Esta contém a proteína da cápside L1 do HPV a partir de dois tipos oncogênicos de vírus (HPV16 e HPV18), bem como dois tipos não oncogênicos (HBV6 e HPV11). É produzida por tecnologia de DNA recombinante e forma partículas semelhantes a vírus. Essa vacina está sendo

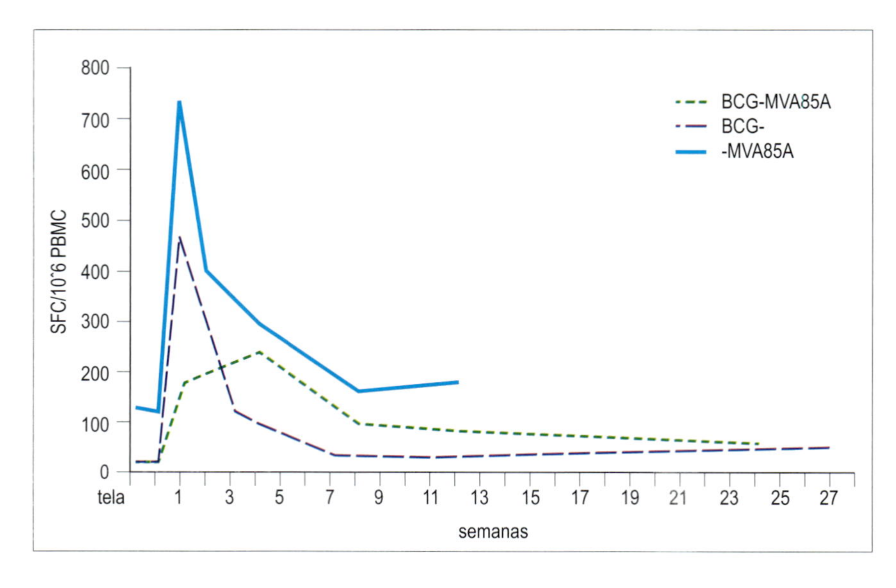

Figura 35.11 A estratégia principal de reforço está sendo explorada no desenvolvimento de novas vacinas. O vírus vaccínia Ankara modificado, que expressa o Antígeno 85A (MVA85A) de *M. tuberculosis*, foi usado para reforçar a imunidade em pessoas previamente vacinadas com bacilos Calmette-Guérin (BCG). O grupo de reforço principal dos vacinados (BCG-MVA85A) demonstra o maior número de células formadoras de *spot* (SFC) formando interferon gama (IFNγ) em um ensaio ELISPOT em que as células mononucleares de sangue periférico foram estimuladas com a proteína do Antígeno 85. (Dados de: McShane, H et al. *Nature Medicine* 2004; 10:1240–1244.)

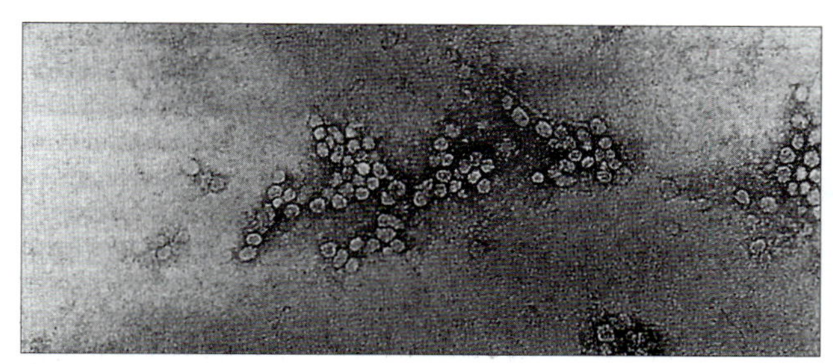

Figura 35.12 Eletromicrografia de antígenos de superfície da hepatite B purificados, de 22 nm, expressos em células de leveduras. (Cortesia de J.R. Pattison.)

administrada em meninas de 11-12 anos, antes de se tornarem sexualmente ativas, e pode induzir respostas de anticorpos em > 99,5% dos vacinados. A vacina contra o HPV quadrivalente agora também é administrada em homens com 13-21 anos nos EUA, pois o HPV6 e HPV11 causam ~90% das verrugas genitais. Uma vacina contra o HPV bivalente contendo L1 do HPV16 e HPV18 foi aprovada somente para mulheres com 11 a 12 anos de idade nos EUA em 2009. Essa vacina é mais barata, mas a maioria dos países optou pela vacina quadrivalente, pois ela também previne as verrugas genitais.

Vacina contra o rotavírus

O rotavírus causa a maioria das doenças gastrointestinais graves em lactentes. Ensaios de uma vacina anterior foram interrompidos por causarem intussuscepção, uma causa rara de obstrução intestinal. Duas novas vacinas vivas orais estão agora em uso: a vacina RV5 (RotaTeq™) contém cinco rotavírus recombinantes naturais desenvolvidos a partir de cepas progenitoras humanas e bovinas, enquanto a vacina de RV1 (Rotarix™) contém uma cepa viva atenuada do rotavírus. As vacinas apresentam 74-87% de eficácia contra qualquer gastroenterite causada por rotavírus, e 85-98% de proteção contra gastroenterite grave. Estudos de diversos países demonstraram reduções acentuadas em hospitalizações e em visitas de clínicos gerais para gastroenterite por todas as causas em crianças após a introdução da vacina contra rotavírus.

Febre tifoide

Há duas vacinas disponíveis para a febre tifoide. A vacina viva oral contém uma cepa viva mutante atenuada de *Salmonella typhi*, Ty21a em cápsulas revestidas, e a vacina polissacarídica capsular Vi é injetada por via intramuscular. Estas apresentam uma diferença na imunogenicidade — a vacina oral precisa de 3-4 doses em comparação a uma única injeção do polissacarídeo. No entanto, a vacina oral pode induzir imunidade no lugar certo.

Varicela

Uma vacina viva viral atenuada está disponível contra a varicela, ou catapora. O vírus isolado do líquido vesicular de uma criança com varicela foi atenuado por meio de cultura em três diferentes tipos de linhagens celulares; a vacina pode ser administrada a crianças com >12 meses de idade. Indivíduos mais velhos são suscetíveis ao desenvolvimento de cobreiro ou neuralgia pós-herpética, e uma nova vacina contendo uma dose muito mais alta de vírus varicela-zóster vivo atenuado (19.400 unidades formadoras de plaquetas [PFUs] em comparação a 1.350 PFUs na vacina para crianças) está disponível agora para indivíduos com > 50 anos de idade. Isto não é completamente eficaz, mas reduz o risco de cobreiro em ~50%.

Vacinas que são necessárias para a entrada em países específicos ou para determinadas regiões

A vacina contra a febre amarela é necessária para a entrada em determinados países. Um certificado internacional de vacinação pode ser necessário para todos aqueles que entram em um país em particular, ou para os indivíduos provenientes de países onde a febre amarela é endêmica. Felizmente, esta é uma vacina muito imunogênica e um certificado de vacinação é agora válido por toda a vida da pessoa vacinada. A vacina contra a meningite ACWY é obrigatória para peregrinos que forem visitar Meca na Arábia Saudita para as peregrinações de Umrah e Haj, pois houve um surto de *N. meningitis* W-135 em 2000.

Os viajantes que passam longos períodos em áreas rurais da Ásia, onde a encefalite japonesa (JE, um flavivírus transmitido por mosquito) é comum, podem ser vacinados com uma vacina do vírus JE inativado. Uma vacina viva atenuada (recombinante) tetravalente contra a dengue é licenciada hoje em dia em alguns países, tendo demonstrado 79% de proteção contra a dengue grave em dois estudos de fase 3; ela contém vírus da febre amarela que expressam proteínas pré-envelope e membrana de superfície para os quatro sorotipos de dengue, sendo que há outros candidatos a vacina em desenvolvimento. No entanto, é importante que a vacina não predisponha os vacinados a desenvolverem as formas graves de febre hemorrágica da dengue que pode ocorrer quando há reinfecção pela dengue (Cap. 18). Por fim, duas vacinas virais inativadas para encefalite transmitida por carrapatos foram desenvolvidas e estão disponíveis em alguns países.

Vacinas para subgrupos de alto risco

Vacinação antirrábica está disponível para aqueles expostos à raiva ou cujo trabalho ou viagens os coloca em maior risco. Dois tipos de vacina estão disponíveis: vírus inativado de culturas celulares (a partir de células diploides humanas ou células de embrião de galinha). As vacinas derivadas de cultura de células são consideradas mais seguras do que as vacinas anteriores baseadas no tecido do cérebro.

A vacina foi produzida para aqueles que trabalham com o *Bacillus anthracis*, como funcionários de laboratório, ou os que trabalham com animais ou alguns militares. Para garantir a proteção, cinco doses de vacina são administradas e um reforço anual é necessário.

A complexidade dos calendários vacinais

Um número crescente de vacinas está sendo administrado em lactentes — em um momento em que o seu sistema imunológico não está totalmente maduro. No entanto, os estudos mostraram que os prematuros ainda podem ser vacinados com segurança, com a idade cronológica certa para a vacinação. A Tabela 35.6 apresenta uma visão geral das vacinas que estão sendo administradas em bebês, crianças e adolescentes no Reino Unido e nos EUA. Os calendários atuais recomendados de vacinação podem ser encontrados no *site* da OMS (www.who.int).

É importante assegurar que essas vacinas não interfiram umas com as outras e, assim, reduzam a imunidade induzida pela vacina; portanto, deve-se testar a não interferência antes que uma nova vacina seja introduzida.

Pode haver outros fatores que afetem o bom funcionamento de uma vacina no mundo real. Alguns estudos relataram diferenças entre os sexos na imunidade induzida pela vacina, ou efeitos sazonais, e algumas vacinas não induzem

Tabela 35.6 Exemplos de calendários de vacinação no Reino Unido e nos EUA

Vacina	Reino Unido	EUA
Difteria, tétano e coqueluche acelular	2, 3, 4 meses, 3 anos e 4 meses	2, 4, 6, 15-18 meses, 4-6 anos
Vacina inativada contra poliomielite	2, 3, 4 meses, 3 anos e 4 meses	2, 4, 6-18 meses, 4-6 anos
Haemophilus influenzae tipo b	2, 3, 4 meses, 1 ano	2, 4, 6, 12-15 meses
Vacina pneumocócica conjugada	2, 4 meses, 1 ano	2, 3, 4, 6, 12-15 meses
Meningite B	2, 4 meses, 1 ano	10 anos
Meningite C	1 ano	11-12 anos, 16 anos
Meningite AWCY	14 anos	2 ou 9 meses; homens CY a partir de 6 semanas[a]
Sarampo, caxumba e rubéola	1 ano, 3 anos e 4 meses	1-15 meses, 4-6 anos
Hepatite A	Não usada	12-13 meses, 18-19 meses
Hepatite B	Não usada	0, 1-3 meses, 6-18 meses
Papilomavírus humano[a]	12-13 anos × 2	11-12 anos × 3[b]
Varicela	Não usada	12-15 meses, 4-6 anos
Rotavírus	2, 3 meses	2, 4, (6) meses[c]
Influenza	A partir dos 6 meses (vacina sazonal apenas)	A partir dos 6 meses (vacina sazonal)

Observe que os calendários e vacinas dadas podem diferir. Esses calendários indicativos são baseados em recomendações de janeiro de 2017; calendários atualizados podem ser encontrados em: http://www.nhs.uk/conditions/vaccinations/pages/vaccination-schedule-age-checklist.aspx para o Reino Unido, www.cdc.gov/vaccines/schedules/index.html para os EUA e www.who.int/immunization/policy/immunization_tables/en/ para todos os outros países. A vacinação de BCG de rotina é administrada pouco tempo após o nascimento na maioria dos países fora da Europa e dos EUA.

[a]Para a vacina do papilomavírus humano, a vacina é rotineiramente administrada em meninas, mas pode ser administrada em meninos para prevenir verrugas genitais.

[b]Três doses administradas a 0, 1-2 meses e 6 meses.

[c]Formulações diferentes da vacina de rotavírus exigem duas a três doses.

imunidade equivalente em todos os contextos. A vacinação é uma ferramenta muito poderosa de saúde pública, mas nem todos os bebês e crianças serão vacinados nas idades certas ou na ordem recomendada. Vacinas para países em desenvolvimento, portanto, precisam ser testadas nas populações de maior risco, onde outros fatores e infecções, como a malária ou helmintos intestinais, podem modular a imunidade induzida por vacina.

Mudanças na demografia indicam que novas estratégias vacinais são necessárias

Em muitos países, a proporção de idosos está aumentando. Com a idade, a imunidade pode ser perdida e, em particular, a imunidade das células T é enfraquecida. Hospitalizações por infecções como pneumonia e gripe em pessoas mais velhas colocam um fardo sobre os sistemas de saúde. Uma estratégia é vacinar os indivíduos mais velhos contra a gripe e a doença pneumocócica — e nos EUA também é recomendado que aqueles com > 65 anos de idade também recebam vacinação contra varicela-zóster. No entanto, em função da redução da eficiência do sistema imune na velhice, novas estratégias vacinais podem ser necessárias. Caso os idosos sejam vacinados com a vacina com varicela-zóster viva atenuada ou a vacina inativada da gripe, eles recebem 14 vezes o número de unidades formadoras de colônias (UFC) do vírus varicela-zóster, ou quatro vezes a dose do antígeno de hemaglutinina usado na vacina contra a gripe dada a crianças, em uma tentativa de melhorar a imunogenicidade.

Novas vacinas em desenvolvimento

A melhor cobertura com as vacinas disponíveis está reduzindo a mortalidade infantil (Fig. 35.13), mas se vacinas eficazes fossem desenvolvidas contra o HIV/AIDS, a malária e a tuberculose, então muito mais vidas poderiam ser salvas. O desenvolvimento de novas vacinas contra a tuberculose foi abordado anteriormente — mas e quanto ao HIV e à malária?

Vacinas contra o HIV

O HIV tem provado ser um desafio em termos de desenvolvimento de vacinas. Desde 1987, mais de 30 vacinas foram testadas em estudos de fase I ou fase II, mas, apesar de todo esse esforço, nenhuma vacina eficaz está ainda disponível. Os primeiros estudos usaram recombinantes gp120 com adjuvante, com a esperança de induzir anticorpos neutralizantes, mas foram incapazes de oferecer proteção; o adenovírus recombinante foi então utilizado para fornecer os genes *gag*, *pol* e *nef* para induzir respostas de células-T CD8, mas esta vacina aumentou ligeiramente o índice de infecção. A imunidade preexistente ou até induzida por vacina contra o vetor viral usado pode ser um problema, embora até o momento uma combinação de preparação com o DNA e reforço com um adenovírus não tenha melhorado a proteção. O ensaio com RV144 na Tailândia usando uma preparação com uma vacina com o vírus canaripox, que codifica os genes *gag*, *pol* e *env* do HIV e uma vacina de reforço com gp120 recombinante, mostrou uma proteção moderada de 31,2%, em associação à presença de anticorpos não neutralizantes. Parte do problema é que as moléculas de gp120 sofrem mutação e os vírus HIV circulantes são altamente variáveis; o vírus morto não é suficientemente imunogênico para uso como uma vacina; e a via de infecção, na sua maior parte ao longo do trato genital, indica que a imunidade localizada da mucosa é necessária. Isso ilustra que, apesar de grandes avanços na biologia molecular e na imunologia, pode ser difícil desenvolver uma vacina protetora. Algumas novas estratégias que estão sendo investigadas incluem o desenvolvimento de novas estratégias de concepção

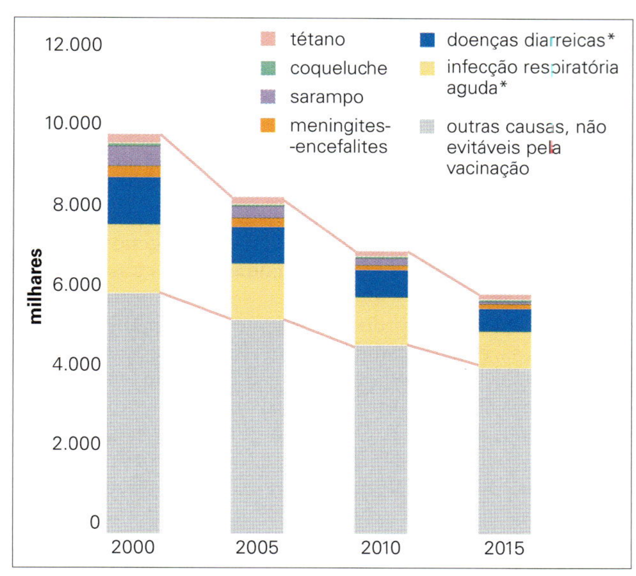

Figura 35.13 Vacinação reduziu a mortalidade em crianças. O efeito da vacinação sobre a mortalidade em crianças com menos de 5 anos, de 2000 a 2015, é apresentado. No entanto, nem todas as doenças diarreicas ou infecções respiratórias agudas podem ser evitadas com vacinação. (Fonte: OMS www.who.int/immunization/global_vaccine_action_plan/SAGE_GVAP_Assessment_Report_2016_EN.pdf?ua=1.)

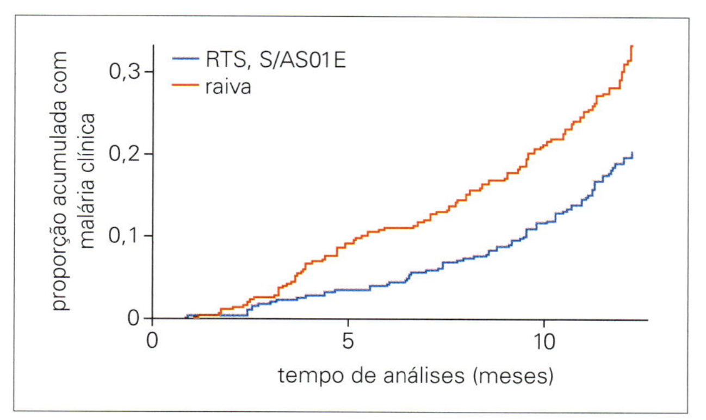

Figura 35.14 Uma nova candidata à vacina contra a malária, que usa partes da proteína circunsporozoíta fundida ao antígeno de superfície da hepatite B, reduz a prevalência de infecção por malária em crianças africanas. Crianças que receberam três doses da vacina RTS,S tiveram um atraso maior antes de desenvolverem infecção por malária clínica, em comparação com os controles que receberam a vacina antirrábica. Caso fosse administrada uma quarta vacina 18 meses após a vacina primária, a eficácia em crianças de 5-17 meses era de 36,3%. (Reimpresso com permissão pela Elsevier. Eficácia e segurança da vacina contra a malária RTS,S/AS01 com ou sem uma dose de reforço em lactentes e crianças na África: resultados finais de um estudo controlado, randomizado individualmente, de fase 3. *The Lancet* 2015; 386 [9988]:31–45.)

de antígenos para induzir anticorpos não neutralizantes à alça V2 do Env, neutralizando amplamente os anticorpos contra Env, o uso de novos vetores como o citomegalovírus (CMV) de rhesus para induzir memória de células-T na mucosa ou a utilização de antígenos mosaicos para gerar anticorpos a uma ampla gama de epítopos de HIV de vírus em todo o mundo.

Malária

A malária foi outra doença complicada para o desenvolvimento de uma vacina eficaz. A vacina RTS,S, com base na proteína circunsporozoíta e desenhada para combater o estágio esporozoíta na pele ou quando ele invade o fígado, mostrou-se promissora nos primeiros ensaios (Fig. 35.14) e reduziu os números de casos clínicos de malária em 36,3% em um estudo de fase III na África, quando uma terceira vacinação de reforço foi administrada 18 meses após as 3 doses iniciais. A OMS atualmente recomenda a implementação de um piloto em larga escala da vacina em crianças africanas com idades entre 5-9 meses. Os esporozoítas irradiados também podem oferecer proteção, mas essa não seria uma vacina fácil de se produzir em larga escala. Outras abordagens incluem a distribuição de antígenos-chave pré-eritrocíticos ou antígenos de vetores virais em estágio sanguíneo, como partículas semelhantes a vírus, ou presos em lipossomos. Para eficácia em longo prazo, uma vacina pode necessitar induzir imunidade contra antígenos da malária, que não são normalmente imunogênicos e, por conseguinte, podem estar sob menos pressão imune para evoluir. Por fim, uma vacina contra as formas sexuais de malária que são infecciosas a mosquitos poderia ajudar a reduzir a transmissão, e duas candidatas estão em seus primeiros ensaios.

Vacinas para doenças tropicais negligenciadas também são necessárias

Algumas infecções, como leishmaniose, hanseníase e infecções por helmintos, são descritas como doenças tropicais negligenciadas, esquecidas, enquanto mais ênfase é colocada sobre o HIV, a malária e a tuberculose. Leishmaniose, esquistossomose, oncocercose, ancilóstomo e tracoma são todos exemplos de doenças tropicais negligenciadas, para as quais não há vacina disponível atualmente, embora um antígeno de glutationa-S-transferase em uma vacina com alúmen para *Schistosoma haematobium* esteja sendo testada em estudos de fase II/III para *S. mansonii*, um tratamento para a oncocercose e para ancilóstomos ainda está em seus ensaios iniciais. A hanseníase também não tem vacina, mas felizmente a vacina BCG mostrou fornecer imunidade parcial à hanseníase. Espera-se que qualquer nova vacina contra a tuberculose faça ainda melhor.

Com que rapidez uma nova vacina é produzida?

O tempo gasto para desenvolver e introduzir uma nova vacina é essencial, pois atrasos significam que vidas são perdidas. Os surtos recentes de Ebola na África Ocidental ilustraram como o desenvolvimento da vacina pode ser acelerado. Felizmente, várias candidatas potenciais a vacinas foram disponibilizadas, vetores de vírus existentes podiam ser usados e processos regulatórios foram acelerados. Dentro de 3 anos do início do surto de Ebola na África Ocidental, os resultados de um estudo de fase III de um vírus de estomatite vesicular recombinante que expressa uma glicoproteína do Ebola, rVSV-ZEBOV, mostrou que a vacina oferecia 100% de proteção. Um modelo de vacinação em círculo foi usado, no qual todos que foram expostos a um caso confirmado de Ebola foram vacinados imediatamente ou 28 dias depois. Outras quatro vacinas foram submetidas a desenvolvimento acelerado e foram avaliadas quanto à imunogenicidade.

Novos sistemas de distribuição e tecnologias para futuras vacinas

Os adenovírus estão sendo testados como vetores de vacina, uma vez que induzem boas respostas de células T CD8, mas muitos indivíduos já possuem anticorpos para algumas cepas de adenovírus, o que pode reduzir a eficácia da vacina. Por exemplo, embora apenas 20% dos indivíduos na Holanda possuam anticorpos para o adenovírus tipo 5, esse percentual sobe para 80% na África Subsaariana, assim alguns testes de novas vacinas estão utilizando a cepa Ad35, pois a sororreatividade ao Ad35 é menor na África. A administração por adenovírus está sendo utilizada na concepção de algumas das novas candidatas à vacina para a tuberculose.

A engenharia genética pode ser usada para desenvolver vacinas mais eficazes. Vacinas recombinantes virais estão sendo desenvolvidas como novas vacinas de RSV — utilizando o vírus de parainfluenza que expressa as proteínas principais de RSV. A otimização de códon também pode ser usada, por exemplo, para poliovírus, em que a reversão da virulência pode ser reduzida por alteração da utilização de códons. Partículas semelhantes a vírus que podem ser produzidas e que expressam as proteínas virais essenciais são ainda deficientes na replicação. As vacinas para papilomavírus mais recentes são partículas semelhantes a vírus produzidas a partir de proteínas recombinantes de revestimento de HPV. Esta abordagem também está sendo utilizada para a vacina contra o vírus da língua azul em ovinos e para a malária. Plantas geneticamente modificadas ou transgênicas podem ser usadas para produzir imunógenos, incluindo proteínas glicosiladas, e até mesmo partículas semelhantes a vírus inteiros.

As vacinas de DNA eram consideradas uma grande promessa, mas até agora não foram licenciadas para uso. Elas são boas para iniciar o sistema imune e podem induzir boas respostas de memória e respostas T_H1 em indivíduos imunologicamente naïve.

Novas vias de vacinação

A vacina oral contra a poliomielite não foi a primeira vacina a ser administrada por via oral — a vacina BCG foi originalmente administrada pela boca. No futuro, comprimidos ou placas solúveis poderão ser utilizados sob a língua. Alguns trabalhos novos estão mesmo investigando antígenos vacinais de expressão em frutas ou legumes comestíveis, como tomates ou alface!

Se for necessária a proteção dos tecidos linfoides associados à mucosa, então sensibilizar células nesta região é bastante razoável, e *sprays* nasais podem ser usados, como em uma formulação da vacina contra a gripe sazonal. Outra abordagem é a utilização de emplastros para a pele — estes liberam os antígenos da vacina pela via transcutânea. Injetores com bico de esguicho ou de pó também têm sido investigados como modo de aplicação. As vacinas do futuro poderão utilizar nanopartículas ou serem injetadas com microagulhas que se dissolvem, desenhadas para distribuir os antígenos às células cutâneas apresentadoras de antígenos, e mencionadas como sendo relativamente indolores. Essa é claramente uma área onde a ciência molecular e o desenvolvimento tecnológico podem ter um impacto real.

PRINCIPAIS CONCEITOS

- A vacinação visa sensibilizar o sistema imunológico adaptativo para os antígenos de um patógeno em particular, de modo que uma primeira infecção induza uma resposta imunológica secundária.
- As vacinas podem utilizar microrganismos vivos atenuados, microrganismos mortos inteiros, frações subcelulares ou antígenos produzidos artificialmente por clonagem gênica ou síntese química.
- Em geral, as vacinas vivas são mais eficazes, porém possuem o risco de reversão à virulência ou à indução da doença em pacientes imunocomprometidos.
- Os detalhes da formulação da vacina, da via de administração, da dose e dos riscos devem ser considerados para cada doença individualmente.
- De modo geral, a vacinação é uma ferramenta muito eficaz de saúde pública; contudo, muitos desafios persistem, incluindo a implementação eficiente das vacinas existentes por todo o mundo e o planejamento de novas vacinas contra as infecções para as quais elas ainda não estão disponíveis.

Imunoterapia ativa, passiva e adotiva

36

Introdução

A imunoterapia envolve qualquer manipulação da resposta imunológica do hospedeiro que resulta na atenuação ou prevenção de uma infecção. As vacinas, conforme descrito anteriormente, são inativadas/mortas ou vivas atenuadas, com o objetivo de produzir proteção a longo prazo contra tal patógeno por meio da indução de memória imunológica antígeno-específica, que é estimulada quando o hospedeiro reencontra o antígeno. Outras formas de defesa são necessárias se o hospedeiro for imunocomprometido, uma vez que as vacinas vivas podem ser uma ameaça à vida, pois, embora o patógeno seja atenuado, a resposta do hospedeiro é reduzida. Ademais, devido à imunossupressão, o hospedeiro pode não responder. Além disso, se uma pessoa já tiver sido infectada e agentes antimicrobianos estiverem indisponíveis ou forem ineficazes, outras formas de imunoterapia são necessárias.

O papel da imunoterapia é ativar genes efetores imunológicos, mas sem aumentar nenhum efeito deletério que eles poderiam ter, pois há diversos eventos postos em andamento ao ativar a imunidade inata e adaptativa.

As estratégias imunoterapêuticas são divididas em quatro abordagens

1. Imunoterapia ativa – ativação sistêmica e não específica de respostas imunológicas.
2. Imunoterapia ativa e específica – ativação de células T ou B de vias de reconhecimento antigênico específicas.
3. Imunoterapia adotiva – células com respostas efetoras antígeno-específicas ou não específicas são expandidas *in vitro* e fornecidas ao hospedeiro.
4. Imunoterapia passiva – anticorpos específicos ou não específicos pré-formados são administrados ao hospedeiro.

Imunoterapia ativa e específica são conceitos discutidos nos capítulos anteriores e envolvem, por exemplo, interferons, vacinas de DNA que expressam genes específicos, os produtos dos quais podem eliminar a infecção, e citocinas que aumentam a expansão de células T e ativam as células apresentadoras de antígenos que podem controlar a infecção. O foco da próxima seção será a imunoterapia adotiva e passiva.

IMUNOTERAPIA ADOTIVA

As células T reconhecem e matam as células-alvo e, assim, a terapia com células T foi investigada como um modo de focar a ação nas células com infecções virais latentes e integradas. Dentre elas, infecções pelo herpesvírus e infecções retrovirais, assim como pelo vírus da hepatite B (HBV).

Em programas de transplante alogênico de medula óssea, os receptores estão em alto risco de reativação de herpesvírus, incluindo citomegalovírus (CMV) e vírus Epstein-Barr (VEB) em particular. Alguns dos outros, incluindo o vírus herpes simples (HSV) e o vírus varicela-zóster (VVZ), podem ser suprimidos por aciclovir, um antiviral que é relativamente isento de efeitos colaterais. No entanto, aquelas usadas para suprimir o CMV apresentam diversos efeitos colaterais e, por isso, outros modos de controlar as reativações de CMV foram investigados. Ainda precisa ser licenciada alguma droga antiviral que seja eficaz na redução da replicação de VEB; somente o anticorpo antiviral anti-CD 20, rituximabe, é realmente útil, mas diminui a população de células B. Como resultado, a produção de células T CMV ou VEB ou adenovírus-específicas derivadas do doador administradas como uma infusão de linfócitos do doador, como profilaxia ou tratamento, foi relatada. Caso estas não estejam disponíveis, os doadores que apresentam os alelos de antígenos de leucócitos humanos (HLA) mais comuns podem ser utilizados como fonte. Uma preocupação é que a doença do enxerto contra hospedeiro (DECH) pode ocorrer com essas infusões.

O receptor de antígenos quimérico (CAR) de células T modificadas está sendo usado na hematologia, mas foi originalmente investigado como um modo de tratar indivíduos infectados pelo vírus da imunodeficiência humana (HIV).

A proteína receptora da CD4 do envelope de HIV foi o componente do CAR e a ideia era que essas células T modificadas atacassem as células T infectadas por HIV. Demonstrou-se que as células T com CAR encontraram o caminho para reservatórios de infecção no organismo, incluindo a mucosa, e persistiram por anos no acompanhamento.

Em 2009, o mundo científico foi surpreendido por um relato de uma pessoa HIV-positiva com leucemia mieloide aguda, sendo aparentemente curada da infecção por HIV com um transplante alogênico de medula. Foi selecionado um doador que era homozigoto à mutação CCR5 Δ32, o que confere resistência genética à infecção por HIV.

Poderia haver alguns planos intrigantes de tratamento envolvendo células T com CAR e terapia antirretroviral combinada (cART). Em relação às combinações intrigantes, há a combinação que alguns podem achar engraçada e hipotética do EAGA, o Grupo Especializado em AIDS do Reino Unido, e a BHIVA, a Associação Britânica de HIV, que poderia ser chamada de EAGA BHIVA.

Além disso, estratégias de edição de genes poderiam ser usadas para afetar o gene CCR5 em células T, que poderiam então ser infundidas em indivíduos HIV-positivos, adicionando ao portfólio de células T e reduzindo a expressão de CCR5.

IMUNOTERAPIA PASSIVA

Certas doenças são tratadas por uma transferência passiva de imunidade, que pode salvar vidas

Antes da introdução dos antibióticos, doenças infecciosas agudas frequentemente eram tratadas por injeção de anticorpos pré-formados, sob o princípio de que o paciente já estava doente e era muito tarde para a vacinação "ativa". De fato, a demonstração de que a imunidade ao tétano e à difteria pode ser transferida para camundongos com soro de coelhos vacinados foi um experimento-chave na descoberta de anticorpos na década de 1890. Subsequentemente, a produção de antissoro para o tratamento passivo de difteria, tétano e pneumonia pneumocócica, e contra os efeitos tóxicos de estreptococos e estafilococos, tornou-se uma indústria importante, em que gerações de cavalos afastados do trabalho ativo continuaram servindo como fonte de "soro imunológico". A introdução do soro antitetânico, nos primeiros meses da Primeira Guerra Mundial, reduziu drasticamente a incidência de tétano, em até trinta vezes (Fig. 36.1).

O advento da penicilina e de outros antibióticos alterou o quadro consideravelmente, e a imunoterapia passiva hoje é usada apenas para um grupo seleto de doenças (Tabela 36.1). O soro pode ser específico ou inespecífico, de origem humana ou animal. O soro humano convalescente de indivíduos que sobreviveram aos vírus da influenza A e ao Ebola foi usado para tratar indivíduos com infecções graves, especialmente se os medicamentos antivirais não tivessem sido eficazes ou não estivessem disponíveis.

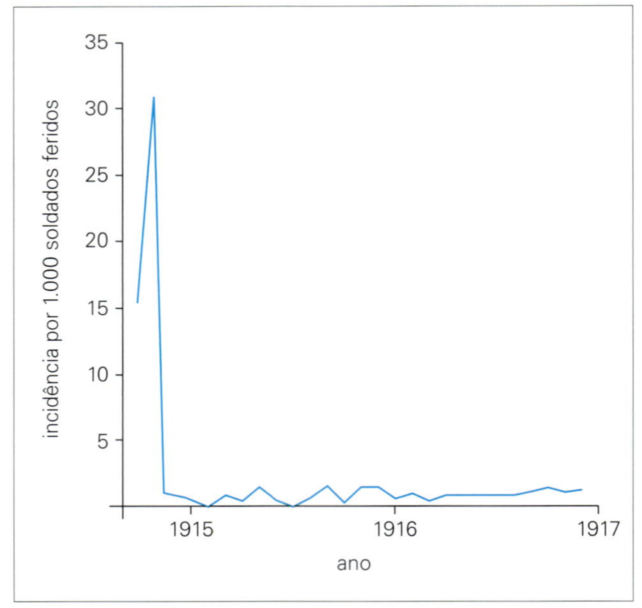

Figura 36.1 A imunização passiva reduziu significativamente a incidência de tétano nos primeiros meses da Primeira Guerra Mundial. A figura mostra a incidência de tétano para cada 1.000 soldados feridos em hospitais da Inglaterra durante 1914-1916. Houve uma queda drástica após a introdução do soro antitetânico em outubro de 1914.

O uso de antissoro produzido em animais pode causar doença do soro

O uso de antissoro produzido em cavalos ou coelhos foi abandonado em grande parte devido às complicações resultantes da resposta imune aos anticorpos, os quais são, evidentemente, proteínas estranhas. Essas incluem uma eliminação progressivamente mais rápida e consequentemente de eficácia menor, assim como doença do soro devido à deposição de imunocomplexos, por exemplo, no rim e na pele (Cap. 18), e até mesmo anafilaxia. Essas complicações podem ser evitadas usando soro humano coletado durante a convalescença ou após a vacinação — para prevenir infecção após exposição, como nas infecções pelos vírus da raiva, da hepatite B e da catapora.

Anticorpos em *pool* de soro podem proporcionar proteção contra infecções

Considerando as infecções comuns, pode-se admitir que a maioria das pessoas imunocompetentes possui anticorpos contra o patógeno em seu soro. A prova mais clara disso é que pacientes com hipogamaglobulinemia podem ser mantidos sem infecções recorrentes por injeções regulares de imunoglobulina (IgG) de um *pool* de soro normal e que crianças imunodeficientes podem ser protegidas contra o sarampo da mesma maneira (Quadro 36.1). A imunoglobulina é preparada a partir de lotes de plasma de 1.000-6.000 doadores saudáveis, após a triagem de diversas infecções, incluindo para hepatites B e C, HIV e infecção treponêmica. Outras infecções podem ser incluídas nos testes de triagem dependendo da prevalência naquele país. Injeções intravenosas ou intramusculares podem ser usadas. A imunidade conferida pelas mães a seus bebês recém-nascidos por transferência transplacentária de IgG e subsequentemente por IgA no colostro (embora essa

Tabela 36.1 Imunoterapia passiva específica com anticorpo

Infecção	Fonte do anticorpo	Indicação
Difteria Tétano	Humano, cavalo Humano, cavalo	} Profilaxia, tratamento
Vírus varicela-zóster	Humano Imunoglobulina de varicela-zóster	Profilaxia em pessoas suscetíveis e em alto risco (inclui receptores de transplantes de medula e órgão sólido, gravidez)
Gangrena gasosa Botulismo Mordida de cobra Ferroada de escorpião	Cavalo	} Pós-exposição
Vírus da raiva	Humano Imunoglobulina da raiva (RIG)	Pós-exposição (mais a vacina)
Vírus da hepatite B	Humano Imunoglobulina da hepatite B (HBIG)	Pós-exposição e vacina podem ser administrados
Sarampo	*Pool* de imunoglobulina humana	Pós-exposição

Quadro 36.1 Indicações para Terapia com Imunoglobulina Normal

Anticorpos suficientes para proteger pacientes imunocomprometidos contra infecções comuns podem ser obtidos do *pool* de plasma humano normal.

- Agamaglobulinemia ligada ao X/ hipogamaglobulinemia
- Deficiência variável comum
- Síndrome de Wiskott-Aldrich
- Ataxia-telangiectasia
- Deficiência da subclasse de IgG com reação comprometida de anticorpos
- Leucemia linfocítica crônica
- Pós-transplante da medula óssea para pneumonite por CMV em conjunto com um agente antiviral

última não seja absorvida, mas permaneça no intestino) é uma evidência adicional do efeito protetor de quantidades relativamente pequenas de anticorpos.

Uma terapia mais eficaz é fornecida por um ou mais anticorpos monoclonais específicos para um antígeno-alvo conhecido

O primeiro anticorpo monoclonal (mAb) foi licenciado em 1986, tendo sido gerado em camundongos em 1975 utilizando um método de hibridoma (Cap. 12). Os mAbs são anticorpos monovalentes produzidos por um clone de linfócito e ligados a um epítopo. Hibridiomas são feitos por meio da imunização de camundongos, por exemplo, contra um epítopo específico em um antígeno, e então coletando as células B do baço. Estas células B são fundidas com uma linhagem de célula imortal, criando o hibridioma, que é desenvolvido em cultura, e os clones da célula B secretam anticorpos indivíduais (mAbs no meio). Uma complicação séria é que eles são altamente imunogênicos em humanos e dão origem a anticorpos humanos anticamundongo (escala de Hamilton para ansiedade [HAM-A]), os quais aceleram a eliminação do mAb do sangue e possivelmente causam reações de hipersensibilidade; eles também impedem que o anticorpo murino atinja seu alvo, o que, em alguns casos, bloqueia sua ligação ao antígeno. Diferentes sistemas de expressão foram, portanto, desenvolvidos.

Engenharia de anticorpos

Anticorpos monoclonais podem ser gerados por técnicas de exibição de fagos "Phage Display"

Existem outras maneiras de contornar os problemas associados à produção de monoclonais humanos, os quais exploram os artifícios da biologia molecular moderna. Já foi feita referência à "humanização" de anticorpos de roedores, mas uma nova estratégia importante com base na expressão e na seleção de bacteriófagos alcançou uma posição de destaque. Em essência, o RNAm, preferencialmente de células B humanas sensibilizadas, é convertido em cDNA, e os genes do anticorpo, ou seus fragmentos, são estendidos pela reação em cadeia da polimerase (PCR). São feitas, então, construções em que os genes de cadeia leve e pesada se combinam ao acaso como fragmentos *Fab* ou *Fv* de cadeia única (scFv) em conjunto com o gene de proteína de revestimento bacteriófago. Essa *biblioteca combinatória* codifica um gigantesco repertório de fragmentos de anticorpos expressos como proteínas de fusão com uma proteína de revestimento filamentoso na superfície do bacteriófago. O número extremamente alto de fagos produzidos pela infecção de *Escherichia coli* agora pode ser garimpado com antígenos em fase sólida para selecionar aqueles exibindo anticorpos de afinidade mais alta ligados à sua superfície (Fig. 36.2). Como os genes que codificam esses anticorpos de afinidade mais alta já estão presentes dentro do fago selecionado, eles podem ser clonados prontamente, e o fragmento de anticorpo, expresso em massa.

Deve-se reconhecer que esse procedimento seletivo tem uma enorme vantagem sobre as técnicas que empregam triagem, porque o número de fagos que podem ser examinados é maior em muitos logs. Embora seja uma operação de "tubo de ensaio", esse método de geração de anticorpos específicos lembra a maturação por afinidade da resposta imune *in vivo*, na medida em que o antígeno é o fator determinante na seleção dos respondedores de afinidade mais alta. Com o intuito de aumentar as afinidades dos anticorpos produzidos por essas técnicas, o antígeno pode ser usado para selecionar os mutantes de afinidade mais alta produzidos por mutagênese ao acaso ou mesmo, mais efetivamente, por substituições dirigidas pelo sítio em pontos quentes de mutação, novamente mimetizando a resposta imune natural, a qual envolve mutação randômica e seleção antigênica.

Fragmentos de região variável de domínio único têm várias vantagens

Bibliotecas sobre fagos foram criadas, expressando apenas domínios de região variável de cadeia única pesada ou leve (V_H ou V_L dAbs). Quando selecionados de bibliotecas de fagos humanos virgens, grandes e bem sintonizados por mutação aleatória e seleção adicional, dAbs de afinidade surpreendentemente alta, às vezes em índice nanomolar baixo, podem ser obtidos claramente sem a necessidade de imunização prévia. Camelídeos são imunologicamente curiosos porque metade de seus anticorpos é composta convencionalmente de cadeias pesadas ou leves, mas a outra metade é apenas de cadeias pesadas, embora com regiões determinantes de complementariedade (CDRs) incomuns que podem ajudar nas interações de alta afinidade com antígenos. Por isso, uma tecnologia paralela foi desenvolvida, na qual V_{HH} de alta afinidade (domínios variáveis de anticorpos em cadeia pesada) foi selecionado de lhamas imunizadas.

Ambos os V_H dAbs de humanos e de lhamas têm várias vantagens. São fáceis de serem produzidos a granel com baixo custo, podem ser personalizados prontamente por manipulações biológicas moleculares, e são pequenos e robustos na sua capacidade de suportar variações em temperatura e acidez, o que os torna relativamente insensíveis a condições climáticas e à necessidade de refrigeração, permitindo seu uso em terapia oral e purificação cromatográfica por afinidade repetida de antígenos. Outra vantagem é sua baixa imunogenicidade.

Fragmentos de anticorpos carentes de estruturas Fc, necessárias para a atividade secundária, obviamente não fornecerão proteção quando a fixação complementar, a captação fagocítica ou a morte extracelular forem necessárias para eliminar um patógeno. Eles são eficazes no bloqueio de enzima cognata-substrato, hormônios ou toxina-receptor e interações de receptor celular microbiano adressina-epitelial. Essa última situação é particularmente relevante para as infecções de mucosas em que a aderência específica ao receptor epitelial cognato é um passo inicial essencial no processo infeccioso. Estudos iniciais demonstraram eficácia de dAbs em prevenir infecção experimental por rotavírus e candidíase vaginal (Fig. 36.3).

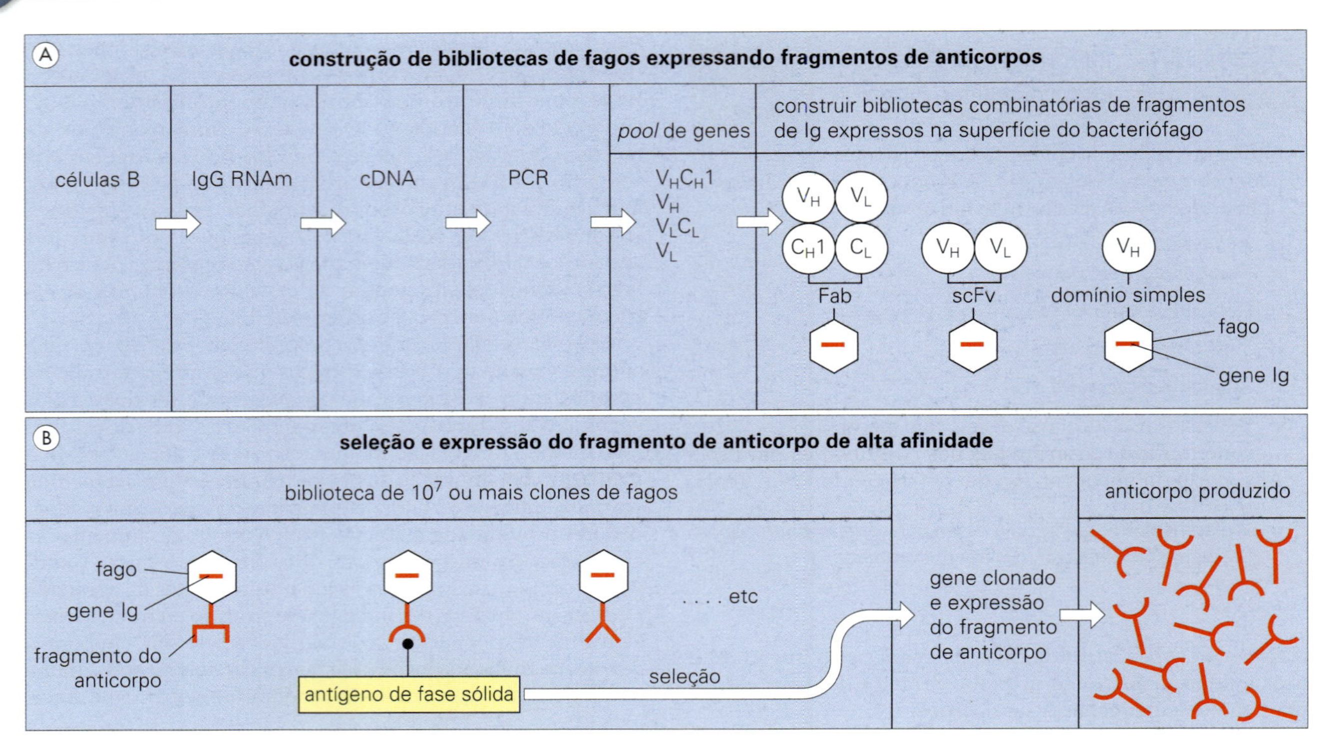

Figura 36.2 *Pools* de genes que codificam domínios de Ig derivados de RNAm de IgG são combinados ao acaso e expressos como fragmentos *Fab* ou cadeia única *Fv* (scFv) na superfície do bacteriófago. Bibliotecas expressando domínios simples de região variável de cadeia pesada (V_H) (humana ou de lhama, normalmente) também podem ser construídas. Clones de fagos contendo genes que codificam fragmentos de anticorpos de alta afinidade podem ser selecionados dessas bibliotecas extremamente grandes, usando antígenos em fase sólida. Os genes de Ig apropriados podem, então, ser clonados e expressos em vetores adequados para produzir fragmentos de anticorpo em abundância.

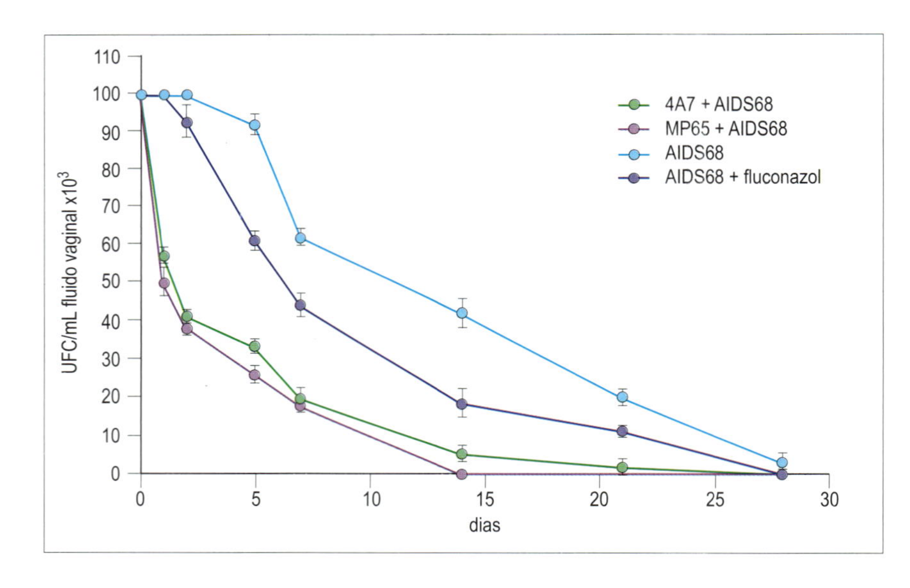

Figura 36.3 Atividade protetora de um anti-Sap2 (4A7) e um anticorpo anti-MP65 de domínio (dAb) único de região variável humano contra infecção vaginal em ratos por uma cepa de *C. albicans* resistente ao fluconazol (AIDS68). Foram usados cinco ratos por grupo, sendo administrados 20 μg de dAb intravaginalmente em cada animal 30 minutos antes do desafio intravaginal com 10^7 células fúngicas. O fluconazol foi usado como uma dose intravaginal única de 50 μg, 30 minutos antes do desafio. Os dAbs irrelevantes não foram protetores. A eficácia na proteção contra infecções se comparou à capacidade do dAb em inibir a aderência da *Candida* a culturas de células epiteliais. UFC = Unidades formadoras de colônias. (Cortesia de F. de Bernadis e A. Cassone *et al.*)

Os anticorpos monoclonais se tornaram mais eficazes e são cada vez mais usados no contexto clínico

Foram obtidas melhoras por meio do foco em áreas que incluíam farmacocinética, imunogenicidade, afinidade de ligação antigênica e as funções efetoras. Ao peguilar mAbs, com o uso de polietileno glicol, a meia-vida plasmática aumentou. Os mAbs podem ser feitos mais imunogênicos ao humanizá-los, reduzindo as chances de desenvolver HAM-A, por exemplo. Há também modos de melhorar a função efetora e a afinidade da ligação antigênica.

Muitos mAbs humanos foram avaliados quanto ao uso clínico em relação a diversas infecções *in vitro* e em modelos animais. Dentre os que foram licenciados constam o palivizumabe, para evitar infecções pelo vírus sincicial respiratório (RSV) em crianças em alto risco, e raxibacumabe, como profilaxia e tratamento para antraz. Até novembro de 2016, houve pelo menos 38 mAbs em desenvolvimento clínico ativo para infecções que incluíam *Clostridium botulinum* e *C. difficile*, doença pelo vírus Ebola, pelos vírus das hepatites B e C, vírus Hendra, vírus herpes simples (HSV), vírus da imunodeficiência humana (HIV), vírus da influenza, vírus da raiva, RSV, *Staphylococcus aureus* e *S. epidermidis*.

Os genes de um anticorpo monoclonal podem não apenas ser projetados para expressão em massa no leite de animais lactantes, mas plantas também podem ser utilizadas para tal fim, produzindo até mesmo IgA secretora. Os chamados "planticorpos" foram expressos em bananas, batatas e plantas de tabaco. Imagine uma fazenda de alta tecnologia com antitoxoide tetânico crescendo em um campo, e polissacarídeo antimeningocócico no outro. Embora isso pareça ficção científica, ZMapp foi utilizado para tratar indivíduos infectados com o vírus Ebola em 2014. Era um medicamento experimental feito inserindo genes codificantes para três mAbs, parte da glicoproteína de superfície do vírus Ebola, dentro de vetores virais que infectaram então as plantas de tabaco; os mAbs foram então extraídos e purificados das plantas.

IMUNOESTIMULAÇÃO CELULAR INESPECÍFICA

As citocinas e outros mediadores moleculares estimulam o sistema imune

A demonstração por William Coley, há quase um século, de que extratos naturais de bactérias podiam induzir à remissão e, algumas vezes, curar cânceres, indicou até que ponto o sistema imune pode ser "excessivamente estimulado" de forma inespecífica, com resultados potencialmente benéficos. Muitos dos compostos usados nesse sentido eram de origem microbiana, mas a indução das citocinas e outros mediadores moleculares provavelmente era a base da ação dos materiais brutos mais antigos (Quadro 36.2).

A maioria das aplicações desse tipo de imunoestimulação ocorreu na oncologia, mas algumas doenças infecciosas respondem ao tratamento com citocinas. Em primeiro lugar, entre estas estão os interferons (IFNs), especialmente o IFNα, que é eficaz em diversas infecções virais, embora menos do que se poderia prever, considerando a importância de seu papel normal na inibição da replicação viral. IFNγ foi descoberto por beneficiar muitos casos de doença granulomatosa crônica (DGC). No entanto, os efeitos colaterais desagradáveis da terapia com altas doses de interleucinas ou IFNs restringem seu uso e incluem:

- febre;
- mal-estar levando a fadiga;
- dor muscular;
- toxicidade renal, hepática, da medula óssea e do coração.

Quadro 36.2 Imunoestimuladores não Específicos

Vários materiais externos e endógenos foram usados na tentativa de elevar o nível geral de competência imunológica.

Microbiano

- Toxina de Coley (culturas filtradas de *Streptococcus* e *Serratia marcescens* usadas contra tumores)
- BCG (bacilos de Calmette-Guérin)
- OK432 derivado de estreptococo (possível imunomodulador em imunoterapia de câncer)

Endógenos

- Fatores tímicos e hormônios
- Citocinas, como interferons usados para tratar infecções pelos vírus das hepatites B e C

Existe uma "área indefinida" interessante em que a imunoestimulação e a nutrição se sobrepõem

Vários produtos de plantas, como saponinas, ginseng e remédios fitoterápicos chineses, parecem melhorar a resistência à infecção e, em alguns casos, agem também como adjuvantes quando combinados com vacinas, mas a complexidade e a variabilidade dos extratos tornam os componentes ativos difíceis de serem rastreados.

CORREÇÃO DE IMUNODEFICIÊNCIA DO HOSPEDEIRO

Defeitos de anticorpos são os mais fáceis de tratar

Este assunto é discutido com mais detalhes no Capítulo 31, e será apenas brevemente resumido aqui:

- As deficiências de anticorpos são as mais fáceis de tratar, uma vez que as imunoglobulinas podem ser administradas por infusão e possuem uma meia-vida razoavelmente longa (cerca de três semanas para a IgG).
- O tratamento de defeitos das células T é mais difícil, embora o transplante de timo ou de medula óssea tenha sido realizado, em alguns casos, com certo sucesso.
- Defeitos da fagocitose são os mais difíceis de corrigir, e, na prática, os antibióticos permanecem "o esteio" da terapia, embora o futuro possa residir na substituição de genes.

Recentemente defeitos gênicos foram identificados em certas doenças de imunodeficiência sérias, incluindo síndrome de hiper-IgM, DGC e agamaglobulinemia de Bruton.

PROBIÓTICOS

Os probióticos são suplementos dietéticos que contêm bactérias ou leveduras potencialmente benéficas, das quais as bactérias do ácido lático são os microrganismos mais comumente usados. Portanto, eles são compostos microbianos que podem ter um efeito benéfico sobre o hospedeiro. Eles podem ser administrados com prebióticos, que são fibras não digeríveis que estimulam o crescimento bacteriano, uma combinação conhecida como simbiótica. A microbiota intestinal pode ser desequilibrada por uma grande variedade de circunstâncias, incluindo o uso de antibióticos ou outras drogas, o excesso de álcool, o estresse, doenças, exposição a substâncias tóxicas ou até mesmo o uso de sabonetes antibacterianos. Em casos como estes, as bactérias "amistosas", que funcionam bem com nossos corpos, podem diminuir em número, permitindo que competidores danosos proliferem em detrimento de nossa saúde. Culturas bactericidas probióticas são usadas para ajudar a restabelecer as microbiotas que ocorrem naturalmente no corpo, dentro do trato digestivo. Às vezes elas são recomendadas após um curso de antibióticos ou como parte do tratamento de candidíase. Muitos probióticos estão presentes em fontes naturais, como o iogurte; as bactérias comumente usadas são *Lactobacillus acidophilus* e *Bifidobacterium bifidum*.

Uma ampla gama de usos medicinais potencialmente benéficos para probióticos foi explorada, incluindo o tratamento de intolerância à lactose, a prevenção do câncer de cólon, a diminuição do colesterol, a melhora da função imune, a prevenção de infecções e a redução de inflamação. Também é possível aumentar e manter uma microbiota intestinal saudável aumentando a quantidade de prebióticos na dieta, tais como inulina, aveia crua e trigo não refinado; uma combinação dos dois pode ser sinérgica, pois os prebióticos são eficazes somente no intestino grosso, enquanto os probióticos exercem sua influência no intestino delgado. Uma revisão sistemática e metanálise de estudos de controle randomizados em 2016 relatou que, de 20 estudos com quase 1.500 participantes, os resultados sugeriam que os probióticos/simbióticos administrados a adultos submetidos à cirurgia abdominal eletiva reduziram o risco de infecções no local da cirurgia em comparação a placebo ou tratamento padrão. Também foi relatado que houve benefícios em outras infecções bacterianas, assim como em indivíduos HIV-positivos e na prevenção de colonização por *Candida* em recém-nascidos prematuros.

PRINCIPAIS CONCEITOS

- A transfusão de *pool* de IgG é o tipo de imunoterapia passiva mais amplamente empregada e é usada para tratar a maioria das formas de deficiência de anticorpos.
- Anticorpos específicos podem ser usados para certas condições definidas. Tais anticorpos podem ser produzidos como monoclonais de camundongos ou humanos.
- As células T reconhecem e matam as células-alvo e, assim, a terapia adotiva com células T foi investigada como um modo de focar a ação nas células com infecções virais latentes e integradas.
- Os anticorpos podem ser construídos por engenharia genética para expressão em grande volume em vetores convencionais *in vitro* ou *in vivo*, no leite de animais lactantes ou em plantas.
- Fab, Fv de cadeia simples (scFv) ou fragmentos de domínio de região variável e de cadeia pesada podem ser selecionados por antígenos através de bibliotecas de expressão de bacteriófagos ostentando os fragmentos de um anticorpo, como proteína de superfície.
- Esses fragmentos são eficazes no bloqueio de interações cognatas, como na aderência microbiana às células epiteliais da mucosa como um precursor da invasão.
- A estimulação inespecífica da imunidade mediada por células T envolve as citocinas e o IFN para infecções virais.

Controle de infecção

37

Introdução

As infecções associadas a ambientes hospitalares são um problema cada vez mais complexo

Reunir pessoas doentes sob um mesmo teto traz muitas vantagens, mas também algumas desvantagens, como a maior facilidade de transmissão da infecção de uma pessoa para outra. No passado, o principal ambiente para tal interação era o hospital, o que levou ao termo "infecção nosocomial" (isto é, qualquer infecção adquirida enquanto no hospital). Com o aumento do número de indivíduos especializados em enfermagem e de atendimento domiciliar mais recentemente, o termo infecção relacionada à assistência à saúde (IRAS) começou a ser usado. Entretanto, os hospitais continuam sendo o principal ambiente associado a IRAS. A infecção hospitalar é geralmente definida como qualquer infecção adquirida enquanto no hospital (p. ex., ocorrendo dentro de 48h ou mais após a hospitalização e até 48h após a alta). A maior parte dessas infecções torna-se evidente enquanto o paciente está no hospital, mas algumas (p. ex., infecções de feridas no pós-operatório) podem não ser reconhecidas antes que o paciente receba alta. A alta precoce, encorajada visando à redução de custos, contribui para essas infecções não reconhecidas, apesar de a redução do tempo de internação no período pré-operatório diminuir a chance de aquisição de patógenos hospitalares (ver adiante).

A infecção relacionada à assistência à saúde pode ser adquirida a partir de:

- uma fonte exógena (p. ex., a partir de outro paciente — infecção cruzada — ou a partir do ambiente);
- uma fonte endógena (isto é, outro sítio do paciente — ou autoinfecção).

Uma infecção que está em período de incubação quando o paciente é internado no hospital não é uma infecção hospitalar. Entretanto, infecções adquiridas na comunidade e levadas para o hospital através do paciente podem então se tornar infecções hospitalares para outros pacientes e para a equipe do hospital.

Muitas infecções relacionadas à assistência à saúde são prevenidas

Em 1850, Semmelweiss demonstrou que muitas infecções hospitalares podem ser prevenidas quando ele fez a sugestão impopular de que a febre puerperal (uma infecção em mulheres que acabaram de dar à luz; Cap. 24) era veiculada através das mãos dos médicos que vinham diretamente da sala de autópsia para a sala de parto, sem lavá-las. A taxa de mortalidade foi reduzida após a introdução da simples medida de lavagem das mãos antes e após cada exame clínico. Estudos recentes demonstraram que infecções relacionadas à assistência à saúde são significativamente menos frequentes em países ricos em comparação àqueles com recursos mais limitados (Fig. 37.1). No entanto, independentemente da localização geográfica, um número significativo dessas infecções pode ser prevenido (p. ex., 20-30% nos Estados Unidos) com sucesso relacionado ao tipo de infecção e aos métodos de intervenção disponíveis. Estimativas norte-americanas atuais apontam a ocorrência de cerca de 2 milhões de IRAS associadas ao ambiente hospitalar, resultando em quase 100.000 mortes e custando mais de US$ 20 bilhões por ano.

INFECÇÕES HOSPITALARES COMUNS

Infecções hospitalares estão frequentemente associadas a dispositivos implantados

As infecções mais frequentemente adquiridas no hospital são:

- infecções das feridas operatórias;
- infecções do trato respiratório (pneumonia);
- infecção gastrointestinal (p. ex., *Clostridium difficile*; Cap. 23);
- infecções do trato urinário (ITUs);
- bacteremia.

As frequências relativas dessas infecções são ilustradas na Figura 37.2. Um número significativo dessas infecções está associado a dispositivos médicos (p. ex., cateteres e ventiladores). Infecções podem ter várias fontes. Por exemplo, bacteremias podem ser:

- primárias — consequentes à inoculação direta do microrganismo no sangue a partir, por exemplo, de um fluido intravenoso contaminado ou de um dispositivo implantado
- secundárias a um foco de infecção previamente estabelecido no organismo (p. ex., ITU).

Algumas infecções (p. ex., gastroenterite e hepatite) podem contribuir para surtos hospitalares.

CAUSAS IMPORTANTES DA INFECÇÃO HOSPITALAR

Staphylococci e *Escherichia coli* são tradicionalmente as causas mais importantes de infecções por bactérias Gram-positivas e Gram-negativas, respectivamente. No entanto, a lista está aumentando

Quase todos os micróbios podem causar infecção hospitalar, embora infecções por protozoários sejam raras. O perfil das infecções hospitalares modificou-se com o passar do tempo,

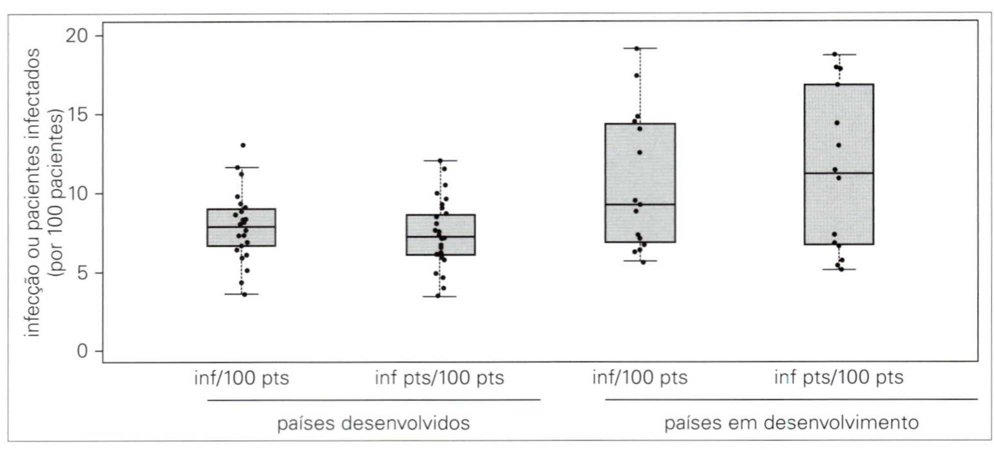

Figura 37.1 A prevalência das infecções relacionadas à assistência à saúde em países desenvolvidos em comparação a países em desenvolvimento, 1995-2010. (Retirado de *Report on the Burden of Endemic Health Care-Associated Infection Worldwide*, OMS, 2011. http://apps.who.int/iris/bitstream/10665/80135/1/9789241501507_eng.pdf)

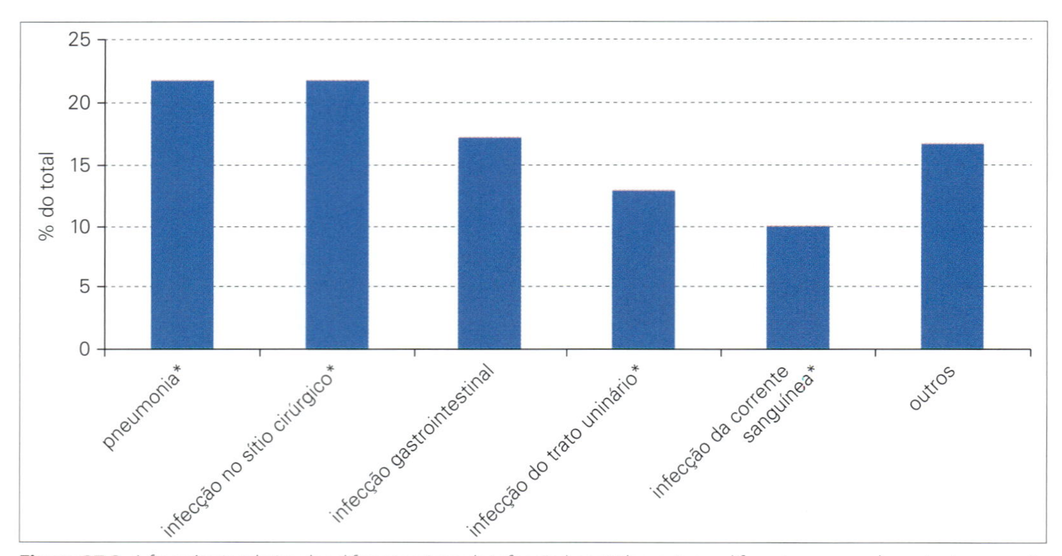

Figura 37.2 A frequência relativa dos diferentes tipos de infecção hospitalar varia em diferentes grupos de pacientes, mas são mais frequentemente associados a dispositivos médicos (p. ex., cateteres, ventiladores; marcados com um asterisco). (Dados retirados de www.cdc.gov/hai/surveillance/index.htm.)

refletindo os avanços da medicina e o desenvolvimento de agentes antimicrobianos. Na era pré-antibiótica, a maioria das infecções era causada por bactérias Gram-positivas, particularmente *Streptococcus pyogenes* e *Staphylococcus aureus*. Com o advento de antibióticos de atividade inibitória para os estafilococos, microrganismos Gram-negativos como *Escherichia coli* e *Pseudomonas aeruginosa* emergiram como patógenos importantes. Mais recentemente, o desenvolvimento de antimicrobianos de amplo espectro, mais potentes, e o aumento das técnicas médicas invasivas foram acompanhados de um aumento na incidência de:

- bactérias Gram-positivas resistentes a antibióticos, como estafilococos coagulase-negativos, enterococos (especialmente aqueles resistentes à vancomicina; VRE), *S. aureus* resistente à meticilina (MRSA) e *C. difficile*.
- bactérias Gram-negativas multirresistentes, inclusive especialmente aquelas enterobactérias resistentes a carbapenêmicos (p. ex., *Klebsiella* spp. e *E. coli*) (Cap. 34) que, em alguns casos, são resistentes à ampla maioria (se não todos) dos antibióticos disponíveis
- *Candida*

Muitos desses microrganismos são considerados oportunistas — microrganismos que não costumam causar doença em indivíduos sadios com mecanismos de defesa intactos, sendo, porém, capazes de causar infecção em pacientes imunodeprimidos ou quando introduzidos durante o curso de procedimentos invasivos. Enquanto microrganismos como *S. aureus* são grandes colaboradores das infecções em tratamentos da saúde (e hospitalares), os patógenos predominantes podem variar dependendo do tipo específico de infecção (Quadro 37.1).

Algumas infecções historicamente associadas a hospitais são cada vez mais vistas fora do ambiente hospitalar

Relatórios recentes em vários países documentaram o surgimento de cepas virulentas de estafilococo resistente à

Quadro 37.1 Ordem de Importância dos Patógenos

Uma classificação geral dos patógenos de importância é listada para as diferentes categorias de infecção. Embora algumas espécies sejam as mais importantes em todos os tipos de infecção hospitalar, os patógenos que predominam variam nas diferentes infecções. *Staphylococcus aureus* é muito importante em infecções de lesões cirúrgicas e bacteremias, porém é muito menos importante nas infecções do trato urinário. A importância dos Gram-negativos aumentou desde o advento dos antibióticos de amplo espectro, porque esses microrganismos frequentemente apresentam resistência antimicrobiana múltipla e de amplo espectro.

Infecções do trato urinário

- *E. coli*
- *Klebsiella pneumoniae*
- *Staphylococcus saprophyticus*
- *Enterococcus* spp.
- Outros (*p. ex., P. aeruginosa, Proteus mirabilis, S. aureus, Candida* spp.)

Infecções das feridas operatórias

- Estafilococos (*S. aureus* e coagulase-negativos)
- Enterococos
- *E. coli, P. aeruginosa* (outros Gram-negativos em menor grau)

Pneumonia

- *S. aureus*
- *P. aeruginosa* (outros Gram-negativos em menor grau)

Infecções da corrente sanguínea

- Estafilococos (*S. aureus* e coagulase-negativos)
- Enterococos
- *Candida*
- *K. pneumoniae* (outros Gram-negativos em menor grau)

Infecções gastrintestinais

- *C. difficile*

Quadro 37.2 Critérios para a Distinção entre MRSA Associados à Comunidade (CA-MRSA) e MRSA Relacionados a Tratamentos de Saúde (Incluindo Hospital) (HA-MRSA)

Indivíduos com infecções por MRSA que atendem a todos os critérios a seguir provavelmente têm infecções por CA-MRSA:

- Diagnóstico de MRSA foi feito em paciente não hospitalizado ou por uma cultura positiva para MRSA dentro de 48h após a internação
- Não há histórico médico de infecção ou colonização por MRSA
- Não há histórico médico no ano passado de:
  - Hospitalização
  - Internação em uma casa de repouso, serviços especializados de enfermagem ou asilos
  - Diálise
  - Cirurgia
- Nenhum cateter ou dispositivo médico de longa permanência passando através da pele

meticilina (MRSA) causando infecção em indivíduos fora do sistema de tratamentos de saúde. Esses MRSA associados à comunidade (CA-MRSA) podem ser transportados para o ambiente de tratamento de saúde, obscurecendo, assim, a distinção entre as infecções associadas à comunidade e aquelas relacionadas à assistência à saúde. Isso levou à criação de diretrizes para diferenciar as crescentes infecções por CA-MRSA hospitalar, resumidas no Quadro 37.2.

Infecções virais provavelmente são responsáveis por mais infecções hospitalares do que previamente se imaginava

Estas infecções afetam tanto pacientes como profissionais da saúde e incluem:

- vírus adquiridos pela via respiratória, especialmente influenza, assim como vírus sincicial respiratório (RSV), parainfluenza;
- vírus adquiridos através do contato com lesões vesiculares como VVZ e vírus do herpes simples (HSV);
- vírus adquiridos pelo contato com fômites contaminados, tais como norovírus e rotavírus;
- vírus adquiridos pelo contato com fômites contaminados com sangue, acidente por agulhas ou respingo em membranas mucosas, como vírus da hepatite B (HBV), da hepatite C (HCV), vírus da imunodeficiência humana (HIV) e vírus linfotrópico da célula T humana (HTLV). Estes também podem ser adquiridos em países nos quais os hemoderivados não são analisados ou, em raras circunstâncias, quando o sangue é de doador que se encontra em período inicial de incubação (janela) da infecção e, portanto, escapa da detecção pelos testes de análise.

O risco de infecção hospitalar é uma soma da transmissibilidade do vírus e da suscetibilidade do grupo de paciente. Alguns vírus, como o varicela-zóster, apresentam baixo risco em geral, mas são muito importantes em unidades pediátricas e especialmente em crianças imunocomprometidas.

FONTES E VIAS DE DISSEMINAÇÃO DE INFECÇÃO HOSPITALAR

Fontes de infecção hospitalar são as pessoas e os objetos contaminados

Como afirmado anteriormente, as fontes de infecção podem ser:

- *humanas,* a partir de outros pacientes ou funcionários do hospital e, ocasionalmente, visitantes
- *ambientais,* a partir de objetos contaminados (fômites), alimento, água ou ar.

A fonte pode tornar-se contaminada a partir de reservatório ambiental do organismo, como, por exemplo, uma solução antisséptica contaminada distribuída para uso em frascos estéreis (Fig. 37.3). A erradicação da fonte também necessitará da erradicação do reservatório.

As fontes humanas podem ser:

- pessoas com infecção
- pessoas em período de incubação da infecção
- portador sadio.

O período de tempo durante o qual uma fonte humana é infecciosa varia de acordo com a doença. Por exemplo, algumas infecções podem ser disseminadas durante seu período de incubação e outras em estágios precoces da doença clínica, enquanto outras são caracterizadas por um estado de portador prolongado mesmo após a cura clínica (p. ex., febre tifoide) (Fig. 37.4). Portadores de cepas virulentas de, por exemplo, *S. aureus* ou *S. pyogenes* podem atuar como fontes de infecção hospitalar, embora eles não desenvolvam doença clínica. Este estado de portador pode persistir por um longo período e permanecer desconhecido a não ser que haja um surto, ou, dependendo da significância do microrganismo, a ocorrência de um único caso de infecção que pode ser relacionado ao portador (p. ex., um profissional da saúde com hepatite B crônica).

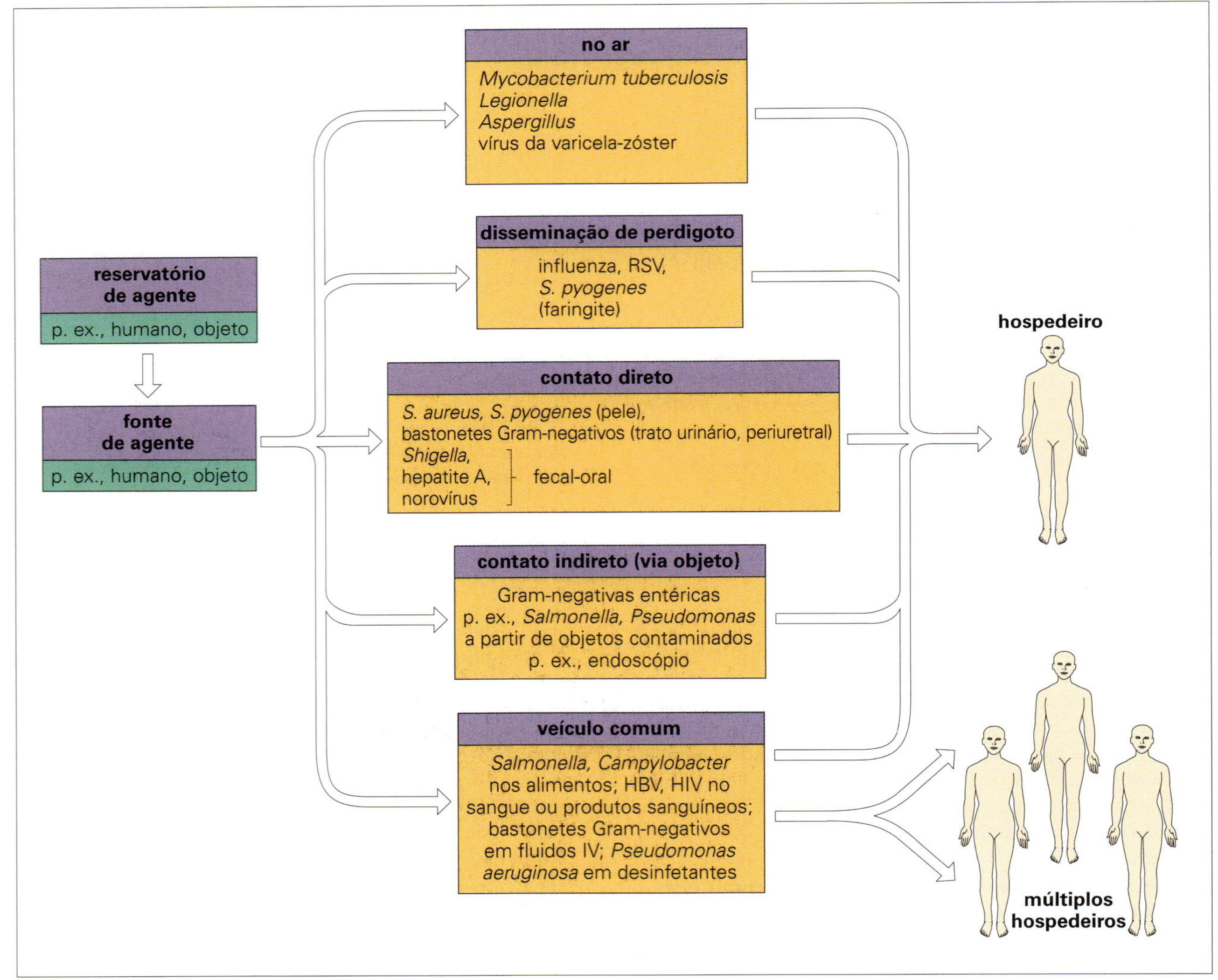

Figura 37.3 Infecções hospitalares são disseminadas pelas mesmas vias que as infecções comunitárias. O reservatório e a fonte de infecção podem ser humanos, inanimados ou ambos (p. ex., uma enfermeira com uma lesão de pele infectada). Se o reservatório e a fonte são distintos (p. ex., suprimento de água destilada contaminada sendo usada para preparar uma variedade de medicamentos), ambos devem ser eliminados para deter a disseminação da infecção; caso contrário, o reservatório pode continuar a contaminar novas fontes. HBV, vírus da hepatite B; HIV, vírus da imunodeficiência humana; IV, intravenoso; RSV, vírus sincicial respiratório.

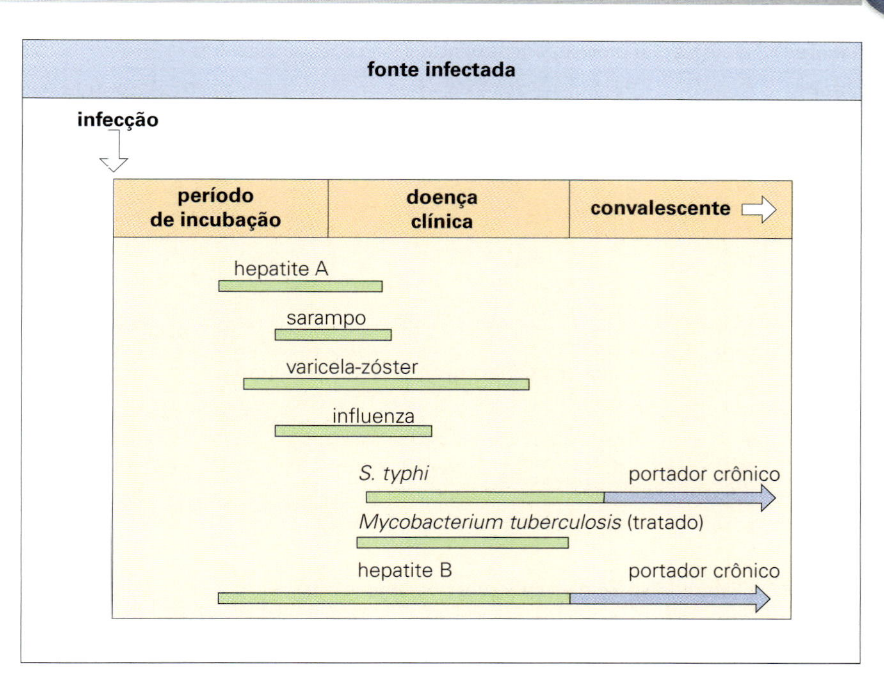

Figura 37.4 Os patógenos diferem entre si quanto aos períodos de tempo em que podem se disseminar a partir de uma pessoa infectada. Para alguns, isso ocorre durante o período de incubação, quando as pessoas infectadas podem não ter consciência de que estão doentes e contagiosas. Algumas pessoas continuam a carrear organismos como *Salmonella typhi* e vírus da hepatite B durante um longo período após a recuperação da doença clínica. Patógenos oportunistas frequentemente são membros da microbiota normal e podem, portanto, ser carreados durante longos períodos, sem que o hospedeiro apresente efeito adverso.

Infecções hospitalares são disseminadas pelo ar e pelo contato com veículos comuns

As vias importantes de disseminação de infecção nos hospitais são comuns a todas as infecções: aérea, contato e veículos comuns. Exemplos de disseminação de microrganismos através dessas vias nos hospitais estão ilustrados na Figura 37.3. Embora teoricamente possível, a disseminação através de um vetor é muito incomum em ambientes para tratamentos da saúde, assim como infecções transmitidas sexualmente. É importante lembrar que o mesmo microrganismo pode ser disseminado por mais de uma via. Por exemplo, *S. pyogenes* pode disseminar-se de um paciente a outro através da via respiratória em gotículas ou poeira, mas também é transmitido pelo contato com lesões infectadas, como pela mão de uma enfermeira. Além disso, um paciente ou profissional da saúde com cobreiro (herpes-zóster) pode transmitir o VVZ a uma pessoa suscetível ao entrar em contato direto com os exantemas bolhosos.

FATORES DO HOSPEDEIRO E INFECÇÃO HOSPITALAR

Doença de base, tratamentos específicos e procedimentos invasivos reduzem as defesas do hospedeiro

Fatores do hospedeiro exercem um papel fundamental na resolução da infecção, particularmente nos hospitais, em decorrência da alta proporção de pacientes com comprometimento das defesas naturais contra a infecção. A transmissão de um agente infeccioso para um novo hospedeiro pode resultar em um espectro de respostas: da colonização, através da infecção subclínica, até a doença clinicamente aparente, que pode ser fatal. O grau de resposta do hospedeiro difere entre as várias pessoas, dependendo do grau de comprometimento. Os mais jovens são particularmente suscetíveis em razão da imaturidade do seu sistema imune. Da mesma forma, os idosos apresentam um aumento do risco de infecção em decorrência da predisposição a doenças subjacentes, vascularização deficiente e imobilidade, fatores que contribuem para estase e, portanto, para a infecção, por exemplo nos pulmões. Em todos os grupos etários, a doença de base e seu tratamento (p. ex., fármacos citotóxicos, esteroides) podem predispor à infecção, enquanto procedimentos invasivos favorecem o acesso dos microrganismos a tecidos previamente protegidos. Os fatores importantes do hospedeiro a serem considerados na infecção hospitalar estão resumidos na Tabela 37.1. Infecções no hospedeiro comprometido são discutidas mais detalhadamente no Capítulo 31.

Uma variedade de fatores predispõe à infecção de feridas

A infecção da ferida é caracterizada pela presença de inflamação, pus e secreção, além do isolamento de microrganismos como *S. aureus*. Diversos estudos de infecção da ferida no pós-operatório identificaram vários fatores predisponentes:

- A permanência pré-operatória prolongada aumenta a chance de o paciente tornar-se colonizado por patógenos hospitalares resistentes a antibióticos.
- A natureza e a duração da cirurgia também têm seu efeito (Tabela 37.2; Cap. 27).
- Feridas abertas ou úmidas são mais suscetíveis à infecção secundária.

A partir desses estudos, foi possível identificar os pacientes e as cirurgias de maior risco e aplicar medidas preventivas como antibióticos profiláticos e ar ultralimpo em salas de cirurgia ortopédica (ver adiante).

CONSEQUÊNCIAS DA INFECÇÃO HOSPITALAR

Infecções hospitalares afetam tanto o paciente como a comunidade

Infecção hospitalar pode resultar em:

- doença grave ou morte;
- internação prolongada, a qual aumenta o custo e resulta em perda de salário e dificuldades para o paciente e sua família;
- necessidade de terapia antimicrobiana adicional, que é dispendiosa, expõe o paciente a riscos adicionais de toxi-

Tabela 37.1 Fatores que predispõem pacientes a infecções hospitalares

Idade	Pacientes nos extremos de idades são particularmente suscetíveis	
Imunidade específica	O paciente pode ter uma deficiência de anticorpos protetores para, por exemplo, sarampo, varicela, coqueluche	
Doença de base	Outras doenças (não infecciosas) tendem a provocar maior suscetibilidade à infecção, como, por exemplo, doença hepática, diabetes, câncer, doenças de pele, insuficiência renal, neutropenia (resultante de doença ou tratamento)	
Outras infecções	HIV e outras infecções por vírus imunossupressores; pacientes com influenza predispostos à pneumonia bacteriana secundária; lesões de herpesvírus que podem tornar-se secundariamente infectadas com estafilococos	
Medicamentos específicos	Drogas citotóxicas (incluindo imunossupressão pós-transplante) e esteroides diminuem as defesas do hospedeiro; antibióticos perturbam a microbiota normal e predispõem à invasão por patógenos hospitalares resistentes	
Trauma		
Acidental	Queimaduras, ferimentos a faca ou bala, acidentes rodoviários	Perturbam os mecanismos de defesa naturais/do hospedeiro
Intencional	Cirurgia, cateteres intravenosos e urinários, diálise peritoneal	

Pacientes internados não estão sob o mesmo risco de infecção. Alguns fatores que predispõem à infecção podem ser influenciados por tratamento da doença de base, melhora da imunidade específica e uso apropriado de antibióticos. Outros fatores como a idade são inalteráveis.

Tabela 37.2 Fatores de risco para infecções pós-operatórias

Tempo de internação pré-operatória	Internação mais prolongada – mais propenso a ser colonizado com bactérias e fungos hospitalares virulentos e resistentes a antibióticos
Presença de infecção intercorrente	Cirurgia realizada em um local já infectado mais propensa a causar infecção disseminada
Duração da operação	Mais longa – maior risco de os tecidos serem colonizados a partir do ar, funcionários e outros locais do próprio paciente
Natureza da cirurgia	Qualquer operação que resulte em sujidade fecal de tecidos tem um risco mais elevado de infecção (p. ex., gangrena pós-operatória), cirurgias difíceis tendem a apresentar maiores riscos
Presença de corpos estranhos	Por exemplo, *shunts*, próteses, prejudicam as defesas do hospedeiro
Estado dos tecidos	O suprimento sanguíneo deficiente estimula o crescimento de anaeróbios; a drenagem inadequada ou a presença de tecido necrótico predispõe à infecção

Os riscos de infecção após cirurgia têm sido estudados detalhadamente, e os cirurgiões estão, consequentemente, muito mais conscientes do problema. Entretanto, cirurgias de "alta tecnologia" são geralmente longas e difíceis, aumentando o potencial de infecções no pós-operatório.

cidade e aumenta a pressão seletiva para a emergência de resistência entre os patógenos hospitalares;
- o paciente infectado torna-se uma fonte a partir da qual outros podem tornar-se infectados, no hospital e na comunidade.

PREVENÇÃO DE INFECÇÃO HOSPITALAR

Existem três principais estratégias para prevenir infecção hospitalar

Pelas razões expostas anteriormente, a prevenção da infecção hospitalar é uma prioridade muito alta, e as três principais estratégias são:

- exclusão das fontes de infecção do ambiente hospitalar;
- bloqueio da transmissão da infecção desde a fonte até o hospedeiro suscetível (quebra da cadeia de transmissão);
- aumento da capacidade do hospedeiro em resistir à infecção.

Exclusão das fontes de infecção

A exclusão das fontes inanimadas de infecção é possível, mas evitar a contaminação por humanos pode ser difícil

A exclusão de fontes inanimadas de infecção é desejável e, em grande extensão, factível; por exemplo, o fornecimento de instrumentos e curativos estéreis, medicamentos e fluidos intravenosos estéreis, roupa de cama limpa, comida descontaminada e hemoderivados analisados para que sejam livres de agentes infecciosos. Entretanto, muitas fontes de infecção são humanas ou são objetos contaminados por humanos, tornando a exclusão mais difícil. O hospital deve tentar prevenir o contato do paciente com funcionários portadores de patógenos. O problema é a identificação dos funcionários portadores de patógenos e sua realocação em posições que ofereçam menor risco.

Os funcionários devem ser submetidos a exame de saúde antes da admissão e devem realizar *check-ups* periódicos. Por exemplo, no Reino Unido são oferecidos testes de HIV e hepatite C para todos os profissionais da saúde novatos. A imunização contra a hepatite B é oferecida, e esses profissionais devem saber se apresentaram resposta após a imunização e, portanto, estão imunizados. Qualquer profissional da saúde que for constatado como um portador de hepatite B deverá ser submetido a um teste de marcadores e de hepatite B, além de um teste de carga de DNA de HBV. No Reino Unido, um profissional da saúde deve apresentar uma carga de HBV de 1.000 equivalentes genômicos/mL ou menos antes da realização de procedimentos com risco de exposição (PREs). É fundamental que aqueles que executam PREs que não sabem seu estado pós-imunização ou que não responderam à vacina contra a hepatite B sejam examinados a fim de excluir a ocorrência de uma infecção por HBV em curso, ou para obterem um nível de proteção de anticorpo de superfície contra a hepatite B. Isso se dá pelo fato de que o HBV pode ser transmitido aos pacientes se o profissional da saúde que estiver realizando PREs for portador de hepatite B, e também pelo fato de o profissional não protegido estar em risco de infecção a partir de um paciente portador de hepatite B. Há também diretrizes para profissionais da área da saúde com infecções atuais por HIV e HCV.

Os hospitais apresentam políticas para a exposição a vírus transmitidos pelo sangue para o tratamento de profissionais da saúde e para aqueles que possam ter sido expostos aos vírus, incluindo o HBV, HCV e HIV, após terem sofrido uma lesão perfurocortante ou respingo em membrana mucosa a partir de uma fonte potencialmente infectada. A profilaxia inclui imunização ativa e/ou passiva contra a hepatite B e terapia antirretroviral de 4 semanas para exposição ao HIV (Cap. 22). O risco de transmissão é maior para a transmissão de HBV, cerca de 33%, em receptores não imunizados, cerca de 0,3% para a transmissão de HIV e considerado entre 1% e 3% para o HCV, mas pode ser mais alto. No entanto, à medida que o relato de incidentes de exposição e o acompanhamento do receptor melhoram, também melhora nosso entendimento dos resultados do incidente em si. No Reino Unido, foi relatado em 2014 que quando profissionais da área da saúde desenvolviam uma infecção por HCV, após um incidente de exposição, estes recuperaram-se espontaneamente ou após receber tratamento com ribavirina e interferon peguilado.

Em geral, os funcionários devem ser aconselhados a notificar qualquer incidência de infecção (p. ex., um corte infectado ou um surto de diarreia). Imunizações apropriadas devem ser oferecidas e, em algumas situações, ser obrigatórias. Enquanto restrições de trabalho para o pessoal com determinadas doenças infecciosas são importantes, portadores sadios de, por exemplo, estafilococos virulentos, são de difícil identificação, exceto se uma triagem bacteriológica for realizada, o que é impraticável rotineiramente. Além disso, os funcionários são fonte de microrganismos oportunistas, como estafilococos coagulase-negativos ou enterobactérias, que fazem parte da microbiota normal e que não podem ser excluídos.

Quebra da cadeia de transmissão

Existem dois elementos a serem considerados na quebra da cadeia de transmissão: o estrutural e o humano. A estrutura do hospital e seus equipamentos podem ser importantes na prevenção da disseminação aérea de infecções e na facilitação das práticas assépticas pelos funcionários. Entretanto, isso não terá valor algum se os funcionários não utilizarem adequadamente as instalações e não atuarem de modo positivo na prevenção da disseminação da infecção.

Controle da transmissão aérea das infecções

Sistemas de ventilação e fluxo de ar podem exercer um importante papel na disseminação de microrganismos por via aérea. Foi demonstrado que quartos separados fornecem alguma proteção contra disseminação aérea, e que quartos com ventilação controlada são ainda melhores. Entretanto, nenhum dos dois previne a disseminação do microrganismo através dos funcionários e de suas roupas, e alguns estudos sugerem que esta forma de infecção é mais importante do que a disseminação aérea. Entretanto, a infecção por *Legionella* é adquirida por via aérea, e os sistemas de ar condicionado do hospital devem ser mantidos de modo a prevenir a multiplicação desses organismos (Cap. 20). Infecção hospitalar por *Aspergillus* tem sido atribuída à disseminação dos esporos no ar do hospital, especialmente durante a realização de obras no local.

Os sistemas de ventilação nas salas de cirurgias devem ser adequadamente instalados e mantidos de modo a prevenir a entrada de ar contaminado e minimizar as correntes de ar que podem carrear microrganismos da equipe de profissionais de saúde presente na sala para o campo operatório. Ar "ultralimpo" é aquele que passa através de filtros de alta eficiência, que removem bactérias e outras partículas e contribuem positivamente para uma redução do número de infecções de ferida no pós-operatório após longas cirurgias ortopédicas.

A transmissão aérea de infecção pode significativamente ser reduzida mediante isolamento de pacientes. O isolamento de pacientes pode ser realizado para:

- proteger um paciente particularmente suscetível da exposição de patógenos (isto é, isolamento de proteção);
- prevenir a disseminação de patógenos de um paciente com infecção para outros no mesmo setor (isto é, isolamento da fonte).

O isolamento também ajuda a prevenir a transmissão de infecções através de outras vias porque limita o acesso ao paciente e lembra aos funcionários da importância do contato na disseminação da infecção.

O isolamento de proteção pode ser realizado por meio do uso de quarto único em um setor, ou da permanência do paciente em um isolador plástico. Com uma ventilação com pressão positiva adequada, o ar deve fluir da área limpa, onde está o paciente, para fora do quarto ou isolador. Os funcionários, ao entrarem no quarto ou em contato com o paciente, devem vestir capotes, luvas e máscaras estéreis, para prevenirem que microrganismos carregados por eles ou adquiridos de outros pacientes possam entrar em contato com o paciente isolado.

Antigamente, o isolamento da fonte envolvia a acomodação do paciente em uma unidade de isolamento em uma construção separada (p. ex., os sanatórios de tuberculose); o isolamento hospitalar é usualmente feito em uma ala separada ou em quartos adjacentes fora da enfermaria principal. A fim de prevenir a transmissão aérea de microrganismos do quarto do paciente para a enfermaria, o ar deve fluir da enfermaria para o quarto de isolamento. Na prática, é difícil manter um fluxo de ar correto sem desenhos sofisticados, incluindo portas duplas e bloqueio de fluxo aéreo.

Facilitação do comportamento asséptico

O aspecto de limpeza geral em todo o hospital é essencial, e a arquitetura das instalações afeta o modo pelo qual o ambiente é mantido limpo e como os funcionários podem praticar boas técnicas.

Lavagem das mãos eficaz, sob o ponto de vista bacteriológico, é uma das maneiras mais importantes de controlar a infecção hospitalar. As mãos dos funcionários transportam microrganismos para pacientes a partir de lesões infectadas e de portadores saudáveis, a partir de equipamentos contaminados por essas fontes e de sítios dos próprios funcionários portadores (Tabela 37.3; Fig. 37.5).

Portanto, os funcionários devem lavar as mãos:

- antes de qualquer procedimento para o qual luvas ou fórceps são necessários;
- após contato com um paciente infectado ou alguém que esteja colonizado com bactéria multirresistente;
- após contato com material infectante.

Embora água e sabão sejam adequados em muitas circunstâncias, tem sido dada ênfase ao uso de álcool-gel e outras soluções alcoólicas de secagem rápida, que são de uso mais fácil e parecem ter um melhor efeito antisséptico. Uma autorização do Centro de Controle de Doenças nos Estados Unidos, por exemplo, instituiu essa prática nos hospitais americanos. A secagem das mãos após qualquer procedimento de lavagem é importante. Uma descontaminação das mãos mais prolongada e minuciosa é necessária antes de cirurgias.

Tabela 37.3 Disseminação de patógenos oportunistas por contato

Paciente	Prática de enfermagem	Números de *Klebsiella* recuperados por mão[a]
A	Fisioterapia	10-100
	Aferir a pressão arterial e o pulso	100-1.000
	Lavar o paciente	10-100
	Medir a temperatura oral	100-1.000
B	Aferir o pulso radial	100-1.000
	Tocar o ombro	1.000
	Tocar a virilha	100-1.000
C	Tocar a mão	10-100
D	Extubação	100-1.000
	Tocar a traqueostomia	1.000

Procedimentos de enfermagem que envolvem o contato com a pele e que levam à contaminação das mãos dos profissionais. Esses dados são derivados de experimentos realizados durante um surto de infecção por *Klebsiella* entre pacientes urológicos.
[a]Nas lavagens de mãos realizadas como controle antes do procedimento não foram isoladas *Klebsiella*. (Dados de Casewell M.; Phillips I. Hands as route of transmission for *Klebsiella species* [As mãos como via de transmissão da espécie *Klebsiella*]. *British Medical Journal*. 1977;2[6098]:1315–1317.)

Figura 37.5 Os bastonetes Gram-negativos usualmente não fazem parte da microbiota residente normal, exceto em ambientes úmidos; mas são prontamente carreados nas mãos e podem ser transferidos de uma fonte a um paciente suscetível. Este quadro mostra a impressão de uma mão inoculada com aproximadamente 1.000 *Klebsiella* aerógenos.

O desenho das pias, dos dispensadores de sabão e de outras instalações de lavagem, incluindo lavadores de comadres, alcançou um alto grau de sofisticação. Entretanto, o comportamento humano pode ser influenciado pela arquitetura somente até um determinado ponto, e frequentemente há uma frustrante baixa adesão à simples técnica de lavagem de mãos. Portanto, o treinamento e o estímulo regular ao comportamento apropriado são essenciais.

Aumento da capacidade do hospedeiro em resistir à infecção

A resistência do hospedeiro pode ser aumentada com reforço da imunidade e da redução de fatores de risco

Embora tentativas possam e devam ser feitas para controlar e prevenir infecção hospitalar por meio da remoção das fontes de infecção e da prevenção da transmissão, a partir das fontes, aos hospedeiros suscetíveis, nenhuma dessas estratégias é infalível. Além disso, elas não protegem o hospedeiro das infecções endógenas. Uma maneira de inclinar o balanço a favor do hospedeiro é aumentar sua capacidade em resistir à infecção, tanto pelo reforço da imunidade específica como pela redução dos fatores de risco pessoais. Os seguintes aspectos devem ser considerados:

- reforço da imunidade específica por meio da imunização ativa ou passiva;
- uso apropriado de antibióticos profiláticos;
- cuidados com os dispositivos invasivos que violam as defesas naturais (p. ex., cateteres urinários, linhas intravenosas);
- atenção aos riscos que predispõem à infecção no pós-operatório.

Reforço da imunidade específica

Imunização passiva oferece proteção de curto prazo. O reforço da imunidade específica pela imunização foi discutido nos Capítulos 35 e 36. O problema para o paciente imunocomprometido é que ele pode não ser capaz de estabelecer uma resposta de anticorpos.

Uso apropriado de antibióticos profiláticos

Existem indicações bem documentadas para a profilaxia, mas os antibióticos tendem a ser utilizados incorretamente. Esse aspecto é discutido no Capítulo 34. Existem várias indicações bem documentadas para antibióticos profiláticos em cirurgias contaminadas e quando as consequências de uma infecção podem ser desastrosas (p. ex., cirurgia cardíaca, neurocirurgia e transplantes). Entretanto, há uma tendência à utilização incorreta dos antibióticos:

- primeiro, utilizando-os de forma muito frequente e por muito tempo, aumentando a pressão seletiva e a emergência de microrganismos resistentes;
- segundo, pela escolha inadequada dos agentes.

O tratamento (em contraste com a profilaxia) de pacientes e funcionários portadores de patógenos como *S. aureus* ou *S. pyogenes* tem sido utilizado com sucesso na prevenção de infecção endógena e no controle de surtos de infecção por esses microrganismos. Preparações tópicas de antibióticos, como o ácido pseudomônico (mupirocina), um produto da fermentação da *Pseudomonas fluorescens*, têm demonstrado eficácia. Entretanto, tem ocorrido resistência (em baixo e alto nível) à droga.

Regimes de descontaminação do intestino e contaminação seletiva do intestino ajudam a reduzir o reservatório de patógenos potenciais no intestino. Regimes de descontaminação do intestino que visam reduzir a microbiota de aeróbios Gram-negativos nos pacientes neutropênicos tem sido praticados há algum tempo. Em alguns pacientes (p. ex., de transplante hepático) das unidades de terapia intensiva (UTIs), a descontaminação seletiva do intestino (DSD) tem sido empregada. O objetivo é reduzir o reservatório potencial de patógenos no intestino mediante administração oral (ou através de cateter nasogástrico) de uma mistura de antibióticos de altas concentrações. Até o momento, ainda há controvérsia sobre a eficácia e a segurança da DSD.

Cuidados com dispositivos invasivos

O cuidado com dispositivos invasivos é essencial para reduzir o risco de infecção endógena. É essencial o cuidado com os dispositivos intravasculares, visando reduzir o risco de infecção endógena a partir de microrganismos da pele, e com os cateteres, visando reduzir o risco da microbiota periuretral de causar infecção endógena da bexiga em pacientes cateterizados. Diretrizes com os cuidados a serem observados com os cateteres urinários são discutidas no Capítulo 21.

A maioria das bacteremias e candidemias associadas ao hospital está relacionada à infusão. As bacteremias e candidemias relacionadas à infusão originam-se principalmente dos cateteres vasculares. A maioria das bacteremias associada a dispositivos invasivos é causada por constituintes da própria microbiota da pele do paciente, embora uma microbiota mais resistente, adquirida durante a permanência do paciente no hospital, possa substituir a bactéria residente suscetível. Estafilococos coagulase-negativos são os agentes etiológicos mais comuns, mas enterococos, *Candida* e vários bastonetes Gram-negativos também estão envolvidos. Essas infecções podem, em grande parte, ser prevenidas caso procedimentos apropriados sejam realizados.

Reduzindo os riscos de infecção no pós-operatório

A prevenção de infecção no pós-operatório envolve minimizar riscos. Reduzir os riscos de infecção no pós-operatório envolve a compreensão destes riscos e dos meios pelos quais eles podem ser evitados, como, por exemplo:

- A permanência no hospital no pré-operatório deve ser a mínima possível.
- Infecções intercorrentes devem ser apropriadamente tratadas sempre que possível antes da cirurgia (p. ex., tratamento de infecção do trato urinário (ITU) antes da ressecção da próstata).
- A cirurgia deve ter a menor duração compatível com uma boa técnica operatória.
- O debridamento adequado do tecido morto e necrótico é essencial, assim como a drenagem adequada e a manutenção ou o restabelecimento de um bom suprimento sanguíneo, a fim de garantir que as defesas naturais do organismo tenham boas condições de atuação.
- A prevenção de úlceras de pressão e estase, por meio de uma boa técnica de enfermagem e fisioterapia ativa, minimiza os riscos de desenvolvimento de infecção do trato respiratório ou ITU.

INVESTIGANDO A INFECÇÃO RELACIONADA À ASSISTÊNCIA À SAÚDE

Muitos dos princípios da epidemiologia descritos no Capítulo 33 são aplicáveis a uma investigação de infecção relacionada à assistência de saúde. Os surtos dentro de hospitais são epidemias — detectados quando a incidência de uma infecção aparece acima dos níveis normais da instituição. A investigação, portanto, deve determinar a extensão do problema, identificar a fonte da infecção e seu modo de disseminação, identificar aqueles sob risco e propor métodos eficazes de controle. Com as doenças infecciosas de um modo geral, a aplicação de técnicas estatísticas (p. ex., cálculo de razão de risco) e de modelagem matemática ajudou a fornecer uma estrutura analítica e preditiva para tais infecções, mas a investigação no dia a dia ainda requer a aplicação de abordagens microbiologicamente comprovadas.

As infecções hospitalares, assim como as infecções da comunidade, podem envolver todos os grandes grupos de patógenos, desde vírus até artrópodes. Entretanto, um problema particular das infecções hospitalares, quando comparadas àquelas comumente adquiridas na comunidade, é a transmissão de bactéria resistente aos antibióticos, cuja emergência e disseminação são favorecidas pelo ambiente do hospital. O recente aumento nas infecções por MRSA associadas à comunidade é uma infortuna exceção para esta tendência. A investigação epidemiológica das infecções tem uma grande importância nos métodos moleculares (tipificação) para a identificação e caracterização do microrganismo causal. Essa epidemiologia molecular pode trazer uma importante contribuição no rastreamento e controle das infecções.

Em muitos hospitais, a responsabilidade de investigar uma infecção hospitalar cabe à comissão de controle de infecção, a qual inclui um profissional de controle de infecção (que pode ser um médico ou microbiologista) e pelo menos uma enfermeira. As funções da comissão de controle de infecção incluem:

- vigilância das infecções hospitalares;
- estabelecimento e monitoração de políticas e procedimentos direcionados à prevenção das infecções (p. ex., normas de cuidados com cateter, normas para o uso de antibióticos e desinfetantes, acidentes de exposição a vírus presentes no sangue, incluindo acidentes com perfurocortantes e com respingo de sangue);
- investigação de surtos — descobrir a fonte e as vias de transmissão.

Vigilância

A vigilância permite o reconhecimento precoce de qualquer alteração na frequência ou no tipo de infecção hospitalar

Levantamentos nacionais e internacionais continuam a salientar a prevalência e a importância da infecção hospitalar. Por meio da manutenção de uma vigilância local, a equipe de controle de infecções pode estabelecer as tendências esperadas no seu hospital e reconhecer precoce e proativamente qualquer mudança na frequência ou no tipo de infecção. As fontes dos dados de vigilância são as seguintes:

- *Relatórios do laboratório de microbiologia.* Eles podem ser utilizados para a vigilância em geral, como na monitoração dos pacientes em programa de hemodiálise quanto ao antígeno de superfície da hepatite B e anticorpos contra HCV, uma vez que surtos de infecção por HBV e HCV foram relatados em unidades de diálise em vários pontos do mundo, ou, ainda, na monitoração de organismos "sentinelas" ou "alertas" como o *S. aureus*, VRE e enterobactérias produtoras de beta-lactamases de espectro ampliado (ESBLs) (Cap. 34).
- *Visita às enfermarias.* Novos casos de infecção podem ser identificados por meio da inspeção direta, e casos de infecção previamente identificados podem ser acompanhados. Levantamentos nas enfermarias também podem ser realizados (p. ex., infecção de feridas após procedimentos ou práticas diferentes).
- *Outras fontes*, incluindo laudos de autópsia, prontuários de saúde da equipe e levantamentos sobre os pacientes após alta do hospital.

Investigação de surtos

Quando um surto (ou epidemia) ocorre, ou quando a vigilância de rotina evidencia aumento na incidência de infecção, a equipe de controle da infecção deve iniciar uma investigação. Não existe uma rotina universalmente aplicável na detecção da causa de um surto, mas a princípio cada investigação tem um elemento epidemiológico e um elemento microbiológico.

A descrição de surto deve ser feita em termos epidemiológicos

O que envolve obter informações sobre diversos fatores relevantes:

- Quantas pessoas estão infectadas?
- Quando elas foram admitidas?
- Quando elas adquiriram a infecção?
- Elas estão na mesma enfermaria?
- Elas estão sendo tratadas pela mesma equipe de clínicos e cirurgiões?
- Todas elas foram expostas ao mesmo tratamento?

O microrganismo causador precisa ser isolado e/ou detectado em todos os pacientes do surto

É papel do laboratório de microbiologia tentar isolar o microrganismo causador e demonstrar que isso ocorre em todos os pacientes do surto (p. ex., todos estão infectados com microrganismos indistinguíveis — ver adiante). A identificação do microrganismo pode dar pistas sobre a possível fonte:

- Vírus entéricos ou respiratórios indicam que a fonte é um paciente ou um funcionário ativo na assistência.
- Hepatite indica disseminação através de hemoderivados contaminados ou agulhas.
- Um surto de infecção de ferida operatório por *S. aureus* está provavelmente associado à disseminação através de contato com o profissional de saúde no centro cirúrgico ou na enfermaria.
- Um surto de *gastroenterite por salmonela* está mais provavelmente relacionado à cozinha.
- Infecções com *Legionella* ou *Pseudomonas* mais provavelmente refletem contaminação ambiental (especialmente água).

Além disso, a localização do surto, seja em uma enfermaria geral, sala cirúrgica, pediátrica ou unidade de terapia intensiva (anteriormente descrito como o epicentro de infecções hospitalares), também pode fornecer pistas valiosas.

Fases da investigação da infecção

Uma vez que o problema tenha sido clinicamente identificado, espécimes apropriados devem ser coletados dos pacientes e da equipe do hospital, caso haja indicação de envolvimento da equipe médica (Cap. 32). Da mesma forma, fontes prováveis de contaminação ambiental também devem ser investigadas (superfícies, materiais, equipamentos, água). Este é um passo importante, uma vez que os dados (utilizando marcador de DNA não infeccioso como um microrganismo infeccioso experimental) demonstram que, após a liberação, ocorre uma rápida disseminação das mãos da equipe médica a quase todas as superfícies disponíveis (computadores, quadros, telefones, maçanetas, puxadores de portas, monitores, aquecedores). Uma vez que as amostras tenham sido coletadas, o laboratório de microbiologia tem então a tarefa de identificar e tipificar o microrganismo em questão.

Enquanto a investigação está em andamento, devem ser adotadas medidas para conter o surto e prevenir a disseminação a outros pacientes. Pacientes infectados devem ser isolados e tratados de modo apropriado. Funcionários com infecção semelhante, ou os que posteriormente são diagnosticados como portadores, devem ser afastados do trabalho até que tenham sido tratados. Ao final da investigação, os procedimentos relevantes devem ser revisados a fim de prevenir a recorrência do surto.

Técnicas de tipificação epidemiológica

As bactérias são as causas mais comuns de infecção nosocomial e motivo de grande preocupação em razão da prevalência de resistência antimicrobiana. Por exemplo, em 2011 houve mais de 700.000 infecções nosocomiais em hospitais de tratamento intensivo nos EUA, resultando em aproximadamente 75.000 mortes. Dos patógenos envolvidos, a maioria eram bactérias (Quadro 37.1). A investigação de infecções tem, portanto, uma preocupação desproporcional com bactérias, embora técnicas moleculares também sejam aplicadas no monitoramento de infecções virais.

Uma variedade de características genotípicas e fenotípicas é utilizada para o "*fingerprint*" de uma bactéria com propósitos epidemiológicos

Em estudos epidemiológicos da disseminação das infecções hospitalares, assim como nas investigações de surtos na comunidade, faz-se necessário identificar isolados dos microrganismos infecciosos, a fim de determinar se são ou não diferentes (não se costuma dizer que dois microrganismos sejam idênticos, apenas que não são distinguíveis). No caso das bactérias, se a espécie faz parte da microbiota humana habitual ou se frequentemente é encontrada no ambiente, é necessário diferenciar a cepa "epidêmica" das demais cepas de mesma espécie que não estão envolvidas no surto, mas que também podem ser isoladas durante o curso da investigação. Essencialmente, a tipificação é utilizada para evidenciar a disseminação de um clone de um determinado patógeno.

Para ser válida neste contexto, a boa técnica de tipificação deve:

- discriminar (isto é, ser capaz de mostrar diferenças entre cepas da mesma espécie);
- ser reprodutível (isto é, a mesma cepa deve levar ao mesmo resultado quando testada em diferentes ocasiões e locais);
- possuir alto grau de tipificação (isto é, ser capaz de atribuir um tipo a todas as cepas).

Padrões de suscetibilidade a antibióticos

Os testes de suscetibilidade a antibióticos são prontamente realizados em laboratórios para diagnóstico (Caps. 32 e 34) e são úteis como pista preliminar quando duas amostras não são distinguíveis. Entretanto, a discriminação é deficiente: muitos padrões de suscetibilidade são comuns e cepas muito diferentes podem ter o mesmo padrão. Por outro lado, durante um surto, as cepas podem ganhar ou perder plasmídeos que carreiam marcadores de resistência aos antibióticos. Técnicas de tipificação mais especializadas são comumente realizadas em laboratórios de referência. Isso apresenta a vantagem da maior garantia de qualidade, mas também significa um inevitável atraso na liberação dos resultados e em caracterizar se o surto de infecção hospitalar é ou não causado por uma única cepa.

Técnicas especializadas de tipificação

A sorotipagem diferencia as cepas utilizando antissoros específicos

Esta técnica clássica diferencia as cepas por meio de uma diferença na estrutura antigênica, a qual é reconhecida por reação com antissoros específicos. Os antígenos somáticos "O" e o flagelar "H" são utilizados para classificar as salmonelas em tipos (algumas vezes referidos como espécies; Cap. 23). *S. pneumoniae*, *Neisseria meningitidis* e *Klebsiella aerogenes* podem ser tipificados com base em seu antígeno capsular (K), e o *S. pyrogenes*, com base nas proteínas de parede celular, M e T. Contudo, a sorotipagem requer a produção e manutenção de bancos apropriados de reagentes (p. ex., antissoro), os quais são caros e consomem tempo. Portanto, esta abordagem, quando empregada, geralmente é restrita a laboratórios de referência.

Fagotipagem é utilizada para tipificar *S. aureus*, *S. epidermidis* e *Salmonella typhi*

Esta técnica compara o padrão de lise obtido quando as amostras (crescimento em sobrecamada em placa de ágar) são expostas a uma série padrão de suspensões de fagos. Antigamente, este método era importante para tipificar *S. aureus*, *S. epidermidis* e *Salmonella typhi*, mas também era aplicado a outras espécies, como *P. aeruginosa*. No entanto, assim como no caso da sorotipagem, a fagotipagem requer um laboratório de referência para a produção, manutenção e testes das suspensões de fagos padrão e, por esse motivo, caiu em desuso.

Tipificação molecular

Técnicas moleculares de tipificação envolvem a caracterização do DNA do microrganismo

Os métodos citados anteriormente são de grande utilidade na análise epidemiológica dos patógenos nosocomiais, mas todos são variações da caracterização fenotípica das amostras. Uma vez que o cromossomo representa a principal "molécula de identidade" da célula, abordagens genotípicas são usadas para a caracterização, frequentemente referida como "epidemiologia molecular".

Perfis plasmidiais são um exemplo da epidemiologia molecular de "primeira geração"

Eletroforese em gel de agarose de suspensões de células lisadas permite que seja feita uma comparação entre os plasmídeos carreados em diferentes amostras. No entanto, o método é útil apenas para espécies que levam uma variedade de plasmídeos e sofre a desvantagem de caracterizar apenas o plasmídeo e não o microrganismo que o contém. Diferentes bastonetes Gram-negativos podem adquirir o mesmo plasmídeo por meio de conjugação entre diferentes espécies. Entretanto, esse método também tem sido utilizado no mapeamento da disseminação de plasmídeos resistentes a antibióticos entre os patógenos hospitalares.

Enzimas de restrição e sondas representam a "segunda geração" da epidemiologia molecular

A digestão com enzimas de restrição do DNA celular total de amostras resulta em um padrão de fragmentos de diferentes tamanhos que podem ser separados e comparados pela eletroforese em gel de agarose — análise de enzima de restrição (REA). Todas as células bacterianas possuem DNA cromossômico e teoricamente podem ser analisadas por esse processo. Entretanto, a sequência de DNA reconhecida pela maioria das enzimas de restrição, como *Eco*RI, *Hin*dIII etc., está presente em centenas de cópias ao longo de um cromossomo bacteriano típico. Assim, o desafio é comparar com precisão os padrões eletroforéticos de centenas de fragmentos de restrição, que frequentemente comigram em grupos de tamanho similar e podem incluir DNA plasmidial residente.

O princípio da complementaridade das sequências de DNA que se hibridizam entre si (p. ex., hibridização de Southern; denominada após sua invenção por Ed Southern) levou a aplicações em que o DNA específico é apropriadamente marcado como "sondas", que complementam as sequências-alvo distribuídas em vários pontos do cromossomo e se hibridizam contra padrões REA na amostra. O Northern blotting tem princípio semelhante, mas caracteriza a sequência de RNA. Os genes de resistência a antibióticos e uma variedade de sequências repetidas (p. ex., transpósons) têm sido alvos especialmente úteis neste contexto. O resultado é um padrão de hibridização com diferentes fragmentos de restrição, comumente denominado análise do polimorfismo do comprimento dos fragmentos de restrição (RFLP), correspondente à localização cromossômica da sequência identificada pela sonda, o que indica a correlação cromossômica entre as diferentes amostras (Fig. 37.6A). Por exemplo, cópias de genes de RNA ribossômico (5S, 16S e 23S RNAr) são encontradas em diferentes localizações no cromossomo de muitas bactérias de importância clínica. Essas sequências altamente conservadas (isto é, sequências muito semelhantes em diferentes espécies) permitem uma análise do tipo RFLP utilizando uma sonda comum (isto é, ribotipagem). Entretanto, a discriminação entre as cepas da mesma espécie pode ser menor devido à natureza conservada das sequências-alvo. O grande sucesso da análise do tipo RFLP envolveu primariamente sondas para inserção de sequências que davam cobertura suficiente (isto é, em número e diversidade de localizações cromossômicas) para inter-relações epidemiologicamente relevantes. O uso da sonda IS6110 na análise do tipo RFLP em amostras do *Mycobacterium tuberculosis* é um exemplo do emprego bem-sucedido desta abordagem. Embora seja superior ao REA isoladamente, a análise do tipo RFLP permanece apenas moderadamente discriminatória para uma análise epidemiológica.

PFGE e PCR são a "terceira geração" da epidemiologia molecular

Em vez de usar enzimas de restrição frequentemente "cortantes", o DNA cromossômico pode ser digerido com o uso de enzimas que reconhecem um sítio raro em cromossomos bacterianos (p. ex., *Not*I, *Sfi*I, *Spe*I, e *Xba*I na maioria dos Gram-negativos; *Asc*I, *Rsr*II, *Sgr*AI e *Sma*I na maioria dos Gram-positivos). Os fragmentos de DNA produzidos são muito grandes para serem separados por meio da eletroforese convencional em gel de agarose, mas isso pode ser resolvido pelo uso da corrente "pulsada" de eletroforese em diferentes direções durante diferentes períodos — a eletroforese de campo pulsado em gel (PFGE). A PFGE provou ser uma poderosa ferramenta epidemiológica. Os padrões de macrorrestrição produzidos pela PFGE fornecem uma ideia de monitoramento dos cromossomos — eventos genéticos que afetam distâncias entre sequências raras de sítio de restrição e podem ser deduzidos a partir das alterações no tamanho do fragmento de restrição (Fig. 37.6B). Até o momento, a grande desvantagem da análise por PFGE tem sido o tempo extra gasto e o esforço envolvido na produção de moléculas intactas de cromossomo, necessárias aos padrões de macrofragmentos de restrição reprodutíveis. Por muitos anos, o sucesso da utilização da análise do PFGE tornou-o método de escolha — "padrão ouro" — para a análise epidemiológica da maioria dos patógenos de maior interesse clínico.

Economia, rapidez e nível relativamente baixo de conhecimento técnico necessário à reação em cadeia de polimerase (PCR) (Cap. 32) levaram à riqueza de aplicações baseadas em amplificação na análise epidemiológica. Uma das primeiras e mais comuns abordagens baseadas em PCR é a análise de DNA polimórfico amplificado randomicamente (RAPD), também chamada de PCR por oligonucleotídeos iniciadores aleatórios (AP-PCR). O método é fundamentado no uso de condições de relaxamento que afetam a estringência (isto é, especificidade) com a qual os oligonucleotídeos iniciadores da PCR se ligam ao DNA molde. Os oligonucleotídeos iniciadores da PCR ligam-se aleatoriamente às sequências do cromossomo de várias homologias, o que resulta em produtos que podem ser comparativamente analisados por eletroforese em gel de agarose. Espera-se assim que um grupo de amostras clínicas representante da transferência de uma única cepa clonal entre pacientes demonstre o mesmo grau de "aleatoriedade", resultando em produtos idênticos de PCR (Fig. 37.6C).

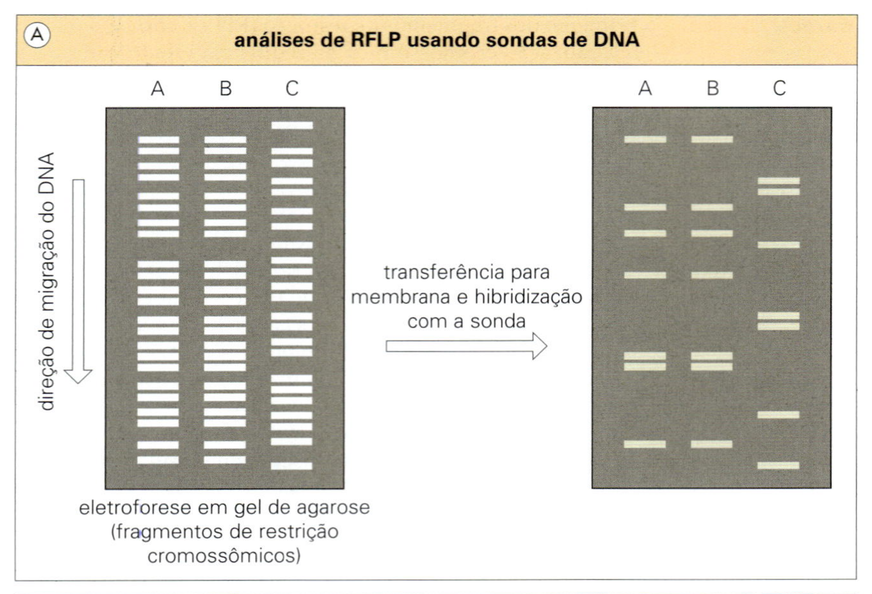

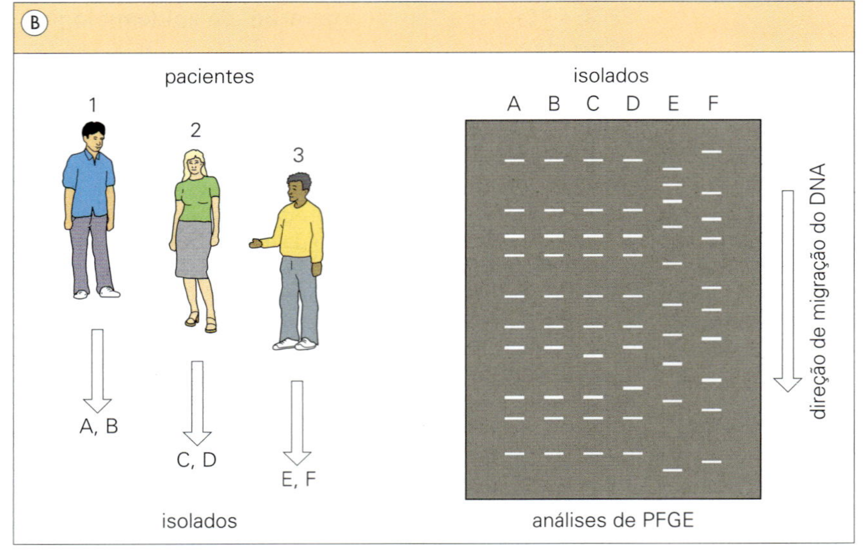

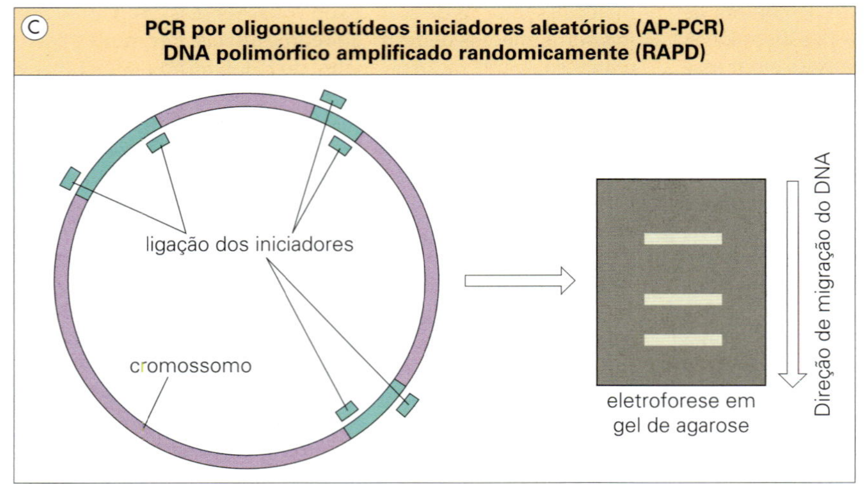

Figura 37.6 (A) Análise do polimorfismo no comprimento dos fragmentos de restrição (RFLP) utilizando sondas de DNA. Uma ilustração de três amostras nosocomiais (A e B relacionadas epidemiologicamente; C não relacionada) analisadas por meio de enzimas de restrição e, subsequentemente, por uma sonda específica de DNA. (B) Eletroforese de campo pulsado em gel (PFGE) de duas amostras bacterianas provenientes de cada um dos três pacientes. Amostras dos dois primeiros pacientes são altamente relacionadas (embora discretamente diferente no paciente 2). Amostras do paciente 3 não são relacionadas sob o ponto de vista epidemiológico. (C) Na abordagem RAPD/AP-PCR para análise epidemiológica, os produtos do PCR resultam de uma ligação randômica do iniciador de PCR às sequências dos cromossomos, e espera-se que o padrão seja semelhante em cepas epidemiologicamente relacionadas. AP-PCR, reação em cadeia de polimerase por oligonucleotídeos iniciadores aleatórios; RAPD, DNA polimórfico amplificado randomicamente.

Entretanto, vários estudos demonstraram que esse método é especialmente propenso à produção de artefato e a variações inter e intralaboratoriais. Apesar disso, a simplicidade geral e a utilidade da PCR levaram à comercialização desta abordagem, embora os problemas restantes de especificidade e sensibilidade tenham impedido seu uso disseminado.

A epidemiologia molecular de "quarta geração" é baseada na análise de sequências de DNA

Uma vez que o cromossomo é a molécula mais fundamental da identidade celular, uma comparação da sequência cromossômica real é o meio mais fundamental de avaliação da inter-relação potencial em amostras nosocomiais. Assim, pode-se considerar uma análise baseada em sequência de quarta geração. Enquanto nos últimos anos foi observada uma variedade de abordagens baseadas em sequências para avaliar as correlações microbianas, hoje em dia existe a tecnologia necessária para gerar e comparar toda a sequência cromossômica de amostras com instrumentação de bancada (sequenciamento de genoma completo [WGS]). Na abordagem mais comum, uma biblioteca contendo o DNA genômico é sequenciada, resultando em diversas cópias de regiões curtas (leituras) de centenas de pares de base de comprimento. Algoritmos de computadores e uma compilação sequencial *de novo* leem com o objetivo de reproduzir a sequência original ou alinhar as leituras da sequência a um modelo cromossômico relacionado (mapeamento de referência) (Fig. 2.22). Em qualquer dos casos, os genomas bacterianos podem ser divididos em regiões acessórias e centrais. O genoma central representa genes conservados, que são encontrados em todos os membros de uma espécie bacteriana, enquanto a presença ou ausência de outras regiões genômicas (acessórias) é variável. Em conjunto, todas as sequências variáveis e principais encontradas em membros de uma espécie de bactéria são chamadas de pan-genoma. A análise bioinformática das sequências cromossômicas permite então uma comparação genômica da similaridade das amostras com base nas diferenças de base de nucleotídeos únicos (polimorfismos de nucleotídeo único; SNPs) ou diferenças entre genes do genoma central (tipagem sequencial de múltiplos locais do genoma central; cgMLST).

As técnicas moleculares de "*fingerprint*" epidemiológico têm muitas vantagens

Embora técnicas moleculares possam requerer conhecimento e equipamentos, elas apresentam muitas vantagens. Elas podem ser extremamente precisas, são rapidamente realizadas, em alguns casos não envolvem o manuseio de microrganismos infectantes e fornecem o que é possivelmente a avaliação mais fundamental da relação entre as amostras.

Investigação das infecções virais

Infecções virais nosocomiais geralmente ocorrem por via aérea, por fômites contaminados ou pelo contato de sangue com sangue, como ressaltado previamente, por exemplo, com o RSV, norovírus ou hepatite B, respectivamente. Estes são principalmente investigados por meio da detecção do vírus em amostras obtidas de pacientes sintomáticos; então, dependendo do contexto clínico, podem envolver a coleta de amostras de pacientes assintomáticos para serem incluídos em uma coorte para análise mais ampla. Em geral, é suficiente a identificação do agente como sendo um vírus em um surto de gastroenterite viral, uma vez que o manejo para todas as causas virais de gastroenterite é o mesmo. Entretanto, neste contexto, é importante identificar a causa do surto sob uma perspectiva epidemiológica. A vigilância é fundamental para monitorar quaisquer mudanças no vírus uma vez que estas alterações em partes de seu genoma podem ter como consequência a perda da detecção do vírus, já que os indicadores usados no teste diagnóstico podem não mais corresponder à sequência complementar do modelo. Além disso, no que diz respeito aos vírus para os quais há vacinas, é importante saber quais cepas estão circulando atualmente a fim de garantir uma boa correspondência antigênica com as cepas da vacina.

Em um surto de infecção respiratória, a identificação e tipificação do vírus são importantes não apenas para fins epidemiológicos, mas também para questões de tratamento e profilaxia.

A detecção molecular e as metodologias de tipificação, como o sequenciamento, podem ser necessárias, geralmente mais por objetivos epidemiológicos do que para o manejo direto dos pacientes. Entretanto, em uma situação como a de uma hepatite B aguda no pós-operatório, uma investigação deve ser realizada a fim de determinar as possíveis causas de transmissão. Esta pode incluir investigação de hemoderivados, de profissionais de saúde que estiveram envolvidos em procedimentos com alta chance de exposição, outros pacientes na lista de cirurgia, parceiros sexuais e outras atividades de risco envolvendo agulhas com sangue potencialmente contaminado. Uma vez que as fontes potenciais tiverem sido identificadas, os testes sorológicos podem ser executados para buscar evidências de infecção por hepatite B atual, recente ou antiga. Métodos de detecção genômica podem ter um papel importante na triagem de amostras de sangue do indivíduo com hepatite B aguda, bem como a(s) fonte(s) potencial(is), para ajudar a confirmar o(s) evento(s) de transmissão.

Medidas corretivas/preventivas

Uma vez que a investigação estiver completa, as medidas corretivas e preventivas podem ser introduzidas

A tipificação de um agente etiológico responsável por um surto e o conhecimento de suas características e de seu modo de transmissão permitem que medidas preventivas sejam adotadas. Isso depende, em grande parte, do patógeno envolvido, mas todos devem ter o intuito de melhorar a higiene básica, a partir da lavagem de mãos mais efetiva, da melhoria na limpeza geral e da esterilização de equipamento controlada mais efetivamente. A higiene é um fator crucial, uma vez que agentes de infecção nosocomial podem ser disseminados entre pacientes por aqueles que trabalham em hospitais. Como alguns microrganismos são amplamente distribuídos no ambiente (p. ex., *P. aeruginosa*) ou ocorrem em reservatórios de água (p. ex., *Legionella*), as medidas corretivas podem envolver melhorias radicais nas instalações.

Conforme observado anteriormente, a consciência dos riscos de exposição a infecções por vírus transmitidos pelo sangue em um ambiente hospitalar é importante para prevenir incidentes de exposição a tais vírus. Importantes medidas de proteção incluem a imunização dos profissionais da saúde, por meio do uso de equipamentos de proteção individual (EPI) adequados para procedimentos que possam resultar em um rompimento da pele ou em exposição das membranas mucosas, e medidas pós-exposição apropriadas no caso de um incidente.

A transmissão nosocomial da SARS (Cap. 20) tem mostrado quão facilmente a infecção transmitida pelo ar pode ser disseminada em um ambiente hospitalar. O uso de EPI, que incluía um respirador N95, proteção para os olhos, máscara, luvas e avental, era obrigatório para reduzir as chances de transmissão. Camadas de roupas descartáveis também eram usadas, como, por exemplo, luvas, roupões e capas externas para as mãos e para os pés.

ESTERILIZAÇÃO E DESINFECÇÃO

Está claro que a prevenção da infecção hospitalar depende, em parte, da limpeza e, quando necessário, da esterilidade de equipamentos, instrumentos, curativos, instalações para isolamento e descarte seguro de material infectado. Esterilização e desinfecção são frequentemente abordadas por microbiologistas em relação à produção de meios de cultura estéreis ou outras atividades de laboratório, mas deve ser enfatizado que o conceito de esterilidade é central a quase todas as áreas da prática médica. O conhecimento racional da esterilização e da desinfecção auxilia no uso inteligente de uma variedade de equipamentos estéreis (desde agulhas até próteses) e técnicas (desde a cirurgia até a lavagem das mãos) empregadas na prática médica.

Definições

Esterilização é o processo de destruição ou remoção de todos os microrganismos viáveis

Um item considerado estéril significa que ele está livre de qualquer forma viável de microrganismo — neste contexto, viável significa capaz de reprodução. A esterilização é alcançada através de meios físicos ou químicos, tanto pela remoção dos microrganismos de um objeto quanto pela destruição *in situ* dos microrganismos, deixando algumas vezes produtos tóxicos de degradação (pirógenos) no objeto.

Desinfecção é um processo de remoção ou destruição de quase todos os microrganismos viáveis

A desinfecção emprega:

- um agente químico "desinfetante" que destrói patógenos, mas pode não destruir vírus ou esporos; ou
- um processo físico, como fervura d'água ou vapor de baixa pressão que reduz a carga biológica (isto é, a carga de microrganismos viáveis).

Antissépticos são utilizados para reduzir o número de microrganismos viáveis na pele

Antissépticos são um grupo particular de desinfetantes. Alguns atuam de forma diferencial, destruindo a microbiota transiente, mas poupando a microbiota normal profunda da pele localizada nos poros e folículos pilosos. É impossível esterilizar a pele, mas uma lavagem vigorosa com sabão antisséptico pode diminuir consideravelmente o número de microrganismos na superfície e, portanto, reduzir a disseminação da infecção através do contato (ver anteriormente). Entretanto, as bactérias residentes nos folículos pilosos e ductos das glândulas sudoríparas podem recolonizar a superfície da pele em poucas horas.

Pasteurização pode ser utilizada para eliminar patógenos em produtos termossensíveis

A pasteurização reduz o número total de micróbios viáveis em fluidos como o leite e o suco de fruta sem destruir o sabor e a palatabilidade. Ela não afeta os esporos, mas é efetiva contra microrganismos intracelulares, como a *Brucella*, micobactérias e muitos vírus.

Desde o início na história, várias outras técnicas têm sido utilizadas para prevenir a multiplicação dos microrganismos, como o ressecamento e a salinização dos alimentos.

Decisão sobre o emprego de esterilização ou desinfecção

Os processos de esterilização e desinfecção são dispendiosos, logo, é importante escolher o método apropriado, considerando aquele que causará menor dano ao material envolvido. Uma variedade de considerações influencia na escolha do método. O mecanismo detalhado do processo de destruição dos microrganismos pode variar com a técnica de esterilização utilizada, mas o efeito global é semelhante àquele em que os constituintes essenciais da célula (ácido nucleico ou proteínas) são inativados.

É mais fácil esterilizar um objeto limpo do que um fisicamente sujo

Isso ocorre porque a matéria orgânica protege os micróbios e dificulta a penetração do calor ou dos agentes químicos, ou até mesmo inativa alguns produtos químicos. Em outras palavras, uma baixa carga biológica é um pré-requisito para uma esterilização custo-efetiva.

A taxa de destruição dos microrganismos depende da concentração do agente indutor da morte e do tempo de exposição

O número de microrganismos que sobrevivem a uma esterilização pode ser expresso através da equação: $N \propto 1/CT$, em que N é o número de sobreviventes, C é a concentração do agente e T é o tempo de exposição ao agente. Se uma população microbiana é exposta a uma técnica de esterilização e o número de

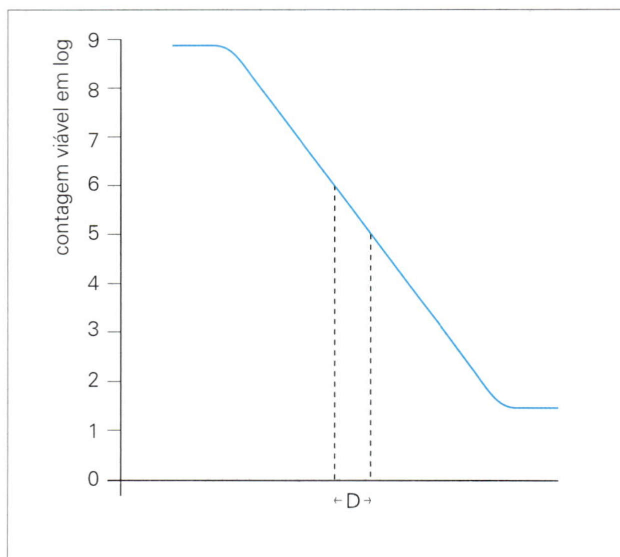

D = tempo de redução decimal (isto é, tempo necessário para reduzir a população em 90% a uma temperatura específica)

Bacillus cereus	D_{121} = 2,4 min
Bacillus stearothermophilus	D_{122} = 3,4 min
Clostridium botulinum	D_{104} = 5,5 min
Clostridium perfringens	D_{104} = 2,3 min

Figura 37.7 Teoricamente, existe estreito relacionamento entre a contagem em log de uma população bacteriana viável e o tempo em que a população é exposta a uma temperatura letal. Na prática, essas curvas são geralmente sigmoides. O valor de *D* é o tempo necessário para, em uma determinada temperatura, reduzir a população em 90%. Os esporos do *Bacillus stearothermophilus* são utilizados como indicadores biológicos da eficácia da esterilização pelo calor, por meio da utilização de tiras de papel de filtro contendo um número padrão de esporos a ser colocado dentro do ciclo da autoclave. As fitas são então incubadas na tentativa de recuperar os microrganismos viáveis. O ciclo habitual da autoclave de 121 °C, durante 15 minutos, é adequado para eliminar *Bacillus stearothermophilus* com adequada margem de segurança.

sobreviventes, expresso como um logaritmo, é comparado em gráfico com o tempo, a forma do gráfico define a taxa de morte (Fig. 37.7). As linhas podem ser sigmoides ou ter saliências em forma de degrau, indicando que as células individualmente respondem de modo levemente diferente, sendo que algumas morrem mais facilmente que as outras. No caso das bactérias, o estado fisiológico do microrganismo influencia a forma da curva de morte; células jovens em replicação são geralmente mais vulneráveis do que os microrganismos nas fases estacionária ou de declínio, ou ainda aqueles sob a forma de esporos. Gráficos como os demonstrados na Figura 37.7 podem ser usados para prever as condições necessárias para se alcançar a esterilidade. Entretanto, estes dados experimentais são geralmente baseados em culturas puras de laboratórios (esporos bacterianos são frequentemente usados como modelo), enquanto na vida real a carga biológica é mista. Sendo assim, previsões a partir desses dados podem ser inapropriadas para as populações mistas.

Técnicas de esterilização

A esterilização pode ser alcançada por meio de:

- calor;
- irradiação (gama ou ultravioleta);
- filtração;
- agentes químicos em fase líquida ou gasosa.

Outras técnicas de eficiência duvidosa incluem congelamento e descongelamento, lise, dissecação, uso de ultrassom e descargas elétricas, mas que não são aplicadas na prática hospitalar.

A irradiação ultravioleta é ineficiente como esterilizante, e seu uso importante no ambiente hospitalar se dá na inibição do crescimento bacteriano na água, através de um complexo aparato com autoanalisadores, e por meio das capelas de segurança dos laboratórios de microbiologia. Os danos potenciais à córnea e à pele impedem o uso mais ampliado da irradiação ultravioleta. Cabe lembrar que os agentes da doença de Creutzfeldt-Jakob (CJD), da encefalopatia bovina espongiforme (BSE) e da *scrapie* são altamente resistentes e não completamente inativados pela formalina, irradiação ultravioleta, radiação ionizante ou autoclavação regular. A esterilização pode ser alcançada através da fervura em 1 N NaOH durante 10 minutos sob pressão atmosférica, seguida da autoclave em uma temperatura mais alta do que a temperatura normal e por um período mais longo que o habitual (134 °C durante 18 min), mas obviamente essa técnica não pode ser aplicada a tecidos vivos ou materiais que são danificados por altas temperaturas.

Calor

O calor, como uma forma de transferência de energia, é a opção de preferência para esterilização devido à facilidade de uso, controle, custo e eficiência.

O calor seco esteriliza por meio da oxidação dos componentes celulares. A incineração e o uso do bico de Bunsen do laboratório são exemplos de esterilização por meio do calor seco. Os artigos de vidro podem ser esterilizados em um forno de ar quente a 160-180 °C durante 1 hora.

O agente mais eficaz para a esterilização é o vapor saturado (calor úmido) sob pressão. Isso pode ser conseguido com a autoclave. O vapor sob pressão ajuda a penetração do calor no material a ser esterilizado (como curativos) e existe uma relação direta entre temperatura e vapor sob pressão. O vapor sob pressão tem uma temperatura que supera os 100 °C, o que resulta em aumento da morte de microrganismos.

A eficiência da esterilização é melhorada retirando-se todo o ar da câmara da autoclave. Ocorre então a rápida entrada de vapor, sob alta pressão, em todas as partes da câmara e das cargas, o que resulta em aumentos previsíveis na temperatura central do artigo a ser esterilizado. A duração do ciclo da autoclave é determinada pelo tempo de espera somada a uma margem de segurança, sendo derivado de uma curva de destruição térmica para patógenos resistentes ao calor como os clostrídios. Desta forma, o ciclo habitual de 121 °C durante 15 minutos é suficiente para matar esporos do *Clostridium botulinum* com uma adequada margem de segurança. Entretanto, os esporos de algumas espécies bacterianas, especialmente os microrganismos do solo, são capazes de suportar tais temperaturas. A margem de segurança é reduzida na presença de um grande número de microrganismos porque há maior probabilidade da existência de indivíduos mais resistentes ao calor em uma população maior; por isso a importância da limpeza dos instrumentos sempre que possível, antes da esterilização.

O calor úmido em uma autoclave é utilizado para esterilizar instrumental cirúrgico, curativos e medicamentos resistentes ao calor. Um método para a esterilização de instrumentos termossensíves, como o endoscópio, utiliza uma solução de 0,55% de ortoftalaldeído.

Muitos desses procedimentos são realizados em recipientes de pressão, geralmente disponíveis numa central de esterilização do hospital.

A imersão em água fervente durante alguns minutos pode ser usada como uma medida rápida e de emergência na desinfecção de instrumentos. A imersão em água fervente durante alguns minutos destrói bactérias vegetativas, mas não todos os esporos.

Pasteurização utiliza o calor a 62,8-65,6 °C durante 30 minutos. Esta técnica foi concebida por Pasteur para prevenir a deterioração do vinho aquecendo-o a 50-60 °C. Ela é usada atualmente para líquidos como o leite para reduzir o número de bactérias, ajuda a eliminar patógenos presentes em pequeno número e aumenta a validade do leite. O fluido é aquecido a 62,8-65,6 °C durante 30 minutos ou pode receber pasteurização rápida na temperatura de 71,7 °C durante 15 segundos. Após o processo, o fluido deve ser guardado em uma temperatura inferior a 10 °C para minimizar subsequente crescimento bacteriano.

Irradiação

Energia de irradiação gama é usada para esterilizar grandes lotes de itens de pequeno volume. O uso da energia de irradiação gama para esterilização é um processo industrial que funciona bem para produtos como agulhas, seringas, linhas intravenosas, cateteres e luvas e até mesmo para prevenir a contaminação de alimentos. Embora o custo capital do equipamento seja alto, o processo é contínuo e 100% eficiente. Os artigos são esterilizados enquanto estão sendo selados em sua embalagem original, sem nenhum ganho de calor. O processo deve ser conduzido em um prédio adequado, geralmente um local distinto do hospital e fora de sua administração. Entretanto, a irradiação pode deteriorar os materiais, assim não é adequada para nova esterilização dos equipamentos. O mecanismo de destruição envolve a produção de radicais livres, o que quebra as ligações do DNA. A irradiação destrói esporos, mas em doses mais altas do que as células vegetativas, devido à relativa ausência de água nos esporos.

A esterilização utilizando irradiação ultravioleta foi discutida anteriormente.

Filtração

Filtros são utilizados para produzir líquidos livres de partículas e pirógenos. Soluções esterilizadas pelo calor podem conter pirógenos. Estes produtos estáveis ao calor e produzidos pelo microrganismo são capazes de induzir febre e não são desejáveis em certos produtos, como em líquidos para injeção intravenosa. A filtração ou separação de um produto da contaminação tem uma longa história na clarificação de água e vinho. Os filtros modernos, de compostos com nitrocelulose ou éster misto de celulose, trabalham pela atração eletrostática e pelo tamanho do poro físico, que retêm microrganismos ou outras partículas. O fluido resultante deve ser livre de partículas. A filtração é utilizada em algumas partes do mundo para purificar a água para consumo humano.

As técnicas de filtração também são usadas na recuperação de um número muito pequeno de microrganismos a partir de volumes muito grandes de líquidos (p. ex., *Legionella* de torres de resfriamento de água) e podem ser empregadas como um método de quantificação de bactérias em fluidos.

Agentes químicos

Gases, óxido de etileno e formaldeído destroem a partir do dano na proteína e nos ácidos nucleicos. Óxido de etileno e formaldeído são exemplos de gases alquilantes:

- O óxido de etileno tem sido amplamente usado para esterilizar artigos médicos de uso único como válvulas cardíacas. Entretanto, é tóxico e potencialmente explosivo.
- O formaldeído não é explosivo, mas tem um odor desagradável e é irritante para as mucosas; tem sido utilizado como desinfetante na descontaminação de quartos (como quartos de isolamento) e em laboratórios, na desinfecção de cabines de proteção. Uma umidade relativa alta é essencial para a efetiva destruição.

O glutaraldeído líquido é utilizado para desinfecção de artigos termossensíveis. O glutaraldeído é menos tóxico do que o formaldeído e estável em solução, permanecendo ativo durante algumas semanas em concentração de uso. É utilizado para desinfecção, mas não para esterilização de artigos termossensíveis como endoscópios, e para superfícies inanimadas.

Muitos agentes químicos com ação antimicrobiana estão disponíveis, mas só alguns são esterilizantes. Alguns agentes, tais como os derivados do pinho e da terebintina, são conhecidos desde os tempos antigos, a soda clorada e o óleo mineral (alcatrão de hulha) eram utilizados antes do estabelecimento da teoria de germes causadores de doença. A maioria caiu na categoria de desinfetantes ou antissépticos, mas poucos são capazes de esterilizar artigos. Fatores que afetam sua eficácia incluem:

- ambiente físico (p. ex., superfície porosa ou rachada);
- presença de umidade;
- temperatura e pH;
- concentração do agente;
- dureza da água;
- carga biológica no objeto a ser desinfetado;
- natureza e estado dos micróbios na carga biológica;
- habilidade do micróbio de inativar o agente químico.

É evidente que os fatores anteriormente mencionados são difíceis de controlar em cada circunstância. Os principais grupos de agentes químicos estão apresentados na Tabela 37.4. Eles atuam danificando quimicamente as proteínas, os ácidos nucleicos ou

Tabela 37.4 Exemplos de desinfetantes para uso em hospitais

Grupo	Exemplos	Vantagens e desvantagens
Fenólicos	Compostos fenólicos solúveis claros, líquidos brancos	Desinfetantes de uso geral usados menos frequentemente hoje em dia; não imediatamente inativados por matéria orgânica; ativos contra uma ampla gama de organismos, incluindo *Mycobacterium*, não esporicidas
	Cloroxilenóis	Inativados por água dura e matéria orgânica; *Pseudomonas* cresce com facilidade em soluções de cloroxilenol; atividade limitada contra outros Gram-negativos
Halogênios	Hipocloritos (cloramina)	Baratos, eficazes e atuam pela liberação de cloro livre; ativos contra vírus e, portanto, recomendados para desinfecção de equipamentos contaminados por sangue (devido ao risco de hepatite e HIV); inativados por material orgânico; corroem metais
	Iodo e iodóforos	Desinfetantes de pele úteis, esporicidas
Compostos de amônio quaternário	Cloreto de benzalcônio, brometo de dodecil dimetil	Possuem propriedades detergentes; concentrações baixas são bacteriostáticas, concentrações altas são bacteriocidas
Diguanidas	Clorexidina	Desinfetante útil para a pele e membranas mucosas, inativado por muitos materiais e muito caro para uso ambiental; soluções alcoólicas são menos facilmente contaminadas; combinações de clorexidina e detergente altamente eficazes para antissepsia das mãos
Álcoois	Álcool etílico, álcool isopropílico	Boa opção para antissepsia da pele e para superfícies limpas; às vezes usados em combinação com iodo e clorexidina (ver anteriormente); água deve estar presente para morte bacteriana (isto é, etanol a 70%); isopropil preferível para pele e artigos em contato com o paciente
Aldeídos	Formaldeído/formalina	Muito irritante para uso como desinfetante geral
	Glutaraldeído	Mata lenta mas eficazmente microrganismos vegetativos, incluindo micobactérias; mais ativo, menos tóxico do que o formaldeído; esporicida (dentro de 6h quando novo); levemente irritante; usado em solução alcalina que fica estável por 1 a 2 semanas; caro, uso limitado, como, por exemplo, na desinfecção de endoscópios
Bisfenóis clorados	Triclosan	Um fenol de fenóxido policlorado é usado em concentrações bacteriostáticas em produtos pessoais

Observe que nenhum grupo possui todas as características desejáveis para o uso tanto na pele como em superfícies inanimadas.

os lipídios da membrana celular. A atividade de um determinado desinfetante pode resultar de um ou mais caminhos de dano.

Controle da esterilização e da desinfecção

Em geral, é preferível controlar o processo do que o produto

Isso significa que é melhor checar a técnica enquanto se está em operação do que tentar reconhecer falhas do processo por meio do isolamento de microrganismos a partir de produtos. Tentar descobrir como um ou alguns microrganismos viáveis permaneceram é como tentar encontrar uma agulha no palheiro. Sabe-se que uma bactéria danificada pode recuperar-se com o tempo e nutrientes especiais, mas parece não ser possível reter um lote do produto para tais testes. Além disso, quantas amostras do produto devem ser testadas? Caso poucas sejam examinadas, é alta a probabilidade de escapar uma amostra com falha; se muitas amostras forem examinadas, grande parte do lote será utilizada em controle de qualidade por sensatez econômica.

O processo usual de controle é a checagem física e química da técnica, como testes que mostrem que a autoclave alcançou a temperatura e tempo desejados. Eles não mostram que não há microrganismos viáveis remanescentes após o processo, mas isso é subentendido à medida que o processo satisfaz os controles. Entretanto, o rigor dos controles pode ser intencionalmente ou acidentalmente alterado para testes pouco sensíveis ou ultrassensíveis.

Desinfetantes podem ser monitorados por testes microbiológicos durante o uso

Os testes envolvem a exposição da solução a uma suspensão de bactérias e retiradas de amostras, que serão tratadas a fim de eliminar o desinfetante seguido do cultivo. Entretanto, esses testes são raramente feitos no hospital, onde o uso dos desinfetantes é amplamente guiado apenas pelas recomendações do fabricante.

PRINCIPAIS CONCEITOS

- A compreensão de que a infecção pode estar associada a uma variedade de ambientes institucionais explica a preferência pelo termo "infecção relacionada à assistência à saúde" em detrimento do termo "infecção adquirida em hospital".
- Infecção nosocomial refere-se à infecção adquirida dentro do hospital.
- As infecções hospitalares geralmente apresentam sérias consequências para o indivíduo, para o hospital e para a comunidade. Elas podem ser causadas por quase todas as espécies, mas algumas provocam a maioria das infecções.
- O ambiente hospitalar favorece a sobrevida de cepas resistentes e, portanto, as infecções são frequentemente causadas por microrganismos com uma limitada suscetibilidade aos antibióticos.
- Os MRSA, tradicionalmente vistos como um problema na infecção hospitalar, aparecem de forma crescente nas infecções adquiridas na comunidade, na ausência de contato com ambientes de tratamentos de saúde.
- As infecções hospitalares mais comuns são ITU, infecção do trato respiratório, infecção do sítio cirúrgico e bacteremia (sepse).
- As causas bacterianas mais importantes são cocos Gram-positivos (estafilococos e estreptococos) e bastonetes Gram-negativos (p. ex., *E. coli*, *Pseudomonas*). Microrganismos com múltipla resistência a antibióticos são comuns. *Candida* é uma causa fúngica importante, e os vírus provavelmente causam mais infecções hospitalares do que se pensava antes.
- Microrganismos infectantes originam-se a partir da própria microbiota do paciente (infecção endógena) ou a partir de outras fontes humanas ou inanimadas (infecção cruzada ou exógena). As vias de disseminação aérea e por contato são as vias de transmissão mais importantes.
- Os fatores do hospedeiro são de importância fundamental na determinação da suscetibilidade à infecção.
- A vigilância deveria ser uma atividade contínua que facilitasse o reconhecimento precoce de surtos infecciosos. A investigação de surtos envolve tanto o conhecimento microbiológico como o epidemiológico. Técnicas moleculares de *fingerprint* do microrganismo causador estão se tornando cada vez mais sofisticadas.
- A prevenção das infecções hospitalares com eliminação da fonte e interrupção da transmissão e do aumento da resistência do paciente é essencial para melhorar o cuidado ao paciente e reduzir custos.
- Esterilização e desinfecção são processos-chave no controle e na prevenção das infecções hospitalares, assim como são essenciais para muitas áreas da prática médica.

Bibliografia – Lista de *sites* úteis

SITES ÚTEIS

A OMS ampliou o programa de cronogramas de imunização
www.who.int/immunization/policy/immunization_tables/en/
Agência de Padrões Alimentares
www.foodstandards.gov.uk
Agência de Proteção à Saúde da Inglaterra, País de Gales e Irlanda do Norte
www.gov.uk/government/organisations/public-health-england
AJIC – *American Journal of Infection Control* [Periódico Americano de Controle de Infecção]
www.ajicjournal.org
Aliança Global para Eliminar a Filariose Linfática
www.filariasis.org
AMEDEO O Guia da Literatura Médica
www.amedeo.com
(guia grátis de literatura médica)
Associação para Profissionais no Controle de Infecções e Epidemiologia
https://apic.org/Resources/Overview
Atualização sobre literatura atual e relatórios de reuniões, pode ser focada em doenças infecciosas
www.medscape.com
CDC – página inicial do Periódico de Doenças Infecciosas Emergentes
www.cdc.gov/ncidod/eid
CDC – vacinas
www.cdc.gov/vaccines/index.html
Centro Nacional de Doenças Infecciosas Zoonóticas e Emergentes (NCEZID)
www.cdc.gov/ncidod/dvbid/index.html
Centros de Controle e Prevenção de Doenças (CDC):
www.cdc.gov
Compêndio de orientações do ACGM
www.hse.gov.uk/biosafety/gmo/acgm/acgmcomp/
Cronogramas de vacinas dos EUA
www.cdc.gov/vaccines/schedules/
Diretório de ectoparasitos e endoparasitas médicos e veterinários
www.southampton.ac.uk/~ceb/
Divisão de Doenças Infecciosas da Universidade Johns Hopkins – Guia Hopkins ABX
www.hopkins-abxguide.org
(guia para bactérias patogênicas, antibióticos e diagnósticos)
Doctor's Guide Personal Edition [Guia do Médico, Edição Pessoal]
www.docguide.com
Epidemiologia e Prevenção de Doenças Evitáveis com Vacinas (O Livro Rosa): www.cdc.gov/vaccines/pubs/pinkbook/index.html
Federação de Sociedades Europeias para Quimioterapia e para Infecções
www.fesci.net
Ferramenta para Diagnóstico Diferencial Isabel
www.isabelhealthcare.com
Fitfortravel – informações sobre saúde para viajantes
www.fitfortravel.scot.nhs.uk
Informações gerais sobre imunização, vacinas e produtos biológicos da OMS
www.who.int/immunization/en/
Informações sobre a eliminação da hanseníase
www.who.int/lep/en/
Laboratório de referência contra a malária (Malaria RL)
www.gov.uk/government/collections/malaria-reference-laboratory-mrl
Notícias em Virologia Clínica dos EUA
www.clinical-virology.org
Organização Mundial da Saúde (WHO/OMS):
www.who.int/en/
Orientações eletrônicas no tratamento efetivo da saúde
www.eguidelines.co.uk
Página inicial do TDR: the UNICEF–UNDP–World Bank–WHO Special Programme for Research and Training in Tropical Diseases [Programa Especial da OMS–UNICEF–UNDP–Banco Mundial para Pesquisa e Treinamento em Doenças Tropicais]
www.who.int/tdr/en/
Página inicial do UK NEQAS para Microbiologia
www.ukneqasmicro.org.uk
Periódicos Médicos Gratuitos
www.freemedicaljournals.com
Preparação e Resposta em Emergências de Bioterrorismo
https://emergency.cdc.gov/bioterrorism/index.asp
Preparação, resposta para emergências da OMS
www.who.int/csr/en/
Projeto do Microbioma Humano
hmpdacc.org
Rede e Centro Nacional de Saúde para viajantes, Reino Unido, para obter informações on-line sobre as vacinas necessárias para viajantes
nathnac.net
Registro Epidemiológico Semanal da OMS (WER)
www.who.int/wer/
Registro ISRCTN
www.isrctn.com
(Metarregistro de estudos controlados)

Relato Semanal sobre Morbidade e Mortalidade (MMWR)
www.cdc.gov/mmwr/
Revisões do grupo de publicação do BMJ de evidências clínicas para a prática médica
www.clinicalevidence.org
Roll Back Malaria
www.rollbackmalaria.org
Saúde Pública da Inglaterra, Reino Unido: Imunização contra doenças infecciosas (O livro verde)
www.gov.uk/government/collections/immunisation-against-infectious-disease-the-green-book
Serviço Nacional de Saúde do Reino Unido – cronogramas de vacinas no Reino Unido
www.nhs.uk/Conditions/vaccinations/pages/vaccination-schedule-age-checklist.aspx?tabname=NHS%20vaccination%20schedule
Site da Stop TB Partnership
www.stoptb.org
Site do Royal College of Pathologists para obter informações sobre cursos, *links* para outras sociedades científicas e *sites* de discussão
www.rcpath.org
Sociedade Americana de Microbiologia
www.asm.org
Sociedade Britânica para Quimioterapia Antimicrobiana
www.bsac.org.uk
(contém os conselhos mais atuais para testes de suscetibilidade)
Sociedade da Infecção Hospitalar
www.his.org.uk
Sociedade de Doenças Infecciosas da América (IDSA)
www.idsociety.org/
Sociedade de Prevenção a Infecções – Reino Unido
www.ips.uk.net/
Society for Healthcare Epidemiology of America [Sociedade de Epidemiologia para Assistência à Saúde da América] (SHEA)
www.shea-online.org
Sumário de orientação do Instituto Nacional de Saúde e Excelência em Cuidados (NICE) emitida ao NHS na Inglaterra e País de Gales
www.nice.org.uk
The Sanford Guide – Terapia antimicrobiana e terapia para HIV/AIDS
www.sanfordguide.com
Tuberculose pela OMS – prevenção e controle
www.who.int/gtb/
Vermes intestinais
www.who.int/intestinal_worms/more/en/
Viagem internacional e saúde da OMS
www.who.int/ith/en/
Viagem internacional e saúde
www.who.int/ith/en/
Wellcome Trust Sanger Institute
www.sanger.ac.uk

Índice

Números de páginas seguidos de "*f*" indicam figuras, "*t*" indica tabelas, "*b*" indica quadros, e "*e*" indica conteúdo online.

G

W